Herausgegeben von
Philipp Sarasin und
Marianne Sommer

Evolution

Ein interdisziplinäres
Handbuch

Verlag J. B. Metzler
Stuttgart · Weimar

Bibliografische Information der Deutschen
Nationalbibliothek
Die Deutsche Nationalbibliothek verzeichnet diese
Publikation in der Deutschen Nationalbibliografie;
detaillierte bibliografische Daten sind im Internet über
http://dnb.d-nb.de abrufbar.

ISBN 978-3-476-02274-5
ISBN 978-3-476-05462-3 (eBook)
DOI 10.1007/978-3-476-05462-3

Dieses Werk einschließlich aller seiner Teile ist urheber-
rechtlich geschützt. Jede Verwertung außerhalb der engen
Grenzen des Urheberrechtsgesetzes ist ohne Zustimmung
des Verlages unzulässig und strafbar. Das gilt insbesondere
für Vervielfältigungen, Übersetzungen, Mikroverfilmungen
und die Einspeicherung und Verarbeitung in elektroni-
schen Systemen.

© 2010 Springer-Verlag GmbH Deutschland
Ursprünglich erschienen bei J. B. Metzler'sche Verlagsbuchhandlung
und Carl Ernst Poeschel Verlag GmbH in Stuttgart 2010

www.metzlerverlag.de
info@metzlerverlag.de

Inhaltsverzeichnis

Vorwort VII
Kurze Auswahlbibliographie XI

I. Konzepte, Begriffe und Begriffsgeschichte

1. Abstammung 3
2. Anpassung 5
3. Art 7
   Altruismus ↗ Egoismus, Altruismus
   Auslese ↗ Zuchtwahl
   Bevölkerung ↗ Population
4. Darwinismus 9
   Drift ↗ Gendrift
5. Egoismus, Altruismus 12
   Embryologie ↗ Entwicklung
6. Emotion 14
7. Entwicklung 16
8. Evolution 18
9. Fortschritt und Degeneration 20
   Gen ↗ Vererbung
10. Gendrift..................................... 23
    Genealogie ↗ Evolution
11. Genotyp und Phänotyp 25
    Geschichte ↗ Evolution
12. Geschlecht 27
13. Homologie 30
14. Instinkt und Intellekt 32
15. »Kampf ums Dasein« 33
    Kultur ↗ Natur, Kultur
16. Mensch (Rasse) 36
    Mutation ↗ Variation
17. Natur, Kultur 38
    Ökologie ↗ Umwelt
    Optimalität ↗ Anpassung
18. Organismus 42
    Pflanze ↗ Organismus
    Phänotyp ↗ Genotyp und Phänotyp
19. Population 44
    Rasse ↗ Art; Mensch (Rasse); Variation
20. Reproduktion 47
    Selektion ↗ Zuchtwahl
    Sexualität ↗ Geschlecht; Reproduktion
    Sorte ↗ Variation
    Spezies ↗ Art
    Stammbaum ↗ Abstammung
    Survival of the fittest ↗ »Kampf ums Dasein«
    Tier ↗ Organismus
    Überleben des Tüchtigsten ↗ »Kampf ums Dasein«
21. Umwelt 50
22. Variation 52
    Varietät ↗ Variation
23. Vererbung 55
    Vollkommenheit ↗ Anpassung
24. Zuchtwahl 57
25. Zuchtwal, natürlicher 60
26. Zufall 60

II. Theorien und Debatten in der Biologiegeschichte

1. Evolutionstheorien vor Darwin 65
2. Theorien zur Entstehung der Arten bis um 1860 79
3. *On the Origin of Species* und die Evolutionsbiologie bis 1900 89
4. Genetik und Moderne Synthese 102
5. Jenseits des Neodarwinismus? Neuere Entwicklungen in der Evolutionsbiologie 115
6. Generelle Evolutionstheorie 126

III. Institutionen und Repräsentationen, Praktiken und Objekte

1. Sammlungen und Museen 141
2. Botanische und zoologische Gärten 145
3. Vereine und Gesellschaften im 19. Jahrhundert 151
4. Printmedien im 19. Jahrhundert 156
5. Bilder 160
6. Feld, Beobachtung 167
7. Labor, Experiment 171
8. Datenbanken 175
9. Mathematik und Statistik 180

10.	Fossilien	185
11.	Modellorganismen	189
12.	Gene	196

IV. Einflüsse, Verbindungen, Auswirkungen

IV.1. Evolutionstheorie in der Wissenschaft

1.	Anthropologie	203
2.	Astronomie und Kosmologie	211
3.	Bionik/Ingenieurswissenschaften	219
4.	Ethnologie	226
5.	Geschichtswissenschaft	234
6.	Informatik (Künstliche Intelligenz und Robotik)	243
7.	Kultur und Kulturwissenschaften	252
8.	Literaturwissenschaft	257
9.	Ökonomik	267
10.	Philosophie	273
11.	Physik	286
12.	Psychologie und Psychiatrie	295
13.	Rechtswissenschaft	303
14.	Soziologie und Sozialwissenschaften	313
15.	Sprachwissenschaft	327

IV.2. Evolutionstheorie in der Gesellschaft

16.	Ethik	341
17.	Kreationismus und Intelligent Design	350
18.	Politik	358
19.	Sozialdarwinismus, Rassismus, Eugenik/Rassenhygiene	366
20.	Film	376
21.	Kunst	386
22.	Literatur	394
23.	Populäre Repräsentationen	402

Verzeichnis der Autorinnen und Autoren 415
Personenregister 417

Vorwort

Die Evolutionstheorie gilt als die wichtigste wissenschaftliche Theorie der Moderne. Charles Darwins 1859 publiziertes Hauptwerk *On the Origin of Species* hat älteren Spekulationen über die Entwicklung des Lebens durch einen konzeptionellen Entwurf zum Durchbruch verholfen, der noch immer gültig ist. In Verbindung mit ergänzenden und – je nach Sichtweise – konkurrierenden Ansätzen revolutionierte die Evolutionstheorie nicht nur die Biologie, sondern beeinflusst bis heute alle Felder des Wissens.

So selbstverständlich dabei der Titel und Leitbegriff »Evolution« erscheinen mag, so sehr zeigt doch die in diesem Handbuch unternommene vielschichtige Diskussion der Evolutionstheorie und ihrer Derivate in fast allen Bereichen des modernen wissenschaftlichen und gesellschaftlichen Wissens, dass die Kontroversen, was der Begriff »Evolution« genau bedeute, bis heute andauern. Soll man sich – um nur die vordergründigste Frage zu stellen – an den etymologischen Kern des lateinischen Verbums *evolvere* halten und mit »Evolution« vor allem eine Entfaltung oder Entwicklung über die Zeit bezeichnen, deren Richtung von Anfang an, d. h. gleichsam in ihrem »Keim« schon mehr oder weniger deutlich vorgezeichnet war, so wie das augenfällig in der Embryonalentwicklung der Fall ist? Oder besteht die Pointe des Evolutionsbegriffs im Gegenteil darin, mit Darwin die nicht von einem Schöpfergott geplante, sondern zielblind verlaufende Entwicklung als – bestenfalls – Ausdifferenzierung zu denken, ihr dabei aber keine irgendwie vorherbestimmte Richtung zu unterstellen? Im späten 19. Jahrhundert war diese Frage alles andere als entschieden, und noch heute legt zumindest die verbreitete Semantik des genetischen »Codes« die Auffassung nahe, dass die Entwicklung eines Organismus »programmiert« sei.

Dennoch steht außer Frage, dass die heutige Biologie die Evolution im Wesentlichen anti-teleologisch als Prozess ohne vorherbestimmtes und vorherbestimmbares Ziel konzipiert. Gleichzeitig wurde die historische Figur Darwins als weltanschauliche Referenz in populärwissenschaftlichen und politischen Diskursen nach dem Zweiten Weltkrieg weitgehend verdrängt. Erst seit dem Ende des 20. Jahrhunderts hat »Darwin« in der öffentlichen Wahrnehmung und Wertschätzung wie auch als Basistheorie für verschiedene nicht-biologische Wissenschaften wieder ein eigentliches Comeback erfahren. »Darwin« und »Evolution« wurden zu synonymen Zauberworten, die an der Schwelle zum 21. Jahrhundert den Aufstieg der Biologie als Leitwissenschaft in der medialen Öffentlichkeit und in den wissenschaftlichen Debatten von Sozial- und Geisteswissenschaftlern, von Juristen, Ökonomen oder Linguisten zuweilen wie ein bengalisches Feuer illuminierten.

Dennoch ist es bezeichnend, dass Darwin im *Origin of Species* den Begriff »Evolution« nicht ein einziges Mal verwendete. Er führte diesen erst in der 6. Auflage von 1872 in den Text seines Hauptwerkes ein, überdies primär zur Kennzeichnung einer Gruppe von Wissenschaftlern als »evolutionists« (gemäß Volltext-Suche innerhalb der verschiedenen Ausgaben von *On the Origin of Species* auf *The Complete Work of Charles Darwin Online*, http://darwin-online.org.uk [3. März 2010]). Schriftlich verwendet hat Darwin den Ausdruck »Evolution« zum ersten Mal ganz beiläufig in einem Brief vom 1. Oktober 1862, nachdem ihn zuvor schon einige Briefpartner gebraucht hatten, ohne dass er dabei als solcher diskutiert worden wäre (vgl. »Darwin Correspondence Project«, http://www.darwinproject.ac.uk [3. März 2010]). Aber auch in den anderen publizierten Schriften Darwins spielte der Ausdruck »Evolution« bis zum Ende der 1860er Jahre keine Rolle. Erst in *The Variation of Animals and Plants Under Domestication* von 1868 taucht der Terminus (ebenso beiläufig wie in den Briefen) an bloß zwei Stellen auf; in *The Descent of Man* von 1871 gehört er dann aber zum etablierten Wortschatz (gemäß Volltextsuche auf http://darwin-online.org.uk [3. März 2010]).

Kurz, Darwin hatte offensichtlich für das, was seine Theorie klären sollte, andere Begriffe zur Verfügung: »Abstammung« war für ihn das entscheidende Stichwort, und dementsprechend sprach er in erster Linie von der »Deszendenz-Theorie«. Die damit verbundenen Veränderungen der Organismen beleuchtete er unter dem Titel der »Transformation« (einmal auch als »Transmutation«). Von Anfang an verwendet wurden aber auch die Worte »Genealogie« bzw. »genealogisch«: Darwin nannte die Abfolge der Arten eine »genealogical succession« und sprach vom »genealogical tree«. Diese Begrifflichkeit bedeutet in erster Linie, dass der Naturforscher die Ordnung der Arten nur durch die rückblickende Betrachtung ihrer Entstehungsgeschichte bestimmen und verstehen könne. Und an die Stelle einer wie auch immer gearteten »Entwicklungslogik« tritt die streng historische Betonung der im einzelnen Fall kontingenten Auseinandersetzung der Organismen untereinander und mit der anorganischen Umwelt: die natürliche Selektion. Dieser Mechanismus, den Darwin als die treibende Kraft des Evolutionsprozesses postulierte, war aufs Engste mit der berühmten (und bald auch berüchtigten) Formel des »Kampfs ums Dasein« verknüpft. Was auch immer Darwin und seine Interpreten im Detail darunter verstanden (Darwin sprach von einer Metapher), sei hier dahingestellt – klar ist jedenfalls, dass Darwin damit nicht eine vorhersehbare Entwicklung auf der Basis einer berechenbaren Gesetzmäßigkeit meinte, sondern eine vollständig »offene« Situation, in der sich jeweils nur der den zufällig gegebenen Umständen am besten Angepasste durchsetzt, und das heißt: sich häufiger reproduzieren kann als andere.

Der Begriff der Evolution hingegen, der sich erst seit dem Spätwerk Darwins durchzusetzen begann, impliziert ein Wissen über den Modus der Ausdifferenzierung der Arten im Verlauf der Zeit, das über die rein historische Feststellung der genealogischen Sukzession und die Kontingenz der natürlichen Selektion hinausgeht: ein Wissen z. B. über die biologischen Gesetze der Vererbung (die Darwin nicht kannte) oder mathematische Modelle zur Beschreibung der Dynamik der Ausbreitung von Merkmalen in einer Population, oder schließlich auch Theorien über die biologische Basis des menschlichen Verhaltens. Solche neueren evolutionstheoretischen Konzepte und Theorien können die These von der Kontingenz eines zielblinden Prozesses wieder mit Überlegungen zur Entwicklung gemäß ererbten »Anlagen« verbinden oder sie gar verdrängen: Evolution wäre dann ein anderes Wort für (biologisches) Schicksal. Die Geschichte des Darwinismus und damit die Geschichte der Evolutionstheorie ist auch eine Geschichte des andauernden konzeptionellen Schwankens zwischen der Betonung der biologischen Zwänge und Grenzen, die das uralte Herkommen einem Organismus bis hin zum Menschen auferlegt, einerseits, und andererseits der Zukunftsoffenheit und Veränderbarkeit, die mit der radikalen Kontingenz des Evolutionsprozesses ebenso denknotwendig wie empirisch beobachtbar erscheint.

Die fundamentale philosophische Debatte über das Verhältnis von Freiheit und Vorbestimmtheit menschlichen Lebens, aber auch über Freiheit und Zwang (oder »Prägung«) des Handelns des Menschen als Sprachwesen wird heute – und das zeigen die Beiträge dieses Handbuchs sehr deutlich – zumindest immer *auch* »im Lichte« der Evolutionstheorie geführt. Ob sie *nur* noch in evolutionsbiologischen Begriffen zu führen ist, bleibt hingegen sehr umstritten: Ist die Evolutionstheorie, weil sie die Entstehung aller Formen des Lebens zu erklären vermag, die fundamentale und fundierende Theorie auch des menschlichen Handelns, oder ist mit der Tatsache der Zeichenbasiertheit menschlicher Kommunikation eine Eigendynamik kultureller Systeme in Gang gesetzt worden (die man ihrerseits in einem formalen Sinne evolutionstheoretisch beschreiben mag), welche nicht mehr auf die Gesetzmäßigkeiten oder Zwänge der biologischen Reproduktion zurückgeführt werden kann? Der Ausgang dieser Debatte ist, soweit das Handbuch sie dokumentiert, gegenwärtig völlig offen. Es lässt sich aus den Beiträgen zu diesem Handbuch immerhin ein Interesse der Kulturwissenschaften an der evolutionsbiologischen Herleitung ihres eigenen Gegenstandes feststellen, das jüngsten Datums ist und vielleicht zu den auffallendsten neuen Trends in der Diskussion um Darwin und die Evolutionstheorie gehört.

Die damit nur sehr knapp angedeuteten theoretischen und konzeptionellen, zuweilen streng empirisch, zuweilen sehr philosophisch geführten Diskussionen sind in ihrer ganzen Breite und in den vielen Feldern menschlichen Wissens von der Biologie über – zum Beispiel – die Ökonomie bis hin zur Kunsttheorie und zur Philosophie nicht mehr zu überblicken. Das vorliegende Handbuch unternimmt daher den Versuch, den gegenwärtigen Stand der Diskussion so umfassend wie möglich zu dokumentieren. Es tut dies zumindest im deutschen Sprachraum zum ersten Mal, und dies nicht zufällig kurz nach dem auch hierzulande mit sehr viel medialer und publizistischer Aufmerksamkeit begangenen Darwin-Jubiläum 2009. Nicht zuletzt im Vergleich zum Jahr 1959, als das hundertjährige Jubiläum der Publikation von *On the Origin of Species* der deutschsprachigen Presse keine Zeile wert war – vielmehr erschien damals auf dem aktuellen Hintergrund der Schrecken des Zweiten Weltkrieges das Totschweigen Darwins die angebrachte Haltung –, werden heute Darwin und die Evolutionstheorie öffentlich wahrgenommen und sehr viel gelassener diskutiert als in gewissen Phasen im 20. Jahrhundert. Wohl ist der Widerstand der Kreationisten in ihren verschiedenen Strömungen vor allem in den USA unübersehbar; ansonsten aber hat sich »Darwin« offenkundig durchgesetzt. Daher ist es jetzt auch an der Zeit, auf der einen Seite gewissermaßen Bilanz zu ziehen über die letzten 150 Jahre Evolutionstheorie, was das Handbuch in seinen vielen historischen Darstellungen der Begriffs-, Theorie-, Wissenschafts- und Diskursgeschichte der Evolutionstheorie und des »Darwinismus« leistet. Dabei wird nicht zuletzt die auch im Darwin-Jahr 2009 eklatante Fokussierung der Debatten auf die Person Darwins in der Komplexität historischer Betrachtungen relativiert. Gleichzeitig erfährt die Gewichtung des Evolutionsgedankens als theoretischer Errungenschaft eine stärkere Anbindung an deren kulturelle, soziale, institutionelle und materielle Entstehungs- und Entwicklungskontexte und an die visuellen und narrativen Repräsentations- und Kommunikationsformen. Auf der anderen Seite sind der heutige Wissensstand und die Positionen bzw. Thesen der aktuellen Debatte festzuhalten und zu dokumentieren, um den Lesern ein Werkzeug in die Hand zu geben, in dieser wie gesagt zentralen intellektuellen und wissenschaftlichen Auseinandersetzung *up to date* zu sein.

Um diesen Ansprüchen gerecht zu werden, ist das Handbuch in vier Teile gegliedert. Im **ersten Teil** *Konzepte, Begriffe und Begriffsgeschichten* finden sich zentrale Begriffe der Evolutionstheorie, jeweils einerseits in historisch-begriffsgeschichtlicher Hinsicht und andererseits als eine kurze Explikation ihrer theoretisch-systematischen Gehalte und ihrer Bedeutung für die Evolutionstheorie. Im **zweiten Teil** *Theorien und Debatten in der Biologiegeschichte* finden sich Beiträge zur Geschichte der Vorstellungen über Entstehung und Transformation der Arten und zentraler Konzepte wie »Reproduktion«, »Vererbung« und »Entwicklung« von der Aufklärung bis in die Gegenwart – oder von der Naturgeschichte bis in die Molekularbiologie. In diesen längeren Darstellungen zu den einzelnen Etappen dieser Geschichte wird auch gezeigt, wie und in welchem Maße evolutionsbiologische Forschungen von Konzepten und Begriffen aus anderen Wissensfeldern und kulturellen Praktiken beeinflusst wurden – ein Transfer, der in umgekehrter Richtung Thema des vierten Kapitels ist. Zuerst aber werden im **dritten Teil** *Institutionen und Repräsentationen, Praktiken und Objekte* wichtige epistemische und technische Objekte, Praktiken und Räume sowie Repräsentations- und Organisationsformen der wissenschaftlichen Gemeinschaften vorgestellt. Wissenschaft ist nicht nur eine kognitiv-intellektuelle Tätigkeit, sondern ganz wesentlich auch eine soziale Praxis, in der institutionelle *settings* oder die mediale Kommunikation ihrer Theorien und Erkenntnisse ebenso eine konstitutive Rolle für den Er-

kenntnisprozess spielen wie spezifische Untersuchungsgegenstände und -techniken.

Die Themen des umfangreichen **vierten Teils** *Einflüsse, Verbindungen, Auswirkungen* sind schließlich die Wechselwirkungen zwischen der Evolutionsbiologie und einer Auswahl nicht-biologischer Disziplinen (IV.1: *Evolutionstheorie in der Wissenschaft*) sowie mit gesellschaftlichen Bereichen etwa der Politik, Religion und Kunst (IV.2: *Evolutionstheorie in der Gesellschaft*). Es werden im weitesten Sinne die Auswirkungen und Einflüsse, die Rezeptionen und Übernahmen von evolutionsbiologischen Konzepten, Theorien, Begriffen, Metaphern und Schlagworten in anderen wissenschaftlichen Bereichen und in wesentlichen gesellschaftlichen, politischen und kulturellen Feldern untersucht, und zwar wiederum jeweils in historischer, in systematisch-theoretischer und schließlich auch in aktueller Hinsicht.

Ein solch ehrgeiziges Unterfangen kann naturgemäß weder abschließend noch umfassend sein. Abgesehen davon, dass die weltweit geführten Debatten um die Evolutionstheorie bzw. die evolutionsbiologischen Forschungen sich sehr schnell entwickeln und deren Darstellung daher alles andere als endgültig sein kann, weist dieses Handbuch auch schmerzliche Lücken auf. Letztere sind nicht nur dem begrenzten Umfang dieses Bandes geschuldet, sondern auch schlichten Misserfolgen bei unseren Bemühungen, für die nicht unbeträchtliche Arbeit im Rahmen dieses Projektes jeweils die geeigneten Experten zu gewinnen. Aus diesen Gründen fehlen insbesondere Artikel zum Verhältnis von Evolutionstheorie und Theologie (nicht aber zur Religion), zur neueren Entwicklung einer evolutionstheoretisch konzipierten Medizin, zum Einfluss evolutionstheoretischer Modelle auf die Mathematik oder auch zum Einfluss der Evolutionstheorie auf Design, Architektur und Städtebau. Andere Lücken sind etwas kleiner, aber nicht weniger schmerzlich: Im dritten Teil, der auch Institutionen wie Vereine und Gesellschaften behandelt, fehlen »Universitäten/Institute« als die sozialen Orte, an denen evolutionsbiologische Forschung betrieben und vermittelt wurde und wird und damit deren spezifische Prägung dieser Forschungstraditionen. Auch der technisch-instrumentelle Aspekt evolutionsbiologischer Forschung bleibt leider unterbelichtet, wozu auch der zu Forschungszwecken eingesetzte Film gehören würde.

Umso größer ist unsere Dankbarkeit gegenüber den Autorinnen und Autoren, die alle mit großem Engagement und unter Zeitdruck Originalbeiträge geschrieben haben, welche allein den Wert dieses

Handbuchs ausmachen. Danken möchten wir auch Thomas Weber für seine Hinweise auf Autoren und Themen, Carmen Richard für ihre administrative Unterstützung unserer Arbeit und das abschließende Lektorat, Karin Wördemann für die Übersetzung der auf englisch verfassten Beiträge, Florian Thalmann für die Erstellung des Registers und natürlich Oliver Schütze vom Metzler-Verlag für sein anhaltendes Vertrauen in unsere Arbeit und seinen motivierenden Optimismus gegenüber diesem Projekt.

Zürich, im Mai 2010
Marianne Sommer und Philipp Sarasin

Kurze Auswahlbibliographie

Nachfolgend seien aus der unübersehbaren Menge von Literatur über Darwin und die Evolutionsbiologie einige zentrale Werke von Darwin selbst sowie wichtige Übersichtswerke aufgeführt. Jede Auseinandersetzung mit spezifischen Fragen der Evolutionstheorie führt aber über die am Ende eines jeden Beitrags genannte Literatur.

Bowler, Peter J. (2003³): Evolution: The History of an Idea [1984]. Berkeley.

Darwin, Charles (1859): On the Origin of Species by Means of Natural Selection, or the Preservation of Favoured Races in the Struggle for Life. London.

Darwin, Charles (1868): The Variation of Animals and Plants under Domestication. London.

Darwin, Charles (1871): The Descent of Man, and Selection in Relation to Sex. Bd. 1 und 2. London.

Darwin, Charles (1872): The Expression of the Emotions in Man and Animals. London.

Darwin, Charles (1876): The Origin of Species by Means of Natural Selection, or the Preservation of Favoured Races in the Struggle for Life [6th Ed., with Additions and Corrections]. London.

Darwin, Charles (2006): Gesammelte Werke. Nach Übersetzungen aus dem Englischen von J. Victor Carus. Frankfurt a. M. Darin:
- Reise eines Naturforschers um die Welt, 7–346.
- Über die Entstehung der Arten durch natürliche Zuchtwahl oder die Erhaltung der begünstigsten Rassen im Kampfe ums Dasein, 347–691.
- Die Abstammung des Menschen [und die geschlechtliche Zuchtwahl], 693–1162.
- Der Ausdruck der Gemütsbewegungen beim Menschen und bei den Tieren, 1163–1370.

Engels, Eve-Marie (2007): Charles Darwin. München.

Hodge, Jonathan/Radick, Gregory (2003): The Cambridge Companion to Darwin. Cambridge.

Laubichler, Manfred D./Maienschein, Jane (2007): From Embryology to Evo-Devo: A History of Developmental Evolution. Cambridge (Mass.).

Mayr, Ernst (1991): One Long Argument. Charles Darwin and the Genesis of Modern Evolutionary Thought. Cambridge.

Mayr, Ernst/Provine, William B. (Hg.) (1980): The Evolutionary Synthesis: Perspectives on the Unification of Biology. Cambridge.

Regal, Brian (Hg.) (2008): Icons of Evolution: An Encyclopedia of People, Evidence, and Controversies. 2 Bde. Westport.

Ruse, Michael (1996): Monad to Man: The Concept of Progress in Evolutionary Biology. Cambridge.

Voss, Julia (2008): Charles Darwin zur Einführung. Hamburg.

Weber, Thomas P. (2005): Darwin und die neuen Biowissenschaften. Eine Einführung. Köln.

I. Konzepte, Begriffe und Begriffsgeschichte

1. Abstammung

Der Begriff bezeichnet allgemein die Herkunft von Vorfahren und in der Biologie insbesondere die Annahme, dass die gesamte organismische Mannigfaltigkeit der Erde das Ergebnis einer stammesgeschichtlichen Entwicklung (Phylogenie) ist (Lexikon der Biologie 1999). Der Begriff ist gleichbedeutend mit dem bis ins 20. Jahrhundert häufiger gebrauchten Terminus »Deszendenz«. Obwohl »Deszendenz« heute altmodisch klingt, ist die Gleichbedeutung wichtig, denn sie belegt, dass wir mit »Abstammung« dasselbe meinen wie Charles Darwin mit »descent«.

In Johann Christoph Adelungs umfangreicher Bestandsaufnahme der deutschen Sprache wird für »abstammen« die Bedeutung »herkommen, dem Geschlechte nach, herstammen« angegeben mit den Beispielen »Er stammt von hohen Ahnen ab. Wir stammen alle von Adam ab«, und »Dieß Wort stammet von keinem andern ab« (Adelung 1793, 113). Jakob und Wilhelm Grimm bieten für »abstammen (*originem trahere*)« die fast wortgleiche Definition, erklären aber »abstammung (*origo, abkunft*)« als »die abstammung aus einem lande« (Grimm/Grimm 1854, Sp. 125). Das könnte bedeuten, dass im Deutschen bei »Abstammung« eine Bedeutung mitschwingt, die dem englischen »descent« fehlt. Das *Oxford English Dictionary* führt jedoch zahlreiche Wortgebräuche für »descent« auf, darunter die für die Evolutionsbiologie relevanten »7. a. The fact of ›descending‹ or being descended from an ancestor or ancestral stock; lineage, b. *transf.* of animals and plants; in *Biol.* extended to origination of species (=…EVOLUTION)«, und »c. *fig.* Derivation or origination from a particular source«. Das belegt, dass »descent« im Englischen ähnlich changiert wie im Deutschen »Abstammung«.

Für die deutsche Darwin-Rezeption ist es bezeichnend und wichtig, dass Ernst Haeckel 1864 von der »Entwickelungstheorie Darwins« spricht, August Weismann 1902 »Vorträge über Descendenztheorie« hält, Karl Camillo Schneider 1908 den »*Versuch einer Begründung der Deszendenztheorie*« vorlegt, und 1922/24 Ludwig Plate seine zweibändige »*Allgemeine Zoologie und Abstammungslehre*« veröffentlicht. Im *Handwörterbuch der Naturwissenschaften* (1912) findet sich kein Schlagwort »Abstammung«, wohl aber ein 54 Seiten langer Eintrag aus der Feder Plates über »Deszendenztheorie«, in dem ausgeführt wird: »Die Deszendenztheorie oder Abstammungslehre ist ein Teil der allgemeinen Entwicklungslehre (Evolutionslehre), welche behauptet, daß alles auf der Erde in beständiger Veränderung begriffen ist.« Dies mag zeigen, wie die Vorstellung einer Abstammung der Organismen zunehmend in die Gemeinsprache Eingang gefunden hat.

Die heute gebräuchliche begriffliche Trennung von »Entwicklung« (in Sinne von individueller Ontogenie) und »Evolution« (im Sinne von phylogenetischer Abstammung mit Modifikation) war zu Haeckels Zeiten im Deutschen nicht vollzogen. Die Vorstellung eines phylogenetischen Zusammenhangs wurde zunächst durch ein Fremdwort – Descendenz – wiedergegeben, das zuerst in der Schreibweise »Deszendenz« phonetisch eingedeutscht und schließlich durch das deutsche »Abstammung« ersetzt wurde.

Zur allgemein gesellschaftlichen Akzeptanz des Begriffs »Abstammung« mag neben einem allgemeinen Trend zum Gebrauch der deutschen Sprache in der Wissenschaft von ca. 1890 bis 1920 (Ammon 1992) auch die Popularisierung der Darwinschen Evolutionstheorie durch Ernst Haeckel, und hier vor allem der ungemein suggestive Einsatz des Bildes eines Baums zur Darstellung von Abstammungsverhältnissen beigetragen haben (Haeckel 1866 und 1868).

Die zentrale Folgerung aus Darwins »Descent with Modification« taucht bei weitem nicht in allen deutschsprachigen Quellen zur Evolution der Organismen auf: Die heutige Vielfalt der lebenden Welt ist entstanden, indem evolutionäre Linien (Arten) sich spalteten. »Abstammung« bedeutet in der heutigen Zeit primär »gemeinsame Abstammung«, das heißt, heute getrennt existierende Organismengruppen gehen auf gemeinsame Vorfahren zurück, aus denen sie hervorgegangen sind, indem aus einer Art mehrere wurden. Diese Vorstellung hat Darwin im *Origin of Species* klar betont, sie spielt jedoch in Jean-Baptiste de Lamarcks *Philosophie zoologique* kaum eine Rolle. Schneider (1908) – wie fast die gesamte Sekundärliteratur zu Darwin und Lamarck – behandelt beide Werke als »Deszendenztheorien«. Das ist Lamarcks Darstellung aber nur in dem Sinn des dritten »Hauptproblems« der Abstammungslehre, das Plate im *Handwörterbuch der Naturwissenschaften* nennt: »das Problem der organischen Zweckmäßigkeit und der allmählich zunehmenden Kompliziertheit in Bau und Leistung im Laufe der Zeiten«. Lamarck ging davon aus, dass zu jeder Zeit Lebewesen aus unbelebter Materie entstehen, die sich im Laufe der Erdgeschichte »höher« entwickelten (siehe Bowler 1984). So sollten die heutigen Lebensformen auf zahlreiche unabhängige Urzeugungsvorgänge zurückgehen. Aus jeder dieser Urzeugungen hätten sich nach Lamarcks Vorstellungen unabhängige Linien von Organismen – Generationenfolgen – entwickelt, die getrennt voneinander, aber ungefähr parallel, immer komplexer wurden. Den genauen Verlauf der Stufenleiter erklärte Lamarck durch Gebrauch und Nichtgebrauch von Organen und Vererbung der so erworbenen Eigenschaften. Lamarck nahm nicht an, dass diese Linien sich in größerem Umfang aufgespalten hätten. Es muss wohl so etwas wie Artspaltung gegeben haben, da nicht sämtliche existierende Arten aus je eigenen Urzeugungen hervorgegangen sind. Aber die höheren systematischen Einheiten, wie Stämme und Klassen, sollten keine gemeinsamen Vorfahren besitzen. Im Unterschied dazu hat Darwin den Vorgang der Artspaltung mit der Konsequenz der Vermehrung der Arten und der gemeinsamen Abstammung sowohl in seiner berühmten Skizze »I think« (Notebook B, 36; s. Abb. S. 163) als auch im einzigen Diagramm im *Origin of Species* (nach Seite 116; s. Abb. S. 70) einleuchtend illustriert und im Text ausführlich beschrieben. Er hatte zwar keine klare Vorstellung vom Mechanismus der Vererbung (wenn man einmal von dem unbeholfenen Konzept der Pangenesis absieht), ließ aber keinen Zweifel daran, dass durch die Variabilität der Organismen diese sich an unterschiedliche Umweltbedingungen anpassen können, und auf diese Weise allmählich aus einer Ausgangsart zwei oder mehr werden können. Dass für diesen Vorgang die Entstehung von reproduktiver Isolation Voraussetzung ist, war ihm völlig klar, auch wenn er die Verhinderung von »intercrossing« nur kurz erwähnt. Auf jeden Fall nahmen für Darwin alle Lebewesen ihren Ursprung von einer einzigen Ausgangsform (oder doch höchstens nur wenigen Formen), wie er in einem der schönsten Sätze naturwissenschaftlicher Prosa beschreibt: »There is grandeur in this view of life, with its several powers, having been originally breathed into a few forms or into one; and that, whilst this planet has gone cycling on according to the fixed laws of gravity, from so simple a beginning endless forms most beautiful and most wonderful have been, and are being, evolved« (1859, 490).

Im 19. und im frühen 20. Jahrhundert war es entscheidend, grundsätzlich die Veränderlichkeit der Arten zu behaupten und zu belegen. Heute ist dieser Umstand als selbstverständlich akzeptiert, sowohl innerhalb wie außerhalb der Naturwissenschaft. Daher ist im heutigen evolutionsbiologischen Sprachgebrauch mit »Abstammung« stets ausdrücklich die Herkunft verschiedener Organismengruppen von einem gemeinsamen Vorfahren gemeint und nicht, wie etwa in Schneiders Ansicht über Lamarck, nur die Veränderung von Organismen innerhalb einer Generationenfolge ohne Aufspaltung der evolutiven Linie (phyletische Evolution, Anagenese).

In der *Phylogenetischen Systematik* (Hennig 1950) werden nur solche Ordnungseinheiten (Taxa) zugelassen, die *alle* Nachkommen(-arten) einer *nur ihnen* gemeinsamen Stammart umfassen. Solche Gruppierungen nannte Peter Ax (1984, 31) »geschlossene Abstammungsgemeinschaften«. Im System werden diese repräsentiert durch sogenannte *monophyletische Taxa* oder *Monophyla* (siehe »Systematik«).

Es ist nicht unwichtig sich klarzumachen, dass das Konzept von »Abstammung« in der Evolutionsbiologie sich in einem wesentlichen Punkt vom Konzept der genealogischen Abstammung im allgemeinen Sprachgebrauch (aber auch in der Genetik) unterscheidet: Nachkommen zweigeschlechtlich sich fortpflanzender Organismen haben stets zwei Eltern, vier Großeltern usw., d. h. je weiter man die Vorfahrenreihe in die Vergangenheit verfolgt, desto umfangreicher wird sie. In der Stammesgeschichte (Phylogenie) der Organismen gehen jedoch stets mehrere Taxa auf einen einzigen Vorfahren zurück, d. h. je weiter man die Abstammungsgeschichte einer Anzahl heute lebender (rezenter) Arten in die Vergangenheit verfolgt, desto weniger Vorfahren-Arten existierten zu jedem gegebenen Zeitabschnitt. Das bedeutet, dass Ahnentafeln und Stammbäume genau entgegengesetzte Projektionen darstellen, bzw. dass die Zeitachse in den beiden Diagrammen entgegengesetzt polarisiert ist.

Literatur

Adelung, Johann Christoph (1793[2]): Grammatisch-kritisches Wörterbuch der Hochdeutschen Mundart, mit beständiger Vergleichung der übrigen Mundarten, besonders aber der Oberdeutschen. Bd. 1. Leipzig. Zit. nach: Digitale Bibliothek [2004]. Bd. 40. Berlin.

Ammon, Ulrich (1992): »Deutsch als Wissenschaftssprache«. In: Spektrum der Wissenschaft 1992: 117–124.

Ax, Peter (1984): Das Phylogenetische System. Stuttgart/New York.

Bowler, Peter J. (1984): Evolution – The History of an Idea. Berkeley u. a.

Darwin, Charles Robert: Notebook B: [Transmutation of Species (1837–1838)]. Online im Internet unter: http://darwin-online.org.uk [Stand: 16.3.2010].

Darwin, Charles Robert (1859): On the Origin of Species by Means of Natural Selection or the Preservation of Favoured Races in the Struggle for Life. London.

Grimm, Jakob/Grimm, Wilhelm (1854): Deutsches Wörterbuch. Bd 1. Leipzig. Online im Internet unter:

http://germazope.uni-trier.de/Projects/DWB [Stand: 16.3.2010].
Haeckel, Ernst (1866): Generelle Morphologie der Organismen. 2 Bde. Berlin.
Haeckel, Ernst (1868): Natürliche Schöpfungsgeschichte. Berlin.
Handwörterbuch der Naturwissenschaften [1912]. Bd. 2. Jena.
Hennig, Willi (1950): Grundzüge einer Theorie der phylogenetischen Systematik. Berlin.
Lexikon der Biologie [1999]. Bd. 1. Heidelberg.
Oxford English Dictionary. Online im Internet unter: http://dictionary.oed.com/[Stand: 16.3.2010].
Schneider, Karl Camillo (1908): Versuch einer Begründung der Deszendenztheorie. Jena.

Michael Schmitt

2. Anpassung

Biologische Anpassung ist ein Prozess, bei dem sich Organismen derart verändern, dass sie ihren Umweltbedingungen besser angepasst sind und damit einen höheren Fortpflanzungserfolg haben. Der Begriff der Anpassung bezeichnet andererseits auch ein bestimmtes Resultat dieses Prozesses. Eine Anpassung in diesem Sinn ist ein Merkmal eines Organismus (eine speziell ausgeprägte anatomische Struktur, eine physiologische Funktion oder ein Verhaltensmuster), das zum Überlebens- und Fortpflanzungserfolg dieses Individuums beiträgt. Ein Organismus besitzt viele solche Anpassungen, die in der Fachliteratur auch als »Adaptionen« bezeichnet werden (oder auch als »Adaptationen«, entsprechend dem Englischen *adaptations*).

Die Tatsache, dass unterschiedliche biologische Arten der für sie charakteristischen Lebensweise und ihren Umweltbedingungen erstaunlich gut angepasst sind, war schon seit Jahrhunderten bekannt. Zum Beispiel argumentierte der englische Theologe und Philosoph William Paley, dass die Existenz dieser zweckmäßigen Merkmale nur durch die Annahme eines planenden Schöpfers erklärt werden könne (Paley 1802). Charles Darwin stimmte zu, dass es eine zentrale Aufgabe der Biologie sei, die Existenz von komplexen Anpassungen zu erklären; er behauptete jedoch, dass diese Erklärung ohne Rückgriff auf einen Schöpfer durch die Vorstellung eines evolutionären Prozesses geliefert werde (Darwin 1859/2008). Und zwar bevorzuge die natürliche Selektion diejenigen Individuen, die Merkmale besitzen, die sie ihrer Umwelt besser angepasst machen, so dass diese Merkmale in der nächsten Generation in höherer Zahl vertreten sind. Über viele Generationen hinweg führen diese schrittweise adaptiven Änderungen zu komplexen Anpassungen. In der Biologie nach Darwin setzte sich zwar der Abstammungsgedanke durch, Darwins spezifische Selektionstheorie hingegen blieb lange von geringer Durchschlagskraft. Oft galt die Selektion lediglich als dafür verantwortlich, dass unangepasste Merkmale aus Populationen verschwinden, aber nicht für die Entstehung neuer Merkmale und die Richtung der Evolution. Die heutige Evolutionsbiologie hingegen erkennt generell an, dass die natürliche Selektion den historisch-evolutionären Prozess der Anpassung erklärt.

Von dieser evolutionsbiologisch relevanten Form der Anpassung gilt es die sogenannte physiologische Anpassung zu unterscheiden. Letztere ist eine zeitweilige Anpassung eines Organismus an seine Umweltbedingungen, z. B. eine Erhöhung der Körpertemperatur oder der Herzschlagfrequenz. Das Resultat einer solchen Änderung wird nicht vererbt. Die Fähigkeit zur physiologischen Anpassung kann aber eine evolutionäre Anpassung sein, da bei andauernd wechselnden Umweltbedingungen die Fähigkeit zur physiologischen Anpassung (oder auch zum Lernen) vorteilhaft ist und von der Selektion bevorzugt werden kann (West-Eberhard 1982).

Der Begriff der evolutionären Anpassung wird zudem üblicherweise so gebraucht, dass er Merkmale bezeichnet, die in der Vergangenheit angepasst waren und deren Existenz durch natürliche Selektion historisch zu erklären ist – unabhängig davon, ob dieses Merkmal noch an die aktuellen Bedingungen angepasst ist (Burian 1982). Zum Beispiel können menschliche kognitive Prozesse evolutionäre Anpassungen (an frühere Formen von Sozialleben) sein, selbst wenn dieselben kognitiven Eigenschaften und Emotionen in heutigen Gesellschaften teilweise zu nichtadaptivem Verhalten führen. Darüber hinaus ist zu beachten, dass sich im Laufe der Evolution die Funktion und der Selektionsgrund eines Merkmals ändern kann. Der Vorläufer von Insektenflügeln waren kurze Körperauswüchse, die noch nicht dem Fliegen dienen konnten, sondern (wie eine Hypothese besagt) wahrscheinlich zum Zwecke der Körpertemperaturregulierung durch die Selektion entstanden sind. Erst später (als sie länger waren) konnten die Körperauswüchse zum Gleiten benutzt und schließlich für das Fliegen selektiert werden. Ein solch funktionelles Merkmal, das für eine andere Funktion entstanden ist, wird als »Exaptation« bezeichnet. Exaptationen werden aber von manchen EvolutionsbiologenInnen nicht als Adaptationen angesehen (Gould/Vrba 1982).

Generell ist die bloße Aussage, dass ein Merkmal eine Adaptation ist, weniger interessant als eine evolutionäre Erklärung, die darlegt, wann in der Vergangenheit das Merkmal welche funktionellen Eigenschaften hatte und wie genau es sich in diesem historischen Umweltkontext als vorteilhaft erwies. Auch sind Organismen nie vollständig ihrer Umwelt angepasst. Manche biologische Merkmale sind weitgehend nichtadaptiv und ihr Vorkommen wird evolutionär dadurch erklärt, dass sie aus weitervererbten Vorläuferstrukturen entstanden sind, wie z.B. der menschliche Blinddarm. Andere Merkmale sind bloße Nebenprodukte von adaptiver Evolution. Demgegenüber gehen Anhänger des Adaptionismus davon aus, dass jedes Merkmal, das häufig in einer Art ist, eine Adaptation darstellt.

Ein weiterer zentraler Begriff im Zusammenhang der Anpassung ist die Fitness. Die Fitness eines biologischen Merkmals (eines phänotypischen Merkmals oder eines Gens) ist ein quantitatives Maß für den Beitrag dieses Merkmals zum Fortpflanzungserfolg eines Organismus (gemessen als die durchschnittliche Anzahl der Nachkommen eines Individuums mit diesem Merkmal). Eine Ausprägung eines Merkmals (z. B. einer anatomischen Struktur) weist also eine höhere Fitness als eine andere Ausprägung desselben Merkmals (das in anderen Individuen der Art vorkommt) auf, wenn Erstere von der natürlichen Selektion bevorzugt wird. Anders ausgedrückt, ein angepasstes Merkmal ist ein Merkmal mir einer hohen Fitness.

Hierbei ist zu beachten, dass unsere intuitive Vorstellung von »Angepasstheit« oft nicht mit der tatsächlichen biologischen Fitness übereinstimmt. Manche Fälle von sexueller Selektion machen dies klar. Sexuelle Selektion ist die Konkurrenz um Fortpflanzungspartner zwischen Individuen desselben Geschlechts, wobei Männchen mit bestimmten körperlichen Merkmalsausprägungen oder Verhaltensweisen von den Weibchen ihrer Art bevorzugt werden können. Der Schwanz von männlichen Pfauen z. B., der sich durch äußerst lange und bunte Federn auszeichnet, ist ein Produkt der sexuellen Selektion, indem Pfauenweibchen in der Evolutionsgeschichte Männchen mit dem »vollendetsten« Federschmuck bevorzugten (aus welchem Grunde auch immer). Allerdings beeinträchtigt ein solch aufwendiger Federschwanz die Überlebenschancen von Männchen deutlich, da sie u. a. eine leichte Beute für Raubtiere sind. Intuitiv betrachtet, scheinen männliche Pfauen also nicht besonders gut angepasst zu sein. Dennoch erhöht der aufwendige Schwanz die Fitness der Männchen, da er zur Partnerwahl und Fortpflanzung notwendig ist. Ein anderes Beispiel ist das Geweih des eiszeitlichen, mittlerweile ausgestorbenen Riesenhirsches. Das enorme Geweih der Männchen ist wahrscheinlich durch sexuelle Selektion entstanden, selbst wenn es schließlich zum Aussterben der ganzen Art geführt hat. Da der Pfauenschwanz und das Riesenhirschgeweih die Fitness erhöhten und von der Selektion bevorzugt wurden, betrachten viele EvolutionsbiologenInnen diese Merkmale als evolutionäre Anpassungen. Andererseits scheuen sich manche BiologInnen, zur Fortpflanzung beitragende Merkmale als Anpassungen oder als angepasst zu bezeichnen, wenn sie nicht dem Überleben dienlich sind (Gould/Lewontin 1979). Dies war auch der Grund, warum Darwin den Begriff der sexuellen Selektion (↗ Geschlecht) von der natürlichen Selektion (↗ Zuchtwahl) unterschied (Darwin 1871/2009).

Des Weiteren können evolutionäre Anpassungen auf allen Organisationsebenen vorkommen. Ein Beispiel für eine Anpassung auf der genetischen Ebene ist die meiotische ↗ Drift. Normalerweise hat bei Organismen mit doppeltem Chromosomensatz jedes Gen dieselbe Chance, in den Gameten (Eizellen und Spermien) vertreten zu sein. Bei meiotischer Drift schafft es ein Gen, diesen Prozess so zu beeinflussen, dass es mit höherer Wahrscheinlichkeit in den Gameten und damit in den nächsten Generationen vertreten ist. Dieses Gen hat damit eine höhere Fitness als andere Gene und verbreitet sich durch die natürliche Selektion, selbst wenn die Funktion dieses Gens den Organismus negativ beeinträchtigt. Deswegen ist dieses die Gametenbildung manipulierende Verhalten eine evolutionäre Anpassung eines Genes, nicht jedoch eines Organismus. Dieser und andere Fälle zeigen, dass die natürliche Selektion auf biologische Einheiten auf verschiedenen Organisationsebenen – Gene, phänotypische Merkmale, Organismen und Gruppen von Organismen – wirkt und ein selektiver Vorteil auf einer Organisationsebene ein Nachteil auf einer anderen bedeuten kann. Der Begriff der Anpassung kann sich also auf ein Merkmal oder eine Verhaltensweise eines Genes, eines Organismus oder einer Gruppe von Individuen beziehen.

Literatur

Burian, Richard M. (1992): »Adaptation: Historical Perspectives«. In: Evelyn F. Keller/Elisabeth A. Lloyd (Hg.):

Keywords in Evolutionary Biology. Cambridge (Mass.), 7–12.
Darwin, Charles (2008): Über die Entstehung der Arten im Thier- und Pflanzenreich durch natürliche Züchtung, oder Erhaltung der vervollkommneten Rassen im Kampfe um's Daseyn [On the Origin of Species by Means of Natural Selection, or the Preservation of Favoured Races in the Struggle for Life, 1859]. Darmstadt.
Darwin, Charles (2009): Die Abstammung des Menschen [On the Descent of Man, and Selection in Relation to Sex, 1871]. Frankfurt a. M.
Gould, Stephen J./Lewontin, Richard C. (1979): »The Spandrels of San Marco and the Panglossian Paradigm: a Critique of the Adaptationist Programme«. In: Proceedings of the Royal Society of London B205: 581–598.
Gould, Stephen J./Vrba, Elisabeth S. (1982): »Exaptation: a Missing Term in the Science of Form«. In: Paleobiology 8: 4–15.
Paley, William (1802): Natural Theology, or Evidences of the Existence and Attributes of the Deity, Collected From the Appearances of Nature. London.
West-Eberhard, Mary J. (1992): »Adaptation: Current Usages«. In: Evelyn F. Keller/Elisabeth A. Lloyd (Hg.): Keywords in Evolutionary Biology. Cambridge (Mass.), 13–18.

Ingo Brigandt

3. Art

Der Begriff »Art« (Spezies) in der Biologie ist eine Grundeinheit der Systematik. Eine allgemeine, sämtlichen theoretischen und praktischen Erfordernissen der Teildisziplinen genügende Definition ist nicht festgelegt. Da die Teilgebiete ausgewählte Eigenschaften der Organismen betrachten, heben ihre nebeneinander geltenden Art-Konzepte jeweils Teilaspekte hervor.

Typologisch-morphologischer Artbegriff

Der Artbegriff entwickelte sich aus den klassifizierenden Begriffen *genus* und *species* der antiken Logik, die Ober- und Unterbegriff in einer hierarchisch strukturierten Begriffspyramide waren. *Species* (griechisch *eidos*) als Idee, die den gesamten Wesensbestand eines Seienden betraf, wurde auch metaphysisch gedeutet. Zur Unterteilung der »beseelten Wesen« bildete Platon Klassen der Wirbeltiere. Er und Aristoteles betrachteten eine Art, auch die von Lebewesen, als einen relativen Begriff, weil einheitliche Kriterien wie Fertilität und Vererbbarkeit fehlten. Der die wissenschaftliche Botanik begründende Theophrastos von Eresos fasste eine Gruppe von geringfügig variierenden Individuen als »Typos« mit objektiver Realität auf. Eine Art wurde nach dem Grad der Verschiedenheit morphologischer, auch physiologischer und ökologischer Merkmale von »ähnlichen« Individuengruppen bestimmt. Diese Betrachtungsweise ergab, dass man ein zeitweiliges »Ausarten«, z. B. von Getreidegräsern in Ackerunkräuter, von der Antike bis zur Frühen Neuzeit für möglich hielt. Seit dem Mittelalter drang, beeinflusst durch die theologische Schöpfungslehre, die Annahme einer Konstanz der Arten als gottgewollte Geschöpfe in die Naturkunde ein. Sie wurde einerseits durch die physikotheologische Naturdeutung und andererseits durch die erneute Wirkung der stoischen Naturphilosophie, welche die Unterschiede von Gattungen und Arten auf die erschaffenen, im Universum verbreiteten *logoi spermatikoi* (lateinisch *rationes seminales*, u. a. bei Augustinus) zurückführte, im 17. und 18. Jahrhundert unterstützt. Die logischen Ordnungsbegriffe Gattung und Art deutete Caspar Bauhin 1620 (*Prodromos Theatri Botanici*) und 1623 (*Pinax Theatri Botanici*) als taxonomische Kategorien mit in botanischen Artdiagnosen definierbaren Merkmalen und binären Eigennamen. Den Artbegriff bestimmte John Ray 1686 (*Historia Plantarum* I, *Praefatio*) genealogisch als eine Gruppe von »Pflanzen, die vom gleichen Samen abstammen und ihre Eigenart durch Aussaat wiederum fortpflanzen [...].« Indem er die genealogischen Beziehungen zwischen den taxonomischen Einheiten betonte, betrachtete Carl von Linné um 1735 die Familien von Pflanzen und Tieren als analog zu menschlichen Sippen. Infolge des beträchtlich zunehmenden Wissens über die Formenfülle der Floren und Faunen auf der gesamten Erdoberfläche sowie über Züchtungsergebnisse gelangte Linné ca. 1750 zu einem dynamischen Artkonzept: Aus Archetypen (Urformen) sollten mittels natürlicher Hybridisierung die heutigen Arten, denen eine objektive Existenz zugestanden wurde, hervorgegangen sein. Ihm folgten weitere Naturhistoriker, welche die Fähigkeit zur »Erzeugung fruchtbarer Nachkommen« als zusätzliches Kriterium zur Unterscheidung einer Art anerkannten (Karl Illiger 1800; Georges Cuvier 1817). Eine Variabilität von Arten in gewissen Grenzen unter Bildung von Rassen nahm der auch geologische Langzeitveränderungen anerkennende Georges-Louis Leclerc de Buffon an (ca. 1750). Er stützte sich auf Ergebnisse von Kreuzungsexperimenten mit Rassen und Arten von Wirbeltieren sowie auf sein naturphilosophisches Konzept eines die

Eigenschaften eines Organismus bestimmenden, mittels physikalischer Kräfte (wie in Newtons Theorien) wirkenden »inneren Modells« (*moule intérieur*). Während besonders in Deutschland, beeinflusst durch die idealistische Naturphilosophie, ein typologisch-morphologischer Artbegriff weiterwirkte, nach dem eine Art zeitweilig in gewissen Grenzen als Abwandlung einer ideellen »Urform« (vgl. Goethe) wahrnehmbar sein sollte, befestigte Jean-Baptiste de Lamarck (*Philosophie zoologique*, 1809) durch seine Theorie einer Transformation der Arten in langen Zeiträumen der Erdgeschichte infolge von Veränderungen der Umwelt, auf welche die Organismen durch erbliche Änderungen der Lebensgewohnheiten und der Organe reagierten, ein dynamisches Artkonzept. Daneben wird der typologische Artbegriff zur Klassifikation von Organismen, von denen nur wenige wahrnehmbare Merkmale bekannt sind, in der taxonomischen Praxis sowie in der Paläontologie bis zur Gegenwart angewandt. Dieses Konzept ergänzt die Paläontologie durch ein chronologisches, indem sie eine zeitlich dichte Folge von Populationen mit morphologisch geringfügig variierenden Individuen als Art auffasst.

Das biologische Artkonzept

Nach botanischen, zoologischen und paläontologischen Forschungen in vielen Erdregionen seit ca. 1750 erkannten Naturforscher stammesgeschichtliche Zusammenhänge zwischen rezenten und fossilen Organismen. Deren Entstehung und die gleichzeitige Zunahme der Mannigfaltigkeit der Gestalten und Funktionen versuchte Charles Darwin, der nicht nur Individuen, sondern Populationen betrachtete, 1859 mittels seiner Theorie einer phylogenetischen Entwicklung zu erklären. Die in der Züchtungsforschung nachgewiesene Variabilität der Spezies ließ ihn Mechanismen, die einer »natürlichen Zuchtwahl« (*natural selection*) entsprechen sollten, als wirksam annehmen. Er beachtete also im Gegensatz zu Linné und dessen Anhängern stärker die Möglichkeit der Veränderung der Arten. Mitunter betrachtete er jedoch das Artkonzept als »künstlich« und hielt die innerhalb einer Population variierenden Individuen sowie eine Transformation in geologischen Zeiträumen für real. Darwins Erklärungen der Vervielfältigung der Arten (Speziation) und der dabei wirksamen Mechanismen blieben ebenso wie sein Artkonzept unvollständig, da die Kenntnisse der Biologie (z. B. über Genetik) noch mangelhaft waren.

Die Forschung über die Art als Population wurde vernachlässigt zugunsten der experimentellen Untersuchung der Vererbung an Individuen nach der Wiederentdeckung der Mendelschen Regeln 1900. Erst seit den 1920er Jahren wurde das biologische Artkonzept als populationsgenetisches weiterentwickelt, während Probleme der Existenz und Entstehung der Arten weiterhin erörtert wurden.

Eine Biospezies gilt als reale Einheit. Sie ist eine Fortpflanzungsgemeinschaft mit einem gemeinschaftlichen Genpool, die in einem bestimmten Raum für eine gewisse Zeit existiert. Artbildung und Artumbildung können bezüglich der geografischen Verbreitung zweier Populationen durch deren Relation zueinander definiert werden. Wenn zwei natürliche Populationen in sich weit überlappenden Gebieten ihre Identität als geschlossene Fortpflanzungsgemeinschaften bewahren, wird der Zustand Sympatrie genannt. Aus einer zusammenhängenden Population können (u. a. bei geografischer Isolation) zwei Kolonien ohne Hybridbildung in getrennten Arealen entstehen (Allopatrie). Eine Gruppe natürlicher Populationen, die sich untereinander kreuzen und von anderen Gruppen reproduktiv isoliert sind, kann man als eine Art betrachten. Das biologische Artkonzept ist mitunter schwierig anzuwenden (z. B. bei manchen geografisch isolierten Populationen sowie bei jahreszeitlich unterschiedenen Generationen). Es vermag sich asexuell fortpflanzende Organismen wie Pilze, einige Pflanzen und Tiere nicht zu erfassen. Für die Prokaryonten wie Bakterien, Viren u. a. wurde die Existenz von natürlichen Populationen überhaupt ausgeschlossen. Sie werden aber mittels erst neuerdings bestimmbarer Eigenschaften wie ihrer molekularen Ausstattung in biochemisch unterscheidbare Gruppen eingeteilt.

Nach dem biologischen Artkonzept nennt man Arten nicht-dimensional, die sich von an einem Ort und zu derselben Zeit (sympatrisch und synchron) nebeneinander vorkommenden Populationen aufgrund morphologischer und physiologischer (z. B. Reproduktion und Verhalten) Eigenschaften deutlich unterscheiden lassen. Dieses Konzept wird durch Taxonomen bevorzugt. Davon unterscheidet man die multidimensionale Art, eine Gruppe von Populationen, deren Individuen sich miteinander fortpflanzen, aber nicht in demselben Raum und zu derselben Zeit zusammenleben (allopatrisch und allochron). Diesem Begriff fehlt die Objektivität. Dagegen wird eine (monophyletische) Abstammungsgemeinschaft aus einer oder mehreren Populationen in einer bestimmten Zeitspanne nach dem phylogenetischen Artkonzept als Art betrachtet. Eine solche Art kann sich verändern (phylogenetische Anagenese), nachdem sie durch Artspaltung entstanden ist. Sie endet, wenn alle Individuen aussterben oder wenn durch Spaltung zwei neue Arten entstehen.

Literatur

Heuer, Peter (2008): Art, Gattung, System: Eine logisch-systematische Analyse biologischer Grundbegriffe. Freiburg i.Br.
Mayr, Ernst (1967): Artbegriff und Evolution [Animal Species and Evolution, 1963]. Hamburg/Berlin.
Mayr, Ernst (1970): Populations, Species, and Evolution. Cambridge (Mass.).
Mayr, Ernst (1979): Evolution und die Vielfalt des Lebens [Evolution and the Diversity of Life, 1976]. Berlin/Heidelberg/New York.
Wilson, Robert A. (Hg.) (1999): Species – New Interdisciplinary Essays. Cambridge (Mass.)/London.

Brigitte Hoppe

Altruismus ↗ **Egoismus, Altruismus**
Auslese ↗ **Zuchtwahl**
Bevölkerung ↗ **Population**

4. Darwinismus

Der Begriff des Darwinismus nimmt wie der des Christentums für verschiedene Menschen ganz unterschiedliche Bedeutungen an. Der Klarheit halber sollte man zunächst zwei Bedeutungen unterscheiden: den Darwinismus in einem wissenschaftlichen Sinn und den Darwinismus in einem sozialen oder kulturellen Sinn. Da die zweite Bedeutung in anderen Artikeln dieses Bandes behandelt wird (vgl. vor allem die Artikel in Teil IV des Handbuchs), wird sich dieser Artikel auf den wissenschaftlichen Begriff konzentrieren.

In seiner wissenschaftlichen Bedeutung muss der Begriff des Darwinismus zunächst zur Idee der Evolution allgemein (in einem biologischen Sinne verstanden) erweitert werden und außerdem nach drei Aspekten hin unterschieden werden: (a) Evolution als Tatsache, (b) Evolution als Pfad und (c) Evolution als Ursache oder Mechanismus.

(a) »Evolution als Tatsache« bezieht sich auf die Behauptung, dass alle Organismen, lebende wie ausgestorbene, Menschen eingeschlossen, als Ergebnis am Ende eines langen, langsam verlaufenden, natürlichen (d. h. gesetzmäßigen) Entwicklungsprozesses stehen, der bei einigen wenigen einfachen Formen, vielleicht sogar letztlich bei anorganischen Stoffen, seinen Ausgang nahm. Obwohl er oft als geistiger Vater der Evolutionstheorie angesehen wird, war Charles Darwin, nicht der Erste, der an die Evolution in diesem Sinn glaubte. Schon im Laufe des 18. Jahrhunderts gab es Menschen, die von einer organischen Evolution überzeugt waren (damals wurde meist der Begriff »Transformation« verwendet), darunter auch Charles Darwins Großvater, der Arzt Erasmus Darwin. Im frühen 19. Jahrhundert wurde die Evolutionstheorie des Franzosen Jean-Baptiste de Lamarck bekannt.

Darwins großes Verdienst bestand darin, die Idee der Evolution mit seinem Werk *On the Origin of Species* (1859) zum Allgemeingut gemacht zu haben. Bis dahin war die Evolution ein nachgeordnetes Phänomen des kulturellen Konzepts des Fortschritts gewesen. Entgegen der christlichen Vorstellung von der Vorsehung – wonach wir alle Sünder sind und ohne die Gnade Gottes nichts ausrichten können – hatten im frühen 19. Jahrhundert immer mehr Denker und Macher angefangen, die Idee des Fortschritts zu akzeptieren, die Überzeugung, wonach allein durch menschliches Denken und Bemühen ein Wandel zum Besseren möglich ist. Der kulturelle Fortschritt des Menschen wurde umgehend in eine evolutionäre Form biologischen Fortschritts umgemünzt: vom »Einzeller zum Menschen« lautete die Formel. Der biologische Fortschritt wurde dann nicht selten in zirkulärer Weise als Begründung für den kulturellen Fortschritt herangezogen.

Obgleich Darwin wahrscheinlich von einem wie immer gearteten biologischen Fortschritt ausging – vom kulturellen Fortschritt war er sicherlich überzeugt –, stellte er die Evolution auf eine ganz andere Argumentationsbasis. Er setzte eine Art fächerförmig angelegte Argumentation ein – methodisch als eine »Übereinstimmung der Induktionsschlüsse« (*consilience of inductions*) bekannt –, bei der er von der Tatsache der Evolution als Hypothese ausging und dann zeigte, wie diese Hypothese die Phänomene über das gesamte biologische Spektrum zu erklären vermochte. Fragt man etwa, warum die Fossilgeschichte von älteren primitiven Formen (nach ihrem Fundort in den Sedimentschichten zu urteilen) bis zu Formen reicht, die von den heutigen kaum mehr zu unterscheiden sind, dann ist Evolution die Antwort. Fragt man, warum die Formen von Schildkröten und Vögeln (Finken und Spottdrosseln) auf dem Galapagosarchipel ähnlich, aber nicht identisch sind, ist wiederum Evolution die Antwort. Und wie soll man sich die Tatsache erklären, auf die Aristoteles schon Jahrhunderte vor Christus stieß, dass sich nämlich die Knochenstrukturen der Vordergliedern von Wirbeltieren wie Menschen, Pferden, Maulwürfen und Vögeln überaus ähnlich sind, obwohl sie unterschiedliche Funktionen haben? Sie ist das Ergebnis gemeinsamer Vorfahren und der Beibehaltung von Grundstrukturen über Jahrtausende des Wandels – was Darwin »Abstammung mit Abwandlung« nannte.

(b) Zu »Evolution als Pfad«, heute unter der Bezeichnung Phylogenie bekannt, hatte Darwin wenig beizutragen. Tatsächlich waren zu der Zeit, als *On the Origin of Species* veröffentlicht wurde, die Grundrisse der Abstammungsgeschichte bereits erkannt und begründet, und zwar von Leuten, die die Evolution ablehnten. Sie sahen den Verlauf der Fossilgeschichte und deuteten ihn als etwas, was durch Gottes wunderbares Eingreifen fortwährend in Gang gehalten und schöpferisch gestaltet werde. Die Lücken im Fossilbericht gereichten ihnen gar zum Beleg für massive katastrophale Umwälzungen auf der Erde, denen Zeiten göttlicher, formerneuernder Erschaffung gefolgt seien.

Darwins wirklich schöpferische Arbeit fiel in die späten 1830er Jahre. Bis zur Veröffentlichung von *On the Origin of Species* (1859) galt seine Aufmerksamkeit danach einer mehrjährigen Untersuchung der Rankenfußkrebse. Er war ein heimlicher Evolutionist und man kann deutlich erkennen, wie er über den Evolutionspfad dieser Gruppe spekulierte, auch wenn er nichts ausdrücklich darüber sagte. Zwölf Jahre nach *On the Origin of Species* veröffentlichte Darwin ein bedeutendes Werk über unsere Art: *The Descent of Man* (1871). Er stellte darin Überlegungen zu unserem Ursprung in Afrika an, das er Asien, das zu der Zeit ebenfalls in der engeren Wahl war, vorzog.

Als Darwin an *On the Origin of Species* schrieb, sah er sich dem großen Problem gegenüber, dass es keinerlei Beweise für präkambrisches Leben gab. Die Trilobiten und andere komplexere Organismen tauchten ohne frühere Spuren auf. Darwin meinte, es müsse frühere Lebewesen gegeben haben, doch sie hätten dort gelebt, wo heute Meer sei, so dass wir nicht erwarten könnten, Fossilien zu finden, und selbst wenn wir die Gesteine ausgraben könnten, würde sie der Druck des Meeres zur Unkenntlichkeit zerrieben haben. Klugerweise sagte Darwin nichts über den Ursprung des Lebens. Seine Veröffentlichung kam gerade zu dem Zeitpunkt, als Pasteur in Frankreich den Überlegungen zur spontanen Erzeugung ein Ende bereitete, und Darwin schwieg sich weise aus. Später mutmaßte er, das Leben könnte vielleicht durch Blitzschlag in einen warmen kleinen Teich entstanden sein, in dem sich die geeigneten chemischen Stoffe befanden, stellte aber zugleich fest, dass einmal begonnenes Leben jede weitere Erzeugung von Leben wahrscheinlich verhindern würde. Er äußerte diese Gedanken aber nur in einem privaten Brief.

(c) »Evolution als Mechanismus« ist ein Paradox. Heute feiern wir Darwin gerade für sein Denken zu diesem Thema, aber zur Zeit der Veröffentlichung von *On the Origin of Species* und noch siebzig Jahre danach wurde sein Beitrag spöttisch belächelt und ignoriert. Nachdem Darwin im Frühling 1837 Evolutionist geworden war, mühte er sich 18 Monate lang ab, einen Mechanismus zu finden. Er wollte der Newton der Biologie werden und suchte deshalb nach einer Kraft, die den organischen Wandel bewirken konnte. Als erstes wurde ihm klar, dass Tier- und Pflanzenzüchter Lebensformen höchst erfolgreich verändern konnten, indem sie die erwünschten Eigenschaften auswählten – fleischigere Schweine, muskulösere Kühe und wolligere Schafe. Doch wie sollte er zu einer natürlichen Form der künstlichen Selektion gelangen?

Im Herbst 1838 las Darwin ein sehr konservatives Werk des anglikanischen Geistlichen Thomas Robert Malthus zur politischen Ökonomie. Dieser war wegen der Kosten der Sozialfürsorge besorgt und argumentierte, die Bevölkerungszahl werde das Nahrungsmittelangebot potenziell immer übersteigen und es werde infolgedessen einen Kampf ums Dasein geben. Unsinnige Versuche staatlicher Unterstützung würden das Problem nur verschlimmern. Darwin stellte diese Argumentation auf den Kopf, indem er die Ansicht vertrat, dass es in der gesamten Tier- und Pflanzenwelt einen solchen Kampf gebe, was bedeute, dass nicht alle Organismen überleben und sich fortpflanzen könnten, so dass nur ein paar – die fitteren Exemplare – ihre Merkmale an die nächste Generation weitergeben würden. Es gebe also eine »natürliche Auswahl«.

Mehr noch, die Form des Wandels, zu der die Selektion führt, wird diejenigen Merkmale ausprägen und verbessern, die den Organismen im Kampf ums Dasein zum Erfolg verhelfen. Organismen sind also nicht zufällig zusammengewürfelt, sondern angepasst. Sie haben scheinbar planvolle Merkmale, oder um die Sprache der Philosophie zu verwenden (die Darwin selbst gebrauchte), sie lassen »Zweckursachen« erkennen. Der Glaube, dass es sich dabei um einen grundlegenden Aspekt des Lebendigen handelt, stammt, wie man anmerken sollte, nicht von Darwin selbst. Er gab damit die Ansicht der Naturtheologie wieder, wie sie insbesondere in den Lehrbüchern des anglikanischen Archidiakons William Paley zum Ausdruck kam, die er in seiner Jugend geradezu verschlungen hatte.

Die natürliche Auslese (mit einer Variante, die als sexuelle Auslese bekannt ist) spielt eine gewichtige Rolle in *On the Origin of Species*. Als Darwin zur Embryologie und den großen Ähnlichkeiten zwischen Embryonen von sehr unterschiedlichen Arten – etwa Menschen und Hühnern – Stellung bezog, argumentierte er zum Beispiel, der Grund dafür sei, dass der Kampf in den ersten Lebensjahren eines Organismus nicht mit ganzer Wucht zu spüren sei, bei Erreichen der Reife aber sehr hart sein könne. Embryonen könnten folglich unverändert bleiben, auch wenn die erwachsenen Exemplare getrennte Entwicklungen durchmachen. Zur Stützung dieser These zeigte Darwin, dass Tierzüchter auf Unterschiede erwachsener Tiere abzielen und dass sich die Jungtiere hier ebenfalls sehr ähnlich sein können – so bei Rennpferden und Zugpferden.

Niemand wollte die natürliche Selektion rundheraus leugnen, doch nur wenige glaubten, dass sie zu leisten vermöchte, was Darwin behauptete. Deshalb wurden andere Mechanismen vorgeschlagen, darunter auch der Lamarckismus (die Vererbung erworbener Eigenschaften) und der Saltationismus (eine Evolution in Sprüngen, die wir als Makromutationen bezeichnen würden). Es gab gute wissenschaftliche Gründe für die Zurückhaltung. Darwin konnte keine genaue Theorie der Vererbung vorweisen. Er konnte nicht wirklich beobachten, wie eine vorteilhafte neue Variation (Mutation) von Generation zu Generation erhalten bleiben und weitergegeben werden konnte. Kritiker wiesen zu Recht darauf hin, dass eine solche Variation nach ein oder zwei Generationen aus einer Population verdrängt würde, ganz gleich wie vorteilhaft sie sein mag und wie erfolgreich ihr Träger im Kampf wäre. Die Kritiker argumentierten zudem fälschlicherweise (weil sie von den Wärmewirkungen des radioaktiven Zerfalls nichts wussten), die Erde könne für einen so langsam verlaufenden Prozess wie die Selektion nicht alt genug sein. Dieser Einwand konnte erst zu Beginn des 20. Jahrhunderts entkräftet werden.

Und eine neu entwickelte Theorie der Vererbung – die Mendelsche Genetik – war erst in den 1930er Jahren so weit vorangeschritten, dass Evolutionstheoretiker erkennen konnten, wie die natürliche Selektion den Wandel tatsächlich zustande bringen konnte und (wie wir heute wissen) oftmals mit großer Schnelligkeit. Damit konnte die Theorie von der Entstehung der Arten auf einen neuen Stand gebracht werden, bekannt als »Neodarwinismus« (ein britischer Begriff, der auf die 1890er Jahre zurückgeht) oder als »synthetische Evolutionstheorie« (die Synthese von Darwinismus und Mendelismus), wie sie heute in den USA genannt wird (vgl. die Artikel in Teil II dieses Handbuchs).

Die Idee der Evolution hat sich – außer etwa bei den Anhängern einer Strömung des amerikanischen evangelikalen Christentums, des Fundamentalismus oder Kreationismus – durchgesetzt. Heute wissen wir nicht bloß dank der Entdeckungen von eindrucksvollen Fossilien (wie einem Lucy genannten *Australopithecus afarensis*, der ein affengroßes Gehirn besaß, aber aufrecht ging), sondern auch aufgrund der molekularen Information sehr viel über den Verlauf der Evolution. Zur Entstehung des Lebens wird ebenfalls ausgiebig geforscht. Und wie stehen wir heute zum Mechanismus? Auf der molekularen Ebene ist klar, dass eine Selektion oft fehlt und der Zufall wirkt (molekulare Drift) – das ist die Basis der sogenannten »molekularen Uhr«. Auf der Ebene des Gesamtorganismus gibt es verschiedene Kandidaten für den Rang des wichtigsten Evolutionsmechanismus. In neuerer Zeit am bekanntesten ist der des Paläontologen Stephen Jay Gould, der (in seiner Theorie des »punktuierten Gleichgewichts«) die Auffassung vertritt, die Fossilgeschichte zeige rasche Veränderungen, die für die natürliche Auslese zu schnell seien, weshalb wir die Darwinsche Annahme überdenken sollten, dass Organismen universell Anpassung aufweisen, im Sinne einer Zweckursache.

Zweifellos wird es Anfechtungen der Theorie von der natürlichen Auslese geben, solange es die Forschung zur Evolution gibt. Was wir sagen können, ist, dass heute fast alle Vertreter der Evolution, die sich mit deren Ursachen befassen, die natürliche Selektion als eine solche ansehen und dass sie nach wie vor ein starkes Instrument der Forschung ist. Allein schon aus diesem Grund ist der Darwinismus (im Sinn des Überzeugtseins von der Evolution und der natürlichen Selektion als Hauptmechanismus des Wandels) eine erfolgreiche Methode des Verstehens.

Literatur

Ruse, Michael (1996): Monad to Man. The Concept of Progress in Evolutionary Biology. Cambridge.

Ruse, Michael (1999²): The Darwinian Revolution. Science Red in Tooth and Claw [1979]. Chicago.
Ruse, Michael (2006): Darwinism and its Discontents. Cambridge.
Ruse, Michael (2007): Charles Darwin. Oxford.

Michael Ruse (Übersetzung: Karin Wördemann)

Drift ↗ **Gendrift**

5. Egoismus, Altruismus

Als evolutionsbiologische Begriffe haben Altruismus und Egoismus heute eine andere Bedeutung als im gewöhnlichen Sprachgebrauch. Selbst wenn sie auf menschliches Verhalten angewendet werden, haben Altruismus und Egoismus im biologischem Sinne nichts mit der persönlichen Absicht (oder gar der moralischen Bewertung) einer Handlung zu tun. Vielmehr bezeichnen sie allein den biologischen Effekt einer Handlung, genauer gesagt deren Auswirkung auf die Fortpflanzungsrate von Organismen. Die Fitness eines Organismus ist ein quantitatives Maß der Fortpflanzungschance, definiert als die (erwartete) Anzahl der Nachkommen dieses Organismus. Eine Verhaltensweise eines Individuums ist egoistisch, wenn sie dessen Fitness erhöht. Hingegen ist die Verhaltensweise altruistisch, wenn sie die Fitness von einem (oder mehreren) Artgenossen erhöht, dabei aber die Fitness des sich so verhaltenden Individuums reduziert. Altruismus in diesem Sinn gibt es selbst in Arten mit sehr primitivem Sozialverhalten, wo altruistisches Verhalten nicht durch Emotionen (z. B. Sympathie) oder bewusstes Handeln hervorgebracht wird.

Das Vorkommen von biologischem Altruismus stellt eine ernsthafte Herausforderung für die Evolutionsbiologie dar. Denn bei der natürlichen Selektion setzen sich diejenigen Organismen durch, die eine höhere Fitness (und somit mehr Nachkommen) als ihre Artgenossen haben. Ein Individuum, das eine einzelne altruistische Verhaltensweise besitzt und damit seine Fitness zugunsten anderer reduziert, hat definitionsgemäß eine niedrigere Fitness als ein Artgenosse, der sich egoistisch verhält. Da die Selektion der klassischen Darwinschen Theorie gemäß egoistisches Verhalten gegenüber altruistischem Verhalten bevorzugt, scheint die Evolution von Altruismus kaum erklärbar zu sein, obwohl Altruismus offenkundig bei allen möglichen Tierarten vorkommt. Charles Darwin erkannte dieses Problem schon bei der Formulierung seiner Selektionstheorie (Darwin 1859/2008). Zum Beispiel gibt es bei Bienen und vielen anderen Insektengruppen sterile Arbeiterinnen. In einem Bienenvolk ist die Königin das einzige Weibchen, das sich fortpflanzen kann. Die Arbeiterinnen tragen durch Honigsammeln und Brutpflege zur Fortpflanzung der Königin bei – eine extreme Form des Altruismus, da die Fitness der Arbeiterinnen, verstanden als Individuen, gleich null ist.

Darwin hat diese und andere Formen von Altruismus durch eine Art von Selektion erklärt, die heutzutage als Gruppenselektion bezeichnet wird. Beim Standardmodell der *Individualselektion* sind Individuen die Einheiten der Selektion, d. h. die Selektion bevorzugt einzelne Individuen (mit vorteilhaften phänotypischen Merkmalen einschließlich Verhaltensmustern) gegenüber anderen Individuen. Bei der *Gruppenselektion* hingegen sind Gruppen von Individuen die Einheiten der Selektion, wobei die Selektion manche Gruppen (mit vorteilhaften Gruppeneigenschaften) gegenüber anderen Gruppen bevorzugt. In einer Gruppe von Artgenossen, in denen die meisten Altruisten sind, gibt es weniger gewaltsame Konkurrenz und mehr soziale Kooperation als in einer Gruppe mit vielen Egoisten, weswegen Altruistengruppen weniger leicht zugrunde gehen und mehr Nachkommen haben, die später neue Nachfahrengruppen bilden (auch zumeist aus Altruisten bestehend). Altruistengruppen haben sozusagen eine höhere Gruppenfitness als Egoistengruppen, und der Anteil von Altruistengruppen innerhalb einer Art nimmt zu, so dass Altruismus durch die Selektion gefördert evolvieren kann. Im 20. Jahrhundert hat Vero C. Wynne-Edwards (1962) die Theorie der Gruppenselektion ausdrücklich vertreten.

Ein ernsthaftes Problem für dieses Modell der Gruppenselektion besteht jedoch darin, dass gleichzeitig Individualselektion stattfindet (Dawkins 1976/2006). Innerhalb einer Gruppe von Altruisten hätte also ein Egoist (der z. B. durch Mutation entsteht) einen enormen Fitnessvorteil, da er alle anderen ausnutzen könnte, selber aber altruistisch behandelt würde. Es wäre daher anzunehmen, dass der Anteil von Egoisten innerhalb der Gruppe durch Individualselektion in wenigen Generationen zunähme, so dass die Gruppe schließlich keine Altruistengruppe mehr wäre, die von der Gruppenselektion bevorzugt werden könnte. Dieser Einwand ist wichtig: Heute ist zwar anerkannt, dass Gruppenselektion vorkommt, diese aber nur in manchen Fällen einflussreich ist, z. B. bei geeigneter Gruppengröße und Rate, mit der eine Gruppe sich in Nachkommengruppen aufteilt (Sober/Wilson 1988).

Einen anderen Ansatz zur Erklärung der Evolution von Altruismus liefert die *Genselektion*. Hierbei werden Gene als Einheiten der Selektion gesehen, wobei einzelne Gene gegenüber anderen bevorzugt werden und sich in einer Art verbreiten. Für die Idee der Genselektion waren schon die mathematischen Modelle der um 1930 entstandenen Populationsgenetik relevant. Seit 1960 wurden populationsgenetische Modelle auch zur evolutionären Erklärung von tierischem Verhalten angewandt, woraus die biologische Disziplin der Soziobiologie entstand, d. h. jenes Teilgebiet der modernen Evolutionsbiologie, das sich mit Verhalten befasst. Die Idee der Genselektion wurde zuerst ausdrücklich von George C. Williams (1966) im Rahmen einer Kritik der Gruppenselektion propagiert und später durch Richard Dawkins (1976/2006) popularisiert.

Bei der Genselektion wird nicht der Fortpflanzungserfolg eines Individuums (oder einer Gruppe) betrachtet, sondern die Fitness eines Gens. Unter anderem kann die Genselektion die Evolution von altruistischem Verhalten gegenüber nahen Verwandten erklären. Denn nahe verwandte Artgenossen haben viele Gene gemeinsam, die sie von ihren Vorfahren ererbt haben. Ein Gen, das den Trägerorganismus zu altruistischem Verhalten gegenüber nahen Verwandten bringt, führt zu einer höheren Fortpflanzungsrate dieser Verwandten, die mit einer großen Wahrscheinlichkeit auch dieses Gen haben. Auf diese Weise wird das Gen indirekt (durch die Fortpflanzung der Verwandten) verbreitet, selbst wenn sich der altruistisch verhaltende Trägerorganismus nicht fortpflanzt. Zusätzlich zur gewöhnlichen Reproduktion schließt die Fitness eines Gens also auch die Verbreitung von Kopien des Gens in anderen Artgenossen mit ein. Daher gibt es Fälle, in denen die Fitness eines Gens, das altruistisches Verhalten gegenüber Verwandten hervorbringt, höher ist als eines Gens, das zu egoistischem Verhalten führt. Obzwar das Verhalten aus der Sichtweise des Individuums altruistisch ist, ist es aus der Perspektive des Gens eine egoistische Strategie, die dessen Fitness erhöht, so dass dieses Gen durch die natürliche Selektion verbreitet wird (Dawkins 1976/2006). Diese Erklärung der Evolution von Altruismus wurde von William D. Hamilton (1964) erdacht und ist unter der Bezeichnung *kin selection* (Verwandtenselektion) bekannt geworden. Selbst die Evolution von sterilen Arbeiterinnenbienen – ein extremer Fall von Altruismus – kann auf diese Weise erklärt werden, da Bienen eine außergewöhnliche Genausstattung haben. Während Männchen einen einfachen Chromosomensatz besitzen, verfügen alle Weibchen über einen doppelten Chromosomensatz. Daher hat eine Arbeiterin mehr Gene mit einer ihrer Schwestern (einer Tochter der Königin) gemeinsam (75 %), als die Arbeiterin mit ihrer Tochter hätte, wenn sie sich fortpflanzen würde (50 %). Deswegen bevorzugt die Selektion ein Gen, das Arbeiterinnen von der Fortpflanzung abhält und sie anstelle dessen zur Kooperation mit ihren Bienenvolkschwestern veranlasst.

Allerdings kommt auch altruistisches Verhalten vor, das nicht bloß zum Vorteil von nahen Verwandten ist. Dies kann oft durch das Modell des reziproken Altruismus erklärt werden. In diesem Fall wird einem Artgenossen in der Erwartung Altruismus gewährt, dass dieser später ebenfalls altruistisch handelt, wie etwa im Falle der gegenseitigen Fellpflege bei Primaten, oder auch bei Vampirfledermäusen, die ihre Blutmahlzeit mit Gruppengenossen teilen, welche während der Nahrungssuche diesmal erfolglos waren. Reziproker Altruismus setzt voraus, dass Individuen einer Art sich merken können, welche ihrer Artgenossen sich altruistisch verhalten haben. Wer nie teilt und immer nur egoistisch handelt, wird aus der Gruppe ausgestoßen – die reinen Egoisten können sich hier nicht durchsetzen. Da, mit anderen Worten, beim reziproken Altruismus jeder Beteiligte profitiert, kann diese Art von Altruismus durch die natürliche Selektion evolvieren (Rosenberg 1982).

Die Evolution von manchen biologischen Merkmalen lässt sich sowohl aus der Sichtweise der Gene als auch aus der Perspektive des Individuums (oder der Gruppe) erklären. Vertreter der Genselektion machen die kontroverse Behauptung, dass in solch einem Falle eine Erklärung auf genetischer Ebene stets zu bevorzugen ist (Williams 1966). Allerdings ist zunehmend anerkannt, dass die Selektion auf mehreren Ebenen gleichzeitig wirkt und auch so zu beschreiben ist (Okasha 2007; Sober/Wilson 1988). Im Gegensatz zum traditionellen Fokus auf Konkurrenz und egoistische Individuen/Gene gibt es auch neuere Modelle, die die Evolution von tierischem Verhalten mit starkem Rückgriff auf soziale Kooperation erklären (Roughgarden 2009).

Literatur

Darwin, Charles (2008): Über die Entstehung der Arten im Thier- und Pflanzenreich durch natürliche Züchtung, oder Erhaltung der vervollkommneten Rassen im

Kampfe um's Daseyn [On the Origin of Species by Means of Natural Selection, or the Preservation of Favoured Races in the Struggle for Life, 1859]. Darmstadt.

Dawkins, Richard (2006): Das egoistische Gen [The Selfish Gene, 1976]. Heidelberg.

Hamilton, William D. (1964): »The Genetical Evolution of Social Behavior«. In: Journal of Theoretical Biology 7: 1–52.

Okasha, Samir (2007): Evolution and the Levels of Selection. Oxford.

Rosenberg, Alexander (1992): »Altruism: Theoretical Contexts«. In: Evelyn F. Keller/Elisabeth A. Lloyd (Hg.): Keywords in Evolutionary Biology. Cambridge (Mass.), 19–28.

Roughgarden, Joan (2009): The Genial Gene: Deconstructing Darwinian Selfishness. Berkeley.

Sober, Elliott/Wilson, David S. (1988) Unto Others: The Evolution and Psychology of Unselfish Behavior. Cambridge (Mass.).

Williams, George C. (1966): Adaptation and Natural Selection: a Critique of Some Current Evolutionary Thought. Princeton.

Wynne-Edwards, Vero C. (1962): Animal Dispersion in Relation to Social Behaviour. London.

Ingo Brigandt

Embryologie ↗ Entwicklung

6. Emotion

Mit *The Expression of the Emotions in Man and Animals* (1872) widmete Charles Darwin ein ganzes Buch dem »Ausdruck von Emotionen«. Er studierte Kleinkinder, verarbeitete Berichte aus »Irrenheilanstalten«, schickte Fragebögen an Missionare, studierte Gemälde und Skulpturen, legte Fotografien verschiedener Gesichtsausdrücke Testpersonen zur Beurteilung vor, beobachtete Haustiere, zog Analogien und stellte Gesetzmäßigkeiten auf (Darwin 1872, 13–17). Die Ähnlichkeit der Emotionsäußerung von Menschen und anderen höheren Säugetieren, so Darwin, lege einen gemeinsamen Ursprung nahe. Allerdings sah er keinen direkten biologischen Nutzen in Ausdrücken von Emotionen, womit deren Evolution nicht durch das Prinzip der natürlichen Selektion erklärbar schien. Er löste dieses Problem mit der »lamarckistischen« Annahme, dass es sich bei dem Ausdruck von Emotionen um erlerntes Verhalten handle, das im Verlaufe der Evolution gewohnheitsmäßig und schließlich instinktiv, also erblich,

wurde (Richards 1987, 231–233). Auf der Grundlage dieses Vererbungsmechanismus unterschied Darwin drei Prinzipien, die die Evolution des Ausdrucks von Gemütsbewegungen erklären: (1) Das Prinzip der zweckmäßigen Gewohnheit: Manche Ausdrucksformen hätten sich in bestimmten Gemütsverfassungen als hilfreich erwiesen, um gewisse Empfindungen abzubauen oder Verlangen zu befriedigen. Diese Körperhaltungen oder Mimiken würden durch die gewohnheitsmäßige Verbindung mit den ihnen zugrunde liegenden Gemütsverfassungen auch dann hervorgerufen, wenn die Emotionen sehr schwach und die assoziierten Ausdrücke nicht von Nutzen seien. (2) Das Prinzip des Gegensatzes: Wenn ein gegensätzlicher Gemütszustand zu einer Emotion auftrete, die nach Prinzip 1 zu einer zweckdienlichen gewohnheitsmäßigen Handlung führt, würde sich dieser Gemütszustand meist auch in einer entgegengesetzten Ausdrucksform äußern, obwohl diese körperlichen Bewegungen nicht zweckdienlich seien. (3) Das Prinzip der direkten Wirkung des erregten Nervensystems auf den Körper, unabhängig vom Willen und zum Teil von der Gewohnheit: Bei starker Erregung des Sinnesapparates würde überschüssige Nervenkraft generiert, die je nach Verbindung der Nervenzellen und teils nach Gewohnheit in bestimmte Bahnen geleitet würde – aber die Nervenkraft könne scheinbar auch unterbrochen werden –, was ebenfalls zu Effekten führe, die wir als Ausdruck wahrnehmen (Darwin 1872, 27–29).

Darwins Studien zur Evolution von Emotionen wurden zunächst nicht breit diskutiert, ebenso wenig wie zwei weitere Emotionstheorien des 19. Jahrhunderts. Wilhelm Wundt, der Begründer der experimentellen Psychologie (Wundt 1863), argumentierte zehn Jahre vor Darwins »Ausdruck«, dass sich psychologische ebenso wie physiologische Eigenschaften nach den Gesetzen der natürlichen Selektion ausdifferenziert hätten. Wundt führte die Entstehung von Gefühlen auf ihre Verbindung mit Geschmacksempfindungen zurück: Die Hauptkomponenten der Physiognomie des Gesichtsausdrucks seien ursprünglich auf Reaktionen der Zunge auf angenehme oder unangenehme Geschmacksstoffe zurückzuführen, also auf saure, bittere und süße Geschmackswahrnehmung. Diese seien im Laufe der Evolution auf andere Zustände übertragen worden (Wassmann 2009, 239–243).

Der amerikanische Psychologe William James beschäftigte sich mit den physiologischen Grundlagen von Emotionen und stellte in seinem Aufsatz »What Is an Emotion« (1884) die gängige Annahme, emotionale Äußerungen würden zu physiologischen Reaktionen führen, auf den Kopf: Gefühle seien Resultate physiologischer Reaktionen auf die Außenwelt. Sein berühmtes Beispiel ist, dass wir nicht weglaufen, weil wir Angst haben, sondern Angst haben, weil wir weglaufen.

Insgesamt spielten die Emotionen in Psychologie und Hirnforschung bis ins späte 20. Jahrhundert eine untergeordnete Rolle, da die dominanten Schulen des Behaviorismus und der Kognitionsforschung diesen keine Bedeutung in der Erklärung des Menschen zumaßen. Dennoch soll kurz auf zwei anatomische Studien aus der ersten Hälfte des 20. Jahrhundert hingewiesen werden, die evolutionäre Erklärungen von Emotion und Emotionskontrolle nahelegen. Der Physiologe Walter B. Cannon studierte in den 1920er Jahren den Effekt von Gehirnläsionen auf emotionales Verhalten von Katzen. Die Tiere zeigten auch dann noch emotionales Verhalten, wenn ihnen große Teile der Hirnrinde fehlten. Dies änderte sich erst, wenn der Hypothalamus, eine evolutionär alte Hirnregion, beschädigt wurde. Daraus schloss er, dass diese Region für die Emotionsverarbeitung von zentraler Bedeutung sei und Bereiche wie die Hirnrinde, die evolutionär jüngeren Ursprungs sind, für die Emotionskontrolle zuständig seien (Cannon 1927, 116).

Der Hirnforscher Paul MacLean entwickelte in den 1940er Jahren eine Theorie der Emotionskontrolle. McLean unterschied drei Teile des menschlichen Gehirns, die evolutionär verschiedenen Alters seien: Reptilgehirn, altes Säugetiergehirn und neues Säugetiergehirn. Das alte Säugetiergehirn assoziierte er sowohl mit emotionalem Verhalten als auch mit den Grundtrieben »Essen«, »Trinken«, »Reproduktion«. Es sei allen Säugetieren gemeinsam und notwendig für Selbst- und Arterhaltung. Später nannte MacLean diese Struktur das »limbische System«. Seine grundlegende Idee war, dass Emotionsempfindung die Integration von Eindrücken der Außenwelt mit Informationen des Körpers leiste. Diese Integration sei eine Funktion des limbischen Systems und insbesondere des Hippocampus, einer der evolutionär ältesten Hirnstrukturen (MacLean 1952).

In der zweiten Hälfte des 20. Jahrhundert begann sich die Psychologie langsam für Emotionen zu interessieren. Der amerikanische Psychologe Paul Ekman wandte sich in den 1970er Jahren als einer der Ersten seines Faches den Emotionen zu. In Anlehnung an Darwins Missionarsfragebögen entwickelte er ein Klassifikationssystem für Gesichtsausdrücke, mit dem er Bewertungen emotionaler Ausdrücke in verschiedenen Kulturen untersuchte. Die Erkennungsleistung lag je nach Emotion zwischen 60 % (Angst) und 95 % (Freude). Daraus folgerte Ekman, dass Emotionen und deren Kommunikation universell und daher evolutionär und nicht kulturell erworben seien (Ekman 1972).

Verstärkte Aufmerksamkeit bekam die Emotionsforschung jedoch erst in den 1990er Jahren, als verschiedene Forschungsrichtungen dem Bild des egoistischen Einzelkämpfers als Sieger im evolutionären Kampf ums Dasein widersprachen. In diesem Zusammenhang schlug die evolutionspsychologische Forschung eine enge Verbindung zwischen Kognition und Emotion vor. Evolutionspsychologen verstehen das Bewusstsein als Konglomerat vieler Programme, die entwickelt worden seien, um spezifische Probleme zu lösen. Emotionen seien übergeordnete Instanzen, die diese Programme koordinieren. Sie seien an der Steuerung einzelner Programme wie »Wahrnehmung«, »Aufmerksamkeit«, »Lernen«, »Erinnerung«, »Entscheidung«, »Motivation«, »physiologische Reaktionen«, »Kommunikation« etc. beteiligt. Da Emotionen für all diese Prozesse wichtig seien, könnten emotionale nicht von rationalen Beweggründen getrennt werden (Cosmides/Tooby 2000, 91). Studien an Patienten mit Hirnläsionen bekräftigen diese Theorie von neurowissenschaftlicher Seite. Der Neurologe Antonio Damasio und sein Team stellten fest, dass bei Patienten mit Läsionen in präfrontalen Hirnregionen Beeinträchtigungen von »Gefühl/Empfinden« und »Denken/Entscheiden« miteinander verknüpft waren (Damasio 1994).

In der Evolutionspsychologie, der neurowissenschaftlichen Emotionsforschung und in Ansätzen zum Emotionsmanagement, die auf diesen aufbauen, sind Emotionen von einem Nischenthema zum zentralen Anliegen geworden. Sie sind heute wichtiger Gegenstand der biologisch orientierten Humanwissenschaften wie Hirnforschung, Psychologie, Anthropologie und ein Element der Erklärungen der menschlichen Natur in populärwissenschaftlichen Texten. Während Emotionen noch vor einigen Jahrzehnten als Nebeneffekt evolutionärer Entwicklungen verstanden wurden, gelten sie heute als wichtige Kommunikationsform und damit als integraler Bestandteil der Entwicklung des Menschen als soziales Wesen (de Waal 2009, 9–10).

Literatur

Cannon, Walter (1927): »The James-Lange Theory of Emotions: A Critical Examination and an Alternative

Theory«. In: The American Journal of Psychology Vol. 39, Nr. 1/4: 106–124.

Cosmides, Leda/Tooby, John (2000²): »Evolutionary Psychology and the Emotions«. In: Michael Lewis/Jeannette Havriland-Jones (Hg.): Handbook of Emotions [1993]. New York, 91–115.

Damasio, Antonio (1994): Descartes' Irrtum – Fühlen, Denken und das menschliche Gehirn. München.

Darwin, Charles (1872): The Expression of the Emotions in Man and Animals [Der Ausdruck der Gemüthsbewegungen bei dem Menschen und den Thieren, 1872]. London.

De Waal, Frans (2009): The Age of Empathy. Nature's Lessons for a Kinder Society. New York.

Eckman, Paul (1972): Emotion in the Human Face: Guide-Lines for Research and an Integration of Findings. New York.

James, William (1884): »What is an Emotion?«. In: Mind Vol. 9: 188–205.

MacLean, Paul (1952): »Some Psychiatric Implications of Physiological Studies on Frontotemporal Portion on Limbic System (Visceral Brain)«. In: Electroencephalography and Clinical Neurophysiology Vol. 4, Nr. 4: 407–418.

Richards, Robert (1987): Darwin and the Emergence of Evolutionary Theories of Mind and Behavior. Chicago.

Wassman, Claudia (2009): »Physiological Optics, Cognition and Emotion: A Novel Look at the Early Work of Wilhelm Wundt«. In: Journal of the History of Medicine Vol. 64: 213–249.

Wundt, Wilhelm (1863): Vorlesungen über die Menschen- und Thierseele. Leipzig.

Svenja Matusall

7. Entwicklung

Entwicklung ist einer der zentralen Begriffe der Biologie. Er bezieht sich auf eine fundamentale Eigenschaft lebender Systeme: ihre grundlegend historische Natur. Man unterscheidet generell zwei Arten von historischen Prozessen in der belebten Natur – die Individualentwicklung oder Ontogenese und die Stammesgeschichte oder Phylogenese. Für Erstere wird heute meistens der Begriff der Entwicklung gebraucht, während die historischen Prozesse der Stammesgeschichte unter dem Begriff der Evolution subsumiert werden. Bei der Erforschung dieser beiden Prozesse gibt es allerdings viele Wechselwirkungen, sowohl in den Forschungsprogrammen der gegenwärtigen Biologie (Stichwort: Evolutionäre Entwicklungsbiologie) wie auch innerhalb der Biologiegeschichte. Dies liegt auch in der engen Verbindung der zugrunde liegenden biologischen Prozesse begründet.

Unter Individualentwicklung (Ontogenese) versteht man alle jene biologischen Prozesse, die mit dem Lebenszyklus des Individuums zu tun haben. Dazu gehören im weitesten Sinn die Reifung der Geschlechtszellen (Gameten), die Befruchtung, die Embryonalentwicklung, die vor allem die Differenzierung in verschiedene Zelltypen, die morphogenetischen Prozesse der Organentwicklung und generelle Wachstumsprozesse durch Zellteilungsvorgänge umfasst, sowie auch postembryonales Wachstum, die Geschlechtsreife, wie letztendlich auch die Phänomene des Alterns. Betrachtet man die Entwicklung in einem solchen Sinne als umfassenden Prozess, dann beinhaltet dieser mehr als eine Generation. Eine andere Sicht, die jedoch mit der biologischen Realität nur eingeschränkt vereinbar ist, beschränkt die Definition der Entwicklung auf die Vorgänge der Embryonalentwicklung. Aufgrund der Diversität biologischer Organismen und der Vielzahl ihrer Reproduktionsformen (sexuell, asexuell) und Entwicklungsstrategien (direkt, indirekt, vielstufig) ist es jedoch schwierig, einen archetypischen Entwicklungsvorgang zu definieren.

Die Phänomene der Reproduktion, Generationenfolge, Vererbung und Entwicklung bestimmen schon seit Aristoteles das wissenschaftliche und philosophische Denken über Probleme, die wir heute der Biologie zuordnen. In *De generatione animalium* sowie seinen weiteren zoologischen und philosophischen Schriften entwickelt Aristoteles eine dynamisch-kausale Sicht der Natur. Nach der aristotelischen Konzeption der Entwicklung des Embryos verbinden sich die weiblichen Flüssigkeiten als materielle Grundlage mit dem männlichen Samen, woraus sich in einer dynamischen Weise der Embryo bildet. Aristoteles sah die Entwicklung als einen epigenetischen Prozess, in dessen Verlauf graduell neue Merkmale entstehen, die als solche materiell noch nicht in früheren Stadien vorhanden waren. Die Idee des sich entwickelnden Organismus, sein *telos*, steuert diesen Vorgang als die finale Ursache eines jeden Lebewesens. Die aristotelische Konzeption der embryonalen Entwicklung basierte sowohl auf philosophischen Überlegungen wie auch auf den empirischen Beobachtungen seiner Zeit, die auf die Rolle männlicher und weiblicher Flüssigkeiten und auf die beobachtbare graduelle Entstehung neuer Merkmale verwiesen, vor allem am Beispiel der Vogelentwicklung.

Während des 17. und 18. Jahrhunderts begannen sich Philosophen wie auch empirisch arbeitende Gelehrte wieder vermehrt mit den Phänomenen der

7. Entwicklung

Entwicklung zu beschäftigen. Basierend auf unterschiedlichen philosophischen Annahmen und zum Teil auch unterschiedlichen empirischen Befunden bildeten sich zwei wesentliche Interpretationen der Individualentwicklung heraus: der Präformismus und die Epigenese.

Für den Präformismus schienen die Beobachtungen von Antoni van Leeuwenhoek zu sprechen, der als erster 1677 menschliche Spermatozoen unter dem Mikroskop beobachten konnte und im Kopf der Spermien Strukturen entdeckte, die er und andere als präformierte Menschen interpretierten. Entwicklung bedeutete dann eine »Evolution« (von latein. *evolvere* = auswickeln) des bereits Vorhandenen. Dagegen meinten die Epigenetiker wie z. B. William Harvey, der Entdecker des Blutkreislaufs, keine klaren adulten Strukturen im Embryo zu erkennen. Während die Präformisten die Entwicklung als einen strikt mechanischen Prozess deuten konnten – bereits geformte Strukturen wurden einfach größer und dadurch sichtbar – hatten die Epigenetiker das Problem, für die Emergenz des Neuen im Rahmen der Entwicklung eine kausale Erklärung finden zu müssen. Dafür wurde im Laufe der Jahrhunderte eine Reihe von Vorschlägen gemacht; die meisten Epigenetiker postulierten eine Art vitalistischer »Lebenskraft« oder Entelechie.

Im späten 18. Jahrhundert wurde der Begriff der Entwicklung zunehmend mit dem der Metamorphose in Verbindung gebracht. Dabei spielte Johann Wolfgang von Goethes Morphologie, die die Vielfalt der Pflanzenformen als Abwandlungen grundlegender Strukturen verstand, eine besondere Rolle. Die Idee der Transformation wurde alsbald auch auf die Beziehung der Arten untereinander angewandt. Jean-Baptiste Lamarck war einer der Ersten, der solch eine »Evolutionstheorie« (Evolution nun in ihrer heutigen Interpretation gebraucht) vorschlug. Im Wesentlichen besagt Lamarcks Theorie, dass es zur ständigen Neuentstehung von primitiven Lebensformen kommt, die sich dann einer inneren Logik folgend in der Generationenfolge zu höheren Formen umbilden. Vergleichende embryologische Beobachtungen schienen zu ähnlichen Ergebnissen bezüglich der Beziehung verwandter Arten zu führen. So postulierte Johann Friedrich Meckel 1811, dass die Embryonalstadien höherer Organismen den Adultstadien primitiverer Organismen entsprechen. Damit war die Idee geboren, dass in der Embryonalentwicklung die Phylogenese einer Art rekapituliert wird.

Dem wiederum widersprach der wohl größte Embryologe des 19. Jahrhunderts, Karl Ernst von Baer.

Von Baer entdeckte nicht nur das Säugetierei (1827), sondern stellte auch die ersten systematischen Gesetze der Embryonalentwicklung auf. Diese besagen u. a., dass jede Art ihre eigene Sequenz von Entwicklungsschritten hat. Die frühen Stadien sind sich also nur deshalb über die Arten hinweg ähnlicher als die späteren, weil zuerst die generellen Merkmale der Organismen entstehen, gefolgt von den jeweils spezifischeren Charakteristika. Diese Diskussionen über Embryologie, Transformation und Ähnlichkeit zwischen verschiedenen Arten waren auch eine bedeutende Quelle für Darwins Theorie der Abstammung der Arten.

Im Gefolge von Darwins Evolutionstheorie wurde die vergleichende Embryologie zu einem wichtigen Hilfsmittel für die Rekonstruktion von Stammbäumen. Diese basierten auf der Identifikation von identischen Merkmalen (Homologien) in verschiedenen Arten, wofür die Embryonalentwicklung wichtige Kriterien lieferte. So nahm man an, dass ein Merkmal, welches aus denselben Embryonalstrukturen entsteht, ein homologes Merkmal ist und auf nahe Verwandtschaft verweist.

Neben der deskriptiven Embryologie entstand gegen Ende des 19. Jahrhunderts auch die experimentelle Entwicklungsmechanik. Hier ging es darum, die kausalen Mechanismen der Entwicklung zu studieren. Die Entwicklungsmechanik war konzeptuell wie auch experimentell sowohl der Zellbiologie als auch der gerade entstehenden Vererbungswissenschaft (Genetik) eng verbunden. Das Phänomen der Entwicklung wurde im Wesentlichen in drei gekoppelten Problemen betrachtet: die Differenzierung, u. a. in verschiedene Zelltypen, die Morphogenese oder die Entstehung anatomischer Strukturen und das Wachstum. Bezogen auf die kausalen Faktoren, welche die Entwicklung steuern, kam es bald zu einem Wiederaufleben der alten Dichotomie zwischen Epigenese und Präformation.

Vor allem die genetische Interpretation wurde zunehmend präformistisch, indem man annahm, dass es für jedes Merkmal ein oder wenige Gene gibt – eine Sichtweise, die bis heute in der populären Literatur weit verbreitet ist, wenn es etwa heißt, man habe das Gen für eine bestimmte Krankheit gefunden. Wissenschaftlich änderte sich diese Sichtweise, als die Methoden der Molekularbiologie in der Entwicklungsforschung angewandt wurden. Dadurch wurde klar, dass der embryologischen Differenzierung die Regulierung der Genexpression zugrunde liegt. Die verschiedenen Zelltypen im Körper eines Organismus haben zwar etwa identische Genome, aber in ihnen sind unterschiedliche Gene aktiv. Dies kommt dadurch zustande, dass regulatorische Netzwerke im Genom einzelne Gene an- oder abschalten. Dabei spielen auch epigenetische Prozesse – also solche, die nicht in der DNS-Sequenz festgelegt sind – eine große Rolle, so z. B. die Methylierung der DNS.

In gewisser Weise ist die regulatorische Logik der Entwicklung auch der Schlüssel zum Verständnis der phänotypischen Evolution. Bevor die natürliche Selektion verschiedene Varianten auswählen kann, müssen diese erst einmal entstehen. Dies geschieht in der Individualentwicklung. Veränderungen in der Entwicklung, vor allem in der regulatorischen Kontrolle der Genexpression, erklären also die Entstehung der Variation, die als solche die Voraussetzung der Selektion ist. In diesem Sinn schließt sich im 21. Jahrhundert der Kreis in der Begriffsgeschichte von »Entwicklung« und »Evolution«, da beide Prozesse untrennbar miteinander verbunden sind.

Literatur

Carroll, Sean B. (2008): Die Darwin DNA. Frankfurt a. M.
Gould, Stephen Jay (1977): Ontogeny and Phylogeny. Cambridge (Mass.).
Jablonka, Eva/Lamb, Marion J. (2006): Evolution in Four Dimensions. Genetic, Epigenetic, Behavioral, and Symbolic Variation in the History of Life. Cambridge.
Laubichler, Manfred D./Maienschein, Jane (2004): »Development«. In: Maryanne Cline Horowitz (Hg.): The New Dictionary of Ideas. New York.

Manfred D. Laubichler

8. Evolution

Das Wort »Evolution« leitet sich von lat. *evolvere*, »entrollen« ab, so wie beim Entrollen von Schriftrollen, die einst für schriftliche Aufzeichnungen verwendet wurden. Das beinhaltet buchstäblich die Entfaltung oder das Sichtbarmachen von etwas, das in verborgener Form bereits vorhanden ist. Der Begriff wurde daher, was kaum überrascht, in der Biologie zunächst auf dem Gebiet der Embryologie gebraucht, wo die Entwicklung des Organismus aus dem befruchteten Ei als das Entfalten von Potenzialen angesehen wurde, die schon im Moment der Empfängnis angelegt waren. Tatsächlich besagten einige frühe embryologische Theorien, dass der gesamte Organismus im Ei miniaturhaft vorgeformt sei, so dass die Entwicklung kaum mehr war als das Wachstum vorhandener Strukturen auf eine von Auge sichtbare Größe. Dieser embryologische Begriffsgebrauch sollte wichtige Konsequenzen haben, als »Evolution« erstmals auf den Prozess angewandt wurde, durch den sich die Entwicklung des Lebens auf der Erde vollzog. Denn die Annahme war damals weit verbreitet, dass es zwischen den beiden Ebenen der Entwicklung eine Verbindung gebe. Dahinter stand die sogenannte Rekapitulationstheorie, derzufolge ein Embryo nacheinander die wichtigsten Stadien in der Evolution seines Phylums durchläuft, so dass sich z. B. der menschliche Embryo über Stadien entwickeln würde, die den Fischen, den Reptilien und den Säugetieren allgemein entsprachen.

Diese Anwendung des Begriffs »Evolution« kam erst auf, nachdem die Grundidee, die Entwicklung des Lebens auf der Erde sei ein Naturprozess, unter anderen Namen schon einige Zeit gut bekannt (aber nicht allgemein akzeptiert) war. Im 17. Jahrhundert nahmen die meisten Naturforscher einfach an, die Arten seien mehr oder weniger wie im Buch Genesis beschrieben von Gott geschaffen worden. Erst als die Abfolge geologischer Erdzeitalter im späten 18. und frühen 19. Jahrhundert besser bekannt war und dies mit ersten Entdeckungen in der Fossilgeschichte einherging, konnten Theorien entstehen, die der heutigen Vorstellung von Evolution näher kamen. Aber viele Naturforscher glaubten weiterhin an eine Reihe von Schöpfungsakten während der Erdgeschichte, in deren Folge die Arten unverändert blieben, bis sie durch eine geologische Katastrophe ausgelöscht wurden, um der nächsten Schöpfung Platz zu machen. Von Denkern des 18. Jahrhunderts wie Benoit de Maillet und dem Comte de Buffon wurden Vermutungen geäußert, die späteren Arten könnten irgendwie vermittels eines natürlichen Wandlungsprozesses aus früheren Formen hervorgegangen sein, doch keine dieser frühen Ideen kann größere Ähnlichkeit mit der modernen darwinistischen Theorie beanspruchen. Sogar diejenigen Philosophen, die eine materialistische Haltung einnahmen, vermuteten, dass komplexe Organismen zuweilen aus ungeformter organischer Materie spontan erzeugt werden konnten, und verringerten damit die Rolle der Evolution in ihrem Weltbild. Um 1800 gab es Bemühungen, vollständigere Theorien der Transformation zu formulieren, derzufolge die meisten primitiven Lebensformen durch spontane Erzeugung entstanden waren, während die komplexeren Formen im Laufe der Zeit durch einen allmählichen Prozess fortschreitender Umbildung hervorgebracht worden waren. Solche Ideen wurden von Erasmus Darwin (dem

Großvater von Charles Darwin) und wirkungsvoller von Jean-Baptiste de Lamarck vorgeschlagen. Lamarcks Theorie wurde zwar von konservativen Denkern rundweg verurteilt, von Naturforschern mit radikaleren politischen Auffassungen jedoch viel diskutiert. Mittlerweile wird von Historikern anerkannt, dass diese frühe Form einer Theorie des Artenwandels in den wissenschaftlichen und öffentlichen Debatten der ersten Jahrzehnte des 19. Jahrhunderts eine Rolle spielte. Mit *Vestiges of the Natural History of Creation* erschien 1844 ein anonym veröffentlichtes Buch (der Verfasser war der Verleger Robert Chambers aus Edinburgh), das dieses Thema einem größeren Publikum näherbrachte.

Alle diese frühen Theorien nahmen an, dass die Evolution ein Prozess gewesen sei, der eine Stufenleiter der Komplexität hinaufführte, die im modernen Menschen endete. Lamarck erkannte die Bedeutung der Anpassung, und um erklären zu können, wie Tiere Strukturen ausbildeten, die zu ihren Bedürfnissen passten, führte er den Mechanismus der Vererbung erworbener Eigenschaften ein. Er sah dies aber gegenüber einem grundsätzlicheren Fortschrittstrend als untergeordnet an. Chambers und weitere Denker des frühen 19. Jahrhunderts verknüpften die Geschichte des Lebens auf der Erde mit dem Gesetz des Parallelismus in der Embryologie, das auf der These beruhte, der Embryo moderner Lebensformen durchlaufe dieselbe Abfolge von Entwicklungen, wie sie sich in der fossilen Vorgeschichte zeigten (J.F. Meckel d. J.; vgl. Artikel I.9. Fortschritt und Degeneration). Danach würde die Evolution durch das Anfügen zusätzlicher Stadien an die Embryonalentwicklung voranschreiten, eine Sichtweise, die in der Überzeugung bestärkte, dass die Richtung des Fortschritts mehr oder weniger vorherbestimmt sei. Daher schlug auch keine dieser Theorien evolutionäre Genealogien im modernen Sinne vor. Die Möglichkeit, für Gruppen verwandter Arten wären gemeinsame Ahnen auszumachen, war nicht naheliegend. Stattdessen ging man von einer abstrakten Stufenleiter aus, die durch die Hierarchie moderner ausgewachsener Formen definiert wurde und die den Evolutionsverlauf vorherbestimmte. Menschen konnten sich aus affenähnlichen Vorfahren entwickelt haben, waren aber mit den lebenden Affen nicht notwendigerweise direkt verwandt, da diese als eigene Linie dieselben Entwicklungsstadien durchlaufen hatten, aber weniger weit vorgerückt waren als der Mensch.

Bezeichnenderweise wurde der Begriff »Evolution« zur Bezeichnung des Artenwandels durch den Philosophen Herbert Spencer populär, der ein enthusiastischer Anhänger der Fortschrittsidee war (obwohl er sich dem oben skizzierten embryologischen Modell nicht anschloss). Charles Darwin führte einen neuen Faktor in die Debatte ein, weil seine Theorie natürlicher Auslese eine Lösung für die Frage sein sollte, wie sich die Arten an ihre Umwelt anpassten, nicht dafür, wie sie zu höheren Stufen fortschritten. Bereits in den späten 1830er Jahren hatte Darwin erkannt, dass sich die Evolution keineswegs mit einer Stufenleiter am besten illustrieren ließ, sondern mit einem sich verzweigenden »Baum«, bei dem sich verwandte Formen von einem gemeinsamen Vorfahren entfernt hatten. Dabei behielten sie die zugrunde liegende Struktur dieses Ahnen bei, die indes von adaptiven Abwandlungen in verschiedene Richtungen überlagert wurde. Das Geheimnis der Evolution lag in der Trennung der Populationen in unterschiedliche Gruppen, die verschiedenen Umwelten ausgesetzt waren. In Darwins Theorie gab es keine vorherbestimmte Entwicklungslinie und daher auch kein Ziel, zu dem das Leben als Ganzes seinen Aufstieg suchte. Menschen und Affen bildeten auseinanderstrebende Zweige, die von einem gemeinsamen Ahnen abstammten, der wohl affenähnlich war, aber nicht mit irgendeiner lebenden Affenart identisch. Darwin verwarf die Idee des Fortschritts nicht, erkannte aber, dass viele Anpassungsentwicklungen eine Spezialisierung beinhalten und keinen Aufstieg zu einer komplexeren Stufe darstellen – manche Anpassungen, wie im Falle der Parasiten, können sogar zur Degenerierung führen. Der Fortschritt wurde zu einem gelegentlich auftretenden Nebenprodukt des evolutionären Prozesses, und neue und komplexere Strukturen waren in den Zweigen des Stammbaums auf unterschiedliche Weise entstanden. Die Möglichkeit des Aussterbens bedeutete, dass manche Zweige des Baums tot endeten, während andere ausgetrieben hatten, um deren Platz einzunehmen.

Die allmähliche Akzeptanz dieses Modells in den Jahrzehnten nach der Veröffentlichung von Darwins *Origin of Species* (1859) ermöglichte, dass sich die heutige Auffassung von der Geschichte des Lebens auf der Erde herausbilden konnte. Die Taxonomen gewöhnten sich daran, die Arten aufgrund gemeinsamer Strukturen zu systematisieren, und wo die Fossilkunde die Abstammung einer Gruppe erhellte, konnte der Prozess der Auseinanderentwicklung teilweise rekonstruiert werden. An Fällen, in denen die Fossilgeschichte lückenhaft war, entzündeten sich allerdings Debatten um hypothetische Vorläufer, weil es mehrere Möglichkeiten gab, den Stammbaum des Lebens zu zeichnen. Der deutsche Darwinist Ernst Haeckel z. B. wurde wegen seiner Kühnheit, Phylogenien auf magerer Beweislage zu behaupten, zu einer umstrittenen Figur. Viele Biologen verloren deshalb um 1900 das Interesse an der phylogenetischen Forschung und wandten sich stattdessen experimentellen Untersuchungen z. B. in der Genetik zu.

Es half dem Ansehen der phylogenetischen Forschung nicht, dass viele ihrer Vertreter dem evolutionären Fortschritt weiterhin eine dominante Rolle zugestanden. Insbesondere Haeckel war überzeugt gewesen, er könne den Aufstieg des Lebens von seinen primitivsten Ursprüngen bis hinauf zur menschlichen Lebensform rekonstruieren. Allzu oft wurde die Anpassung als zweitrangig behandelt, weil man sich einseitig auf den Fortschritt konzentrierte – es wurde einfach angenommen, jeder Schritt in dem Aufstieg sei vorteilhaft, auch wenn die Anpassung ihrem eigentlichen Wesen nach nicht klar war. Anhänger der Lamarckschen Theorie einer Vererbung erworbener Eigenschaften warnten häufig davor, identische Strukturen in evolutionär getrennten Linien fälschlicherweise für Zeichen gemeinsamer Abstammung zu halten (konvergente Evolution).

Die Theorie der Orthogenese stand dem darwinistischen Programm noch feindlicher gegenüber. So wie die Anhänger der Fortschrittsidee annahmen, der Verlauf der Evolution sei vorbestimmt, waren die Vertreter der Orthogenese der Ansicht, jeder größere Zweig der Evolution habe sein eigenes, nur ihm innewohnendes Entwicklungsschema. Sie revitalisierten im kleineren Maßstab das Modell parallel existierender Entwicklungslinien, die unabhängig voneinander dieselbe Abfolge von Entwicklungsstadien durchlaufen hätten und von Kräften gesteuert wurden, die aus dem Prozess der Embryogenese hervorgingen. Mit diesen nicht-darwinistischen Modellen war häufig die Rekapitulationstheorie verknüpft. In ihren extremsten Varianten behaupteten orthogenetische Theorien, die Abfolge der Formen hätte mit der Anpassung nichts zu tun oder sie verkörpere schädliche Übertreibungen von Trends, die als adaptive Spezialisierungen begonnen hatten.

Im 20. Jahrhundert haben die Entwicklungen in der Genetik nicht nur verbesserte Verfahren hervorgebracht, mit denen sich die Grade evolutionärer Verwandtschaft bestimmen ließen, sondern auch die Glaubwürdigkeit nicht-darwinistischer Modelle der Evolution untergraben, mit denen man die Theorie des Parallelismus untermauern wollte. Wenn die genetische Mutation das Ausgangsmaterial für die Variationen bildet, auf welche die natürliche Auslese einwirkt, ist für langfristig vorbestimmte Trends in der Evolution kein Raum (auch wenn die Möglichkeit des Wandels gewissen genetischen Beschränkungen unterliegen mag). Darwins Sicht der Evolution als ein verzweigter Baum hat sich bestätigt, obgleich wir keinesfalls die Schwierigkeiten vergessen sollten, denen er gegenüberstand, als es darum ging, andere Theorien zu entkräften, die um das Verständnis von Verwandtschaftsverhältnissen konkurrierten.

Literatur

Bowler, Peter J. (1983): The Eclipse of Darwinism: Anti-Darwinian Evolution Theories in the Decades around 1900. Baltimore.
Bowler, Peter J. (1996): Life's Splendid Drama: Evolutionary Biology and the Reconstruction of Life's Ancestry, 1860–1940. Chicago.
Bowler, Peter J. (2003³): Evolution: The History of an Idea [1984]. Berkeley.
Gould, Stephen Jay (1977): Ontogeny and Phylogeny. Cambridge (Mass.).

Peter J. Bowler (Übersetzung: Karin Wördemann)

9. Fortschritt und Degeneration

Viele frühe Bemühungen, die Entwicklung des Lebens auf der Erde zu erklären, gingen davon aus, dass es einen Fortschritt von den einfachsten frühen Typen bis zur Vollendung in der menschlichen Form gegeben habe. Sobald sich die Annahme durchsetzte, dass nur die einfachsten Formen durch natürliche Vorgänge unmittelbar aus anorganischer Materie hervorgehen konnten, war es unerlässlich, zumindest irgendein Element des Fortschritts anzuführen, um zu erklären, wie sich das Leben zu den komplexeren Formen entwickelte. Das war die von den frühen Evolutionisten wie Jean-Baptiste de Lamarck vertretene Position. Auch die Fossilgeschichte ließ auf eine allgemeine Höherentwicklung schließen, die von den ersten Wirbellosen bis zu den nach und nach auftauchenden Fischen, Reptilien und dann Säugetieren reichte. Viele Naturforscher des frühen 19. Jahrhunderts hofften noch, diese Reihenfolge durch eine Reihe wundersamer Schöpfungen erklären zu können. Denkern, die nach einer materialistischen Erklärung für die Entwicklung des Lebens suchten, erschien die durch Fossilien belegte Weiterentwicklung jedoch ein Hinweis darauf zu sein, dass

9. Fortschritt und Degeneration

ein stetiger Aufstieg auf der Stufenleiter der Komplexität der entscheidende Trend bei dem Prozess war, den man später »Evolution« nennen sollte. Diese frühen Theorien stützten sich auf das aristotelische Bild der »Kette der Wesen«, in der die natürliche Ordnung der Arten, welche das Pflanzen- und das Tierreich bilden, eine lineare Hierarchie von der einfachsten zur komplexesten Art ist.

Demnach bestünde die durch eine progressive Kraft angetriebene Evolution in einem stetigen Erklimmen der Stufenleiter bis hinauf zu den Menschen. Für Lamarck war diese Kraft die Aktivität des elektrischen Fluidums, das Organismen belebte. Gemäß Robert Chambers' populärem Text *Vestiges of the Natural History of Creation* (1844) waren eine Reihe von Ergänzungen zur Individualentwicklung vorprogrammiert. Chambers berief sich auf das »Gesetz des Parallelismus« von Johann Friedrich Meckel d.J. (1811), demzufolge der menschliche Embryo Stadien durchläuft, die der Hierarchie der Wirbeltierklassen entsprechen – und zudem der Reihenfolge entsprechen, in der diese Klassen in der Geschichte des Lebens auf der Erde erscheinen. In einem solchen Evolutionsmodell gab es bis auf die Annahme, dass der Trend durch den Schöpfer in den Naturgesetzen so verankert sei, dass er zur Entfaltung komme, sobald veränderte Bedingungen die nacheinander folgenden Stufen lebensfähig machten, keinerlei Erklärung für den Fortschritt. Viele spätere Forscher, die die Geschichte des Lebens auf der Erde zu erklären versuchten, gaben zu der Notwendigkeit, eine materialistische Erklärung für die Evolution zu finden, ein Lippenbekenntnis ab, wobei sie die Idee eines naturgesetzlichen Fortschritts beibehielten, was gewissermaßen garantierte, dass der ganze Prozess Ziel und Zweck hatte. Sonderbarerweise wurde diese Annahme sowohl von jenen, die den Evolutionismus mit religiöser Überzeugung versöhnen wollten, als auch von Skeptikern wie Ernst Haeckel geteilt, der behauptete, die Teleologie abzulehnen.

Charles Darwins Theorie stellte die zentrale Bedeutung der Idee eines evolutionären Fortschritts im Prinzip in Frage, indem sie argumentierte, die Evolution bestehe vorrangig in der Anpassung an veränderte Bedingungen. Schon zu Beginn seiner Theoriebildung in den späten 1830er Jahren, erkannte Darwin, dass sich die Evolution am besten als verzweigter Baum und nicht als Stufenleiter abbilden ließ. Populationen wurden durch geografische Hindernisse getrennt und die Bewohner jeder Region passten sich ihrer Umgebung so gut wie möglich an.

Das Ergebnis war eine Gruppe eng verwandter Arten, von denen jede nochmals unterteilt werden konnte – sofern sie nicht ausstarb. Spätestens in den 1850ern gab es unter den Naturforschern ein wachsendes Bewusstsein dafür, dass die Entwicklung jeder Klasse, wie sie die Fossilkunde zeigte, eine Reihe abweichender Spezialisierungen bildete, doch Darwins Theorie führte für alle Ebenen der Evolution denselben Prozess der Divergenz an. In seiner Theorie der natürlichen Auslese war das Rohmaterial der individuellen Variation im Wesentlichen ungerichtet, so dass die Evolution keine vorbestimmte Richtung nahm. Da sich jede Population bestmöglich anpasste, gab es also kein Ziel, auf das die Evolution als Ganzes ausgerichtet war und keinen Hauptweg in der Entwicklung.

Das heißt nicht, dass Darwin die Idee des Fortschritts aufgab, allerdings sah er ihn als einen viel weniger strukturierten und stringenten Trend. Wenn der Fortschritt zunehmende Komplexität bedeutete, so konnte diese Komplexitätssteigerung in den vielfältigsten Hinsichten erfolgen, was zu den Haupteinteilungen im Tier- und Pflanzenreich führte. Und das Fortschreiten war höchst unregelmäßig, da viele adaptive Entwicklungen nicht in irgendeinem absoluten Sinne fortschrittlich waren, und manche, wie im Fall der Parasiten, sogar degenerativ. Der Fortschritt war infolgedessen nicht mehr wichtigste Triebkraft der Evolution, sondern wurde zu ihrem Nebenprodukt. In *The Descent of Man* aus dem Jahr 1871 beschrieb Darwin die enorme Steigerung der Geisteskräfte beim Menschen als ein Nebenprodukt der aufrechten Haltung, die unsere Vorfahren angenommen hatten, um über die weiten Ebenen Afrikas zu wandern.

Als Darwin dann auf die Entwicklung der menschlichen Zivilisation einging, wandte er allerdings das lineare Fortschrittsmodell an. Anthropologen und Archäologen wie Sir John Lubbock betrachteten moderne »Wilde« als lebende Fossilien, die sich auf früheren Stufen kultureller Entwicklung befänden. Hierin fand ein weiteres Mal die Idee Ausdruck, dass es ein vorherbestimmtes Entwicklungsschema gebe, dem alle Linien der Evolution zu folgen hätten – wobei jedoch einige auf der Treppe weiter nach oben kämen als andere.

Die schnelle Übernahme eines evolutionären Paradigmas in den Jahrzehnten nach der Veröffentlichung von *On the Origin of Species* 1859 bedeutete für die Theorie, dass alle Naturforscher die »Kette der Wesen« zugunsten eines Modells der verzweigten Verwandtschaftsverhältnisse zwischen den Arten aufgaben. Darwins Theorie der natürlichen Auslese blieb jedoch umstritten und viele Beschreibungen der Evolution behielten die Annahme bei, dass es einen Fortschrittstrend gebe. Viele bildliche Darstellungen zur Geschichte des Lebens auf der Erde, darunter einige des führenden deutschen Darwinisten Haeckel, verwendeten das Bild eines verzweigten Baums: Die Äste entsprachen aber den »niederen« Tieren, die als Seitenzweige gemalt wurden, die vom Hauptstamm wegführen, der allein zum Menschen an seiner Krone führt. Haeckel schrieb weiterhin von einem »Gesetz des Fortschritts«, das die adaptiven Entwicklungen überlagerte, und er berief sich noch auf andere Mechanismen als die natürliche Auslese, darunter auch den Lamarckschen Prozess der Vererbung erworbener Eigenschaften. Dieser wurde gemeinhin als ein sinnvoller Mechanismus als die natürliche Auslese angesehen, da er es zuließ, dass die Reaktionen der Tiere auf Herausforderungen aus der Umwelt die Richtung der arteigenen Evolution steuerten. Der Philosoph Herbert Spencer, der den Begriff »Evolution« in diesem Zusammenhang bekannt machte, berief sich ebenfalls auf den Lamarckismus und betonte den fortschrittlichen Charakter der Evolution.

Ursprünglich hielt man diese Ideen für vereinbar mit Darwins Theorie und betrachtete sie als Formen des Darwinismus. Doch im späten 19. Jahrhundert schlugen die Spannungen, die von der Annahme herrührten, die Evolution werde von zweckgerichteten Trends gesteuert, in Feindseligkeit gegen den Darwinismus um. Denker des Neolamarckismus wie Samuel Butler in Großbritannien und Theodor Eimer in Deutschland waren bestrebt, den Materialismus der Theorie der natürlichen Auslese zu begrenzen. Im frühen 20. Jahrhundert führte der französische Philosoph Henri Bergson in seiner Theorie der »schöpferischen Evolution« eine Vitalkraft an, den *élan vital*, der die Evolution gegen die Widerstände des materiellen Universums vorantreibe. Man erklärte die Theorie zur Alternative gegenüber dem darwinistischen Materialismus. Viele von den Biologen jedoch, die im frühen 20. Jahrhundert mithalfen, einen modernen Neodarwinismus auszuarbeiten, waren davon inspiriert. Bergsons Gedanke entkoppelte zumindest die Forderung nach einem Fortschrittstrend in der Evolution von dem alten linearen Modell, indem er Fortschritt als etwas verstand, das an mehreren Fronten voranschreitet. Auf diese Weise konnten die Darwinisten Mitte des 20. Jahrhunderts, wie beispielsweise Julian Huxley, mit Bergsons Position sympathisieren und versuchen, die natürliche Auslese als Kraft eines allgemeinen, wenn nicht gar unausweichlichen Fortschritts hinzustellen. Erst im späten 20. Jahrhundert gehörte es für Neodarwinisten zum guten Ton, darauf zu bestehen, dass die ganze Idee des evolutionären Fortschritts mit einer echten darwinistischen Weltsicht unvereinbar sei.

Da Darwin den Fortschritt nicht als Notwendigkeit ansah, hatte er kein Problem zu erklären, warum primitive Formen bis in die Gegenwart hinein überleben konnten, wenn sie an eine gleich bleibende Umwelt gut angepasst waren. Vertreter des linearen Fortschrittsmodells hingegen mussten annehmen, dass verschiedene Lebensformen aufgehört hatten, an der allgemeinen Weiterentwicklung teilzunehmen und daher als »lebende Fossilien« frühere Stadien bis in die Gegenwart konservierten. (Die einzige Alternative bot Lamarcks Annahme, dass durch spontane Erzeugung ständig neue Entwicklungslinien begannen, so dass heute lebende niedere Geschöpfe einfach erst kürzere Zeit auf der Treppe nach oben unterwegs waren.) Fast alle Evolutionisten gingen davon aus, dass eine Störung der Reproduktion gelegentlich ein Individuum hervorbringen konnte, das nicht vollständig entwickelt war und deshalb eine Vorläuferform beibehielt, einen Atavismus darstellte.

Gegen Ende des 19. Jahrhunderts interessierte man sich mehr für die Möglichkeit, dass der Fortschritt zuweilen aufhören konnte und sogar umkehrbar war. Darwin erkannte, dass manche Anpassungen zum Verlust von Organen führten, und die Neolamarckisten argumentierten, wenn eine Struktur nicht länger gebraucht werde, verkümmere sie: etwa so, wie die Augen eines blinden Fisches, der in Höhlen lebt. Darwinisten wie Lamarckisten glaubten, der Fortschritt sei eine Folge des Kampfs, den Organismen bei der Überwindung von Herausforderungen zu bestehen hätten, und wenn der Druck aus der Umwelt wegfiele, würde dies zur Degeneration führen. Dem entsprach in den 1890er Jahren die verbreitete Sorge, die westliche Zivilisation produziere – nun, da nur noch wenige Menschen um ihren Lebensunterhalt kämpfen mussten – eine degenerierte Form der Menschheit. Und die nicht-darwinistische Theorie der Orthogenese vertrat schließlich die Ansicht, die Evolution werde von nicht-adaptiven Trends vorangetrieben, die aus dem Prozess der Individualentwicklung hervorgingen – letztlich war die Variation dann nicht zufällig, weil die Organismen von ihrer inneren Struktur programmiert wurden, nur in einer bestimmten Richtung zu variieren. Einige Neolamarckisten behaupteten, die durch Anpassungsdruck ausgelösten Spezialisierungstrends würden irgendwie in die Konstitution der Arten eingeklinkt, so dass die Variation einen Schwung erhalte, der sie bis zu schädlichen Extremen forttrage. Dies wurde als Theorie »rassischer Senilität« bezeichnet. Die Degeneration und schließlich die Auslöschung wurden somit für unvermeidlich gehalten.

Die Entstehung des modernen Neodarwinismus untergrub diese Ideen einer vorherbestimmten Evolution, doch hielten viele Darwinisten noch Mitte des 20. Jahrhunderts an der Auffassung fest, der ständige Kampf des Lebens gegen die Umweltwidrigkeiten führe wenigstens auf lange Sicht zu Fortschritt. Ein größeres Bewusstsein von der Schwierigkeit, Fortschritt zu definieren, zusammen mit gesteigerter Aufmerksamkeit für die Rolle der Anpassung haben viele moderne Darwinisten veranlasst, die Idee evolutionären Fortschritts insgesamt fallenzulassen, obgleich die allgemeine Öffentlichkeit die beiden Ideen nach wie vor miteinander verbindet.

Literatur

Bowler, Peter J. (1976): Fossils and Progress: Paleontology and the Idea of Progressive Evolution in the Nineteenth Century. New York.
Bowler, Peter J. (1983): The Eclipse of Darwinism: Anti-Darwinian Evolution Theories in the Decades around 1900. Baltimore.
Bowler, Peter J. (1996): Life's Splendid Drama: Evolutionary Biology and the Reconstruction of Life's Ancestry, 1860–1940. Chicago.
Bowler, Peter J. (2003³): Evolution: The History of an Idea [1984]. Berkeley.
Gould, Stephen Jay (1977): Ontogeny and Phylogeny. Cambridge (Mass.).

Peter J. Bowler (Übersetzung: Karin Wördemann)

Gen ↗ Vererbung

10. Gendrift

In der Populationsgenetik bezeichnet der Ausdruck »Gendrift« den zufälligen, nicht auf andere Evolutionsfaktoren zurückführbaren Erwerb oder Verlust von Genen. Im Gegensatz zur natürlichen Selektion ist Drift fitnessunabhängig und kann daher zum Erwerb nicht-adaptiver Merkmale führen. Drift gibt es in allen natürlichen Populationen, die im Gegensatz zu Idealpopulationen endlich groß sind, so dass Genfrequenzen zufälligen Schwankungen durch sogenannte »Stichprobenfehler« unterliegen. In *Genetics and the Origin of Species* (1937) illustrierte Theodosius Dobzhansky dies durch das blinde Ziehen aus einer Urne mit gleich vielen Kugeln unterschiedlicher Farbe: Obwohl statistisch eine Gleichverteilung zu erwarten ist, resultieren endliche Ziehungen oft in zufälligen Abweichungen vom Erwartungswert. Da größere Abweichungen wahrscheinlicher sind, je kleiner die Stichprobe ist, verläuft Evolution durch Drift in kleinen Populationen rascher als in großen. John Gulicks »Intensive segregation, or divergence through independent transformation« (1889) veranschaulichte das Phänomen anhand des zufälligen Auslöschens einer Teilpopulation nach einer Naturkatastrophe sowie der Entwicklung einer Population aus einer isolierten Teilpopulation. In *On the Relative Value of the Processes Causing Evolution* (1921) zeigten Arend und Anna Hagedoorn mittels der Mendelschen Genetik, wie es innerhalb einer Population zum zufälligen Verlust einzelner Merkmale kommen kann. Sewall Wrights »The roles of mutation, inbreeding, crossbreeding and selection in evolution« schließlich fasste solche Effekte als »accidents of sampling« (1932, 360) zusammen und prägte den Ausdruck »Drift«, der heute für eine Reihe unterschiedlicher Phänomene steht.

Auf phänotypischer Ebene verändert sich bei der zufallsbedingten Elternauswahl (»indiscriminate parent sampling«) die Verteilung eines Merkmals in der Folgegeneration aufgrund einer im Hinblick auf dieses Merkmal zufälligen Auslese in der Elterngeneration (z.B. Millstein 2002). Erlegt etwa ein farbblinder Räuber zufällig nur Tiere einer bestimmten Fellfarbe, so kann sich in der Folgegeneration die Häufigkeit dieser Fellfarbe ändern, obwohl sie für das Überleben der Elterntiere irrelevant war.

Auf genotypischer Ebene hat bei der zufallsbedingten Gametenauswahl (»indiscriminate gamete sampling«) der unterschiedliche Gensatz der verschiedenen Keimzellen eines heterozygoten Elternteils keinen Einfluss darauf, welche davon zu heterozygoten Nachkommen beigesteuert werden (z.B. Millstein 1997).

Edward und Peter Dodson (1985) nennen weiterhin die zufällige Zusammenstellung von Genen zu Gameten (»random assortment of genes into gametes«) als eigenständige Variante von Drift: Bei der Bildung von Gameten aus elterlichen Chromosomenpaaren sind viele Kombinationen möglich und einzelne Gene können, als Resultat der Rekombination, auf einem Chromosom zufällig verschieden angeordnet sein. Beide Faktoren bestimmen, welche

Gene in Gameten eingebaut werden. Roberta Millstein (1997) argumentiert hingegen dafür, dass es sich dabei um einen Fall zufallsbedingter Elternauswahl handelt.

Als »Flaschenhalseffekt« (»bottleneck effect«) werden Fälle bezeichnet, in denen eine Population auf wenige Individuen dezimiert wird und sich anschließend wieder zur vollen Größe entwickelt. Verwandt damit ist der sogenannte »Gründereffekt« (»founder effect«) (Mayr 1942), bei dem eine Subpopulation, in der nur ein kleiner Teil des ursprünglichen Genpools repräsentiert ist (im Extremfall ein einziges befruchtetes Weibchen), entweder passiv (z. B. durch zufällige Abtrennung einiger Individuen) oder aktiv (z. B. durch Migration oder die Vertreibung von Jungtieren) isoliert wird. Beide Effekte gehen im Gegensatz zu den zuvor genannten Varianten mit drastischen Schwankungen der Populationsgröße einher.

John Beatty (1992) nennt zudem unter Bezug auf Wright (1949) Schwankungen evolutionärer Prozesse (»fluctuations in the rates of evolutionary processes«) – etwa wechselnde Wetterbedingungen, die einen immer anders gerichteten Selektionsdruck ausüben. In *Adaptation and Environment* (1990) schließlich identifiziert Robert Brandon ein driftähnliches Phänomen: Gleich gute Genotypen können in einer unregelmäßig selektiven Umwelt zufällig unterschiedliche Fitnesskonsequenzen haben (z. B. zwei im Hinblick auf ihre intrinsischen Merkmale vergleichbare Samensorten, die auf ein Feld mit sehr fruchtbaren und weniger fruchtbaren Teilen ausgesät werden).

Traditionell wurde Drift als Erklärung für die Ausbildung nicht-adaptiver Merkmale angesehen. Mit dem Erstarken des Selektionismus in den 1950er und 1960er Jahren jedoch galt natürliche Selektion zunehmend als einziger signifikanter Faktor, und Drift wurde im Wesentlichen zum Platzhalter für nicht verstandene natürliche Ausleseprozesse. Im Gegensatz dazu sieht Motoo Kimuras (1983) *Neutrale Theorie* Drift als Hauptfaktor in Evolutionsprozessen auf molekularer Ebene (vgl. Artikel III.9. Mathematik und Statistik). Die Grundidee geht zurück auf Kimura (1968), der aufgrund der wahrscheinlichen Mutationsrate über das gesamte Genom zu dem Schluss kam, dass die Zahl von Mutationen zu groß sei um von einer Säugerpopulation getragen zu werden, so dass viele Mutationen – insbesondere solche, die keine Auswirkung auf den Phänotyp haben – selektiv (beinahe) neutral sein müssten. Drift lässt sich in diesem Zusammenhang als derjenige Faktor verstehen, der die Häufigkeitsverteilung neutraler Mutationen bestimmt (Kimura/Crow 1965). Nachdem der Selektionismus die Existenz neutraler Mutationen anfangs gänzlich leugnete, verlagerte sich die Debatte zwischen Neutralisten und Selektionisten zunehmend auf die Frage, welchen relativen Beitrag Drift und natürliche Auslese zur Evolution leisten. Beatty (1984) argumentiert allerdings dafür, dass die dabei vorausgesetzte klare Trennung von Drift und natürlicher Auslese unmöglich ist. Millstein (2002) wendet ein, Beatty übersehe, dass der Ausdruck »Drift« zum einen für Prozesse – was bei der *begrifflichen Abgrenzung* zum Tragen kommt –, zum anderen für Resultate (»outcomes«) stehen könne – was für die *empirische Abgrenzung* wichtig ist. Als Prozess verstanden, sei Drift somit eindeutig von natürlicher Auslese unterscheidbar, nicht aber bei Betrachtung der Resultate, denn zufallsbedingte Auswahl kann grundsätzlich zum gleichen Ergebnis führen wie natürliche Selektion.

In der Wissenschaftsphilosophie herrscht Uneinigkeit darüber, ob Drift ein realer kausaler Prozess oder bloß ein statistisches Phänomen ist. Instrumentalisten wie Alexander Rosenberg (1988) oder Timothy Shanahan (1992) zufolge gibt es in der Evolution keinen Zufall. Der Ausdruck »Drift« ist in ihren Augen lediglich ein Sammelbegriff für alle bislang unbekannten, de facto deterministischen, Evolutionsfaktoren. Für Realisten wie Elliott Sober (1993/1984) oder Millstein (1996, 2006) hingegen ist Zufall nicht bloß die statistische Wiedergabe unseres Unwissens, sondern ein objektiver Teil der Welt. In ihren Augen ist Drift folglich kein bloß instrumentalistisches Hilfsmittel, sondern neben natürlicher Selektion ein realer kausaler Faktor im Evolutionsprozess.

Literatur

Beatty, John (1984): »Chance and natural selection«. In: Philosophy of Science 51: 183–211.
Beatty, John (1992): »Random drift«. In: Evelyn Keller/Elisabeth Lloyd (Hg.): Keywords in Evolutionary Biology. Cambridge (Mass.), 273–281.
Dodson, Edward/Dodson, Peter (1985): Evolution: Process and Product. Boston.
Kimura, Motoo (1968): »Evolutionary Rate at the Molecular Level«. In: Nature 217: 624–626.
Kimura, Motoo (1983): The Neutral Theory of Molecular Evolution. Cambridge.
Kimura, Motoo/Crow, James (1965): »The Number of Alleles That Can Be Maintained in a Finite Population«. In: Genetics 49: 725–738.
Mayr, Ernst (1942): Systematics and the Origin of Species. New York.

Millstein, Roberta (1996): »Random Drift and the Omniscient Viewpoint«. In: Philosophy of Science 63: 10–18.
Millstein, Roberta (1997): The Chances of Evolution: an Analysis of the Roles of Chance in Microevolution and Macroevolution. Minneapolis.
Millstein, Roberta (2002): »Are Random Drift and Natural Selection Conceptually Distinct?«. In: Biology and Philosophy 17: 33–53.
Millstein, Roberta (2006): »Natural selection as a Populational-Level Causal Process«. In: British Journal of Philosophy of Science 57: 627–53.
Rosenberg, Alexander (1988): »Is Theory of Natural Selection a Statistical Theory?«. In: Canadian Journal of Philosophy Supl. Vol. 14: 187–207.
Shanahan, Timothy (1992): »Selection, Drift, and the Aims of Evolutionary Theory«. In: Paul Griffiths (Hg.): Trees of Life: Essays in Philosophy of Biology. Dordrecht, 131–161.
Sober, Elliott (1993): The Nature of Selection [1984]. Chicago.
Wright, Sewall (1949): »Adaptation and Selection«. In: Glenn Jepson/George Simpson/Ernst Mayr (Hg.): Genetics, Paleontology and Evolution. Princeton, 365–389.

Sven Walter

Genealogie ↗ Evolution

11. Genotyp und Phänotyp

In der Genetik steht der Ausdruck »Genotyp« (auch »Erbbild«) für die Gesamtheit der chromosomengebundenen Erbanlagen in der Zelle eines Organismus, seine Gene. Der Ausdruck »Phänotyp« (auch »Erscheinungsbild«) steht für die Gesamtheit der morphologischen, physiologischen und behavioralen Merkmale, die ein Organismus aufgrund des Zusammenspiels von Erbanlagen und Umwelteinflüssen im Laufe der Ontogenese (d. h. der Individualentwicklung) ausbildet.

Die Begriffe »Genotyp« und »Phänotyp« wurden von Wilhelm Johannsen (1909) eingeführt, um damit eine Unterscheidung begrifflich scharf zu fassen, die Gregor Mendel (1866) in der Analyse seiner Kreuzungsexperimente bereits implizit getroffen hatte (Lewontin 1992, 2008). Notwendig wurde diese begriffliche Präzisierung im Anschluss an die »Keimplasmatheorie« August Weismanns (1885), wonach Keimzellen (Geschlechtszellen) kausal unabhängig von Somazellen (Körperzellen) sind (was eine Vererbung erworbener Eigenschaften ausschließt), sowie durch die Wiederentdeckung der Mendelschen Regeln im frühen 20. Jahrhundert. Mendel zeigte in seinen Kreuzungsexperimenten an Erbsen (*Pisum sativa*), dass es neben dem Erscheinungsbild äußerlich unbeobachtbare, in einer regelhaften Art und Weise vererbte Faktoren gibt, die er »Erbfaktoren« nannte und die die jeweilige Ausprägung des Phänotyps mit verursachen. Mendel beobachtete, dass die Kreuzung äußerlich gleicher Organismen, beispielsweise rotblühender Erbsenpflanzen, zu unterschiedlichen Resultaten führen konnte, etwa sowohl zu rot- als auch zu weißblühenden Pflanzen. Er stellte die (von der modernen Genetik bestätigte) Hypothese auf, dass der Erbfaktor, von dem die Blütenfarbe abhängt, je zwei Komponenten aufweist: Pflanzen mit zwei rot-Komponenten (RR) blühen rot, Pflanzen mit zwei weiß-Komponenten weiß (ww) und Pflanzen mit gemischten Komponenten (Rw) blühen in der Farbe der dominanten, hier der roten, Komponente (die dominante Komponente wird üblicherweise durch Großbuchstaben wiedergegeben, die nicht-dominante, oder rezessive, durch Kleinbuchstaben). Diese Komponenten werden heute als »Allele« (alternative Ausprägungen eines Gens) bezeichnet. Organismen, die an einer Stelle ihres Genoms (»Locus«) unterschiedliche Allele eines Gens haben, heißen »heterozygot«, solche, die gleiche Allele haben, »homozygot«. Die Ausdrücke »Genotyp« und »Phänotyp« spiegeln Mendels Unterscheidung zwischen den äußerlich beobachtbaren Merkmalen (z. B. der Blütenfarbe) und den ihnen zugrunde liegenden Erbfaktoren wider, aus denen sie sich während der Ontogenese im Zusammenspiel mit Umweltfaktoren entwickeln.

Formal lassen sich Genotyp und Phänotyp als Klasse genetisch bzw. morphologisch, physiologisch und behavioral identischer Organismen auffassen. So verstanden handelte es sich bei Genotypen und Phänotypen jedoch streng genommen immer um Einerklassen, denn da jeder Phänotyp das Resultat des Zusammenspiels von Genom und evolutionärem Umfeld ist, gibt es keine zwei Organismen mit exakt identischem Phänotyp, und mit Ausnahme von eineiigen Zwillingen oder Klonen haben auch keine zwei Organismen exakt denselben Genotyp. In der Praxis werden die Ausdrücke »Genotyp« und »Phänotyp« daher immer partiell verstanden: Man beschränkt sich auf eine Teilmenge der genotypischen bzw. phänotypischen Merkmale, die für eine bestimmte Fragestellung oder empirische Untersuchung relevant sind. Zwei Organismen, die z. B. beide homozygot für ein mutiertes Huntington-Gen sind, haben im Hinblick auf die Krankheit Chorea Huntington denselben Genotyp; zwei Organismen mit blauen Augen haben im Hinblick auf ihre Augenfarbe denselben Phänotyp.

Der Zusammenhang zwischen Genotyp und Phänotyp ist in keiner Richtung eindeutig. Wie schon anhand von Mendels Kreuzungsexperimenten ersichtlich wird, kann beispielsweise ein und derselbe Phänotyp (etwa eine rote Blütenfarbe) in verschiedenen Organismen auf verschiedene Genotypen zurückzuführen sein (RR oder Rw). Umgekehrt werden Organismen mit gleichem Genotyp in der Regel phänotypisch verschieden sein, da das Genom eines Organismus seine phänotypischen Merkmale selten eindeutig determiniert, sondern nur eine Disposition zu einer bestimmten Reaktion auf Umweltbedingungen, gewissermaßen eine »Reaktionsnorm«, darstellt. Bei den wenigen Fällen, in denen ein Genotyp unweigerlich, d. h. unabhängig von allen anderen Faktoren, zu einem bestimmten Phänotyp führt, spricht man von vollständiger Penetranz (z. B. im Fall der Krankheit Chorea Huntington, die eindeutig auf eine Veränderung des Gens zurückzuführen ist, das für das Protein Huntingtin codiert). Der Zusammenhang zwischen Genotyp und Phänotyp wird außerdem dadurch verkompliziert, dass die meisten phänotypischen Merkmale auf die Beteiligung mehrerer Gene zurückzuführen sind (solche Phänotypen sind polygen) und ein einzelnes Gen umgekehrt oft an der Hervorbringung verschiedener Phänotypen beteiligt ist (solche Gene sind pleiotrop oder polyphän). Weiterhin können sich Phänotypen, die auf einer Ebene identisch sind, auf einer anderen Ebene unterscheiden. Die Tay-Sachs-Krankheit etwa (eine Stoffwechselstörung im Gehirn) wird autosomal (nicht auf den Geschlechtschromosomen) und rezessiv vererbt: Es erkrankt nur der, der zwei Kopien des mutierten Gens besitzt; Heterozygote und Homozygote mit zwei »gesunden« Genen sind nicht betroffen. Auf organismaler Ebene sind zwei unterschiedliche Genotypen – heterozygot und homozygot (für das »gesunde« Gen) – also phänotypisch identisch, d. h. gesund. Auf der Stoffwechselebene hingegen sind beide Gruppen phänotypisch verschieden, denn die Stoffwechselfunktionalität eines Heterozygoten liegt zwischen der der beiden homozygoten Varianten.

Mit Hilfe der Unterscheidung zwischen Genotyp und Phänotyp lassen sich zwei unterschiedliche Kausalprozesse begrifflich scharf trennen: ein Vererbungsprozess zwischen Organismen und ein Entwicklungsprozess innerhalb eines Organismus. Zum einen werden bei der Fortpflanzung Gene, und damit genetische Information, von Organismen der Elterngeneration auf Organismen der Nachfolgegeneration vererbt. Dieser Vererbungsprozess folgt zwei Gesetzmäßigkeiten, die auch als »Mendelsche Gesetze« oder »Mendelsche Regeln« bekannt sind: der Spaltungsregel (auch »Segregationsregel«) und der Unabhängigkeitsregel (auch »Neukombinationsregel«). Der Vererbungsprozess, bei dem der Genotyp der Elterngeneration den Genotyp der Nachfolgegeneration verursacht, folgt ausschließlich den beiden Mendelschen Regeln und kann vom äußerlich beobachtbaren Ausdruck der Gene, dem Phänotyp, nicht beeinflusst werden (weshalb erworbene Merkmale nicht vererbbar sind und Lamarcksche Evolution unmöglich ist). Zum anderen verursacht ein Genotyp (zusammen mit Umweltfaktoren) auch eine bestimmte phänotypische Entwicklung seines jeweiligen Trägers während der Ontogenese. Dieser Entwicklungsprozess ist auf einen Organismus beschränkt, hat mit dem Vererbungsprozess zwischen Generationen nichts zu tun und folgt auch nicht den durch die beiden genannten Mendelschen Regeln beschriebenen genetischen Gesetzmäßigkeiten. (Eine dritte Mendelsche Regel, die sogenannte »Uniformitätsregel«, betrifft dagegen den generationenübergreifenden Entwicklungsprozess; sie besagt, dass die Nachkommen zweier Individuen, die sich in einem Merkmal unterscheiden, für das sie beide homozygot sind, *uniform* sind, d. h. sich im Hinblick auf das fragliche Merkmal nicht unterscheiden; Lewontin 1992, 2008.) Gesetze, die im Gegensatz zu Vererbungsgesetzen die ontogenetische Entwicklung beschreiben, werden auch als »epigenetische Gesetze« bezeichnet. Der Ausdruck »Epigenetik« soll zurückgehen auf Conrad Waddington (1942), der darunter einen Zweig der Biologie verstanden wissen wollte, der die kausalen Wechselwirkungen zwischen Genen und ihren Produkten untersucht, die den Phänotyp hervorbringen. Heutzutage versteht man unter der Epigenetik das Studium mitotisch und meiotisch vererbbarer Veränderungen der Genfunktion, die nicht durch Veränderungen der DNA erklärt werden können, d. h. letztlich das Studium vererbbarer Phänotypen, die nicht im Genotyp festgelegt sind (für einen Überblick vgl. Jablonka/Lamb 2002; Tost 2008).

Literatur

Jablonka, Eva/Lamb, Marion (2002): »The Changing Concept of Epigenetics«. In: Annals of the New York Academy of Sciences 981: 82–96.
Johannsen, Wilhelm (1909): Elemente der exakten Erblichkeitslehre. Jena.

Lewontin, Richard (1992): »Genotype and Phenotype«. In: Evelyn F. Keller/Elisabeth A. Lloyd (Hg.): Keywords in Evolutionary Biology. Cambridge (Mass.), 137–144.

Lewontin, Richard (2008): »The Genotype/Phenotype Distinction«. In: Edward Zalta (Hg.): The Stanford Encyclopedia of Philosophy. Online im Internet unter: http://plato.stanford.edu/archives/fall2008/entries/genotype-phenotype/[Stand?].

Mendel, Gregor (1866): »Versuche über Pflanzenhybriden«. In: Verhandlungen des naturforschenden Vereins in Brünn 4: 3–47.

Tost, Jörg (2008): Epigenetics. Norwich.

Waddington, Conrad (1942): »The Epigenotype«. In: Endeavour 1: 18–20.

Weismann, August (1885): Die Continuität des Keimplasmas als Grundlage einer Theorie der Vererbung. Jena.

Sven Walter

Geschichte ↗ Evolution

12. Geschlecht

Die geschlechtliche Zuchtwahl gehört zu den umstrittenen und lange Zeit ignorierten Annahmen in der Geschichte der Evolutionstheorien. Es ist auch bei Darwin selbst ein vielschichtiges und ambivalentes Konzept. Die Rolle, die Darwin der geschlechtlichen Zuchtwahl im Evolutionsprozess zuwies, wurde im Kreis der Evolutionstheoretiker lange skeptisch betrachtet, sah Darwin doch in ihr einen zweiten Mechanismus, den er der »natürlichen Zuchtwahl« und ihrer auf Effizienz und funktionale Anpassung ausgerichteten Wirkung zur Seite stellte und zur Erklärung all jener Erscheinungen in der Natur heranzog, die offenbar keinen direkten Überlebenswert für das Individuum darstellten – oder sich diesbezüglich gar als nachteilig herausstellen konnten.

Darwin entwickelte seine Theorie der geschlechtlichen Zuchtwahl zunächst an einem Phänomen, das ihn, wie er in einem Brief an den amerikanischen Botaniker Asa Gray 1860 ausführte, zur Verzweiflung brachte (Endersby 2009, 86), weil er es nicht als Resultat eines auf Umweltanpassung hinwirkenden natürlichen Selektionsprozesses erklären konnte: dem farbenprächtigen, aber nutzlosen Gefieder des männlichen Pfaus. Dieses, so lautet schließlich Darwins Lösung, sei das evolutionäre Resultat einer konstanten Zuchtwahl durch die Pfauhenne, die sich unter den männlichen Bewerbern die schönsten und schmuckvollsten aussuche. Die geschlechtliche Zuchtwahl, so Darwin, hänge »von dem Vortheile ab, welchen gewisse Individuen über andere Individuen desselben Geschlechts und derselben Species erlangen in ausschließlicher Beziehung auf die Reproduction« (Darwin 1871, I, 225). Die Wahl eines Männchens durch das Weibchen – wie von Darwin bei den Vögeln beobachtet – war nur ein Element der geschlechtlichen Zuchtwahl – und zudem ein solches, das Darwin nur im Tierreich zuließ. In menschlichen Gesellschaften sah er die Rollen getauscht, denn hier sei es dann meistens (jedoch nicht immer) der Mann, der aufgrund seiner Überlegenheit das Wahlrecht an sich gerissen habe und damit zum evolutionären Motor für die Entwicklung weiblicher Schönheit wurde. Als zweiten Teilaspekt der geschlechtlichen Zuchtwahl beschrieb Darwin »den Kampf der Männchen um den Besitz des Weibchens« (Darwin 1971, I, 228). Beide Teilaspekte, die Wahl des Paarungspartners und die aggressive männliche Konkurrenz, wurden im 20. Jahrhundert auf die (leicht irreführenden) Kurzformeln der »intersexual selection« bzw. »intrasexual selection« gebracht (Cronin 1992).

Mit der Annahme einer reproduktiven Konkurrenz führte Darwin eine neue Dimension in evolutionstheoretische Erörterungen ein: die Fortpflanzung als Ansatzpunkt für die Wirkung von Evolutionskräften, was insbesondere im letzten Drittel des 20. Jahrhundert in evolutionstheoretischen und verhaltensbiologischen Synthesen erneut aufgegriffen und in den Mittelpunkt gestellt wurde.

Mit der geschlechtlichen Zuchtwahl ließ sich für Darwin jedoch nicht nur die Entstehung des Ornamentalen in der Natur und die Entwicklung ästhetischer Werte im Tierreich erklären. Man kann geradezu die geschlechtliche Zuchtwahl als einen arbiträren, aber für die Evolution der Organismen konstitutiven Zeichenprozess lesen und darin eine Kulturgeschichte der Körper ausmachen (Sarasin 2009, 272–296). Geschlechtliche Zuchtwahl war für Darwin vor allem verantwortlich für die Entstehung von *Differenz* zwischen Menschen – sei dies die Differenz der Geschlechter oder die Differenz zwischen verschiedenen Menschenrassen. *Die Abstammung des Menschen* (1871) präsentiert diesbezüglich ein naturalistisches Evolutionsmodell von Kulturen – oder ein kulturalistisches Evolutionsmodell von Natur, je nach Lesart, denn mit ihren ständigen Analogisierungen zwischen den Sphären entziehen sich Darwins Ausführungen einem dichotomen Modell von Natur und Kultur. Darwin beschrieb, wie die Evolution mittels geschlechtlicher Zuchtwahl kulturelle Phänomene wie beispielsweise Musik oder die kulturelle Verschiedenartigkeit von Schönheitsidealen hervorbringen konnte. Mit dem gleichen Selektionsmechanismus meinte er jedoch auch das Variieren der moralischen und intellektuellen Fähigkeiten zwischen den Geschlechtern und zwischen den »wilden« und »zivilisierten« Rassen und Nationen erklären zu können. Die Liste von Geschlechterstereotypen, die sich bei Darwin finden, ist lang und reflektiert die bürgerliche Geschlechterordnung des 19. Jahrhunderts: vom passiven und schamhaften Weibchen, das durch das aktive Männchen erobert wird, über die Annahme, dass insbesondere die Männchen variieren und daher zum Motor von Evolution werden (während die Weibchen ein konservierendes Element darstellen) (Darwin 1871, I, 240–247), bis zu »größere[r] Zartheit«, »geringere[r] Selbstsucht« und »mütterliche[m] Instincte« auf Seiten der Frauen, und »Muth«, »Ausdauer«, »die höheren geistigen Fähigkeiten, nämlich Beobachtung, Vernunft, Erfindung« bei den Männern (Darwin 1871, I, 286–287). »Der hauptsächlichste Unterschied in den intellectuellen Kräften der beiden Geschlechter«, so Darwin 1871, zeige »sich darin, dass der Mann zu einer größeren Höhe in Allem was er nur immer anfängt gelangt, als zu welcher sich die Frau erheben kann, mag es nun tiefes Nachdenken, Vernunft oder Einbildung oder bloß den Gebrauch der Sinne und der Hände erfordern« (Darwin 1871, II, 286 f.).

Darwin veröffentliche seine Ideen zur geschlechtlichen Zuchtwahl und natürlichen Geschlechterdifferenz zu einer Zeit, als in Großbritannien die sich formierende Frauenbewegung das Recht auf Bildung und politische Partizipation einforderte und – teils als Reaktion darauf – eine Reihe von anthropologischen Werken publiziert wurden, die eine naturgegebene Ungleichheit der Geschlechter weiter festschrieben (Richards 1983; Vandermassen et al. 2005). So mancher Naturforscher ging im Gefolge von Darwin dabei noch wesentlich weiter in der biologistischen Begründung der vermeintlichen Minderwertigkeit des weiblichen Geschlechts (Geddes/Thomson 1889). Neben den gesellschaftlichen Geschlechterkonventionen, die in Darwins Werk einflossen, bezog Darwin sich insbesondere auf die Arbeiten des deutschen Anthropologen Carl Vogt, der aus der weiblichen Schädelanatomie eine Zwischenstellung der Frau zwischen Kind und Mann ableitete (Richards 1983, 74–77). Dass sich Darwins Konzept der geschlechtlichen Zuchtwahl jedoch ambivalent gestaltete, zeigt sich nicht zuletzt in der Rezeption. Seine Annahme einer »weiblichen Wahl« enthielt durchaus subversives Potenzial, das auch andere Lesarten als den zeitgenössisch dominanten Geschlechterdiskurs zuließ. 1875 erschien das Buch *The Sexes Throughout Nature* von Antoinette Brown Blackwell, in dem auf Basis der Darwinschen Evolutionstheorie die Gleichheit der Geschlechter eingefordert wurde. 1894 veröffentlichte die US-amerikanische Frauenrechtlerin Eliza Burt Gamble *The Evolution of Woman*, wo sie Darwins Argumente benutzte, um eine weibliche Überlegenheit evolutionär zu begründen. Das Weibliche sei in der Evolution das stabilere Element. Da die Weibchen weniger variierten und im Gegensatz zu den Männchen kein kapriziöses und funktionsloses Ornament ausbildeten, konnte die gesparte Energie in eine höhere Intelligenz bei den Weibchen umgesetzt werden. Darwin habe zudem gezeigt, dass Moral in menschlichen Gesellschaften aus den von ihm hochgeschätzten sozialen Instinkten im Tierreich hervorgegangen sei, die letztlich auf den Mutterinstinkt rückführbar seien, während das männliche Prinzip hingegen destruktiv und egoistisch sei (Vandermassen et al. 2005, 79–80).

Derartige Reformulierungen der Darwinschen Ansätze blieben jedoch die Ausnahme und wurden zeitgenössisch kaum rezipiert. Die evolutionstheoretische Diskussion in den Jahrzehnten nach Darwin konzentrierte sich vor allem auf zwei Probleme. Erstens: wie verhält sich die geschlechtliche Zuchtwahl zur natürlichen Zuchtwahl? Stellt sie ein eigenständiges und gleichwichtiges Konzept dar oder ist sie lediglich als eine weniger wichtige Spielart der Letzteren aufzufassen? Und zweitens: Wie lässt sich die Annahme einer (weiblichen) Paarungswahl mit dem »blinden« Wirken der natürlichen Zuchtwahl vereinbaren – zumal sich in dieser Wahl nach Darwin sogar ästhetische Vorlieben im Tierreich abzeichneten?

Bereits in den 1860er Jahren hatte Alfred Russel Wallace, Mitbegründer der Selektionstheorie, mit Darwin über die Deutung von Geschlechterdimorphismen debattiert (Cronin 1991, 118–121; Gayon 1998, 189–192). 1889, sieben Jahre nach Darwins Tod, sah sich Wallace in der Situation, den Darwinismus gegen Darwins eigenes Spätwerk verteidigen zu müssen. Als »Advokat eines puren Darwinismus« (Wallace 1889, xi-xii) insistierte er auf der »größeren Effizienz der natürlichen Zuchtwahl« und wies die Idee der »geschlechtlichen Selection durch weibliche Wahl« (ebd.) des späten Darwin zurück. Damit formulierte Wallace eine Position, welche die Richtung der Debatten zur geschlechtlichen Zuchtwahl bis weit in das 20. Jahrhundert hinein vorgab.

Bei den klassischen Vertretern des Darwinismus in der ersten Hälfte des 20. Jahrhunderts (Julian Huxley, J.B.S. Haldane, Theodosius Dobzhansky, George G. Simpson, Ernst Mayr) blieb die geschlechtliche Zuchtwahl ein kritisiertes und untergeordnetes Konzept, das es oft nicht einmal in das Glossar der entsprechenden Werke geschafft hat. Lediglich Ronald A. Fishers »good taste«-Theorie bildete hier eine Ausnahme (Cronin 1991, 232–249; Cronin 1992). Seit den 1970er Jahren jedoch erfuhr die geschlechtliche Zuchtwahl, und damit auch die Frage nach der Evolution der Geschlechter, eine Renaissance. Aus der Vielzahl der theoretischen Ausdifferenzierungen (vgl. beispielsweise Maynard Smith 1978; Spencer/Hamish 1992) lassen sich aufgrund der Kontroversen, die sie ausgelöst haben, insbesondere die soziobiologischen Ansätze mit ihrer grundlegenden Annahme asymmetrischer Investitionsstrategien der Geschlechter bei der Fortpflanzung hervorheben (Trivers 1972).

Ebenfalls seit den 1970er Jahren haben Biowissenschaftlerinnen auch auf die unreflektierte Übernahme viktorianischer Geschlechterstereotypen in Darwins Schriften und auf deren unkritische Rezeption im 20. Jahrhundert hingewiesen (Hubbard 1979; Hrdy 1981) – eine Kritik, die sich durchaus als einflussreich erwies und seitdem dazu beitrug, dass den weiblichen Tieren, insbesondere bei den Primaten, in der evolutions- und verhaltensbiologischen Forschung eine neue Beachtung geschenkt wurde. Innerhalb der soziobiologischen Diskussion wurde Sarah Blaffer Hrdys (1981) Reformulierung der Geschlechterrollen einflussreich. Weit über den Nachweis androzentrischer Verzerrungen hinaus geht die Kritik der Evolutionsbiologin Joan Roughgarden an der gegenwärtig dominanten Theorie der geschlechtlichen Selektion und den daraus abgeleiteten Annahmen über die Evolution von geschlechtsspezifischen Verhaltensweisen. Roughgarden (2004 und 2009), deren Werk aktuell höchst kontrovers diskutiert wird, versucht die (kulturwissenschaftlich akzeptierte) Differenzierung von Gender und Sex sowie die Infragestellung des Zweigeschlechtermodells für die Evolutionstheorie fruchtbar zu machen, indem sie ein binäres biologisches Geschlecht lediglich auf der Ebene der Größe der Gameten ansiedelt und in der Natur eine Vielzahl möglicher Ausgestaltungen von Geschlecht (im Sinne von Gender) auf der Ebene von Körpern und Verhaltensweisen hervorhebt.

Literatur

Cronin, Helena (1991): The Ant and the Peacock. Altruism and Sexual Selection from Darwin to Today. Cambridge.
Cronin, Helena (1992): »Sexual Selection. Historical Perspectives«. In: Evelyn Fox Keller/Elisabeth A. Lloyd (Hg.): Keywords in Evolutionary Biology. Cambridge, 286–293.
Darwin, Charles (1871): Die Abstammung des Menschen und die geschlechtliche Zuchtwahl. Aus dem Englischen übersetzt von J. Victor Carus. Bd. I u. II. Stuttgart.
Endersby, Jim (2009[2]): »Darwin on Generation, Pangenesis and Sexual Selection«. In: Jonathan Hodge/Gregory Radick (Hg.): The Cambridge Companion to Darwin. Cambridge, 73–94.
Gayon, Jean (1998): Darwinism's Struggle for Survival. Heredity and the Hypothesis of Natural Selection. Cambridge.
Geddes, Patrick/Thomson, John Arthur (1889): The Evolution of Sex. London.
Hrdy, Sarah Blaffer (1981): The Woman that Never Evolved. Cambridge.
Hubbard, Ruth (1979): »Have only Men Evolved?« In: Ruth Hubbard/Barbara Fried/Mary Sue Henifin (Hg.): Women Look at Biology Looking at Women. A Collection of Feminist Critiques. Boston, 7–35.
Maynard Smith, John (1978): The Evolution of Sex. Cambridge.
Richards, Eveleen (1983): »Darwin and the Descent of Woman«. In: David Oldroyd/Ian Langham (Hg.): The Wider Domain of Evolutionary Thought. Dordrecht, 57–111.
Roughgarden, Joan (2004): Evolution's Rainbow. Diversity, Gender, and Sexuality in Nature and People. Berkeley.
Roughgarden, Joan (2009): The Genial Gene. Deconstructing Darwinian Selfishness. Cooperation and the Evolution of Sex. Berkeley.
Sarasin, Philipp (2009): Darwin und Foucault. Genealogie und Geschichte im Zeitalter der Biologie. Frankfurt a. M.
Spencer, Hamish G./Masters, Judith C. (1992): »Sexual Selection. Contemporary Debates«. In: Evelyn Fox Keller/Elisabeth A. Lloyd (Hg.): Keywords in Evolutionary Biology. Cambridge, 294–301.
Trivers, Robert L. (1972): »Parental Investment and Sexual Selection«. In: Bernard Campbell (Hg.): Sexual Selection and the Descent of Man, 1871–1971. London, 136–179.
Vandermassen, Griet/Demoor, Marysa/Braeckman, Johan (2005): »Close Encounters with a New Species: Darwin's Clash with the Feminists at the End of the Nineteenth Century«. In: Anne-Julia Zwierlein (Hg.): Unmapped Countries. Biological Visions in Nineteenth Century Literature and Culture. London, 71–81.
Wallace, Alfred Russel (1889): Darwinism: an Exposition of the Theory of Natural Selection with some of its Applications. London.

Christina Brandt

13. Homologie

Unter homologen Strukturen versteht man einander entsprechende Körperteile von verschiedenen biologischen Arten. Das Auftreten von homologen Strukturen (Homologien) bei zwei Arten wird dadurch erklärt, dass der gemeinsame Vorfahre dieser Arten eine Struktur hatte, die an die Nachfahren weitervererbt wurde. Zum Beispiel sind der rechte Arm des Menschen, das rechte Vorderbein der Pferde, der rechte Flügel der Fledermäuse und die rechte Flosse der Delfine homolog, da sie alle von der rechten Vorderextremität des gemeinsamen Säugetiervorfahrens abstammen (und sogar schon vom Amphibienvorfahren herrühren). In der Tat sind viele einzelne Knochen in Arten dieser Tiergruppen homolog. So findet sich z. B. die Elle (und die Speiche) des menschlichen Armes in Amphibien-, Vogel-, und anderen Säugetierarten. Homologie kann grundsätzlich alle anatomischen Strukturen betreffen, also nicht nur Knochen, sondern auch Blutgefäße, Muskeln, Nerven und Gewebe. Traditionell wird Homologie von Analogie unterschieden, wobei analoge Strukturen Ähnlichkeiten in verschiedenen Arten sind, die von gleicher Funktion (Anpassung an ähnliche Bedingungen im Laufe der Evolution) herrühren. Die Flügel von Vögeln und Insekten sind analog, jedoch nicht homolog (da beide einen unterschiedlichen evolutionären Ursprung haben).

Das Beispiel der rechten Vorderextremität bei den genannten Säugetieren zeigt, dass homologe Strukturen (im Gegensatz zu analogen Strukturen) nicht ähnlich sein müssen: Eine anatomische Struktur wird von Generation zu Generation und von Art zu Art vererbt (und bleibt dabei die gleiche, d. h. homologe Struktur), kann aber im Laufe der Evolution ihre Form und Funktion deutlich verändern. Damit ist der Homologiebegriff ein zentraler Begriff der Evolutionsbiologie und anderer biologischer Disziplinen, die auf die Evolution Bezug nehmen, wie etwa die vergleichende Anatomie, die Systematik und die vergleichende Molekularbiologie (Donoghue 1992). Insbesondere werden Stammbäume von Arten aufgestellt, indem homologe Strukturen bei diesen Arten verglichen werden, wobei relative Ähnlichkeiten bzw. Unterschiede Auskunft über die relative Verwandtschaft dieser Arten geben.

Trotz seiner heutigen Bedeutung für die Evolutionsbiologie wurde der Homologiebegriff lange vor der Entwicklung von Darwins Evolutionstheorie eingeführt (Russell 1916). Die Idee der Homologie entstand in der vergleichenden Anatomie (Morphologie) und der vergleichenden Embryologie des frühen 19. Jahrhunderts, insbesondere in den Werken von Johann Wolfgang von Goethe (1749–1832) und Karl Ernst von Baer (1792–1876) im deutschsprachigen Raum sowie bei E. Geoffroy Saint-Hilaire (1772–1844) in Frankreich. Während ursprünglich verschiedene Termini für die Idee der Homologie verwendet worden waren, führte der britische Anatom R. Owen (1804–1892) die seitdem übliche klare Unterscheidung zwischen »Homologie« und »Analogie« ein. In dieser vordarwinistischen Epoche wurde die Existenz von Homologien nicht durch gemeinsame Abstammung, sondern durch gemeinsame morphologische Baupläne oder gemeinsame Entwicklungsprinzipien erklärt. Da z. B. ein Knochen eines erwachsenen Tieres manchmal aus verschiedenen morphologischen Teilen besteht (manche Einzelknochen wachsen in der frühen Entwicklung zusammen), war es eine wichtige Aufgabe der Morphologie, die verschiedenen natürlichen, oft aber nicht offensichtlichen Einheiten eines Organismus zu erkennen. Diese natürlichen Einheiten wurden als homolog zu Körperteilen anderer Arten gesehen, was anatomische und embryologische Beschreibungen ermöglichte, die von hoher Allgemeinheit waren und auf größere Tiergruppen zutrafen. Zum Beispiel stellte Owen eine allgemeine Charakterisierung des Skeletts der Wirbeltiere auf, das Fische, Amphibien, Vögel und Säugetiere einschloss (Owen 1849).

Homologien konnten durch zwei Kriterien erkannt werden (Remane 1956): Das Kriterium der Lage besagt, dass obwohl dieselbe (homologe) Struktur eine verschiedene Form und Funktion in verschiedenen Arten haben kann, sie dieselbe Lage zu anderen Strukturen beibehält. Zum Beispiel haben verschiedene Knochen oft dieselbe relative Position in verschiedenen Arten, und Muskeln werden von denselben Nerven innerviert. Das embryologische Kriterium besagt, dass sich homologe Strukturen in unterschiedlichen Arten aus denselben embryonalen Anlagen entwickeln, was das Auffinden von Homologien erleichtert, da die Embryos von verschiedenen Arten ähnlicher sind als die erwachsenen Organismen. Mithilfe dieser Kriterien konnten Wissenschaftler der vordarwinistischen Epoche viele Homologien selbst in weniger verwandten Tiergruppen (z. B. Säugetieren und Fischen) entdecken, die auch heute noch als solche gelten. Die Existenz einer Vielzahl von Homologien wurde schließlich zu einem wichtigen Argument für die Evolutionstheorie (die diese durch gemeinsame Abstammung erklären konnte), während zeitgenössische kreationistische Ansätze – wie der historische Ansatz der *Natural Theology* – nicht imstande waren zu erklären, warum Arten in verschiedenen Umgebungen und mit unterschiedlichen Lebensweisen dieselben (homologen) Strukturen haben (Owen 1849).

Seit der Entwicklung der Evolutionstheorie wurden Homologien im Sinne der Stammesgeschichte interpretiert. In der zweiten Hälfte des 19. Jahrhunderts betrieb die einflussreiche Disziplin der evolutionären Morphologie (Carl Gegenbaur, Ernst Haeckel, E. Ray Lankester) vergleichende Anatomie, Embryologie und Systematik in einem konsequenten phylogenetischem Rahmen und war insbesondere damit beschäftigt, Stammbäume zu erstellen. Für lange Zeit wurden das Kriterium der Lage und das embryologische Kriterium als Hauptkriterien der Homologie benutzt. Erst seit der Entstehung der phylogenetischen Systematik (auch als Kladistik bezeichnet) in der zweiten Hälfte des 20. Jahrhunderts werden Homologien konsequent mithilfe von Stammbäumen bestimmt, so dass heute der gemeinsame phylogenetische Ursprung von Strukturen das eigentliche Kriterium der Homologie ist. (In diesem Zusammenhang wird Homologie der Homoplasie entgegengesetzt, wobei Letztere eine Ähnlichkeit bei Arten ist, die nicht von gemeinsamer Abstammung herrührt.)

In den letzten Jahrzehnten hat der Homologiebegriff erhöhtes theoretisches Interesse erfahren. Sein Anwendungsbereich hat sich erweitert und neue theoretische Interpretationen von Homologie wurden vorgeschlagen (Brigandt/Griffiths 2007; Donoghue 1992). Heute werden nicht nur anatomische Strukturen als homolog angesehen, sondern in der Ethologie (Verhaltensbiologie) werden auch Verhaltensmuster in verschiedenen Arten homologisiert, in der Entwicklungsbiologie werden Entwicklungsprozesse als homolog verstanden, und durch die Zell- und Molekularbiologie ist klar geworden, dass Gene, Enzyme und zahlreiche weitere molekulare und zelluläre Strukturen in verschiedenen Arten homolog sind. Homologien finden sich also auf verschiedenen Ebenen der organismischen Organisation. Eine wichtige Erkenntnis ist, dass Homologie auf einer Ebene weder mit Homologie auf einer anderen Ebene gleichzusetzen noch auf Homologie auf der genetisch-molekularen Ebene reduzierbar ist. Eine anatomische Struktur, die in zwei Arten homolog ist, kann sich durch nicht-homologe Entwicklungsprozesse (z.B. aus unterschiedlichen embryonalen Anlagen) und unter Einfluss von nicht-homologen Genen in diesen beiden Arten entwickeln. Solange sich dieselbe Struktur in erwachsenen Individuen als Endresultat entwickelt, kann ihre Gewebezusammensetzung, Entwicklungsweise und molekulare Basis in verschiedenen Arten stark variieren. (Daher kann das traditionelle embryologische Kriterium der Homologie fehlschlagen; und Homologie ist auf jeder Organisationsebene mithilfe eines Stammbaumes zu bestimmen.) Umgekehrt kann dasselbe (homologe) Gen in zwei Arten in nicht-homologen Entwicklungsprozessen eine Rolle spielen und zur Entwicklung von nicht-homologen anatomischen Strukturen beitragen (Brigandt/Griffiths 2007). Homologie auf der einen Ebene kann zusammen mit Nicht-Homologie auf anderen Ebenen erfolgen, da Strukturen auf der molekularen, entwicklungsbiologischen und anatomischen Ebene manchmal voneinander unabhängig evolvieren.

Diese neuen Erkenntnisse haben für das biologische Teilgebiet der evolutionären Entwicklungsbiologie zu neuen theoretischen Ansätzen bezüglich der Homologie geführt. Eine wichtige offene Frage ist, wie die Entwicklungsweise und der morphologische Aufbau von Organismen es möglich macht, dass dieselbe homologe Struktur in verschiedenen Generationen und Arten auftritt und sich gleichzeitig im Laufe der Evolution wandeln kann (Frage der entwicklungsbiologischen Basis der Evolvierbarkeit). Ebenso ist zu erklären, warum überhaupt die verschiedenen Teile eines Organismus – einschließlich Strukturen auf verschiedenen Ebenen der organismischen Organisation – voneinander getrennt variieren und evolvieren können (Brigandt 2007).

Literatur

Brigandt, Ingo (2007): »Typology Now. Homology and Developmental Constraints Explain Evolvability«. In: Biology and Philosophy 22: 709–725.

Brigandt, Ingo/Griffiths, Paul E. (2007): »The Importance of Homology for Biology and Philosophy«. In: Biology and Philosophy 22: 633–641.

Donoghue, Michael J. (1992): »Homology«. In: Evelyn Fox Keller/Elisabeth A. Lloyd (Hg.): Keywords in Evolutionary Biology. Cambridge (Mass.), 170–179.

Owen, Richard (2007): On the Nature of Limbs: A Discourse [1849]. Hg. von Ron Amundson. Chicago.

Remane, Adolf (1956[2]): Die Grundlagen des natürlichen Systems, der vergleichenden Anatomie und der Phylogenetik [1952]. Leipzig.

Russell, Stuart E. (1982): Form and Function: A Contribution to the History of Animal Morphology [1916]. Mit einer Einleitung von George V. Lauder. Chicago.

Ingo Brigandt

14. Instinkt und Intellekt

Die Ethologie (Verhaltensbiologie) wurde in den 1930er Jahren durch das Werk von Konrad Lorenz und Nikolaas Tinbergen begründet und als das biologische Studium des Verhaltens – insbesondere der Instinkte – propagiert (Lorenz 1965; Burkhardt 2005). Allerdings war tierisches Verhalten schon seit der zweiten Hälfte des 19. Jahrhunderts in der Disziplin der Tierpsychologie systematisch untersucht worden. Obzwar ein Teilgebiet der Psychologie, reflektierte die Tierpsychologie auch über die Evolution von Verhalten, einschließlich der Kontinuität von tierischer und menschlicher Intelligenz. Generell wurde bei Tieren instinktives Verhalten, das als angeboren angesehen wurde, von erlerntem Verhalten unterschieden. Letzteres umfasst (durch regelmäßige Durchführung) erworbene Gewohnheiten sowie flexibles Verhalten, dem mehr oder weniger Intelligenz zugrunde liegt. Ein Instinkt wurde entweder mit einem angeborenen Trieb, der Körperbewegungen von innen verursacht, oder auch mit einer angeborenen, reflexähnlichen Körperbewegung gleichgesetzt. Im letzteren Fall konnte die (medizinische) Disziplin der Physiologie durch Studien an Reflexen von niederen und höheren Tieren zu ersten Einsichten in die neuronale Basis von Instinktverhalten gelangen. Evolutionäre Theorien nahmen oft an, dass ursprünglich feste und instinktive Verhaltensmuster im Laufe der Stammesgeschichte zu flexiblem und intelligentem Verhalten bei höheren Tieren und Menschen evolviert sind (Whitman 1899). Bis zum Ende des 19. Jahrhunderts war von Neolamarckisten auch der umgekehrte Weg als möglich angesehen worden, wobei von Generation zu Generation wieder und wieder erlerntes Verhalten sich letztendlich zu stereotypem, angeborenem Verhalten entwickelte (Burkhardt 2005).

Zur Zeit ihrer Entstehung profilierte sich die Ethologie u. a. durch eine Kritik an Ansätzen in der Tierpsychologie, die vermeintlich neu erlerntes Verhalten unter der Annahme betonten, dass Tiere oft auf ein bestimmtes Handlungsziel ausgerichtet sind und dabei ihr Verhalten ihrer wechselnden Umgebung entsprechend flexibel anpassen. Die frühen Ethologen konnten zeigen, dass komplexes Verhalten mit verlässlichem Endresultat nicht voraussetzt, dass ein Tier eine geistige Vorstellung dieses Endresultates besitzt. Zum Beispiel können Vögel Nester bauen, ohne eine mentale Vorstellung oder interne Repräsentation eines Nestes zu haben. Anstelle dessen besteht Nestbauverhalten bei vielen Vogelarten aus einer Kette von teilweise instinktiven Verhaltenselementen, wobei das Vollenden eines Schrittes das nächste Verhaltenselement aktiviert. Wenn ein sich in einer gewissen physiologischen Situation (Nestbaubereitschaft) befindender Vogel ein Objekt wahrnimmt, das zum Nestbau geeignet ist, so führt er eine charakteristische Bewegung aus, um das Objekt mit dem Schnabel zu greifen. Dies aktiviert das nächste Verhaltensmuster, das dazu führt, dass das Objekt in das sich entwickelnde Nest eingebaut wird. Erst dann ist der Vogel wieder bereit, auf zum Nestbau geeignete Objekte zu reagieren. Nicht nur besteht komplexes Verhalten aus einzelnen (viel weniger komplexen) Teilelementen, sondern ein solches Verhaltenselement kann auch Teil mehrer Verhaltenselementsketten sein (mit anderen Endresultaten und biologischen Funktionen, z. B. Nestbau und Paarungsritual). Ein Element kann vom selbem Individuum in verschiedenen Situationen durchgeführt werden oder sich in verschiedenen Arten finden, wobei Letzteres Aufschlüsse über die Evolution von Instinktverhalten gibt. Ein solches weniger komplexes Verhaltenselement ist auch leichter einer physiologischen oder neurobiologischen Untersuchung und Erklärung zugänglich.

Obwohl der Begriff des Instinktes ganz am Anfang der Ethologie eine zentrale Rolle gespielt hatte, verlor er seit den 1950er Jahren, als die Ethologie sich international etablierte, an Bedeutung. Der Grund dafür ist, dass die Ethologie seitdem eine ganze Reihe von Begriffen benutzt, um verschiedene Verhaltensmuster, deren neurophysiologische Grundlage sowie deren Entwicklung zu beschreiben und zu erklären. Es macht heute keinen Sinn mehr, ein Verhaltensmuster entweder als Instinkt oder als erlerntes/intelligentes Verhalten zu bezeichnen und infolgedessen auch nicht, eine stammesgeschichtliche Hypothese terminologisch so zu fassen, dass eine bestimmte menschliche intelligente Handlungsweise aus bestimmten tierischen »Instinkten« evolviert ist.

War ursprünglich Instinkt mit angeborenem Verhalten assoziiert (und erlerntem Verhalten entgegengesetzt), so findet in der heutigen Biologie auch die Dichotomie zwischen angeborenen und erworbenen Merkmalen normalerweise keine Verwendung mehr. Daniel Lehrman hat als erster systematisch gegen den Instinktbegriff von Lorenz argumentiert. Er sprach sich dafür aus, die Unterscheidung von angeborenem und erlerntem Verhalten fallen zu lassen, da die Individualentwicklung eines jeden Verhaltensmusters unter wesentlichem Einfluss verschiedener Ursachen sowohl von innerhalb des Organismus als auch von Umweltfaktoren erfolge (Lehrman 1953). (Zudem schließen die entwicklungsrelevanten internen Faktoren Gene ebenso ein wie viele andere molekulare und zelluläre Ursachen, so dass nicht sinnvoll zwischen von genetischer Information bestimmten und anderen biologischen Merkmalen unterschieden werden kann.) Die Unzulänglichkeit der Idee des »Angeborenen« liegt mithin vor allem darin, dass sie drei grundsätzlich zu unterscheidende Eigenschaften einander gleichsetzt: erstens dass ein biologisches Merkmal artspezifisch ist, d. h. von allen Individuen einer Art besessen wird, zweitens dass die Entwicklung eines Merkmals kaum von Änderungen in den Umweltbedingungen (z. B. »Lernen«) beeinflusst wird und drittens dass ein Merkmal eine evolutionäre Anpassung ist. Alle drei Eigenschaften sind zweifellos von biologischer Bedeutung; allerdings kann ein organismisches Merkmal eine dieser Eigenschaften aufweisen, ohne über die anderen zu verfügen, während der Begriff des »Angeborenen« sie fälschlicherweise vermengt (Griffiths 2002).

Was den menschlichen Intellekt angeht, so hat die moderne Psychologie gezeigt, dass intelligente Denk- und Handlungsprozesse im Zusammenwirken von vielen verschiedenen kognitiven Prozessen bestehen (wobei zahlreiche solcher Einzelprozesse kaum als »intelligent« bezeichnet werden können). Der menschliche Geist besteht wahrscheinlich aus einer Vielzahl von kognitiven Strukturen (auch als »kognitive Module« bezeichnet), die miteinander verbunden sind, aber intern zu einem gewissen Teil unabhängig voneinander arbeiten (Carruthers 2006). Ein wesentlicher Teil dieser Module ist von unseren Tiervorfahren übernommen, andere Module sind im Laufe der menschlichen Evolution hinzugekommen. Trotz der weiten Verwendung von Intelligenztests lässt sich argumentieren, dass der IQ-Wert nicht mit der Leistung einer speziellen kognitiven Struktur oder einer Reihe von besonders zentralen Strukturen übereinstimmt. Im Gegensatz zu einer eindimensionalen Skala (wie dem IQ-Wert) gibt es womöglich eine Vielzahl von kognitiven Fähigkeiten, wobei eine Einzelperson manche dieser Fähigkeiten in hohem, andere in weniger hohem Maße besitzt, so dass von zwei Personen im Allgemeinen nicht gesagt werden kann, dass die eine einfach »intelligenter« sei als die andere.

Darüber hinaus ist klargeworden, dass menschlicher Intellekt oder zumindest intelligentes Denken und Handeln nicht völlig mit bewussten kognitiven Prozessen gleichgesetzt werden kann. Kognitive Leistungen werden durch eine Mischung von mehreren bewussten und unbewussten kognitiven Prozessen hervorgebracht, wobei bei unbewussten Prozessen das Endergebnis an das Bewusstsein vermittelt werden kann, die eigentliche Wirkungsweise des Vorganges aber nicht eingesehen und der unbewusste Prozess nicht bewusst beeinflusst werden kann. Nicht nur sind unbewusste kognitive Prozesse für intelligentes Denken und Handeln relevant, in gewissen Situationen führen unbewusste Prozesse zu besseren Ergebnissen als bewusste Prozesse, so dass es durch ein bewusstes Überdenken oder Abändern des vom unbewussten Vorgang ans Bewusstsein vermittelten kognitiven Resultats zu einem schlechteren (»weniger intelligenten«) Endresultat kommen kann (Gigerenzer 2007).

Literatur

Burkhardt, Richard W. (2005): Patterns of Behavior. Konrad Lorenz, Niko Tinbergen, and the Founding of Ethology. Chicago.
Carruthers, Peter (2006): The Architecture of the Mind. Massive Modularity and the Flexibility of Thought. Oxford.
Gigerenzer, Gerd (2007): Bauchentscheidungen. Die Intelligenz des Unbewussten und die Macht der Intuition. München.
Griffiths, Paul E. (2002): »What Is Innateness?«. In: The Monist 85: 70–85.
Lehrman, Daniel S. (1953): »Critique of Konrad Lorenz's Theory of Instinctive Behavior«. In: Quarterly Review of Biology 28: 337–363.
Lorenz, Konrad (1965): Über tierisches und menschliches Verhalten. Gesammelte Abhandlungen I. München.
Whitman, Charles O. (1899): Animal Behavior. Boston.

Ingo Brigandt

15. »Kampf ums Dasein«

Mit keinem Begriff und keiner Formulierung wurden Charles Darwin und der »Darwinismus« (A.R. Wallace) in der öffentlichen Wahrnehmung seit 1859 stärker identifiziert als mit dem Ausdruck »Kampf ums Dasein«. Erstmals verwendet hatte er den Ausdruck »struggle for life« 1855 in einem Zeitschriftenaufsatz (Darwin 1855), dann in seinem 1857 an Asa Gray gesendeten »abstract« seiner Theorie (Darwin 1857), sowie schließlich, in der Variante »struggle for existence«, in der zusammen mit A. R. Wallace publizierten Skizze der Evolutionstheorie (Darwin/

Wallace 1858). In prominenter, wenn nicht programmatischer Weise erscheint die Formel im Titel von Darwins berühmtestem Buch: *On the Origin of Species by Means of Natural Selection, or the Preservation of Favoured Races in the Struggle for Life* (Darwin 1859). Damit wird zwar signalisiert, dass die »Natural Selection« der erklärungsbedürftige Operator für das Überleben im »Struggle for Life« ist; dass hingegen Letzterer stattfindet, erscheint als Gewissheit. Im Text des *Origin of Species* selbst ist das zentrale dritte Kapitel mit der synonymen Wendung »Struggle for Existence« überschrieben.

Der englische Bevölkerungstheoretiker Thomas Malthus (dessen einflussreichen *Essay on the Principle of Population* Darwin im Jahr 1838 las) hatte schon 1798 den »perpetual struggle for room and food« erwähnt (Malthus 1826, 113). Gemäß dem *Oxford English Dictionairy* (OED 2010) taucht die Formel »struggle for existence« in einer zufällig anmutenden Formulierung 1827 auf, dann aber in signifikanter Weise erstmals in Charles Lyells *Principles of Geology* (1832), wo dieser ältere Freund, Anreger und Förderer Darwins schreibt: »In the universal struggle for existence, the right of the strongest eventually prevails; and the strength and durability of a race depends mainly on its prolificness, in which hybrids are acknowledged to be deficient« (Lyell 1832, 56). 1852 schließlich hat der Sozialphilosoph Herbert Spencer vom »Kampf ums Dasein« gesprochen, allerdings nur in Bezug auf den Menschen (vgl. den Beitrag »Soziologie und Sozialwissenschaften in Teil IV dieses Handbuchs). An all diese Vorgänger und Anregungen konnte Darwin anknüpfen, allerdings vor allem in negativer Weise: Vom »Recht des Stärkeren« ist bei ihm zumindest in dieser Ausschließlichkeit nicht mehr die Rede, er fragte auch nicht mehr nach der »Dauerhaftigkeit einer Rasse«, sondern nach deren Veränderung, und er betonte nicht die »Defizienz« der Hybride, sondern im Gegenteil die Bedeutung dieser »Zwischenformen« für die Evolution (Darwin 2006, 688). In *Origin of Species* sprach Darwin auch noch nicht über den Menschen – als er dies dann 1871 in *The Descent of Man* (Darwin 1871/2006b) nachholte, stellte er in Abrede, dass menschliche Gesellschaften nach dem Muster des »struggle for existence« organisiert seien (Sarasin 2009, 334–349).

Der Begriff »struggle« bedeutet laut OED »a resolute contest, whether physical or otherwise; a continued effort to resist force or free oneself from constraint; a strong effort under difficulties« (OED 2010). Gemessen an der damit implizierten »Härte« dieses »Ringens« bzw. dieser »Anstrengung« erscheint die schon von Heinrich Georg Bronn in der ersten deutschen Übersetzung des *Origin* verwendete Formulierung »im Kampfe um's Daseyn« (Darwin 1860) als zwar nicht ganz so falsch, wie oft eingewendet wurde, jedoch als missverständlich: Der »struggle« kann ein »Kampf« gegen widrige Umstände sein – die deutsche Formel hingegen signalisiert in erster Linie den »Kampf« mit einem Gegner. Darwin selbst war sich dieser Schwierigkeit und der potenziellen Mehrdeutigkeit auch der Formel »struggle for existence/for life« durchaus bewusst. Im einschlägigen dritten Kapitel des *Origin of Species* schreibt er dazu erläuternd: »I should premise that I use the term Struggle for Existence in a large and metaphorical sense, including dependence of one being on another, and including (which is more important) not only the life of the individual, but success in leaving progeny. Two canine animals in a time of dearth, may be truly said to struggle with each other which shall get food and live. But a plant on the edge of a desert is said to struggle for life against the drought, though more properly it should be said to be dependent on the moisture« (Darwin 1859, 62, vgl. Darwin 2006a, 404). Diese Präzisierungen sind entscheidend für das Verständnis nicht nur der Formel »struggle for existence/for life«, sondern für das Verständnis von Darwins Theorie überhaupt:

Erstens hält Darwin fest, dass diese Formulierung eine Metapher und keine stabile begriffliche Fassung eines eindeutig bestimmbaren Sachverhalts sei. Dieser breite »metaphorische Sinn« ermögliche es zweitens, nicht primär über das de facto bedeutungslose Überleben oder Sterben eines individuellen Organismus zu sprechen, sondern über den viel wichtigeren Umstand, dass Organismen Nachkommen hinterlassen – je mehr desto besser. Drittens ermöglicht die Metapher, die Semantik dieses »struggle« sehr breit zu fächern, vom realen Kampf zwischen zwei Individuen »red in tooth and claw«, wie Lord Tennyson 1849 in einem Gedicht formulierte (Gould 1995), bis hin zum schlichten Abhängen einer Pflanze von der Feuchtigkeit am Rand der Wüste. Zentral in all diesen Ausformungen des »struggle« ist viertens Darwins Bestimmung der »dependence of one being on another«; später im Text wird er festhalten, dass die »Beziehung von Organismus zu Organismus die wichtigste aller Beziehungen« sei (Darwin 2006a, 683). Der »Kampf«, der in diesen Beziehungen herrscht, ist so gesehen nur ein anderes Wort für die wechselseitigen, verschlungenen Abhängigkeiten aller Organismen von- und untereinander, die im selben biogeografischen Raum leben, und zwar im Wesentlichen (und trivialerweise) dadurch, dass sie füreinander Nahrungsquellen darstellen. Zwischen den Pflanzen auf der Weide und den grasenden Kühen herrscht ebenso ein »Kampf ums Dasein« wie zwischen Löwen und Antilopen; die Abhängigkeit aller Organismen von anorganischen Stoffen wie Sauerstoff oder Wasser kommt, ebenso trivialerweise, zu diesen inter-organismischen Dependenzbeziehungen verschärfend hinzu.

Nicht trivial ist hingegen Darwins Theorie, dass die morphologische Gestalt, die physiologischen Funktionen sowie die Lebens- und Verhaltensweisen der Organismen von diesen Abhängigkeitsrelationen hervorgebracht und verändert werden. Während die *natural selection* der Operator ist, der diejenigen individuellen Organismen von der Fortpflanzung mehr oder weniger stark bzw. schnell ausschließt, die aus kontingenten Gründen über weniger günstige Eigenschaften verfügen als andere, bezeichnet die Formel vom »struggle for life« den phänotypischen »Ort« und die Erscheinungsweise des Selektionsprozesses.

Es wäre leicht möglich, weite Teile der Rezeption von Darwins Theorie entlang der unterschiedlichen Interpretationen und Verwendungsweisen dieser oft missverstandenen, wenn nicht schlicht missbrauchten Formulierung zu schreiben. Der bald nach 1860 einsetzende, ebenso von Spencer wie von Darwin inspirierte Sozialdarwinismus (Hawkins 1997) stützte sich in all seinen Strömungen, d.h. von einem mit Verweis auf die »Natur« gerechtfertigten *laissez-faire*-Kapitalismus über die Eugenik bzw. die Rassenhygiene bis hin zum nationalsozialistischen Rassenhass und dem »Kampf um Lebensraum«, auf den populärwissenschaftlich in alle Schichten der Gesellschaft verbreiteten Glauben, dass auch in menschlichen Gesellschaften der Stärkere, Schlauere oder besser Angepasste im »Kampf ums Dasein« obsiege – und dies zu Recht. Wo aber Medizin und Sozialhilfe auch den Schwachen, Kranken und Armen die Reproduktion ermöglichen, könne dieses angebliche Naturgesetz nicht mehr wirken, was zur Degeneration der Bevölkerung und zum »Untergang« der »Rasse« führe (Ploetz 1895; vgl. Schmuhl 1987; Weingart 1995). Gegen diese Sichtweise wurden seit Beginn des 20. Jahrhunderts kritische Einwände erhoben, die auf die vielen Beispiele von Kooperation und Symbiosen bei Pflanzen und Tiere hinwiesen, so namentlich vom russischen Anarchisten und Naturwissenschaftler Pjotr Alexejewitsch Kropotkin (Kropotkin 1902).

In der Biologie des 20. Jahrhunderts hat die Formel »struggle for existence/for life« eine stark schwankende Resonanz gefunden, die sich schematisch in drei Varianten gliedern lässt: (1) Die komplette Zurückweisung dieser Formel als anthropomorpher und bellizistischer Mythos vor allem durch die frühe Genetik bis in die 1930er Jahre: Zu behaupten, dass Gene oder Allele »ums Dasein kämpfen« würden, ergab aus dieser Perspektive keinen Sinn (Rheinberger/Müller-Wille 2009, 203). (2) Seit der Modernen Synthese zwischen Darwinismus und Genetik ab den 1940er Jahren bezeichnet die allerdings kaum noch explizit verwendete Rede vom »Kampf ums Dasein« der Sache nach die grundlegende und allgemein akzeptierte These, dass die einzige »Funktion« eines Organismus darin bestehe, so lange am Leben zu bleiben (und entsprechend darum zu »ringen«), bis seine möglichst zahlreiche Reproduktion sichergestellt sei (Mayr 1984). (3) In einer deutlich akzentuierten Fassung dieser Grundannahme der heutigen Biologie gehen die Soziobiologie und die Evolutionäre Psychologie davon aus, dass das Verhalten von Organismen (inkl. des Menschen) erkennbar vom »Kampf ums Dasein« als dem Streben nach größt- und bestmöglicher Reproduktion geprägt sei und gerade in seinen egoistischen und aggressiven Ausprägungen nur so verstanden werden könne (Wilson 1975; Bartow, Tooby und Cosmides 1992). Die vielleicht provokativste, nicht zufällig frontal auf den Menschen bezogene Neufassung der »Kampf ums Dasein«-Formel schlug 1976 – und damit unter den epistemologischen Bedingungen der Molekulargenetik – Richard Dawkins vor: »Wir sind Überlebensmaschinen – Roboter, blind programmiert zur Erhaltung der selbstsüchtigen Moleküle, die Gene genannt werden« (Dawkins 1976/2005, 18). Diese Sichtweise bleibt bis heute ebenso umstritten wie unklar. Offen sind in diesem Zusammenhang vor allem zwei Fragen: Erstens, auf welcher »Ebene« die Selektion und damit der »Kampf ums Dasein« eigentlich ansetze: auf jener des Gens, des Phänotyps, oder der Art? Und zweitens hat der Erfolg der Evolutionären Psychologie zur erneuten Diskussion der alten Darwinschen Frage geführt, wie weit Vernunft oder moralische Erwägungen menschliches Handeln steuern. Dawkins selbst betonte, dass der Mensch die intellektuelle Fähigkeit habe, sich nicht nach Maßgabe dieses »Genegoismus«, sondern nach Maßgabe ethischer Grundsätze zu verhalten (Dawkins 1976/2005, 25f.).

Literatur

Barkow, Jerome H./Tooby, John/Cosmides, Leda (Hg.) (1992): The Adapted Mind. Evolutionary Psychology and the Generation of Culture. New York u. a.

Darwin, Charles (1855): »Does Sea-Water Kill Seeds?«. In: Gardeners' Chronicle and Agricultural Gazette Nr. 21 (26. Mai): 356–357.

Darwin, Charles (1857): Abstract of Species Theory Sent to Asa Gray. CUL-DAR6.51 Transcribed by John van Wyhe. In: Darwin Online: http://darwin-online.org.uk [Stand: 14.4.2010].

Darwin, Charles (1860): Über die Entstehung der Arten im Thier- und Pflanzen-Reich durch natürliche Züchtung, oder, Erhaltung der vervollkommneten Rassen im Kampfe um's Daseyn. Übersetzt H. G. Bronn. Stuttgart.

Darwin, Charles (1871): The Descent of Man, and Selection in Relation to Sex. London

Darwin, Charles (2006a): »Über die Entstehung der Arten durch natürliche Zuchtwahl oder die Erhaltung der begünstigsten Rassen im Kampfe ums Dasein«. In: ders.: Gesammelte Werke. Nach Übersetzungen aus dem Englischen von J. Victor Carus. Frankfurt a. M., 347–691.

Darwin, Charles (2006b): »Die Abstammung des Menschen [und die geschlechtliche Zuchtwahl]«. In: ders.: Gesammelte Werke. Nach Übersetzungen aus dem Englischen von J. Victor Carus. Frankfurt a. M., 693–1162.

Darwin, Charles/Wallace, Alfred R. (1858): »On the Tendency of Species to Form Varieties; and on the Perpetuation of Varieties and Species by Natural Means of Selection. [Read 1 July]«. In: Journal of the Proceedings of the Linnean Society of London, Zoology 3 (20. August): 46–50.

Dawkins, Richard (2005): Das egoistische Gen [The Selfish Gene, 1976]. Reinbek bei Hamburg.

Gould, Stephen Jay (2002): »Hundert Jahre Zähne und Klauen«. In: ders.: Ein Dinosaurier im Heuhaufen. Streifzüge durch die Naturgeschichte. [Dinosaur in a Haystack. Reflections in Natural History, 1995] Frankfurt a. M., 73–86.

Hawkins, Mike (1997): Social Darwinism in European and American Thought, 1860–1945. Nature as Model and Nature as Threat. Cambridge.

Kropotkin, Pjotr Alexejewitsch (1902): Mutual Aid; a Factor of Evolution. London [Gegenseitige Hilfe in der Entwickelung, autorisierte deutsche Ausgabe, besorgt von Gustav Landauer. Leipzig 1904].

Lyell, Charles (1832): Principles of Geology, Being an Attempt to Explain the Former Changes of the Earth's Surface, by Reference to Causes now in Operation. Bd. 2. London.

Malthus, Thomas (1826): An Essay on the Principle of Population; or, a View of its Past and Present Effects on Human Happiness; with an Inquiry into our Prospects Respecting the Future Removal or Mitigation of the Evils which it Occasions [1789]. Bd. 1. London.

Mayr, Ernst (1984): Die Entwicklung der biologischen Gedankenwelt. Vielfalt, Evolution und Vererbung. Berlin u. a.

OED (2010): Art. »Struggle«. In: Oxford English Dictionary online: http://dictionary.oed.com [Stand: 14.4.2010].

Ploetz, Alfred (1895): Die Tüchtigkeit unserer Rasse und der Schutz der Schwachen. Ein Versuch über Rassenhygiene und ihr Verhältniss zu den humanen Idealen, besonders zum Sozialismus (Grundlinien einer Rassen-Hygiene, 1. Teil). Berlin.

Sarasin, Philipp (2009): Darwin und Foucault. Genealogie und Geschichte im Zeitalter der Biologie. Frankfurt a. M.

Schmuhl, Hans-Walter (1987): Rassenhygiene, Nationalsozialismus, Euthanasie. Von der Verhütung zur Vernichtung »lebensunwerten Lebens« 1890–1945. Göttingen.

Weingart, Peter (1995): »›Struggle for Existence‹: Selection and Retention of a Metaphor«. In: Sabine Maasen/Everett Mendelsohn/Peter Weingart (Hg.): Biology as Society, Society as Biology: Metaphors. Dordrecht, 127–151.

Wilson, Edward O. (1975): Sociobiology. The New Synthesis. Cambridge (Mass.).

Philipp Sarasin

Kultur ↗ **Natur, Kultur**

16. Mensch (Rasse)

Die biologische und kulturelle Geschichte der Menschheit und ihrer Varietäten war ein Faszinosum lange bevor sich ein evolutionäres Weltbild durchsetzte und sich die Anthropologie als die Wissenschaft vom Menschen institutionalisierte. Der durch die Evolutionstheorie ausgelöste Wandel im Menschenbild war denn auch durch ältere Denkströmungen geprägt. Der Glaube an eine einzigartige und herausragende Stellung des Menschen in der Natur wurde von unterschiedlichen Traditionen gespeist. Darunter sind die platonische Philosophie archetypischer Essenzen, die jüdisch-christliche Kosmologie mit ihrer klaren Unterscheidung und hierarchischen Wertung von Tier und Mensch, der kartesianische *homo duplex* und das Fortschrittsparadigma der Aufklärung zu nennen. Aber es war nicht nur diese Sonderstellung *des* Menschen, die sich gegenüber neuen Ideen als hartnäckig erwies. Auch die Vorstellung der Überlegenheit der westlichen, weißen, hoch zivilisierten Menschengruppen war lange Ausgangs- und Endpunkt anthropologischer Klassifikation.

Der Mensch: Geschichte und Evolution

Das Entstehen einer praktischen Geologie im frühen 19. Jahrhundert brachte Einsichten in das Primär- und das geschichtete Sekundärgestein, die nach einer Erdgeschichte verlangten, die den durch eine wörtliche Interpretation der Bibel vorgegebenen zeitlichen Rahmen sprengte. Die Erde und ihre durch Fossilien dokumentierten Bewohner schienen um ein Vielfaches älter zu sein als der Mensch, dessen Geschichte weitgehend durch die Generationenfolge in der Bibel bestimmt blieb. Zwar mehrten sich Berichte darüber, dass sich von Menschen gefertigte Steinwerkzeuge in denselben geologischen Schichten fänden wie die fossilen Knochen ausgestorbener Tierarten. Aber die Autorität des religiösen Weltbildes erwies sich in Bezug auf den Menschen als besonders stark. Dementsprechend wurden solche Funde kategorisch zurückgewiesen, nicht zuletzt vom mächtigen Mitbegründer einer historischen Geologie und Paläontologie Georges Cuvier. Ein Konsens bezüglich des Alters der Menschheit im Sinne einer Koexistenz mit pleistozänen Säugern Europas zeichnete sich nach der Jahrhundertmitte ab. Ein schöner Zufall wollte es, dass Charles Lyell auf demselben Treffen der British Association for the Advancement of Science im Jahr 1859 die Steinwerkzeuge aus dem Somme-Tal als von prähistorischer Herkunft anerkannte und die Publikation von Charles Darwins *On the Origin of Species* ankündigte. Wenn Darwin seine Theorie auch noch nicht auf den Menschen anwandte, so konnten Geschichte und Evolution der Menschheit fortan zusammengedacht werden (Grayson 1983).

Im weiteren Verlauf des 19. Jahrhunderts wurde der Versuch unternommen, den Menschen, insbesondere dessen scheinbar einzigartigen Charakteristika – also Gehirngröße, aufrechter Gang, Moralempfinden, komplexe Emotionen, hohe kognitive Fähigkeiten, Sprache und Kultur – von tierischen Vorläufern herzuleiten. Dennoch blieb die Beziehung zum nächsten tierischen Verwandten – dem Menschenaffen – eine spannungsvolle, und die Wissenschaftsgeschichte der Beschreibung dieser Beziehung kann als eine Pendelbewegung zwischen Annäherung und Distanzierung verstanden werden, die lange vor dem 19. Jahrhundert einsetzte (Corbey 2005). Während die auf Fossilfunden beruhenden Phylogenien der Primaten in den ersten Jahrzehnten des 20. Jahrhunderts dazu tendierten, Menschenaffen und Menschen durch lange unabhängige Entwicklungslinien zu essentialisieren (Bowler 1986), setzte mit der Anwendung molekularer Technologien eine Wende ein. Bereits die ersten serologischen Experimente des frühen 20. Jahrhunderts weisen auf eine nahe Verwandtschaft des Menschen insbesondere mit den afrikanischen Menschenaffen hin – eine Entwicklung, die schließlich im Befund gipfelte, dass der Mensch genetisch zu 98 % mit dem Schimpansen identisch ist. Diese Entwicklung wurde von der Primatologie unterstützend begleitet. Die Langzeitfeldstudien, die in den 1960er Jahren einsetzten, förderten Einsichten in das Verhalten der großen Menschenaffen, die eine menschliche Einzigartigkeit nach der anderen bedrohten. Gemeinsam mit dem in der Mitte der 1970er Jahre aufkommenden Ansatz der Soziobiologie, der die Annährung quasi von der anderen, also menschlichen Seite vornahm, indem menschliches Verhalten biologisch-genetisch erklärt werden sollte, führten die unterschiedlichen Wissenszweige zu einer konvergierenden Nettobewegung: Der Mensch wurde in den Augen der evolutionären Wissenschaften zum nackten Affen (Morris 1967), zum dritten Schimpansen (Diamond 1991) oder gar zum bloßen Vehikel von Genen (Dawkins 1976).

Die Menschen: Varietäten, Rassen, Populationen

Beschreibungen der menschlichen Varietäten, Rassen und schließlich Populationen stellen ein zentrales Anliegen in der Geschichte der Anthropologie dar, das weit vor die Durchsetzung einer evolutionären Schau reicht. Im Mittelalter galten die unterschiedlichen Menschen als Nachkommen Adams. Im Gegensatz zur griechisch-römischen Tradition des kulturellen Fortschritts, wie sie etwa durch Lukrez vertreten war (*De rerum natura*), bedeuteten die christlichen Migrationen an die Enden der Welt eine kulturelle Degeneration vergleichbar mit jener Hesiods (*Theogonia*). Auch der erste Klassifikationsversuch, der sich auf äußere Merkmale beschränkte, ging noch von einer degenerativen Entwicklung vom kaukasischen Idealtypus aus. Während Johann Friedrich Blumenbach keinen Maßstab an die von ihm untersuchten Schädel ansetzte (*De generis humani varietate native* 1775–95), zeichnete sich das 19. Jahrhundert durch den Übergang zum vermessenden Paradigma aus. Im letzten Drittel des Jahrhunderts wurden die europäischen Fossilfunde des Neandertalers, Cro-Magnons und anderer Varietäten in die bestehenden Hierarchien lebender Menschenrassen integriert, die in der sich etablierenden evolutionären Anthropologie als Entwicklungs- und Fortschrittsreihen verstanden wurden.

Mit dieser Verschiebung ging eine Bewegung in der Erklärung von Differenz einher, die von einer relativ plastischen Antwort auf unterschiedliche Lebensräume zu einer größeren Stabilität aufgrund hereditärer Anlagen führte. Die Zunahme und Verfeinerung der Messgeräte, der geläufigen Messwerte und an zur Verfügung stehendem Knochenmaterial führte jedoch nicht zu einer standardisierten Systematik. Vielmehr wucherten die unterschiedlichen Klassifikationen und die Anzahl der beschriebenen Rassen. Das Untersuchungsobjekt, die menschliche Diversität, erwies sich als typologisch nicht abschließend beschreibbar (Stepan 1984). Analog den Theorien von der Beziehung zwischen Menschen und Menschenaffen erreichten die Vorstellungen innermenschlicher Vielfalt in den ersten Jahrzehnten des 20. Jahrhunderts einen Höhepunkt – mitunter wurden die Rassen als verschiedene Arten beschrieben –, worauf in der Nachkriegszeit eine generelle Gegenbewegung einsetzte. Die Auffassung, dass mit dem UNESCO Statement on Race (1950) das biologische Konzept der Menschenrasse aus der Wissenschaft verschwunden sei, greift zwar zu kurz. Aber die Hinwendung zu dem in der synthetischen Evolutionstheorie entwickelten Populationsbegriff und die stärkere Fokussierung auf adaptive Prozesse führten dennoch zu einer Wende. Die Ansätze der Populationsgenetik machten deutlich, dass Variationen eines Merkmals innerhalb der Art Mensch nicht (einst) diskreten Rassen folgten, sondern statistisch zwischen nicht klar einzugrenzenden Populationen verteilt waren. In den 1970er Jahren schloss Richard Lewontin aus Blutgruppensystem- und Serumproteindaten, dass die genetische Variabilität innerhalb einer menschlichen Population jene zwischen den »klassischen Rassen« bei weitem übersteigt (Lewontin 1972).

Obwohl Lewontins Behauptung, das Rassekonzept sei biologisch unbrauchbar, vielfach verneint worden ist, haben neuere Einsichten aus der Paläoanthropologie und der molekularen Anthropologie zu einem Menschenbild beigetragen, das in stammesgeschichtlicher Hinsicht durch die Annahme von ausgestorbenen Gattungen und Arten gekennzeichnet ist, in welchem aber der anatomisch moderne Mensch jungen Datums ist und die heutigen Menschen eine geringe genetische Variabilität aufweisen (Sommer 2007).

Literatur

Bowler, Peter J. (1986): Theories of Human Evolution. A Century of Debate, 1844–1944. Oxford.
Corbey, Raymond (2005): The Metaphysics of Apes. Negotiating the Animal-Human Boundary. Cambridge.
Dawkins, Richard (1976): The Selfish Gene. Oxford.
Diamond, Jared (1991): The Rise and Fall of the Third Chimpanzee. London u. a.
Grayson, Donald K. (1983): The Establishment of Human Antiquity. New York.
Lewontin, Richard (1972): »The Apportionment of Human Diversity«. In: Evolutionary Biology Vol. 6: 391–398.
Morris, Desmond (1967): The Naked Ape: A Zoologist's Study of the Human Animal. London.
Sommer, Marianne (2007): Bones and Ochre. The Curious Afterlife of the Red Lady of Paviland. Cambridge (Mass.).
Stepan, Nancy (1984): The Idea of Race in Science. Great Britain, 1800 – 1960. Houndmills.

Marianne Sommer

Mutation ↗ Variation

17. Natur, Kultur

Der Begriff »Natur« nimmt eine zentrale Stellung in der Philosophie- und Wissenschaftsgeschichte ein. Seine Geschichte ist durch ein unübersichtliches Feld heterogener Bestimmungen charakterisiert. Typisch ist es, dem Bereich des Natürlichen einen Bereich des Nichtnatürlichen gegenüberzustellen, näher bestimmt etwa als Göttliches, Geistiges, Kulturelles, Künstliches oder Technisches (Schiemann 1996, 10). Bereits in antiken Quellen wird unter anthropologischen und pädagogischen Vorzeichen das Verhältnis von angeborenen (natürlichen) Anlagen und erworbenen (kulturellen) Fähigkeiten erörtert (Hager 1984). Platons Abgrenzung von menschlicher Satzung (*nomos*) und Natur (*physis*) ist ein *locus classicus* dieser Debatte (*Protagoras*). Eine alternative Gegenüberstellung ist die von Natur und Technik (*techne*) durch Aristoteles. Die dritte Opposition von Geist und Natur findet ihre klassische Formulierung in Descartes' Dualismus von ausgedehnter Körperlichkeit und dem durch das Denken bestimmten Geist. »Kultur« gibt diesen verschiedenen Aspekten einen neuen Akzent. Der seit Cicero verwendete Kulturbegriff erlangt mit Pufendorfs Gegenüberstellung von *status naturalis* und *status culturalis* eine explizit gesellschaftliche Dimension (Schwemmer 2004, 508) und bringt so vor allem die soziale und geschichtliche Verfasstheit des Humanen zum Ausdruck (Perpeet 1976, 1309). Angesichts der Bedeutung, die Prozesse und Populationen im Kontext der Evolutionstheorie erlangen, ergibt sich damit eine erste Art der Beziehung zwischen Natur, Kultur und Evolution.

Die zweite wird bei genauerer Berücksichtigung der genannten Konzepte erkennbar: Auch wenn Natur und Kultur Gegenkonzepte darstellen, besitzen sie nicht nur eine formale Verwiesenheit aufeinander. Über die formale Beziehung hinaus, die sich aus der Urteilsstruktur der Verneinung und den Bedingungen definitorischer Bestimmung über Gegenbegriffe ergibt, ist »Natur« als Reflexionsbegriff ein kulturelles Konzept. Ein Naturverständnis bringt eine *kulturelle* Sichtweise auf die natürliche Umwelt zum Ausdruck (Piechoki 2007). Umgekehrt ist gerade gemäß der Evolutionstheorie der Gedanke naheliegend, Kultur sei ein *natürliches* Produkt, weil der kulturschaffende Mensch in den Zusammenhang der Natur gestellt ist und alle Kulturprodukte mittelbar auf natürliche Bedingungen verwiesen sind. Eine evolutionstheoretische Deutung von kulturellen Phänomenen liegt damit nahe und wurde seit Darwin immer wieder vertreten (vgl. Riedl/Kreuzer 1983; Bayertz 1993; Vollmer 1994). Die Soziobiologie (Wilson 1975) und ihre kontroverse Erörterung (Caplan 1978; Kitcher 1985) bilden ein exponiertes Beispiel dafür.

Evolution von Kultur

Wiewohl hinsichtlich der naturalistischen Konsequenzen seiner Theorie zurückhaltend, hat Darwin in den Büchern *The Descent of Man* (1871) sowie *The Expression of Emotions in Man and Animals* (1872) explizit Stellung bezogen. Dieses belegen die dortigen ausführlichen Überlegungen zu geistigen und moralischen Fähigkeiten des Menschen (vgl. Engels 2007, 138 ff.). Für Darwin sind Intellekt, Sprache oder soziale Lebensweise evolutionär entstandene Eigenschaften, die der natürlichen Selektion unterliegen und einen positiven Überlebenswert besitzen. Entsprechend der späteren Mängelwesen-These (Gehlen 2004, 33), die der Sache nach bereits Platons Prometheus-Mythos im *Protagoras* thematisierte und die etwa Herders (1960, 56 ff.) Frage nach dem Ursprung der Sprache leitete, kann der Mensch Defizite an körperlicher Ausstattung durch soziale und intellektuelle Fähigkeiten kompensieren. Auf der Ausbildung solcher Kompetenzen liegt ein hoher Selektionsdruck. Als soziales Lebewesen verfügt der Mensch nach Darwin über moralische Instinkte, die Nächstenliebe und wechselseitige Hilfeleistungen befördern. Umgekehrt sind Vorformen menschlicher Vermögen wie Einbildungskraft, Abstraktionsfähigkeit, Selbstbewusstsein, Sprache, Schönheitssinn oder Religiosität auch im Tierreich vorhanden. Trotz dieser Kontinuität hält Darwin an der Vorstellung von einer moralischen Sonderstellung des Menschen fest.

Die These von der Abstammung des Menschen aus dem Tierreich – für Freud (2000, 283 f.) eine epochale Kränkung der Menschheit – bildet heute die unhinterfragte Basis der biologischen Anthropologie. Entsprechend des damit vorausgesetzten evolutionären Kontinuums ist es verfehlt, von einer *biologischen* Sonderrolle des Menschen auszugehen. In evolutionärer Hinsicht wird zudem betont, dass zwischen natürlichen und kulturellen Momenten der Menschwerdung keine eindeutige Grenzziehung möglich ist (Wulf 2004, 33 ff.): Die durch den aufrechten Gang freiwerdende Hand, der wegen des opponierbaren Daumens mögliche Präzisionsgriff, die Innovationen des Werkzeuggebrauchs, die neue Lage des Kehlkopfes, die Entwicklung von Sprache und Gehirn, die Erschließung neuer Nahrungsquellen, die gemeinsame Jagd, die Nutzung des Feuers, die Entwicklung spezieller Fähigkeiten in Kommunikation und sozialer Organisation bilden ein komplexes Faktorensystem, das die Entwicklung der menschlichen Kultur befördert.

Dennoch ist mit dem Prozess der Hominisation das Ende biologischer Evolution markiert: Aus *biologischen* Grundlagen evolvieren die emergenten Bedingungen der *kulturellen* Evolution (Tomasello 2002, 23 ff.). Die nach evolutionären Maßstäben kurze Zeitspanne, die entsprechend geltender Theorien zur Ausbildung menschlicher Kognition zur Verfügung stand, begründet die These, die *menschliche Kultur* sei es, die den entscheidenden evolutionären Sprung bedinge (Tomasello 2004). Demnach gehören zwar genetische Änderungen zu den Anfangsbedingungen der Entwicklung, mit ihnen setzt jedoch ein Prozess ein, der sich von biologischer Evolution grundsätzlich unterscheidet. Ausdruck des Novums ist u. a. die Tatsache, dass soziale Umgebungen, die auch zu möglichen Einflussgrößen auf tierisches Verhalten zählen, beim Menschen zur notwendigen Voraussetzung des Verhaltens werden. Komplexe Formen kollektiven und kumulativen Lernens entstehen. Diese bedingen eine perspektivische Art des gemeinsamen Weltzugangs. Die Partner der Gemeinschaft müssen dabei den jeweils Anderen als intentionalen Agenten verstehen, dessen Verhaltensweisen Mittel zur Erreichung intendierter Ziele sind. Die wesentliche Lernleistung besteht nicht in mimetischer Nachahmung von Körperbewegungen anderer Lebewesen, sondern in der Wiederholung intendierter Akte anderer Personen. Zu verwandten Leistungen bei Primaten bestehen grundsätzliche Unterschiede: Menschliches Lernen ist nicht individuelle Entdeckung, sondern soziales Lernen. Es ist nicht emulativ (primär auf Umweltereignisse gerichtet), sondern imitativ (primär auf den sozialen Partner gerichtet). Nicht Dinge der Welt, sondern die intentionalen Perspektiven, in denen sich die Partner der Kommunikationshandlung gemeinsam auf die Natur beziehen, rücken in den Vordergrund (Tomasello 2004, 11 ff.). Erst dadurch werden Dinge der Natur zu Objekten mit Bedeutung (vgl. Dewey 1958, 166 ff.).

Kommunikation und Evolution

Die kulturelle Basisbefähigung des Menschen und seine Sprachfähigkeit (Liebermann 1991) bilden auch für die Evolutionsbiologie zentrale Kriterien im Cluster möglicher Merkmale (Hull 1998, 383 f.) der anthropologischen Differenz (Eibl-Eibesfeldt 1995, 714). In diesem Punkt treffen sich biologische und philosophische Anthropologie. Zugleich ist mit der menschlichen Kommunikation die Grenze naturwissenschaftlicher Zuständigkeit markiert. Einige Bedingungen von Sprache können zwar auch mit biologischen Mitteln untersucht werden (genetische Ausstattung, morphologische Besonderheiten des Sprechapparates, Entwicklung und Funktion von Gehirnarealen). Will man jedoch den Vollzug von Sprache untersuchen, dann gelangt man in den Bereich interpersoneller Kommunikation. Dieser ist adäquat nur mit sprach-, sozial- und kulturwissenschaftlichen Mitteln erfassbar (vgl. etwa Dupré 2005, 304 f.). Man endet bei philosophischen Entscheidungen, wie der zwischen einem evolutionären oder propositionalen Verständnis von Sprache.

Dass mit dem Spezifikum der Sprache die Sonderstellung des Menschen bestimmt ist, hat vor allem Cassirer in seiner Kulturanthropologie betont (Cassirer 1992, 67 f.): Im Unterschied zum Tier ist der Mensch ein *animal symbolicum*. Nur Menschen verfügen über die Fähigkeit, neben biologischen Reaktionen auch Antworten zu geben. Sie werden damit zu verantwortungsvollen Wesen, die sich und anderen Rechenschaft über die Gründe ihres Handelns ablegen können. Der Mensch ist *nicht nur* ein in der Umwelt verankertes Naturwesen, sondern wagt sich kraft seiner Symbole über die Grenzen der biologischen Existenz hinaus. Er wird zum »X, das sich in unbegrenztem Maße ›weltoffen‹ verhalten kann« (Scheler 1998, 40).

Selbst wenn man Kultur unter rein biologischen Vorzeichen betrachtet, werden diese Unterschiede erkennbar (Huxley 1969, 174). Sober (1993, 208 ff.) hat deshalb drei mögliche Mechanismen von Evolution unterschieden, die verschiedene Vererbungs- oder Transmissionsmodi und verschiedene Konzepte differentieller Fitness voraussetzen: Kulturspezifische Charakteristika könnten demnach entweder durch genetische, psychologische oder ideelle Transmission vermittelt werden. Mit den verschiedenen Transmissionsmodi ergeben sich neue Bedingungen der Evolution. Vieles spricht dafür, dass kulturelle Phänomene zudem unter dem neuen Gesichtspunkt einer kulturellen Fitness zu betrachten sind. Die Abnahme der Nachkommenzahl etwa kann sozial oder psychologisch attraktiv sein, selbst wenn sie biologisch als Schwund evolutionärer Fitness zu betrachten ist (Cavalli-Sforza, Feldman 1981). Auch bei der Evolution von Ideen steht grundsätzlich in Frage, wie »Fitness« zu bestimmen wäre. Unabhängig davon, für welche Fitnesskriterien man sich entscheidet (Übereinstimmung mit Beobachtungen, ideologische Nützlichkeit, metaphysische Dignität), sind die Auswahlmechanismen kategorial anderer Art als bei biologischer Evolution. Zudem unterscheidet sich die Evolution wissenschaftlicher Ideen von der biologischen Evolution durch die Besonderheit einer Koppelung von Variations- und Auswahlmechanismen (Toulmin 1983, 394 ff.).

Wissenschaft und Evolution

Gerade der von der philosophischen Anthropologie vorausgesetzte Unterschied zwischen Mensch und Tier wird – unter evolutionären Vorzeichen – durch die von der kognitiven Ethologie vertretene These von der Kontinuität mentalen Erlebens herausgefordert (Griffin 1976). Die gleiche kognitive Ausrichtung der Neurobiologie führt umgekehrt dazu, die Relevanz mentaler Phänomene beim Menschen in Frage zu stellen. Willensfreiheit, Selbstbewusstsein oder die Einheit des Ich werden zu Illusionen, Epiphänomenen oder sozialen Konstrukten erklärt (Wegner 2002; Roth 2003, 516 f.; Singer 2003, 58 f.).

Hinsichtlich dieser Behauptungen ist bedeutsam, dass sie als wissenschaftliche Thesen oder Theorien Ausdruck der evolutionär entstandenen Kulturbefähigung des Menschen sind. Wie Brandt (2009) betont, lassen sich diese Formen des Denkens stets als Urteile fassen, die mehr sind als *propositional attitudes*. Urteile sind auf elementare logische Formen zurückführbar, besitzen die Möglichkeit einer Referenz auf ein urteilsexternes Etwas, weisen eine Binnendifferenzierung von Bejahung und Verneinung auf und sind durch die Möglichkeit von Wahr- oder Falschsein bestimmt. Dabei sind die Teile eines Urteils vor allem formal verbunden. Diese Einheit bleibt auch erhalten, wenn die inhaltliche Beziehung in einem negativen Urteil aufgehoben wird. Solche paradoxen Strukturen sind von Tieren vermutlich nicht formulierbar und es entzieht sich die mit ihnen eröffnete Sphäre der Gründe einer naturwissenschaftlich-empirischen Analyse. Wie zudem Popper (1973, 308 ff.) gezeigt hat, ist das Wachstum von Wissen zwar durchaus in Analogie zur »natürlichen Auslese« von Hypothesen zu interpretieren. Dennoch erfolgt dieser Auslesemechanismus im Fall des Wissens eben auf der Basis der Kritik und Widerlegung von Argumenten (ebd., 106). Er ist deshalb von evolutionärer Bedeutung für die Lebewesen, die über eine solche Möglichkeit verfügen, weil damit an die Stelle der realen Gefährdung des eigenen Lebens die theoretische (oder praktische) Gefährdung von Modellen treten kann. Aus diesem Grund ist Wissenschaft zwar stets Problemlösung, aber es geht nicht in allen Fällen um Probleme des Überlebens, sondern auch um Probleme der Wahrheit.

Wissenschaft repräsentiert damit wichtige Aspekte der kulturellen Evolution und ist zentrales Moment dessen, was die philosophische Anthropologie als »Weltoffenheit« bezeichnete. Der Wissenschaft treibende Mensch zeigt somit paradigmatisch die Eigenschaften des Kulturwesens Mensch. Es sind insbesondere die wissenschaftlichen Formen des Weltzugangs, die die Sonderrolle des Menschen belegen und damit die Sphäre der Kultur fundieren: »Science is the last step in man's mental development and it may be regarded as the highest and most characteristic attainment of human culture« (Cassirer 1992, 207). Die adäquate Erfassung dieser Bedingungen geht erneut über die alleinige Zuständigkeit der empirischen Wissenschaften hinaus. Der Wissenschaft treibende Mensch muss über Eigenschaften verfügen, die er unter bestimmten Bedingungen für den Menschen als Gegenstand der Forschung in Frage stellt (Jonas 1973, 273 f.). In den genannten Ansätzen der kognitiven Neurowissenschaften kommt dieses darin zum Ausdruck, dass die Forscher sowohl für die Aufstellung ihrer Theorien als auch für die Umsetzung ihrer Experimentalhandlungen nicht qua Naturwesen, sondern qua Kulturwesen agieren. Zur Durchführung von Experimenten müssen sie ihre Handlungen als Urheber bewirken, sie müssen frei zwischen Alternativen wählen können und sie müssen sich als experimentell handelnde Wesen begreifen können (Heidelberger 2005). Zur Aufstellung und Prüfung ihrer Theorien müssen sie über eine mit anderen Forschern geteilte kognitive Repräsentation der Welt verfügen, deren Geltungsanspruch sie nur prüfen können, wenn sie nach den Gründen für ihre theoretischen Annahmen fragen. Zudem müssen sie zur Deutung ihrer Experimente gemeinsame Entscheidungen darüber treffen, was sie unter »Natur«, »Kultur«, »Denken« oder »Evolution« verstehen wollen.

Literatur

Bayertz, Kurt (1993): Evolution und Ethik. Stuttgart.
Brandt, Rainer (2009): Können Tiere denken? Frankfurt a. M.
Caplan, Arthur L. (Hg.) (1978): The Sociobiology Debate. New York.
Cassirer, Ernst (1992): An Essay on Man. An Introduction to a Philosophy of Human Culture [1944]. New Haven/London.
Cavalli-Sforza, Luigi L./Feldman, Marcus W. (1981): Cultural Transmission and Evolution. Princeton.
Engels, Eve-Marie (2007): Charles Darwin. München.
Dewey, John (1958): Experience and Nature [1925]. New York.
Dupré, John (2005): »Gespräche mit Affen. Reflexionen über die wissenschaftliche Erforschung der Sprache«. In: Dominik Perler/Markus Wild (Hg.): Der Geist der Tiere. Frankfurt a. M., 295–322.
Eibl-Eibesfeldt, Irenäus (1995[3]): Die Biologie des menschlichen Verhaltens. Grundriß der Humanethologie [1984]. München.
Freud, Sigmund (2000): Vorlesungen zur Einführung in die Psychoanalyse [1916–17/1915–17]. In: Sigmund Freud. Studienausgabe, Bd. 1. Frankfurt a. M.
Gehlen, Arnold (2004[14]): Der Mensch. Seine Natur und seine Stellung in der Welt [1940]. Wiebelsheim.
Griffin, Donald R. (1976): The Question of Animal Awareness. New York.
Hager, F. P. (1984): »Natur«. In: Joachim Ritter/Karlfried Gründer (Hg.): Historisches Wörterbuch der Philosophie, Bd. 6. Darmstadt, 421–441.
Heidelberger, Michael (2005): »Freiheit und Wissenschaft! Zumutungen von Verächtern der Willensfreiheit«. In:

Eve-Marie Engels/Elisabeth Hildt (Hg.): Neurowissenschaften und Menschenbild. Paderborn, 195–220.
Herder, Johann G. (1960): »Abhandlung über den Ursprung der Sprache« [1772]. In: Ders.: Sprachphilosophie. Ausgewählte Schriften. Hamburg, 1–87.
Hull, David L. (1998): »On Human Nature«. In: Ders./Michael Ruse (Hg.): The Biology of Philosophy. Oxford, 383–397.
Huxley, Julian S. (1969): »Kultureller Fortschritt und Evolution«. In: Anne Roe/George G. Simpson (Hg.): Evolution und Verhalten. Frankfurt a. M., 152–176.
Jonas, Hans (1973): Organismus und Freiheit. Ansätze zu einer philosophischen Biologie. Göttingen.
Kitcher, Philip (1985): Vaulting Ambition: Sociobiology and the Quest for Human Nature. Cambridge.
Liebermann, Philip (1991): Uniquely Human. The Evolution of Speech, Thought, and Selfless Behavior. Cambridge.
Perpeet, Wilhelm (1976): »Kultur, Kulturphilosophie«. In: Joachim Ritter/Karlfried Gründer (Hg.): Historisches Wörterbuch der Philosophie, Bd. 4. Darmstadt, 1309–1324.
Piechocki, Reinhard (2007): »Beherrschte Natur – bedrohte Natur – beschützte Natur«. In: Natur und Landschaft 82 (1): 23–29.
Plessner, Helmuth (1980): Die Stufen des Organischen und der Mensch [1928]. In: Ders.: Gesammelte Schriften, Bd. 4. Frankfurt a. M.
Popper, Karl R. (1973): Objektive Erkenntnis. Ein evolutionärer Entwurf [Objective Knowledge, 1972]. Hamburg.
Riedl, Rupert/Kreuzer, Franz (1983) (Hg.): Evolution und Menschenbild. Hamburg.
Roth, Gerhard (2003): Fühlen, Denken, Handeln. Wie das Gehirn das Verhalten steuert. Frankfurt a. M.
Scheler, Max (1998[14]): Die Stellung des Menschen im Kosmos [1928]. Bonn.
Schiemann, Gregor (1996): »Einleitung«. In: Ders. (Hg.): Was ist Natur? München.
Schwemmer, Oswald (2004): »Kultur«. In: Jürgen Mittelstraß (Hg.): Enzyklopädie Philosophie und Wissenschaftstheorie, Bd. 2. Stuttgart/Weimar, 508–511.
Singer, Wolf (2003): Ein neues Menschenbild? Gespräche über Hirnforschung. Frankfurt a. M.
Sober. Elliott (1993): Philosophy of Biology. Oxford.
Tomasello, Michael (2002): Die kulturelle Entwicklung des menschlichen Denkens. Zur Evolution der Kognition. Frankfurt a. M.
Tomasello, Michael (2004): »The Human Adaptation for Culture«. In: Franz M. Wuketits/Christoph Antweiler (Hg.): Handbook of Evolution. Vol. 1: The Evolution of Human Societies and Cultures. Weinheim, 1–24.
Toulmin, Stephen (1983): Kritik der kollektiven Vernunft [The Collective Use and Evolution of Concepts, 1972]. Frankfurt a. M.
Vollmer, Gerhard (1994[6]): Evolutionäre Erkenntnistheorie: angeborene Erkenntnisstrukturen im Kontext von Biologie, Psychologie, Linguistik, Philosophie und Wissenschaftstheorie [1975]. Stuttgart.
Wegner, Daniel (2002): The Illusion of Conscious Will. Cambridge.
Wilson, Edward O. (1975): Sociobiology: The New Synthesis. Harvard.
Wulf, Christoph (2004): Anthropologie. Geschichte, Kultur, Philosophie. Reinbek bei Hamburg.

Kristian Köchy

Ökologie ↗ **Umwelt**
Optimality ↗ **Anpassung**

18. Organismus

Das Konzept des »Organismus« ist eines der fundamentalen Konzepte der Biologie. Im Sinne des »Organischen« steht es für die Abgrenzung der lebendigen von der unbelebten Natur und hat als solches die letzten 2.500 Jahre naturphilosophischer Betrachtungen wesentlich beeinflusst. Die Literatur zu diesem Thema füllt mittlerweile ganze Bibliotheken. Eine exzellente Einführung in die konzeptuell-philosophische Betrachtung des Organismusbegriffs findet sich im *Historischen Wörterbuch der Biologie* (Toepfer 2010). Hier wollen wir uns auf die theoretische Bedeutung des Organismusbegriffs in der modernen Biologie (ab ca. 1900) und zwar vor allem in der Evolutionsbiologie beschränken.

Die Biologie im modernen Sinn als selbständige Grundwissenschaft gibt es seit etwas mehr als 100 Jahren. Gegen Ende des 19. Jahrhunderts hatten sich genügend fundamentale Ergebnisse aus allen Bereichen der Erforschung des Lebendigen angesammelt, dass es unter dem älteren Begriff der Biologie zu einer neuen Synthese kam. Diese kam unter dem Begriff der Allgemeinen Biologie zustande.

Die Allgemeine Biologie versuchte, die Grundlagen aller lebenden Systeme innerhalb eines theoretischen Rahmens zusammenzufassen. Die Struktur dieser Synthese, die vor allem in grundlegenden Lehrbüchern sichtbar wurde, basierte auf zwei wesentlichen Gliederungen. Zum einen gab es eine Analyse biologischer Objekte. Darunter verstand man die materiellen Substrate verschiedener Komplexitätsebenen von biologischen Systemen, also von biologisch relevanten Molekülen (Proteine, Fette, Zucker etc.), intrazellulären Strukturen (Zellkern, Membran, Chromosomen etc.), Zellen und verschiedenen Zelltypen, Geweben, Organen bis zu ganzen Organismen in all ihrer Diversität und Variation. Diese Hierarchie lebender Systeme und ihrer Teile ist eine Widerspiegelung der anatomischen Tradition.

Zum anderen orientierte sich diese Synthese an einer Darstellung wesentlicher Prozesse und Funktionen des Lebendigen. Dazu gehörten Stoffwechsel, Fortpflanzung, Reizbarkeit, Verhalten, ontogenetische Entwicklung, Vererbung und Evolution. Diese funktionale Sichtweise kam im Wesentlichen aus der Physiologie.

Für die Synthese der Allgemeinen Biologie war der Organismusbegriff insofern zentral, als sich anhand des Organismus diese beiden Perspektiven am besten integrieren ließen. Organismen sind hierarchisch aufgebaut und weisen alle wesentlichen funktionalen Eigenschaften des Lebendigen auf. Der Organismus stellte für die Begründer der Allgemeinen Biologie somit den Archetypus aller biologischen Systeme dar. Das zeigt sich auch daran, dass man von der einzelnen Zelle als einem Elementarorganismus und beispielsweise von Kolonien eusozialer Insekten als Superorganismen sprach. Die konzeptuelle Grundlegung der Biologie baute ursprünglich auf einer am Organismus orientierten Sicht des Lebendigen auf.

Im Laufe des 20. Jahrhunderts kamen zu dieser organismischen Konzeption der Biologie noch zwei weitere Perspektiven hinzu, die im Wesentlichen auf den konzeptuellen Abstraktionen des »Gens« und der »Population« basieren. Beide Konzeptionen waren auch für die Weiterentwicklung der Evolutionstheorie von entscheidender Bedeutung.

Der Genbegriff entwickelte sich aus der Beobachtung, dass bestimmte Eigenschaften diskret vererbt werden, d. h. dass die Nachkommen ein Mosaik elterlicher Merkmale darstellen. Diese Einsicht löste Darwins Vorstellung einer »blending inheritance« ab, nach der sich elterliche Merkmale in den Nachkommen vermischen würden und es somit zu einer schnellen Abnahme der für die natürliche Selektion so wichtigen Variation gekommen wäre. In Gregor Mendels Befund, der auf umfassenden systematischen Experimenten zur Vererbung einzelner Merkmale basierte, erklärte sich dieses Phänomen durch die Annahme diskreter invarianter Faktoren in den Keimzellen, welche die jeweiligen Merkmale in den Nachkommengenerationen bestimmen. Für diese Faktoren wurde dann Anfang des 20. Jahrhunderts der Begriff des Gens eingeführt. Die materielle Natur des Gens war noch völlig unbekannt. Experimente in der Zell- und Entwicklungsbiologie führten aber bereits 1902 zu der Einsicht von Theodor Boveri und Walter Sutton, dass die Chromosomen die Träger der Erbeigenschaften waren. Die in der Mitte des 20. Jahrhunderts aufkommende Molekularbiologie führte schließlich zur Entschlüsselung der Struktur der DNA und des genetischen Codes. In dieser Forschungstradition wurde der Organismusbegriff zwar weiterhin implizit vorausgesetzt, allerdings wurde der Erklärungsrahmen biologischer Phänomene zunehmend von reduktionistisch-molekularen Begriffen geprägt. Dies traf auch auf die Evolutionstheorie zu, die ihrerseits zunehmend molekularisiert wurde; ein Prozess, der etwa im Aufkommen der »Molekularen Evolution« ab Mitte der 1960er Jahre als Forschungsgegenstand deutlich wird.

Der Begriff der biologischen Population hat eine ähnliche Geschichte. Es ist im Wesentlichen ebenfalls eine Abstraktion, die es ermöglichte, verschiedene äußerst erfolgreiche formale und mathematische Theorien zu entwickeln. Die empirische Grundlage für diese Forschungstradition liegt in der biologischen Variation begründet. Im Gegensatz zu Atomen und Molekülen sind biologische Objekte nie völlig identisch. Diese Beobachtung ermöglichte es Darwin, seine Theorie des Artwandels durch natürliche Selektion zu entwickeln. Die Einsicht in die biologische Variation verlangte ihrerseits nach neuen Formen der Darstellung und der Quantifizierung; namentlich das Konzept der Population war mit der Entwicklung eines statistischen Beschreibungsapparats verbunden. Die darauf aufbauende Populationsbiologie, welche die Populationsökologie und die Populationsgenetik beinhaltet, erlaubte es schließlich, dynamische und zeitliche Prozesse wie vor allem jene der Evolution selbst mathematisch zu modellieren.

Seit der Mitte des 20. Jahrhunderts baute die Moderne Synthese in der Evolutionsbiologie auf den beiden konzeptuellen Abstraktionen des »Gens« und der »Population« auf. Die synthetische Evolutionstheorie besagt, dass sich die Phänomene der phänotypischen Evolution, also die evolutionäre Veränderung von Organismen, durch die zugrunde liegenden Veränderungen der Frequenzen bestimmter Genvarianten innerhalb von Populationen erklären lassen. Damit wäre die Evolution komplexer organismischer Eigenschaften – wie z. B. Anatomie oder Verhalten – auf die Dynamik von Genen innerhalb von Populationen zurückzuführen. Diese Erklärungsstrategie, die letztlich eine Kombination von zwei reduktionistischen Forschungsprogrammen darstellte, war zunächst sehr erfolgreich. Dieser Erfolg allerdings beruhte auf einer wesentlichen Annahme, die es erlauben sollte, den Organismus mit all seiner Komplexität zumindest vorübergehend zu ignorieren. Dieser Annahme gemäß lassen sich Genotypen einfach auf Phänotypen abbilden, d. h. jede Veränderung oder Mutation eines Gens bringt eine ebensolche Veränderung eines phänotypischen oder organismischen Merkmals mit sich.

Diese Annahme ist aber nicht haltbar. Die Abbildung der Genotypen auf die Phänotypen ist nicht nur nicht in dieser einfachen Weise zu denken; vielmehr sind es zu einem erheblichen Teil die individuellen Entwicklungsprozesse, welche die phänotypische Evolution steuern. Es stellte sich nämlich heraus, dass erst die komplexen Strukturen der Entwicklungssysteme – d. h. jener Systeme, die die Entwicklung einer befruchteten Eizelle in einen ausgewachsen Organismus regulieren – die besonderen Eigenheiten phänotypischer oder organismischer Variation erklären. Zu diesen Eigenheiten gehört etwa die Tatsache, dass sich Abermillionen von tierischen Arten auf weniger als 50 anatomische Baupläne zurückführen lassen oder auch, dass die real existierende phänotypische Variation nur einen kleinen Teil der formal denkbaren Möglichkeiten ausmacht.

Solche Eigenheiten der phänotypischen Evolution lassen sich nur unter Berücksichtigung der Rolle der Individualentwicklung verstehen. Die Individualentwicklung aber ist ein organismisches Phänomen und setzt deshalb ein adäquates Organismuskonzept voraus. Worin besteht dieses in der Evolutionsbiologie des 21. Jahrhunderts? Der Organismusbegriff ist heute im Wesentlichen ein Systembegriff. Organismen sind komplexe adaptive Systeme, die sich vor allem durch ihren Netzwerkcharakter auszeichnen und die die Fähigkeit haben, von Erfahrungen zu lernen, sowohl innerhalb der Lebensspanne eines Systems, wie auch über evolutionäre Zeiträume. Eine weitere Eigenschaft organismischer komplexer Systeme ist, dass sie sich entwickeln, d. h. aus kleineren Einheiten hervorgehen, die es schaffen, die Generationenkluft zu überbrücken. Entwicklung wiederum ist ein komplexer Regulationsprozess, der dazu führt, dass genomische – nicht genetische – Netzwerke die Expression einzelner Gene in Raum und Zeit kontrollieren. Schließlich besteht der Erfolg dieses neuen systemischen Organismusbegriffs auch darin, dass er sich sowohl auf einzelne Zellen wie auch auf eusoziale Insekten – die traditionellen Superorganismen – anwenden lässt. Wir sind diesbezüglich zu Beginn des 21. Jahrhunderts also wieder da, wo die Biologie des frühen 20. Jahrhunderts begonnen hat, nämlich bei der zentralen Rolle des Organismus für alle Erklärungen lebender Systeme.

Literatur

Jablonka, Eva/Lamb, Marion J. (2006): Evolution in Four Dimensions. Genetic, Epigenetic, Behavioral, and Symbolic Variation in the History of Life. Cambridge.
Laubichler, Manfred D. (2005): »Systemtheoretische Organismuskonzeptionen«. In: Ulrich Krohs/Georg Toepfer (Hg.): Einführung in die Philosophie der Biologie. Frankfurt a. M., 109–124.
Pepper, John W./Herron, Matthew D. (2008): »Does Biology Need an Organism Concept«. In: Biological Reviews 83: 621–627.
Toepfer, Georg (2010): Historisches Wörterbuch der Biologie. 3 Bde. Stuttgart.

Manfred D. Laubichler

Pflanze ↗ Organismus
Phänotyp ↗ Genotyp und Phänotyp

19. Population

Der Begriff der Population geht auf das lateinische Wort *populatio* zurück, das die menschliche Bevölkerung oder das Volk bezeichnet; eine zweite lateinische Bedeutung lautet Plünderung, Raubzug, Verheerung (Georges 1998, 1781). Das griechische Wort für »Volk«, *demos*, findet sich in Termini wie *Demografie* (Bevölkerungsstatistik) oder auch in veralteten Ausdrücken wie *Dem* oder *Demökologie*, entsprechend heute *Population* und *Populationsökologie*.

Für die Biologie kann »Population« als die Gesamtheit aller in einem bestimmten Raum vorkommenden Individuen einer Art definiert werden. Prinzipiell ist damit eine lokale Fortpflanzungsgemeinschaft gemeint, selbst wenn diese in der empirischen Forschung nicht immer trennscharf erhoben werden kann. In der allgemeinen Statistik allerdings bedeutet »Population« ganz unabhängig von Organismen den Stichprobenumfang als Grundgesamtheit beliebiger Dinge, letztlich also einen zu analysierenden Datensatz. Eine solche heterogene Spannung aus Konkretion und Allgemeinheit prägt den Populationsbegriff bereits seit Mitte des 19. Jahrhunderts. In der Evolutionstheorie ist »Population« (1) konzeptionell und (2) mit Blick auf die Gesellschaft einer der einschlägigen Begriffe.

(1) Nach Ernst Mayr (1984, 38 f.) ist der Übergang vom essentialistischen typologischen Denken zum »Populationsdenken« eine der entscheidenden Grundlagen für die Darwinsche Theorie: Während

der Essentialismus die Variation von Vertretern einer Art als Abweichung von einem Idealwert, dem Typus, versteht, so werden nunmehr die individuellen Unterschiede als entscheidende empirische Gegebenheit verstanden und Mittelwerte lediglich als Abstraktion sekundär konstruiert. Populationen bilden insofern homogene Einheiten, als in ihnen Fortpflanzungs- und Kreuzungsprozesse aktuell im raumzeitlichen Kontext stattfinden. Zugleich zeichnen sie sich durch die Einzigartigkeit ihrer Individuen aus. Letztere werden unterschiedlich durch die Selektion beeinflusst und pflanzen sich unterschiedlich erfolgreich fort (Darwin 1859, 131–170). Konkrete Evolution findet mithin (nur) in Populationen statt; die Art insgesamt als Abstraktion der Summe aller Populationen ist zwar eine potenzielle, aber keine aktuelle Fortpflanzungsgemeinschaft (es sei denn, die Art bestünde nur noch aus einer einzigen Population oder es gäbe stets weltweiten Austausch). Der Populationsbegriff, den Darwin selbst so nur implizit verwandte, setzt also eine abgegrenzte Gesamtheit individueller Organismen und einen konkreten Raumbezug miteinander in Beziehung.

Für die Entwicklung der Evolutionstheorie im 20. Jahrhundert entscheidend war die Verbindung von Populationsdenken und Genetik. Die experimentellen Untersuchungen an Labor- und Freilandpopulationen u. a. der Fruchtfliege Drosophila (u. a. durch T. H. Morgan, H. Muller, T. Dobzhansky und N. Timoféef-Ressovsky) und verschiedener Pflanzenarten (in Anknüpfung an G. Mendel u. a. durch C. Correns) ermöglichten Einblicke in die Mechanismen der Verbreitung einzelner Merkmale innerhalb der Population. Das Studium von Phänomenen der sogenannten Mikroevolution, also der Verschiebung von Allelfrequenzen als Häufigkeitsverteilungen unterschiedlicher Merkmalsanlagen bzw. Merkmalsausprägungen, begründete die Populationsgenetik in ihrer heutigen Form. Wichtig war die enge Verknüpfung von experimentellem Design und einer immer weiter ausdifferenzierten mathematisch-statistischen Theorie der Populationsgenetik, die mit den Namen Ronald Fisher, Sewall Wright und J. B. S. Haldane verbunden ist, sowie mit der Hardy-Weinberg Formel zur mathematischen Beschreibung von Allelen in einer »idealen Population« (vgl. Sperlich 1988). In der Ökologie erfuhren die Extreme der Dynamik (»Lebenswellen« nach Sergei S. Chetverikov) große Aufmerksamkeit. So beschrieben u. a. Charles Elton im Freiland- und Georgyi F. Gause im Laborexperiment die wellenförmigen Oszillationen von Populationen mathematisch anhand gekoppelter Räuber-Beute-Beziehungen (vgl. Kingsland 1995). Die stark lokal differenzierte raumzeitliche Veränderlichkeit wird heute in dem Konzept der Metapopulation nach Iikka Hanski zusammengefasst: Eine Population ist nicht homogen und in einem Raum stabil, sondern sie gliedert sich in lokale Subpopulationen auf, deren lokale Habitate nicht dauerhaft »besetzt« sein müssen, so dass die Metapopulation vor allem von Jahr zu Jahr unterschiedliche Teilpopulationen an unterschiedlichen Orten umfasst (vgl. Trepl 2007).

(2) Von Darwin als entscheidende Idee aufgenommen wurde eine seit Ende des 18. Jahrhunderts intensiv diskutierte, im Detail sehr komplexe politisch-ökonomische Diskussion um die Dynamik menschlicher Bevölkerungen im Nationalstaat. Dabei ging es weniger um individuelle Variation und Verschiebungen innerhalb der Population, sondern um ihre zeitliche Dynamik als Gesamtheit und um eine positive oder negative Beurteilung dieser Entwicklung. Thomas Malthus' Kernaussage lautete: »wenn die Bevölkerung nicht gehemmt wird, so vermehrt sie sich in geometrischer Progression, während sich die Unterhaltungsmittel nur in arithmetischer Progression vermehren« (Malthus 1789, 125). Zur Debatte stand auch, ob es so etwas wie einen optimalen Wert der Bevölkerung gibt und entsprechend die Möglichkeiten von »Überbevölkerung« oder »Bevölkerungsmangel«. Ungeachtet Malthus' eigener Differenzierungen und einer breiten kritischen Diskussion politisch-ökonomischer Modelle im 19. und 20. Jahrhundert etablierte sich eine auf Malthus zurückgehende (vermeintliche) Gesetzesbeschreibung als Grundidee in der Biologie und in den heutigen Umweltwissenschaften: Organismen vermehren sich exponentiell, die Ressourcen nur arithmetisch, weshalb es immer wieder zu extremem Mangel und damit zu starker Selektion kommen muss. Dass aber die Ursachen der Dynamik in Populationen von Menschen keine (biologischen) Naturgesetze sind, sondern kontingente sozioökonomische Prozesse, wurde oft verkannt und hat nicht zuletzt zu falschen Modellen und Prognosen geführt (vgl. Meadows et al. 1973). Dennoch ist auch heute noch von menschlicher Überbevölkerung als letztlich biologischer Ursache für soziale und Umweltprobleme die Rede (vgl. Ehrlich/Ehrlich 1971; zur Kritik Heim/Schaz 1996; Hummel 2000).

Eine spezifische Verbindung konzeptioneller und praktisch orientierter Zugänge hatte bereits in der ersten Hälfte des 19. Jahrhunderts mit der mathematischen Populationsstatistik und mit der Anthropometrie begonnen. Sie standen zum einen in der Tradition allgemeiner wohlfahrtsökonomischer Bevölkerungstheorien wie der von Malthus und seinen Gegnern, zum anderen wurden aber differenzierte empirische Zugangsweisen entwickelt: Sammlung und mathematische Auswertung des Bevölkerungszustands mit Bezug auf Anzahl, Alter, Geschlecht, diverse Körpermerkmale (von Augenfarbe bis Zahnformen), Geburtenrate, Zu- und Abwanderungen sowie Mortalität von Menschen. Dieser Zugang zu Populationen auf unterschiedlichen Ebenen, von der lokalen zur globalen, bildete eine Grundlage für Modelle der Abgrenzung und Binnendifferenzierung von Bevölkerungsgruppen und letzlich für Maßnahmen zur Bevölkerungsplanung und -kontrolle. Dabei war zunächst die Statistik eine Methode zur idealisierenden Normalisierung des »mittleren Menschen« (*l'homme moyen*, A. Quetelet 1935) und seiner Devianzen; der Übergang zur Untersuchung von Variation als dem eigentlich relevanten Phänomen erfolgte im Laufe des 19. Jahrhunderts mit Bezug auf die Evolutionstheorie. Mit der Anerkennung von Variation innerhalb der Population als entscheidendem Faktor der Evolution für das Wirken der Selektion war zugleich der Ansatzpunkt für gezielte Maßnahmen zu Steuerung der Merkmalsstruktur gegeben – die Option künstlicher Selektion. Letztere bildete als Mittel bei der Züchtung von Nutztieren und Kulturpflanzen zugleich ein zentrales Analogiemodell für Darwin (Darwin 1895, 29–43).

Die Vorschläge für gezielte künstliche Selektion bestimmter Gruppen der *menschlichen* Population waren ein darüber hinaus gehender Schritt, der im Rahmen der Konzeptionen von Eugenik vollzogen wurde. Ob diese einem falschen essentialistischen Ideal »des« Menschen und seiner vermeintlichen Degeneration verhaftet blieb oder der biologische Selektionsgedanke menschlicher Variabilität nur konsequent gesellschaftspolitisch umgesetzt wurde, wird in der Rückschau strittig diskutiert. In jedem Fall liegen hier Bewertungen erwünschter bzw. vor allem unerwünschter Merkmale oder ganzer Mitglieder der Populationen zugrunde. Die gesellschaftspolitischen Folgen der Umsetzungsversuche im 20. Jahrhundert insbesondere in Deutschland sind ebenso bekannt wie erschreckend (Weingart et al. 1988), wobei Eugenik insgesamt durchaus als internationales Phänomen verstanden werden muss (Kühl 1997; Falk et al. 1998). In der aktuellen Debatte um eine »liberale Eugenik« (Habermas 2002) geht es dagegen nicht um staatlich erzwungene Veränderungen zur Verbesserung der Population, sondern um Entscheidungen mit Bezug auf die Merkmale individueller Nachkommen; wobei hier strittig ist, inwiefern dies doch eine individualisierte Variante des eugenischen Programms ist, insofern Organismen stets Teile von Populationen sind. Strittig ist heute auch der Ansatz der Pharmakogenetik oder Pharmakogenomik, der als Ziel hat, Teilpopulationen von Menschen spezifisch nach ihrer genetischen Ausstattung medizinisch zu behandeln, wodurch alte Fragen der Identität und Stabilität von Menschengruppen als Populationen aufgeworfen werden (vgl. Marx-Stölting 2007).

Literatur

Darwin, Charles Robert (1859): On the Origin of Species by Means of Natural Selection, or the Preservation of Favoured Races in the Struggle for Life. London.
Ehrlich, Paul/Ehrlich, Anne (1971): Die Bevölkerungsbombe [The Population Bomb, 1968]. München.
Falk, Rafael/Paul, Diane/Allen, Garland/Gissis, Snait (Hg.) (1988): Eugenic Thought and Practice: A Reappraisal. In: Science in Context 11 (3/4): 329–637.
Georges, Karl Ernst (1918[8]): »populatio«. In: Ausführliches lateinisch-deutsches Handwörterbuch (Nachdruck Darmstadt 1998). Bd. 2. Hannover, Sp. 1781.
Habermas, Jürgen (2002[4]): Die Zukunft der menschlichen Natur. Auf dem Weg zu einer liberalen Eugenik? [2001]. Frankfurt a. M.
Hummel, Diana (2000): Der Bevölkerungsdiskurs. Demographisches Wissen und politische Macht. Opladen.
Kingsland, Sharon (1995[2]): Modeling Nature. Episodes in the History of Population Ecology [1985]. Chicago.
Kühl, Stefan (1997): Die Internationale der Rassisten: Aufstieg und Niedergang der internationalen Bewegung für Eugenik und Rassenhygiene im 20. Jahrhundert. Frankfurt a. M. u. a.
Malthus, Thomas Robert (1789): An Essay on the Principle of Population, as it Affects the Future of Society, with Remarks on the Speculations of Mr. Godwin, M. Condorcet, and Other Writers. London [dt. Übers. zit. nach Kurt Mayer: Einführung in die Bevölkerungswissenschaft. Stuttgart 1972].
Mayr, Ernst (1984): Die Entwicklung der biologischen Gedankenwelt. Vielfalt, Evolution und Vererbung [The Growth of Biological Thought, 1982]. Berlin.
Marx-Stölting, Lilian (2007): Pharmakogenetik und Pharmakogentests. Biologische, wissenschaftstheoretische und ethische Aspekte des Umgangs mit genetischer Variation. Münster.
Meadows, Dennis/Meadows, Donella/Zahn, Erich/Milling, Peter (1973): Die Grenzen des Wachstums. Bericht des Club of Rome zur Lage der Menschheit [The Limits to Growth, 1972]. Reinbek bei Hamburg.
Heim, Susanne/Schaz, Ulrike (1996): Berechnung und Beschwörung. Überbevölkerung – Kritik einer Debatte. Berlin.
Quételet, Adolphe (1835): Sur l'homme et le développement de ses facultés, ou essai de physique sociale. 2 Bde. Paris.

Sperlich, Diether (1988²): Populationsgenetik. Grundlagen und experimentelle Ergebnisse [1973]. Stuttgart.
Trepl, Ludwig (2007): Allgemeine Ökologie. Bd. 2: Population. Frankfurt a. M. u. a.
Weingart, Peter/Kroll, Jürgen/Bayertz, Kurt (1992²): Rasse, Blut und Gene. Geschichte der Eugenik und Rassenhygiene in Deutschland [1988]. Frankfurt a. M.

Thomas Potthast

Rasse ↗ Art; Mensch (Rasse); Variation

20. Reproduktion

Die Fähigkeit in der Natur, seinesgleichen hervorzubringen, wurde in naturphilosophischen Schriften erst seit dem späten 18. Jahrhundert unter dem Stichwort der »Reproduktion« verhandelt, worunter zumeist Phänomene der Regeneration und der Fortpflanzung verstanden wurden (Jordanova 1995; Jacob 1972, 80–82). Diese Theorien der Reproduktion lösten ältere Auffassungen ab, denen zufolge Lebewesen sich nicht reproduzierten, sondern in einzelnen Schöpfungsakten gezeugt, das heißt jeweils individuell geschaffen wurden (Jacob 1972, 27–28; Rheinberger/Müller-Wille 2009, 31–32). Mit Darwins Evolutionstheorie erhielt das Konzept der Reproduktion im 19. Jahrhundert eine weitere, grundlegend neue Dimension: Die Reproduktion der Organismen wurde jetzt zur Ansatzstelle für das selektive Wirken von Evolutionskräften. Dass das »Ringen ums Daseyn nicht allein das Leben des Individuums, sondern auch die Sicherung seiner Nachkommenschaft« betreffe, war eine Feststellung, die Darwin bereits in *Über die Entstehung der Arten* 1859 formulierte (Darwin 1860, 68; vgl. Darwin 1859, 62). Allerdings beschrieb Darwin die Wirkungsweise der natürlichen Zuchtwahl zunächst noch primär in der Sprache des »survival of the fittest«. Erst mit der Diskussion einer geschlechtlichen Zuchtwahl erläuterte Darwin in seinem späteren Werk (Darwin 1871) die Möglichkeit, Nachkommen zu hinterlassen, ausführlich als einen regulativen Faktor im Evolutionsgeschehen. Die auf die Reproduktionschancen des Individuums zielende geschlechtliche Zuchtwahl wirkte für Darwin dabei weniger rigoros als die natürliche Zuchtwahl, da hier die Folgen für den erfolglosen Mitbewerber »nicht in Tod […] sondern in einer spärlicheren oder ganz ausfallenden Nachkommenschaft« (Darwin 1860, 93) bestünden.

Bis in die erste Hälfte des 20. Jahrhunderts hinein hat der klassische Darwinismus diese Asymmetrie zwischen den Konsequenzen zweier Selektionskräfte weiter verstärkt. Mit dem primären Fokus auf die natürliche Zuchtwahl wurde vor allem der Aspekt des Überlebens in den Vordergrund gestellt und die Rolle der Reproduktion als Ansatzstelle von Evolutionsmechanismen vernachlässigt. Noch 1971 kritisierte Michael Ruse die weitverbreitete Sichtweise, derzufolge Darwins natürliche Zuchtwahl vorrangig als ein Kampf ums Leben interpretiert wurde und nicht als ein »struggle for reproduction«, womit sie, so Ruse, jedoch weitaus angemessener beschrieben sei (Ruse 1971, 316, 348). Helena Cronin hat gezeigt, dass die verbreitete Opposition von »survival selection« und »reproductive selection« (Huxley 1942, xix, zit. n. Cronin 1991, 236) erst in der zweiten Hälfte des 20. Jahrhunderts hinfällig wurde, als mit der Etablierung einer genzentrierten Sichtweise in Evolutionstheorien die Replikation der Gene in den Vordergrund rückte (Cronin 1991, 232–243).

In Darwins Schriften umfasste die Reproduktion jedoch weit mehr als nur die Produktion von Nachkommen. Die Bildung und Reproduktion von neuen Arten, das Verhältnis von vegetativer und sexueller Fortpflanzung im Tier- und Pflanzenreich und nicht zuletzt die Frage nach den physiologischen Einheiten der Reproduktion stellten vielmehr ein Problemgeflecht dar, das Darwin Zeit seines Lebens beschäftigte. Das Thema Reproduktion kann geradezu als verbindender, wenn auch nicht gleich offensichtlicher Faden gesehen werden, der Darwins theoretisches und empirisches Werk durchzog (Hodge 1985; Endersby 2009). Wie Jonathan Hodge überzeugend dargelegt hat, war es charakteristisch für Darwin, Entitäten sowohl oberhalb des individuellen Organismus (d. h. Arten und Populationen) als auch unterhalb des individuellen Organismus (d. h. Knospen, Zellen oder die von Darwin so bezeichneten »Zell-Keimchen«) in Analogie zum individuellen Organismus zu verstehen (Hodge 1985, 209). Auf allen drei Ebenen – der Arten, des Individuums und der physiologischen Einheiten unterhalb des Organismus – erhielt die Frage nach den Mechanismen der Reproduktion eine je eigene Relevanz.

Bereits in Darwins *Notebooks* aus den Jahren 1837/38 finden sich Bemerkungen zum Verhältnis von asexueller und sexueller Reproduktion. Hier spekulierte Darwin, wie sich zweigeschlechtliche Arten aus hermaphroditischen Vorfahren entwickelt haben könnten (Endersby 2009, 77). Nach Gemeinsamkeiten zwischen der pflanzlichen und tierischen Fortpflanzung suchend, beschäftigte sich Darwin mit dem Wesen der Befruchtung. Und er formulierte erste Vermutungen darüber, dass die geschlechtliche Fortpflanzung der Schlüssel für das Verständnis von Modifikationen in der Evolution sein könnte, produzierte sie doch neue Variationen, die an die Nachkommenschaft weitergegeben werden konnten (Endersby 2009, 77). Die Schrift, in der Darwin seine Vorstellungen zur Reproduktion ausführlich entwickelte, erschien einige Jahrzehnte später. 1868 veröffentlichte er *The Variation of Animals and Plants under Domestication* (Darwin 1868), ein zweibändiges Werk, das zusammentrug, was die züchterische Literatur seiner Zeit zu der für das Verständnis von Evolution zentralen Frage aussagte, der Frage nach der Entstehung von Variationen und ihrer Weitergabe. Hier legte Darwin seine Ansichten zu einem möglichen Mechanismus der Vererbung dar. Seine »Hypothese der Pangenesis« müsse, so Darwins Anspruch, eine Reihe von Phänomenen miteinander in Verbindung bringen, die ihn seit langem beschäftigt hatten: sexuelle Reproduktion genauso wie Fortpflanzung über Knospung, die Entstehung von Variabilität genauso wie den Rückschlag, d. h. das plötzliche Auftauchen von Merkmalen vergangener Generationen. Hatte er in seinen *Notebooks* noch einen kategorialen Unterschied zwischen sexueller und asexueller Reproduktion gemacht, hob er nun hervor, »dass der Unterschied zwischen geschlechtlicher und ungeschlechtlicher Zeugung bei weitem nicht so groß« sei, »als er auf den ersten Blick scheint« (Darwin 1868, II, 476). Er führte beide nicht nur auf das Wirken derselben formativen Mechanismen zurück, sondern betonte darüber hinaus, dass »zwischen der Knospung, Zeugung durch Theilung, dem Wiederersatz nach Verletzungen und dem gewöhnlichen Wachsthum oder der Entwickelung die engste Übereinstimmung besteht« (Darwin 1868, II, 476).

In einigen Aspekten ähneln Darwins Vorstellungen von Reproduktion einem Diskurs, der im 18. Jahrhundert gründete, so insbesondere sein Ansatz, die Kontinuitäten zwischen Fortpflanzung, Regeneration und gewöhnlichem Wachstum herauszustellen. Aber Darwin ging auch weit über diesen Diskurs hinaus. Vor allem zwei zeitgenössische Diskussionen beeinflussten Darwins Überlegungen: die verbreitete Infragestellung der Einzigartigkeit der geschlechtlichen Fortpflanzung in den Diskussionen der 1860er Jahre und die zeitgenössischen Zelltheorien (Churchill 1979, 165–169; Olby 1985, 72–88).

Ausgelöst durch Studien zum Generationswechsel und zur Parthenogenese behandelten die Naturforscher in den 1860er Jahren die geschlechtliche Fortpflanzung zunehmend nur als einen Teilaspekt einer großen Bandbreite verschiedener Reproduktionsarten (Churchill 1979). In seiner 1866 veröffentlichten (und Charles Darwin gewidmeten) *Generellen Morphologie* entwickelte Ernst Haeckel beispielsweise ein System, das ein Kontinuum von 14 Arten der ungeschlechtlichen und 12 Arten der geschlechtlichen Fortpflanzung beschrieb (Haeckel 1866, II, 70 f.). Deren Ausdifferenzierung in der Evolution stand zur Diskussion, und vor allem wurde die Frage nach der evolutionären Entstehung zweigeschlechtlicher Reproduktion virulent. Die Zelltheorien der Zeit bildeten ein weiteres Fundament für Darwins Überlegungen zur Pangenesis. Mit explizitem Verweis auf Rudolf Virchows Zellularpathologie (Darwin 1868, II, 485) formulierte Darwin eine Theorie der Vererbung, die im Kern eine Theorie der Reproduktion zellulärer, autonomer Einheiten war. Das zugrunde liegende Modell war die Vorstellung vom Körper als Kolonie sich selbstreproduzierender Einheiten: »Jedes lebende Wesen«, so Darwin, »muss als ein Microcosmos betrachtet werden, ein kleines Universum, gebildet aus einer Menge sich selbst fortpflanzender Organismen, welche unbegreiflich klein und so zahlreich sind, wie die Sterne am Himmel« (Darwin 1868, II, 529). Dieses von »jeder einzelnen Zelle besessene Vermögen der Fortpflanzung« bestimme »die Reproduction, die Variabilität, die Entwickelung und die Erneuerung jedes lebenden Organismus« (ebd.). Darwin vermutete, dass jede Zelle »winzige Körnchen oder Atome« abwirft, die frei im Körper zirkulieren. Diese Körnchen, die Darwin »Zellen-Keimchen« oder nur »Keimchen« nannte, wurden bei der Fortpflanzung weitergegeben (Darwin 1868, II, 491). Sie hatten das Potenzial, sich zu den gleichen Zellen zu entwickeln, von denen sie abstammten. Dabei konnten sie in der unmittelbar nächsten Generation zur Ausbildung kommen oder aber erst nach vielen Generationen, nachdem sie über einen langen Zeitraum lediglich in einem ruhenden Zustand übertragen worden waren. Mit der Pangenesishypothese erklärte Darwin nicht nur die Vererbung erworbener Eigenschaften, von der er, ebenso wie seine Zeitgenossen, selbstverständlich ausging. Auch eine Reihe weiterer Phänomene meinte er damit verstehen zu können: So z. B. die heutzutage merkwürdig anmutende, aber für Darwins These der geschlechtlichen Zuchtwahl durchaus relevante Annahme, dass Eigenschaften, die erst nach Erlangen des individuellen Reproduktionsvermögens von dem weiblichen bzw. dem männlichen Organismus entwickelt werden, in der nächsten Generation vorrangig wieder in demselben Geschlecht ausgebildet werden. »[H]aben die Geschlechter begonnen, ihrer Constitution nach von einander abzuweichen«, führte Darwin in »Die Abstammung des Menschen und die geschlechtliche Zuchtwahl« 1871 aus, »so werden die Keimchen [...], welche von jedem variirenden Theil in dem einen Geschlechte abgeworfen werden, viel mehr in der Lage sein, die eigenthümlichen Beziehungen zu einer Verbindung mit den Geweben des gleichnamigen Geschlechts darzubieten und sich daher zu entwickeln [...] als die Keimchen des andern Geschlechts« (Darwin 1871,1, 253).

In der Rezeption von Darwins Theorien spielte seine Physiologie der Reproduktion eine nur untergeordnete Rolle. Die Frage nach dem Ursprung und der Funktion der sexuellen Reproduktion blieb jedoch weiterhin im Mittelpunkt evolutionstheoretischer Debatten. In den 1880er Jahren beschäftigte sich August Weismann eingehend mit dem Problem der Evolution der sexuellen Fortpflanzung, deren Wesen er in der »Vermischung der Vererbungstendenzen zweier Individuen« sah (Weismann 1891, 127). Mit der »Erzeugung immer neuer Kombinationen der individuellen Charaktere« (Weismann 1886, 34) liefere die geschlechtliche Fortpflanzung erst die Variationen für die gestaltende Wirkung der Selektion. Die sexuelle Reproduktion, die sich für Weismann auf der zellulären Ebene durch Reduktionsteilung und Neukombination »chromatischer Elemente« des Keimplasmas auszeichnete (Weismann 1891, 1–61), wurde damit zum Motor evolutionärer Veränderungen: »Sie hat das Material an individuellen Unterschieden zu schaffen, mittels dessen Selektion neue Arten hervorbringt« (Weismann 1886, 29). Weismann gehörte allerdings auch zu den ersten Wissenschaftlern, die sehr deutlich formulierten, dass diese Wirkung der geschlechtlichen Fortpflanzung nicht mit ihrer evolutionären Ursache zu verwechseln sei, wolle man nicht in eine teleologische Diskussion verfallen (Weismann 1886, 44).

Bis in die heutige Zeit ist die Frage nach der Evolution von biologischer Sexualität eine die Evolutionstheoretiker/innen faszinierende Herausforderung geblieben. Seit den 1960er und 1970er Jahren hat die Beschäftigung mit dem Thema eine regelrechte Renaissance erfahren (vgl. Hamilton 2001; Williams 1975; Maynard Smith 1978). Gegenwärtig liegt eine Vielfalt teils konkurrierender Erklärungsansätze vor (Fehr 2001). Im Mittelpunkt der gegenwärtigen Theorien steht dabei, was als »Paradox der Sexualität« (Williams 1975, 7) bezeichnet wird: So ist die sexuelle Reproduktion einerseits ein weit weniger effizienter Mechanismus für die Weitergabe von Genen als die asexuelle Reproduktion, werden doch bei ihr unter Umständen erfolgreiche Genkombinationen auseinandergerissen und lediglich 50 % des genetischen Materials weitergegeben. Warum sich biologische Sexualität dennoch in der Evolution durchsetzen konnte, wird in heutigen Theorien als Frage einer Kosten-Nutzen-Balance verhandelt. Denn andererseits – und hier finden sich gegenwärtige Neuformulierungen eines Arguments, das schon Weismann vorgebracht hatte – liegt der evolutionäre Vorteil dieser Neukombination des Genmaterials darin, dass Organismen eine bessere Ausgangssituation mit bringen, um sich verändernden Umweltbedingungen anzupassen.

Literatur

Churchill, Frederick B. (1979): »Sex and the Single Organism: Biological Theories of Sexuality in Mid-Nineteenth Century«. In: Studies in History of Biology 3: 139–177.
Cronin, Helena (1991): The Ant and the Peacock. Altruism and Sexual Selection from Darwin to Today. Cambridge.
Darwin, Charles (1859): On the Origin of Species by Means of Natural Selection, or the Preservation of Favoured Races in the Struggle for Life. London.
Darwin, Charles (1860): Über die Entstehung der Arten im Thier- und Pflanzen-Reich durch natürliche Züchtung. Erhaltung der vervollkommneten Rassen im Kampfe um's Daseyn. Nach der zweiten Auflage aus dem Englischen übersetzt von H. G. Bronn. Stuttgart.
Darwin, Charles (1868): Das Variieren der Thiere und Pflanzen im Zustande der Domestication. Aus dem Englischen übersetzt von J. Victor Carus. 2 Bde. Stuttgart.
Darwin, Charles (1871): Die Abstammung des Menschen und die geschlechtliche Zuchtwahl. Aus dem Englischen übersetzt von J. Victor Carus. Bd. I u. II. Stuttgart.
Endersby, Jim (2009[2]): »Darwin on Generation, Pangenesis and Sexual Selection«. In: Jonathan Hodge/Gregory Radick (Hg.): The Cambridge Companion to Darwin. Cambridge, 73–94.
Fehr, Carla (2001): »The Evolution of Sex: Domains and Explanatory Pluralism«. In: Biology and Philosophy 16: 145–170.
Haeckel, Ernst (1866): Generelle Morphologie der Organismen. Bd. 2: Allgemeine Entwicklungsgeschichte der Organismen. Kritische Grundzüge der Mechanischen Wissenschaft von den entstehenden Formen der Organismen. Berlin.
Hamilton, William Donald (2001): Narrow Roads of Gene Land. Collected Papers of H. D. Hamilton, Vol. 2: Evolution of Sex. Oxford.
Hodge, M. J. S. (1985): »Darwin as a Lifelong Generation Theorist«. In: David Kohn (Hg.): The Darwinian Heritage. Princeton, 207–243.

Huxley, Julian (1942): Evolution: The Modern Synthesis. London.
Jordanova, Ludmilla (1995): »Interrogating the Concept of Reproduction in the Eighteenth Century«. In: Faye D. Ginsburg/Rayna Rapp (Hg.): Conceiving the New World Order. The Global Politics of Reproduction. Berkeley, 369–386.
Jacob, Francois (1972): Die Logik des Lebenden. Von der Urzeugung zum genetischen Code [1970]. Frankfurt a. M.
Maynard Smith, John (1978): The Evolution of Sex. Cambridge.
Olby, Robert (1985[2]): Origins of Mendelism. Chicago.
Rheinberger, Hans-Jörg/Müller-Wille, Staffan (2009): Vererbung. Geschichte und Kultur eines biologischen Konzepts. Frankfurt a. M.
Ruse, Michael (1971): »Natural Selection. The Origin of Species«. In: Studies in History and Philosophy of Science 1: 311–351.
Weismann, August (1886): Die Bedeutung der sexuellen Fortpflanzung für die Selektionstheorie. Jena.
Weismann, August (1891): Amphimixis oder: Die Vermischung der Individuen. Jena.
Williams, George C. (1975): Sex and Evolution. Princeton.

Christina Brandt

Selektion ↗ Zuchtwahl
Sexualität ↗ Geschlecht; Reproduktion
Sorte ↗ Variation
Spezies ↗ Art
Stammbaum ↗ Abstammung
Survival of the fittest ↗ »Kampf ums Dasein«
Tier ↗ Organismus
Überleben des Tüchtigsten ↗ »Kampf ums Dasein«

21. Umwelt

»Umwelt« bedeutet im Deutschen seit ca. 1800 die den Menschen umgebende Welt (Grimm/Grimm 1854–1960, 23: 1259 f.), wobei sowohl gesellschaftliche als auch naturale Umwelten gemeint sein konnten. Dies entspricht in etwa dem französischen *milieu* und dem englischen *environment*. Mitte des 18. Jahrhunderts findet sich aber zugleich unter »Umwelt« der Verweis auf »Mundus primigenius« – die vorgeschichtliche Welt (Pierer/Löbe 1864, 306; heute: »Urwelt«). Georges Cuvier prägte (um 1830) für die Biologie das Konzept des Milieus: Organismen können nur in bestimmten Ausprägungen externer Bedingungen existieren. Neben diesem äußeren wird auch von einem inneren Milieu gesprochen: den Verhältnissen im Organismus wie die Konzentration von Mineralstoffen in der Zellflüssigkeit oder die Körpertemperatur (Trepl 2005, 105; 263). Drei Problemkomplexe im Kontext des Umweltbegriffs und der Evolution sind bedeutsam: (1) die Frage nach der Rolle der Umwelt für die Vererbung, (2) die Entstehung der Ökologie und die Frage nach Lebensgemeinschaften und Ökosystemen als eigenen Einheiten der Evolution, (3) komplexe Beschreibungen der spezifischen Umweltfaktoren und des Umweltbegriffs.

(1) Für die Evolutionstheorie stellt die Umwelt den raumzeitlichen Kontext dar, in dem der »struggle for existence« stattfindet und die natürliche Selektion wirkt. Die äußere Umwelt umfasst sowohl abiotische Faktoren wie Gestein, Wasser und Klima als auch biotische Elemente wie Fortpflanzungspartner (sexuelle Selektion), Konkurrenten, Fressfeinde oder Symbiosepartner. Unstrittig ist die entscheidende kausale Rolle der Umwelt bei der Auslese besser geeigneter Individuen (Darwin 1859, 71–109; zum Begriff der Anpassung an äußere Verhältnisse ebd., 139 f.). Sehr unterschiedliche Vorstellungen gab und gibt es hinsichtlich der Frage, ob und inwiefern auch eine *gezielte* Veränderung der Eigenschaften von Organismen durch die Umwelt stattfindet. Unter dem historisch nicht wirklich treffenden Begriff »Lamarckismus« zusammengefasst werden Ansätze, die eine Vererbung erworbener Eigenschaften postulieren. Bei Lamarck allerdings bezog sich dies vor allem auf die Einflüsse von Gebrauch oder Nichtgebrauch von Körperteilen für spätere Generationen, also nicht eine direkte Umweltwirkung, sondern eine gleichsam aktive Selbststeuerung der erblichen Merkmale durch den Organismus. Darwin selbst dachte in diesem Sinn »lamarckistisch«, war aber skeptisch hinsichtlich einer direkten Umweltsteuerung der Variation (Darwin 1859, 132–143).

Konzeptionell und politisch erschien insbesondere im 20. Jahrhundert die Frage, ob die Umwelt auch die erblichen Merkmale beeinflusst, von geradezu alles entscheidender Bedeutung. Wenn die Umwelt nicht allein besser geeignete Individuen ausliest, sondern in Interaktion mit dem Organismus auch bessere vererbbare Merkmale direkt erzeugt, dann stellen sich Fragen des Schicksals zufälliger genetischer Ausstattung und der aktiv gestaltenden Rolle der Umwelt völlig anders. Biologisch hatte August Weismann (1885) mit seiner Keimplasmatheorie die

Vererbung erworbener Eigenschaften ausgeschlossen, was auch letztlich dem »zentralen Dogma« der Molekulargenetik zugrunde liegt, demgemäß es keinen kompletten »Rückweg« vom Protein über die RNA zur DNA-Sequenz gibt (Crick 1958). Dagegen führten »Lamarckisten« unterschiedlicher Ausrichtung ins Feld, dass die Entstehung von Variation nicht ausschließlich zufällig erfolgt, sondern durch Umweltfaktoren durchaus gezielt wirkt. Heute gelten durch Stress erworbene und an die Nachkommen weitergegebene Muster der DNA-Methylierung bei Mäusen als Beispiel für solche Wirkungen auf der Ebene der Genregulation und -expression. Die Frage, ob neuere Ansätze der«Epigenetik« auch das »zentrale Dogma« der Molekulargenetik in Frage zu stellen vermögen, wird derzeit diskutiert (vgl. Jablonka/Lamb 1995). Zumindest die kontradiktorische Gegenüberstellung »Vererbung versus Umwelt« ist heutzutage unplausibel geworden.

Politisch bedeutsam wurde das Konzept der Vererbung erworbener Eigenschaften für marxistische Perspektiven und vor allem im Kontext des Staatssozialismus. Gegen liberale oder konservative Ideen und Ideologeme einer (negativen) Auslese erschien die gestaltende Kraft der Umwelt als Möglichkeit, die Natur und vor allem den »neuen Menschen« gezielt zu gestalten und zu fördern. In der Sowjetunion fand dies in extremer Form statt und war ab den 1930er Jahren vor allem mit dem Namen Trofim Lyssenko verbunden. Die Ideologisierung führte auch zu einem Exodus russischer Evolutionsbiologen wie Theodosius Dobzhansky oder Nikolai Timoféeff-Ressovsky, die dann dazu beitrugen, die »Moderne Synthese« der Evolutionsbiologie in Nordamerika und Westeuropa zu begründen (vgl. Senglaub 1998).

(2) Klassisch geworden für die Ökologie sind Darwins Ausführungen am Schluss von *Über die Entstehung der Arten*. Anhand eines Flussufers (*entangled bank*) beschreibt er die Vielfalt an Formen von Organismen und deren komplexe wechselseitige Abhängigkeit. Zugleich betont er dabei die Universalität seiner Evolutionsgesetze, die all dies hervorgebracht haben (Darwin 1859, 489 f.). Den Begriff »Ökologie« prägte Ernst Haeckel im Rahmen eines Systems der Biologie als »Physiologie der Wechselbeziehungen der Organismen zur Außenwelt und zueinander« (Haeckel 1866, 236). Während diese Definition evolutionsbiologisch von den einzelnen Organismen ausgeht, betonte Haeckel an anderer Stelle die Idee einer umfassenderen »Lehre vom Naturhaushalte« (ebd., 235). Diese Ambivalenz der Ökologie als eine Art Umweltphysiologie oder aber als Haushaltslehre der Natur insgesamt in Analogie zur Ökonomik prägt die Begriffsfelder Umwelt und Ökologie seither (vgl. Worster 1994). Für die Ökologie stellt sich damit auch die Frage, ob Lebensgemeinschaften und Ökosysteme als solche sich nicht nur in der Zeit verändern, sondern im Darwinschen Sinne evolvieren. Insofern diese oder gar die Biosphäre als Ganze (»Gaia«) mit Organismen gleichgesetzt werden, müssten sie auch eigene *Einheiten* der Selektion und der Evolution darstellen. Die Idee von »Organismen höherer Ordnung« spielt eine wichtige Rolle sowohl in der Ökologie des 20. Jahrhunderts als auch in populären Umweltdiskursen (Trepl 1987). Sie wird inzwischen zumeist zurückgewiesen: Zum einen weisen (ökologische) Entitäten nicht die spezifischen Merkmale der Vererbungsmechanismen, Variabilität und Selektion von evolutionsbiologischen »Einheiten« – also von Individuen in Populationen – auf. Zum anderen liegen der Ökosystemökologie rein physikalisch-thermodynamische Optimierungs- und Selektionskonzepte zugrunde, die nicht mit den (evolutions-)biologischen zusammenpassen. Ferner erscheinen Ökosysteme anders als Organismen maßgeblich durch den Beobachtenden, d.h. durch menschliche Fragestellungen und Methoden konstituiert (vgl. Potthast 1999, 79–112).

(3) Im Schnittfeld zwischen Evolutionsbiologie und Ökologie entwickelten sich seit dem 19. Jahrhundert zunehmend komplexe Beschreibungen der spezifischen Umweltfaktoren und des Umweltbegriffs. Nach der Ablösung der Idee eines göttlich geordneten, vollständigen Naturhaushalts eröffneten sich durch Darwin und Haeckel gleichsam »Stellen«, die von Arten besetzt, die aber auch leer sein konnten. Diese räumliche Idee prägte zunächst den Begriff der »Nische«, der im 20. Jahrhundert allerdings zunehmend funktional, quasi als »Beruf« der Art (Charles Elton) verstanden wurde. Damit umfasste die Nische alle relevanten Beziehungen eines Organismus zu *seiner Umwelt* und nicht primär die räumliche *Umgebung* (Trepl 2005, 117 f.). Den Ansatz zur Quantifizierung nahm G. Evelyn Hutchinson (1965, 26–77) vor, nach dem sich alle für den Organismus bedeutsamen Faktoren in einem »n-dimensionaler Hyperraum« beschreiben lassen sollen. Evolutionsökologisch entscheidend ist allerdings, dass weder die »Rolle« des noch die »Erfordernisse« für den Organismus einseitig verstanden werden: Organismen bilden ihre Nische sowohl in Reaktion auf die Umwelt, wie sie sie auch aktiv erzeugen und gestalten. In diesem Sinn ist »Anpassung« heute zu verstehen – als kontinuierlicher wechselseitiger Pro-

zess, nicht als Zustand vermeintlich optimaler (Ein-) Passung.

Eine etwas anders gelagerte Perspektive lieferte der von Jacob von Uexküll um 1920 eingeführte Umweltbegriff. Im Anschluss an erkenntnistheoretische und wahrnehmungsphysiologische Fragen unterschied er eine aktiv durch den Organismus konstituierte Umwelt und die Umgebung. Dieser eigenständige Umweltbegriff bezieht sich letztlich vor allem auf wahrnehmungsfähige Tiere, die sich als Subjekte ihre Umwelten jeweils sowohl art- als auch individuenspezifisch als Eigenwelt schaffen. Sie entsteht im »Funktionskreis« von innerer »Merkwelt« und äußerer »Wirkwelt« (Uexküll 1973, 158). Diese konstruktivistische Herangehensweise wurde in den Begriffen von System und Umwelt sowie der Autopoiese in der allgemeinen Systemtheorie aufgenommen und jenseits der Biologie weiterentwickelt (vgl. Luhmann 1998, 60–78).

Seit den 1970er Jahren erfuhren zugleich der Umwelt- und der Ökologiebegriff charakteristische Transformationen. Nunmehr oft mit gleicher Bedeutung verwendet, wurden beide unmittelbar mit den negativen Folgen menschlicher Aktivitäten, Naturzerstörung, Habitat- und Artenverlust assoziiert. Die Parallelität – auch die Verwirrung – von beschreibendem und bewertendem Umweltbegriff sowie von naturwissenschaftlicher und politischer Ökologie prägt den Diskurs (Potthast 2006). Während dabei heute »Ökosystem« zumeist allgemein die vernetzten Gesamtkomplexe (mit oder ohne Menschen) umfasst, wird *Umwelt* eher als *Umwelt des Menschen*, also die naturalen Bedingungen für menschliches Leben, verstanden, was zur ursprünglichen Bedeutung des Begriffs zurückführt. Für naturethische Debatten wurde, in Abgrenzung gegenüber instrumentellen Vorstellungen, vorgeschlagen, zur Betonung der moralischen Gleichordnung von »Mitwelt« zu sprechen, wenn es um die nichtmenschliche Natur geht (Meyer-Abich 1997).

Literatur

Crick, Francis (1958): »On Protein Synthesis«. In: Symposia of the Society for Experimental Biology 12: 138–63.
Darwin, Charles R. (1859): On the Origin of Species by Means of Natural Selection, or the Preservation of Favoured Races in the Struggle for Life. London.
Grimm, Jacob/Grimm, Wilhelm (1854–1961): Deutsches Wörterbuch. Leipzig.
Haeckel, Ernst (1866): Generelle Morphologie der Organismen. 2 Bde. Berlin.
Hutchinson, G. Evelyn (1965): The Ecological Teater and the Evolutionary Play. New Haven/London.
Jablonka, Eva/Lamb, Marion J. (1995): Epigenetic Inheritance and Evolution. The Lamarckian Dimension. Oxford/New York.
Luhmann, Niklas (1998): Die Gesellschaft der Gesellschaft. Bd. 1. Frankfurt a. M.
Meyer-Abich, Klaus-Michael (1997): Praktische Naturphilosophie. Erinnerung an einen vergessenen Traum. München.
Pierer, Heinrich August/Löbe, Julius (1864[4]): Pierer's Universal-Lexikon. Bd. 18. Altenburg.
Potthast, Thomas (1999): Die Evolution und der Naturschutz. Zum Verhältnis von Evolutionsbiologie, Ökologie und Naturethik. Frankfurt a. M./New York.
Potthast, Thomas (2006): »Naturschutz und Naturwissenschaft – Symbiose oder Antagonismus? Zur Beharrung und zum Wandel prägender Wissensformen vom ausgehenden 19. Jahrhundert bis in die Gegenwart«. In: Hans-Werner Frohn/Friedemann Schmoll (Hg.): Natur und Staat. Staatlicher Naturschutz in Deutschland 1906–2006, Naturschutz und Biologische Vielfalt 35. Bonn-Bad Godesberg, 343–444.
Senglaub, Konrad (1998): »Neue Auseinandersetzungen mit dem Darwinismus«. In: Ilse Jahn (Hg.): Geschichte der Biologie. Theorien, Methoden, Institutionen, Kurzbiographien. Jena, 558–579.
Trepl, Ludwig (1994[2]): Geschichte der Ökologie. Vom 17. Jahrhundert bis zur Gegenwart. 10 Vorlesungen [1987]. Frankfurt a. M.
Trepl, Ludwig (2005): Allgemeine Ökologie. Bd. 1: Organismus und Umwelt. Frankfurt a. M. u. a.
Uexküll, Jacob von (1973[2]): Theoretische Biologie [1928]. Frankfurt a. M.
Weismann, August (1995): Die Continuität des Keimplasmas als Grundlage einer Theorie der Vererbung. Jena.
Worster, Donald (1994[2]): Nature's Economy. A History of Ecological Ideas. London.

Thomas Potthast

22. Variation

Entgegen einer weitverbreiteten Auffassung war Darwin durchaus nicht der erste Naturforscher, der die Variabilität der Organismen in den Mittelpunkt seines Theoretisierens stellte. Er konnte vielmehr bereits auf eine bis auf die Mitte des 18. Jahrhunderts zurückreichende Tradition zurückblicken, in der sich Naturforscher mit den Ursachen, Gesetzen und Grenzen der Veränderlichkeit organischer Formen befasst hatten. Entsprechend war es dann auch überwiegend dieser Gegenstand, an dem zeitgenössische Kritik an Charles Darwins Theorie der Artumwandlung durch natürliche Selektion ansetzte. Bestritten wurde von Darwins Fachkollegen dabei meist nicht, dass Arten sich im Laufe der Zeit wandeln, sondern dass individuelle, unscheinbare und ungerichtete Abweichungen hinreichen, um diesen Artwandel zu erklären. Auch wenn mit der mathematischen Populationsgenetik der 1930er Jahre diese Frage wenigstens auf theoretischer Ebene abschließend geklärt wurde, stellt die Variation noch heute eines der faszinierendsten Probleme der Evolutionsbiologie dar.

Monstrositäten und Rassen

Dass Pflanzen und Tiere je nach dem Himmelsstrich, unter dem sie gedeihen, verschieden aussehen, dass sich Kulturpflanzen sowie Nutz- und Haustiere durch geeignete Zucht- und Haltungsbedingungen »veredeln« lassen, und dass alle Organismen dazu tendieren, gelegentlich »missgebildete« Nachkommen zu produzieren, ist fester Bestandteil vormoderner naturgeschichtlicher und landwirtschaftlicher Literatur (Zirkle 1946). Die Ursachen dieser Erscheinungen wurden allerdings ganz überwiegend in den physischen Bedingungen gesucht, denen Organismen ausgesetzt waren. Die Merkmale, die Varietäten oder Rassen auszeichneten, galten daher als grundsätzlich reversibles Ergebnis besonderer Umstände. Monstrositäten – das Wort selbst leitet sich aus dem lateinischen *monstrum* für »Wahrzeichen« ab – deutete man dagegen als Resultat einmaliger, naturwidriger oder gar übernatürlicher Ursachenkonstellationen. Auf dieser Grundlage schloss Carl von Linné noch Mitte des 18. Jahrhunderts das Studium von Varietäten und Monstrositäten aus der Naturgeschichte aus, die dieselben zwar zu verzeichnen, sich ansonsten aber »echten« Arten zu widmen habe (*Philosophia botanica*, Stockholm 1751, §§ 150, 306).

Das 18. Jahrhundert war es allerdings auch, das neben Monstrosität und umweltbedingter Variation noch ein drittes Phänomen, das der erblichen Variation, ins Spiel brachte. Die Frage nach erblicher Variation unterlief die klare Unterscheidung zwischen artspezifischen Formen und kontingenten individuellen Eigenheiten, und warf zugleich die Frage nach biologischen Gesetzmäßigkeiten der Variation auf. Wenigstens ein Teil der unübersehbaren Variabilität von Lebewesen schien nicht auf äußere, sondern auf innere Faktoren zurückzugehen. Biologen wie Caspar Friedrich Wolff, Johann Friedrich Blumenbach und Carl Friedrich Kielmeyer begannen Arten weniger mit sichtbaren Strukturen, als mit spezifischen »Bildungskräften« zu identifizieren, die in Verbindung mit Umweltbedingungen bestimmte Strukturen gesetzmäßig hervorbrachten (Larson 1994, 97).

Gesetze der Variation und Divergenzprinzip

Das 19. Jahrhundert lässt sich, was die Lebenswissenschaften betrifft, im Großen und Ganzen als ein Jahrhundert bezeichnen, das auf der Suche nach Gesetzen organischer Variabilität war. Drei Traditionslinien lassen sich dabei unterscheiden. Die eine, auf Carl von Linné zurückreichend, wandte sich der Hybridisierung zu und versuchte, oft auf experimentellem Wege und unter Zuhilfenahme verschiedener Notationsverfahren, der Merkmalskombinatorik nachzuspüren, die sich bei hybriden Nachkommen einstellte. Zu ihr gehören Carl Friedrich Gärtner, Charles Naudin, Max Wichura, Carl von Nägeli, aber auch Gregor Mendel (Olby 1985). Eine zweite Traditionslinie geht auf George Buffon zurück und versuchte, Variation auf Muster der geografischen Verbreitung und auf die zeitliche Abfolge von Arten in der Erdgeschichte zu beziehen. Hier sind insbesondere das Werk Alexander von Humboldts sowie jenes des österreichischen Botanikers Franz Unger zu nennen (Gliboff 1999). Schließlich gab es noch einen Forschungsstrang, der sich auf embryologischer und teratologischer Grundlage mit den Bedingungen und Gesetzen, vor allem aber auch mit den funktionsmorphologisch begründeten Grenzen organischer Variabilität auseinandersetzte. Seine Hauptvertreter im 19. Jahrhundert waren Georges Cuvier, E. Geoffroy Saint-Hilaire und Karl Ernst von Baer (Coleman 1971).

Vor diesem Hintergrund ist auch Darwins Formulierung eines »Princips der Divergenz« zu sehen, wonach »anfangs kaum bemerkbare Verschiedenheiten immer weiter zunehmen und die Rassen immer weiter unter sich wie von ihren gemeinsamen Stammeltern abweichen« (Die Entstehung der Arten, Stuttgart 1876, 134). Mit dieser Formulierung, die weniger eine Voraussetzung als eine Konsequenz seiner Evolutionstheorie ausdrückte, distanzierte sich Darwin zum einen von Vorstellungen eines unvermittelten Übergangs von einer Art zur anderen, handelte es sich zum anderen aber auch das Problem ein, wie sich »kaum bemerkbare«, ganz im Rahmen des arttypischen Spektrums bleibende Varianten stabilisieren, ausbreiten und schließlich zu neuen Arten führen konnten. Darwin selbst beschäftigte sich daher ausgiebig mit »Gesetzen der Abänderung«, zunächst in einem eigenen Kapitel von *On the Origin of Species* (1859) und dann 1868 in einem zweibändigen Werk mit dem Titel *The Variation of Animals and Plants under Domestication*. Dabei traf er eine wichtige Unterscheidung zwischen »direkten« Abänderungen, die Anpassungen an Veränderungen der Umwelt noch während der Lebenszeit eines Organismus darstellten, und »indirekten« Abänderungen bei Nachkommen, die auf Störungen des Fortpflanzungssystems zurückgingen und insofern »unbestimmt« oder »ungerichtet« waren, als sie keine unmittelbare adaptive Antwort auf die störenden Ursachen lieferten (Winther 2000).

Mutation und Variation

Darwins Unterscheidung von direkter und indirekter Variation bereitete August Weismanns Unterscheidung von Soma und Keimplasma (1892) und die damit verbundene Ablehnung einer Vererbung erworbener Eigenschaften vor. Überhaupt macht sich zum Ende des 19. Jahrhunderts eine deutliche Tendenz zur Annahme spontaner und diskontinuierlicher Variationen oder »Mutationen« in der Keimsubstanz bemerkbar (im 20. Jahrhundert sollte man in dieser Beziehung von »Makromutationen«, »hopefule monsters« oder allgemein von »Saltationismus« reden). Motiviert aus einem allgemein verbreiteten Zweifel an der Möglichkeit, den Artwandel auf der Grundlage kontinuierlicher Variation zu erklären, fand sie empirische Nahrung in der immer genaueren Beschreibung innerartlicher, erblicher Variation durch Taxonomen, sowie in neuen Verfahren vor allem der Pflanzenzucht (Individualzucht, Pedigreeverfahren). William Batesons *Materials for the Study of Variation* (1894) sowie Hugo de Vries' *Die Mutationstheorie* (1901–1903) bilden markante Stationen dieser Forschungsrichtung, die auch durch Versuche flankiert wurde, Phänomene der Variation dem Experiment zugänglich zu machen (Kohler 2002). Die »Wiederentdeckung« Mendels im Jahr 1900, an der de Vries und Bateson maßgeblich beteiligt waren, sowie der rasante Aufstieg der Genetik im ersten Jahrzehnt des 20. Jahrhunderts fügen sich nahtlos in diesen Hintergrund ein.

Mit der Genetik traten genotypische Mutation und phänotypische, »fluktuierende« Variation zunächst auseinander. Mutationen stellen Veränderungen in der genetischen Konstitution der Gameten dar, und 1927 gelang es Hermann J. Muller, solche Mutationen in der Taufliege gezielt durch Röntgenstrahlung hervorzurufen. Phänotypische Variationen ergeben sich dagegen aus dem Zusammenspiel der jeweils vorherrschenden Umweltfaktoren mit der genetischen Ausstattung eines Organismus, die dessen »Reaktionsnorm« (so der 1909 von dem Zoologen Richard Woltereck geprägte Ausdruck) festlegt. Die Herausforderung bestand für Evolutionsbiologen nun darin, die beiden unterschiedlichen Variationsformen miteinander in Beziehung zu setzen. Ab den späten 1930er Jahren gelang dies zunehmend mit der »Modernen Synthese« durch die Zusammenführung populationsgenetischer Modelle mit Disziplinen der klassischen Naturgeschichte wie Taxonomie, Biogeografie und Paläontologie, die sich seit jeher dem Studium phänotypischer Variation verschrieben hatten (Mayr/Provine 1980).

Mit der evolutionären Synthese war Variation als heiß umstrittenes Thema der Evolutionsbiologie allerdings nicht erledigt. Den abstrakten populationsgenetischen Modellen, wonach selbst mit einem geringen Selektionsvorteil versehene Genvarianten durch Populationen »hindurchfegen«, setzen die Architekten der Synthese, allen voran Theodosius Dobzhansky und Ernst Mayr, die Bedeutung von Faktoren wie genetischer Rekombination und Populationsstruktur entgegen. Damit schufen sie Raum für eine große Bandbreite von Modellen, die sowohl die entwicklungsbiologisch eng gesetzten Grenzen der Variabilität als auch die Rolle des Organismus und seines Verhaltens in der Schaffung neuer Variationsräume betonen (West Eberhard 2003). Ursachen und Grenzen biologischer Variation bilden heute dementsprechend den Gegenstand eines eigenen, oft als »Evo-Devo« (kurz für *evolutionary developmental biology*) bezeichneten disziplinären Feldes der Biologie.

Literatur

Coleman, William (1971): Biology in the Nineteenth Century. Problems of Form, Function, and Transformation. New York.

Gliboff, Sander (1999): »Gregor Mendel and the Laws of Evolution«. In: History of Science Vol. 37, Nr. 116: 217–235.

Kohler, Robert E. (2002): Landscapes and Labscapes. Exploring the Lab-Field Border in Biology. Chicago.

Larson, James F. (1994): Interpreting Nature. The Science of Living Form from Linnaeus to Kant. Baltimore.

Mayr, Ernst/Provine, William B. (1980): The Evolutionary Synthesis. Perspectives on the Unification of Biology. Cambridge (Mass.).

Olby, Robert C. (1985[2]): Origins of Mendelism [1966]. Chicago.

West-Eberhard, Mary Jane (2003): Developmental Plasticity and Evolution. Oxford.

Winther, Rasmus (2000): »Darwin on Variation and Heredity«. In: Journal of the History of Biology Vol. 33, Nr. 3: 425–455.

Zirkle, Conway (1946): »The Early History of the Idea of the Inheritance of Acquired Characters and of Pangenesis«. In: Transactions of the American Philosophical Society Vol. 35, Nr. 2: 91–151.

Staffan Müller-Wille

Varietät ↗ Variation

23. Vererbung

Vererbung ist kein Prozess, der sich der Beobachtung aufdrängt. Heute scheint es zwar offensichtlich, dass Eigenschaften vererbt werden. Dies ist jedoch Resultat der jüngeren Biologiegeschichte. Erst Mitte des 19. Jahrhunderts nahmen Biologen den Begriff der Vererbung auf, und begannen ihn experimentell und theoretisch zu durchleuchten. Zuvor, so der französische Molekularbiologe François Jacob, wurde Zeugung überwiegend als Einzelereignis begriffen, als eine Art schöpferischer Akt (Jacob 1970/2002, 27 f.). In dieser Perspektive bildete das Vererbungsgeschehen keinen Aspekt, der sich sinnvoll von anderen Vorgängen abstrahieren ließ, die die Entwicklung eines Lebewesens von der Empfängnis bis zur frühkindlichen Entwicklung bestimmen.

Vererbung und Evolution

Dies änderte sich im ausgehenden 18. Jahrhundert. Zwar sprachen Ärzte schon seit dem späten Mittelalter von »Erbkrankheiten« (Lugt 2009), aber erst Ende des 18. Jahrhunderts organisierte sich dieser Diskurs um das Substantiv »Vererbung« (López Beltrán 2004, 41). Einen ersten Höhepunkt dieser Tradition bildete Prosper Lucas' *Traité philosophique et physiologique de l'hérédité naturelle* (1847). Unabhängig davon verbreitete sich die Rede von Vererbung auch unter Züchtern und Rassenanthropologen. Im deutschsprachigen Raum war es beispielsweise Immanuel Kant, der in seinen Schriften zu Menschenrassen aus den 1870er und 1880er Jahren den juristischen Ausdruck »Vererbung« erstmals in seiner biologischen Bedeutung verwendete.

Dass Vererbung sich der Biologie des 19. Jahrhunderts gewissermaßen vom Rand her aufdrängte – also aus der Betrachtung von individuellen Verschiedenheiten, krankhaften Abweichungen und Zuchtprodukten – ist für ein Verständnis der Darwinschen Evolutionstheorie von großer Bedeutung (Rheinberger und Müller-Wille 2009, Kap. 4). »Nicht-erbliche Abänderungen«, so schrieb Darwin bereits 1859 in *Über die Entstehung der Arten*, sind für eine Theorie der Evolution »ohne Bedeutung«. Zugleich gab er zu, dass die »Gesetze, welche die Vererbung der Charactere regeln, zum größten Theil unbekannt« seien. Die Definition, die er dem Phänomen gleich im Anschluss daran gab, hatte es allerdings auch in sich. Von Vererbung sei nicht etwa schon dann zu sprechen, wenn eine Eigenschaft einfach in den Nachkommen wiederauftauche. Erst wenn »unter Individuen, die offenbar denselben Bedingungen ausgesetzt sind, eine sehr seltene Abweichung […] in den Eltern erscheint […] und in dem Kind wieder auftaucht«, könne man von Vererbung ausgehen (Darwin, Über die Entstehung der Arten, Darmstadt 1992 [1859], 32 f.). Vererbung bestand für Darwin also in der Weitergabe mehr oder weniger spontan entstandener Abweichungen. Sie bezog sich nicht auf die Beständigkeit der Arten (wie noch bei Prosper Lucas), sondern auf das Phänomen erblicher Variation.

Interessant und frappierend war dieses Phänomen, weil es als kapriziöser Vorgang erschien. Erbliche Variation erzeugte Abweichungen unter gleichbleibenden Bedingungen, während die Weitergabe dieser Abweichungen an Nachkommen auch dann erfolgte, wenn sich die Lebensumstände änderten. Daraus konnte eine bessere Anpassung an die Umwelt resultieren, musste es aber nicht. Zugleich war damit ein Problem aufgeworfen, das Darwin und seine Zeitgenossen in erhebliche Erklärungsnöte brachte (Gayon 1998). Wenn am Anfang der Entstehung einer neuen Art eine individuelle, einen Vorteil gewährende Abweichung stand, wie konnte sich diese durchsetzen und ausbreiten? Würde nicht jede individuelle Abweichung durch Kreuzung mit »normalen« Artangehörigen wieder ausgelöscht? Und besaßen ausgewilderte Zuchtvarietäten nicht die Tendenz, zu ihrer Wildform zurückzukehren? Beide Fragen rückten das Phänomen der Reversion (auch Regression oder Atavismus genannt) in den Vordergrund, d. h. die häufig zu beobachtende Tatsache, dass erbliche Eigenschaften für einige Generationen verschwinden, um später wieder sichtbar zu werden. Für Darwin war dies die »wunderbarste von allen Eigenthümlichkeiten der Vererbung«. Sie beweise, dass die »Überlieferung« eines Merkmals und seine Entwicklung »distincte Vermögen« sind (Darwin, Das Variieren der Thiere und Pflanzen im Zustande der Domestication, Stuttgart 1868, Bd. 2, 489).

Vererbung und Genetik

Auf die aufgeworfenen Fragen antwortete das späte 19. Jahrhundert mit einer Fülle von Theorieangeboten, die aus heutiger Sicht oft nicht- oder gar antidarwinistisch argumentieren (Bowler 1983). Weitergabe der Erbanlagen, evolutionäre Abstammung und Individualentwicklung wurden dabei überwiegend noch als eine Einheit betrachtet. Mit den Fortschritten der Zelltheorie zu Beginn der 1880er Jahre begann sich dieser Zusammenhang allerdings zu lockern. Insbesondere an den Chromosomen, die im Zellzyklus immer wieder in charakteristischer Zahl und Form auftauchten, ließ sich Vererbung unabhängig von Entwicklungsvorgängen festmachen (Churchill 1987).

Die Frage nach den Gesetzen und Mechanismen der Vererbung stellte sich damit in umso größerer Schärfe. Im Rückblick lassen sich zwei verschiedene Herangehensweisen an das Problem unterscheiden. Die eine betrachtete Vererbung als eine »Kraft« oder »Tendenz«, die sich mit statistischen Verfahren empirisch analysieren ließ. Sie war unter Züchtern, Anthropologen, Medizinern (vor allem Psychiatern) und Eugenikern verbreitet und wurde von Darwins Vetter Francis Galton in seinen späteren Arbeiten prominent vertreten. Dieser Ansatz abstrahierte von den physiologischen Aspekten der Vererbung. Ihm genügte die Annahme, dass die Entwicklung von messbaren Merkmalen bei Nachkommen durch eine große Zahl anzestraler Einflüsse bestimmt werde (Porter 1986). In dem Begriff der Heritabilität lebt dieser »biometrische« Ansatz bis heute fort.

Die zweite maßgebliche Herangehensweise an Fragen der Vererbung im 19. Jahrhundert stellte die Verankerung des Vererbungsgeschehens in der Keimsubstanz in den Vordergrund. Dabei gingen einige Biologen von einer relativen Autonomie und freien Mischbarkeit der Erbeinheiten aus; dies gilt für Darwin und seine »provisorische Hypothese der Pangenesis« (1868), für Galtons »stirp«-Theorie, aber auch für die »intrazelluläre Pangenesis« des Amsterdamer Botanikers Hugo de Vries (1889). Andere sprachen sich dagegen für eine stabile Verbindung oder gar übergeordnete, historisch gewachsene Architektur der Erbanlagen aus, so etwa Carl Wilhelm von Nägeli (1884) oder August Weismann (1892). Weismann ist heutigen Biologen vor allem im Gedächtnis, weil er eine Vererbung von erworbenen Eigenschaften strikt von sich wies. Dabei wird jedoch meist übersehen, dass Weismann keineswegs meinte, das Keimplasma könne keine neuen Eigenschaften erwerben (Winther 2001). Für Weismann und seine Zeitgenossen – einschließlich Ernst Haeckel mit seinem »biogenetischen Grundgesetz« von einer Rekapitulation der Phylogenese in der Ontogenese (Gliboff 2008) – war der entscheidende Punkt, dass sich Vererbung und Entwicklung als distinkte Ordnungen auffassen ließen. Damit war noch nichts über die Beziehung dieser beiden Ordnungen ausgesagt, also ob Entwicklungsergebnisse in den Erbanlagen gänzlich präformiert sind oder ob sie über epigenetische Mechanismen in das Erbe mit einfließen können.

Dies gilt nicht zuletzt auch für die zu Beginn des 20. Jahrhunderts aufkommende Genetik mit ihrer grundlegenden, von Wilhelm Johannsen getroffenen Unterscheidung von Genotyp und Phänotyp. Sie ermöglichte es, die Beziehungen zwischen dem Vererbungsgeschehen einerseits und der Entwicklung und Evolution der Organismen andererseits zum Gegenstand experimenteller Untersuchungen zu machen (Laubichler/Maienschein 2007). Komplexe Interdependenzen zwischen der Transmission, Entwicklung und Evolution waren damit keineswegs ausgeschlossen, sondern bildeten geradezu den Forschungsgegenstand der Genetik des 20. Jahrhunderts (Müller-Wille/Rheinberger 2009).

Innerhalb der Evolutionsbiologie bemächtigten sich Populationsgenetiker wie Ronald A. Fisher, J. B. S. Haldane und Sewall Wright der klassischen Genetik, um mathematische Modelle zu entwickeln, mit denen sich die Auswirkungen von Evolutionsfaktoren wie Selektion, Mutation, genetischer Drift und Populationsstruktur beschreiben ließen. Evolution wurde auf diese Weise als Veränderung der Häufigkeit von Genvarianten im Genpool einer Population rekonzeptualisiert, ein Verständnis, das die Grundlage der sogenannten evolutionären oder Modernen Synthese in den späten 1930er Jahren bildete. Vererbung fungierte dabei als eine Art »Trägheitsprinzip« der Biologie (Gayon 1998, 297), an dem sich die Effekte von evolutionsbiologischen Faktoren bemessen ließen. Von einem offenen Problem hatte sich Vererbung also zu einem unhinterfragten Prinzip gewandelt, das sich im Gen zu einem handhabbaren Forschungsgegenstand verdichtete. Im Ergebnis zeigt sich heute, dass epigenetischen Prozessen bis hin zu einer Vererbung erworbener Eigenschaften erheblicher Raum in der Evolution einzuräumen ist (Jablonka/Lamb 1999).

Literatur

Bowler, Peter J. (1983): The Eclipse of Darwinism. Baltimore.

Churchill, Frederick B. (1987): »From Heredity Theory to ›Vererbung‹: The Transmission Problem, 1850–1915«. In: Isis Vol. 78, Nr. 3: 337–364.

Gayon, Jean (1998): Darwinism's Struggle for Survival. Heredity and the Hypothesis of Natural Selection. Cambridge.

Gliboff, Sander (2008): H. G. Bronn, Ernst Haeckel, and the Origins of German Darwinism. Cambridge (Mass.).

Jablonka, Eva/Lamb, Marion J. (1999[2]): Epigenetic Inheritance and Evolution: The Lamarckian Dimension [1995]. Oxford.

Jacob, François (2002): Die Logik des Lebenden. Eine Geschichte der Vererbung [La logique du vivant. Une histoire de l'hérédité, 1970]. Frankfurt a. M.

Laubichler, Manfred D./Maienschein, Jane (Hg.) (2007): From Embryology to Evo-Devo: A History of Developmental Evolution. Cambridge (Mass.).

López Beltrán, Carlos (2004): »In the Cradle of Heredity: French Physicians and L'hérédité naturelle in the Early Nineteenth Century«. In: Journal of the History of Biology Vol. 37, Nr. 1: 39–72.

Lugt, Maaike van der (2009): »Les maladies héréditaires dans la pensée scolastique«. In: Maaike van der Lugt/Charles de Miramon (Hg.): L'hérédité entre Moyen Âge et époque moderne. Florenz, 373–320.

Müller-Wille, Staffan/Rheinberger, Hans-Jörg (2009): Das Gen im Zeitalter der Postgenomik. Eine wissenschaftshistorische Bestandsaufnahme. Frankfurt a. M.

Porter, Theodore M. (1986): The Rise of Statistical Thinking: 1820–1900. Princeton.

Rheinberger, Hans-Jörg/Müller-Wille, Staffan (2009): Vererbung. Geschichte und Kultur eines biologischen Konzepts. Frankfurt a. M.

Winther, Rasmus G. (2001): »August Weismann on Germ-Plasm Variation«. In: Journal of the History of Biology Vol. 34, Nr. 3: 517–555.

Staffan Müller-Wille

Vollkommenheit ↗ Anpassung

24. Zuchtwahl

Die Entstehung der Arten durch natürliche Zuchtwahl (1859) von Charles Darwin eröffnet das weite Feld unterschiedlicher Begriffe und Vorstellungen von »Zuchtwahl« bzw. »Selektion«, insbesondere deren Gebrauch in der Evolutionsbiologie als »natürliche« oder »sexuelle« Zuchtwahl (↗ Geschlecht). Eine Anwendung der Selektion auf die Gesellschaftstheorie erfolgt um 1900 im klassischen »Sozialdarwinismus«, später auch auf die Wirtschaftstheorie, wobei nun die »natürliche« durch eine künstliche, soziale oder ökonomische Auswahl ersetzt wird. Inspiriert durch die Populationslehre von Thomas Malthus, worin Selektion eine Art von natürlicher Überschussregulation bewirken soll, und ausgehend von Praktiken der künstlichen Züchtung durch den Menschen (Gehring 2004) gewinnt der Begriff der »natürlichen Zuchtwahl« im Verbund mit dem »Kampf ums Dasein« und dessen Resultat »survival of the fittest« (Herbert Spencer) erst durch Darwin einen kausalmechanischen Erklärungsstatus im Hinblick auf den Artenwandel bzw. die »zweckmäßige« Anpassung von Organismen an die Umwelt. Der scheinbaren Einfachheit und Klarheit des Begriffs steht eine komplexe Begriffsgeschichte (Hodge 1992; Cronin 1992; Kiss 1995) und dessen variantenreicher Gebrauch in modernen biologischen Konzepten der Synthetischen Evolutionsbiologie oder der Soziobiologie gegenüber (Mayr 1979; Endler 1992; Spencer/Masters 1992; Burda/Begall 2009; Voland 2009).

»I call Natural Selection«, so Darwin, »preservation of favourable variations and the rejection of injurious variations« (Darwin 1859/1964, 80 f.), wobei für Darwin die Analogie zur künstlichen Züchtung von Tieren und Pflanzen durch Menschen ausschlaggebend wurde. Der Terminus »to select« war bereits um 1800 in der Pflanzen- und Tierzucht ein Gemeinplatz und auch die Vorstellung einer »natural selection« findet sich schon 1813 bei W. Ch. Wells (K. D. Wells 1973) oder bei Patrick Matthew (1831). Davon unberührt entwirft Darwin seit dem *Notebook E* ca. Ende 1838 nach und nach seine Konzeption der natürlichen Selektion, sei es als Analogie zur künstlichen Selektion, als Metapher oder als Prinzip der Erklärung eines natürlichen Prozesses (Hodge 1992). Später stellt Darwin klar, dass es sich bei der natürlichen Selektion nicht um eine Metapher für intentionale Akteure bzw. um eine Personifizierung der Natur handle, sondern um das Prinzip einer Naturgesetzlichkeit. Die Natur gilt Darwin als eine weitaus bessere Züchterin als der Mensch (Gehring 2004, 1397). Alfred Russel Wallace, unabhängiger Mitbegründer der Theorie des Artenwandels, überzeugte Darwin, Spencers Wendung »survival of the fittest« als Synonym gelten zu lassen. Gleichfalls komplex ist die Geschichte der »sexuellen Selektion«, welche Darwin in *The Descent of Man* (1871) ausarbeitet, wobei Darwin allein ästhetische Gründe für eine Auswahl von Männchen durch Weibchen anführt, während seine Anhänger entweder nur die natürliche Selektion gelten ließen, oder der weiblichen Wahl »good sense« oder »good taste« zugrunde legten (Cronin 1992). Vertreter der Synthetischen Theorie wie Ernst Mayr schränkten die Rolle der sexuellen Selektion auf eine Erklärung des sexuellen Dimorphismus ein, erkennen sie aber im Prinzip auch als Erklärung für den Rest an schmückenden Attributen und Lockmitteln der Männchen an, der nicht durch »natürliche Selektion« erklärbar ist (Mayr 1979).

Erweitert wird der Begriff natürlicher Selektion durch den Neodarwinisten August Weismann (1902), der im Kontext seiner Theorie des Keimplasmas eine Konkurrenz von Determinanten bzw. eine latente »Germinalselektion« annahm, welche die individuelle Verschiedenheit der Körper erklären sollte. In der Biologie trat der Begriff der Selektion um 1900 in den Hintergrund, u. a. wegen des Auflebens des Neolamarckismus und wegen scheinbarer Differenzen zur neuen Mendelschen Genetik. J. B. S. Haldane führte Anfang der 1930er Jahre das Prinzip der natürlichen Selektion wiederum als Hauptmechanismus der Evolution ein, wobei nun das »Haldane-Dilemma« zu lösen war: Eine zu »milde« Selektion lässt keine neuen Strukturen entstehen, während eine zu »harte« Selektion die gesamte Population gefährdet (Burda/Begall 2009, 55).

Im Kontext moderner Evolutionsbiologie werden diverse Typen von Selektion unterschieden. Zunächst wird von der »künstlichen« Selektion durch den Menschen die »natürliche Selektion« unterschieden, welche wiederum die Umwelt- bzw. Naturselektion, außerdem die sexuelle Selektion und die parentale (elterliche) Selektion umfasst. Auf der Ebene der Selektionswirkung wird zwischen Genselektion, Individualselektion, Verwandtenselektion, Gruppenselektion und Artenselektion unterschieden. Schließlich kann eine Einteilung nach der Richtung der Selektionswirkung in stabilisierende, disruptive oder gerichtete Selektion erfolgen (vgl. Burda/Begall 2009, 13, 39, 52). Als empirisches Maß gilt die »Fitness«, d. h. der Fortpflanzungserfolg selektierter Einheiten, von Individuen bzw. von Allelen. »Selektion bedeutet also eine ungleichmäßige Vererbung der von verschiedenen Individuen stammenden Allelen in den Genpool der nächsten Generation, und damit im Laufe der Zeit eine systematische, vorhersagbare, nichtzufällige Änderung der Allelfrequenzen in der Population« (Burda/Begall 2009, 12).

In der »Genselektion« konkurrieren Allele um einen Genlocus, d. h. um die maximale Frequenz in einer Population wie auch im Konzept des »egoistischen Gens« nach Richard Dawkins. In der »Individualselektion« werden vorteilhafte Eigenschaften des individuellen Phänotyps selektiert, wobei durch eine mehrstufige Fixierung vorteilhafter Mutationen ein komplexes Anpassungsmerkmal fixiert wird. In der »Verwandtenselektion« nach William D. Hamilton führt Selektion zur Manifestierung vorteilhafter Eigenschaften unter genetisch Verwandten, z. B. zu einem »altruistischen« Verhalten. Die »Gruppenselektion« fördert vorteilhafte Eigenschaften in Gruppen von, auch nichtverwandten, Individuen, z. B. einer Herde. Gemäß Vero C. Wynne-Edwards kann Selektion hier zum Nachteil einiger Individuen das »Wohl der Art« bewirken. Auch Konrad Lorenz vertrat dieses Konzept, welches aber heute von der Mehrheit der Evolutionsbiologen abgelehnt wird. Dagegen wird einer die Biodiversität erzeugende »Artselektion« in der Makroevolution Bedeutung eingeräumt, z. B. für evolutionäre Trends. Arten konkurrieren dabei um Radiation (Artbildung, Kladogenese) bzw. um die Verhinderung ihres Aussterbens (Burda/Begall 2009, 39).

Teilt man Selektion nach ihrer Richtung ein, so kann sie zur Eliminierung extremer Merkmale führen und wirkt somit »stabilisierend« auf die Population. Es kann aber auch zu einer »disruptiven« Selektion kommen, d. h. zu einer negativen Fitness von Individuen mit Durchschnittsmerkmalen (z. B. von Faltern mit mittlerer Flügelfärbung), während Abweichungen davon (z. B. hellere oder dunklere Flügelfarben) im Tarnverhalten im Vorteil sind (z. B. auf Birken oder Fichten). Schließlich kann eine »gerichtete« Selektion auch zur Eliminierung von Individuen einer Population führen, die sich mit ihren Merkmalswerten an den Enden der Verteilungskurve befinden. Werden beispielsweise jeweils die größten Exemplare einer Population durch ein Raubtier entfernt, kann sich die durchschnittliche Körpergröße aller Individuen der Population verkleinern (Burda/Begall 2009, 52).

Als wichtiger Meilenstein der theoretischen Erweiterung der Konzeption der Selektion gilt die r- und K-Selektion (Mac Arthur/Wilson 1967, 149, 189f). Zielt die natürliche Selektion auf die maximale Wachstumsrate einer Population, spricht man von r-Selektion. Im Falle der K-Selektion ist die Tragekapazität bzw. Ressourcengrenze eines Biotops erreicht, wobei nun die natürliche Selektion auf Effizienz durch Konkurrenz zielt. Wichtig ist ferner das von John Maynard-Smith und George R. Price (1973) in die Evolutionstheorie eingeführte Prinzip der »Evolutionär stabilen Strategie« (ESS). Es besagt unter Bezugnahme auf die Spieltheorie, dass Verhaltensmuster erhalten bleiben, wenn sie von keiner anderen ›Spielstrategie‹ mehr übertroffen werden können (vgl. Burda/Begall 2009, 84). So kann die Theorie der ESS erklären, wie es in einer Population zu einem Gleichgewicht unterschiedlicher Verhaltensstrategien (z. B. »Taube« oder »Falke«) kommt.

In Abgrenzung zur »äußeren« Selektion durch die Umwelt als dem dominierenden Faktor im »Neodarwinismus« betonen manche Biologen die besondere Rolle einer »inneren Selektion«, die im Rahmen eines systemischen Rückkopplungskonzepts die »Ordnung des Lebendigen« als Produkt einer kanalisierten, gerichteten Evolution erklärt (Riedl 1990, 360). Die moderne »Philosophie der Biologie« setzt sich gleichfalls mit dem Selektionsbegriff auseinander, wenn verschiedene Begründungsstrukturen der Evolutionstheorie bzw. die Konstruktionen von Organismen zu klären sind (Krohs/Toepfer 2005). Wissenschaftsphilosophisch diskutiert werden auch das Verhältnis der »natürlichen« zur »sexuellen« Selektion (vgl. Artikel I.20. Reproduktion) sowie insbesondere die Beziehung zwischen Selektion, Fitness und Anpassung. Gegen das Selektionsprinzip erhob Karl R. Popper zunächst einen »Tautologie-Vorwurf«, wonach Tauglichkeit nicht unabhängig von Fitness definiert werden könne, was aber bestritten wird (Vollmer 1985, 274). Gegenüber dem Erklärungsanspruch eines allumfassenden Panselektionismus und gegenüber bestimmten soziobiologischen Selektionskonzepten im Altruismusdiskurs besteht zudem oftmals ein Ideologieverdacht (vgl. Artikel IV.16. Ethik).

In Abgrenzung von den genannten Konzepten der natürlichen, biologischen sowie von einer utilitaristischen, bloß auf Nutzen ausgerichteten Selektion wird bei menschlichen Sozialsystemen in Anlehnung an Max Weber bzw. Talcott Parsons die zielgerichtete »sinnhafte Orientierung« von Subjekten hervorgehoben. Kennzeichnend ist, dass bewusste Zwecke und Werte verfolgt werden. Die strukturfunktionale Theorie von Sozialsystemen betont deren Umweltabhängigkeit. Demgegenüber geht die sogenannte Autopoiesiskonzeption entweder von sich selbst organisierenden und selbst auswählenden, individuellen Organismen aus (Humberto Maturana) oder von einer Eigenselektion bzw. selektiven Kommunikation ganzer Sozialsysteme (N. Luhmann) (Kiss 1995).

Wie auch immer Zuchtwahl bzw. Selektion als biologischer oder sozialer Schlüsselbegriff eingesetzt wird, der Terminus erzeugt in seiner biologischen oder sozialen Funktion Konnotationen der »Züchtung«. Züchtung aber ist sowohl historisch als auch philosophisch kritisch zu beleuchten, insbesondere wenn es darum gehen soll, im Geiste der Eugenik nach Francis Galton durch Selektion eine »hochbegabte Menschenrasse hervorzubringen« (Gehring 2004, 1397).

Literatur

Burda, Hynek/Begall, Sabine/Zrzavý. J. von/Storch, D./Mihulka, S. (Hg.) (2009): Evolution. Ein Lese-Lehrbuch. Heidelberg.
Cronin, Helena (1992): »Sexual Selection: Historical Perspectives«. In: Evelyn Fox Keller/Elisabeth A. Lloyd (Hg.): Keywords in Evolutionary Biology. Cambridge (Mass.), 286–293.
Darwin, Charles (1964): On the Origin of Species [1859]. Faksimile Reprint der ersten Ausgabe mit Einleitung von Ernst Mayr. Cambridge (Mass.).
Endler, John A. (1992): »Natural Selection. Current Usages«. In: Evelyn Fox Keller/Elisabeth A. Lloyd (Hg.): Keywords in Evolutionary Biology. Cambridge (Mass.), 220–224.
Gehring, P. (2004): »Züchtung«. In: Joachim Ritter/Karlfried Gründer (Hg.): Historisches Wörterbuch der Philosophie. Bd. 12. Basel, 1395–1402.
Hodge, M. J. S. (1992): »Natural Selection. Historical Perspectives«. In: Evelyn Fox Keller/Elisabeth A. Lloyd: Keywords in Evolutionary Biology. Cambridge (Mass.), 212–219.
Kiss, Gabor (1995): »Selektion«. In: Joachim Ritter/Karlfried Gründer (Hg.): Historisches Wörterbuch der Philosophie. Bd. 9. Basel, 564–569.
Krohs, Ulrich/Toepfer, Georg (Hg.) (2005): Philosophie der Biologie. Frankfurt a. M.
Mac Arthur, R. H./Wilson, E. O. (1967): The Theory of Island Biogeography. Princeton (NJ).
Mayr, Ernst (1979): Evolution und die Vielfalt des Lebens. Berlin.
Riedl, Rupert (1990): Die Ordnung des Lebendigen. Systembedingungen der Evolution. München.
Spencer, Hamish G./Masters, Judith C. (1992): »Sexual Selection. Contemporary Debates«. In: Evelyn Fox Keller/Elisabeth A. Lloyd (Hg.): Keywords in Evolutionary Biology. Cambridge (Mass.), 294–301.
Voland, Eckhart (2009): Soziobiologie. Die Evolution von Kooperation und Konkurrenz. Heidelberg.
Vollmer, Gerhard (1985): Was können wir wissen? Bd. 1: Die Natur der Erkenntnis. Stuttgart.
Weismann, August (1902): Vorträge über Deszendenztheorie. Jena.
Wells, K. D. (1973): »William Charles Wells and the Races of Man«. In: ISIS 64: 215–225.

Hans Werner Ingensiep

25. Zuchtwal, natürlicher

In seinem Werk *On the Movements of Diving Mammals* (1867) beschreibt Darwin im achten Kapitel das Sozialverhalten verschiedener Walarten, sowohl von Barten- wie von Zahnwalen. Darwin war durch Herbert Melville (1851) bereits bekannt, dass einige Wale in der Pflege und Aufzucht ihres Nachwuchses für einige Monate sogenannte Wal-Kindergärten gründen, beispielsweise die Island- und die Gelbwale, bei denen die Kälber von einigen älteren Kühen umschwommen und vor Hai- und Orka-Attacken beschützt werden, während die anderen Kühe auf Nahrungssuche gehen. Nach 8 bis 10 Stunden werden die Hütewalkühe von den anderen abgelöst und gehen selbst auf Jagd nach Krill. 1848 begab sich Darwin auf Anraten seines Hautarztes Jonathan Benn auf eine 20-wöchige Wasserkur in das antarktische Meer, um seine Schuppenflechte zu kurieren. Hier konnte er das erstaunliche Verhalten der Wahl von natürlichen Zuchtwalen bei den Potzwalen beobachten. Eine Gruppe von Potzwalbullen umschwimmt in der Zeit der Brunst der Potzwalkühe, gewöhnlich Anfang April, diese innerhalb von drei bis vier Tagen immer wieder mehrmals. Jeder Walbulle berührt dabei mit seiner Rückenflosse den Bauch der Weibchen. Danach stimmen sich die Kühe in den inzwischen berühmten Gesängen, die Darwin notierte und die dann später Richard Wagner 1870 zu seiner Oper *Die Walkühe* anregten, über die Bullen ab und erwählen den Zuchtwal, indem sie den auserwählten Wal mit dem eigenen Kopf an der Stirn berühren. Der erkorene Zuchtwal begattet dann alle Kühe dieser Gruppe. Auf diese Weise wird, wie Darwin richtig erkannte, garantiert, dass nur der gesündeste Walbulle zur Fortpflanzung kommt, weil die Walkühe – und das wusste Darwin noch nicht, sondern wurde erst 1972 durch die Schweizer Walforscherin Elsa Noelle-Neumann entdeckt – in ihrer Bauchdecke ein besonders empfindliches Tastorgan besitzen, mit dem sie die Konsistenz des Knorpels in der Rückenflosse der Walbullen abschätzen können, die symptomatisch sowohl für ihren Gesundheitszustand wie ihre Fruchtbarkeit ist.

Literatur

Darwin, Charles (1867): On the Movements of Diving Mammals. London.
Melville, Herbert (1851): Moby's Dick. New York.
Noelle-Neumann, Elsa (1972): Bauchentscheidungen. Die biologischen Grundlagen des Wa(h)lverhaltens der Potzwale. Allensbach.
Wagner, Richard (1870): Die Walkühe. Oper für dicke Frauen in fünf Fischzügen. Bayreuth.

Michael Hampe

26. Zufall

Ein Vorkommnis ist zufällig, wenn sein Auftreten durch keine Regel bestimmt ist oder dem Beobachter keine solche Regel für sein Auftreten bekannt ist. Sofern bei einem Ereignis davon ausgegangen werden kann, dass sein Auftreten Regeln unterliegt, die Beobachter diese Regeln jedoch nicht kennen oder es zu viele sind, um ihnen eine Prognose für das Auftreten des Ereignisses zu erlauben, handelt es sich um einen *subjektiven* Zufall. Ein *objektiver* Zufall liegt dagegen da vor, wo tatsächliche Regellosigkeit nachgewiesen werden kann. Naturgesetze, die ermöglichen, ein Ereignis als *kausal* durch andere Ereignisse bedingt vorherzusagen, sind die bekanntesten Regeln der Vorhersage. In der Regularitätssicht der Kausalität wird sogar behauptet, dass wir da, wo wir keine Regeln der Verknüpfung zwischen Ereignissen kennen, nicht wissen, ob überhaupt ein Kausalverhältnis vorliegt (vgl. Hume 1777/1975, 34; Stegmüller 1983, I B, Kap. V). In dieser Sichtweise wären alle nicht in Regelsystemen beschreibbaren Ereigniszusammenhänge nicht-kausaler und damit zufälliger Natur. Das Zufällige wäre dann das Ursachenlose und damit das nicht durch ein Naturgesetz Erklärbare und auch nicht in Kenntnis der Anfangsbedingungen des betrachteten Systems Vorhersehbare.

Drei Formen des objektiven Zufalls können unterschieden werden: (1) In einigen Deutungen quantenmechanischer Ereignisse, etwa beim radioaktiven Zerfall eines schweren Elements, werden diese Zerfallsprozesse als keinen deterministischen Naturgesetzen unterliegend gedeutet. Derartige Vorgänge sind lediglich mit statistischen Gesetzen prognostizierbar. Sofern diese Deutungen zutreffen, heißt das, dass die mikrophysikalische Welt nicht kausal, sondern von Zufallsprozessen bestimmt ist, deren Akkumulation auf der Ebene der mittleren Objekte zu kausal determinierten Ereignissen führt (vgl. Nortmann 2008, 170–175).

(2) Es gibt Zahlen bzw. Zahlenreihen, deren Ziffernabfolge durch eine komprimierende Formel beschreibbar sind, und solche, bei denen das *nicht* der Fall ist, bei denen also nicht aus einer abkürzenden Formel abgeleitet bzw. prognostiziert ist, welche Zif-

fer als nächstes auftritt. Solche nicht komprimierbaren Folgen werden als *Zufallsfolgen* bezeichnet. Sie sind nur angebbar, indem man sie ausschreibt. (3) Eine dritte Form des objektiven Zufalls betrifft die thermodynamischen Schwankungen von komplexen Systemen. Der thermodynamische Zustand eines Gases ist einerseits, sofern man ihn aus dem kinetischen Zustand seiner Moleküle ableiten will, subjektiv zufällig, weil mechanisch zu komplex. Andererseits gibt es die Vorstellung, dass eine Prognose, welchen thermodynamischen Ordnungszustand ein komplexes System, wie beispielsweise ein Gas, als Ganzes wann einnehmen wird, nur mit einer gewissen Wahrscheinlichkeit angegeben werden kann, weil zwischen diesen einzelnen thermodynamischen Makrozuständen keine deterministische Kausalität herrscht, durch Zufall beispielsweise auch immer wieder entropisch sehr unwahrscheinliche Zustände realisiert werden (vgl. Poincaré 1890 in: Brush 1970, 251). Der Gedanke der Zufallsfluktuation komplexer Systeme, ja des ganzen Kosmos, geht als gedankliches Motiv letztlich auf das zurück, was bei Epikur als *parenklisis* bezeichnet wird: die zufällige Abweichung der im leeren Raum fallenden Atome von ihrer Bahn, was heute als die indeterministische Struktur des Kosmos bekannt ist (vgl. Stegmüller 1987, Kap. III; Hampe 2006, 133).

In der Biologie spielen weder Quantenereignisse noch mathematische Zufallsfolgen eine Rolle. Die Objekte, die für die biologische Forschung relevant sind, Makromoleküle, einzelne Organismen und Ökosysteme, sind zu groß, um von Quanteneffekten betroffen zu sein. Sofern man von Zufall in der Evolution spricht, betrifft dies daher vor allem den subjektiven Zufall, d. h. die Komplexität des Evolutionsgeschehens, die es Beobachtern unmöglich macht, sowohl den Prozess der Fortpflanzung von Individuen wie den der Entwicklung der Arten deterministisch mit Kausalgesetzen zu erklären und etwa vorherzusehen, wie die auftretenden Lebewesen der Zukunft genau beschaffen sein werden. Eine besondere Rolle spielt hier das sogenannte *deterministische Chaos* (vgl. Smith 1998). In ihm können kleine, nicht messbare oder faktisch nicht gemessene Varianten in den oberflächlich betrachtet gleichen Anfangsbedingungen einer Entwicklung zu nicht vorhersehbaren Variationen im Verlauf oder Endzustand betrachteter Prozesse führen. Die Fortpflanzungsprozesse von biologischen Individuen, wie auch der Prozess der Evolution von Lebewesen der zur Artenbildung führt, sind von einer Komplexität, die vermuten lässt, dass hier Vorgänge des deterministischen Chaos eine Rolle spielen. Auch vermeintlich ähnliche oder gleiche Anfangsbedingungen in der Entwicklung einzelner Lebewesen und Populationen führen nach ein paar Jahren zu sehr verschiedenen »Ergebnissen«. Welche zwei Individuen sich miteinander paaren, welche Allele in der Reduktionsteilung in ihre haploiden Geschlechtszellen gelangen (wenn es sich um sexuelle Fortpflanzung handelt), welches Spermium eine Eizelle befruchten wird usw. – all das sind Vorgänge, die nicht mit hinreichender Genauigkeit bestimmt werden können, um vorherzusagen, welche genetische Beschaffenheit ein Individuum, das in einer bestimmten Population gezeugt wird, tatsächlich haben wird, obwohl kein Biologe davon ausgeht, dass es sich hier um objektiv zufällige Ereignisse, also Vorkommnisse ohne Ursachen handelt. Bei einem fallenden, nicht gefälschten Würfel ist die Anzahl der Determinanten (Geschwindigkeit und Winkel des Wurfes, Reibungswiderstand in der Hand und auf dem Tisch, Luftwiderstand beim Fall etc.) ebenfalls zu komplex, um in angemessener Rechenzeit eine deterministische Voraussage machen zu können (vgl. aber Hampe 2006, 153). Insofern handelt es sich hier nicht um eine Differenz zwischen den Verhältnissen in der unbelebten und der belebten Natur. Als Darwin nahelegte, es sei »einfach«, mit Hilfe von Naturgesetzen vorauszusehen, wo eine Handvoll Federn, die man in die Luft werfe, auf dem Boden lande, im Unterschied zur Prognose der Entwicklung von Lebewesen in einem bestimmten ökologischen Kontext (Darwin 1859/2006, 411), unterschätzte er die Komplexitäten der Gravitation und der Strömungsmechanik. Bei entsprechend hohen Anforderungen an die Genauigkeit und nicht-idealisierten Windverhältnissen sind auch hier deterministische Prognosen äußerst schwer.

Wie sich eine Population entwickelt, hängt aber nicht nur von den komplexen biologischen Interaktionen und Rückkopplungen zwischen den Lebewesen ab. Ebenso relevant ist, ob Subpopulationen durch große ökologische Veränderungen wie Erdbeben, Vulkanausbrüche, Verschiebung der Kontinentalplatten oder Eiszeiten voneinander abgetrennt werden und eine eigene, von der Gesamtpopulation verschiedene Entwicklung nehmen, die eventuell zur Ausbildung einer neuen Art führt. Hier handelt es sich nicht nur um so komplexe Vorgänge, dass sie nicht durch deterministische Naturgesetze der Biologie erklär- und prognostizierbar sind, sondern nur in historischen Erzählungen plausibilisierbar sind, sondern auch um Fälle von subjektiver Zufälligkeit. Denn die entsprechenden Großereignisse – bis zum

Meteoriteneinschlag – sind relativ zu Theorien wie der von der Evolution der Arten zufällig, obwohl die Bahnen von Meteoriten den deterministischen Gravitationsgesetzen unterliegen.

Bei der Betrachtung von Mutationen und der Lebensentstehung selbst, d.h. des Übergangs von sich nicht replizierenden Makromolekülen, die nicht von einer Membran umgeben sind, hin zu eingekapselten Gebilden, die sich reproduzieren können (sog. Hyperzyklen), ist schließlich mit den thermodynamischen Zufallsschwankungen großer Systeme, d.h. mit dem objektiven Zufall des dritten Typs zu rechnen (Eigen 1971 und 1981; Stegmüller 1987; Küppers 1983). Auch wenn Manfred Eigen Differentialgleichungen angeben konnte, die in Anwendung der Darwinschen Selektionstheorie die Entstehung solcher Gebilde berechenbar machten, wird dabei mit Wahrscheinlichkeiten von thermodynamischen Zustandsänderungen gerechnet und nicht mit der Größe deterministisch wirkender Kräfte. Solche zufälligen Schwankungen werden durch die deterministischen Gesetzen unterliegenden Krafteinwirkungen auf die sich zufällig verändernden Makrogebilde »eingefroren«, wie sich Eigen selbst ausdrückt (Eigen/Winkler 1975, 87). Eigen hat diesen Vorgang unter der Metapher des »Spiels« behandelt, das ja ebenfalls notwendige Elemente enthält, die Folgen aus Zufallsereignissen festlegen (wer zufällig eine »6« gewürfelt hat, muss notwendig nach den Spielregeln 6 Felder vorrücken). Lebensprozesse sind daher wesentlich durch eine Verschränkung von subjektiven und objektiven Zufallsereignissen des Typs 3 und gesetzmäßigen Folgeprozessen bestimmt (Hampe 2007, 119–130).

Literatur

Darwin, Charles (2008): Über die Entstehung der Arten im Thier- und Pflanzenreich durch natürliche Züchtung, oder Erhaltung der vervollkommneten Rassen im Kampfe um's Daseyn [On the Origin of Species by Means of Natural Selection, or the Preservation of Favoured Races in the Struggle for Life, 1859]. In: ders.: Gesammelte Werke. Nach Übersetzungen aus dem Englischen von J. Victor Carus. Frankfurt a.M.

Eigen, Manfred (1971): »Selforganization of Matter and the Evolution of Biological Macromolecules«. In: Die Naturwissenschaften Vol. 58, Nr. 10: 465–528.

Eigen, Manfred/Winkler, Ruthild (1975): Das Spiel: Naturgesetze steuern den Zufall. München/Zürich.

Eigen, Manfred/Gardiner, W./Schuster, W./Winkler-Oswatitsch, R. (1981): »Hyperzyklus. Ursprung der genetischen Information«. In: Spektrum der Wissenschaft 6: 36–58.

Hampe, Michael (2006): Die Macht des Zufalls. Vom Umgang mit dem Risiko. Berlin.

Hampe, Michael (2007): Eine kleine Geschichte des Naturgesetzbegriffs. Frankfurt a.M.

Hume, David (1977): Enquiries Concerning Human Understanding and Concerning Principles of Morals [1975]. Oxford.

Küppers, Bernd-Olaf (1983): Molecular Theory of Evolution. Outline of a Physico-Chemical Theory of the Origin of Life. Berlin/Heidelberg/New York.

Nortmann, Ulrich (2008): Unscharfe Welt? Was Philosophen über Quantenmechanik wissen möchten. Darmstadt.

Poincaré, Henri (1890): »Sur le problème des trois corps et les équations de dynamique«. In: Acta mathematica 13: 1–270. Dt. Übersetzung (in Auszügen): »Über das Dreikörperproblem und die Gleichungen der Dynamik«. In: S.G. Brush (1970): Kinetische Theorie. Band II: Irreversible Prozesse. Einführung und Originaltexte. Braunschweig, 248–263].

Smith, Peter (1998): Explaining Chaos. Cambridge.

Stegmüller, Wolfgang (1983): Probleme und Resultat der Wissenschaftstheorie und Analytischen Philosophie. Band I: Erklärung, Begründung, Kausalität. Berlin/Heidelberg/New York.

Stegmüller, Wolfgang (1987): Hauptströmungen der Gegenwartsphilosophie. Bd. III. Stuttgart.

Michael Hampe

II. Theorien und Debatten in der Biologiegeschichte

1. Evolutionstheorien vor Darwin

Einleitung

Vor allem im englischen Sprachraum hat es sich eingebürgert, von einer Darwinschen Revolution (*Darwinian Revolution*) zu sprechen, deren weltanschauliche Wirkung durchaus mit der wissenschaftlichen Revolution des 17. Jahrhunderts vergleichbar sei. Demnach befreite Darwin die Lebenswissenschaften aus einer jahrtausendealten, religiös und metaphysisch motivierten Umklammerung durch typologische und teleologische Denkfiguren (vgl. Ruse 1979; Mayr 1982/2002; Junker/Hoßfeld 2009). Vor der Veröffentlichung von Darwins *Über die Entstehung der Arten* im Jahr 1859, so der kleinste gemeinsame Nenner, schien eine Transformation der Arten durch Akkumulation individueller und ungerichteter Variationen unmöglich, entweder weil individuelle Variationen als bloße Abweichungen betrachtet wurden, die das Wesen oder die »Essenz« einer Art grundsätzlich nicht berührten (Essentialismus), oder weil man der Überzeugung war, dass jede produktive Variation im Einklang mit den Bedürfnissen von Lebewesen stehen müsse und daher nicht ungerichtet sein könne (Teleologie). Vom Standpunkt einer »Darwinschen Revolution« aus gesehen muss sich die umfangreiche ältere Literatur zu »Vorläufern« Darwins (z. B. Glass/Temkin/Strauss 1959) daher den Vorwurf gefallen lassen, wesentliche Punkte zu übersehen, wenn sie Darwins Theorie von der Entstehung der Arten in ein Kontinuitätsverhältnis zu den Theorien eines Georges-Louis Leclerc Comte de Buffon oder Jean-Baptiste de Lamarck setzt. Tatsächlich blieb Buffon einer Weltsicht verpflichtet, die die Vielfalt der Lebewesen auf eine bloße Kombinatorik elementarer Formen reduzierte, und Lamarcks Transformationstheorie setzte einen »Trieb« zur Höherentwicklung voraus. Als »Vorläufer« Darwins lassen sich beide daher nur um den Preis anachronistischer Interpretationen darstellen (vgl. Bowler 1983/2009, 75–95).

Dieses weitverbreitete Verständnis von Darwin als einer revolutionären Figur der Wissenschaftsgeschichte steht allerdings seinerseits im Kontrast zu den Einsichten in die kulturellen und ideologischen Voraussetzungen seiner Evolutionstheorie, die die »›Darwinindustrie‹« der vergangenen drei Jahrzehnte hervorgebracht hat. Darwins Werk wäre ohne ein intensives Studium älterer naturhistorischer Literatur, ohne den Rückgriff auf die kolossalen Sammlungen europäischer Museen und die daran angeschlossene Expertenkultur und schließlich ohne das weit gesteckte Netzwerk von Korrespondenten und anderen Informanten, das Darwin unterhielt, schlicht undenkbar gewesen (Browne 1995; 2002). Darüber hinaus war Darwin auch ein politisch wacher Gelehrter. Wie viele seiner Vorgänger und Zeitgenossen, beunruhigten auch ihn die politischen und moralischen Verwerfungen, die der Aufstieg des Industriekapitalismus und die koloniale Expansion des *British Empire* mit sich brachten, vor allem die Sklaverei (Desmond/Moore 2009). Unter diesen Umständen ist es kaum wahrscheinlich, dass sich für die meisten Motive in Darwins Denken nicht doch »Einflüsse« und »Vorläufer« finden lassen. Die Art und Weise, in der Darwin diese Motive zusammenführte, mag historisch einzigartig gewesen sein. Aber man betont diese Einzigartigkeit um den Preis einer Dekontextualisierung Darwins und seiner Überhöhung zum einsamen Genie.

Zudem liegt den Darstellungen von Darwins Leistungen als revolutionär nicht selten ein zu simples Verständnis des vordarwinistischen Weltbildes zugrunde. Vor Darwin herrschte keinesfalls ein naiver Glaube an eine gottgegebene Stabilität natürlicher Formen. Schon in der Antike galten Wandel und Unvollkommenheit geradezu als Kennzeichen der uns umgebenden natürlichen Umwelt – im Unterschied zu den Himmelskörpern, die vollkommen und ewigen Bewegungsgesetzen unterworfen schienen (Collingwood 1945/2005). Für die Frühe Neuzeit lässt sich sogar eine ausgesprochene Faszination an »außernatürlichen« Phänomenen konstatieren, Phänomenen also, die vom gewöhnlichen Gang der Dinge abwichen (Daston/Park 1998/2003). Den Entwicklungen vor Darwin wird man daher nur unzureichend gerecht, wenn man bloß nach Anzeichen für eine gesteigerte Aufmerksamkeit für Phänomene des organischen Wandels sucht. Was sich im Jahrhundert vor Darwin änderte, war genauer, dass das Verhältnis von Lebewesen zueinander und zu ihren natürlichen Umwelten zunehmend als ein *historisches* Verhältnis verstanden wurde. François Jacob ist einer der wenigen Biologiehistoriker, die sich diese Perspektive zu eigen gemacht haben. »Die Zeit«, so schreibt er in seinem Buch *Die Logik des Lebenden*, wurde auf dem Weg zu Darwin zu einem »der wichtigsten Wirkungsprinzipien in der belebten Welt« (Jacob 1970/2002, 158; vgl. Lepenies 1976).

Statt die biologischen Theorien aus der Zeit vor Darwin in chronologischer Reihenfolge abzuhandeln, möchte ich im Folgenden in zwei Schritten auseinandersetzen, was es mit dieser auf den ersten Blick merkwürdigen Behauptung Jacobs auf sich hat. Im nächsten Kapitel werde ich die wichtigsten Entwicklungslinien in den Debatten nachzeichnen, die sich seit dem 17. Jahrhundert um die Zeugung organischer Wesen drehten. Zug um Zug verlagerten sich diese Debatten von Fragen nach der Entstehung von Einzelwesen auf Fragen nach der Reproduktion von Arten, was zugleich die Rolle des Keimes als Zeugungen und Generationen vermittelndes, und damit implizit historisches Moment in den Mittelpunkt des Interesses rückte. Im dritten Kapitel soll es dann um die komplexen Muster in der taxonomischen, geografischen und stratigrafischen Verteilung von Arten gehen, die ab Mitte des 18. Jahrhunderts von Naturforschern aufgedeckt wurden. Sie machten deutlich, dass keine einfache Beziehung zwischen Lebensform und Lebensraum bestand, so dass Anpassung mehr und mehr als historisches Zwischenergebnis eines ständigen »Kampfes ums Dasein« (*struggle for existence*) erschien, statt als ein Zustand, der vorausgesetzt werden konnte. Die Zeit wurde zum »wichtigsten Wirkungsprinzip der belebten Welt«, indem sich die Auffassung durchsetzte, dass Anpassung und Höherentwicklung der Arten historische Prozesse waren.

Entstehung und Reproduktion der Arten

Transmutation und Konstanz der Arten

Wenn von der Antike bis weit in die Frühe Neuzeit von »Transmutationen« bei Lebewesen die Rede war, so bezog sich dies auf drei Phänomene: auf die offenkundige Tatsache, dass Lebewesen im Laufe ihres individuellen Lebens einen ontogenetischen Wandel durchlaufen, der bei einigen Lebensformen, insbesondere Insekten, dramatische Ausmaße annehmen konnte; auf das gelegentliche Auftreten von Varietäten, Missgeburten und Hybriden; sowie auf die Urzeugung (*generatio spontanea*) von Lebewesen aus unbelebter Materie. Vom 17. zum 18. Jahrhundert veränderte sich das Verständnis solcher Phänomene grundlegend. In der aristotelischen Tradition war es noch durchaus möglich und teilweise sogar üblich gewesen, die genannten Ereignisse und Vorgänge als Artwandel anzusprechen, und zwar in dem Sinne, dass ein Wesen einer Art ein Wesen anderer Art erzeugt (*generatio aequivoca* oder zweideutige Zeugung). Dies begann in der Frühen Neuzeit eine zunehmende Zahl von Wissenschaftlern strikt abzulehnen. Zwischen Ausgangsstoffen und -wesen und den Produkten, die sie hervorbringen, sollte in jedem Fall eine spezifische und gesetzmäßige Beziehung bestehen.

Ein gutes Beispiel für diese neue Perspektive liefert Johann Friedrich Blumenbach mit einem Aufsatz »Ueber Menschen-Racen und Schweine-Racen«, der 1789 im *Magazin für das Neueste aus der Physik und der Naturgeschichte* erschien und in dem er u. a. zu erklären versuchte, warum das Hausschwein einen Eingeweidewurm von anderer Art besitzt als das Wildschwein. Blumenbach hatte kein Problem mit der Annahme, dass das Hausschwein als eine besondere Rasse vom Wildschwein abstammt. Aber dasselbe für die Parasitenarten anzunehmen, die den beiden Rassen jeweils eigen waren, hätte bedeutet, dass sich zu irgendeinem Zeitpunkt eine Art in eine andere gewandelt hätte. Ein Fall von zweifelhafter Kausalität, den Blumenbach umging, indem er annahm, dass Eingeweidewürmer im Darm des Wirtsorganismus spontan entstehen und ihre jeweilige Eigenart in spezifischer Beziehung zu den materiellen Bedingungen steht, die in dieser Umgebung vorherrschen (McLaughlin 2005).

Wie in einem Brennglas verdeutlicht dieses Beispiel, wie sehr sich die Parameter für naturphilosophische Debatten über die Zeugung und Entwicklung von Lebewesen im Zuge der naturwissenschaftlichen Revolution geändert hatten. Vor dem 18. Jahrhundert, so lässt sich vereinfachend sagen, stand nicht die Reproduktion der Arten, sondern die Zeugung von Einzelwesen im Vordergrund der Debatten. Lebewesen galten als unmittelbares Produkt der unspezifischen Substanzen und Kräfte, die bei ihrer Zeugung ins Spiel gebracht wurden, und man betrachtete sie daher auch in Analogie zu Produkten handwerklicher Tätigkeit (Jacob 1970/2002, 27 f.). Dass »Gleiches immer sich Gleiches erzeugt« entsprach damit eher einer Norm, die durchaus verfehlt werden konnte, als einem universalen Naturgesetz (Rheinberger/Müller-Wille 2009, 31–38). In seiner Diskussion der Entstehung von Darmparasiten arbeitete Blumenbach dagegen nur noch mit gesetzmäßigen Prozessen: mit der gesetzmäßigen Reproduktion der Arten, die die Entstehung von Varietäten durch veränderte Umweltbedingungen oder Domestikation einschloss, nicht aber die Entstehung neuer Arten, und mit der ebenso gesetzmäßigen, aber spontanen, d. h. elternlosen Entstehung von Arten unter spezifischen, materiellen Bedingungen.

Die Auffassung von einer Konstanz der Arten, gegen die sich Darwins Theorie von der Entstehung der Arten auf den ersten Blick so sehr zu richten scheint, entsprang also nicht einer jahrtausendealten, metaphysisch und religiös motivierten Tradition. Wenn Carl von Linné in seinem *Systema naturae* von 1735 für die Konstanz der Arten auf der Grundlage angeblicher Gesetze der Zeugung (*leges generationis*) plädierte und der Direktor des königlichen botanischen Gartens und Naturalienkabinetts in Paris, Comte de Buffon, 1749 im zweiten Band seiner *Histoire naturelle* (1749–1788) erstmals den Begriff der Reproduktion verwendete, um damit die »Kette der sukzessiven, individuellen Existenzen, welche das wirkliche Dasein der Art begründet«, zu bezeichnen, dann waren dies ideengeschichtliche Innovationen, in deren Folge sich die Frage nach der Entstehung neuer Arten überhaupt erst aufwerfen ließ (vgl. Bowler 1973). Vor diesem entscheidenden Schritt waren »Transmutationen« jederzeit und überall möglich, danach ließ sich ein Artwandel, wenn überhaupt, nur noch in zeitlicher Abfolge und räumlichem Nebeneinander denken.

Linné und Buffon entwarfen im Laufe ihrer Karriere entsprechende Theorien, die das Spektrum vordarwinscher Spekulationen über die Entstehung der Arten aufzeigen. Linné ging davon aus, dass die ersten Individuen jeder Art direkt von Gott geschaffen wurden, um sich dann durch Fortpflanzung über den Erdball zu verbreiten. In späteren Schriften erweiterte er dies um die Annahme einer Entstehung neuer Arten im Laufe der Erdgeschichte durch Hybridisierung zwischen einigen wenigen ursprünglich geschaffenen Arten (Frängsmyr 1983; Müller-Wille 1999, Kap. 10). Buffon dagegen war der Auffassung, dass die ersten Vertreter einer Art spontan entstanden waren. Der ursprünglich heiße Erdball kühlte sich langsam ab, und es entstanden mit der Zeit spezifische, lokale Bedingungen, unter denen »organische Moleküle« so zusammenfanden, dass selbst höhere Lebewesen wie Elefanten spontan entstanden. Wie Linné fügte auch Buffon seiner Theorie später einen zusätzlichen Mechanismus der Entstehung neuer Arten aus wenigen Grundformen hinzu, in diesem Fall die klimatisch bedingte »Degeneration« (Roger 1989, Kap. 7–9; Hoquet 2005).

Präformation und Epigenese

Sowohl Linné als auch Buffon handelten sich für ihre Spekulationen den lautstarken Protest ihrer jeweiligen Kollegen von der theologischen Fakultät ein – ein guter Indikator dafür, dass die Behauptung einer gesetzmäßigen Reproduktion und Vervielfältigung der Arten keine kulturelle Selbstverständlichkeit war. Sie berührte vielmehr Fragen der Autonomie und Produktivität des Lebens – auch des menschlichen Lebens –, die von unmittelbarer ideologischer Relevanz waren. Zwei Debatten prägten die Lebenswissenschaften vor Darwin besonders langfristig und tiefgreifend. Die eine betraf die Entwicklung von Lebewesen – Evolution im ursprünglichen Wortsinne, von lat. *evolutio*, was soviel heißt wie »Auseinanderrollen« oder »-falten« – und spielte sich zwischen den Polen von Präformation und Epigenese ab, die Biologen noch heute geläufig sind (vgl. Moss 2003). Die andere Debatte drehte sich um die Entstehung der Lebewesen bzw. des Lebens, und lässt sich mit dem Schlagwort Vitalismus belegen. Der im vorangehenden Abschnitt angesprochene Perspektivenwechsel macht es schwierig, diesen beiden Debatten zu folgen, da dieselben Begriffe mit sehr unterschiedlicher Bedeutung verwendet wurden. In diesem Abschnitt möchte ich mich zunächst dem Begriffspaar Präformation und Epigenese zuwenden, um dann im nächsten Abschnitt auf den Vitalismus einzugehen. Die Diskussionen um beide Problematiken, so werde ich dann abschließend zeigen, trugen entscheidend dazu bei, Reproduktion und Entstehung der Arten als einen zeitlich und räumlich gegliederten Prozess der Differenzierung zu denken.

Mit »Epigenese« war seit Aristoteles gemeint, dass die einzelnen Glieder und Organe eines Organismus nicht schon in der ersten Anlage eines Lebewesens vorliegen, sondern erst nacheinander aus dieser hervorgehen. Um die Debatten um Präformation und Epigenese richtig zu beurteilen, ist es wichtig, »Präformation« und »Präexistenz« auseinanderzuhalten (Bowler 1971). »Präformation« meinte nur, dass ein zur Entwicklung befähigter Keim keine undifferenzierte Masse ist, sondern bereits eine bestimmte Struktur besitzt, in der das künftige Lebewesen vorgezeichnet ist. Dieses Verständnis verträgt sich durchaus mit der Vorstellung, dass der präformierte Keim im Körper der Eltern oder sogar erst bei der Empfängnis produziert wird. Es verträgt sich darüber hinaus auch mit der Vorstellung, dass der Embryo zunächst eine sehr einfache Struktur besitzt und die einzelnen Glieder und Organe dann nach und nach, also epigenetisch hervorbringt. Tatsächlich gingen die frühesten Präformationstheorien, die von norditalienischen Ärzten und Medizinern Anfang des 17. Jahrhunderts vorgetragen wurden, nur so weit zu behaupten, dass der künftige Embryo schon vor der eigentlichen Empfängnis im Körper der Eltern – genauer, im Hoden des Mannes – produziert wird und dort bereits zu »leben« beginnt (Roger 1993, 125–131).

Präexistenztheorien verneinten demgegenüber, dass Nachkommen überhaupt von ihren Eltern gezeugt werden. In ihren ausgeprägtesten Varianten behaupteten sie, dass die Keime sämtlicher Lebewesen schon zu Beginn der Welt von Gott erschaffen wurden und dass jeder Teil jedes zukünftigen Lebewesens in diesen Keimen bereits präformiert war. Sämtliche Glieder der genealogischen Kette, so nahm man also an, lagen in Form einer Ineinanderschachtelung von Keimen in Keimen (*emboîtement*) schon in den ersten Lebewesen vor. Entwicklung bestand damit nur im Wachstum schon immer vorgebildeter Strukturen. In Frage stand dann nur noch, welches der beiden Geschlechter die Serie der Keime enthielt, das weibliche (dies war die Position der sogenannten Ovisten) oder das männliche (die Position der Animalculisten). Für Letztere waren insbesondere die »Samentierchen« bedeutsam, die Antoni van Leeuwenhoek 1679 unter dem Mikroskop in Spermaproben beobachtet hatte (Pinto-Correia 1997).

In dieser extremen Version ist die Theorie der Präexistenz allerdings wohl nur von wenigen vertreten worden. Was die mehr oder weniger vollständige Repräsentation der künftigen Lebewesen im Keim, die Lokalisierung der Keime und die Art und Weise ihres Wachstums anging, gab es vielmehr einen breiten Spielraum für unterschiedliche Vermutungen. So wandte sich Nicolas Malebranche, einer der prominentesten Verteidiger der Präexistenz der Keime im ausgehenden 17. Jahrhundert, in seinen *Entretiens sur la metaphysique et sur la religion* (1688) ausdrücklich gegen die ihm unterstellte Behauptung, die Keime enthielten Miniaturbilder des künftigen Organismus. »Ich behaupte einfach nur«, stellte Malebranche richtig, »dass alle organischen Teile [eines Lebewesens im Keim] vorgeformt und den Bewegungsgesetzen so angemessen sind, dass sie durch ihre eigene Konstruktion [*par leur propre construction*] und durch die Wirksamkeit dieser Gesetze wachsen und so die Form annehmen können, die ihren Lebensumständen angemessen ist, ohne dass Gott mit außerordentlicher Voraussicht erneut eingreifen müsste« (Malebranche 1991, *Oeuvres complètes*, Bd. 12/13, 253).

Gemeinsam war Präexistenztheorien also nur die Annahme, dass sämtliche Keime aller künftigen Lebewesen in einem einzigen Schöpfungsakt zu Beginn der Welt erschaffen worden waren und dass es nach diesem Schöpfungsakt keines göttlichen Eingreifens in Zeugungs- und Entwicklungsvorgänge mehr bedurfte, ja in gewissem Sinne auch gar keiner Zeugung mehr. Keime waren von allem Anfang an zur Nahrungsaufnahme und Entfaltung ihrer selbst befähigt und damit autonome, nicht von ihren elterlichen Erzeugern abhängige Geschöpfe eines »göttlichen Uhrmachers«, dessen kreative Rolle auf den Anfang der Zeit zurückgedrängt war. Zwischen Keim und adultem Organismus bestand daher eine einzigartige, hochspezifische Beziehung: Aus einem Keim von dieser oder jener Art konnte nur ein Organismus von derselben Art hervorgehen.

Keime und Lebenskräfte

Präexistenztheorien werden oft mit der »Einschachtelung« von Keimen in Keimen, und mit einem mechanizistischen Weltbild gleichgesetzt, während Epigenese mit weniger deterministischen, ergebnisoffenen und »vitalistischen« Entwicklungsvorstellungen assoziiert wird. Dies verstellt den Blick für die Komplexität der Debatten, die vor Darwin über die Entstehung und Reproduktion der Arten geführt wurden. William Harvey, der Entdecker des Blutkreislaufs, gilt z. B. für gewöhnlich als jemand, der die Epigenese vertrat (Churchill 1970). Dies betraf allerdings nur die Entwicklung des Embryos aus seinem Keim. Was den Keim anging, so sprach sich Harvey dezidiert für dessen Präexistenz aus. »Denn dies ist allen Zeugungen gemein«, so heißt es in Harveys *De generatione animalium* (1651, 420), »dass der lebendige Anfang vorher schon da ist [*præexistat*].« Descartes dagegen, bei dem man aufgrund seines mechanizistischen Weltbildes Präexistenz vermuten könnte, entpuppt sich in seinen posthum erschienenen embryologischen Fragmenten als einer der wenigen radikalen Epigenetiker des 17. Jahrhunderts. Die Bildung des Embryos verglich er darin mit dem Brauen von Bier und sprach männliche und weibliche »Samen« als Substanzen an, »die einander als Hefe [*levain*] dienen« (*Oeuvres de Descartes*, 1986, Bd. 11, 253).

Tatsächlich sprach eine Vielzahl von Erscheinungen gegen das simple Einschachtelungsmodell der Präexistenztheoretiker: die offenbar »spontane«, also elternlose Entstehung von Lebewesen in faulender oder gärender Materie, die Metamorphose der Insekten, die Mittelstellung, die hybride Nachkommen im Vergleich zu ihren Erzeugern einnehmen, und schließlich die Regenerationsfähigkeit von Organismen, wie sie Abraham Trembley im Jahr 1744 besonders aufsehenerregend an dem Süßwasserpolypen *Hydra* nachwies. Es schien, dass bei diesem Lebewesen jeder Teil des Körpers für sich allein und ohne weiteres Zutun von außen zur Wiederherstellung des ganzen Polypen befähigt war, was den Genfer Naturforscher und Philosophen Charles Bonnet zu der Aussage veranlasste, dass jedes »Lebewesen eine Welt ist, die von anderen Lebewesen bewohnt wird« (*Considérations sur les corps organisées*, 1762, Bd. 11, 52). Diese Erscheinungen machten eine Einschachtelung zwar unwahrscheinlich, förderten aber den Gedanken, dass die Reproduktion der Arten durch unsichtbare Keime vermittelt ist, die überall in der Welt, oder auch nur in den Körpern von Lebewesen verstreut waren und unter geeigneten Umständen zur Entwicklung kamen (»Panspermismus« oder »Mikrosubstantialismus«; vgl. Smith 2006).

Als präformationistische und epigenetische Positionen noch einmal gegen Ende des 18. Jahrhunderts in einer vielbeachteten Debatte zwischen Albrecht von Haller und Caspar Friedrich Wolff aufeinandertrafen, stand daher die Einschachtelungstheorie nicht mehr zur Debatte. Haller und Wolff waren sich einig, dass die spezifische kausale Beziehung, die zwischen Keim bzw. Keimsubstanz und dem sich daraus entwickelnden Organismus bestand, sich nicht auf ein Abbildungsverhältnis reduzieren ließ. Unterschiedlicher Meinung waren sie allerdings in Bezug auf die Frage, wie diese Beziehung zu verstehen war: Haller optierte dafür, dass jede Form der organischen Reproduktion schon vorhandene organische Strukturen voraussetzte (seiner Meinung nach reizbare »Fibern«), während Wolff davon ausging, dass die eigentliche Keimsubstanz homogen und strukturlos, aber mit spezifischen »Lebenskräften« ausgestattet war. Dies entsprach zwei alternativen Konzeptionen des Keims und seiner Fähigkeit zur Reproduktion, die im 18. Jahrhundert vorgeschlagen wurden und bis weit in das 19. Jahrhundert fortwirkten. Die erste, paradigmatisch in Buffons Konzept der »organischen Moleküle« formuliert, verlegte die Erzeugung neuer Wesen in die organisierte Materie selbst, die von einer Generation zur anderen weitergegeben wurde. Die zweite, ebenso paradigmatisch verkörpert in Blumenbachs Begriff des »Bildungstriebs«, verstand Reproduktion in Analogie zur Newtonschen Gravitation als eine fernwirkende Kraft. Beide Konzeptionen argumentierten im Grunde materialistisch und deterministisch und sorgten für entsprechenden Zündstoff in den Debatten der Aufklärung und Romantik (Roe 1981; Müller-Sievers 1997). Und sie schlossen einander nicht aus. Ihre Verknüpfung vor allem durch Göttinger Biologen des späten 18. und frühen 19. Jahrhunderts, wie Carl Friedrich Kielmeyer und Johann Christian Reil, begründete vielmehr einen »vitalistischen Materialismus«, der als methodologischer Kern der Biologie des 19. Jahrhunderts beschrieben worden ist (Lenoir 1989).

Zelltheorie und Evolution

Für die Herausbildung von Darwins Evolutionstheorie spielten die Debatten, die ich im Vorangehenden betrachtet habe, eine herausragende Rolle. Sie schufen den begrifflichen Rahmen, in dessen Kontext sich Entstehung und Wandel der Arten überhaupt erst als historische Prozesse denken ließen. Die Ablehnung der Transmutation führte zu der Vorstellung, dass Arten als physische Systeme zu verstehen sind, deren Lebenselement in der spezifischen Beziehung zwischen mikroskopischen Keimen, aus ihnen hervorgehenden Organismen und von diesen wieder produzierten Keimen besteht. Damit hielt zwar bereits ein Element der Zeit in die Naturgeschichte Einzug (Rheinberger 1990), aber um zu Vorstellungen eines echten Artwandels in der Zeit zu gelangen, waren zwei weitere Schritte notwendig: erstens der Übergang zu einem Denken, das von einer Reihe aufeinanderfolgender Generationen ausging und damit eine progressive Entfaltung von Keimen zu immer höheren Lebensformen zuließ (Parnes/Vedder/Willer 2008), und zweitens eine Analogisierung von Differenzierungsprozessen der Individualentwicklung mit den Knospungs- und Abspaltungsprozessen bei Pflanzen und niederen, koloniebildenden Tieren wie Korallen oder Moostierchen. Sie legte nahe, dass sich möglicherweise auch die Ausbreitung und Höherentwicklung der Arten nach einem ähnlichen Modell verstehen ließ (Coleman 1971; Hodge 1985).

Die Konzepte Präformation und Epigenese standen sich also nicht mehr als zwei distinkte Positionen gegenüber, die den Moment der göttlichen oder elterlichen Erzeugung eines Einzelwesens betrafen. Sie wurden gegen Ende des 18. Jahrhunderts zu Aspekten desselben, das Leben und die Reproduktion der Arten allseits durchdringenden Prozesses. Mit der Zelllehre, die Matthias Schleiden und Theodor Schwann in den 1830er Jahren formulierten, verschoben sich die Koordinaten der Debatte noch einmal. Schleiden und Schwann waren der Auffassung, dass die Zelle (bzw. der Zellkern, »Cytoblast« genannt) eine allen Lebensvorgängen zugrunde liegende Einheit bildete, die mit jeweils spezifischen Lebenskräften ausgestattet war und aus der der adulte

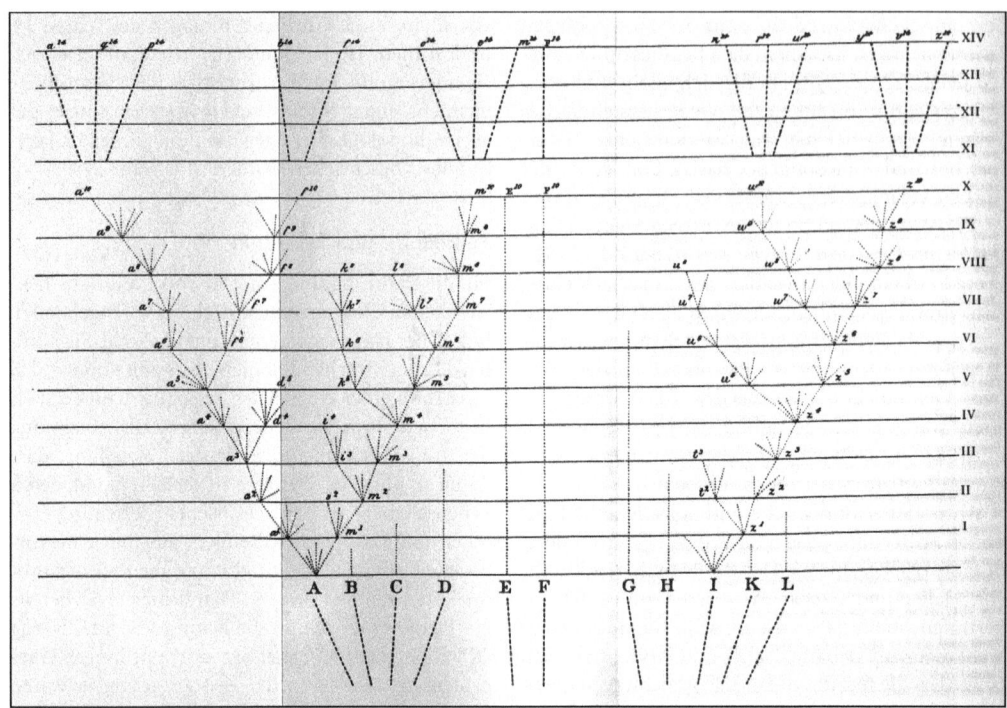

Abb. 1: Abstammungsdiagramm aus Charles Darwin, *On the Origin of Species*, London: Murray, 1859

Organismus durch Akkretions- und Teilungsvorgänge hervorging (Parnes 2000). Eine andere Auffassung bestand darin, in zellulären Strukturen nur die Produkte des sich entwickelnden Organismus zu sehen. Diese Ansicht wurde 1853 insbesondere von Thomas Henry Huxley in einer viel beachteten Rezension der Zelltheorie in der Zeitschrift *British and Foreign Medico-Chirurgical Review* vertreten (Richmond 2000). Wie die im Anschluss daran vielfältig abgewandelte Metapher vom »Zellstaat« verdeutlicht (insbesondere im Werk Rudolf von Virchows, vgl. Johach 2008), ging es jetzt um die Frage, ob die elementaren Teile des Organismus ein autonomes Eigenleben besäßen, wie Schleiden und Schwann glaubten, oder ob sie der »Herrschaft« des Gesamtorganismus unterlägen (Reynolds 2007).

Vor allem was die Entwicklung des Organismus aus der befruchteten Eizelle anging, sollte die Zelltheorie bis in die 1870er Jahre hinein heftig umstritten bleiben (Churchill 1987; Duchesneau 1987). Dabei spielten morphologische Ähnlichkeiten, die sich zwischen ontogenetischen Stadien und niederen bzw. höheren Arten beobachten ließen, eine besondere Rolle. Sie erfuhren schon früh zwei grundverschiedene Deutungen. Johann Friedrich Meckel d. J. sah in diesen Ähnlichkeiten ein Anzeichen dafür, dass in der Individualentwicklung Entwicklungsstufen des Tierreiches durchlaufen werden. Fortschritt, aber auch Aussterben der Arten schienen so denselben Gesetzen zu gehorchen wie die Entwicklung des Individuums aus dem Keim, eine Auffassung, die Ernst Haeckel später phylogenetisch als »Rekapitulation« der Phylogenese in der Ontogenese deutete, und zum »biogenetischen Grundgesetz« erhob. Karl Ernst von Baer plädierte demgegenüber für die Einheit des Typus jeder einzelnen Art. Ähnlichkeiten zwischen Embryonen verschiedener Tierklassen rührten seiner Meinung nach nicht daher, dass tatsächlich dieselben Entwicklungsstufen durchlaufen werden, sondern daher, dass die Entwicklung eines jeden Organismus von relativ undifferenzierten zu weiter ausdifferenzierten Stadien verlief (Jahn 2002; Gliboff 2008).

In seinen Notizbüchern aus den Jahren 1836–38, insbesondere dem mit »Zoonomia« überschriebenen *Notebook B*, setzte sich Darwin intensiv mit den Zeugungs- und Entwicklungstheorien seiner Zeit auseinander (Sloan 1986; Richards 1992, 91–166).

1. Evolutionstheorien vor Darwin

Notebook B enthält auch erste »Stammbaumskizzen« Darwins, die gewisse Elemente seines berühmten Diagramms aus *Über die Entstehung der Arten* (Abb. 1) bereits vorwegnahmen (Voss 2007, s. Artikel III.5. Bilder, Abb. 2, S. 163).

Unter dem Einfluss des Morphologen Richard Owen kam er dabei zu einem Schluss, dessen Bedeutung für die Ausarbeitung seiner Evolutionstheorie von kaum zu unterschätzender Bedeutung ist. Er wandte sich von Vorstellungen ab, wonach die Elemente, aus denen sich Lebewesen zusammensetzen, passive Empfänger einer von außen wirkenden, allgemeinen Lebenskraft sind, und verschrieb sich der alternativen, immanent vitalistischen Konzeption, wonach diese Elemente als »lebendige Atome« zu betrachten seien. Dieser Schritt ließ den Spielraum für eine selbständige Variation und gesetzmäßige Fortpflanzung dieser Elemente entstehen, den Darwins spätere Evolutionstheorie mit ihrem »Prinzip der Divergenz« voraussetzte. Vor diesem Hintergrund erscheint die »Hypothese der Pangenesis«, die Darwin 1868 in seinem Buch *Das Variieren der Thiere und Pflanzen im Zustande der Domestikation* vorlegte, auch nicht mehr als später und fehlgeleiteter Versuch, die Lücke bezüglich der Frage der Vererbung in seinem Theoriengebäude zu schließen. Es handelt sich dabei vielmehr um die konsequente Ausarbeitung eines Prinzips, das Darwin schon seit seiner »Bekehrung« zur Arttransformation in den Jahren 1836/37 geleitet hatte.

Verteilung und Sukzession der Arten

Die Stufenleiter der Natur

Eines unterschied Darwin von den meisten seiner Zeitgenossen. In *Über die Entstehung der Arten* hielt er fest: »Ich glaube an kein festes Entwickelungs-Gesetz« (1859/1860, 318). Diese Aussage bezog sich nicht auf die Individualentwicklung; die Suche nach Gesetzen der Variation und Vererbung individueller Merkmale beschäftigte Darwin, wie erwähnt, sehr. Sie bezog sich auf Gesetze, die vorgeblich die Entwicklung *der Arten* beherrschten. Weder gab es nach Darwin ein Gesetz, dass die Beständigkeit der Arten gewährleisten konnte, so wie das noch Carl von Linné geglaubt hatte, noch ein Gesetz, nach dem Lebewesen sich zu Formen immer höherer Komplexität fortentwickeln, so wie das Lamarck und Darwins eigener Großvater Erasmus behauptet hatten. Darwin folgte auch nicht der populärsten Auffassung zum Zeitpunkt des Erscheinens von *Über die Entstehung der Arten*, wonach sich die jeder Art zugeteilte »Lebenskraft« nach einer gewissen Zeit erschöpfte, so dass sich charakteristische Verbreitungs- und Sukzessionsmuster ergeben würden.

Auch in dieser Beziehung bezog Darwin Stellung in einer Frage, die Naturforscher seit Ende des 17. Jahrhunderts umtrieb: die Frage nach der Ordnung der Natur. Nach einer bekannten These Arthur O. Lovejoys wirkte bis weit in das 18. Jahrhundert hinein die antike Vorstellung von einer Stufenleiter der Natur (lat. *scala naturae*). Sie entsprang drei metaphysischen Prinzipien: dem Prinzip der Fülle, wonach alles, was denkmöglich ist, auch existiert; dem Prinzip der Kontinuität, oft in dem Satz »Die Natur macht keine Sprünge« (*natura non facit saltus*) zum Ausdruck gebracht; und dem Prinzip der linearen Abstufung aller Naturkörper nach ihrer »Vollkommenheit«. Alle drei Prinzipien gehören zum Erbe der Platonischen Formenlehre und spielten noch in G. W. Leibniz' Monadenlehre eine konstitutive Rolle (Lovejoy 1936/2005).

Die Vorstellung einer Stufenleiter der Natur entsprang zunächst als Antwort auf theologische und philosophische Problemstellungen. Vor dem 18. Jahrhundert gab es kaum systematische Versuche, sie in konkrete Ordnungssysteme umzusetzen, und enzyklopädisch angelegte naturhistorische Texte lehnten sich oft nur lose an die Gliederung nach drei Naturreichen an, indem sie zunächst den Menschen und dann einzelne Tier-, Pflanzen-, und Mineralienarten behandelten. Die genaue Reihenfolge innerhalb jedes Reiches wurde dabei meist recht willkürlich nach implizit bleibenden Kriterien wie der »Nähe« zum Menschen festgelegt. Noch Buffon folgte diesem Gliederungsprinzip in den ersten Bänden seiner *Histoire naturelle* (Feuerstein-Herz 2007, 33–43). Vor allem in der stärker spezialisierten botanischen Literatur hatte es aber schon seit dem 16. Jahrhundert vereinzelte Versuche gegeben, Unterscheidungskriterien heranzuziehen, die explizit auf »Vollkommenheit« bzw. »Unvollkommenheit« der unterschiedenen Gattungen und Arten Bezug nahmen, etwa indem man »vollkommene« und »unvollkommene« Pflanzen unterschied, je nach dem, ob sie Samen besaßen oder nicht. Viele andere Kriterien, insbesondere solche, die sich auf Anzahl, Form und Anordnung von Organen bezogen, ließen jedoch keine Beziehung zum Vollkommenheitsgrad der klassifizierten Objekte erkennen (Sloan 1972). Mit dem 18. Jahrhundert setzte dann eine Entwicklung ein, durch die das »natürliche System« – der

Ausdruck selbst stammt von Linné – in den Vordergrund des Interesses vieler Naturhistoriker rückte, an deren Ende aber auch die Auflösung von Stufenleitervorstellungen stand (Winsor 1976). Die Stufenleiter der Natur brach, wie Lovejoy formuliert hat, »unter ihrem eigenen Gewicht zusammen« (Lovejoy 1936, 245), und die komplexen und fragmentarischen Muster, die aus diesem Zusammenbruch resultierten, boten einen der wichtigsten Anstöße für die Historisierung der beschreibenden Naturwissenschaften im 19. Jahrhundert.

Die Gründe für das Auseinanderbrechen der Stufenleiter der Natur waren komplex. Da waren zum einen die mikroskopischen Entdeckungen, insbesondere die reich bebilderten Werke Marcello Malpighis, die 1669 bis 1679 von der Royal Society of London herausgegeben wurden. Sie zeigten nicht nur, dass selbst kleinste, »niedere« Lebewesen wie Insekten und kleinste Organpartikel von »höheren« Lebewesen komplexe Strukturen besaßen, sondern dass ihnen auch »höhere« Lebensfunktionen wie Bewegungsfähigkeit und Reizbarkeit zugesprochen werden mussten. Von besonderer Sprengkraft erwies sich dabei das Thema der Sexualität (Schiebinger 1993/1995). Dass Pflanzen »Hochzeiten« feierten, war ein besonders wirkungsmächtig durch Linnés Sexualsystem der Pflanzen transportierter Gedanke, der allerdings bis in das frühe 19. Jahrhundert hinein umstritten blieb. Er brach mit der aristotelischen Seelenlehre, die Pflanzen und niederen Tieren die Fähigkeit zu selbständiger Bewegung und Empfindungsfähigkeit absprach, die der Geschlechtsakt voraussetzte. Die Feststellung, dass Schnecken Hermaphroditen waren, ließ darüber hinaus z. B. das, was beim Menschen als »Monstrosität« erschien, zum Normalfall ganzer Klassen von Lebewesen werden. Die Faszination solcher Erscheinungen machte sich noch bei Darwin in seinen Cirripedien- und Orchideenstudien bemerkbar.

Zugleich nährten mikroskopische Entdeckungen aber auch Präformationsvorstellungen und damit die Hoffnung, die Stufenleiter der Natur gewissermaßen aus sich selbst heraus zu entwickeln. So trat Bonnet in seinen *Considérations sur les corps organisées* (1762) mit dem Anspruch auf, die Stufenleiter der Natur nun auch in ihre kleinsten Abstufungen naturphilosophisch zu begründen. Sämtliche Pflanzen- und Tierarten bildeten eine kontinuierliche, lückenlose Stufenfolge, in der Lebewesen von zunehmender Komplexität einander ablösten (Abb. 2).

Auch die Transformationstheorie Lamarcks stützte sich noch auf die Stufenleiter, nun allerdings

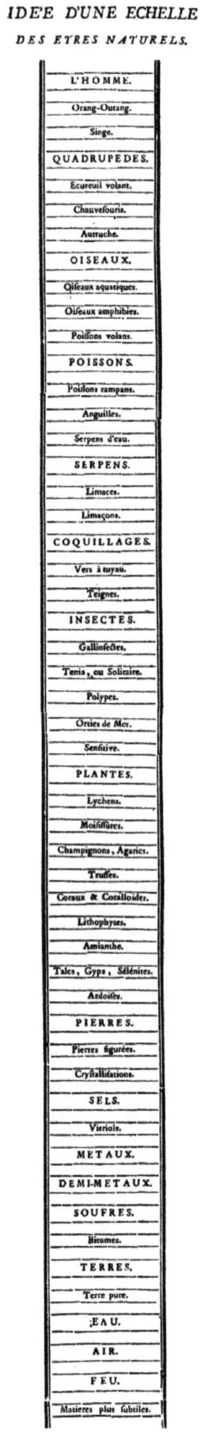

Abb. 2: Stufenleiter der Natur aus Charles Bonnet, *Œuvres d'historie naturelle et de philosophie*, Neuchâtel: Fauche, 1779–1783, 18 Bde., Bd. 1, Taf. 1

1. Evolutionstheorien vor Darwin

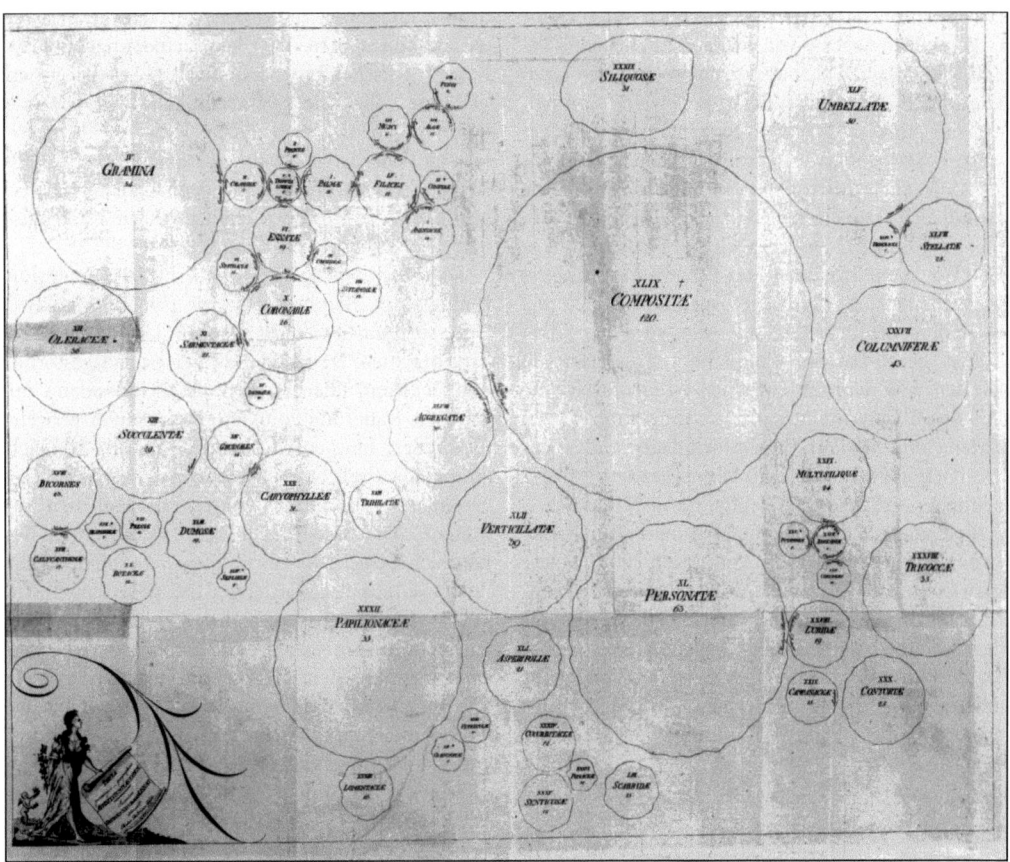

Abb. 3: Das natürliche System der Pflanzen nach Vorlesungen Carl von Linnés; aus P. D. Giseke (Hg.), *Praelectiones in ordines naturales plantarum*, Hamburg: Hoffmann, 1792

in prägnant zeitlicher Deutung (Corsi 1988). Ihren Ausgangspunkt in immer wieder spontan entstehenden, einfachsten Lebensformen nehmend, entwickelten sich Lamarck zufolge Lebewesen stetig höher, mit dem aus heutiger Sicht paradoxen Ergebnis, dass die einfachsten Lebensformen am Ende der geologisch jüngsten, die höchsten dagegen am Ende der geologisch ältesten Entwicklungslinien stehen.

Sowohl Bonnet als auch Lamarck gestanden ein, dass die kontinuierlich lineare Stufenfolge durch komplizierende Muster der Abweichung und Auffächerung überlagert wird. Lamarck schlug zu deren Erklärung den später notorisch gewordenen Mechanismus einer Vererbung erworbener Eigenschaften vor. Diese Zugeständnisse waren nötig, da die beschreibende Naturgeschichte des 18. Jahrhunderts zunehmend alternative taxonomische Ordnungsmuster zu Tage förderte. So behauptete Linné in seiner *Philosophia botanica* (1751), dass sich die unvollkommensten Tiere nicht etwa an die vollkommensten Pflanzen anschlössen, sondern dass sich Pflanzen und Tiere in den »Zoophyten« treffen (wörtlich Tierpflanzen, d. h. Korallen und Schwämme). Verwandtschaftsbeziehungen oder »Affinitäten« unter Pflanzen solle man sich außerdem nach dem Muster einer »geografischen Karte« vorstellen (Abb. 3). Buffon war dann einer der Ersten, der Verwandtschaftsbeziehungen in einem netzförmigen Diagramm darstellte, und zwar in einem Abschnitt des fünften Bandes seiner *Histoire naturelle*, das sich den Beziehungen zwischen Hunderassen widmete. Verschiedene baum- und netzförmige Darstellungen begannen nun, an die Stelle der Stufenleiter der Natur zu treten (Rheinberger 1986; Barsanti 1992).

Den Ausschlag für diese neuen Ordnungsvorstellungen gab die Beobachtung, dass sich kontinuierliche Variationsreihen zwar in Hinblick auf einzelne Organe oder Aspekte von Lebewesen aufstellen ließen, diese Reihen sich aber nicht zu einer einzigen kontinuierlichen Stufenfolge ergänzten, sondern sich nur punktuell zu einem Netz mehr oder weniger enger Beziehungen zusammensetzten (Stevens 1994). In einer durch Johann Wolfgang von Goethe ausführlich rezipierten Debatte, die sich in den Jahren 1830 bis 1832 zwischen Georges Cuvier und E. Geoffroy Saint-Hilaire an der *Académie des sciences* in Paris entspann, wurde der Gegensatz noch einmal besonders deutlich: Geoffroy glaubte, einen allen Tieren gemeinsamen »Bauplan« voraussetzen zu können, aus dem die einzelnen Arten durch eine Reihe von Umwandlungsprozessen hervorgegangen waren (*unité de plan*). Cuvier hielt dagegen, dass das Tierreich in vier »Zweige« (*embranchements*) – Wirbeltiere, Gliedertiere, Weichtiere und Strahltiere – zerfiele, die sich nicht aufeinander reduzieren ließen (Appel 1987; Nyhart 1995; Amundson 2005). Folgte man Cuvier, so hatte die Natur offenbar unterschiedliche Lösungen für ein und dasselbe Problem gefunden – beispielsweise Außen- und Innenskelette zur Stabilisierung des Körpers, Tracheen und Lungen für die Atmung –, die sich nicht mehr ohne Weiteres auf einer Skala der »Vervollkommnung« anordnen ließen.

Kapriziöse Verhältnisse

Die Etablierung eines »natürlichen Systems« der Lebewesen auf der Grundlage vergleichend-morphologischer Studien hatte auch Folgen für die Erforschung der räumlichen Verteilung und zeitlichen Abfolge von Organismen. Taxonomische Beziehungen, so stellte sich heraus, bildeten sich nicht einfach in der geografischen und stratigrafischen Verteilung von Arten ab. Zoologen wie Buffon, vor allem aber Eberhard August Wilhelm Zimmermann (*Specimen zoologicae geographicae*, 1777) stellten fest, dass ähnliche Klimazonen der Nord- und Südhalbkugel von ganz unterschiedlich zusammengesetzten Faunen bewohnt sein konnten – die Beuteltiere Australiens und Südamerikas bildeten das bekannteste und zugleich augenfälligste Beispiel; zu ganz ähnlichen Ergebnissen kamen Botaniker wie der Schweizer Augustin Pyrame de Candolle (*Essai élémentaire de géographie botanique*, 1820). Die genaue kartografische und »tabellenstatistische« Erfassung von Faunen und Floren im frühen 19. Jahrhundert, wie sie Alexander von Humboldt paradigmatisch vertrat (*Ideen zu einer Geographie der Pflanzen*, 1807), förderte zahllose weitere Beispiele zu Tage, die allesamt darauf hindeuteten, dass keine eindeutigen Beziehungen zwischen Lebensräumen und Lebensformen bestanden (Browne 1983). Ähnliche Lebensräume konnten ganz unterschiedliche Tier- und Pflanzenklassen beherbergen, während sehr nah verwandte Arten – wie die von Darwin beobachteten Galapagosfinken – ganz unterschiedliche Plätze im »Haushalt der Natur« besetzen konnten.

Diese Befunde spiegelten sich in der Dimension geologischer Zeiträume, die die paläontologischen Untersuchungen des späteren 18. Jahrhunderts zu Tage brachten. Dass sich die Überreste ausgestorbener Tier- und Pflanzenarten als »Leitfossilien« zur genauen Datierung von Gesteinsschichten verwenden ließen, hing entscheidend davon ab, dass sich zum einen ähnliche Fossilien in gleichzeitig abgelagerten, aber ansonsten sehr unterschiedlichen Sedimentschichten vorfinden ließen. Zum anderen ließen sich Schichten von ähnlicher Gesteinsart dadurch zeitlich differenzieren, dass unterschiedliche Fossilien einander in der Vertikalen ablösten. Deutete man die Eigenarten eines Sediments als Anzeichen der zum Zeitpunkt seiner Ablagerung herrschenden Umweltbedingungen, so ergab sich wieder ein uneindeutiges Verhältnis zwischen Umwelt und Lebensform (Rudwick 1972/1985; 1985/1988).

Zug um Zug drängte sich so Naturforschern im Jahrhundert vor Darwin die Erkenntnis auf, dass genealogische, morphologische und ökologische Beziehungen unter Lebewesen sich nicht eins zu eins ineinander übersetzen ließen, sondern sich in komplizierter Weise überlagerten, um kapriziöse, scheinbar unerklärliche Muster zu bilden. Anders als von der Physikotheologie angenommen, die viele Naturhistoriker des 18. Jahrhunderts beflügelt hatte, deuteten die Muster darauf hin, dass Lebewesen ihren jeweiligen Umwelten nicht vollkommen angepasst waren und dass Anpassung daher auch nicht als Zustand, sondern als vorübergehendes Resultat kontingenter Prozesse zu verstehen war. In der zweiten Hälfte des 18. Jahrhunderts häuften sich auch Vorschläge, die beobachteten Muster auf der Grundlage verschiedener Mechanismen organischen Wandels wie klimatischer »Degeneration« (Buffon), Hybridisierung (Linné) oder einer Tendenz zur Höherentwicklung, die sich aus der Auseinandersetzung des Organismus mit widrigen Lebensumständen ergab (Lamarck, Geoffroy), zu erklären (Larson 1994). Auch für Darwin lässt sich behaupten, dass es ihm mit seiner Theorie der natürlichen Selektion vordringlich um die synthetische Erklärung der zahllosen, scheinbar kapriziösen Muster ging, die morphologische, biogeografische und paläontologische Forschungen hervorgebracht hatten (Lefèvre 1984/2009).

Die verschiedenen Mechanismen, die Naturforscher bereits vor Darwin zur Erklärung dieser Muster vorschlugen, setzten nicht nur den Theorien von der »Stufenleiter der Natur« ein Ende, sondern auch Vorstellungen von einem ausgewogenen Haushalt der Natur. Linné hatte in seiner ursprünglichen Schöpfungstheorie noch annehmen können, dass Gott die ersten Vertreter jeder einzelnen Art in ihre jeweiligen Habitate platziert und mit Reproduktionsraten ausgestattet hatte, die dafür sorgten, dass Räuber- und Beutetiere sich auch im Zuge ihrer anschließenden Verbreitung über die Kontinente die Waage hielten (*Politia naturae*, 1760). Buffon sowie Benoit de Maillet (*Telliamed*, 1748) gingen dagegen davon aus, dass die Erde sich langsam abgekühlt hatte und dabei nach und nach die Bedingungen entstanden, unter denen die verschiedenen Lebensformen existieren konnten. Beide Modelle enthielten, wie schon gesagt, ein Element der Veränderung in der Zeit, aber keine wirkliche, aus kontingenten Ereignissen bestehende, zielblinde Geschichte. Es handelte sich vielmehr um Ausbreitungs- und Veränderungsprozesse von geradezu physikalischer Notwendigkeit. Ähnliches lässt sich auch für Lamarcks Transformationstheorie behaupten, die ebenfalls geologisch inspiriert war (Corsi 1988).

Am deutlichsten wird ein Element echter Historizität hingegen ausgerechnet bei Erklärungsmodellen, die sich einem aus heutiger Sicht bizarren Schöpfungsglauben verschrieben. Sowohl Cuvier als auch der schottische Geologe Charles Lyell in seinen dreibändigen *Principles of Geology* (1830–1833), die von großer Bedeutung für Darwin waren, bezweifelten die Möglichkeit der Arttransformation. Jeder Variation, so glaubten sie, waren enge Grenzen durch die »Existenzbedingungen« (Cuviers *conditions d'existence*) gesetzt, die erfüllt sein mussten, damit sich ein Lebewesen reproduzieren könne, und zwar auch was seinen eigenen Körperbau betraf. Beide Naturforscher griffen in ihren Hypothesen auf übernatürliche, d.h. außerordentliche Ereignisse zurück, die Darwin polemisch als »spezielle Schöpfungen« bezeichnete (Die Entstehung der Arten, 1859/1860, 486). Cuvier glaubte die Abfolge von Fossilien dadurch erklären zu können, dass es in der Erdgeschichte immer wieder kataklysmische Naturereignisse gegeben habe, die eine große Zahl von Lebewesen auslöschten, welche dann durch neue Schöpfungen ersetzt wurden. Lyell hingegen lehnte Cuviers Katastrophismus zugunsten des unter Geologen verbreiteten Uniformitarismus ab. Er nahm an, dass in früheren erdgeschichtlichen Perioden Naturkräfte von ähnlicher Art und Intensität gewirkt hätten, wie sie sich in der Gegenwart beobachten ließen. Aber auch er glaubte in den *Principles* noch an Schöpfungsereignisse. Jede Art war zu einem bestimmten Zeitpunkt und an einem bestimmten Ort – ihrem Schöpfungszentrum (*centre of creation*) – entstanden und hatte sich von dort aufgrund einer ihr jeweils eigenen Verbreitungskraft (*power of diffusion*) ausgebreitet. Sowohl Cuviers Schöpfungszyklen als auch Lyells Schöpfungszentren gingen auf übernatürliche Ereignisse zurück, aber doch auf echte Ereignisse, denen sich ein wie auch immer geartetes »Ziel« nur noch schlecht unterstellen ließ.

Der Kampf ums Dasein

Obwohl Lyell, bevor er durch Darwins Arbeit von der Evolution überzeugt wurde, an der Schöpfung festhielt, war sein Denken wichtig für die Entwicklung von Darwins Theorie. Von besonderer Wirkung auf Darwin war Lyells Gedanke, dass Arten nicht nur aussterben, wie bereits Cuvier vorausgesetzt hatte, sondern einander verdrängen: »Jede Art, die sich von einem kleinen Punkt aus auf ein weites Gebiet verbreitet hat, muss ihren Fortschritt in ähnlicher Weise durch die Verminderung, oder gänzliche Ausrottung irgend einer anderen Art markiert haben« (Lyell 1830–1833, Bd. 2, 142). Die belebte Natur in einen Kampf »aller gegen alle« verwickelt zu sehen, hatte eine auf die Antike zurückreichende Tradition. In dieser Tradition, deren Höhepunkt Linnés systematische Ausarbeitung der Konzeption eines »Haushalts der Natur« (*Œconomia naturae*) bildete, resultierte dieser Kampf jedoch in einem stabilen und dauerhaften Gleichgewicht, das durch einmal niedergelegte »Naturgesetze« aufrechterhalten wurde (Limoges 1972; Egerton 1973). Bei Lyell weicht diese Auffassung einer Art Erhaltungssatz: Eine Art kann nur auf Kosten anderer Arten proliferieren, und der Naturhaushalt ist daher durch labile, sich ständig verschiebende Gleichgewichte gekennzeichnet.

Wir haben uns heute so sehr an dieses Bild von einer fragilen, ja schutzbedürftigen Natur gewöhnt, dass die Bedeutung des gerade beschriebenen Paradigmenwechsels leicht zu übersehen ist. Doch vor diesem Hintergrund wird deutlich, worin die eigentliche Bedeutung von Darwins Lektüre von Thomas

Robert Malthus' *Essay on the Principles of Population* (1798) liegt (Young 1985). Für Malthus resultierten Hungersnöte und Kriege aus einem Ungleichgewicht zwischen Bevölkerungs- und Ressourcenwachstum, d. h. die Rate, mit der sich Menschen auf einem bestimmten Gebiet vermehren, ist nicht notwendig bis aufs feinste auf die Rate abgestimmt, mit der sich die Ressourcen auf demselben Gebiet vermehren lassen. Malthus verwendete den Ausdruck »Kampf ums Dasein« (*struggle for existence*), um die daraus resultierenden Verhältnisse zu beschreiben, die er allerdings auf das angeblich besonders unbeherrschte und kriegslüsterne Asien beschränkt sehen wollte. Auch in Lyells *Principles of Geology* tritt der Ausdruck gelegentlich auf. Es spricht vieles dafür, dass Darwin ihn in einem sehr weiten Sinne übernahm und in seinen Überlegungen eher auf die »unsichtbare Hand« des Ökonomen Adam Smith setzte, von der man annahm, dass sie auf lange Sicht wohltätig wirkte (Schweber 1977). Von dem Malthusschen Grundgedanken machte Darwin allerdings schon in seiner Untersuchung zur Struktur und Verbreitung von Korallenriffen Gebrauch (*Structure and Distribution of the Coral Reefs*, 1842). Entstehung und Untergang dieser organischen Gebilde führte er auf das äußerst prekäre Gleichgewicht zwischen Wachstumsraten der Korallen und Meeresspiegelschwankungen zurück.

Die Bezüge auf Malthus (und Smith) machen deutlich, dass die Evolutionstheorie Darwins auch durch Modelle gestaltet wurde, die aus der Beschäftigung mit der Geschichte und dem Sozialleben des Menschen stammten (Bowler 1989). Lyell verglich den Verdrängungswettbewerb der Arten mit der Verwüstung (*havoc*), die die Ausdehnung des British Empire in fremden Ländern anrichtete (*Principles of Geology*, 1830–1833, Bd. 2, 156). Er bezog dies auf die Verdrängung von einheimischen Pflanzen und Tieren durch die landwirtschaftliche Erschließung »unbewohnter« Gebiete. Aber es dürfte seinen Zeitgenossen schwer gefallen sein, Assoziationen mit dem bereits allgegenwärtigen Thema vom Untergang »eingeborener Stämme« zu vermeiden (Brantlinger 2003). Bei Darwin taucht dasselbe Motiv jedenfalls als explizites Modell für die natürliche Selektion schon in der *Entstehung der Arten* (1859/1860, 82–83) auf, und in der *Abstammung des Menschen* widmete er sich mit großer Ausführlichkeit demselben Thema (*Works*, 1870–71/1989, Bd. 21, 188–198). Ohne Zweifel finden sich hier Anklänge an das seit der Aufklärung debattierte Geschichtsbild, wonach Eroberungen und Revolutionen das Resultat eines »Rassenkampfes« sind (Foucault 1996/1999, 89–95; 115–130).

Der »Kampf ums Dasein« stellt sich in dieser Analogie weniger als ein »blinder« Mechanismus dar, sondern als ein kompliziertes Kräftespiel, das mit Taktiken der Exploration, Überwältigung und Exploitation operiert (Sarasin 2009, Kap. 6 und 7). Daraus erklärt sich, dass Darwin lebenslang von Anpassungsleistungen fasziniert blieb, die von einem gewissen Überschuss an kreativer List zeugen – die zahllosen Vorrichtungen (*contrivances*), die Orchideen entwickelt haben, um Bestäuber anzulocken, die an die Launen menschlicher Mode erinnernden Signale, die die sexuelle Selektion vorantreiben, und die »Täuschungsmanöver« (Mimikry) und »Ausbeutungsstrategien« (Parasitismus), auf die sich der Reproduktionserfolg vieler Arten gründet (Beatty 2006; Menninghaus 2003; Müller-Wille 2009). Für Darwin besaßen selbst niederste Lebensformen nicht nur Instinkte, sondern auch ein gewisses Maß an »Intelligenz«, das sie zur Exploration neuer Umgebungen und zur spontanen Anpassung an neue Umstände befähigte. Noch in seinem letzten Buch versuchte Darwin, dies anhand zahlloser von ihm selbst durchgeführter Experimente für Regenwürmer nachzuweisen (*The Formation of Vegetable Mould, Through the Action of Worms*, 1881, Kap. 2).

Schluss

Betrachtet man Darwin und seine Theorie vor dem Hintergrund der Debatten, die seinem Werk vorangingen, so wird zum einen deutlich, dass das, was seine Theorie auszeichnet, nämlich das Verständnis der Evolution als historischer, wesentlich ungerichteter Prozess, lange vorbereitet wurde. Damit soll nicht behauptet werden, dass jemand wie Linné mit seiner aus heutiger Sicht naiv erscheinenden Schöpfungstheorie auf Darwins spätere Lösung bereits hingearbeitet hätte. Aber es brauchte das hartnäckige Festhalten an >»Irrtümern«< ebenso wie ein gewisses Maß an überbordender Einbildungskraft, um in mühseliger Kleinarbeit die begrifflichen und empirischen Voraussetzungen für den Gedanken zu schaffen, dass auch in der Natur nur »etwas« Zeit zu verstreichen braucht, um die Welt ganz anders aussehen zu lassen. Die detailversessenen Untersuchungen zur Reproduktion und Verteilung der Arten über Zeit und Raum, die diese Voraussetzungen schufen, wurden ohne Zweifel auch von handfesten ökonomischen und politischen Interessen angetrieben. Aber auch diese haben, wie im letzten Abschnitt dargestellt, ihren Platz in dem Bild, das Darwin von der lebendigen Natur zeichnete.

Zum anderen macht dieser Gedankengang aber auch einen markanten Unterschied zum heutigen Darwinismus deutlich, der auf den Ergebnissen der Genetik aufbaut. Für Darwin war die organische Natur nicht nur durch und durch belebt, bis hin zu den letzten »Atomen«, aus denen organische Körper hervorgehen und aus denen sie sich aufbauen, sondern auch von einer primitiven Form der »Intelligenz« durchdrungen – der Intelligenz des Hasardeurs, ist man versucht zu sagen. Gene dagegen sind chemische Moleküle, deren Replikation allenfalls stochastischen Prozessen der Mutation unterliegt, und Selektion stellt sich dem Neodarwinismus daher als ein »blinder Uhrmacher« dar (Dawkins 1986/1996). Robert J. Richards hat die Spuren nachvollzogen, die die romantische Naturphilosophie in Darwins »Vitalismus« hinterlassen hat, und damit für viel Aufsehen in der »Darwin-Industrie« gesorgt (Richards 2002). Dieses Aufsehen verdankt sich wahrscheinlich eher heutigem Lagerdenken als harten historischen Argumenten, die gegen Richards' These sprächen. Was uns heute als fremd an der romantischen Naturphilosophie erscheint, war zu Darwins Zeit selbstverständlicher Teil eines breiten Spektrums an verschiedenen Positionen, die bezüglich der Fragen der Reproduktion und Verteilung der Arten eingenommen wurden.

Literatur

Amundson, Ronald (2005): The Changing Role of the Embryo in Evolutionary Thought. Cambridge.
Appel, Toby A. (1987): The Cuvier-Geoffroy Debate: French Biology in the Decades Before Darwin. Oxford.
Barsanti, Giulio (1992): La scala, la mappa, l'albero. Immagini e classificazioni della natura fra Sei e Ottocento. Florenz.
Beatty, John (2006): »Chance Variation: Darwin on Orchids«. In: Philosophy of Science 73: 629–641.
Bowler, Peter J. (1971): »Preformation and Pre-Existence in the Seventeenth Cerntury: A Brief Analysis«. In: Journal of the History of Biology 4: 221–244.
Bowler, Peter J. (1973): »Bonnet and Buffon: Theories of Generation and the Problem of Species«. In: Journal of the History of Biology 6: 259–281.
Bowler, Peter J. (1989): The Invention of Progress: The Victorians and the Past. Oxford.
Bowler, Peter J. (2009[3]): Evolution: The History of an Idea [1983]. Berkeley.
Brantlinger, Patrick (2003): Dark Vanishings: Discourse on the Extinction of Primitive Races, 1800–1930. Ithaca (New York).
Browne, Janet (1983): The Secular Ark: Studies in the History of Biogeography. New Haven.
Browne, Janet (1995): Charles Darwin: Voyaging. London.
Browne, Janet (2002): Charles Darwin: The Power of Place. London.
Churchill, Frederick B. (1970): »The History of Embryology as Intellectual History«. In: Journal of the History of Biology 3: 155–181.
Coleman, William (1971): Biology in the Nineteenth Century. Problems of Form, Function, and Transformation. New York.
Collingwood, Robin George (2005): Die Idee der Natur [The Idea of Nature, 1945]. Frankfurt a.M.
Corsi, Pietro (1988): The Age of Lamarck: Evolutionary Theories in France 1790–1830. Berkeley.
Daston, Lorraine/Park, Katherine (2003): Wunder und die Ordnung der Natur [Wonders and the Order of Nature. 1150–1750, 1998]. Frankfurt a.M.
Dawkins, Richard (1996): Der blinde Uhrmacher: Ein neues Plädoyer für den Darwinismus [The Blind Watchmaker, 1986]. München.
Desmond, Adrian/Moore, James (2009): Darwin's Sacred Cause: Race, Slavery and the Quest for Human Origins. London.
Duchesneau, François (1987): Genèse de la théorie cellulaire. Paris.
Egerton, Frank N. (1973): »Changing Concepts of the Balance of Nature«. In: The Quarterly Review of Biology 48: 322–350.
Feuerstein-Herz, Petra (2007): »Die große Kette der Wesen«. Ordnungen in der Naturgeschichte der Frühen Neuzeit. Wolfenbüttel.
Foucault, Michel (1999). In Verteidigung der Gesellschaft [Il faut défendre la société, 1996]. Frankfurt a.M.
Frängsmyr, Tore (Hg.) (1983): Linnaeus: The Man and His Work. Berkeley.
Glass, Bentley/Temkin, Owsei/Straus, William L. (Hg.) (1959): Forerunners of Darwin, 1745–1859. Baltimore.
Gliboff, Sander (2008): H.G. Bronn, Ernst Haeckel, and the Origins of German Darwinism: A Study in Translation and Transformation. Cambridge (Mass.).
Hodge, Jonathan (1985): »Darwin as a Lifelong Generation Theorist«. In: Kohn, David (Hg.): The Darwinian Heritage. Princeton, 204–244.
Hoquet, Thierry (2005): Buffon, histoire naturelle et philosophie. Paris.
Jacob, François (2002): Die Logik des Lebenden. Eine Geschichte der Vererbung [La **logique** du vivant: Une histoire de l'hérédité, 1970]. Frankfurt a.M.
Jahn, Ilse (2002): »Das ›Meckel-Serres-Gesetz‹, sein Ursprung und seine Beziehung zu Evolutionstheorien des 19. Jahrhunderts«. In: Anatomischer Anzeiger 184: 509–517.
Johach, Eva (2008): Krebszelle und Zellenstaat: Zur medizinischen und politischen Metaphorik in Rudolf Virchows Zellularpathologie. Freiburg i.Br.
Junker, Thomas/Hoßfeld, Uwe (2009[2]): Die Entdeckung der Evolution: Eine revolutionäre Theorie und ihre Geschichte [2001]. Darmstadt.
Larson, James L. (1994): Interpreting Nature. The Science of Living Form from Linnaeus to Kant. Baltimore.

Lefèvre, Wolfgang (2009²): Die Entstehung der biologischen Evolutionstheorie [1984]. Frankfurt a. M.

Lenoir, Timothy (1982): The Strategy of Life. Teleology and Mechanics in Nineteenth-Century Germany. Chicago.

Lepenies, Wolf. (1976): Das Ende der Naturgeschichte: Wandel kultureller Selbstverständlichkeiten in den Wissenschaften des 18. und 19. Jahrhunderts. München.

Limoges, Camille (1972): »Introduction«. In: Charles Linné: L'équilibre de la nature, Paris, 7–24.

Lovejoy, Arthur O. (2005²): Die große Kette der Wesen: Geschichte eines Gedankens [The Great Chain of Being: A Study of the History of an Idea, 1936]. Frankfurt a. M.

Mayr, Ernst (1982): Die Entwicklung der biologischen Gedankenwelt: Vielfalt, Evolution und Vererbung [The Growth of Biological Thought: Diversity, Evolution and Inheritance]. Berlin.

McLaughlin, Peter (2005): »Spontaneous Versus Equivocal Generation in Early Modern Europe«. In: Annals in the History and Philosophy of Biology 10: 79–88.

Menninghaus, Winfried (2003): Das Versprechen der Schönheit. Frankfurt a. M.

Moss, Lenny (2003): What Genes Can't Do. Cambridge (Mass.).

Müller-Sievers, Helmut (1997): Self-Generation: Biology, Philosophy, and Literature Around 1800. Stanford.

Müller-Wille, Staffan (1999): Botanik und weltweiter Handel. Zur Begründung eines Natürlichen Systems der Pflanzen durch Carl von Linné (1707–1778). Berlin.

Müller-Wille, Staffan (2009): »The Dark Side of Evolution: Caprice, Deceit, Redundancy«. In: History and Philosophy of the Life Sciences 31: 183–200.

Nyhart, Lynn K. (1995): Biology Takes Form: Animal Morphology and the German Universities, 1800–1900. Chicago.

Parnes, Ohad (2000): »The Envisioning of Cells«. In: Science in Context 13: 71–92.

Parnes, Ohad/Vedder, Ulrike/Willer, Stefan (2008): Das Konzept der Generation: Eine Wissenschafts- und Kulturgeschichte. Frankfurt a. M.

Pinto-Correia, Clara (1997): The Ovary of Eve: Egg and Sperm and Preformation. Chicago.

Reynolds, Andrew (2007): »The Theory of the Cell State and the Question of Cell Autonomy in Nineteenth and Early Twentieth-Century Biology«. In: Science in Context 20: 71–95.

Rheinberger, Hans-Jörg (1986): »Aspekte des Bedeutungswandels im Begriff organismischer Ähnlichkeit vom 18. zum 19. Jahrhundert«. In: History and Philosophy of the Life Sciences 8: 237–250.

Rheinberger, Hans-Jörg (1990): »Buffon: Zeit, Veränderung und Geschichte«. In: History and Philosophy of the Life Sciences 12: 203–223.

Rheinberger, Hans-Jörg/Müller-Wille, Staffan (2009): Vererbung: Geschichte und Kultur eines biologischen Konzepts. Frankfurt a. M.

Richards, Robert J. (1993): The Meaning of Evolution: The Morphological Construction and Ideological Reconstruction of Darwin's Theory. Chicago.

Richards, Robert J. (2002): The Romantic Conception of Life. Chicago.

Richmond, Marsha L. (2000): »T.H. Huxley's Criticism of German Cell Theory: an Epigenetic and Physiological Interpretation of Cell Structure«. In: Journal of the History of Biology 33: 247–289.

Roe, Shirley. (1981): Matter, Life, and Generation: Eighteenth-Century Embryology and the Haller-Wolff Debate. Cambridge.

Roger, Jaques (1989): Buffon: un philosophe au Jardin du Roi. Paris.

Roger, Jaques. (1993²). Les sciences de la vie dans la pensée française du XVIIIe siècle [1963]. Paris.

Richards, Robert J. (1993): The Meaning of Evolution: The Morphological Construction and Ideological Reconstruction of Darwin's Theory. Chicago.

Rudwick, Martin (1985²): The Meaning of Fossils: Episodes in the History of Palaeontology [1972]. Chicago.

Rudwick, Martin (1988²): The Great Devonian Controversy: Shaping of Scientific Knowledge Among Gentlemanly Specialists [1985]. Chicago.

Ruse, Michael (1979): The Darwinian Revolution: Science Red in Tooth and Claw. Chicago.

Sarasin, Philipp (2009): Darwin und Foucault. Frankfurt a. M.

Schiebinger, Londa (1995): Am Busen der Natur [Nature's Body: Gender in the Making of Modern Science, 1993]. Stuttgart.

Schweber, Sylvan (1977): »The Origin of the Origin Revisited«. In: Journal of the History of Biology 10: 229–316.

Sloan, Phillip R. (1972): »John Locke, John Ray, and the Problem of the Natural System«. In: Journal of the History of Biology 5: 1–55.

Sloan, Phillip R. (1986): »Darwin, Vital Matter, and the Transformism of Species«. Journal of the History of Biology 19: 369–445.

Smith, Justin E. H. (2006): The Problem of Animal Generation in Early Modern Philosophy. Cambridge.

Stevens, Peter F. (1994): The Development of Systematics: Antoine-Laurent de Jussieu, Nature and the Natural System. New York.

Voss, Julia (2007): Darwins Bilder: Ansichten der Evolutionstheorie 1837–1874. Frankfurt a. M.

Winsor, Mary P. (1976): Starfish, Jellyfish and the Order of Life. New Haven.

Young, Robert C. (1985): Darwin's Metaphor: Nature's Place in Victorian Culture. Cambridge.

Staffan Müller-Wille

2. Theorien zur Entstehung der Arten bis um 1860

Seit der klassischen Antike – von Aristoteles bis Lucretius – gab es im Großen und Ganzen vier Ansichten über den Ursprung der Arten: Arten sind erschaffen worden; Arten entstehen durch die Umwandlung einer Art in eine andere; Arten entstehen spontan; Arten sind ewig (Junker/Hoßfeld 2001, 24–48).

Zum Zeitpunkt der Veröffentlichung von Charles Darwins *On the Origin of Species* (1859) wurde innerhalb des wissenschaftlichen Mainstreams lediglich die letzte dieser vier Ansichten nicht mehr ernsthaft in Betracht gezogen. Im Gegensatz dazu stand die erste Ansicht – der Kreationismus – weiterhin hoch im Kurs, besonders bei anglo-amerikanischen Biologen und Paläontologen, von denen die berühmtesten Adam Sedgwick in Cambridge und Louis Agassiz in Harvard waren. Freilich lösten sie sich von der biblisch-literalistischen Interpretation von Schöpfung und Sintflut, die heute als *young-earth creationism* bezeichnet wird, und entwickelten stattdessen die Vorstellung wiederholter, jeweils gesonderter Schöpfungsakte im Verlauf einer langen geologischen Geschichte. Die zweite Ansicht zum Ursprung der Arten – Evolution oder vielmehr Transmutation der Arten – fand nur wenige Anhänger und war bis zur Veröffentlichung von Darwins *magnum opus* relativ unbedeutend.

Aus unserem kollektiven Gedächtnis gelöscht ist seit den 1860er Jahren die Tatsache, dass in den *On the Origin of Species* unmittelbar vorangehenden etwa sieben Jahrzehnten die Mehrzahl der großen Köpfe in den Erd- und Lebenswissenschaften, insbesondere in der deutschsprachigen Welt, weder an eine Schöpfung noch an Evolution glaubte, sondern an etwas, das man als die dritte Theorie zur Entstehung der Arten bezeichnen könnte – die Theorie der »Urzeugung« oder der spontanen Entstehung des Lebens und der Arten. Etwa ein Dutzend oder mehr verschiedene Begriffe wurden zur Bezeichnung dieses Konzepts verwendet, z.B. *generatio spontanea, autogena, primigenia, cosmica, primitiva, originaria, automatica, aequivoca, heterogenea, autochthona*, »Urzeugung«, oder »autogene Zeugung«.

In der Nachfolge nicht-kreationistischer Spekulationen über die Artenentstehung aus der Mitte des 18. Jahrhunderts, besonders von Georges-Louis Leclerc, Comte de Buffon, wurde diese Theorie in der Epoche von 1790–1860 verbessert und modernisiert und repräsentierte in der ersten Hälfte des 19. Jahrhunderts die vorderste Front wissenschaftlichen Denkens über den Ursprung des Lebens und der Arten.

Die Behauptung, dass die ursprüngliche Bedeutung der Theorie der Urzeugung vollständig in Vergessenheit geraten sein soll, bedarf einer Erläuterung. Denn natürlich gibt es eine beträchtliche Anzahl von Veröffentlichungen zu der vom 17. bis zum 19. Jahrhundert andauernden Kontroverse über die Urzeugung von »Infusorien« und »Entozoa«, eine Kontroverse, die zur Zufriedenheit der meisten Biologen durch die klassischen Experimente von Louis Pasteur beigelegt wurde, die das Phänomen zu widerlegen schienen (Taschenberg 1882; Lippmann 1933; Farley 1974; Fry 2000; Strick 2000). Es existierten jedoch zwei Urzeugungstheorien, die zwar miteinander verwandt und in einigen Publikationen ineinander verwoben waren, aber dennoch unterschieden werden müssen. Eine davon ist die bekannte Theorie über die umstrittenen Beobachtungen, dass in der Gegenwart, vor unseren Augen, primitive Lebensformen spontan aus unbelebter Materie entstehen.

Der Begriff »Urzeugung« hatte aber noch eine zweite Bedeutung. Er konnte sich auf den Ursprung der Arten in der Vergangenheit beziehen, auf die allerersten Exemplare jeder einzelnen Lebensform, ob niedrig oder hoch und einschließlich des Menschen. Diese Theorie behauptete, dass Pflanzen, Tiere und Menschen nicht durch einen wundersamen, besonderen Schöpfungsakt entstanden sind, sondern durch die natürliche Entstehung eines, zweier oder mehrerer Exemplare der ersten Vertreter jeder Art. Verschiedene Erklärungen wurden vorgelegt, warum es bei den taxonomisch höheren Organismen diese ursprüngliche Entstehungsweise durch Urzeugung nicht mehr gibt und die Erhaltung der Art durch einen Prozess der sexuellen Reproduktion gesichert wird. Um Verwechslungen zwischen den beiden Theorien zu vermeiden, werde ich die zweite im Folgenden als »Autogenese« bezeichnen.

Es ist klar, dass die erste dieser beiden Urzeugungstheorien Auswirkungen auf die zweite haben konnte. Durch das spontane Entstehen einfacher Organismen noch in der Gegenwart würde das Argument gestützt, dass auch höher entwickelte Arten aus spontaner Entstehung/Urzeugung hervorgegangen sein könnten. Aber es war für Biologen ebenso gut möglich, nicht an eine *generatio spontanea* primitiven Lebens in der Gegenwart zu glauben und dennoch die Annahme einer Entstehung von Arten auf diese Weise in der Vergangenheit zu befürworten. Als

Beispiel sei hier Heinrich Georg Bronn zitiert: »Lässt sich jene [die Urzeugung einfacher Organismen in der Gegenwart] aber, wie es scheint, nicht erweisen, so müssen wir gleichwohl die Urerzeugung, wenn auch als eine jetzt völlig erloschene Zeugungs-Kraft der Erde zu Hülfe rufen, um die erste Entstehung der Arten zu erklären« (1843, 30). Bronn repräsentierte die Vorstellung, dass der Ursprung jeder anscheinend stabilen Lebensform – entweder von Arten oder lediglich von allgemeinen Typen – bestimmten Zeitspannen der Erdgeschichte vorbehalten war, weil nur dann kurzfristig und vorübergehend die richtigen Bedingungen für die Aggregation der jeweiligen Keim- oder Samensubstanzen bestanden hatten.

Diese dritte Theorie hatte ihre größte Anhängerschaft in Deutschland (Hauptvertreter werden unten besprochen); aber auch in Frankreich gab es erklärte Befürworter, von Jean-Claude de Lamétherie bis Félix Archimède Pouchet. Letzterer bot in seinem wichtigen Werk *Hétérogénie ou traité de la génération spontanée* von 1859, dem Erscheinungsjahr auch von *On the Origin of Species*, eine Zusammenfassung der Debatte sowohl über die Urzeugung primitiver Lebensformen in der Gegenwart als über die *generatio spontanea* von Arten in der Vergangenheit. In der deutschen Literatur wurden die britischen Autoren Charles Lyell und Edward Forbes im Kontext der Autogenese zitiert. Aber auch wenn es wahrscheinlich ist, dass sie in den Kategorien der »dritten Theorie« dachten, blieben sie in ihren Äußerungen knapp unterhalb der Schwelle einer ausdrücklichen Unterstützung (Lyell 1832, 182–183; Forbes 1846; 1855, 498–500; siehe weiter unten). Dennoch war britischen Wissenschaftlern die Theorie bekannt, teils direkt durch kontinentaleuropäische Literatur und teils durch die von der Ray Society veranlassten englischen Übersetzungen. Sowohl Joseph Dalton Hooker als auch Thomas Henry Huxley hatten vor ihrem Übertritt zur Darwin-Fraktion Zweifel an der Veränderlichkeit der Arten geäußert. Huxley lehnte in seiner berüchtigt-abschätzigen Besprechung der ersten auf Englisch verfassten Monografie, die eine Evolutionstheorie vorstellte, *Vestiges of the Natural History of Creation* (1844 anonym publiziert), »Transmutation« ebenso entschieden ab wie gesonderte Schöpfungsakte. Hooker stimmte Huxley in seiner Rezension von Alphonse de Candolles *Géographie botanique raisonnée* (1855) zu, wich aber der Frage aus, ob mehrere »Schöpfungsakte« oder eine »Schöpfung« durch Transmutation stattgefunden habe (Huxley 1854; Hooker 1856, 252), wobei er das Wort »Schöpfung« doppeldeutig und euphemistisch für »Entstehung« verwendete, wie damals üblich. Es ist wahrscheinlich, dass im Falle von Hooker und Huxley, ähnlich wie bei deutschen Naturwissenschaftlern in der Zeit vor dem Erscheinen von Darwins *Origin*, die Ablehnung sowohl einer übernatürlichen »Schöpfung« als auch von Transmutation Hand in Hand ging mit einer Offenheit gegenüber der Möglichkeit von autochthoner Entstehung der Arten (Rupke 2005, 163).

Autogenese war ein wesentlicher Bestandteil von vier bedeutenden Forschungsprogrammen in der Biologie des frühen 19. Jahrhunderts: (1) die Physiologie der Zeugung; (2) die Paläontologie von Aussterben und Ursprung/Erneuerung von Arten; (3) die Verbreitungsgeografie von Pflanzen und Tieren und (4) die Anthropogeografie. Die Rolle der Urzeugungstheorie in diesen Bereichen naturwissenschaftlicher Theorie und Praxis soll im Folgenden kurz dargestellt werden.

Physiologie der Zeugung

Eine direkte Verbindung gab es schon früh – Ende des 18. Jahrhunderts – zwischen der Vorstellung einer Urzeugung der Arten und der biomedizinischen Forschung zur Physiologie, insbesondere der Forschungen zu Zeugung, Heilung und Ernährung. Genauer gefasst war Urzeugung eng verknüpft mit der Theorie der Epigenese, die annahm, dass das Keimmaterial eines Organismus undifferenziert war und erst im Verlauf der Entwicklung des Lebewesens spezifische Gestalt annahm. Dem stand die Theorie der Präformation mit ihrer imaginären, nahezu unendlichen Komplexität von vorgeformten Individuen in jedem einzelnen Keimelement gegenüber, die die Idee begünstigte, dass Arten durch einen Schöpfungsakt entstanden waren. Die Epigenese hingegen ermöglichte es mit ihrer relativen Einfachheit der Keimsubstanz, sich die Entstehung von Arten auf dem Wege einer spontanen Aggregation ihres ursprünglichen Ausgangsmaterials vorzustellen, ähnlich – so vermuteten einige – wie die Kristallisation.

Das Problem des Ursprungs der Arten bestand im Ursprung von deren jeweils erstem Exemplar oder ersten Exemplaren und konnte durch die Erforschung der Zeugung gelöst werden. Wenn in der Gegenwart die Entwicklung eines Organismus mit einem undifferenzierten Ei beginnt, dann war es vorstellbar, dass die ersten Vertreter jeder Spezies auf ähnliche Weise aus einem eiartigen Keim entstanden waren, der sich spontan in einem Cocktail mit den erforderlichen Substanzen gebildet hatte. Entsprechend konnte die sexuelle Fortpflanzung gedacht werden als Wiederholung des ursprünglichen Aggregations- oder Gerinnungsvorgangs der ersten, »mutterlosen«, nicht von Eltern abstammenden Keime. Nachdem allerdings in der geologischen Vergangenheit die Reproduktion durch sexuelle Zeugung sich etabliert hatte, war die Vorstellung einer *generatio spontanea* unüblich geworden. Sie fand in erster Linie nur noch bei Organismen Anwendung, von denen man glaubte, dass sie sich nicht auf sexuellem Wege fortpflanzen – hauptsächlich primitive Mikroorganismen.

Auf diese Weise konnte die Theorie von der Urzeugung ein wesentlicher Bestandteil der biomedizinischen Forschung werden, und tatsächlich war sie auch seit der zweiten Dekade des 19. Jahrhunderts ein Thema in verschiedenen Lehrbüchern, etwa dem des Leipziger Professors für Geburtshilfe Johann Christian Gottfried Jörg. Ferdinand August Ritgen, Inhaber des Lehrstuhls für Medizin in Gießen und ebenfalls ein sehr angesehener Geburtshelfer, vermutete den Ursprung der Spezies Mensch in der mutterlosen Entstehung von eiartigen Anfängen in »Uferschlamm«. Auch der Dresdener Universalgelehrte und Geburtshilfeprofessor Carl Gustav Carus bediente sich der Konzepte und der Sprache der Autogenese bei seinen Überlegungen zur ursprünglichen Entstehung der Menschheit aus Bläschen (Jörg 1815, 1–32; Ritgen 1832, 44–50; Carus 1838, 112 f.).

Eine zentrale Rolle bei der Entwicklung solcher Spekulationen spielte der Göttinger Professor für Medizin Johann Friedrich Blumenbach, der als Verfasser der kleinen, die Epigenese befürwortenden Schrift *Über den Bildungstrieb* (1781/91) auch einer der frühen Naturforscher war, die vorsichtig die Wahrscheinlichkeit einer nicht auf ein »Wunder« zurückgehenden Urzeugung der Arten formulierten. Er tat dies 1791 in einer Fußnote zur vierten Auflage seines *Handbuchs der Naturgeschichte* (1791, 2 f.) und ebenso später in seinen *Beyträgen zur Naturgeschichte* (2. Aufl. des ersten Teils, 1806, 19–20). Das *Handbuch* erlebte zahlreiche Auflagen und viele Übersetzungen, und es übte beträchtlichen Einfluss auf die gesamte europäische Naturwissenschaft aus. In den ersten drei Auflagen des *Handbuchs* verwies Blumenbach noch auf eine »erste Schöpfung«, aber von der vierten Auflage an naturalisierte er das Konzept der Schöpfung ganz eindeutig, indem er eine Fußnote mit der Bemerkung hinzufügte, dass eine Spezies aus Individuen besteht, die eine ununterbrochene Folge bilden, die »bis zur ersten Schöpfung« zurückgeht »[o]der wenigstens bis zu ihren ersten Stammältern hinauf. – Denn ich habe im ersten Theile meiner *Beyträge zur Naturgeschichte* Facta angeführt, die es mehr als bloß wahrscheinlich machen, daß auch selbst in der jetzigen Schöpfung neue Gattungen von organisirten Körpern entstehen, und gleichsam nacherschaffen werden; wohin namentlich auch die erste Entstehungsweise mancher sehr einfachen und mikroskopischkleinen organisirten Körper, wie z. B. der mehrsten sogenannten Infusionsthierchen zu gehören scheint« (Blumenbach 1830, 2–3).

Gottfried Reinhold Treviranus, einer von Blumenbachs vielen Medizinstudenten und derjenige, der den Begriff »Biologie« und das entsprechende Fachgebiet als eigene Disziplin in Deutschland einführte, brach in seinem Hauptwerk *Biologie, oder Philosophie der lebenden Natur* (1802–1822) eine Lanze für die spontane Entstehung primitiver Organismen in der Gegenwart und diskutierte zustimmend den Ursprung der Arten durch Autogenese. Ausdrücklicher als es sein Göttinger Lehrer getan hatte, führte er das Auftauchen höherer Lebensformen auf dieselbe abiotische *generatio spontanea* zurück, die – wie er glaubte – gegenwärtig noch immer niedere Organismen wie die »Zoophyten« hervorbringe (Treviranus 1803, 377 f.).

Andere Forscher in der biomedizinischen Physiologie taten es ihm gleich und behandelten die Theorie der Entstehung der Arten durch Autogenese als wesentlichen Bestandteil der Physiologie der Zeugung und verwandter Erscheinungen. »Urzeugung« oder »Urerzeugung« wurde ein bedeutendes Thema, dem gewichtige Artikel in den neuen Enzyklopädien und enzyklopädischen Reihen der Epoche gewidmet waren (z. B. Leuckart 1832, 46–55). Kein geringerer als der Königsberger Physiologe Karl Friedrich Burdach, zu dessen Schülern einige der größten Namen der biomedizinischen Physiologie und Anthropologie zählen – etwa Karl Ernst von Baer und Martin Heinrich Rathke –, trat in seinen physiologischen und anthropologischen Werken für die Autogenese der Arten ein und ließ, wie schon Blumenbach, einen gewissen Grad an Variabilität der Arten zu; allerdings merkten sie an, dass solche Modifikationen nicht so weit gegangen waren, eine Hauptform in eine andere zu verwandeln (Burdach 1837, 726 f.; 742–744). Konzepte und Sprache der Autogenesetheorie benutzten auch der Berliner Physiologe Johannes Müller in seinem *Handbuch der Physiologie des Menschen* (1844) und Rudolf Virchow in seiner größeren Abhandlung »Alter und neuer Vitalismus« (1856), obwohl Müller anmerkte, dass die Entstehung der Arten außerhalb menschlicher Erfahrung liege und sich besser die Philosophie als die Physiologie mit ihr beschäftigen solle (Müller 1840, 769; 1844, 8–17; 23–24; Virchow 1856, 25–26).

Im Zeitraum von 1790 bis 1860 wurde das Konzept der Autogenese zunehmend ergänzt durch das der Heterogenese, das die Annahme enthielt, Hauptlebensformen, insbesondere taxonomisch höhere, seien nicht direkt aus anorganischer Materie hervorgegangen, sondern über organische Zwischenstadien. Den Prozess der Entstehung einer höheren Lebensform aus einer niedrigeren stellte man sich jedoch nicht als schrittweise Transformation/Transmutation einer Art in eine andere vor, sondern als spontan auftretenden Sprung im Keimmaterial eines einzelnen Individuums. Um diesen Prozess einer saltatorischen, sprunghaften »Evolution« zu veranschaulichen, bediente man sich der Analogie des Generationswechsels oder dessen, was der britische vergleichende Anatom und Paläontologe Richard Owen als »metagenesis« (Metagenese) bezeichnete. Ein typisches Beispiel für diesen metagenetischen Wechsel findet man beim Saugwurm (*fluke worm*). Sein Generationswechsel besteht in einer Folge von drei verschiedenen Formen – einer infusorien-, einer wurm- und einer kaulquappenartigen –, die vom Ei zum ausgewachsenen Saugwurm führen. Man stellte sich vor, dass unter bestimmten Umständen dieser Zyklus unterbrochen würde und die Zwischenstufen sich selbständig fortpflanzen. Auf diese Weise könnten ganze neue Gattungen oder sogar Ordnungen von Lebewesen entstehen (Rupke 2009, 147–152).

Auch andere postulierten die Entstehung des Lebens und einer Anzahl von Urformen durch Autogenese, ergänzten dies aber um Variabilität und Abstammung der Arten mittels größerer Veränderungen aufgrund von inneren Tendenzen. Der deutsche Philosoph Arthur Schopenhauer sprach sich für diese *generatio in utero heterogeneo* (Zeugung in einem andersartigen Uterus) aus, bei der das Ei einer neuen Spezies in einem Uterus einer zwar verwandten, jedoch unterschiedlichen Art entsteht, und nicht unter freiem Himmel am Ufer eines Flusses, in einem Teich usw. (Schopenhauer 1851/1956, 180–183). So konnte *Homo sapiens* spontan im Mutterleib eines Affen entstanden sein, ohne sich jedoch aus dem Affen entwickelt zu haben. Owen verteidigte diesen Standpunkt und akzeptierte, dass der Mensch von Tieren abstammte, wobei allerdings diese Art der Abstammung zugleich eine Erklärung für die Existenz eines deutlichen Abstandes zwischen Affen und Menschen lieferte (Rupke 2009, 183–192).

Paläontologie von Aussterben und Ursprung/Erneuerung von Arten

Bereitwillig aufgenommen wurde die Vorstellung eines Ursprungs der Arten durch Autogenese von der neuen historischen Geologie dieser Zeit, die das Aussterben vieler Arten im Laufe der langen Erdgeschichte ebenso erkannte wie die wiederholte Entstehung *de novo* ganz neuartiger organischer Gemeinschaften oder »Welten«. Auch hier hatte Blumenbach den Weg gewiesen mit frühen Spekulationen über das Aussterben von Arten in Vergangenheit und Gegenwart. In seinen *Beyträgen zur Naturgeschichte* hatte er »die Veränderlichkeit« der Natur betont, wie sie sich beispielsweise an Fossilien zeige. Weder der Glaube an eine Vorsehung noch die Annahme einer kontinuierlichen *chain of being* (»Kette der Wesen«) waren mit der Tatsache eines Aussterbens von Arten unvereinbar, so meinte Blumenbach. Er identifizierte drei ungefähre Epochen der präadamitischen Erdgeschichte. Die Gesteinsformationen, die der ältesten Epoche entsprachen, enthielten Zeugnisse fremdartigen organischen Lebens, das dann in der Folge großer geologischer Revolutionen ausgelöscht worden war.

Erklärungsbedürftig blieb dabei aber, wie es nach dem Untergang allen Lebens neuen und andersartigen Arten gelungen war, die alten zu ersetzen und die Erde neu zu bevölkern. Die Auslöschung der vorherigen Arten bedeutete, dass die jüngeren nicht durch Transformation entstanden sein konnten. Blumenbach versuchte, die Frage der Wiederbevölkerung der Erde ohne Rückgriff auf eine übernatürliche Macht zu beantworten. Die Lebenskraft, die wir von den Phänomenen der Zeugung und der Heilung kennen, der »Bildungstrieb«, hatte das Leben auf der Erde neu hervorgebracht und dabei neue Arten entstehen lassen, die sich ein wenig von den alten unterschieden. Als Beispiel führte Blumenbach die Wellhornschnecke *Murex contrarius* an, die als ausgestorben galt. Sie sieht genauso aus wie ihre lebende Verwandte *Murex despectus*, mit dem einzigen Unterschied, dass bei Ersterer das Gehäuse linksgewunden ist, bei Letzterer rechtsgewunden. Solche Wandlungen waren nicht durch eine einfache Degeneration älterer Formen zu jüngeren ausgelöst worden, sondern waren typische Beispiele für einen Wechsel in der Richtung des »Bildungstriebes«. Nach einer geologischen Revolution hatte die Natur somit neue Spezies geschaffen, die sich von den ausgelöschten unterschieden, weil die veränderten physikalisch-chemischen Bedingungen den Bildungstrieb in eine andere Richtung als vorher lenkten (Blumenbach 1806, 19 f.).

Zum fünfzigjährigen Jubiläum des Beginns von Blumenbachs legendärer Karriere als Universitätsdozent in Göttingen schrieb sein Schüler Karl Ernst Adolf von Hoff, damals bereits selbst ein berühmter Geologe in Gotha, in einem Grußwort an seinen Mentor, dieser habe das Problem des Ursprungs der Arten überwunden: Erst Blumenbach habe »die Lösung des Räthsels« gefunden, und »erst von seinen Zeitgenossen, die seine Ideen benutzt haben, und zu einem nicht geringen Theile von seinen Schülern« war eine neue Sichtweise der Geschichte des Lebens auf der Erde entwickelt worden (Hoff 1826, 16 f.).

Neben dem vorsichtigen Blumenbach gab es unter den frühen Fürsprechern der Autogenese den freimütigen Jean-Claude Lamétherie. Dem Fingerzeig der neuen Epigenesetheorie folgend, betrachtete er die Zeugung als einen echten Kristallisationsvorgang (»une véritable cristallisation«; Lamétherie 1804, 438). Nach der allgemeinen Auskristallisation der Gesteine im Urozean waren die Zeugungskeime der Mereslebewesen aus toter Materie »kristallisiert«, und ebenso – nach dem allmählichen Rückgang des Wassers und dem Auftauchen von Berggipfeln aus dem Ozean – die »Keime« der Landlebewesen. War die Entstehung einer bestimmten Art ein Kristallisationsvorgang, oder zumindest etwas Analoges dazu, unter speziellen physikalisch-chemischen Bedingungen, dann konnte ein- und dieselbe Art mehrfach entstanden sein und an unterschiedlichen Orten auf der Erde. Allerdings konnten neue Arten auch durch Hybridisierung entstehen. »Die Zahl ursprünglicher Arten ist deshalb in Wahrheit weitaus kleiner gewesen, als man gemeinhin glaubt« (Lamétherie 1795, 161 f.; 164 f.).

Georges Cuvier, eine Schlüsselgestalt in der (Re-)Konstruktion einer langen und wiederholt unterbrochenen Geschichte der Erde und des Lebens, scheint einer Tradition des Kreationismus verhaftet geblieben zu sein – allerdings nicht dem literalistischen, »ein-für-allemal«-Schöpfungsakt des *young-earth*-Kreationismus, sondern dem Glauben an wiederholte Schöpfungsvorgänge im Laufe der geologischen Zeit. Anzufügen wäre jedoch, dass Cuvier an keiner Stelle göttliche Intervention als kausal zu Hilfe rief. Er ließ auch die Möglichkeit offen, dass einige Arten den Untergang ihrer jeweiligen »Welten« im Rahmen globaler geologischer Umwälzungen überlebten und in der folgenden Epoche weiterexistierten. Viele Cuvierianer allerdings waren Anhänger der Theorie der Autogenese. Sie nahmen an, dass nach Cuverianischen Weltkatastrophen und der Vernichtung des Lebens auf Erden zeitweilig besondere Bedingungen geherrscht haben könnten, die die Urzeugung von Keimen und die Entstehung von Leben und Arten durch Autogenese bei der Wiederbevölkerung der Erde begünstigt hätten (z.B. Burmeister 1848, 314).

Unter den einflussreichen Namen, die mit dem Konzept der Autogenese arbeiteten, waren zwei der führenden Geowissenschaftler im damaligen Deutschland, der Geologe Leopold von Buch und der Paläontologe Heinrich Georg Bronn. Bronns *Untersuchungen über die Entwickelungs-Gesetze der organischen Welt während der Bildungs-Zeit unserer Erd-Oberfläche* (1858) können als das maßgebliche Werk zur Paläontologie der Autogenese angesehen werden; er gewann mit ihm den Preis der Académie des sciences in Paris für die Beantwortung der 1850 gestellten und 1854 wiederholten Frage nach der Natur der Fossilien. Wie viele seiner Zeitgenossen erkannte Bronn, dass sich in der geologischen Geschichte durchgängig eine fortschreitende Entwicklung zeigt. Er stellte sich die Abfolge fossiler Gruppen von niederen zu höheren jedoch nicht in den Begriffen einer Entstehung durch Abstammung vor; Arten waren vielmehr durch Autogenese entstanden, in Entsprechung und als Ausdruck des Entwicklungsniveaus der Natur als ganzer (Bronn 1858, 81–82). Allerdings gab es eine große Bandbreite von Ansichten. Einige, wie der leidenschaftliche Naturphilosoph Lorenz Oken, entwickelten fantastische Spekulationen über die Erde als einen einzigen lebendigen Organismus, der organischen Urschleim als das Substrat für die Entstehung von Pflanzen, Tieren und Menschen abgesondert habe (Oken 1805; 1819). Andere, wie der ebenso leidenschaftliche Materialist Carl Vogt, verspotteten die Okensche Naturphilosophie und reduzierten das Leben – und den Geist/die Seele – auf eine bloße Konstellation der Materie. Aber auch Vogt war der Meinung, dass neue Lebensformen in der Folge geologischer Umwälzungen spontan entstanden seien, genauso wie fortschreitender Wandel in der zeitgenössischen Gesellschaft die Folge politischer Revolutionen war (Vogt 1854, 338; 386–387; vgl. die kommentierenden Fußnoten in Vogts Übersetzung von Robert Chambers' *Vestiges of the History of Creation*, 1858).

Auch von dem nicht-katastrophistischen, gradualistischen Bild der Erdgeschichte, wie es Lyell entwarf, nahm man an, dass es Beweise für einen abiotischen Ursprung der Arten liefere. Lyell berechnete, dass es unter der Voraussetzung einer schrittweisen und gleichförmigen Rate des Aussterbens und der Neuentstehung von Arten in einer Region der Größe Europas lediglich alle 8000 oder mehr Jahre zum Verschwinden und Auftauchen einer Säugetier-Spezies kommen würde (Lyell 1832, 182 f.). Fast alle diese Schlüsselfiguren, darunter insbesondere Lyell, wiesen die Vorstellung einer Umwandlung der Arten – Evolution also – zurück oder machten sie sogar lächerlich, und bei ihnen allen ist es wahrscheinlich, dass sie mit der Vorstellung eines spontanen Entstehens der Arten sympathisierten.

Verbreitungsgeografie von Pflanzen und Tieren

Wie die Geologie, so war auch die Humboldtsche physische Geografie eines der innovativsten Gebiete in der Naturwissenschaft des frühen 19. Jahrhunderts. Zu ihren bedeutendsten Leistungen gehört die Kartierung der globalen Verbreitung von Tieren und Pflanzen und die Untersuchung der Umweltparameter, die diese Verbreitung steuern. Die diskontinuierlichen »Welten« der geologischen Zeitachse schienen eine räumliche Entsprechung in den ebenso separaten gegenwärtigen Verbreitungsprovinzen zu haben, jede definierbar durch charakteristische Arten und durch dominante Lebensformen. Die zeitliche bzw. räumliche Getrenntheit des Auftretens solcher eigentümlichen Gruppen von Organismen war gleichbedeutend mit deren getrennter Entstehung.

Wohl stärker als in jedem anderen Bereich wurde in der Biogeografie die Urzeugung als Leitkonzeption übernommen. Die Existenz von Verbreitungsprovinzen sei weithin darauf zurückzuführen, dass die Arten der jeweiligen Pflanzen- und Tiergemeinschaften *in situ* entstanden seien. Verbreitungsprovinzen waren »Schöpfungszentren«, Ursprungsorte der Arten. Einige Spezies mochten eingewandert sein; aber die Pflanzen und Tiere unterschiedlicher Zonen wurden mehrheitlich als autochthon verstanden. Dies war Ausdruck des damaligen Glaubens an die Determiniertheit durch Umweltbedingungen, wie ihn besonders Carl Ritter vertrat (Ritter 1829). Einige der Wissenschaftler, die an Arbeiten zu den Verbreitungsprovinzen beteiligt waren, etwa Agassiz, brachten in verschiedenen geologischen Stadien und an vielen geografischen Orten »the intervention of a Creator« ins Spiel (Agassiz 1843; 1854; 1962, 34–40, 64, 104).

Besonders Pflanzen wurden hierbei als Arten angesehen, deren Verbreitungsgebiet genau definiert war, vertikal von geringer zu großer Meereshöhe in Bergregionen, und horizontal entlang der Breitengrade vom Äquator zu den Polkappen (Humboldt 1817). Im Kontext der Humboldtschen Geografie erfuhr die Bedeutung von Arten als Einheiten der Linnéschen Taxonomie dadurch eine bedeutende Steigerung, dass sie zusätzlich als wechselseitig abhängige Mitglieder von Gemeinschaften aufgefasst wurden. Einzelne Arten oder einzelne Exemplare einer Art hätten allein nicht überleben können – ihr Überleben erforderte eine Gemeinschaft. Folglich musste der Urzeugungsprozess mehrere Arten und mehrere Exemplare jeder Art zu demselben Zeitpunkt hervorgebracht haben. Obwohl Humboldt niemals eine klare, ausführliche Theorie der Artenentstehung vortrug, widersprach er solchen von seinen Kollegen explizit dargelegten Äußerungen nicht.

Das multiple Entstehen von Exemplaren derselben Art schien zusätzlich bestätigt zu werden durch die Entdeckung von identischen Arten in völlig voneinander getrennten Verbreitungsprovinzen, beispielsweise von bestimmten monokotylen (mit nur einem Keimblatt versehenen) Gräsern und Halbgräsern und sogar der dikotylen Mehlprimel (*Primula farinosa*) auf den Malwinen (Falklandinseln) und im nördlichen Europa (Candolle 1835, 317–18). Solche Beispiele, in denen Migration oder Transport praktisch ausgeschlossen schien, zeigten, dass dieselbe Art an mehr als einem Ort spontan entstehen konnte. Wenn das so war, dann konnte auch in einer einzigen Region eine Art durch die Urzeugung mehrerer Exemplare zur gleichen Zeit entstanden sein, was die Wahrscheinlichkeit ihres Überlebens vergrößerte. Solche Implikationen verliehen dem genauen Vorkommen einer Art auf dem Globus eine Bedeutung für die wissenschaftlichen Theorien; mehrere Jahrzehnte lang wurde eine enorme Arbeitsleistung in aufwändige Statistiken zur Verbreitung der Arten investiert: »Pflanzenstatistik« und Landkarten, die die Verbreitungsprovinzen zeigten, bekamen besondere Bedeutung und viele derartige Übersichten wurden in der ersten Hälfte des 19. Jahrhunderts veröffentlicht.

Eine ganze Generation berühmter Humboldtscher Biogeografen befürwortete Autochthonie, darunter schon früh der Kopenhagener Botaniker Joakim Frederick Schouw, bekannt für seine Definition von über zwanzig Verbreitungsprovinzen oder »Reichen« (Schouw 1823). Zu dieser Gruppe gehörten auch der Berliner Botaniker Franz Meyen, der Genfer Pflanzengeograph Alphonse de Candolle, der österreichische Tiergeograph Ludwig Schmarda und der Göttinger Professor für Naturgeschichte und Direktor des Botanischen Gartens August Grisebach, der noch 1872, also lange nach dem Erscheinen von Darwins *On the Origin of Species*, für die Urzeugung jeder charakteristischen, autochthonen Flora durch ausgestreute Keime eintrat (Meyen 1836, 312; Grisebach 1872, Bd. 1, 3–5).

Anthropogeografie

Die dramatischsten Konsequenzen entfaltete der Urzeugungsgedanke durch seine Übernahme als Leitkonzeption in der romantischen Anthropologie. Praktisch ohne Ausnahme glaubten ihre Spitzenrepräsentanten in der deutschsprachigen Welt an die Urzeugung des Menschen. Wie in der Biogeografie ganz allgemein, so wurde in der Anthropogeografie das Phänomen der Verbreitungsprovinzen auf autochthone Ursprünge und Entstehung durch Autogenese zurückgeführt. Pflanzen- und Tiergeografie schienen zu zeigen, dass eine Spezies nicht auf ein einziges Exemplar oder ein einziges Paar zurückgehen müsse, sondern auch auf multiple erste Vertreter, entstanden jeweils aus unbelebter Materie entweder an einem Ort oder in weit voneinander entfernten Teilen der Erde. Auf die Spezies Mensch angewandt, konnte diese Schlussfolgerung explosive Auswirkungen haben, weil sie es ermöglichte, sich Menschenrassen als Autochthone vorzustellen – als Varietäten innerhalb der Menschheit mit jeweils gesondertem geografischem Ursprung, auch wenn sie eine einzige Art, *Homo sapiens*, darstellten.

Zu dieser Zeit – Mitte des 19. Jahrhunderts – als die physische Anthropologie das Konzept der Rasse wissenschaftlich zu präzisieren suchte und dieses, auf der politischen Bühne, Bedeutung für die Praxis der Sklaverei erlangte, war das Modell der Polygenese durch Urzeugung Wasser auf die Mühlen der Befürworter der Sklaverei. Sklavereigegner jedoch, wie beispielsweise Blumenbach, der in seiner Doktorarbeit *De generis humani varietate nativa liber* (2. Aufl. von 1781 und spätere) fünf jeweils zu einem bestimmten Erdteil gehörende menschliche Varietäten definiert hatte, beharrten darauf, dass die Menschheit einen einzigen gemeinsamen Ausgangspunkt teile. Im Laufe der Zeit waren die Menschen gewandert und hatten sich dabei in verschiedene »Rassen« aufgeteilt, und zwar infolge eines als »Degeneration« bezeichneten Vorgangs (der Begriff implizierte keine Abwertung und bedeutete lediglich ein Abweichen von der ursprünglichen Form).

Einige Kollegen auf dem Gebiet der Anthropologie teilten Blumenbachs monogenistischen Standpunkt, darunter James Cowles Pritchard, der in seinen *Researches into the Physical History of Man* (1813) ein einziges Schöpfungszentrum für den Menschen identifizierte (eine eindeutige Wahl zwischen göttlicher Schöpfung und Autogenese traf er jedoch nicht), und andere Autogenisten waren in der Frage des *Homo sapiens* derselben Ansicht wie Blumenbach und Pritchard. Einer von ihnen war Burdach, der die Verbreitung der menschlichen Varietäten auf dem Erdball als Folge von Wanderungsbewegungen sah und das Problem folgendermaßen formulierte: »Da nun jede Gegend unsres Planeten die ihrer Eigenthümlichkeit entsprechenden Pflanzen und Thiere erzeugt hat, und da die verschiednen Menschenstämme, so weit unser Wissen in das Alterthum heraufreicht, immer dieselben Eigenthümlichkeiten gehabt haben, durch welche sie sich jetzt noch von einander unterscheiden, so ist die Behauptung aufgestellt worden, dass sie ursprünglich verschieden gewesen und in verschiednen Gegenden aus den Händen der schaffenden Natur hervorgegangen seien. [...] Der Mensch ist nicht wie Pflanze und Thier an die Scholle gebunden, und seine verschiedne Stämme können fern von der Heimath auf jedem Puncte der Erde sich behaupten, sind also nicht die Erzeugnisse eigner Klimate« (Burdach 1837, 742).

Ähnlich bedeutende Namen standen auf der Gegenseite. Der Berliner Anatom Karl Asmund Rudolphi vertrat die Ansicht, dass menschliche Rassen echte Ureinwohner der jeweiligen Regionen seien und dass ihre historische Verbreitung kein Ergebnis von Wanderungen darstelle, sondern von getrennten Entstehungsvorgängen *in situ* (Rudolphi 1821, 50–57). Eine gleiche Ansicht verfocht Carus. Zwar gab er zu, nichts über die Entstehung der Arten und insbesondere der menschlichen Spezies zu wissen, weil vorzeitliche Ursprünge außerhalb der Reichweite unserer Beobachtungsmöglichkeiten liegen. Dennoch formulierte er detaillierte Überlegungen, wie der Mensch entstanden sein musste, indem er die verschiedenen Wege zusammenfasste, wie dies *nicht* erfolgt sein konnte. Der Mensch war nicht so entstanden, wie es die Bibel beschreibt. *Homo sapiens* war nicht als ausgewachsenes Exemplar aufgetaucht, weder einzeln noch als Paar, wie Adam und Eva im Garten Eden. Auch war der Mensch nicht, wie einige Evolutionisten spekulierten, durch die Verwandlung von Affen zu Menschen entstanden. Die menschliche Spezies – so stellte er fest – hatte ihren Ursprung in urzeitlichen Bläschen, die sich unter milden und stabilen klimatischen Bedingungen in riesiger Zahl im Wasser gebildet hatten (Carus 1838, 112 f.).

Dieser Vorgang konnte und würde sich in verschiedenen Regionen der Erde abgespielt haben: Carus war ein Fürsprecher der Polygenese und verband dies mit der ausdrücklichen Behauptung der Ungleichheit der verschiedenen Rassen hinsichtlich ihrer intellektuellen Fähigkeiten. In einer berühmten *Denkschrift* aus Anlass der Feiern zur 100. Wiederkehr von Goethes Geburtstag legte Carus 1849 eine Weltkarte vor, in der er die Klimazone eingezeichnet hatte, die die höchstentwickelten Lebensformen hervorgebracht hatte und zu der selbstverständlich seine eigene Heimat gehörte.

Fazit: Jenseits von »Schöpfung versus Evolution«

Seit den Vorlesungen und Veröffentlichungen von Robert M. Young in den späten 1960er und frühen 1970er Jahren haben wir begonnen, Darwins Theorie als bedingt durch einen malthusianischen Gesamtkontext aus biologischen und soziologischen Theorien zu sehen (Young 1985). Andere, insbesondere Adrian Desmond, James Moore und Janet Browne haben Youngs Ansatz fortgeführt und seinen vor allem ideengeschichtlich definierten Gesamtkontext zu einem konkreteren, soziopolitischen umformuliert. Dabei berücksichtigten sie in großem Maße Faktoren wie die lokalen Bedingungen, Zeitumstände, Institutionen, Karriere, Familie, Interessengruppen, Rivalitäten und Strategien (Desmond/Moore 1991; Browne 1995, 2002). Mit anderen Worten: Wir sehen Darwins Theorie als wesentlich beeinflusst durch soziale Bedingungen und *On the Origin of Species* als verwurzelt in den öffentlichen und privaten Voraussetzungen seiner viktorianischen Herkunft.

Noch bei den 100-Jahres-Feiern zu Darwins Ehren 1959 hatte ein älterer Forschungsansatz im Mittelpunkt gestanden, der nach Darwins »Vorläufern« fragte und der heute noch immer angewendet wird. Er versuchte, Darwins Theorie kognitiv als das zwangsläufige Ergebnis des wissenschaftlichen Strebens nach Wahrheit zu begreifen, wobei die Vorläufer den Weg für den schließlichen Triumph des Darwinismus ebneten. Bedeutende und weniger bedeutende Biologen der unmittelbar vorhergehenden Generationen wurden nach dem Maßstab ihrer Haltung zum Problem der Arten beurteilt, und einige wurden zu »Vorläufern Darwins« gesalbt, die – ohne vollständigen Erfolg – versucht hatten, die Fesseln des theologischen Dogmas abzuschütteln. In ihren wissenschaftlichen Arbeiten war das Kommen des Messias der organischen Evolution zu erahnen – ein Ansatz, der seinen beinahe hymnischen Ausdruck in Bentley Glass' Vorwort zu dem Klassiker *Forerunners of Darwin: 1745–1859* fand (Glass 1959a, v-vi).

Die Narrative von den Vorläufern und ihrem Ringen um die einfache, aber grundsätzliche Entscheidung zwischen »Schöpfung« und »Evolution« hatte Darwin selbst begründet. Nach dem frühen Erfolg seines Buches stellte Darwin der dritten Auflage (und in erweiterter Form auch der vierten und den späteren) von *On the Origin of Species* den Abschnitt »A historical sketch« voran. Angeblich ein Bericht über »the progress of opinion on the origin of species«, präsentierte der »sketch« ausgewählte Vorläufer und Gegner und schuf einen selbstbestätigenden historischen Rahmen für die Präsentation der Darwinschen Geschichte, der seinen Anspruch untermauerte, dass keine wissenschaftliche Alternative zum Darwinismus existiere, weil es nur die Wahl gebe zwischen natürlichem Ursprung durch Evolution und übernatürlich-wunderartigem Ursprung durch Schöpfung. Darwin erwähnte die dritte Theorie nicht, obwohl sie, wie wir gesehen haben, lange vor *On the Origin of Species* breite Zustimmung gefunden hatte. Seit Darwin ist die dritte Theorie in den Hintergrund gedrängt und vergessen worden. Von den Historikern der Evolutionsbiologie kam Owsei Temkin in dem Band *Forerunners of Darwin* (1959) einer Anerkennung der dritten Theorie am nächsten, aber auch er überließ schließlich dem »Vorläufer«-Ansatz das Feld (Temkin 1959). In jüngerer Zeit haben Biologiehistoriker eine genaue Kenntnis der dritten Theorie bewiesen (Junker/Hoßfeld 2001, 18; s. a. Gliboff 2008), aber dennoch, wie schon Temkin, die Autogenisten als Quasi-Evolutionisten behandelt.

Die Wiederentdeckung der dritten Theorie eröffnet die Möglichkeit, Darwins allzu simples Schema von »evolution versus creation« zu überwinden und die Frage der Arten in der ganzen Komplexität zu betrachten, in der sie im 19. Jahrhundert diskutiert wurde. Liest man die historischen Quellen von Blumenbach bis Darwin in Kenntnis der Konzepte der dritten Theorie neu, führt dies zu grundsätzlichen

Verschiebungen in der Historiografie der Biologie des Ursprungs von Leben und Arten. Anstelle von Protodarwinisten im Kampf gegen rückständige Kreationisten werden Wissenschaftlergemeinschaften erkennbar, die ihren Beitrag leisteten zu einer bedeutenden und für die erste Hälfte des 19. Jahrhunderts kennzeichnenden Innovation in der Epistemologie der Naturwissenschaften, nämlich zum methodischen Naturalismus, genauer gesagt zu dessen Anwendung auf das Problem des Ursprungs von Leben und Arten und sogar des Ursprungs des *Homo sapiens*.

Keineswegs waren alle Autogenisten Anhänger des Artenfixismus. Einige kombinierten die Entstehung des Lebens und die Entstehung ursprünglicher Typen durch Autogenese mit dem schöpferischen Potenzial der Variabilität des Organischen. Blumenbach tat das in beschränktem Maße, etwa bei seiner Erklärung für das Entstehen der menschlichen Varietäten. Andere gingen wesentlich weiter. Jean-Baptiste de Lamarck, E. Geoffroy Saint-Hilaire und Robert Chambers, Letzterer der Verfasser der anonym erschienenen *Vestiges of the Natural History of Creation* (1844), können als Autogenisten gesehen werden, die die spontane Entstehung einfacher organischer Formen mit extremer Variabilität und Veränderung der Arten verbanden. Mit anderen Worten, wir können Lamarck, Geoffroy und andere angebliche »Darwinvorläufer« eher als Befürworter der Autogenese verstehen, die sich in der Frage der Variabilität stark exponierten, denn als Protodarwinisten.

Hier wurde versucht, Blumenbach, seine Kollegen und Freunde wieder mit den eigentlich von ihnen vertretenen Überzeugungen zu verknüpfen, mit Theorien also, die zwar für Entstehung des Darwinismus eine Rolle gespielt haben mögen, die sich aber von ihm unterscheiden und ein eigenes, bedeutsames Kapitel in der Geschichte der Biowissenschaften darstellen. Es ist ein wichtiges Desiderat in der Geschichtsschreibung der Evolutionsbiologie, die »politics of the third theory« zu erforschen, ähnlich wie Young dies für die Theorie der »evolution by natural selection« (Evolution durch natürliche Auslese) begonnen hat und es die heutige Generation der Darwinforscher fortführt.

Literatur

Agassiz, Louis (1843): Ueber die Aufeinanderfolge und Entwickelung der organisirten Wesen auf der Oberfläche der Erde in den verschiedenen Zeitaltern. Halle.
Agassiz, Louis (1854): »Sketch of the Natural Provinces of the Animal World and their Relation to the Different Types of Man«. In: J.C. Nott/George R. Gliddon: Types of Mankind. Philadelphia, lviii-lxxvi.
Agassiz, Louis (1962): Essay on Classification [1857]. Cambridge (Mass.).
Blumenbach, Johann Friedrich (1806[2]): Beyträge zur Naturgeschichte [1790]. Bd. 1. Göttingen.
Blumenbach, Johann Friedrich (1830[12]): Handbuch der Naturgeschichte [1779–1780]. Göttingen.
Bowler, Peter J. (1984): Evolution. The History of an Idea. Berkeley/Los Angeles/London.
Bronn, Heinrich Georg (1843): Handbuch einer Geschichte der Natur. Bd. 2. Stuttgart.
Bronn, Heinrich Georg (1858): Untersuchungen über die Entwickelungs-Gesetze der organischen Welt während der Bildungs-Zeit unserer Erd-Oberfläche. Stuttgart.
Browne, Janet (1995): Charles Darwin. Voyaging. Bd. 1. New York.
Browne, Janet (2002): Charles Darwin. The Power of Place. Bd. 2. New York.
Buch, Leopold von (1825): Physicalische Beschreibung der Canarischen Inseln. Berlin.
Burdach, Karl Friedrich (1837): Anthropologie für das gebildete Publicum. Stuttgart.
Burmeister, Hermann (1848[3]): Geschichte der Schöpfung. Eine Darstellung des Entwickelungsganges der Erde und ihrer Bewohner. Für die Gebildeten aller Stände [1843]. Leipzig.
Candolle, Alphonse de (1855): Géographie botanique raisonnée: ou exposition des faits principaux et des lois concernant la distribution géographique des plantes de l'époque actuelle. 2 Bde. Paris/Genf.
Carus, Carl Gustav (1838): System der Physiologie für Naturforscher und Ärzte. Dresden/Leipzig.
Carus, Carl Gustav (1849): Denkschrift zum hundertjährigen Geburtsfeste Goethe's. Ueber ungleiche Befähigung der verschiedenen Menschheitsstämme für höhere geistige Entwickelung. Leipzig.
Chambers, Robert (1858[2]): Natürliche Geschichte der Schöpfung des Weltalls, der Erde und der auf ihr befindlichen Organismen, begründet auf die durch die Wissenschaft errungenen Thatsachen [Vestiges of the Natural History of Creation, 1844]. Braunschweig (übersetzt von Carl vogt nach der 6. Aufl. des Originals).
Desmond, Adrian/Moore, James (1991): Darwin. London.
Farley, John (1974): The Spontaneous Generation Controversy from Descartes to Oparin. Baltimore/London.
Forbes, Edward (1846): »On the Connexion Between the Distribution of the Existing Fauna and Flora of the British Isles, and the Geological Changes Which Have Affected their Area, Especially During the Epoch of the Northern Drift«. In: Memoirs of the Geological Society of Great Britain 1: 336–432.
Forbes, Edward (1855): »Abstract of the Theory of Specific Centres«. In: Baden Powell (Hg.): Essays on the Spirit of the Inductive Philosophy. London, 498–500.
Fry, Iris (2000): The Emergence of Life on Earth. Historical and Scientific Overview. New Brunswick (NJ)/London.
Giboff, Sander (2008): H.G. Bronn, Ernst Haeckel, and the Origins of German Darwinism. A Study in Translation and Transformation. Cambridge (Mass.).

Glass, Bentley (1959a): »Preface«. In: ders.: Owsei Temkin und William L. Straus, Jr. (Hg.): Forerunners of Darwin: 1745–1859. Baltimore, v-vi.

Glass, Bentley (1959b): »Heredity and Variation in the Eighteenth Century Concept of the Species«. In: ders.: Owsei Temkin und William L. Straus, Jr. (Hg.): Forerunners of Darwin: 1745–1859. Baltimore, 144–172.

Grisebach, August Heinrich Rudolf (1872): Die Vegetation der Erde nach ihrer klimatischen Anordnung. Ein Abriss der vergleichenden Geographie der Pflanzen. 2 Bde. Leipzig.

Hoff, Karl Ernst Adolf von (1826): Erinnerung an Blumenbach's Verdienste um die Geologie. Gotha.

Hooker, Joseph Dalton (1856): »Géographie Botanique Raisonnée«. In: Hooker's Journal of Botany and Kew Garden Miscellany 8: 54–64, 82–88, 112–121, 151–157, 181–191, 214–219, 248–256.

Humboldt, Alexander von (1817): De distributione geographica plantarum secundum coeli temperiem et altitudinem montium prolegomena. Lutetiae Parisiorum.

Huxley, Thomas Henry (1854): »Vestiges of the Natural History of Creation«. In: British and Foreign Medico-Chirurgical Review 26: 425–439.

Jörg, Johann Christian Gottfried (1815): Grundlinien zur Physiologie des Menschen. Leipzig.

Junker, Thomas und Hoßfeld, Uwe (2001): Die Entdeckung der Evolution. Eine revolutionäre Theorie und ihre Geschichte. Darmstadt.

Lamétherie, Jean-Claude de (1795): Théorie de la terre. 3 Bde. Paris.

Lamétherie, Jean-Claude de (1804): Considérations sur les êtres organisés. 2 Bde. Paris.

Leuckart, Friedrich Sigismund (1832): Allgemeine Einleitung in die Naturgeschichte. Stuttgart.

Lippmann, Edmund O. von (1933): Urzeugung und Lebenskraft. Berlin.

Lyell, Charles (1832): Principles of Geology, Being an Attempt to Explain the Former Changes of the Earth's Surface, by Reference to Causes now in Operation. Bd. 2. London.

Meyen, Franz Julius Ferdinand (1836): Grundriss der Pflanzengeographie. Berlin.

Müller, Johannes (1840): Handbuch der Physiologie des Menschen. Bd. 2. Koblenz.

Müller, Johannes (1844[4]): Handbuch der Physiologie des Menschen. Bd. 1 [1836]. Koblenz.

Oken, Lorenz (1805): Die Zeugung. Bamberg.

Oken, Lorenz (1819): »Entstehung des ersten Menschen«. In: Isis oder Encyclopädische Zeitung 2: 1118–1123.

Ritgen, Ferdinand August (1832): Probefragment einer Physiologie des Menschen. Kassel.

Ritter, Carl (1829): »Ueber geographische Stellung und horizontale Ausbreitung der Erdtheile«. In: Abhandlungen der historisch-philologischen Klasse der Königlichen Akademie der Wissenschaften zu Berlin 1826:103–127.

Rudolphi, Karl Asmund (1821): Grundriss der Physiologie. Bd. 1. Berlin.

Rupke, Nicolaas A. (2005): »Neither Creation nor Evolution: the Third Way in Mid-Nineteenth Century Thinking about the Origin of Species«. In: Annals of the History and Theory of Biology 10: 143–172.

Rupke, Nicolaas A. (2008): »The Origin of Species from Linnaeus to Darwin«. In: Marco Beretta/Karl Grandin/Svante Lindqvist (Hg.): Aurora Torealis. Studies in the History of Science and Ideas in Honor of Tore Frängsmyr. Sagamore Beach (Mass.), 71–85.

Rupke, Nicolaas A. (2009a): »Biologie ohne Darwin: Die historische Alternative zur Evolutionsorthodoxie«. In: Norbert Elsner/Hans-Joachim Fritz/Stephan Robbert Gradstein/Joachim Reitner (Hg.): Evolution. Zufall und Zwangsläufigkeit der Schöpfung. Göttingen, 45–70.

Rupke, Nicolaas A. (2009b): Richard Owen: Biology without Darwin. Chicago/London.

Rupke, Nicolaas A. (2010): »Darwin's Choice: the Contingency of the Theory of Evolution by Natural Selection«. In: Denis Alexander/Ronald L. Numbers (Hg.): Biology and Ideology from Descartes to Dawkins. Chicago/London.

Schmarda, Ludwig K. (1853): Die geographische Verbreitung der Thiere. Wien.

Schopenhauer, Arthur (1956): Parerga und Paralipomena [1851]. In: ders.: Werke. Bd. 5. Stuttgart/Frankfurt a. M.

Schouw, Joakim Frederik (1823): Grundzüge einer allgemeinen Pflanzengeographie. Berlin.

Strick, James (2000): Sparks of Life. Darwinism and the Victorian Debates over Spontaneous Generation. Cambridge (Mass.).

Taschenberg, Otto (1882): Die Lehre von der Urzeugung sonst und jetzt. Halle.

Temkin, Owsei (1959): »The Idea of Descent in Post-Romantic German Biology: 1848–1858«. In: Bentley Glass/Owsei Temkin/William L. Straus, Jr. (Hg.): Forerunners of Darwin: 1745–1859. Baltimore, 323–355.

Treviranus, Gottfried Reinhold (1803): Biologie, oder Philosophie der lebenden Natur für Naturforscher und Ärzte. Bd. 2. Göttingen.

Valentin, Gabriel Gustav (1851[3]): Grundriß der Physiologie des Menschen [1846]. Braunschweig.

Virchow, Rudolf (1856): »Alter und neuer Vitalismus«. In: Archiv für pathologische Anatomie und Physiologie und für klinische Medizin 9: 3–55.

Vogt, Carl (1854[2]): Lehrbuch der Geologie und Petrefactenkunde. Zum Gebrauche bei Vorlesungen und zum Selbstunterrichte. 2 Bde. [1844]. Braunschweig.

Young, Robert M. (1985): Darwin's Metaphor. Nature's Place in Victorian Culture. Cambridge.

Nicolaas A. Rupke

3. *On the Origin of Species* und die Evolutionsbiologie bis 1900

Die Veröffentlichung von Charles Darwins *On the Origin of Species* im Jahr 1859 löste eine große Kontroverse aus, doch in den 1870er Jahren hatten die Wissenschaftlergemeinschaft und die allgemeine Öffentlichkeit die Idee der Evolution weitgehend akzeptiert. Viele Wissenschaftler bezeichneten sich selbst als Anhänger des »Darwinismus«. Das hieß jedoch nicht unbedingt, dass sie die Theorie, die Darwin erarbeitet hatte, um zu erklären, wie die Evolution funktioniert, in allen Einzelheiten übernahmen. Wissenschaftshistoriker sind sich heute bewusst, dass das späte 19. Jahrhundert etwas erlebte, was Julian Huxley später den »Niedergang des Darwinismus« nannte, eine Phase, in der die Theorie der natürlichen Auslese abgelehnt wurde und vielfältige nicht-darwinistische Mechanismen hoch im Kurs standen, darunter auch Saltationen (Evolution in Sprüngen) und eine Wiederbelebung von Jean-Baptiste de Lamarcks früher Theorie der Vererbung erworbener Eigenschaften. Die Alternative der sprunghaften Evolution sollte beim Entstehen der Mendelschen Genetik eine Schlüsselrolle spielen und insofern auch indirekt für die Ausformulierung des modernen Neodarwinismus – aber nur wenige frühe Genetiker betrachteten die natürliche Selektion als einen Hauptmechanismus der Evolution.

Die zeitweilige Beliebtheit von anti-darwinistischen Theorien der Evolution um 1900 wird inzwischen allseits eingeräumt, doch die Historiker sind sich weitaus weniger einig hinsichtlich des Charakters des Darwinismus, der von den 1860ern bis in die 1880er akzeptiert war. Von einigen wurde die Ansicht vertreten, Darwins Anhänger hätten seinen Namen nur benutzt, um zu signalisieren, dass sie ihm folgten, soweit es die Idee der Evolution im Ganzen betraf (Bowler 1983, 1988). Viele glaubten nicht daran, dass die natürliche Auslese der wichtigste Mechanismus der Evolution sei, und sprachen sich bereits für Alternativen aus, die jenen glichen, die im weiteren Verlauf des Jahrhunderts noch offen Zuspruch finden sollten. Nach den Maßstäben des modernen Neodarwinismus waren sie eigentlich überhaupt keine Darwinisten, und die Popularität des Evolutionismus beruhte auf der Überzeugung, dass er mit einer Weltsicht vereinbar war, in der die Entwicklung des Lebens bis zur menschlichen Gattung einem moralischen Zweck gehorchte. Die radikaleren Ideen, die Darwins eigene Theorie enthielt, wurden letztlich untergraben, damit eine kosmologische Teleologie bewahrt werden konnte.

Andere Historiker sind der Ansicht, zwischen Darwin selbst und der ersten Generation der Darwinisten – insbesondere deutschen Biologen wie Ernst Haeckel – habe es eine viel größere Kontinuität gegeben (Gliboff 2008; Richards 1993, 2008). Dieses Argument sucht auf zwei Ebenen nach der Kontinuität: Zum einen bemüht es sich, Darwin vom modernen Neodarwinismus zu distanzieren und deutlich zu machen, dass auch er selbst nach wie vor glaubte, die Evolution zeige einen Fortschrittstrend. Zum anderen versucht es, die nicht-darwinistischen Anteile im Denken von Haeckel und anderer früher Darwinisten zu minimieren, indem es nahelegt, dass sie die radikalen Implikationen der Theorie natürlicher Auslese wenigstens in dem Maße würdigten wie Darwin selber. Der Standpunkt, den man zu dieser Debatte einnimmt, hängt davon ab, wie man zu diesen beiden Fragen steht: War Darwin ein wahrhaft radikaler Denker, der all die beunruhigenden anti-teleologischen Implikationen annähernd verstanden hatte, die moderne Neodarwinisten in der Theorie natürlicher Selektion erkannt haben, oder war er noch in einem gewissen Grade alten Denkweisen verhaftet? Und hatten seine frühen Anhänger die Theorie der natürlichen Auslese und die in *On the Origin of Species* ausgeführten Konsequenzen wirklich akzeptiert oder zollten sie diesen nur ein Lippenbekenntnis, während sie an einer evolutionären Weltsicht arbeiteten, die Darwin selbst nicht gebilligt haben würde?

Dieser Beitrag möchte das skizzierte Problem angehen, indem er zunächst den Inhalt von Darwins Buch skizziert und sich bemüht, dessen Originalität einzuschätzen – einerseits im Vergleich zu den herkömmlichen Auffassungen der Zeit, andererseits als Quelle der Erkenntnisse, die von modernen Neodarwinisten heute einhellig gewürdigt werden. Er wird die durch *On the Origin of Species* ausgelöste Debatte und die Positionen, die von den frühen Darwinisten und ihren wissenschaftlichen Gegnern bezogen wurden, einer systematischen Betrachtung unterziehen. Er wird dann den Debatten im späten 19. Jahrhundert nachgehen, in groben Zügen das Aufkommen explizit anti-darwinistischer Theorien der Evolution beschreiben und fragen, wie sie mit früheren darwinistischen und nicht-darwinistischen Theorien zusammenhingen. Abschließend soll die Rolle beurteilt werden, die bestimmte nicht-darwinistische Ideen für die Entstehung der Mendelschen Genetik gespielt haben, zusammen mit größeren Umwälzungen im evolutionären Denken, die in den Jahrzehnten um 1900 einsetzten.

Darwins Theorie

Die Theorie, die Darwin in *On the Origin of Species* veröffentlichte, war auf unterschiedlichen Ebenen innovativ. Sie behauptete einen neuen Mechanismus des Wandels, die natürliche Auslese, bettete diesen Mechanismus aber in ein umfassendes Weltbild ein, das die Evolution des Lebens zum ersten Mal als einen sich verzweigenden Prozess darstellte, anstatt als Aufstieg auf einer linearen Stufenleiter. Darwins These lautete, dass die grundlegende Triebkraft des Wandels in der Notwendigkeit bestehe, dass sich die Arten ihrer Umwelt anpassen. Als er diese auf ein Modell der Erdgeschichte anwandte, das auf der Annahme unaufhörlicher geologischer und folglich geografischer Veränderung beruhte, wurde ihm klar, dass physische oder ökologische Barrieren oft zu einer Trennung von Populationen einer Art führen würden, woraufhin sich jede isolierte Teilpopulation so gut wie möglich an ihre lokale Umwelt anpassen würde. Solche Ereignisse ließen sich am besten durch einen verzweigten Baum darstellen, nicht mit einer Stufenleiter, die zu einem einzigen Ziel führt, und die Verzweigung würde auf allen Ebenen erfolgen und somit erklären, warum die Taxonomen in der Lage sind, Arten innerhalb von Gruppen zu Gruppen zu klassifizieren. Verwandte Arten haben eine zugrunde liegende Ähnlichkeit, weil sie eine gemeinsame Abstammung teilen, und je enger die Verwandtschaft ist, desto kürzer liegt diese gemeinsame Abstammung zurück. So haben sich die Arten einer Gattung vor verhältnismäßig kurzer Zeit getrennt. Wollte man hingegen beispielsweise das Auftreten der Hauptordnungen der Säugetiere erklären, müsste man eine umfangreiche divergente Spezialisierung von einem sehr entfernten, primitiven, säugetierähnlichen gemeinsamen Vorfahren anführen, wobei sich jeder Hauptzweig auf jeder Ebene unterteilt. Es gab kein gemeinsames Ziel, auf das sich alle hinentwickelten, und keine Garantie, dass jeder Zweig überleben würde – in der Darwinschen Weltsicht war das Aussterben eine stets präsente Möglichkeit.

Für moderne Leser klingt dieses Evolutionsmodell so selbstverständlich, dass es schwierig sein mag einzuschätzen, wie radikal es war. Einige Evolutionisten vor Darwin hatten ihre Aufmerksamkeit mehr dem allmählichen Aufstieg des Lebens von seinen hypothetischen primitiven Ursprüngen gewidmet und waren deshalb geneigt, die Evolution als das Erklimmen einer mehr oder weniger geradlinigen Stufenleiter anzusehen, was auf die alte Vorstellung von einer »Kette der Wesen« zurückgehen konnte, die von der niedrigsten Lebensform bis zur Menschheit reichte. Wenn man akzeptierte, dass die ersten, spontan erzeugten Lebensformen sehr einfach waren, war Fortschritt in irgendeiner Form offenkundig notwendig – denn er war der einzige Weg, wie die höheren Tiere unserer Zeit zustandekommen konnten. Man war aber versucht anzunehmen, dass der Fortschritt ein dem Leben innewohnender Trend sei, der von einem speziellen Mechanismus für wachsende Komplexität erzeugt werde. Evolutionsmodelle, die auf dieser Annahme fußten, neigten dazu, das Ausmaß jeder Verzweigung möglichst gering zu veranschlagen, indem sie die niederen Tiere als unreif oder als unterentwickelte Varianten der weiter vorangeschrittenen menschlichen Lebensform interpretierten. Das war das Bild der Evolution, das Robert Chambers 1844 mit seinem anonym veröffentlichten Buch *Vestiges of the Natural History of Creation* populär machte. Demnach gab es parallel laufende Entwicklungslinien, die unabhängig voneinander dieselbe Stufenleiter erkletterten, wobei einige weiter hinauf kamen als andere. Die Triebkraft dahinter war eine Erweiterung der embryologischen Entwicklung, die, wie man annahm, einem vorbestimmten Schema folgte, das irgendwie Teil der Naturgesetze sei (Hodge 1972, Secord 2000).

Chambers hatte wenig Interesse an der Frage, wie die Arten eine Anpassung an ihre Umwelt erzielen, sondern seine Aufmerksamkeit galt fast ausschließlich der Idee evolutionären Fortschritts bis zur Menschheit. Die ältere Theorie von Jean-Baptiste de Lamarck berief sich zwar ebenfalls auf einen Fortschrittstrend, doch Lamarck beobachtete, dass die hypothetische lineare Abfolge von Organismen, die aus einem solchen Trend hervorgehen könnte, in der Praxis nicht verwirklicht wurde, was er mit einer zweiten, störenden Kraft erklärte, die sich aus der Notwendigkeit einer Anpassung der Arten an ihre Umwelt ergab. Er schlug den Mechanismus der Vererbung erworbener Eigenschaften vor. Organismen können ihre Struktur durch Gebrauch und Nichtgebrauch, durch neue Gewohnheiten ändern, um in einer veränderten Umwelt zurecht zu kommen. Wenn solche erworbenen Änderungen an die nächste Generation vererbt werden, werden sie sich innerhalb der Art häufen und zur Ausbildung neuer und gut angepasster Strukturen führen. Dieser Mechanismus sollte für den verbleibenden Teil des 19. Jahrhunderts in weiten Kreisen akzeptiert sein (in gewissem Grade sogar von Darwin selbst). Lamarck bemerkte allerdings nicht, dass sich die Idee eines inhärenten Fortschrittstrends und das Modell einer linearen Stufenleiter erübrigten, wenn man die Anpassung zum primären Gesichtspunkt des Wandels erhob und den Fortschritt als Nebenprodukt einer zunehmenden Adaption behandelte.

Darwin war von der englischen Tradition der Naturtheologie, namentlich vertreten durch William Paley, inspiriert, so dass er vielleicht deshalb die Frage nach der Evolution vorrangig über das Problem anging, eine Alternative zur göttlichen Schöpfung zu finden, als Erklärung dafür, warum die Arten an ihre Umwelt angepasst sind (Bowler 1990; Browne 1995, 2002; Desmond/Moore 1991). Er war auch von Charles Lyells Prinzip der Uniformität in der Geologie beeinflusst, die alle Veränderungen auf der Erdoberfläche als Folgen aktuell beobachtbarer Ursachen erklärte, wie z. B. Erdbeben oder über ungeheuer lange Zeiträume wirkende Erosion. Nachdem er Alexander von Humboldts Berichte von dessen Reisen und Erkundungen in Südamerika gelesen hatte, wollte Darwin eine Forschungsreise in die Tropen unternehmen und bekam die Gelegenheit dazu durch eine Einladung, als Naturforscher an der Vermessungsfahrt der H.M.S. Beagle teilzunehmen (1831–1836).

In der Folge seiner Beobachtungen auf den Galapagosinseln erkannte Darwin, dass sich geografisch getrennte Populationen, wie in diesem Fall verursacht durch zufällige Ausbreitung auf eine Reihe von Ozeaninseln, auf eigene Weise an den Lebensraum anpassen würden, was letztlich zum Auftreten einer Gruppe eng verwandter Arten führen würde. Nach seiner Rückkehr nach Großbritannien im Jahr 1836 verallgemeinerte er dieses Modell sehr schnell, da er vermutete, man könne das gesamte Schema der Verwandtschaftsverhältnisse im Tier- und im Pflanzenreich erklären, wenn man eine fortwährende Abfolge solcher Aufspaltungen postuliere, die sich über die gesamte geologische Zeit erstrecke. Fortschritt könne hin und wieder erfolgen, weil einige adaptive Veränderungen die Entwicklung neuer, komplexerer Strukturen beinhalten würden. Eine Notwendigkeit des Fortschritts gebe es aber nicht, weil viele Spezialisierungen keinen Zuwachs an Komplexität beinhalten und manche sogar degenerativ sein können, wie im Falle der Parasiten. Wenn niedere Arten an eine stabile Umwelt gut angepasst seien, gebe es für sie keine Notwendigkeit, sich zu verändern. Darwin akzeptierte auch, dass in Fällen, in denen sich die Population nicht schnell genug an den Wandel anpassen konnte, es zum Aussterben kam.

Darwin hat anscheinend in einem sehr frühen Stadium seines Denkens erkannt, dass sein Modell der Evolution einen Wandel implizierte, bei dem es keine vorgegebene Richtung geben konnte und folglich auch kein Ziel, auf das hin sich das Leben als Ganzes oder auch nur irgendeiner Gruppe von Arten entwickelte. Dieser Punkt wurde durch den Mechanismus deutlich gemacht, den er ausarbeitete, um zu erklären, wie Wandel durch Anpassung erfolgt: über die natürliche Auslese. Er war mit dem Lamarckschen Mechanismus der Vererbung erworbener Eigenschaften nicht zufrieden (obwohl er ihn nicht vollends verwarf) und suchte nach einem anderen Vorgang, der begründen konnte, wie sich eine Art an eine neue Umgebung anpasst. Er fing an, sich mit der Arbeit von Tierzüchtern auseinanderzusetzen, wo es ihm möglich war, signifikante Veränderungen zu beobachten, die in kleinen Populationen über ein paar Generationen hinweg erzeugt wurden. Die Züchter zeigten ihm, dass es immer eine kleine Zahl von Variationen zwischen den Individuen einer Population gibt. Ihre neuen Züchtungen von Tauben, Hunden usw. erzielten sie durch systematische Nachzucht nur aus solchen Individuen, die in einer bestimmten Hinsicht variierten, und durch Ausmerzung aller übrigen. So wie Darwin die Entdeckung später beschrieb, sah er sich auf diese Weise veranlasst nachzuforschen, ob es einen natürlichen Prozess geben könnte, der eine analoge Wirkung wie diese künstliche Auslese zu erzielen vermochte (seine Notizbücher aus dieser Zeit legen allerdings nahe, dass die Entstehung dieser Erkenntnis um einiges komplizierter war). Die Lösung bot sich an, als er den *Essay on the Principle of Population* von Thomas Malthus las, der die Ansicht vertrat, dass die Neigung der Menschen, mehr Kinder zu erzeugen, als das Nahrungsangebot zu erhalten vermag, unweigerlich zu Armut und Tod führt. Malthus erging sich in Vermutungen über die Wirkung des Bevölkerungsdrucks auf primitive Stämme und meinte, dieser würde zu einem »Existenzkampf« führen, in dem die Schwächsten umkommen. Darwin verallgemeinerte diese Einsicht in der Erkenntnis, dass es bei den Tierarten einen dauernden Existenzkampf zwischen allen Individuen einer Population gebe. Jede Variante, die einem Individuum half, sich an seine Umwelt anzupassen, würde dessen Chance verbessern, zu überleben und Nachkommen zu haben, während jede nachteilige Variante Entbehrung und frühzeitigen

Tod mit sich brächte. Damit war ein natürlicher Selektionsprozess entwickelt, der die Population über viele Generationen hinweg an Veränderungen in ihre Umwelt anpassen würde.

Die entscheidenden Komponenten der natürlichen Selektion waren Variabilität, Vererbung und Existenzkampf. Darwin dachte gründlich darüber nach, wie neue Merkmale hervorgebracht und weitergegeben werden. Seine Ideen unterschieden sich allerdings stark von den später in der modernen Genetik entwickelten Vorstellungen. Seine Theorie der »Pangenesis« besagte, dass die Körperteile kleine Teilchen abgaben, die er »Gemmulae« nannte und die dafür zuständig waren, im Embryo der nächsten Generation denselben Teil auszubilden. Die Gemmulae würden jegliche Veränderung am Körper des Elternteils widerspiegeln (folglich den Lamarckschen Effekt zulassen), aber auch die Veränderung der Umwelt würde deren Produktion stören und zu ungerichteten Abweichungen führen, die sich in der Population als individuelle Variabilität zeigten. Darwin glaubte, dass die domestizierten Populationen mehr Variation aufwiesen als wilde, weil sie in einer künstlichen Umwelt aufgezogen wurden, war aber überzeugt, dass es auch bei wilden Populationen eine geringfügige Variabilität gebe, insbesondere dann, wenn sich die lokale Umwelt veränderte.

Die wichtigsten Einflüsse auf Darwins Denken stammten aus der utilitaristischen Tradition des britischen Denkens, einschließlich der Ideen von Paley und Malthus und der praktischen Techniken von Tierzüchtern. Humboldts poetische Beschreibungen der Tropen hatten ihn aber ebenfalls inspiriert, und einige Forscher glauben, seine Bereitschaft, sich auf eine dynamischere Sicht der Natur einzulassen, verdanke sich zum Teil einem Einfluss der Romantik und seiner Lektüre des idealistischen Ansatzes, den deutsche Biologen vorzogen. Die extremste Variante dieser Position wird von Robert J. Richards (1992) vertreten, der Darwin als ein Produkt der deutschen morphologischen Tradition betrachtet, die in der Reifungsentwicklung des Embryos das beste Modell für den Aufstieg des Lebens auf der Erde sah. Richards hat sicherlich recht, wenn er frühere Darstellungen in Frage stellt, die besagten, Darwin teile die Ablehnung der Idee evolutionären Fortschritts mit den modernen Neodarwinisten. Viele Wissenschaftler meinen aber, er gehe zu weit, wenn er Darwin als einen Befürworter der Rekapitulationstheorie schildert, derzufolge die Evolution durch die Anhängung von Stadien in der Individualentwicklung nach einem vorherbestimmten Schema abläuft.

In den ersten Kapiteln von *On the Origin of Species* wurde die Theorie der natürlichen Auslese im Grundriss vorgestellt, anschließend zeigte Darwin, wie seine Theorie einen großen Bereich andernfalls unerklärlicher Tatsachen über die natürliche Welt erklären konnte. Spätestens um diese Zeit hatte Darwin herausgearbeitet, dass die natürliche Auslese sogar in einer stabilen Umwelt unter den Arten eine Tendenz hervorrufen würde, sich zunehmend auf ihre Lebensweise zu spezialisieren, weil dies den Wettbewerb mit konkurrierenden Arten verringern konnte. Er versuchte, die wechselnden Grade der Hybridisierung zwischen Variationen und Arten damit zu erklären, dass lokale Variationen innerhalb einer Art (die untereinander noch kreuzbar waren) die ersten Stufen zur Herausbildung unterschiedlicher Arten seien (zwischen denen die Kreuzung schließlich unmöglich ist). Kapitel über die geografische Verbreitung zeigten, wie allein die zufällige Ausbreitung über geografische Hindernisse hinweg, gefolgt von der adaptiven Evolution, die Anomalien bei der Verbreitung erklären konnte, die nicht mit der Theorie vereinbar waren, Gott habe die Arten vollständig angepasst an ihre Umwelt erschaffen. Im Hinblick auf die Fossilgeschichte akzeptierte er, dass es viele Fälle gab, wo neue Formen scheinbar abrupt auftauchten, argumentierte aber, dass die Fossilfunde zwangsläufig unvollständig seien und dass die beobachtete Verteilung mit seiner Theorie übereinstimme, wenn man die Lücken einkalkulieren würde. Die morphologischen Auswirkungen der Evolution erklärten, warum es möglich war, die Arten in Gattungen einzuordnen, die Gattungen wiederum in Familien usw. Grade der Ähnlichkeit, auf welchen die Klassifikation beruhte, ergaben sich aus der Abweichung der Mitglieder einer Gruppe von einem gemeinsamen Ahnen. Auf der Grundlage der Annahme, dass Variationen normalerweise nur die späteren Entwicklungsstadien beeinflussen, waren auch embryologische Ähnlichkeiten mit der Theorie vereinbar. Mit Ausnahme von Richards sind sich die meisten Wissenschaftler einig, dass Darwin nicht der Meinung war, Embryonen rekapitulierten die Formenreihe ihrer ausgewachsenen Vorfahren. Vielmehr behielten sie die embryologischen Tiefenstrukturen ihrer Vorfahren bei und gaben so oft Hinweise auf Verwandtschaftsverhältnisse, die aus hochgradig veränderten erwachsenen Strukturen schwer zu schließen waren.

Darwin beendete sein Buch mit einer Schlussbetrachtung über die umfassendere Bedeutung der Evolution. Er erwähnte die Komplexität ökologischer Beziehungen zwischen den Arten (die Metapher der »dicht bewachsenen Uferstrecke«) und erwog die Möglichkeit, alles Lebendige könne durch einen gesetzesartigen Prozess von einer oder einigen wenigen Vorläuferformen abgeleitet sein. Er schrieb, diesen ursprünglichen Formen sei das Leben »eingehaucht« worden, und gebrauchte damit die biblische Sprache, um seine Theorie von dem heftig debattierten Thema der spontanen Erzeugung des Lebens zu distanzieren (klar ist allerdings, dass er in Wirklichkeit glaubte, die Entstehung des Lebens sei ein natürlicher, wenngleich völlig unbekannter Prozess). Schließlich hielt er fest, dass doch am Ende all der Kämpfe und des Leidens als Ergebnis das schrittweise Erscheinen der höheren Lebensformen stand, wodurch er seine Theorie, wenn auch nur indirekt, mit dem Fortschrittsgedanken verband.

Die Aufnahme von Darwins Theorie

Die Veröffentlichung von *On the Origin of Species* Ende 1859 entfachte eine intensiv geführte Kontroverse (Ellegård 1990; Engels 1995; Hull 1973). Sowohl in der Wissenschaft als auch in der größeren Öffentlichkeit stießen sich konservative Denker an der Behauptung, die Entwicklung des Lebens bis zum Menschen und einschließlich des Menschen könne ausschließlich naturalistisch erklärt werden. Darwin sprach die Frage menschlicher Ursprünge in seinem Buch nicht an. Durch Chambers und andere Autoren vor ihm war dieses Thema allerdings schon in den Vordergrund gerückt. Darwin selbst mischte sich erst 1871 mit *The Descent of Man* ein. Die Implikation, die menschliche Seele könnte sich auf natürliche Weise aus dem geistigen Leben höherer Tiere entwickelt haben, wurde für die Auffassung, es gebe absolute moralische Maßstäbe, zu deren Aufrechterhaltung wir verpflichtet seien, als verheerend angesehen.

Konservative Denker wandten sich zudem dagegen, das Argument des Designs fallenzulassen, die alte Überzeugung, die einzige zufriedenstellende Erklärung für die Komplexität und Zweckgerichtetheit lebendiger Strukturen bestehe darin, dass sie von einem intelligenten Schöpfer gestaltet wurden. Der Einwand beruhte nicht unbedingt auf dem Wunsch, eine reine biblische Theorie beizubehalten, derzufolge Gott jede einzelne Art auf übernatürliche Weise schuf (auch wenn diese Sicht unter den modernen Kreationisten wieder aufgetaucht ist). Als Darwin seine Schriften veröffentlichte, hatten viele liberale religiöse Denker bereits akzeptiert, dass Gott das Universum durch Gesetze steuert, und waren darauf vorbereitet, zumindest zu erwägen, ob diese Gesetze nicht auch neue Arten in Übereinstimmung mit einem göttlich vorgesehenen Plan hervorbringen könnten. Das war die bereits 1844 in Chambers' *Vestiges* vertretene Auffassung. Das Problem bestand darin, dass Darwins Theorie der natürlichen Auslese zwar auf einem von Gesetzen geregelten Prozess beruhte, aber nicht nach einem Mechanismus aussah, den ein weiser und liebender Gott verwenden würde, um seine Ziele zu verfolgen. Das Ausmaß an Leiden, das der Daseinskampf beinhaltete, war lediglich eine Schwierigkeit (obwohl jeder, der die Logik des Bevölkerungsgesetzes von Malthus akzeptierte, dem ohnehin ins Auge sehen musste). Schwerwiegender war die Tatsache, dass die natürliche Auslese auf einem Prozess aus Versuch und Irrtum basierte: Die Variation war nicht deshalb »zufällig«, weil sie keine Ursache hatte, sondern weil sie eine große Vielfalt meist zweckloser Eigenschaften hervorbrachte, weshalb es dann zwangsläufig einen Eliminierungsprozess geben musste, um alle auszumerzen bis auf die wenigen, die in der lokalen Umwelt zufällig gerade nützlich waren. Das war der Prozess, den der britische Philosoph Herbert Spencer als das »survival of the fittest« bezeichnete.

Einige dieser Bedenken wurden sogar von radikaleren Denkern und Wissenschaftlern geteilt, die bestrebt waren, den Schöpfungsgedanken durch eine natürliche Erklärung des Ursprungs der Arten zu ersetzen. Moderne Historiker sind heute der Meinung, dass der Zuspruch für die allgemeine Idee der Evolution im Laufe der 1860er Jahre zunahm, dies aber nicht deshalb, weil eine Mehrheit der Wissenschaftler glaubte, Darwins Theorie der natürlichen Auslese sei eine zufriedenstellende Erklärung dafür, wie die Evolution funktioniere (Bowler 1983, 1988). Spätestens in den 1870er Jahren gab es viele, die sich selbst »Darwinisten« nannten, die aber im modernen Sinne des Wortes keine Darwinisten waren. Sie sahen sich als Anhänger von Darwin, weil sie Evolutionisten waren, und nicht etwa, weil sie die Theorie der Selektion guthießen. Einige von Darwins stärksten Unterstützern, darunter auch der Morphologe Thomas Henry Huxley, hatten Zweifel, ob der Selektionsmechanismus ausreiche, und vermuteten, dass noch andere Prozesse beteiligt seien. Die Einwände gegen die Selektion und die vorgeschlagenen Alternativen scheinen die anti-darwinistischen Ideen vorwegzunehmen, die später während des »Niedergangs des Darwinismus« Verbreitung fanden. Da man aber zu diesem Zeitpunkt die anderen Mechanismen als Ergänzung der natürlichen Auslese ansah, betrachteten sich viele Wissenschaftler nicht als Skeptiker, sondern als Befürworter eines großzügig definierten Darwinismus.

An dieser Stelle muss man erwähnen, dass die Reaktion auf Darwins Buch von Land zu Land unterschiedlich ausfiel (Glick 1988). Es gab starke Parallelen zwischen der britischen und amerikanischen Reaktion, doch in Kontinentaleuropa gab es große Unterschiede dazu. In Frankreich hatte die Übersetzung von *On the Origin of Species* eine verhältnismäßig schwache Resonanz, und als die französischen Wissenschaftler schließlich anfingen, die Evolution ernstzunehmen, zogen sie den Lamarckismus und andere nicht-darwinsche Mechanismen vor. In Deutschland fertigte der Paläontologe Heinrich Georg Bronn eine Übersetzung an, und vor allem von Haeckel wurde die Theorie lebhaft aufgegriffen. Eine neuere Studie legt nahe, dass Bronn den Absichten Darwins wohlwollender gegenüberstand, als die meisten Historiker dachten, räumt aber zugleich ein, dass es nicht leicht war, einer deutschen Leserschaft das Material über künstliche Auslese und Tierzucht zu vermitteln (Gliboff 2008). Obwohl es anfänglich eine Welle der Ablehnung durch konservative Denker gab, scheint es mit Ausnahme von Frankreich im Laufe der 1860er eine allmähliche Bekehrung zur allgemeinen Idee der Evolution gegeben zu haben. Liberale und radikale Denker begrüßten die Theorie als einen Beitrag zu ihrer Kampagne, die Autorität der Kirchen zu untergraben. In Großbritannien wurde die Sache Darwins von Huxley energisch verteidigt (Di Gregorio 1984), dessen Sympathien wenigstens zu einem Teil von seiner Kampagne getragen waren, die professionelle Wissenschaftlergemeinschaft als eine Quelle der Autorität zu etablieren. Darwins Theorie erlaubte es Huxley, die von Klerikern amateurhaft betriebene Naturgeschichte alten Stils zu marginalisieren, weil die Theorie die Naturtheologie unterminierte. Als Morphologe war Huxley an solchen Aspekten von Darwins Denken, die dessen Vision einer ungerichteten, zieloffenen Evolution stützten (Biogeografie, Tierzucht), allerdings nicht sehr interessiert, und er gebrauchte die natürliche Auslese eher wie eine Waffe, um die Naturtheologie anzugreifen, denn als etwas, das seine biologische Arbeit revolutioniert hätte. Letztlich blieb Huxley überzeugt, dass die Variation von gesetzesartigen Prozessen innerhalb des Organismus gesteuert werde, die möglicherweise auch vermittels abrupter Sprünge vor sich gingen.

Paradoxerweise war das genau die Position, die einige von Darwins Gegnern einnahmen, was darauf schließen lässt, dass die Einteilung der Wissenschaftlergemeinschaft in darwinistische und anti-darwinistische Lager ebenso sehr von sozialen Netzwerken und umfassenderen ideologischen Positionen geprägt war wie von Meinungsverschiedenheiten in wissenschaftlichen Fragen. Nun muss man dazu sagen, dass die wenigen Naturforscher, die die Theorie der Selektion wirklich ernstnahmen, meist auf Gebieten wie der Biogeografie arbeiteten, wo das Modell isolierter Populationen, die sich vom Typus eines gemeinsamen Vorfahren in verschiedene Richtungen auseinanderentwickelten, am meisten Sinn machte. Das gilt für Alfred Russel Wallace und den Botaniker Joseph Dalton Hooker in Großbritannien und einen weiteren Botaniker, Asa Gray, in Amerika. Es war jedoch die Morphologie in Form der vergleichenden Anatomie und Embryologie, die Mitte des 19. Jahrhunderts die Biowissenschaften dominierte, und bei ihr sind die oben beschriebenen Zweideutigkeiten wie im Falle von Huxley offensichtlicher. Die Morphologen wollten die Beziehungen zwischen verschiedenen organischen Formen verstehen und die Grundidee der Evolution bot eine naturalistischere Alternative gegenüber der alten Idee idealisierter Archetypen, die eine jeder Gruppe zugrunde liegende Struktur definieren. Die Suche nach Vorfahren und der Versuch, die Evolutionsgeschichte jeder Gruppe (ihre »Phylogenie«, wie Haeckel sie nennen sollte) zu rekonstruieren, erschien den radikaleren Denkern in dieser Tradition durchaus sinnvoll. Wo die Fossilien fehlten (was oft vorkam, obwohl neue Entdeckungen Zwischenformen in ständig steigender Zahl zutage förderten), konnten vergleichende Anatomie und Embryologie genutzt werden, um die hypothetische Phylogenie jeder einzelnen modernen Form herauszuarbeiten. Es wurde eines der großen wissenschaftlichen Projekte des späten 19. Jahrhunderts, die Geschichte des Lebens auf der Erde in einem evolutionären Rahmen zu rekonstruieren, auch wenn es schließlich in Verworrenheit zum Stillstand kam, als sich die morphologischen Techniken als ungeeignet erwiesen, die konkurrierenden Hypothesen in umstrittenen Fragen wie dem Ursprung der Wirbeltiere zu prüfen (Bowler 1996). Für die Evolutionisten, deren Arbeitsschwerpunkt die Anpassung der Arten an ihre Umwelt war, bot die natürliche Auslese eine neue Erklärung, die aber im ethischen Bereich neue Probleme aufwarf.

Wenn der Kampf ums Dasein eine so entscheidende Rolle spielte, wie Darwin es beanspruchte, dann bildeten Leiden und Tod den Kern der natürlichen Kreativität – jedenfalls kaum ein Vorgehen, wie man es von einem weisen und wohlwollenden Schöpfergott erwarten würde. Bei dem Botaniker Gray, der sich in Amerika für Darwins Sache stark machte, sehen wir, wie sich dieses Dilemma in seinem Denken umsetzt. Als gläubiger Christ versuchte Gray, sich davon zu überzeugen, dass jedes von einem Gesetz regierte System ebenso sehr ein Ausdruck göttlicher Vorsehung sei wie die wundersame Schöpfung. Doch in den Aufsätzen, die er in seinen *Darwiniana* von 1876 zusammenstellte, räumte er letztlich ein, dass er die natürliche Auslese nicht vollständig akzeptieren könne, und er zog sich auf die Idee zurück, dass die Gesetze, denen die Variation unterstehe, irgendwie programmiert seien, so dass sie weitaus häufiger angepasste Eigenschaften erzeugten als nutzlose, und damit die Notwendigkeit einer ständigen Eliminierung des »Abschaums der Schöpfung«, wie sie Darwins Theorie beinhalte, vermieden werde. Darwin protestierte, eine solche Annahme mache die Auslese überflüssig, und verwies darauf, dass die Züchter bei den Tieren, mit denen sie arbeiteten, keinen Anhaltspunkt für eine gerichtete Variation sähen.

Gray gab nicht weiter an, wie die vorteilhaften Variationen erzeugt werden sollten, aber viele Evolutionisten beriefen sich auf den Lamarckschen Mechanismus der Vererbung erworbener Eigenschaften, um die natürliche Auslese zu ergänzen. Wenn die eigenen Anstrengungen eines Tieres, gelenkt von Gewohnheiten, die in Reaktion auf Umweltveränderungen ausgebildet wurden, adaptive Veränderungen am Tierkörper hervorrufen konnten, dann würde die Möglichkeit, dass solche Veränderungen auf die zukünftigen Generationen übertragen werden, eine Kumulierung des Prozesses ermöglichen. Auf diese Weise würden spezialisierte, angepasste Merkmale hervorgebracht, ohne dass ständig untaugliche Individuen ausgemerzt werden müssten. Spencer, der viel zur Popularisierung des Evolutionsgedankens beitrug, und auch Haeckel beriefen sich in Ergänzung zur natürlichen Auslese auf den Lamarckismus. Spencer vermutete sogar, der Hauptzweck des Daseinskampfes bestehe darin, Druck auf Tiere (und Menschen) auszuüben, damit diese ihre Anpassungsbemühungen in neuen Umgebungen verstärkten. Beide wollten mehr Lamarckismus, als Darwin selbst zuzulassen bereit war, da aber Darwin stets darauf bestand, dem Lamarckschen Effekt zumindest eine begrenzte Rolle zuzubilligen, hatten weder Spencer noch Haeckel (oder ihre Zeitgenossen) den Eindruck, sie würden Darwin in Frage stellen. Eine ausdrücklich Neolamarckistische Schule des Denkens, die die Vererbung erworbener Eigenschaften als Alternative statt als Ergänzung zur natürlichen Auslese hinstellte, kam erst später im Jahrhundert auf.

Die Debatte um die hinreichende Erklärungskraft der natürlichen Auslese wurde auch über die Frage der Vererbung ausgefochten (Gayon 1998). Damit der Mechanismus Darwins funktionieren kann, müssten die vorteilhaften Variationen, mit denen manche Individuen geboren werden, an ihre Nachkommen weitergegeben werden. In seiner Schrift *Variation of Animals and Plants under Domestication* von 1868 schlug Darwin eine Theorie der Vererbung vor, die er Pangenesis nannte und die anders als die moderne Genetik annahm, dass jede Generation ihr eigenes Erbmaterial zur Übertragung auf die Nachkommenschaft herstellte (im Gegensatz zur bloßen Weitergabe von Eigenschaften, die sie als feste Einheiten von der vorausgehenden Generation geerbt hatte). Wie viele Theorien der Zeit setzte die Pangenesis voraus, dass die Nachkommen eine Mischung der Elterneigenschaften aufweisen würden (mit bemerkenswerten Ausnahmen wie dem Geschlecht). Einige Kritiker argumentierten, wenn die Vererbung die Vermischung der elterlichen Eigenschaften zuließe, würde die natürliche Auslese nicht wirken können. Der Ingenieur Fleeming Jenkin schrieb 1867 eine Rezension von Darwins Buch, in der er zeigte, wie eine günstige Variante in ein paar Generationen verlorenginge, da der Nutzen durch Kreuzung mit unveränderten Individuen so verwässert werden würde, dass er keinerlei Bedeutung mehr hätte. Darwin protestierte, er denke dabei nicht an einzelne vorteilhafte »sports« [große Abweichungen eines neuen Typs], und Alfred Russell Wallace begann, das moderne Konzept einer Variationsbreite bei jeder Eigenschaft in der Population zu vertreten. Nach der Auffassung von Wallace konnte die natürliche Auslese sehr wohl auf der Grundlage einer gemischten Vererbung wirksam sein, doch in manchen Lagern hält sich hartnäckig der Mythos, Darwins Theorie könne ohne das von Mendel vorgeschlagene und später in die moderne Genetik integrierte Modell partikulärer Vererbung irgendwie nicht funktionieren.

Tiefer ansetzende Bedenken über die Angemessenheit der Selektionstheorie wurden von denjenigen Naturforschern geäußert, die glaubten, dass der Hauptverlauf der Evolution nicht als eine Reihe rein adaptiver Veränderungen erklärbar wäre. Selbst

Huxley scheint diese Auffassung geteilt zu haben, obwohl er Darwin mit der Begründung unterstützte, seine Theorie habe dazu verholfen, die Frage nach dem Ursprung der Arten der wissenschaftlichen Untersuchung zu öffnen und das Design-Argument zu untergraben. Das Problem war, dass Huxley wie viele Morphologen nicht davon überzeugt war, dass die Mehrheit der Eigenschaften, die ein lebender Organismus aufweist, dem Zweck der Anpassung dient. Er glaubte eher, die Variation werde von Gesetzen gestaltet, die in der Konstitution des Lebendigen verankert seien und den Verlauf der Evolution auf vorbestimmten Bahnen lenkten, vielleicht auch durch eine Reihe plötzlicher Sprünge. Anders als Gray glaubte er nicht, dass die neuen Eigenschaften erzeugt würden, um jede Population an ihre lokale Umwelt anzupassen. Tatsächlich hätte er es vorgezogen, die Evolution als einen stärker gesetzesartigen Prozess zu sehen, der festgelegten Trends folgt, anstatt als einen planlosen und ungerichteten Prozess der adaptiven Auseinanderentwicklung.

Paradoxerweise entsprach das genau dem Modell, das von jenen Naturforschern bevorzugt wurde, die Darwins Theorie mit größter Skepsis betrachteten. Der Unterschied bestand darin, dass diese frühen Gegner in der Idee der vorherbestimmten Evolution ein Mittel sahen, mit dem sie das Design-Argument verteidigen konnten – sie wollten argumentieren, dass das eingebaute Entwicklungsschema die Entfaltung eines göttlichen Plans darstelle. (Für Huxley waren die Variationen, seien sie nun zufällig oder gerichtet, von rein natürlichen Prozessen bestimmt.) Die Skepsis gegenüber dem willkürlichen Charakter der Evolution, den Darwins Theorie beinhaltete, kennzeichnete ebenfalls den Einwand des Astronomen und Wissenschaftsphilosophen Sir John F. W. Herschel, der Darwins Mechanismus als ein »Gesetz des Kuddelmuddels« abtat. Auch der Anatom Richard Owen, der oft als ein ausgesprochener Gegner der Evolution verleumdet wird, lehnte Darwins Theorie ab, schlug aber ein Gesetz vor (»law of derivation«), das die Evolution auf den vom Schöpfer vorbestimmten Linien lenke. Owen war ein erbitterter Gegner Huxleys, gerade weil er das Element des intelligenten Entwurfs beibehalten wollte, und dieselbe Streitfrage war wiederum entscheidend, als sich St. George Mivart, der tiefgläubiger Katholik war, von seinem Lehrer Huxley abwandte und der Denkschule von Owen anschloss. Mivarts Schrift *The Genesis of Species* (1871) brachte eine ganze Reihe antidarwinistischer Argumente, die zeigen sollten, dass die Evolution kein Prozess adaptiver Auseinanderentwicklung sein konnte, sondern aus vielen parallel laufenden Linien bestand, die sich auf vorherbestimmten Bahnen entwickelten. Ähnlichkeiten, die Darwin als Homologien interpretierte und folglich als Beweis für die Abstammung von einem gemeinsamen Vorfahren deutete, seien Mivart zufolge oft unabhängig voneinander in parallel laufenden Linien ausgebildet worden, die unter denselben Entwicklungstrends standen. Seine Ideen sollten für das Denken der nächsten Generation anti-darwinistischer Evolutionisten zentralen Stellenwert gewinnen.

Man muss die komplizierten Beziehungen zwischen denen, die in der natürlichen Auslese eine plausible Erklärung der Evolution sahen, und denen, die es nicht taten, im Kopf behalten, wenn man die darwinistischen Bewegungen untersucht, die außerhalb der englischsprachigen Welt aufkamen. Der führende deutsche Darwinist war Haeckel, der ebenso wie Huxley ein Morphologe war, für den der Hauptzweck der Evolution darin bestand, die Beziehungen zwischen den Lebensformen (und deren aus der Fossilgeschichte ersichtlichen Vorläufern) zu erklären. Man hat sogar die Vermutung geäußert, Huxley habe erst angefangen, die Grundidee der Evolution als ein Mittel zum Aufspüren von Phylogenien in der Fossilgeschichte zu verwenden, nachdem er Haeckels Arbeit gelesen hatte. Beide Männer waren entschiedene Gegner der Kirche und begrüßten die Idee der natürlichen Auslese als ein Mittel, um das Design-Argument in Frage zu stellen. Die Frage nach dem Ausmaß, in dem Haeckel die zentralen Punkte von Darwins Ansatz zur Natur akzeptierte, ist Zündstoff vieler Debatten. Einige meinen, Haeckel stimmte mit Darwins Modell der Evolution als Prozess der Divergenz, der den Erfordernissen der Anpassung unterliegt, völlig überein, auch wenn er mehr Lamarckismus anführte als Darwin selbst (Gliboff 2008; Richards 2008). Andere weisen aber auf wichtige Elemente in Haeckels Vision hin, die nahelegen, dass er die Evolution als einen bei weitem besser vorhersagbaren Prozess ansah, als es Darwin für zulässig gehalten hätte. Dies betrifft seine Obsession mit der Parallele zwischen Individualentwicklung (Ontogenese) und der Geschichte des Lebens auf der Erde (Phylogenese), seine Überzeugung, dass die Evolution größtenteils fortschrittlich sei, und seine Neigung, evolutionäre Bäume entweder als parallele Linien des Fortschritts oder als einen Hauptstamm zu veranschaulichen, der zur menschlichen Gattung führt. Beweisen diese Ideen, dass Haeckel ein stärker strukturiertes Modell der Evolution vorschwebte als Darwin? Sowohl der Lamarckismus als auch die Rekapitulationstheorie wurden später zu Eckpfeilern anti-darwinistischer Evolutionsmodelle (siehe unten und Gould 1977). Evolutionäre Trends, die von Gesetzen gesteuert werden, die der Individualentwicklung Stadien anfügen, waren die zentralen Erklärungsmechanismen für die Theorie der Orthogenese. Aber war Haeckels Überzeugung, die Ontogenese rekapituliere die Phylogenese, wirklich ein Ausdruck dieser anti-darwinistischen Perspektive? Gliboff vermutet, dass sie es nicht war, und argumentiert (bei dieser Thematik gegen Richards), Haeckel habe eigentlich nur die Ansicht verteidigt, dass Frühstadien der Ontogenese erhalten blieben, nicht die Formen ausgereifter Vorfahren. Das wäre eine weit weniger rigorose Interpretation der Rekapitulation als die von den späteren Vertretern der Orthogenese vorgetragene und insofern mit der Darwinschen Perspektive viel besser vereinbar. Haeckels Obsession mit dem Fortschritt und der phylogenetischen Rekonstruktion sind dennoch meilenweit entfernt von dem in *On the Origin of Species* umrissenen Programm, insbesondere dann, wenn man sein mangelndes Interesse an Bereichen wie der Biogeografie und der Arbeit von Tierzüchtern in den Blick nimmt, die Darwin wichtig waren. Für Haeckel trieben die Naturgesetze die Evolution immer weiter vorwärts und aufwärts, wobei sie ein stärker vorhersehbares Entwicklungsschema erzwangen, als Darwin sich das dachte. In dem Maße, wie sich der Evolutionismus im späten 19. Jahrhundert darauf verlegte, den Verlauf der Evolution anhand der Erdgeschichte nachzuzeichnen, folgte er einem von Haeckel eingeführten Programm – ein Programm, bei dem Darwin ausdrücklich davor gewarnt hatte, es könnte sich als nutzlos erweisen, weil das verfügbare Beweismaterial unzureichend wäre.

Neodarwinismus

In den 1860er und 1870er Jahren wurde von Biologen, die zur Frage des eigentlichen Mechanismus des Artenwandels eine pluralistische und undogmatische Haltung einnahmen, ein evolutionäres Paradigma erarbeitet. Sie wollten die gemeinsamen Ahnen bestimmen, aus denen sich die Hauptgruppen der Tiere und Pflanzen entwickelt hatten, und verwendeten dafür die vergleichende Anatomie und Embryologie verbunden mit dem Informationszuwachs aus der Fossilgeschichte. Viele Darwinisten akzeptierten eine bedeutende Rolle für andere Mechanismen als die natürliche Auslese, und selbst diejenigen, die die Wirksamkeit der Auslese als schöpferische Kraft bezweifelten, räumten ein, dass die weniger erfolgreichen Erzeugnisse der Evolution im Laufe der Zeit ausgemerzt werden würden. Gleichwohl hielten die Debatten über den Mechanismus an und die Situation polarisierte sich allmählich. Eine verhältnismäßig kleine Zahl von Biologen, die in der Auslese den hauptsächlichen Mechanismus sah, war bestrebt, die Plausibilität des Lamarckismus und anderer Alternativen zu untergraben.

Spätestens in den 1880er Jahren beanspruchte eine Denkschule, die als Neodarwinismus bekannt ist, die natürliche Auslese sei die einzige aussichtsreiche Theorie der Evolution (Gayon 1998; Provine 1971). In Deutschland führte August Weismann das Konzept des Keimplasmas als neue Grundlage für ein Verständnis der Vererbung ein. Er führte Untersuchungen zur Embryologie und Fortpflanzung durch, die ihn die Möglichkeit der Vererbung erworbener Eigenschaften ausschließen ließen. In moderner Begrifflichkeit ausgedrückt, argumentierte er, die Übermittlung der Information vom Elternteil zu den Nachkommen umgehe den konkreten Körper des elterlichen Organismus und die Information werde vom Kern der elterlichen Keimzelle direkt auf die Keimzelle der Nachkommen übertragen. Die Information ist irgendwie in den Chromosomen des Keimzellkerns enthalten und von dem umgebenden Körper, dem Soma, isoliert. Diese ›Widerlegung des Lamarckschen Effekts‹ wurde insbesondere durch ein Experiment berühmt, in welchem Weismann die Schwänze von Mäusen über mehrere Generationen abschnitt, um zu zeigen, dass es dennoch keine Tendenz zur Größenminderung der Schwänze gab. Obgleich die Lamarckisten protestierten, Verstümmelungen seien keine faire Prüfung der Theorie, zeigte das Experiment doch, dass die materielle Basis für die Ausbildung von Schwänzen bei den Nachkommen nicht in den Schwänzen der Mäuseeltern hergestellt werden kann – was Darwins Pangenesis eindeutig impliziert hätte. Weismann bestand darauf, dass die einzige Erklärung für die adaptive Evolution die natürliche Auslese sei, die auf eine zufällige Variation einwirke, deren Ursache regellose und daher ungerichtete Störungen der Funktion des Keimplasmas seien.

Dieselbe Position wurde in Großbritannien von Darwins Cousin Francis Galton eingenommen, der sie als Begründung für sein Eugenikprogramm benutzte, das für eine Steuerung der Fortpflanzung zur Verbesserung der Menschheit eintrat. Galton gelangte zu der Überzeugung, dass der Charakter des einzelnen Menschen nicht durch Einflüsse aus der Umwelt und Erziehung, sondern allein durch Vererbung bestimmt wird. Er glaubte, dass Verbesserungen der sozialen Bedingungen keinerlei Folgen für die menschliche Bevölkerung haben würden, die vielmehr degeneriere, weil sich untaugliche Individuen in den künstlichen Umwelten, wie sie in den Slums der Großstädte geschaffen wurden, unkontrolliert fortpflanzten. Galton teilte also Weismanns Auffassung, dass die erbliche Übertragung unabhängig von irgendwelchen Veränderungen an den Körpern der Eltern vor sich geht, wie immer der materielle Prozess aussehen mag. Wo aber Weismann den tatsächlichen Vorgang der Reproduktion untersuchte, versuchte Galton, seinen Standpunkt durch statistische Untersuchungen der Variation in der Gesamtpopulation zu erhärten, weil er meinte, dies würde die degenerativen Folgen einer unkontrollierten Fortpflanzung unter den Untauglichen belegen (in Verbindung mit dem Hang der ›fitteren‹ Berufsklassen, die Familiengröße zu begrenzen). Er postulierte ein »Gesetz vom Ahnenerbe« (*law of ancestral heredity*), das festlege, welche Anteile das Individuum von seinen Eltern, Großeltern und früheren Generationen erbt.

Ungeachtet seines Appells, Auslese zu betreiben, um die Degeneration der Menschheit zu verhindern, glaubte Galton kurioserweise nicht, dass die natürliche Selektion neue Arten hervorbringen könne, indem sie auf normale individuelle Unterschiede einwirke. Er meinte, dass eine sprunghafte Veränderung notwendig sei, um eine vollkommen neue Eigenschaft in einer Population durchzusetzen. Galtons Anhänger Karl Pearson, ein Statistiker, wies aber nach, dass das Gesetz vom Ahnenerbe nicht ausschloss, dass die natürliche Auslese eine fortwährende Wirkung auf eine Population habe, die eine Variationsbreite für geeignete Merkmale aufweise. Pearson, der mit dem Biologen W. F. R. Weldon zusammenarbeitete, untersuchte die natürliche Variation bei Krabben- und Schneckenpopulationen und zeigte, dass es in einigen Fällen kleine, aber messbare Wirkungen der Auslese gab, die dort, wo die Populationen Umweltveränderungen ausgesetzt waren, über ein paar Generationen hinweg erzeugt wurden. Damit war der Beweis erbracht, dass der Darwinsche Mechanismus funktionierte, allerdings in so kleiner Größenordnung, dass er Kritiker, die der Meinung waren, der Mechanismus könne keine vollkommen neuen Strukturen erzeugen, nicht zu überzeugen vermochte.

Man darf nicht übersehen, dass die Biometriker Pearson und Weldon Mendels Gesetze der Vererbung nicht anerkannten. Insbesondere Weldon war bemüht, eine neue Vererbungstheorie zu formulieren, von der er hoffte, sie würde eine echte Alternative zu der ziemlich schmal fundierten Theorie der Genetik liefern, die (unter anderen) sein großer Rivale William Bateson nach 1900 in wegbereitender Arbeit formuliert hatte. Weldon starb jedoch 1906, und obwohl Pearson dem Mendelismus beschränkte Zugeständnisse machte, lehnte er es ab, ihn als Grundlage für einen ganz neuen Ansatz zu dem Problem zu betrachten. Gleichwohl waren es die statistischen Techniken seiner biometrischen Schule, die später von R. A. Fisher und anderen genutzt wurden, um die moderne genetische Theorie natürlicher Auslese aufzustellen. Wenn man anders als die frühen Genetiker darauf verzichtete, plötzliche Makromutationen als die Ursache neuer Merkmale zu denken, so zeigten sie, würde eine Mendelsche Analyse der Variation in großen Populationen die selektiven Effekte erklären können, die Pearson mit Galtons nunmehr diskreditiertem Gesetz des Ahnenerbes verbunden hatte.

Der Niedergang des Darwinismus

Obwohl es im späten 19. Jahrhundert Weiterentwicklungen der Theorie natürlicher Auslese gab, ließen sich viele Naturforscher nicht davon überzeugen, dass die Selektion der Hauptmechanismus der Evolution sein sollte. Die Bedenken, die von einigen Gegnern des Darwinismus in den 1860er Jahren geäußert worden waren, wurden durch die Arbeit von Weismann und Galton nicht zerstreut – tatsächlich verhärtete Weismanns Dogmatismus nur die Entschlossenheit derjenigen, die seine Theorie des Keimplasmas nicht akzeptierten. Diejenigen, die meinten, der Lamarckismus müsse eine bedeutende Rolle spielen, sahen die Vererbung erworbener Eigenschaften zunehmend als vollständige Alternative zur Selektion, anstatt als etwas, was ergänzend dazu wirkt. Sie bildeten eine Denkschule, die oft als »Neolamarckismus« bezeichnet wird.

Die von Owen, Mivart und anderen vorgebrachten nicht-darwinschen Evolutionstheorien wurden ebenfalls so ausgearbeitet, dass die ausdrücklich teleologischen Aspekte ihrer Weltsicht (die Evolution als Entfaltung eines göttlichen Plans) wegfielen, zugleich aber das Entwicklungsmodell beibehalten wurde, demzufolge die Evolution auf vorbestimmten Bahnen fortschreitet und dabei von Naturkräften angetrieben wird, die aus der körperlichen Struktur des Organismus selbst hervorgehen. Diese Theorien suchten nicht bloß nach einer Alternative zur Selektion, um mit ihrer Hilfe die adaptive Evolution zu erklären. Sie bestritten vehement, dass die Anpassung die wesentliche Triebkraft der Evolution sei, und argumentierten stattdessen für nicht adaptive Trends, die sich selbst dann fortsetzen könnten, wenn ihre Produkte mit der Umwelt nicht vereinbar wären (obwohl sie zugaben, dass es schließlich zur Auslöschung kommen würde, falls diese Trends zu weit gingen). Ebenso gravierend für das darwinistische Paradigma war, dass diese Theorien die Evolution nicht als einen Prozess der Verzweigung und Auseinanderentwicklung behandelten. Sie sahen in ihr vielmehr parallele Linien, die sich unabhängig voneinander auf ähnlichen Bahnen entwickelten, wobei sie die Ähnlichkeiten, welche die Darwinisten der gemeinsamen Abstammung zuschrieben, als Ergebnisse der Befolgung desselben grundlegenden Entwicklungspfades erklärten. Bezeichnenderweise übernahmen sowohl die Neolamarckisten als auch die Befürworter einer nicht-adaptiven linearen Evolution (Orthogenese) das Modell der Rekapitulationstheorie, indem sie behaupteten, die evolutionären Trends kämen durch Erweiterungen am Prozess der individuellen Entwicklung zustande. Im Grunde genommen waren die phylogenetischen Trends ein Ergebnis der Variation, die von ontogenetischen Prozessen ausging. Andere Naturforscher konzentrierten sich auf das, was sie für den diskontinuierlichen Charakter intern gesteuerter Variationen hielten, und vertraten den Standpunkt, die Evolution verlaufe nicht gleichmäßig, sondern erfolge über eine Reihe von Stufen oder Sprüngen.

Obwohl in die Ablehnung des Selektionsmechanismus viele wissenschaftliche Argumente einbezogen waren, ist klar, dass sie Impuls von moralischen und philosophischen Auffassungen erhielt, die in manchen Hinsichten dem teleologischen Blickwinkel derer entsprachen, die sich aus religiösen Gründen gegen den Darwinismus sperrten. Die natürliche Auslese war hart und eigennützig, und viele Denker hofften, dass die wahre Ursache der Evolution etwas Humaneres sei. Der Lamarckismus war offenkundig eine Alternative, da er nicht die ständige Vernichtung unangepasster Varianten erforderlich machte. Die Theorien der Orthogenese wurden jedoch von einem anderen Punkt motiviert, der früher in Herschels Einwand gegen die Selektion als ein »Gesetz des Kuddelmuddels« zum Ausdruck kam. Der Darwinismus schilderte die Evolution als wesenhaft unberechenbar und ziellos; seine Gegner wollten die Evolution jedoch auf vorbestimmten Bahnen gesetzesartig gelenkt haben. Im Falle der Befürworter der Orthogenese ging diese Präferenz so weit, dass sie bereit waren zu glauben, die Evolution würde die Arten unerbittlich bis zum Aussterben weitertreiben. Hier überwog der Wunsch, die Natur geordnet und streng schematisch zu sehen, die moralischen Bedenken der Neolamarckisten.

Auch H. Spencer hatte in Reaktion auf Weismann seine Überzeugung verstärkt, die Vererbung erworbener Eigenschaften spiele in der Evolution eine größere Rolle. Das moralische Argument wurde jedoch von der literarischen Gestalt Samuel Butler in Büchern wie *Evolution Old and New* von 1879 deutlicher ausgesprochen. Butler nannte die natürliche Auslese später »einen Alptraum der Vergeudung und des Todes« und bestand darauf, dass einem Lamarcks Theorie erlaube, die Idee zu bewahren, die Evolution sei ein absichtsvoller Prozess. Butler sah die Erzeugung angepasster Merkmale nicht als das Resultat eines göttlichen Willens, sondern argumentierte, die Zweckhaftigkeit entspringe der aktiven Wahl neuer Gewohnheiten durch die Tiere selbst, die Gewohnheiten wiederum steuerten die Ausbildung neuer angepasster Merkmale durch Gebrauch und Übung der jeweiligen Organe. Er übernahm eine Theorie der Vererbung, die Richard Semon vorgeschlagen hatte und die den Vorgang der Vererbung als den Aufbau einer Art Rassengedächtnis der evolutionären Vergangenheit darstellte. Auch Theodor Eimer entwickelte im Deutschland der 1880er Jahre eine ausgesprochen anti-darwinistische Version der Theorie. Den gleichen Punkt machte der amerikanische Paläontologe Edward Drinker Cope, der tiefsitzende religiöse Überzeugungen hatte und den Lamarckismus als einen Prozess betrachtete, der von einer göttlich eingesetzten Vitalkraft in jedem Organismus gelenkt werde. Viele Lamarckisten glaubten auch, dass ihre Theorie eine bessere Erklärung dafür liefere, warum nicht gebrauchte Organe an Größe verlieren, wie im Falle der Augen eines Höhlen bewohnenden blinden Fisches.

Die Paläontologen der »Amerikanischen Schule des Neolamarckismus« behaupteten, ihre Theorie werde gestützt durch Befunde aus ihrer Arbeit über das, was sie für lineare Trends in der Evolution mancher Gruppen hielten, beispielsweise in der Familie der Pferde. Die Fossilien ließen darauf schließen, dass dann, wenn eine Art eine neue Gewohnheit angenommen hatte, alle ihre Nachfahren veranlasst würden, in der Spezialisierung für die gleiche Lebensweise fortzufahren. So würde die spätere Evolution einer Gruppe parallele Linien aufweisen, da alle von demselben Zwang in dieselbe Richtung gelenkt würden. Cope produzierte unzählige Beispiele solcher Trends bei Wirbeltiergruppen, während sein Freund Alpheus Hyatt eine ähnliche Arbeit mit fossilen Cephalopoden durchführte. Hier verlor der Lamarckismus den Kontakt mit der Darwinschen Vision einer adaptiven Evolution als einem Prozess der Auseinanderentwicklung, der durch geografische Separierung und Migration in neue Umwelten geformt wurde. Stattdessen konzentrierte man sich auf eine unterstellter Maßen gleichartige Umwelt ohne geografische Verwerfungen, mit Gruppen, deren Mitglieder allesamt ähnliche neue Merkmale ausbilden, weil sie sich in derselben Weise anpassen. Da die neuen Merkmale durch die körperlichen Anstrengungen erwachsener Organismen erzeugt werden, veranschaulichte man sie am besten als Zusätze zum Prozess der Ontogenese. Damit sie vererbt werden konnten, wie es die Lamarcksche Theorie vorsah, mussten diese abschließenden Ergänzungen in die Frühphasen individueller Entwicklung zurückverlegt werden, um somit der Ontogenese zu ermöglichen, die Abfolge früherer erwachsener Formen zu durchlaufen oder zu rekapitulieren. Auf diese Weise wurden die Lamarckisten starke Befürworter einer linearen Version der Rekapitulationstheorie (Gould 1977).

Dieser neue Ansatz zum Lamarckismus kündete von einem grundsätzlichen Bruch mit Darwins Betrachtungsweise. Die ersten Diskussionen von Cope und Hyatt über ihre Ideen in den 1860er Jahren waren in der Tat von einer Auffassung geprägt, die mehr mit der von Anti-Darwinisten wie Mivart gemein hatte. Zunächst vertraten sie die These, die Evolution folge starren Trends, bevor sie zu der Vermutung kamen, wenn die Trends adaptiv wären, seien sie von der Annahme neuer Gewohnheiten bestimmt. Aber auch in ihrer späteren Arbeit hoben sie die Linearität der Evolution auf Kosten der Anpassung hervor und bewegten sich im Grunde genommen auf eine Theorie der Orthogenese oder der vorbestimmten nicht-adaptiven Evolution zu. Der Begriff »Orthogenese« wurde eigentlich von Eimer populär gemacht, der ebenfalls über seinen ursprünglichen Lamarckismus hinausging, indem er eine Theorie ausarbeitete, die auf parallelen, nicht-adaptiven Trends beruhte. Er erforschte die Farbvariation bei Schmetterlingsarten und Eidechsen mit dem Anspruch, Trends nachzuweisen, denen ganze Gruppen verwandter Formen folgen. Die von den Darwinisten der Mimikry zugeschriebenen Ähnlichkeiten (eine Art übernimmt die abschreckende Färbung einer nicht essbaren Art) wurden nun als etwas betrachtet, was darauf zurückging, dass beide von demselben orthogenetischen Trend in der Farbvariation beeinflusst waren.

Die Orthogenese blieb unter Paläontologen bis gut ins 20. Jahrhundert hinein populär. Einer ihrer letzten großen Vertreter war Copes Schüler Henry Fairfield Osborn. Zu dieser Zeit hatten viele Biologen jedoch schon das Interesse an der Rekonstruktion von Phylogenien aus morphologischen und paläontologischen Befunden verloren. Es gab zu viele alternative Hypothesen, die häufig die verschiedenen Auffassungen zum Charakter des Evolutionsmechanismus widerspiegelten und sich anhand der Befunde offenbar nicht lösen ließen. Viele Biologen wandten sich der experimentelleren Forschung zu, eine Abwanderung, die Garland Allen (1975) als das »Angewidertsein von der Morphologie« beschrieb. Sie interessierten sich nur dann noch für die Evolution, wenn ihre Funktionsweisen im Labor untersucht werden konnten, ein Schritt, der schließlich das Ende des Lamarckismus einläutete, als man feststellte, dass die von ihm vorhergesagten Wirkungen nur schwer zweifelsfrei zu erhärten sein würden. Ein Gebiet, das einen experimentellen Ansatz zur Evolution zu versprechen schien, war die Theorie sprunghafter Veränderungen, eine Idee, die Gegner des Darwinismus seit langem favorisierten, weil sie der absoluten Kontinuität des Wandels und absoluten Kontrolle der Umwelt als Eckpfeilern Darwinscher Theorie misstrauten. Falls neue Varianten plötzlich auftraten und sich dann rein fortpflanzten, würden sie schlagartig eine andersartige Spezies begründen. Allerdings wären solche Varianten möglicherweise nicht angepasst, deshalb argumentierten die Saltationisten – wie die Anhänger der Orthogenese – die Evolution könne unabhängig von Umweltzwängen vor sich gehen. Und wiederum vergleichbar der Orthogenese sollte die Triebkraft der Evolution aus dem Innern des Organismus kommen, gemäß der Annahme, die Sprünge stellten eine Art plötzlichen »Wechsel« im Entwicklungsprozess des Individuums dar. Auf Figuren wie Huxley und Galton, die eine solche Sicht innerhalb eines lose darwinistischen Rahmens übernommen hatten, sind wir bereits eingegangen. Aber die Theorie sprunghafter Veränderungen konnte unschwer in eine völlig anti-darwinistische Perspektive gewendet werden. Viele Befürworter der Orthogenese glaubten in der Tat, dass die von ihnen postulierten Trends nicht kontinuierlich wirken würden, sondern durch eine Reihe verknüpfter Sprünge zum Tragen kämen.

Für die neue Generation der experimentell arbeitenden Biologen bestand das Reizvolle sprunghafter Veränderungen darin, dass sie im Labor oder zumindest in Tier- und Pflanzenzuchtprogrammen untersucht werden konnten. Das war der von dem holländischen Botaniker Hugo de Vries eingeschlagene Weg. De Vries glaubte, dass er bei der Nachtkerze, *Oenothera lamarckiana*, evolutionär bedeutsame Sprünge gefunden hätte. Er nannte sie »Mutationen« und entwickelte eine ganze Theorie der Evolution, die auf der Idee basierte, solche Mutationen pflanzten sich rein fort und begründeten neue Varietäten, wenn nicht gar gleich neue Arten. Die Arten, so vermutete er, machten gelegentlich Schübe von Mutationen durch, und de Vries war noch Darwinist genug zu glauben, dass die weniger gut angepassten unter den neuen Formen schließlich ausgelöscht würden. Andere waren weniger gewillt, Kompromisse zu machen – Bateson zum Beispiel, der sich von der phylogenetischen Arbeit zum Ursprung der Wirbeltiere abwandte und in den 1890ern dem Studium der sprunghaften Veränderungen widmete. In *Materials for the Study of Variation* von 1895 richtete sich Bateson aus der Überzeugung heraus, die Evolution werde nicht von der Anpassung bestimmt, sondern von der Produktion neuer Merkmale durch sprunghafte Veränderungen, offen feindselig sowohl gegen den Darwinismus als auch den Lamarckismus.

Es ist kein bloßer Zufall, dass sowohl de Vries als auch Bateson für die Wiederentdeckung von Mendels Arbeit und die Grundlegung der modernen Genetik eine wichtige Rolle spielten (Bowler 1989). De Vries war einer der »Wiederentdecker« von Mendels Arbeit, während Bateson daran arbeitete, den Namen »Genetik« für die neue Wissenschaft zu prägen. Wenn neue Merkmale durch sprunghafte Veränderung als vollständige Einheiten gebildet werden, dann macht es Sinn, sich ihre Vererbung ebenfalls in Einheiten zu denken, so dass sich die neue Varietät weiterhin reinerbig fortpflanzt. Daher erschienen Mendels Gesetze diskontinuierlicher Vererbung einer neuen Biologengeneration durchaus sinnvoll (nachdem sie bei ihrer Publikation in den 1860er Jahren ignoriert worden waren). Der führende amerikanische Genetiker Thomas Hunt Morgan begann seine Laufbahn ebenfalls als Befürworter der Mutationstheorie und als Gegner der Anpassungsthese. Die anti-darwinistische Bewegung des späten 19. Jahrhunderts spielte also eine Rolle bei den Entwicklungen, die letzten Endes die Glaubwürdigkeit der Alternativen untergraben sollten und zur Gründung des modernen Darwinismus führten. Die Genetik erledigte den Lamarckismus, weil man vermutete, die genetischen Einheiten seien unabhängig von den sie tragenden und weitergebenden ausgereiften Körpern. De Vries' Mutationen bei der *Oenothera* entpuppten sich bald als Produkte der Hybridisierung, was Morgan und anderen Gelegenheit gab, den modernen Begriff von Mutationen zu etablieren als Veränderungen an existierenden Genen, die zwar abrupt, aber nicht unbedingt einschneidend genug auftreten, um dem Organismus ein Verbleiben in der bestehenden Fortpflanzungspopulation zu verwehren (vorausgesetzt, die Mutation war lebensfähig – Mutationen mit großer Wirkung sind normalerweise tödlich). Hatten einige frühe Genetiker noch gefragt, ob nicht regelmäßige Trends unter den Mutationen möglich seien, konnte die Morgan-Schule nun nachweisen, dass eine immense Zahl neuer Merkmale mehr oder minder regellos hervorgebracht wurde, so dass Mutationen keine Stützung der Orthogenese hergaben. Ganz im Gegenteil, sie verschafften Darwins Behauptung, dass alle Populationen eine große Bandbreite ungerichteter Variation aufweisen, eine neue Grundlage. Sobald die Feindseligkeit zwischen den Biometrikern und den Genetikern durch R. A. Fisher und andere überwunden war, wurde die Genetik zu einer neuen Grundlage für den Neodarwinismus. Fishers *Genetical Theory of Natural Selection* (1930) präsentierte die Mutation als Ursprung des breiten Spektrums der Variation in jeder Population und zeigte, wie die natürliche Auslese die Häufigkeit von Genen in der Population änderte, indem sie die Fortpflanzungsquote bei jenen Organismen erhöhte, deren Gene irgendeinen Anpassungsvorteil verschafften. Der Niedergang des Darwinismus war mit der neuen Populationsgenetik endgültig vorbei.

Literatur

Allen, Garland E. (1975): Life Sciences in the Twentieth Century. New York.

Bowler, Peter J. (1983): The Eclipse of Darwinism: Anti-Darwinian Evolution Theories in the Decades around 1900. Baltimore.

Bowler, Peter J. (1988): The Non-Darwinian Revolution. Reinterpreting a Historical Myth. Baltimore.

Bowler, Peter J. (1989): The Mendelian Revolution. The Emergence of Hereditarian Concepts in Modern Science and Society. London.

Bowler, Peter J. (1990): Charles Darwin. The Man and His Influence. Cambridge.

Bowler, Peter J. (1996): Life's Splendid Drama: Evolutionary Biology and the Reconstruction of Life's Ancestry, 1860–1940. Chicago.

Browne, Janet (1995): Charles Darwin. Voyaging. Bd. 1. London.
Browne, Janet (2002): Charles Darwin. The Power of Place. Bd. 2. London.
Desmond, Adrian/Moore, James R. (1991): Darwin. London.
DiGregorio, Mario A. (1984): T. H. Huxley's Place in Natural Science. New Haven.
Ellegård, Alvar (1990): Darwin and the General Reader. Chicago.
Engels, Eve-Marie (Hg.) (1995): Die Rezeption von Evolutionstheorien im 19. Jahrhundert. Frankfurt a. M.
Gayon, Jean (1998): Darwinism's Struggle for Survival: Heredity and the Hypothesis of Natural Selection. Cambridge.
Gliboff, Sander (2008): H.G. Bronn, Ernst Haeckel, and the Origins of German Darwinism. A Study in Translation and Transformation. Cambridge (Mass.).
Glick, Thomas F. (Hg.) (1988[2]): The Comparative Reception of Darwinism [1974]. Chicago.
Gould, Stephen Jay (1977): Ontogeny and Phylogeny. Cambridge (Mass.).
Hodge, M. J. S. (1972):»The Universal Gestation of Nature: Chambers' Vestiges and Explanations«. In: Journal of the History of Biology 5: 127–152.
Hull, David (Hg.) (1973): Darwin and His Critics. The Reception of Darwin's Theory by the Scientific Community. Cambridge (Mass.).
Provine, William B. (1971): The Origins of Theoretical Population Genetics. Chicago.
Richards, Robert J. (1992): The Meaning of Evolution. The Morphological Construction and Ideological Reconstruction of Darwin's Theory. Chicago.
Richards, Robert J. (2008): The Tragic Sense of Life. Ernst Haeckel and the Struggle over Evolutionary Thought. Chicago.
Secord, James A. (2000): Victorian Sensation. The Extraordinary Publication, Reception and Secret Authorship of »Vestiges of the Natural History of Creation«. Chicago.

Peter J. Bowler (Übersetzung: Karin Wördemann)

4. Genetik und Moderne Synthese

Was war die Moderne Synthese?

Während Darwin viele seiner Zeitgenossen noch zu Lebzeiten von der Entstehung neuer Arten durch Evolution überzeugen konnte, blieben einige Aspekte seiner Theorie noch bis weit ins 20. Jahrhundert hinein umstritten. Dazu gehört besonders die Rolle der natürlichen Selektion im Evolutionsprozess. Erst in den Jahren 1930–1942 bildete sich in der Biologie ein Konsens heraus, dass Darwins Theorie der natürlichen Selektion in groben Zügen richtig ist. Zu dieser Zeit gelang es auch Ronald A. Fisher, J. B. S. Haldane und Sewall Wright, diese Theorie mit den Prinzipien der um etwa 1900 wiederentdeckten Mendelschen Genetik zu vereinen. Das Ergebnis wird meist als mathematische oder theoretische Populationsgenetik bezeichnet. Weiter zeigte eine ganze Reihe von zoologischen und botanischen Untersuchungen aus dieser Zeit, dass die neue Populationsgenetik zur Erklärung evolutionärer Veränderungen in natürlichen Populationen relevant ist. Die in Frage stehenden evolutionären Prozesse umfassten dabei nicht nur mikroevolutionäre Veränderungen wie die Anpassung von Organismen an lokale Umweltbedingungen, sondern besonders auch makroevolutionäre Prozesse wie die Entstehung neuer Arten und höherer taxonomischer Einheiten. Auch die Grundlagen der Systematik wurden zu dieser Zeit neu konzipiert, namentlich durch Ernst Mayr und seinen biologischen Artbegriff, der Arten als Populationen von untereinander potenziell fortpflanzungsfähigen Organismen definiert.

Das Ergebnis dieser Entwicklungen war ein mehr oder weniger einheitliches theoretisches Rahmenwerk zur Erforschung der biologischen Evolution. Für dieses Rahmenwerk hat Julian Huxley (1942) den Ausdruck *Moderne Synthese* eingeführt, der heute noch gebräuchlich ist. Ebenso gebräuchlich dafür sind außerdem die Begriffe *Evolutionäre Synthese*, *Synthetische Evolutionstheorie* und *Neodarwinistische Synthese*.

Neben Mayr gelten der Evolutionsgenetiker Theodosius Dobzhansky und der Paläontologe George G. Simpson als die eigentlichen Architekten der Modernen Synthese. Die klassischen Darstellungen der Synthese in Buchform umfassen neben Huxleys *Evolution: The Modern Synthesis* (1942) auch Dobzhanskys *Genetics and the Origin of Species* (1937), Mayrs *Sys-*

4. Genetik und Moderne Synthese

tematics and the Origin of Species (1942) und Simpsons Tempo and Mode in Evolution (1944).

Historisch betrachtet war die Forschungsentwicklung, die zur Synthese führte, ein außerordentlich komplexer Vorgang (siehe besonders Mayr 1982; Weber 1998), in dem sowohl die Theorie als auch die Praxis der Evolutionsforschung sich grundlegend änderten. Damit eng verknüpft war eine Umgestaltung der disziplinären Landschaft der Biologie, aus der die Evolutionsbiologie als eigenständige Disziplin hervorging. Die »Architekten« waren daher nicht nur Baumeister einer neuen Theorie, sondern besonders auch einer neuen und hochprofessionellen wissenschaftlichen Disziplin (Cain 1993; 1994).

In diesem Artikel sollen die Geschichte und Struktur dieser Synthese besonders im Hinblick auf ihr Verhältnis zur Genetik dargestellt werden. Dabei soll vor allem aufgezeigt werden, dass die Synthese beträchtliche theoretische Schwierigkeiten zu überwinden hatte.

Gradualismus versus Saltationismus I: Darwin und die Biometriker

Die ursprüngliche Opposition von Darwinismus und Mendelscher Genetik

Aus der heutigen Perspektive betrachtet sind Darwins Evolutionstheorie und die moderne Genetik eine perfekte Verbindung eingegangen: Die Genetik erklärt, wie die genetische Variation, die die wichtigste Ressource des Evolutionsprozesses bildet, entsteht, weitervererbt und unter dem Einfluss evolutionärer Prozesse (wie natürliche Selektion) in bestimmte Richtungen gezwungen oder manchmal auch in einem Gleichgewicht gehalten werden kann. Es scheint sogar, dass die Genetik überhaupt erst ein Fundament für die Möglichkeit der Erkenntnis von Evolutionsprozessen gelegt hat, wie Darwin (1859) sie sich vorstellte. Darwins Theorie setzte voraus, dass bestimmte genetische Varianten über längere Zeiträume stabil bleiben, damit die natürliche Selektion auf sie wirken kann. Doch war gerade dies nach Darwins eigenen theoretischen Vorstellungen zur Genetik schwer vorstellbar. In seinem Buch *The Variation in Plants and Animals under Domestication* (1868) spekulierte er, dass die Teile und Organe eines Organismus kleine Teilchen – sog. *gemmules* – in den Blutstrom aussenden, die eine Repräsentation des aktuellen Zustands des Organismus enthalten. Er nannte diese Idee die *provisional hypothesis of pangenesis*. Die *gemmules* versammeln sich nach Darwins Vorstellung in den Fortpflanzungsorganen und geben so die erblichen Eigenschaften mosaikartig an die nächste Generation weiter. Die Idee war dabei, dass ein besonders gut ausgebildetes Organ besonders viele *gemmules* aussendet. Dadurch ergab sich aber die Konsequenz, dass sich die *gemmules* bei wiederholter Kreuzung mit hinsichtlich eines bestimmten Merkmals durchschnittlichen Exemplaren allmählich ausdünnen würden – das sogenannte »blending« – wodurch auch die Wirkung der natürlichen Selektion schwächer würde. Darwins Theorie brauchte also dringend eine genetische Theorie als Fundament, nach der eine solche ständige Verdünnung genetischer Merkmale nicht stattfinden könne.

Diesem theoretischen Desiderat kann durch das Postulat stabiler Erbfaktoren Rechnung getragen werden. Zugleich müssen sich diese Erbfaktoren aber auch auf eine ungerichtete Weise durch Mutationen verändern können, die nichts mit dem potenziellen adaptiven Nutzen bestimmter Varianten zu tun hat (Zurückweisung des Lamarckismus). Auch dafür kann die moderne Genetik Erklärungen anbieten, indem sie verschiedene Ursachen ungerichteter Mutationen identifizieren konnte (z. B. ionisierende Strahlung, mutagene Chemikalien, mobile genetische Elemente, spontane Umlagerungen an DNS-Basen in Verbindung mit fehlerhaften DNS-Reparaturmechanismen). Somit sind Genetik und Darwinismus aus heutiger Sicht zwei vollkommen komplementäre Theorien, die sich gegenseitig hervorragend ergänzen.

Dieses komplementäre Verhältnis der beiden Wissenschaftszweige hat aber nicht von Anfang an bestanden. Zu Beginn des 20. Jahrhunderts wurden die von Hugo de Vries (1900), Carl Correns (1900) und Erich Tschermak (1900) unabhängig voneinander wiederentdeckten Mendelschen Gesetze (Mendel 1865; 1869; beide abgedruckt in Mendel 1901) – diese waren bis dahin weitgehend ignoriert worden – nicht als wichtiger noch fehlender Baustein für die Darwinsche Theorie angesehen, sondern vielmehr als *rivalisierende Alternative* dazu.

Schon Mendel selbst, aber vor allem de Vries (1901; 1903) sowie William Bateson (1902a, b; 1904) verbanden mit der neuen Genetik den Anspruch, die Entstehung neuer Arten zu erklären. Damit hätte die Genetik also exakt den gleichen Anspruch gehabt wie Darwins Theorie. Das Hauptproblem dabei war, dass die Genetiker die Entstehung von Arten ganz anders erklärten als die Darwinisten. Ihre Erklärungen waren saltationistisch, während die Darwinsche Evolutionstheorie durch und durch gradualistisch war. Saltationisten hatten die Vorstellung, dass die maßgeblichen evolutionären Veränderungen sprunghaft (lat. *saltus*, Sprung) ablaufen, d. h. durch drastische Veränderungen im Bauplan eines Lebewesens (sogenannte Mutationen, wobei dieser Begriff zunächst eine etwas andere Bedeutung hatte als heute). Dagegen glaubten Gradualisten, dass Evolution hauptsächlich aus der langsamen, graduellen Akkumulation kleiner, vielleicht sogar unmerklicher Veränderungen bestehe.

Im Folgenden werden sowohl die gradualistischen wie auch die saltationistischen Theorien kurz vorgestellt, d. h. die Theorien von Darwin und der sogenannten Biometrischen Schule auf der einen Seite und (im nächsten Abschnitt) jene der Mendelschen Genetiker auf der anderen Seite.

Darwins Gradualismus

Darwin sah eine große Ähnlichkeit zwischen geografischen Varianten und biologischen Arten. Er schrieb in *On the Origin of Species*: »Certainly no clear line of demarcation has as yet been drawn between species and sub-species – that is, the forms which in the opinion of some naturalists come very near to, but do not arrive at the rank of species; or again, between sub-species and well-marked varieties, or between lesser varieties and individual differences. These differences blend into each other in an insensible series; and a series impresses the mind with the idea of an actual passage« (Darwin 1859, 51).

Der Naturhistoriker erblickt also nach Darwin in einem bestimmten Typ von Organismus zu einem gegebenen Zeitpunkt ein beträchtliches Spektrum von Variationen: Unterschiede in der Ausprägung von organismischen Merkmalen zwischen Individuen, zwischen geografischen Rassen und zwischen Arten. Jede solche Serie von Varianten ist aber lediglich eine *Momentaufnahme* in einem zeitlichen Ablauf. Wegen der gemeinsamen Abstammung aller Formen müssen alle Unterschiede zwischen geografischen Rassen aus individuellen Unterschieden entstanden sein – *und alle Unterschiede zwischen Arten aus Unterschieden zwischen geografischen Rassen*. Darwin projizierte die *räumliche* Variabilität organismischer Eigenschaften in die *Zeit* (»a series impresses the mind with the idea of an actual passage«). Individuelle Unterschiede sind Durchgangsformen in der Bildung geografischer Rassen, und solche Rassen sind Durchgangsstadien in der Bildung von Arten. Den ganzen Prozess stellt sich Darwin *graduell*

vor; die individuelle Variabilität, die ihm zugrunde liegt, ist *kontinuierlich* (»these differences blend into each other in an insensible series«). Die Frage, an welchem Punkt eine geografische Rasse einer Art aufhört, eine solche zu sein und zu einer eigenständigen Art wird, ist ebenso schwierig zu beantworten wie die Frage, wo eine schüttere Haartracht in eine Glatze übergeht. Trotzdem *gibt* es schüttere Haartrachten und Glatzen, wie es für Darwin geografische Rassen und Arten gibt.

Zentral für Darwins Theorie der Artbildung ist sein Begriff der *incipient species*. Dieser bezeichnet geografische Rassen, die sich in einem Durchgangsstadium zur eigenständigen Art befinden (Darwin 1859, 51 f.). Natürlich glaubt Darwin nicht, dass *alle* geografischen Rassen Arten bilden; aber grundsätzlich ist eine geografische Rasse als solche dazu in der Lage, wenn die Bedingungen entsprechend sind und die Form nicht vorher ausstirbt.

Den Durchgang einer Variante von einer schwächer zu einer stärker differenzierten Form führt Darwin auf natürliche Selektion zurück, die auf die kleinen Unterschiede zwischen Individuen wirkt. Auf diese Weise ist jede Form mehr oder weniger an ihre Umwelt angepasst; auch Artunterschiede sind bei Darwin dementsprechend adaptiv.

Wie diese kurze Rekonstruktion klar gemacht haben sollte, hat Darwins Gradualismus keinesfalls einen beiläufigen Charakter; er ist aufs innigste mit seiner Theorie verwoben.

Die Biometriker: Pearson und Weldon

Ein zu Beginn des 20. Jahrhunderts vor allem in England verfolgtes Forschungsprogramm, die Biometrische Schule um Karl Pearson (1901) und W. F. Raphael Weldon (1902), versuchte die Darwinsche Theorie erstmals genetisch zu fundieren. Als Ausgangspunkt diente ihnen dabei Francis Galtons *law of ancestral heredity*, nach dem die Eltern jeweils die Hälfte zu den Merkmalsausprägungen der Nachkommen beitragen, Großeltern ein Viertel usw. (Galton 1889; Galton war übrigens ein Vetter Darwins). Die Biometriker versuchten dabei, elaborierte statistische Methoden anzuwenden und vermaßen die untersuchten Merkmale quantitativ. Die Biometriker waren der neuen Mendelschen Genetik gegenüber ebenso skeptisch eingestellt wie die Mendelianer den biometrischen Ansatz ablehnten. Bestritten wurde von den beiden Schulen dabei nicht die Existenz, sondern die evolutionäre Relevanz der jeweils von der einen Schule für besonders fundamental angesehenen Phänomene (Provine 1971). So bestritten die Biometriker nicht etwa die Existenz der von Mendel erstmals beschriebenen Phänomene der Segregation und unabhängigen Verteilung diskreter Merkmale (siehe unten), sondern sie hielten diese für irrelevant bei der Entstehung neuer Arten (diskrete Merkmale sind solche, die in zwei oder mehr deutlich unterscheidbaren Varianten auftreten; den Gegenbegriff dazu bilden quantitative Merkmale, die ein Kontinuum von verschiedenen Werten annehmen können wie etwa Gewicht oder Körpergröße). Die neuen Mendelianer auf der anderen Seite bestritten nicht, dass es auch Merkmale gibt, die quantitativ variieren; sie glaubten nur nicht, dass durch diese Art von Variation neue Arten entstehen können.

Gradualismus versus Saltationismus II: Die neue Genetik des frühen 20. Jahrhunderts

William Bateson

Der Zoologe Bateson (der den Begriff *genetics* prägte) hatte – schon bevor er nach 1900 zu einem Verfechter der neuen Mendelschen Genetik in England wurde – eine stark saltationistisch geprägte Biologie entwickelt. Unter dem Einfluss Darwins versuchte er als junger Feldbiologe in Russland Anpassungen von Muscheln der Art *Cardium edule* an verschiedene Wassersalinitäten nachzuweisen. Obwohl er beträchtliche Unterschiede in der Morphologie und Färbung von Tieren aus Gewässern mit unterschiedlicher Salinität fand, glaubte er nicht, dass es ihm gelungen war, durch Selektion oder durch direkte Einwirkungen der Umwelt erzeugte Anpassungen nachzuweisen; er hielt auch alternative Erklärungen für denkbar. Außerdem glaubte Bateson, dass Anpassungen an die Umwelt wieder verschwinden würden, wenn die Tiere wieder in ihrer ursprünglichen Umgebung lebten.

1894 veröffentlichte Bateson seine umfangreichen *Materials for the Study of Variation*. Das Werk dokumentiert 886 (!) von Bateson selbst sowie in der Literatur gesammelte (und von Bateson verifizierte) Beispiele von diskontinuierlichen oder sprunghaften Variationen im Tier- und Pflanzenreich. Bateson wandte sich gleichzeitig gegen eine Auffassung der Morphologie, die in jedem erdenklichen Merkmal eines Organismus einen adaptiven Zweck sah (ähnliche Kritik wird auch an der heutigen Evolutionstheorie geübt, siehe z. B. Gould und Lewontin 1979).

Bateson schlug vor, die damals üblichen evolutionären Spekulationen durch eine groß angelegte empirische Untersuchung der Variabilität organismischer Eigenschaften zu ersetzen, da diese die unmittelbare Ursache von evolutionären Veränderungen bilde. Er stellte bezüglich der interspezifischen Variabilität fest, dass diese durch eine starke Diskontinuität gekennzeichnet ist, d. h. durch das Fehlen von intermediären Formen zwischen nahe verwandten Arten. Die Diskontinuität von Arten trotz der graduellen Variabilität der Umwelt stellte nach Bateson für eine Theorie wie die Darwinsche, die die Eigenschaften der Organismen im Großen und Ganzen für Anpassungen an eine Umwelt hält, ein Problem dar – ungeachtet des postulierten Anpassungsprozesses.

Aber auch wenn es adaptive Merkmale geben sollte, so glaubte Bateson nicht, dass diese durch natürliche Selektion geringfügiger, individueller Unterschiede entstehen könnten, wie Darwin angenommen hatte. Als Haupteinwand verwendete er ein Argument, das in ähnlicher Form schon von St. George Mivart um 1871 vorgebracht worden war (Bowler 1989, 209): Vorteilhafte Organe und dergleichen müssen gemäß einer gradualistischen Theorie stets ein rudimentäres Stadium durchlaufen, in dem ihr Nutzen nicht zur Geltung kommt und in dem die Selektion daher ineffektiv ist.

Bateson drängte darauf, kontinuierliche und diskontinuierliche Variation strikt voneinander zu trennen. Zu den Ursachen der diskontinuierlichen Variation dachte Bateson, dass ein sich entwickelnder Organismus ein starres mechanisches System sei, das nur eine beschränkte Zahl von stabilen Zuständen besitzt. Die Physiologie des Organismus gibt also die Richtungen und Zustände vor, in denen der Organismus variieren kann. Mittels einer eindrücklichen Sammlung von drastischen Mutationen (vor allem bei Arthropoden) versuchte Bateson dies nachzuweisen (er beschrieb z. B. als erster die sogenannten homeotischen Mutationen, die in der gegenwärtigen Entwicklungsbiologie eine wichtige Rolle spielen; siehe dazu Gehring 1998). Solche *sports* oder *monsters* – und nicht Darwins graduellen Variationen – hielt er für das Material der Evolution.

Diese Idee, dass kontinuierliche und diskontinuierliche Variation das Ergebnis unterschiedlicher Prozesse und auch in ihrer evolutionären Bedeutung stark verschieden seien, war der Hauptgrund für die ursprüngliche Opposition des Mendelismus und des Darwinismus. Denn es schien zunächst, dass die von Mendel (1864) beschriebenen Gesetze lediglich die diskontinuierliche Variation betreffen, nicht die kontinuierliche. Damit war aus darwinistischer Sicht die Mendelsche Genetik evolutionär völlig irrelevant.

Hugo de Vries

Der niederländische Botaniker de Vries entwickelte nach seiner Wiederentdeckung der Arbeit von Mendel um 1900 ähnliche Ideen wie Bateson. Sein bevorzugtes Datenmaterial entstammte Studien mit Nachtkerzen der Pflanzengattung *Oenothera*. Sowohl im Feld als auch in Kultur fand de Vries regelmäßig Sprösslinge der Art *Oenothera lamarckiana*, die sich spektakulär von der Mutterpflanze unterschieden (de Vries 1901; 1903). De Vries gab all diesen Varietäten Artstatus und war überzeugt, dass er bei seinen *Oenothera*-Pflanzen Zeuge des Artbildungsprozesses der Evolution wurde.

Auf der Grundlage dieser Befunde entwickelte de Vries seine *Mutationstheorie* (siehe die beiden 1901 und 1903 erschienenen Bände des so betitelten Werks). Die Grundidee ist, dass durch einzelne Mutationen in den Erbanlagen der Pflanzen neue Arten entstehen können. Auch de Vries unterschied dabei (wie schon Bateson) streng zwischen kontinuierlicher (gradueller) Variabilität, die er als fluktuierende Variabilität bezeichnete, und diskontinuierlicher Variabilität, die er Mutabilität nannte. Diese beiden Arten von Variabilität unterscheiden sich nach de Vries sowohl hinsichtlich ihrer Ursachen als auch hinsichtlich ihrer evolutionären Bedeutung. De Vries' Theorie war noch Darwins Idee der *Pangenesis* (siehe oben) verpflichtet, mit deren Hilfe de Vries den Unterschied in der genetischen Basis der fluktuierenden Variabilität und der Mutabilität erklären wollte: Nur die Letztere sei evolutionär relevant und auf strukturelle Unterschiede in den Pangenen zurückzuführen, die fluktuierende Variabilität beruhe lediglich auf Unterschieden in der Anzahl der Pangene.

Die saltationistischen Ideen von Bateson und de Vries waren sehr einflussreich. Da beide zugleich als Propagandisten der neuen Mendelschen Genetik (und de Vries noch dazu als einer der Wiederentdecker) angesehen wurden und diese sich außerdem gut in die saltationistischen Theorien integrieren ließ, war eine Synthese von Mendelismus und Darwinismus zu Beginn des 20. Jahrhunderts zunächst unmöglich.

Die Morgan-Schule

Die Theorie der Mendelschen Genetik bestand anfänglich im Wesentlichen aus den beiden von Mendel (1865; 1869; beide abgedruckt in Mendel 1901) erstmals beschriebenen Gesetzen, dem *Gesetz der Segregation* (bei Kreuzungen zweier hinsichtlich eines Merkmals reinerbiger Linien verschwindet das rezessive Merkmal in der 1. Filialgeneration; in der 2. Generation taucht es im Verhältnis 1:3 zum dominanten Merkmal wieder auf) und dem *Gesetz der unabhängigen Verteilung* (bei zwei Merkmalen segregieren diese unabhängig; die 4 möglichen Kombinationen treten in der 2. Generation im Verhältnis 9:3:3:1 auf). Diese Theorie und auch die dazugehörigen experimentellen Methoden wurden in den Jahren 1910–1930 durch eine Gruppe von Genetikern um Thomas H. Morgan (1917; 1926) an der Columbia University in New York maßgeblich verfeinert (siehe dazu auch Kohler 1994; Waters 2004). Morgan und seine Mitarbeiter begründeten die Wissenschaft, die heute als die Klassische Genetik bekannt ist. Sie identifizierten Hunderte, wenn nicht sogar Tausende von Mutanten der Fruchtfliege *Drosophila melanogaster* und bestimmten die Lage der entsprechenden Gene auf den vier Chromosomen der Fruchtfliege.

Viele dieser Mutanten waren einschneidend; ihnen fehlten entweder Eigenschaften, die für das Überleben der Fliege in der Wildnis wichtig waren, oder sie zeigten sogar Gliedmaßen an den falschen Stellen, wie etwa ein zweites Flügelpaar (Mutanten der Bithorax-Gruppe) oder Beine am Kopf (Antennapedia-Komplex). Den meisten Feldbiologen schienen diese Mutationen deshalb eher monströse Laborzüchtungen zu sein als der Stoff, aus dem die Evolution wettbewerbsfähige Varianten, raffinierte Adaptationen und schließlich sogar neue Arten hervorbringen könne (siehe Mayr 1980). Die evolutionstheoretische Relevanz der Laborstudien der Morgan-Gruppe war noch nicht erwiesen; d. h. es war unklar, ob die von der Morgan-Schule untersuchten Mutationen für die graduelle Variabilität verantwortlich sein konnten, die aus Darwinscher Sicht für adaptive Evolution und die Bildung neuer Arten notwendig war. Während die Mitglieder der Morgan-Gruppe nicht explizit einen evolutionstheoretischen Saltationismus vertraten, so wurden sie aufgrund der oben dargestellten Geschichte der Wiederentdeckung der Mendelschen Genetik von den Darwinisten dennoch in diese Tradition eingereiht.

Die mathematische Populationsgenetik

Evolution in mendelnden Populationen: Das Hardy-Weinberg-Gesetz

Weitgehend unbemerkt waren schon vor 1910 einige aus heutiger Sicht wegweisende Arbeiten zum Problem der Möglichkeit von natürlicher Selektion bei Mendelschen Merkmalen erschienen. Unabhängig voneinander berechneten Godfrey H. Hardy (1908) und Wilhelm Weinberg (1908) die Verteilung der Allelfrequenzen in einer mendelnden Population und erhielten das später nach ihnen benannte Hardy-Weinberg-Gesetz (siehe unten). Reginald C. Punnett bat den Mathematiker H. T. J. Norton, die Auswirkung von Selektion in einer Population mit Zufallspaarung auf einen rezessiven oder dominanten Mendelschen Faktor über mehrere Generationen zu berechnen. Das Ergebnis, in Form einer Tafel in einem Buch von Punnett (1915, 155) über Mimikry bei Schmetterlingen, ging als Nortons Tafel (engl. *Punnett's Square*) in die Geschichte ein. Sie zeigt, dass Selektion für einzelne Mendelsche Erbfaktoren, wenn man den Mendelschen Mechanismus und das Hardy-Weinberg-Gesetz (siehe unten) berücksichtigt, nicht nur wirksam, sondern dazu auch noch schnell ist. Damit war der Weg geebnet für die mathematische Theorie der Populationsgenetik, die in den Jahren 1918–1931 von Fisher entwickelt wurde (siehe hierzu besonders Provine 1971).

In dieser Theorie spielt das Hardy-Weinberg- (H-W-)Gesetz eine fundamentale Rolle. Das Gesetz besagt, dass die Frequenzen p und q der Allele A und a in der Abwesenheit von Selektion in einer Population mit Zufallspaarung bereits in der zweiten Generation ein Gleichgewicht erreichen, für das gilt: $p^2 + 2pq + q^2 = 1$ (Wright 1931, 100). Obwohl das H-W-Gesetz trivial scheint (es ist letztlich eine einfache Binomialverteilung), ist es dies nur unter der Kenntnis des Mendelschen Mechanismus. Um das H-W-Gesetz abzuleiten, muss bekannt sein, dass jedes Individuum an jedem (autosomalen) Locus genau zwei entweder verschiedene oder identische Allele besitzt, dass jede Zygote ein Allel vom Vater und eins von der Mutter erbt und dass die Wahrscheinlichkeit, ein bestimmtes Allel zu erben, der Frequenz dieses Allels in der Population proportional ist (Zufallspaarung vorausgesetzt; andernfalls gilt das H-W-Gesetz nicht). Unter diesen Voraussetzungen folgt das H-W-Gesetz deduktiv aus den Mendelschen Gesetzen (Beatty 1981, 420).

Die große Bedeutung des H-W-Gesetzes für die Möglichkeit von Selektion wurde von den Populationsgenetikern in den 1920er Jahren erkannt (Chetverikov 1926; Fisher 1930, Kap. 1; Wright 1931, 100). Das H-W-Gesetz zeigt, dass genetische Variation in der Population stabil sein kann und nicht durch »blending inheritance« (siehe oben) laufend verschwindet. Das H-W-Gesetz wurde sogar mit dem Trägheitsgesetz in der Newtonschen Mechanik verglichen, weil es einen *zero force state* definiert, auf den evolutionäre »Kräfte« wie Selektion oder Migration einwirken können (Sober 1984, Kap. 1).

Selektion tritt ein, wenn es durch Fitnessunterschiede einen systematischen *bias* in der Rate geben kann, mit der bestimmte Allele weitergegeben werden. Allel A kann z. B. im Durchschnitt um einen Faktor 1 s (s: Selektionskoeffizient) weniger häufig an die nächste Generation weitergegeben werden als Allel a. Dabei wird das H-W-Gleichgewicht in jeder Generation neu eingependelt. Selektion an einem Locus in einer mendelnden Population ist also nicht in der Lage, diese aus dem H-W-Gleichgewicht zu bringen; sie verschiebt lediglich die *Position* desselben (d. h. p und q nehmen andere Werte an, die Gleichung $p^2 + 2pq + q^2 = 1$ ist jedoch noch immer erfüllt). Anders liegt der Fall, wenn die Selektion auf zwei oder mehrere Genloci wirkt, die entweder durch epistatische Interaktionen (gegenseitige Beeinflussung der phänotypischen Wirkung einer Allelsubstitution an den gekoppelten Loci) oder durch chromosomale Nachbarschaft gekoppelt sind. Kopplung führt zu einem sogenannten Kopplungsungleichgewicht und damit zu Abweichungen vom H-W-Gesetz. Dieses kann aber heute für bestimmte Fälle berechnet werden (Roughgarden 1979, Kap. 8). Die Multilocustheorie wurde erst in den 1960er und 1970er Jahren entwickelt und ist mathematisch anspruchsvoller als die gängigen Ein-Locus Modelle.

Die Rolle der klassischen Theorie des Gens

Die Populationsgenetik beruht wesentlich auf der *Klassischen Theorie des Gens*, die durch Morgan und seine *Drosophila*-Gruppe ausgearbeitet wurde (siehe unten). Eine wichtige theoretische Voraussetzung, die von Morgans Gruppe erfolgreich gegen William E. Castles (1915a; 1915b) Kontaminationstheorie verteidigt wurde, war die Stabilität der Gene. Castle glaubte gezeigt zu haben, dass Gene sich in jeder Generation verändern, indem sie durch andere Allele kontaminiert werden. Nach Hermann J. Muller (1922) – einem einflussreichen Mitglied der Morgan-Gruppe – sind Gene dagegen grundsätzlich stabil; sie verändern sich nur gelegentlich durch Genmutation. In Verbindung mit dem H-W-Gesetz bedeutet dies, dass genetische Variabilität keine intrinsische Tendenz besitzt, aus einer Population zu verschwinden (Fisher 1930, 9); sie tut dies ausschließlich unter dem Einfluss von Selektion, Drift oder Migration. Eine weitere wichtige Erkenntnis der Populationsgenetiker war, dass bei den geschätzten Mutationsraten in natürlichen Populationen der Mutationsprozess *selbst* weitgehend außerstande war, die genetische Zusammensetzung der Population zu verändern. Fisher (1930, 19 f.) schloss daraus, dass der Mutationsprozess an sich der Evolution keine bestimmte Richtung geben könne; er stelle lediglich die genetische Variabilität bereit, auf die die Selektion wirke. Wie Norton bereits gezeigt hatte (siehe oben), ist Selektion für ein einzelnes Allel selbst bei geringem Überlebensvorteil höchst effektiv. Eine wichtige Voraussetzung der theoretischen Arbeiten Fishers, Haldanes und Wrights war auch die Annahme, dass gewisse Merkmale durch den Einfluss von Modifikatorgenen kontinuierlich variieren können, obwohl die zugrunde liegenden genetischen Einheiten partikulär sind; eine Auffassung, die durch verschiedene Untersuchungen gestützt wurde (Nilsson-Ehle 1908; East 1910; Altenburg und Muller 1920). Solche Gene beeinflussen den Effekt, den andere Gene auf phänotypische Merkmale ausüben und können so zu einer graduellen Merkmalsvariation führen. Dadurch wurde die noch von de Vries verteidigte grundlegende Unterscheidung von gradueller Variabilität und Mutabilität als ursächlich verschiedene Formen der Variation hinfällig.

Quantitative Merkmale und Fishers »Fundamentales Theorem«

Fisher (1918) wendete erstmals die zum Teil von ihm selbst entwickelten statistischen Verfahren auf die Analyse der Konsequenzen des Mendelschen Mechanismus für die Evolution quantitativer Merkmale an (d. h. in Zahlen messbare, kontinuierlich variierende Eigenschaften wie z. B. Körpergröße). Dabei ging er davon aus, dass solche Merkmale durch viele Genloci beeinflusst wurden, die alle einen kleinen Beitrag zur gesamten genetisch bedingten Varianz des Merkmals liefern. Wenn diese Gene in der Population *unabhängig* voneinander variieren, entsteht eine statistische Normalverteilung für das quantitative Merkmal. Damit wurde erstmals eine Verbindung geschaffen zwischen der quantitativen Biometrik und der Mendelschen Genetik. Dieser Ansatz heißt heute Quantitative Genetik und wurde seit Fishers ersten populationsgenetischen Arbeiten beständig weiterentwickelt. 1930 veröffentlichte Fisher seine *Genetische Theorie der natürlichen Selektion*, die in einem gewissen Sinne die erste ausgereifte Synthese zwischen der Selektionstheorie und der Mendelschen Genetik darstellt. Andere Aspekte der Darwinschen Theorie wie die Theorie der Artbildung behandelte Fisher aber nicht; deswegen kann man es nicht als eine Synthese des Darwinismus als solchem und der Genetik bezeichnen.

Fisher leitet in dem Buch sein berühmtes *Fundamental Theorem of Natural Selection* her, welches besagt, dass in einer Population unter natürlicher Selektion die durchschnittliche Fitness der Organismen in der Population zu jedem Zeitpunkt mit einer Rate zunimmt, die der genetischen Varianz in der Fitness der Population zu diesem Zeitpunkt entspricht (Fisher 1930, 36). Er hielt dieses Ergebnis für höchst bedeutend und verglich sein Theorem mit dem zweiten Hauptsatz der Thermodynamik, indem er eine Analogie behauptete zwischen der Entropie und der genetischen Varianz der Fitness als Triebkräfte irreversibler thermodynamischer Prozesse bzw. der Evolution. Fishers Theorem verlieh Darwins Postulat, dass Selektion kumulativ wirken kann, erstmals eine gewisse theoretische Plausibilität. Selektion kann dem Theorem zufolge nämlich fortschreiten, solange in der Population genetische Variabilität für Fitness vorhanden ist. Durch Genmutationen kann eine solche Variabilität laufend neu in eine Population eingebracht werden, so dass der Selektionsprozess theoretisch nie zum Erliegen kommt. Heute ist allerdings bekannt, dass Fishers Theorem nur unter ganz bestimmten Bedingungen gilt.

Genetische Drift

Ein bedeutendes Ergebnis der mathematischen Populationsgenetik war auch die Theorie der genetischen Drift. Fisher (1922, 330) rechnete aus, dass in einer Population von N Individuen die Anzahl der Heterozygoten an einem bestimmten Locus auch *ohne Selektion* mit einer Rate von $1/4N$ abnehmen muss, und zwar weil bei jedem Reproduktionsakt mit heterozygoten Individuen eine gewisse Wahrscheinlichkeit gegeben ist, dass alle Nachkommen homozygot sind. Man betrachte z. B. eine Familie, in der beide Eltern heterozygot für braune (vs. blaue) Augen sind. Bei zwei Kindern ist die Wahrscheinlichkeit, dass beide Kinder homozygot für blau oder für braun sind 1/8. Sind sie für dasselbe Allel homozygot, was mit einer Wahrscheinlichkeit von 1/16 eintritt, so wird sich das alternative Allel nicht weitervererben. In großen Populationen ist die Wahrscheinlichkeit, dass dies bei allen Trägern eines Allels passiert, sehr klein; aber in kleinen Populationen kann das durchaus vorkommen. Auf diese Weise können Allele verschwinden, obwohl sie für ihre Träger gar nicht nachteilig sind.

Generell gilt, dass sich in kleinen Populationen statistische Fluktuationen viel stärker bemerkbar machen als in großen; dies ist die Grundlage von genetischer Drift. Wenn ein Allel keinen Effekt auf das Überleben oder die Fortpflanzung hat (= neutrales Allel), dann wird seine Häufigkeit in jeder Generation umso stärker durch solche Zufallseffekte fluktuieren, je kleiner die Population ist. In großen Populationen ist dieser genetische Drift-Effekt zu vernachlässigen (in unendlich großen würde er theoretisch sogar ganz verschwinden). In kleinen Populationen kann ein Allel aber durch Drift völlig aussterben oder fixiert werden (wenn seine Frequenz 1 wird, dann ist das alternative Allel ausgestorben und die Frequenz bleibt 1, bis ein neues alternatives Allel auftaucht). Wright (1931, 134) zeigte außerdem, dass Selektion auf einzelne Genloci nur wirksam ist, wenn der Selektionskoeffizient s wesentlich größer als $1/2N$ ist, andernfalls »driftet« die Population an diesem Locus.

Wrights Theorie der genetischen Drift löste eine langjährige Kontroverse aus (Provine 1986, Kap. 9 und 12). Fisher und sein Mitstreiter Edmund B. Ford waren der Auffassung, dass die meisten Evolutionsprozesse durch Massenselektion von Allelen in großen Populationen dominiert werden. Dies impliziert, dass die meisten evolutionären Veränderungen adaptiv sind; Fisher und Ford waren also Adaptationisten (vgl. Gould und Lewontin 1979). Wright hingegen räumte der Drift eine bedeutende Rolle in der Evolution ein.

Genetische Drift ist bis heute ein ebenso kontroverses wie interessantes Thema geblieben, besonders durch die neueren neutralistischen Theorien molekularer Evolution (Kimura 1983). Diese Theorien gehen davon aus, dass die meisten Mutationen überhaupt keine phänotypischen Auswirkungen haben, weil sie oft funktional neutrale Aminosäuresubstitutionen in Proteinen betreffen, und dass deshalb ein großer Teil der Evolution von Proteinen nicht adaptiv ist.

Fazit

Wie aus diesem kurzen historischen Abriss deutlich geworden sein sollte, gelang es der mathematischen Populationsgenetik durch theoretische Modelle zu zeigen, dass Mendelsche Genetik und die Darwinsche Theorie keinesfalls miteinander unverträglich sind. Im Gegenteil: die Mendelschen Gesetze entlassen aus sich unter bestimmten Annahmen auf deduktivem Weg ein Prinzip – das Hardy-Weinberg-Gesetz –, das ein ganzes theoretisches Universum aufspannt, in dem verschiedene evolutionäre Prozesse (wie Darwins natürliche Selektion) modelliert werden können. Was mit diesem theoretischen Ansatz jedoch nicht gezeigt werden konnte, war die *Relevanz* dieser Modelle und Prozesse für Evolution in Wildpopulationen von Organismen. Dafür war eine neue Wissenschaft erforderlich, die etwa zur gleichen Zeit aus einer neuartigen Verbindung von experimenteller Genetik und Feldstudien entstand.

Die experimentelle Genetik im Labor und im Feld

Sumner: Geografische Variation bei *Peromyscus*

Wie oben erläutert (2.2), war nach Darwin das Phänomen der geografischen Variabilität organismischer Eigenschaften die Basis der Entstehung neuer Arten. Im Gegensatz dazu hat sich im Zuge des Aufkommens der neuen Genetik die Auffassung verbreitet, dass kontinuierliche Variabilität, wie sie innerhalb und zwischen geografischen Rassen besteht, nicht die Basis permanenter evolutiver Veränderungen in Arten sein könne.

Einer der Ersten, die diese um 1910 weitverbreitete Auffassung in Frage stellten, war der amerikanische Zoologe Francis B. Sumner. Sumner wurde um ca. 1910 auf eine frühere Untersuchung des Zoologen Wilfred H. Osgood aufmerksam, der in Kalifornien rund 40 geografische Rassen der Springmaus *Peromyscus maniculatus* (engl. deer-mouse) beschrieben hatte. Osgood hatte beträchtliche Unterschiede zwischen lokalen Populationen bezüglich 14 Merkmalen festgestellt, z. B. in der Pigmentierung, der relativen Schwanzlänge sowie der relativen Fußlänge der Tiere. Sumner stellte sich die folgenden Fragen bezüglich dieser geografischen Variabilität (Sumner 1918, 689): (1) Sind diese Unterschiede durch *direkte* Umwelteinflüsse oder durch *use and disuse of organs* bedingt? (2) Sind solche durch Umwelteinflüsse erworbenen Eigenschaften *stabil*? (3) Sind die subspezifischen Merkmale (d. h. die unterscheidenden Merkmale der geografischen Rassen) *erblich fixiert* oder entstehen sie in jeder Generation neu? (4) Falls die subspezifischen Merkmale erblich sind, entstehen sie durch Mutationen (im de Vriesschen Sinn) oder durch die kumulative Wirkung der Umwelt? Frage (4) muss vermutlich in Zusammenhang mit de Vries' Unterscheidung zwischen Mutabilität und fluktuierender Variabilität (siehe Abschn. 2.3) gesehen werden; die Möglichkeit, dass Anpassungen durch Selektion auf Variation in Mendelschen Genen zustande kommen, wurde von Sumner zu diesem Zeitpunkt offenbar noch nicht erwogen.

Es war bereits bekannt, dass eine normalerweise in kalifornischen Wüstengebieten lebende Rasse von *Peromyscus* auch in Berggebieten vorkommt; diese Tiere scheinen sich nicht sofort an die veränderten Bedingungen angepasst zu haben. Sumner führte nun erstmals ein schlüssiges Experiment durch, um diese Hypothese zu belegen: Er translozierte Individuen der Unterart *P. maniculatis sonoriensis* aus einem Trockenhabitat bei Victorville CA in das feuchtere Berkeley. Daraufhin beobachtete er die Tiere sowie deren Nachkommen über mehrere Generationen hinweg, wobei eine lokale Rasse aus Berkeley als Vergleich diente. Sumner stellte fest, dass die subspezifischen Merkmale nach der Translokation konstant blieben, und schloss, dass diese erblich sind. Dieses Ergebnis Sumners war eines der ersten, die eine einigermaßen klare Aussage über die genetische Basis der geografischen Variabilität machten.

Sumner (1918) wies darauf hin, dass die Biologie zu diesem Zeitpunkt in einem hartnäckigen »Dogma« gefangen war, nämlich der fundamentalen Unterscheidung zwischen kontinuierlicher und diskontinuierlicher Variation, wobei angenommen wurde, dass lediglich Letztere permanente Veränderungen in einer Art hervorbringen könne. Außerdem war Sumner der Auffassung, dass die neue Mendelsche Genetik dieses Dogma zementiert habe. Er wollte dieses Dogma aufweichen, indem er darauf hinwies, dass die Genetik selbst gezeigt habe, dass die fundamentale Unterscheidung zwischen kontinuierlicher und diskontinuierlicher Variabilität aufgrund der Arbeiten von N. Herman Nilsson-Ehle (1908), Edward M. East (1910) und anderen zumindest fragwürdig sei. East hatte vorgeschlagen, dass der relevante Unterschied nicht zwischen fluktuierender und diskontinuierlicher Variabilität bestehe, sondern zwischen *umweltbedingter* und *erblicher*. Es war seiner Meinung nach zumindest möglich, dass auch die kontinuierliche Variation den Mendelschen Gesetzen unterliegt, und nicht bloß diskontinuierliche, wie Bateson und de Vries angenommen hatten.

Sumners aufsehenerregendstes Ergebnis war zweifellos die Erblichkeit subspezifischer Merkmalsunterschiede in den geografischen Rassen von *Peromyscus*. Da diese Variabilität eine graduelle ist, brachte er damit erstmals Evidenz gegen die damals weitverbreitete Auffassung vor, nach der kontinuierliche Variation keine oder eine nur unstabile genetische Basis hat.

Goldschmidt: Geografische Variation bei *Lymantria*

Der deutsche Genetiker Richard Goldschmidt stellte ab ca. 1910 ausführliche Untersuchungen zur geografischen Variabilität bei Faltern der Gattungen *Lymantria* (z. B. der Schwammspinner *L. dispar*) und *Callimorpha* sowie einigen anderen Gattungen an. Die zu diesen Gruppen gehörenden Arten sind z. T. weltweit verbreitet und leben unter recht unterschiedlichen klimatischen Bedingungen; daher waren sie ideale Objekte für Untersuchungen zur geografischen Variabilität. Seine Feldexkursionen führten Goldschmidt in den Nordosten der USA, nach Japan sowie in verschiedene Teile Europas.

Goldschmidt (1918) kreuzte z. B. im Labor verschiedene geografische Rassen des Schwammspinners untereinander, die sich besonders auffällig in der Zeichnung der Raupen unterschieden. Diese Unterschiede waren offensichtlich erblich, da sie sich über mehrere Generationen reproduzierten. Er fand, dass die F_1 Nachkommen aus solchen Kreuzungen häufig einen intermediären Phänotyp aufwiesen. In F_2 fand Goldschmidt in den meisten Kreuzungen eine gewisse, aber keine vollständige Dominanz der stärker pigmentierten Formen. Goldschmidt schlug vor, dass die verschiedenen Grade der Pigmentierung durch Unterschiede in der Quantität eines Gens verursacht werden und dass die Genwirkung dem chemischen Massenwirkungsgesetz folgt. Heute würden wir sagen, dass der Grad der Pigmentierung von der Aktivität oder Expression eines *Enzyms* abhängt und nicht von der Menge des entsprechenden Gens. Interessant ist aber vor allem, dass Goldschmidt die geografische Variabilität vollständig in der Begrifflichkeit der Mendelschen Genetik interpretierte. Für ihn bestand kein Zweifel mehr, dass die kontinuierlichen Rassenunterschiede in der Zeichnung der Raupen durch Unterschiede in Mendelschen Faktoren hervorgerufen werden; er benutzte sogar Johannsens Begriff des *Gens*, der zu diesem Zeitpunkt noch umstritten war; manche Genetiker (z. B. Castle) bevorzugten nach wie vor Batesons Ausdruck *unit-factor*.

Auch für lokale Adaptationen durch Selektion auf Mendelsche Faktoren konnte Goldschmidt empirische Belege beibringen. Er untersuchte unter anderem das Phänomen des Industriemelanismus bei Faltern der Gattung *Lymantria* – die Zunahme dunkler Pigmente in den Flügeln von Faltern als Anpassung an verrußte Baumstämme – schon viele Jahrzehnte vor den heute bekannteren Arbeiten Henry B. D. Kettlewells (1955) zu *Biston betularia*.

In den Jahren 1932 und 1933 erschien in der Zeitschrift *W. Roux' Archiv für Entwicklungsmechanik* eine siebenteilige Artikelserie Goldschmidts mit den umfangreichen Ergebnissen seiner Untersuchungen zur geografischen Variabilität im Schwammspinner *Lymantria dispar*. Diese zeigten, dass Mendelsche Gene die genetische Basis von Anpassungen geografischer Rassen an lokale Begebenheiten durch Selektion bilden. Goldschmidt erzielte noch weitere, ähnliche Ergebnisse in Untersuchungen anderer Merkmale bei *Lymantria*, z. B. in der Raupenzeichnung, Geschlechtsbestimmung, Größe der Geschlechtstiere, Überwinterungsreaktion u. a. (Goldschmidt 1940).

Goldschmidt wurde später zu einem erbitterten Gegner der Synthese, indem er einen starken Saltationismus Batesonscher Prägung wiederaufleben ließ, leistete aber ironischerweise in seinen Arbeiten zwischen 1919 und 1933 einen wesentlichen Beitrag zur Synthese, indem er zeigte, dass Anpassungen an lokale Bedingungen eine genetische Basis haben, die durch die klassische Theorie des Gens erklärt werden kann.

Timoféeff-Ressovsky: Evolution unter Laborbedingungen bei *Drosophila*

Besonders hervorzuheben sind in diesem Zusammenhang auch die Untersuchungen des russischen Genetikers Nikolai Timoféeff-Ressovsky, der bei Chetverikov am Kol'tsov Institut in Moskau studiert hatte und später am Kaiser-Wilhelm-Institut für Hirnforschung in Berlin forschte. Timoféeff-Ressovsky führte in den 1930er Jahren für die klassische Genetik bedeutende Experimente zu dem von Muller (1928) entdeckten Phänomen der Erzeugung von Genmutationen durch ionisierende Strahlung durch. Im Gegensatz zu Muller studierte Timoféeff-Ressovsky aber auch natürliche Populationen sowie den Einfluss von Umweltbedingungen auf die phänotypische Expression von Mutationen.

Timoféeff-Ressovsky durchsuchte in den 1920er Jahren wilde *Drosophila*-Populationen in der Umgebung von Berlin auf das Vorhandensein von Mutanten. Er realisierte, dass es nicht genügt, die Proben auf sichtbare Veränderungen des Körperbaus zu untersuchen, da seltene rezessive Allele – die wegen ihrer Seltenheit vorwiegend im heterozygoten Zustand auftreten – auf diese Weise nicht entdeckt werden können. Die wilden Fliegen mussten ins Labor gebracht und über mehrere Generationen untereinander sowie mit Teststämmen gekreuzt werden, um solche Allele in der Wildpopulation nachzuweisen. Ein solcher Nachweis gelang Timoféeff-Ressovsky: Er fand in einer Stichprobe von 78 Weibchen neun verschiedene mutante Allele (Timoféeff-Ressovsky/Timoféeff-Ressovsky 1927). Dies war einer der ersten Nachweise von *Drosophila*-Mutanten in natürlichen Populationen und widersprach der damals populären Auffassung, die Mutanten seien ein Artefakt aus den Genetiklabors (vgl. 3.3).

Dobzhansky und die Geografie der Gene

Der russische, in die USA ausgewanderte Genetiker Theodosius Dobzhansky gilt neben Mayr und Simpson als eine der Schlüsselfiguren in der Synthese. Dobzhansky lernte in Morgans Labor in New York (siehe oben) die Techniken der Drosophila-Genetik kennen. Sein hauptsächliches Interesse galt aber der Evolution. Er wurde durch Donald E. Lancefield auf eine andere Drosophila-Art aufmerksam, *D. pseudoobscura*. Lancefield (1929) hatte gezeigt, dass diese Art in zwei ununterscheidbaren, untereinander aber sterilen Formen »A« und »B« vorkam. Für Dobzhansky war sofort klar, dass er hier ein vielversprechendes Modellsystem für seine evolutionären Studien in den Händen hielt. Obwohl die detailliertesten Genkarten für *D. melanogaster* vorlagen, konnten die bewährten genetischen Techniken auf *D. pseudoobscura* angewendet werden, so dass bald die ersten genetischen Karten der *D. pseudoobscura*-Chromosomen vorlagen. 1933 begann Dobzhansky an der kalifornischen Küste *D. pseudoobscura*-Fliegen zu sammeln und zwecks genetischer Untersuchungen in sein Labor zu bringen.

Dobzhanskys Kollege C. C. Tan hatte 1935 mittels zytologischer Kartierung von Riesenchromosomen gezeigt, dass sich die beiden intersterilen Rassen A und B von *D. pseudoobscura* durch drei Inversionen im dritten Chromosom unterschieden (Tan 1935). Mit Hilfe Alfred H. Sturtevants analysierte Dobzhansky nun Fliegen aus verschiedenen Lokalitäten. Er benutzte eine Reihe von genetischen Markern auf Chromosom III (d. h. phänotypisch bemerkbare, zytologisch kartierte Mutationen an verschiedenen, über das ganze Chromosom verteilte Loci), um die Rassen zytogenetisch zu charakterisieren. Sturtevant und Dobzhansky machten eine evolutionstheoretisch höchst interessante Beobachtung: Die Reihenfolge der genetischen Marker war in jeder der untersuchten Rassen verschieden. Eine willkürlich gewählte Rasse wurde als Standardsequenz ausgewählt und durch die Markersequenz *ABCDEFGH* definiert. Die Rasse »Klamath« zeigte nun die Sequenz *ADCBEFGH*, die Rasse »Arrowhead« *ABEDCFGH* und »Pikes Peak« *ABCGFEDH*. Offenbar waren all diese Chromosomen durch Inversionen aus einem ursprünglichen Chromosom entstanden. Sturtevant und Dobzhansky (1936) konnten somit erstmals phylogenetische Beziehungen zwischen geografischen Rassen auf der Basis genetischer Karten herstellen.

Sturtevant und Dobzhansky lieferten damit nicht nur direkte Belege dafür, dass die in Genetiklabors schon seit vielen Jahren studierten zytologischen Prozesse in natürlichen Populationen tatsächlich ablaufen, sie konnten sogar die Geschichte eines Beispiels von subspezifischer geografischer Diversifikation auf der Ebene der Chromosomen rekonstruieren. Dieses Projekt einer Geografie der Gene spielte nach Marcel Weber (1998) eine Schlüsselrolle in der Synthese von Darwinscher Evolutionstheorie und Mendelscher Genetik. Während die mathematische Populationsgenetik, deren Entwicklung von einigen Kommentatoren als das zentrale Ereignis in der Synthese angesehen wird (z. B. bei Provine 1971; 1986), die Konsistenz von moderner Genetik und Darwins Evolutionstheorie zeigte, konnte die ursprüngliche Opposition von Genetik und Darwinismus erst durch die Verbindung von experimenteller Genetik mit Studien von tatsächlichen Evolutionsprozessen in Wildpopulationen überwunden werden, wie sie besonders Sumner, Goldschmidt, Timoféeff-Ressovsky und Dobzhansky durchführten (Weber 1998). Diese Arbeiten zeigten erstens, dass die aus dem Genetiklabor bekannten Phänomene evolutionär relevant sind. Zweitens zeigten sie mehrere Jahrzehnte vor der Molekularbiologie, dass experimentalgenetische Methoden, besonders in Dobzhanskys Händen, ein mächtiges Werkzeug zum Studium von mikro- und makroevolutionären Veränderungen darstellen.

Die Synthese und ihre Historiografie

Einer der ersten und zugleich einflussreichsten Historiografen der Synthese war einer ihrer Architekten: der Ornithologe Mayr (z. B. 1982). Im Rahmen der erwähnten rivalisierenden Einschätzungen bezüglich der relativen Relevanz der mathematischen und experimentellen Populationsgenetik für die Moderne Synthese verwendete Mayr große Anstrengungen darauf, die Rolle sowohl der experimentellen Genetik als auch der von ihm maßgeblich entwickelten evolutionären Taxonomie mit dem biologischen Artbegriff im Zentrum herauszuarbeiten. Demgegenüber relativierte er die Bedeutung der mathematischen Populationsgenetik, die er oft etwas abschätzig als »beanbag genetics« bezeichnete. Michael Ruse (1981) vertritt eher die gegenläufige Interpretation der Ereignisse, indem er in der Populationsgenetik so etwas wie einen axiomatischen Kern der Synthetischen Evolutionstheorie sieht. Weber (1998) kritisiert diese Position allerdings als auf einer inadäquaten Konzeption wissenschaftlicher Theorien als axiomatische Systeme beruhend.

Die Frage nach der relativen Rolle der mathematischen und experimentellen Populationsgenetik in der Ausbildung einer synthetischen Evolutionstheorie ist jedoch nicht die einzig historiografisch interessante. Der Wissenschaftshistoriker Joseph Cain (1993; 1994) hat vor allem die Rolle Mayrs als Wissenschaftsorganisator herausgearbeitet. Als Begründer und Herausgeber der Zeitschrift *Evolution* war Mayr maßgeblich daran beteiligt, die Evolutionsbiologie als eigenständige Disziplin zu etablieren, und dies zu einer Zeit, als sich die Molekularbiologie durch ihre Forschungserfolge rasch von einer Spezialität einer kleinen Gruppe von Physikern zu der institutionell mächtigsten biologischen Disziplin entwickelte und die traditionellen biologischen Disziplinen Zoologie und Botanik stark bedrängte. In einer solchen Perspektive können die Moderne Synthese und die mit ihr assoziierten Theoriebestandteile als ein wissenschaftspolitisches Instrument angesehen werden, das der disziplinären Eigenständigkeit der Evolutionsbiologie gegenüber rasch wachsenden Nachbardisziplinen kognitiven Nachdruck verlieh.

V. Betty Smocovitis (1992) sieht in der Idee einer Vereinheitlichung der Biologie, die besonders in den Texten der »Architekten« Dobzhansky, Mayr und Simpson allgegenwärtig ist, eine Manifestation der Idee einer Einheit der Wissenschaft, wie sie besonders durch die Wissenschaftstheorie des Wiener

Kreises (Otto Neurath, Rudolf Carnap u. a.) entwickelt wurde. Es gibt allerdings keine guten Belege für einen direkten historischen Zusammenhang zwischen dem Wiener Kreis und den wissenschaftlichen Aktivitäten im Zusammenhang mit der Modernen Synthese; ein solcher Einfluss kann bestenfalls indirekt bestanden haben.

Als Alternative kann die Synthese im Lichte von Hans-Jörg Rheinbergers (1997) Theorie der Experimentalsysteme gesehen werden. Wie besonders Weber (1998) herausgearbeitet hat, spielte die Übernahme nicht nur experimentalgenetischer Techniken (z. B. Genkartierung), sondern auch bestimmter Modellorganismen (besonders *Drosophila*) durch Evolutionsbiologen eine wichtige Rolle im Prozess der Annäherung an die Genetik. Die Synthese kann in diesem Sinn dann auch als eine Fusion nicht nur *epistemischer* Systeme (d. h. Theorien), sondern auch verschiedener materialer Kulturen (Galison 1997) oder wissenschaftlicher Produktionssysteme (Kohler 1994) angesehen werden. Das bedeutet, dass im Zuge der Synthese nicht bloß verschiedene Theorieelemente zu einem Ganzen zusammengefügt, sondern auch verschiedene Untersuchungsmethoden, experimentelle Techniken, Modellorganismen und Klassifikationssysteme miteinander verbunden wurden. Nur indem gewissermaßen zugleich das Genetiklabor ins Feld hinaus und Wildpopulationen ins Genetiklabor hineingetragen wurden, konnte eine neue Evolutionsbiologie geschaffen werden, in der sowohl Darwins wegweisende Ideen als auch die Experimentalgenetik und die mathematische Populationsgenetik ihren Platz fanden.

Literatur

Altenburg, Edgar/Muller, Hermann J. (1920): »The Genetic Basis of Truncate Wing. An Inconstant and Modifiable Character in Drosophila«. In: Genetics Vol. 5: 1–59.
Bateson, William (1894): Materials for the Study of Variation, Treated with Especial Regard to Discontinuity in the Origin of Species. London.
Bateson, William (1928a): »The Problems of Heredity and Their Solution« [erstmals erschienen 1902 in: Mendel's Principles of Heredity: A Defence, 1–35]. In: Reginald C. Punnett: Scientific Papers of William Bateson. Bd. II. Cambridge, 4–28.
Bateson, William (1928b): »The Facts of Heredity in the Light of Mendel's Discovery« [erstmals erschienen in: Reports to the Evolution Committee of the Royal Society I: 125–160]. In: Reginald C. Punnett: Scientific Papers of William Bateson. Bd. II. Cambridge, 29–68.
Bateson, William (1928): »Presidential Address to the Zoological Section, British Association« [1904]. In: Beatrice Bateson: William Bateson, Naturalist. Cambridge, 233–259.
Beatty, John (1981): »What's Wrong with the Received View of Evolutionary Theory?« In: Peter D. Asquith/Ronald Giere: PSA 1980 (Proceedings of the Biennial Meeting of the Philosophy of Science Association.). Bd. 2. East Lansing, 397–439.
Bowler, Peter J. (1989): Evolution: The History of an Idea. Revised Edition. Berkeley/Los Angeles.
Cain, Joseph A. (1993): »Common Problems and Cooperative Solutions. Organizational Activity in Evolutionary Studies, 1936–1947«. In: Isis Vol. 84: 1–25.
Cain, Joseph A. (1994): »Ernst Mayr as Community Architect: Launching the Society for the Study of Evolution and the Journal ›Evolution‹«. In: Biology and Philosophy Vol. 9: 387–427.
Castle, William E. (1915a): »Some Experiments in Mass Selection«. In: American Naturalist Vol. 49: 713–726.
Castle, William E. (1915b): »Mr. Muller on the Constancy of Mendelian Factors«. In: American Naturalist Vol. 49: 37–42.
Chetverikov, Sergei (1961): »On Certain Aspects of the Evolutionary Process from the Standpoint of Genetics« [1926]. In: Proceedings of the American Philosophical Society Vol. 105: 167–195.
Correns, Carl E. (1900): »Mendel's Regel über das Verhalten der Nachkommenschaft der Rassenbastarde«. In: Berichte der Deutschen Botanischen Gesellschaft Vol. 20: 158–168.
Darwin, Charles (1859): On the Origin of Species by Means of Natural Selection or the Preservation of Favored Races in the Struggle for Life. London.
Darwin, Charles (1868): The Variation of Plants and Animals Under Domestication. 2 Bde. London.
De Vries, Hugo (1900): »Sur la loi de disjonction des hybrids«. In: Comptes rendus de l'académie des sciences Vol. 130: 845–847.
De Vries, Hugo (1901): Die Mutationstheorie. Versuche und Beobachtungen über die Entstehung von Arten im Pflanzenreich. Erster Band: Die Entstehung der Arten durch Mutation. Leipzig.
De Vries, Hugo (1903): Die Mutationstheorie. Versuche und Beobachtungen über die Entstehung von Arten im Pflanzenreich. Zweiter Band: Elementare Bastardlehre. Leipzig.
Dobzhansky, Theodosius (1939): Die genetischen Grundlagen der Artbildung [Genetics and the Origin of Species, 1937]. Jena.
East, Edward M. (1910): »A Mendelian Interpretation of Variation That is Apparently Continuous«. In: American Naturalist Vol. 44: 65–82.
Fisher, Ronald A. (1918): »The Correlations Between Relatives on the Supposition of Mendelian Inheritance«. In: Transactions of the Royal Society of Edinburgh Vol. 52: 399–433.
Fisher, Ronald A. (1922): »On the Dominance Ratio«. In: Proceedings of the Royal Society of Edinburgh Vol. 52: 321–341.
Fisher, Ronald A. (1930): The Genetical Theory of Natural Selection. Oxford.
Galison, Peter (1997): Image and Logic: A Material Culture of Microphysics. Chicago.

Galton, Francis (1889): Natural Inheritance. London.

Gehring, Walter. J. (1998): Master Control Genes in Development and Evolution: The Homeobox Story. New Haven.

Goldschmidt, Richard (1918): »A Preliminary Report on Some Genetic Experiments Concerning Evolution«. In: American Naturalist Vol. 52: 28–50.

Goldschmidt, Richard (1932): »Untersuchungen zur Genetik der geographischen Variation V«. In: W. Roux' Archiv für Entwicklungsmechanik Vol. 126: 674–768.

Goldschmidt, Richard (1940): The Material Basis of Evolution. New Haven.

Gould, Stephen J./Lewontin, Richard C. (1979): »The Spandrels of San Marco and the Panglossian Paradigm: A Critique of the Adaptionist Programme«. In: Proceedings of the Royal Society of London B Vol. 205: 581–598.

Hardy, Godfrey H. (1908): »Mendelian Proportions in a Mixed Population«. In: Science Vol. 28: 49–50.

Huxley, Julian (1942): Evolution: The Modern Synthesis. London

Kettlewell, Henry B. D. (1955): »Selection Experiments on Industrial Melanism in the Lepidoptera«. In: Heredity Vol. 9: 323–342.

Kimura, Motoo (1983): The Neutral Theory of Molecular Evolution. Cambridge.

Kohler, Robert E. (1994): Lords of the Fly. Drosophila Genetics and the Experimental Life. Chicago.

Lancefield, Donald E. (1929): »A Genetic Study of Crosses of Two Races or Physiological Species of Drosophila obscura«. In: Zeitschrift für Induktive Abstammungs- und Vererbungslehre Vol. 52: 287–317.

Mayr, Ernst (1942): Systematics and the Origin of Species. New York.

Mayr, Ernst (1980): »How I Became a Darwinian«. In: Ernst Mayr/Will B. Provine: The Evolutionary Synthesis, 413–423.

Mayr, Ernst (1982): The Growth of Biological Thought. Cambridge.

Mendel, Gregor (1901): Versuche über Pflanzenhybriden. Zwei Abhandlungen (1865 und 1869). Hg. von Erich Tschermak. Leipzig.

Morgan, Thomas H. (1917): »The Theory of the Gene«. In: American Naturalist Vol. 51: 513–544.

Morgan, Thomas H. (1926): The Theory of the Gene. New Haven.

Muller, Hermann J. (1922): »Variation Due to Change in the Individual Gene«. In: American Naturalist Vol. 56: 32–50.

Muller, Hermann J. (1928): »The Production of Mutations by X-Rays«. In: Proceedings of the National Academy of Science Vol. 14: 714–726.

Nilsson-Ehle, N. Herman (1908): »Einige Ergebnisse von Kreuzungen bei Hafer und Weizen«. In: Botaniska Notiser, 257–294

Pearson, Karl (1901): »On the Principle of Homotyposis and Its Relation to Heredity, to the Variability of the Individual, and to That of the Race. Part 1. Homotyposis in the Vegetable Kingdom«. In: Philosophical Transactions of the Royal Society A Vol. 197: 285–379.

Provine, Will B. (1971): The Origins of Theoretical Population Genetics. Chicago.

Provine, Will B. (1986): Sewall Wright and Evolutionary Biology. Chicago.

Punnett, Reginald C. (1915): Mimicry in Butterflies. Cambridge.

Rheinberger, Hans-Jörg (1997): Toward a History of Epistemic Things: Synthesizing Proteins in the Test Tube. Stanford.

Roughgarden, Joan (1979): Theory of Population Genetics and Evolutionary Ecology: An Introduction. New York.

Ruse, Michael (1981): »The Structure of Evolutionary Theory«. In: ders.: Is Science Sexist? And Other Problems in the Biomedical Sciences. Dordrecht, 1–27.

Simpson, George G. (1944): Tempo and Mode in Evolution. New York.

Smocovitis, V. Betty (1992): »Unifying Biology: The Evolutionary Synthesis and Evolutionary Biology«. In: Journal of the History of Biology Vol. 25: 1–65.

Sober, Elliott (1984): The Nature of Selection. Evolutionary Theory in Philosophical Focus. Cambridge.

Sturtevant, Alfred H./Dobzhansky, Theodosius (1936): »Inversions in the Third Chromosome of Wild Races of Drosophila pseudoobscura, and Their Use in the Study of the History of the Species«. In: Proceedings of the National Academy of Science USA Vol. 22: 448–450.

Sumner, Francis B. (1918): »Continuous and Discontinuous Variation and Their Inheritance in Peromyscus, I-III«. In: American Naturalist Vol. 52: 177–208; 290–300; 439–454.

Tan, C. C. (1935): »Salivary Gland Chromosomes in the Two Races of Drosophila pseudoobscura«. In: Genetics Vol. 20: 392–402.

Timoféeff-Ressovsky, H. A./Timoféeff-Ressovsky, Nikolai W. (1927): »Genetische Analyse einer freilebenden Drosophila melanogaster-Population«. In: W. Roux' Archiv für Entwicklungsmechanik Vol. 109: 70–109.

Tschermak, Erich (1900): »Über künstliche Kreuzung bei Pisum sativum«. In: Berichte der deutschen botanischen Gesellschaft Vol. 18: 232–239.

Waters, C. Kenneth (2004), »What Was Classical Genetics?«. In: Studies in History and Philosophy of Science Vol. 35: 783–809.

Weber, Marcel (1998): Die Architektur der Synthese. Entstehung und Philosophie der Modernen Evolutionstheorie. Berlin

Weinberg, Wilhelm (1908): »Über den Nachweis der Vererbung beim Menschen«. In: Jahreshefte des Vereins für Vaterländische Naturkunde in Württemberg Vol. 64: 368–82.

Weldon, W. F. Raphael (1902): »Mendel's Law of Alternative Inheritance in Peas«. In: Biometrika Vol. 1: 228–254.

Wright, Sewall (1931): »Evolution in Mendelian Populations«. In: Genetics Vol. 16: 97–159.

Marcel Weber

5. Jenseits des Neodarwinismus? Neuere Entwicklungen in der Evolutionsbiologie

Die Synthetische Evolutionstheorie entstand um 1940 als eine Integration von mehreren biologischen Teilgebieten, insbesondere der klassischen Genetik, der Systematik, der Naturgeschichte, der Ökologie und teilweise der Paläontologie (vgl. Artikel II.4). Die ein Jahrzehnt zuvor entwickelte Populationsgenetik hatte diese Integration möglich gemacht. Die Synthetische Evolutionstheorie entwickelte sich in den 1960er Jahren zur dominanten Theorie in der Evolutionsbiologie, seitdem üblicherweise als »Neodarwinismus« bezeichnet. Der Name rührt daher, dass zuvor – gegen Ende des 19. Jahrhunderts – mehrere Ansätze populär gewesen waren, die Darwins natürliche Selektion als weitgehend irrelevant für die Evolution ansahen (z. B. ein Wiederaufleben des Lamarckismus). Für den Neodarwinismus sind die Erklärung der Adaption (evolutionären Anpassung) sowie der Speziation (Artbildung) die Hauptziele der Evolutionsbiologie. Evolution wird als gradueller Prozess verstanden, d.h. phänotypischer Wandel vollzieht sich nicht sprunghaft, sondern in kleinen und kontinuierlichen Schritten von stammesgeschichtlichen Vorfahren bis zu heutigen Arten (Gradualismus). Die natürliche Selektion gilt als der zentrale Mechanismus, der evolutionären Wandel hervorbringt, indem Selektion auf Variation innerhalb von Populationen wirkt. Die mathematischen Modelle der Populationsgenetik bilden den theoretischen Kern des Neodarwinismus (Amundson 2005; Charlesworth et al. 1982).

Trotz seiner dominanten Stellung in der Evolutionsbiologie, insbesondere im englischsprachigen Raum, ist Kritik am Neodarwinismus nicht ausgeblieben. Manche bemängelten, dass diese Evolutionstheorie unvollständig und ihr enger theoretischer Rahmen mit bisher vernachlässigten oder neuen biologischen Gesichtspunkten zu erweitern sei. Andere kritisierten sogar einzelne theoretische Annahmen und Erklärungsmodelle des Neodarwinismus als im Wesentlichen falsch (Levit et al. 2005). Kritik wurde insbesondere von Paläontologen, Morphologen, und Evolutionstheoretikern mit entwicklungsbiologischen Ansätzen geübt (Erwin 2009; Müller 1994). Dieser Beitrag gibt einen Überblick über die wichtigsten Entwicklungen in der Evolutionsbiologie der letzten vier Jahrzehnte. Man kann diese theoretischen Neuerungen als Erweiterungen des Neodarwinismus auffassen oder auch als dessen Ersetzung durch einen anderen Ansatz. In jedem Fall haben sich der theoretische Rahmen, die methodologische Praxis und die disziplinäre Struktur der heutigen Evolutionsbiologie deutlich vom ursprünglichen Neodarwinismus entfernt. Auch ist es so, dass – im Gegensatz zum einst etwas monolithischen Neodarwinismus – die heutige Evolutionsbiologie in einer Vielzahl von theoretischen und praktischen Denk- und Forschungsweisen besteht.

Diese Übersicht beginnt mit einer Diskussion der Kritik von Seiten der Paläontologie, insbesondere der Theorie des Punktualismus. Dann wird von der Kontroverse bezüglich des neodarwinistischen Adaptionismus zu berichten sein, die u. a. im Kontext der Soziobiologie und der evolutionären Psychologie von Bedeutung war. Die Entstehung von neuen Ansätzen und Teilgebieten wie der molekularen Evolutionsbiologie, der phylogenetischen Systematik (Kladistik) und der molekularen Phylogenetik hat die Evolutionsbiologie deutlich gewandelt, u. a. dadurch, dass sie weniger adaptionistisch geworden ist und eine stärkere historische Ausrichtung erfahren hat. Schließlich wird die evolutionäre Entwicklungsbiologie (»Evo-Devo«) als einer der vielversprechendsten neuen evolutionären Ansätze die Bühne betreten. Entwicklungsbiologische Erkenntnisse stellen sich als wesentlich für manche Erklärungen der Evolution heraus, und darüber hinaus verfolgt die evolutionäre Entwicklungsbiologie evolutionäre Fragestellungen, die vom Neodarwinismus vernachlässigt wurden. Auch werden aus einer solchen heutigen Sichtweise manche einst ignorierte Evolutionstheoretiker oder geschmähte Kritiker des Neodarwinismus teilweise legitimiert.

Punktualismus (*punctuated equilibrium*)

Obzwar mit George G. Simpson einer der Gründer der Synthetischen Evolutionstheorie ein Paläontologe war, hat die Paläontologie nur zum Teil an dieser disziplinären Integration teilgenommen. Das Wissen der Paläontologie – das lang vergangene evolutionäre Ereignisse betrifft – lässt sich oft nicht so einfach mit dem Wissen von evolutionsrelevanten Disziplinen wie Zoologie, Botanik, Systematik, Populationsgenetik, Ökologie und Verhaltensbiologie – die heute lebende Organismen studieren – verbinden; was auch darin seinen Ausdruck findet, dass Paläontologen alle sich mit existierenden Arten befassenden Biologen etwas abschätzig als »Neontologen« bezeichnen.

Darüber hinaus kamen Kritiker des Neodarwinismus oft aus den Reihen der Paläontologie.

Ein typischer Kritikpunkt war und ist zum Teil immer noch, dass der Neodarwinismus zwar Mikroevolution erklären kann, nicht aber die Makroevolution. Mikroevolution ist Evolution innerhalb einer Art, wohingegen Makroevolution Evolution über Artgrenzen hinaus bezeichnet. Neodarwinisten führen an, dass Makroevolution, z. B. die Entstehung von Organismengruppen auf höheren taxonomischen Rängen, nichts anderes sei als eine Reihe von vielen aufeinanderfolgenden mikroevolutionären Ereignissen. Dies ist ein gutes Argument gegen Kreationisten, die das Vorkommen von Mikroevolution eingestehen, aber die Existenz von Makroevolution leugnen. Allerdings folgt daraus, dass Makroevolution eine Reihe von mikroevolutionären Ereignissen ist, nicht, dass die populationsgenetischen Theoriemodelle, die speziell für die Erklärung mancher Aspekte der Mikroevolution entwickelt wurden, zur Erklärung der Makroevolution ausreichen. Populationsgenetik als theoretischer Kern des Neodarwinismus kann erklären, wie sich die Häufigkeit eines phänotypischen Merkmales innerhalb einer Population oder Art ändert (durch den Einfluss von natürlicher Selektion, genetischer Mutation und Drift und geografischer Migration von Individuen). Makroevolutionäre Fragestellungen hingegen, mit denen sich die Paläontologie befasst, sind z. B. das Entstehen sowie Aussterben von ganzen Organismengruppen hohen taxonomischen Ranges (Familien, Ordnungen) und die Geschwindigkeit und der Trend von phänotypisch-morphologischem Wandel über lange evolutionäre Zeiträume und in mehreren taxonomischen Gruppen. Um solche Ereignisse zu verstehen, müssen eine Reihe weiterer Gesichtspunkte und Erklärungsmodelle herbeigezogen werden, die u. a. Wandel in klimatischen und geologischen Faktoren und den internen morphologischen Aufbau von verschiedenen Arten (und nicht bloß die Verteilung von Genen in einer Population) berücksichtigen. Zusätzlich zu der Selektion zwischen Individuen innerhalb einer Art – was die Populationsgenetik in Betracht zieht – kann auch Selektion zwischen Arten kausal relevant sein. Massensterben von Arten (wie das Aussterben der Dinosaurier) kann nicht von populationsgenetischen Modellen erfasst werden. Dasselbe gilt für die Tatsache, dass der evolutionäre Prozess selbst und seine Dynamik sich wandelte, wenn zu einzelligen mehrzellige Organismen oder zu asexuellen sich sexuell fortpflanzende Arten hinzukamen (Erwin 2009). In dem Maße, wie der Neodarwinismus sich auf die Mikroevolution konzentriert, ist er theoretisch zu eng gefasst, um sämtliche evolutionären Fragestellungen zu beantworten.

Ein prominenter Streitpunkt, der nicht die kausalen Mechanismen des evolutionären Wandels betrifft, sondern das Muster der phänotypischen Evolution angeht, ist die Hypothese des Punktualismus. Von den amerikanischen Paläontologen Niles Eldredge und Stephen J. Gould im Jahr 1972 unter dem Namen »punctuated equilibrium« vorgeschlagen, wurde sie dem vom Neodarwinismus bevorzugten Gradualismus gegenübergestellt (Eldredge/Gould 1972). Die Hypothese des phyletischen Gradualismus geht davon aus, dass morphologische Evolution kontinuierlich und graduell vonstattengeht, wobei zu jedem Zeitpunkt (geringer) morphologischer Wandel stattfindet (und die Geschwindigkeit des Wandels in nahe verwandten Arten und Abstammungslinien ähnlich ist). Im Gegensatz dazu behauptet der Punktualismus, dass während des Großteils der historischen Existenz einer Art so gut wie keinerlei morphologische Änderungen stattfinden – in diesem Zeitraum herrscht evolutionäre Stasis, als würde sich die Art in einem Gleichgewicht (»equilibrium«) befinden. Wenn eine solche Art sich jedoch im Prozess der Artbildung zu zwei neuen Nachfolger- oder Tochterarten entwickelt, findet während dieses recht kurzen Zeitraums relativ schnell großer morphologischer Wandel statt – das Gleichgewicht ist unterbrochen (»punctuated equilibrium«).

Dieses Modell ist nicht mit der unwahrscheinlichen Hypothese des Saltationismus zu verwechseln, die eine wortwörtlich sprunghafte morphologische Evolution annimmt, wobei von einer Generation auf die nächste starke morphologische Änderungen (z. B. durch Makromutationen) möglich sind, vielleicht sogar die Entstehung einer neuen Art innerhalb einer Generation. Der Punktualismus behauptet vielmehr, dass während langen evolutionären Zeiträumen (z. B. 97 % der historischen Existenz einer Art) keine gerichteten morphologischen Änderungen stattfinden, gefolgt von rapidem Wandel in kurzen Zeiträumen (z. B. 3 % der historischen Existenz einer Art). Man beachte, dass ein solcher – aus geologischer Sicht – kurzer Zeitraum Zehntausende von Jahren dauern kann, so dass auch rapide Evolution ohne wirkliche Sprünge möglich ist. Die Begründung für das Modell des Punktualismus ist die strittige Behauptung, dass es besser mit dem Muster bekannter Fossilien übereinstimmt. Der Punktualismus kann fossile Funde von nahe verwandten, aber morphologisch verschiedenen Arten in kurz aufeinanderfolgenden Zeitperioden dadurch erklären, dass schnelle Makroevolution stattgefunden hat. Ebenso ist das Vorkommen von sehr ähnlichen Fossilien über sehr lange Zeiträume hinweg mit diesem Modell vereinbar.

Der Punktualismus ist oft als Kampfansage an den Neodarwinismus und seinen bevorzugten Gradualismus verstanden worden. Allerdings wurde dieses neue paläontologische Modell ursprünglich bloß von Eldredge vorgeschlagen (Eldredge 1971). Er verteidigte die zentrale Behauptung von sehr schneller Evolution im relativ kurzen Zeitraum der Entstehung von neuen Arten mit der Annahme, dass Artbildung erfolge, wenn das Verbreitungsgebiet einer ursprünglichen Art in zwei Teilgebiete aufgespalten würde, z. B. durch Gebirgsbildung, Kontinentaldrift oder Klimawandel, so dass die getrennten Teilpopulationen sich in unterschiedliche Arten entwickeln. Da eine solche Teilpopulation aus relativ wenigen Individuen bestehe und sie einem anderen Selektionsdruck unterliegen würde als die nun von ihr abgetrennten Populationen, könne schneller evolutionärer Wandel stattfinden. Dieses Modell der allopatrischen Artbildung war auch von vielen Neodarwinisten bevorzugt worden, so dass Eldredges ursprüngliche Fassung des Punktualismus potenziell mit dem Neodarwinismus hätte vereinbar werden können. Jedoch verschärfte Eldredge und vor allem sein Partner Gould seine Position und setzte den Punktualismus rhetorisch sowohl dem Gradualismus wie dem Neodarwinismus entgegen. Infolgedessen wurde der Punktualismus sofort von vielen Evolutionsbiologen, einschließlich vieler Paläontologen, kritisiert, während andere Paläontologen dieses neue Modell zumindest teilweise verteidigten (Charlesworth et al. 1982, Gould/Eldredge 1993).

Mittlerweile hat sich der Sturm gelegt, vor allem insofern viele Positionen auf der Skala zwischen strengem Gradualismus und strengem Punktualismus vertreten werden. Neodarwinisten haben darauf hingewiesen, dass sie eigentlich nie einen ausschließlichen Gradualismus vertreten haben, und heutzutage gestehen fast alle Evolutionsbiologen zu, dass die Geschwindigkeit von morphologischer Evolution manchmal schneller und manchmal langsamer und in verschiedenen Arten und Abstammungslinien unterschiedlich sein kann. Darüber hinaus können scheinbare morphologische Lücken im Fossilbestand nicht nur durch äußerst schnelle morphologische Evolution, sondern auch durch andere Prozesse erklärt werden, z. B. durch die Migration von Arten. Für jedes bestimme Muster des Wandels in einer Organismengruppe gibt es auch verschiedene Kausalmodelle, die dieses Muster potenziell erklären können. Aus diesem Grund ist die heutige Evolutionsbiologie nicht in zwei Lager bezüglich der Makroevolution gespalten (Gradualismus gegen Punktualismus), sondern verschiedene Modelle werden vertreten, wobei unterschiedliche Modelle für unterschiedliche Organismengruppen oder Abstammungslinien zutreffen können oder ein Forscher verschiedene Ideen und Modelle miteinander kombiniert (Fitch/Ayala 1995).

Adaptionismus

Für den Neodarwinismus ist die Erklärung des Prozesses der evolutionären Anpassung eine der Hauptaufgaben der Evolutionstheorie. Während es nicht kontrovers ist, dass Anpassung (Adaption) zumindest eine Frage der Evolutionsbiologie ist, ist vielen Neodarwinisten vorgeworfen worden, darüber hinaus einen zu kruden Adaptionismus zu vertreten. Adaptionismus ist die Annahme, dass jegliches Merkmal (z. B. jede morphologische Struktur und jedes Verhaltensmuster), das in einer Art häufig auftritt, eine Adaption sei, dass Merkmale sich also deswegen im Laufe der Stammesgeschichte entwickelt haben, weil sie die biologische Fitness (d. h. die Überlebenschancen und die Fortpflanzungsrate) ihrer Träger erhöhten. Aufgabe der Forschung sei es daher, ein plausibles Szenario zu entwerfen, das darlegt, in welcher ökologischen Situation sich Organismen einer Art in der Vergangenheit befunden haben, wie ein Merkmal genau funktioniert hat und warum es zum Überleben oder der Fortpflanzung besser beigetragen hat als andere Merkmale. Eine Möglichkeit besteht darin, ein Optimierungsmodell aufzustellen, das alle relevanten Faktoren bezüglich des Fitnessbeitrages einer Struktur einzubeziehen versucht und das die optimale Variante dieser Struktur voraussagt (z. B. die optimale Länge des Unterkiefers eines Löwen). Diese theoretische Vorhersage wird mit der tatsächlichen Ausprägung des Merkmales in der heutigen Art (die Unterkieferlänge eines Löwen) verglichen. Bei Übereinstimmung ist es wahrscheinlich, dass das Optimierungsmodell eine adäquate Erklärung gibt. Weicht die Vorhersage jedoch vom tatsächlichen Wert ab, so muss das Optimierungsmodell überdacht werden, da es falsche Annahmen macht oder fitnessrelevante Faktoren übersieht (Stegmann 2005a).

Deutliche Kritik am Adaptionismus, der bis dahin oft implizit Teil evolutionärer Erklärungen war, wurde 1979 vom Paläontologen Gould und dem Populationsgenetiker Richard Lewontin in einem der bekanntesten biologischen Aufsätze des 20. Jahrhunderts geübt (Gould/Lewontin 1979). Die beiden bemängelten, dass es oft zu einfach sei, sich eine – oberflächlich betrachtet – plausible Geschichte zu erdenken, warum ein Merkmal von der Selektion begünstigt worden sei (»just-so story«). Schwerwiegender ist ihr Kritikpunkt an der Methode, dass jeweils so lange alternative adaptionistische Erklärungen aufgestellt würden, bis eine passende gefunden sei, eine nicht-adaptionistische evolutionäre Erklärung aber nicht in Betracht gezogen würde. Gould und Lewontin hielten demgegenüber fest, dass z. B. ein heutiges biologisches Merkmal nicht nur nach Optimalitätsmaßstäben entstanden ist, als wäre es von Grund auf neu von einem Designer oder Ingenieur perfekt entworfen worden. Vielmehr würde es aus der Veränderung von historisch bereits gegebenen Strukturen hervorgehen. Demnach unterliegt die Stammesgeschichte einer gewissen Trägheit und die natürliche Selektion ist nicht allmächtig (es gibt auch Zufallsfaktoren wie genetische Drift), so dass heutige Strukturen nicht optimal angepasst sein müssen. Sie weisen im Gegenteil oft Spuren von früheren Stadien der Evolution auf, die nicht leicht abgeändert werden konnten und als nichtadaptiver Ballast mitgeschleppt wurden, wie z. B. der Blinddarm oder die Weisheitszähne beim Menschen. Im Säugetierauge (im Gegensatz zum Oktopusauge) liegen die Blutgefäße und Nervenstränge auf der Netzhaut, weswegen das Licht die Gefäße und Stränge erst durchdringen muss, bevor es auf die lichtempfindlichen Nervenzellen trifft. Die Nervenstränge sammeln sich an einer Stelle der Netzhaut und durchdringen sie dort, was zu einem blinden Fleck in der Mitte des Sehfeldes führt. Dieser nichtoptimale Aufbau lässt sich als Umänderung von evolutionären Vorläuferstrukturen verstehen.

Ein besonders wichtiger Kritikpunkt von Gould und Lewontin ist die Idee, dass ein biologisches Merkmal nicht von anderen Merkmalen isoliert betrachtet werden kann, als ob die natürliche Selektion auf jedes einzelne Merkmal direkt wirke und es zur Anpassung bringen würde. Anstelle dessen seien verschiedene Merkmale in Merkmalskomplexen verknüpft und variierten und evolvierten daher als eine integrierte Einheit. Dies resultiert z. B. daraus, dass ein Gen verschiedene phänotypische Auswirkungen hat, d. h. verschiedene Einzelmerkmale beeinflusst, so dass selbst wenn die Selektion eines dieser Merkmale – isoliert betrachtet – bevorzugen würde, das Gen nicht selektiert werden muss, falls andere von ihm ebenso beeinflussten Merkmale von der Selektion benachteiligt werden. Die embryonale Entwicklungsweise und der morphologische Aufbau eines Organismus bestimmt, welche erblichen morphologischen Variationen überhaupt möglich sind und welche Einzelvarianten miteinander korreliert sind und daher nur zusammen erfolgen können. Zum Beispiel haben die Wirbeltiere und Individuen in vielen anderen Tiergruppen einen bilateral (rechts-links) symmetrischen Aufbau und eine entsprechende Entwicklungsweise (zumindest was die Strukturen an der Körperoberfläche angeht, aber auch viele innere Organe kommen paarweise oder in symmetrischen Organsystemen vor). Eine Variation in der rechten Körperhälfte ist oft nur schwer ohne eine entsprechende symmetrische Variation in der linken Körperhälfte möglich. Derartige Einschränkungen der Möglichkeit, des Ausmaßes oder der Richtung von erblicher phänotypischer Variation werden in der Fachliteratur mit dem wichtigen Begriff der *developmental constraints* bezeichnet (Alberch 1982; Maynard Smith et al. 1985; Riedl 1975).

Morphologische Evolution setzt in jeder Generation erbliche phänotypische Variation voraus (Schritt 1), auf die die Selektion einwirken kann (Schritt 2), was über Generationen hinweg zu morphologischem Wandel führt. Somit muss der Adaptionismus annehmen, dass phänotypische Variation stets in ausreichendem Maße und in alle möglichen Richtungen zur Verfügung steht, was auch einschließt, dass alle Einzelmerkmale voneinander unabhängig variieren. Die Existenz von *developmental constraints* zeigt jedoch, dass dies nicht der Fall ist. Selbst der stärkste Selektionsvorteil oder -druck (Schritt 2) ist irrelevant, wenn die betreffende Variation wegen eines *developmental constraints* nicht zuvor erzeugt werden kann (Schritt 1). Darüber hinaus kann korrelierte Variation von mehreren Einzelmerkmalen folgende Auswirkung haben. Wenn unter Einfluss von Selektion sich ein Merkmal verändert, dieser Wandel aufgrund von *developmental constraints* gleichzeitig zu Änderungen in einem anderen Merkmal führt, so ist Letzteres ein nichtadaptives Nebenprodukt von evolutionärem Wandel. Zum Beispiel ist das menschliche Kinn das Produkt einer Wechselwirkung zwischen zwei Wachstumsprozessen (des Alveolar- und des Mandibularknochens). Nur Letztere wurden von der Selektion begünstigt, aber das Kinn selber ist ein evolutionäres

Nebenprodukt und keine Anpassung – was immer für eine Geschichte ein Adaptionist sich auch ausdenken mag, warum es evolutionär vorteilhaft sein solle, solch eine Strukturausprägung beim Menschen, nicht aber beim Affen zu haben.

Soziobiologie und evolutionäre Psychologie

Die neodarwinistische Tendenz zum Adaptionismus wurde auch im Fall der Soziobiologie kritisiert. Die Soziobiologie ist das Teilgebiet der Evolutionsbiologie, das mit der evolutionären Erklärung von tierischem und menschlichem Verhalten beschäftigt ist (Wilson 1975). Schon lange vor dem Entstehen der Soziobiologie in den 1960er Jahren war Verhalten evolutionär betrachtet worden. Allerdings ist die Soziobiologie der erste Ansatz, der den neodarwinistischen theoretischen Rahmen – insbesondere die Populationsgenetik – konsequent auf das Studium des Verhaltens angewandt hat. Zuvor war ein Verhaltensmuster manchmal damit evolutionär erklärt worden, dass es dem Erhalt der Art diene, was unzutreffend ist, da einzelne Individuen anderen Individuen (derselben Art) gegenüber von der Selektion bevorzugt werden, so dass Verhaltensmuster dem Fortpflanzungserfolg von Individuen dienen. Zu den Erfolgen der Soziobiologie gehören verschiedene neue quantitative Modelle und theoretische Überlegungen, um die Evolution von biologischem Altruismus zu erklären. Eine Verhaltensweise ist altruistisch im biologischen Sinne, wenn das sich so verhaltende Tier seine eigene Fitness (Fortpflanzungsrate) reduziert und dabei die Fitness anderer Tiere (derselben Art) erhöht. Altruismus und Kooperation sind ein wesentlicher Bestandteil des Verhaltens von vielen sozial lebenden Tierarten. In vielen Insektenstaaten geht der Altruismus sogar so weit, dass sich die Arbeiterinnen nicht fortpflanzen, sondern lediglich zur Fortpflanzung der Königin beitragen. Allerdings war es lange nicht klar, wie die Evolution von altruistischem Verhalten erklärt werden kann. Denn die natürliche Selektion bevorzugt diejenigen Merkmale, die die biologische Fitness erhöhen, wohingegen laut Definition altruistisches Verhalten zu niederer Fitness führt, so dass die Selektion stets egoistisches Verhalten gegenüber altruistischem Verhalten bevorzugen sollte und somit Letzteres scheinbar nicht evolvieren kann. Darwin sah Altruismus in Insektenstaaten als ein evolutionstheoretisches Problem und versuchte ihn (nach heutiger Auffassung unzutreffend) dadurch zu erklären, dass die Selektion ganze Gruppen von Insekten, die altruistisches Verhalten aufweisen, anderen Gruppen gegenüber bevorzugt.

Die Theorie der Genselektion liefert u. a. eine Erklärung der Evolution von manchen Typen altruistischen Verhaltens, nämlich altruistischem Verhalten gegenüber nahe verwandten Tieren, z. B. wenn ein Tier seinen Geschwistern hilft, aber dabei seine eigene Fitness verringert (»kin selection«, siehe Dawkins 1978). Die Idee besteht darin, nicht den Fortpflanzungserfolg (die Fitness) einer Gruppe oder eines Individuums zu betrachten, sondern den eines Gens, d. h. die Anzahl der Kopien eines Gens in zukünftigen Generationen. Nahe Verwandte haben viele Gene gemeinsam, die sie von ihren Vorfahren geerbt haben. Ein Gen, das den Trägerorganismus zu altruistischem Verhalten gegenüber Verwandten bringt, führt zu einer höheren Fortpflanzungsrate dieser Verwandten, die mit einer großen Wahrscheinlichkeit auch dieses Gen haben, so dass auf diese Weise das Gen indirekt (durch die Fortpflanzung der Verwandten) verbreitet wird, selbst wenn sich der altruistisch verhaltende Trägerorganismus nicht fortpflanzt. Die Genselektion kann nicht nur manche Spielarten des Altruismus, sondern auch die Evolution von vielen anderen biologischen Merkmalen erklären. Die quantitativen Modelle der Populationsgenetik erlauben es zu analysieren, wie sich die Häufigkeit eines Gens dadurch innerhalb einer Population ändert, dass die natürliche Selektion dieses wegen seines phänotypischen Effektes (z. B. eines bestimmtem Verhaltensmusters) bevorzugt. Verschiedene theoretische Ansichten bezüglich der Evolution von Verhalten haben zu der Debatte geführt, was die Einheit der natürlichen Selektion ist – das Gen, der Organismus, die Gruppe von Organismen oder die biologische Art. Befürworter der Genselektion vertreten den reduktionistischen Ansatz, dass das Gen die Einheit der Selektion ist, da sich sämtliche quantitativen Modelle unter Rückgriff auf die Häufigkeit von Genen umformulieren lassen und somit Erklärungen auf der niedrigstmöglichen Ebene abgeben. Heutzutage wird aber vielerorts anerkannt, dass die Selektion oft auf mehreren Ebenen gleichzeitig wirkt (Okasha 2007).

Die Soziobiologie ist insofern adaptionistisch, als sie Verhaltensmuster typischerweise als Anpassungen ansieht und als solche durch die natürliche Selektion zu erklären sucht. Die allgemeinen Kritikpunkte am Adaptionismus wurden daher auch gegen soziobiologische Studien gewandt. Während viele soziobiologische Erklärungen von tierischem Verhalten empirisch detailliert und mathematisch fundiert sind, ist die Soziobiologie wegen spekulativer Erklärungen von menschlichem Sozialverhalten auch von außerhalb der Biologie unter Beschuss geraten. Einzelne Soziobiologen haben mit sehr simplen Ideen versucht, Homosexualität, Rassismus, die Existenz von Kriegen, Verhaltensunterschiede zwischen Männern und Frauen sowie soziale Hierarchien evolutionär zu erklären (Wilson 1978; Lewontin et al. 1984). Dieser biologistische Ansatz hat nicht nur zur Kritik durch Sozial- und Kulturwissenschaftlern geführt, sondern der Soziobiologie auch zeitweise den Ruf eingebracht, eine rechtskonservative Bewegung zu sein, die soziale Unterschiede und Ungerechtigkeiten zu rechtfertigen versucht, indem sie diese als evolutionäre Anpassungen und determinierte Teile der menschlichen Natur darstellt. Dieser Ideologie-Vorwurf trifft allerdings kaum auf die soziobiologischen Wissenschaftler selbst zu und lenkt von der wissenschaftlich entscheidenden Tatsache ab, dass eine Reihe von soziobiologischen Erklärungsversuchen bei Menschen nicht den wissenschaftlichen Standards gerecht werden, die bei den meisten soziobiologischen Studien an Tieren angewandt werden (Kitcher 1985).

Während Evolutionsbiologen heutzutage von ambitiösen Erklärungsversuchen bezüglich menschlichen Verhaltens weitgehend Abstand genommen haben, tritt die seit zwei Jahrzehnten bestehende evolutionäre Psychologie in diese Rolle ein. Die evolutionäre Psychologie versucht Verhalten nicht direkt als Anpassung zu erklären, sondern vielmehr die dem Verhalten zugrunde liegenden kognitiven Strukturen und Prozesse. Diese werden oft als universell menschlich angenommen. Dem Einwand, dass menschliches Verhalten sich von Kultur zu Kultur unterscheidet, wird entgegnet, dass identische kognitive Strukturen unter Einfluss von unterschiedlichen Lern- und Sozialisierungserfahrungen in verschiedenen Personen zu unterschiedlichem Verhalten führen können (Buller 2005). Evolutionäre Psychologen betonen, dass sie nicht annehmen, kognitive Prozesse in heutigen sozialen Umfeldern seien stets adaptiv. Vielmehr sind unsere kognitiven Strukturen in Anpassung an das Sozialleben in der Steinzeit entstanden (genauer gesagt im Pleistozän, also vor 1,8 Millionen bis 10.000 Jahren), waren damals adaptiv und haben sich seitdem nicht grundlegend geändert. Eine zentrale, jedoch unbegründete Annahme der evolutionären Psychologie ist die adaptionistische Auffassung, dass für jedes Problem, das sich im steinzeitlichen Sozialleben stellte, ein kognitives Modul (eine spezialisierte und separate kognitive Struktur) als evolutionäre Anpassung entstanden sei, um dieses Problem zu lösen. Beispiele wären ein Modul für das Vermeiden von Inzest, ein Modul für das Formen von Gruppenverbänden sowie ein separates Modul dafür, einen Bruch der Gruppennormen zu erkennen. Als einzige Ausnahme der Idee einer universellen kognitiven Ausstattung wird behauptet, dass Männer und Frauen unterschiedliche kognitive Strukturen für fortpflanzungsrelevante Entscheidungen (z. B. Partnerwahl) haben (Thornhill/Palmer 2000).

Die oben angeführten Punkte von Gould und Lewontin (insbesondere das Vorkommen von *developmental constraints*) zeigen jedoch, dass kognitive Merkmale nicht immer unabhängig voneinander variieren und evolvieren können, so dass man nicht einfach annehmen kann, dass für vermeintlich verschiedene adaptive Probleme im Sozialleben immer unterschiedliche kognitive Strukturen als spezifische Lösungen evolvieren würden. Wissenschaftstheoretiker haben viele Ansätze der evolutionären Psychologie stark kritisiert (Buller 2005; Richardson 2007). Zu den besonders spekulativen und gesellschaftspolitisch prekären Studien gehört der Versuch von Randy Thornhill und Craig Palmer, Vergewaltigung evolutionär zu erklären. Sie behaupten u. a., dass Vergewaltigung eine adaptive Strategie von Männern niederen sozialen Ranges war, sich dennoch fortzupflanzen zu können, und dass Frauen mehr als Männer von einer Vergewaltigung emotional betroffen sind, da eine Vergewaltigung Frauen die für sie besonders evolutionsrelevante Kontrolle entzieht, mit welchem Partner sie ein Kind haben (Thornhill/Palmer 2000). Nicht zuletzt wegen solch unhaltbarer Behauptungen stehen Evolutionsbiologen der evolutionären Psychologie oft kritisch gegenüber. Darüber hinaus mangelt es den Psychologen meist an einer ausreichenden akademischen Ausbildung in Evolutionsbiologie, so dass ihre Forschung den Standards evolutionsbiologischer Studien und Erklärungen oft nicht genügt.

Molekulare Evolutionsbiologie, Kladistik und molekulare Phylogenetik

Seit den 1970er Jahren wurde die Evolutionsbiologie inhaltlich und methodisch deutlich erweitert. Dies ist insbesondere auf die Entstehung von neuen biologischen Teilgebieten zurückzuführen: der molekularen Evolutionsbiologie und Phylogenetik in den

1970er Jahren sowie der phylogenetischen Systematik (Kladistik) in den 1980er Jahren. Als Konsequenz dieser Entwicklungen ist die heutige Evolutionsbiologie im Vergleich zum klassischen Neodarwinismus dem Adaptionismus weniger verhaftet und auch geschichtsbewusster, indem morphologische Evolution mithilfe von Stammbäumen erklärt wird.

Die molekulare Evolutionsbiologie untersucht die Evolution auf der molekularen Ebene. Erste Anfänge dieses Ansatzes finden sich in den 1960er Jahren. Allerdings hat sich dieser Forschungszweig erst in den letzten drei Jahrzehnten durch das Aufkommen der einflussreichen Methoden der modernen Molekularbiologie (wie der Sequenzbestimmung von DNS) zu einem unabhängigen und prominenten Teilgebiet der Biologie entwickelt (vgl. Artikel III.9. Mathematik und Statistik). Molekulare Evolutionsbiologen untersuchen die Stammesgeschichte von bestimmten Gen- oder Proteinfamilien wie auch die Geschwindigkeit der Evolution auf der molekularen Ebene (z. B. Mutationsraten). Andere Studien untersuchen die Mechanismen der molekularen Evolution. Sie erklären z. B., wie Genduplikationen zustande kommen, und zeigen, dass die Duplikation von einzelnen Genen oder ganzen Chromosomen für die Evolution eine wichtige Rolle spielt, da duplizierte DNS-Stücke später neue Funktionen übernehmen können. Besonderes Aufsehen hat die von Motoo Kimura vorgeschlagene neutrale Theorie der molekularen Evolution hervorgerufen (Kimura 1968). Diese besagt, dass viele, womöglich die meisten Mutationen nicht der Selektion unterliegen, weil sie nicht zu einem veränderten Phänotyp führen. Da solche Mutationen von der Selektion weder bevorzugt noch benachteiligt werden (sie sind selektiv neutral), ist ein großer Teil des evolutionären Wandels auf der molekularen Ebene von reinen Zufallsfaktoren (sog. genetischer Drift) bestimmt. In diesem Fall wird die Richtung der molekularen Evolution nicht von der natürlichen Selektion bestimmt, weshalb diese Theorie auch reißerisch als »nicht-darwinistische« Evolution bezeichnet wurde (King/Jukes 1969). Heute ist es allgemein anerkannt, dass die molekulare Evolution teilweise neutral, teilweise von der Selektion beeinflusst ist. Die neutrale Theorie hat jedoch klarer gemacht, dass im Gegensatz zur zentralen Annahme des Adaptionismus, dass alle heutigen Merkmale das Produkt der Selektion sind, die natürliche Selektion nicht der einzige evolutionsrelevante Faktor ist.

Die phylogenetische Systematik, auch als Kladistik bezeichnet, ist der heute dominante theoretische Ansatz in der Systematik (i.e. der Klassifikation von Arten). Von Willi Hennig im Jahr 1950 vorgeschlagen (Hennig 1950), ist dieser Ansatz erst nach der Übersetzung von Hennigs Buch ins Englische allgemein bekannt geworden und hat sich innerhalb der Taxonomie gegen Ende der 1980er Jahre durchgesetzt. Im Gegensatz zu früheren Traditionen ist die zentrale theoretische Annahme der Kladistik, dass die Klassifikation von Arten rein stammesgeschichtlich (phylogenetisch) zu erfolgen hat. Als Taxa (systematische Einheiten wie Familien und Ordnungen) sind nur sogenannte monophyletische Gruppen zugelassen, die aus einer Vorfahrenart und *sämtlichen* ihrer Nachfolgerarten besteht. Zum Beispiel ist die von Laien als Reptilien bezeichnete Tiergruppe nicht monophyletisch, da der gemeinsame Vorfahre der Reptilien auch die Vögel als Nachfahren hat, was daran liegt, dass Vögel näher mit Krokodilen verwandt sind, als Krokodile mit anderen Reptilien wie Eidechsen. Deswegen schließt in der wissenschaftlichen Systematik das Taxon »Reptilia« normalerweise auch die Vögel mit ein. Darüber hinaus hat die Kladistik äußerst verlässliche Methoden entwickelt, die es ermöglichen, von biologischen Merkmalen in heutigen Arten ausgehend ihren Stammbaum aufzustellen – im Prinzip auch ohne jeden Rückgriff auf Fossilien. Ein solcher Stammbaum zeigt, welche möglichen Gruppierungen von Arten monophyletisch und somit als Einheiten der Klassifikation zugelassen sind.

Während die Kladistik herkömmlicherweise morphologische Merkmale in verschiedenen Arten vergleicht, um den Stammbaum dieser Arten aufzustellen, benutzt das recht neue Gebiet der molekularen Phylogenetik (auch als molekulare Systematik bezeichnet) molekulare Merkmale wie die Sequenzen von Genen und Proteinen in verschiedenen Arten. Ein Vorteil dieser neuen, molekularen Methode ist, dass im Prinzip ein Stammbaum erstellt werden kann, der alle lebende Organismen umfasst, mehrzellige Organismen wie auch Bakterien – die keine morphologischen Merkmale wohl aber Gene haben. Darüber hinaus stellt dieser Ansatz molekulare Information zur Verfügung, die als zusätzlicher Datensatz zu klassischer morphologischer Information hinzugenommen werden kann, um mit höherer wissenschaftlicher Gewissheit Stammbäume zu erstellen. Dies ist insbesondere dann hilfreich, wenn man mit bisherigen morphologischen Daten bei einzelnen Arten nicht genau feststellen konnte, welche näher mit einander verwandt sind. Allerdings können morphologische und molekulare Datensätze manchmal auch unterschiedliche Stammbäume generieren.

Manche molekulare Phylogenetiker vertreten die Behauptung, dass molekulare Information grundsätzlich zuverlässiger ist, andere versuchen, molekulare und morphologische Datensätze zur Stammbaumermittlung zu integrieren (Gura 2000).

Auf den ersten Blick scheinen die neuen Methoden der Kladistik und molekularen Phylogenetik somit lediglich das Gebiet der Systematik zu betreffen. Allerdings haben diese beiden neuen Ansätze zu grundlegenden Änderungen der Forschungspraxis in der gesamten Evolutionsbiologie geführt. Heute ist anerkannt, dass die Evolution von physiologischen, anatomischen und Verhaltensmerkmalen anhand eines Stammbaumes zu erklären ist. Die vom Adaptionismus bevorzugten oben erwähnten Optimierungsmodelle machen keinen wirklichen Rückgriff auf die evolutionäre Geschichte und führen – wenn man sich allein darauf stützt – zu einer ahistorischen Evolutionsbiologie. Denn ein Optimierungsmodell fasst einen Organismus als optimal an seine Umgebung angepasst auf, statt dessen tatsächliche Evolutionsgeschichte zu rekonstruieren. Wenn man eine Struktur zeitgemäß evolutionär erklären möchte, so enthält ein Stammbaum Informationen darüber, wie die Struktur in verschiedenen Vorfahren ausgeprägt war, aus welchen Vorgängerstrukturen sie somit evolviert ist, und an welchen Stellen im Stammbaum (beim Abzweigen welcher anderer Arten) evolutionäre Änderungen stattgefunden haben oder Neuerungen aufgetreten sind. Wie oben erwähnt, haben Gould und Lewontin dem Adaptionismus vorgeworfen, dass er fälschlicherweise ein Merkmal einzeln betrachtet (und dafür ein evolutionäres Szenario entwirft) und somit ignoriert, wie wegen *developmental constraints* verschiedene Merkmale nur zusammen variieren und evolvieren können. Wenn man jedoch die Evolution von mehreren Merkmalen anhand eines Stammbaumes betrachtet, wird klar, ob diese unabhängig voneinander evolviert sind oder ob sie besser als Merkmalskomplex oder evolutionäre Einheit zu verstehen sind. Wenn man darüber hinaus die Evolution einer Struktur in mehreren Stammlinien und nahe verwandten Arten betrachtet, wird auch klar, ob die evolutionäre Erklärung der Struktur in einer heutigen Art mit der Erklärung der Struktur in einer anderen Art in Einklang gebracht werden kann, oder ob beide Erklärungen überarbeitet werden müssen. In diesem Sinn ist die heutige Evolutionsbiologie mit dem Aufkommen der phylogenetischen Systematik und der molekularen Phylogenetik (und deren Fokussierung auf Stammbäume) geschichtsbewusster geworden.

Evolutionäre Entwicklungsbiologie (»Evo-Devo«)

Während im 19. Jahrhundert Vererbung und Individualentwicklung noch eine biologische Gesamtfragestellung waren, entwickelten sich Anfang des 20. Jahrhunderts Genetik und Embryologie als getrennte Teilgebiete auseinander. Die klassische Genetik wurde in Form der Populationsgenetik Teil der Synthetischen Evolutionstheorie. Demgegenüber stand die Embryologie (Entwicklungsbiologie) weitgehend abseits der Evolutionsbiologie. Einzelne Neodarwinisten behaupteten sogar, dass die Entwicklungsbiologie grundsätzlich keinen Beitrag zu evolutionären Fragen leisten kann (Wallace 1986). Der Grund dafür ist, dass evolutionäre Anpassung durch natürliche Selektion erklärt wird. Natürliche Selektion wirkt auf phänotypische Unterschiede zwischen Individuen einer Art; und wenn diese phänotypischen Unterschiede auf genotypischen Unterschieden basieren (die phänotypische Variation somit erblich ist), führt dies zu evolutionärem Wandel. Nach dieser Ansicht ist es irrelevant für die Erklärung der Adaption, wie die phänotypischen Unterschiede durch genotypische Unterschiede hervorgebracht werden – welche entwicklungsbiologischen Prozesse von Genen zu phänotypischen Merkmalen führen. Die zentrale Annahme des neuen Gebietes der evolutionären Entwicklungsbiologie ist jedoch, dass entwicklungsbiologische Erkenntnisse der Schlüssel zur Lösung mancher evolutionsbiologischer Probleme sind (Laubichler 2005a; Müller 1994; Stotz 2005a). Im Gegensatz zu obigem Argument weisen Vertreter der evolutionären Entwicklungsbiologie (im Englischen wird *evolutionary developmental biology* oft als »Evo-Devo« abgekürzt) darauf hin, dass es neben der Erklärung der Adaption noch andere evolutionäre Fragen gibt, die ohne die Entwicklungsbiologie nicht beantwortet werden können. Hierzu gehören erstens die Erklärung der Evolvierbarkeit und zweitens die Erklärung der Evolution von morphologischen Innovationen und Bauplänen.

Evolvierbarkeit (»evolvability«) bezeichnet die Fähigkeit von organismischen Systemen, erbliche phänotypische Variation hervorzubringen (Kirschner/Gerhart 2007). Evolutionärer Wandel setzt erbliche phänotypische Variation voraus, und wie Letztere entsteht und überhaupt möglich ist, muss erklärt werden. Es ist natürlich schon lange bekannt, dass erbliche phänotypische Variation durch Mutationen hervorgebracht wird, aber die Erklärung der Evolvierbarkeit besteht darin zu verstehen, durch welche embryonalen Entwicklungsprozesse Mutationen zu bestimmten phänotypischen Varianten führen. Morphologische Evolution besteht, wie wir gesehen haben, darin, dass in jeder Generation erbliche phänotypische Variation erzeugt wird (Schritt 1), auf die die Selektion einwirken kann (Schritt 2). Verschiedene evolutionsbiologische Fragestellungen betreffen verschiedene Aspekte des Evolutionsprozesses: Evolvierbarkeit nur Schritt 1, Adaption nur Schritt 2. Eine Erklärung der Adaption kann Evolvierbarkeit als gegeben nehmen (und dann Adaption durch Selektion erklären). Im konkreten Fall kann gemessen werden, dass bestimmte erbliche phänotypische Variation vorliegt, aber eine Erklärung der Adaption muss nicht begründen, wie erbliche phänotypische Variation erzeugt wird. Im Gegensatz dazu muss eine Erklärung der Evolvierbarkeit darlegen, wie erbliche morphologische Variation von Organismen als Entwicklungssystemen hervorgebracht wird.

Evolvierbarkeit ist also die Kehrseite von *developmental constraints* (i.e. Einschränkungen der Möglichkeit, des Ausmaßes oder der Richtung von erblicher phänotypischer Variation). Die Entwicklungsweise eines organismischen Systems schränkt erbliche phänotypische Variationen nicht nur ein, sondern macht gleichzeitig andere Variationen möglich. Während in der Vergangenheit die Idee der *developmental constraints* als negatives Argument gegen den Adaptionismus verwendet wurde, hat die evolutionäre Entwicklungsbiologie ein positives Forschungsprogramm daraus gemacht. Evolvierbarkeit und *developmental constraints* sind Teil des Evolutionsprozesses, und beide müssen zusammen entwicklungsbiologisch erklärt werden. Zum Beispiel muss im Kontext der Homologie herausgefunden werden, wie eine morphologische Struktur über Generationen und Arten hinweg als dieselbe, homologe Struktur vererbt wird (und nicht einfach verschwindet), diese Struktur dabei aber variieren und im Laufe der Stammesgeschichte starken evolutionären Wandel durchlaufen kann (entwicklungsbiologische Basis der Evolvierbarkeit von einzelnen morphologischen Strukturen). Viele Strukturen eines Organismus können voneinander unabhängig variieren, so dass Variation in einem Teil des Organismus nicht andere Teile beeinträchtigt und verschiedene Strukturen voneinander unabhängig evolvieren können, je nachdem, welche Ausprägung einer jeden Struktur von der Selektion bevorzugt wird. Es ist zu erklären, wie es überhaupt möglich ist, dass manche Merkmale voneinander unabhängig variieren können.

Darüber hinaus variieren morphologische Strukturen und Organsysteme als integrierte Einheiten, wobei viele Änderungen in einer koordinierten Weise erfolgen, so dass überaus komplexe Variation (und somit morphologische Evolution) möglich ist, ohne dass der Organismus durch die vielen Änderungen lebensuntüchtig wird. Die entwicklungsbiologische Erklärung der Evolvierbarkeit ist entscheidend, um zu verstehen, wie organische Systeme neue und funktionelle erbliche Variationen hervorbringen können.

Der zweite Fokus der evolutionären Entwicklungsbiologie liegt auf der Erklärung des Ursprunges von evolutionären Innovationen. Eine evolutionäre Innovation ist eine ganz neue morphologische Struktur oder physiologische, anatomische oder verhaltensbiologische Funktion, wie z. B. die Evolution von Flossen und einem Kiefer in ursprünglich gliedmaßen- und kieferlosen Wirbeltieren oder der Übergang von Fischflossen zu Amphibiengliedmaßen. Ein anderes Beispiel ist der Ursprung von Federn und des Fluges bei Vögeln. Die neodarwinistischen Modelle der Populationsgenetik oder die Idee der natürlichen Selektion können den Ursprung von Innovationen nicht erklären, da diese lediglich Änderungen in der Häufigkeit eines Merkmales innerhalb einer Population studieren, das Vorhandensein der in Frage kommenden Struktur also schon voraussetzen, denn Selektion wählt zwischen vorkommenden Varianten aus (Müller/Wagner 2003). Die bloße Idee, dass die Innovation durch eine Folge von Mutationen entsteht, liefert nicht die geforderte Erklärung, sofern nicht dargelegt wird, durch welche Entwicklungsprozesse bestimmte genetische Mutationen zur neuen morphologischen Struktur führen. Manche Modelle nehmen an, dass Innovationen als Nebenprodukte von Entwicklungsänderungen entstehen können. Natürliche Selektion kann eine Änderung in Struktur A eines erwachsenen Tieres fördern. Diese Änderung erfolgt nur dann, wenn sich die Entwicklungsweise dieses Organismus ändert. Als Nebenprodukt der Entwicklungsänderung können embryonale Gewebe näher zueinanderrücken, bis sie plötzlich durch Wechselwirkung von Entwicklungsprozessen (epigenetische Interaktionen) Änderungen bei einem anderen Körperteil B des erwachsenen Tieres womöglich eine Innovation hervorrufen. Die Innovation wurde kausal u. a. durch natürliche Selektion hervorgebracht, allerdings nur indirekt, da die Selektion nicht das Entstehen der Innovation B (sondern die Änderung des Körperteiles A) gefördert hat. Die Innovation ist dann lediglich ein Nebenprodukt einer Änderung der Entwicklungsweise eines Organismus, und auf diese Weise entwicklungsbiologisch zu erklären (Newman/Müller 2000).

Die evolutionären Entwicklungsbiologen Gerd Müller und Günter Wagner argumentieren, dass das Entstehen einer morphologischen Innovation voraussetzt, dass *developmental constraints*, die im evolutionären Vorfahren vorhanden waren, durchbrochen werden (Müller/Wagner 2003). Zum Beispiel sind Vogelfedern wahrscheinlich nicht durch kontinuierliche Änderungen aus Reptilienschuppen entstanden. Die Struktur von Federn liegt nicht innerhalb der normalen (durch *developmental constraints* begrenzten) Mutations- und Variationsbreite von Schuppen, so dass Federn durch das Durchbrechen von *developmental constraints* entstanden sein müssen. Die Erklärung des evolutionären Ursprungs von Innovationen muss also darlegen, wie der morphologische Aufbau und die Entwicklungsweise des Vorfahrens (einschließlich *developmental constraints*) derart geändert werden konnten, dass der stammesgeschichtliche Nachfahre eine neue Entwicklungsweise und einen neuen morphologischen Aufbau hat, der die neue Struktur als Innovation beinhaltet (wobei der neue morphologische Aufbau zu neuen *developmental constraints* führt). Auch ist zu erklären, wie die Innovation entwicklungsmäßig und funktionell in bestehende Strukturen des Organismus integriert wurde. Schließlich muss über die Entstehung von einzelnen neuen Strukturen hinaus auch der evolutionäre Ursprung des morphologischen Bauplans von ganzen Organismengruppen erklärt werden, z. B. der Ursprung des Bauplans der Wirbeltiere oder die Evolution des morphologischen Bauplans des Insekten. Auch bei diesem evolutionsbiologischen Problem ist die Entwicklungsbiologie gefragt.

Dass Biologen die evolutionäre Entwicklungsbiologie heute als äußerst vielversprechend ansehen, ist vor allem auf neuere Erfolge in der Entwicklungsgenetik zurückzuführen (Carroll 2008). Deswegen wird die evolutionäre Entwicklungsbiologie oft als Synthese von Entwicklungsbiologie und Evolutionsbiologie gesehen, wobei die molekulare Disziplin der Entwicklungsgenetik die Brücke darstellt. Andere evolutionäre Entwicklungsbiologen sind sich allerdings bewusst, dass z. B. eine Erklärung der Evolution von morphologischen Innovationen Erkenntnisse von vielen biologischen Teilgebieten integrieren muss, einschließlich Populationsgenetik, Entwicklungsbiologie, Paläontologie, Phylogenetik, Morphologie, theoretischer Biologie und Ökologie (Müller 2007). Außerdem sind Erklärungen von morphologischer Innovation und Evolvierbarkeit auf der molekularen oder genetischen Ebene nicht ausreichend. Die morphologische Integration und der entwicklungsbiologische Kausalzusammenhang (oder die Unabhängigkeit) von Strukturen und Prozessen muss auf mehreren Ebenen der organismischen Organisation untersucht werden (Makromoleküle, Zellen, Gewebe, morphologische Strukturen, Umwelteinflüsse). Deswegen herrscht in großen Teilen der evolutionären Entwicklungsbiologie ein nichtreduktionistischer Ansatz vor, der systemtheoretische Organismenkonzeptionen betont (Laubichler 2005b). Organismen werden hier nicht als Ausführung eines vorgegebenen genetischen Entwicklungsprogramms verstanden, sondern als durch dynamische Prozesse bestimmt, in denen auch viele nicht-genetische (epigenetische) Faktoren komlexe Wechselwirkungen eingehen (Newman/Müller 2000; Stegman 2005b; Stotz 2005b).

Wegen der jüngeren Erfolge in der Entwicklungsgenetik wird die evolutionäre Entwicklungsbiologie oft auch als ganz neue Disziplin gesehen, die vor ein bis zwei Jahrzehnten (mit dem Kürzel »Evo-Devo«) entstanden ist. Diese Auffassung übersieht, dass morphologische Innovation ein makroevolutionäres Problem ist, das schon seit dem 19. Jahrhundert verfolgt wurde, und u. a. auch entwicklungsbiologisch erklärt wurde. Obwohl für große Teile des 20. Jahrhunderts der Neodarwinismus der dominante Ansatz in der Evolutionsbiologie war (und Entwicklungsbiologie im Neodarwinismus keine Rolle spielte), hat es immer wieder Forscher gegeben, die entwicklungsbiologische Ansätze in der Evolutionstheorie vertreten haben. Von 1930 bis 1980 war der Begriff der Heterochronie von gewisser Bedeutung (de Beer 1930; Gould 1977). Heterochronie bezeichnet Änderungen des relativen zeitlichen Ablaufs von mehreren Entwicklungsprozessen, was zu starken morphologischen Änderungen im Laufe der Evolution führen kann, wodurch Entwicklungsbiologie evolutionstheoretisch relevant wird. Seit 1975 hat die Idee der *developmental constraints* einen möglichen Zusammenhang zwischen Individualentwicklung und Evolution geschaffen. Nicht nur im deutschsprachigen Raum wird Rupert Riedl mittlerweile als bedeutender Vorläufer der heutigen evolutionären Entwicklungsbiologie und sein Werk als ein Meilenstein gesehen (Riedl 1975). Riedls systemtheoretisches Modell von Organismen und deren morphologischem und entwicklungsbiologischem Aufbau befasst sich mit Fragen der morphologischen Evolvierbarkeit und der Evolution von morphologischen Bauplänen.

Im Allgemeinen hat die Entstehung der phylogenetischen Systematik, der molekularen Evolutionsbiologie und neuerdings der evolutionären Entwicklungsbiologie die Evolutionstheorie deutlich erweitert, den ursprünglichen Ansatz des Neodarwinismus stark verändert und zu einer größeren theoretischen und methodologischen Vielfalt in der Evolutionsbiologie geführt. Die Evolutionstheorie ist hierdurch weniger adaptionistisch und auch mehr organismusorientiert (und in diesem Sinn stellenweise weniger genzentriert) geworden. Es ist möglich geworden, bisher ignorierte Forscher und verschmähte Ansätze des 19. und der ersten Hälfte des 20. Jahrhunderts als Vorläufer von moderner Forschung zu sehen (Amundson 2005). Ein solcher historischer Rückblick zeigt auch, dass während der neodarwinistische Ansatz in der Evolutionstheorie besonders dominant im englischsprachigem Raum war, dies nicht so sehr für biologische Denkschulen im deutschsprachigen Raum galt, wo immer wieder organismusorienterte Ansätze vertreten wurden (Laubichler 2005b; Riedl 1975).

Literatur

Alberch, Pere (1982): »Developmental Constraints in Evolutionary Processes«. In: John T. Bonner (Hg.): Evolution and Development. Berlin, 313–332.
Amundson, Ron (2005): The Changing Role of the Embryo in Evolutionary Thought: Roots of Evo-Devo. Cambridge.
Beer, Gavin Rylands de (1930): Embryology and Evolution. Oxford.
Buller, David J. (2005): Adapting Minds: Evolutionary Psychology and the Persistent Quest for Human Nature. Cambridge (Mass.).
Carroll, Sean B. (2008): Evo Devo: Das neue Bild der Evolution [Endless Forms Most Beautiful: The New Science of Evo-Devo and the Making of the Animal Kingdom, 2005]. Berlin.
Charlesworth, Brian/Lande, Russell/Slatkin, Montgomery (1982): »A Neo-Darwinian Commentary on Macroevolution«. In: Evolution 36: 474–498.
Dawkins, Richard (1978): Das egoistische Gen [The Selfish Gene, 1976]. Berlin.
Eldredge, Niles (1971): »The Allopatric Model and Phylogeny in Paleozoic Invertebrates«. In: Evolution 25: 156–167.
Eldredge, Niles/Gould, Stephen J. (1972): »Punctuated Equilibria: An Alternative to Phyletic Gradualism«. In: Thomas J.M. Schopf (Hg.): Models in Paleobiology. San Francisco, 82–115.
Erwin, Douglas H. (2009): »Microevolution and Macroevolution Are Not Governed by the Same Processes«. In: Francisco J. Ayala/Robert Arp (Hg.): Contemporary Debates in Philosophy of Biology. Malden, 180–193.
Fitch, Walter M./Ayala, Francisco J. (Hg.) (1995): Tempo and Mode in Evolution: Genetics and Paleontology 50 Years After Simpson. Washington.
Gould, Stephen J. (1977): Ontogeny and Phylogeny. Cambridge (Mass.).
Gould, Stephen J./Eldredge, Niles (1993): »Punctuated Equilibrium Comes of Age«. In: Nature 366: 223–227.
Gould, Stephen J./Lewontin, Richard C. (1979): »The Spandrels of San Marco and the Panglossian Paradigm: A Critique of the Adaptationist Programme«. In: Proceedings of the Royal Society of London B 205: 581–598.
Gura, Trisha (2000): »Bones, Molecules … or Both?«. In: Nature 406: 230–233.
Hennig, Willi (1950): Grundzüge einer Theorie der phylogenetischen Systematik. Berlin.
Kimura, Motoo (1968): »Evolutionary Rate at the Molecular Level«. In: Nature 217: 624–626.
King, Jack L./Jukes, Thomas H. (1969): »Non-Darwinian Evolution«. In: Science 164: 788–798.
Kirschner, Marc W./Gerhart, John C. (2007): Die Lösung von Darwins Dilemma: Wie die Evolution komplexes Leben schafft [The Plausibility of Life: Solving Darwin's Dilemma, 2005]. Reinbek bei Hamburg.
Kitcher, Philip (1985): Vaulting Ambition: Sociobiology and the Quest for Human Nature. Cambridge (Mass.).
Laubichler, Manfred (2005a): »Das Forschungsprogramm der evolutionären Entwicklungsbiologie«. In: Ulrich Krohs/Georg Toepfer (Hg.): Philosophie der Biologie: Eine Einführung. Frankfurt a.M., 322–337.
Laubichler, Manfred (2005b): »Systemtheoretische Organismuskonzeptionen«. In: Ulrich Krohs/Georg Toepfer (Hg.): Philosophie der Biologie: Eine Einführung. Frankfurt a.M., 109–124.
Levit, Georgy S./Meister, Kay/Hoßfeld, Uwe (2005): »Alternative Evolutionstheorien«. In: Ulrich Krohs/Georg Toepfer (Hg.): Philosophie der Biologie: Eine Einführung. Frankfurt a.M., 267–286.
Lewontin, Richard C./Rose, Steven/Kamin, Leon J. (1984): Not in Our Genes: Biology, Ideology, and Human Nature. Harmondsworth.
Maynard Smith, John/Burian, Richard/Kauffman, Stuart et al. (1985): »Developmental Constraints and Evolution«. In: The Quartely Review of Biology 60: 265–287.
Müller, Gerd B. (1994): »Evolutionäre Entwicklungsbiologie: Grundlagen zu einer neuen Synthese«. In: Wolfgang Wieser (Hg.): Die Evolution der Evolutionstheorie: Von Darwin zur DANN. Heidelberg, 155–193.
Müller, Gerd B. (2007): »Six Memos for Evo-Devo«. In: Manfred D. Laubichler/Jane Maienschein (Hg.): From Embryology to Evo-Devo: A History of Developmental Evolution. Cambridge (Mass.), 499–524.
Müller, Gerd B./Wagner, Günter P. (2003): »Innovation«. In: Brian K. Hall/Wendy M. Olson (Hg.): Keywords and Concepts in Evolutionary Developmental Biology. Cambridge (Mass.), 218–227.
Newman, Stuert/Müller, Gerd B. (2000): »Epigenetic Mechanisms of Character Origination«. In: Journal of Experimental Zoology (Molecular and Developmental Evolution) 288: 304–317.

Okasha, Samir (2007): Evolution and the Levels of Selection. Oxford.
Richardson, Robert C. (2007): Evolutionary Psychology as Maladapted Psychology. Cambridge (Mass.).
Riedl, Rupert (1975): Die Ordnung des Lebendigen: Systembedingungen der Evolution. Hamburg.
Stegmann, Ulrich (2005a): »Die Adaptionismus-Debatte«. In: Ulrich Krohs/Georg Toepfer (Hg.): Philosophie der Biologie: Eine Einführung. Frankfurt a. M., 287–303.
Stegmann, Ulrich (2005b): »Der Begriff der genetischen Information«. In: Ulrich Krohs/Georg Toepfer (Hg.): Philosophie der Biologie: Eine Einführung. Frankfurt a. M., 212–230.
Stotz, Karola (2005a): »Geschichte und Positionen der evolutionären Entwicklungsbiologie«. In: Ulrich Krohs/Georg Toepfer (Hg.): Philosophie der Biologie: Eine Einführung. Frankfurt a. M., 338–356.
Stotz, Karola (2005b): »Organismen als Entwicklungssysteme«. In: Ulrich Krohs/Georg Toepfer (Hg.): Philosophie der Biologie: Eine Einführung. Frankfurt a. M., 125–143.
Thornhill, Randy/Palmer, Craig T. (2000): A Natural History of Rape: Biological Bases of Sexual Coercion. Cambridge (Mass.).
Wallace, B. (1986): »Can Embryologists Contribute to an Understanding of Evolutionary Mechanisms?« In: William Bechtel (Hg.): Integrating Scientific Disciplines. Dordrecht, 149–163.
Wilson, Edward O. (1975): Sociobiology: The New Synthesis. Cambridge (Mass.).
Wilson, Edward O. (1980): Biologie als Schicksal: Die soziobiologischen Grundlagen menschlichen Verhaltens [On Human Nature, 1978]. Frankfurt a. M.

Ingo Brigandt

6. Generelle Evolutionstheorie

Allgemeine Evolutionstheorien bis zum 20. Jahrhundert

Der wörtlichen Bedeutung entsprechend (lat. »evolvere«: »ausrollen, entfalten«) kann der Ausdruck »Evolution« nicht nur auf biologische Phänomene bezogen werden, sondern auf jeden Vorgang der Entfaltung, insbesondere sofern er von präformierten Anlagen ausgeht und sich langsam und kontinuierlich vollzieht. Ausgehend von dieser allgemeinen Bedeutung war der Ausdruck seit Beginn des 17. Jahrhunderts, also lange vor der Konstituierung der Biologie als einheitlicher Wissenschaft, in verschiedenen Kontexten in Gebrauch, etwa im Militärwesen, in der Mathematik, Musikwissenschaft, Psychologie, Medizin und Sprachwissenschaft (vgl. Briegel 1963, 24–104).

Seit Ende des 17. Jahrhunderts steht das Wort zunächst allgemein für die Gesamtheit der Entwicklungsprozesse eines Individuums vom Ei zum erwachsenen Stadium. Mitte des 18. Jahrhunderts wird es dann terminologisch für die eine Seite in dem grundlegenden Streit der Embryologie verwendet: Nach der Theorie der »Evolution« oder »Präformation« stellt die Ontogenese der Organismen eine bloße Entfaltung aller im Keim schon vorgeformten existierenden Organe dar. Ausgehend von dieser ontogenetischen Bedeutung ist seit Beginn des 19. Jahrhunderts auch von einer »Evolution« in Bezug auf phylogenetische Verhältnisse die Rede. Prägend für die Diskussionen in der zweiten Hälfte des 19. Jahrhunderts ist Herbert Spencers *Theorie der Evolution* (»theory of evolution«), die er erstmals 1852 formuliert, also vor der Veröffentlichung von Darwins Theorie der Artentransformation (Spencer 1852, 1). Spencer bezeichnet damit ein universales Prinzip der Differenzierung und Integration, das die Bildung von kohärenten, in sich heterogenen Systemen ausgehend von inkohärenten homogenen Körpern beschreibt: »Evolution is an integration of matter and concomitant dissipation of motion; during which the matter passes from an indefinite, incoherent homogeneity to a definite, coherent heterogeneity; and during which the retained motion undergoes a parallel transformation« (Spencer 1862/1901, 367, § 145). Modell für Spencers universelles Evolutionsprinzip ist die in der Entwicklungsbiologie seiner Zeit beschriebene Differenzierung der Organe in einem Embryo. Die zentrale Referenz bildet dabei Karl

6. Generelle Evolutionstheorie

Ernst von Baers »Gesetz« der Entwicklung der Tiere, demzufolge »aus einem Homogenen, Gemeinsamen, allmählig das Heterogene und Specielle sich hervorbildet« (von Baer 1828, 153). Bezüge zum Mechanismus der Selektion sind in Spencers Verallgemeinerung des Musters ontogenetischer Entwicklungsprozesse zu einer universalen Evolution nicht enthalten.

Die Verbindung des Konzepts der Evolution mit der Selektionstheorie etabliert sich erst im letzten Drittel des 19. Jahrhunderts. Als problematisch wird diese Verbindung gesehen, weil sich Darwins Vorstellung der Artentransformation – im Gegensatz zu den embryologischen Theorien der gesetzmäßigen Entfaltung vorgeformter Strukturen – gerade auf einen hinsichtlich des Ziels nicht determinierten, in die Zukunft offenen Prozess bezieht. Das moderne Verständnis der Evolution als eines wesentlich auch durch Zufall geprägten Geschehens ohne Richtung und Programm ist der eigentlichen Wortbedeutung im Grunde sogar entgegengesetzt (Haeckel 1866, II, 15; Rádl 1905, 13–09, II, 2f.).

Auch nach der Formulierung der später so genannten »Evolutionstheorie« durch Darwin gilt die biologische Evolution meist nur als ein Aspekt eines allgemeinen Prozesstyps: Bereits in deutschen enzyklopädischen Nachschlagewerken des späten 19. Jahrhunderts, in denen das Wort seit Ende der 1880er Jahre erscheint, wird die biologische Bedeutung allein als eine Variante eines allgemeinen kosmologischen Prinzips behandelt. Allgemein definiert wird die »Evolutionstheorie« als die Lehre von einem einheitlichen Entwicklungsprozess »im gesamten Weltall, [...] dem sich sämtliche Zustände und Erscheinungsformen der anorganischen und organischen Natur, also auch der Himmelskörper unterordnen« (Meyers Konversationslexikon, Bd. 5, 1889, 552). Die umfassende Bedeutung hält sich bis ins 20. Jahrhundert: Der Biologe Ludwig Plate betrachtete die biologische Deszendenztheorie 1912 als einen »Teil der allgemeinen Entwicklungslehre (Evolutionslehre), welche behauptet, daß alles auf der Erde in beständiger Veränderung begriffen ist« (1912, 897f.).

Gibt es eine generelle Theorie der Evolution?

Auch in der Gegenwart wird die biologische Evolution vielfach neben der »kosmologischen« und »chemischen Evolution« behandelt (Brockhaus Enzyklopädie, Bd. 6, 1997, 729). Die *kosmische Evolution* betrifft dabei die schrittweise Entstehung der Materie von den Elementarteilchen und Atomkernen bis zu den Sternen und Galaxien; und als *chemische Evolution* wird die Entstehung der organischen Moleküle aus anorganischen sowie die Entstehung des Lebens bis zum Beginn der biologischen Evolution beschrieben.

Diese disziplinenspezifischen Evolutionsbegriffe beziehen sich allerdings nicht auf einen einheitlichen Mechanismus. Gemeinsam ist der Verwendung in den unterschiedlichen Anwendungsbereichen allein die Annahme einer Kontinuität und einer sukzessiven Komplexitätssteigerung in der Veränderung. Wegen der Unterschiedlichkeit der Vorgänge in diesen Bereichen kann kaum von einer disziplinenübergreifenden »Theorie der Evolution« die Rede sein; eine »generelle Evolutionstheorie« gibt es also in den Naturwissenschaften nicht. Der Kern einer allgemeinen Theorie der Evolution kann in der Analyse eines Prozesses nach dem Muster von Variation und Selektion gesehen werden. Dieses liegt aber den Modellen der kosmischen und chemischen Evolution in der Regel nicht zugrunde – nur vereinzelt wird seit Beginn des 20. Jahrhunderts versucht, auch die Entstehung der komplexeren anorganischen Elemente nach dem Modell der organischen Evolution zu erklären (Crookes 1903, 996: »the chemical elements owe their stability to being the outcome of a struggle for existence – a Darwinian development by chemical evolution – a survival of the most stable«).

Im heutigen Verständnis ist das Wort »Evolution« auch innerhalb der Biologie mehrdeutig. Vor allem drei verschiedene Bedeutungen werden mit dem Begriff verbunden: die graduelle Veränderung von Organismen in einem generationenübergreifenden Prozess (Variationsthese); die genealogische Verwandtschaft aller Organismen auf der Erde (Deszendenzbehauptung); und die besonderen Mechanismen der Veränderung der Organismen (Selektionstheorie). In den beiden ersten Bedeutungen kann kaum von einer *Theorie* der Evolution gesprochen werden, sondern eher von einer *Erzählung*, weil sie lediglich die Summe vieler Tatsachenbehauptungen der Verwandtschaft beinhalten. Carl Gustav Hempel unterscheidet in diesem Sinn 1965 zwischen der *Evolutionserzählung* (»the story of evolution«) und der *Evolutionstheorie* (»the theory of the underlying mechanisms of mutation and natural selection«) (1965, 370).

Definition, »Mechanismus« und Faktoren der Evolution

In der Biologie bestehen zur Definition des Evolutionsbegriffs verschiedene Vorschläge nebeneinander. Bis in die 1920er Jahre sind allgemeine Bestimmungen nicht selten, die auch anorganische Prozesse einschließen und von einem thermodynamischen Hintergrund ausgehen (z. B. Lotka 1925, 24: »Evolution is the history of a system undergoing irreversible changes«). Mit der Etablierung der modernen synthetischen Theorie der Evolution in den 1930er Jahren gilt die Änderung von Genhäufigkeiten in einer Population als das entscheidende Kriterium und die Definitionsgrundlage für Evolution (Wright 1932, 359: »The elementary evolutionary process is […] change of gene frequency«). In der zweiten Hälfte des 20. Jahrhunderts, vor allem unter dem Einfluss Ernst Mayrs, wird vielfach die Entstehung neuer Arten zur Definition des Konzepts der Evolution herangezogen (Mahner/Bunge 1997, 311: »a proper concept of evolution involves the concept of speciation in its ontological sense of the coming into being of a thing of a new kind«).

Als Kennzeichen eines evolutionären Geschehens wird vielfach seine Plan- und Gesetzeslosigkeit gesehen. Niklas Luhmann macht dieses zu einem Kriterium einer Evolutionstheorie: »eben das: daß man es nicht wissen, nicht berechnen, nicht planen kann, ist diejenige Aussage, die eine Theorie als Evolutionstheorie auszeichnet« (1997, I, 426). Auch viele Philosophen der Biologie teilen in der Gegenwart die These, dass es keine empirischen Gesetze der Evolution gibt. John Beatty formuliert diese Auffassung 1995 als die *These der evolutionären Kontingenz* (»evolutionary contingency thesis«): Alle Gesetze, die sich auf biologische Gegenstände beziehen, sind danach physikalische oder chemische Gesetze. Genuin biologische Gesetze gebe es dagegen nicht, weil die biologischen Gegenstände in einem zufällig verlaufenden einmaligen Geschehen der Evolution entstanden sind (1995, 46 f.).

Neben der Beschreibung des genealogischen Zusammenhangs von Organismen verschiedenen Organisationstyps (der »Phylogenese«) steht die kausale Analyse der Faktoren der langfristigen Transformation der Organismen – der *Ursachen der Evolution*, wie es J. B. S. Haldane 1932 nennt. Haldane unterscheidet in seiner Darstellung fünf verschiedene Ursachen, nämlich die Selektion und vier Formen der Variation: zufällige erbliche Variation (Mutation), erbliche Variation aufgrund von Umwelteinflüssen (Vererbung erworbener Eigenschaften), nicht-zufällige Variation aufgrund von inneren Ursachen (zielgerichtete Variation) und Variation durch Hybridisierung (Rekombination) (1932, 11–13). Seit Mitte der 1930er Jahren ist in diesem Zusammenhang meist von den »Mechanismen der Evolution« die Rede. Theodosius Dobzhansky betrachtet in seinem einflussreichen Buch von 1937 neben den beiden klassischen Faktoren der *Variation* und *Selektion* die *Isolation* als einen besonderen Mechanismus der Evolution (1937, 8). Nikolai Timoféeff-Ressovsky unterscheidet 1939 vier »Evolutionsfaktoren«: Mutabilität, Populationswellen, Selektion und Isolation. Er gliedert diese in zwei Gruppen: »Die Mutabilität und die Populationswellen liefern das Evolutionsmaterial, die Selektion und die Isolation bilden die richtenden Evolutionsfaktoren« (1939, 205). Unter dem Einfluss Sewall Wrights wird es seit den 1940er Jahren üblich, den *Zufall* aufgrund von Migration und anderen Effekten (»Drift«) als weiteren wesentlichen Evolutionsfaktor zu behandeln (Ludwig 1940, 695).

Eine vielbeachtete Bestimmung des Evolutionskonzepts gibt Richard Lewontin 1968. Danach besteht der »Mechanismus« der Evolution nach dem »modernen Darwinismus« in drei Prinzipien: (1) *Variation* (»different individuals in a species have different morphologies, physiologies, behaviors, that is, there is variation«); (2) *Vererbung* (»there is a correlation between the form of the parents and the offspring, that is, the variation is heritable«) und (3) *differenzielle Fitness* (»different variants have different rates of survival and reproduction in different environments«) (1968, 207). In etwas anderer Begrifflichkeit ausgedrückt, lässt sich sagen, die Theorie der Evolution umfasst das Zusammenspiel von drei Momenten, die durch die Begriffe der *Tradition*, *Variation* und *Selektion* bestimmt werden können (Schnädelbach 2003, 338). Keine notwendige Bedingung für Evolution ist nach dieser Bestimmung – und entgegen den Vorstellungen Darwins – das Vorliegen von Konkurrenz. Denn eine differenzielle Reproduktion von Organismen verschiedener Typen kann es auch dann geben, wenn die Ressourcen nicht limitiert sind (vgl. Fisher 1953, 5; Sober 1984, 195).

Eine zentrale Rolle spielt im neodarwinistischen Verständnis der Evolution die genetische Ebene, weil die evolutiven Veränderungen auf dieser Ebene bestimmt und quantifiziert werden. Eine Erweiterung erfährt diese neodarwinistische Beschränkung durch die Berücksichtigung anderer Wege der Vererbung als der über die Gene verlaufenden. Eva Jablonka und

Allgemeine Faktoren	Organische Faktoren	Darwinscher und genetischer Faktor	Erleichternde Faktoren
Kontinuation Zeitlich kontinuierliche Existenz eines Gegenstandes, auch bei beständigem Wechsel seiner materiellen Teile (als »offenes System«)	*Individuation* Räumlich und zeitlich begrenzte Existenz eines Kontinuanten	*Konstitutions-Kontinuations-Korrelation* (»Selektion«) Korrelation zwischen Konstitution und Dauer der Existenz (gemessen an der Lebensdauer und Reproduktionshäufigkeit)	*Rekombination* Mischung verschiedener Individuen
	Reproduktion Erzeugung eines neuen Individuums durch ein anderes oder mehrere andere zusammen		*Isolation* Räumliche Trennung von Populationen
			Drift (Aleation) Zufällige Veränderung von Populationen
Variation Graduelle Veränderung eines Gegenstandes, die sich akkumulieren kann und damit auch wesentliche seiner Eigenschaften, d.h. seine Konstitution betreffen kann	*Heredität* Weitergabe von Eigenschaften an die Nachkommen über einzelne materielle Teile (»Gene«)	*Populationsgenetik* Kontinuation nicht der Individuen, sondern ihre Reproduktion ausschlaggebend; Fitness entspricht dem reproduktiven Wert	*Kompetition* Wettbewerb um knappe Ressourcen
			Annidation Spezialisierung auf eine ökologische Nische

Tab. 1: Gefüge der Faktoren der Evolution

Marion J. Lamb sprechen 2005 von den *vier Dimensionen der Evolution* in der Geschichte des Lebens und unterscheiden dabei vier Vererbungssysteme: (1) die *genetische* Vererbung über die DNA, (2) die *epigenetische* Vererbung über zytoplasmatische Einflüsse oder Umweltbedingungen, (3) die *verhaltensvermittelte* Vererbung durch Prägung und Lernen sowie (4) die *symbolische* Vererbung über ein spezialisiertes symbolisches Kommunikationsmittel wie die menschliche Sprache. Weil in jedem dieser Vererbungssysteme vererbte Einheiten vorliegen, diese einer Variation unterliegen und die Varianten eine differenzielle Fitness aufweisen können, weil also jeweils die drei von Lewontin formulierten Voraussetzungen für Evolution vorliegen können, kann es in diesen vier Dimensionen auch eine eigenständige Evolution geben. Eine wichtige Rolle spielen aber auch die Wechselwirkungen zwischen den Vererbungskanälen. Dabei muss durchaus nicht immer der genetische Weg der primäre sein. Modifikationen auf phänotypischer Ebene können vielmehr den genetischen Veränderungen vorausgehen und diese kanalisieren und beschleunigen. Durch die mehrdimensionale Analyse wird damit ein entscheidender Beitrag zur Integration der verschiedenen Organisationsebenen der Biologie geleistet, insbesondere in Bezug auf die konzeptionelle Vereinheitlichung der Evolutions- und Entwicklungsbiologie (»Evo-Devo«).

Die Evolutionsfaktoren lassen sich verschiedenen Ebenen zuordnen (vgl. Tab. 1). Auf allgemeinster Ebene stehen die beiden Faktoren der Beständigkeit (»Kontinuation«) und Veränderung (»Variation«). Elementare biologische Faktoren bilden die begrenzte Lebensdauer der Kontinuanten (»Individuation«), ihre Reproduktion und Vererbung. Der entscheidende Darwinsche Mechanismus der Selektion besteht darin, dass die besondere Konstitution von Organismen eines Typs für dessen Kontinuation, d. h. für seine Erhaltung und Ausbreitung in der Population, insbesondere auf dem Wege der Reproduktion der Organismen, kausal verantwortlich gemacht wird. Selektion liegt vor, wenn sich die Veränderung in der Zusammensetzung einer Population nicht aus Zufallseffekten ergibt, sondern wenn ein systematischer und kausaler Zusammenhang zwischen den Merkmalen von Organismen (ihrer Konstitution) und ihrer Vermehrung (Kontinuation) besteht. In einer weniger intentionalistischen Sprache kann die Selektion damit als differenzielle Kontinuation von Varianten bezeichnet werden. In seiner Grundstruktur enthält ein als Selektion beschriebener Prozess eine Korrelation, und er ist daher adäquat mit statistischen Mitteln zu beschreiben. Die Korrelation besteht zwischen den spezifischen Eigenschaften eines Organismus, also seiner Konstitution, und seiner Überlebens- und Fortpflanzungswahrscheinlichkeit, also der Dauer seiner

Kontinuation in der Zeit. Diese Korrelation tritt wiederholt über viele Generationen auf, so dass es zu einer langfristigen Veränderung der Verteilung organismischer Konstitutionstypen kommt. Knapp formuliert ist die Selektion also eine *kumulative Konstitutions-Kontinuations-Korrelation.*

Die Selektion gilt zwar als zentraler Faktor der Evolution; die Verbindung von natürlicher Selektion und Evolution ist andererseits aber nicht notwendig. Schon Ronald A. Fisher formuliert im ersten Satz seiner einflussreichen Monografie von 1930: »Natural Selection is not Evolution« (1930, vii). Die Verbindung ist nicht notwendig und sogar irreführend, weil die Selektion gerade in der Stabilisierung der Eigenschaften von Organismen (und Genfrequenzen) bestehen kann und insofern der Evolution als Veränderung entgegenwirkt. Und auch umgekehrt kann es eine Evolution geben, die nicht auf Selektion beruht (sondern auf Drift).

Die Objekte, die Ebenen und das Prinzip der Evolution

Bis in die Gegenwart strittig ist die Frage, welche Einheit das eigentliche Objekt der Evolution darstellt. Einigkeit besteht darin, dass es nicht der einzelne *Organismus* ist, weil die Evolution gerade in einem generationenübergreifenden Prozess besteht, so dass es sie auch geben kann, wenn sich kein Organismus im Laufe seines Lebens verändert. Die organische Evolution könnte geradezu definiert werden als ein Prozess der langfristigen und grundlegenden Veränderung von Gegenständen (den Organismen), die sich selbst im Laufe ihrer Existenz, d. h. ihres individuellen Lebens (der Art nach) nicht ändern. Die Änderung erfolgt allein vermittelt über die Fortpflanzung: Die Zusammensetzung einer Population verändert sich, weil Organismen mit verschiedenen Eigenschaften sich in regelhafter Weise in ihren Überlebenswahrscheinlichkeiten und Fortpflanzungsraten unterscheiden. Weil sich die Veränderung der Organismen also nur aus der unterschiedlichen Frequenz der Weitergabe von Eigenschaften ergibt, kann nicht mehr der Organismus die Einheit der Veränderung darstellen. Evolution ist also der Prozess der Veränderung von Organismen, der nicht darauf beruht, dass sich die Organismen im Laufe ihres Lebens ändern, sondern darauf, dass sie ihren Typus in unterschiedlichem Maße reproduzieren (vgl. Sober 1984, 150).

Da der Fokus auf den Transformationen liegt, kann der Organismus in der Evolutionstheorie nicht mehr als der alleinige Bezugspunkt zur Analyse seiner Leistungen dienen. Vielmehr wird die Funktion der *Fortpflanzung* (Reproduktion) der Organismen zu einem derart bestimmenden Prinzip, dass alle organismischen Eigenschaften im Hinblick auf ihren Beitrag zu dieser einen Funktion interpretiert werden. Mit der Zentrierung der Evolutionstheorie um die Fortpflanzung verliert die Selbsterhaltung ihren Status eines letzten funktionalen Erklärungsprinzips. Jede Eigenschaft eines Organismus ist evolutionstheoretisch nicht mehr primär danach zu beurteilen, welchen Beitrag sie zur Erhaltung des Organismus leistet, sondern welche Rolle sie in der Maximierung seiner Fortpflanzung spielt. Die Selbsterhaltung wird in den Rang eines Mittels in Bezug auf das eine übergeordnete Ziel der Reproduktion verwiesen. Aufgrund der Funktion der Fortpflanzung in Verbindung mit Vererbung und Rekombination werden so die *Merkmale* (Eigenschaften) des Organismus zu den eigentlichen (atomistischen) Einheiten, auf die sich die biologische Theorie bezieht. Aufgrund ihrer generationenübergreifenden Konstanz entwickeln die Merkmale eine über das Leben eines einzelnen Organismus hinausgehende eigene Existenzform – die in den »Genen« verkörpert vorgestellt werden kann.

Die Merkmale bleiben dabei aber immer Eigenschaften eines Organismus. Die Evolutionstheorie kann also nur aufbauend auf einer Theorie des Organismus entfaltet werden. Organismen sind zwar nicht die »Einheiten« der Evolution, der für die Evolution charakteristische Prozess der Artbildung besteht aber in dem Verschiedenwerden von Organismen. Die einzelnen Organismen sind also die für die Evolution relevanten Träger qualitativ neuer Eigenschaften und können insofern die Einheiten der Artbildung (»speciating entities«) genannt werden (Mahner/Bunge 1997, 317).

Ein möglicher Kandidat für die Rolle der Einheiten der Evolution bilden also die *Merkmale* von Organismen, d. h. nicht konkrete Körper, sondern abstrakte Eigenschaften. Für diese Sicht spricht es, dass wesentliche quantitative Größen der Evolutionstheorie, z. B. die *Merkmalsfitness* (»trait fitness«), Verallgemeinerungen und Quantifizierungen über typologische Eigenschaften darstellen (Sober 1981, 169). Schon Darwin bezieht den Prozess der Selektion offensichtlich auf Merkmale, wie besonders in seiner Formulierung deutlich wird, die Selektion bestehe in der *Erhaltung vorteilhafter Variationen*

(1859, 109: »Natural selection acts solely through the preservation of variations in some way advantageous, which consequently endure«).

Daneben werden aber auch noch andere Entitäten als die Einheiten der Evolution diskutiert. Seit dem 19. Jahrhundert verbreitet ist die Vorstellung, die *Art* als das Objekt der Evolution zu sehen: Es seien eben die Arten, die sich in der Evolution verändern (vgl. Rosenberg 1985, 205). Auf der anderen Seite kann eine Art aber gerade als Zusammenfassung von einander ähnlichen Organismen zu einer solchen Menge verstanden werden, die einen Referenzpunkt für die Feststellung von Änderungen abgibt. Es wird daher argumentiert, dass nur vor dem Hintergrund der Konstanz der Arten überhaupt von einer Evolution gesprochen werden kann (Mahner 1998).

Von anderer Seite wurde vorgeschlagen, jede mehrere Arten umfassende *Abstammungslinie* (»lineage«) als das eigentliche Objekt der Evolution zu verstehen (Hull 1978, 347: »Species lineages [...] are the things which evolve«). Allerdings ist es problematisch, von einem bereits über seine zeitliche Erstreckung bestimmten Gegenstand wie einer Abstammungslinie zu sagen, er unterliege wiederum einer zeitlichen Veränderung. Ein anderer Vorschlag zielt daher dahin, die *Population* von Organismen als Gegenstand der Evolution anzusehen (Simpson 1944, 31: »the interbreeding group is the essential unit in evolution«; Bunge 1981, 284: »Biopopulations, not biospecies, are individuals and evolve«). Allerdings wird der Begriff der Population in der Regel gerade darüber definiert, dass er eine Menge von Individuen einer Art umfasst – die für Evolution konstitutiven Artbildungsprozesse können sich dann also definitionsgemäß nicht in einer Population abspielen.

Aussichtsreicher ist es, den Kontinuanten der Evolution – analog zum Individuum (oder Entwicklungssystem) als dem Kontinuanten bei individuellen Veränderungen (in der Metamorphose) – auf genetischer Ebene zu definieren. In diesem Sinn identifiziert Julian Huxley 1942 eine Entität, die er *Genkomplex* (»gene-complex«) nennt, als dasjenige, das einer Evolution unterliegt (1942, 68). Jesper Hoffmeyer und Claus Emmeche schlagen 1991 in ähnlicher Weise zur Bezeichnung des Gegenstandes der Veränderung den Ausdruck *Genomorph* vor, der die »Tiefenstruktur« oder morphologische Gestalt eines Genpools bezeichnen soll: »organic evolution concerns the change through time of the genomorph« (1991, 158). Veränderungen des Genomorph können sowohl die Veränderung der Häufigkeit einzelner Gene als auch eine radikale Umstrukturierung des gesamten Gengefüges betreffen, die zur Bildung neuer morphologischer Typen führt.

Sinnvoll ist es auch, den Begriff der Evolution auf die *Biosphäre* als Ganzes anzuwenden: Parallel zu dem Vorgang der individuellen Veränderung eines Organismus in seinem Leben steht dann die Evolution des Lebens auf der Erde – wie dies bereits Ernst Haeckel in seinem Begriffspaar von *Ontogenese* und *Phylogenese* zum Ausdruck bringt und wie es in einer der letzten Definitionen des Konzepts durch Ernst Mayr deutlich wird (2001, 286: »Evolution – The gradual process by which the living world has been developing following the origin of life«).

In terminologischer Hinsicht erscheint es angebracht, einen eigenen Terminus für die Einheit der Evolution zu verwenden. J. E. Edström macht 1968 den naheliegenden Vorschlag, die Einheit der Evolution (»the operational unit in evolution«) unabhängig von ihrer materiellen Verkörperung als *Evolvon* zu bezeichnen (Edström 1968, 1198). Ausgehend von der Ebene der Population und in Analogie zu einem Individuum, das einer Metamorphose unterliegt, könnte ein Evolvon bestimmt werden als eine Gruppe von Organismen (oder ein Genomorph), in der ein Artbildungsprozess stattfindet. Diese bildet den Kontinuanten, der sich im Laufe der Evolution ändert, aber über die Änderungen hinweg persistiert (analog zu einem Individuum, das sich in seiner Entwicklung verändert und doch dasselbe bleibt).

Verbunden mit der Frage nach den Einheiten der Evolution ist die seit den 1960er Jahren intensiv geführte Debatte über die *Ebenen der Selektion*. Allgemein wird diejenige Entität als eine Selektionseinheit angesehen, die in einem Selektionsprozess als eine Einheit reagiert. Neben dem Individuum wird bereits von Darwin die Gruppe oder die Kolonie (bei sozialen Insekten) als Einheit der Selektion diskutiert. Besondere Brisanz erhält die Debatte, nachdem Einheiten unterhalb der Ebene der Individuen als Objekte der Selektion beschrieben werden (Hamilton 1963; Williams 1966; Dawkins 1976). Der historische Ursprung der Behandlung von Genen als Selektionseinheiten liegt bereits in der populationsgenetischen Begründung der Evolutionstheorie in den 1920er und 1930er Jahren. Zu unterscheiden ist bei jedem Selektionsprozess zwischen der materiellen *Einheit*, die einer Selektion unterliegt, und der *Eigenschaft*, aufgrund derer die Selektion erfolgt. In einer einflussreichen Unterscheidung trennt Elliott Sober diese beiden Aspekte durch die Differenzierung zwischen der *Selektion von* (»selection of«) einem Objekt und der *Selektion für* (»selection for«) eine Eigenschaft (1984, 100 f.). Die Selektion von dem Objekt bezieht sich auf die Wirkung des Selektionsprozesses, die Selektion für die Eigenschaft auf dessen Ursache. Jede Selektion von Objekten geht mit einer Selektion für bestimmte ihrer Eigenschaften einher. Es kann allerdings eine Selektion für Eigenschaften geben, die mit keiner Selektion von Objekten verbunden ist, weil sich die Ursachen der Selektion für verschiedene Eigenschaften gerade aufheben.

Kompliziert ist die Antwort auf die Frage, auf welcher Ebene die Selektion wirksam ist, weil sie nicht selten auf mehreren Ebenen gleichzeitig wirkt und weil es Nebenwirkungen der Selektion auf einer Ebene bezüglich der anderen Ebenen geben kann (»multi-level selection«) (vorausgesetzt die Selektion wird überhaupt als eine Kraft verstanden; kritisch dazu: Walsh 2004). Die Kovarianz der Fitness mit der Variation von Merkmalen auf einer Ebene muss also nicht immer ein Ausdruck der Selektion auf dieser Ebene sein; sie kann auch ein bloßes Nebenprodukt der Selektion auf einer anderen Ebene sein. Über formale Verfahren wie die Price-Gleichung (s. u.) oder eine Kontextanalyse kann der quantitative Beitrag der Selektion auf den verschiedenen Ebenen ermittelt werden (vgl. Okasha 2006, 76 ff.). Nach einer verbreiteten Ansicht ist es für die Identifikation einer Ebene der Selektion ausschlaggebend, dass der kausale Grund der Selektion Eigenschaften von Einheiten dieser Ebene betrifft (Sober 1984, 255 ff.). Wenn in einer Gruppe von Organismen beispielsweise eine *Selektion von* Organismen, aber die *Selektion für* eine Gruppeneigenschaft vorliegt (z. B. die Gruppengröße), dann kann von einer *Gruppenselektion* gesprochen werden. Offensichtlich können höher organisierte Einheiten wie Gruppen von Individuen nicht nur eine *Ebene* der Selektion, sondern auch ein *Produkt* der Selektion darstellen: Bereits die Entstehung von Chromosomen und mehrzelligen Organismen in der Evolution bildet das Ergebnis einer Selektion, die zu einer Kooperation unter Teilen von Organismen (nämlich Genen oder Zellen) führte.

Vielfach wird die Differenzierung zwischen verschiedenen Ebenen der Selektion in Verbindung gebracht mit der Unterscheidung von sich reproduzierenden Einheiten auf der einen Seite und miteinander interagierenden Einheiten auf der anderen Seite. David Hull führt 1980 eine später verbreitete Terminologie ein, nach der eine Einheit, die sich selbst repliziert, einen *Replikator* darstellt, eine Einheit, die auf eine solche Weise mit der Umwelt interagiert, dass diese Interaktion die Ursache der differenziellen Replikation ist, bildet dagegen einen *Interaktor* (Hull 1980). Die Replikation ist nach Hull eine hinreichende Bedingung für Evolution (im Sinne der differenziellen Reproduktion von unterschiedlichen Entitäten), nicht jedoch für den Prozess der natürlichen Selektion, der eine kausale Interaktion von Entitäten voraussetzt. Eine allgemeine Charakterisierung der Evolution, wie sie etwa Lewontin gibt (s. o.), kommt allerdings ohne die Unterscheidung von Replikatoren und Interaktoren aus. Entscheidend für die Wirksamkeit von Selektion ist allein die Ähnlichkeit der Nachkommen mit ihren Eltern, nicht notwendig ist dagegen die Herstellung dieser Ähnlichkeit über partikuläre Merkmalsträger (Replikatoren) (Okasha 2006, 15 f.). Die Vererbung muss also in keiner Weise in Form von separaten Teilchen erfolgen, um in der Selektion wirksam zu werden.

In Fällen, in denen auf verschiedenen Ebenen eine selektierte Eigenschaft beschrieben werden kann (z. B. Eigenschaften des Genotyps und des Phänotyps), schlägt Robert Brandon vor, diejenige Eigenschaft als die selektierte anzusehen, die kausal enger mit dem Selektionsprozess verbunden ist (die »proximate Ursache«). Der Phänotyp gilt z. B. als enger mit dem reproduktiven Erfolg eines Organismus verbunden als der Genotyp; es wird gesagt, der Phänotyp stehe in einem Verhältnis des *Abschirmens* (»screening off«) zum Genotyp (Brandon 1990, 83 f.). Allerdings schirmt der Phänotyp nicht in allen Fällen den Genotyp vollständig ab: Schon der einfache Fall der genetischen Dominanz, verbunden mit einem Fitnessnachteil von homozygot rezessiven Individuen offenbart die kausale Wirksamkeit der genotypischen Ebene: Die beiden Genotypen *Aa* und *AA* haben in diesem Fall zwar den gleichen Phänotyp (wegen der Dominanz von *A* gegenüber *a*), Individuen mit dem Genotyp *Aa* haben aber einen Fitnessnachteil, weil sie mit größerer Wahrscheinlichkeit Nachkommen mit dem Genotyp *aa* hervorbringen (Sober/Wilson 1994, 546).

Selektionstheorien sind in ihrer Anwendung nicht auf den Bereich der Lebewesen beschränkt. Auch im Anorganischen gibt es Vorgänge, die nach dem Mechanismus der Variation und Selektion gedeutet werden können. Dies gilt für alle Prozesse, bei denen Gegenstände verschiedenen Typs entstehen, sich aber nicht in gleicher Weise erhalten. Nicolai Hartmann bezeichnet solche Vorgänge als *selectio primitiva* (1950, 648). Echte organische Selektion liegt nach Hartmann erst bei Gegenständen vor, die sich reproduzieren können (vgl. 1950, 667). Primitive Formen der Reproduktion und der Vererbung werden allerdings auch im Bereich des Anorganischen gefunden. A. Graham Cairns Smith meint 1969, in Tonkristallen aus Siliziumoxid ein solches anorganisches Reproduktionsvermögen nachweisen zu können. Die Kristalle können sich in ihrer Mikrostruktur durch den Austausch einzelner Ionen unterscheiden. Weil jedes Kristall als Keim zur Bildung weiterer Kristalle wirken kann, liegt eine einfache Form der Fortpflanzung und – wegen der weitergegebenen Unterschiede zwischen den Kristallen – auch der Vererbung vor. Aufbauend auf diesen Vorstellungen kann ein Evolutionsszenario von Lehmklumpen mit unterschiedlichen Überlebens- und Fortpflanzungswahrscheinlichkeiten auf der jungen Erde entworfen werden (Dawkins 1986, 148 ff.).

Verbreitet ist es, die Selektion als eine »Kraft« zu verstehen, die die Konstitution von Organismen formt und insbesondere eine Erklärung für ihre Anpassung liefert, insofern sie diese verursacht (Sober 1984, 141). Im Rahmen dieser »dynamischen Deutung« wird die Selektion nicht von ihrem Ausgang, einer bestimmten Merkmalsverteilung in einer Population, entworfen, sondern eben als Kraft betrachtet, die diese Merkmalsverteilung verursacht. Eingewandt wird gegen dieses Verständnis aber, dass die Selektion keine über die kausalen Faktoren auf Ebene der Individuen hinausgehende Kraft darstellen kann, weil sie sich einfach als aggregierte Konsequenz dieser Ursachen auf individueller Ebene ergibt (Walsh 2000, 139). Die natürliche Selektion *verursacht* nicht Merkmalsverteilungen (und Genfrequenzen) – Selektion und Merkmalsverteilungen haben vielmehr ihre gemeinsame Ursache in den individuellen Überlebens- und Fortpflanzungsereignissen von Organismen verschiedenen Typs. Als ein Argument für die Interpretation der Selektion als Kraft wird andererseits auf die kausale Unabhängigkeit der Faktoren der Evolution, insbesondere von Selektion und Drift, hingewiesen: *Selektion* wird bestimmt als der kausale Prozess der Veränderung der Merkmalsverteilung in einer Population, der durch die Variation der Merkmalsfitness verursacht ist; *Drift* ist dagegen eine Veränderung der Merkmalsverteilung, die nicht durch die Merkmalsfitness, sondern durch einen Stichprobenfehler aufgrund einer zu kleinen Population verursacht ist. Beide werden als zwei verschiedene Kräfte gedeutet, die unabhängig voneinander manipuliert werden können (Shapiro/Sober 2007, 255 f.). Tatsächlich besteht diese kausale Unabhängigkeit von Selektion und Drift jedoch nicht. Denn die Fitness eines Merkmals hängt systematisch von der Populationsgröße ab, und Drift und Selektion können damit nicht als kausal unabhängige Kräfte verstanden werden und lassen sich auch nicht unabhängig voneinander bestimmen; die Drift bildet vielmehr eine Komponente der Selektion. Es wird daher dafür plädiert, Selektion und Drift als statistische Effekte zu verstehen, und die Selektionstheorie insgesamt als eine statistische Theorie anzusehen (Walsh/Lewens/Ariew 2002).

Eine einfache und elegante mathematische Beschreibung von Selektionsprozessen jeglicher Art entwickelt George Price Anfang der 1970er Jahre. Prices Formel ist seit den 1990er Jahren als *Price-Gleichung* bekannt und gilt als allgemeine Grundlage zur mathematischen Analyse der Evolution von Merkmalen (vgl. Frank 1995; Okasha 2006): $\bar{w}\Delta\bar{z}$ = Cov (w_i, z_i) + E$(w_i\Delta z_i)$. Die Gleichung gliedert die Veränderung des durchschnittlichen Werts eines quantitativen Merkmals in einer Population ($\Delta\bar{z}$) in zwei Komponenten, denen eine klare biologische Bedeutung gegeben werden kann. Eine übliche Interpretation bezieht die Gleichung auf die Veränderung eines Merkmals von einer Generation zur nächsten. Die beiden Terme sind dann: (1) ein Kovarianzterm, der die statistische Verbindung zwischen dem Wert eines Merkmals von Individuen (z_i, z. B. der Körpergröße) und dessen Fitness (w_i; bei Price ursprünglich die Anzahl von Nachkommen) misst (Cov (w_i, z_i)), und (2) ein Übertragungsterm, der die Verlässlichkeit der Übertragung des Werts eines Merkmals von einer Generation in die nächste misst (E$(w_i\Delta z_i)$). Die erste Komponente bestimmt das Ausmaß, in dem ein Merkmal überhaupt der Selektion unterliegt (das »Selektionsdifferenzial«), bei starker Kovarianz des Merkmals mit der Fitness (z. B. großem Einfluss der Körpergröße auf die Fitness) ist dieser Wert groß. Die zweite Komponente bestimmt die Zuverlässigkeit der Übertragung jedes Merkmals von einer Generation in die nächste (sie steht also in Verbindung mit der Heritabilität). Durch die Bestimmung der Terme der Price-Gleichung können in biologisch sinnvoller Weise die beiden Aspekte der Selektion zwischen Individuen in einer Generation (Kovarianzterm) und der Übertragungstreue eines Merkmals von einer Generation zur nächsten voneinander unterschieden werden. Die Besonderheit der Price-Gleichung besteht darin, dass sie Selektionsprozesse durch eine ungewöhnliche Verschränkung von Größen zweier Populationen beschreibt: Die Ausprägung eines quantitativen Merkmals in einer (Nachfahren-) Population (z_i') wird nicht aus der Verteilung der Merkmale in dieser Population selbst bestimmt, sondern allein aus dem Anteil dieser Population, der von den Vorfahren mit dem betreffenden Merkmal in der Elterngeneration abstammt, gewichtet um die relative Fitness des Merkmals ($w_i/\bar{w}$), formal: $z_i' = z_i w_i/\bar{w}$ (vgl. Frank 1995, 376). Im Rahmen biologischer Argumentationen ist diese Verschränkung sinnvoll und vertraut, weil die Fitness allgemein als ein Maß verstanden wird, das die Veränderungen eines Merkmals in einer Population ausgehend von der Vorfahrenpopulation bestimmt. Interpretiert als zeitliche Veränderung einer Population enthält die Gleichung über den Faktor der Fitness auch ein teleologisches Moment: Die Verteilung eines Merkmals in einer Population wird im Hinblick auf ihre zukünftige gerichtete Veränderung bestimmt.

Price zielt mit seinem mathematischen Formalismus auf ein Modell, das alle Typen von Selektion im chemischen, genetischen und sozialen Bereich umfassen und einen ähnlich allgemeinen Status wie die Kommunikationstheorie einnehmen soll (Price ca. 1971, 389). Zur mathematischen Beschreibung der Verwandtenselektion wird die Price-Gleichung bereits in den 1970er Jahren angewandt (Hamilton 1975); im Anschluss daran entwickelt sie sich zu einem zentralen Ausgangspunkt in der Diskussion über die Ebenen der Selektion (Okasha 2006, 18 ff.). Mit dem mathematischen Formalismus der Price-Gleichung kann auch das von Lewontin so genannte »Prinzip der Evolution durch natürliche Selektion« in mathematisch exakter Form beschrieben werden, indem die drei Kriterien für Evolution, *Variation*, *Vererbung* und *Fitnessdifferenzen*, in quantitativen Größen gefasst werden (vgl. Okasha 2006, 36).

Kulturelle Evolution

Es bildet eine tief verwurzelte Überzeugung, den Bereich der *Kultur* des Menschen dem der *Natur* der außermenschlichen organischen Welt gegenüberzustellen. Die Differenzierung wird als Ausdruck der begrenzten Reichweite biologischer Erklärungsprinzipien und damit der Autonomie des Kulturellen verstanden. Die Determinationsfaktoren von kulturellen Erscheinungen liegen nach diesen Auffassungen in der Kultur selbst: Sprachen, Gewohnheiten, Überzeugungen und Werkzeuge können nur durch andere kulturelle Faktoren dieser Art erklärt werden. Kultur und kultureller Wandel gelten also als selbstbezügliche und selbstdeterminierende Erscheinungen (vgl. White 1949, xviii).

Ohne diese Autonomie zu gefährden wird der kulturelle Wandel aber auch im Modell der biologischen Evolutions- und Selektionstheorie beschrieben. Edward D. Cope stellt bereits 1870 der »physischen Evolution« der organischen Welt die »metaphysische Evolution« des Menschen mit der »Evolution der Moral« und »Evolution der Intelligenz« gegenüber (1870, 174; 318). Unter Anwendung der Selektionstheorie baut Albert Keller diese Parallelisierung in seiner Theorie der *Societal Evolution* aus dem Jahr 1915 aus. Darin schlägt Keller eine sehr weitreichende Analogisierung von biologischer und kultureller Selektion vor und versucht, Entsprechungen von Variation, Vererbung und differenzieller Reproduktion im Bereich des Sozialen zu identifizieren.

Die analogisierende Betrachtung wird durch die Herkunft vieler evolutionsbiologischer Grundbegriffe aus der Sphäre des Kulturellen erleichtert. Terminologische Verwendung nach Rückkehr in den semantischen Ausgangsbereich gewinnt seit Mitte des 20. Jahrhunderts vor allem der Begriff der *kulturellen Vererbung*. So thematisiert Conrad Hal Waddington die kulturelle Vererbung 1960 parallel zur genetischen Vererbung: Dem Kopiermechanismus auf genetischer Ebene entspreche im kulturellen Bereich die Weitergabe von kulturellen Einheiten in erster Linie über die Wortsprache. Durch diese phylogenetisch neue Form der Vererbung sei ein neues »System der Evolution« entstanden, das sich hinsichtlich der Dynamik der Veränderung aber wenig von dem natürlichen System unterscheide, insofern beide durch das Fehlen eines vorgegebenen Plans und die Unmöglichkeit der Steuerung gekennzeichnet seien. Später ist in diesem Zusammenhang von einem *kulturellen Vererbungssystem* und einer *kulturellen Genetik* die Rede (McBride 1971, 53 f.).

Auf Kellers Ansatz zur Formulierung einer kulturellen Selektionstheorie kommt Donald Campbell 1965 zurück, indem er die Analogie von natürlicher und kultureller Evolution präzisiert. Nach Campbell sind es drei wesentliche Eigenschaften, die einen Selektionsprozess charakterisieren (1965, 26 f.): (1) das Vorliegen von *Variationen*, nämlich Mutationen im biologischen Fall und exploratives Verhalten im kulturellen Bereich; (2) konsistente *Selektionskriterien*, nämlich differenzielles Überleben von Organismen bzw. differenzielle Verstärkung von kulturellen Einstellungen; (3) ein *Mechanismus für die Bewahrung und Verbreitung* der selektierten Eigenschaften: der Replikationsmechanismus auf genetischer Ebene und das kulturelle Gedächtnis auf sozialer Ebene.

Die Eigenständigkeit der Evolution auf kultureller Ebene wird seit den frühen 1970er Jahren in mathematischen Modellen gezeigt, in denen das Verhältnis von biologischer und kultureller Evolution als gegenseitige Verstärkung oder als Antagonismus erscheint. In jedem Fall handelt es sich aber um eine *Koevolution* der beiden Ebenen (Durham 1991). Ein bekanntes Beispiel für die Wechselwirkung von genetischer und kultureller Vererbung betrifft die Verbreitung des Enzyms β-Galactosidase, das dem Abbau von Milchzucker dient und dessen genetische Basis für die Expression bei Erwachsenen sich seit einigen Tausend Jahren zusammen mit der Kulturtechnik der Milchviehhaltung allmählich ausbreitete. Um die Koevolution der Faktoren zu berücksichtigen, wird die doppelte Bedingtheit vieler Merkmale des Menschen durch kulturelle und genetische Faktoren im Rahmen von *dualen Vererbungstheorien* erklärt (Boyd/Richerson 1985, 16): Kulturelle Phänomene sind in gleicher Weise durch Gene beeinflusst wie sie umgekehrt einen wesentlichen kausalen Faktor in der Selektion von Genen bilden.

Die Analogisierung von biologischer und kultureller Evolution ist aber auch mit zahlreichen Problemen verbunden. So ist es ist fraglich, ob kulturelle Phänomene in genähnliche Merkmalseinheiten zerlegt werden können und ob kulturelle Veränderungen sinnvoll als blind und zufällig, also als mutationsähnliche Variationen zu beschreiben sind – und nicht eher als durch Hintergrundannahmen gesteuerte Modifikationen (vgl. Vogel 1983, 73). Herbert Schnädelbach weist außerdem darauf hin, dass die sogenannte »kulturelle Evolution« nicht einfach in einer Weitergabe von Erfahrungen und Einstellungen besteht, sondern gerade eine distanzierende Bewertung dieser Erfahrungen vornimmt und sich auf diese Weise auch gegen die Weitergabe einer Tradition entscheiden kann. Die Kultur des Menschen ist also durch eine »Reflexivität zweiter Stufe« ausgezeichnet, d. h. durch einen Bezug auf das eigene Wissen nicht nur in der Weise, dass es an die Nachkommen weitergegeben wird, sondern auch in der Weise, dass es vorenthalten oder bewertet wird (Schnädelbach 2003, 343).

Analogie und Antagonismus

Unter Biologen ist es verbreitet, die Einrichtungen der menschlichen Kulturen oder auch die menschliche Kulturfähigkeit selbst als biologische Anpassungen, d.h. als fitnesssteigernd zu betrachten. So bezeichnet Dobzhansky die Kultur des Menschen 1961 allgemein als einen »adaptiven Mechanismus«, der »nicht inkompatibel mit biologischen Anpassungen« sei (Dobzhansky 1961, 286). Im Rahmen der mathematisch fundierten Theorien zur kulturellen Evolution wird aber andererseits gerade auf die Möglichkeit der *Unabhängigkeit* der Selektion auf kultureller Ebene von biologischen Hinsichten, also dem Überleben und der Reproduktion von Organismen, hingewiesen. Kulturell tradierte und über kulturelle Selektion stabilisierte »Instruktionen« oder »Meme« können die biologische Fitness von Organismen, an denen sie erscheinen, herabsenken. Es kann also ein *Antagonismus* zwischen der *kulturellen* und der *genetischen* oder biologischen Fitness eines Verhaltens bestehen. Schon Keller beschreibt die soziale Selektion 1915 als eine *Gegenselektion* (»counterselection«) gegen die natürliche Selektion, weil sie zwischen sozialen Gruppen wirksam sei und auf anderen Kriterien beruhe (1915, 252). Auch die späteren Vertreter des Konzepts der kulturellen Selektion weisen auf diesen Antagonismus hin (Campbell 1965; Durham 1991). Robert Boyd und Peter Richerson sprechen von den durch kulturelle Selektion bedingten biologischen *Fehlanpassungen* (»maldaptations«), die sie für ein notwendiges Nebenprodukt kultureller Anpassungen halten (1985, 99). Durch den Mechanismus der kulturellen Selektion – soziale Innovation und soziales Lernen – können sich also solche sozialen Verhaltensmuster und Lebensstile etablieren und ausbreiten, die der biologischen Fitness der Individuen entgegenlaufen. Kulturell attraktiv, aber biologisch nicht optimal, weil fitnessmindernd sind etwa Zigarettenkonsum oder ein akademischer Lebensstil, der viele Ressourcen in Gedanken, aber nur wenige in Nachkommen steckt.

Auch wenn organische und soziale Entwicklung also zumindest teilweise nach dem gleichen Modell – dem Mechanismus der Selektion – beschrieben werden können, ist trotzdem ihre Ausrichtung auf funktional sehr unterschiedliche und einander widersprechende Ziele möglich. Ein in Soziobiologenkreisen verbreitetes Bild aufnehmend, beschreiben Richerson und Boyd die Kultur als einen Hund am Ende der Leine der Gene – aber der Hund ist sehr groß, intelligent und unabhängig, so dass nicht immer klar ist, wer mit wem spazieren geht, der Herr mit dem Hund oder der Hund mit dem Herrn (2005, 194).

Die traditionelle antagonistische Entgegensetzung von kultureller und biologischer Verfassung des Menschen kann damit insofern als berechtigt gelten, als die kulturelle Einstellung zu funktional neuen und unabhängig von den biologischen Bezügen stehenden Orientierungen führen kann. In dieser Hinsicht besteht der für eine Kultur entscheidende Schritt darin, die biologischen Zwecke transzendieren zu können, d. h. das systematische Verfolgen solcher Zwecke zu ermöglichen, die nicht auf Selbsterhaltung und Fortpflanzung bezogen sind. In kulturellen Einstellungen liegt somit die Möglichkeit zu einer Distanzierung von der »lebensgeschichtlichen Determination«: Im kulturellen Handeln vermag es ein Lebewesen, »sich den Ansprüchen des Lebens gegenüber souverän zu verhalten«; die Lebensbelange werden »nachrangig«, »sie sinken dazu herab, Träger eines Überbaus zu sein« (Flach 1997, 62). Statt das Verhalten auf die biologisch ultimaten Funktionen zu beziehen, gewährleistet die kulturelle Einstellung die Einbettung von Handlungsoptionen in eine normative Ordnung von sozial etablierten Zielen und Zwecken. Ermöglicht wird dies wiederum durch die *Sprache* als einem Medium zur Erzeugung und Verkörperung von kulturellen Werten und Verbindlichkeiten: Sie eröffnet den Raum für die Begründung und Bewertung – und damit für die Stabilisierung und Tradierung – von Handlungsmustern jenseits biologischer Funktionsbezüge. Kultur stellt in dieser Perspektive eine Befreiung von der Teleologie des Organischen dar.

Literatur

Baer, Karl Ernst von (1828): Ueber Entwickelungsgeschichte der Thiere. Bd. 1. Königsberg.
Beatty, John (1995): »The Evolutionary Contingency Thesis«. In: Gereon Wolters/James Lennox (Hg.): Concepts, Theories, and Rationality in the Biological Sciences. Konstanz, 45–81.
Boyd, Robert/Richerson, Peter J. (1985): Culture and the Evolutionary Process. Chicago.
Brandon, Robert (1990): Adaptation and Environment. Princeton.
Briegel, Manfred (1963): Evolution. Geschichte eines Fremdworts im Deutschen. Phil. Diss. Universität Freiburg i.Br.
Brockhaus Enzyklopädie (1997[20]), Bd. 6. Mannheim.
Bunge, Mario (1981): »Biopopulations, not Biospecies, Are Individuals and Evolve«. In: Behavioral and Brain Sciences 4: 284–285.
Cairns-Smith, A.Graham (1969): »An Approach to a Blueprint for a Primitive Organism«. In: Conrad H. Waddington (Hg.): Towards a Theoretical Biology. Vol. 1.: Prolegomena. Edinburgh, 57–66.
Campbell, Donald T. (1965): »Variation and Selective Retention in Socio-Cultural Evolution«. In: Herbert R. Barringer et al. (Hg.): Social Change in Developing Areas. A Reinterpretation of Evolutionary Theory. Cambridge (Mass.), 19–49.
Cope, Edward Drinker (1870): »On the Hypothesis of Evolution, Physical and Metaphysical«. In: Lippincott's Magazine of Literature, Science and Education, 29–41; 173–180; 310–319.
Crookes, William (1903): »Modern Views on Matter: The Realization of a Dream«. In: Science 17: 993–1003.
Darwin, Charles (1859): On the Origin of Species. London.
Dawkins, Richard (1976): The Selfish Gene. Oxford.
Dawkins, Richard (1986): The Blind Watchmaker. Harlow.
Dobzhansky, Theodosius (1937): Genetics and the Origin of Species. New York.
Dobzhansky, Theodosius (1961): »Man and Natural Selection«. In: American Scientist 49: 285–299.
Durham, William H. (1991). Coevolution. Genes, Cultures, and Human Diversity. Stanford.
Edström, J.E. (1968): »Masters, Slaves and Evolution«. In: Nature 220: 1196–1198.
Fisher, Ronald A. (1953): »The Expansion of Statistics«. In: Journal of the Royal Statistical Society, Ser. A, Part 1: 116, 1–6.
Flach, Werner (1997): Grundzüge der Ideenlehre. Die Themen der Selbstgestaltung des Menschen und seiner Welt, der Kultur. Würzburg.
Frank, Steven A. (1995). »George Price's Contributions to Evolutionary Genetics«. In: Journal of theoretical Biology 175: 373–388.
Haeckel, Ernst (1866): Generelle Morphologie der Organismen. 2 Bde. Berlin.
Haldane, John Burdon Sanderson (1932): The Causes of Evolution. London.
Hamilton, William D. (1963): »The Evolution of Altruistic Behavior«. American Naturalist 97: 354–356.
Hamilton, William D. (1975): »Innate Social Aptitudes of Man: an Approach from Evolutionary Genetics«. In: Robin Fox (Hg.): Biosocial Anthropology. London, 133–155.
Hartmann, Nicolai (1950): Philosophie der Natur. Berlin.
Hempel, Carl Gustav (1965): Aspects of Scientific Explanation. New York.
Hoffmeyer, Jesper und Emmeche, Claus (1991): »Code-Duality and the Semiotics of Nature«. In: Myrdene Anderson/Floyd Merrell (Hg.): On Semiotic Modeling. Berlin, 117–166.
Hull, David (1978): »A Matter of Individuality«. Philosophy of Science 45: 335–360.
Hull, David (1980): »Individuality and Selection«. In: Annual Review of Ecology and Systematics 11: 311–332.
Huxley, Julian S. (1942): Evolution. The Modern Synthesis. London.
Jablonka, Eva/Lamb, Marion J. (2005): Evolution in Four Dimensions. Genetic, Epigenetic, Behavioral, and Symbolic Variation in the History of Life. Cambridge (Mass.).
Keller, Albert Galloway (1915/31): Societal Evolution. A Study of the Evolutionary Basis of the Science of Society. New York.
Lewontin, Richard (1968): »The Concept of Evolution«. In: Sills, David L. (Hg.): International Encyclopedia of the Social Sciences. Vol. 5. New York, 202–210.

Lotka, Alfred J. (1925): Elements of Physical Biology. Baltimore.
Ludwig, Wilhelm (1940): »Selektion und Stammesentwicklung«. In: Die Naturwissenschaften 28: 689–705.
Luhmann, Niklas (1997): Die Gesellschaft der Gesellschaft. 2 Bde. Frankfurt a. M.
Mahner, Martin (1998): »Warum es Evolution nur dann gibt, wenn Arten nicht evolvieren«. In: Theory in Biosciences 117: 173–199.
Mahner, Martin/Bunge, Mario (1997): Foundations of Biophilosophy. Berlin.
Mayr, Ernst (2001): What Evolution Is. New York.
McBride, G. (1971): »The Nature-Nurture Problem in Social Evolution«. In: John F. Eisenberg/Wiltson S. Dillon (Hg.): Man and Beast. Comparative Social Behavior. Washington, 35–56.
Meyers Konversationslexikon (1889[4]), Bd. 5. Leipzig.
Okasha, Samir (2006): Evolution and the Levels of Selection. Oxford.
Plate, Ludwig (1912): »Deszendenztheorie«. In: Handwörterbuch der Naturwissenschaften. Bd. 2, 897–951.
Price, George (1970): »Selection and Covariance«. In: Nature 227: 520–521.
Price, George (1995): »The Nature of Selection« [ca. 1971]. In: Journal of Theoretical Biology 175: 389–396.
Rádl, Emanuel (1905–09/13): Geschichte der biologischen Theorien. 2 Bde. Leipzig.
Richerson, Peter J./Boyd, Robert (2005): Not by Genes Alone. How Culture Transformed Human Evolution. Chicago.
Rosenberg, Alexander (1985): The Structure of Biological Science. Cambridge.
Schnädelbach, Herbert (2003): »Geschichte als kulturelle Evolution«. In: Johannes Rohbeck/Herta Nagl-Docekal (Hg.): Geschichtsphilosophie und Kulturkritik. Historische und systematische Studien. Darmstadt, 329–351.
Shapiro, Larry/Sober, Elliott (2007): »Epiphenomenalism. The Do's and the Don'ts«. In: Peter K. Machamer/Gereon Wolters (Hg.): Thinking about Causes. From Greek Philosophy to Modern Physics. Pittsburgh, 235–264.
Simpson, George Gaylord (1944): Tempo and Mode in Evolution. New York.
Sober, Elliott (1981): »Evolutionary Theory and the Ontological Status of Properties«. In: Philosophical Studies 40: 147–176.
Sober, Elliott (1984): The Nature of Selection. Cambridge (Mass.).
Sober, Elliott/Wilson, David S. (1994): »A Critical Review of Philosophical Work on the Units of Selection Problem«. In: Philosophy of Science 61: 534–555.
Spencer, Herbert (1901): »The Development Hypothesis« [1852]. In: Essays. Vol. 1. New York, 1–7.
Spencer, Herbert (1901): First Principles [1862]. New York.
Timoféeff-Ressovsky, Nikolai V. (1939): »Genetik und Evolution«. In: Zeitschrift für induktive Abstammungs- und Vererbungslehre 76: 158–218.
Vogel, Christian (2001): »Die biologische Evolution der Kultur« [1983]. In: ders.: Anthropologische Spuren. Stuttgart, 43–74.
Walsh, Denis M. (2000): »Chasing Shadows: Natural Selection and Adaptation«. In: Studies in History and Philosophy of Biological and Biomedical Sciences 31: 135–153.
Walsh, Denis M. (2004): »Bookkeeping or Metaphysics? The Units of Selection Debate«. In: Synthese 138: 337–361.
Walsh, Denis M./Lewens, Tim/Ariew, André (2002): »The Trials of Life: Natural Selection and Random Drift«. In: Philosophy of Science 69: 452–473.
White, Leslie A. (1949): The Science of Culture. A Study of Man and Civilization. New York.
Williams, George C. (1966): Adaptation and Natural Selection. A Critique of Some Current Evolutionary Thought. Princeton.
Wright, Sewall (1932): »The Roles of Mutation, Inbreeding, Crossbreeding, and Selection in Evolution«. In: Proceedings of the Sixth International Congress of Genetics 1: 356–366.

Georg Toepfer

III. Institutionen und Repräsentationen, Praktiken und Objekte

1. Sammlungen und Museen

Wissenschaftliche Sammlungen können als ein gezieltes, systematisches Zusammentragen von Erkenntnissen zu einem bestimmten Thema verstanden werden. Das Sammeln wird aber auch als ein ungerichteter Prozess beschrieben, der immer dann einsetzt, wenn ein interessantes Bearbeitungsfeld erst erkannt und noch nicht übersehen wird. Schließlich hält eine bestehende Sammlung ein unbestimmbares Maß an Kontingenz bereit, das zu neuen Forschungsbereichen führen kann (te Heesen/Spary 2001, 7–21).

Im eigentlichen Sinne des Begriffs wird als Sammlung in der Regel eine größere Anzahl von Objekten verstanden, die in Zusammenhang miteinander stehen. Sie können sich an einem Ort befinden, durch ein sie vereinendes Besitzverhältnis ausgezeichnet oder durch ein Inventar miteinander verbunden sein. Sammlungen existieren in privatem oder öffentlichem Besitz und umfassen – je nach zeitgebundener Wertung – bedeutende und weniger bedeutende Objekte. Bei Museen handelt es sich um einen spezifischen Ort, an dem Sammlungen untergebracht sind, der aber bereits eine bestimmte Ordnung und Präsentation der Objekte vorsieht und gewissen, sich mit der Zeit ändernden Institutionalisierungen unterliegt. Das europäische, im Laufe des 19. Jahrhunderts entwickelte Verständnis vom Museum ist dadurch gekennzeichnet, dass sich sein Raum in ein Depot und eine Schaufläche für die Öffentlichkeit aufteilt (Blank/Debelts 2002). Unter einer Ausstellung wiederum versteht man ein temporär beschränktes Präsentationsereignis zu einem bestimmten Thema (Greenberg/Ferguson/Nairne 1996). Berücksichtigt man diese Unterscheidung dreier Objekt- und Institutionenkomplexe, so wird deutlich, dass darin eine zeitliche Abfolge enthalten ist: Während Sammlungen für das Aufkommen des Entwicklungsbegriffs seit dem ausgehenden 18. Jahrhundert eine wichtige Rolle spielen, setzt dessen Darstellung in Museen Mitte des 19. Jahrhunderts ein und eine Thematisierung in Ausstellungen kann für die zweite Hälfte des 19. Jahrhunderts konstatiert werden.

Geschichte

Die Geschichte der naturgeschichtlichen Sammlung und des Museums kann bis in die Antike zurückverfolgt werden, verzeichnet einen ersten Höhepunkt in der Renaissance und zeigt während des 18. Jahrhunderts im Zuge der Aufklärung eine enorme Verbreitung von Sammlungen aller Art (vgl. überblickend Vedder 2005). Mit der Entstehung des Bürgertums und dem Aufkommen von Erziehungskonzepten, die in der Sammeltätigkeit eine Einübung in Tugenden wie Ordnungsliebe erkannten, entwickelte sich eine naturgeschichtliche Sammlungskultur, die von der Gründung fürstlicher Naturalienkabinette, über kleine Schauflächen in Apotheken bis hin zu Sammlungen naturhistorischer Vereine reichte (te Heesen 1997; Beretta 2005). Das naturhistorische Objekt erfüllte dabei eine Doppelfunktion, die ihm auch im 19. Jahrhundert noch nicht abhanden kam: Es fungierte einerseits als wissenschaftlicher Fakt, als ein Dokument der Natur, das entkontextualisiert in einen Raum der Sammlung oder des Museums zu Forschungs- und Repräsentationszwecken übertragen wurde. Andererseits erfüllte es bestimmte soziale Funktionen: als Tauschobjekt, als Gesprächsanlass während des Kabinettbesuchs eines befreundeten Naturforschers, oder indem es seinen Besitzer als Sammler und als Kenner der Materie kennzeichnete (Siemer 2004). Gegen Ende des 18. Jahrhunderts setzten zahlreiche Bestrebungen zur Institutionalisierung dieser vielfältigen Kabinettkultur ein, die 1793 in der Gründung des Muséum national d'histoire naturelle in Paris einen ersten Höhepunkt erreichten.

Einer Denkschrift des Botanikers und Zoologen Jean-Baptiste de Lamarck folgend, wurde hier zum ersten Mal eine staatliche museale Institution zur Darstellung der Naturreiche gegründet, die Forschung und Lehre verband und die mit der freien Zugänglichkeit ihrer Räume sich einer neuen, bürgerlichen Öffentlichkeit verpflichtete. Lamarck arbeitete dort unter der Direktorenschaft von Louis Jean-Marie Daubenton zusammen mit Georges Cuvier und anderen einflussreichen Naturforschern; er war vor allem mit taxonomischen Aufgaben betraut und griff bei seinen Systematisierungen des Naturreichs, insbesondere der wirbellosen Tiere, auf die reichen Sammlungen des Museums zurück. Lamarcks erste evolutionstheoretische Entwürfe entstanden mithin am Muséum national d'histoire naturelle mit den dortigen Sammlungen; es ist leicht denkbar, dass diese einen Einfluss auf seine Vorstellungen von einer Veränderlichkeit der Arten ausübten (Spary 2000; Geus 2000).

Aus der Gründungs- und Verlaufsgeschichte dieser Institution lassen sich drei Aspekte herausarbeiten, die für ein epistemologisches Verständnis von Sammlung, Museum und Ausstellung bis heute zentral sind: (1) Alle drei zählen zu den Praktiken und Orten des Forschens, die nicht in Opposition zu den im 19. Jahrhundert entstehenden Laborwissenschaften gesehen werden müssen, sondern sich parallel zu diesen entwickeln (vgl. te Heesen/Spary 2001; Kraft/Alberti 2003). (2) Sammlung und Museum werden als ein (nationales) Archiv verstanden, das Objekte zentralisiert und eine Taxonomie etabliert. (3) Schließlich dienen die Objekte der Belehrung und Unterhaltung einer nicht mehr näher spezifizierten, sondern dezidiert unbegrenzten Öffentlichkeit.

Insbesondere die Geschichte der Gründung des Natural History Museum in London lässt die genannten Aspekte deutlich werden und macht klar, in welchem Spannungsverhältnis sie zueinander stehen: Während die Evolutionsbefürworter wie Charles Darwin und Thomas Henry Huxley vehement für eine Zweiteilung des Museums in Studien- und Depoträume zur Forschung auf der einen Seite und Schauräume für den interessierten Laien auf der anderen argumentierten, befürworteten Protagonisten der naturtheologischen Richtung wie Richard Owen, die die Einheit der göttlichen Schöpfung auch im Raum des Museums repräsentiert sehen wollten, für eine Zurschaustellung *aller* Exemplare in miteinander verbundenen Räumen (Yanni 1996). Es war aber die in der Mitte des 19. Jahrhunderts in London noch heiß umkämpfte Zweiteilung, die sich gegen Ende des Jahrhunderts zum Standard für alle größeren naturkundlichen Museen wie in Paris, Wien oder Berlin entwickelte (Köstering 2003; Kretschmann 2006). Zeitgleich mit diesen nationalen Zentren naturkundlicher Forschung und Präsentation entstanden kleinere, regional orientierte, nicht selten mit kulturhistorischen Sammlungen verbundene Museen und naturkundliche Sammlungen an Universitäten und Akademien.

Auch in das Ausstellungswesen, vor allem die seit 1851 regelmäßig stattfindenden Weltausstellungen und die späteren Hygiene- und Arbeiterschutzausstellungen betreffend, wurden vermehrt wissenschaftliche Inhalte ein- und zur Darstellung gebracht. Dass dabei entwicklungsgeschichtliche Aspekte eine zentrale Rolle spielten, zeigen etwa die eigens zur Weltausstellung errichteten Dörfer indigener Völker, die den Zivilisationsabstand zur westlichen Welt sichtbar machten, ihn als Entwicklungsabstand darstellten und so eine Entwicklungsgeschichte präsentieren sollten. In ähnlicher Weise funktionierten die Kolonial- und Völkerschauen in Zoos, auf Jahrmärkten oder in Varietés (Bennett 2004; Besser 2004). Ein anschauliches Beispiel bieten auch die gemeinsamen Präsentationen von Affenpräparaten und menschlichen Figuren, die auf der Weltausstellung von Chicago 1893 im sogenannten Weltmuseum gezeigt und in der *Chicago Tribune* besprochen wurden: »People who are interested in the study of the Darwinian Theory will find here an opportunity to trace the progress of development through the highest division in the animal kingdom« (zitiert in: Lange 2006, 86).

Zusammenfassend ist festzuhalten, dass die Entwicklung des Evolutionsgedankens in enger Verbindung mit den zu sammelnden und gesammelten Objekten stand. Die Evolutionstheorie erhielt für das breite Publikum wie für Fachwissenschaftler erst durch die spezifischen Darstellungsmodi naturhistorischer Objekte und ihrer räumlichen Verteilung eine anschauliche Existenz. Eine solch explizite Darstellung der (Darwinschen) Evolutionstheorie in den Schaukästen der Museen setzte erst gegen Ende des 19. Jahrhunderts ein (MacGregor 2009). So kam es in den deutschen Naturkundemuseen seit den 1880er Jahren zu einer Ablösung der Taxonomie der Arten als umfassendes Ordnungssystem. Besonders tiergeografische Ansätze, die anhand der Verteilung der Lebewesen auf der Erde Schlüsse auf die Entwicklung der Arten ziehen wollten, spielten zunächst vereinzelt, dann bis zur Jahrhundertwende eine immer wichtigere Rolle in der Anordnung und Inszenierung naturkundlicher Objekte. Diese tiergeografisch motivierten Arrangements zeichneten sich vor allem durch die (Re)konstruktion von spezifischen Regionen aus, die mit charakteristischen Tieren ausgestattet wurden (Köstering 2003, 93–107).

Praxis des Sammelns und Klassifizierens

Das Leben des Naturforschers im 18. und 19. Jahrhundert und das des Naturwissenschaftlers des 20. Jahrhunderts ist durch eine immer wiederkehrende Erzählung gekennzeichnet, in der Männer wie Frauen sich bereits im frühen Alter durch eine erhöhte Aufmerksamkeit für die Natur auszeichneten und ihr Interesse und ihre Beobachtungsgabe durch das Anlegen einer Sammlung von Objekten aus dem Stein-, Pflanzen- oder Tierreich unter Beweis stellten. Darwin beschreibt in seiner 1876 verfassten autobiografischen Schilderung, unter welchen Strapazen er Käfer zusammenbrachte, wie ihm an einer Vielfalt der Sammlung gelegen war und wie er in der

Erfassung der Lebewesen Vollständigkeit anstrebte (Darwin 1876/1993). Diese autobiografische Erzählung entspricht zugleich einer Erziehungsmaxime, gemäß der seit dem 18. Jahrhundert eine Sammlung als ein zentrales Instrument zur Etablierung bürgerlicher Tugenden galt. Entsprechend des damit verbundenen Wissenschaftler-Narrativs vom jugendlichen Sammeln bildeten die im Jugendalter angelegten Sammlungen den Grundstock der späteren beruflichen Tätigkeit, und bereits in dieser Erzählung werden daher auch die grundlegenden Fertigkeiten des Zusammentragens (1), der vergleichenden Bestimmung (2) und des Katalogisierens (3) hervorgehoben. Es sind diese drei Tätigkeiten, die das Grundgerüst einer jeden Sammlungs- und Klassifizierungspraxis bilden:

(1) Sammlungen sind der Ursprung der Taxonomie. Erst mit einer kritischen Masse an zu erforschenden Objekten lassen sich Einordnungen vornehmen und Vergleiche herstellen (Müller-Wille 1999). Dabei galt anfänglich die Maxime, umfassend zu sammeln und gleichzeitig den Überblick zu bewahren, doch dieses hohe Ziel wurde seit Ende des 18. Jahrhunderts im Zuge einer Verzeitlichung der Natur und des durch die Erschließung neuer geografischer Regionen ausgelösten Erfahrungsdrucks als unrealistisch eingeschätzt (Lepenies 1976). Als eine Hilfestellung in der zunehmenden Unübersichtlichkeit der zu sammelnden Objekte, zugleich aber auch Ausdruck der Kanonisierung dieser Sammlungsbestrebungen, waren die entstehenden Kollektions-Anleitungen (McGregor 2009, 4; s.a. Porter 1985), die einerseits eine Systematisierung der Sammlungstätigkeit forderten und andererseits dem (naturhistorischen) Laien auf diese Weise eine Teilhabe am Geschäft der Wissenschaft ermöglichten (Secord 1994). Dass der Eintritt in relevante gesellschaftliche Kreise durch das gesammelte Objekt vermittelt wurde, das mithin auch zentralen Kommunikationszwecken diente, ist mehrfach hervorgehoben worden (Browne 2005, MacGregor 2009). Vor allem die Erstbeschreibung eines naturkundlichen Objekts bot die Möglichkeit zur Veröffentlichung und zur Einschreibung in das Gedächtnis der Wissenschaften. Die sogenannten Typenexemplare bilden heute den zentralen Schatz der naturkundlichen Museen und geben noch immer in ihrer Benennung den Entdeckungskontext zu erkennen (Daston 2004).

(2) Sammlungen schulen den ›vergleichenden Blick‹. Überblicksartige Vergleiche der Objekte können diachron erfolgen oder in chronologischer Perspektive. Betrachtet man die Entstehung der Morphologie um 1800 wie auch die Entwicklung der Evolutionstheorie, so wird deutlich, dass nur dort entscheidende Erkenntnisse gewonnen werden konnten, wo genügend Vergleichsmaterial zur Verfügung stand. Durch den Reichtum der Objekte, fossilen oder zeitgenössischen Ursprungs, konnten Bezüge hergestellt und Einordnungen vorgenommen werden.

(3) Die Bewahrung einer solchen Sammlung wiederum war der Nachvollziehbarkeit und dem Beweis geschuldet. Um die Sammlung nutzen zu können, war es vom ersten Moment der Aufsammlung an notwendig, sie in ein umfassendes System der Verzeichnungen einzufügen, das ihre Objekte in einen neuen Kontext übertrug (Latour 1997). Die Parallelisierung von Sammlung und Notiz wurde deshalb nicht nur von Darwin vehement gefordert, sondern in der Katalogisierungs- und Inventarisierungspraxis und einem ausgeklügelten Etikettiersystem verwirklicht (te Heesen 2008).

Orte der Präsentation

Zu den zentralen Orten der Präsentation zählt das Naturkundemuseum. Während einerseits *lay people* durchaus zur Aufsammlung herangezogen werden konnten und sich nicht selten zu anerkannten Stimmen in Spezialfragen entwickelten, wurde eine Trennung zwischen Laien und Wissenschaftler innerhalb der Einrichtung des Museums sehr ernst genommen. Diese Trennung korrespondierte mit der räumlichen Aufteilung in eine Schau- und Depotebene (Alberti 2002). Sie galt und gilt für naturkundliche wie kulturhistorische Häuser gleichermaßen.

Sagt diese Teilung etwas über die dem Museum inhärente Struktur aus, unterliegen die Museen und ihre Zwecksetzungen selbst verschiedenen Bestimmungen. Während die großen naturkundlichen Museen bereits früh eine umfassende Speicherfunktion übernahmen, wurden andere um 1900 entstehende naturwissenschaftlich orientierte Museen speziell zu Popularisierungszwecken etwa von entwicklungsbiologischen Theorien gegründet. An prominenter Stelle steht das »Phyletische Museum« (Museum der Abstammungslehre), das von dem Biologen Ernst Haeckel begründet und schließlich 1912 unter Ludwig Plate eröffnet wurde. Hier wurde dezidiert auf die Abstammungslehre Bezug genommen und versucht, ihre Interpretation durch Haeckel möglichst anschaulich in Präsentationen umzusetzen (Fischer/Brehm/Hoßfeld 2008). Allgemeiner kann von einer

»biologischen Wende« in naturkundlichen Museen gesprochen werden, bei der die Lebensweise der Tiere als Hinweis auf Regelmechanismen der Anpassung der Arten an ihre Umgebung vermittelt wurde (Köstering 2003, 108–115).

Blickt man auf die Orte der Präsentation im Museum selbst, so können für die Schauräume und -sammlungen vor allem zwei Darstellungsweisen unterschieden werden. Zum einen handelt es sich um solche Vitrinen, in denen in reihenartiger Anordnung die taxonomischen Sammlungen ausgestellt oder Abstammungen durch baumähnliche Verzweigungen (dreidimensional) anschaulich gemacht wurden. Zum anderen wurde um 1900 eine Darstellungsweise etabliert, die noch heute unter dem Begriff *Diorama* die szenische Ausstattung einer Vitrine bezeichnet, bei der verschiedene Tierpräparate zu einer Gruppe zusammengefasst und in vergleichsweise natürlicher Stellung zueinander vor einem illusionistischen Hintergrund als ökologische Gemeinschaft von Fauna und Flora dargestellt werden (Wonders 1993; Haraway 1984/85). Beide Präsentationsweisen bestimmen bis heute unser bewusstes wie unbewusstes Bild von Evolution.

Resümierend kann festgehalten werden, dass sowohl die Praxis des Sammelns als auch die Orte der Präsentation für die Durchsetzung des Evolutionsgedankens eine entscheidende Rolle spielten. Nach wie vor dienen sie der Generierung neuer Erkenntnisse, bilden in dem auch politisch sensibilisierten Verhältnis von Wissenschaft und Öffentlichkeit einen wichtigen Faktor und stellen retrospektiv eine der wesentlichen Bearbeitungsgrundlagen für die in Zusammenhang mit Biodiversität und Klimawandel entstehenden prognostischen Fragen.

Literatur

Alberti, Samuel J.M.M. (2002): »Placing Nature: Natural History Collections and Their Owners in Nineteenth-Century Provincial England«. In: British Journal for the History of Science Vol. 35, Nr. 3: 291–311.

Bennett, Tony (2004): Pasts Beyond Memory. Evolution, Museums, Colonialism. London.

Beretta, Marco (Hg.) (2005): From Private to Public. Natural Collections and Museums. Sagamore Beach.

Besser, Stephan (2004): »Schauspiele der Scham. Juli 1896: Peter Altenberg gesellt sich im Wiener Tiergarten zu den Aschanti«. In: Alexander Honold/Klaus R. Scherpe (Hg.): Mit Deutschland um die Welt. Eine Kulturgeschichte des Fremden in der Kolonialzeit. Stuttgart/Weimar, 200–208.

Blank, Melanie/Debelts, Julia (2001): Was ist ein Museum? »…eine metaphorische Complication…«. Wien.

Browne, Janet (2005): »Do Collections Make the Collector? Charles Darwin in Context«. In: Marco Beretta (Hg.): From Private to Public. Natural Collections and Museums. Sagamore Beach, 171–188.

Darwin, Charles (1993): Mein Leben: 1809–1882 [1876]. Hg. von Nora Barlow. Frankfurt a. M./Leipzig.

Daston, Lorraine (2004): »Type Specimens and Scientific Memory«. In: Critical Inquiry Vol. 31, Nr. 1: 153–182.

Fischer, Martin S./Brehm, Gunnar/Hoßfeld, Uwe (2008): Das Phyletische Museum in Jena. Jena.

Geus, Armin (2000): »Zoologische Disziplinen«. In: Ilse Jahn (Hg.): Geschichte der Biologie. Heidelberg/Berlin, 324–355.

Greenberg, Reesa/Ferguson, Bruce/Nairne, Sandy (Hg.) (1996): Thinking About Exhibitions. London/New York.

Haraway (1984/85): »Teddy Bear Patriarchy. Taxidermy in the Garden of Eden, New York City, 1908–1936«. In: Social Text 11: 20–64.

Heesen, Anke te (1997): Der Weltkasten. Die Geschichte einer Bildenzyklopädie aus dem 18. Jahrhundert. Göttingen.

Heesen, Anke te (2008): »Beschriftungsszenen. Über Etiketten und ihre Bedeutung«. In: dies./Bernhard Tschofen/Karlheinz Wiegmann (Hg.): Wortschatz. Vom Sammeln und Finden der Wörter. Tübingen, 107–116.

Heesen, Anke te/Spary, E. C. (Hg.) (2001): Sammeln als Wissen. Die Sammlung und seine wissenschaftsgeschichtliche Bedeutung. Göttingen.

Köstering, Susanne (2003): Natur zum Anschauen. Das Naturkundemuseum des deutschen Kaiserreichs 1871–1914. Köln/Weimar/Wien.

Kraft, Alison/Alberti, Samuel J.M.M. (2003): »›Equal Though Different‹: Laboratories, Museums and the Institutional Development of Biology in Late-Victorian Northern England«. In: Studies in the History and Philosophy of Biological and Biomedical Sciences Vol. 34, Nr. 2: 203–236.

Kretschmann, Carsten (2006): Räume öffnen sich. Naturhistorische Museen im Deutschland des 19. Jahrhunderts. Berlin.

Lange, Britta (2006): Echt. Unecht. Lebensecht. Menschenbilder im Umlauf. Berlin.

Latour, Bruno (1997): »Der ›Pedologen-Faden‹ von Boa Vista – eine photo-philosophische Montage«. In: ders.: Der Berliner Schlüssel. Berlin, 191–248.

Lepenies, Wolf (1976): Das Ende der Naturgeschichte. Wandel kultureller Selbstverständlichkeiten in den Wissenschaften des 18. und 19. Jahrhunderts. München/Wien.

MacGregor, Arthur (2009): »Exhibiting Evolutionism. Darwinism and Pseudo-Darwinism in Museum Practice After 1859«. In: Journal of the History of Collections Vol. 21, Nr. 1: 77–94.

Müller-Wille, Staffan (1999): Botanik und weltweiter Handel. Zur Begründung eines Natürlichen Systems der Pflanzen durch Carl von Linné (1707–1778). Berlin.

Porter, Duncan M. (1985): »The Beagle Collector and His Collections«. In: David Kohn (Hg.): The Darwinian Heritage. Princeton, 973–1019.

Secord, Anne (1994): »Corresponding Interests: Artisans and Gentlemen in Nineteenth-Century Natural History«. In: British Journal for the History of Science Vol. 27, Nr. 4: 383–408.

Siemer, Stefan (2004): Geselligkeit und Methode. Naturgeschichtliches Sammeln im 18. Jahrhundert. Mainz.

Spary, E. C. (2000): Utopia's Garden. French Natural History from Old Regime to Revolution. Chicago/London.

Vedder, Ulrike 2005: »Museum/Ausstellung«. In: Ästhetische Grundbegriffe. Bd. 7, 148–190.

Wonders, Karen (1993): Habitat Dioramas. Illusions of Wilderness in Museums of Natural History. Uppsala.

Yanni, Carla (1996): »Divine Display or Secular Science. Defining Nature at the Natural History Museum in London«. In: The Journal of the Society of Architectural Historians Vol. 55, Nr. 3: 276–299.

Anke te Heesen

2. Botanische und zoologische Gärten

Darwins Evolutionstheorie hat ihre Wurzeln in der Naturgeschichte. Sie gewann ihre Überzeugungskraft weniger aus Experimenten und Beweisen als daraus, dass sie die Fülle von Beobachtungen, die in den naturgeschichtlichen Disziplinen der Biologie – Systematik, Morphologie, Biogeografie und Paläontologie – über Jahrhunderte gemacht worden waren, unter einen gemeinsamen Gesichtspunkt brachte (Drouin 1994; Lefévre 2009). Daher sind die kulturhistorischen Bedingungen der Evolutionstheorie auch in den für die Naturgeschichte typischen Repräsentationsformen des Präparats, der Beschreibung und der bildlichen Darstellung sowie in den Sammlungen und Museen zu suchen, an denen solche Repräsentationen gesammelt, produziert und aufbewahrt wurden. Der Schwerpunkt, den diese Institutionen auf das Sammeln und Inventarisieren von Lebensformen legen, hat in der Vergangenheit oft dazu geführt, die an sie gebundenen Disziplinen als »bloß« beschreibende Wissenschaften abzutun. Dies hat auch Konsequenzen für die wissenschaftshistorische Beschäftigung mit ihnen gehabt. Erst mit der kulturalistischen Wende in der Wissenschaftsgeschichte der 1980er Jahre setzte – von wenigen Ausnahmen abgesehen, unter denen Michel Foucault (1966/1978) sicher die bedeutendste ist – eine ernsthafte Beschäftigung mit der Geschichte der Naturgeschichte ein (Jardine/Secord/Spary 1999; te Heesen/Spary 2001).

Allerdings bezieht sich diese Literatur noch überwiegend auf Herbarien, Sammlungen von anatomischen Nasspräparaten und Fossilien. Botanische und zoologische Gärten zeichnen sich demgegenüber dadurch aus, dass sie *lebende* Pflanzen- und Tierexemplare an einem Ort versammeln. Es handelt sich daher um hybride Repräsentationsräume, in denen sich naturgeschichtliche und experimentelle Praktiken in komplizierter Weise verschränken. Zum einen ging es botanischen und zoologischen Gärten, wie jeder anderen naturgeschichtlichen Sammlung auch, um die Fixierung und Ordnung der in ihnen versammelten Objekte. Zum anderen war diese Fixierung jedoch nur durch die gezielte Reproduktion von Lebewesen unter künstlichen Bedingungen zu gewährleisten. In botanischen und zoologischen Gärten stellte sich, anders gesagt, Biodiversität nicht nur in formalen taxonomischen Beziehungen dar, sondern zugleich in ihrer Abhängigkeit von komplexen Reproduktionsbedingungen.

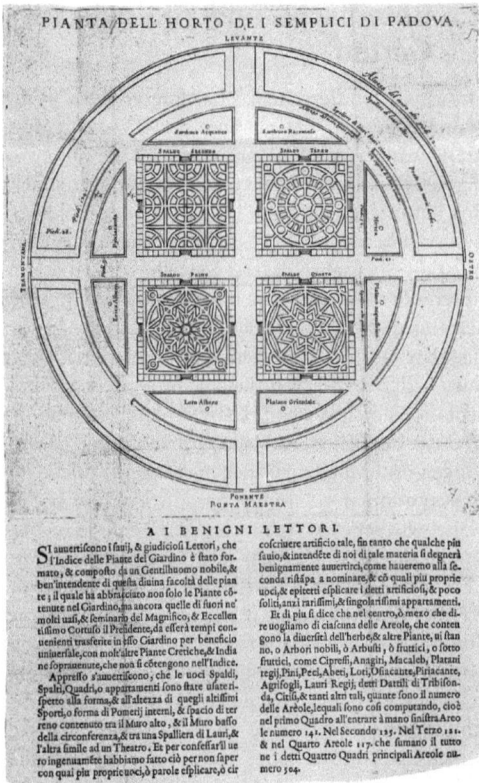

Abb. 1: Grundriss des Botanischen Gartens von Padua aus G. Porro, *Horto dei semplici di Padova*, 1591 (aus: The Botanical Garden of Padua 1545–1995, hg. von A. Minelli, Venedig 1995)

Mit der Einrichtung und Ausbreitung von botanischen und zoologischen Gärten war damit zwar eine der wichtigsten historischen Voraussetzungen dafür geschaffen, dass die *Anpassung* der Lebewesen an ihre Umwelt überhaupt zu einem zentralen Problem in den Lebenswissenschaften wurde. Den eigentlichen Forschungszwecken der Evolutionsbiologie – Forschungen zur Abstammungsgeschichte der Organismen und Forschungen zur Wirkungsweise von Evolutionsfaktoren – sollte auf lange Sicht jedoch eher mit einer Arbeitsteilung zwischen naturgeschichtlichen Präparatesammlungen wie Herbarien oder zootomischen Museen einerseits und Versuchsgärten, Experimentalstationen und Laboratorien andererseits gedient sein. Botanische und zoologische Gärten spielen zwar heute eine wichtige Rolle für die Wissenschaftspopularisierung und den Artenschutz, als evolutionsbiologische Forschungsstätten haben ihnen Datenbanken (vgl. Artikel III.8. Datenbanken) und molekularbiologische Laboratorien mittlerweile jedoch den Rang abgelaufen.

Vom Welttheater zum System

Der botanische Garten gehörte zu den wichtigsten Institutionen frühneuzeitlicher Wissenschaft. Anders als sein Name vermuten lässt, handelte es sich oft nicht einfach nur um einen Garten. Meistens waren ihm eine Forschungsbibliothek, ein Herbarium zur Aufbewahrung von getrockneten Pflanzenexemplaren sowie ein chemisch-pharmazeutisches Laboratorium angegliedert. Nicht selten beherbergte er außerdem mineralogische und zoologische Sammlungen und sogar lebende Tiere, so dass er zugleich als zoologischer Garten diente. Girolamo Mercuriale, dem Verfasser eines 1591 erschienenen Führers durch den botanischen Garten von Padua, stellte sich dieser Garten daher auch als ein »kleines Theater, fast eine kleine Welt« dar (zit. n. Minelli 1995, 42).

Damit ist eine der wichtigsten Funktionen von botanischen und zoologischen Gärten angesprochen, nämlich die Welt außerhalb der Mauern des Gartens in geordnetem Zusammenhang darzustellen. Was botanische Gärten betrifft, so schlug sich

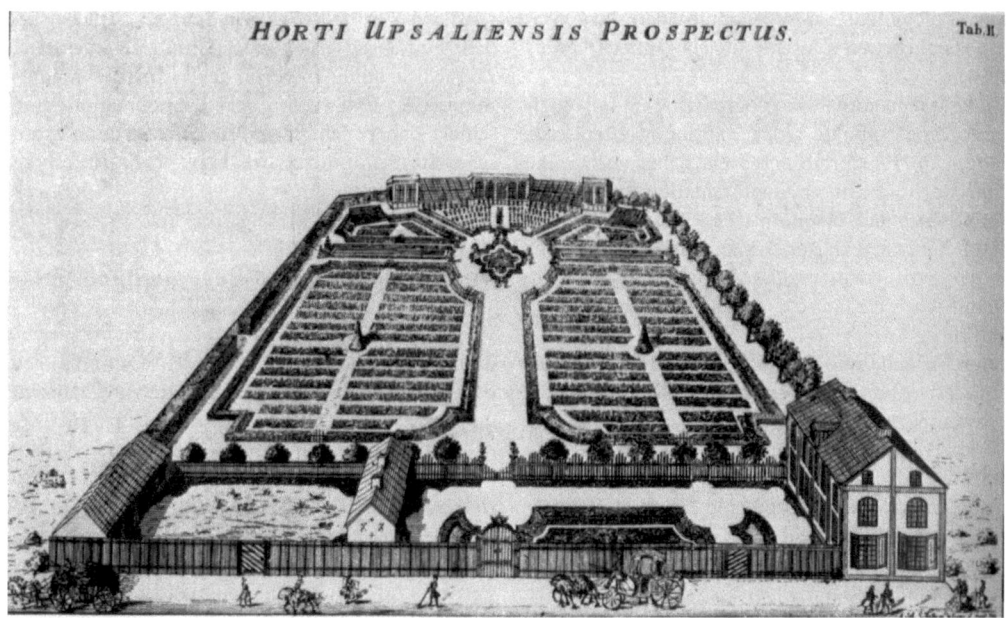

Abb. 2: Ansicht des botanischen Gartens von Uppsala, 1745 (aus: C. Linnaeus, Hortus upsaliensis, Uppsala 1745)

dies in einem auffälligen Wandel in ihrer Gartenarchitektur nieder (Prest 1981). Der botanische Garten von Padua liefert ein gutes Beispiel für die Anlage der ersten botanischen Gärten Mitte des 16. Jahrhunderts. Sein Grundriss bildet einen Kreis, der durch senkrecht zueinander verlaufende Wege in vier Quartale aufgeteilt ist, die ihrerseits von in einem verschlungenen Muster angelegten Beeten eingenommen werden (Abb. 1).

Die vier Quartale bildeten die damals bekannten vier Weltteile ab, während die verwickelte, geometrische Anlage der Beete weitere kosmografische Konstellationen zum Ausdruck brachte (Schiller 1987). Der Garten war ein mnemotechnisches Hilfsmittel, jede Pflanze hatte ihren Ort, und in der Tat wurden botanische Gärten in der Renaissance überwiegend genutzt, um Medizinstudenten die Namen und Merkmale pflanzlicher Drogen zu vermitteln (Reeds 1976, 527–533). Im Laufe des 17. Jahrhunderts und im frühen 18. Jahrhundert setzte sich dann ein anderes Erscheinungsbild durch, das vielleicht am typischsten im botanischen Garten von Uppsala unter dem Direktorat Carl von Linnés verwirklicht war (Abb. 2). Statt ornamental, wurden die Beete nun regelmäßig in langen Reihen auf rechteckige Areale verteilt, und die darauf wachsenden Pflanzen nach einem taxonomischen System – in diesem Falle das

Sexualsystem Linnés – angeordnet. Eine solche Anordnung folgte allein den ausgesuchten, diagnostischen Merkmalen der Pflanzen, ohne Rücksicht auf etwaige andere Beziehungen wie geografische Herkunft, Gestaltähnlichkeit oder pharmazeutische Wirkungsweise (Müller-Wille 2004). Im frühen 19. Jahrhundert sollte sich das dann noch einmal ändern. Seither pflegen sich botanische Gärten nach den wichtigsten Florenregionen und Habitaten zu gliedern, also nach biogeografischen und ökologischen Gesichtspunkten (Klemun 2000).

Die Gründe für diese Veränderungen sind zum einen in einem Wandel der Sammlungskultur insgesamt zu suchen, dem Übergang vom Zeitalter der Wunderkammer mit seiner Betonung des Außergewöhnlichen und Seltenen zum Zeitalter des Museums, das den Schwerpunkt auf die Bildung vollständiger Serien legte. In enger Beziehung dazu stand ein Wandel der Forschungsperspektive. Im 17. Jahrhundert verengte sich das naturgeschichtliche Interesse zunehmend auf die Benennung von Pflanzen und Tieren sowie auf ihre Klassifikation nach morphologischen Gesichtspunkten, wobei die nun zahlreich erscheinenden Gartenkataloge und Regionalfloren eine katalytische Rolle spielten (Ogilvie 2006; Cooper 2007). Ihren Höhepunkt fand diese Tradition Mitte des 18. Jahrhunderts, als sich sowohl Botanik wie Zoologie auf das sogenannte »natürliche System« der Lebewesen auszurichten begannen (Stevens 1994).

Die Wiederaufnahme geografischer und ökologischer Gesichtspunkte in der Anordnung botanischer Gärten im 19. Jahrhundert stellt daher auch keine einfache Rückkehr zu Repräsentationsformen der Renaissance dar. Taxonomische Zuordnungen bleiben botanischen Gärten bis heute in Form von Etiketten, Schautafeln und Katalogen eingeschrieben. Damit wird die Tatsache augenscheinlich, dass das natürliche System der Lebewesen nicht einfach mit deren Verteilung auf natürliche Lebensräume korrespondiert. Klimatisch und geologisch ähnliche Lebensräume können vielmehr ganz andere, jeweils »landestypisch« wirkende Floren beherbergen. Dass Verwandtschaft und Lebensraum auseinanderfallen, stellte eines der Hauptprobleme dar, zu dessen Lösung Darwins Theorie der Anpassung durch natürliche Selektion beitragen sollte, und die taxonomischen und biogeografischen Vorarbeiten, die dieses Problem zum Tragen brachten, waren ursprünglich eng an die Anlage und Katalogisierung von botanischen Gärten gebunden.

Ähnliche Entwicklungen setzten bei zoologischen Gärten erst mit erheblicher zeitlicher Verzögerung ein. Die Ankunft von exotischen Tierarten in fürstlichen Menagerien sorgte in der Frühen Neuzeit zwar für erhebliches Aufsehen und bot Gelegenheit zur öffentlichen Sektion und Präparation sonst nur schwer zugänglicher Tierarten wie Schimpansen und Nashörnern, die damit zoologischen Museen einverleibt werden konnten (Jahn 1994). Aber an eine gleichzeitige und flächendeckende Dokumentation sämtlicher Tierarten der Welt war, anders als bei Pflanzen, aufgrund der technischen Schwierigkeiten, die die Aufzucht von Tieren mit sich bringt, nicht ansatzweise zu denken. Die meisten exotischen Tiere überlebten in einem europäischen Zoo nur wenige Monate, und Menagerien blieben daher bis weit in das 19. Jahrhundert weitgehend Orte politischer Repräsentation (Spary 2000, 146–149). Erst die nach der Französischen Revolution in Staatsbesitz übergegangene Menagerie im Pariser Jardin des plantes, wo Georges Cuvier seine vergleichende Anatomie entwickelte, sowie der auf Betreiben der Zoological Society of London gegründete Londoner Zoo verschrieben sich wissenschaftlichen Zielsetzungen (Kisling 2001). Ihnen folgte eine Welle von Zoogründungen und die feste Verankerung des Zoos in der bürgerlichen Freizeitkultur (Ash 2008; Wessely 2008). Wie bei botanischen Gärten auch, begann man nun besonderen Wert auf die Nachbildung natürlicher Lebensräume und artgerechte Haltung zu legen. Der Zoo wurde damit zu einem der wichtigsten Medien imperialer und kolonialer Repräsentation und schloss dabei nicht selten die Schaustellung exotischer Ethnien mit ein (Dittrich et al. 2001; Rothfels 2002).

Verpflanzungen und Begegnungen

Wie eingangs betont, unterscheiden sich botanische und zoologische Gärten von anderen Sammlungen dadurch, dass sie *lebende* Exemplare von Pflanzen- und Tierarten aus aller Welt in einem eng umschriebenen Raum zusammenbringen. Es ist diesen Institutionen daher auch von Anfang an ein *quasi-experimentelles* Element eigen gewesen. Um Sammlungsobjekte zu erhalten, genügte es nicht, dieselben zu konservieren; sie mussten vielmehr reproduziert werden, und zwar oft unter klimatischen Bedingungen, die von den Herkunftsorten erheblich abwichen. Was botanische Gärten angeht, so hatte dies vor allem zwei Folgen. Zum einen bildeten sie Knotenpunkte in einem Netzwerk von Tauschbeziehungen, in denen die Akquisition und der Austausch von Pflanzensamen im Vordergrund stand (Spary 2000, Kap. 2; Dauser et al. 2008). Dies resultierte in einer doppelten Bewegung: Einerseits wurde durch den Anbau der Samen auf den Beeten einzelner botanischer Gärten jede umweltbedingte Variabilität zum Verschwinden gebracht, andererseits im Austausch mit anderen botanischen Gärten aber auch wieder systematisch entfaltet (Müller-Wille 1999). Erbliche und variable Merkmale begannen damit sichtbar auseinanderzutreten, und die Reproduktion der Arten ließ sich am Generationen übergreifenden Verhalten individueller Merkmale festmachen.

Die zweite Folge war, dass die technischen Bedingungen, unter denen sich Umweltbedingungen reproduzieren ließen, beispielsweise in Gewächshäusern, in den Vordergrund des Interesses rückten. Die Auswirkung von Faktoren wie Temperatur, Wasser- und Nahrungszufuhr auf die Physiologie der Pflanzen wurde so zu einem eigenen Forschungsgegenstand. Die daraus resultierende Literatur, allen voran Stephen Hales *Vegetable Staticks* (1727), ist bislang wenig untersucht, aber es steht fest, dass noch im 18. Jahrhundert die erfolgreiche Reproduktion von exotischen Pflanzenarten in europäischen Gärten den Stoff für Sensationsnachrichten bildete (Müller-Wille 2007). Die massenhafte Verpflanzung von wilden Arten in künstliche Lebensräume machte zum einen deutlich, dass diese Arten einen gewissen Spielraum bei der Anpassung an neue Bedingungen besaßen, diesem Spielraum durch Vererbung aber auch Grenzen gesetzt waren. Georges-Louis Leclerc de Buffons Theorie der Arttransformation durch umweltbedingte Degeneration sowie Linnés Theorie von der Entstehung neuer Arten durch Hybridisierung erhielten hieraus entscheidende Anstöße.

Was zoologische Gärten angeht, so waren ähnlich flächendeckende Verpflanzungen nicht zu bewerkstelligen. Die Rolle von botanischen Gärten übernahmen für die Zoologie zunächst eher Züchter, Naturforscher und Liebhaber, die sich auf die Aufzucht bestimmter Tierarten spezialisierten. Dies betraf vor allem landwirtschaftliche Nutztiere – Buffon, beispielsweise, züchtete und kreuzte Schafe, Ziegen und Hunde auf seinen Privatgütern in Montbard (Spary 2000, 112–114) –, aber auch Schmetterlinge, Tauben oder Hunde (Ritvo 1987). Auch hier entwickelten sich weitreichende Tauschbeziehungen, oft unterstützt durch regionale Gesellschaften, die ihre eigenen Publikationsorgane besaßen (Wood/Orel 2001). Darwin bezog aus solchen Kontexten wichtiges Erfahrungswissen über die Vererbung individueller Abweichungen (Secord 1981), Gregor Mendels Versuche an Erbsen im Klostergarten von Brünn waren von Diskussionen über Vererbung in einem lokalen Schafzüchterverein inspiriert, und auch die frühe, klassische Genetik war weitgehend auf Vorarbeiten von Züchtern angewiesen, wenn sie mit Organismen wie Geflügel und Kaninchen experimentierte.

In zwei Beziehungen gab es jedoch auch unmittelbarere Beziehungen zwischen zoologischen Gärten und evolutionsbiologischen Fragestellungen. Zum einen wurden Sammlungen lebender Tiere schon in der Frühen Neuzeit gelegentlich für embryologische Studien genutzt, so die Hirschkühe des königlichen Parks von Charles I. durch William Harvey. Auch dieser Aspekt ist wenig untersucht, aber es steht fest, dass zoologische Gärten stets und bis heute zu den Orten gehören, an denen avancierte Reproduktionstechnologien zur Erhaltung seltener Tierarten eingesetzt und weiterentwickelt werden (Wildt/Wemmer 1999). Zoologische Gärten boten darüber hinaus auch Gelegenheit, Verhalten und Ausdrucksregister seltener Tierarten sowie deren Abhängigkeit von Haltungsbedingungen direkt zu beobachten. Darwin selbst bezog sich in *The Expression of Emotions in Man and Animals* (1872) auf Ergebnisse aus eigenen Studien an Menschenaffen und anderen Primaten im Zoologischen Garten von London (Voss 2007, 249–250), und Oskar und Magdalena Heinroth, die Leitungsfunktionen am Berliner Zoologischen Garten innehatten, zählen neben Konrad Lorenz und Nikolaas Tinbergen zu den Begründern der Verhaltensforschung. Vor allem mit der Präsentation von Menschenaffen wurde der Zoo zu einem der wichtigsten Popularisierungsmedien des Darwinismus (Hochadel 2009).

Naturgeschichte und Experiment

An den vorangehenden Beispielen zeigt sich, wie durchlässig letztendlich naturgeschichtliche Institutionen für biologische Fragestellungen und experimentelle Ansätze waren. Dies liegt nicht zuletzt daran, dass ihre Funktion sich eben nicht nur auf das Sammeln und Beschreiben von toten Exemplaren beschränkte. Botanische und zoologische Gärten setzten Lebewesen vielmehr in Bewegung, verpflanzten sie aus ihren natürlichen Lebensräumen in neue, technisch kontrollierte Kontexte, und machte sie so für Experimente verfügbar. Oft bildeten sie die erste Durchgangsstationen für die Einfuhr exotischer Nutzpflanzen und -tiere – wie Kartoffel, Tomate oder Truthahn – nach Europa und deren anschließende Akkulturation; oder umgekehrt, für die Aneignung und landwirtschaftliche Erschließung natürlicher Ressourcen in den Kolonien (Schiebinger/Swan 2005). Ganze Gesellschaften, wie die französische Société impériale zoologique d'acclimatation, wurden zu diesem Zweck gegründet und unterhielten oft eigene Versuchsgärten und -menagerien (Osborne 1994). Botanische und zoologische Gärten können daher nicht als geschlossene Räume betrachtet werden. Sie spielten vielmehr eine zentrale Rolle bei der biopolitischen Konsolidierung des modernen Nationalstaats (Mukerji 1997) und waren eng in die Warenströme eingebunden, die mit Fernhandel und kolonialer Expansion einsetzten (McCracken 1997; Drayton 2000). Darwin stand beispielsweise in engem Austausch mit Joseph Hooker, dem Direktor der Kew Gardens, die dem British Empire als zentraler Ort für Züchtungs- und Pflanzenexperimente mit Kolonialprodukten dienten (Endersby 2008).

Botanische und zoologische Gärten waren damit von Anfang an von einem unruhigen Leben erfüllt, das Phänomene wie Vererbung, Variation und Einfluss der Lebensbedingungen hervortreten ließ. In diesem Sinne lassen sich botanische und zoologische Gärten als überdimensionale Experimentalanordnungen verstehen, die im frühen 19. Jahrhundert

Nischen für die Entwicklung biologischer Ansätze boten (Müller-Wille/Böhme 2010). Die Beziehung dieser Institutionen zur Evolutionstheorie blieb und bleibt jedoch indirekt. Für vergleichend-morphologische und darauf aufbauende phylogenetische Studien bietet das Museum den besseren Ort. Darwin wandte sich an die Spezialisten des British Museum um seine Galapagosfinken taxonomisch einordnen zu lassen, und botanische Gärten wie die Kew Gardens in London konnten ihre wissenschaftliche Bedeutung nur beibehalten, indem sie sich erfolgreich gegen Versuche zur Wehr setzten, ihnen die Herbarien zu entziehen. Experimentelle Studien, auf der anderen Seite, standen in einem Spannungsverhältnis zur Aufgabe von botanischen und zoologischen Gärten, natürliche Arten zu dokumentieren und heute mehr denn je auch zu bewahren und zu schützen. Die Rolle, die sie ursprünglich bei der experimentellen Erschließung von Evolutionsfaktoren wie Variation, Vererbung und des Einflusses von Lebensbedingungen spielten, wurde mit dem ausgehenden 19. Jahrhundert daher auch von Versuchsstationen – allen voran meeresbiologische Stationen wie die Stazione Zoologica in Neapel (gegr. 1872) oder das Marine Biology Laboratory in Woods Hole (gegr. 1888) – übernommen, sowie zu Beginn des 20. Jahrhunderts von Laboratorien, in denen sich Modellorganismen wie die Fruchtfliege *Drosophila melanogaster* züchten und rapide vermehren ließen.

Literatur

Ash, Mitchell (Hg.) (2008): Mensch, Tier, Zoo. Der Tiergarten Schönbrunn im internationalen Vergleich vom 18. Jahrhundert bis heute. Wien.
Cooper, Alix (2007): Inventing the Indigenous: Local Knowledge and Natural History in Early. Cambridge.
Drouin, Jean-Marc (1994): »Von Linné zu Darwin: Die Forschungsreisen der Naturhistoriker«. In: Michel Serres (Hg.): Elemente einer Geschichte der Wissenschaften [Éléments d'histoire des sciences, 1989]. Frankfurt a. M., 569–595.
Dauser, Regina et al. (Hg.) (2008): Wissen im Netz. Botanik und Pflanzentransfer in europäischen Korrespondenznetzen des 18. Jahrhunderts. Berlin.
Dittrich, Lothar/Engelhardt, Dietrich von/Rieke-Müller, Annelore (Hg.) (2001): Die Kulturgeschichte des Zoos. Berlin.
Drayton, Richard (2000): Nature's Government: Science, Imperial Britain, and the ›Improvement‹ of the World. New Haven.
Endersby, Jim (2008): Imperial Nature: Joseph Hooker and the Practices of Victorian Science. Chicago.
Foucault, Michel (1978): Die Ordnung der Dinge. Eine Archäologie der Humanwissenschaften [Les mots et les choses. Une archéologie des sciences humaines, 1966]. Frankfurt a. M.
Heesen, Anke te/Spary, Emma C. (Hg.) (2001): Sammeln als Wissen. Das Sammeln und seine wissenschaftsgeschichtliche Bedeutung. Göttingen.
Hochadel, Oliver (2009): »Darwin in the Monkey Cage: The Zoological Garden as a Medium of Evolutionary Theory«. In: Dorothee Brantz (Hg.): Beastly Natures: Animals, Humans, and the Study of History. Charlottesville.
Jahn, Ilse (1994): »Zoologische Gärten – Zoologische Museen. Parallelen ihrer Entstehung«. In: Bongo 24: 7–30.
Jardine, Nicholas/Secord, James A./Spary, Emma C. (Hg.) (1999): Cultures of Natural History. Cambridge.
Kisling, Vernon N. (Hg.) (2001): Zoo and Aquarium History: Ancient Animal Collections to Zoological Gardens. Boca Raton.
Klemum, Marianne (2000): »Botanische Gärten und Pflanzengeographie als Herrschaftsrepräsentationen«. In: Berichte zur Wissenschaftsgeschichte 23: 330–346.
Lefévre, Wolfgang (2009^2): Die Entstehung der biologischen Evolutionstheorie [1989]. Frankfurt a. M.
McCracken, Donald P. (1997): Gardens of Empire. Botanical Institutions of the Victorian British Empire. London.
Minelli, Allessandro (Hg.) (1995): The Botanical Garden of Padua 1545–1995. Venedig.
Mukerji, Chandra (1997): Territorial Ambitions and the Gardens of Versailles. Cambridge.
Müller-Wille, Staffan (1999): Botanik und weltweiter Handel. Zur Begründung eines Natürlichen Systems der Pflanzen durch Carl von Linné (1707–1778). Berlin.
Müller-Wille, Staffan (2004): »Ein Anfang ohne Ende. Das Archiv der Naturgeschichte und die Geburt der Biologie«. In: Richard van Dülmen/Sina Rauschenbach (Hg.): Macht des Wissens. Die Entstehung der modernen Wissensgesellschaft. Köln, 587–605.
Müller-Wille, Staffan (2007): »Introduction«. In: Carl Linnaeus (Hg.): Musa Cliffortiana. Clifford's Banana Plant. Wien, 15–67.
Müller-Wille, Staffan/Böhme, Katrin (2010): »Biologie: Wissenschaft vom Werden, Wissenschaft im Werden«. In: Rüdiger von Bruch/Heinz-Elmar Tenorth (Hg.): Geschichte der Universität Unter den Linden 1810–2010. Bd. 4. Berlin.
Ogilvie, Brian W. (2006): The Science of Describing: Natural History in Renaissance Europe. Chicago.
Osborne, Michael A. (1994): Nature, the Exotic, and the Science of French Colonialism. Bloomington.
Prest, John (1981): The Garden of Eden: The Botanic Garden and the Re-Creation of Paradise. New Haven.
Reeds, Karen (1976): »Renaissance Humanism and Botany«. In: Annals of Science 33: 519–542.
Ritvo, Harriet (1987): The Animal Estate: English and Other Creatures in the Victorian Age. Cambridge (Mass.).
Rothfels, Nigel (2002): Savages and Beasts: The Birth of the Modern Zoo. Baltimore.
Schiebinger, Londa/Swan, Claudia (Hg.) (2005): Colonial Botany. Science, Commerce, and Politics in the Early Modern World. Philadelphia.
Schiller, Peter (1987): L'Orto botanico di Padova. Geografia astrologica e scienza della botanica moderna. Ebelsbach.

Secord, James A. (1981): »Nature's Fancy: Charles Darwin and the Breeding of Pigeons«. In: Isis 72: 163–186
Spary, Emma C. (2000): Utopias Garden. French Natural History from Old Regime to Revolution. Chicago.
Stevens, Peter F. (1994): The Development of Systematics: Antoine-Laurent de Jussieu, Nature and the Natural System. New York.
Voss, Julia (2007): Darwins Bilder. Ansichten der Evolutionstheorie 1837 bis 1874. Frankfurt a. M.
Wessely, Christina (2008). Künstliche Tiere. Zoologische Gärten und urbane Moderne. Berlin.
Wildt, David E./Wemmer, Christen (1999): »Sex and Wildlife: the Role of Reproductive Science in Conservation«. In: Biodiversity and Conservation 8: 965–976.
Wood, Roger/Orel, Vitezslav (2001): Genetic Prehistory in Selective Breeding. A Prelude to Mendel. Oxford.

Staffan Müller-Wille

3. Vereine und Gesellschaften im 19. Jahrhundert

Im epochalen Prozess der Entstehung moderner Gesellschaften spielten Vereine eine zentrale Rolle. Sie wurden zu einer »die sozialen Beziehungen der Menschen organisierenden und prägenden Kraft« (Nipperdey 1976, 175). Das Vereinswesen schuf im 19. Jahrhundert primär für Männer – Frauen blieben oft marginalisiert – Möglichkeiten, sich auf freiwilliger Basis zusammenzuschließen, Geselligkeit zu erleben und Interessen jenseits staatlicher Bevormundung zu pflegen. Auf diese Weise schufen Vereine vielfältige Arenen der Öffentlichkeit. In ihnen wurde Wissen neu formuliert und ausgetauscht. Die Bildungsaktivitäten von Vereinen boten ein Forum, um die dynamische Entwicklung der Wissenschaften zu absorbieren und bekannt zu machen. Aber das Vereinswesen nahm auch eine aktive und selbständige Rolle wahr. Es wirkte auf die institutionalisierte Wissenschaft zurück und verwob sich mit ihr. Kein Wissensgebiet blieb von diesen Wechselwirkungen ausgeschlossen. Vereine halfen, ein breites Publikum mit naturwissenschaftlichen Themen im Allgemeinen und Evolutionslehren im Besonderen vertraut zu machen.

Infrastruktur von Wissen

Indem sie Geselligkeit mit dem Prinzip der Öffentlichkeit verknüpften und Interessen aller Art förderten, schufen Vereine eine immer dichter werdende Infrastruktur von und für Wissen. Bis zum Ersten Weltkrieg weitete sich das Vereinswesen massiv aus. Um 1900 hatte Frankreich rund 130 gelehrte Gesellschaften in Paris und 630 in der Provinz mit zusammen annähernd 200.000 formellen Mitgliedern (Chaline 38, 92 f.). In Deutschland beschäftigten sich zur gleichen Zeit Vereine in kaum mehr überschaubarer Zahl mit naturkundlichen Themen – von Bienenzüchter- und Alpenvereinen zu geografischen Gesellschaften, Arbeiterbildungsvereinen und homöopathischen Gesellschaften. Ausdrücklich naturkundlich orientierte Gesellschaften blühten nach 1830 auf. Allein im Jahrzehnt vor der Reichsgründung wurden über 30 solche Vereine gegründet (Daum 2002, 85–118). In Großbritannien expandierte das Vereinswesen seit der Gründung der Plinian Society of Edinburgh 1823 und der Zoological Society of London 1826. Eine zweite Gründungswelle setzte um 1860 ein. Sie brachte noch mitgliederstärkere Vereine hervor. 1873 wurden fast 170 wissenschaftliche Vereine in Großbritannien und Irland gezählt. Am Jahrhundertende waren fast 50.000 Menschen in solchen Vereinen organisiert. Wie auch im deutschsprachigen Raum, wo sich seit 1895 die proletarische Bewegung der Naturfreunde ausbreitete, wurde ein neuer Trend deutlich: Im ausgehenden 19. Jahrhundert entstanden naturkundlich orientierte Massenorganisationen, so die British Empire Naturalists' Association (Allen 1994, 143, 148, 153, 185).

Über die quantitative Expansion hinaus schufen Vereine eine neue Qualität von naturkundlicher Beschäftigung. Sie schufen selbst Wissen, etwa durch lokale and regionale Forschungen, und dokumentierten dieses in eigenen Publikationen. Manche Vereine spezialisierten sich in einem Maße, dass der Bedarf entstand, neue, mehr populär orientierte Vereine in der gleichen Stadt zu gründen. Dies geschah z. B. in Frankfurt a. M. und in Kassel, wo 1870 der Verein für naturwissenschaftliche Unterhaltung auf die städtische Bühne trat. Vereine wirkten zudem als intellektuelle Scharniere, indem sie wichtige wissenschaftliche Publikationen ankauften, in der Vereinsbibliothek zugänglich machten sowie in gesonderten Sitzungen debattierten. Naturvereine wurden überdies zu Knotenpunkten von überregionalen Netzwerken. Der Austausch von Schriften und Naturalien mit anderen Vereinen und die Ernennung von auswärtigen Ehrenmitgliedern trugen zu dieser Vernetzung bei.

Evolution als Vereinsthema

Naturvereine machten ihr Publikum mit Themen aller Art vertraut, sei es durch interne Diskussionen oder als Initiatoren von öffentlichen Vortragsveranstaltungen. Auf diese Weise schrieben sie auch Evolutionslehren in den intellektuellen Horizont der bürgerlichen und der proletarischen Gesellschaft ein. Gregor Mendel präsentierte seine Vererbungsregeln 1865 den Mitgliedern des Naturforschenden Vereins in Brünn. In diesem Fall begrenzte der lokale Rahmen allerdings die Wirkung. Erst eine Generation später wurden Mendels Erkenntnisse einer breiteren Öffentlichkeit bekannt. Aber Vereine konnten auch das Sprungbrett für neue Themen bieten. So stellte die Linnean Society of London (schon 1788 gegründet) erstmals die Theorie der natürlichen Selektion vor. Am 1. Juli 1858 ließ sie Texte von Charles Darwin und Alfred Russel Wallace verlesen; die Autoren selbst fehlten in der Sitzung.

Darwins Werk *On the Origin of Species* (1859) wurde schon bald nach Erscheinen in der Leipziger Naturforschenden Gesellschaft diskutiert. Alfred Brehm, der zu Europas bekanntestem zoologischen Populärautor wurde, lernte hier Darwins Lehre kennen. Jenseits des Atlantiks stieß die 1830 gegründete Boston Society of Natural History die Darwinismusdiskussion an. In nicht weniger als vier Sitzungen debattierten 1859 zwei herausragende Wissenschaftlerpersönlichkeiten kontrovers die Darwinsche Evolutionstheorie: William Barton Rogers, der spätere Präsident des Massachusetts Institute of Technology, verteidigte Darwin, während sich der Harvardgeologe Louis Agassiz gegen Darwin stellte.

Schon 1864 betonte die Naturforschende Gesellschaft zu Emden, dass die »Darwinsche Hypothese gegenwärtig auch in grösseren Kreisen zur Tagesfrage geworden« sei (*Festschrift der naturforschenden Gesellschaft zu Emden*, 1864, 12). In den 1870er Jahren gewannen Themen, die um den Gedanken der Evolution von Arten und ihrer gemeinsamen Abstammung kreisten, mit dem Auftreten des Jenaer Zoologen Ernst Haeckel sowie neueren biologischen Forschungen nochmals an Brisanz. Die Mitglieder der Anthropologischen Gesellschaft in Paris von 1859 besprachen seit Mitte der 1860er Jahre Evolutionslehren, ohne sich allerdings Darwins Auffassungen von der gemeinsamen Abstammung der Arten und der natürlichen Selektion unter den Abkommen einer Art anzuschließen. In Spanien wurde die Evolutionsdiskussion maßgeblich von der Akademie für Anatomie und der Freien Gesellschaft für Histologie sowie der Spanischen Anthropologischen Gesellschaft geführt. In Valencia organisierte das Ateneo Científico 1878 einen Vortragszyklus zum Thema Darwinismus, in dem Darwins Schriften ebenso scharfsinnig thematisiert wurden wie die seiner Popularisierer. Ähnlich umfassend war bereits eine Themenreihe in der mexikanischen Asociacíon Metodófila Gabino Barreda 1877 angelegt gewesen.

Mit solchen Veranstaltungen verankerten Natur- und Bildungsvereine die Argumente für und gegen Darwin – und andere Evolutionslehren – im gesellschaftlichen Bewusstsein. Ihr Beitrag zum Entstehen einer öffentlichen Streitkultur, selbst in autoritären Staaten, darf nicht unterschätzt werden; sie entwickelte sich z. B. auch in katholischen Städten. Haeckels Vortrag »Über den Ursprung der Sinne« im 1858 gegründeten Naturwissenschaftlichen Verein von Köln sorgte für einen vollbesetzten Saal. Die katholische *Kölnische Volkszeitung* kommentierte Haeckels Überlegungen zu einem »Urschleim« als Beginn von Lebewesen allerdings spöttisch. Im Vereinsleben Kölns spielten naturwissenschaftliche Themen weiterhin eine prominente Rolle. Sie sorgten für einen Viertel aller Vorträge, die zwischen 1883 und 1911 im Verein für wissenschaftliche Vorträge gehalten wurden. Zu diesen trugen vielfach Vertreter des Evolutionsgedanken bei. Unter ihnen waren der Botaniker Eduard Strasburger, dem die Linnean Society 1908 die silberne Darwin-Wallace Medaille verlieh, und der Anatom Wilhelm Waldeyer, der im gleichen Jahr über den Stand der Deszendenzlehre sprach. Selbst ein Anhänger Haeckels, der die Evolutionstheorie mit Argumenten gegen die Institution der Kirche verband, wurde aus Jena nach Köln eingeladen.

Haeckel selbst erlebte 1878 einen geradezu triumphalen Empfang in Wien, wo er vor zwei Vereinen Vorlesungen hielt. Allerdings polarisierte der Darwinismus auch die Wiener Gesellschaft, was zur Spaltung der 1851 gegründeten Zoologisch-botanischen Gesellschaft führte. Viele Mitglieder aus dem katholischen Klerus sahen Darwins Lehre als Frontalangriff auf ihren Glauben an und verließen die Gesellschaft. Eine ähnliche Entwicklung erlebten die wissenschaftlichen Vereine in Moskau. Die ältere Moskauer Gesellschaft der Naturforscher und die Russische Geografische Gesellschaft belegten die neue Evolutionstheorie mit Schweigen. Sie wurde dagegen ausdrücklich begrüßt von der 1864 gegründeten Gesellschaft der Anhänger der Naturwissenschaften, Anthropologie und Ethnografie, die offener für neue Ideen war.

Volksbildung und Nationale Versammlungen

Neben die naturkundlichen und proletarischen Bildungsvereine traten seit den 1870er Jahren immer mehr bürgerliche Vereine, die Evolutionsgedanken in die Volksbildung einbinden wollten. Bildung für alle – auch für Arbeiter – wurde zur Parole. Die Volksbildungsvereine professionalisierten das Vortrags- und Exkursionswesen. Sie verknüpften es mit dem expandierenden Zeitschriften- und Buchmarkt, auf dem populärwissenschaftliche Leseangebote zu Bestsellern wurden. In der Gesellschaft zur Verbreitung von Volksbildung, 1871 ins Leben gerufen, referierte z. B. 1890 Otto Zacharias über die Frage »Welchen Standpunkt hat der gebildete Laie dem Darwinismus gegenüber einzunehmen?« Zacharias veröffentlichte später einen *Katechismus des Darwinismus*. Die Urania-Gesellschaft in Berlin (seit 1888), die Deutsche Gesellschaft für volkstümliche Naturforschung (seit 1894) und die Stuttgarter Gesellschaft der Naturfreunde (seit 1903) machten naturkundliche Unterhaltung und Belehrung auch zur kommerziellen Unternehmung. Gegen Entgelt boten sie z. B. Lehrkurse und Exkursionen an.

In das Zentrum öffentlichen Interesses rückten Evolutionsgedanken nicht zuletzt dank der spektakulären Debatten, die auf den Jahrestagungen der nationalen Naturwissenschaftler-Versammlungen stattfanden. Die Gesellschaft deutscher Naturforscher und Ärzte (GDNA), schon 1822 gegründet, wirkte international als Vorbild. Die GDNA bot in ihren von der Presse weithin beachteten Allgemeinen Sitzungen ein prominentes Forum, um die Bedeutung der modernen Wissenschaft in Öffentlichkeit, Politik und Weltanschauungsfragen auszuloten. Hier erlebte der Darwinismus in Haeckelscher Zuspitzung 1863 sein Debüt in Deutschland. Mit dem Anatomen Rudolf Virchow und dem Geologen Otto Volger, der lange an der Senckenbergischen Naturforschenden Gesellschaft und dem Freien Deutschen Hochstift (beide in Frankfurt a. M.) wirkte, fand Haeckels manichäisches Weltbild auf der gleichen Tagung Widersacher.

Solche Konfrontationen verstärkten die öffentliche Resonanz der Entwicklungslehre. Sie erreichte ihren Höhepunkt im Gefolge der 50. Jahrestagung der GDNA 1877 in München. Dort forderte Haeckel ein umfassendes Primat der Entwicklungslehre, nun auch auf die Abstammung des Menschen erweitert, gerade im Schulunterricht. Alles gesellschaftliche Denken sollte nach Haeckel letztlich der Evolutionsidee folgen und sich damit von herkömmlichen religiösen Ideen verabschieden. Dem setzte Virchow fachwissenschaftliche und weltanschauliche Schranken. Er betonte, dass man Hypothesen nicht verallgemeinern und die Evolutionsidee schlicht zur Ideologie machen dürfe. Aus dieser Konfrontation entwickelte sich über Separatveröffentlichungen, publizistische Kommentare und sogar parlamentarische Debatten eine hitzige Auseinandersetzung um die Entwicklungslehre. Sie wurde auch im Ausland mit enormem Interesse verfolgt.

In Großbritannien wurde die 1831 gegründete British Association for the Advancement of Science (BAAS) zum repräsentativen Forum der Naturwissenschaftler. Schon bei ihrem Jahrestreffen in Newcastle 1838 zog sie Tausende von Besuchern an.

Der Geologe Charles Lyell leitete in diesem Jahr die Geologische Sektion und ermunterte Darwin, die BAAS zu unterstützen. Die Veröffentlichung von Darwins *On the Origin of Species* führte auf der Tagung in Oxford 1860 zu einer erregten Debatte. Der konservative Bischof von Oxford, Samuel Wilberforce, intervenierte persönlich. Er provozierte damit Thomas Huxley, Darwins aggressivsten Anhänger, und den Botaniker und Darwinfreund Joseph Dalton Hooker. Später geronn diese Konfrontation zu einem Mythos. Sie wurde zu einem erbitterten Duell zwischen Kirche und säkularer Wissenschaft stilisiert. Auf den folgenden Jahrestreffen der BAAS gewannen darwinistische Überzeugungen an Rückhalt.

Die American Association for the Advancement of Science (AAAS) wurde 1848 in den USA gegründet. Sie rief aber lange Zeit weniger öffentliche Resonanz hervor als die GDNA und BAAS. Erst nach dem Bürgerkrieg wurde die moderne Entwicklungslehre zu einem prominenten Thema auf ihren Sitzungen, ähnlich wie in der Academy of Natural Sciences in Philadelphia. Als Präsident der AAAS verlieh der Botaniker Asa Gray 1872 seinem Plädoyer für Darwin – und der wissenschaftlichen Gegnerschaft zu Agassiz – offiziellen Charakter.

Transnationale Verknüpfungen und Netzwerke

Die Jahrestagungen der GDNA, BAAS und AAAS wurden im Laufe der Zeit auch von ausländischen Gästen besucht. Die Tendenz, internationale Verbindungen zu schaffen, entsprach der Dynamik des Vereinswesens. Die »wachsende überlokale und überregionale Kommunikationsbereitschaft« (Hardtwig in Dann 1984, 16) der Vereine erwuchs aus ihrer zentralen Multiplikatorenrolle in den Gesellschaften des 19. Jahrhunderts. Vereine organisierten Vortragstourneen, für die auch renommierte Naturwissenschaftler wie der Berliner Physiologe Emil Du Bois-Reymond gewonnen wurden, und sie überwanden dabei nationale Grenzen. Schon Lyell hatte Anfang der 1840er Jahre in den USA Vorträge vor dem Lowell Institute gehalten. Der irische Physiker John Tyndall tourte in den 1870er Jahren ebenso die USA wie der Engländer Huxley. Umgekehrt besuchte der amerikanische Chemiker John William Draper Europa. Dem 1857 von Deutsch-Amerikanern in Milwaukee gegründeten Naturhistorischen Verein von Wisconsin gelang es, mit dem Evolutionisten Ludwig Büchner und Alfred Brehm internationale Starautoren für Vorträge zu gewinnen.

Noch dichtere transnationale Netzwerke knüpften die naturkundlichen Vereine durch den Austausch von Naturalien und Schriften – sei es innerhalb eines Landes, von Südamerika nach Europa oder in andere Richtungen. Der Naturalienaustausch verband Vereine mit Museen, botanischen und zoologischen Gärten. Die 1846 geschaffene Smithsonian Institution in Washington, D.C., wurde dabei zu einem zentralen Scharnier für den weltweiten Austausch. Insbesondere der Schriftenaustausch nahm erstaunliche Ausmaße an. Er bezog auch lokale Naturvereine in eine transnationale Kommunikation ein. So stieg die Zahl der Schriften, welche die seit 1817 existierende Naturforschende Gesellschaft des Osterlandes zu Altenburg austauschte, von drei im Jahr 1822 auf über fünfzig zum Jahr 1863 und über 150 am Jahrhundertende. Zu den Empfängern der Altenburger Vereinsmitteilungen, die umgekehrt ihre Schriften zurücksandten, gehörten Vereine und Museen in Amsterdam, Florenz, Palermo, Riga, Rio de Janeiro, St. Louis, St. Petersburg und Wien.

Weltanschauungsvereine am *Fin de siècle*

Schon die freidenkerische Bewegung der Jahrhundertmitte griff früh Evolutionsgedanken auf. Sie wandte sich gegen dogmatische Kirchenlehren und wollte eine aufklärerische Weltanschauung auf dem Boden wissenschaftlicher Forschung begründen. Dem Deutschen Freidenkerbund, 1881 gegründet, standen mit Büchner und dem Schweizer Arnold Dodel lange Zeit zwei prominente Verfechter der Darwinschen Evolutionslehre vor. Die Society for Ethical Culture, 1876 in New York von Felix Adler initiiert, und die Gesellschaft für Ethische Kultur in Berlin blieben moderater. Sie unterstützten Darwin und andere Verterter moderner Evolutionslehren, blieben aber skeptisch gegenüber Haeckel, der eine monistische Weltanschauung vertrat, bei der jede Trennung zwischen Geist und Materie aufgehoben war. Diesem Haeckelschen Wissenschaftsglauben verpflichtet fühlte sich demgegenüber – zumindest anfänglich – der Deutsche Monistenbund (1906).

Das Vereinswesen wies viele weltanschauliche Schattierungen auf. Der Giordano-Bruno-Bund (1900), von den Kultschriftstellern Wilhelm Bölsche und Bruno Wille sowie Rudolf Steiner mitbegründet, wollte eine neo-idealistische, pantheistisch eingefärbte Weltanschauung pflegen, die der Evolutionslehre ihre kompetitiven Schärfen nahm. Der protestantisch dominierte Keplerbund zur Förderung der Naturerkenntnis positionierte sich wiederum gegen die Monisten. Aber seine intellektuellen Protagonisten Eberhard Dennert und Johannes Reinke akzeptierten den Gedanken der Evolution an sich, d. h. der Transformation der Arten, ebenso wie der Jesuitenpater Erich Wasmann. Wasmann hielt 1907 in Berlin einen stark besuchten Vortragszyklus zur Entwicklungslehre ab.

Die Tendenz zur Ideologisierung des Evolutionsgedankens verstärkte sich im *Fin de siècle*. Viele Weltanschauungsvereine verfolgten nun ausdrücklich politische Ziele. Sozialdarwinistische, rassische und völkische Vereine vereinnahmten – gerade in Deutschland – Evolutionstheorien unterschiedlichster Provenienz. Sie reduzierten Darwins Theorie auf scheinbar schlüssige Formeln, insbesondere die des »Kampfs ums Dasein«. Verfechter einer arischen Rassenlehre (Mittgart-Bund 1906), Germanengläubige und konservativ-kulturkritische Verfechter eines Deutschtums (Werdandi-Bund 1907) instrumentalisierten die moderne, biologische Forschung in starker Verknappung. Gleichzeitig wurden unter Forschern wie in der breiten Öffentlichkeit – weit über Deutschland hinaus – rassenhygienische und eugenische Vorstellungen formuliert. Sie orientierten sich vor allem an August Weismanns Theorie des Keimplasmas und zielten darauf, das Erbgut direkt zu beeinflussen (1905 Deutsche Gesellschaft für Rassenhygiene, 1921 American Eugenics Society). Aus der Naturkunde als »Lieblings- und Modestudium unserer Zeit«, wie es ein Nassauer Verein schon 1842 beschrieb (Carl Thomä, *Geschichte des Vereins für Naturkunde im Herzogtum Nassau und des naturhistorischen Museums zu Wiesbaden*, 1842, 2), war ein Reservoir für den Weltanschauungskampf geworden.

Literatur

Allen, David Elliston (1994[2]): The Naturalist in Britain. A Social History [1976]. Princeton (NJ).

Chaline, Jean-Pierre (1995): Sociabilité et érudition. Les sociétés savantes en France. Paris.

Dann, Otto (Hg.) (1984): Vereinswesen und bürgerliche Gesellschaft in Deutschland. München.

Daum, Andreas W. (2001): »The Next Great Task of Civilization«. International Exchange in Popular Science: The German-American Case, 1850–1900. In: Martin H. Geyer/Johannes Paulmann (Hg.): The Mechanics of Internationalism. Culture, Society, and Politics 1850–1914. Oxford, 280–314.

Daum, Andreas W. (2002[2]): Wissenschaftspopularisierung im 19. Jahrhundert. Bürgerliche Kultur, naturwissenschaftliche Bildung und die deutsche Öffentlichkeit, 1848–1914 [1998]. München.

Glick, Thomas F. (Hg.) (1988): The Comparative Reception of Darwinism. With a New Preface. Chicago/London.

Haemmerlein Hans-Dietrich (1992): »Die Naturforschende Gesellschaft des Osterlandes zu Altenburg im 19. Jahrhundert«. In: NFGdO. Naturwissenschaftliches aus dem Osterlande, Jg. 2: 4–18.

Michler, Werner (1999): Darwinismus und Literatur: Naturwissenschaftliche und literarische Intelligenz in Österreich, 1859 – 1914. Wien/Köln/Weimar.

Nipperdey, Thomas (1976): Verein als soziale Struktur in Deutschland im späten 18. und frühen 19. Jahrhundert. Eine Fallstudie zur Modernisierung I. In: ders: Gesellschaft, Kultur, Theorie. Gesammelte Aufsätze zur neueren Geschichte. Göttingen.

Puschner, Uwe/Schmitz, Walter/Ulbricht, Justus H. (Hg.) (1996): Handbuch zur »Völkischen Bewegung« 1871–1918. München.

Schwarzbach, Martin (Hg.) (1985): Naturwissenschaften und Naturwissenschaftler in Köln zwischen alter und neuer Universität (1798–1919). Köln.

Andreas W. Daum

4. Printmedien im 19. Jahrhundert

Im langen 19. Jahrhundert blühten die Printmedien auf. Die Zahl der Buchpublikationen und Zeitschriften nahm dramatisch zu. Gleiches galt für Zeitungen und die Veröffentlichungen von naturwissenschaftlichen Vereinen. Alle diese Publikationen trugen in Wechselwirkung mit anderen Medien dazu bei, dass ein Markt öffentlichen Wissens entstand. Er dehnte sich über nationale und kulturelle Grenzen hinweg aus und wurde von einer sich massiv ausweitenden Leserschaft genutzt. Im »naturwissenschaftlichen Zeitalter« (Werner von Siemens 1886) trieben öffentlichkeitswirksame Evolutionslehren diese kommunikative Mobilisierung voran.

Expansion und Diversifizierung

Bis zum Ersten Weltkrieg expandierte der Printmarkt besonders augenfällig in Deutschland, Großbritannien, den USA und Japan. Zugleich verbreiterte sich das Spektrum der Texte, die Wissen vermittelten. Es reichte schließlich von Sachbüchern und Wissenskatechismen zu naturwissenschaftlichen Romanen, wissenschaftlichen Fachzeitschriften und Familienblättern. Diese Tendenz wurde durch den Anstieg der Alphabetisierungsraten gefördert, gerade in den deutschsprachigen Territorien, in denen sich ein differenziertes Schulsystem etablierte. Um 1910 hatten Deutschland, Großbritannien und die Niederlande einen fast flächendeckenden Alphabetisierungsgrad erreicht. Frankreich und Belgien lagen bei etwa 85 %, Spanien bei 50 % und Portugal bei 25 %. Unter den von Kolonialmächten dominierten Ländern nahmen die Philippinen mit 50 % bei weitem die Spitzenposition ein.

Die Leserschaft naturkundlicher Texte weitete sich seit dem ersten Drittel des 19. Jahrhunderts in Europa deutlich aus. Das extensive Lesen vieler unterschiedlicher Publikationen löste das intensive Lesen weniger Schriften ab. Technologische Innovationen vergrößerten Druckkapazitäten der Verlage. 1914 stand Deutschland an der Spitze der Weltbuchproduktion mit über 34.000 jährlichen Neuerscheinungen, deutlich vor England und Frankreich.

Der globale Siegeszug der Printmedien verdankte seine Dynamik wesentlich der Multiplikatorrolle von Zeitschriften und Zeitungen. Der Take-off der Massenpresse setzte bereits in den 1830er Jahren in den USA mit der *Penny Press* ein. 1900 wurden in den USA mindestens 15 Millionen Zeitungen täglich verkauft. Selbst das *Pfennig-Magazin* in Deutschland, das 1833 erstmals erschien, machte sechsstellige Auflagezahlen geltend. Solche Dimensionen wurden seit 1860 durchaus zum Standard großer Publikumszeitschriften wie der *Gartenlaube*. Sie war seit ihrer Gründung 1853 naturkundlichen Themen besonders aufgeschlossen. Leihbibliotheken, die Ausbildung einer Presselandschaft mit eigenen Rezensionsteilen und die Gründung von Bildungsvereinen trugen dazu bei, dass gedruckte Texte zum massenhaft konsumierten Wissensgut wurden. Das *Fin de siècle* bildete einen Höhepunkt der Kommerzialisierung. Opulent illustrierte naturkundliche Magazine erreichten nun ein riesiges Publikum.

Evolution auf dem Buchmarkt

Der Buchmarkt bot seit der Spätaufklärung immer mehr Genres, um über die Naturwelt zu informieren. Neben und vor Almanache, Belehrungen in dialogischer Erzählform – eine Gattung mit erstaunlicher Beharrungskraft – und Überblicke zur klassischen Naturgeschichte traten seit 1800 ausdrücklich »populäre« Werke, naturkundliche Kinderbücher und eine religiös motivierte Bildungsliteratur. In England florierten naturkundliche Schriften von christlichen Autoren, die eine »Theologie der Natur« (John Brooke, nach Lightman 2007, 24) vertraten, so in den *Bridgewater Treatises*. Sie beschrieben die Naturwelt als göttliche Schöpfung, ohne sich immer der älteren Naturtheologie anzuschließen, die auf eine rationale und philosophische Begründung der Existenz Gottes zielte.

Im frühen 19. Jahrhundert erschienen einige enzyklopädische Werke über die drei Naturreiche, die Abstammungstheorien andeuteten, darunter Johann Christian Rodigs *Lebende Natur* (1801) und Johann Ballenstedts *Die Urwelt* (1818). Buchpublikationen, die Entwicklungsideen jenseits der älteren Präformationslehre andeuteten, blieben akademische Werke mit begrenzter Resonanz. Dazu gehört Johann Friedrich Blumenbachs Schrift *Über den Bildungstrieb* (1782), in der die Vorstellung der Epigenese formuliert wurde. Sie schrieb den Keimzellen eine eigenständige Entwicklungsdynamik zu. Eine wirkliche Evolutionstheorie bot Blumenbach ebenso wenig wie Karl Ernst von Baer (*Ueber die Entwickelungsgeschichte der Thiere*, 1828), der von Transformationen innerhalb von Bauplantypen der Organismen ausging und sich später gegen die Darwinsche Lehre aussprach. Jean-Baptiste de Lamarcks *Philosophie zoologique* (1809) wurde zum ersten theoretischen Hauptwerk zur Evolution der Organismen, auch wenn er die Transformationen von Arten noch immer entlang einer verzweigten Stufenleiter interpretierte.

Charles Lyells *Principles of Geology* (1830–1833; dt. 1841f.) erzielte auf dem Buchmarkt größere Wirkung. Sie erklärten geologische Strukturen durch Wandlungsprozesse, die sich noch in der Gegenwart vollziehen, und erschienen in überarbeiteten Folgeauflagen, die nach 1850 auch die moderne Evolutionslehre berücksichtigten (10. Aufl. 1867f.). Zum publizistischen Ereignis und verlegerischen Triumph wurden die ohne Autorennamen 1844 erstmals erschienenen *Vestiges of the Natural History of Creation* von Robert Chambers. Bis 1860 waren über 23.000 Exemplare in elf Auflagen verkauft (Secord 2000, 131). 1851 besorgte Carl Vogt die Übersetzung ins Deutsche. Vogt war als radikaler Materialist bekannt, der sich gegen jegliche idealistische und naturphilosophische Anschauungen wandte. Mit Chambers' Werk strahlte erstmals ein Buch über Evolution weit in die Populärkultur aus. Es bereitete den – schwerer zu lesenden – Schriften Darwins den Boden, ohne Darwins Entwicklungslehre vorwegzunehmen. Nach Chambers schloss die Evolution den Menschen ein, vollzog sich aber entlang von gottgegebenen Gesetzen.

Darwin

Wollte eine neue Evolutionstheorie Gehör finden, dann musste sie nicht nur vertextet, sondern auch öffentlichkeitswirksam publiziert werden. Das galt spätestens seit den 1850er Jahren, als populärwissenschaftliche Bücher auf den Markt drängten. Darwin erkannte diese Logik. Zwar blieb der Aufsatz von Alfred Russel Wallace zur »Tendency of Varieties to Depart Indefinitely from the Original Type«, 1858 im *Journal* der Linnean Society gedruckt, eher knapp. Aber Darwin geriet nun unter Druck, mit seinem seit langem geplanten, großen Buch auf die Bühne der Öffentlichkeit zu treten.

Im November 1859 erschien *On the Origin of Species*, ohne das Substantiv »Evolution« ein einziges Mal zu verwenden. Die ersten 1250 Exemplare des überaus detailreichen Buches wurden sofort von Buchhändlern abgenommen. Allein bis 1869 erschienen vier überarbeitete Auflagen mit einer Gesamtauflage von 10.000. Von Darwins zahlreichen Folgewerken ist *The Descent of Man* von 1871, das den Menschen in die Evolution einbezog, am stärksten in der Erinnerung der Nachwelt geblieben. Doch auch die Bände zu den *Variation of Animals and Plants Under Domestication* (1868) waren in der Erstauflage von 1500 Exemplaren sofort vergriffen; die russische Übersetzung erschien gar vor dem Original.

Anders als in Frankreich wurde die Darwinsche Lehre in der deutschen Botanik und Zoologie schon bald zur »Lehrbuchwissenschaft« (Junker, in: Engels 1995, 153). Unter den wissenschaftlichen Monografien ragten die Arbeiten von Carl von Nägeli, der einen von Darwin unterschiedenen Entwicklungsmechanismus annahm, heraus (*Entstehung und Begriff der Naturhistorischen Art*, 1865 und *Mechanisch-physiologische Theorie der Abstammungslehre*, 1884). Die Werke der Brüder Fritz Müller (*Für Darwin*, 1864) und Hermann Müller (*Die Befruchtung der Blumen*, 1873) wurden von Darwin sehr geschätzt. Ernst Haeckels *Generelle Morphologie* von 1866 folgte Darwin, griff aber weit über dessen Annahmen hinaus. Besonders umstritten blieb Haeckels Biogenetisches Grundgesetz; demnach wiederholt sich in der Embryonalentwicklung die Stammesentwicklung.

Der Gedanke von Evolution setzte sich auf breiter Front durch, schließlich auch in vielen religiös motivierten Veröffentlichungen. Allerdings wurden die unterschiedlichen Elemente der Darwinschen Theorie selektiv aufgegriffen, manche abgelehnt (so das Prinzip der natürlichen Selektion) und viele umgedeutet. Darwin blieb aber seit 1859 der zentrale Bezugspunkt und provozierte eine Streitliteratur, deren Resonanz über die schon intensive Diskussion der *Vestiges of the Natural History of Creation* weit hinaus ging. Wissenschaftliche Argumente bemühten die Darwinkritik von von Baer (*Über Darwins Lehre*, 1876), Albert Wigand (*Der Darwinismus*, 1874–77), Louis Agassiz (*Der Schöpfungsplan*, 1875) und Samuel Butler (*Evolution, Old and New*, 1879). Aus religiösen Gründen wurde Darwin auch von dem katholischen Anatom St. George Mivart (*Genesis of Species*, 1871), dem protestantischen Theologen Charles Hodge (*What is Darwinism?*, 1874) und dem muslemischen Gelehrten Jamal-al-Din al-Afghani (1881 auf Persisch, als *Refutation of the Materialists* ins Englische übersetzt) kritisiert. Die wechselseitige Polemik erreichte einen Höhepunkt mit den Veröffentlichungen des Darwinisten und Freidenkers Arnold Dodel-Port (*Moses oder Darwin? Eine Schulfrage*, 1890[8]) und seines protestantischen Antipoden

Eberhard Dennert (*Moses oder Darwin?*, 1890; *Vom Sterbelager des Darwinismus*, 1903).

Ausdifferenzierung, Popularisierung und kosmische Entwicklungslehre

Seit 1859 boten Printmedien im Wechselspiel mit anderen Darstellungsformen und Institutionen das primäre Forum, um Evolutionslehren zu artikulieren. Das russische Publikum wurde auf Darwins *On the Origin of Species* erstmals durch den Abdruck eines Vortrages von Lyell in den Mitteilungen des Ministeriums für Volksaufklärung aufmerksam gemacht. Aus Vorlesungen entstanden Publikationen, z. B. Arnold Dodels *Neuere Schöpfungsgeschichte* von 1875. Umgekehrt referierte Vogt noch Jahre später bei öffentlichen Auftritten aus seinen bereits 1863 publizierten *Vorlesungen über den Menschen*. Seine Auftritte provozierten wiederum Gegenschriften. Die Schulpädagogik brachte eine eigene naturkundliche Literatur hervor. Aufgrund von staatlichen Restriktionen des Biologieunterrichts ignorierte diese in Deutschland lange die Evolutionslehre. Der Pädagoge Karl Kraepelin wob sie am Jahrhundertende in seine *Naturstudien* für jugendliche Leser ein. Und erst in den für junge Leser verfassten Schriften von Jürgen Brandt (so *Ulenbrook*, 1910) wurde Darwin ausdrücklich gewürdigt.

Haeckel prägte ein neues Genre, das der populären, weltanschaulich aufgeladenen Entwicklungsgeschichte. Seine *Natürliche Schöpfungsgeschichte* (1868, 1909[11]), aus Vorlesungsmitschriften komponiert, wollte die Entwicklungslehre einem breiten Publikum vermitteln. Ähnlich wie in Haeckels noch erfolgreicheren *Welträthseln* (1899, 1909[10]), die vor 1914 in über 400.000 Exemplaren vorlagen, blieben aber Stil und Terminologie nicht leicht zugänglich. Umso mehr trugen seit den 1870er Jahren selbsternannte Popularisierer dazu bei, Entwicklungsgeschichten auf dem Printmarkt zu etablieren. Zu ihnen gehörten Friedrich Ratzel (*Sein und Werden der organischen Welt*, 1869), August Specht (*Populäre Entwickelungsgeschichte der Welt*, 1889[3]) und Ernst Krause alias Carus Sterne (*Werden und Vergehen*, 1905[6]).

Die freidenkerisch argumentierenden Entwicklungsgeschichten von Specht und den Schweizern Dodel-Port und Rudolf Bommeli (*Die Geschichte der Erde*, 1898[2]) blieben nicht konkurrenzlos. Große Resonanz fanden im letzten Drittel des 19. Jahrhunderts panoramisch angelegte, große Erzählungen. Sie überwanden mühelos Zeitspannen von der Urgeschichte zur Gegenwart und stützten sich dabei oft auf Alexander von Humboldts Idee vom Kosmos als eines Naturganzen. Die »kosmische Entwicklungslehre« (Daum 2002, 309–323) lagerte die Darwinsche Evolutionsvorstellung in neue Teleologien ein und öffnete das Tor, um Letztere sogar metaphysisch zu deuten. Der Darwinsche Gedanke, dass Individuen miteinander um das Fortleben konkurrieren (von Thomas Huxley nochmals pointiert), wurde zugunsten von Ideen von Versöhnung und wechselseitiger Hilfe abgefedert.

Die kosmische, auf Naturharmonie hin orientierte Entwicklungsgeschichte wurde in zahlreichen Varianten zum Publikumserfolg – von Ludwig Büchners *Liebe und Liebesleben in der Thierwelt* (1885[2]) zu den literarisch dramatisierten Werken von Wilhelm Bölsche (*Liebesleben in der Natur*, 1898; 1915 in über 40.000 Exemplaren gedruckt) und den Kosmos-Bändchen von Raoul Francé, die in Tausenden von Exemplaren von der Franckh'schen Verlagshandlung in Stuttgart vertrieben wurden. Auch in England erreichten die »evolutionary epics« (Lightman 2007, 219–294) ein großes Publikum, so durch die Werke von David Page (*The Earth's Crust*, 1872[6]), Arabella Buckley (*Life and Her Children*, 1880) und Edward Clodd (*The Story of Creation*, 1888). Im Falle von Buckley ermöglichten sie es, religiösen Glauben und Evolution zu versöhnen.

Seit dem letzten Drittel des 19. Jahrhunderts inspirierten Evolutionslehren nicht nur populärwissenschaftliche Werke. Sie durchdrangen auch sozialphilosophische und anthropologische Publikationen (Herbert Spencer, Ludwig Woltmann) sowie Studien zu Kriminologie und Eugenik (Cesare Lombroso, Francis Galton). Ebenso wurden Evolutionslehren zum Gegenstand von Karikaturen in der Presse. Vorstellungen von Evolution boten zudem Themen für literarische Werke im engeren Sinne. In den USA schilderten Frank Norris (*McTeague*, 1899) und Jack London (*Call of the Wind*, 1903) einen erbarmungslosen Kampf ums Dasein. In Frankreich traten Emile Zola und Alphonse Daudet mit seinem Drama *La lutte pour la vie* (1890) hervor. In Spanien erregte Silvio Kosstis Roman *Las tardes del sanatorio* (1909) Aufsehen. Im deutschen Sprachraum wurden Evolutionsgedanken etwa von Leopold von Sacher Masoch (*Venus im Pelz*, 1870), Ludwig Anzengruber (*Der Sternsteinhof*, 1883), Peter Altenberg (*Ashantee*, 1897) und Bruno Wille (*Offenbarungen des Wacholderbaums*, 1915[4]) literarisch verarbeitet.

Multiplikatoren und Trendsetter

Presse, Zeitschriften und die Publikationen der naturkundlichen Vereine schufen einen zusätzlichen Resonanzraum für Evolutionslehren. Insbesondere Zeitschriften wurden zum wichtigsten Kommunikationsmedium für die modernen Wissenschaften ebenso wie für Diskussionen außerhalb der Fachwelt. Auch Buchbesprechungen und biografische Skizzen von Wissenschaftlern – darunter eine Flut von Artikeln zu Darwins 100. Geburtstag 1909 – trugen dazu bei. Das publizistische Echo auf Darwins *On the Origin of Species* war keineswegs euphorisch. Aber es war ungewöhnlich breit und popularisierte Darwin – auch dort, wo er abgelehnt wurde, bis hin zur katholischen und konservativen Presse. Die beliebte Zeitschrift *Die Natur* (seit 1852) blieb Darwinschen Ideen lange verschlossen. In Mexiko lieferten sich 1878 die liberale Zeitung *La Libertad* und das katholische Blatt *La Voz de México* einen Schlagabtausch zum Thema Darwin.

Herausgeberpersönlichkeiten betrieben mit ihren programmatischen Zeitschriften Meinungspolitik. In den USA führte Francis Brown, der die *North American Review* herausgab, die Kritik an Chambers' *Vestiges* an. Eine Generation später begründete Edward Livingston Youmans das *Popular Science Monthly* (1886 mit einer Auflage von 18.000). Er unterstützte darin besonders den Evolutionismus von Herbert Spencer. In Deutschland wurde *Kosmos: Zeitschrift für einheitliche Weltanschauung* (1877–1886), organisiert von Ernst Krause, zum ersten und einzigen Journal, das ausdrücklich dem Zweck diente, Darwinsche und Haeckelsche Vorstellungen zu verbreiten. Auch die Publikumszeitschrift *Das Ausland* vertrat unter dem Redakteur Friedrich von Hellwald dezidiert darwinistische Positionen. Gleiches gilt für die *Rivista de Filosofia Scientifica* (1881–1891) unter Enrico Morselli in Italien und die *Revista Contemporánea* (1875–1907) des Kubaners José del Perojo.

Vor dem Ersten Weltkrieg konnten sich Leser aus einem breit gefächerten Spektrum von Zeitschriften bedienen, die Evolutionsideen unterschiedlichster Herkunft präsentierten – von akademischen Fachorganen und Magazinen für Tierliebhaber bis hin zu Journalen der sogenannten Rassenhygiene.

Transnationale Vernetzung und Transfers

Evolutionstheoretische Ideen verbreiteten sich über staatliche und sprachliche Grenzen hinweg. Sie wandelten sich dabei und ließen in unterschiedlichen kulturellen Räumen jeweils Vorstellungen von Lamarck, Darwin oder Huxley, von Haeckel, Spencer oder später August Weimann hervortreten (Glick 1988; Daum 2001). Wichtig waren Übersetzungen sowie die Umdeutungen, die sie gegenüber dem Original bewirkten. Schon Chambers *Vestiges* wurden je zweimal ins Deutsche und Niederländische übersetzt und in den USA in mehr Ausgaben vertrieben als in Großbritannien. Die deutschen Materialisten Vogt und Büchner wurden in Russland weithin gelesen. Die Evolutionslehre erreichte die Spanisch sprechende Welt zunächst durch Übersetzungen dieser Autoren und von Haeckel.

Die frühen Übersetzungen von Darwins *On the Origin of Species* ins Deutsche (1860), Russische (1864) und Italienische (1865) zeigen die Aufnahmebereitschaft dieser Länder, im deutlichen Verzug zu Norwegen (1889), Japan (1896) und Ägypten (1918). Heinrich Bronn, der erste deutsche Übersetzer, distanzierte sich allerdings ausdrücklich von Darwins Lehre. Das unterschied ihn von Julius Viktor Carus, dessen Übersetzung Darwin bevorzugte. Frankreich blieb gegenüber Darwin trotz einer frühen Übersetzung (1862) weitgehend resistent. In Japan fanden Evolutionstheorien schon seit den 1870er Jahren beträchtliches Interesse in den akademischen Journalen *Gakugei Shirin* und *Tōyō Gakugei Zasshi* sowie in der führenden christlichen Zeitschrift *Rikugō Zasshi* (Watanabe 1997). Die Lücken einer international verbindlichen Copyrightgesetzgebung bis zum Ende des 19. Jahrhunderts wurden von unautorisierten Nachdrucken genutzt. Die *International Science Series* bedeutete seit 1872 einen Schritt zur Rechtssicherheit und trieb die Veröffentlichung von populärwissenschaftlichen Werken in mehreren Sprachen voran. Sie half, Werke des neueren Evolutionismus, so von Huxley und Spencer, international bekannt zu machen.

Zeitschriften spielten in den transnationalen Transfers eine entscheidende Rolle. So übersetzte in den 1880er Jahren die ägyptische Zeitschrift *al-Muqtataf* Artikel von Büchner zu Darwin. Beiträge aus Krauses *Kosmos* wurden ins Englische übersetzt. Die amerikanischen Zeitschriften *Open Court* und *Monist* verbreiteten die Ideen von Haeckel in den USA. Ob in monistischer oder (neo-)darwinistischer Ausrichtung, als Plädoyers für den Neolamarckismus oder im Dienst sozialdarwinistischer und rassistischer Vorstellungen: Um 1914 hatten die Printmedien im globalen Ausmaß Meinungsbildungsprozesse mobilisiert und Foren öffentlichen Wissens geschaffen.

Literatur

Baumunk, Bodo-Michael/Rieß, Jürgen (Hg.) (1994): Darwin und der Darwinismus. Eine Ausstellung zur Kultur- und Naturgeschichte. Berlin.

Bowler, Peter J. (2003³): Evolution. The History of an Idea [1983]. Berkeley.

Daum, Andreas W. (2001): »The Next Great Task of Civilization«. International Exchange in Popular Science: The German-American Case, 1850–1900. In: Martin H. Geyer/Johannes Paulmann (Hg.): The Mechanics of Internationalism. Culture, Society, and Politics 1850–1914. Oxford, 280–314.

Daum, Andreas W. (2002²): Wissenschaftspopularisierung im 19. Jahrhundert. Bürgerliche Kultur, naturwissenschaftliche Bildung und die deutsche Öffentlichkeit, 1848–1914 [1998]. München.

Ellegård, Alvar (1990): Darwin and the General Reader. The Reception of Darwin's Theory of Evolution in the British Periodical Press, 1859–1872. With a New Foreword by David. L. Hull. Chicago.

Engels, Eve-Marie (Hg.) (1995): Die Rezeption von Evolutionstheorien im 19. Jahrhundert. Frankfurt a. M.

Glick, Thomas F. (Hg.) (1988): The Comparative Reception of Darwinism. With a New Preface. Chicago/London.

Lightman, Bernard (2007): Victoria Popularizers of Science: Designing Nature for New Audiences. Chicago.

Michler, Werner (1999): Darwinismus und Literatur: Naturwissenschaftliche und literarische Intelligenz in Österreich, 1859–1914. Wien/Köln/Weimar.

Secord, James A. (2000): Victorian Sensation: The Extraordinary Publication, Reception, and Secret Authorship of Vestiges of the Natural History of Creation. Chicago.

Siemens, Werner von (1886): Über das naturwissenschaftliche Zeitalter. Vortrag, gehalten in der 59. Versammlung Deutscher Naturforscher und Aerzte am 18. September 1886. Berlin.

Watanabe, Masao (1997): Science and Cultural Exchange in Modern History. Japan and the West. Tokyo.

Andreas W. Daum

5. Bilder

Die Evolutionstheorie hat in ihrer Geschichte eine unüberschaubare Zahl von Bildern hervorgebracht, die sowohl mit ihrer Entstehung als auch der Rezeption untrennbar verknüpft sind. Der Artikel beschäftigt sich mit den Bildern, die Teil von Charles Darwins Werk sind, und wirft einen Blick auf die Bilder, die im Verlauf des 19. Jahrhunderts darauf folgten. Gegenstand sind ikonisch gewordene evolutionstheoretische Abbildungen wie etwa der Stammbaum, die Galapagosfinken oder Ernst Haeckels Embryonenreihen. Nicht behandelt werden hier die Bilder der Anthropologie oder Paläoanthropologie, wie etwa die zahlreichen Rasselehrtafeln des 19. Jahrhunderts, die ein eigenständiges Forschungsfeld sind.

Die Bilder der Evolutionstheorie sind das wissenschaftshistorische Forschungsfeld, das sich lange im toten Winkel der akribisch arbeitenden »Darwin-Industrie« befand und dem aus diesem Grund im Vorfeld und Verlauf des Darwin-Jubiläumsjahres 2009 zahlreiche Neuentdeckungen zu verdanken sind. Während beispielsweise noch in David Kohns grundlegendem Übersichtswerk *The Darwinian Heritage* (1985), das anlässlich des hundertsten Todestags des englischen Naturforschers erschien, keiner der Beiträge die Bildseite der Evolutionstheorie behandelte, liegt inzwischen eine Vielzahl von Publikationen vor, die sowohl die Entstehung als auch das Nachleben der Evolutionstheorie in Bildern nachgezeichnet haben. Die Forschungsliteratur lässt sich dabei in zwei Themenbereiche aufteilen: Auf der einen Seite wurde untersucht, wie Bilder – von naturhistorischen Buchillustrationen bis zu großformatigen Gemälden – zur Entstehung der Evolutionstheorie beitrugen, insbesondere in Darwins Werk (Alter 1999; Bredekamp 2005; Brink-Roby 2009; Hopwood 2006; Prodger 2009; Smith 2006; Voss 2007). Der englische Naturforscher veröffentlichte zwischen 1839 und 1881 insgesamt 32 Bücher, die von ihm autorisierten Neuauflagen miteingerechnet; die Mehrzahl dieser Publikationen war reich illustriert, wobei Darwin die Illustrationen selbst bezahlte, wenn sein Verleger John Murray sich nicht bereit erklärte, für die Kosten aufzukommen. Auf der anderen Seite wurde verfolgt, wie die Evolutionstheorie von Künstlern, Gestaltern oder Illustratoren aufgegriffen wurde, wobei vor allem Ausstellungsprojekte federführend daran beteiligt waren herauszuarbeiten, wie einschneidend sich die Publikation von Darwins

Über die Entstehung der Arten im Jahr 1859 auf die Bildwelten des 19. Jahrhunderts auswirkte (Baumunck/Rieß 1994; Donald/Munro 2009; Kort/Hollein 2009; Larson 2005; Larson/Brauer 2009). Mit Blick auf die visuelle Rezeption der Evolutionstheorie müssen zwei sich herausbildende Traditionsstränge unterschieden werden: Einige der Bilder, die Darwin in seinen Skizzenbüchern entwarf oder zusammen mit Künstlern entwickelte, haben Eingang in Biologielehrbücher oder auch Naturkundemuseen gefunden und werden bis heute in der Lehre eingesetzt; sie waren auch Gegenstand von Karikaturen und wurden Teil der Populärkultur (Browne 2001). Daneben hat sich allerdings parallel eine Bildwelt entwickelt, die nicht unmittelbar auf visuelle Vorlagen zurückgeht, auch nicht auf die Darwins, sondern sich auf Textpassagen stützt. Der Unterschied wird deutlich, wenn man sich vor Augen hält, was Darwin nicht abbildete: In seinem gesamten Werk gibt es keine Bilder, die den sogenannten »Kampf ums Dasein« zeigen. Es sind allerdings diese Szenen, die sich am erfolgreichsten durchgesetzt haben und die Vorstellung von Evolutionsgeschichte prägen (Sommer 2009; Voss 2009a). Darwin führte das Prinzip der Selektion, das zu einem beliebten Bildmotiv wurde, vor allem sprachlich aus; sein berühmtes Evolutionsdiagramm verzeichnete das Aussterben von Arten nur im Abreißen der Linien. Im Zentrum seiner Bilder stand das andere Prinzip der Evolution: die Variation.

Entstehungsgeschichte von Darwins Bildern

Über die eigene zeichnerische Begabung schrieb Darwin in seiner Autobiografie rückblickend, dass sie ihm sein Leben lang gefehlt habe und sich deshalb bereits »ein ganzer Stapel meiner handschriftlichen Reisenotizen als fast unbrauchbar« erwies (Darwin 1993, 82). Was das Vermögen anbetraf, Tiere, Pflanzen oder anatomische Details wirklichkeitsgetreu wiederzugeben, stand Darwin weit hinter Zeitgenossen wie Haeckel in Deutschland oder Thomas Henry Huxley in England zurück. Das gegenständliche Abzeichnen von Natur ist aber nur eine Seite des Zeichnens; worin Darwin weitaus mehr Übung hatte und einige Meisterschaft erreichte, war das geologische Zeichnen. Mit siebzehn nahm er sein Medizinstudium in Edinburgh auf und besuchte Vorlesungen zur Geologie bei Robert Jameson, wo man ihm beibrachte, die im Erdreich ineinandergeschobenen Steinmassen als Schichten zu identifizieren und in Querschnittsdiagrammen darzustellen. Von einem Stein auf die Erdschicht zu schließen, ein Fossil mit einer geologischen Epoche in Verbindung zu bringen und das verschlossene Erdinnere in Bildern zu Großansichten oder farbigen Karten zusammenzusetzen, war eine Fähigkeit, in der er sich auch weiter an Bord der Beagle schulte, wovon Notizbucheinträge und Diagramme aus den Jahren zeugen (Herbert 2005; Rudwick 1992; Secord 1991). Durch diese Praxis machte er sich früh mit Zeiträumen und deren Darstellung im Bild vertraut, die sich sonst jeder Erlebbarkeit entziehen.

Darüber hinaus sammelte Darwin Bilder, die andere gezeichnet hatten und die sich zu einem Archiv von Beobachtungen zusammensetzten. Im Darwin-Archiv in der Cambridge University Library lagert ein umfangreiches und vielseitiges Bildarchiv, das ihn als gewissenhaften Sammler von Bildern ausweist (Prodger 1998). Bis heute finden sich dort zahlreiche Studiofotografien von Männern, Frauen und Kindern, medizinische und anthropologische Aufnahmen, daneben Kupferstiche, Holzschnitte und Lithografien von Tieren, exotischen wie einheimischen. Dazu kommen Zeichnungen, die ihm seine Korrespondenten aus aller Welt schickten und die, teils aufwendig koloriert, den Briefen beiliegen oder in kleinem Format ins Schriftbild eingepasst sind. Der Kunsthistoriker Prodger hat vor allem die enge Zusammenarbeit, die Darwin für *On the Expression of the Emotions in Man and Animals* von 1872 mit Fotografen einging, untersucht (Prodger 2009). Die Beispiele, in denen Darwin mit Illustratoren oder Tiermalern zusammenarbeitete sind zahllos: Der Ornithologe, Verleger und Illustrator John Gould, der für Darwin die von der fünfjährigen Beagle-Reise mitgebrachten Vogelsammlungen bestimmte, lieferte ihm die Lithografien der berühmten Galapagosfinken; als Farbbildtafeln im dritten Band der *Zoology of the Voyage of the H. M. S. Beagle* 1841 veröffentlicht, übernahm sie Darwin beschnitten und neu arrangiert als Illustration für die zweite Auflage von *Die Fahrt der Beagle* im Jahr 1845 (Smith 2006, 92–136; Voss 2007, 27–94).

Erst mit diesem Bild wurden die abgestuften Schnabelformen der Vögel sichtbar, ein Phänomen, das Darwins Auge auf der Reise noch verborgen geblieben war. Die Buchillustration wurde zu einer Ikone der Evolutionstheorie und mit ihr die Galapagosfinken zum Paradebeispiel für das, was heute »adaptive Radiation« genannt wird.

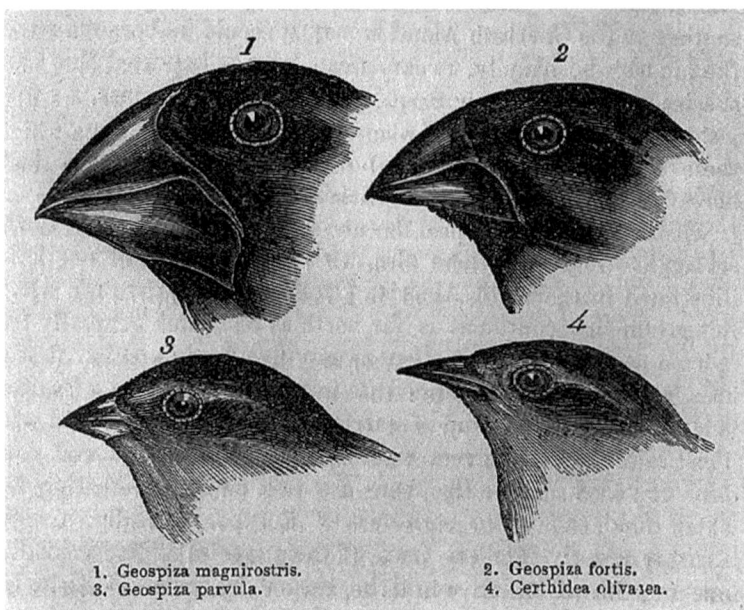

Abb. 1: Die Finken der Galapagosinseln nach der Abbildung aus Charles Darwins *The Voyage of the Beagle* (1845)

Weitere Tiermaler, die Darwin mit Bildern belieferten, sind Joseph Wolf, der u. a. für *Ausdruck der Gemütsbewegungen bei dem Menschen und Tieren* einen lachenden Schopfmakaken im Londoner Zoologischen Garten zeichnete (Schulze-Hagen/Geus 2000, 201f; Voss 2009b); der Maler Briton Rivière korrespondierte mit Darwin über die Mimik von Hunden und steuerte für dasselbe Buch mehrere Hundeabbildungen bei (Donald 2007, 141f; Donald 2009, 204f). In vergleichbarer Weise tauschte sich auch Haeckel in Deutschland mit dem Maler Gabriel von Max aus, der für ihn 1894 den *Pithecanthropus alalus*, den sprachlosen Urmenschen malte. Als Abbildung fand er 1898 Eingang in die neunte Auflage der *Natürlichen Schöpfungsgeschichte* (Tellenbach/Jourdan/Rosendahl/Rosendahl 2009).

Eine Gemeinsamkeit, die allen Bildern Darwins eigen ist, besteht in ihrem Fokus auf das Individuelle, die Besonderheit oder den Makel. Sie sind Gegenbilder zu der im 19. Jahrhundert verbreiteten naturtheologischen Sicht, wonach Gott gleich einem Ingenieur oder Künstler die Natur zweckorientiert entworfen habe. Als Darwin beispielsweise in den 1860er Jahren vorgeworfen wurde, er könne die Entstehung des Augenornaments auf den Flügeln des Argusfasans nicht mit Variation und Zufall erklären, antwortete er, indem er 1871 in *Die Abstammung des Menschen* in einer Art Daumenkino die Evolution des Ornaments in einer Abfolge von Bildern simulierte. Das Abschlussbild dieser Serie zeigte ein voll ausgebildetes Ornament, das Imperfektionen aufwies. Argumentativ verhielt sich dieser Makel zur Evolutionstheorie wie die Makellosigkeit zum Schöpfergott. Niemand würde Gott für den Urheber eines mangelhaften Objekts halten. In der Perfektion offenbarte sich der Gott; im Fehler verriet sich die Natur. Darwin führte den Zufall als Faktor in die Naturgeschichte ein, seine Bilder bezeugten eine Ästhetik des Zufalls (Voss 2007, 218f).

Zur Entstehung und Ausformulierung der Evolutionstheorie trugen, wie der Wissenschaftshistoriker Kohn (1996) nachweisen konnte, auch Bilder des 18. Jahrhunderts aus der Romantik bei, die sich vor allem in Darwins Naturschilderungen niederschlugen, darunter etwa die Tropenbilder des Augsburger Reisemalers Johann Moritz Rugendas.

Das Evolutionsdiagramm

Das Bild, das am eingehendsten in der Forschungsliteratur behandelt wurde, ist das Evolutionsdiagramm, das Darwin als einzige Abbildung in *Über die Entstehung der Arten* 1859 zeigte (Alter 1999; Bredekamp 2005; Brink-Roby 2009; Smith 2006; Voss 2007; s. Abb. S. 70 in diesem Band). Bereits mehr als

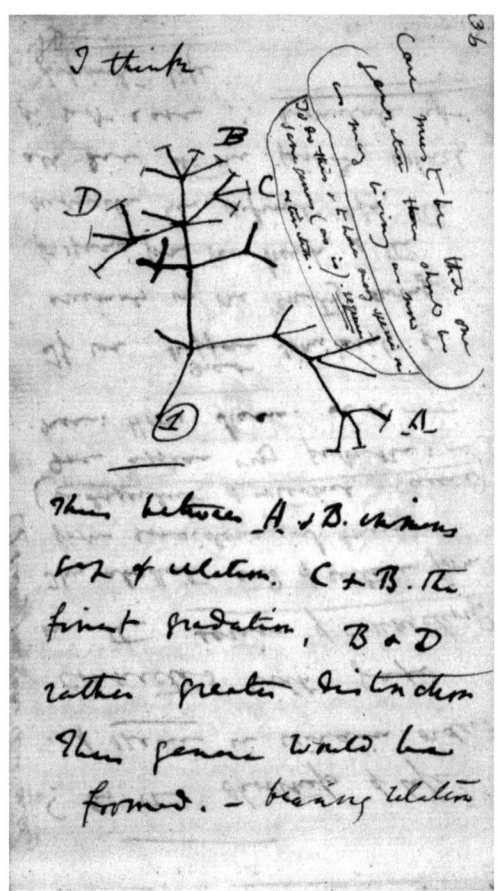

Abb. 2: Darwins Evolutionsdiagramm aus *Notebook B* von 1837 (Darwin Archiv, mit Erlaubnis des Syndikats der Cambridge University Library)

zwei Jahrzehnte zuvor, im Sommer 1837, skizzierte Darwin einen Stammbaum in sein Notizbuch, wenige Monate nachdem er von seiner Weltumseglung auf dem Vermessungsschiff H. M. S. Beagle zurückgekehrt war.

Mit Blick auf die Zeichnung wies der Psychologe Howard Gruber zuerst daraufhin, dass sie am Beginn des Nachdenkens über Evolutionstheorie stand (Gruber 1988/1978). Noch bevor Darwin den *Essay on the Principle of Population* des britischen Ökonomen Malthus las und dessen Begrifflichkeit übernahm, brachte er die Elemente seiner Evolutionstheorie in den Strichen, Winkeln und Linien dieses Bildes zusammen: die Variation und Selektion der Arten. Das Diagramm veranschaulichte nicht eine bereits formulierte Theorie, sondern sie wurde im Bild zum ersten Mal formuliert.

Darwin griff dabei in seiner Skizze zum einen auf die naturgeschichtliche Tradition zurück, auf die Stammbäume, Leitern, Kreise und Netze, in denen der Natur zuvor Gestalt gegeben worden war (Barsanti 1992). Der Kunsthistoriker Horst Bredekamp sieht Darwins Abbildungen, insbesondere die Diagramme, auch weiter in der Nachfolge von Bildern und Objekten der neuzeitlichen Kunstkammern (Bredekamp 2005). In seinen Abbildungen synthetisierte Darwin aber vor allem die neuesten Forschungsergebnisse aus den Wissenschaften seiner Zeit, insbesondere der Geologie, Embryologie und Taxonomie (Ospovat 1981; Voss 2007; Brink-Roby 2009). Wie in einer Collage setzte er diese Teilgebiete zu einer Gesamtschau in den zahlreichen Diagrammen zusammen, die er zwischen 1837 und 1859 skizzierte. Eines davon übernahm er als ausfaltbare Klapptafel 1859 in sein Gründungswerk der Evolutionstheorie, so dass es der Leser bei der Lektüre immer vor Augen hatte.

Haeckels Embryonen und Huxleys Affen

Im Vergleich zu Darwin haben die anderen Autoren, die im 19. Jahrhundert über Evolution schrieben und diese in Bildern vorstellten, weitaus weniger Beachtung gefunden. Zu einigen Zeichnungen, die Alfred Russel Wallace während seiner Forschungsarbeit schuf, erschien 1999 ein Ausstellungskatalog (Knapp 1999); der Kunsthistoriker Lechtreck hat auf die Fotografien von Roger Fenton hingewiesen, der in den 1850er Jahren im British Museum die Skelette von Affen und Menschen aufnahm und vermutlich damit 1863 die Vorlage für das berühmte Frontispiz von Huxleys *Zeugnisse für die Stellung des Menschen in der Natur* lieferte, das Evolutionsgeschichte als eine gestaffelte Abfolge von Affe zu Mensch darstellte (Bodmer 1997; Lechtreck 2008). Eine Ausnahme bilden die gründlichen Arbeiten des Wissenschaftshistorikers Nick Hopwood, der die Genese und Verbreitung von Haeckels Embryonenabbildungen detailreich nachgezeichnet hat. In den Buchillustrationen formulierte Haeckel seine »Rekapitulationstheorie«, wonach die Ontogenese die Phylogenese wiederholt. Obwohl sie immer wieder Gegenstand von Kritik und Fälschungsvorwürfen waren, sind die erstmals 1868 in *Natürliche Schöpfungsgeschichte* abgedruckten Bilder bis heute in Schulbüchern zu finden (Hopwood 2006; Daston/Galison 2007, 261f.). Haeckels berühmtestes Bild ist wohl der »Stammbaum des Menschen« aus seiner 1874 veröffentlichten *Anthropogenie oder Entwicklungsgeschichte des Menschen*. Im Gegensatz zu Darwin, der kein »festes Entwicklungsgesetz« annahm, vertrat Haeckel eine teleologische Evolutionstheorie, nach der die Organismen sich zunehmend vervollkommnen. Für seine Darstellungen wurde Haeckel vielfach kritisiert (Gould 1996). Die beiden unterschiedlichen Auffassungen von Evolution sind den Bildern eingeschrieben: Während Darwin in seinem Diagramm von 1859 einen Zickzackkurs ohne Beginn und mit offenem Ende zeigte, ist bei Haeckel die Krone definiert. Die Eiche ist ausgewachsen, Evolution im Menschen zum Stillstand gekommen.

Die visuelle Rezeption der Evolutionstheorie

In Bezug auf das 19. Jahrhundert sprach die Kunsthistorikerin Linda Nochlin vom »Darwin Effect« in der Kunst (Nochlin 2003). Darunter fasste sie die breite Rezeption zusammen, die der Evolutionstheorie zuteil wurde, ein Phänomen, das in neueren Studien weiter belegt werden konnte (Donald/Munro 2009; Kort/Hollein 2009; Larson/Brauner 2009). Angesichts der Liste von Künstlern, die sich in ihrem Werk mit der Evolutionstheorie auseinandersetzten, kann vom Darwinismus als einer Kunstepoche gesprochen werden: Sie reicht von Arnold Böcklin bis Max Ernst, von Edgar Degas bis Max Klinger, und von Alfred Kubin bis Gustav Klimt, wobei allerdings die wenigsten Darwin im Original lasen. Die Debatte um die Evolutionstheorie löste zunächst keinen neuen Stil in der Kunst aus, aber sie etablierte ein neues Bezugssystem, das – vergleichbar mit dem Klassizismus des ausgehenden 19. Jahrhunderts – neue Genres in der Kunst hervorbrachte. Künstler wie Fernand Cormon oder Léon Maxime Faivre in Frankreich malten großformatige Szenen aus der Urzeit (Kort 2009), Maler wie von Max in München feierten Erfolge mit Ölgemälden von Affen und besaßen große wissenschaftliche Sammlungen (Tellenbach/Jourdan/Rosendahl/Rosendahl 2009). Aus Mythologie wurde mit den Mitteln des Historienbildes Naturgeschichte und die traditionellen Mensch-Tier-Mischwesen erhielten eine neue Realität. In Anschluss an Haeckels einflussreiches Werk *Kunstformen der Natur*, erschienen zwischen 1899 und 1904, bildete sich schließlich auch die Kunstepoche des Jugendstil aus (Breidbach 2006; Proctor/Breidbach 2007).

Der Austausch zwischen Kunst und Wissenschaft verlief in beide Richtungen. Wie Diana Donald zeigen konnte, war der Überlebenskampf von Tieren in der Natur bereits vor Darwin ein beliebtes Genre, das Künstler wie Edwin Landseer oder der vielseitig begabte Ornithologe J. J. Audubon in ihren Werken ausmalten (Donald 2007, 65–100; Donald 2009, 101–118). Die Kunsthistorikerin Jane Goodall (2002) hat außerdem auf die weite Verbreitung von Abbildungen hingewiesen, die nach der Veröffentlichung des von Robert Chambers zunächst anonym publizierten evolutionstheoretischen Werks *Vestiges of the Natural History of Creation* im Jahr 1844 sogenannte »missing links« vorstellten, Organismen also, die als Verbindungsglieder zwischen Mensch und Tier angenommen wurden.

Die Bilder der Evolutionstheorie fanden über die Kunst sowohl in der Hochkultur als auch in der Populärkultur Verbreitung. Was für die Rezeption im Allgemeinen gilt, trifft auch auf die visuelle Kultur zu: Das Prinzip der Variation und Vielfalt produzierte ein verhältnismäßig geringes Echo in den Bildwelten des 19. und 20. Jahrhundert, das Prinzip der

Abb. 3: Kämpfende Urzeit in einer Illustration der Zeitschrift *Die Natur* (1894)

Selektion dagegen wurde begeistert aufgegriffen. Die Interaktion von Organismen mit ihrer Umwelt, die Darwin als »struggle for existence« bezeichnete und die mit »Kampf ums Dasein« so unglücklich ins Deutsche übertragen wurde, fand sich zum Zweikampf reduziert in zahlreichen Abbildungen wieder (Abb. 3). Darwinismus ist in diesem Sinn wortwörtlich das Bild, das sich das 19. Jahrhundert von der Evolutionstheorie machte.

Literatur

Alter, Stephen G. (1999): Darwinism and the Linguistic Image. Language, Race, and Natural Theology in the Nineteenth Century. Baltimore.

Barsanti, Giulio (1992): La scala, la mappa, l'albero. Florenz.

Baumunk, Bodo-Michael/Rieß, Jürgen (Hg.) (1994): Darwin und Darwinismus. Eine Ausstellung zur Kultur- und Naturgeschichte. Berlin.

Bodmer, George R. (1997): »The Technical Illustration of Thomas Henry Huxley«. In: Alan P. Barr (Hg.): Thomas Henry Huxley's Place in Science and Letters. Centenary Essays. Athen, 277–295.

Bredekamp, Horst (2005): Darwins Korallen. Frühe Evolutionsmodelle und die Tradition der Naturgeschichte. Berlin.

Breidbach, Olaf (2006): Bildwelten der Natur. München.

Brink-Roby, Heather (2009): »Natural Representation: Diagram and Text in Darwin's ›On the Origin of Species‹«. In: Victorian Studies Vol. 51, Nr. 2: 247–273.

Browne, Janet (2001): Darwin in Caricature. A Study in the Popularisation and Dissemination of Evolution. In: Proceedings of the American Philosophical Society Vol. 145, Nr. 4: 496–509.

Darwin, Charles (1993): Mein Leben. 1809–1882 [The Autobiography of Charles Darwin, 1958]. Hg. von Nora Barlow. Mit einem Vorwort von Ernst Mayr. Aus dem Englischen von Christa Krüger. Frankfurt a. M.

Daston, Lorraine/Galison, Peter (2007): Objektivität [Objectivity, 2004]. Aus dem Amerikanischen von Christa Krüger. Frankfurt a. M.

Donald, Diana (2007): Picturing Animals in Britain. 1750–1850. New Haven.

Donald, Diana/Munro, Jane (Hg.) (2009): Endless Forms. Charles Darwin, Natural Science and the Visual Arts. New Haven.

Goodall, Jane R. (2002): Performance and Evolution in The Age of Darwin. Out of The Natural Order. London.

Gould, Stephen Jay (1996): »Leitern und Kegel. Einschränkung der Evolutionstheorie durch kanonische Bilder«. In: Oliver Sacks et al. (Hg.): Verborgene Geschichten der Wissenschaft. Berlin, 43–70.

Gruber, Howard (1988[3]): »Darwin's ›Tree of Nature‹ and Other Images of Wide Scope«. In: Judith Wechsler (Hg.): On Aesthetics in Science [1978]. Boston, 121–140.

Herbert, Sandra (2005): Charles Darwin, Geologist. New York.

Hopwood, Nick (2006): Pictures of Evolution and Charges of Fraud. Ernst Haeckel's Embryological Illustrations. In: Isis 97: 260–301.

Knapp, Sandra (1999): Footsteps in the Forest. Alfred Russel Wallace. London.

Kohn, David (Hg.) (1985): The Darwinian Heritage. Princeton (NJ).

Kohn, David (1996): »The Aesthetic Construction of Darwin's Theory«. In: Alfred I. Tauber (Hg.): The Elusive Synthesis. Aesthetics and Science. Dordrecht, 13–48.

Kort, Pamela (2009): »Die Darstellung des prähistorischen Menschen in Frankreich: Fernand Cormon, Léon Maxime Faivre, Xénophon Hellouin und František Kupka«. In: dies./Max Hollein (Hg): Darwin. Kunst und die Suche nach den Ursprüngen. Frankfurt a. M., 212–219.

Kort, Pamela/Hollein, Max (Hg.) (2009): Darwin. Kunst und die Suche nach den Ursprüngen. Frankfurt a. M.

Larson, Barbara (2005): The Dark Side Of Nature. Science, Society, and the Fantastic in Odilon Redon's Work. Pennsylvania.

Larson, Barbara/Brauer, Fae (Hg.) (2009): The Art of Evolution: Darwin, Darwinism and Visual Culture. Hanover/New Hampshire.

Lechtreck, Hans-Jürgen (2008): »Evolution vor der Kamera. Roger Fenton und Richard Owen im British Museum 1856–1858«. In: Fotogeschichte. Beiträge zur Geschichte und Ästhetik der Fotografie Jg. 28, H. 109: 39–56.

Nochlin, Linda (2003): »The Darwin Effect. Evolution and Nineteenth-Century Visual Culture. Online im Internet unter: http://www.19thc-artworldwide.org/index.php?option=com_content & view=article & id=186 & Itemid=85 [Stand: 6.12.2009].

Ospovat, Dov (1981): The Development of Darwin's Theory. Natural History, Natural Theology, and Natural Selection, 1838–1859. Cambridge.

Proctor, Norbert/Breidbach, Olaf (2007): René Binet. Natur und Kunst. München.

Prodger, Phillip (1998): An Annotated Catalogue of the Illustrations of Human and Animal Expression from the Collection of Charles Darwin. An Early Case of the Use of Photography in Scientific Research. Lewiston/New York.

Prodger, Phillip (2009): Darwin's Camera: Art and photography in the Theory of Evolution. Oxford.

Rudwick, Martin J.S. (1992): Scenes from Deep Time. Early Pictorial Representations of the Prehistoric World. Chicago.

Schulze-Hagen, Karl/Geus, Armin (Hg.) (2000): Joseph Wolf, 1820–1899. Tiermaler – Animal Painter. Marburg.

Secord, James A. (1991): Edinburgh Lamarckians. Robert Jameson and Robert E. Grant. In: Journal of the History of Biology 24: 1–18.

Smith, John (2006): Charles Darwin and Victorian Visual Culture. Cambridge.

Sommer, Marianne (2009): Auge in Auge mit den Dinosauriern. In: Frankfurter Allgemeine Zeitung (FAZ), 4. April 2009.

Tellenbach, Michael/Jourdan, Marion/Rosendahl, Gaelle/Rosendahl, Wilfried: »Die wissenschaftliche Sammlung des Gabriel von Max«. In: Pamela Kort/Max Hollein: Darwin. Kunst und die Suche nach den Ursprüngen. Frankfurt a. M., 188–211.

Voss, Julia (2007): Darwins Bilder. Ansichten der Evolutionstheorie 1837–1874. Frankfurt a. M.

Voss, Julia (2009a): »Variieren und Selektieren: Die Evolutionstheorie in der englischen und deutschen illustrierten Presse«. In: Pamela Kort/Max Hollein (Hg.): Darwin. Kunst und die Suche nach den Ursprüngen. Frankfurt a. M., 246–257.

Voss, Julia (2009b): »Monkeys, Apes and Evolutionary Theory: from Human Descent to King Kong«. In: Diana Donald/Jane Munro (Hg.): Endless Forms. Charles Darwin, Natural Science and the Visual Arts. New Haven, 215–236.

Julia Voss

6. Feld, Beobachtung

Feld- oder Freilandforschung gilt als Alternative oder Ergänzung zur Laborforschung (vgl. den folgenden Beitrag III.7. Labor, Experiment). Feldforschung und Laborforschung markieren zwei gegensätzliche kulturelle Terrains der Wissenschaft, die allerdings offene Grenzen besitzen und in einem Austausch von Ressourcen, Produkten, epistemischen Strategien, Instrumenten, Techniken, Theorien oder Forschern stehen können. Trotz dieses Transfers sind grundsätzliche Unterschiede festzuhalten: Laborforschung findet in von Menschen gemachten Umgebungen statt (etwa in speziell dafür errichteten Gebäuden) und ist insofern stärker durch das kulturelle Umfeld geprägt. Dabei folgt Laborforschung jedoch den Idealen der Vereinfachung, Normierung und Standardisierung, womit Laboratorien zu »ortlosen Orten« (*placeless places*) werden (Kohler 2002a; 2002b). Gemäß wissenschaftshistorischer Befunde erzeugten die neuzeitlichen Laborforscher die Legitimität ihrer Forschung durch Ausrichtung an sozialen Leitbildern (etwa denen des Gentleman, vgl. Shapin 1994), moderne Laborforscher indessen durch den Status der Ortlosigkeit und Universalität ihres Ansatzes. Im Gegensatz dazu findet Feldforschung in nicht von Menschen gemachten Umgebungen (»Natur«) statt. Sie ist deshalb methodisch durch Hervorhebungen der Spezifität und Individualität des jeweiligen Ortes bestimmt (Kohler 2002a; 2002b). Auch die sozialen Strategien zur Legitimierung von Wissen weichen in spezifischer Weise von denen der Laborforschung ab. So spielten etwa die Vermittlung von Authentizität durch narrative Verfahren (der Rekurs auf Erzählstrukturen von Naturgeschichte und Reiseliteratur) bzw. die Nennung von Besonderheiten des Forschungsumfeldes eine legitimierende Rolle in den Anfängen biologischer Feldforschung. Spätere Erweiterungen des Ansatzes – etwa durch Freilandexperimente – dienten vor allem der Akzeptanz seitens der prominenteren Laborforschung. Nicht nur in der Biologie, sondern auch in Ethnologie, empirischer Sozialforschung oder Kulturanthropologie ist deshalb mit Feldforschung immer zugleich ein Methoden- und Konzeptstreit verbunden, bei dem es um das Selbstverständnis der Disziplin und das mit diesem Selbstverständnis verbundene Wissenschaftsideal geht (vgl. etwa Stocking 1983).

Die Feldstudie ist ein wesentliches Element im Methodenkanon von diversen Subdisziplinen der Biologie (Ökologie, Verhaltensforschung, Systematik etc.). Für die Befürworter des Ansatzes besteht der Vorteil in der größeren empirischen Anbindung an die tatsächlichen biologischen Verhältnisse und der damit gegebenen Möglichkeit, Theorien direkt an der »Natur« zu überprüfen. Als wesentliches Manko hingegen wird die eingeschränkte Möglichkeit zur Herstellung kontrollierter Untersuchungsbedingungen genannt. Es gelinge nie ganz, die Komplexität und Variabilität der Natur auszuklammern: »Nature is just too big, varied, and uncontrollable to be so drastically confined and manipulated« (Kohler 2002a, 192). In dieser Hinsicht steht die Feldsituation für den durch Komplexität und Unbestimmtheit gekennzeichneten Forschungskontext, das Laboratorium für eine Datenerhebung unter »reinen« und kontrollierten Bedingungen. In beiden Fällen ist allerdings Forschung primär durch Datensammlung sowie durch leiblich-praktische Präsenz der Forscher im Forschungsumfeld bestimmt.

Für die Bedeutung beider Forschungskontexte ist zudem zu berücksichtigen, dass die Forderung nach Stützung von Theorien durch Beobachtung seit dem 19. Jahrhundert einen der maßgeblichen Punkte im Versuch der Abgrenzung einer naturwissenschaftlichen Biologie von spekulativer Naturphilosophie ausmacht (Schlüter 1985). Somit bildet das Ideal der kontrollierten, genauen und umfassenden Beobachtung das Zentrum des Methodenkanons der wissenschaftlichen Biologie, ebenso wie die Fundierung von Theorien durch Empirie – sei es über Verifikation oder Falsifikation – essentiell für die Methodologie aller Erfahrungswissenschaften ist.

Beobachtungskontexte

In seiner Kritik am naiven und formalen Beobachtungskonzept des Logischen Empirismus hat bereits Ludwik Fleck (1983) darauf verwiesen, dass wissenschaftliche Beobachtung eine in bestimmten disziplinären Kontexten und Traditionen (»Denkkollektive«) erworbene und sozial geformte Bereitschaft darstellt, bestimmte Gestalten wahrzunehmen, anderes jedoch auszublenden (»Denkstil«). Beobachtung ist demnach nicht natürlich gegeben, sondern sozial erworben. Die im Beobachtungsprozess vollzogene Auswahl an Parametern und deren Deutung entspringt einer Gewohnheit. Beobachten ist »Sinn-Sehen« (Fleck 1980, 183). Zudem ist Beobachtung keinesfalls passiv. Sie ist nicht nur in epistemologischer Hinsicht, sondern vor allem in praktisch-technischer Hinsicht aktiv und eingreifend. Vor diesem

Hintergrund muss die in der evolutionären und vergleichenden Humanethologie geführte Methodendebatte um teilnehmende oder distanzierte Beobachtung (vgl. Eibl-Eibesfeldt 1997, 157–164) als Streit zwischen verschiedenen Weisen der Datensammlung und -verarbeitung im Feld gedeutet werden, die aber stets aktiv und eingreifend bleiben. Beobachtung kann sich zudem bestimmter Beobachtungsinstrumente (Teleskope, Mikroskope etc.) und Darstellungstechniken (Zeichnungen, Fotografien etc.) bedienen und ist in dieser Hinsicht als »armiertes Sehen« oder technisches Darstellen mit den jeweiligen Praxen und Instrumenten verbunden (Daston und Galison 2002). Als Praxis findet Beobachtung nicht nur in Handlungskontexten statt, sie ist darüber hinaus immer auch Ausdruck der Leiblichkeit des Beobachters. Ist Sehen jedoch in diesem Sinn »ein Tasten mit dem Blick« (Merleau-Ponty 2004, 177), dann prägen sich die Ergebnisse des aktiven Beobachtungsvorgangs auch in die beobachtete Wirklichkeit ein. Zum Horizont, der jede einzelne Beobachtung bestimmt, gehören entsprechend der Einsichten in die theoriengeleitete Beobachtung immer auch methodologische Rahmenentscheidungen oder theoretische Festlegungen. Die Beobachtung der Bewegungen eines Lebewesens beispielsweise wird erst dann zum Datum für die Verhaltensforschung, wenn geklärt ist, welche Parameter des komplexen natürlichen Geschehens als relevante Momente von Verhalten aufzufassen sind. Aus der Vielzahl möglicher Beobachtungen und Beschreibungen eines gegebenen Bewegungsablaufs wird so die *eine* verbindliche Beobachtung der Verhaltensforschung (Millikan 2005, 202–207; vgl. auch Hinde 1973, Bd. 1, 19–26).

Zu berücksichtigen ist deshalb, dass mit der Ausrichtung der biologischen Forschung auf die Feldstudie keinesfalls eo ipso ein Verzicht auf Kontrolle, Eingriff und Methodik verbunden ist. Die Feldstudie stellt vielmehr ein systematisches Werkzeug der biologischen Forschung dar. Wie Robert E. Kohler (2002a, 195–199) an historischen Fallbeispielen zeigt, besteht die Herausforderung der Feldforschung darin, solche Orte zu finden, die obwohl »natürlich« dennoch möglichst viele Eigenschaften des Labors aufweisen. Für die Evolutionsforschung sind vor allem Inseln (Weiner 1994) oder isoliert gelegene Seen (Goldschmidt 1996) solche Orte der Forschung. Das grundsätzliche Dilemma bleibt jedoch, dass ein Ort umso weniger für das Experiment nach Laborstandards geeignet ist, je »natürlicher« er ist, und er desto weniger aussagekräftig für die natürliche Situation ist, je laborähnlicher er ist.

Hinsichtlich der im Feld durchgeführten Versuche und Experimente ist darüber hinaus stets der historische Wandel von Methodenstandards in Rechnung zu stellen. Zudem kann je nach Ansatz und Fragestellung eher Beobachtung und Deskription oder eher ein experimenteller Eingriff gefordert sein. In vielen Fällen unterscheiden sich die Verfahren der Datenerhebung und -auswertung in Feld und Labor grundsätzlich. In dieser Hinsicht sind die im Kontext der sozialwissenschaftlichen und ethnologischen Feldforschung geführten Debatten um adäquate Verfahren der Datenerhebung mutatis mutandis auch für evolutionsbiologische Kontexte einschlägig. Spezifische Formen der Fixierung von Beobachtung (in normierten Gedächtnis- oder Beobachtungsprotokollen), der Kategorisierung und Typenbildung (Mayr 1942, 11–17) oder der Zusammenfassung der Beobachtung in Formen dichter Beschreibung (Geertz 1973) finden sich deshalb in allen Forschungsvollzügen, bei denen Datensammlung in engem Kontakt mit dem »natürlichen« Umfeld vorgenommen wird. Diesbezüglich kann es zu deutlichen Abweichungen zwischen den Erfordernissen von Labor- und Feldforschung kommen.

Aus den genannten Gründen wurde unter evolutionären Gesichtspunkten immer wieder Kritik an reiner Laborforschung geübt. Wenn es etwa um die Erfassung der evolutionären Funktion von Verhaltensweisen geht, dann kann man von den sozialen und ökologischen Lebensräumen nicht ohne Erkenntnisverlust abstrahieren (Cheney und Seyfarth 1990, 16–18). Die zur Untersuchung von Tieren entwickelten experimentellen Laborverfahren besitzen nach dieser Kritik zwar die Vorteile der Kontrolle, Messbarkeit und Einfachheit, arbeiten aber aus Gründen der Quantifizierungsvorgabe mit Reizen, denen die Tiere in natürlichen Umwelten niemals begegnen. Umgekehrt erhöht sich bei Berücksichtigung des evolutionären und ökologischen Rahmens im Freiland die Gefahr anekdotischer Tönung oder subjektiver Deutung von Befunden. Schon Konrad Lorenz (1982, 65–70), der ebenfalls den Hauptvorteil der Feldforschung in der Berücksichtigung von ökologischen Bedingungen sieht, hat deshalb eine Ergänzung von Freilandbeobachtung und Laborforschung in der Ethologie gefordert. Die Abfolge und Ergänzung von Feldbeobachtung, Freilandexperiment und Laborforschung bildet nach ihm eine Möglichkeit, sowohl die komplexen Bedingungen der natürlichen Umwelt als auch die Feinheiten der zu untersuchenden Erscheinung adäquat zu erfassen.

Feldforschung bei Darwin

Im Sinne des Ausgeführten kann Charles Darwins Deszendenzlehre im Vergleich mit vorangegangenen Evolutionsentwürfen als der Versuch gelten, sich mittels einer Sammlung großer Datenmengen von naturphilosophischen oder theologischen Spekulationen abzugrenzen (Voss 2008, 47). Darwins Ansatz wird so zu einem Meilenstein der belegbasierten Evolutionsforschung (Nyffeler 2009, 7). Die Beobachtungen auf der Forschungsreise der H.M.S. Beagle sind in Aufzeichnungen »geronnen«, welche 15 Feldnotizbücher, 779 Tagebuchseiten sowie beispielsweise 368 Seiten zoologischer und 1.383 Seiten geologischer Anmerkungen umfassen (Porter 1985). Gesammelt wurden materielle Objekte (beispielsweise 1.529 in Spiritus eingelegte und 3.907 getrocknete Exponate), deren Heterogenität abschätzbar wird, wenn man berücksichtigt, dass neben ganzen Tieren auch Knochen und Tierbälge, Schildkrötenpanzer oder Teile von Tieren (Federn etc.) zur Sammlung gehörten.

Es ist allerdings davon auszugehen, dass zentrale Anstöße zur Ausbildung der Evolutionstheorie weder in der Phase vor der Reise (etwa während der akademischen Ausbildung Darwins) noch während der eigentlichen Feldforschung der Entdeckungsreise erfolgten, sondern erst bei der nachträglichen Ordnung und Klassifikation der Sammlung. Wie biologische (Steinheimer und Sudhaus 2006) und wissenschaftshistorische (Voss 2007, 58–64) Studien zeigen, hatte der Feldforscher Darwin etwa die Bedeutung der gesammelten Bälge von Finken der Galapagosinseln (später: »Darwinfinken«) völlig unterschätzt – sie zudem weder sauber kartiert noch richtig zugeordnet. Erst der »Stubengelehrte«, Präparator, Taxonom und Illustrator John Gould, der einen Teil der Sammlung bearbeitete, konnte, mit Artenkenntnis und Praxiswissen versehen, die Bedeutung der Funde abschätzen. Er sah die Exponate nicht mehr vereinzelt im Feld, sondern im Kontext der Sammlung. In seiner Funktion als Naturhistoriker und Theoretiker konnte Darwin an diese aufgearbeiteten Beobachtungsdaten anknüpfen.

Hinsichtlich seines Ansatzes kann Darwin durchaus in die Tradition von Naturgeschichte und Systematik eingeordnet werden. Dabei ist allerdings zu beachten, dass sich die historische Realität nur bedingt den Schematismen von Historiografie und Methodologie fügt. So ist mit der Einordnung Darwins in den Traditionsstrang der Naturgeschichte keinesfalls eine Festlegung hinsichtlich des erklärenden Anspruchs seiner Theorie oder des methodischen Vorgehens seiner Forschung getroffen. Gerade die Deszendenzlehre hat neue Verbindungen zwischen den vorab getrennten Forschungssträngen von morphologischer Laborforschung und natursystematischer oder naturkundlicher Feldforschung entstehen lassen (Nyhart 1996, 429). Darwin hat zudem einfache Experimente durchgeführt (ebd., 433). Seine experimentelle Professionalität wurde allerdings wegen der im privaten Umfeld des Down House durchgeführten Versuche zum Pflanzenwachstum vom deutschen Biologen Julius Sachs in Frage gestellt. Die Rhetorik dieser Kritik drückt – neben persönlicher Konkurrenz um die Deutung von Forschungsergebnissen – auch die genannte Opposition von naturhistorischer Feldforschung und experimenteller Laborforschung aus (Chadarevian 1996, 18). Zu berücksichtigen ist dabei, dass sich nicht nur die Orte und Methoden der Forschung änderten, sondern auch deren soziale Organisation. Feldforscher wie Darwin wurden deshalb von den Laborforschern häufig als naturkundliche Amateure diskreditiert. Umgekehrt erlangten die bisher »unsichtbaren« Techniker (Shapin 1989) im Kontext des arbeitsteiligen Laborgeschehens neue Sichtbarkeit.

Feldforschung und moderne Evolutionsbiologie

Seit den 1930er Jahren sind mit den Erfolgen der Laborgenetik für die evolutionäre Feldforschung neue Bedingungen entstanden (vgl. Artikel III.8. Datenbanken). Dabei haben jedoch führende Evolutionsbiologen die Notwendigkeit im Feld durchgeführter Untersuchungen zu Ökologie, Biogeografie, Paläontologie oder Taxonomie unterstrichen (Mayr 1942, 3). Immer wieder wird die durch vielfältige Daten gestützte Qualität der Evolutionstheorie hervorgehoben (Mayr 2003, 30–61). Sie spielt auch eine wichtige Rolle in den Auseinandersetzungen um Kreationismus und Intelligent Design (vgl. Artikel IV.17)). Die Befunde für die Evolutionstheorie entstammen dabei einem weiten Bereich unterschiedlicher Forschungsfelder (z.B. vergleichender Anatomie, Embryologie, Ethologie oder Molekularbiologie; vgl. Ruse 1973, 96–121). Nur ein Teil dieser Befunde werden im Freiland gewonnen; viele Belege entstammen explizit dem Laborkontext oder aber der Sammlung und Klassifikation von Freilandfunden in Museen, Studierzimmern und Computern. Auch die Formen der Freilandforschung unterscheiden sich je nach Disziplin und Forschungskontext.

Immer wieder zitiert wird die »Beobachtung der Vögel auf den Galapagosinseln« (Mayr 2003, 38). Gerade die Galapagosinseln bilden einen der typischen laborähnlichen Orte des Freilandes (Kohler 2002a, 200). Sie ermöglichen als eine Art »Freilandlabor« eine Reihe von Beobachtungen und Freilandexperimenten zur Evolution (vgl. etwa Grant 1986): Dazu gehören Untersuchungen zum differentiellen Fortpflanzungserfolg, zur Wirkung von Selektionsfaktoren oder zur Bedeutung innerartlicher Populationsunterschiede. In der naturgeschichtlichen Tradition verbleibend, hat man diese Orte der Forschung häufig dadurch charakterisiert, dass hier »Experimente der Natur« direkt zu beobachten seien (Kohler 2002b, 212–251). Diese Metapher ist jedoch problematisch: Man hat es in diesem Fall im Unterschied zum Experiment eben nicht mit intendierten und gezielten Handlungen von Menschen zu tun, sondern vielmehr mit natürlichen Ereignissen. Der Freilandforscher muss darauf warten, bis diese geschehen und kann sie dann lediglich protokollieren. Zudem ändern sich zumeist in der Natur die Parameter nicht gesondert und sukzessiv, sondern vielmehr gemeinsam und gleichzeitig. Die Entdeckung der Galapagosfinken (Weiner 1994) markiert deshalb – ähnlich wie die Untersuchung der adaptiven Radiation angesichts der mehreren hundert Arten von Buntbarschen (*Cichlidae*) im Viktoriasee (Goldschmidt 1996) – den Glücksfall einer laborähnlichen Situation, in der Artbildung und Sukzession quasi im Freiland unmittelbar zu »beobachten« sind.

Vergleichbare »Glücksfälle«, die sich bei genauerer Untersuchung häufig als Resultat geschickter Forschungsstrategien auf der Suche nach geeigneten Praxen ortsgebundener Forschung (»practices of place«) erweisen, kennzeichnen etwa die Untersuchungen von Ernst Mayr zur allopatrischen Artbildung bei geografisch getrennten Populationen auf den Inseln des Südpazifik (Mayr 1942). Auch diese Archipele bilden mit ihrer isolierten Lage und ihren je unterschiedlichen lokalen ökologischen Bedingungen ideale laborähnliche Landschaften. Mayr selbst hat seine Arbeit deswegen in Analogie zu der Laborforschung des experimentellen Embryologen interpretiert.

Literatur

Chadarevian, Soraya de (1996): »Laboratory Science Versus Country-House Experiments. The Controversy Between Julius Sachs and Charles Darwin«. In: The British Journal for the History of Science Vol. 29, Nr. 1: 17–41.
Cheney, Dorothey L. (1994): Wie Affen die Welt sehen [How Monkeys See the World, 1990]. München/Wien.
Daston, Lorraine/Galison, Peter (2002): »Das Bild der Objektivität«. In: Peter Geimer (Hg.): Ordnungen der Sichtbarkeit. Frankfurt a. M., 29–99.
Eibl-Eibesfeldt, Irenäus (1997[3]): Die Biologie des menschlichen Verhaltens. Grundriss der Humanethologie [1984]. München.
Fleck, Ludwik (1980): Entstehung und Entwicklung einer wissenschaftlichen Tatsache. Einführung in die Lehre vom Denkstil und dem Denkkollektiv [1935]. Frankfurt a. M.
Fleck, Ludwik (1983): »Über die wissenschaftliche Beobachtung und die Wahrnehmung im allgemeinen« [1935]. In: ders.: Erfahrung und Tatsache. Gesammelte Aufsätze. Frankfurt a. M., 59–83.
Geertz, Clifford (1973): »Thick Descriptions. Toward an Interpretive Theory of Culture«. In: ders.: The Interpretation of Cultures. New York, 3–30.
Goldschmidt, Tijs (1996): Darwin's Dreampond: Drama in Lake Victoria. Cambridge.
Grand, Peter R. (1986): Ecology and Evolution of Darwin's Finches. Princeton.
Hinde, Robert A. (1973): Das Verhalten der Tiere. 2 Bde. [Animal Behavior, 1966]. Frankfurt a. M.
Kohler, Robert E. (2002a): »Place and Practice in Field Biology«. In: History of Science Vol. 40, Nr. 128: 189–210.
Kohler, Robert E. (2002b): Landscapes & Labscapes. Exploring the Lab-Field-Border in Biology. Chicago/London.
Lorenz, Konrad (1982): Vergleichende Verhaltensforschung. Grundlagen der Ethologie. München.
Mayr, Ernst (1942): Systematics and the Origin of Species from the Viewpoint of a Zoologist. New York.
Mayr, Ernst (2003): Das ist Evolution [What Evolution is, 2001]. München.
Merleau-Ponty, Maurice (2004[3]): Das Sichtbare und das Unsichtbare [Le visible et l'invisible, 1964]. München.
Millikan, Ruth G. (2005): »Verschiedene Arten von zweckgerichtetem Verhalten«. In: Dominik Perler/Markus Wild (Hg.): Der Geist der Tiere. Philosophische Texte. Frankfurt a. M., 201–212.
Nyffeler, Reto (2009): »Darwin als Systematiker. Die Bedeutung seiner Sammlungsbelege«. In: Darwin und die Biodiversität. Biodiversität: Forschung und Praxis im Dialog. Informationen des Forum Biodiversität Schweiz 19: 6–7.
Nyhart, Lynn K. (1996): »Natural History and the ›New‹ Biology«. In: Nicholas Jardine/James A. Secord/E. C. Spary (Hg.): Cultures of Natural History. Cambridge, 426–443.
Porter, Duncan M. (1985): »The Beagle Collector and His Collections«. In: David Kohn (Hg.): The Darwinian Heritage. Princeton, 973–1019.
Ruse, Michael (1973): The Philosophy of Biology. London.
Schlüter, Hermann (1985): Die Wissenschaften vom Leben zwischen Physik und Metaphysik. Weinheim.
Shapin, Stephen (1989): »The Invisible Technican«. In: American Scientist Vol. 77, Nr. 6: 554–563.
Shapin, Stephen (1994): A Social History of Truth: Civility and Science in Seventeenth-Century England. Chicago.

Steinheimer, Frank D./Sudhaus, Walter: »Die Speziation der Darwinfinken und der Mythos ihrer initialen Wirkung auf Charles Darwin«. In: Naturwissenschaftliche Rundschau Jg. 59, Nr. 8: 409–422.
Stocking, George W. (1983) (Hg.): Observers Observed: Essays on Ethnographic Fieldwork. Madison.
Voss, Julia (2007): Darwins Bilder. Ansichten der Evolutionstheorie 1837–1874. Frankfurt a. M.
Voss, Julia (2008): Charles Darwin zur Einführung. Hamburg.
Weiner, Jonathan (1994): The Beak of the Finch: A Story of Evolution in Our Time. New York.

Kristian Köchy

7. Labor, Experiment

Im Gegensatz zum antiken Erkenntnisideal der Kontemplation versteht sich neuzeitliche Naturwissenschaft als aktiver Eingriff in die Natur. Praktische Tätigkeit (im Labor), die für die Antike lediglich den Status von Gewohnheit hatte und kein Prinzipienwissen vermittelte, gerät ins Zentrum der Naturforschung (Smith 2000, 351). Parallel dazu wird die aristotelische Trennung zwischen Natur und Technik aufgehoben (Gaidenko 1996). Die neuzeitliche Naturwissenschaft ist so »technologisch in ihrem Wesen« (Jonas 1973, 276). Auch biologische Forschung stellt sich deshalb dar als praktisch-technische Handlung von Einzelforschern oder Laborkollektiven zur manipulativen Untersuchung von Lebewesen und deren Teilen in bestimmten Forschungskontexten (Köchy 2008). In Abgrenzung zur Feldforschung (siehe Artikel III.6.) gelten mit Vorformen im 15. und 16. Jahrhundert spätestens seit dem 17. Jahrhundert insbesondere Laboratorien als bevorzugte Orte der Generierung wissenschaftlichen Wissens (Smith 2006, 292). Die »gesteigerte« Umwelt des Labors erleichtert die Untersuchung und Modellierung von Naturobjekten (Knorr-Cetina 2002, 45–67; Köchy/Schiemann 2006) und ist zudem auf die experimentelle Erforschung des Konkreten ausgerichtet. Dabei gewinnen die körperlichen und sensorischen Interaktionen mit der natürlichen oder technisch gestalteten Umwelt an Bedeutung (Latour 1987). Zudem sind Laboratorien, wiewohl von Menschen gemachte Orte der Forschung, aufgrund ihrer Normierung und Standardisierung ortlose Orte (*placeless places*) (Kohler 2002).

Auch wenn zwischen Experimentalisierung und Laborisierung unterschieden werden muss, besteht eine Beziehung zwischen beiden Momenten. Laboratorien stellen die kontrollierten Forschungsumwelten dar, die den Einsatz von Experimenten erleichtern; umgekehrt sind Experimente und technische Praxen seit den alchemistischen Anfängen wesentliche Momente von Laboratorien. Dabei sind alle einzelnen Experimentalansätze und -verfahren in ein komplexes Forschungsumfeld integriert. Als dessen kleinste Arbeitseinheit gilt das »Experimentalsystem« (Rheinberger 2001). Experimente sind manipulative, auf Bemächtigung der Natur angelegte Interventionen, deren Funktion es ist, durch gezielte Eingrenzung von Randbedingungen und durch deren künstliche Variation die komplexe natürliche Situation zu vereinfachen. Dadurch sollen die Beziehungen zwischen den Einzelfaktoren des Naturgeschehens erkennbar, theoretisch erklärbar und praktisch nachvollziehbar werden. Das Experiment dient der kritischen Prüfung theoretischer Entwürfe, der künstlichen Isolation von Naturfaktoren, der Reproduzierbarkeit spezifischer Abläufe sowie der Beherrschung von Naturprozessen. Ein Experiment wird von »bloßer« Beobachtung unterschieden durch die invasive Tendenz und durch die Kontrolle, die der Experimentator im Experiment über den Untersuchungsgegenstand und dessen Umgebung zu gewinnen sucht (vgl. zum biologischen Experiment etwa Lange 1999; Weber 2005).

Experimentelle Laborforschung und Evolutionsbiologie des 19. Jahrhunderts

Die Frage nach der Experimentalisierung und Laboratorisierung der Evolutionsbiologie war und ist umstritten. So hat Darwin, neben der Freilandbeobachtung auf der Entdeckungsreise der H. M. S. Beagle und der Sammlungs-, Ordnungs- und Theoretisierungstätigkeit im Anschluss seiner Reise (Engels 2007, 32–36) nachweislich auch Experimente (etwa im Kontext seiner botanischen Studien) durchgeführt. Auch die Bezugnahme auf die künstliche Selektion in Tier- und Pflanzenzucht zur Erläuterung und Erklärung der natürlichen Selektion kann als Rückgriff Darwins auf Züchtungsexperimente, Laborforschung und außerwissenschaftliche Praxen verstanden werden (Janich 2001, 77–79). Dennoch wurde Darwin wegen der fehlenden labormäßigen Struktur seiner Forschung kritisiert (Chadarevian 1996) und gegen die legitimierende Rolle von Transfers aus dem Bereich künstlicher Selektion (Züchtung) auf die natürliche Selektion können die Unterschiede zwischen beiden Kontexten geltend gemacht werden. Alexander Rosenberg (1985, 170 f.) hat dafür plädiert, diese Unterschiede in den Selektionsfaktoren – bei künstlicher Selektion ein systematisches Set von Handlungen und Intentionen des Menschen; bei natürlicher Selektion natürliche Faktoren wie Beutefang, Klimaänderung oder geologische Stabilität – als graduelle Unterschiede zu deuten. Dabei tendiert er allerdings dazu, die intentionalen Zielsetzungen der Züchter in biologische Faktoren umzuinterpretieren. Gegen diesen Versuch lassen sich Einwände formulieren. Unberücksichtigt bleibt vor allem, dass die adäquate Lösung technischer oder züchterischer Fragestellungen stets mit einer Vorstellung von Optimierung, Verbesserung und Fortschritt verbunden ist. Insofern sind im züchterisch-technischen Kontext im Gegensatz zur biologischen Evolution die Mechanismen und Prozesse der Bildung von Varianten und der Auswahl geeigneter Varianten nicht unabhängig voneinander (Toulmin 1983, 394 f.).

Hinsichtlich der Bedeutung der experimentellen Laborforschung für die Evolutionsbiologie entstanden schon früh Grundlagendebatten. Die Methodendiskussion der Biologie des 19. Jahrhunderts (Querner 2000) war u. a. durch die Auffassung geprägt, der besondere wissenschaftliche Charakter der Naturwissenschaften zeige sich erst in den experimentierenden und mathematisch ausgebildeten Fächern (Helmholtz 1968, 19). In Abgrenzung von dieser Position hat schon Ernst Haeckel den Sonderstatus der biologischen Entwicklungslehre (Phylogenese und Ontogenese) hervorgehoben (1877/1924, 146–150). Demnach findet die durch die Arbeiten von Darwin erstmalig in den Status einer Wissenschaft erhobene Erforschung biologischer Entwicklung unter Bedingungen statt, die einen experimentellen Zugang ausschließen. Geschichtliche Vorgänge, die lange vor Entstehung der Menschheit stattgefunden hätten, entzögen sich prinzipiell dem Experiment. Evolutionäre Forschung muss deshalb nach Haeckel »historische und philosophische Naturwissenschaft« sein. Die Evolutionsforschung besitzt demnach durch die prominente Rolle phylogenetischer Urkunden, der vergleichenden Anatomie, der Entwicklungsforschung und der Paläontologie eine methodische Nähe zum Quellenstudium der historischen Disziplinen. Aufgrund ihrer Besonderheiten ist die Evolutionstheorie zwar nicht exakt und experimentell beweisbar, stellt allerdings – vergleichbar mit Postulaten der Geologie – eine gut begründete und anerkannte phylogenetische Hypothese über die Entwicklung des Lebens dar. Der Erklärungsanspruch des historischen Ansatzes der Evolutionstheorie ist dabei für Haeckel unbestritten.

Experimentelle Laborforschung und heutige Evolutionsbiologie

Ähnliche Rechtfertigungen des besonderen methodischen Status der Evolutionsforschung angesichts eines auf die experimentelle Laborforschung zugeschnittenen Wissenschaftsideals finden sich auch in der aktuellen Evolutionsbiologie. Dieses belegen vor allem die Ausführungen von Ernst Mayr (1991, 27–56; 2002, 25 f. und 418). Er lehnt auf der Grundlage seiner Unterscheidung von einer sich auf unmittelbare Ursachen beziehenden *funktionellen Biologie* und einer auf mittelbare Ursachen ausgerichteten *Evolutionsbiologie* die strikte methodologische/methodische Gegenüberstellung von Experiment und Beobachtung ab. Statt einseitiger Ausrichtung am Experiment fordert er dessen gleichrangige Ergänzung durch Beobachtung, Vergleich und Klassifikation. Demnach sind gerade die für evolutionsbiologische Fragen wichtigen Faktorenkonstellationen – etwa zur Rekonstruktion der Entstehungsbedingungen und Entwicklungsverläufe der Lebenswelt auf Inseln – nicht durch das Experiment, sondern nur durch »kontrollierte« Beobachtung aufschlüsselbar. Seine Forderung nach Feldforschung verbindet Mayr in naturhistorischer Manier mit dem Gedanken eines evolutionären »Experiments der Natur«. Die zur Beobachtung solcher »Experimente« ausgesuchten Freilandareale haben allerdings – wie Mayrs frühe Forschungen zur allopatrischen Artbildung auf Inseln belegen (Mayr 1942) – stets den Charakter von Laborähnlichkeit (Kohler 2002). Vergleichbar mit Haeckel betont auch Mayr, die für die Evolutionstheorie zentralen »historical narrative[s]« ließen sich nur bedingt experimentell testen. Man könne nur, wie Darwin es bereits getan habe, auf der Grundlage von Beobachtungen »spekulieren«, d. h. Hypothesen formulieren (Mayr 2002, 683).

Die so postulierte Grenze des experimentellen Ansatzes in der Evolutionsforschung ergibt sich aus der historischen Verfasstheit und Individualität des Forschungsgegenstands. Historische Verfasstheit meint im Fall der Evolution zudem die Grundschwierigkeit, dass die zeitliche Dimension der Änderung relevanter Parameter (etwa die Reproduktionsrate der zu beobachtenden Organismen oder die Änderung der Umweltbedingungen) in vielen Fällen die biologische Lebensspanne der Forscher überschreitet (Rosenberg 1985, 170). Vielfach wird aus diesem Grund von biophilosophischer Seite zwar für Teilbereiche der Evolutionsforschung die experimentelle Methode als sinnvoll erachtet, die Evolution als Ganzes gilt jedoch als dem experimentellen Zugriff entzogen (Wuketits 1983, 92 f.). Nach dieser Überlegung geht die Simulation des gesamten Evolutionsgefüges über die Möglichkeiten des Labors hinaus. Nur partikuläre Aussagen über einzelne Evolutionsphänomene wie etwa über Mutationsraten (Cox und Gibson 1974) seien mittels Laborforschung zu erlangen. Auf der anderen Seite werden jedoch immer wieder experimentelle Ansätze in der Evolutionsforschung als Königsweg von der uferlosen Spekulation zur wohlbegründeten Forschung hervorgehoben (Unsöld 1981, 73).

Eine zentrale Rolle für diese Argumentation spielen Experimente zur Bestimmung der molekularen Evolutionsmechanismen oder der Randbedingungen präbiotischer Evolution. Der bekannte Rekonstruktionsversuch der Uratmosphäre durch Stanley Miller und Harold Urey (Miller 1953; Miller/Urey 1959) wird als entscheidender Zugriff gedeutet, um die Bedingungen der chemischen Evolution nachzuzeichnen und so die Entstehung einfachster Bausteine, Polymere oder Mikrosphären zu erklären (Autrum 1970, 20–27). Die Versuche selbst wurden als Überprüfung der frühen Theorien einer chemischen Evolution (Oparin 1938) konzipiert (Miller 1953, 528), welche die spontane Entstehung lebender Organismen aus chemischen Bausteinen postulierten. Nach Miller und Urey ist die für diesen Test konstitutive Annahme einer reduzierenden Atmosphäre der frühen Erde durch astronomische Befunde gestützt (Miller/Urey 1959, 245). Auch im Kontext von Manfred Eigens Theorie des Hyperzyklus werden experimentelle Versuche als zentrale Belege für das theoretische Modell einer zyklischen Selbstorganisation komplexer zellähnlicher Systeme angeführt. Man bezieht sich vor allem auf Laboruntersuchungen zu Reproduktionsraten und Selbstorganisationsmechanismen bei Bakterien (Küppers 1979; Küppers 1983, 257–278). In den Kontext der Rekonstruktion von evolutionären Bedingungen – nun allerdings nicht mehr in Form von Rahmenbedingungen oder Grundmechanismen der Entstehung ursprünglicher Biosysteme, sondern als Frage nach dem tatsächlichen Verlauf der Phylogenese und der resultierenden Verwandtschaftslinien heutiger Organismen – gehört schließlich auch das gesamte Methodenarsenal und die Laborforschung der evolutionär ausgerichteten Molekularbiologie (vgl. Maier in Wieser 1994).

Kritisch wird gegen solche *rekonstruktiven* Evolutionsexperimente im Labor eingewandt, sie würden sich vom üblichen *konstruktiven* Experimentalansatz der Naturwissenschaften kategorial dadurch unterscheiden, dass sie der bloßen Nachzeichnung eines bereits in der Theorie vorausgesetzten oder anderweitig bekannten Verlaufs dienten. Darüber hinaus könnten sie nur zu Ergebnissen führen, die mit dem tatsächlich bereits geschehenen Evolutionsverlauf lediglich analog seien (Wuketits 1983, 215). Ob mit diesem Einwand allerdings ein prinzipieller Unterschied zur experimentellen Normalsituation bezeichnet ist, darf fraglich bleiben. Die Verwirklichung der allgemeinen Forderung, im Experiment wenigstens eine theoretisch äquivalente Erscheinung zu reproduzieren, übersteigt, wenn sie für alle Details des Geschehens gelten soll, grundsätzlich das Vermögen der wissenschaftlichen Experimentierkunst (Duhem 1978, 216). Was die theoretische Leistung von Experimenten betrifft, so ist diese spätestens seit den diesbezüglichen Überlegungen Karl Poppers (1973, 71–76) in der Methodologie allgemein verankert. Darüber hinaus ist die Unterscheidung von Konstruktion und Rekonstruktion nicht trennscharf. Man muss davon ausgehen, dass die konstruktive Komponente des Experiments (Ausschaltung, Neuanordnung und Variation von Parametern) einen wesentlichen Teil der Verfahren zur Rekonstruktion von natürlichen Verhältnissen darstellt (Mach 2002, 180–193). Eine andere Frage ist es, ob die rückwärtsgewandte (retrodiktive) Ausrichtung der Evolutionsforschung sich der Art nach von dem auf Voraussagen abzielenden Erklärungsansatz der experimentellen Naturwissenschaft unterscheidet. Für einen grundsätzlichen logischen Unterschied beider Erklärungstypen argumentiert auf der Basis formaler Analysen Georg Henrik v. Wright (1974, 62 f.). Dementsprechend fragen nur retrodiktive Erklärungen nach den notwendigen Bedingungen von Ereignissen und kommen vor allem in Wissenschaften zum Einsatz, die auf geschichtliche Entwicklungen ausgerichtet sind, wie etwa die Evolutionsbiologie.

Trotz der genannten Beschränkungen des Experiments im Freiland und der Grenzen der Wiederholbarkeit von Evolution im Labor (»recalcitrance to laboratory replication«) kommt Rosenberg (1985, 172–174) zu dem Schluss, dass der Unterschied zwischen physikalischen Experimenten und Experimenten im Kontext der Evolutionstheorie lediglich gradueller Natur ist. Nach Rosenberg gilt das auch für die Übertragbarkeit der Ergebnisse einer Laborselektion (etwa von Bakterien, vgl. Küppers 1983) auf die Selektion von Wildtypen im Freiland. Hierbei handele es sich nicht um bloße Analogisierung, sondern um zwei Fälle, die unter eine gemeinsame Gesetzesannahme subsumierbar sind. Die gängige Skepsis gegenüber der Experimentalisierung des Evolutionsgeschehens ist dennoch insofern berechtigt, als das Konzept der Fitness für die Deutung des Laborgeschehens letztlich überflüssig ist. Um die durch Änderungen der Umwelt veranlassten Änderungen der Reproduktionsraten von Bakterien adäquat zu erklären, kann man sich auf physiologische, zellbiologische oder biochemische Wissensbestände und Teiltheorien beschränken. Eine zusätzliche Bezugnahme auf ein supervenientes Konzept der Fitness bringt insofern keinen Erkenntnis- und Erklärungsgewinn. Dennoch kann das so per Laborexperiment gewonnene Wissen zur Deutung natürlicher Prozesse herangezogen werden. Das Labor bietet für eine solche Übertragung den Vorteil, Prozesse unter bekannten Parametern, in kurzer Zeit und mit großen Zahlen von Organismen untersuchen zu können.

Literatur

Autrum, Hansjochem (1970): Biologie – Entdeckung einer Ordnung. München.
Chadarevian, Soraya de (1996): »Laboratory Science Versus Country-House Experiments. The Controversy Between Julius Sachs and Charles Darwin«.In: The British Journal for the History of Science Vol. 29, Nr. 1: 17–41.
Cox, Edward C./Gibson, Thomas C. (1974): »Selection for High Mutation Rates in Chemostats«. In: Genetics 77: 169–184.
Duhem, Pierre (1978): Ziel und Struktur der physikalischen Theorien [La théorie physique, 1908]. Hamburg.
Engels, Eve-Marie (2007): Charles Darwin. München.
Gaidenko, Piama (1996): »Natur- und Technikbegriff in der beginnenden Neuzeit«. In: Karen Gloy (Hg.): Natur- und Technikbegriffe. Bonn, 60–76.
Haeckel, Ernst (1924): »Über die heutige Entwicklungslehre im Verhältnisse zur Gesamtwissenschaft« [1877]. In: ders.: Gemeinverständliche Werke. Bd. 5. Leipzig/Berlin, 143–161.
Helmholtz, Hermann v. (1968): »Über das Verhältnis der Naturwissenschaften zur Gesamtheit der Wissenschaft« [1862]. In: ders., Das Denken in der Naturwissenschaft, Darmstadt, 1–30.
Janich, Peter (2001): »Der Status des genetischen Wissens«. In: Ludger Honnefelder/Peter Propping (Hg.): Was wissen wir, wenn wir das menschliche Genom kennen? Köln, 70–89.
Jonas, Hans (1973): Organismus und Freiheit. Ansätze zu einer philosophischen Biologie. Göttingen.
Knorr-Cetina, Karin (2002): Wissenskulturen. Ein Vergleich naturwissenschaftlicher Wissensformen [Epistemic Cultures, 1999]. Frankfurt a.M.
Köchy, Kristian (2008): Biophilosophie zur Einführung. Hamburg.
Köchy, Kristian/Schiemann, Gregor (Hg.) (2006): Natur im Labor. In: Philosophia naturalis Vol. 43, Nr. 1: 1–9.
Kohler, Robert E. (2002): »Place and Practice in Field Biology«. In: History of Science Vol. 40, Nr. 128: 198–210.
Küppers, Bernd-Olaf (1979): »Toward an Experimental Analysis of Molecular Selforganization and Precellular Darwinian Evolution«. In: Naturwissenschaften Vol. 66, Nr. 5: 228–243.
Küppers, Bernd-Olaf (1983): Molecular Theory of Evolution. Outline of a Physico-Chemical Theory of the Origin of Life. Berlin/Heidelberg/New York.
Lange, Rainer (1998): Experimentalwissenschaft Biologie. Würzburg.
Latour, Bruno (1987): Science in Action: How to Follow Scientists and Engineers Through Society. Cambridge.

Mach, Ernst (2002⁵): Erkenntnis und Irrtum. Skizzen zur Psychologie der Forschung [1926]. Berlin.
Mayr, Ernst (1942): Systematics and the Origin of Species from the Viewpoint of a Zoologist. New York.
Mayr, Ernst (1991): Eine neue Philosophie der Biologie [Toward a New Philosophy of Biology, 1988]. Darmstadt.
Mayr, Ernst (2002²): Die Entwicklung der biologischen Gedankenwelt [The Growth of Biological Thought, 1982, dt. 1984]. Berlin.
Miller, Stanley L. (1953): »A Production of Amino Acids under Possible Primitive Earth Conditions«. In: Science Vol. 117, Nr. 3046: 528–529.
Miller, Stanley L./Urey, Harold C. (1959): »Organic Compound Synthesis on the Primitive Earth«. In: Science Vol. 130, Nr. 3370: 245–251.
Oparin, Alexander I. (1938): The Origin of Life. New York.
Popper, Karl R. (1973⁵): Logik der Forschung [1935]. Tübingen.
Querner, Hans (2000): »Die Methodenfrage in der Biologie des 19. Jahrhunderts: Beobachtung oder Experiment?« In: Ilse Jahn (Hg.): Geschichte der Biologie, Heidelberg. Berlin, 420–430.
Rheinberger, Hans-Jörg (2001): Experimentalsysteme und epistemische Dinge. Eine Geschichte der Proteinsynthese im Reagenzglas [Toward a History of Epistemic Things, 1997]. Göttingen.
Rosenberg, Alexander (1985): The Structure of Biological Science. Cambridge.
Smith, Pamela H. (2000): »Laboratories«. In: Wilbur Applebaum (Hg.): Encyclopedia of the Scientific Revolution. New York, 351–353.
Smith, Pamela H. (2006): »Laboratories«. In: Katherine Park/Lorraine Daston (Hg.): The Cambridge History of Science. Bd. 3. Cambridge, 290–305.
Toulmin, Stephen (1983): Kritik der kollektiven Vernunft [The Collective Use and Evolution of Concepts, 1972]. Frankfurt a. M.
Unsöld, Albrecht (1981): Evolution kosmischer, biologischer und geistiger Strukturen. Stuttgart.
Wieser, Wolfgang (Hg.) (1994): Die Evolution der Evolutionstheorie. Von Darwin zur DNA. Darmstadt.
Weber, Marcel (2005): Philosophy of Experimental Biology. Cambridge.
Wright, Georg Henrik v. (1974): Erklären und Verstehen [Explanation and Understanding, 1971]. Frankfurt a. M.
Wuketits, Franz M. (1983): Biologische Erkenntnis: Grundlagen und Probleme. Stuttgart.

Kristian Köchy

8. Datenbanken

Molekulare Datenbanken sind mittlerweile ein wesentlicher Bestandteil der Evolutionsforschung (vgl. die Artikel III.9. Mathematik und Statistik und II.5. Jenseits des Neodarwinismus). Durch den Vergleich der Sequenzen von Aminosäuren oder Nukleotiden, aus denen sich Proteine und Nukleinsäuren zusammensetzen, sind Evolutionsbiologen in der Lage, auf die phylogenetischen Verwandtschaftsverhältnisse zwischen Makromolekülen und den Spezies zu schließen, die sie enthalten. Bei der Verwendung von Modellen der molekularen Evolution (z. B. molekulare Uhren) liefern die Sequenzdaten auch das Rohmaterial für die Datierung von Artenbildungsereignissen. Synergien im Bereich der molekularen Phylogenetik und Populationsgenetik haben zu neuen Ansätzen geführt, auf deren Grundlage die Wirkungen der Mutation, der genetischen Drift und der natürlichen Auslese auf die gemeinsame Abstammung der Gene untersucht werden. Von einem ganz praktischen Standpunkt aus betrachtet, hat der Vergleich von DNA-Sequenzen entscheidende Erkenntnisse zum Ursprung und zur Evolution wichtiger Krankheitserreger beim Menschen einschließlich des HI-Virus und der Influenzaviren erbracht.

Die schnelle Ausweitung dieser unterschiedlichen Gebiete evolutionärer Forschung ist größtenteils auf das explosionsartige Wachstum der Computerdatenbanken zurückzuführen, die Information zu DNA-Sequenzen enthalten. Im Jahr 2008 enthielt die Gen-Bank, die vom National Center for Biotechnology Information (NCBI) in den USA unterhaltene genetische Datenbank, mehr als 83.000.000 Sequenzen, die aus 260.000 Organismen gewonnen wurden. Seit ihrer Einrichtung im Jahr 1982 hat sich die Zahl der im Datenbestand gesammelten Sequenzen ungefähr alle 18 Monate verdoppelt (Benson et al. 2008). Die Gen-Bank ist mit ähnlichen Datenbanken des European Molecular Biology Laboratory (EMBL) und der DNA-Datenbank Japans (DDJ) eng verbunden. Diese drei Organisationen teilen ihre Daten im Tagesabgleich und kooperieren bei der Entwicklung umfangreicher Rechnertools für das Suchen, Abrufen und Analysieren genetischer Information. Neu eingereichte Sequenzen werden nach einheitlichem Schema erfasst und mit Links zu Zitaten in der Medline versehen, einer Datenbank, die biomedizinische Literatur katalogisiert. Wissenschaftler können von GenBank aus auch Datenbanken von Proteinsequenzen und dreidimensionalen Strukturen einsehen.

Einige Naturwissenschaftler und Historiker haben den Schluss gezogen, dass diese beispiellose Zusammenführung und Integration von biologischer Information und rechnerischer Mittel, die jedem Benutzer eines Desktop-Computers zur Verfügung stehen, die Biologie fundamental gewandelt hat (Smith 1990; Lenoir 1999; Wolfe/Li 2003). Aus dieser Perspektive haben Arbeitsplatzrechner Labore ersetzt und die Datenauswertung sowie weitere Formen der *in silico*-Forschung haben als wesentliche Elemente einer neuen Informationswissenschaft der Bioinformatik das Experimentieren abgelöst. Und in der Tat stützen heute einige Forscher die Durchführung ihrer gesamten Forschung in der molekularen Evolution auf öffentlich zugängliche Sequenzen aus der GenBank und anderen Datenbeständen (Wolfe/Li 2003).

Thesen von einem vollständigen Wandel der Biologie klingen überzeugend, weil die Größe und die verschiedenen Nutzungsweisen der Datenbanken mit einer erstaunlichen Geschwindigkeit zugenommen haben. Ohne die Bedeutung dieses jüngsten Wachstums leugnen zu wollen, haben andere Historiker und Soziologen vor der Auffassung gewarnt, dass die »cyberscience« ein vollkommen neues Phänomen darstellt (Hagen 2000; Strasser 2008; Hine 2008). Diese Beobachter treten für eine nuancierte historische Interpretation ein, welche die Interaktion zwischen der avanciertesten Wissenschaft, herkömmlichen experimentellen Ansätzen und den für die Naturgeschichte typischen komparatistischen Ansätzen hervorhebt. Trotz des rasanten Anwachsens der molekularen Datenbestände und der ebenso schnellen Entwicklung der Bioinformatik und verwandter Felder im Laufe des letzten Jahrzehnts weisen Historiker darauf hin, dass die Wurzeln dieser Ansätze bis ganz zum Beginn des Computerzeitalters zurückreichen – und vielleicht noch bis in die Zeit davor (Hagen 2000; Strasser 2008).

Die erste Sequenz-Datenbank

Der Bedarf an Datenbanken wurde ziemlich rasch deutlich, nachdem Frederick Sanger und seine Kollegen in den späten 1950er Jahren das erste Protein erfolgreich sequenziert hatten (Chadarevian 1996). Im Zuge dieser bahnbrechenden Forschung hatte Sanger entdeckt, dass es bei den Aminosäuresequenzen des Insulins von Kühen, Schweinen, Schafen, Pferden und Walen geringfügige Unterschiede gab. Er sagte voraus, dass der Vergleich von Strukturen desselben Proteins bei verschiedenen Spezies eine wichtige Methode werden würde, um ein Verständnis zu erwerben, wie Insulin als Hormon funktioniere. Einzelne Biochemiker folgten dem Vorbild Sangers und begannen informell Sequenzen für die verschiedenen Proteine zu sammeln, die sie untersuchten. Margaret Dayhoff fasste gemeinsam mit ihren Kollegen an der National Biomedical Research Foundation alle bekannten Proteinsequenzen in einem Buch zusammen, das 1965 veröffentlicht wurde: *The Atlas of Protein Sequence and Structure*. Diese Sammlung, die sich als der erste Versuch betrachten lässt, einen umfassenden molekularen Datenbestand zu schaffen, enthielt die Aminosäuresequenzen von ungefähr 70 Proteinen aus unterschiedlichen Spezies. Als der Atlas 1966 neu aufgelegt wurde, hatte er sich im Umfang verdoppelt, ein Zuwachs, der sich im Laufe der 1970er Jahre nach gleichem Schema fortsetzte. Dennoch umfasste er gegen Ende des Jahrzehnts gerade einmal über 1000 Sequenzen.

Die erste Ausgabe des Atlas war trotz der recht kleinen Zahl von Sequenzen, die Mitte der 1960er Jahre zugänglich war, eine fachliche Innovation und bei Wissenschaftlern, die an der Struktur, Funktion und Evolution von Proteinen interessiert waren, weit verbreitet. Das Buch war nicht nur eine wertvolle Datensammlung, sondern enthielt auch eine Anleitung für Programmiertechniken von Dayhoff und ihren Kollegen, mit denen man die Rechnerkapazität von Hochleistungscomputern einsetzen konnte, um die in Proteinsequenzen enthaltene Information speziell für die phylogenetische Analyse auszuwerten. Obwohl molekulare Datenbestände häufig mit der biomedizinischen Forschung verbunden sind, wurden sie von Wissenschaftlern schon von Anfang an zur Bearbeitung evolutionärer Problemstellungen benutzt (Strasser, i.E.).

Die gegenseitige Anordnung von Sequenzen, ihr Vergleich im Hinblick auf strukturelle Ähnlichkeiten und die Verwendung dieser Information zur Konstruktion phylogenetischer Stammbäume waren in einem begrenzten Umfang auch ohne Computer durchgeführt worden. Doch in den späten 1960er Jahren zeigten Dayhoff, Walter Fitch, Russell Doolittle und eine Handvoll gleichgesinnter Wissenschaftler, welche Erfolgsaussichten die Kombination von Computern mit molekularen Datenbanken für einen neuen Daten verarbeitenden in der Evolutionsforschung barg. Die ersten Rechnertools, die diese Wissenschaftler zum Vergleich und zur Analyse von Aminosäuresequenzen entwickelten, bildeten die Grundlage für sehr viel bessere Programme wie

BLAST, die später elementare Hilfsmittel für die Forschung mit Online-Datenbanken werden sollten. Ebenso bildeten frühe Programme zur phylogenetischen Analyse ein wichtiges Fundament für eine neue molekulare Systematik, die zu einem Kernbestandteil der modernen Evolutionsbiologie werden sollte (Felsenstein 2004).

Sequenzen und die Erforschung molekularer Evolution

In der Rückschau kann man die Ereignisse zu Beginn der 1960er Jahre als den Ursprung der Bioinformatik betrachten. Doch zunächst gab es Schwierigkeiten, für diese neue, Daten verarbeitende Biologie einen festen Platz zu erobern, Schwierigkeiten, die sowohl die Beteiligten als auch Historiker dokumentiert haben (Doolittle 2000; Hagen 2000). Um sich zu etablieren, brauchte die neue Wissenschaft zum einen große Datenbanken und mathematische Tools für die Analyse, vor allem aber eine überzeugende Begründung. In einer Reihe wichtiger Aufsätze lieferten Emile Zuckerkandl und Linus Pauling (1965) diese Begründung unter dem Gesichtspunkt, dass sich die in den Proteinsequenzen niedergelegte molekulare »Information« nutzen lasse, um eine ganze Palette evolutionärer Fragen zu beantworten. Aus dieser Perspektive waren Proteine und Nukleinsäuren »Dokumente der Evolutionsgeschichte«, die all die Information enthielten, die man benötigte, um Homologien aufzuspüren, die Phylogenie nachzuzeichnen, die wichtigen evolutionären Ereignisse datieren zu können und Vorläufer-Makromoleküle aus weit zurückliegender Vergangenheit zu rekonstruieren. Dadurch, dass sie die Aufmerksamkeit auf die genetische Information richteten, die in der linearen Sequenz der Aminosäuren enthalten war, betonten Zuckerkandl und Pauling nicht nur eine besondere Teilmenge evolutionärer Probleme, sondern sie grenzten auch gezielt ein, was für die molekulare Evolution zentral werden sollte (Morgan 1998; Sommer 2008).

Trotz eines anfänglichen Interesses, Fragen der Evolution von Proteinstrukturen und -funktionen zu untersuchen, wurde dieses potenziell fruchtbare Forschungsgebiet in der Molekularbiologie, die während der späten 1950er Jahre aufkam, marginalisiert. Heute halten Biologen die Idee genetischer Information für selbstverständlich, doch die Biochemiker, die als erste Proteine sequenzierten, arbeiteten mit einer ganz anderen Perspektive, in der nicht Information, sondern Struktur betont wurde (Chadarevian 1996). Wie wir sehen werden, war diese Verschiedenheit der Perspektiven eine Ursache für erhebliche Spannungen zwischen den experimentell arbeitenden Biochemikern und den neu hinzugekommenen, molekular orientierten Evolutionsbiologen, die den Gedanken molekularer Information in ihrer Arbeit vollständig umsetzten. Unter Zugrundelegung der Idee, dass Proteine evolutionäre Information tragen, verglichen Zuckerkandl und Pauling Aminosäuresequenzen des Sauerstoff transportierenden Proteins Myoglobin und verschiedener Hämoglobinketten. Sie kamen zu dem Schluss, dass die Ähnlichkeiten und Unterschiede darauf hindeuteten, dass alle Globine durch einen Vorgang der Genverdoppelung von einem gemeinsamen Urmolekül abstammten. Da sie annahmen, dass Mutationen mit einer relativ konstanten Geschwindigkeit auftreten, benutzten sie die Sequenzunterschiede als eine molekulare Uhr, um den Zeitpunkt zu datieren, zu dem sich verschiedene Globine auseinanderentwickelt hatten. Die Idee einer molekularen Uhr wurde zu einem der wichtigsten Konzepte in der molekularen Evolution, auch wenn die Einzelheiten, wie die Uhr funktionierte, umstritten blieben (Morgan 1998). Zuckerkandl und Pauling nahmen ursprünglich an, die natürliche Auslese sei der Grundmechanismus für die molekulare Evolution, doch die molekulare Uhr wurde bald enger mit der neutralen Theorie molekularer Evolution verknüpft, wie sie Motoo Kimura, Thomas Jukes und Jack King entwickelten. Sequenzdaten aus Dayhoffs Atlas spielten bei der Entwicklung der neutralen Theorie eine wichtige Rolle und dienten als zentrales Bindeglied zwischen der neuen molekularen Evolution und der klassischen Populationsgenetik (Dietrich 1994; Suarez/Barahona 1996).

Das Denken unter dem Aspekt der makromolekularen Information lieferte auch eine wichtige konzeptuelle Brücke zwischen der Untersuchung von Sequenzen und dem Einsatz von Computern. Dayhoff und andere Daten verarbeitende Biologen waren, was nicht überrascht, von den Ideen Zuckerkandls und Paulings stark angezogen. Sollten Proteine wirklich »Dokumente der Evolutionsgeschichte« sein, dann würden Computer sehr schnell unverzichtbare Werkzeuge ihrer Entzifferung werden. Als Wissenschaftler die Sequenzen eines Proteins wie des Cytochroms C von unterschiedlichen Spezies verglichen, erzeugten sie eine riesige Zahl möglicher phylogenetischer Bäume. Zur Evaluierung der Tausende oder Millionen von Alternativen und zur Bestimmung der wahrscheinlichsten Möglichkeit wurden Computer benötigt. Die Entwicklung von Programmen zur Erschließung von Phylogenien aus Sequenzdaten wurde zu einem Hauptschwerpunkt in der molekularen Evolution und molekularen Systematik – und häufig zum Anlass einer Kontroverse (Felsenstein 2004).

Die neue Perspektive von Zuckerkandl und Pauling war zwar für Dayhoff und andere Daten verarbeitende Biologen interessant, doch bei vielen Evolutionsbiologen und experimentell arbeitenden Biochemikern stieß sie auf Kritik. Die traditionell eingestellten Evolutionsbiologen fanden die Idee einer molekularen Uhr simplistisch, und sie zweifelten an der Validität phylogenetischer Schlussfolgerungen, die auf der Basis des Vergleichs von Aminosäuresequenzen gezogen wurden (Morgan 1998; Sommer 2008). Ihre Kritik betraf auch die neutrale Theorie der molekularen Evolution, weil durch sie die Rolle der natürlichen Auslese minimiert wurde (Dietrich 1994; Suarez/Barahona 1996). Einige experimentell arbeitende Biochemiker standen der neuen molekularen Evolution ebenso kritisch gegenüber. Der Vergleich von Sequenzen zur Erstellung von Stammbäumen wich vom Interesse von Sanger und anderen experimentellen Biochemikern ab, die Proteinfunktionen in einem mechanistischen und größtenteils nicht-evolutionären Kontext untersuchten. Aus dieser Sicht schien die neue molekulare Evolution an eine nicht-experimentelle Tradition der Naturgeschichte anzuknüpfen. Es ist daher wohl nicht verwunderlich, wenn Zuckerkandl und Pauling klagten (1965), ihre Forschung treffe nicht bloß bei den traditionell denkenden Evolutionsbiologen auf Skepsis, die bezweifelten, ob Sequenzen zur Beantwortung wichtiger Fragen der Evolution brauchbar wären, sondern die Skepsis schlüge ihnen auch von Seiten experimentell arbeitender Biochemiker entgegen, die Evolutionsforschung für »zweitrangige« Naturwissenschaft hielten.

Die Spannung zwischen den experimentellen Biochemikern, die Aminosäuresequenzen aufklärten, und den Spezialisten der molekularen Evolution und Daten verarbeitenden Biologen, die Sequenzdaten verwendeten, um Antworten auf Fragen der Evolution zu finden, hatte weitreichende Konsequenzen. Obwohl Dayhoffs *Atlas of Protein Sequence and Structure* bewundert und vielfach verwendet wurde, blieb sein wissenschaftlicher Status zweideutig. Aus der Sicht experimentell arbeitender Biochemiker war das Sammeln von Sequenzen, die andere entdeckt hatten, keine Grundlagenforschung, sondern glich mehr dem Anlegen naturgeschichtlicher Sammlungen oder reiner Verwaltungsarbeit (Strasser 2008). Institutionen der Forschungsförderung zögerten unter anderem aus diesem Grund mit der Finanzierung von Dayhoffs Atlas und weiterer früher Datenbestände. Im Rückblick kritisierten einige Wissenschaftler, die bürokratische Trägheit habe in der Frühphase molekularer Datenbanken wachstumsbremsend gewirkt (Smith 1990). Damit kleine molekulare Datenbanken, die von einzelnen Wissenschaftlern unterhalten wurden, zu großen, öffentlich finanzierten Online-Datenbanken werden konnten, bedurfte es einer Konstellation technischer, wissenschaftlicher und sozialer Faktoren, die nicht vor Ende der 1970er Jahre zustande kam (Strasser 2008).

GenBank und die Entstehung der Bioinformatik

Gegen Ende der 1970er Jahre waren die DNA-Sequenzierungstechniken so weit perfektioniert worden, dass sie einen raschen Zustrom neuer Molekulardaten versprachen. Die Revolution der Mikrocomputer und der Computernetzwerke trug ebenfalls zu dem Eindruck bei, man müsse auf nationaler und internationaler Ebene dringend zentrale Datenbanken einrichten. Genauso wichtig war der Umstand, dass jüngere Biologen, die mit Computern aufgewachsen waren, nun auch höhere akademische Abschlüsse für eine Forschung bekamen, die schon die Daten verarbeitende Biologie und das Datenbankmanagement beinhaltete. Die fachliche Spezialisierung in der Bioinformatik verkörperte einen gewaltigen Gegensatz zur ersten Generation der Daten verarbeitenden Biologen, die normalerweise in den experimentellen Naturwissenschaften ausgebildet waren und sich das Programmieren selbst beigebracht hatten (Doolittle 2000; Bairoch 2000). Diese Kombination von Computernetzwerken, großen Online-Datenbanken und einer wachsenden Zahl spezialisierter Fachleute führte schließlich zu der gegenwärtigen Situation, in der rechnerische Methoden für die Evolutionsforschung eine zentrale Rolle spielen. Nehmen wir beispielsweise die explosionsartige Vermehrung der Hilfsprogramme für die phylogenetische Analyse, die aus einer Handvoll Mitte der 1960er Jahre entwickelter Programme hervorgegangen sind. Der Fachmann für molekulare Evolution Joel Felsenstein führt heute auf seiner Website eine Liste von 386 Programmen, mit denen sich verschiedene Formen der phylogenetischen Analyse durchführen lassen.

Das eigentliche explosionsartige Anwachsen der bei GenBank und anderen Datenbanken gespeicherten Sequenzen ist vornehmlich während der letzten anderthalb Jahrzehnte erfolgt – ein Zeitraum, in dem das Wachstum nahezu exponentiell verlief. Die zahllosen Genomprojekte, die für dieses Wachstum größtenteils verantwortlich sind, machen völlig neue Ansätze zur Erforschung der molekularen Evolution möglich, da anstelle einzelner Gene ganze Genome verglichen werden können (Wolfe/Li 2003). Doch so beeindruckend diese Entwicklungen auch sein mögen, dürfen dabei keinesfalls die Kontinuitäten übersehen werden, die von der frühesten Datenbankforschung in den 1960er Jahren bis in die Gegenwart reichen. Fragen zur Phylogenie, molekularen Uhr, Genverdoppelung, zu neutralen Mutationen und zur Rolle der natürlichen Auslese, die in den 1960ern erstmals gestellt wurden, sind heute noch fruchtbare Forschungsgebiete in der molekularen Evolution.

Literatur

Bairoch, Amos (2000): »Serendipity in Bioinformatics, the Tribulations of a Swiss Bioinformatician through Exciting Times!«. In: Bioinformatics Vol. 16, Nr. 1: 48–64.

Benson, Dennis A./Karsch-Mizrachi, Ilene/Lipman, David J./Ostell, James/Wheeler, David L. (2008): »GenBank«. In: Nucleic Acids Research Vol. 36, Nr. 1: 25–30.

Chadarevian, Soraya de (1996): »Sequences, Conformation, Information: Biochemists and Molecular Biologists in the 1950s«. In: Journal of the History of Biology 29: 361–386.

Dayhoff, Margaret O./Eck, Richard V./Chang, M. A./Souchard, M. R. (1965): Atlas of Protein Sequence and Structure. Silver Spring.

Dietrich, Michael R. (1994): »On the Origins of the Neutral Theory of Evolution«. In: Journal of the History of Biology 20: 21–59.

Doolittle, Russell F. (2000): »On the Trail of Protein Sequences«. In: Bioinformatics Vol. 16, Nr. 1: 24–33.

Felsenstein, Joseph (2004): Inferring Phylogenies. Sunderland.

Hagen, Joel B. (2000): »The Origins of Bioinformatics«. In: Nature Reviews Genetics Vol. 1, Nr. 3: 231–236.

Hine, Christine (2008): Systematics as Cyberscience: Computers, Change, and Continuity in Science. MIT Press.

Lenoir, Timothy (1999): »Shaping Biomedicine as an Information Science«. In: Mary E. Bowden/Trudi Bellardo Hahn/Robert V. Williams (Hg.): Proceedings of the 1998 Conference on the History and Heritage of Science Information Systems. Medford, 27–45.

Morgan, Gregory J. (1998): »Emile Zuckerkandl, Linus Pauling, and the Molecular Evolutionary Clock, 1959–1965.« In: Journal of the History of Biology 31: 155–178.

Ross, Sage (i.E.): »How Sequences Became Simple: Proteins and Evolution before Molecular Evolution«. In: Journal of the History of Biology.

Smith, Temple F. (1990): »The History of the Genetic Sequence Databases«. In: Genomics Vol. 6, Nr. 4: 701–707.

Sommer, Marianne (2008): »History in the Gene: Negotiations between Molecular and Organismal Anthropology«. In: Journal of the History of Biology 41: 473–528.

Strasser, Bruno J. (2008): »GenBank – Natural History in the 21st Century?« In: Science 322: 537–538.

Strasser, Bruno J. (i.E.): »Collecting, Comparing, and Computing Sequences: The Making of Margaret O. Dayhoff's Atlas of Protein Sequence and Structure«. In: Journal of the History of Biology.

Suarez, Edna and Ana Barahona (1996): »The Experimental Roots of the Neutral Theory of Molecular Evolution«. In: History and Philosophy of the Life Sciences 18: 55–81.

Wolfe, Kenneth H./Li, Wen-Hsiung (2003): »Molecular Evolution meets the Genomics Revolution«. In: Nature Genetics Supplement 33: 255–265.

Zuckerkandl, Emile and Linus Pauling (1965): »Evolutionary Divergence and Convergence in Proteins«. In: Vernon Bryson (Hg.): Evolving Genes and Proteins. New York, 97–166.

Joel B. Hagen (Übersetzung: Karin Wördemann)

9. Mathematik und Statistik

Eine bis heute weitverbreitete Annahme besteht darin, dass die Lebenswissenschaften im Vergleich zu den physikalisch-chemischen Wissenschaften einen geringeren Gehalt an mathematischen Theorien aufweisen und dass die mathematischen Theorien, die es in den Lebenswissenschaften doch gibt, einen eingeschränkteren Anwendungsbereich haben, also weniger allgemein sind. Diese Sicht, die sich auch in der »klassischen« Hierarchie der Wissenschaften niederschlägt, nach der Biologie letztendlich als angewandte Chemie und Chemie als angewandte Physik gilt, ist ein Erbe des Positivismus des 19. Jahrhunderts und entspricht keineswegs mehr der faktischen Realität. Die Biologie des 21. Jahrhunderts – und hier vor allem die Evolutionsbiologie – zeichnen sich durch einen signifikanten Anteil an mathematischen Theorien und Modellen aus.

Tatsächlich können wir bei den verwendeten mathematischen Methoden eine Annäherung zwischen den physikalischen und den Lebenswissenschaften beobachten. Dies erklärt sich vor allem dadurch, dass in beiden Gebieten heute die Analyse sogenannter komplexer Systeme im Vordergrund steht. Komplexe Systeme zeichnen sich durch einen hohen Grad an Wechselwirkungen sowie nicht-linearen Effekten aus. Dadurch ist es oft nicht möglich, solche Systeme direkt mathematisch zu beschreiben; an die Stelle der mathematischen Formalisierung tritt daher im Wesentlichen die computergestützte Simulation. Computersimulationen werfen aber, obgleich sie aus der heutigen Wissenschaft und Technik nicht mehr wegzudenken sind, auch eine Reihe von epistemologischen und methodologischen Problemen auf, die weit über das vergleichsweise einfache Verhältnis von theoretischer Voraussage und experimenteller Verifikation hinausgehen (Mitchell 2009).

In diesem Beitrag sollen die Bedeutung mathematischer Modelle und Methoden sowie der Statistik bzw. der computergestützten Simulation für die gegenwärtige Evolutionsbiologie beschrieben und die vielschichtigen historischen Bezüge zwischen diesen beiden Gebieten nachgezeichnet werden.

Die konzeptuellen und mathematischen Abstraktionen der Evolutionsbiologie

Die Evolutionstheorie ist eine der tragenden Theorien der Naturwissenschaft. Ihr Anwendungsbereich, der sich durch die Gültigkeit ihrer fundamentalen Prozesse und der sie beschreibenden mathematischen Gleichungen ergibt, reicht weit über die traditionellen Gebiete der biologischen Evolution hinaus und schließt soziale, kulturelle, technische und physikalische Systeme mit ein. Die Evolutionstheorie ist also keineswegs eine »bloße Theorie«, wie das ihre Gegner von US-amerikanischen Kreationisten bis hin zu radikalkonstruktivistischen Kulturwissenschaftern mitunter behaupten. Vielmehr sind die wesentlichen Teile der Evolutionstheorie – die Verwandtschaft der Organismen, der Artwandel, die phänotypischen Transformationen, die Rolle der natürlichen Selektion als Evolutionsmechanismus etc. – vielfach empirisch belegt. Evolution ist daher ebenso wenig oder ebenso viel eine »Konstruktion« wie die Gravitation.

Es ist natürlich richtig, dass die Evolution ein historischer Prozess ist, somit eine klar vorgegebene temporäre Dimension hat, und dass, wie in jedem komplexen historischen Prozess, Zufälle und Kontingenzen eine bedeutende Rolle spielen. Zeit ist deshalb innerhalb des Evolutionsprozesses nicht reversibel. Daraus folgt, dass die mathematische Behandlung des Evolutionsgeschehens nicht neutral gegenüber dem Vektor der Zeit ist, wie das z. B. in der klassischen Mechanik noch der Fall ist, aber schon auf die Thermodynamik nicht mehr zutrifft. Daraus wird oft der Einwand abgeleitet, dass es in der Evolutionstheorie unmöglich sei, Vorhersagen zu treffen. Dies wiederum bedeute dann, dass der wissenschaftliche Gehalt der Evolutionstheorie von minderer Qualität sei.

Dem ist entschieden zu widersprechen, denn Kritiken dieser Art basieren auf einem Unverständnis der fundamentalen formalen Struktur der Evolutionstheorie. Die Evolutionstheorie hat im Wesentlichen zwei Dimensionen. Zum einen beschreibt sie den historischen Prozess der Entwicklung des Lebens auf diesem Planeten unter der gut begründeten Annahme, dass lebende Systeme einen (oder wenige) Ursprünge aus präbiotischen organischen Molekularsystemen haben und dass alle danach entstandenen, vielfältigen Lebensformen miteinander genealogisch verbunden sind. Daraus lässt sich eine Reihe von konkreten Hypothesen über die Beziehungen der Organismen zueinander ableiten und auch anhand von empirischen Daten und formalen Modellen testen.

Zum anderen beinhaltet die Evolutionstheorie eine Reihe von konkreten Mechanismen, die den Prozess der Transformation lebender Systeme beschreiben. Dazu gehören neben der natürlichen Selektion auch eine Reihe weiterer Evolutionsmechanismen, wie z. B. die neutrale Evolution basierend auf der Gendrift, symbiotische Prozesse und auch die komplexen Prozesse der Individualentwicklung, welche ja die aller Evolution zugrunde liegende Variation erst hervorbringen. Dabei kommt der natürlichen Selektion eine (historisch wie formal) besondere Stellung zu (Mayr 1982; Roughgarden 1979).

Die formalen Grundlagen der natürlichen Selektion sind im Grunde ganz einfach. Jede Population, die mehr Nachkommen produziert, als in der nächsten Generation überleben können, in der sich die Individuen in ihren Fähigkeiten, die vorhandenen Ressourcen zu nutzen, unterscheiden und die diese Fähigkeiten zumindest zum Teil an ihre Nachkommen vererben, unterliegt der natürlichen Selektion. Das bedeutet, dass jene Individuen, die entweder mehr Nachkommen produzieren, oder deren Nachkommen eine bessere Chance haben zu überleben und damit ebenfalls Nachkommen zu produzieren – beides Eigenschaften, die wir mit dem Begriff der Fitness oder Tüchtigkeit beschreiben – in der nächsten Generation in größerer Anzahl vertreten sein werden. Kumulativ bedeutet das, dass in einer Population jene Individuen, deren Merkmale ihnen eine höhere Fitness verleihen, zunehmen. Damit ändern sich die Verteilungen von Merkmalen in Populationen dahingehend, dass jene, die ihren Trägern Vorteile im ›Lebenskampf‹ bieten, erhalten bleiben, zumindest so lange bis diese selbst durch neue, bessere Varianten verdrängt werden. Als Resultat dieses Prozesses sind die Organismen an ihre jeweilige Umwelt angepasst. Und da diese sich immer verändert, ist die natürliche Selektion ein konstanter Prozess in der Natur (Hartl/Clark 2007; Roughgarden 1979).

Die mathematische Theorie der natürlichen Selektion

Alle diese genannten Eigenschaften und Mechanismen der natürlichen Selektion lassen sich recht einfach quantifizieren und bilden damit die Grundlage der mathematischen Beschreibung des Evolutionsprozesses. Die Variation innerhalb von Populationen kann als Verteilung bestimmter Merkmale beschrieben werden, vor allem der Fitness, und die Vererbung als Heritabilität. Letztere ist ein Maß der Ähnlichkeit zwischen Eltern und ihren Nachkommen, genau genommen die Regression des Mittelwerts des Elternphänotyps mit dem der Nachkommen. Damit lässt sich der Selektionsvorgang dahingehend quantifizieren, dass für einen gegebenen Selektionsdruck die Veränderung des phänotypischen Mittelwertes vorausgesagt werden kann. Diese ist durch die einfache Beziehung

R (*selection response*) = S (*selection pressure*) × h^2 (Heritabilität)

gegeben. Diese Gleichung ist die Grundlage der quantitativen Genetik sowie der Tier- und Pflanzenzucht. Natürlich basiert diese Gleichung auf vielen konkreten Annahmen und nicht alle Systeme lassen sich so einfach beschreiben, aber im Theoriengebäude der Evolutionsbiologie hat diese Beziehung doch einen ähnlichen Stellenwert wie Newtons Gravitationsgesetz in der Mechanik. Neben der Beziehung zwischen Selektionsdruck und Selektionsreaktion gibt es noch einige weitere einfache fundamentale Gleichungen, die das gegenwärtige Verständnis des Evolutionsprozesses prägen (Falconer 1989).

Dazu gehört R. A. Fishers fundamentales Theorem der natürlichen Selektion, welches besagt, dass die Rate, mit der die Fitness eines Organismus zunehmen kann, äquivalent zu der in der Population vorhandenen Variation in der Fitness ist. Diese zunächst sehr abstrakt anmutende Formulierung bedeutet kurz gesagt Folgendes: Ohne Variation innerhalb einer Population gibt es keine Evolution, und die Größe eines möglichen Evolutionssprungs – gemessen als Zunahme der Fitness – ist direkt proportional zur vorhandenen Variation. Ein weiteres Korollar ist, dass die mittlere Fitness einer Population immer zunimmt, solange es Variation in der Population gibt, und dass damit Evolution überhaupt stattfindet. In diesem Sinn beschreibt Fishers Fundamentaltheorem auch die temporäre Gerichtetheit des Evolutionsprozesses (Fisher 1930).

Die evolutionäre Spieltheorie stellt einen weiteren wichtigen Schritt in der formalen Analyse des Selektionsprozesses dar (vgl. auch Artikel IV.9. Ökonomik). Hier stellte sich ursprünglich die Frage, welche Verhaltensstrategien sich innerhalb von bestimmten Populationen durchsetzen können. Ausgangspunkt für diese Überlegungen war die Frage, wie altruistisches Verhalten in einer von natürlicher Selektion geprägten Welt entstehen und sich durchsetzen kann. Darwin hatte diesen Sachverhalt als eine der noch ungelösten Schwierigkeiten seiner Theorie identifiziert. Wie kann man im Rahmen einer Theorie der natürlichen Selektion Verhalten erklären, das anderen nützt, einem selbst aber schadet? Worin läge der evolutionäre Vorteil eines solchen Verhaltens? Die mathematische Evolutionstheorie – vor allem jene des britischen Evolutionsbiologen William Hamilton – fand dafür vor etwa 40 Jahren eine formale Lösung: Ein Gen für solch ein Verhalten kann sich durchsetzten, wenn die Kosten eines Individuums, die ihm durch sein Verhalten entstehen, geringer sind als die Partizipation am Nutzen, den Verwandte aus dem altruistischen Verhalten haben. Der Nutzen muss also mit einem Verwandtschaftskoeffizienten multipliziert werden, der ein Maß für die Wahrscheinlichkeit darstellt, mit der das vom altruistischen Verhalten profitierende Individuum Träger desselben Gens ist. Diese Beziehung, die heute als Hamiltons Regel bekannt ist, zeigt auf, dass altruistisches Verhalten nicht im Widerspruch zur Theorie der natürlichen Selektion steht. Darauf aufbauend entwickelte sich die evolutionäre Spieltheorie, die u. a. die universelle Replikatorgleichung hervorbrachte, die als die allgemeine Formulierung der natürlichen Selektion gelten kann (Sigmund 2010).

Die Details dieser und weiterer mathematischer Modelle und Theorien der Evolutionsbiologie sind formal anspruchsvoll und sprengen den hier vorgegebenen Rahmen. Die historischen Entwicklungslinien und die wichtigsten konzeptuellen Annahmen, welche die Entstehung der mathematischen Evolutionstheorie erst ermöglichten, lassen sich jedoch aufzeigen. Dazu müssen wir in die Zeit der Veröffentlichung von *On the Origin of Species* im Jahr 1859 zurückgehen.

Die Geschichte mathematischer Theorien der Evolution

Darwins Argument beginnt mit der Beobachtung, dass es in allen natürlichen Populationen Variation bezüglich anatomischer Merkmale und Verhalten gibt, die er als die wichtigste und unabdingliche Voraussetzung für die natürliche Selektion bezeichnete. Mit der Frage, wie sich die beobachtete Variation quantifizieren und messen lässt, beschäftigte sich seit der Aufklärung die Statistik, die im 18. Jahrhundert zur Erfassung von Daten über menschliche Populationen eingesetzt wurde. Darwin selbst verwendete – abgesehen von einfachsten Zählungen – keine statistischen Methoden. In der Biologie war es vielmehr sein Cousin Francis Galton, der sich dieser mathematischen Technik bediente und diese auch weiterentwickelte. In einem für die frühe Geschichte der mathematischen Evolutionsbiologie ikonisch gewordenen Bild ließ Galton ein ganzes Regiment der britischen Armee nach Körpergröße geordnet antreten, um von einem Dach aus die Gauss'sche Normalverteilung festzustellen.

Galton ging es jedoch nicht nur um die Quantifizierung der Variation innerhalb einer Generation; viel wichtiger war es ihm, die Vererbung der Variation zu beschreiben, denn darauf baute die Evolutionstheorie auf. Doch dabei gab es ein Problem: Die im späten 19. Jahrhundert noch weitverbreitete Vorstellung der Vermischung der Erbfaktoren, die sogenannte »blending inheritance,« würde nämlich dazu führen, dass die Variation mit jeder Generation abnimmt. Es müsste also einen Mechanismus geben, der in jeder Generation aufs Neue Variation generiert. Einen solchen Mechanismus postulierte Darwin mit seiner Theorie der Pangenesis, die besagte, dass im Laufe des Individuallebens erworbene Eigenschaften vererbt werden können. Diese Theorie stellte sich jedoch u. a. durch von Galton durchgeführte Experimente als falsch heraus. Das Problem der Beschreibung der Vererbung insbesondere von quantitativen Merkmalen blieb aber bestehen, solange Mendels schon 1866 gewonnenen Erkenntnisse über die Verteilung von Erbfaktoren von Eltern auf Nachkommen nicht aufgenommen wurden.

Dennoch gelang Galton eine formale Beschreibung quantitativer Vererbung. Dazu maß er quantitative Merkmale – wie z. B. die Körpergröße von Elternpaaren und ihren Nachkommen – und stellte die Mittelwerte grafisch dar (die Elternwerte auf der x- und die Nachkommenwerte auf der y-Achse). Dabei entdeckte er die sogenannte Regression zum Populationsmittel. Das bedeutet, dass Nachkommenmittelwerte nie völlig mit den Elternmittelwerten identisch sind, sondern zum Populationsmittelwert hin abweichen (Kinder kleiner Eltern sind dann tendenziell größer, Kinder von großen Eltern kleiner). Damit hatte Galton zwar ein Maß für die Erblichkeit gefunden, welches man heute als Heritabilität bezeichnet, aber noch keine Lösung für das Problem der »verschwundenen Variation« (Jahn 1998; Olby 1985; Provine 1971).

Ungefähr zur selben Zeit, als Galton seine statistischen Überlegungen anstellte und dabei *en passant* die Grundlagen der Populationsstatistik weiterentwickelte, intensivierte sich auch die experimentelle Beschäftigung mit dem Vererbungsproblem. Dabei ging es vermehrt um die Frage, welches die materiellen Grundlagen des Erbmaterials sind. Nach der Beschreibung des Befruchtungsvorgangs als Fusion von Ei- und Spermienzelle durch Oscar Hertwig im Jahr 1875 war bald klar, dass dafür entweder das Zytoplasma oder der Zellkern in Frage kommen. Durch aufwendige experimentelle Studien gelang es Theodor Boveri und anderen 1902, die Chromosomen als Träger der Erbinformation zu identifizieren. Damit waren zu Beginn des 20. Jahrhunderts die möglichen Substanzen der Vererbung zumindest eingegrenzt. Die restlose Klärung dieser Frage gelang 1953 James Watson und Francis Crick mit der Identifizierung der Struktur der DNA als Doppelhelix (Sturtevant 2001).

Schon zwei Jahre vor Boveris und Suttons Entdeckung wurden die bereits 1866 erstmals publizierten Mendelschen Gesetzte wiederentdeckt, und zwar dreimal unabhängig voneinander. Durch diese (Wieder-)Entdeckung löste sich das Problem der »verschwindenden Variation«. Denn Mendels Gesetze gehen von stabilen Erbfaktoren aus, die sich nicht miteinander vermischen und deren Vererbungsmuster sich durch das beobachtete Verhalten der Chromosomen erklären ließ. Innerhalb der Vererbungswissenschaft – 1906 führte William Bateson den Terminus »Genetik« ein – kam es bald zu zwei voneinander weitgehend unabhängigen Forschungsrichtungen: der experimentellen Erforschung der Erbsubstanz und der Genwirkungen, und der mathematisch-statistischen Beschreibung der Vererbungsregeln innerhalb der Populations- und quantitativen Genetik. Letztere war maßgeblich an der Entwicklung der formalen Theorie des Evolutionsprozesses beteiligt (dazu auch Olby 1985).

Eines der wesentlichen Probleme der Evolutionstheorie um 1900 war die Frage, ob der Evolutionsprozess graduell oder sprunghaft abläuft. Beide Positionen waren durch Beobachtungen untermauert. So wusste man von vielen Züchtungsstudien, dass künstliche Selektion quantitative Merkmale graduell verändern kann. Andere Beobachtungen – vor allem jene von spontanen Mutationen in Blütenfarben und -formen – legten einen sprunghaften und in diskreten Schritten ablaufenden Evolutionsprozess nahe. Diese Debatten führten zur Kontroverse zwischen Mendelianern, die diskrete Evolutionsschritte postulierten, und Biometrikern, die für graduelle Evolutionsprozesse eintraten. Da experimentelle Daten zu dieser Zeit diesen Streitpunkt nicht entscheiden konnten – vor allem weil man noch nicht wusste, wie die postulierten Gene oder Faktoren zur Ausprägung von Merkmalen beitrugen –, verlegte sich die Diskussion hauptsächlich auf die Ebene mathematischer Modelle und statistischer Analysen. Fisher gelang es schließlich mathematisch zu zeigen, dass eine relativ kleine Anzahl additiv wirkender diskreter Gene die kontinuierliche und graduelle statistische Verteilung quantitativer Merkmale in einer Population erklären kann. Zum Beispiel ergibt sich die beobachtete Normalverteilung der Körpergröße (ein kontinuierlich variierendes Merkmal) aus der Annahme von fünf bis sieben unabhängigen Genen, von denen jedes zwei diskrete Varianten oder Allele aufweist, sowie der zusätzlichen Hypothese, dass deren Wirkung additiv sei (dazu auch Provine 1971).

Diese und andere Einsichten stellten den Beginn der mathematischen Evolutionstheorie dar. Die Grundannahmen der mathematischen Modelle des Evolutionsprozesses waren einfach, anschaulich und zumindest teilweise empirisch abgesichert. Dazu gehörten die Annahme einer Population (diese konnte klein oder groß sein) und voneinander unabhängiger Gene, die in diskreten Varianten oder Allelen vorkamen. Jedes Individuum war dann durch einen bestimmten Genotyp charakterisiert, der die Summe aller Genvarianten darstellte. Und für jeden Phänotyp nahm man weiter an, dass er einem bestimmten Fitnesswert entsprach. Seit fast hundert Jahren liefert dieser mathematische Zugang wichtige Erkenntnisse zur Evolutionstheorie, und zwar vor allem dadurch, dass man die jeweiligen Grundannahmen fortwährend der empirisch beobachteten Realität anpasste oder noch weitere Faktoren (z.B. Migration und Genfluss, oder nichtlineare, sog. epistatische Genwirkungen) berücksichtigte (Roughgarden 1979).

Die Moderne Synthese der 1930er und 1940er Jahre wäre ohne die Erkenntnisse und konzeptuellen Grundlagen der mathematischen Populationsgenetik nicht denkbar gewesen. Mathematische Modelle waren die Basis für die Integration verschiedener empirischer Disziplinen. In der Folge kam es zu einer Phase produktiver Wechselwirkungen zwischen empirischer und theoretischer Forschung. Dabei standen Studien zur Artbildung im Zentrum, wobei die Parameter der Populationsgröße und des Genflusses besondere Aufmerksamkeit erhielten sowie die Frage, wie viel genetische Variation in natürlichen Populationen vorkommen kann.

Unter der Annahme, dass sich die meisten natürlichen Populationen in einer Form von Gleichgewicht befinden und an ihre jeweilige Umwelt angepasst sind, kann man bezüglich des Vorhandenseins genetischer Variation folgende Vorhersagen machen: Unter stabilisierender Selektion sollte das Ausmaß der vorhandenen genetischen Variation hauptsächlich vom Mutations-Selektionsgleichgewicht abhängen; d.h. in jeder Generation entstehen neue Mutationen, die alsbald von der natürlichen Selektion wieder eliminiert werden. Das Ausmaß der erwarteten genetischen Variation lässt sich also theoretisch bestimmen. Als es möglich war, die tatsächlich vorhandene genetische Variation bestimmter Populationen festzustellen, zuerst durch Gelelektrophorese auf der Ebene der Proteine, später auch durch Sequenzierung der DNA, fand man jedoch heraus, dass es mehr genetische Variation gab, als die Modelle erwarten ließen (Hartl/Clark 2007).

Die Lösung dieses Problems kam von zwei Seiten, die schließlich in der neutralen Theorie der Evolution zusammengefasst wurden. Es zeigte sich, dass die genetische Variationsbreite sich nicht in einer entsprechenden phänotypischen Variation abbilden muss. Denn zum einen machte die Entschlüsselung des genetischen Codes 1965 klar, dass dieser redundant ist, d. h. dass in vielen Fällen mehr als ein DNA-Triplet die gleiche Aminosäure kodiert. Des Weiteren führt auch nicht jede Substitution einer Aminosäure zu einer Änderung in entweder der Struktur des Proteins oder dessen Funktion. In beiden Fällen spielen daher stochastische Prozesse eine wesentliche Rolle. Es handelt sich um neutrale Variation, bei der es nicht die natürliche Selektion ist, die die zugrunde liegende Dynamik bestimmt; vielmehr sind es Zufallsfluktuationen, die das Schicksal einzelner Varianten entscheiden. Diese Dynamik kann jedoch statistisch gut vorausgesagt werden. Ähnliches trifft auch auf kleine effektive Populationsgrößen zu, d. h. auf Populationen, in welchen relativ wenige Individuen ihre Gene in die nächste Generation weitergeben. Hier können Selektionsprozesse von stochastischen Prozessen überlagert werden.

Die neutrale Theorie der molekularen Evolution, die hauptsächlich von dem japanischen Biologen Motoo Kimura (1983 und 1994) entwickelt wurde, erfasste diese stochastischen Prozesse und bedeutete damit eine wesentliche Erweiterung im theoretischen Verständnis der Evolutionsprozesse. Sie stand auch am Anfang einer bis heute sehr aktiven Forschungsrichtung der molekularen Evolution. Seit Mitte der 1960er Jahre begann man zunehmend die Evolution molekularer Merkmale zu studieren, zuerst von Proteinen, später auch von Genen und vor allem Genomen. Dabei spielen auch technologische Entwicklungen eine bedeutende Rolle, die hier aber außerhalb der Betrachtung bleiben müssen.

Abschließend sollten zwei Einsichten aus dieser »Molekularisierung« der Evolutionsbiologie behandelt werden: die molekularen Uhren und die regulatorischen Entwicklungssysteme im Genom.

Die Entdeckung der molekularen Uhren ist eine direkte Konsequenz der neutralen Theorie der Evolution und ihrer mathematischen Modelle sowie der Einsicht, dass unterschiedliche Regionen des Genoms unterschiedliche Evolutionsgeschwindigkeiten aufweisen. Basierend auf diesen Einsichten war es möglich, verschiedene mathematische Modelle zu entwickeln, die es erlauben, aus dem direkten Vergleich von DNA-Sequenzen verschiedener Arten deren evolutionäre Distanz zu berechnen. Damit spielen mathematische und statistische Verfahren heute auch in der Rekonstruktion von Stammbäumen und der evolutionären Geschichte eine wichtige Rolle. Im Wesentlichen zählt man die Anzahl der Sequenzunterschiede und wählt ein der biologischen Realität entsprechendes Modell und Kalibrationsverfahren. Dabei muss von Computerprogrammen z. B. ab einer gewissen Anzahl von Jahren oder Generationen nach der phylogenetischen Aufspaltung der verglichenen Arten auch die Möglichkeit von Rückmutationen berücksichtigt werden.

Schließlich haben die evolutionäre Entwicklungsbiologie und die Analyse komplexer Systeme das Repertoire mathematischer Modelle in der Evolutionsbiologie noch einmal ganz außerordentlich erweitert. Die Annahme, dass sich Genotypen in einfacher Weise auf Phänotypen abbilden lassen, ist Einsichten in die Rolle der Organisation des Genoms und der darauf basierenden regulatorischen Entwicklungssysteme in der phänotypischen Evolution gewichen. Eine relativ kleine Anzahl von Genen (sog. Transkriptionsfaktoren) kontrollieren durch eine Vielzahl regulatorischer Interaktionen die Expression aller Gene in Raum und Zeit. Weitere Ebenen der regulatorischen Logik schließen sich an diese Interaktionen an, die die koordinierte Expression verfeinern. Dazu gehören microRNA Moleküle ebenso wie eine Reihe von epigenetischen Kontrollmechanismen. Solche Gen-Netzwerke lassen sich mit Methoden der Graphentheorie beschreiben, die Logik der Regulation wird u. a. durch Boolsche Operatoren gefasst, und für komplexe Systeme im Allgemeinen hat sich ein neues Gebiet der angewandten Mathematik, die Komplexitätstheorie, herausgebildet. Auf einer noch fundamentaleren Ebene versucht man heute, die der gesamten Biologie zugrunde liegende Logik innerhalb von formalen Systemen wie dem λ-Kalkulus zu analysieren (Davidson 2006).

Die Evolutionstheorie und mit ihr die gesamte Biologie haben in den letzten 150 Jahren fast unglaubliche Forstschritte gemacht. Diese waren sowohl empirischer Natur – das biologische Detailwissen hat heute kaum mehr nachvollziehbare Dimensionen erreicht – wie auch theoretischer Natur. Dazu gehört auch, dass die Biologie des 21. Jahrhunderts in vieler Hinsicht eine theoretische und mathematische Wissenschaft geworden ist. Der Nobelpreisträger Walter Gilbert hat das wohl am besten ausgedrückt, als er sagte, dass in der Zukunft der Anfang aller biologischen Forschung theoretischer Natur sein wird. Damit ist die Biologie wohl endgültig in den Olymp der fundamentalen Naturwissenschaften aufgestiegen.

Literatur

Davidson, Eric H. (2006): The Regulatory Genome: Gene Regulatory Networks in Development and Evolution. Burlington (Mass.).
Falconer, Douglas S. (1989): Introduction to Quantitative Genetics. New York.
Fisher, Ronald A. (1930): The Genetical Theory of Natural Selection. Oxford.
Hartl, Daniel L./Clark, Andrew G. (2007): Principles of Population Genetics. Sunderland (Mass.).
Jahn, Ilse (1998): Geschichte der Biologie: Theorien, Methoden, Institutionen, Kurzbiographien. Jena.
Kimura, Motoo (1983). The Neutral Theory of Molecular Evolution. Cambridge/New York.
Kimura, Motoo (1994): Population Genetics, Molecular Evolution, and the Neutral Theory: Selected Papers. Chicago.
Mayr, Ernst (1982): The Growth of Biological Thought: Diversity, Evolution, and Inheritance. Cambridge (Mass.).
Mitchell, Melanie (2009): Complexity: A Guided Tour. Oxford/New York.
Olby, Robert C. (1985): Origins of Mendelism. Chicago.
Provine, William B. (1971): The Origins of Theoretical Population Genetics. Chicago.
Roughgarden, Joan (1979): Theory of Population Genetics and Evolutionary Ecology: An Introduction. New York.
Sigmund, Karl (2010): The Calculus of Selfishness. Princeton.
Sturtevant, Alfred H. (2001): A History of Genetics. Cold Spring Harbor (N.Y.).

Manfred D. Laubichler

10. Fossilien

Frühe Interpretationen

Das Leben, von den ersten selbstreplikativen organischen Makromolekülen bis hin zu den mobilen höheren Tiergruppen, hinterließ und hinterlässt für uns lesbare Spuren. Diese Spuren, die Fossilien, sind wie in einem Archiv in den Gesteinsablagerungen der Erdzeitalter konserviert. Im Deutschen waren bis in die Mitte des 20. Jahrhunderts zwei Begriffe gebräuchlich, um die Überreste und Spuren von Organismen in den Gesteinsablagerungen zu bezeichnen. Der heute kaum mehr übliche Begriff »Petrefakt« nimmt direkten Bezug auf den Vorgang der Erhaltung; ein Petrefakt ist eine Versteinerung. Mit dem älteren Begriff »Fossil« bezeichnet man im Lateinischen (*fodere*, »graben«) ganz allgemein etwas Ausgegrabenes, Gefördertes. In Agricolas *De natura fossilium* (1546) und in Conrad Gesners *De omni rerum fossilium genere* (1565), dem ältesten gedruckten Buch mit Fossilabbildungen, waren Fossilien ganz allgemein noch Dinge, die man ausgrub. Der organismische Ursprung vieler in diesen Werken beschriebener Formen war den Autoren des 16. Jahrhunderts nicht offensichtlich. Die Ähnlichkeit der im Gestein gefundenen Muscheln, Zähne und Knochen mit lebenden Organismen und deren Körperteilen war Ausdruck einer Welt, die voll war von Doppelsinnigkeiten und Zeichen Gottes. Noch bis weit hinein ins 17. Jahrhundert offenbarte sich die Welt den Menschen vor allem durch eine emblematische Sprache, durch Ähnlichkeiten und Chiffren, geheimnisvolle Zeichen. Die Beschreibung und Abbildung der »Fossilien« galt daher in erster Linie ihrem symbolischen Wert (Rudwick 1970, 18 f.); die Frage nach dem Ursprung der beschriebenen Dinge hatte eine geringe Relevanz und wurde auch sehr unterschiedlich beantwortet. Gerade dort, wo die Erhaltung der Fossilien schlecht oder wo eine Ähnlichkeit mit heute lebenden Organismen nur schwer erkennbar war, sah man die Fossilien als zufälliges Spiel der Natur, als *lapides sui generis* (»Steine eigener Art«), wie bei Martin Lister in der *History of English Animals* (1678), als Zeugen eines *spiritus plasticus* (»bildender Geist«) wie z. B. in Athanasius Kirchners *Mundus Subterraneus* (1664), oder entstanden durch spezifische Samen im Gestein wie bei Johann C. Schweiger in *De ortu lapidum* (1665). Ein unmittelbar organischer Ursprung war nur dort naheliegend, wo die Fossilien besonders gut erhalten waren und wo sie den heute lebenden Organismen am ähnlichsten waren, wie beispielsweise in den Tertiärablagerungen des Mittelmeerraumes.

So konnte Nicolaus Steno die Fossilien der Toskana, in erster Linie Haifischzähne und Muskengehäuse, in *De Solido* (1669) als Relikte einstiger Lebewesen interpretieren. In England beschrieb zur selben Zeit Robert Hook in *Lectures and Discourses of Earthquakes* Fossilien als versteinerte Spuren einst lebender Organismen und Agostino Scilla behandelte in *La Vana Speculazione Disingannata Dal Senso* (1670) die versteinerten Muscheln, Seeigel und Haifischzähne aus seiner Heimat Sizilien und Malta als Zeugen einer biblischen Flut. Obwohl es zweifellos ältere Berichte gibt, in denen Fossilien als Spuren einer vorzeitlichen Flut interpretiert wurden (siehe z. B. in Mayor 2000, 211; Gould 2002), sind die Arbeiten Hooks, Stenos und Scillas aus dem späten 17. Jahrhundert wichtig und neu, weil in ihnen erstmals explizit und ausschließlich der Frage nach der Entstehung der Fossilien nachgegangen wurde.

Dort, wo man Fossilien, die weit im Landesinneren gefunden wurden, als Überreste von Meerestieren wie Muscheln und Haien interpretierte, gewannen sie potenziell eine Bedeutung als Zeugen der biblischen Flut. Dies stellte besonders im 18. Jahrhundert eines der wichtigsten Motive für das Studium der Fossilien dar (Rudwick 1972). Vom Wunsch, in den Fossilien Zeugen der biblischen Flut zu sehen, legt beispielsweise das Skelett eines känozoischen Amphibiums Zeugnis ab, welches Johann Jakob Scheuchzer im Jahr 1725 als *Homo diluvii testis*, als Überreste eines während der Flut ertrunkenen Menschen interpretierte.

Dokumente der Erdgeschichte

Mit Stenos Werk, popularisiert durch John Woodwards *Essay toward a Natural history of the Earth* (1695), wird die horizontale Schichtung der Gesteine als Folge eines geschichtlichen Vorgangs begriffen. Die rasanten Fortschritte im Verständnis geologischer Vorgänge ab der zweiten Hälfte des 18. Jahrhunderts machten bald deutlich, dass es zur Ablagerung von tausende Meter mächtigen Gesteinsschichten größerer Zeiträume bedarf, die den biblischen Rahmen von einigen Tausend Jahren deutlich sprengen (Hölder 1960, 431 f.; Rossi 1987, 107–120; Rudwick 2005). Damit gewannen Fossilien zunehmend an Bedeutung als Dokumente einer bis dahin unvorstellbar langen Geschichte der Erde. Gottfried Wilhelm Leibniz' *Protogaea* (1749) oder Georges-Louis Leclerc de Buffons *Les époques de la nature* (1788) sind maßgebliche frühe Rekonstruktionen der Erdgeschichte, in denen Fossilien als wichtige Dokumente herangezogen wurden. Mit der Entwicklung der historischen Geologie wurde »[d]ie Erd-Rinde […] ein grosses Buch; ihre Schichten sind die Blätter desselben, Versteinerungen die Buchstaben des Alphabets« (Heinrich G. Bronn, *Untersuchungen über die Entwickelungs-Gesetze der organischen Welt*, 1858, 75).

Die Beobachtung des vertikalen Wechsels der fossilen Formen in den Gesteinsabfolgen und die horizontale Vergleichbarkeit gewisser Formen führten im frühen 19. Jahrhundert zur Leitfossilkunde. Ein Pionier der Leitfossilkunde war der britische Geologe und Autodidakt William Smith, Autor der ersten kompletten geologischen Karte Großbritanniens (*Strata Identified by Organized Fossils*, 1815). Smith nutzte bereits seit den 1780er Jahren Fossilien, um das relative Alter der Gesteine zu bestimmen. Smiths Arbeit, die anfangs kaum finanzielle Unterstützung und Anerkennung bekam, wurde bald richtungsweisend. Im Zuge der Industrialisierung, die die Kohleschürfung, den Kanal- und Straßenbau vorantrieb, wurden neue Einsichten in die Ablagerung der Schichten gewonnen, und die geologische Forschung begann sich im Vereinigten Königreich zu institutionalisieren (die Geological Society of London wurde 1807, der Geological Survey 1832 gegründet). In Frankreich veröffentlichten Georges Cuvier und Alexandre Brongniart unter ganz anderen institutionellen und theoretischen Vorraussetzungen (beide waren Professoren am Pariser Muséum national d'histoire naturelle) bereits 1808 das *Essai sur la géographie minéralogique des environs des Paris*, in dem sie den Wert der Fossilien als geologische Zeitmarker erkannten und herausstellten. Im deutschen Sprachraum begründete Ernst Friedrich von Schlotheim die Leitfossilkunde mit den *Beyträgen zur Naturgeschichte der Versteinerungen in geognostischer Hinsicht* (1817).

Bis heute ist die Erforschung der relativen Abfolge der Fossilien in den Gesteinen eine der wichtigsten Methoden der Stratigrafie, der zeitlichen Einordnung der Gesteinsfolgen. Die Kenntnis der Fossilien gehört daher für die Geologen zum grundlegenden Handwerk, und die wissenschaftliche Erforschung von Fossilien, das Fachgebiet der Paläontologie, ist traditionell den geologischen Wissenschaften angegliedert. In der Stratigrafie sucht man nach Schichten, welche sich an geografisch verschiedenen Orten im gleichen Zeitabschnitt abgelagert haben. Das Erstauftreten und das Verschwinden der Organismen in den Gesteinen sind jedoch immer in gewisser Weise diachron und lückenhaft. Daher bleibt die Leitfossilkunde auf ergänzende Methoden angewiesen, um Isochronen, zeitgleiche Schichten, zu bestimmen. Obwohl solche Isochronen heute oftmals anhand von Isotopensignalen und der Abfolge der Meeresspiegeländerungen bestimmt werden können, zählt die relative Altersbestimmung der Sedimente anhand von Fossilien noch immer zu den verlässlichsten und genauesten Methoden.

Dokumente der Evolution

Mit der Zunahme des Wissens über das Vorkommen der Fossilien wurde also im Laufe des 18. Jahrhunderts sichtbar, dass in verschiedenen Erdzeitaltern unterschiedliche Organismen vorkommen. Damit zeugen Fossilien nicht nur von der Geschichte der Erde, sondern sie erzählen, als Überreste einst lebender Organismen, von der Geschichte des Lebens. Als Cuvier 1825 seine *Discours sur les révolutions de la surface du globe* veröffentlichte, wurde er noch heftig für seine Feststellung kritisiert, dass viele der fossil überlieferten Lebewesen heute längst ausgestorben sind. Lamarck hatte demgegenüber angenommen, dass sich die Organismen im Laufe der Zeit wandeln, und in der *Philosophie zoologique* (1809) eine Theorie zur Transformation der Arten formuliert. Er führte dazu aber keine Hinweise aus dem Fossilbericht an. Bronn dokumentierte schließlich mit seinen *Untersuchungen* (1858) in eindrucksvoller Detailarbeit, dass und wie sich die Lebewesen in der Erdgeschichte wandelten. Trotz der Fülle der von Bronn angeführten Daten war für Darwin in *Über die Entstehung der Arten* (1859) die Divergenz der Arten im Fossilen, wie er in zwei langen Kapiteln argumentiert, nur schwer sichtbar. Die Sprunghaftigkeit der überlieferten Formen und das Fehlen von Bindegliedern zwischen den lebenden Arten sah er als eine Folge der lückenhaften geologischen Überlieferung. Der heftige Widerstand gegen Darwins Theorie von Paläontologen wie Louis Agassiz in Amerika und Richard Owen in England hing auch damit zusammen, dass die Entstehung neuer Arten nur schwer im Fossilbericht nachvollziehbar war und ist. Gerade wegen dieser Schwierigkeiten war eine der wichtigsten Aufgaben, die der Paläontologie von der Biologie seit Darwin zugesprochen wurde, die fehlenden Bindeglieder zwischen den Arten, die »missing links«, zu finden (vgl. Mayr, 2005, 32–34), und die Stammesgeschichte der Organismen und deren Verwandtschaftsverhältnisse wurden über lange Zeit in erster Linie mit Fossilien rekonstruiert.

Heute ist die Kladistik (die phylogenetische Systematik, vgl. Artikel II.5. Jenseits des Neodarwinismus) die gängige Methode, um die Verwandtschaftsverhältnisse der Organismen zu analysieren und damit ihre Stammesgeschichte zu rekonstruieren. Damit kann heute im Extremfall bei der Rekonstruktion der Evolution der lebenden Organismen ganz auf Fossilien verzichtet werden. Zudem versprechen molekularbiologische Methoden eine zunehmende Unabhängigkeit vom Fossilbericht. In jüngerer Zeit zeigte sich jedoch, dass mit dem Einbeziehen von Fossilien in die Verwandtschaftsanalyse der lebenden Organismen unverzichtbare Informationen gewonnen werden können. Keine molekularbiologische Rekonstruktion der Stammesgeschichte kommt zudem ohne Fossilien aus, mit denen die molekularen Uhren geeicht werden. Deutlich wird die große Bedeutung der Fossildaten besonders in der gegenwärtigen Diskussion um die tiefen Verwandtschaftsverhältnisse der Tierstämme (z. B. Peterson et al. 2008).

Paläobiologie

Mit Cuviers *Leçons d'anatomie comparée* (1798–1805) wurden Fossilien erstmals den lebenden Organismen gleichgestellt, wenn es darum ging, den Organisationsplan der Lebewesen zu erfassen. Cuviers Methode der vergleichenden Anatomie erklärte die Organismen als einheitliches Ganzes, welches bestimmten Organisationsprinzipien, wie beispielsweise der reibungslosen Funktion der Organe, unterworfen ist. Bereits der Zeitgenosse Cuviers und erste Geologieprofessor an der Universität Oxford, William Buckland, leitete darüber hinaus z. B. die Lebensweise von Hyänen anhand fossiler Überreste in britischen Höhlen ab. Das Forschungsfeld wurde anfänglich von Louis Dollo (1909) als Palethologie, später als Paläobiologie (Othenio Abel, *Grundzüge der Palaeobiologie der Wirbeltiere*, 1912) bezeichnet. In der Paläobiologie untersucht man Fossilien im Kontext ihrer Ablagerungsräume und der Fossilgemeinschaften und schließt so auf die Lebensweise der einstigen Organismen. Anhand der erhaltenen Merkmale der Fossilien wird auf die Funktion und die Anpassung der einzelnen Organe geschlossen. Damit konnten wiederum mögliche Regeln der Evolution und schließlich deren Mechanismen erkannt werden. Aus der Geschichte bekannte paläobiologische Regeln sind beispielsweise das Dollosche Gesetz von der Unumkehrbarkeit der Entwicklung von 1893 oder Copes Regel von der sukzessiven Größensteigerung in den Stammesreihen (Edward Drinker Cope, *The primary factors of organic evolution*, 1896).

Viele Paläontologen sahen bis zur Etablierung der Synthetischen Evolutionstheorie in der Mitte des 20. Jahrhunderts in den von ihnen gefundenen evolutiven Mustern den Ausdruck einer Regelhaftigkeit und Gerichtetheit der Evolution. Der Paläontologe Henry Fairfield Osborn vertrat beispielsweise die Idee der Orthogenese, einer der Evolution intrinsischen Tendenz zur Vervollkommnung. In Deutschland war Otto Schindewolfs (*Grundfragen der Paläontologie*, 1950) antidarwinistische Typostrophen-Theorie einflussreich. Demnach verliefe die Evolution in regelhaften Phasen, in welchen sich die Stammesreihen entfalten, stabilisieren und schließlich aussterben.

George G. Simpson (*Tempo and Mode of Evolution*, 1944) zeigte jedoch, dass der Fossilbericht im Einklang mit den richtungslosen, unregelmäßigen Verzweigungsmustern steht, die von den Mechanismen der Populationsgenetik zu erwarten sind, und lieferte damit einen grundlegenden Beitrag für die Moderne Synthese. Damit wurde aber auch die bis dahin wichtige Praxis der Paläobiologie abgelehnt, aus den Mustern des Fossilberichts auf Evolutionsmechanismen zu schließen. Dies änderte sich erst wieder mit den Arbeiten von Niles Eldredge und Stephen Jay Gould, die in den 1970ern die zeitlichen Muster evolutionärer Veränderungen untersuchten und erneut feststellten, dass neue Arten oftmals abrupt und ohne erkennbare Zwischenglieder in den geologischen Ablagerungen erscheinen. Mit ihrer Theorie des punktuierten Gleichgewichtes (*punctuated equilibrium*) erklärten sie das sprunghafte Auftreten neuer Arten in den Gesteinsschichten mit dem schnellen, lokal begrenzten und fossil nicht belegten evolutionären Entstehen von Arten (Eldredge/Gould 1972). Sie kehrten damit die Argumentation Darwins um, das Fehlen der Übergangsformen sei allein der Lückenhaftigkeit der Überlieferung geschuldet, und entwarfen ein evolutionäres Szenario von Stasis (Stillstand) und punktuierten Veränderungen.

Eldredge und Goulds Theorie hatte zur Konsequenz, dass der Fossilbericht für die Erforschung der Evolutionsmechanismen wieder interessant wurde. Denn wenn sich neue Arten punktuiert in gewissen Zeiträumen bilden und dann über geologische Zeiträume lange stabil bleiben, heißt das, dass Arten und nicht ausschließlich Populationen von Individuen der Selektion ausgesetzt sind. Dies stand im Gegensatz zu den Anschauungen, die mit der Modernen Synthese vertreten wurden, wo evolutionäre Prozesse generell als hinreichend durch Prozesse auf der Populationsebene erklärbar galten. Seit den Arbeiten von Eldredge und Gould diskutieren Paläontologen wieder verstärkt makroevolutionäre Vorgänge, Prozesse also, welche nicht von der Populationsebene extrapolierbar sind und nur in geologischen Zeiträumen sichtbar werden. Da die Erforschung makroevolutionärer Prozesse das Erfassen von komplexen Mustern von Fossilvorkommen in Zeit und Raum verlangt, gewinnen quantitative Methoden und Modelle in der Paläontologie zunehmend an Bedeutung. Diese Entwicklung drückt sich auch in der Gründung neuer Zeitschriften, wie *Paleobiology* im Jahr 1975, aus.

Eines der großen Projekte der gegenwärtigen Paläontologie ist der Versuch, alle fossil überlieferten Taxa in einer Datenbank zu erfassen und globale Diversitätstrends über geologische Zeiträume zu ermitteln. Begonnen wurde das ambitionierte Projekt von einer Arbeitsgruppe um Jack Sepkoski (*Kinematic model of Phanerozoic taxonomic diversity*, 1979). Es wird heute als weltweiter Zusammenschluss von vielen Forschern in Form einer Paleobiology Database fortgesetzt. Die Interpretation der sich abzeichnenden globalen Diversitätstrends blieb von Anfang an kontrovers. Die ursprüngliche Gruppe von Forschern um Sepkoski und von der Paleobiology Database sehen Diversitätstrends, die auf globale Gleichgewichtszustände zulaufen, die also logarithmischen Sättigungskurven ähneln. Im Gegensatz dazu versteht z. B. Steven Stanley (2007) die globale Biodiversität als im steten explosiven Wachstum.

Die Bemühungen um eine Rekonstruktion der globalen Diversitätsentwicklung zeigen einen grundsätzlichen Wandel in der jüngeren Paläontologie an. Heute wird immer häufiger die Evolution fossiler Organismen-Gemeinschaften untersucht und vergangene Ökosysteme werden rekonstruiert. Die Erforschung der Existenz und die möglichen Mechanismen der Makroevolution sind zentrale Forschungsinhalte des Faches (vgl. Sonderband der Zeitschrift *Palaeontology*, Januar 2007; Sepkoski/Ruse 2009). Das Interesse an den Mustern des Fossilberichtes spiegelt die derzeitigen Debatten in der Ökologie und der Evolutionsbiologie wider. Darin geht es um die Bedeutung neuer, von der Modernen Synthese wenig beachteter Evolutionsmechanismen wie z. B. Veränderungen in der Embryonalentwicklung der Organismen und die Rolle ökologischer Netzwerke. Die tiefenzeitliche Dimension der Paläontologie führt hier zur Entstehung grundsätzlich neuer Konzepte von der Evolution der Organismen in Raum und Zeit.

Literatur

Eldredge, Nils/Gould, Stephen J. (1972): »Punctuated Equilibria: an Alternative to Phyletic Gradualism«. In: Thomas J. Schopf (Hg.): Models in Paleobiology. San Francisco, 82–115.
Gould, Stephen J. (2002): »A Renaissance Victory for the Dual Alessandro«. In: Paleobiology Vol. 28, Nr. 3: 304–307.
Hölder, Helmut (1960): Geologie und Paläontologie in Texten und ihrer Geschichte. Freiburg.
Mayor, Adrienne (2000): The First Fossil Hunters. Paleontology in Greek and Roman Times. Oxford.
Mayr, Ernst (2005): Das ist Evolution [What Evolution Is, 2001]. München.
Peterson, Kevin J./Cotton, James A./Gehling, James G./Pisani, Davide (2008): »The Ediacaran Emergence of Bilateralians: Congruence between the Genetic and the Geological Fossil Record«. In: Philosophical Transactions of the Royal Society B Nr. 363: 1435–1443.
Rossi, Paolo (1987): The Dark Abyss of Time. The History of the Earth and the History of Nations from Hooke to Vico. Chicago.
Rudwick, Martin, J. S. (1972): The Meaning of Fossils. Episodes in the History of Palaeontology. London.
Rudwick, Martin, J. S. (2005): Bursting the Limits of Time: the Reconstruction of Geohistory in the Age of Revolution. Chicago.
Sepkoski, David/Ruse, Michael (2009) (Hg.): The Paleobiological Revolution: Essays on the Growth of Modern Paleontology. Chicago.
Stanley, Steven M. (2007): »An Analysis of the History of Marine Animal Diversity«. In: Paleobiology Vol. 33, Nr. 4: 1–55.

Björn Kröger

11. Modellorganismen

Die Lebenswissenschaften des 19. und 20. Jahrhunderts zeichnen sich durch zwei gänzlich verschiedene epistemologische Grundannahmen bezüglich ihres Umgangs mit Organismen aus. Zum einen gibt es eine Reihe von Forschungsprogrammen, die sich vor allem mit der Vielfalt der Organismen beschäftigen und diese unter verschiedenen Gesichtspunkten ordnen und analysieren. Dem stehen zum anderen die Forschungsansätze der experimentellen Biologie gegenüber, die anhand einer kleinen Anzahl sogenannter Modellorganismen die komplexen Prozesse des Lebens studieren. Diese beiden Zugänge der wissenschaftlichen Erforschung der lebenden Natur brachten auch unterschiedliche Konzepte, theoretische Modelle und Erklärungsstrategien hervor, die zusammen die Vielfalt der gegenwärtigen Biologie ausmachen (s. a. Mayr 1982; Kohler 1994).

Im Spannungsfeld zwischen den vergleichenden, beschreibenden und historischen und den kausalanalytischen Forschungsprogrammen der Biologie nahm die Evolutionsbiologie seit jeher eine Sonderrolle ein. So basiert ein überwiegender Anteil der Evidenz innerhalb der Evolutionsbiologie auf vergleichenden und beschreibenden Methoden – von der Paläontologie bis zur vergleichenden Genomanalyse –, während der Erklärungsanspruch im Wesentlichen kausal ausgerichtet ist. Es soll nicht nur die Stammesgeschichte rekonstruiert, sondern diese auch anhand konkreter kausaler Faktoren erklärt werden (Mayr 1982).

Daher verfügt die Evolutionsbiologie auch über ein großes Repertoire an experimentellen Methoden und Experimentalsystemen, weshalb der oft vorgebrachte Einwand, die Evolutionsbiologie sei keine experimentelle Wissenschaft und ihre Erklärungen seien deshalb nicht ebenso glaubwürdig wie jene der »harten« experimentellen Wissenschaften, schon lange nicht mehr greift. Ganz im Gegenteil, die besondere Rolle der Evolutionsbiologie als gleichzeitig historische wie auch kausal-analytische Wissenschaft macht sie in vielerlei Hinsicht zum Modell für andere Wissenschaften komplexer Systeme, die mit ähnlichen Problemen der Historizität, der Kontextabhängigkeit und der Nichtlinearität zu tun haben.

Diesen Wissenschaften gemein ist auch, dass sie vermehrt auf computergestützte Simulationen als Erkenntnismethode setzten. Die Simulation dient dabei sowohl als ein Experimentalsystem – es werden die Auswirkungen von kontrollierten Veränderungen einzelner Parameter untersucht –, wie auch als Erklärung in dem Sinn, dass damit historische Prozesse rekonstruiert werden können und – in beschränktem Ausmaß – auch Vorhersagen möglich sind. Auf einer fundamentalen theoretischen Ebene allerdings existiert eine noch wesentlich tiefere Verbindung zwischen der Computerwissenschaft und der (Evolutions-)Biologie. Zum einen sind lebende Systeme informationsverarbeitende Systeme, die überdies maßgeblich von »Programmen« gesteuert werden, die im Wesentlichen einer digitalen Logik folgen. Zum anderen setzten sich in der Computerwissenschaft zunehmend Methoden durch, die mehr oder weniger direkt aus der Biologie abgeleitet wurden. Es sei hier nur auf die neuronalen Netze oder die genetischen Algorithmen verwiesen. Das führt zu einer Konvergenz von Lebens- und Computerwissenschaft, die wiederum eine ganze Reihe von noch nicht wirklich verstandenen epistemologischen Problemen aufwirft. Eine Konsequenz dieser Entwicklung sind hybride wissenschaftliche Forschungsprogramme wie z. B. »Artificial Life«, die »synthetische Biologie« und auch die »Systembiologie«. Insofern diese neuen Disziplinen etwas zum Verständnis der Rolle der Modellorganismen in der Evolutionsbiologie beitragen, werden sie uns später noch beschäftigen.

Die Epistemologie der Evolutionsbiologie und die Rolle der Modellorganismen

Die konzeptuellen Grundannahmen der Evolutionstheorie sind eigentlich recht einfach und haben eine solide empirische Basis. Evolution durch natürliche Selektion findet immer dann statt, sobald unterschiedlicher Reproduktionserfolg durch Variation in erblichen Merkmalen bedingt ist. Daraus leitet sich dann die These ab, dass auf lange Zeiträume gesehen diese Veränderungen zur Entstehung neuer Arten und der beobachtbaren Vielfalt des Lebens führen. Es stellt sich allerdings die Frage, wie man im Rahmen dieser Annahmen zu gesicherten empirischen Erkenntnissen kommt. Wie verifiziert man z. B. konkrete Hypothesen über die Verwandtschaftsbeziehungen bestimmter Arten? Oder wie misst man den Reproduktionserfolg bestimmter Varianten über lange Zeiträume, so dass man Zufallsfluktuationen ausschließen kann? Dafür braucht man ein geeignetes experimentelles System, das es erlaubt, die nötigen Messungen durchzuführen. Eine wesentliche Eigenschaft experimenteller Systeme ist ihre Standardisierbarkeit. Nur so kann ausgeschlossen werden, dass keine anderen Faktoren die gewonnen Resultate beeinflussen können. Die Standardisierung biologischer Systeme ist allerdings nicht einfach und zu einem bestimmten Grad sogar unmöglich. Biologische Systeme sind zu komplex und haben zu viele Variationsgrade, als dass sie sich einfach normieren ließen. Weitere Probleme sind mehr praktischer Natur und beziehen sich auf Fragen der experimentellen Manipulierbarkeit, der Verfügbarkeit, der Generationendauer oder auf die Schwierigkeit, bestimmte Organismen im Labor zu halten und zu züchten. Grundsätzlich gilt, dass sich Elefanten nicht für Evolutionsexperimente eignen, Bakterien und Fruchtfliegen jedoch schon. Andererseits sind die Fragen, die man anhand von Studien an Bakterien und Fruchtfliegen beantworten kann, doch etwas eingeschränkt (Kohler 1994).

Dieses Problem führt zu einer der fundamentalsten epistemologischen Fragen der Evolutionsbiologie überhaupt: Trifft es zu, dass – wie Jacques Monod (1971) postulierte – das, was für $E.$ $coli$ gilt, auch für den Elefanten gilt? Oder entstehen im Laufe der Evolution neue Organisationsprinzipien, die dann einen zwar eingeschränkten Geltungsbereich, dennoch aber den Status biologischer Gesetzmäßigkeiten haben? Diese Frage lässt sich nicht a priori entscheiden, aber es ist durchaus der Fall, dass die Evolution neue Eigenschaften hervorbringt, die man nicht mit jedem leicht manipulierbaren Experimentalsystem studieren kann, was die Wahl des geeigneten Modellorganismus oder des geeigneten Experimentalsystems in der Evolutionsbiologie entsprechend kompliziert macht.

Modellorganismen in der Evolutionsbiologie

Wie alle wissenschaftlichen Disziplinen hat auch die Evolutionsbiologie ihre Ikonen. Unter den Organismen sind das vor allem die Darwinfinken, die wie kaum eine andere Gruppe von Organismen seit über 150 Jahren das Bild der Anpassung und der Veränderbarkeit der Arten prägen und die sich auch als ein für bestimmte fundamentale Fragen der Evolutionsbiologie außerordentlich geeignetes Experimentalsystem erwiesen (wobei es in vielen Fällen die veränderlichen Umweltbedingungen der Galapagosinseln waren, die die Rolle des Experimentators einnahmen). Eine zweite wichtige Gruppe von Modellorganismen fristet in den Gefrierschränken in Richard Lenskis Labor in Ann Arbor, Michigan, ihr Dasein. Es handelt sich hierbei um die Nachkommen von 12 identischen Kolonien des Bakteriums *Escherichia coli*, die nun schon seit über 50.000 Generationen verschiedenen Selektionsregimen ausgesetzt werden. Im Folgenden sollen diese beiden Gruppen von Organismen kurz vorgestellt werden.

Darwins Finken

Die Bedeutung der auf den Galapagosinseln lebenden Darwinfinken für die populäre Darstellung der Evolution ist bekannt (obwohl diese für Darwin selbst nur eines von vielen Elementen in seinem »langen Argument« waren). Es handelt sich dabei um eine Gruppe von Arten, deren letzte gemeinsame Vorfahren vor 2–2,5 Millionen Jahren die neu entstandenen vulkanischen Inseln im Pazifik vor der Küste Ecuadors besiedelten (Grant/Grant 2008). Diese Stammart – ein Grundfink – kam vom Festland und fand eine Reihe von offenen Nischen vor. Es kam dann zu einer adaptiven Radiation, die in verhältnismäßig kurzer Zeit die gegenwärtig 14 Arten hervorbrachte. Diese unterscheiden sich vor allem durch ihre Schnabelform und -größe. Damit erschlossen sie sich unterschiedliche Nahrungsquellen, was auch mit einer Diversifizierung von Verhaltensformen einherging.

Man kann die Galapagosinseln insgesamt als eine Art natürliches Labor der Evolution bezeichnen, in dem sich vor allem die Folgen von Artbildungsprozessen und der Anpassung an diverse ökologische Nischen gut beobachten lassen. Dank ihres ikonischen Status und der Abgelegenheit der Galapagosinseln werden die dort lebenden Arten – und vor allem die Darwinfinken – seit über 70 Jahren genau beobachtet und studiert. Dadurch ließen sich viele der evolutionär bedeutenden Veränderungen dokumentieren und die Beobachtungsdaten zusammen mit Laborstudien zur Physiologie und Genetik der Tiere auswerten.

Von besonderem Interesse sind hier jene Studien, die das Ausmaß und die Geschwindigkeit des evolutionären Wandels und die damit verbundenen Anpassungen an veränderte Umweltbedingungen dokumentieren. Dazu liefert die mathematische Evolutionstheorie Modelle, die alle wichtigen Parameter genau spezifizieren. Die besondere Ökologie der Galapagosinseln zeichnet sich durch eine Abfolge von Trockenzeiten und Jahren mit größerem Regenfall aus. Dadurch verändert sich auch die Zusammensetzung der Nahrung. Dies führt wiederum zu einem relativ starken Selektionsdruck, der in der Lage ist, die Populationsmittelwerte relevanter Merkmale deutlich zu verschieben. Genaue Messungen von Rosemary und Peter Grant über mehr als 30 Jahre haben gezeigt, wie schnell diese Populationen auf solch veränderte Umweltbedingungen reagieren können, wie groß das Ausmaß an genetischer Variation in natürlichen Populationen ist und wie viele Merkmale dabei gleichzeitig verändert werden. Und aufgrund der sich fast zyklisch wiederholenden Veränderungen der Umwelt ist sogar eine eingeschränkte Reproduzierbarkeit dieser natürlichen »Experimente« gegeben.

Neben den Galapagosfinken gibt es noch eine Reihe weiterer Organismen, an denen sich Fragen der Anpassung, der Artbildung und der adaptiven Radiation studieren lassen. Dazu gehören z. B. die Cichliden, eine Gruppe tropischer Fische aus den großen Seen Afrikas, die Stichlinge, die viele der Süßwasserseen Nordamerikas nach der letzten Eiszeit vor 10.000 Jahren kolonialisierten, oder auch die *Drosophila*-Arten Hawaiis. Aber diese Modellsysteme der Evolutionsbiologie ermöglichen nur das Studium relativ kurzer Zeiträume der Stammesgeschichte. Für Darwin und die Vertreter der Modernen Synthese war das kein grundsätzliches Problem, da sie von einem graduellen Prozess der Evolution ausgingen. In diesem Fall würden die Prozesse der Mikroevolution, die sich anhand dieser Organismen studieren lassen, auch die längeren Zeiträume evolutionärer Geschichte erklären. Gegen diese Vorstellung regte sich aber schon kurz nach der Veröffentlichung von *On the Origin of Species* Widerstand. Vor allem Paläontologen interpretierten die Fossiliengeschichte als eine Abfolge von Perioden schnellen Wandels, unterbrochen von Perioden relativer Stasis. Da die Fossiliengeschichte immer schwer zu interpretieren ist, wäre ein Experimentalsystem, das es erlaubt, Evolution über lange Zeiträume hinweg zu studieren, zur Klärung solcher Fragen sehr hilfreich. Und genau solch ein Experimentalsystem gibt es mittlerweile: die *E. coli*-Kolonien von Lenski (dazu auch Blount et al. 2008).

Lenskis *E. coli*-Kolonien

Lenski und seine Mitarbeiter starteten 1988 eine außergewöhnliche Versuchsreihe. Sie unterzogen zwölf identische Kolonien des Bakteriums *E. coli* einem harschen Selektionsdruck und dokumentierten die daraus resultierenden evolutionären Veränderungen bis zum heutigen Tag. Das sind mittlerweile mehr als 50.000 Generationen. Dazu werden in regelmäßigen Abständen Organismen eingefroren, die dann zu späteren Zeitpunkten wieder aufgetaut und mit Nachfolgegenerationen direkt verglichen werden können. Lenskis Experimentalsystem hat einige Vorteile (abgesehen von der Tatsache, dass man *E. coli* einfrieren und zu einem späteren Zeitpunkt sozusagen wieder zum Leben erwecken kann). So ist die Fortpflanzung bei diesen Stämmen strikt asexuell; evolutionärer Wandel kommt also nur durch direkte Mutationen zustande. Damit lassen sich Evolutionsraten in sich nicht vermischenden Genomen ermitteln. Des Weiteren ist das *E. coli*-Genom relativ klein und seine Sequenz sowie auch seine Architektur sind bereits sehr gut bekannt. (Diese Informationen lagen am Anfang des Experiments noch nicht vor, aber die eingefrorenen älteren Kolonien können jetzt mit modernen Methoden untersucht werden.)

Eine der Fragen, die Lenski mit seinem Langzeitexperiment direkt beantworten kann, ist jene nach dem Muster evolutionären Wandels: Ist dieser wirklich mehr oder weniger graduell, oder gibt es dabei doch Perioden schneller Transformation, gefolgt von langen Intervallen der Stasis? Die jetzt zur Verfügung stehenden Daten scheinen die Theorie des »punctuated equilibrium« zu bestätigen (Eldrigde/Gould 1972), jenes »Gleichgewichts« ohne große evolutionäre Veränderung, welches immer wieder von Phasen schnellen Wandels unterbrochen wird. Drei Ergebnisse sind besonders relevant: *Erstens* ist die Geschwindigkeit, mit der eine erfolgreiche Mutation sich in der Population vollständig durchsetzt, relativ langsam. Das bedeutet auch, dass fast jedes Gen in verschiedenen Varianten in einer Population vorhanden ist. *Zweitens* haben sich die verschiedenen Kolonien recht unterschiedlich entwickelt, obwohl sie den gleichen Selektionsbedingungen ausgesetzt wurden. Wenn dieses Resultat auch nicht überrascht, so belegt es doch die Rolle zufälliger oder kontingenter Ereignisse im Evolutionsgeschehen. Und *drittens* finden sich evolutionäre Neuheiten, die in keiner Weise in der Ausgangspopulation vorhanden waren. Im konkreten Fall erwarb ein Stamm die Fähigkeit, Zitrat als Energieträger zu verwenden. Diese Entdeckung demonstriert, dass im Laufe der Evolution völlig neue Merkmale entstehen können. Eine genauere Analyse dieser Entstehung zeigte, dass es sich um einen mehrstufigen Prozess handelte, wobei die ersten Elemente schon 10.000 Generationen vor der Manifestation des Gesamtmerkmals entstanden.

Diese beiden Beispiele machen deutlich, dass die gegenwärtig gut etablierten Modellorganismen und Experimentalsysteme der Evolutionsbiologie durchaus interessante Ergebnisse liefern. Sie eignen sich aber nicht für alle Fragestellungen.

Modellorganismen in der Evolutionären Entwicklungsbiologie

Unter den neuen Entwicklungen innerhalb der Evolutionsbiologie nimmt die Evolutionäre Entwicklungsbiologie (in der amerikanischen Abkürzung auch als »Evo-Devo« bekannt) eine besondere Stellung ein (Laubichler/Maienschein 2007 und 2009). Diese wird von vielen als eine neue Synthese oder gar als eine grundsätzliche konzeptuelle Neuorientierung der Evolutionsbiologie gesehen. Ihre wesentliche Problemstellung ist die Erklärung der phänotypischen Evolution; ihre konzeptuelle Grundlage besteht in der Synthese der mechanistisch-kausalen Erklärung der Individualentwicklung und der populationsdynamischen Sicht der Evolutionsbiologie. Damit vereinigt die evolutionäre Entwicklungsbiologie in bisher noch nicht da gewesener Intensität die experimentelle und die vergleichend-historische Methodologie.

Die grundlegenden konzeptuellen Herausforderungen dieser neuen Synthese sind heute gut verstanden, und es sind bereits einige Durchbrüche gelungen, die sich in neuen Konzepten und Erklärungsstrategien niedergeschlagen haben. Dazu gehören Begriffe wie der genetische Werkzeugkasten (*genetic toolkit*) oder das Konzept der regulatorischen Gen-Netzwerke. Viel schwieriger jedoch ist es, ein genuines empirisches Forschungsprogramm für die evolutionäre Entwicklungsbiologie zu entwickeln, wobei eines der größten Probleme die Frage nach den adäquaten Modellorganismen und Experimentalsystemen ist (Jenner/Wills 2007; Laubichler/Müller 2007; Sommer 2009).

Die Modellorganismen der Entwicklungsbiologie wurden nämlich ursprünglich nicht unter evolutionären Gesichtspunkten ausgewählt, sondern setzten sich in der Entwicklungsbiologie aufgrund ihrer leichten experimentellen Manipulierbarkeit und Standardisierbarkeit durch. Dazu gehören vornehmlich jene Organismen, die von dem US National Institute of Health als Standardorganismen biomedizinischer Forschung sozusagen kanonisiert wurden, so u. a. der Wurm *C. elegans*, die Fruchtfliege *Drosophila melanogaster*, zwei Arten von Hefepilzen, der Zebrafisch, die Maus, die Ratte, das Haushuhn und der Schleimpilz *Dictyostelium discoideum*. Für alle diese Organismen gibt es neben weltumspannenden Forschungsnetzwerken umfassende Datenbanken und auch eine jeweils vollständige Genomsequenz – von den zur Verfügung stehenden Forschungsmitteln ganz zu schweigen. Durch diese Anreize kam es zu einer Konzentration der experimentellen Forschung auf diese eng begrenzte Zahl von Modellorganismen. Die neuen Fragen der Evolutionären Entwicklungsbiologie gehörten allerdings nicht zu diesen Anreizen.

Deshalb gibt es nun aktive Bemühungen innerhalb der Evolutionären Entwicklungsbiologie, eine Reihe von alternativen Modellorganismen zu etablieren. Dazu gehören u. a. Mistkäfer, deren komplexe Geweihe ein interessantes Merkmal darstellen, außerdem soziale Insekten, verschiedene Schmetterlingsarten mit ihrem Flügelmuster, Schildkröten, deren Panzer eine genuine evolutionäre Neuheit ist, und viele andere, vor allem auch sogenannte »primitive«, aber den Wirbeltieren nahe verwandte Arten, die wie z. B. das Lanzettfischchen oder Seescheiden Aufschluss über die Evolution und Entwicklung der Wirbeltiere geben können.

Im Folgenden soll ein schon klassisch gewordenes Experimentalsystem näher betrachtet werden, dem wir einige der wesentlichen Einsichten in die Rolle der genomischen regulatorischen Netzwerke verdanken: die Seeigel. Die Embryonalentwicklung des Seeigels ist eines der am besten untersuchten Phänomene der Biologie. Seit dem späten 19. Jahrhundert studierten Biologen anhand von Seeigellarven die verschiedenen Prozesse der Individualentwicklung – insbesondere an den neu gegründeten meeresbiologischen und zoologischen Forschungsstationen in Neapel, Triest und Woods Hole, Massachusetts. Einige der wichtigsten Erkenntnisse der Biologie, u. a. die Befruchtung des Eis, die Bedeutung des Zellkerns und der Chromosomen in Entwicklung und Vererbung, die regulatorische Entwicklung oder die Rolle sogenannter mütterlicher Faktoren wurden zuerst am Seeigelembryo gewonnen. Viele der bedeutendsten Biologen, wie z. B. der Berliner Anatom und Zellbiologe Oscar Hertwig, der Begründer der modernen Genetik Thomas Hunt Morgan, der Experimentalbiologe und Philosoph Hans Driesch oder der Würzburger Zoologe Theodor Boveri arbeiteten mit Seeigelembryonen als ihrem bevorzugten Experimentalsystem.

Die kumulativen Erkenntnisse von mehr als einem Jahrhundert Forschung an Seeigelembryonen erlauben uns heute tiefe Einsichten in die Prinzipien der Entwicklung mehrzelliger Organismen. Das fundamentale Problem der Individualentwicklung besteht darin, wie es zur geregelten Differenzierung in die unterschiedlichen Zelltypen eines Organismus kommt. Alle Zellen stammen von der befruchteten Eizelle ab und haben ein weitgehend identisches Genom. Verschiedene Zelltypen zeichnen sich jedoch dadurch aus, dass in ihnen jeweils andere Gene aktiv sind. Daraus folgt nun, dass das Problem der Differenzierung letztendlich ein Problem der Regulation der Genexpression ist, d. h. welche Gene, wann und wo eingeschaltet werden.

Die Kontrolle der Genexpression unterliegt einem komplexen Netzwerk von sogenannten regulatorischen Genen und Transkriptionsfaktoren, deren Aufgabe darin besteht, die richtigen Gene zur richtigen Zeit und am richtigen Ort ein- oder auszuschalten. Dieser Vorgang beginnt jedoch schon in der Eireifung im Mutterorganismus. Dabei werden für die Entwicklung wichtige molekulare Substanzen (Proteine und Ribonukleinsäuren) in bestimmten Regionen des Eies deponiert. Diese »maternal effects«-Substanzen steuern nach der Befruchtung die anfänglichen Entwicklungsschritte und aktivieren die ersten Elemente in den komplexen regulatorischen Gen-Netzwerken, die dann die Kontrolle über den Fortgang der Entwicklung übernehmen (Davidson 2006). Diese haben selbst wiederum eine auch für unsere Überlegungen relevante modulare und hierarchische Struktur. Das bedeutet z. B., dass die für die Entwicklung fundamentaler Merkmale – wie etwa der Körperachsen oder der Extremitätenanlagen – wichtigen Elemente auch über große stammesgeschichtliche Zeiträume konserviert sind, während jene Merkmale, die am Ende langer Entwicklungsprozesse stehen, oftmals größere Variabilität aufweisen.

Diese der Individualentwicklung zugrunde liegende regulatorische Logik erlaubt es uns auch, gewisse Vorhersagen über die Konsequenzen von bestimmten Mutationen zu machen. Mutationen in regulatorischen Elementen haben andere Effekte als Mutationen in solchen Genen, die strukturelle Proteine kodieren. Aufgrund der rasch zunehmenden Kenntnis regulatorischer Gen-Netzwerke sind wir nun in manchen Fällen durch gezielte Eingriffe in die Entwicklungslogik bereits in der Lage, einen Organismus sich in einen anderen Organismentyp entwickeln zu lassen, wie es vor mehr als hundert Jahren Theodor Boveri schon als den ultimativen Test eines grundlegend kausal-mechanistischen Verständnisses der Evolutionsprozesse eingefordert hat.

Synthetische Biologie und Synthetische Experimentelle Evolutionsbiologie: Ein neues Paradigma biologischer Forschung

Ist die Evolutionsbiologie also doch eine kausal-mechanistische Wissenschaft? Und welche Rolle spielen neue experimentelle Organismen und Zugänge, wie z. B. die synthetische Biologie und Computersimulationen in diesem Zusammenhang? Diese Fragen beschäftigen derzeit die Avantgarde der Evolutionsbiologie. Dahinter steht auch eine substanzielle konzeptuelle Neuorientierung der Evolutionstheorie, die seit wenigen Jahren an Einfluss gewinnt.

Das kausal-analytische Erklärungsmodell der Biologie, innerhalb dessen Erkenntnisse durch gezielte und reproduzierbare experimentelle Manipulationen gewonnen werden, bedeutet aber implizit auch, dass man idealerweise in der Lage sein sollte, biologische Systeme zu konstruieren. Es verbirgt sich also in diesem Erkenntnisideal eine technizistische Sicht des Lebens. Es war bis dato aber nur in einem sehr begrenzten Umfang möglich, dies auch umzusetzen. Die experimentelle Biologie verfuhr hauptsächlich nach dem Modell: »Wenn man herausfinden will, wie etwas funktioniert, muss man es erst einmal kaputtmachen.« Die Entwicklungsbiologie im Besonderen folgte dieser Methode. Ob nun Wilhelm Roux einzelne Zellen des Embryos gezielt abtötete, Hans Driesch Embryos im Zwei- oder Vierzellenstadium trennte, Hans Spemann embryonale Gewebestücke verpflanzte oder heute einzelne Gene gezielt ausgeschaltet werden (sog. »knock-outs«); alle Methoden folgen der gleichen Logik: Durch Eingriffe in das komplexe Normalgeschehen soll die Funktion einzelner Teile ermittelt werden.

Heute sind aber einzelne Systeme schon so gut verstanden, dass sie gezielt verändert werden können und sich die Konsequenzen solcher Um-Konstruktionen auch weitgehend voraussagen lassen. Dies ist der Anwendungsbereich der synthetischen Biologie, die sich vor allem der Manipulation von Mikroorganismen widmet. Dabei ist es eine Sache, ein Bakterium dahingehend umzubauen, dass es z. B. Insulin produziert und Umweltgifte abbaut, oder einzellige Algen zur erhöhten Produktion von Biosprit zu bringen; es ist jedoch ein ganz anderes Problem, mehrzellige Organismen auf diese Weise, d. h. durch Eingriffe in ihre genomischen Entwicklungssysteme, zu manipulieren. Von den technischen Schwierigkeiten einmal abgesehen, fragt sich allerdings, was diese »Frankensteinbiologie« zum Verständnis der Evolution beiträgt.

Die Antwort auf diese Frage lautet: sehr viel. Vor allem wenn es um das Verständnis von phänotypischer Evolution geht. Dahinter steht ein einfacher logischer Syllogismus. Phänotypische Evolution setzt phänotypische Variation voraus. Jeder Phänotyp ist das Resultat der Individualentwicklung, daher ist jede stabile phänotypische Variation auch das Ergebnis von Veränderungen im Entwicklungssystem. Um also den für Darwin so wichtigen Ursprung der Variation zu verstehen, müssen zuerst die Details der Individualentwicklung verstanden werden – ein Wissen, das aus kontrollierten Manipulationen des Entwicklungssystems gewonnen werden kann. Erste Versuche in diese Richtung, die u. a. wiederum mit Seeigeln durchgeführt wurden, zeigten, dass dieser neue experimentelle Zugang im Prinzip funktioniert. Dabei wurden zuerst die genomischen Netzwerke verschiedener Arten miteinander verglichen und ihre Unterschiede festgestellt. Dann wurden jene genomischen Elemente, die in einer Art fehlten, dort eingebaut und die daraus resultierende Sequenz der Embryonalentwicklung studiert. Es zeigte sich, dass es zu voraussagbaren Veränderungen kam. Damit ist nun ein grundsätzlich neuer experimenteller Zugang zu Fragen der phänotypischen Evolution gewonnen.

Diese experimentellen Methoden sind allerdings sehr aufwendig. Die Logik der Entwicklung – also all die komplexen regulatorischen Gen-Netzwerke, welche die Entwicklung wie auch den Stoffwechsel der Zellen steuern – lässt sich jedoch auch am Computer simulieren, da sich die biologischen Interaktionen leicht in Computercode übersetzen lassen. Daher befasst sich ein weiterer Teil der synthetischen Biologie mit der formalen Repräsentation biologischer Systeme. Auch hier gab es in letzter Zeit substanzielle Fortschritte. Ein Teil dieser Forschung beschäftigt sich mit biologischen Rhythmen. Diese werden u. a. von einem genetischen »Regulator« gesteuert, der über einen relativ einfachen Rückkoppelungsmechanismus verfügt. Zu diesen biologischen Systemen gibt es nun eine ausgereifte mathematische Theorie, die sich ebenfalls leicht in Computersimulationen übertragen lässt. Man kann solche genetischen Schalter aber auch konstruieren und z. B. in ein Bakterium einbauen. Wenn die Schalter mit einem fluoreszenten »marker« versehen werden, lässt sich das Verhalten dieser Elemente am periodischen Aufleuchten der Bakterien leicht beobachten (Eldar et al. 2009). Was an diesem Forschungsfeld besonders interessant ist, ist das Ineinandergreifen von formalmathematischen, Simulations- und experimentellen Methoden.

Die synthetische Biologie wie auch die Systembiologie sind deshalb heute als Hybriddisziplinen zu verstehen, in denen Methoden der experimentellen Biologie, der Computerwissenschaft und der technischen Wissenschaften Hand in Hand gehen. Damit verbunden sind auch völlig neue epistemologische Fragen, die weit über die traditionelle Dichotomie in historische und kausal-analytische Teile der Biologie hinausgehen. Diese konzeptuelle Neuorientierung der Biologie insgesamt betrifft auch die Evolutionstheorie, die nun endgültig zu einer experimentellen, kausal-analytischen Wissenschaft wurde. Damit erweiterte sich aber auch das Repertoire der Modellorganismen in der Evolutionsbiologie. Einige Modellorganismen – wie z. B. die Seeigel – sind schon lang erprobte Veteranen; andere – vor allem jene die »in silico« neu geschaffen werden – haben gerade ihren ersten Auftritt auf der Bühne biologischer Forschung.

Literatur

Blount, Zachary D./Borland, Christina/Lenski, Richard E. (2008): »Historical Contingency and the Evolution of a Key Innovation in an Experimental Population of Escherichia Coli.« In: Proceedings of the National Academy of Sciences Vol. 105, Nr. 23: 7899–7906.

Davidson, Eric H. (2006): The Regulatory Genome: Gene Regulatory Networks in Development and Evolution. Burlington (Mass.).

Eldar, Avigdor/Chary, Vasant K. et al. (2009): »Partial Penetrance Facilitates Developmental Evolution in Bacteria.« In: Nature Vol. 460, Nr. 7254: 510–514.

Eldredge, Niles/Gould, Stephen Jay (1972): »Punctuated Equilibria: An Alternative to Phyletic Gradualism«. In: T. J. M. Schopf (Hg.): Models in Paleobiology. San Francisco, 82–115.

Grant, Peter R./Grant, B. Rosemary (2008): How and why Species Multiply: The Radiation of Darwin's Finches. Princeton.

Jenner, Ronald A./Wills, Matthew A. (2007): »The Choice of Model Organisms in Evo-Devo.« In: Nature Reviews Genetics Vol. 8, Nr. 4: 311–319.

Kohler, Robert E. (1994): Lords of the Fly: Drosophila Genetics and the Experimental Life. Chicago.

Laubichler, Manfred D./Maienschein, Jane (2007): From Embryology to Evo-Devo: A History of Developmental Evolution. Cambridge (Mass.).

Laubichler, Manfred D./Maienschein, Jane (2009): Form and Function in Developmental Evolution. Cambridge/New York.

Laubichler, Manfred D./Müller, Gerd (2007): Modeling Biology: Structures, Behavior, Evolution. Cambridge (Mass.).

Mayr, Ernst (1982): The Growth of Biological Thought: Diversity, Evolution, and Inheritance. Cambridge (Mass.).

Monod, Jacques (1971): Zufall und Notwendigkeit. Philosophosche Grundfragen der modernen Biologie. München.

Sommer, Ralf J. (2009): »The Future of Evo-Devo: Model Systems and Evolutionary Theory.« Nature Reviews Genetics Vol. 10, Nr. 6: 416–422.

Manfred D. Laubichler

12. Gene

Ein richtiges Verständnis von Vererbungsmechanismen scheint eine unabdingbare Voraussetzung jeder Evolutionstheorie zu sein. Umso seltsamer präsentieren sich im Rückblick die historischen Beziehungen zwischen Evolutionsbiologie und Genetik. Während sich der Evolutionsgedanke in der zweiten Hälfte des 19. Jahrhunderts ausbreitete, blieb die Entdeckung von Vererbungsgesetzen durch den Augustinermönch Gregor Mendel weitgehend unbeachtet. Und als dessen 1866 in den *Verhandlungen des Naturforschenden Vereines zu Brünn* erschienener Aufsatz im Jahr 1900 wiederentdeckt und dann von zahlreichen Biologen aufgegriffen wurde, so geschah dies zunächst unter Abwendung von zentralen Annahmen der Darwinschen Evolutionstheorie (Bowler 1983, Kap. 8). Erst in den späten 1930er Jahren gelang es einigen Biologen, allen voran Julian Huxley, Theodosius Dobzhansky und Ernst Mayr, klassische Themen der Evolutionstheorie mit Ergebnissen der mathematischen Populationsgenetik in der Synthetischen oder Neodarwinistischen Evolutionstheorie zusammenzuführen. Heute wiederum steht fest, dass viele Annahmen des Neodarwinismus über die Natur, Wirkungsweise und Weitergabe von Genen nicht mit den Ergebnissen der molekularen Genetik in Einklang stehen (Beurton/Falk/Rheinberger 2000).

Dieses Bild verliert viel von seiner Widersprüchlichkeit, wenn man die Genetik weniger als eine Lehre versteht, die auf dezidierten Aussagen über das Verhältnis von Vererbung, Entwicklung und Evolution aufbaut, sondern vielmehr als ein Instrumentarium, das es überhaupt erst erlaubt, die vielfältigen Beziehungen zu erschließen, die zwischen der Transmission, der Expression und dem evolutionären Wandel von Erbanlagen bestehen. Eine solche Perspektive erlaubt es auch, eine auf den ersten Blick verwirrende Tatsache zu klären, nämlich dass der zentrale Gegenstand der Genetik – das Gen – nie eine allseits akzeptierte Definition erfahren hat. Das Gen blieb vielmehr immer ein »Begriff im Fluss« (Müller-Wille/Rheinberger 2009). Im Folgenden soll ein Abriss der Geschichte der Genetik und des Genbegriffs aus dieser Perspektive gegeben werden, wobei die Folgen dieser Geschichte für unser Verständnis von Evolution im Vordergrund stehen werden.

Genotyp und Phänotyp

Als Wilhelm Johannsen »das Gen« im Jahr 1909 in die wissenschaftliche Literatur einführte, wollte er damit »bloß die einfache Vorstellung« zum Ausdruck bringen, »dass durch ›etwas‹ in den Gameten eine Eigenschaft des sich entwickelnden Organismus bedingt oder mitbestimmt wird oder werden kann« (*Elemente der exakten Erblichkeitslehre*, 124). Über die materielle Grundlage und die Funktionsweise dieser Einheit war damit noch nichts gesagt. Dies entsprach ziemlich genau Mendels Rede von »Faktoren« oder »Elementen« in den Keimzellen, mit der sich ebenfalls keine Aussage über deren Natur verband. Ja, die spärlichen Spekulationen, die sich bei Mendel zu diesem Thema finden lassen, weichen erheblich von den Vorstellungen späterer Genetiker ab (Olby 1979).

Diese Unverbindlichkeit mag überraschen, denn immerhin ist Mendel für die Formulierung von drei »Regeln« bekannt – die Uniformitätsregel, die Spaltungsregel und die Unabhängigkeitsregel – die nahezulegen scheinen, dass genetische Faktoren als diskrete, nicht miteinander in Wechselwirkung stehende Partikel von Generation zu Generation weitergegeben werden. Tatsächlich ging es Mendel und seinen Nachfolgern im 20. Jahrhundert jedoch weniger um die Formulierung allgemeiner Gesetzmäßigkeiten als um den Nachweis, dass sich die Verhältnisse, die die Transmission von Erbanlagen beherrschen, durch Kreuzungsversuche überhaupt einer exakten Analyse unterwerfen lassen. Mendel, so lässt sich sagen, schuf ein Experimentalsystem, in dem Organismen als standardisierte Untersuchungsobjekte, zugleich aber auch als Präzisionsinstrumente gehandhabt wurden, die eine gezielte Manipulation der inneren, unsichtbar bleibenden Organisation der Keimzellen erlaubten (Müller-Wille/Orel 2007).

In der Hand seiner ›Wiederentdecker‹ nach 1900, allen voran die drei Botaniker Hugo de Vries, Carl Correns und Erich Tschermak, wurde daraus mit erstaunlicher Geschwindigkeit ein Instrument zur Untersuchung nicht nur einfacher, sondern auch komplexer Erbgänge. Phänomene der Kopplung und Wechselwirkung zwischen Genen sowie geschlechtsgebundene und multifaktorielle Vererbung durchkreuzten rasch den in den Mendelschen Regeln vorausgesetzten Idealfall, demzufolge elementare Erbanlagen statistisch auf die Keimzellen verteilt und unabhängig voneinander weitergegeben werden, so dass sie neue Kombinationen eingehen. Als besonders produktiv erwies sich dabei das Forschungsprogramm einer Gruppe junger Wissenschaftler um den amerikanischen Embryologen Thomas Hunt Morgan. Von den frühen 1910er bis in die 1930er Jahre hinein verwendeten sie Mutanten der Fruchtfliege *Drosophila melanogaster*, um Gene auf den Chromosomen dieses Versuchstiers zu lokalisieren. Schon bald erschienen auf dieser Grundlage erstellte »Genkarten«, die die relative Lage von Genen festhielten (Kohler 1994; Rheinberger/Gaudillière 2004). Obwohl dies nahezulegen schien, dass Gene irgendwie an Chromosomen geknüpft waren, blieb die Morgansche *Drosophila*-Genetik ein formales Unterfangen. Noch 1933 erklärte Morgan anlässlich seines Nobelpreisvortrags, dass es »auf der Ebene genetischer Experimente keine Rolle spielt, ob das Gen eine hypothetische Einheit ist oder ein materielles Partikel«. Was für das experimentelle Programm der *Drosophila*-Genetik zählte, war die Beobachtung, dass Gene »Unterschiede machten«, dass also eine reproduzierbare Beziehung zwischen der Veränderung eines Gens und der Veränderung eines Merkmals bestand (Waters 2007).

Mit der klassischen Genetik wurden also nicht etwa Präformationsvorstellungen des 18. Jahrhunderts wiederbelebt, nach denen der Organismus *en miniature* in den Keimzellen vorgebildet ist (Moss 2003). Die Unterscheidung von Genotyp und Phänotyp, die ebenfalls von Johannsen getroffen wurde, zielte ganz im Gegenteil darauf, dass die Reihenfolge und Anordnung, in der sich die Merkmale eines Organismus entfalten, gerade nicht in der Architektur der Erbanlagen vorgezeichnet sind. Ein Gen konnte, obwohl als Einheit weitergegeben, zur Ausprägung verschiedener Merkmale an verschiedenen Stellen und in verschiedenen Entwicklungsstufen des Organismus beitragen – ein Phänomen, das man als Pleiotropie bezeichnete –, und umgekehrt konnte ein und dasselbe Merkmal von einer Vielzahl weit auseinander liegender und unabhängig voneinander weitergegebener Gene abhängen. Weitergabe der Anlagen und Entwicklung der Merkmale gehörten zwei verschiedenen, jeweils eigenen Regularitäten unterworfenen Ordnungen an. Johannsen warnte daher schon 1911 in einem vielbeachteten Aufsatz davor, von Genen »für« dies oder das Merkmal zu reden (»The genotype conception of heredity«, *American Naturalist* 45: 129–159).

Mit dieser eigentümlichen Perspektive wich die klassische Genetik von einigen fundamentalen Annahmen über das Verhältnis von Vererbung und Entwicklung ab, die Evolutionsvorstellungen im 19. Jahrhundert beherrscht hatten. Obwohl man beide Prozesse seit Mitte des Jahrhunderts zu unterscheiden pflegte, wurden sie doch überwiegend als theoretische Einheit begriffen. Die Weitergabe von Erbanlagen, ihre Entwicklung sowie evolutionäre Abstammung wurden als kontinuierliche, ineinandergreifende Prozesse gedacht. Ganz wie der Organismus, der sich aus ihnen entwickelte, galten die Erbanlagen als lebendige Einheiten, deren Akkumulation und Anordnung das Resultat evolutionärer Prozesse war. Wie Lebewesen ernährten und vermehrten sich Erbanlagen und waren dabei dem Einfluss äußerer Bedingungen ausgesetzt. Die Vererbung erworbener Eigenschaften galt daher meist als unproblematisch, auch wenn einige Wissenschaftler, insbesondere Francis Galton und August Weismann, solche Prozesse auf die Keimbahn beschränkt sehen wollten. Demgegenüber unterstrich Johannsen, dass der Genotyp als ein »ahistorischer« Begriff zu fassen sei, der in den Lebewesen das bezeichne, was in den Keimzellen von Generation zu Generation identisch erhalten bleibt und womit man deshalb auch wie mit Molekülen in der Chemie experimentieren kann. Veränderte Umweltbedingungen und Prozesse der natürlichen Selektion konnten zwar die quantitativen genetischen Verhältnisse in natürlichen Populationen ändern, nicht aber die qualitative Beschaffenheit der Erbanlagen selbst. Es ist dieser Punkt, der zu Beginn des 20. Jahrhunderts Darwinisten – vor allem unter den Anhängern der biometrischen Schule – und Mendelisten gegeneinander aufbrachte, und es zunächst so erscheinen ließ, als seien Darwinismus und Mendelismus unvereinbar (Gayon 1998).

Populationsgenetik und Evolutionsbiologie

Um den Genbegriff für evolutionsbiologische Fragestellungen fruchtbar zu machen, waren zwei Schritte notwendig, die von einem biologischen Gesichtspunkt aus betrachtet nicht ohne Weiteres einleuchten. Zum einen musste sich ein Verständnis von genetischen Faktoren durchsetzen, wonach in genetisch identisch ausgestatteten Organismen Entwicklungsprozesse unter konstanten Bedingungen immer gleich abliefen. Zum anderen mussten ganze Populationen unter Absehung von konkreten Abstammungsverhältnissen in den Blick gebracht werden. Erst so ließ sich das klassische Gen als eine Art »Trägheitsprinzip« der Evolutionsbiologie begreifen, an dem sich die Effekte von evolutionsbiologischen Faktoren – wenn auch aufgrund von kontrafaktischen Modellannahmen – mit größter Genauigkeit bemessen ließen. In den 1920er und 1930er Jahren bedienten sich Populationsgenetiker wie Sergei S. Chetverikov, Ronald A. Fisher und J. B. S. Haldane dieser Perspektive, um auf ihrer Grundlage mathematische Modelle zu entwickeln, mit denen sich die Auswirkung von Selektion, Mutation oder Zufallsdrift auf die genetische Konstitution von Populationen beschreiben und vorhersagen ließen. Evolution wurde auf diese Weise als Veränderung der Häufigkeit von Genvarianten – den Allelen – im Genpool einer Population rekonzeptualisiert, ein Verständnis, das die Grundlage der »Modernen Synthese« in den späten 1930er Jahren bilden sollte (Mayr/Provine 1980).

Die Axiome der Populationsgenetik besaßen dabei einen ähnlich instrumentellen Charakter wie der Genbegriff selbst. Ausgearbeitet wurden diese Axiome im Kontext der Medizin (insbesondere Psychiatrie) und Züchtungsforschung, wo es galt, die Mendelschen Gesetze auf ganze Populationen zu beziehen, ohne dass eine Kenntnis der genauen Abstammungsverhältnisse, anders als in Mendels Versuchen, vorausgesetzt werden konnte (Gausemeier 2008). So besagt das bereits 1908 formulierte Hardy-Weinberg-Gesetz, dass Allele in jeder Generation nach der Mendelschen Spaltungsregel zwar neu verteilt werden, ihre relative Häufigkeit jedoch unverändert bleibt, solange Evolutionsfaktoren wie Selektion, Mutation, geografische Isolation oder selektive Partnerwahl nicht auf die Population einwirken. Solche Populationen kommen in der Natur zwar nicht vor und sind selbst im Labor nicht herzustellen, aber gerade dieser kontrafaktische Charakter des Hardy-Weinberg-Gesetzes erlaubt es, präzise mathematische Modelle zu erstellen, die die Wirkungsweise von Evolutionsfaktoren auf die Verteilung von Genen in Populationen beschreiben. So bewies der britische Mathematiker Ronald A. Fisher in seinem 1930 erschienenen Buch *The Genetical Theory of Natural Selection*, dass selbst ein geringer selektiver Vorteil eines Allels bereits dazu führt, dass dasselbe durch die ganze Population »hindurchfegt«.

Ein solches Modell setzt voraus, dass Allelen im Durchschnitt bestimmte, konstante Fitnesswerte zugeschrieben werden können und sich Evolution auf deren bloße Summierung reduzieren lässt. Ernst Mayr (1959) bezeichnete diesen Ansatz als »Bohnensackgenetik« (*bean bag genetics*) und hielt ihn für verfehlt. Er wies darauf hin, dass der Anpassungswert eines Allels von lokalen Umweltbedingungen und von Wechselwirkungen mit anderen Allelen abhängig sei. In natürlichen Populationen herrschen daher meist komplizierte Gleichgewichtsverhältnisse zwischen Allelen vor. Das wohl bekannteste Beispiel stellt die Sichelzellenanämie beim Menschen dar. In doppelter Dosis führt das zugrunde liegende Allel zu schwerer Krankheit und sogar zum Tod, in einfacher Dosis, also im heterozygoten Zustand, bietet es Schutz vor Malaria. In Populationen, die dem Malaria-Erreger ausgesetzt sind, finden sich daher viele heterozygote Träger des Sichelzellenallels, trotz der gesundheitlichen Nachteile, die dieses Allel im homozygoten Zustand nach sich zieht. Eine Krankheit, die ursprünglich als Merkmal »minderwertiger« Rassen gegolten hatte (Wailoo 1996), stellte sich unter dem Zugriff populationsgenetischer Analysen als evolutionäre Anpassung heraus.

Solche und ähnliche Ergebnisse der Populationsgenetik lassen das von Richard Dawkins popularisierte Bild vom »egoistischen Gen« als Einheit der Selektion (*The Selfish Gene*, 1976) mittlerweile als problematisch erscheinen. Dasselbe gilt für Behauptungen der Soziobiologie und evolutionären Psychologie, wonach bestimmte Verhaltensweisen und Neigungen, wie Fremdenhass oder Monogamie, in Genen kodiert und mit bestimmten Selektionsvorteilen verbunden sind (Dupré 2001). Wenn der Selektionsvorteil eines Gens nicht nur von der Präsenz anderer Gene, die an der Ausprägung eines Merkmals beteiligt sind, sondern darüber hinaus auch noch von der Verteilung dieser Gene in der Population insgesamt abhängig sein kann, dann wirkt Selektion offenbar auf einer Vielzahl von Ebenen, auf der einzelner Gene, einzelner Merkmale, einzelner Individuen, ja sogar ganzer Teilpopulationen (Okasha 2006).

Die Abkehr von den Voraussetzungen der »Bohnensackgenetik« sollte allerdings nicht darüber hinwegtäuschen, dass es gerade die Instrumente der mathematischen Populationsgenetik waren, die zu dieser Abkehr führten. Bereits Anfang der 1930er Jahre beschrieb der Evolutionsbiologe Sewall Wright das genetische Gesamtsystem einer Art als eine Landschaft aus adaptiven »Gipfeln« und »Tälern«, die durch variable Umweltbedingungen, geografische Isolation, daraus resultierende Inzucht sowie zufallsbedingte genetische Drift gestaltet wurde. Wie Peter Beurton bemerkt hat, stellten sich Wright »Lokalpopulationen [...] gewissermaßen [als] Experimentierfelder der Art für neue günstige Genkombinationen« dar (Beurton 2001, 57), und die mathematischen Modelle der Populationsgenetik können als Simulationen solcher Experimentierfelder begriffen werden.

Molekulargenetik und Evolution

Wie in der klassischen Genetik, so blieb auch in der Populationsgenetik das Gen ein weitgehend formaler Begriff. Seine Materialität erschloss sich erst Zug um Zug durch den Einsatz einer ganzen Batterie neuer biophysikalischer und biochemischer Technologien (Morange 1994; Rheinberger 2000). Dies schuf Raum für einen neuen Diskurs über das Lebendige, der um die Zentralmetapher der Information kreise (Kay 2000/2001). Dabei ist Ähnliches zu beobachten wie zuvor an der Entwicklung der klassischen Genetik: Ausgehend von einer einfachen Annahme – dem von Francis Crick 1958 formulierten »zentralen Dogma« der Molekularbiologie, wonach genetische Information ausschließlich von den Genen zu den Proteinen fließt und nie den umgekehrten Weg nimmt – ergab sich zur Überraschung vieler Beteiligter ein zunehmend komplexes Bild der Expression und Transmission genetischer Information. Evolutionstheoretisch relevant waren vor allem drei fundamentale Einsichten.

Erstens stellte sich bald heraus, dass Gene nicht einfach nur Proteine kodieren, sondern verschiedene Funktionen übernehmen und zu Organisationseinheiten zusammengeschlossen sein können, so dass man von einem »genetischen Programm« sprechen kann. Das bekannteste und zugleich früheste Beispiel liefert das sogenannte Operon-Modell der Genwirkung, das 1960 von Jacques Monod und Francois Jacob am Pasteur-Institut in Paris entwickelt wurde. Jacob und Monod unterschieden zwei Klassen von Genen: »Strukturgene«, die für die Herstellung bestimmter Proteine verantwortlich sind, und »Regulatorgene«, die Strukturgene auf ein Stoffwechselsignal hin aktivieren oder blockieren (Gaudillière 2002). Solche Regulationsvorgänge liegen auch der Wirkungsweise von »Entwicklungsgenen« zugrunde, die in höheren Organismen irreversible Prozesse der Zelldifferenzierung in Gang setzen. Durch gezielte Deaktivierung bestimmter Gene (sog. *knockouts*) erwies sich außerdem, dass Regulationsnetzwerke mitunter eine hohe Redundanz aufweisen, so dass der Verlust bestimmter Komponenten durch andere ausgeglichen werden kann. Dem klassischen Gen als Funktionseinheit kann also ein ganzes Ensemble von molekulargenetischen Einheiten entsprechen, die auf weite Strecken der DNA eines Organismus verteilt sein können.

Zweitens zeigte sich, dass das genetische Material hoch beweglich ist. So identifizierte man »Transposons«, die in bakteriellen wie in eukariotischen Genomen ausgeschnitten und an den unterschiedlichsten Stellen des Chromosoms wiedereingesetzt werden können. Ähnliches gilt für die Genprodukte. In der Regel werden aus dem Primärtranskript eines Gens als »Introns« bezeichnete Teile herausgeschnitten und die verbleibenden, als »Exons« bezeichneten Teile durch Spleißen verknüpft. Mittlerweile kennt man auch Mechanismen, deren Funktion als »editing« bezeichnet wird. Dabei verändern Enzyme in gezielter Weise die Nukleotidsequenz des anfänglichen Transkripts. Gene erwiesen sich im Zuge dieser Entdeckungen zunehmend als komplexe Systeme, die zwar einerseits die Evolution der Organismen erst ermöglichen, dabei aber auch selbst in ständiger Bewegung sind (Gros 1991).

Drittens haben sich in den letzten zwei Jahrzehnten Hinweise gehäuft, dass auch sogenannte epigenetische Systeme an der Weitergabe von genetischer Information beteiligt sind (Jablonka/Lamb 2005). Das bisher am gründlichsten untersuchte Beispiel liefern Methylierungsmuster auf der DNS der Chromosomen, die die Expression von Genen auch über Generationen sexueller Fortpflanzung hinweg festlegen können. Solche Entdeckungen veranlassen mittlerweile dazu, in Genen nur eine neben vielen Entwicklungsressourcen zu sehen (Neumann-Held/Rehmann-Sutter 2006). Transmission, Entwicklung und Evolution, so zeigt sich am Ende des »Jahrhunderts des Gens« (Keller 2001), lassen sich doch weit weniger eindeutig voneinander trennen, als ursprünglich erwartet. Der Forschungsansatz der »Evo-Devo« unterstreicht diese Verbindung von *developmental* und *evolutionary biology* (Laubichler/Maienschein 2007).

Die genannten Ergebnisse der molekularen Genetik haben in den letzten Jahren eine Veränderung der Perspektive auf Entwicklung und Evolution bewirkt. »Das Gen« nimmt zunehmend Züge einer vielgestaltigen »Ressource« an, die in evolutionären, ontogenetischen und metabolischen Prozessen auf unterschiedliche Weise mobilisiert wird. Mit diesen Komponenten »bastelt« die Evolution bei der Konstruktion neuer Organismen weiter, um eine Metapher aufzugreifen, die François Jacob in Anlehnung an Claude Lévi-Strauss geprägt hat. Zudem betonen Evolutionstheoretiker in den letzten Jahren verstärkt die aktive Rolle des Organismus bei der Verwendung und selbst bei der Implementierung und Gestaltung seiner hoch konservierten genetischen Mechanismen (West-Eberhard 2003; Kirschner/Gerhart 2005). Im selben Maße, in dem sich Vorstellungen von Genen als atomaren Erbanlagen unter dem analytischen Zugriff der Molekularbiologie aufgelöst haben, hat sich der Gedanke eines modularen Ensembles aus genetischen und epigenetischen Mechanismen konkretisiert, was heute nicht nur die gezielte Reprogrammierung von Zellen, sondern auch deren synthetische Produktion am Horizont des technisch Machbaren erscheinen lässt.

Literatur

Beurton, Peter (2001): »Sewall Wright (1889–1988)«. In: Ilse Jahn/Michael Schmitt (Hg.): Darwin & Co: Eine Geschichte der Biologie in Porträts. Bd. 2. München, 44–64.
Beurton, Peter/Falk, Raphael/Rheinberger, Hans-Jörg (Hg.) (2000): The Concept of the Gene in Development and Evolution: Historical and Epistemological Perspectives. Cambridge.
Bowler, Peter J. (1983): The Eclipse of Darwinism. Baltimore.
Dupré, John (2001): Human Nature and the Limits of Science. Oxford.
Gaudillière, Jean-Paul (2002): Inventer la biomédecine: La France, l'Amérique et la production des savoirs du vivant, 1945–1965. Paris.
Gausemeier, Bernd (2008): »Pedigree vs. Mendelism. Concepts of Heredity in Psychiatry before and after 1900«. In: A Cultural History of Heredity IV: Heredity in the Century of the Gene. Max-Planck-Institut für Wissenschaftsgeschichte. Preprint No. 343. Berlin, 149–162.
Gayon, Jean (1998): Darwinism's Struggle for Survival: Heredity and the Hypothesis of Natural Selection. Cambridge.
Gros, Francois (1991[2]), Les secrets du géne [1986]. Paris.
Jablonka, Eva/Lamb, Marion J. (2005): Evolution in Four Dimensions: Genetic, Epigenetic, Behavioral, and Symbolic Variation in the History of Life. Cambridge (Mass.).
Kay, Lily E. (2001): Das Buch des Lebens – Wer schrieb den genetischen Code? [Who Wrote the Book of Life?: A History of the Genetic Code, 2000]. München.
Keller, Evelyn Fox (2001): Das Jahrhundert des Gens [The Century of the Gene, 2000]. Frankfurt a. M.
Kirschner, Marc W./Gerhart, John C.(2005): The Plausibility of Life: Resolving Darwin's Dilemma. New Haven.
Kohler, Robert E. (1994): Lords of the Fly: Drosophila Genetics and the Experimental Life. Chicago.
Laubichler, Manfred D./Maienschein, Jane (Hg.) (2007): From Embryology to Evo-Devo: A History of Developmental Evolution. Cambridge (Mass.).
Mayr, Ernst (1959): »Where Are We?«. In: Cold Spring Harbour Symposia in Quantitative Biology 24: 1–14.
Mayr, Ernst/Provine, William B. (Hg.) (1980): The Evolutionary Synthesis: Perspectives on the Unification of Biology. Cambridge (Mass.).
Morange, Michel (1994): Histoire de la biologie moléculaire. Paris.
Moss, Lenny (2003): What Genes Can't Do. Cambridge (Mass.).
Müller-Wille, Staffan/Orel, Vitezslav (2007): »From Linnaean Species to Mendelian Factors: Elements of Hybridism, 1751–1870«. In: Annals of Science 64: 171–215.
Müller-Wille, Staffan/Rheinberger, Hans-Jörg (2009): Das Gen im Zeitalter der Postgenomik. Eine wissenschaftshistorische Bestandsaufnahme. Frankfurt a. M.
Neumann-Held, Eva M./Rehmann-Sutter, Christoph (Hg.) (2006): Genes in Development: Re-Reading the Molecular Paradigm. Durham.
Okasha, Samir (2006): Evolution and the Levels of Selection. Oxford.
Olby, Robert C. (1979): Mendel no Mendelian? In: History of Science 17: 53–72.
Rheinberger, Hans-Jörg (2000[3]): »Kurze Geschichte der Molekularbiologie«. In: Ilse Jahn (Hg.): Geschichte der Biologie. Heidelberg, 642–663.
Rheinberger, Hans-Jörg/Gaudillière, Jean-Paul (Hg.) (2004): Classical Genetics and its Legacy: The Mapping Cultures of Twentieth Century Genetics. London.
Wailoo, Keith (1996): »Genetic Marker of Segregation: Sickle Cell Anemia, Thalassemia and Racial Ideology«. In: History and Philosophy of the Life Sciences 18: 305–320.
Waters, C. Kenneth (2007): »Causes that Make a Difference«. In: The Journal of Philosophy 104: 551–579.
West-Eberhard, Mary J. (2003): Developmental Plasticity and Evolution. Oxford.

Staffan Müller-Wille

IV. Einflüsse, Verbindungen, Auswirkungen

IV.1. Evolutionstheorie in der Wissenschaft

1. Anthropologie

Anthropologie vor Darwin: Monogenismus, Polygenismus und die Kette der Lebewesen

Die Wirkung der Evolutionstheorie auf die wissenschaftliche Betrachtung der biologischen und kulturellen Geschichte der Menschheit und ihrer Varietäten muss vor dem Hintergrund vorevolutionärer Konzepte betrachtet werden. Dabei sind insbesondere die Gegentheorien des Monogenismus und Polygenismus sowie das Bild der Kette der Lebewesen relevant. Sie reichen in der Geschichte weit zurück. Die Genealogie der Menschheit wurde im Mittelalter gemäß der *Genesis* von den Söhnen Noahs abgeleitet. Im Zuge der frühneuzeitlichen Begegnungen mit dem nicht-christlichen Westafrika und den Heiden der Neuen Welt wurden die Stämme Japhets, Shems und Hams konsequent mit den Bewohnern der Erdteile Europa, Asien und Afrika identifiziert. Die »Entdeckung« der Amerinder fügte eine weitere Menschenvarietät hinzu. Sie führte zu einer polygenetischen Theorie, die der dominanten Annahme einer einheitlichen Schöpfung des Menschen widersprach. Isaac La Peyrère wagte nämlich die Hypothese, dass es sich bei den Amerindern um die Abkömmlinge einer ersten Schöpfung Gottes handle – um Präadamiten (*Praeadamitae*, 1655).

Gegen Ende des 17. Jahrhunderts fand das aristotelische Prinzip der *scala naturae* Anwendung, in welcher die menschlichen Varietäten in einer linearen Reihe von der vermeintlich niedrigsten bis zur höchsten eingeordnet wurden. Zusammen mit dem Bild der Kette der Lebewesen ermöglichte es, die Einheit der Menschen zu wahren und gleichzeitig deren Vielfalt gerecht zu werden. Denn inspiriert durch die Schöpfungsgeschichte erklärte die historische Naturbetrachtung des 18. Jahrhunderts den Wandel in der Flora und Fauna während der Erdgeschichte meist räumlich-geografisch. Es wurde angenommen, dass sich auch die Menschen von einem Zentrum aus über den Erball verteilt hätten, wodurch sie in neue Lebensumstände gerieten, an welche sie sich im Laufe der Zeit durch morphologische Veränderungen und neue Verhaltensweisen anpassten. Damit nahm die statische Stufenleiter in der zweiten Hälfte des 18. Jahrhunderts also eine gewisse Flexibilität an. Diese wurde jedoch eher als Degeneration von einem Idealtypus denn als Fortschritt gedeutet und blieb im Rahmen der Artkonstanz. Modelle der Stufenleiter mit echter Arttransformation wurden erst zu Beginn des 19. Jahrhundert entwickelt.

Insbesondere Jean-Baptiste de Lamarck und E. Geoffroy Saint-Hilaire am Muséum national d'histoire naturelle in Paris verfochten transformistische Theorien und leiteten den Menschen von einer äffischen Vorstufe ab. Lamarck beschrieb in der *Philosophie zoologique* (1809) die evolutionäre Höherentwicklung von der Infusorie zum Menschen. Zeitgleich begannen archäologische Funde und vereinzelt menschliche Fossilien auf ein hohes Menschenalter hinzudeuten. Lamarcks Gegenspieler am Muséum, der einflussreiche Paläontologe Georges Cuvier, war jedoch nicht überzeugt von der organischen Transformation und auch nicht von antediluvialen Zeugnissen menschlicher Existenz. Das wissenschaftliche Establishment folgte den transformistischen Vorstellungen nicht. Dennoch lebte Lamarcks Evolutionstheorie in der Anthropologie des 19. Jahrhunderts weiter. Besonders die bereits in der Naturphilosophie thematisierten Aspekte der Vererbung erworbener Eigenschaften, eines inneren Triebs zur Vervollkommnung, der die Organismen die Stufen der natürlichen Leiter hochtrieb, und die Analogie zwischen Individualentwicklung und Stammesgeschichte bildeten Grundpfeiler der neuen evolutionären Anthropologie.

Die erste Hälfte des 19. Jahrhunderts war auch eine Blütezeit des Polygenismus. Die Erklärung rassischer Unterschiede hatte sich vom Umweltparadigma des 18. Jahrhunderts zu einer stärkeren Gewichtung des hereditären Einflusses verlagert. Dabei war es nicht nur die romantische Vorstellung von rassischen Essenzen, die den Glauben an grundlegende Andersartigkeit nährte. Die Hinwendung zur wissenschaftlichen Untersuchung menschlicher Diversität führte zur Etablierung einer Rassenhierarchie, die auf anthropometrischen, insbesondere kraniometrischen Messdaten beruhte. Die teils umfangreichen vergleichenden Studien schienen nun die polygenetische Theorie zu stützen. So etwa die kraniometrische Untersuchung, die der amerikanische Arzt Samuel George Morton an den mumifizierten Skeletten Ägyptens vornahm. Sie deutete darauf hin, dass die heutigen Menschentypen bereits kurz nach der Schöpfung in ihrer modernen Vielfalt vorhanden gewesen waren (*Crania aegyptiaca*, 1844). Die Monogenisten standen vor einer Herausforderung: Die Menschgruppen mussten sich entweder nach der Schöpfung sehr rasch differenziert haben – danach aber in ihrem Wandel stehen geblieben sein –, oder aber die Annahmen vom einem aus der biblischen Generationenfolge abgeleiteten Menschenalter von ca. 6000 Jahren griffen zu kurz.

Die Wirkung der Darwinschen Evolutionstheorie: Rassentypologie, Rekapitulationstheorie und Missing Links

Bereits 1844 ging mit dem anonym publizierten *Vestiges of the Natural History of Creation* ein Beben durch die viktorianische Gesellschaft. Robert Chambers beschrieb in seiner deistischen Kosmologie die Entwicklung des Menschen aus einer Affenform. Zudem fiel die Ankündigung von Charles Darwins *On the Origin of Species* zeitlich mit einem wissenschaftlichen Konsens darüber zusammen, dass der Mensch ein Zeitgenosse der pleistozänen Fauna Europas gewesen sein musste. Dennoch blieb Darwin vorsichtig. Er verlor nur einen einzigen und eher enigmatischen Satz über die Bedeutung seiner Theorie für die Stellung des Menschen in der Natur: »Licht wird auf den Ursprung der Menschheit und ihre Geschichte fallen« (Darwin 1876, 576). Darwin fürchtete sich vor den Reaktionen seiner sozialen Klasse und seiner Naturforscher-Kollegen.

In England war es Thomas Henry Huxley, der sich den Implikationen der Darwinschen Theorie für die Stellung des Menschen in der Natur zuwandte. In *Evidence as to Man's Place in Nature* (1863) legte Huxley die anatomische und embryologische Ähnlichkeit zwischen Menschenaffen und Menschen dar. Er widmete sich auch den menschlichen Fossilfunden. Aufgrund seiner Messungen stufte er den Neandertaler (gefunden 1856 im Neandertal) zwar als vorgeschichtlich ein und platzierte ihn in der damals geläufigen Hierarchie der Menschenrassen unterhalb der australischen Ureinwohner – also zuunterst. Aber der Neandertalerschädel befand sich nach Huxley innerhalb des Rahmens der als beträchtlich empfundenen menschlichen Variabilität. Damit bedeutete er für den Naturforscher Darwinscher Überzeugung keinen radikal neuen Beleg für die menschliche Evolution.

Die Evolutionstheorie wurde also unverzüglich auf den Menschen angewandt. Allerdings war es nicht die Variabilitäts-Selektionstheorie und damit die Herrschaft des Zufalls und der Kontingenz, wie wir sie heute mit Darwin in Verbindung bringen, die das neue Menschenbild bestimmte. Die frühe Evolutionsbiologie des Menschen ging noch von einer linearen und fortschrittlichen Entwicklung im Sinne einer dynamischen *scala naturae* oder Kette der Lebewesen aus. Aber die Vorstellung einer zielgerichteten Entwicklung war auch der Rekapitulationstheorie geschuldet, nach welcher die Ontogenese eine Wiederholung der Phylogenese war. Der Jenaer Mediziner und Biologe Ernst Haeckel gab dieser den Status eines biogenetischen Grundgesetzes. Er ging davon aus, dass der einzelne Mensch in seiner Entwicklung von der befruchteten Eizelle zum Erwachsenen die Stadien der Evolution von der Monere zum Menschen durchlaufe (am ausführlichsten in *Anthropogenie oder Entwicklungsgeschichte des Menschen*, 1874).

Durch die Engführung von Stammesgeschichte und Individualentwicklung konnte eine ontogenetische Fehlentwicklung das Entstehen eines phylogenetischen Zwischenwesens bedeuten. Sogenannte Atavismen, auch als Rückschritte bezeichnet, galten daher als (in bestimmten Merkmalen) auf frühere Stufen der Evolution zurückgefallen. Der deutschstämmige Genfer Geologieprofessor Carl Vogt beschrieb etwa die Mikrozephalen, die eine Hemmungsbildung des Gehirns aufwiesen, als evolutionäre Bindeglieder zwischen Affen und Menschen. In den *Vorlesungen über den Menschen, seine Stellung in der Schöpfung und in der Geschichte der Erde* (1863) beanspruchte der als »Affenvogt« verschriene Anatom darüber hinaus die sogenannten »niederen Rassen« wie den »Neger« als Missing Links zwischen Menschenaffen und »höheren Menschenrassen«. Auch Frauen verengten nach Vogt die vermeintliche Kluft zwischen Affe und Mensch, denn sie würden sich in bestimmten anatomischen Merkmalen den »niederen Menschenrassen« und »höheren Tieren« annähern.

In solch hierarchischen und progressiven Modellen der menschlichen Evolution schienen lebende Übergangsformen ausreichende Befunde für die Evolutionstheorie. Dennoch regte die Vorstellung einer Reihe von klar abgegrenzten Typen, die über ein Zwischenglied oder Zwischenglieder verbunden waren, die Suche nach fossilen Missing Links an. Haeckel prophezeite in seiner *Natürlichen Schöpfungsgeschichte* von 1868 genau einen solchen fossilen Affenmenschen, den er *Pithecanthropus alalus* (stummer Affenmensch) nannte. Auch der französische Archäologe Gabriel de Mortillet sagte das Bindeglied zwischen den »höchsten Menschenaffen« und den »niedrigsten Wilden« voraus: Er nannte es *Anthropopithecus*. Das hypothetische Missing Link verband den Affenahnen mit der Abstammungslinie vom Neandertaler über den Cro-Magnon zu den lebenden Menschen (*Le Préhistorique; Antiquité de l'homme*, 1883). In den 1890er Jahren entdeckte der Holländer Eugene Dubois auf Java die bis dahin ältesten fossilen Hominidenknochen. Der kleine Schädel und der auf einen aufrechten Gang deutende Oberschenkelknochen schienen diesen als Haeckels Affenmenschen zu identifizieren. Dubois gab ihm denn auch den Namen *Pithecanthropus erectus*, aufrechter Affenmensch. Wir kennen ihn heute als *Homo erectus*.

Ebenfalls bezeichnend für die neue evolutionäre Anthropologie war de Mortillets Verbindung des morphologischen mit einem kulturellen und intellektuellen Fortschritt. Während sich mittels der vergleichenden Anatomie die Verwandtschaft zwischen Menschentypen eruieren ließ, wurde die vergleichende Analyse in der Archäologie und Ethnologie dazu benutzt, die Entwicklungsgeschichte von Kulturen zu interpretieren. Die erste Methode führte zur Deutung von »fossilen und biologisch niedrigen zeitgenössischen Rassen« als Stufen des Aufstiegs vom Affen zum »höchsten Menschentypen«. Die zweite stellte eine analoge kulturelle Entwicklung auf, indem sie »primitive« mit prähistorischen Kulturen verglich. Der Brite John Lubbock etwa beschrieb einen graduellen Fortschritt von der Affenkultur über die Kulturen des Paläo- und Neolithikums bis zu den »höchsten Zivilisationen« seiner Zeit. Diesen vorgegebenen Weg hatten die verschiedenen Menschenrassen unterschiedlich weit begangen (*Prehistoric Times*, 1865).

Schließlich leistete Darwin seinen eigenen Beitrag zur Erhellung der Menschheitsgeschichte durch die Evolutionstheorie. In *The Descent of Man, and Selection in Relation to Sex* (1871) und *The Expression of the Emotions in Man and Animals* (1872) zeigte er auf, dass der Mensch zum Tierreich gehört, dass er sich zwar in gewissen Merkmalen quantitativ von den höheren Säugetieren unterscheidet, aber nicht qualitativ. Die graduellen Übergänge vom Tierreich zum Menschen galten nach Darwin für die anatomischen wie für die mentalen Eigenschaften. Auch die menschliche Intelligenz und Gefühlswelt waren durch die Vererbung erworbener Eigenschaften und durch die Anhäufung zufälliger und erblicher Veränderungen und natürliche Auslese aus jenen einer affenähnlichen Vorstufe entstanden. Darwin stellte die christliche Moral auf ein naturalistisches Fundament, indem er altruistisches Verhalten als dem Menschen angeborene Qualität beschrieb, die sich aus weniger komplexen sozialen Instinkten entwickelt hätte.

In *The Descent of Man* ging Darwin auch auf die Frage der menschlichen Diversität ein. Diejenigen Merkmale, in welchen sich die Menschenrassen unterschieden und die nicht durch Adaption erklärbar schienen, schrieb er seinem Mechanismus der sexuellen Auslese zu. Die Männer unterschiedlicher Gemeinschaften hätten ihre Frauen über lange Zeitabschnitte hinweg nach spezifischen ästhetischen Kriterien ausgesucht, was die Differenzierung der Rassen unterstützte. Darwin besprach den Mechanismus der sexuellen Auslese für das gesamte Tierreich. Der Mensch erschien dabei als Besonderheit, weil nicht die Weibchen, sondern in erster Linie die Männchen die Wahl des Geschlechtspartners hätten. Unter den menschlichen Gesellschaften sah Darwin den Grad männlicher Partnerwahl als Index für den Forschritt – eine Vorstellung, die sich mit der Annahme einer Hierarchie vom Wilden zum Zivilisierten deckte, die Darwin mit seinen Zeitgenossen teilte.

Die Wirkung des synthetischen Darwinismus: Polymorphe Populationen, natürliche Selektion und Adaption

Die Anthropologie des 20. Jahrhunderts fand von der Rassentypologie weg. Nicht nur, weil das vermessende Paradigma seine eigenen Vorannahmen unterminierte und weil wichtige Fossilien früher Hominiden außerhalb Europas gefunden wurden und den Fokus veränderten. Spätestens mit den Erfahrungen des Zweiten Weltkriegs wurde das Motiv auch ein politisches. Bereits im Jahr 1901 publizierte der deutschstämmige US-Ethnologe Franz Boas in *Science* den Text »The Mind of Primitive Man«. Darin verneinte er die Behauptung, dass die lebenden Menschenrassen auf unterschiedlichen Stufen der evolutionären Leiter stünden. Boas argumentierte für einen kulturellen Relativismus und dekonstruierte die einfache Korrelation zwischen physischen Typen (insbesondere durchschnittliche Schädelvolumen), geistigen Fähigkeiten und Kulturniveaus. Auch der englische Zoologe Julian Huxley übte gemeinsam mit dem Anthropologen Alfred Haddon Kritik an der Anthropologie. Die Autoren von *We Europeans: A Survey of ›Racial‹ Problems* (1935) beklagten, dass die Anthropologie hinter der Biologie herhinke. Weder die Mendelsche Genetik noch die Methoden der Biometrie würden konsequent auf die ethnischen Typen angewandt – ein Begriff, den sie dem der Rasse vorzogen. Huxley und Haddon wollten mit dem typologischen Verständnis von Rassen in Wissenschaft (und Politik) aufräumen, wonach die Mitglieder anatomisch um einen Idealtypus kreisten. Sie sahen die Lösung in der vergleichenden Untersuchung von nichtadaptiven Merkmalen (weil diese am ehesten auf Gene verweisen würden) anhand der statistischen Analyse großer und zufälliger Samples. Da es innerhalb der Menschheit keine klar begrenzten Gruppen gäbe, sollten Variationsbandbreiten in Populationen die Durchschnittswerte für Klassifikationsmerkmale ersetzen (vgl. auch G. M. Morant, *The Races of Central Europe: A Footnote to History*, 1939).

Aber noch hielten sich ältere Vorstellungen. So sah man die Verbreitung von »höher entwickelten Rassen« auf Kosten von »rückständigen« in der Menschheitsgeschichte dokumentiert und meinte darin einen Mechanismus des evolutionären Fortschritts zu erkennen (vgl. z. B. William Sollas, *Ancient Hunters and Their Modern Representatives*, 1911). Bereits Darwin arbeitete in *The Descent of Man* mit der Gruppenselektion, wonach die Evolution des Menschen auch über den Konkurrenzkampf zwischen Stämmen stattgefunden hätte, und Haeckel formulierte deren Rolle weiter aus. Die Anthropologen glaubten den Mechanismus noch in den zeitgenössischen Praktiken des Imperialismus und Kolonialismus am Werk. Sie beobachteten die Dezimierung und Ausrottung von Völkern wie etwa der Tasmanier durch das Eindringen von »anatomisch und kulturell überlegenen« Europäern in deren Lebensräume. Im 20. Jahrhundert wurde die Gruppenselektion auch auf die Weltkriege bezogen. Der britische Anatom und Anthropologe Arthur Keith beschrieb den Krieg als Mechanismus der Evolution und extrapolierte daraus die Behauptung, dass die zeitgenössischen Nationen Rassen im Entstehen seien. Sie würden Fortpflanzungsgemeinschaften begründen, deren Isolation nicht geografisch, sondern identitätspolitisch sei, und stünden mit anderen werdenden Rassen in Konkurrenz. Keiths Evolutionstheorie des rassischen Konflikts, die er in den 1910er Jahren zu formulieren begann, gipfelte 1948 in *A New Theory of Evolution*.

Gleichzeitig wurden die Spezies Mensch sowie ihre Varietäten zunehmend als stammesgeschichtlich alt angesehen. Die bekannten Hominidenfunde schienen nun zu primitiv, um noch als direkte Ahnen des modernen Menschen zu gelten, und Ähnlichkeiten wurden durch parallele Entwicklung erklärt. Es zeichnete sich also im frühen 20. Jahrhundert eine Wende ab: von einem linearen Modell der menschlichen Evolution durch die bekannten Fossilformen (*Pithecanthropus* – Neandertaler – moderner Mensch) hin zu einem Modell, in welchem die Hominidenfossilien Äste im Stammbaum des Menschen repräsentierten. Die neue Sichtweise wurde durch die affenähnliche Neandertalerrekonstruktion durch den französischen Paläontologen Marcellin Boule begünstigt, der ab 1910 in Paris dem ersten Institut für Paläoanthropologie vorstand (vgl. dessen Monografie *Les Hommes fossiles: Éléments de paléontologie humaine*, 1921).

Noch in den 1930er Jahren waren Parallelismus und Konvergenz unter der Annahme weit zurückreichender unabhängiger Entwicklungen eine beliebte Erklärung der anatomischen Nähe zwischen Affen und Mensch und zwischen den verschiedenen Menschenrassen (vgl. z. B. Louis Leakey, *Adam's Ancestors: An Up-to-Date Outline of What Is Known About the Origin of Man*, 1934). Obwohl Darwin gehofft hatte, der Evolutionsgedanke würde dem Polygenismus ein Ende setzen, zeigten einige dieser Theorien eine Affinität zum älteren Konzept unabhängiger Schöpfungen. Denn ähnlich wie bereits beim späteren Haeckel gingen in manchen Szenarien die unterschiedlichen lebenden Menschentypen auf verschiedene fossile Spezies oder gar Gattungen zurück. Sie waren also unabhängig voneinander (in verschiedenen geografischen Regionen) Mensch geworden (z. B. Keith, *A New Theory of Evolution*). Ebenfalls wie bei Haeckel wurden die modernen »Menschenrassen« vereinzelt noch als verschiedene Arten beschrieben (vgl. Reginald Ruggles Gates, *Human Ancestry from a Genetical Point of View*, 1948). Schon Vogt hatte den evolutionären Polygenismus auf die Spitze getrieben und »die modernen Menschenarten« auf unterschiedliche Menschenaffen zurückgeführt. Hermann Klaatsch unterteilte in *Der Werdegang der Menschheit und die Entstehung der Kultur* (1920) den menschlichen Stammbaum in einen westlichen und einen östlichen Ast, demzufolge die Afrikaner und Europäer phylogenetisch näher mit dem Gorilla verwandt waren als mit den Asiaten, die ihrerseits eine höhere Affinität zum Orang-Utan zeigten.

Die Hyperdiversitätstheorien wurden u. a. durch die Moderne Synthese in Frage gestellt, an der sich der bereits genannte J. Huxley beteiligte. Denn sie stützten weitgehend auf Evolutionsmechanismen ab, die im Zuge der »zweiten Darwinschen Revolution« aus dem Werkzeugkasten der Biologen verschwanden. Vitalistische Kräfte, orthogenetische Trends und die Vererbung erworbener Eigenschaften sollten im synthetischen Paradigma keine Gültigkeit mehr haben. Die Einsichten in die Grundlagen und Mechanismen der Vererbung hatten auch das biogenetische Grundgesetz widerlegt. Die Vertreter der Darwinschen Synthese wollten mit der Vorstellung eines notwendigen Fortschritts, wie er durch diese Mechanismen theoretisiert wurde, aufräumen. Im Rahmen der Modernen Synthese wurden die Phänomene der Mikro- und Makroevolution durch die zufällige Entstehung genetischer Variabilität, die natürliche Selektion und genetische Drift erklärt.

Einige Synthetiker wandten sich auch der Paläoanthropologie zu. Dabei ging es um die Übertragung des vom deutsch-amerikanischen Ornithologen und Systematiker Ernst Mayr geprägten Artkonzepts (*Systematics and the Origin of Species from the Viewpoint of a Zoologist*, 1942). Arten sollten als polymorphe, also hoch variable Fortpflanzungsgemeinschaften betrachtet werden und nicht als diskrete Typen. Mit dem synthetischen Spezieskonzept konnte die im Fossilienbestand vorgefundene Variabilität auf wenige Taxa reduziert werden. Der russischstämmige Amerikaner Theodosius Dobzhansky vertrat die Ansicht, dass die Hominidenevolution auf der Rassenebene stattgefunden habe und dass es nie zwei Menschenarten gleichzeitig gegeben hätte (Dobzhansky 1944). Mayr subsumierte gar die ab den 1920er Jahren gefundenen Australopithecinen unter die Gattung *Homo* (Mayr 1950). Dem Hominidenstammbaum wurden also die Äste abgeschnitten, womit die lineare Ahnenreihe von *Homo erectus*, Neandertaler und moderner Mensch – nun von den Australopithecinen ausgehend – wiederhergestellt wurde.

Franz Weidenreich machte als einer der ersten Anthropologen von der neuen Systematik Gebrauch (*Apes, Giants, and Man*, 1946). Er wandte sich gegen das typologische Rassenkonzept und betrachtete die Menschengruppen als polymorphe Populationen. Ähnlich wie die polyphyletischen Modelle, die lange unabhängige Entwicklungslinien durch parallele Evolution erklärten, ging auch Weidenreich davon aus, dass menschliche Populationen in verschiedenen Regionen der Welt die Entwicklungsreihe pithecantropide – neandertaloide – moderne Menschen durchlaufen hätten. Aber in Weidenreichs Modell waren die geografischen Varietäten durch regen Genaustausch stets innerhalb einer Art geblieben (synchron). Auch im diachronen Ablauf hätte die menschliche Evolution im Sinne Dobzhanskys auf der Ebene der Rasse stattgefunden – ohne Speziationsereignisse. Generell brachten die neue Systematik und Phylogenese der Nachkriegsanthropologie das Verständnis, dass die lebenden menschlichen Populationen genetisch nahe verwandt seien und Unterschiede eine Folge der Adaption an verschiedene Umweltbedingungen.

Aus der synthetischen Evolutionstheorie erwuchs auch das interdisziplinäre Programm der *New Physical Anthropology* (Washburn 1951). Es sollte von der deskriptiven Methode weg führen und die Brücke zwischen verschiedenen Ansätzen in der biologischen Anthropologie und der struktur- und funktionsorientierten kulturellen Anthropologie schlagen. Die Disziplinen sollten sich gemeinsam auf die Evolution menschlichen Verhaltens ausrichten. Dabei galt es, die biokulturelle Evolution des Menschen als eine Geschichte genetischer Systeme zu beschreiben, die sich in einer Abfolge von immer leistungsfähigeren Verhaltenssystemen manifestiert. Ein Kernstück des neuen Ansatzes war die *Hunting Hypothesis*, die den aufrechten Gang, den Werkzeug- und Waffengebrauch, die soziale Kooperation und Koordination und das strategische Denken sowie die Differenzierung der Geschlechterrollen als Entwicklungen eines adaptiven Verhaltenskomplexes annahm, in dessen Zentrum die Jagd stand.

Die Wirkung von Molekular- und Soziobiologie: Molekulare Uhr, *out-of-Africa* und Genselektion

Die einfachen Systematiken und linearen Szenarien des synthetischen Paradigmas wurden alsbald von neuen Ansätzen in Frage gestellt. Dazu trugen auch die zahlreichen neuen Fossilfunde bei, die eine hohe Diversität aufwiesen. Die amerikanischen Paläontologen Niles Eldredge und Ian Tattersall vom American Museum of Natural History wandten die Theorie der *punctuated equilibria* auf den Menschen an (entwickelt von Eldredge und Stephen Jay Gould). Das Modell sieht vor, dass insbesondere große Populationen über längere Zeitabschnitte relativ stabil bleiben. Im Gegensatz dazu können geografische Isolation und Nischenveränderungen bei kleineren Populationen vergleichsweise rasch zur Artbildung führen. Evolutionäre Entwicklung wäre demnach nicht nur episodisch (statt graduell), sondern auch in erster Linie ein Prozess der Artbildung. Die Lücken im Fossilienbestand wären nicht – wie von Darwin erklärt – vornehmlich Fundlücken, sondern würden oft Evolutionssprünge repräsentieren. Eldredge und Tattersall gingen daher nicht von einer graduellen und linearen Evolution innerhalb einer oder weniger Hominidenarten aus, sondern von zahlreichen Ereignissen der Artbildung und des Aussterbens. Um die evolutionären Muster und Beziehungen im Fossilienbestand ausfindig zu machen, wandten Eldredge und Tattersall die Kladistik an. Die Methode der Kladogrammerstellung beförderte neue Phylogenien, die eine höhere taxonomische Diversität unter den fossilen Hominidenformen aufwiesen (Eldredge/Tattersall 1975).

In die Auseinandersetzung um die Frage nach linearer oder diversifizierender Evolution brachte sich schließlich die Molekularbiologie ein. Molekulare Technologien der Blutgruppenchemie waren seit dem frühen 20. Jahrhundert zur Klärung des Primatenstammbaums eingesetzt worden (vgl. George H. Nuttall, *Blood Immunity and Blood Relationship*, 1904). In seinem Buch *Ursprung der Menschheit: Über den engeren Anschluss des Menschengeschlechts an die Menschenaffen* (1932) berief sich der deutsche Anthropologe Hans Weinert u. a. auf Blutserentests, um seine Hypothese der nahen Verwandtschaft der Menschen mit den afrikanischen Menschenaffen, insbesondere den Schimpansen, zu untermauern. Die Experimente, die der Biochemiker Morris Goodman in den 1960er Jahren zur Immunoreaktivität von Albumin zwischen verschiedenen Primaten anstellte, legten ebenfalls nahe, dass die Schimpansen dem Menschen am ähnlichsten seien, gefolgt von Gorilla, Orang-Utan und Gibbon. Aufgrund der molekularen Ähnlichkeit forderte Goodman die Klassifikation der afrikanischen Menschenaffen und der Menschen in einer gemeinsamen Familie *Hominidae* (Goodman 1963).

1962 führte der Biologe Emile Zuckerkandl den Begriff *molecular anthropology* ein, um die Erforschung des Stammbaums und der Evolution der Primaten aufgrund der genetischen Information in Proteinen zu bezeichnen (Zuckerkandl 1963). Gemeinsam mit dem Chemiker Linus Pauling beschrieb er auch die Theorie der molekularen Uhr (Zuckerkandl/Pauling 1962). Sie basierte auf der Annahme, dass bei der Aufspaltung einer Art identische Gene für ein bestimmtes Protein in die Tochterspezies übergehen, dass sich diese aber danach in beiden Arten in unterschiedliche Richtungen entwickeln würden. Diese Evolution auf molekularer Ebene war auf entscheidende Weise nicht darwinistisch. Es wurde ein Modell entwickelt, nach welchem der Großteil der Mutationen auf Genomebene selektiv neutral waren (Kimura 1968). Auf der Ebene der DNA, die stellvertretend über die Proteine untersucht wurde, bedeuteten Änderungen also im Unterschied zum Darwinschen Verständnis anatomischer und verhaltensbiologischer Evolution weder einen Anpassungsvorteil noch einen Nachteil. Damit konnte die Annahme einer regelmäßigen Mutationsrate für ein bestimmtes Molekül begründet werden. Auf der Basis der molekularen Uhr berechneten Vincent Sarich und Allan Wilson mit der immunologischen Methode die Zeit, die seit der Trennung der Linien von afrikanischen Menschenaffen und Menschen verstrichen sein musste. Sie publizierten das sensationelle Resultat von fünf Millionen Jahren (Sarich/Wilson 1967).

Vor dem Hintergrund einer so kurzen unabhängigen Evolutionsgeschichte konnten morphologische Ähnlichkeiten zwischen fossilen und lebenden Menschenaffen und Menschen nicht mehr durch Parallelismus erklärt werden. Vielmehr waren sie Indizien für einen gemeinsamen Vorfahren vor nicht allzu langer Zeit. Aber die molekularen Methoden wurden auch auf die innermenschliche Variabilität angewandt. Bereits während des ersten Weltkriegs war der Versuch unternommen worden, die Blutgruppenverteilung anthropologisch zu interpretieren (Hirszfeld/Hirszfeld 1919). Ab den 1960er Jahren leistete der italienischstämmige Genetiker Luca Cavalli-Sforza Pionierarbeit in der Humanpopulationsgenetik. Er studierte die Beziehungen zwischen Migrationsmustern und Blutgruppenverteilungen und war an der Entwicklung statistischer Methoden zur Stammbaumerstellung aus genetischen Daten beteiligt (Cavalli-Sforza/Edwards 1967; Cavalli-Sforza/Bodmer 1971).

Durch die Technologien der dann-Sequenzierung kam es schließlich zu einem einschneidenden Ereignis in der Anthropologiegeschichte. Die Auswertung von Sequenzdifferenzen in der mitochondrialen DNA von afrikanischen, asiatischen, australischen, kaukasischen und neuguineischen Individuen legte nahe, dass die heutigen Populationen auf eine Mutterpopulation in Afrika vor ca. 200.000 Jahren zurückgehen. Als Menschen vor bloß 100.000 Jahren begannen, nach Europa und Asien zu wandern, verdrängten sie die dort ansässigen Hominiden wie die Neandertaler (Cann/Stoneking/Wilson 1987). Dieses Resultat untermauerte ähnliche *out-of-Africa*-Szenarien, die vor allem seit den 1970er Jahren anhand des Fossilbestands erarbeitet worden waren. Damit verschwand jedoch die Gegentheorie nicht, nach welcher die heutigen menschlichen Varietäten eine längere Geschichte haben und sich aus *Homo erectus* und anderen archaischen Populationen in ihren geografischen Breiten entwickelten (Multiregionalismus); doch ihre Anhänger sind in der Minderzahl.

Die molekularen, insbesondere genetischen Methoden stellen heute wichtige Ansätze in der Anthropologie dar. Mit dem Human Genome Diversity Project, das Cavalli-Sforza mit ins Leben rief, hat die Humanpopulationsgenetik das Ausmaß von *big science* erreicht. Das Verwandtschaftssystem und die Geschichte der Menschheit werden in größeren und kleineren Projekten weltweit durch vergleichende DNA-Sequenzanalysen rekonstruiert. Auch in Bezug auf die Primatenphylogenese haben genomische Studien neue Resultate gefördert. So gilt der Mensch als zu 98 % genetisch identisch mit dem Schimpansen. Ein weiterer Zweig ist die Paläogenetik, die sich der Entschlüsselung fossiler DNA, etwa dem Neandertalergenom, widmet.

Neben der Molekularbiologie zeitigte die Soziobiologie einen nachhaltigen Einfluss auf die Anthropologie. Obwohl die evolutionsbiologische Auseinandersetzung mit menschlichem Sozialverhalten bereits in Darwins Werk zu finden ist, setzte der Entomologe Edward O. Wilson mit seinem Buch *Sociobiology: The New Synthesis* (1975) eine Landmarke. Das Sozialverhalten der Tiere sollte auf eine evolutionsbiologische Erklärungsgrundlage gestellt und durch die neodarwinistische Selektionstheorie begründet werden. Im letzten Kapitel des Buches wandte Wilson seine neue Synthese von Ethologie, Ökologie und Genetik auf menschliche Gesellschaften an. Durch die Etablierung der modernen Primatologie standen Wilson neue Vergleichsdaten über das Sozialverhalten von Menschenaffen zur Verfügung. Darüber hinaus betrachteten die Soziobiologie und später auch die evolutionäre Psychologie die genetische Grundlage menschlichen Sozialverhaltens (z. B. von Geschlechterrollen, männlicher Aggressivität, Religiosität) im Wesentlichen als das Resultat von pleistozänen Selektionsdrücken. Unsere verhaltensgenetische Programmierung ginge demnach auf ein Jäger-Sammler-Dasein zurück, womit sogenannte »Naturvölker« ebenfalls Modellcharakter erhielten.

Altruistisches Verhalten blieb lange Zeit ein Knackpunkt der evolutionsbiologischen Erklärung menschlichen Sozialverhaltens, weil es schwierig ist, dieses mit der natürlichen Auslese zu begründen: Wo es über das Prinzip der Gegenseitigkeit hinausgeht, scheint altruistisches Verhalten dem handelnden Individuum keinen Vorteil zu verschaffen. Darwin selbst hatte zu dessen Erklärung die Gruppenselektion herangezogen. Seit den 1960er Jahren kann jedoch mit der Verwandtenselektion gearbeitet werden. Scheinbar altruistisches Verhalten ist danach letztendlich durch das Bestreben des Individuums motiviert, seinen Anteil am Genpool der nächsten Generation zu erhöhen, indem es zum Reproduktionserfolg von genetischen Verwandten beiträgt (zu *inclusive fitness* vgl. Hamilton 1964).

Richard Dawkins führte die Theorie der Genselektion weiter. Er vertritt die Ansicht, dass nicht der Mensch als Individuum – und keinesfalls die menschliche Gesellschaft und deren Kultur –, sondern das Gen Gegenstand der natürlichen Auslese ist (*The Selfish Gene* 1976). Als Replikator ist das Gen bestrebt, die Anzahl seiner Kopien zu maximieren. Der Organismus ist in dieser Vorstellung ein reines Reproduktionsvehikel für Gene, die miteinander im Kampf um Überleben und Vermehrung stehen. Im Gegensatz zu niederen Organismen ist der Mensch jedoch fähig, gegen seine egoistischen Gene zu rebellieren. Dawkins führte auch das Konzept der Meme ein. Die Meme sind die Einheiten der kulturellen Evolution und unterliegen einem Auswahlprozess analog jenem zwischen den Genen.

Die hier bei weitem nicht umfassend beschriebenen Ansätze aus der physischen, molekularen und verhaltensbiologischen Anthropologie haben einander nicht abgelöst, sondern sind in einem steten Wandel begriffen und bestehen heute nebeneinander und miteinander. Dies zeigt sich etwa am Leipziger Max-Planck-Institut für evolutionäre Anthropologie, wo sich Primatologie, vergleichende Entwicklungspsychologie, Linguistik, evolutionäre Genetik und Paläoanthropologie mit der biokulturellen und genetischen Evolution und Geschichte des Menschen befassen. Zu ihren Forschungsfeldern zählt die Evolution von menschlichen Sozialsystemen, von kultureller und sprachlicher Vielfalt und von kognitiven und symbolischen Prozessen.

Literatur

Bowler, Peter J. (1986): Theories of Human Evolution. A Century of Debate, 1844 – 1944. Oxford.

Cann, Rebecca L./Stoneking, Mark/Wilson, Allan C. (1987): »Mitochondrial DNA and Human Evolution«. In: Nature Vol. 325: 32–36.

Cavalli-Sforza, L. L./Edwards, A. W. F. (1967): »Phylogenetic Analysis: Models and Estimation Procedures«. In: American Journal of Human Genetics Vol. 19, Nr. 3, Teil I: 233–252.

Cavalli-Sforza, Luca/Bodmer, Walter F. (1971): The Genetics of Human Populations. San Francisco.

Corbey, Raymond (2005): The Metaphysics of Apes. Negotiating the Animal-Human Boundary. Cambridge.

Darwin, Charles (1876[6]): Die Entstehung der Arten im Thier- und Pflanzen-Reich durch natürliche Züchtung, oder Erhaltung der vervollkommneten Rassen im Kampfe um's Daseyn. Übersetzt von H. G. Bronn und J. V. Carus. Stuttgart.

Delisle, Richard (2007): Debating Humankind's Place in Nature 1860–2000. The Nature of Paleoanthropology. Upper Saddle River.

Dobzhansky, Thomas (1944): »On Species and Races of Living and Fossil Man«. In: American Journal of Physical Anthropology Vol. 2: 251–265.

Eldredge, Niles/Tattersall, Ian (1975): »Evolutionary Models, Phylogenetic Reconstruction, and Another Look at Hominid Phylogeny«. In: F. S. Szalay (Hg.): Approaches to Primate Paleobiology. Basel, 218–242.

Gondermann, Thomas (2007): Evolution und Rasse. Theoretischer und institutioneller Wandel in der viktorianischen Anthropologie. Bielefeld.

Goodman, Morris (1963): »Man's Place in the Phylogeny of the Primates as Reflected in Serum Proteins«. In: Sherwood L. Washburn (Hg.): Classification and Human Evolution. Chicago, 204–234.

Gould, Stephen Jay (1981/1994[2]): Der falsch vermessene Mensch. Basel.

Grayson, Donald K. (1983): The Establishment of Human Antiquity. New York.

Gundling, Tom (2005): First in Line. Tracing Our Ape Ancestry. New Haven.

Hamilton, William D. (1964): »The Genetical Evolution of Social Behaviour I and II«. In: Journal of Theoretical Biology Vol. 7: 1–52.

Hanke, Christine (2007): Zwischen Auflösung und Fixierung. Zur Konstitution von »Rasse« und »Geschlecht« in der physischen Anthropologie um 1900. Bielefeld.

Hirszfeld, L./Hirszfeld, H. (1919): »Serological Differences Between the Blood of Different Races«. In: Lancet (18. Oktober): 675–679.

Hoßfeld, Uwe (2005): Geschichte der biologischen Anthropologie in Deutschland. Von den Anfängen bis in die Nachkriegszeit. Stuttgart.

Kimura, Motoo (1968): »Evolutionary Rate at the Molecular Level«. In: Nature Vol. 217 (17. Februar): 624–626.

Lewin, Roger (1987/1997[2]): Bones of Contention. Controversies in the Search for Human Origins. Chicago.

Mayr, Ernst (1950): »Taxonomic Categories in Fossil Hominids«. In: Cold Spring Harbor Symposia on Quantitative Biology Vol. 15: 109–118.

Sarich, Vincent M./Wilson, Allan C. (1967): »Immunological Time Scale of Hominid Evolution«. In: Science, New Series Vol. 158, Nr. 3805: 1200–1203.

Sommer, Marianne (2005): »Ancient Hunters and Their Modern Representatives. William Sollas's (1849–1936) Anthropology from Disappointed Bridge to Trunkless Tree and the Instrumentalisation of Racial Conflict«. In: Journal of the History of Biology Vol. 38, Nr. 2: 327–365.

Sommer, Marianne (2007): Bones and Ochre. The Curious Afterlife of the Red Lady of Paviland. Cambridge (Mass.).

Sommer, Marianne (2008): »History in the Gene. Negotiations between Molecular and Organismal Anthropology«. In: Journal of the History of Biology Vol. 41, Nr. 3: 473–528.

Sommer, Marianne (2010): »From Descent to Ascent. The Human Exception in the Evolutionary Synthesis«. In: Nuncius, Vol. 1.

Stocking, George W. (1982): Race, Culture, and Evolution. Essays in the History of Anthropology. Chicago.

Washburn, Sherwood (1951): »The New Physical Anthropology«. In: Transactions of the New York Academy of Sciences, 2nd Series, Vol. 13: 298–304.

Zuckerkandl, Emile/Pauling, Linus (1962): »Molecular Disease, Evolution, and Genetic Heterogeneity«. In: M. Kasha/B. Pullman (Hg.): Horizons in Biochemistry. New York, 189–225.

Zuckerkandl, Emile (1963): »Perspectives in Molecular Anthropology«. In: Sherwood L. Washburn (Hg.): Classification and Human Evolution. Chicago, 243–272.

Marianne Sommer

2. Astronomie und Kosmologie

Sterne werden geboren und sterben. Schwarze Löcher verschlucken Licht und fressen Materie. Viele Texte und Reden über astronomische Gegenstände enthalten Wendungen und Begriffe aus der Sphäre des Lebendigen. Zweifellos haben sie oft nur die Funktion, die ungeheuerlichen Vorgänge oder Objekte im Kosmos sprachlich handhabbar zu machen. Im Folgenden wird der Frage nachgegangen, inwieweit nicht nur Worte, sondern auch Konzepte aus der von Charles Darwin begründeten Evolutionsbiologie in der Wissenschaft vom Kosmos genutzt wurden. Die Darstellung gliedert sich in drei Teile: Ein erster, vorbereitender, blickt auf biologische Begrifflichkeiten in der Astronomie vor Darwin, ein zweiter behandelt die Zeit Darwins und danach. Der dritte Teil schließlich geht in mehreren Schritten auf Entwicklungen in der modernen relativistischen Kosmologie ein, in der Lee Smolins Modell der »Kosmischen Natürlichen Selektion« die bis heute ausführlichste Anverwandlung der Evolutionsbiologie darstellt.

Von Aristoteles bis Humboldt

Im ersten Band seines *Kosmos* diskutierte Alexander von Humboldt eine Klasse von Himmelsobjekten, die er »kosmische Nebelflecke« nannte. Zu ihnen schrieb er: »Die genetische Entwicklung [...], in welcher dieser Teil der Himmelsräume begriffen scheint, hat denkende Beobachter auf die Analogie organischer Erscheinungen geleitet. Wie wir in unseren Wäldern dieselbe Baumart gleichzeitig in allen Stufen des Wachstums sehen und aus diesem Anblick, aus dieser Koexistenz, den Eindruck fortschreitender Lebensentwicklung schöpfen, so erkennen wir auch in dem großen Weltgarten die verschiedensten Stadien unterschiedlicher Sternbildung« (Humboldt 1845/1993, 66).

Gewiss gab es noch frühere Versuche, sich dem Firmament biologisch zu nähern. Doch besonders häufig waren sie nicht. Das dürfte nicht zuletzt an Aristoteles liegen. Dessen ungeheuer einflussreiche Naturtheorie betrachtete den gestirnten Himmel und die belebte Erde als zwei vollständig geschiedene Zonen mit jeweils eigenen Naturgesetzen. Diese Trennung war für Aristoteles empirisch bestens begründet: Ohne technische Hilfsmittel wie Fernrohre ist tatsächlich schwer einzusehen, was das Firmament und die dort beobachtbaren regelmäßigen Abläufe mit der vergleichsweise chaotischen Biosphäre zu tun haben soll. Die aristotelische Unterscheidung einer sublunaren und einer supralunaren Natur wurde erst in der Neuzeit überwunden. Diese Überwindung war von Kopernikus theoretisch vorbereitet worden, zur naturwissenschaftlichen Einsicht wurde sie indes erst durch das Teleskop. Zugleich trieben Galilei, Kepler und Newton die bereits bei Ptolemäus und Kopernikus fortgeschrittene Mathematisierung der Himmelsbeschreibung zu neuen Höhen und beförderten die mathematische Formulierbarkeit dadurch zum Ideal der exakten Naturwissenschaft überhaupt. Auch wenn Himmel und Erde nun konzeptionell verschmolzen, so geschah dies nach dem Vorbild des Himmels und nicht der belebten Erde.

Man kann es mit der Mathematisierung der Welt aber auch zu weit treiben – und genau das war der Hintergrund der biologischen Analogie in Humboldts oben zitierter Einlassung. Humboldt gehörte zu den Kritikern einer rationalistischen Naturauffassung, die alle Erscheinungen *more geometrico* erklärt wissen möchte und deren Ausdruck etwa die Titius-Bodesche Regel für die Planetenabstände war. Diese 1766 entdeckte Formel war in dem Zeitalter, das noch ganz unter dem Eindruck Newtons stand, äußerst populär. Nach ihr ist der mittlere Bahnradius R eines Planeten (in Einheiten des Wertes für die Erde) durch $R = 0{,}4 + 0{,}3 \cdot 2^n$ gegeben, wenn man – bei Merkur beginnend – den Planeten der Reihe nach die Elemente der Zahlenfolge $n = -\infty, 0, 1, 2, 3, \ldots$ zuordnet. Durch die Entdeckungen des Uranus 1781 und des Kleinplaneten Ceres 1801 schien sich dieses Gesetz zudem empirisch glänzend bestätigt zu haben. Humboldt aber hielt dagegen: Das Planetensystem habe hinsichtlich seiner Bahnparameter »für uns nicht mehr Naturnotwendiges, als das Maß der Verteilung von Wasser und Land auf unserem Erdkörper« (Humboldt 1845/1993, 75). Ein Jahr später, 1846, wurde der Neptun entdeckt, und bei ihm versagt die Titius-Bode-Formel völlig.

Tatsächlich gibt es für die Abstände der Planetenbahnen im Sonnensystem bis heute keine Theorie, aus der sich ableiten ließe, warum etwa die Erde nun ausgerechnet dort kreist, wo sie es tut, und nicht etwas weiter draußen oder drinnen. 1796 hatte Pierre-Simon Laplace die sogenannte Nebularhypothese der Entstehung des Sonnensystem aus einem rotierenden heißen »Urnebel« skizziert – eine Idee, die vier Jahrzehnte zuvor in kosmologischem Zusammenhang bereits Immanuel Kant gekommen war. Im Laufe des 19. Jahrhunderts fand die Kant-Laplace-Hypothese allgemeine Verbreitung und liegt, in abgewandelter Form, auch der modernen Auffassung zugrunde. Demnach sind die Planetenabstände in einem gewissen Rahmen zufällig: Man kann sie genauso wenig vorhersagen wie die Positionen einzelner Bäume in einem Wald. Um diese Einsicht auszudrücken oder überhaupt erst zu entwickeln, ist eine biologische Perspektive wie sie Humboldt einnahm, äußerst hilfreich. Astronomie mag eine mathematische Naturwissenschaft sein, als Kosmologie jedoch ist sie Naturgeschichte mit erweitertem Gegenstandsbereich und damit auch eine historische Disziplin.

Darwin und die Astronomen

Mit der Veröffentlichung von Darwins *On the Origin of Species* im Jahr 1859 hielt nun die Naturgeschichte eine machtvolle theoretische Basis für eine vereinheitlichende Beschreibung der Sphäre des Lebendigen. Die Idee, der Darwinismus könne auch jenseits der Biologie fruchtbar werden, erfreute sich in der populärwissenschaftlichen Publizistik bald großer Beliebtheit. Mit *Kosmos. Zeitschrift für eine einheitliche Weltanschauung auf Grund der Entwicklungslehre* gründete Ernst Haeckel 1877 sogar eine eigene Zeitschrift dafür (Daum 2002, 361 f.). In der professionellen Astronomie allerdings hielt sich das Darwin-Fieber durchaus in Grenzen. Denn einerseits hatte der Evolutionsgedanke unter Astronomen bereits ohne Darwin Verbreitung gefunden. Mitte des 19. Jahrhunderts wurde das Firmament schon eine ganze Weile nicht mehr als statisches Gebilde aufgefasst. Wegbereitend dafür war einerseits die Nebularhypothese Laplaces, andererseits William Herschels Beobachtungen jener Nebelflecken, die Alexander von Humboldt zu der zitierten biologischen Analogie veranlasst hatten.

Aber abgesehen davon, dass die Astronomen Darwin nicht brauchten, hatten sie zunächst auch ein handfestes Problem mit ihm, genauer: mit den enormen Zeiträumen, welche der Entwicklung des Lebens auf der Erde nach Darwinschem Modus in Anspruch genommen haben musste. Wenn die Sonne ihre Energie nämlich aus dem Gravitationskollaps des primordialen Urnebels bezog – und eine andere Energiequelle war damals nicht bekannt – dann konnte sie nur einige zehn bis höchstens einige Hundert Millionen Jahre alt sein. Das Argument wurde insbesondere durch Lord Kelvin populär, deckte sich aber mit Berechnungen anderer bedeutender Forscher wie Hermann von Helmholtz oder Simon Newcomb (Dalrymple 1994, 14–17). Bis die geologischen Indizien für eine sehr viel ältere Erde im späten 19. Jahrhundert erdrückend wurden, machten Astronomen sich über den Darwinismus daher eher lustig (z. B. Astronomicus 1871).

Sofern es allerdings nicht um die Himmelsobjekte selber ging, deren Genese man ganz aus der Wirkung der Gravitation zu erklären können glaubte, ließ man sich durchaus von Darwin inspirieren. So spekulierte etwa William Crookes, die Entstehung der chemischen Elemente könnte kosmologisch durch einen »Anorganischen Darwinismus« erklärt werden (Kragh 1997, 93). Umfassend darwinistische Entwürfe blieben indes eine Sache von Philosophen. So veröffentlichte etwa der Deutsche Carl du Prel 1874 ein Buch mit dem Titel *Der Kampf ums Dasein am Himmel*, in dem er verschiedene Analogien zwischen astronomischer und biologischer Evolution zieht und die These vertritt, dass jedes System, das eine Entwicklungsgeschichte hat, auch einer natürlichen Auslese unterliege (Weber 2007, 599).

Dabei waren seit dem ausgehenden 19. Jahrhundert alle führenden Astronomen überzeugte Darwinisten, angefangen bei Norman Lockyer, dem Entdecker des Heliums, bis zu Harlow Shapley, der in seinem Buch *Of Stars and Men* (1958) eine Gesamtdarstellung der Evolution des Alls und der Lebewesen bis hin zum Menschen vorlegte. Shapleys Buch hatte Einfluss auf den Amerikaner Carl Sagan, der sich ab etwa 1960 um die wissenschaftliche Untersuchung der Frage nach außerirdischem Leben bemühte. Unter dem Namen »Astrobiologie« ist das heute ein aktives Forschungsfeld, das nach den allgemeinen Bedingungen für die Entstehung und Höherentwicklung von Leben fragt, etwa unter Verhältnissen, wie sie auf dem Mars herrschen (von Rauchhaupt 2009, 193–210). Dieses Forschungsprogramm kommt selbstverständlich nicht ohne evolutionsbiologische Konzepte aus.

Es gibt aber auch Autoren, die hier gerne weiter gingen und das Weltbild der modernen Astronomie als Fortsetzung Darwinschen Denkens behaupten (z. B. Chaisson 1999, 36). Doch wie schon bei du Prel kranken solche, oft aus dem Motiv der Werbung für eine naturalistische Weltanschauung heraus propagierten kosmo-darwinistischen Paradigmen daran, dass die Evolution der Sterne und Galaxien nun einmal nicht evolutionär ist. Die Eigenschaften eines Hauptreihensterns etwa werden hauptsächlich von seiner Masse festgelegt. Deren Wert ist sozusagen sein einziges Gen, das Farbe, Oberflächentemperatur und Lebensdauer determiniert. Aber dieses Gen mutiert nicht und wird auch nicht weitergegeben. Auch wo die Sternentwicklung von der Umgebung, vor allem der Nähe zu anderen Sternen, beeinflusst wird, erfolgt die Reaktion darauf nicht durch eine Anpassung, die späteren Generationen erhalten bliebe. Sterne mögen sterben und geboren werden. Aber sie legen keine Eier.

Genauso wenig hilft die Darwinsche Theorie bei dem Verständnis von Planetensystemen. Auch hier fallen zuweilen darwinistische Begriffe, aber auch hier sind es bei näherer Betrachtung nicht mehr als Metaphern. So hat etwa der amerikanische Astrophysiker Douglas Lin gegenüber einer Journalistin einmal die Entstehung von Planeten durch Verklumpung in der Gas- und Staubscheibe um einen neugeborenen Stern als »Darwinsche Angelegenheit« beschrieben: Die Planetenembryonen konkurrierten miteinander um Nahrung aus Scheibenmaterial und kämpften darum, nicht von ihren Geschwistern geschluckt zu werden (Angier 2008). Auch wenn hier eifrig selektiert wird und nur die stärksten, weil dicksten, Embryonen überleben und zu Planeten werden: Es gibt keine Vererbung und damit auch keine Anpassung und so fehlt ausgerechnet jenes zentrale Moment, dem tatsächlich evolutionär entstandene Strukturen ihre Formenvielfalt verdanken.

Der entstandene Kosmos

Unter Kosmologie versteht man heute den Teil der Astrophysik, der sich mit dem Universum als ganzem befasst. Seit dem Jahr 1917 umfasst der Begriff auch das, was man bis dahin (und seither nur noch selten) *Kosmogonie* nannte, also die Lehre von der Entstehung des Kosmos. Allerdings waren Kosmogonien damals vor allem ein mythologisches Genre. Bis 1917 hätte kein etablierter Naturwissenschaftler auch nur in Erwägung gezogen, dass das Universum nicht nur Schauplatz des Werdens und Vergehens der Sterne und ihrer Agglomerationen ist, sondern selber einer Evolution unterliegen, gar einen Anfang in der Zeit haben könnte.

Nicht, dass der Gedanke in der philosophischen Tradition nicht schon einmal gedacht worden wäre. In seinen *Confessiones* (XI 13,5) legt Augustinus dar, dass ein Anfang der Welt in der Zeit widerspruchsfrei denkbar ist, wenn die Zeit selber als ein Teil der Welt begriffen wird. Doch der Einfluss des Aristoteles erwies sich als so mächtig, dass dessen Lehre vom ewigen Kosmos auch von christlichen Denkern wie Thomas von Aquin vertreten wurde. Und mit Aristoteles hielt man es in dieser Frage bis tief in die Neuzeit, eben bis 1917.

Im Februar jenes Jahres veröffentlichte Albert Einstein eine Arbeit mit dem Titel *Kosmologische Betrachtungen zur allgemeinen Relativitätstheorie*, in der er seine in den Jahren zuvor unter großen Mühen entwickelte Theorie der Gravitation auf das Weltall als ganzes anwandte. Die Lösung seiner Gleichungen reproduzierten einen ewigen, statischen Kosmos, aber nur um den Preis eines zusätzlichen Parameters, der »Kosmologischen Konstante«, die Einstein dafür nachträglich in seine Theorie einfügte, da das Weltall ohne diese Konstante unter seiner eigenen Masse kollabieren würde. Bereits 1919 klagte Einstein, dass die Kosmologische Konstante seine Theorie verunstalten würde, es aber keine Alternative gebe. Zwölf Jahre später bezeichnete er sie in einem nur mündlich überlieferten Gespräch als seine »größte Eselei« (Kragh 1997, 134). Denn da gab es Indizien dafür, dass auch das Universum als ganzes einer Evolution unterlag: Es expandierte.

Die Indizien kamen sowohl von theoretischer Seite als auch aus astronomischen Beobachtungen: 1927 hatte der belgische Priester und theoretische Astrophysiker Georges Lemaître zeitabhängige kosmologische Lösungen der Einsteinschen Feldgleichungen formuliert, die, ohne dass er davon wusste, fünf Jahre zuvor bereits der Russe Alexander Friedmann gefunden hatte. Nun deuteten Beobachtungen – insbesondere die des Amerikaners Edwin Hubble – aber an, dass entfernte Galaxien sich von der Erde wegbewegen und zwar umso schneller, je weiter sie entfernt sind. Motiviert durch die junge Quantentheorie und ihre Entdeckung eines fundamentalen Indeterminismus in der Natur, fügte Lemaître seine und Friedmanns theoretischen Befunde mit Hubbles Beobachtungen zu einem völlig neuen Bild zusammen: das Bild eines expandierenden Alls, dessen Expansion irgendwann in einem extrem heißen und dichten Urzustand einen spontanen Anfang genommen haben musste, dem »Urknall«. Das war eine wissenschaftliche Revolution, ein Paradigmenwechsel reinsten Wassers. Nach Einschätzung des Wissenschaftshistorikers Helge Kragh gebührt ihr dieser Titel sogar in sehr viel höherem Maße als der sogenannten Kopernikanischen Revolution (Kragh 2007, 245). Nach Einstein, Friedmann und Lemaître war das Universum nicht mehr die ewige, statische Bühne der Naturgeschichte, als die es das abendländische Denken, von Augustinus abgesehen, bis dahin gesehen hatte. Vielmehr war es selber das Produkt einer zeitlichen Entwicklung – wie die irdische Biosphäre nach Darwin.

Anthropischer Ärger

Wie bei Darwin gab es auch gegen die Urknall-Theorie Widerstände, allerdings weniger aus religiösen Kreisen. Vielmehr waren es nun Wissenschaftler, denen die Idee eines Anfanges des Universums in der Zeit weltanschaulich unerwünscht war. Einer, der daraus keinen Hehl machte, war Fred Hoyle. Der britische Astrophysiker war bekennender Atheist, als er 1948 zusammen mit zwei Kollegen die »Steady-State-Theorie« aufstellte. Darin war das Universum zwar auch nicht mehr statisch, aber doch in seinen Eigenschaften unveränderlich. Dazu mussten Hoyle und seine Mitautoren allerdings ad hoc die Existenz eines Prozesses spontaner Materieentstehung annehmen, der die Dichte im Universum trotz dessen Expansion zeitlich konstant hält. Die Idee scheiterte empirisch 1963 an der Entdeckung der extrem gleichförmigen kosmischen Mikrowellen-Hintergrundstrahlung, die eine direkte Konsequenz eines heißen Frühstadiums des Universums ist und sich im Rahmen einer Steady-State-Theorie nicht befriedigend erklären lässt. Manchen verdross dieser Befund. So erklärte etwa der spätere Nobelpreisträger Steven Weinberg 1967 in einem Vortrag: »Die Steady-State-Theorie ist philosophisch die attraktivste Theorie, weil sie am *wenigsten* dem biblischen Schöpfungsbericht entspricht. Was für ein Jammer, dass die Experimente ihr widersprechen« (zit. n. Kragh 2007, 195).

Weinberg störte sich also an den möglichen physiko-theologischen Implikationen der Urknall-Kosmologie – aber bald kam für ihn alles noch viel schlimmer. 1973 wies der australische Physiker Brandon Carter darauf hin, dass in einem Universum, in dem die Naturkonstanten auch nur geringfügig andere Werte hätten, als sie eben haben, keine komplexen Strukturen existieren würden (Carter 1974). Es hätten sich dann nämlich keine schweren Elemente oder überhaupt keine Atome gebildet. Oder aber das Weltall wäre kurz nach dem Urknall wieder in sich zusammengestürzt oder aber zu schnell expandiert, als dass Materie sich zu Sternen und Galaxien hätte zusammenfinden können. Das Universum sei also sozusagen genau richtig eingestellt, dass organische Moleküle, Lebewesen und schließlich so etwas wie der Mensch ins Dasein treten konnten.

Nun darf man sich über die Werte der Naturkonstanten und die anderen lebens- und letzten Endes menschenfreundlichen Eckdaten des Kosmos eigentlich genauso wenig wundern wie über den Abstand der Erde zur Sonne: Wären sie anders, gäbe es uns nicht und damit auch niemanden, der sich darüber wundern könnte. Diesen Umstand nennt man seit Carter das »anthropische Prinzip«, und bis heute ist heftig umstritten, ob der Hinweis darauf irgendetwas im naturwissenschaftlichen Sinne erklärt.

Im Falle der Erdbahn kann man darin tatsächlich so etwas wie eine Begründung für ihren Wert sehen – aber nur, weil wir von Planeten wissen, die in anderen Abständen zur Sonne oder ihren jeweiligen Muttergestirnen kreisen, darunter solchen, die keine lebensfreundlichen Temperaturen und damit mögliche Heimstätte für anthropisch räsonierende Wesen bieten. Hier kommt das anthropische Prinzip in seiner »schwachen« Variante zum Tragen, die im Grunde nichts weiter besagt, als dass wir uns deswegen an einem lebensfreundlichen Ort wiederfinden, weil wir an einem anderen nicht existieren können.

Demgegenüber steht nun das »starke« anthropische Prinzip, das seit Carter für heftige Debatten sorgt, weil man es auch teleologisch verstehen kann, im obigen Kontext also so, dass der Abstand Erde-Sonne genau den Wert hat, *damit* sich auf der Erde Leben entwickeln konnte. Teleologische Erklärungen sind aber nun nicht Teil des naturwissenschaftlichen Repertoires, weil ihre jeweilige Zulässigkeit nicht innerhalb der Naturwissenschaft erwiesen oder widerlegt werden kann. Wo wirklich nur noch teleologische Erklärungen möglich sind, ist die Naturwissenschaft an eine Grenze gestoßen.

Multiversen und Stringlandschaften

Angesichts der fein abgestimmten Naturkonstanten hoffen nun viele Kosmologen, diese Grenze durch Vorstellungen zu überwinden, in denen das im Universum obwaltende anthropische Prinzip nur noch als schwaches anthropisches Prinzip auftaucht. Dazu sehen sie das so rätselhaft fein auf unsere Existenz abgestimmte Universum in Analogie zur Erde mit ihrer für ihre Biosphäre gerade richtig dimensionierten Umlaufbahn um die Sonne: Wie es unzählige andere Planeten mit allen möglichen Bahngeometrien gibt, so müsse es eben auch unzählige andere Universen mit jeweils anderen Werten der Naturkonstanten geben. Die physikalische Welt bestehe also aus einer Gesamtheit solcher separater Universen; sie sei ein sogenanntes Multiversum.

Wenn sich viele Kosmologen heute mit Multiversumstheorien befassen, dann liegt das auch an zwei anderen neueren Entwicklungen in der theoretischen Physik: der Stringtheorie und der kosmischen Inflation. Erstere verschärft das Problem der kosmischen Feinabstimmung, die zweite bietet einen Weg an, das anthropische Prinzip nur in seiner schwachen Form anwenden zu müssen.

Die kosmische Inflation ist eine Hypothese, die zuerst 1980 durch den Amerikaner Alan Guth bekannt wurde und heute in zahlreichen Varianten diskutiert wird. Danach gab es in einer Frühphase des Urknalls – weit früher als alles, wovon wir direkt beobachtbare Signale haben – eine kurze Zeitspanne, in der sich das Universum exponentiell aufblähte. Mit der Inflation lassen sich einige ansonsten rätselhafte Beobachtungstatsachen erklären – etwa, warum der Raum auf ganz großen Skalen nicht gekrümmt zu sein scheint, obwohl kein Naturgesetz vorschreibt, dass das so sein muss. Allerdings kann der Grund für die Inflation bislang nicht aus etablierten und anhand anderer Beobachtungstatsachen überprüften Theorien abgeleitet werden. Es bleibt nur die Hoffnung, dass die noch gesuchte Vereinigung der Einsteinschen Gravitationstheorie mit der Quantentheorie, die »Theory of Everything«, das einmal leistet.

Der bis heute populärste Ansatz dazu ist die Stringtheorie. In ihr werden die verschiedenen Elementarteilchen als Schwingungszustände winziger fadenförmiger Objekte (den Strings) aufgefasst, darunter auch das Graviton, das hypothetische Quantenteilchen, das hinter der Gravitationskraft stecken könnte. Die Stringtheorie nun liefert das zweite Motiv, die Multiversumsidee ernstzunehmen. Wie sich nämlich herausstellte, legen Stringtheorien das Universum nicht auf einen Satz von Naturkonstanten fest, sondern erlauben eine sehr hohe Zahl (etwa 10^{500}) verschiedener Universen mit jeweils anderen Naturkonstanten und anderen Eigenschaften. Die Stringtheorie wäre damit eher eine »Theory of Anything«, was unter dem Gesichtspunkt der Teleologie-Vermeidung nur dann akzeptabel wäre, wenn alle stringtheoretisch möglichen Universen tatsächlich verwirklicht wären – nur eben in jeweils anderen Universen.

Dies lässt sich nun mit der Inflationsidee zum Bild eines ewigen, evolutionären Multiversums verknüpfen: Dazu stellt man sich vor, dass die Inflation von einem sogenannten »falschen Vakuum« hervorgerufen wurde, einem hypothetischen Quantenfeld hoher Energiedichte, das gravitationstheoretisch die Eigenschaft einer Einsteinschen kosmologischen Konstante hat und daher die Raumzeit stark aufbläht – solange bis es in ein echtes Vakuum geringerer Energiedichte zerfällt. Bei diesem Zerfall wird dann Energie und Materie mit einem bestimmten Satz von Naturkonstanten frei, einer jener 10^{500}, welche die Stringtheorie erlaubt.

Ein Multiversum wird daraus durch die Annahme, dass die Eigenschaften des falschen Vakuums so beschaffen sind, dass es nur in manchen Bereichen zerfällt, die dann durch das noch unzerfallene falsche Vakuum dazwischen weiter auseinandergetrieben werden. Jeder solche Zerfall ist ein eigener Urknall – und einer davon der Anfang unseres Universums. Aber es würden auch andere Blasen echten Vakuums entstehen: andere Universen, in denen zwar dieselben fundamentalen Naturgesetze gälten wie in unserem – Prinzipien wie Energieerhaltung oder Unschärferelation –, aber nicht mehr notwendig die gleichen Elementarteilchen und Naturkonstanten. Sogar die Anzahl der Raumdimensionen könnte jeweils unterschiedlich sein. Im Allgemeinen läge in jedem Universum eine andere der Myriaden möglicher Lösungen der Stringtheorie vor. Dafür, dass sich fast in jeder Zerfallsregion eine andere Stringlösung materialisiert, sorgen zufällige Quantenfluktuationen des falschen Vakuums, das dadurch auch alles andere als gleichmäßig expandiert, sondern hier langsamer, dort schneller.

Unter dem Titel »Chaotische Inflation« formulierte der Russe Andrei Linde in den frühen 1980er Jahren diese Idee als einer der Ersten. Sie wurde seither ständig weiterentwickelt, nicht zuletzt von Alexander Vilenkin, von dem auch eine der besten allgemeinverständlichen Darstellungen dazu stammt (Vilenkin 2006/2007). Man könnte nun meinen, dass der manifest evolutionäre Charakter dieser Vorstellungen mit einem ausführlichen Gebrauch darwinistischer Begriffe einhergeht. Das ist aber nicht der Fall. Vilenkin sieht zwischen kosmischer Inflation und Darwins Evolutionstheorie nur eine lose Parallele: »Beide formulieren eine Erklärung für ein Phänomen, das man bis dahin für unerklärlich gehalten hatte« (Vilenkin 2006/2007, 80). Ein biologisches Bild verwendet er nur an einer Stelle, wo er die konkurrierenden Prozesse der Expansion und des Zerfalls des falschen Vakuums mit der Vermehrung eines Erregers und seiner Zerstörung durch einen Antikörper vergleicht (Vilenkin ebd., 95). Linde hat in einem populärwissenschaftlichen Artikel seinen Ansatz zwar einmal als »eine Art Darwinschen Zugang zur Kosmologie« bezeichnet (Linde 1987, 69), in seiner

Monografie (Linde 1990) fehlt hingegen jeder Hinweis auf Darwin und jedes evolutionsbiologische Bild.

Das ändert sich etwas in Inflationsmodellen mit multiplen falschen Vakua verschiedener Energiedichte und der Ankopplung der Stringtheorie und ihrer astronomisch hohen Zahl möglicher Universen, die sie beschreiben kann. Man spricht hier nämlich von einer »Landschaft« stringtheoretischer Lösungen – in Anlehnung an die Fitness-Landschaften der Evolutionstheorie. Dort sind den Genotypen einer Population die Fitnesswerte ihrer jeweiligen Phänotypen zugeordnet – wie den Koordinaten einer Landkarte Höhenwerte. Die Evolution verläuft dann entlang eines Pfades in dieser Landschaft hin zu den Gipfeln maximaler Fitness. Die Stringlandschaft nun wird von den vielen möglichen Lösungen der Stringtheorie aufgespannt. Sind ihnen verschiedene Werte der Vakuumenergie zugeordnet, so führen durch die Stringlandschaft ebenfalls Pfade, die eine Dynamik beschreiben: Sie entsprechen Abfolgen quantenmechanischer Tunnelprozesse, durch welche falsche Vakuumzustände in höhergelegenen Tälern der Stringlandschaft trotz der umgebenden Berge irgendwann in Zustände in benachbarten Tälern niedrigerer Energie übergehen. Die Vakua erleben daher Übergänge in immer tiefere Täler, hin zu immer niedrigerer Vakuumenergie.

Durch solche Tunnelprozesse können Universen auch aus anderen hervorgehen, mithin diachrone Mutter-Tochter-Beziehungen bilden sowie weitere Nachfahren hervorbringen. Das provoziert eine biologische Metaphorik – allerdings noch keine darwinistische. Zwar liegen Mutter- und Tochteruniversen in der Regel nahe beieinander und sollten daher auch ähnliche, gewissermaßen mutiert vererbte, Naturkonstanten haben. Doch ohne zusätzliche Annahmen koppelt ihre Naturkonstanten-Ausstattung, also gewissermaßen ihr Phänotyp, nicht auf ihre Wahrscheinlichkeit zurück, Nachkommen zu haben. Es ist egal, wie ein Universum physikalisch beschaffen ist – sofern es nur stringtheoretisch möglich ist, wird es in der zeitlosen Stringlandschaft mit der gleichen Wahrscheinlichkeit vorkommen wie alle anderen. Das ist der Unterschied zu der biologischen Situation, in der man bei einem beliebig herausgegriffenen Individuum mit hoher Wahrscheinlichkeit davon ausgehen kann, dass es sich um ein annähernd optimal angepasstes Exemplar handelt. Wir können daher auch nicht sagen, Universen mit Naturkonstanten ähnlich denen, die wir in unserem messen, seien besonders häufig und die Wahrscheinlichkeit dafür, dass intelligente Wesen wie wir sie bestaunen, daher besonders hoch. Warum wir in einem solchen Universum leben, lässt sich nicht anders begründen als mit dem (schwachen) anthropischen Prinzip.

Mit dem Multiversum ist damit etwas von der Art des »Steady-State-Modells« in die kosmologische Debatte zurückgekehrt, das den weltanschaulichen Präferenzen von Hoyle, Weinberg und anderen Genüge tut. Doch als eine Vorstellung, die sich als naturwissenschaftlich versteht, hat die Multiversumsidee mit schweren konzeptionellen Problemen zu kämpfen (vgl. z. B. Ellis/Kirchner/Stoeger 2003). Eine der größten Schwierigkeiten sehen auch entschiedene Anhänger der Multiversumsvorstellung darin, eine Wahrscheinlichkeitsverteilung, ein sogenanntes Maß, für das Ensemble der Universen anzugeben (Tegmark 2003, 16). Nur ein solches Maß aber böte die Chance zu einer gewissen Überprüfung der Theorie, indem es Aussagen über die – in der Gesamtheit aller Universen – besonders wahrscheinlichen Werte bestimmter physikalischer Parameter macht, die keinen Einfluss auf die Lebensfreundlichkeit eines Universums haben. Damit gäbe es zumindest die Möglichkeit, dass diese Aussagen nicht zu den Messwerten in unserem Universum passen. Das Multiversumsmodell wäre dann zumindest in einem gewissen Sinn falsifizierbar.

Ohne Wahrscheinlichkeitsmaß lässt sich die Behauptung der Existenz eines Multiversums höchstens grob unter Voraussetzung des sogenannten »Prinzips der Mittelmäßigkeit« rechtfertigen (Vilenkin 2006/2007, 166–181). Dies ist eine Erweiterung des Kopernikanischen Prinzips, bei der man davon ausgeht, dass unser anthropisch günstiges Universum unter allen möglichen Universen ein durchschnittlicher Fall ist. Aber gerade unter philosophischen Gesichtspunkten würde ja interessieren, ob dieses Prinzip wirklich zutrifft.

Natürliche Selektion im Kosmos?

Um die Probleme der Modelle mit inflationären Multiversen zu umgehen, hat der Amerikaner Lee Smolin vorgeschlagen, die Analogie zwischen Stringlandschaft und Fitnesslandschaft ernstzunehmen. Smolin postulierte einen nicht näher spezifizierten Mechanismus, durch den die Naturkonstanten eines Universums auf die Wahrscheinlichkeit einwirken, Tochteruniversen zu erzeugen (Smolin 1992). Dazu nimmt er an, der Kollaps eines Sterns zu einem Schwarzen Loch könnte innerhalb des Lochs den Urknall zu einem eigenen neuen Universum auslösen. Das neue Tochter-Universum existiere, unsichtbar für Beobachter im Mutter-Universum, hinter dem Ereignishorizont des Schwarzen Lochs. Dort gleiche es der Mutter weitgehend, aber nicht genau: Seine Naturkonstanten weichen um kleine zufällige Beträge von denen des Mutteruniversums ab.

Jedes neue Universum erbe also einen leicht mutierten Satz an Naturkonstanten. Damit aber würden im Laufe der Zeit jene Welten überhand nehmen, deren Naturkonstanten die Entstehung Schwarzer Löcher besonders fördern. Nach Smolin sind das aber zugleich jene Naturkonstanten, denen unser eigenes Universum seine Lebensfreundlichkeit verdankt. Damit wäre erklärt, warum wir diese physikalische Welt wahrnehmen und keine andere: Es wäre nach einer gewissen Zahl von Generationen einfach die wahrscheinlichste Form, die eine Welt überhaupt annehmen kann.

Diese von Smolins selber so genannte Hypothese der »Kosmischen Natürlichen Selektion« lehnt sich nicht nur im Namen eng an die Darwinsche Evolutionstheorie an – sie ist von Darwin inspiriert und seinem Argument im Detail nachempfunden. Ihren großen Vorzug vor allen anderen Multiversumstheorien sieht Smolin darin, dass sie eine überprüfbare Vorhersage macht: Wenn das Modell richtig ist, dann muss die Physik unseres Universums so beschaffen sein, dass es maximal viele Schwarze Löcher produziert und zwar unabhängig von den Details des Mutationsmechanismus, dessen biochemisches Pendant bei Darwin man ja auch nicht kennen müsse, um mit der Evolutionstheorie zu arbeiten (Smolin 2006, 6).

Smolin machte sein Modell später zum Gegenstand eines erfolgreichen populärwissenschaftlichen Buches (Smolin 1997/1999). Das war aber kaum der einzige Grund, warum die »Kosmische natürliche Selektion« in Fachkreisen überwiegend auf Ablehnung stieß. Besonders bitter dürfte für Smolin die Kritik des angesehenen Kosmologen Joseph Silk gewesen sein, der feststellte, dass die überprüfbaren Aussagen, durch die sich Smolin ja gerade von den anderen Multiversumskosmologen unterscheiden wollte, schlicht nicht zu den astronomischen Tatsachen passen (Silk 1997).

Schluss: Warum sind Kosmologen nicht darwinistischer?

Smolins »Kosmische natürliche Selektion« ist bis heute der einzige Versuch, die Darwinsche Evolutionstheorie für die moderne Kosmologie nutzbar zu machen. Sie dürfte überhaupt der einzige Fall in der akademischen astrophysikalischen Forschung sein, in der die Biologie mehr ist als ein Reservoir für Metaphern und Bilder. Dabei ist Smolins Modell nicht nur eine wissenschaftliche Hypothese. Es ist auch der kreative Ausdruck eines tiefen Unbehagens an der Situation der modernen Physik, die sich durch Urknall-Kosmologie und Stringtheorie vor die Alternative gestellt sieht, sich entweder eine Grenze einzugestehen, jenseits der Fragen über die materielle Welt bleiben, die nicht mehr naturwissenschaftlich beantwortet werden können – oder aber mit anthropischen Denkfiguren operieren zu müssen, die zur Vermeidung teleologischer Implikationen unüberprüfbarer Zusatzannahmen wie Multiversen oder des Mittelmäßigkeitsprinzips bedürfen.

Beide Fälle laufen darauf hinaus, einen Traum aufzugeben, den viele Physiker mit Einstein träumten, der sich einmal fragte, ob Gott denn überhaupt die Wahl gehabt habe, als er die Welt schuf – und dabei auf eine Verneinung spekulierte. Historisch ist dieser Traum durch nichts so befördert worden wie durch die Darwinsche Evolutionstheorie. Sie hatte hinter der Vielfalt des Lebendigen, die einem an Newton geschulten naturwissenschaftlichen Denken unerklärlich und damit in allen ihren Details teleologisch geplant erscheinen musste, das Zusammenwirken weniger einfacher Prozesse entdeckt. Da ist es eigentlich erstaunlich, dass im 20. Jahrhundert nicht öfter versucht wurde, auch über den Kosmos als Ganzen darwinistisch nachzudenken – Wissenschaftler mit entsprechenden philosophischen Bauchschmerzen, man denke an Hoyle oder Weinberg – gab und gibt es schließlich genug.

Die Antwort darauf könnte in einer Facette wissenschaftlicher Intuition liegen, in der sich Biologen und Physiker vielleicht grundsätzlich und aus guten Gründen unterscheiden. Es ist eine Differenz, in der noch etwas von der aristotelischen supralunaren Welt mitschwingen mag, die Galilei und Newton einst auf die Erde herabholten – auch wenn das Paradigma der Physiker seit dem frühen 20. Jahrhundert nicht mehr Newton ist, sondern Einstein. Die Einsteinsche Allgemeine Relativitätstheorie ist ein geschlossenes Gebäude von ungeheurer Stringenz und formaler Schönheit. Sie ist der Goldstandard. So etwas wie sie stellt man sich als das letzte Fundament des physikalischen Kosmos vor, so wünscht man es sich als Physiker: ein Satz Gleichungen, dem alles genügen muss, was möglich ist. Die Darwinsche Theorie ist nicht von dieser Art. Ihre Erklärungen haben nicht die Form von Lösungen mathematischer Gleichungen, sondern die Form narrativer Strukturen: Geschichten von Populationen, die miteinander um Ressourcen konkurrieren, sich Umgebungen anpassen und mitunter auf diese zurückwirken. Was als Akteur in solchen Geschichten auftreten kann, ist viel zu konkret und zu komplex, als dass ein Physiker am Fundament der Welt etwas Analoges vermuten würde.

Weber, Thomas P. (2007): »Carl du Prel (1839–1899): Explorer of Dreams, the Soul, and the Cosmos«. In: Studies in the History and Philosophy of Science 38: 593–604

Ulf von Rauchhaupt

Literatur

Aginer, Natalie (2008): »For Alien Life-Seekers, New Reason to Hope«. In: New York Times, June 24 [online].

Astronomicus (1871): »Darwinism and Astronomy«. Anonymer Leserbrief. In: The Times, April 12: 10.

Carter, Brandon (1974): »Large Number Coincidences and the Anthropic Principle in Cosmology«. In: Confrontation of Cosmological Theories with Observational Data. Proceedings of the Symposium, Krakow, September 10–12, 1973. Dordrecht.

Chaisson, Eric (2000): »The Emerging Life Era: A Cosmological Imperative«. In: Bioastronomy 99: A New Era in the Search for Life. San Francisco, 35–42.

Dalrymple, Brent (1991): The Age of the Earth. Stanford.

Daum, Andreas W. (2002): Wissenschaftspopularisierung im 19. Jahrhundert. Bürgerliche Kultur, naturwissenschaftliche Bildung und die deutsche Öffentlichkeit 1848–1914. München.

Ellis, George F. R./Kirchner, Ulrich/Stoeger, William R. (2003): »Multiverses and Physical Cosmology«. In: Monthly Notices of the Royal Astronomical Society 347: 921–936.

Humbold, Alexander von (1845): Kosmos. Darmstadt [AvH Studienausgabe, Bd. VII, 1993].

Kragh, Helge (2007): Conceptions of Cosmos. From Myths to the Accelerating Universe: A History of Cosmology. Oxford.

Linde, Andrei (1987): »Particle Physics and Inflationary Cosmology«. In: Physics Today 40 (September): 61–68.

Linde, Andrei (1990): Particle Physics and Inflationary Cosmology. Chur.

Rauchhaupt, Ulf von (2009): Der neunte Kontinent. Die wissenschaftliche Eroberung des Mars. Frankfurt a. M.

Silk, Joseph (1997): »Holistic Cosmology«. In: Nature 277: 644.

Smolin, Lee (1992): »Did the Universe Evolve?« In: Classical and Quantum Gravity 9: 173–191.

Smolin, Lee (1999): Warum gibt es die Welt? [The Life of the Cosmos, 1997]. München.

Smolin, Lee (2006): »The Status of Cosmological Natural Selection« (Preprint). In: arXiv.org: hep-th/0612185.

Tegmark, Max (2003): »Parallel Universes«. In: J. D. Barrow/P. C. W. Davies/C. L. Harper (Hg.): Science and Ultimate Reality. From Quantum to Cosmos. Cambridge.

Vilenkin, Alex (2007): Kosmische Doppelgänger [Many Worlds in One, 2006]. Heidelberg.

3. Bionik/Ingenieurswissenschaften

Begriff und Geschichte der Bionik

Vom eleganten Flug der Vögel über die Stabilität und Elastizität des Bambus, die zugleich schützende und durchlässige Eierschale bis hin zur Fotosynthese und der Organisation einer Ameisenkolonie: Die Natur umgibt uns mit einem riesigen Reservoir von in der Evolutionsgeschichte optimierten und erprobten Erfindungen, die denen der menschlichen Ingenieurskunst oft weit überlegen sind. Die grundlegende Einsicht der Bionik besteht darin, dass dieses Reservoir effizient für die Lösung technischer Probleme verwendet werden kann; sie ist demgemäß eine wissenschaftliche Disziplin, die sich mit der technischen Umsetzung und Anwendung von Konstruktions-, Verfahrens- und Entwicklungsprinzipien biologischer Systeme befasst.

Der Begriff »bionics« wurde 1960 von Luftwaffenmajor Jack E. Steele auf dem »Bionics Symposium: Living Prototypes – the Key to New Technologies« in Dayton, Ohio, geprägt, auf dem es um die Möglichkeiten ging, natürliche Konstruktionsweisen auf (militär-) technische Fragestellungen zu übertragen. Der deutsche Begriff »Bionik« wird entweder als Zusammensetzung aus der ersten Silbe von »Biologie« und der letzten von »Technik« interpretiert, oder als Eindeutschung des englischen »bionics«. Die Bedeutung von »Bionik« deckt sich heute nicht mehr mit der von »bionics«. Letzteres bezeichnet aktuell vor allem die Entwicklung von Prothesen; dem deutschen Begriff »Bionik« entspricht im Englischen »biomimetics«, manchmal wird auch »biomimicry« oder »biognosis« verwendet. Älter ist der Begriff »Biotechnik«, der schon zu Beginn des 20. Jahrhunderts vereinzelt verwendet wurde (etwa Francé 1928), inzwischen jedoch die engere Bedeutung von »Biotechnologie« angenommen hat. Die aktuelle Definition von »Bionik« geht auf eine Formulierung von Werner Nachtigall, einem der Gründerväter der Bionik in Deutschland, zurück, die auf dem Symposion »Analyse und Bedeutung zukünftiger Technologien« des Vereins Deutscher Ingenieure 1993 in die zu Beginn genannte Form gegossen wurde.

Die Bionik ist eine interdisziplinäre Wissenschaft, manchmal auch als Querschnitts- oder Integrationswissenschaft bezeichnet, die an der Schnittstelle von Biologie und Ingenieurwissenschaften entstanden ist. Inzwischen bezieht sie ihre Anregungen aus allen erforschten Bereichen der Natur, von der Faltung von Molekülen über Zellmembranen und -organellen bis hin zu Muskeln und Augen komplexer Lebewesen und ganzen Ökosystemen. Ebenso weit gestreut ist heute das Spektrum der Anwendungsmöglichkeiten bionischer Verfahren und Produkte. Entsprechend ist die Bionik heute für eine ganze Reihe von Disziplinen interessant, darunter Chemie, Medizin und Pharmazie, Materialforschung, Elektrotechnik und Maschinenbau, aber auch Architektur, Design, Management und Psychologie.

Diesem weiten Spektrum entsprechend, verfügt die Bionik über einen ganzen »Baukasten« von Methoden (Hill 1991 und 2001), die verschiedenen Disziplinen entlehnt sind; eine besondere Nähe hat die Bionik zur Physik und zur Biomechanik. Zu den für sie spezifischen Methoden gehören Optimierungsstrategien wie das CAO-Verfahren und die Evolutionsstrategien (siehe unten).

Die Idee, Naturprodukte künstlich herzustellen, ist nicht neu. So versuchten Chinesen schon vor 3000 Jahren, künstliche Seide herzustellen. Doch Bionik steht nicht für die bloße Imitation der Natur. Der Schreibautomat der Brüder Jacquet-Droz und die künstliche Ente von Jacques de Vaucanson im 18. Jahrhundert waren ebenso wenig bionische Wesen wie der »Schachtürke«, eine scheinbar selbständig Schach spielende Maschine in Gestalt eines an einem Tischchen sitzenden Türken, der 1769 Furore machte. Bei diesen Apparaten war nur das äußere Erscheinungsbild der Natur nachempfunden, ihre Funktionsprinzipien beruhten auf reiner Mechanik, oder gar, wie im Falle des Schachtürken, auf Betrug: Im Inneren der Konstruktion saß ein kleiner Mensch verborgen.

Dem bionischen Grundgedanken näher liegt das ebenso alte Bestreben des Menschen, sich bestimmte Fähigkeiten von Tieren anzueignen, allen voran das Fliegen, wofür die Geschichte von Daedalus und Ikarus steht. Als Gründervater der Bionik gilt Leonardo da Vinci, der 1505 seine Schrift *Über den Vogelflug* (*Sul volo degli uccelli*) verfasste, in der er Fluggeräte, Hubschrauber und Fallschirme entwarf. Nach eingehendem Studium von Vögeln und Fledermäusen schlug er aus Weidenruten und imprägniertem Leinen gefertigte schlagende Flügel vor, versehen mit Klappen, die sich in Analogie mit der Funktion der Vogelfedern beim Flügelschlag öffnen und schließen sollten. Leonardos Ideen konnten jedoch zu seiner Zeit nicht realisiert werden. Bereits im 16. Jahrhundert wurden Schiffsrümpfe zur Reduktion des Wasserwiderstandes und zur Verbesserung der Wendigkeit der Form von Fischen nachgebaut. Jakob Chrysostomus Praetorius entwarf 1762 im Auftrag des Grafen Schaumburg zur Lippe den »Steinhuder Hecht«, ein mit Rücken- und Schwanzflosse ausgestattetes U-Boot, das 1772 zwölf Minuten lang im Steinhuder Meer tauchte. Der erste praktikable Fallschirm ging auf das Studium der Früchte des Wiesenbocksbarts zurück, der Stacheldraht auf den amerikanischen Milchorangenbaum (auch: Osagedorn). Als Klassiker der frühen bionischen Literatur gilt Otto Lilienthals Werk *Der Vogelflug als Grundlage der Fliegekunst* von 1889 (Nachdruck 2003). Lilienthal gilt als der Erste, der erfolgreich und wiederholbar Gleitflüge durchgeführt hat und so die Entwicklung der Luftfahrttechnologie von der Ballontechnik zur Flugzeugtechnik in Gang brachte. Der auf der Basis seiner Analysen von Vogelflügeln in seiner Werkstatt gebaute »Normalsegelapparat« gilt als erste Serienfertigung eines Flugzeugs.

Zu den ersten bionischen Patenten gehörten der Eisenbeton, den sich Joseph Monier 1878 patentieren ließ, und der »Streuer für Gewürze, Medikamente u. dgl.«, den der Biologe, Künstler und Erfinder Raoul Heinrich Francé 1920 zum Patent anmeldete. Monier hatte auf der Suche nach stabilen Blumentöpfen ein Drahtgeflecht nach dem Vorbild von Pflanzengewebe in Zement gegossen. Francé hingegen war auf der Suche nach einer Möglichkeit, künstlichen Humus gleichmäßig mit Mikroorganismen zu impfen, auf die Mohnkapsel gestoßen und entwickelte seinen Streuer nach ihrem Vorbild (Francé 1920). Doch er hatte nicht daran gedacht, dass der Mohn seine Samen möglichst weit zu streuen versucht, so dass sein Salzstreuer das Salz zwar wie gewünscht langsam und gleichmäßig, aber eher auf den Teller des Nachbarn verteilte, weshalb sich die Erfindung nicht durchsetzen sollte. Erfolgreicher war die Entwicklung des Klettverschlusses, zu der sich der Schweizer Georges de Mestral 1948 von den Früchten der Großen Klette inspirieren lies, die er als Jäger ständig aus dem Fell seines Hundes entfernen musste. Mestral betrachtete die Kletten unter dem Mikroskop und fand an ihren Spitzen winzige elastische Häkchen, mit denen sich die Klette an das Fell des Hundes heftete.

Der Grundgedanke der Bionik besteht also nicht darin, die Natur zu imitieren, sondern darin, evolutionär entstandene Funktions- und Konstruktionsprinzipien gezielt auszuwählen und für die Lösung technischer Probleme heranzuziehen. Dies erklärt sich zum einen daraus, dass die Ziele und Vorgaben der menschlichen Konstrukteure in aller Regel nicht genau denen entsprechen, die die Evolutionsgeschichte eines Organs oder einer Fertigkeit bestimmen. Zum anderen hat die Evolutionsgeschichte für menschliche Konstrukteure zwar den unschätzbaren Vorteil, dass ihre Produkte in einem Millionen Jahre währenden Prozess an einer riesigen Anzahl von Individuen optimiert wurden. Dies bringt aber zugleich den Nachteil mit sich, dass die Natur eben nicht wie der Konstrukteur am Reißbrett bei null anfangen kann. Biologische Organismen tragen ihre Evolutionsgeschichte mit sich herum, und auch wenn sie zeigen, dass ein bestimmtes Problem lösbar ist, zeigen sie doch nicht unbedingt die für den menschlichen Techniker optimale Lösung.

Zu den wichtigsten Eigenschaften, die biologische Systeme für Ingenieure attraktiv machen, gehören Energieoptimierung, Fehlertoleranz, Selbstorganisation, Rekursivität, Flexibilität, Lernen und Selbstreparatur. Die Natur funktioniert nicht als Summe einzelner Konstruktionen, sondern als System. Dementsprechend werden nicht einzelne Bestandteile je für sich optimiert und dann zusammengesetzt; der Optimierungsprozess ist vielmehr ein ständiger Begleiter des gesamten Systems. Die Bestandteile dieses Systems sind aufeinander und auf ihre jeweilige Umwelt abgestimmt, in einem Prozess von Versuch und Irrtum entstanden, zumeist vielfach verwendbar und von begrenzter Haltbarkeit.

In den 1960er Jahren erschienen in verschiedenen Ländern erste Arbeiten zur Optimierung durch Evolution. Gleichzeitig wurde die Bionik auch in Deutschland von Werner Nachtigall (Universität des Saarlandes) und Ingo Rechenberg (TU Berlin) eingeführt. Als Initialzündung dazu gilt ein Experiment, das Rechenberg 1964 ausführte: Eine nach Art einer Ziehharmonika gefaltete Fläche sollte im Strömungskanal durch künstliche Mutation und Selektion möglicher Lösungen optimal geformt werden. Dabei entsprachen die Winkelgrade, notiert auf einem Protokollblatt, den Erbanlagen (Genotyp) des Lebewesens, die eingestellte Form der Gelenkplatte dem sichtbaren Erscheinungsbild des Organismus (Phänotyp) und der abnehmende Widerstand der Gelenkplatte im Windkanal der zunehmenden Tauglichkeit des Lebewesens (Rechenberg 1973 und 1994). Natürlich war allen Beteiligten klar, dass die flache Ausrichtung des Strömungskörpers die optimale sein würde, doch es ging um die Frage, ob das Evolutionsverfahren zum selben Ergebnis käme und in welcher Zeit. Anders als Kritiker befürchtet hatten, benötigte der Prozess keine Millionen von Generationen sondern nur 200, um aus der gefalteten eine ebene Fläche zu machen.

Die aktuelle rasante Entwicklung der Bionik begann in den 1990er Jahren. Dies hat verschiedene Ursachen: Zum einen ermöglicht die gestiegene Rechnerleistung die Analyse und Modellierung natürlicher Prozesse in einem viel größeren Maßstab als zuvor (Rechenberg hatte noch mit Kärtchen gearbeitet, die von Hand sortiert werden mussten). Zum anderen lassen aktuelle Probleme wie Ressourcenknappheit, Umweltverschmutzung und die Hyperkomplexität der globalisierten Märkte Lösungen aus der Welt der biologischen Systeme als besonders attraktiv, wenn nicht überlebenswichtig erscheinen.

Die unterschiedlichen Forschungs- und Anwendungsfelder der Bionik werden je nach Autor in unterschiedliche Komplexe zusammengefasst. Verbreitet ist die von Werner Nachtigall vorgeschlagene Einteilung in *Konstruktions-, Verfahrens-* und *Informationsbionik* (Nachtigall 2002) (die folgenden Abschnitte; zur Informationsbionik siehe Artikel IV.6. Informatik). Eine besondere Stellung kommt der Evolutionsbionik zu, die den Evolutionsprozess selbst als Strategie der Produktoptimierung zum Gegenstand hat (siehe letzter Abschnitt).

Konstruktionsbionik

Die Konstruktionsbionik befasst sich mit den Konstruktionen und Konstruktionselementen der Natur. Ein zentraler Bereich der Konstruktionsbionik ist die *Materialbionik*. Die Natur liefert eine Vielfalt von Materialien, die manchmal sehr einfach, manchmal aber auch sehr komplex zusammengesetzt sind und vielfältigen Anforderungen gerecht werden müssen. Dabei sind sie in aller Regel vollständig recyclebar und ohne Umweltschäden herzustellen, wodurch sie sich massiv von Industrieprodukten unterscheiden. Spinnenseide etwa ist reißfester als Stahl, der salzwasserresistente Unterwasserkleber, mit dem sich Seepocken an Felsen und Schiffsrümpfe kleben, ist von industriell gefertigten Klebern unerreicht. Doch nicht nur der Kleber interessiert die Bioniker, auch für die Abwehr von Seepocken, die durch die Besiedlung von Schiffsrümpfen den Wasserwiderstand und damit den Treibstoffverbrauch der Schiffe erhöhen, wird inzwischen eine bionische Methode erprobt: Statt des hochgiftigen chemischen Antifoulinganstrichs wird an der Hochschule Bremen an Schiffsrümpfen mit der Oberflächenstruktur von Haifischhaut geforscht, an der die Seepocken keinen Halt finden. Die Materialbionik geht hier fließend in die *Medizinbionik* über. So sucht die Messersmith Research Group an der Northwestern University in Evanston, Illinois, biologisch inspirierte Strategien, um Stoffe für die Reparatur, den Ersatz oder die Verbesserung von menschlichem Gewebe zu finden (Billic et al. 2010).

Die Haifischhaut findet auch in der *Bewegungsbionik* (auch »bionische Kinematik« oder »Dynamik«) Anwendung: Nachdem schon Leonardo und Lilienthal die Form der Flügel für ihre Fluggeräte den Vögeln abgeschaut hatten, werden die Flugzeuge heute an bestimmten Stellen mit sogenannter Riblet-Folie beklebt, die wie die Haut schnell schwimmender Haie parallele Riefen aufweist. Diese reduzieren die Verwirbelung der Luftströmung an der Oberfläche des Flugzeugs und damit Windwiderstand und Treibstoffverbrauch. Nach demselben Prinzip funktionieren die Hightech-Anzüge der Schwimmer. Auch die senkrechten Winglets an den Flügelenden mancher Flugzeuge dienen der Reduktion von Luftverwirbelungen und sind den Handschwingen großer Vögel wie Bussarden und Adlern abgeschaut.

Zum Bereich der Bewegungsbionik gehört auch der motorische Apparat mobiler Roboter. Studien an Insekten haben ergeben, dass die einzelnen Beine sechs- oder achtbeiniger Systeme keiner zentralen Steuerung bedürfen, sondern jedes für sich autonom gesteuert wird und sich zum Teil einfach durch flexible Gelenke den Bewegungen des Körpers anpasst (Cruse/Pfeiffer 2005). Zudem haben Lebewesen die Fähigkeit, sich auf Veränderungen in ihrem Körper, etwa durch Verletzungen, einzustellen und kompensatorisches Verhalten zu entwickeln. Bongard und Mitarbeiter haben nun einen vierbeinigen Roboter entwickelt, der ein inneres Modell der Struktur seines Körpers laufend aktualisiert und, bevor er zu laufen beginnt, in einem Testzyklus mögliche Bewegungen ausprobiert. Auf diese Weise lernt er die für seine Struktur optimale Fortbewegungsart. Wird ein Bein entfernt, ist er in der Lage, in einem Testzyklus eine neue Gangart zu entwickeln (Bongart/Zykov/Lipson 2006). Forscher des Bernstein Centers for Computational Neuroscience der Universität Göttingen haben einen Roboter entwickelt, der flexibel zwischen unterschiedlichen Bewegungsmustern wechseln kann, je nachdem welche Gangart in der jeweiligen Situation am besten geeignet ist (Steingrube et al. 2010).

Die Robotik gehört zu den Disziplinen, die sich am meisten von bionischen Ansätzen verspricht, sowohl was den Roboterkörper als auch was die kognitiven Fähigkeiten künstlicher intelligenter Systeme angeht. Das ambitionierteste Ziel der Biorobotik, eine Maschine, die sich nach dem Vorbild der Natur selbst zusammensetzt, lässt sich allerdings erst in Ansätzen realisieren (vgl. Artikel IV.6. Informatik).

Ein anderer großer Bereich der Konstruktionsbionik ist die *Baubionik* (Nachtigall 2004). Von der an Bienenwaben orientierten optimalen Ausnutzung von Räumen über die stabilisierende Struktur von Blattadern oder die Struktur von Spinnennetzen liefert die Natur zahlreiche Konstruktionsprinzipien für ebenso leichte wie stabile Strukturen. Dazu kommen Bereiche wie die passive Kühlung und Heizung. So wurden etwa die Gebäude der Universität des Scheichtums Qatar nach dem Vorbild von Termitenbauten mit Windtürmen ausgestattet, deren Öffnungen auch im heißen Wüstensommer für Frischluft sorgen.

Noch weiter geht die Idee intelligenter Bauten. Die Struktur eines Pflanzenstängels entwickelt sich entsprechend den Belastungen, denen er ausgesetzt ist. Wird an einer Stelle mehr Material benötigt, wird es dort angelagert. So ist die Gestalt eines Baumstamms die Geschichte der Kräfte, die auf ihn eingewirkt haben (Matthek 1992). Bei Knochen wird nicht benötigtes Material ebenfalls wieder abgebaut. Bioniker träumen von selbst stabilisierenden Brücken, die sich je nach Belastung durch den Wind dort stabilisieren, wo ein bestimmter Stabilitätswert unterschritten wird, und das Material auch wieder abbauen, wenn es nicht mehr benötigt wird. Die technische Realisierbarkeit solcher Bauten ist noch nicht absehbar, doch zur Optimierung einzelner Bauteile wird die Methode bereits verwendet. Diese werden mithilfe von Simulationsverfahren (Finite Element Methoden, FEM) daraufhin analysiert, wo beim Gebrauch Spannungen und Belastungen auftreten werden. Mithilfe der Computer Aided Optimization (CAO)-Verfahren wird ein »Wachstum« der Elemente nachgebildet. Dazu dehnt sich eine simulierte Wachstumsschicht in hoch belasteten Bereichen aus und zieht sich an weniger belasteten Stellen zusammen. Mit dieser Methode konnte der Aufbau von Knochen und Baumstämmen nachgebildet werden, sie führten sogar zur Entwicklung eines Systems, das zur Bewertung der Standfestigkeit von Stadtbäumen verwendet wird (Matthek/Breloer 1994). In der Medizin hat das Verfahren zur Verbesserung von Schrauben geführt, die zur Fixierung von Brüchen verwendet werden. Die »Soft Kill Option« sorgt schließlich dafür, dass an Stellen geringer Belastung überflüssiges Material abgebaut wird. So entstehen filigrane skelettartige Strukturen, die sich für Leichtbauten wie etwa die Dächer von Sporthallen eignen und die manchmal als »ökologisches Design« bezeichnet werden. Ein weiteres Verfahren schließlich, die Computer Aided Internal Optimization (CAIO), simuliert den Verlauf von Fasern in zusammengesetzten Materialien.

Die Konstruktionen der Natur sind nicht nur für die Statik, sondern ebenso für *Architektur* und *Design* interessant (Nachtigall 2005). Die berühmten Radiolarientafeln des Biologen und Darwin-Vorkämpfers Ernst Haeckel etwa hatten großen Einfluss auf den Jugendstil. Nach ihrem Vorbild schuf der Architekt René Binet das Tor zur Weltausstellung 1900 in Paris. Der englische Architekt, Erfinder und Botaniker Joseph Paxton schuf den berühmten Londoner Kristallpalast für die erste Weltausstellung 1851 als eine Art überdimensionales Treibhaus. Für das Kuppeldach stand die Riesenseerose (*Victoria amazonica*) Pate. Die Oberfläche der bis zu zwei Meter großen Seerosenblätter werden durch ein System von längs und quer verlaufenden Blattadern auf der Unterseite stabilisiert, was Paxton in einer Konstruktion aus Glas und Stahl nachahmte. Seither orientieren sich Architekten immer wieder an organischen Strukturen; ein berühmtes Beispiel ist die einem Palmwedel nachempfundene Oper von Sydney.

Auch die für die Warenströme der globalisierten Welt zentrale Verpackungsindustrie hat die Natur entdeckt (Tribusch/Küppers 2001 und 2002). *Verpackungsbioniker* erforschen die Strukturen und Eigenschaften von Schalen und Hüllen, um bruchsichere, leichte, recyclebare und zugleich atmungsaktive, bakterienresistente, thermoregulierende und am besten auch noch billige Verpackungen zu finden. Sie profitieren davon, dass die Verpackungssysteme der Natur nie nur nach einem einzigen Kriterium optimiert worden sind, sondern zugleich etwa im Hinblick auf sparsame Material- und Energieverwendung, Haltbarkeit und Farbe. So liefern etwa das Hühnerei oder die Kokosnuss der Verpackungsbionik Musterbeispiele für ebenso haltbare wie durchlässige Verpackungen. Die Rinde des Mammutbaums wird untersucht, um ungiftige Feuerschutzmaterialien für den Hausbau zu finden. Die Schale eine Apfels, die in der Lage ist, sich entsprechend den Anforderungen der jeweiligen Reifestufe zu verändern, liefert die Idee intelligenter Verpackungen.

Ebenso in den Bereich der Konstruktionsbionik gehört die *bionische Prothetik* (Borchard-Tuch 2002). Hier geht es darum, einen möglichst vollwertigen Ersatz für Glieder und Organe zu entwickeln, der sich in den Körper integriert und direkt mit seinem Nervensystem interagiert. Das Spektrum bionischer Produkte und Projekte reicht von künstlichen Geweben über Retina- und Cochlea-Implantate, künstliche Herzen und Muskelfasern bis hin zu künstlichen Neuronen, die Gelähmten helfen sollen, ihre Gliedmaßen wieder zu kontrollieren. Die Fantasie der Filmemacher sieht bereits komplette bionische Menschen entstehen, wie etwa in *Robocob* (1987), *Terminator* (1984) oder *The Six Million Dollar Man* (1973).

Die bionische Prothetik teilt große Bereiche mit der *Sensorbionik*, die Anleihen bei den unterschiedlichen Sinnesorganen der Lebewesen nimmt. So findet das Prinzip der Echoortung der Fledermäuse für Einparkhilfen bei Autos Verwendung. Andere Forscher versuchen, die sehr empfindlichen Sinne mancher Tierarten, etwa die Drucksensoren in Elefantenfüßen, für die Entwicklung von Erdbebenfrühwarnsystemen zu nutzen.

Verfahrensbionik

Die Verfahrensbionik (auch Prozessbionik) befasst sich mit den in der Natur ablaufenden Verfahren der Umwandlung von Stoffen und ihrer Steuerung. In der Natur gibt es eine große Vielfalt von Prozessen, in denen Stoffe umgewandelt werden. Oft unterscheidet sich das Reaktionsprodukt in seinen Eigenschaften grundlegend von den Ausgangssubstanzen. Die Verfahrensbionik untersucht, wie ein chemischer, biologischer oder physikalischer Prozess in der Natur abläuft und welche Bedingungen erforderlich sind, damit er zustande kommt.

Zu den wichtigsten Bereichen der Verfahrensbionik gehört die *Energiebionik*. Hier interessieren sich Forscher vor allem für die Fotosynthese, die helfen könnte, auf umweltfreundliche Weise Wasserstoff für eine Wasserstofftechnologie der Zukunft zu liefern (Tributsch 2008). In der Fotosynthese nutzen Pflanzen das Sonnenlicht als Energiequelle, um aufgenommenes Wasser in Wasserstoff und Sauerstoff zu zerlegen. Forscher arbeiten daran, diese fotochemische Wasserspaltung in einer künstlichen Fotosynthese zu realisieren, mit dem Ziel, die derzeit verwendeten Silizium-Solarpaneele durch eine »grüne Fotozelle« zu ersetzen. Auch bei diesem Projekt zeigt sich allerdings, dass es nicht darum geht, eine Erfindung der Natur einfach nachzubauen. So hat die Pflanze z. B. nie mit dem Transport von gasförmigem Wasserstoff zu tun (Nachtigall 2007).

Die Verfahrensbionik befasst sich auch mit Aspekten der Gesellschaft jenseits der Technik und hat vor allem in Wirtschaft und Management Aufmerksamkeit gefunden (Malik 2007; Pfiffner 2006). Schon ein mittelgroßes Unternehmen ist ein so komplexes System, dass es mit den Methoden der heutigen Betriebswirtschaft nicht möglich ist, seine Entwicklung in der Zukunft abzusehen und es entsprechend vorausschauend zu steuern. Dagegen scheinen die enorm komplexen Organisationsprozesse, die in einzelnen Organismen, aber auch in ganzen Ökosystemen ablaufen, störungsresistent und stabil zu sein. Technik, Management und Verwaltung, so die Idee, könnten etwa in den Bereichen Ressourcenmanagement, Organisation und Werbung viel von der Natur lernen. Das Modell eines Unternehmens als Organismus tritt dabei häufig an die Stelle der älteren Maschinenmetapher. Das Organismusmodell trägt einigen Aspekten Rechnung, mit denen sich die Managementtheorie schwer tut: Ein lebendes System steuert und entwickelt sich selbst, es wird nicht durch eine zentrale Instanz gelenkt. Ein Organismus verändert sich ständig, passt sich an seine Umwelt an, nimmt seine Umwelt wahr – und er hat keine Reset-Taste, mit der Fehlentscheidungen spurlos aus der Welt zu schaffen wären. Ein Organismus ist zudem von seiner Umgebung klar getrennt, hat eine Identität und eine Geschichte. Der britische Management-Kybernetiker Stafford Beer hat ein Management-System, das sogenannte *Viable Systems Model*, nach dem Vorbild des Nervensystems entwickelt (Beer 1979a und 1979b). Er orientiert sich an dem Prinzip der Natur, komplexe Strukturen durch die Koordination einzelner weniger komplexer Systeme zu schaffen. Ein Unternehmen wäre demnach am besten lebensfähig, wenn es sich aus autonom gemanagten Subsystemen zusammensetzt. An die Stelle der detaillierten Organisation aller Prozesse tritt das Schaffen der Voraussetzungen für Selbstorganisation.

Paul Ablay versucht, die Vorgänge im Management in Begriffen der Evolutionstheorie zu erfassen. In den kleinschrittigen Veränderungen der Organismen durch Mutationen sieht er ein Vorbild für den vorsichtigen Umbau von Unternehmen oder Produkten, da die Auswirkungen großer Veränderungen kaum abzuschätzen seien. Den Austausch eines Chefs hingegen vergleicht er mit der Mutation eines Regulator-Gens. Ablay verweist aber auch darauf, dass der Evolutionsprozess von Selektionsdruck und dem Untergang derer lebt, die sich nicht ausreichend anpassen können, mithin auf einem radikalen Rationalisierungsprozess (Ablay 2006). Gerade wenn es um soziale Themen geht, ist es deshalb, mehr noch als bei technischen Umsetzungen, geraten, auf die Grenzen der Nachahmung hinzuweisen. Oberflächliche Analogien, in denen der Geldkreislauf zum

Blutkreislauf und die Mitarbeiter zu Arbeitsameisen werden, sind ausgesprochen heikel, ganz zu schweigen von gesellschaftspolitischen Ansätzen sozialdarwinistischer Prägung und einem vermeintlich durch die Natur gedeckten Recht des Stärkeren (Pfiffner 2006, 29).

Evolutionsbionik

Der Evolutionsbionik liegt der Gedanke zugrunde, dass nicht nur die Organismen als Ergebnisse des evolutionären Optimierungsprozesses eine geeignete Inspirationsquelle für Ingenieure sind, sondern auch der Prozess der Evolution selbst. Der umgekehrte Aspekt, dass der ingenieurwissenschaftliche Blick auf die Architektur eines Organismus auch Hinweise auf den Verlauf der Evolutionsgeschichte geben kann, wird nur selten thematisiert (Gutmann 1989).

In den 1960er Jahren entwickelten Ingo Rechenberg und Hans-Paul Schwefel an der Technischen Universität Berlin die Evolutionsstrategien als vereinfachtes Modell des Evolutionsprozesses. Die Evolutionsstrategien wurden seither vielfach modifiziert, so dass es heute eine Vielzahl unterschiedlicher Modelle von Evolutionsstrategien gibt. Evolutionsstrategien dienen der Lösung von Optimierungsproblemen, die sich aufgrund der kombinatorischen Explosion nicht berechnen lassen, also etwa der Suche nach dem kürzesten Weg, auf dem verschiedene Städte angefahren werden können (*Travelling Salesman Problem*, Problem des Handlungsreisenden), dem geringsten Widerstand oder der bestmöglichen Ausnutzung von Maschinen.

In der Evolutionsstrategie sind die Chromosomen der Organismen als Vektoren von reellen Zahlen dargestellt, eine Population besteht aus einer Menge dieser Vektoren. Die verschiedenen Evolutionsstrategien unterscheiden sich in ihrer Komplexität, das heißt in den Faktoren, die sie im Prozess der künstlichen Evolution berücksichtigen. In der einfachsten Variante, der (1+1)-Strategie, wird zuerst ein identischer Nachkomme eines einzigen Individuums erzeugt. Dieses wird durch die Addition zufälliger positiver oder negativer Werte verändert, entsprechend der Mutation in der natürlichen Evolution. Nach einer zuvor festgelegten Qualitätsfunktion werden nun beide Individuen bewertet, dasjenige, das den Anforderungen besser entspricht, wird für die Erzeugung weiterer Nachkommen verwendet. Dies wird so lange wiederholt, bis eine ausreichend gute Lösung gefunden wurde oder bis ein Abbruchkriterium erfüllt ist, das etwa eine maximale Rechenzeit oder eine maximale Anzahl von Generationen festlegt. Diese Grundform der Evolutionsstrategie kann zu komplexen Evolutionsprozessen ausgebaut werden: Statt mit einem Individuum kann der Prozess mit eine ganze Population durchgeführt werden, die »Großelterngeneration« kann von der Reproduktion ausgeschlossen werden, so dass es keine unsterblichen Individuen mehr gibt, die Mutationsschritte können unterschiedlich groß ausfallen, die sexuelle Rekombination kann eingeführt werden, indem die »Kinder« die durchschnittlichen Vektorwerte der »Eltern« übernehmen oder die reellen Zahlen der elterlichen Vektoren zufällig vertauschtwerden. Ebenso ist es möglich, mit mehreren Populationen zu arbeiten, die sich isoliert voneinander entwickeln, wodurch zugleich verschiedene Bereiche des Suchraums nach Lösungen durchforscht werden können, oder es können Effekte wie die Verdriftung von einzelnen Individuen zwischen den beiden Populationen simuliert werden.

Literatur

Ablay, Paul (2006): »Wechselschritte auf dem Tanzboden der Evolution«. In: Kurt G. Blüchel/Fredmund Malik (Hg.): Faszination Bionik. München, 256–273.

Beer, Stafford (1979a): The Heart of the Enterprise. Wiley.

Beer, Stafford (1979b): Beyond Dispute. The Invention of Team Syntegrity. Wiley.

Biewener, Andrew A. (2003): Animal Locomotion. Oxford.

Bilic, G./Brubaker, C./Messersmith, P.B./Mallik, A.S./Quinn, T./Done, E./Gucciardo, L./Zeisberger, S.M./Zimmermann, R./Deprest, J./Zisch, A.H. (2010): »Injectible Candidate Sealants for Fetal Membrane Repair: Bonding and Toxicity in Vitro«. In: American Journal of Obstetrics and Gynecology 202, 85:1–9.

Binet, René (2007): Natur und Kunst [1901]. München.

Blüchel, Kurt/Malik, Fredmund (Hg.) (2006): Faszination Bionik. Die Intelligenz der Schöpfung. München.

Bongard, Josh/Zykov, Viktor/Lipson, Hod (2006): »Resilient Machines Through Continuous Self-Modeling«. In: Science, Bd. 314, Nr. 5802: 1118–1121.

Borchard-Tuch, Claudia/Groß, Michael (2002): Was Biotronik alles kann – Blind sehen, Gehörlos hören, ... Weinheim.

Cruse, Holk (2002): Neural Networks as Cybernetic Systems. Stuttgart.

Cruse, Holk/Dean, Jeffrey/Ritter, Helge(2001): Die Entdeckung der Intelligenz oder Können Ameisen denken? München.

Cruse, Holk/Pfeiffer, Friedrich (2005): Autonomes Laufen. Berlin.

Francé, Raoul H. (1919): Die technischen Leistungen der Pflanzen. Leipzig.

Francé, Raoul H. (1920): Die Pflanze als Erfinder. Stuttgart.

France, Raoul H. (1928): »Biotechnik bei mikroskopischen Organismen«. In: Mikroskopie für Naturfreunde 6: 289–293.

Gutmann, Wolfgang Friedrich (1989): Die Evolution hydraulischer Konstruktionen – Organismische Wandlung statt altdarwinistischer Anpassung. Frankfurt a. M.

Henkel, Klaus (1997): »Die Renaissance des Raoul Heinrich Francé«. In: Mikrokosmos 86, H. 1: 3–16.

Herrel, A./Rowe, N. P./Speck, T. (Hg.) (2006): Ecology and biomechanics: A Mechanical Approach to the Ecology of Animals and Plants. Boca Raton.

Hill, Bernd (1991): Naturorientierte Lösungsfindung – Entwickeln und Konstruieren nach biologischen Vorbildern. Renningen.

Hill, Bernd (2001): Der Methodenbaukasten – Ein Kompendium zur Erkennung und Lösung technischer Probleme. Herzogenrath.

Kesel, Antonia B. (2005): Bionik. Frankfurt a. M.

Lilienthal, Otto (2003): Der Vogelflug als Grundlage der Fliegekunst [1889]. Auf Grund zahlreicher von O. und G. Lilienthal ausgeführter Versuche bearbeitet von O. Lilienthal, Ingenieur und Maschinenfabrikant in Berlin. Friedland.

Malik, Fredmund (2004): Systemisches Management, Evolution, Selbstorganisation. Bern.

Matthek, Claus (1992): Die Baumgestalt als Autobiographie. Braunschweig.

Matthek, Claus/Breloer, Helge (1994): Handbuch der Schadenskunde von Bäumen – der Baumbruch in Mechanik und Rechtsprechung. Freiburg.

Möller, Ralf (2006): Das Ameisenpatent. Berlin.

Nachtigall, Werner (2002^2): Bionik. Grundlagen und Beispiele für Ingenieure und Naturwissenschaftler [1998]. Berlin.

Nachtigall, Werner (2003): Bau-Bionik. Natur – Analogien – Technik. Berlin.

Nachtigall, Werner (2005): Biologisches Design. Systematischer Katalog für bionisches Gestalten. Berlin.

Nachtigall, Werner (2007): »Herausforderung Bionik. Wechselwirkungen zwischen Natur und Technik«. In: Universität Stuttgart (Hg.): Themenheft Forschung Nr. 4: 42–50.

Nachtigall, Werner (2008): Bionik. München.

Nakagaki, Toshiyuki/Yamada, Hiroyasu/Tóth, Ágota (2000): »Maze-Solving by an Amoeboid Organism«. In: Nature Bd. 407 (28. September): 470.

Pfiffner, Martin (2006): »Von biologischen Systemen lernen«. In: New Management 12: 25–29.

Rechenberg, Ingo (1973): Evolutionsstrategie. Optimierung technischer Systeme nach Prinzipien der biologischen Evolution. Stuttgart-Bad Cannstatt.

Rechenberg, Ingo (1994): Evolutionsstrategie '94. Stuttgart-Bad Cannstatt.

Sendhoff, Bernhard/Körner, Edgar/Sporns, Olaf/Ritter, Helge/Doya, Kenji (2009): Creating Brain-Like Intelligence. From Basic Principles to Complex Intelligent Systems. Berlin/Heidelberg.

Steingrube, Silke/Timme, Marc/Wörgötter, Florentin/Manoonpong, Poramate (2010): »Self-Organized Adaptation of a Simple Neural Circuit Enables Complex Robot Behaviour«. In: Nature Physics (January 17): 224–230.

Tributsch, Helmut/Küppers, Udo (2001): Bionik der Verpackung. Wiesbaden.

Tributsch, Helmut/Küppers, Udo (2002): Verpacktes Leben – Verpackte Technik. Weinheim.

Tributsch, Helmut (2008): Erde, wohin gehst du? Solare Bionik-Strategie: Energie-Zukunft nach dem Vorbild der Natur. Aachen.

Vester, Frederic (2002): Neuland des Denkens – Vom technokratischen zum kybernetischen Zeitalter. München.

Webb, Barbara/Consi, Thomas R. (Hg.) (2001): Biorobotics, Methods and Applications. London.

Wiener, Norbert (1952): Mensch und Menschmaschine. Kybernetik und Gesellschaft, Frankfurt a. M.

Manuela Lenzen

4. Ethnologie

Außereuropäische und andere nichtindustrielle Kulturen und Gesellschaften sowie ihre rezente, historische und entwicklungsgeschichtliche Untersuchung stellten bereits für die universitäre und institutionelle Herausbildung des Fachs Ethnologie im 18. und 19. Jahrhundert eine zentrale Inspirationsquelle dar. Zusammen mit der heute dominanten Rolle gegenwartsbezogener Fragestellungen bleibt ihre evolutionstheoretische Analyse aktueller Teil des fachlich weit gefächerten Themenspektrums. Allerdings beeinflussten evolutionäre und evolutionistische Konzepte und Theorien die ethnologische Untersuchung fremder Kulturen mit jeweils sehr unterschiedlicher Intensität. In der Vor- und Frühgeschichte des Faches waren ihm diese Fragen elementar, verloren dann für Jahrzehnte an Relevanz, um zwischen den 1940er und den frühen 1980er Jahren auf neue Weise zu Brennpunkten des Interesses zu werden. Der Beginn des 21. Jahrhunderts markiert eine Phase, in der sich die Ethnologie über fast drei Jahrzehnte hinweg kaum mehr mit Themen der Evolution auseinandergesetzt hat, während Nachbarfächer sie zunehmend mit Fragen darüber konfrontieren. Dies könnte entweder das allmähliche Ende dieser Auseinandersetzung oder den möglichen Beginn einer neuen, produktiven Spannung für die Zukunft anzeigen.

Daraus ergibt sich eine bisher eher ambivalente und fragmentarische Bilanz, in der wechselseitige Skepsis nachhaltig wirksam ist. Für den Mainstream der Evolutionsforschung scheinen ethnologische Grundkategorien wie etwa jene von kultureller Vielfalt bloß als Marginalien rezipierbar zu sein. Umgekehrt stoßen bei der Ethnologie die bis vor Kurzem weitverbreiteten evolutionistischen Grundannahmen von Unilinearität und zunehmender Komplexität ebenso auf Ablehnung wie die historisch-systematische Vereinnahmung des Evolutionismus für diverse politisch-ideologische Programme – etwa für Rassismus, Kolonialismus, Stalinismus, männliche Vorherrschaft oder nicht regulierten Kapitalismus.

Evolution: Drei Konjunkturen in der Geschichte der Ethnologie

Im späten 18. und frühen 19. Jahrhundert setzte das deutschsprachige akademische und literarische Schaffen bemerkenswerte vordarwinistische entwicklungstheoretische Akzente für die Vor- und Frühgeschichte der modernen Ethnografie und Ethnologie. Teils war dies inspiriert aus älteren ideengeschichtlichen Quellen, teils informiert aus ersten Einsichten durch Reiseberichte und Entdeckungsfahrten. Der Göttinger Gelehrte August Ludwig von Schlözer prägte in den 1770er Jahren den Begriff »Ethnografie« in Anlehnung an »Geografie« für die systematische Erfassung der Kulturen der Welt (Bucher 2000). Ebenfalls den universalistischen Ideen der Aufklärung verpflichtet waren jene Auswertungen, welche Vater und Sohn Johann Reinhold und Georg Forster aus ihrer Teilnahme an der zweiten Weltumseglung des Captain Cook durchführten (Steiner 1977). Friedrich Schillers berühmte Rede *Was heißt und zu welchem Ende studiert man Universalgeschichte?* (1789) ist ein markanter Höhepunkt dieser intellektuellen Entwicklung. Entwürfe dieser Art suchten nach Klassifikationen zwecks Zuordnung ethnografischer Evidenzen zu angenommenen Typen und deren Korrespondenz zu hypothetischen Stadien der Menschheitsentwicklung. Wie bei Schiller wurden diese aber meist als »zielgerichtete Stufenleiter« hin zur höchsten europäischen Form verstanden. Damit war ein bis zum Ende der Kolonialära wirksames ethnozentrisches Grundmuster gelegt, das die »eigenen« euro-amerikanischen (»weißen«) stets als die höchstentwickelten Kulturformen deutete. Die Frage eines gemeinsamen Ursprungs der Menschen war dabei ein höchst umstrittenes Feld: Ein Teil der areligiös orientierten Forschung war sich mit einem Flügel der religiösen Intellektuellen einig über die ursprüngliche Einheit der Menschheit, während ein anderer Teil für biologisch-kulturelle Hierarchien von differenter Herkunft plädierte. Innerhalb von Ethnologie und Kulturanthropologie konnten sich die frühen Bestrebungen zur direkten Verknüpfung von Theorien rassischer Über- und Unterlegenheit mit Vorstellungen von kultureller Entwicklung zunächst jedoch nicht durchsetzen. Dies hing nicht zuletzt auch mit dem nachhaltigen Einfluss der Schriften von Johann Gottfried Herder auf die Fachgeschichte zusammen: Herders frühromantische Konzeption tendierte zur Verabsolutierung der Eigenheiten unterschiedlicher Kulturen und traf die hierarchische und heute längst unhaltbare Unterscheidung zwischen »Natur-« und »Kulturvölkern«. Beides wurde von späteren nationalistischen und rassistischen Ideologien für ihre Zwecke radikalisiert und zu Unrecht vereinnahmt. Zugleich nämlich beharrte Herder ohne Rückgriff auf irgendwelche Rassentheorien auf der Einheit der Menschheitsentwicklung in Vielfalt, was die europäische und später die außereuropäische Ethnologie immens inspirierte – und in gewisser Weise als Frühform des »Baum- oder Strauchmodells« und somit als Alternative zum Stufenmodell der Evolution gelten kann (Gingrich 2005). Im weiteren Verlauf des 19. Jahrhunderts fanden diese evolutionsorientierten Ansätze der ethnologischen Vorgeschichte allerdings innerhalb des deutschsprachigen Raums kaum eine direkte Fortführung, sondern entfalteten ihre Langzeitwirkungen meist anderswo. Als Hauptursachen dafür gelten die ideellen und politischen Kontexte einer unvollendeten Aufklärung im deutschsprachigen Raum, die besonderen Wege zur Herausbildung von Nationalstaaten sowie die hier spätere Relevanz von Kolonien.

Die nächste Blütezeit an ideellen Wechselwirkungen zwischen Ethnologie und Evolutionstheorien vollzog sich rund um das Erscheinen der Darwinschen Hauptschriften im letzten Viertel des 19. Jahrhunderts, primär im englischsprachigen und sekundär auch im deutschsprachigen Raum. Bezeichnend für die ethnologischen Evolutionstheorien dieser Jahrzehnte war aber weiterhin, dass ihnen praktisch ausnahmslos ein unilineares Prozess- oder Stufenmodell von zunehmender Komplexität zugrunde lag. Zur Unterscheidung der Phasen oder Stufen – und damit zumindest implizit als ursächliche Faktoren des Wandels – wurden unterschiedliche Kriterien angenommen, wie religiöses Leben, Technik oder Sozialorganisation. Grundsätzlich wurde implizit oder explizit dabei eurozentrisch-fortschrittsgläubig von einer voranschreitenden »Richtung« der Evolution ausgegangen, während Darwins Modell die Annahme einer derartigen, von vornherein mehr oder minder feststehenden Zielrichtung (Teleologie) nicht getroffen hatte. Ursächlich für die teleologischen Grundannahmen der ethnologischen Evolutionsmodelle waren neben der erwähnten Vorgeschichte des eigenen – sich soeben an den Universitäten etablierenden – Faches und dem kapitalistischen Zeitgeist des spätimperialen Kolonialismus vor allem der frühe Einfluss der ersten Werke von Herbert Spencer, der sowohl Konkurrenz als auch zunehmende Komplexität in die sozial- und kulturwissenschaftliche Theorienbildung zur Evolution eingeführt hatte. Edward B. Tylor, später der erste Inhaber eines ethnologischen Lehrstuhls, war trotz Abgrenzungsversuchen von diesen teleologischen Grundannahmen Spencers in seinem *Primitive Culture* (1871) indirekt beeinflusst. Zugleich anerkannte Tylor auch den Einfluss von Gustav Klemm: Eine englisch publizierte Schrift aus dem Werk dieses heute wenig bekannten Sammlers und Mitbegründers des ältesten deutschen Völkerkunde-Museums (Leipzig) trug damit neben ihrem empirischen Materialreichtum auch theoretisch wesentlich dazu bei, dass Tylor stets skeptisch blieb gegenüber Ideen von »Rassenkämpfen« und rassischen Hierarchien (Rödiger 2001). Aus Tylors Werk blieb vor allem die Definition von Kultur als jeweiliger Gesamtheit der Manifestationen menschlicher Aktivitäten einflussreich, ebenso wie manche seiner methodischen Diskussionen. Hingegen kam seiner Klassifikation von Glaubenssystemen (etwa Animismus) zwar eine gewisse terminologische Bedeutung zu, sie erwies sich jedoch für evolutionäre Theorien bald als unbrauchbar (Kucklick 2008). Diesbezüglich folgenreicher war *Ancient Law* (1861) des britischen Rechtshistorikers Sir Henry Maine, der darin auf den Wandel von »Status« in vorstaatlichen zu »Vertrag« in staatlichen Gesellschaften als generelle evolutionäre Bewegung aufmerksam machte. Etwa zur selben Zeit hatte der Schweizer Rechtshistoriker J.J. Bachofen in seiner Schrift *Das Mutterrecht* (1861) anhand antiker Quellen auf die Veränderlichkeit von Rechts- und Verwandtschaftssystemen hingewiesen und in diesem Zusammenhang auf die unterschiedlichen Geschlechterverhältnisse im Verlauf der Menschheitsentwicklung. Trotz aller Überholtheit im Detail wurde es zum bleibenden Verdienst Bachofens, als Erster in den Kultur- und Sozialwissenschaften den fundamentalen Aspekt der Veränderlichkeit von Geschlechterbeziehungen in der Evolution der Menschen deutlich gemacht zu haben (Schröter 2001).

Den eigentlichen Höhepunkt dieser Phase ethnologischer Evolutionsforschungen stellt aber zweifellos *Ancient Society* (1877; dt. *Die Urgesellschaft*, 1891) des US-Juristen Lewis H. Morgan dar. Die langfristige Breitenwirkung verdankte das Werk seinem wissenschaftlichen Gehalt ebenso wie seinen gesellschaftspolitischen Implikationen für die entstehenden Frauen- und Arbeiterbewegungen der Industrieländer. In direkter Weiterführung der Ideen Bachofens wies Morgan die patriarchale Kleinfamilie als relativ junges Entwicklungsergebnis nach. Dem seien andere Familien- und Verwandtschaftsformen mit entsprechenden weiblichen Gestaltungsmöglichkeiten vorangegangen. Darüber hinaus hätten in den Frühphasen der Menschheitsentwicklung insgesamt egalitärere Gesellschaftsverhältnisse ohne Vorherrschaft von Privateigentum oder Staat bestanden. Derartige Überlegungen inspirierten demokratische und sozialistische Ideale und fanden Eingang in die

Schriften von Karl Marx (Krader 1976) und vor allem von Friedrich Engels. Morgan mag keine Einwände gegen solche politischen Schlussfolgerungen aus seinem Werk gehabt haben. Seine eigenen Hauptinteressen lagen freilich bei der Wissenschaft, und in seiner innovativen Zusammenführung von Einsichten der Rechtsgeschichte und Archäologie mit jenen der Ethnografie und Ethnologie. Diese Einsichten beruhten vor allem auf eigenen Erfahrungen mit und seinen publizierten Untersuchungen über die indigenen Iroquois (»Irokesen«). Dank der empirischen Grundlagen reichten sie weit über die terminologischen Leistungen Tylors oder Maines hinaus und lieferten substanzielle Erträge. Dazu zählen neben den bereits erwähnten »dekonstruktiven« Einsichten von anders beschaffenen Vorformen zeitgenössischer Verhältnisse vor allem einige »rekonstruktive« Thesen, die sich – trotz der heutigen Überholtheit der meisten anderen unter Morgans Schlussfolgerungen – als von bleibendem Wert erweisen sollten. Die erste derartige rekonstruktive These setzte Wirtschaftsformen und Sozialorganisationen als zwei wesentliche Indikatoren der jeweiligen Menschheitsentwicklung an und unterschied dafür »nomadische« Wirtschaftsformen von sesshaftem Bodenbau, und bei Letzterem wiederum staatenlose von staatlich organisierten Formen. Dass bei diesen »nomadischen« Lebensformen deutlicher zwischen Vieh züchtenden und Jagd- und Sammelwirtschaft betreibenden Gruppen zu unterscheiden ist, wurde erst nach Morgan erkannt. Insbesondere Eduard Hahn machte um die Jahrhundertwende in seinen Arbeiten erstmals deutlich, dass die Herausbildung vollnomadischer Vieh züchtender Gruppen meist die Existenz von gemischtwirtschaftlichem Bodenbau vorausgesetzt hat (Köcke 1979). Nur mit dieser Einschränkung kann daher auch als zweite rekonstruktive These Morgans gelten, dass frühe »nomadisierende« Jagd-und Sammel-Gesellschaften nicht primär in patriarchalen Kernfamilien organisiert gewesen sein dürften. (Die durch Bachofen und eigene irokesische Befunde abgeleitete These von einem frühen, universellen »Matriarchat« ließ sich in weiterer Folge hingegen nicht bestätigen.) Als dritte rekonstruktive These Morgans kann jene Aussagengruppe angesprochen werden, derzufolge die Herausbildung staatlicher Organisation erst ab einer bestimmten Phase von komplexer Wirtschafts- und Gesellschaftsordnung nötig würde. Dabei würde sich tendenziell das staatsrechtliche Territorialprinzip gegenüber dem Verwandtschaftsprinzip durchsetzen. Damit wurden einige wesentliche Gedanken von Maine aufgegriffen und Verwandtschaftsformen erstmals als entscheidendes Organisationsprinzip vorstaatlicher Gesellschaften klar identifiziert. Durch Morgans *Ancient Society* und seine Folgen war seitens der Ethnologie um die Wende vom 19. zum 20. Jahrhundert in gewisser Weise der Zenith an Aussagen zum Thema Evolution erreicht und überschritten, die unter obsoleten unilinearen Prämissen auf Basis des beschränkten damaligen ethnologischen Wissensstandes möglich waren. Der ethnologischen Abkehr vom Evolutionismus ab etwa 1900 wohnte daher auch eine gewisse innere Logik inne. Jede dieser post-evolutionistischen Richtungen verfolgte ihre eigenen theoretischen und methodischen Ansätze, aber allen war die Überzeugung gemeinsam, dass vor allem präzisere und detailliertere empirische ethnologische Daten nun Vorrang vor evolutionistischer Theorienbildung haben müssten. Mit zunehmend besserer Datenlage erwiesen sich die alten unilinearen Fortschrittstheorien für die Vielzahl neuer Felderergebnisse als unpassend; sie erlaubten keinerlei Weiterentwicklung.

Die dritte und bisher letzte unter den historischen Konjunkturen ethnologischer Befassung mit Evolution ging ab den 1930er Jahren von den USA aus und ergriff nach 1945 (bis etwa Mitte der 1980er Jahre) auch wichtige fachliche Teilbereiche in Westeuropa. Neben dieser produktiven dritten Phase müssen freilich auch ganz andere Bestrebungen erwähnt werden, die sich zur selben Zeit anderswo ereigneten. Diktatorische Machthaber machten sich die jeweils bevorzugten Schnittmengen aus Evolutionstheorie und Ethnologie für ideologische und politische Absichten zunutze. Im »Dritten Reich« trachtete ein beachtlicher Teil von »Völkerkundlern«, ethnografische Materialien für sozialdarwinistische und rassistische Interpretationen auszurichten. In den stalinistischen und spätstalinistischen Systemen dominierte andererseits ein von Engels' Morgan-Interpretationen geprägtes, dogmatisiertes Stufenmodell, das teleologisch auf den »realen Sozialismus« als höchste Form hinauslief. Aus heutiger Sicht sind die wissenschaftlichen Erträge dieser beiden Arten von ethnologischem »Polit-Evolutionismus« (der auch seine jeweiligen Parallelen in Archäologie, Sprachwissenschaften usw. hatte) mit null anzusetzen.

In deutlicher Abgrenzung zum zeitgleichen »Polit-Evolutionismus« entfaltete sich die produktive dritte Phase von wissenschaftlichem ethnologischem Evolutionismus zunächst durch die Arbeiten von Julian Steward, Leslie A. White und ihren Schülern und Schülerinnen bereits vor, aber insbesondere nach

1945 in den USA. Steward und White gelten als Begründer des sogenannten »Neoevolutionismus« in der Ethnologie bzw. Kultur- und Sozialanthropologie, wie das Fach nach anglophonem Muster nach 1945 zunehmend genannt wird. Dabei vertrat White zwar noch ein abgeschwächtes unilineares Evolutionsmodell, mit dem er aber die Fachdiskussion durch drei bahnbrechende Teileinsichten vorantrieb. Erstens, in wirtschaftlicher Hinsicht seien Kontrolle und Umwandlung von Energie ein entscheidendes Kriterium der jeweiligen Komplexität von lokalen oder regionalen Gesellschaftsverbänden. Diesen Punkt arbeitete später mit vielen Einschränkungen der nicht zu Unrecht oft kritisierte Marvin Harris mit seinem »Kulturmaterialismus« weiter aus. Zweitens, in sozialer Hinsicht sei die (relative) Universalität des menschlichen Inzesttabus neu fassbar als Basis der Orientierung auf verwandtschaftliche und andere Außenbeziehungen sowie auf reziproken Tausch. Diesen Punkt arbeitete die strukturale Analyse von Claude Lévi-Strauss ab 1949 über *Die elementaren Strukturen der Verwandtschaft* systematisch aus. Drittens, in kognitiver Hinsicht artikuliere und repräsentiere der Mensch vorwiegend mit Hilfe von kommunizierten Symbolen: Im Unterschied zu Affen seien die Menschen deshalb etwa in der Lage, zwischen Weih- und Trinkwasser zu unterscheiden (White 1949).

Anders als in ihrer Zeit sind die gültigen Hauptaussagen von White und Steward heute primär als einander ergänzende Fragmente interpretierbar. Steward erarbeitete einen umfassenderen (und nicht auf die Energiefrage allein beschränkten) Begriff von natürlicher Umwelt und Diversität, womit menschliche Gesellschaften jeweils interagieren; er führte zudem Konzepte von Krise und Stagnation systematisch in die ethnologische Evolutionsdiskussion ein. Vor allem aber prägte er in Fortführung älterer Ansätze zum selben Thema mit seinen Arbeiten zu *multilinearer Evolution* im Fach eine überfällige, neue Sichtweise (Steward 1955). Die euro-amerikanische sei mit Sicherheit nicht die einzige, und auch nicht notwendig à la longue die erfolgreichste Richtung soziokultureller Evolution – sondern bloß eine unter mehreren. Damit war dem Eurozentrismus grundsätzlich entgegengewirkt und die Herdersche »Strauch«-Idee nachhaltig in den ethnologischen Evolutionismus eingeführt. Dass Evolution keinen »Hauptweg« mit »Zielen« beschreibt, ist also in der Ethnologie seit den 1950er Jahren etablierte Lehrmeinung und eine wichtige Parallele zu ähnlichen Einsichten in anderen Bereichen der Human- und Lebenswissenschaften (Bowler 1989). Ohne es explizit selbst immer so wahrzunehmen, hat ein Gutteil jener aktuellen sozialwissenschaftlichen Mainstream-Analysen, die unter dem Stichwort von »Multiplen Modernen« die Ära der Globalisierung untersuchen, diesen Stewardschen Grundgedanken aufgegriffen und weitergeführt.

Systematische Diskussion: Territorium, Geschlecht, Kultur und vorläufige Synthesen

Die Haupteinsichten von Steward und White ergaben in mehrfacher Hinsicht das Fundament jener aktuelleren Diskussionen und Forschungen, welche in den nachfolgenden Generationen bis in die 1980er Jahre noch mit relativer Intensität geführt wurden. Im Unterschied zum archäologischen Evolutionismus spielte dabei der demografische Faktor in der Ethnologie bloß eine marginale Rolle. Für eine an der Empirie lebendiger Gesellschaften orientierte Disziplin ergibt sich die Relevanz dieses Faktors primär unter der Perspektive der real gelebten Verwandtschafts- und Geschlechterbeziehungen, die umgekehrt für die Archäologie oft nur indirekt erschließbar sind. Zugleich hatte das empirische Inventar der Kultur- und Sozialanthropologie mittlerweile ein Ausmaß erreicht, das systematischere Vergleichsarbeiten mit primär ethnologischen Evidenzen überhaupt erst erlaubte. Dies führte – neben ersten, noch recht simplifizierenden und statischen Entwürfen zur soziopolitischen Evolution (Fried 1967; Service 1962) – in einer ersten Abfolge von Diskussionen vor allem zu nützlichen Präzisierungen und Einsichten in den beiden Themenfeldern von Territorialität sowie von Geschlechterbeziehungen. Auf die Bedeutung äußerer territorialer Barrieren natürlicher oder sozialer Art verwies Robert Carneiro (1973) mit dem einflussreichen Konzept der *Circumscription*, welche die Auflösung in Kleingruppen erschwere, demografischen Stau und Wettstreit um beschränkte Ressourcen fördere und damit Auslöser für erhöhte soziale Komplexität sein könne. Walter Dostal (mit Reisinger 1981) ergänzte dies in seinem Konzept des ökokulturellen Interaktionssystems, in dem letztlich kulturelle und politische Faktoren den Ausschlag gäben dafür, was jeweils ein »ethnologisch definiertes Territorium« darstellt, worin natürliche Umwelt wirke und für die jeweiligen Bedarfslagen genutzt würde. Speziell die ethnologische Erforschung von Jagd- und Sammelwirtschaften hatte schon frühzeitig deutlich gemacht: Von Fällen trennscharfer *Circumscription* abgesehen, verlaufen derartige Territorialgrenzen ansonsten eher fließend und weiträumig. Zudem sind die mobilen, Fusions- und Fissionsrhythmen durchlaufenden Lebensräume stets deutlich verschieden vom viel weiteren Feld der Tausch- und Sozialbeziehungen.

Auf derartigen Einsichten fußten die historischen Rekonstruktionen der Steward-Schülerin Eleanor Leacock (1989). Anhand eigener ethnografischer Erhebungen und früher jesuitischer Missionsberichte zu den Montagnais Naskapi (Labrador) wies sie – allerdings noch mit zu starken Anleihen bei Morgan und Engels – die Existenz von ausgewogenen Geschlechterbeziehungen bei dieser frühkolonialen Wildbeuter-Gesellschaft nach. Dies führte relativ konsequent zu einer zweiten Abfolge von Diskussionen, die ab den späten 1960er Jahren rund um Jagd- und Sammelwirtschaften (*Wildbeuter*) einsetzte. Neue ethnologische Materialien ebenso wie die Erschließung früher historischer Quellen machten zunehmend dreierlei klar. Erstens, die verschiedenen Formen sesshafter, hierarchischer und komplexerer Wildbeuter-Gesellschaften sind zu unterscheiden von den mobileren, egalitäreren und flexibleren Formen. Zwischen beiden bestehen mögliche, aber keineswegs zwingende evolutionäre Übergänge, einschließlich gradueller Übergangsformen zu einfachem Bodenbau und Formen der Rückkehr aus dem Bodenbau ins Wildbeutertum. Zweitens, der globale Vergleich unter mobilen Wildbeuter-Gesellschaften zeigt, dass unter ihnen diverse Formen *bilateraler* Verwandtschaftssysteme am häufigsten sind. Die Struktur und ideologische Grundsubstanz bilateraler Verwandtschaftssysteme fördert eher Fusionen und Fissionen und erlaubt auch eher Spielraum für ausgewogene Geschlechterbeziehungen als *unilineare* (d. h. *patri-* und *matrilineare*) Formen. Von *Bilateralität* zu *Unilinearität* führen mögliche evolutionäre Übergänge vor allem dann, wenn die Vererbung von wichtigen Ressourcen relevant wird. Drittens, alle Wildbeuter-Gesellschaften beruhen auf Mischwirtschaften (Sammeln, Jagen/Fischen, Teilspezialisierungen für Ritual und Handwerk) zur Risikominimierung, die nie lokale Autarkie anstreben, sondern immer auch den Austausch von Gebrauchsobjekten (*Barter*) und vor allem von rituellen Geschenken (*gift exchange*) miteinschließen. Zusammen mit den Heiratsbeziehungen verbinden diese Bande von Tausch und rituellem Geschenk lokal oft weit voneinander entfernt lebende Gruppen zu veritablen Regionalkulturen, die damit zugleich Konfliktpotenziale untereinander einschränken (Lee/De Vore 1968; Dahlberg 1981).

Auf der Basis dieser und anderer Einsichten charakterisierte der White-Schüler Marshall Sahlins Wildbeuter-Gesellschaften als »Überfluss-Gesellschaften«: Ohne äußeren Druck durch Kolonialismus oder mächtige Agrarstaaten tendieren sie dazu, gewalttätige Konflikte auf beschränkte Stellvertreterfehden untereinander zu reduzieren; sie würden aus Eigeninteresse die maximale Ausbeutung ihrer Ressourcen meiden; sie »arbeiten« weniger als »wir« zur Sicherung der Nahrung, und sie wären auf lokales und regionales Teilen hin orientiert. Nicht bloß niedrige Lebenserwartung und hohe Geburtensterblichkeit verbieten freilich jegliche romantisierende Schlussfolgerung daraus. Das Werk von Marshall Sahlins (1968; 1972; mit Service 1960) markiert bis in die späten 1970er Jahre den Höhepunkt dieser zweiten Diskussionsphase und teils auch des ethnologischen Neo-Evolutionismus insgesamt. Besonders klar wurde darin auf die Verbindungen und Unterschiede zwischen *Band, Tribe, Chiefdom* und *Early State* hingewiesen (Horde, Stamm, Häuptlingstum, früher Staat). *Kultur und Praktische Vernunft* (1981) stellte dann eine klare Absage von Sahlins an vulgärmaterialistische und biologistische Sichtweisen auf soziokulturelle Evolution dar. Dies äußerte sich bereits deutlich in seiner brillanten Kritik an der zeitgenössischen Soziobiologie (1977). Sahlins zog daraus – in Übereinstimmung mit der überwiegenden Mehrheit seines Faches – ein Fazit: Solange die Evolutionsforschung den grundsätzlichen und kausalen Stellenwert des menschlichen Vermögens zu kultureller Diversität ignoriere, bewege sie sich in einer Sackgasse – und solange auch sei konstruktiver ethnologischer Dialog vor allem identisch mit Kritik an diesem Defizit (Sahlins 2010). Kultur sei eben kein mit genetischer Vererbung parallelisierbares System langfristiger Verkodung (wie es ein Teil des archäologischen Evolutionismus vertritt), sondern aktive und kreative Praxis mithilfe von sprachlichen und nichtsprachlichen Symbolen. In Verbindung mit anderen Entwicklungen der Kultur- und Sozialanthropologie (Ethnologie) ab den frühen 1980er Jahren hatte die Sahlins'sche Kritik anhaltende Folgen im eigenen Fach. Die postmoderne Wende radikalisierte (und übertrieb) die ethnologische Skepsis gegenüber naturwissenschaftlichen Verfahren, und wurde rund um die Jahrtausendwende abgelöst durch die ethnologische Analyse von transnationalen und globalen Prozessen der Gegenwart. Vereinfacht lässt sich daher feststellen: Seit dem Erscheinen von *Kultur und praktische Vernunft* sind die ethnologischen Beiträge zur Evolutionsforschung entweder Nachträge zu einer Diskussion der Vergangenheit oder Vorboten einer Diskussion der Zukunft, die noch nicht begonnen hat. Drei solche »Nachträge« stehen hier stellvertretend für eine letzte Diskussionsphase, die sich nicht zufällig primär in Westeuropa mit seinen etwas weniger starken kulturrelativistischen Wissenschaftstraditionen abspielte.

Als erster Nachtrag ist auf das Werk des Lévi-Strauss-Schülers Maurice Godelier zu verweisen. Ihm gelang es, die verbliebenen Potenziale eines undogmatischen struktural-Marxschen Ansatzes für evolutionstheoretische Fragestellungen doppelt nutzbar zu machen. Zum einen erklärte Godelier im Hinblick auf nicht- und vorstaatliche Gesellschaften die hartnäckige Relevanz bestimmter Typen von Verwandtschaftssystemen auch damit, dass sie den Zugang zur Nutzung materieller und ideeller Ressourcen regeln (1973). Insofern haben sie sowohl symbolisch-kulturellen als auch praktisch-sozialen Charakter und werden nur unter extremen demografischen, politischen oder religiösen Notwendigkeiten grundlegend verändert. Zudem resümierte Godelier die schwache und selten eindeutige Korrespondenz zwischen Typen von Subsistenz und Typen von Verwandtschaftsorganisation als eines der großen Rätsel des Fachs (Godelier 2004). Andererseits trug Godelier auch Wesentliches zu Vorstellungen des Übergangs zu frühstaatlichen Verhältnissen bei. Seine Studie der Baruya (tribale Hochlandbauern in Papua Neuguinea) wies die Existenz von Geld, Privateigentum und Geschlechterhierarchien lange vor der Herausbildung von Staatsmächten nach (Godelier 1987). Letztere würden sich vor allem dann und dort nachhaltig etablieren, wo eine hierarchisch-spezialisierte Ordnungsmacht ihre imaginären und praktischen Leistungen (Rituale, Infrastruktur, Verteidigung, usw.) der Allgemeinheit als »Gabe« im Austausch gegen Tribut oder Abgabe darstellen könne (Godelier 1978).

Ein zweiter Nachtrag zeigt sich in den Schriften von Jonathan Friedman, einem zeitweiligen Mitarbeiter von Godelier, der auch als einer der Ersten auf die Grenzen der Sahlins'schen kulturellen Wende aufmerksam machte und an anderer Stelle die Problematik der Anwendung kybernetischer Modelle in der Ethnologie aufzeigte (Friedman 1988). Bis heute stellt sein zusammen mit Michael Rowlands (1977) erarbeitetes Modell eines *epigenetischen* Übergangs von komplexen tribalen zu einfachen staatlichen Formen ein Musterbeispiel für die leider rar gewordene, konstruktive Kooperation zwischen Ethnologie und Archäologie zur evolutionären Theoriebildung dar. Essenziell dafür waren sowohl das archäologische Insistieren auf der Relevanz zeitlich-räumlicher Faktoren und auf der materiellen Kultur, als auch das ethnologische Insistieren auf der Wichtigkeit von Heiratsmechanismen, Opfern und Abgaben. Dieses prozessuale Modell umschreibt eine »Hang«- oder »Ast«- Entwicklung gradueller und kumulativer Art. Sie ist nicht zwingend als unilinearer Weg konzipiert und bezieht sich auf hierarchische, an Prestigegewinn orientierte agrarische Gemeinwesen. Zu verwandten Themenfeldern steuerte Ernest Gellner (1990) – wenn auch unter anderen theoretischen Prämissen – ethnologische Synthesen bei über den qualitativen Wandel von Gewalt sowie über die innovativen Potenziale der Schrift bei frühstaatlichen Gesellschaften.

Schließlich sind als dritter Nachtrag die verdienstvollen Schriften von Henri J.M. Claessen hervorzuheben, insbesondere im Feld von Komparatistik und Systematik ethnologischer Konzeptionen zur Evolution früher Staaten. Claessen und seinen Mitarbeitern (Claessen/Skalnik 1978) kommt erstens das Verdienst zu, für soziokulturelle Evolution als den Gesamtprozess von *qualitative social change* eine brauchbare Arbeitsdefinition geliefert zu haben, mit der nicht nur die seltenen Tendenzen zu erhöhter Komplexität, sondern ebenso die häufigen Phasen von Stagnation, Krisen und Verfall erfassbar sind. Zweitens beantwortete Claessen die Darwinsche Problemstellung für soziokulturelle Evolution dahingehend, dass »Auslese« zumeist unter gegebenen, soziokulturellen Machtverhältnissen als »Auswahl« von Problemlösungsstrategien erfolge, deren mittel- und langfristige Konsequenzen selten a priori erkennbar seien. Damit kommt Claessen in Ansätzen nicht nur der Sahlins'schen Forderung nach Einlösung des kulturellen Primats nach, sondern er erteilt drittens zugleich der fruchtlosen, vor allem in der Archäologie verbreiteten Suche nach monokausalen *prime movers* die gebührende Absage. Die gewählten Problemlösungsstrategien seien eher durch ein multikausales *complex interaction model* erklärbar, in dem immer mehrere Faktoren wirken (z.B. Umwelt, Technologie, Wirtschaft, Demografie, Krieg, Ideologie) (Claessen/Van de Velde 1987).

Gegenwartsbezogene Perspektiven

Zu Beginn des 21. Jahrhunderts repräsentiert die Evolutionsforschung innerhalb der Kultur- und Sozialanthropologie eine verschwindend kleine Minderheit, die kaum zur Kenntnis genommen wird und die teilweise eher als Nachträge im obigen Sinn zu betrachten ist. Potenzielle ›Vorboten‹ einer möglichen Renaissance dieses Forschungsfeldes dürften dabei insbesondere jene Ansätze sein, die eine verbesserte ethnologische Kooperation mit archäologischer Evolutionsforschung und darüber hinaus mit nicht-spekulativer Kognitionsforschung bedeuten. Für diese beiden Felder sei abschließend auf die Arbeiten von Tim Earle in den USA sowie auf jene von Tim Ingold in Großbritannien als gute und seriöse Beispiele verwiesen.

Mit seinen Arbeiten zur Evolution von politischer Hierarchie setzt Earle in gewisser Weise das Friedman-Rowlands'sche und Claessensche Programm fort (Earle and Johnson 2002). Seine vergleichenden Untersuchungen zu agrarischen Bewässerungssystemen als kulturell konstruierten Landschaften (Earle 2000) präzisierten Gellners Bestimmung der Rolle von Spezialisten und Spezialistinnen bei der Herausbildung früher Staaten: Krieger, Priester, Verwaltungsexperten und manchmal auch Schriftkundige seien zentral für frühe Staatswesen und Teil dessen, was er – im Anschluss an den Sahlins'schen Begriff von *Stone Age Economics* – als *Bronze Age Economics* (Earle 2002) bezeichnet hat. Auch wenn Earle multilineare und unilineare Ansätze allzu bemüht miteinander zu versöhnen sucht, weisen seinen Arbeiten im Unterschied zum archäologischen Evolutionismus den deutlichen Vorzug auf, das Prinzip kulturell inspirierter Problemlösungsstrategien grundlegend zu berücksichtigen (Earle 2004).

Die Forschungen Tim Ingolds führten von der ethnografischen und theoretischen Untersuchung nordeuropäischer Rentierzucht (einem der seltenen evolutionären Übergänge von Wildbeutertum zum Nomadismus) hin zur generelleren Analyse der Mensch-Tier-Beziehung im evolutionären Prozess und als Teil der menschlichen »Aneignung« von natürlicher Umwelt (Ingold 1986). Er wandte sich den symbolischen und kognitiven Bestandteilen dieser Prozesse zu (Ingold 1991; 2000, Ingold and Gibson 1993), die er etwa in die Konferenz-Reihe »Hunters and Gatherers« einbrachte. Ingold kommt damit das Verdienst zu, einige wesentliche frühere ethnologische Forschungsansätze zur Rolle des Symbolischen und Religiösen im Evolutionsprozess (Sahlins, Rappaport, Godelier) aufzugreifen, mithilfe der Wahrnehmungspsychologie von James Gibson weiterzuentwickeln und zugleich als Fachkritik an den spekulativen Aspekten der kognitiven und evolutionären Biologie zu formulieren (Ingold 2007). Dabei zielt seine Forschung darauf ab, die auf der Allianz zwischen neodarwinistischer Biologie und Kognitionswissenschaften beruhenden Modelle von genetischer und kultureller Übertragung durch einen *relational approach* zu ersetzen. Dieser ist auf das kumulative Wachstum von *embodied skills of perception and action* innerhalb soziökologischer Kontexte ausgerichtet. Ingolds Arbeiten haben fachübergreifende Relevanz für die Zukunft. Wenn die biologische Evolution die »Bühnen« mit ihren Zwängen und Möglichkeiten bereitgestellt hat, innerhalb derer sich Prozesse der soziokulturellen Evolution entfalten, dann geht es heute auch zunehmend darum, die Rückwirkungen der soziokulturellen Evolution auf biologische Evolution zu erfassen. Sei es, dass soziokulturelle Entwicklungen biologische Selektionsdrücke modifizieren oder dass sie durch die globale Umgestaltung der Umwelt unvorhersehbare und teils unerwünschte Konsequenzen für die Biosphäre nach sich ziehen.

Literatur

Bowler, Peter J. (1989): Evolution: The History of an Idea. Berkeley.
Bucher, Gudrun (2000): »Unterricht, was bey Beschreibung, absonderlich der Sibirischen, in acht zu nehmen.« Die Instruktionen Gerhard Friedrich Müllers und ihre Bedeutung für die Geschichte der Ethnologie und der Geschichtswissenschaft. Stuttgart.
Carneiro, Robert L. (1973): »The Four Faces of Evolution«. In: John J. Honigman (Hg.): Handbook of Social and Cultural Anthroplogy. Chicago, 89–110.
Claessen, Henri J. M./Skalnik, Peter (Hg.) (1978): The Early State. Den Haag.
Claessen, Henri J. M./Van de Velde, Piet (1987): Early State Dynamics. Leiden.
Dahlberg, Frances (Hg.) (1981): Woman the Gatherer. New Haven/London.
Dostal, Walter/Reisinger, Leo (1981): »Ein Modell des Öko-Kulturellen Interaktionssystems«. In: Zeitschrift für Ethnologie Vol. 106, Nr. 1–2: 43–51.
Earle, Timothy (2000): Bronze Age Economics: The Beginnings of Political Economies. Boulder.
Earle, Timothy (2004): »Culture Matters in the Neolithic Transition and Emergence of Hierarchy in Thy, Denmark«. In: American Anthropologist 106: 111–125.
Earle, Timothy/Johnson, Allen (2002²): The Evolution of Human Societies: From Forager Group to Agrarian State [2000]. Palo Alto.
Fried, Morton (1967): The Evolution of Political Society: An Essay in Political Anthropology. New York.

Friedman, Jonathan (1988): »No History is an Island«. In: Critique of Anthropology 8: 7–39.

Friedman, Jonathan/Rowlands, Michael (1977): »Notes Towards an Epigenetic Model of the Evolution of Civilizations«. In: dies. (Hg.): The Evolution of Social Systems. London.

Gellner, Ernest (1990): Pflug, Schwert und Buch. Grundlinien der Menschheitsgeschichte [Plough, Sword, and Book. The Structure of Human History, 1988]. Stuttgart.

Gingrich, Andre (2005): »Ruptures, Schools and Nontraditions: Reassessing the History of Sociocultural Anthropology in Germany«. In: Fredrik Barth et al. (Hg.): One Discipline, Four Ways: British, German, French, and American Anthropology. Chicago, 59–153.

Godelier, Maurice (1973): Ökonomische Anthropologie: Untersuchungen zum Begriff der sozialen Struktur primitiver Gesellschaften. Reinbek bei Hamburg.

Godelier, Maurice (1978a): »Infrastructures, Societies, and History«. In: Current Anthropology Vol. 19, Nr. 4: 763–771.

Godelier, Maurice (1978b): Die Produktion der Großen Männer, Macht und männliche Vorherrschaft bei den Baruya in Neuguinea [La Production des grands hommes. Pouvoir et domination masculine chez les Baruya de Nouvelle Guinée, 1982]. Frankfurt a. M.

Godelier, Maurice (2004): Métamorphoses de la Parenté. Paris.

Ingold, Tim (1986): Evolution and Social Life. Cambridge.

Ingold, Tim (Hg.) (1991): Evolutionary Models in the Social Sciences. Leiden.

Ingold, Tim (2000): The Perception of the Environment: Essays on Livelihood, Dwelling and Skill. London.

Ingold, Tim (2007): »The Trouble with ›Evolutionary Biology‹«. In: Anthropology Today Vol. 23, Nr. 2: 13–17.

Ingold, Tim/Gibson, Kathleen R. (Hg.) (1993): Tools, Language and Cognition in Human Evolution. Cambridge.

Köcke, Jasper (1979): »Some Early German Contributions to Economic Anthropology«. In: Research in Economic Anthropology 2: 119–167.

Krader, Lawrence (Hg.) (1976): Karl Marx: Die ethnologischen Exzerpthefte. Frankfurt a. M.

Kucklick, Henrika (Hg.) (2008): A New History of Anthropology. Oxford.

Leacock, Eleanor (1989): »Der Status von Frauen in egalitären Gesellschaften: Implikationen für die soziale Evolution«. In: Arbeitsgruppe Ethnologie Wien (Hg.): Von Fremden Frauen: Frausein und Geschlechterbeziehungen in nichtindustriellen Gesellschaften. Frankfurt a. M., 29–67.

Lee Richard B./De Vore, Irven (Hg.) (1968): Man the Hunter. Chicago.

Rödiger, Iris (2001): »Gustav Friedrich Klemm«. In: Christian F. Feest/Karl-Heinz Kohl (Hg.): Hauptwerke der Ethnologie. Stuttgart, 188–192.

Sahlins, Marshall D. (1968): Tribesmen. Englewood Cliffs.

Sahlins, Marshall D. (1972): Stone Age Economics. Chicago.

Sahlins, Marshall D. (1977): The Use and Abuse of Biology. An Anthropological Critique of Sociobiology. Ann Arbor.

Sahlins, Marshall D. (1981): Kultur und Praktische Vernunft. Frankfurt a. M.

Sahlins, Marshall D. (2010): »Kultur«. In: Fernand Kreff/Eva-Maria Knoll/Andre Gingrich (Hg.): Handbuch Globalisierung. Anthropologische und sozialwissenschaftliche Zugänge zur Praxis, Frankfurt a. M.

Sahlins, Marshall D./Service, Elman R. (Hg.) (1960): Evolution and Culture. Ann Arbor.

Schröter, Susanne (2001): »Johann Jakob Bachofen«. In: Christian F. Feest/Karl-Heinz Kohl (Hg.): Hauptwerke der Ethnologie. Stuttgart, 8–10.

Service, Elman R. (1962): Primitive Social Organization: An Evolutionary Perspective. New York.

Steiner, Gerhard (1977): Georg Forster. Stuttgart.

Steward, Julian H. (1955): Theory of Culture Change. Urbana 1955.

White, Leslie A. (1949): The Science of Culture. A Study of Man and Civilization. New York.

Andre Gingrich

5. Geschichtswissenschaft

»Entwicklung«

Wie selbstverständlich gehört der Begriff »Entwicklung« heute zum Vokabular der Historiker. Er ist immer bereitliegendes und häufig verwendetes Synonym für Prozesse, Zusammenhänge, Verläufe und auch für die Geschichte selbst. Niemandem fällt es heute auf, wenn statt von der Geschichte von der Entwicklung eines bestimmten Jahrhunderts oder einer bestimmten Epoche die Rede ist. Vielmehr scheint »Entwicklung« gerade da für Klarheit zu sorgen, wo man die konstitutive Doppelbedeutung des Begriffs »Geschichte« (als Ereignis *und* Erzählung) vermeiden will. »Entwicklung« meint immer die wirklichen Ereignisse. Zugleich aber bringt der Begriff diese Ereignisse bereits in eine Ordnung, die allerdings nicht schon als Interpretationsleistung gilt. Der Begriff der Entwicklung ordnet und objektiviert Ereignisserien, scheinbar ohne sie deuten zu müssen. In eben diesem Sinne erkennbarer, aber noch nicht abschließend erkannter Verlaufsstrukturen sprechen Historiker von den sozialen, politischen, ökonomischen oder allgemein historischen »Entwicklungen« bestimmter Epochen und Zeitabschnitte (Wieland 2004).

Das war keineswegs immer so. Zu Beginn, als sich die Geschichte in der ersten Hälfte des 19. Jahrhunderts als wissenschaftliche Disziplin herausbildete, liefen die Historisten Sturm gegen jede Form der Entwicklungsidee. Denn im Kontext der Aufklärung war »Entwicklung« zu einer Art universalistischen Zauberformel geworden, die geschichtliche, natürliche und naturgeschichtliche Zusammenhänge gleichermaßen zu ordnen versprach. Als Entfaltung präfigurierter Sinnhaftigkeit wurde Entwicklung regelmäßig mit Fortschritt gleichgesetzt, und gegen eben diese spekulativ-harmonisierende Ordnung des Zeitenlaufs setzte der Historismus programmatisch sein Konzept einer unbekannten, überhaupt erst zu erforschenden Vergangenheit sowie seine Ideen der prinzipiellen Unberechenbarkeit von Geschichte und der Autonomie, Relativität und Individualität der historischen Ereignisse und Epochen (Jaeger/Rüsen 1992).

Das änderte sich aber schon bald, als der Historismus im Laufe des 19. Jahrhunderts zunehmend dazu überging, Völker und Nationen zu den primären Subjekten seiner Geschichtsschreibung zu machen. Binnen Kurzem schlich sich hier die Unterscheidung zwischen einer natürlichen Entwicklung und ihren problematischen Abweichungen in die historische Darstellung und das historiografische Urteil ein. Seitdem bemüht so gut wie jede Form von Nationalgeschichtsschreibung, relativ unbefangen und kaum reflektiert, den Entwicklungsbegriff zur Kennzeichnung von Prozessen, die zwar auch anders hätten kommen können, rückblickend aber eine gewisse Logik und Notwendigkeit erkennen lassen. Vom Individualitätsgedanken des frühen Historismus blieb hier nicht viel übrig. Doch ebenso wenig entsprach dieser Entwicklungsbegriff den Vorstellungen der Aufklärung. Denn hier wurde nicht einer Entwicklungsmechanik das Wort geredet, die vorab die Transformation von Vergangenheit in Gegenwart und von Gegenwart in Zukunft bestimmt. Vielmehr galt die innere Notwendigkeit historischer Entwicklungen als nur nachträglich erkennbar und beruhend auf Ereignissen und Entscheidungen, die in ihrem jeweiligen historischen Augenblick offen und zukunftsblind seien (Droysen 2007).

Doch auch auf diesen, Aufklärung und Historismus gleichermaßen überwindenden Begriff von Entwicklung kamen die Historiker nicht allein. Vielmehr spiegelt sich in ihm sehr präzise jenes Konzept von Entwicklung, das die Evolutionstheorie des 19. Jahrhunderts begründete und das auch die Geschichtswissenschaft des ausgehenden 19. sowie des gesamten 20. Jahrhundert viel nachhaltiger geprägt hat, als sich die meisten Historiker wohl eingestehen würden.

Trotz aller Ähnlichkeiten muss zum besseren Verständnis dieses Zusammenhangs aber zunächst betont werden, was den evolutionstheoretischen vom historischen Begriff der Entwicklung wesentlich unterscheidet. Denn zumindest bei Charles Darwin ist das Entwicklung hervorbringende und antreibende Moment ein Vorgang, der zwar Zeit benötigt, aber nicht selber zeitlich ist. Auch wenn Darwin noch eine Reihe anderer und älterer Prinzipien der Evolution in seine Gesamttheorie integrierte, ist das Modell von Variation und Selektion sein besonderer Beitrag zur Entwicklung der Entwicklungstheorie. Und dieses Modell beschreibt die anonyme, nicht nur zukunfts-, sondern ebenso vergangenheitsblinde Erhaltung einer jeweils aktuellen Balance zwischen körperlicher Ausstattung und Umweltbedingungen. In diesem Sinn ist Evolution – wie es Niklas Luhmann einmal ausgedrückt hat – die kontinuierliche Transformation geringer Entstehungs- in hohe Erhaltungswahrscheinlichkeit, oder noch kürzer: eine Theorie des Wartens auf nutzbare Zufälle (Luhmann 2001, 469–576).

Demgegenüber mag Geschichte ebenso unberechenbar, ebenso kontingent, ebenso von einer Balance zwischen Handlungen und Handlungsbedingungen geprägt sein und in ihr mag sogar die Entstehung von wirklich Neuem gegenüber dem Erhalt des Alten ebenso unwahrscheinlich sein – all das hat aber andere Gründe als die bloße Mechanik dieser Aspekte selbst. So ist Geschichte zwar zukunftsoffen, aber eben nicht zukunftsblind. Man hat von der Herausbildung einer Epoche wenig verstanden, wenn man die Zukunftsvisionen der vorangegangenen unberücksichtigt lässt – auch und bisweilen gerade dann, wenn die tatsächlich entstehende Welt das genaue Gegenteil der zuvor erträumten ist. Ebenso wenig kann man eine Epoche ohne ihr Vergangenheitsbild begreifen, bisweilen wiederum gerade dann, wenn dieses Bild die Wirklichkeit grob verfälscht. Auch die Kontingenz historischer Entwicklungen ist keine Naturkonstante, sondern Folge der Pluralität menschlicher Lebensformen und Verhältnisse. Die Bedingungen schließlich, unter denen Menschen handeln, sind zum weit überwiegenden Teil selber Resultate menschlicher Handlungen, also geschichtlichen Ursprungs und haben wenig mit einer natürlichen Umwelt zu tun. Kurz: wo die Darwinsche Evolution prinzipiell sinnlos waltet, sind historische Entwicklungen geradezu überdeterminiert sinnhaft. Diese Unterscheidung kann man vorläufig eine idealtypische nennen, insofern es nichtmenschlichen Sinn geben mag, der uns nur nicht verständlich ist, und insofern in der menschlichen Geschichte allemal auch Sinnlosigkeiten und nichtintendierte Effekte eine Rolle spielen. Gerade um aber das Verhältnis und den Zusammenhang zwischen den modernen Ideen der Evolution und der Geschichte in den Blick zu rücken, steht ihre prinzipielle Unterscheidung heuristisch am Anfang. Daher geht es im Folgenden auch nicht um mögliche Analogien von Evolution und Geschichte, sondern konkreter um die Funktion und die historische Rolle der Evolutionsidee im historisch-politischen Denken (Geulen 2003).

Das Gesagte bedeutet keineswegs, dass sich Geschichtsschreibung und Evolutionstheorie auf methodologischer Ebene prinzipiell voneinander fernhalten müssten (vgl. als jüngste Annäherung Sarasin 2009). Wo menschliche Handlungen zu sozialen Strukturen oder Institutionen gerinnen und damit System/Umwelt-Relationen schaffen, deren Eigenlogik das beteiligte oder betroffene Denken und Handeln von Menschen prägt, kann es vielmehr höchst sinnvoll sein, ihre Entwicklung auch nach evolutionstheoretischen Gesichtspunkten zu analysieren. So setzt etwa die Systemtheorie der modernen Gesellschaft in ihrer Erklärung zeitlicher Veränderungen ganz auf den Darwinschen Evolutionsbegriff, mit großem Erfolg und ohne dabei soziale Zusammenhänge zu quasi-natürlichen zu erklären. – Gerade die Systemtheorie aber ist bislang eher selten von der Geschichtswissenschaft als ein weiterführendes methodologisches Angebot rezipiert worden (Becker 2004).

Es waren vielmehr andere Varianten des Evolutionismus, welche die Semantik jener Entwicklungsbegriffe prägten, die im historischen Denken der Moderne relevant wurden. Es war ein Diskurs der Evolution, der lange vor Darwin begann, der die Entstehung der Darwinschen Theorie prägte und lange nach Darwin fortgeführt wurde, mit dem Kern seines besonderen Beitrags zu dieser Theorie-Evolution aber eher wenig zu tun hatte. Oder genauer: es waren Denkweisen, die den Evolutionismus vor und nach Darwin um genau solche Aspekte erweiterten und ergänzten, die eine Parallelisierung und Analogisierung von Evolution und Geschichte erst möglich machten. Um diesen Zusammenhang zu verstehen, ist ein kurzer, aber genauerer Blick auf die Geschichte von Zeitlichkeitsvorstellungen seit dem 19. Jahrhunderts notwendig.

Evolution und historischer Wandel im 19. Jahrhundert

Im 19. Jahrhundert spielten vor allem vier sich in einem Spannungsverhältnis zueinander befindende Formen, zeitlichen Wandel zu denken, eine dominante Rolle: der aus der Aufklärung herrührende, inzwischen aber stark popularisierte und auf Technik, Wissenschaft und Wirtschaft gerichtete bürgerliche Fortschrittsglaube; der Historismus mit seiner anfangs deutlich antiaufklärerischen, später ambivalenten Tendenz zur Verwissenschaftlichung *und* Politisierung des Zeitenlaufs; der Marxismus mit seiner idealistisch geschulten, aber streng materialistischen Auffassung vom ewigen Klassenkampf; und schließlich der Evolutionismus. Die Geschichte des Letzteren begann schon lange vor Darwin. Bereits um 1800 war die Idee, dass auch die Natur in ihren belebten wie unbelebten Formen einem Wandel und Veränderungsprozess unterliege, keine revolutionäre Idee mehr. Neu war allerdings, dass sich die Denkweise dieses Wandels jetzt vom bis dahin geltenden Paradigma der Naturgeschichte ablöste.

Hatte man Entwicklung in der Natur bis dahin wörtlich als die Entfaltung einer vorherbestimmten Ordnung verstanden, so wurde die Natur jetzt in doppelter Weise verzeitlicht: Vor allem angestoßen von geologischen Befunden, begann man zum einen, statt wie bisher in Jahrhunderten oder höchstens Jahrtausenden, nun in Jahrmillionen zu rechnen, und zum anderen wurde der eigentliche Antrieb des Wandels in diesem selbst gesucht. Das teleologische Modell vorausgesetzter Ursprünge und Ziele machte nun immanenten Ursachen des Wandels Platz, wie sie etwa von Jean-Baptiste de Lamarck in der Idee einer ständigen Anpassung der Arten an ihre jeweilige Umwelt zum ersten Mal evolutionstheoretisch formuliert wurden (Lepenies 1976; Gould 2002).

Die synthetische Einheit der Naturgeschichte war damit zerbrochen, doch konnten Natur und Geschichte immer noch als deutlich parallele Phänomene gedacht werden. Denn bei Lamarck war das konkrete Verhalten individueller Lebewesen, etwa durch Gebrauch oder Nicht-Gebrauch eines Organs, der anstoßende und richtungsgebende Faktor, der durch minimale Organvariation, die sich dann an die Nachkommen vererbe, dem Wandel der Arten zugrunde lag. Bestimmte Umweltbedingungen, darauf reagierendes individuelles Verhalten, daraus resultierende körperliche Veränderung und deren Vererbung – eine solche Kausalkette war ohne Weiteres als »Geschichte« erzählbar. Ohne eine Teleologie bemühen zu müssen, lieferte sie eine rationale, fast mechanistische Erklärung für den Wandel der Arten und versprach zugleich seine Berechenbarkeit und Beherrschbarkeit. Denn die Umwelt und das Verhalten waren Faktoren, die im Horizont der technischen und wissenschaftlichen Erfolge des 19. Jahrhunderts immer mehr als vom Menschen kontrollierbar galten. An genau dieser Stelle lag auch die größte Nähe und Verwandtschaft des Evolutionismus mit den anderen Zeitlichkeitsmodellen des Jahrhunderts, mit dem bürgerlichen Fortschrittsgeist, mit der Naturgesetz und menschliche Intervention verschmelzenden Klassenkampfmechanik und auch mit einem Historismus, dessen anfängliches Individualitätspostulat relativ rasch einer politisch gerichteten und in Nietzsches Sinne »monumentalen« Geschichtsschreibung Platz gemacht hatte. Vor diesem Hintergrund ist es kein Wunder, dass der Lamarckismus bis weit ins 20. Jahrhundert hinein auch dort die populärste Variante der Evolutionstheorie blieb, wo man sie vordergründig längst mit dem Namen Darwins verknüpfte (Sternberger 1981).

Das lag zu einem guten Teil an Darwin selbst, der zeitlebens daran festhielt, dass das von Lamarck beschriebene Prinzip der Vererbung erworbener Eigenschaften einen wesentlichen ergänzenden Faktor in der natürlichen Evolution darstelle. Hier, ebenso wie in seinem langen Zögern bis zur Publikation, wird deutlich, dass sich Darwin der unzeitgemäßen Implikationen seiner eigenen Theorie bewusst war. Denn das von Darwin entdeckte Selektionsprinzip war der letzte und finale Schritt in der Enthistorisierung der Natur. Das Spiel von Variation und Selektion war keine erzählbare Kausalkette mehr und Evolution damit prinzipiell unberechenbar und unbeherrschbar geworden. Gegen die Geschichte, gegen den Fortschritt und gegen jede Form zeitlicher Entwicklungsmechanik hatte Darwin – wie halbbewusst oder implizit auch immer – mit seiner Theorie das zeitlos gültige und blind waltende Selektionsprinzip gesetzt, eine »Theorie des Wartens auf nutzbare Zufälle« – und nichts lag dem 19. Jahrhundert ferner als der Zufall oder das Warten. Darin, und weniger in der sogenannten »Affenthese«, lag der eigentliche Skandal der neuen Theorie, weshalb schon Darwin selber sie in ein ganzes Netz relativierender und ergänzender Hinweise, Prinzipien und Mechanismen einspann, um ein Mindestmaß an Beherrschbarkeitshoffnungen befriedigen zu können. Hier ließe sich einwenden, dass auch das Spiel von Variation und Selektion noch eine Beherrschung der Evolution ermöglicht, indem etwa der Mensch die ›Zuchtwahl‹ in die eigenen Hände nimmt. Eugenik, Rassenhygiene und Teile dessen, was man früher Sozialdarwinismus nannte, sind historische Beispiele. Doch entnahmen alle diese Ansätze die Idee der Beherrschbarkeit weniger dem Darwinschen Werk als den Fortschritts- und Evolutionsmodellen vor und nach ihm. Zudem ließe sich fragen, ob es sich überhaupt noch um Evolution in Darwins Sinne handelt, wenn aus der Metapher von der ›natürlichen Zuchtwahl‹ das ›natürlich‹ gestrichen und die Zuchtwahl wörtlich genommen wird. Ist der bis zur Unkenntlichkeit kleingezüchtete Schoßhund noch sinnvoll und ausreichend als ein Produkt von ›Evolution‹ erklärbar? Wenigstens zur Hälfte wird man hier wohl menschlichen Geist bzw. Ungeist in Betracht ziehen müssen. Die Evolution in Darwins engerem Sinne ist jedenfalls beendet, wenn der Faktor Umwelt durch zielgerichteten menschlichen Willen ersetzt wird. Das heißt verallgemeinernd: In genau dem Augenblick, in dem der naturwissenschaftlich-technische Anspruch auf Beherrschbarkeit der Natur durch Anwendung der einmal erkannten Prinzipien realisierbar ist und realisiert wird, verliert die naturwissenschaftlich-technische Rationalität jede weitere Kontrolle. Denn jetzt kommen die nicht-natürlichen Faktoren der menschlich-kulturellen Wahrnehmung, der Geschichte und der Gesellschaft ins Spiel. Die biopolitischen und bioethischen Debatten sowie die gesamte Umweltproblematik zeugen von exakt diesem Grundproblem. Es erklärt zugleich, warum gerade heute wieder Versuche, auch noch die historisch-soziale Welt determinierenden Naturgesetzen unterzuordnen, so beliebt sind. Es sind Versuche, den nicht intendierten Folgen der Anwendung von Naturgesetzen mit der weiteren Anwendung von Naturgesetzen, also den Antinomien der Erfahrung mit einer Homogenisierung der Erwartung zu begegnen – ein aus der Geschichte hinlänglich bekanntes Phänomen. Seine Folgen – das wiederum ließe sich schön mit Darwin beschreiben – sind kaum berechenbar und hängen davon ab, auf welche gesellschaftliche Umwelt solche Determinismen treffen. (Blumenberg 1986)

Das im Horizont der Fortschrittsdenkens Untypische in Darwins Selektionsmodell erklärt auch, warum sich seine Rezeptionsgeschichte so lange und so vehement mit gerade jenen Aspekten der Evolutionstheorie beschäftigte, die kaum als genuin darwinistisch gelten können. So waren Darwins größte und effektivste Popularisatoren wie Herbert Spencer oder Ernst Haeckel ebenos wie viele Fachwissenschaftler des späten 19. und frühen 20. Jahrhunderts Anhänger des Neolamarckismus und vertraten ein Bild der Evolution, in dem die von Darwin betonte Kontingenz auf ein Minimum reduziert und stattdessen umso mehr die universale Geltung, die Harmonie und die Steuerungsfähigkeit evolutionärer Prozesse im Mittelpunkt standen. Auch nachdem durch August Weismann und andere die Lamarcksche Vorstellung einer Vererbung individueller Eigenschaften endgültig widerlegt worden war, hielt man daran fest. Und selbst jene Eugeniker der Jahrhundertwende und noch des Dritten Reiches, die im Namen eines strengen Naturdeterminismus von Erziehung und Umwelt als Faktoren der Rassenbildung nichts wissen wollten und unter expliziter Berufung auf Weismann allein die Allmacht der Selektion als »Rassenbildner« beschworen, verleugneten das im Kern arbiträre Verhältnis zwischen Körperausstattung und Umwelt in Darwins Naturbegriff und transformierten ausgerechnet den zufälligsten und blindesten Faktor in Darwins Theorie, die Selektion, zu einem Instrument gezielter Anpassung. Spätestens hier ging es nicht mehr um die wissenschaftliche Frage, wie Evolution funktioniert, sondern nur noch um die ideologisch-technische Frage, wie man Darwins Erkenntnisse zur Gesellschaftsgestaltung nutzen kann.

Wie aber verhielten sich Geschichtswissenschaft und historisches Denken zu dieser Ausdifferenzierung der Evolutionsidee? Seit der Trennung von Natur und Geschichte am Beginn des Jahrhunderts hatte der Historismus seine Verwissenschaftlichung der Historie systematisch vorangetrieben und die Geschichte als eine Kerndisziplin des universitären Kanons etabliert. Zunächst durch die Arbeiten Leopold von Rankes und dann spätestens mit dem Werk Johann Gustav Droysens lag eine ausgefeilte und in Teilen noch heute gültige Methodologie des Fachs vor, die von Historikern weltweit rezipiert wurde. In Deutschland selbst, aber nicht nur hier, wurde die Erforschung der Vergangenheit zu einer regelrechten Obsession der Bildungsbürger und das »Historische« oder die »Geschichtlichkeit« zu Schlagworten eines bürgerlichen Selbstverständnisses, zu dem ebenso die »Natur«, der »Fortschritt« und schließlich auch »Evolution« gehörten. Vor allem seit 1848 zentrierten sich diese Schlagworte ihrerseits um die Idee der Nation und es war wiederum Droysen, der im Mittelpunkt jener sogenannten Borussischen Schule des Historismus stand, die ihn in den Dienst am politischen Projekt der Nationsbildung stellte und sich mit der Gründung des Deutschen Kaiserreichs 1871 auch voll und ganz bestätigt sah. Nach diesem Höhepunkt aber begannen der Niedergang und die bis heute nachwirkende Krise des Historismus. Sie bewirkte, dass sich die Geschichtswissenschaft jetzt deutlich mehr jenen übergreifenden Entwicklungs- und Evolutionsmodellen zuwandte, gegen die ihre historistischen Gründerväter angetreten waren (Jaeger/Rüsen 1992).

Der Historismus selber, immer noch Integrationsbegriff der Zunft, setzte sich mit seiner bevorzugten Methode der hermeneutischen Einfühlung und der erzählenden Rekonstruktion zunehmend dem Vorwurf mangelnder Rationalitätsstandards aus. Der vor allem technologisch immer sichtbarere Erfolg der Naturwissenschaften fand auch im Feld der Erforschung von Gesellschaft, Kultur, Politik und Vergangenheit Nachahmer, und im letzten Drittel des 19. Jahrhunderts überschwemmte eine Welle des Positivismus die Geisteswissenschaften. Auch wenn Wilhelm Dilthey und andere gerade jetzt die Eigenlogik geisteswissenschaftlicher Erkenntnis neu begründeten, war die Entstehung neuer Disziplinen, die sich den nicht-natürlichen Umständen menschlichen Lebens mit quasi-naturwissenschaftlichen Mitteln, einem klaren Objektivitätsideal und einem strikteren Rationalitätsverständnis näherten, unaufhaltsam: Soziologie, Psychologie, Ökonomie, Linguistik und weitere sozialwissenschaftliche Ableger übernahmen spätestens um 1900 einen Großteil des wissenschaftlichen Feldes. Die Soziologie etwa, auch wenn sie rasch – spätestens bei Max Weber – die Verstehenslehre integrierte und sogar weiterentwickelte, verstand sich zunächst dezidiert als eine ›Naturwissenschaft der Gesellschaft‹. Und sogar Weber selbst hielt sie für eine Übergangswissenschaft, die sich erübrigen würde, wären alle Naturgesetze des sozialen Lebens einmal erkannt (Weber 1972). Insofern Weber und viele seiner Kollegen dezidiert historisch arbeiteten, bildeten sie eine echte Konkurrenz zur Fachhistorie, die sich nun endgültig gezwungen sah, ihr Individualitätsprinzip mit seiner Fokussierung auf die Politikgeschichte aufzugeben und mit der Geschichte der Gesellschaft sich auch die Prozesslogiken von Evolutionstheorien anzueignen.

Evolutionstheorie und die Krise des Historismus

Auch die Geschichtswissenschaft differenzierte sich jetzt aus und die Historiker bedienten sich vermehrt fachfremder Denkweisen und Methoden, bevorzugt in sozial- und wirtschaftsgeschichtlichen Feldern. Hier ebenso wie in den kulturgeschichtlichen Neuansätzen der Jahrhundertwende wurden auch, etwa in Karl Lamprechts Konzept der Psychogenese, entwicklungs- und evolutionstheoretische Denkfiguren gebräuchlich, zum Teil in nur metaphorischer Übertragung, später auch als zu berücksichtigender Faktor in geschichtlichen Verläufen. Und auch in der allgemeinen politischen Geschichtsschreibung trat nun jene eingangs beschriebene Rede von historischen »Entwicklungen« verstärkt in Erscheinung, besonders im Rahmen der vielfach variierten Vorstellung einer natürlichen Evolution von Staaten, Völkern und Nationen, was der Geschichtsschreibung in Form einer häufig angemahnten Anpassung gegenwärtiger Politik an diese historisch erkannten Entwicklungsstrukturen in verstärktem Maße eine politikberatende Funktion gab. Prominenter aber als in diesen überwiegend metaphorischen Bezugnahmen war die Evolutionstheorie im historischen Denken dort, wo diesem auch im wörtlichen Sinne eine materialistische Basis verliehen werden sollte. Seit dem vor allem Friedrich Engels die sozialistische Geschichtsauffassung aus einer an Lamarckismus und Darwinismus angelehnten Naturphilosophie zu begründen versucht hatte, gefielen sich die meisten linksorientieren und sozialpolitisch engagierten Intellektuellen darin, den Evolutionismus als eine Art Hintergrundüberzeugung ihres Geschichtsbildes anzunehmen.

Als Teil des breiteren Phänomens, das man Sozialdarwinismus nennt, wurde die Geschichte auch von liberaler und wirtschaftsbürgerlicher Seite häufig in das Korsett evolutionstheoretischer Annahmen über den ewigen Kampf ums Dasein und den Sieg des Stärkeren gezwängt. Letzteres war auch eine beliebte Formel der Imperialisten, Kolonialunternehmer und Weltmachtdenker, die sie in der inzwischen vierhundertjährigen Geschichte der europäischen Expansion bestätigt sahen, an die Staaten wie das Deutsche Reich jetzt dringend anzuschließen versuchten. Und schließlich fanden das völkische Denken, die Rassentheorie und der Antisemitismus, nicht selten von ausgewiesenen oder selbsterklärten Historikern vertreten, in der Evolutionstheorie ein immer bereitliegendes Denkmodell der Verformung von Geschichte zu einem nach unerbittlichen Gesetzen des Konflikts und des Kampfes ablaufenden Mechanismus. Welche zentrale Rolle bei dieser Verbreitung des Evolutionismus im historisch-politischen Denken die ihn immer schon mit dem Geschichtlichen gleichsetzenden Popularisatoren spielten, zeigt nicht zuletzt seine Rezeptionsgeschichte außerhalb der europäisch-westlichen Welt. Hier waren es häufig, wie etwa im arabischen Raum, zunächst die Schriften von Herbert Spencer, Ernst Haeckel oder sogar Ludwig Büchner, die in der westlich orientierten, gebildeten Oberschicht dieser Regionen Einfluss gewannen, bevor es erst später zu Übersetzungen der Darwinschen Texte selbst kam. In nicht wenigen Fällen wurde diese Rezeption westlicher Theorie dann gegen den Westen gewendet und der Kampf ums Überleben zur Legitimation antikolonialer Bewegungen (Geulen 2007).

In all diesen Kontexten aber, um das noch einmal zu betonen, wurden die eigentliche Hauptaussagen der Darwinschen Evolutionstheorie fast bis zur Unkenntlichkeit entstellt, seine metaphorischen Umschreibungen der Entstehung von Strukturen aus arbiträren Prozessen wörtlich genommen und zu Naturgesetzen erklärt, die sich beliebig mit Inhalten, Subjekten und angenommenen Weltverläufen aufladen ließen. Houston Stewart Chamberlains *Grundlagen des 19. Jahrhunderts* von 1899 etwa, eines der im deutschen Sprachraum meistverkauften Bücher vor 1914 und eine der Hauptquellen für Hitlers *Mein Kampf*, ist dafür ein so beeindruckendes wie folgenreiches Beispiel. Seine Überzeugungskraft beruhte nicht zuletzt darauf, dass es ihm gelang, ein weltgeschichtliches Panorama zu skizzieren, in dem sämtliche seit der Antike relevanten politischen, sozialen und geistigen Entwicklungen im Medium der Darwinschen Begriffe von Kampf und Selektion so gedeutet wurden, dass sie alle auf den einen, in der Gegenwart liegenden Punkt zusteuern, an dem es gelte, alle weitere Evolution in die eigenen Hände zu nehmen, sie ab jetzt bewusst zu gestalten. Gerade die radikal enthistorisierende Deutung der Vergangenheit als logische Folge einer anonymen Evolutions- und Rassenmechanik wurde hier zum ebenso radikalen Aufruf, ab jetzt Geschichte zu »machen«.

Was bei Chamberlain als rassenpolitisch-revolutionärer Impuls erschien, lag in abgeschwächter Form fast allen evolutionistischen Auslegungen der Geschichte im ersten Drittel des 20. Jahrhunderts zugrunde. Sie sind nur in einem sehr eingeschränkten Maße als Formen eines deterministischen Geschichtsbildes zu bezeichnen. Denn so wie man Darwins Prinzipien und Gesetz zwar als mechanische Determinanten in den bisherigen Geschichtsverlauf einbaute, um ihn als naturgesetzliche Prozesslogik kenntlich zu machen, so transferierte man auch umgekehrt das menschlich-historische Element intentionalen Handelns in genau die Leerstelle, die Darwin mit der Kontingenz und Zukunftsblindheit seines Evolutionsmodells gelassen hatte. Während die Biologen und Naturwissenschaftler diese Leerstelle mit neolamarckistischen oder eugenischen Konzepten einer bewussten Kontrolle der natürlichen Evolution ausfüllten, feierte das historische Denken die Erkenntnis der evolutionären Geschichtsmechanik selbst als die Leistung, durch die man ihr ab sofort nicht mehr blind unterworfen sei, sondern sich bewusst gestaltend in sie einfügen könne. Völlig zu recht hat Hannah Arendt solche Selbsteinfügungen des Menschen in anonyme Prozesslogiken als ein zentrales, gemeinsames Kennzeichen der modernen politischen Ideologien des 20. Jahrhunderts bezeichnet. Zugleich entsprachen sie dem älteren, seit Kopernikus tradierten Habitus, die Selbstmarginalisierung des Menschen als seine neue Selbstbehauptung zu feiern (Blumenberg 1965; Arendt 1986, 944–979).

Mit dem Ersten Weltkrieg erhielten die bis dahin meist optimistisch formulierten evolutionstheoretischen Geschichtsmodelle allerdings einen deutlichen Dämpfer. Degeneration, Devolution und die Möglichkeit eines Untergangs der europäisch-westlichen Welt im globalen Kampf der Rassen und Kulturen wurde jetzt eine ernsthaft diskutierte Option. Oswald Spenglers *Untergang des Abendlandes* (1918) oder Madison Grants *Passing of the Great Race* (1916) waren nur die Spitzen dieses populären Pessimismus, der an den evolutionistischen Grundprinzipien festhielt, sie aber nicht mehr mit dem Fortschritt gleichsetzte. Mit einem Zweifel an der Übertragbarkeit evolutionistischer Prinzipien auf geschichtliche Zusammenhänge ging diese Krisenstimmung aber nicht einher. Im Gegenteil sah man in ihrer weiteren Erforschung und praktischen Anwendung das wesentliche Heilmittel zur Überwindung der Krise, was der internationale, wissenschaftspolitische Erfolg der Eugenik bis zum Beginn des Zweiten Weltkriegs deutlich macht.

Auch die Geschichtswissenschaft der Zwischenkriegszeit blieb deutlich vom Einfluss der Evolutionstheorie geprägt. Noch direkter als zuvor ging man jetzt dazu über, als primäre Subjekte der Geschichte solche Entitäten zu wählen, die auch evolutionsbiologisch fassbar waren: Völker, Rassen und Bevölkerungen. Der damit einhergehende Blick auf langfristige Kontinuitäten und tief in der Geschichte verankerte Strukturen bildete sich im deutschsprachigen Raum zur sogenannten Volksgeschichte aus, deren Vergangenheitsrekonstruktionen spätestes ab 1933 in den Dienst aktueller bevölkerungspolitischer Projekte gestellt wurden (Oberkrome 1993). Doch auch die Annales-Schule in Frankreich, obschon in politisch weit weniger problematischen Kontexten, reagierte mit ihrem Blick auf langfristige Strukturen jenseits des politischen Handelns und gewohnter Epochengrenzen auf die Herausforderungen der Evolutionstheorie. Zwar spielten in keinem der beiden Kontexte Darwin und seine Theorie eine besondere Rolle. Doch die, das historische Denken des 20. Jahrhunderts prägende, Suche nach basalen, quasi-natürlichen Strukturen und Prinzipien hatte – unabhängig davon, ob sich diese Suche auf die Geschichte von Völkern, Klassen oder Kulturräumen richtete – in der Evolutionstheorie einen ihrer entscheidenden Katalysatoren (Raphael 2003).

Evolution und Modernisierung im 20. Jahrhundert

Zunächst nur in den Vereinigten Staaten hatte sich um 1900 noch eine andere Form der Applikation evolutionstheoretischer Annahmen auf die Geschichte herausgebildet, die nach 1945 dann verstärkt in Europa und auch im Rest der Welt an Einfluss gewann. Besonders Historiker und Sozialwissenschaftler aus dem Umkreis des »Progressivism« hatten begonnen, den alten Nationalmythos von der Auserwähltheit Amerikas evolutionstheoretisch zu unterfüttern, der anfänglich puritanische Ursprünge hatte und schon gegen Mitte des 19. Jahrhunderts zur Vorstellung des *Manifest Destiny*, eines in der Verfassung fixierten und sich historisch entfaltenden Schicksals, säkularisiert worden war. Darwin selbst hatte dazu einen Anlass geliefert, als er spekulierte, dass der ökonomische Erfolg Amerikas auch damit zu tun haben könnte, dass sich Einwanderungsgesellschaften nur aus den stärksten und fittesten Individuen der Herkunftsländer zusammensetzten. Als sich die USA um 1900 ökonomisch an die Spitze der Weltwirtschaft schoben, auch globalpolitisch entscheidend mitzumischen begannen und spätestens 1919 als die entscheidende Weltmacht auftraten, waren immer mehr Historiker, Sozialwissenschaftler und Politiker der Überzeugung, dass Amerika einen Idealtyp moderner demokratischer Gesellschaftsordnung repräsentiere, dessen historische Entwicklung den natürlichen Lauf der sozialen Evolution wiederspiegele und dessen Merkmale zu Bedingungen einer erfolgreichen Modernisierung erklärt werden könnten (Wehler 1975).

So wie Amerika sich von der alten Welt gelöst hatte, um einen eigenen neuen Weg der Selbstbestimmung und Selbstentwicklung einzuschlagen, wurde jetzt der Gegensatz zwischen Tradition und Moderne universalisiert und Letzteres zugleich temporalisiert. Modernisierung, Säkularisierung, Rationalisierung – bevorzugt mit diesen Prozessbegriffen beschrieb und verglich man jetzt, mitten im Zeitalter der Nationalstaaten, deren unterschiedliche historische Entwicklungen. Explizit oder implizit bildete dabei häufig Amerika den Maßstab möglicher Entwicklung, von dem aus die unterschiedlichen Grade der Annäherung an ihn sichtbar und messbar wurden, während unter den Begriff der Tradition alles fiel, was in der neuen Zeit nicht mehr überlebensfähig und endgültig zu überwinden war. Dieses Verständnis von Modernisierung war flexibel genug, um quer durch das politische Spektrum von extrem linken bis extrem rechten Positionen integriert zu werden und sowohl die imperiale Weltordnung des frühen 20. Jahrhunderts als auch den folgenden Dekolonisationsprozess legitimierend zu begleiten. Und es war vor allem die evolutionstheoretische Logik, die diese Flexibilität der Modernisierungsidee stiftete.

Denn je mehr Modernisierung in einen evolutionstheoretischen Horizont gestellt und in direkter oder nur metaphorischer Anlehnung an den Evolutionismus formuliert wurde, desto mehr erhielt sie den Status eines universalen Naturvorgangs, der so unhintergehbar wie zugleich beliebig mit Inhalten und konkreten Nahzielen aufladbar war (vgl. Baumann 1995, 33–63).

Nach 1945 erfuhr dieser Begriff von Modernisierung nochmals einen deutlichen Plausibilitätszuwachs, als Amerika zum zweiten Mal einen Weltkrieg entschied und sich anschließend sehr direkt bemühte, zumindest die westliche Welt auf eine Modernisierung einzuschwören, die bis dahin ein bevorzugter Topos der amerikanischen Nationalgeschichtsschreibung gewesen war. Im Kontext des Kalten Krieges wurden Demokratisierung und Modernisierung zu welthistorischen Missionen und zugleich Gegenstand nun sehr viel ausgefeilterer sozialwissenschaftlicher Theoriebildungen. Die amerikanische Max Weber-Rezeption im Umkreis von Talcott Parsons sowie eine Reihe daraus hervorgehender Schulen der Sozialwissenschaft verfeinerten die Modernisierungstheorie zu immer komplexeren Entwicklungsmodellen (vgl. Langenohl 2007). Diese hatten nicht zuletzt den Zweck, den Staaten der sogenannten Dritten Welt einen Königsweg der je eigenen Modernisierung aufzuzeigen. Zugleich wurden radikale Abweichungen von diesem Weg, wie etwa Deutschland und Japan bis 1945, rückblickend zu Sonderfällen exotisiert – eine Sichtweise die sich in der deutschen Geschichtsschreibung im Topos vom »Sonderweg« bis heute erhalten hat. Neben dem quasi-natürlichen Status, der dem Prozess der Modernisierung dabei zugeschrieben wurde, lebte der Evolutionismus in diesem Denken vor allem dadurch weiter, dass auch da, wo Amerika nicht als Maßstab der Modernisierung galt, diese dennoch als ein idealtypischer *und* objektiver Prozess gedacht wurde. Modernisierung galt als ein laufender Vorgang, dem sich nichts und niemand entziehen könne und an den man sich daher so gut wie möglich anzupassen habe, wo man ihn nicht mitgestalten und aktiv vorantreiben kann.

Genau darin liegt eine abstrakt beschreibbare Kontinuität der ansonsten vielfältigen Geschichte evolutionistischer Geschichtskonzepte: Sie machen die eigentliche Herausforderung des neuzeitlichen Geschichtsbegriffs, »Erfahrungsraum« und »Erwartungshorizont« (Reinhart Koselleck) unter der Bedingung ihrer strukturellen Antinomie zu vermitteln, rückgängig (Koselleck 1978). Was immer geschieht, ist Teil der Evolution und als solches erwartbar. Umgekehrt ist erwartbar nur das, was der in Theorie gegossenen Erfahrung entspricht. Damit liegt eine quasi-natürliche Ordnung der Geschichte vor, die sich weder als eine Form ihrer Deutung legitimieren muss, noch in den Verdacht apriorischer Verlaufsmodelle und Teleologien gerät. So ist Modernisierung heute keineswegs nur an gradlinige und optimistische Fortschrittsmodelle gebunden. Vielmehr stehen schon seit Längerem auch die Schattenseiten und Pathologien der Moderne sowie die Vielfalt »multipler Modernitäten« im Zentrum der Aufmerksamkeit (Eisenstadt 2000). Doch all das hat die Plausibilität und Überzeugungskraft der Modernisierung als prozessuale Selbstbeschreibung der modernen Welt nur geringfügig tangiert. Und wenn, wie in den 1980er und 1990er Jahren, das doch passierte und zumindest kurzzeitig die Frage aufkam, was eigentlich *nach* der Moderne kommen könnte, dauerte es nicht lange, bis ein anderer evolutionärer Prozessbegriff an die Stelle der Modernisierung trat und einen neuen, bis heute aktuellen Erwartungsraum kreierte.

Ausblick: Evolution, Globalisierung und Geschichte

Obwohl er eher eine Verräumlichung als eine Verzeitlichung zu beschreiben scheint, ist der Begriff der Globalisierung vielleicht noch mehr an das Evolutionsparadigma gebunden als der Begriff der Modernisierung. Denn Globalisierung bezieht sich im Kern auf einen durch Technik induzierten Prozess. Die Technik aber wird von Philosophen zu Recht als eine vom Menschen geschaffene »zweite Natur« bezeichnet. Es waren und sind primär verkehrs-und medientechnologische Bedingungen, welche die heute Globalisierung genannte Schrumpfung und Vernetzung des Erdballs möglich machten, einschließlich der Folgen, die das für Wirtschaft, Gesellschaft, Kultur und politische Ordnung mit sich brachte. Entsprechend wird heute über Globalisierung meist geredet, als sei sie ein Naturvorgang, der alle und alles betrifft und an den sich die Menschheit anzupassen habe. Selbst in der Rhetorik derjenigen, die sich Kritiker der Globalisierung nennen, hat diese einen ähnlichen Status wie die Natur oder die Umwelt im ökologischen Diskurs: Sie gilt als etwas, dessen natürliche Entwicklung durch künstliche Kontrolle und Regulierung garantiert werden muss. Hier wie dort geht es um Risiken- und Folgenabschätzung, nicht

um ein Ende oder gar um eine Umkehr der Entwicklung. Realistischerweise sind Prozesse wie die Globalisierung oder der Klimawandel auch nicht von heute auf morgen zu stoppen. Darin liegt aber nicht die externe Ursache ihrer Prozesslogik. Vielmehr gehört ihre Unaufhaltsamkeit von vornherein zur Diagnose des Problems, sie ist gleichsam apriorische Bedingung der Problemwahrnehmung. Ohne diese Vorstellung einer naturhaften Unaufhaltsamkeit wären weder Klimawandel noch Globalisierung auf der politischen und wissenschaftlichen Agenda. Mehr noch: je unaufhaltsamer die Prozesse gedacht werden, desto größer sind Engagement, Wille und Selbstvertrauen – bei Umweltschützern und Globalisierungsgegnern wie bei Regierungen und Wissenschaft –, sie doch noch unter Kontrolle zu bringen.

Hier drückt sich eine Diskurslogik aus, die aus der Geschichte der Evolutionstheorie bekannt ist. Die glühendsten Anhänger einer unhintergehbaren Allmacht der Evolutionsgesetze, in der Natur wie in Geschichte und Gesellschaft, waren immer schon die leidenschaftlichsten Befürworter ihrer gerichteten Manipulation. Darin liegt ein wesentlicher und bis heute gültiger Effekt des Evolutionismus: Die Aufklärung hatte die Beherrschung der Natur durch den Menschen noch als Beherrschung eines Äußeren verstanden, von dem sich der Mensch gerade emanzipierte. Die Evolutionstheorie stieß den Menschen zurück ins Reich der Natur. Seit dem ist Naturbeherrschung Selbstbeherrschung und zugleich umgekehrt darauf angewiesen, die selbstproduzierten, also im Prinzip historischen Prozesse als Naturvorgänge zu denken, gerade um sie doch noch als beherrschbar imaginieren zu können (vgl. Etzemüller 2009).

Im Falle der Globalisierung ist es derzeit allerdings nicht zuletzt die Geschichtswissenschaft, die zu ihrer Entmythisierung und zur Durchbrechung vorausgedachter Prozesslogiken beiträgt. Sie misstraute schon früh sowohl der anfänglichen sozialwissenschaftlichen Diagnose, die Globalisierung habe erst am Ende des 20. Jahrhunderts, nach Mauerfall und Interneterfindung als Naturmerkmal einer ganz neuen Epoche begonnen, als auch der populären Vorstellung, sie sei ein im Prinzip seit Beginn menschlicher Wanderungen fortlaufender Prozess. Stattdessen haben die Historiker bestimmte Phasen der Globalisierung identifiziert, zu denen etwa die frühe europäische Expansion des 16. Jahrhunderts oder die Epoche der Aufklärung gehören, deren wichtigste aber in eben jener Zeit stattfand, als Darwins Evolutionstheorie die europäische Öffentlichkeit aufschreckte. Denn erst ab den 1860er Jahren lassen sich eindeutige Indikatoren für die Existenz eines globalen Wirtschaftsraums erkennen, erlangten die Kommunikations- und Verkehrstechnologien einen weltumspannenden Umfang und wurde die Welt am Beginn des Hochimperialismus zum ersten Mal als etwas gedacht, das man nicht mehr entdecken könne, sondern unweigerlich wird teilen müssen (Osterhammel 2002).

Historisch gesehen war es also kein Zufall, dass gerade in dieser Zeit eine Theorie aufkam, die den Menschen in neuer Weise als einen Teil der Natur auswies, dieser Natur selber aber alle geschichtliche Entwicklung austrieb und zeitlichen Wandel als anonymen Mechanismus der laufenden Transformation von Zufall in Ordnung beschrieb. Und es könnte heute die Aufgabe gerade der Geschichtswissenschaft sein, diesen Zusammenhang zu betonen und in einem deutlichen Bruch mit der langen Tradition entwicklungstheoretischer Annahmen an das eigentlich Aktuelle in Darwins Theorie zu erinnern: an seinen besonderen Begriff eines Wandels, der sich eben von Entwicklung, von Fortschritt oder Niedergang, abkoppelt. Denn was Darwin entdeckte, war – wie John Dewey schon 1909 feststellte – nicht eine allgemeingültige Verlaufsform der natürlichen Entwicklung, sondern was sie tagtäglich und in jeder Sekunde vorantreibt (Dewey 1977, 3–14). Damit, so Deweys Schlussfolgerung, rufe die Evolutionstheorie jede einzelne Gegenwart, unabhängig von der Annahme übergreifender Entwicklungen, zur Verantwortung. Dass sich jede Gegenwart ihre vergangene und zukünftige Geschichte neu vorstellt, ist wiederum eine wesentliche Einsicht der Geschichtswissenschaft. Darin, und nicht in der wechselseitigen Übertragung entwicklungstheoretischer Prozesslogiken, liegt die eigentliche Wahlverwandtschaft zwischen Evolution und Geschichte. Denn sie verweist auf etwas, das gerade mit Blick auf die Geschichte der Evolutionstheorie selbst nicht übersehen werden sollte: auf die diskontinuierlichen Eingriffe und laufenden Transformationen, aus denen Kontinuitäten und Entwicklungen eigentlich bestehen.

Literatur

Arendt, Hannah (1986): Elemente und Ursprünge totaler Herrschaft [1951]. München.
Baumann, Zygmunt (1995): Moderne und Ambivalenz. Das Ende der Eindeutigkeit. Frankfurt a. M.
Becker, Frank (Hg.) (2004): Geschichte und Systemtheorie. Exemplarische Fallstudien. Frankfurt a. M.
Blumenberg, Hans (1965): Kopernikanische Wende. Frankfurt a. M.
Blumenberg, Hans (1986): Die Lesbarkeit der Welt. Frankfurt a. M.
Dewey, John (1977): »The Influence of Darwinism on Philosophy« [1909]. In: ders.: The Collected Works. Bd. 4. Hg. von J. A. Boydston. London, 3–14.
Droysen, Gustav (2007): Historik [1868]. Historisch-Kritische Ausgabe. Hg. von Horst-Walter Blanke. Stuttgart-Bad Cannstatt.
Eisenstadt, Shmuhl (2000): Die Vielfalt der Moderne. Weilerswist.
Etzemüller, Thomas (Hg.) (2009): Die Ordnung der Moderne. Social Engineering im 20. Jahrhundert. Bielefeld.
Geulen, Christian (2003): »Wende ohne Ende. Darwin als Diskursbegründer«. In: Klaus E. Müller (Hg.): Historische Wendeprozesse. Ideen, die Geschichte machten. Freiburg, 231–255.
Geulen, Christian (2007): »The Common Grounds of Conflict: Racial Visions of World Order 1880–1940«. In: Sebastian Conrad/Dominic Sachsenmeier (Hg.): Competing Visions of World Order: Global Moments and Movements 1880s-1930s. New York, 69–96.
Gould, Stephen J. (2002): The Structure of Evolutionary Theory. Cambridge.
Koselleck, Reinhart (1978): Vergangene Zukunft. Zur Semantik geschichtlicher Zeiten. Frankfurt a. M.
Langenohl, Andreas (2007): Tradition und Gesellschaftskritik. Eine Rekonstruktion der Modernisierungstheorie. Frankfurt a. M.
Lepenies, Wolf (1976): Das Ende der Naturgeschichte. Wandel kultureller Selbstverständlichkeiten in den Wissenschaften des 18. und 19. Jahrhunderts. München.
Luhmann, Niklas (2001): Die Gesellschaft der Gesellschaft. 2 Bde. Frankfurt a. M., 469–576.
Lutz, Raphael (2003): Geschichtswissenschaft im Zeitalter der Extreme. Theorien, Methoden, Tendenzen von 1900 bis zur Gegenwart. München.
Jaeger, Friedrich/Rüsen, Jörn (1992): Geschichte des Historismus. München.
Oberkrome, Willi (1993): Volksgeschichte. Göttingen.
Osterhammel, Jürgen (2002): Globalisierung. München.
Sarasin, Philipp (2009): Darwin und Foucault. Genealogie und Geschichte im Zeitalter der Biologie. Frankfurt a. M.
Sternberger, Dolf (1981): Panorama oder Ansichten vom 19. Jahrhundert. Schriften Bd. V. Frankfurt a. M.
Weber, Max (1972): Wirtschaft und Gesellschaft [1922]. Tübingen.
Wehler, Hans-Ulrich (1975): Modernisierungstheorie und Geschichte. Göttingen.
Wieland, Wolfgang (2004): »Entwicklung, Evolution«. In: Otto Brunner/Werner Conze/Reinhart Koselleck (Hg.): Geschichtliche Grundbegriffe. Historisches Lexikon der politisch-sozialen Sprache in Deutschland. 8 Bde. Bd. 2. Stuttgart, 199–228.

Christian Geulen

6. Informatik (Künstliche Intelligenz und Robotik)

Einleitung

Die Künstliche Intelligenz-Forschung zielt darauf, künstliche Systeme zu entwickeln, die Aufgaben bewältigen, für die nach menschlichen Maßstäben Intelligenz erforderlich ist. Die Idee, die Prinzipien des evolutionären Prozesses für die Entwicklung solcher Systeme zu nutzen, begleitet die KI-Forschung seit ihren Anfängen (Wright 1932, Wiener 1948/1961, von Neumann 1958), aber erst seit Mitte der 1980er Jahre erlauben die gestiegene Leistungsfähigkeit der Computer und ein Umdenken innerhalb der KI-Forschung, diese Ideen auch zu realisieren.

Für Informatiker und Künstliche Intelligenz-Forscher ist die Evolution ein effizienter Suchprozess, mit dem die Natur innovative und stabile Lösungen für hochkomplexe Anpassungsprobleme findet. Technisch gesprochen stellt die Evolution einen Optimierungsprozess dar, bei dem es nicht um das Erreichen einer einzigen optimalen Lösung (globales Optimum), sondern zahlreicher guter Lösungen (lokale Optima) geht. Dieser Optimierungsprozess beruht auf einem auf den ersten Blick recht einfachen Mechanismus, bestehend aus Reproduktion, Variation und Selektion, für den weder eine Zielvorstellung noch explizites Wissen über die zu lösenden Probleme erforderlich ist. Diese Eigenschaften machen die evolutionäre Strategie für jene Aufgaben der Informatik und KI-Forschung attraktiv, bei denen das Problem so komplex ist, dass es mit klassischen Methoden aufgrund der kombinatorischen Explosion möglicher Lösungen nicht zu berechnen ist, oder bei denen es wichtiger ist, schnell überhaupt eine, als nur die eine optimale Lösung zu finden.

Der britische Mathematiker Alan Turing skizzierte 1950 hellsichtig zwei Wege, wie künstliche Intelligenz zu realisieren sei: Die Forschung könnte bei einer sehr abstrakten Tätigkeit wie dem Schachspielen ansetzen oder mit einer mit Sinnesorganen ausgestatteten Maschine beginnen, die wie ein Kind zu erziehen und zu unterrichten wäre. Letzteren Weg beschrieb Turing in Begriffen der Evolutionstheorie: Er bezeichnete die Struktur der Maschine als Erbgut, ihre Veränderungen als Mutationen und das Werturteil des Experimentators als natürliche Selektion (Turing 1950).

Turing empfahl, beide Wege zu testen; die KI-Forschung begann mit dem abstrakten Denken. Dieser Weg war der naheliegende, denn er entsprach dem damals üblichen Verständnis von Intelligenz: Menschen sind demnach intelligent, wenn sie abstrakte intellektuelle Leistungen wie Rechnen oder Schachspielen beherrschen. Anders als etwa das Laufen oder das Erkennen eines vertrauten Gesichts kosten diese Fertigkeiten den Menschen die meiste Mühe. Zudem haben sie aus der Sicht des Programmierers den großen Vorteil, sich gut formalisieren zu lassen. Seit den 1980er Jahren zeigten sich jedoch die Grenzen dieses Ansatzes. KI-Forscher mussten feststellen, dass kein Weg von einem Spezialisten wie dem Schachcomputer »Deep Blue« zu einer gewöhnlicheren, aber allgemeineren Form von Intelligenz führt, wie sie für den Menschen charakteristisch ist.

Mit der »neuen«, »verkörperten« oder »situierten« KI beschritt die KI-Forschung Mitte der 1980er Jahre den zweiten von Turing beschriebenen Weg. Dieser Ansatz trat teils an die Stelle, teils neben die inzwischen so genannte *Good Old Fashioned Artificial Intelligence* (GOFAI). Menschenähnliche Intelligenz erreicht ein künstliches System diesem Ansatz zufolge nicht, indem man ihm Repräsentationen der Welt und abstrakte Denkregeln vorgibt, sondern indem man es selbst lernen lässt, seinen Körper zu steuern, die Welt wahrzunehmen und seine eigenen Begriffe zu bilden. Dieser Umschwung revolutionierte nicht nur die KI-Forschung, sondern auch unser Verständnis von Intelligenz: Intelligenz benötigt einen Körper, die Interaktion mit der Umwelt, Sozialkontakte, und sie ist das Ergebnis eines Evolutionsprozesses.

In diesem neuen Paradigma der KI spielt die Evolution eine zunehmende Rolle. Evolution wurde in der KI zunächst sehr abstrakt als ein Prozess verstanden, in dem Lösungen generiert, durch künstliche Mutationsprozesse verändert, bewertet und entsprechend dieser Bewertung weiterverfolgt oder verworfen werden. Doch je besser sich die künstlichen Evolutionsprozesse bewährten, desto detaillierter wurden und werden die Anleihen bei der natürlichen Evolution, und zwar so sehr, dass aktuelle Debatten innerhalb der Biologie derzeit nicht lange auf ihr Pendant in der KI-Forschung warten müssen, wie etwa die künstliche Embryologie oder die Theorie der künstlichen Entwicklungssysteme zeigen (de Garis 1992; Harding/Banzhaf 2007; Floreano/Mattiussi 2008).

Der Erfolg der evolutionären Methoden impliziert für die KI-Forschung allerdings ein Paradox: Die Konstruktion künstlicher intelligenter Systeme hat nicht nur Anwendungsbezug; vielmehr geht es in der KI-Forschung immer auch darum, durch ihre Rekonstruktionen die natürliche Intelligenz besser zu verstehen. Die künstlichen intelligenten Systeme bilden in diesem Fall eine Art verkörperter Theorie darüber, wie natürliche Intelligenz funktioniert. Doch die Eigenart des Evolutionsprozesses, dass er zwar angestoßen, nicht aber wie eine Konstruktion am Reißbrett kontrolliert werden kann, erschwert genau dieses Bestreben.

Der evolutionäre Such- und Optimierungsprozess ist in Form von evolutionären Algorithmen die wichtigste Schnittstelle von Evolutionstheorie und KI-Forschung (siehe folgender Abschnitt). Evolutionäre Algorithmen finden ihre Anwendung ebenso bei der Lösung von ingenieurwissenschaftlichen Konstruktionsproblemen wie in Programmen zur Simulation komplexer Prozesse, etwa dem Wetter, dem Finanzmarkt und dem Autoverkehr, in der medizinischen Diagnostik und in Computerspielen. Nach anfänglichem Misstrauen von Seiten der Biologie ist in den letzten Jahren zudem die Simulation von Evolutionsprozessen zu einer anerkannten Methode geworden, die Abläufe der natürlichen Evolution zu analysieren und besser zu verstehen (siehe unten). In der Robotik spielen evolutionäre Strategien zum einen zur Optimierung von Steuersoftware und in ersten Ansätzen auch in der Entwicklung der Hardware eine Rolle. Wie Computersimulationen können auch Roboter zur Analyse des Verhaltens von natürlichen Systemen verwendet werden (siehe Schlussabschnitt).

Evolutionäre Algorithmen

In der Evolution entstehen durch das scheinbar einfache Zusammenspiel von Mutation, Reproduktion und Selektion immer neue und komplexere Lebensformen. Der Evolutionsprozess ermöglicht zugleich, dass sich Lebensformen den Veränderungen in ihrer Umwelt und damit auch denen der sich ebenfalls verändernden Lebewesen anpassen. Erste Ansätze, den Evolutionsprozess zu formalisieren und für die Lösung komplexer Probleme zu verwenden, gehen noch vor die Computerära zurück: Bereits 1948 schlug Alan Turing eine »genetische oder evolutionäre Suche« vor. In den 1950er und 1960er Jahren entstanden verschiedene Formen evolutionärer Optimierungsverfahren, die sich zunächst unabhängig voneinander entwickelten: In den USA die evolutionäre Programmierung von Fogel, Owens und Walsh (1966) und der genetische Algorithmus des Informatikers John Holland (1975). Parallel dazu, aber unabhängig davon entwickelten die Ingenieure Ingo Rechenberg und Paul Schwefel in Deutschland die Evolutionsstrategien. Während Hollands Algorithmen die Struktur der biologischen Evolution genauer abbilden, orientieren sich jene von Rechenberg und Schwefel mehr an der Anwendbarkeit für ingenieurwissenschaftliche Probleme. Erst seit den 1990er Jahren werden evolutionäre Such- und Optimierungsstrategien verstärkt in der industriellen Entwicklung verwendet, was dazu geführt hat, dass sich die Grenzen zwischen den zahlreichen unterschiedlichen Ansätzen mehr und mehr verwischen. Heute werden die verschiedenen Ansätze unter dem Oberbegriff »Evolutionäre Algorithmen« (*evolutionary computing*) zusammengefasst.

Für einen genetischen Algorithmus wird zuerst ein Suchraum definiert, der die Menge der zulässigen Lösungen umfasst. Eine Bewertungs- oder Fitnessfunktion bestimmt für jedes Element des Suchraums dessen Qualität. Die Fitnessfunktion ist entweder statisch oder selbst variabel. Die Eigenschaften jedes Individuums des Suchraums, dessen »Erbinformationen«, werden in künstlichen Chromosomen, Zeichenketten einer bestimmten Länge, gespeichert. Diese Zeichenketten werden in Abschnitte unterteilt, die als Gene bezeichnet werden. In der Regel arbeiten evolutionäre Algorithmen mit haploiden Chromosomensätzen, manchmal kommen aber auch diploide zum Einsatz, bei denen eine zweite mögliche Lösung eines Problems gespeichert wird. Zudem wird die Wahrscheinlichkeit für Mutationen in genetischen Operatoren festgelegt. Wie in der natürlichen Evolution finden Punktmutationen Verwendung, bei denen ein oder mehrere Gene verändert werden, aber auch größere Veränderungen wie das Crossing-Over, bei dem Teile der Chromosomen ausgetauscht werden, oder die Inversion, bei der zwischen zwei zufälligen Schnittpunkten die Reihenfolge der Gene vertauscht wird. Die Startpopulation wird mit zufällig erzeugten Chromosomen ausgestattet; sind bereits Elemente der Lösung bekannt, können aber auch »gute« Chromosomen in die Startpopulation eingebaut werden. Auch der Selektionsmechanismus muss definiert werden. Dabei kann eine bestimmte Prozentzahl der Individuen mit der besten Fitnessfunktion ausgewählt werden, häufig wird aber auch dem Zufall eine Rolle eingeräumt. Dabei geht es unter anderem darum, dem Problem der vorzeitigen Konvergenz zu begegnen, bei dem sich als gut bewertete Gene zu schnell in der ganzen Population ausbreiten und die künstliche Evolution zu früh bei einem lokalen Optimum zum Erliegen kommt. Die Mutationen sorgen dafür, dass die Täler der Fitnesslandschaft, die ein lokales Optimum vom globalen Optimum trennen, übersprungen werden können. Wichtig bei der Auswahl eines genetischen Algorithmus für ein bestimmtes Suchproblem ist, die verwendeten Mechanismen der Größe der Population anzupassen, damit der Evolutionsprozess weder zu früh zum Erliegen kommt, noch gute Lösungen immer wieder durch Mutationsprozesse zerstört werden. Bisweilen benötigt ein Algorithmus dazu Reparaturmechanismen, die menschliches Eingreifen erfordern.

Diese Grundstruktur des künstlichen Evolutionsprozesses kann nach Bedarf erweitert werden, sei es um die Lösung eines technischen Problems zu verbessern, sei es, um den Prozess der natürlichen Evolution detaillierter nachzubilden. So gibt es Versuche mit künstlichen »Kindergärten«, in denen die ersten Generationen künstlicher Wesen nicht oder weniger stark der Selektion ausgesetzt werden, ebenso wie mit »Großeltern«, die sich selbst nicht mehr fortpflanzen, dafür aber jüngere Generationen unterstützen.

Typisch für die natürliche Evolution ist zudem, dass sich die Umwelt der Organismen und damit die Aufgabenstellung der Anpassung verändert. Die Optima, auf die die Suchalgorithmen zielen, wandern sozusagen selbst im Suchraum herum. Dies nachzuvollziehen ist eine ausgesprochen komplexe Aufgabe, der die natürliche wie die künstliche Evolution durch den Erhalt von Vielfalt zu begegnen versucht, d. h. entweder durch die Erhaltung möglichst vieler Lösungen, oder durch eine Art Gedächtnis für gute Lösungen der Vergangenheit.

Der Mensch unterscheidet sich als Betreiber der künstlichen Evolution in einem zentralen Punkt von seinem natürlichen Vorbild: er hat keine Zeit. Der Prozess der Koevolution verschiedener Populationen bietet sich an, um möglichst viele der nötigen Schritte parallel ablaufen zu lassen. Dadurch wird es auch möglich, Phänomene wie evolutionäre Drift oder Migration zwischen den parallel betrieben Populationen zu simulieren. Doch auch wenn die evolutionären Algorithmen um diese Aspekte erweitert werden, ist der Prozess der natürlichen Evolution noch immer erheblich komplexer. Es fehlt daher nicht an Bestrebungen, immer weitere Aspekte in die Simulation einzubeziehen oder die Simulation ganz neu zu konzipieren, indem sie nicht länger als symbolischer, sondern als physikalischer oder chemischer Prozess verstanden wird, der auch nicht unbedingt in Siliziumprozessoren stattfinden muss (Banzhaf et al 2006).

Ohne dass detailliertes Wissen über das zu lösende Problem erforderlich wäre, kann mithilfe der evolutionären Algorithmen aus einer Menge schlechter Zufallslösungen eine immer bessere Lösung entstehen. Das bedeutet aber nicht, dass auf diese Weise Probleme durch Zauberhand gelöst werden könnten, denn der Evolutionsprozess ist komplexer, als es auf den ersten Blick erscheint, und es kommt darauf an, ihn richtig auf das zu lösende Problem abzustimmen. Werden Parameter schlecht gewählt, kann es sein, dass der ganze Prozess nicht funktioniert oder unbrauchbare Resultate liefert. Zudem erfordert das Verfahren viel Rechenkapazität und -zeit, da statt einer einzigen immer wieder zahlreiche Lösungen generiert und bewertet werden müssen.

Evolution im Computer

Künstliches Leben (Artificial Life)

Artificial Life, Künstliches Leben (AL bzw. KL), heißt eine junge Disziplin zwischen Biologie, Physik, Chemie, Informatik und Kognitionswissenschaft, die ihre Wurzel bis zur Mitte des vergangenen Jahrhunderts zurückverfolgt, die aber erst seit den 1990er Jahren verstärkt in Erscheinung tritt. Die uns bekannten Formen des Lebens teilen ihre biologische Basis, die Kohlenstoffchemie. Der genetische Code ist universell. Alle uns bekannten natürlichen Wesen unterliegen der Evolution. Dies bezeichnen die KL-Forscher als »Leben, wie es ist«. Was sie interessiert, ist das »Leben, wie es sein könnte«, unabhängig von der Kohlenstoffchemie, betrachtet als ein informationeller Prozess, der in einem Rechner simulierbar ist. Damit versuchen KL-Forscher die charakteristischen Strukturen und Prozesse des Lebens ausfindig zu machen. Die weithin akzeptierte Sichtweise der KL-Forschung besagt, dass im Computer Lebensprozesse simuliert werden; die hingegen selten vertretene starke These besagt, dass Leben und Evolution nicht nur simuliert, sondern tatsächlich geschaffen werden können (Langton 1996).

In der KL-Forschung werden mithilfe evolutionärer Algorithmen Generationen von künstlichen Wesen generiert, die dann nach dem Vorbild der natürlichen Selektion nach bestimmten Kriterien ausgelesen werden. Die am weitesten verbreitet künstliche Lebensform sind zelluläre (oder zellulare) Automaten (*cellular automata*). Dabei handelt es sich um computersimulierte Netze künstlicher Zellen, die dazu benutzt werden, dynamische Systeme wie etwa das Verhalten von Gasen oder Flüssigkeiten zu beschreiben. Das Verhalten der Zellen wird durch Regeln bestimmt, die sich zumeist auf die nächste Nachbarschaft der Zellen beziehen: Eine Zelle kann in einer Generation in einem von einer bestimmten Anzahl von Zuständen sein, etwa »an« oder »aus«. Am Anfang steht eine zufällige Verteilung der Zustände der Zellen, die sich dann nach Maßgabe einer Überführungsfunktion – z.B. »Wenn zwei Nachbarzellen ›an‹ sind, ist die Zelle ›aus‹« – in der nächsten Generation verändern.

Das Konzept der zellulären Automaten wurden 1940 von Stanislaw Ulam und John von Neumann in Los Alamos entwickelt (von Neumann 1966; Zuse 1967). Theoretisch lässt sich mit einem zellulären Automaten jede Rechenoperation durchführen. Zelluläre Automaten zeigen selbst mit wenigen einfachen Regeln erstaunlich komplexes Verhalten. So gelang es Christopher Langton, selbstreplizierende Organismen zu simulieren. Bekannt wurde John Horton Cornways 1970 entwickeltes *Game of Life*, ein einfacher zweidimensionaler zellularer Automat, der nur von vier Regeln geleitet, komplexe Muster bildet. Das *Game of Life* regte sowohl die Programmierung von Computerspielen wie die Simulation evolutionärer Prozesse an (Wolfram 2002).

Das Interesse des Informatikers am Vorbild der Natur beschränkt sich nicht auf die Formalisierung des Evolutionsprozesses. Einen weiteren Optimierungsprozess haben Informatiker den Ameisen abgeschaut: Die komplexe Organisation eines Termitenhügels oder Ameisenhaufens wird bewerkstelligt, ohne dass eine zentrale Stelle über alle Vorgänge informiert sein oder die Steuerung übernehmen müsste (Cruse/Dean/Ritter 2001), ein Schwarm Fische oder Vögel kann seine Richtung in kürzester Zeit ändern, ohne dass dazu ein zentraler Befehl nötig ist. Ameisenkolonieoptimierung (*Ant colony optimization*) heißt ein Optimierungsverfahren, das sich daran orientiert, wie Ameisen ihre Nahrung finden. Läuft eine Ameise einen Weg entlang, hinterlässt sie Pheromone. Die ihr folgenden Ameisen wählen den Pfad mit der stärksten Pheromonspur, also den am häufigsten begangenen Weg. Finden sie keine Spur, wählen sie einen zufälligen Weg. Weil sich Pheromone verflüchtigen, bleibt ein kurzer Weg länger markiert als ein längerer. So können sich Ameisen über den kürzesten Pfad verständigen, ohne explizit zu kommunizieren. In der Simulation des »Ameisenalgorithmus« werden immer wieder neue simulierte Ameisen losgeschickt, die sich einen Pfad durch den Suchraum bahnen und dabei eine Spur hinterlassen, deren Stärke von der Bewertung der Lösung abhängt (Möller 2006).

Die Analyse des Evolutionsprozesses

Evolutionsprozesse mithilfe evolutionärer Algorithmen im Computer zu simulieren, ist in den letzten Jahren zu einer anerkannten Methode der biologischen Evolutionsforschung geworden. Computersimulationen werden verwendet, um Annahmen über den Verlauf eines Evolutionsprozesses unter bestimmten Bedingungen zu testen. Mithilfe digitaler Organismen können Fragen geklärt werden wie die, ob ein beobachteter Zustand ein evolutionäres Gleichgewicht oder einen Übergangszustand darstellt, oder ob die beobachteten Mutationsraten das Ergebnis eines evolutionären Optimierungsprozesses sind, oder ob sie sich weit von optimalen Werten entfernt bewegen. So kamen etwa Claus Wilke und Mitarbeiter bei ihren Simulationsexperimenten zu dem Ergebnis, dass Genotypen auf niedrigeren Fitnessgipfeln stabiler sind als solche nahe dem Optimum, weil sie vor Mutationen besser geschützt sind (Wilke et al. 2001). Jeff Clune und Kollegen untersuchten die Evolution von Mutationsraten und fanden heraus, dass in zerfurchten Fitnesslandschaften die Mutationsraten keinen für langfristige Anpassung optimalen Wert erreichen, die Evolution also durchaus nicht immer zu einem optimalen Ergebnis führt (Clune et al. 2008). Ofria und Mitarbeiter wiesen in Simulationsexperimenten nach, dass scheinbar plötzlich im Laufe der Evolutionsgeschichte auftretende Eigenschaften von Organismen immer auf zuvor graduell entwickelte genetische Strukturen angewiesen sind und sich die Gesamtmenge der in einem Genom gespeicherten Information nur marginal erhöht, wenn neue Eigenschaften auftreten (Ofria et al. 2008).

Neben diesen partiellen Simulationen bestimmter Problemfelder gibt es Versuche, komplexe Ökosysteme und ihre Evolution in der Simulation nachzubilden. Das Programm *Tierra* des amerikanischen Biologen und Informatikers Tom Ray ist ein simulierter Computer, auf dem sich Programme nach den Prinzipien der Evolution fortpflanzen und weiterentwickeln. Diese künstlichen Wesen »leben« im Speicher des Computers und konkurrieren um Rechenzeit, in der sie sich replizieren können. In *Tierra* haben sich verschiedene, wie Ray es nennt, ökologische Gemeinschaften, entwickelt, in denen er Prozesse wie Verdrängung und Koexistenz, Wirt-Parasiten-Verhältnisse und evolutionäres Wettrüsten festgestellt hat. Diese »Evolution in der Flasche« soll dazu taugen, die realen Verhältnisse in Ökologie und Evolution zu untersuchen (Ray 2001 und 2009).

Eine Weiterentwicklung von *Tierra* ist *Avida*. Anders als in *Tierra* hat in *Avida* jeder digitale Organismus einen eigenen Speicherplatz und seinen eigenen (virtuellen) Prozessor, sein eigenes Gehirn. *Avida* läuft auf mehreren hundert Computern parallel. Die Organismen verdienen sich höhere Rechengeschwindigkeiten durch das Lösen mathematischer Aufgaben. Richard Lenski, dem Schöpfer von *Avida*, geht es darum zu verstehen, wie die natürliche Evolution funktioniert, um das Wissen dann zu verwenden, um Computerprobleme zu lösen. Lenski und Mitarbeiter forschen an der Simulation der Evolution von Sex und Altruismus, der Rekonstruktion evolutionärer Stammbäume und der Evolution von Intelligenz. *Avida* wird auch zu Unterrichtszwecken benutzt, um das Funktionieren der Evolution zu veranschaulichen. Sollte sich in diesem System tatsächlich einmal Intelligenz entwickeln, so Lenski, würde sie aber vermutlich eine ganz andere Form haben, als wir sie uns vorstellen können, und somit kein Modell abgeben, das uns hilft, die menschliche Intelligenz besser zu verstehen.

Computersimulationen bieten für Evolutionsforscher die Möglichkeit, den langwierigen, zumeist schwer zu beobachtenden und noch schwieriger experimentell zu analysierenden Evolutionsprozess in der Simulation handhabbar zu machen. Der simulierte Evolutionsprozess kann auf bestimmte Faktoren reduziert werden, seine Bedingungen unterliegen genauer Kontrolle, seine Schritte können festgehalten und analysiert werden. Zudem lassen sich einzelne Faktoren variieren, um ihre Auswirkungen auf den Evolutionsprozess zu überprüfen. Die Qualität einer Simulation hängt davon ab, wie weit sie den realen Vorgängen entspricht. Dies bedeutet zum einen, dass Simulationsprozesse langwieriger Testläufe bedürfen, und zum anderen, dass ihre Ergebnisse keine Aussagen über die Welt, sondern Hypothesen sind, die dann anhand der in der realen Welt erhobenen Daten überprüft werden müssen.

Evolutionäre Robotik

Der Begriff Evolutionäre Robotik (*evolutionary robotics*) wurde 1993 von Dave Cliff, Inman Harvey und Phil Husbands geprägt. Die Evolutionäre Robotik ist ein Teilgebiet der Autonomen Robotik. In dieser Disziplin geht es darum, Roboter zu bauen, die sich selbst in ihrem Umfeld zurechtfinden, also keine Fernsteuerung benötigen. Ziel der evolutionären Robotik ist es, Roboter nicht nach klassischer Ingenieurmanier bis ins Detail zu konstruieren, sondern mehr oder weniger große Teile des Roboters in einem Prozess der künstlichen Evolution zu generieren. In einer ersten Phase der evolutionären Robotik wurde nur die Steuerungssoftware auf diese Weise entwickelt, die dann auf fertigen Robotern getestet wurde. Einen Schritt weiter gingen Richard Watson, Sevan Ficici und Jordan Pollack. Sie ließen eine Population von acht kleinen Robotern in einer Testumgebung nach Lichtquellen suchen. Während sie die Aufgabe auszuführen versuchten, entwickelte sich ihre Steuersoftware, kleine neuronale Netze, mithilfe evolutionärer Algorithmen unabhängig voneinander. Über Infrarot konnten die Roboter die Struktur ihrer neuronalen Netze auf andere Roboter, die sie trafen, übertragen und so ihre »Gene« weiter geben. Auf diese Weise entwickelte sich die Steuersoftware nicht unabhängig von sondern in den Robotern, für die sie vorgesehen war. Für diese Methode prägten die Forscher den Terminus »embodied evolution« (Watson/Ficici/Pollack 2002).

Das Fernziel der evolutionären Robotik, dessen Realisierung allerdings noch nicht absehbar ist, ist die selbständige Evolution eines kompletten Roboters, der Software ebenso wie der Hardware. Ein solcher Roboter, der Software und Hardware ohne direkte Programmierung durch den Menschen in Anpassung an eine bestimmte Umwelt entwickeln würde, so die Vision, könnten neue Formen von Intelligenz und Fortbewegung entwickeln und sich in Umwelten zurechtfinden, die Menschen gar nicht oder nicht gut kennen, sei es in der Weltraumforschung oder, bodenständiger, in der ersten Erkundung von Gebäuden oder Landschaften, die durch Katastrophen zerstört wurden.

Erste Ansätze

Das Unternehmen, intelligente Roboter zu bauen, hat die KI-Forscher vor zum Teil unerwartete Probleme gestellt, zu deren Lösung sie auch auf das Vorbild der Evolution zurückgreifen. Ein solches Problem besteht darin, welche Verhaltensregeln welches Ergebnis hervorbringen. Denn anders als streng formalisierbare Vorgänge wie das Schachspielen ist Verhalten in der realen Welt nicht das Ergebnis eines isolierten Steuermoduls, nicht einmal das Ergebnis eines von seiner Umwelt isolierten Agenten, sondern Ergebnis einer komplexen Wechselwirkung von Steuerung, Körper und Umwelt. Die Kontrollstrukturen von Robotern werden daher emergente Phänomene aufweisen, die sich aus der Interaktion ihrer Komponenten ergeben. Es ist die Eigenheit komplexer dynamischer Systeme, dass sie nicht in ihre Bestandteile zerlegt und nach klassischer Ingenieursmanier konstruiert werden können (Husbands et al. 1997). Valentin Braitenberg hat mit seinen »Vehikeln« gezeigt, dass schon einfache Regeln komplex anmutendes Verhalten ermöglichen können. Das einfachste Braitenbergvehikel hat ein motorgetriebenes Rad und einen mit dem Motor gekoppelten Sensor, der auf etwas Beliebiges reagieren kann, z. B. auf die Temperatur. Je wärmer es ist, desto schneller wird sich das Vehikel bewegen, immer geradeaus. Doch kleine Störungen werden es von seinem Kurs abbringen, je stärker, je kleiner das Vehikel ist. Auf lange Sicht wird es so einen komplizierten Pfad beschreiben und auf Beobachter wie ein lebendes Wesen mit Zielen und Absichten wirken (Braitenberg 1993). Intelligenz ist im Auge des Betrachters, fasst Rodney Brooks, einer der Gründerväter der verkörperten KI, diese Einsicht zusammen: Dass dem menschlichen Beobachter etwas als komplexes Verhalten erscheint, muss nicht bedeuten, dass dieses Verhalten auch durch komplexe Mechanismen hervorgebracht wurde (Brooks 1999).

Für das Ziel, allgemeine menschentypische Intelligenz zu realisieren, ist es deshalb vielleicht sinnvoller, mit einer einfachen Architektur zu beginnen und dann immer komplexere Vehikel nach Braitenbergschem Vorbild zu bauen, so Brooks. Erste Schritte in diese Richtung unternahm er mit der Subsumtionsarchitektur, bei der er sich am Verlauf der biologischen Evolution orientierte. Die ersten Zellen traten vor 3,5 Milliarden Jahren auf, Hominiden vor 2,5 Millionen, die Schrift vor vielleicht 7000 Jahren und Expertenwissen im modernen Sinne gibt es seit ein paar hundert Jahren. Brooks will das nicht als Entschuldigung für die langsamen Fortschritte der Roboterevolution verstanden wissen, sondern als Argument dafür, dass die Probleme der höheren Intelligenz vergleichsweise einfach zu lösen sein könnten. Worauf es ankommt, so Brooks, ist dass die Systeme zunächst einmal lernen, sich in ihrer Umgebung zu bewegen, sich in ihr am Leben zu erhalten und am besten auch zu reproduzieren. Dazu entwickelte Brooks die Subsumtionsarchitektur. Die Systeme bestehen aus Schichten, wobei die höheren Schichten, die komplexere Fähigkeiten ermöglichen, erst aufgesetzt werden, wenn die unteren in der realen Welt arbeiten. So lässt etwa eine elementare Schicht den Roboter Hindernisse vermeiden. Wenn der Roboter gerade nicht mit dem Vermeiden von Hindernissen befasst ist, lässt ihn eine zweite Schicht umherwandern, eine dritte lässt ihn nach Zielen Ausschau halten. Das Projekt, ein künstliches Wesen zu erziehen, wie es Turing vorgeschlagen hatte, verwirklichen Brooks und seine Mitarbeiter in Ansätzen mit Cog, einem humanoiden Roboter mit lebensgroßem Torso mit Kopf, Armen und dreifingrigen Händen (Brooks 1998).

Software-Evolution

Biologische Gehirne organisieren ihre Informationsverarbeitung auf ganz andere Weise als ein gewöhnlicher serieller Computer und sind Letzterem doch in der Interaktion mit der Umwelt, im Umgang mit unscharfer Information und in ihrer Stabilität überlegen. Informatiker bemühen sich daher, intelligente Systeme nach dem Vorbild biologischer Gehirne zu schaffen (»brain-like intelligence«, »brain-style modelling«, Sendhoff et al. 2009). Dazu gehört vor allem die Einsicht, dass nicht alles, was ein System tun kann, von seinem Gehirn kontrolliert und gesteuert sein muss. In der Robotersteuerung haben solche Überlegungen zur Verwendung künstlicher neuronaler Netze geführt. Dabei handelt es sich um ein computergestütztes Verfahren, dessen kleinste Einheiten formale Neuronen sind, mathematische Modelle der Aktivitäten natürlicher Neurone. Aus diesen formalen Neuronen können Netze gebildet werden, deren Verbindungen nicht vom Programmierer vorgegeben werden, sondern sich in einem Trainingsprozess entwickeln. Sie sind erheblich flexibler als klassische Programmierungsverfahren, kommen mit unscharfen Informationen zurecht und haben den Vorteil, dass sie einfach zu handhaben sind und nicht viele Vorannahmen erfordern. Ihre fertige Architektur ist allerdings so komplex, dass ein direktes Konstruieren oder Berechnen einer Steuerung nicht möglich ist. Mit evolvierenden Schaltkreisen für die Robotersteuerung wird seit Mitte der 1990er Jahre experimentiert. Aus Zeit- und Kostengründen findet die Evolution der Software für Robotersteuerungen zumeist im Computer statt. Der Ingenieur kann schlechten Kontrollern in der Regel nicht erlauben, Roboter zu zerstören oder zu beschädigen, er muss zuvor entscheiden, welche Kontroller an realen Robotern getestet werden. Damit greift der Programmierer massiv in die Bewertung der Fitness der Kontroller ein und bringt seine Vorstellung davon, wie eine erlaubte Lösung aussehen kann, in den Evolutionsprozess ein. Die Leistungen der Roboter mit den verschiedenen zugelassenen Steuerungen werden bewertet, die besten dürfen sich bzw. ihre Steuereinheit »fortpflanzen«, bis eine Leistung erreicht ist, die dem Ziel des Entwicklungsprozesses entspricht. (Ein »survival of the fittest«, bei dem Roboter in der realen Welt um Ressourcen konkurrieren oder bis zur Zerstörung miteinander kämpfen, wird manchmal zu Unterhaltungszwecken veranstaltet, etwa in der britischen Fernsehreihe *Robot Wars*.)

Der Schritt von einem in der Computersimulation optimierten Kontroller zum realen Roboter ist aus verschiedenen Gründen schwierig: Zum einen ist eine Simulation in der Regel nicht exakt genug. Rundungsfehler wirken sich auf das Verhalten des Roboters aus, Materialbelastung und Verschleiß eines echten Roboters lassen sich nur schwer simulieren. Außerdem muss ein Gehirn zu dem Organismus passen, den es steuern soll. Das Gehirn eines Tintenfischs nützt einem Elefanten wenig. In der Natur entwickeln sich Steuereinheit und Körper in enger Abhängigkeit voneinander. Entwickelt sich nur die Software eines Roboters in einem Prozess künstlicher Evolution, die dann für die Steuerung eines vorgefertigten Körpers verwendet wird, bleiben viele Anpassungsmöglichkeiten ungenutzt. Schaltkreise, Sensoren, Motoren und die Gestalt des Körpers bleiben vom künstlichen Anpassungsprozess unberührt und erfordern unter Umständen eine unnötig komplexe Software, weil die Hardware einfachere Lösungen nicht realisieren kann. Mit jeder Vorgabe von Seiten des Programmierers oder Ingenieurs wird die Flexibilität des künstlichen Evolutionsprozesses eingeschränkt und damit auch die Chance, eine ganz neue, unerwartete Lösung zu finden.

Hardware-Evolution

Evolvable Hardware heißt der Versuch, auch die physische Gestalt eines Roboters durch künstliche Evolution zu entwickeln. Dabei geht es entweder nur um die Elektronik der Robotersteuerung oder, seltener, auch um den Körper des Roboters. Der Technik sind auf diesem Gebiet noch recht enge Grenzen gesetzt. Fortschritte werden von neuen Materialien erwartet, die etwa gezielt wachsen könnten.

Karl Sims versuchte als Erster nicht nur die Software, sondern auch die Morphologie eines Roboters mithilfe von genetischen Algorithmen zu entwickeln, allerdings in der Computersimulation (Sims 2004). Für die Morphologie seiner Wesen gab Sims verschiedene dreidimensionale Teile und Sensoren vor und definierte die erlaubten Verbindungen zwischen ihnen. Zudem definierte er Evolutionsregeln für unterschiedliche Verhaltensweisen wie Schwimmen, Laufen, Hüpfen oder Nachfolgen. Der Körper der künstlichen Wesen entwickelte sich nun ebenso wie ihre Steuersoftware, bestehend aus einem künstlichen neuronalen Netz, automatisch.

Dabei entstand eine Reihe ganz verschiedener Techniken, sich mit Hilfe von Flossen, Paddeln oder Schwänzen durchs Wasser zu bewegen und ebenso eine ganze Reihe verschiedener Techniken, sich auf dem Land fortzubewegen: Manche Wesen krabbelten, andere zogen sich an Extremitäten oder schoben sich auf den Kanten ihrer Bauteile, manche wippten vor und zurück und es gab einige Hüpfer. Vorformulierte Fitnesskriterien schlossen manche Techniken gleich aus der Weiterentwicklung aus, wie etwa das Fortbewegen durch Umstürzen.

Die Kontrollstrukturen, die in den künstlichen Gehirnen entstanden, erwiesen sich als unvorhersehbar und komplex. Daher sei es, so Sims, ein großer Vorteil der künstlichen Evolution, dass man sie nicht verstehen muss (Sims 2004, 18). Sollten solche Simulationen eines Tages intelligentes Verhalten hervorbringen, vermutet Sims, könnte seine neuronale Basis sich unserem Verständnis entziehen.

Der künstliche Evolutionsprozess muss nicht autonom ablaufen. Es steht dem Konstrukteur frei, aus dem automatischen einen interaktiven Prozess zu machen und Individuen nicht länger nach Fitnesskriterien sondern je nach Wunsch des Experimentators, z. B. nach ästhetischen Kriterien, für die weitere Evolution auszuwählen. Ebenso kann er ein Wesen aus der Umwelt, in der es sich entwickelt hat, in eine andere versetzen – etwa eine Wasserschlange aufs Trockene –, um zu sehen, wie sich die Fortbewegungsmethode in der Folge verändert.

Sims Kreaturen entwickeln Hardware und Software parallel, doch sie entstehen nur im Computer. Einen Schritt weiter geht das Golem Projekt (*Genetically Organized Lifelike Electro Mechanics*) von Hod Lipson und Jordan B. Pollack (2000). Um künstliches Leben zu realisieren, so die Überzeugung der Forscher, muss Autonomie nicht nur auf der Ebene von Verhalten und Energieversorgung, sondern auch auf der Ebene von Design und Herstellung erreicht werden. Sie starteten mit einer Population von 200 computersimulierten Maschinen aus Stangen und künstlichen Gelenken mit einem künstlichen neuronalen Netz zur Steuerung. Die Fitness bestimmte sich über ihre Fähigkeit zur Bewegung. Die besten Maschinen wurden für 300 bis 600 Generationen automatisch ausgewählt, durch das Hinzufügen, Wegnehmen oder Ersetzen von Bauteilen oder Neuronen verändert und in die Population zurückgesetzt. Kleinere Mutationen gab es in der Länge der Bauteile oder der Gewichtung der künstlichen Neuronen. Ohne menschliche Intervention wurden die Gewinner des evolutionären Wettbewerbs von einer »rapid prototyping technology«, einem dreidimensionalen Drucker, als realweltliche Maschinen aus Thermoplastik hergestellt. In diese wurden Standardmotoren eingebaut, die von den ebenfalls evolvierten Steuerungen kontrolliert wurden. Die so entstanden realen Maschinen zeigten das Verhalten ihrer virtuellen Vorfahren. Trotz der relativ einfachen Umgebung und Aufgabe (Bewegung auf einer horizontalen ebenen Fläche) entstand eine große Vielfalt von Entwürfen, die durchschnittlich aus zwanzig Bausteinen bestanden, von denen einige symmetrisch aufgebaut waren.

Animaten

Ähnlich wie computersimulierte Evolutionsprozesse zur Analyse der natürlichen Evolution werden Roboter zur Überprüfung von Annahmen über das Verhalten von Tieren benutzt, etwa bei der Staatenbildung von Ameisen oder den Orientierungsleistungen verschiedener Tierarten (Webb 2000). Diese Roboter werden als Animaten (*animats*, kurz für *artificial animals*) bezeichnet. Dieser Begriff verbreitete sich 1990 nach der in Paris veranstalteten Tagung »Simulation of Adaptive Behavior: from Animals to Animats«. Die Arbeit mit Animaten heißt konsequenterweise »künstliche Verhaltensforschung« (*Artificial Ethology*, Holland/McFarland 2001). Biologen schätzen wie KI-Forscher den Zwang zu klarer Explikation ihrer Vorstellungen und Begriffe, den die Computersimulation ebenso wie der Bau von Robotern erfordert. Wenn man weiß, was man einem Roboter einprogrammiert hat und was nicht, so die Grundidee, lässt sich mit seiner Hilfe vielleicht auch klären, was ein Tier »im Kopf« haben muss, um ein bestimmtes Verhalten zu zeigen. Wenn ein Roboter keine mentale Karte seiner Umgebung benötigt, um sich zu orientieren, dann ist es bei einer Ratte vielleicht auch nicht anders.

Ausblick

Die KI-Forschung entwickelt zum einen Systeme, die Aufgaben bewältigen, für die nach menschlichen Maßstäben Intelligenz erforderlich ist – und zwar unabhängig davon, wie der Mensch diese Probleme löst. Für diesen Ansatz liefert ein abstrahierter künstlicher Evolutionsprozess die Möglichkeit, Lösungen zu entwickeln, die wegen der Komplexität der Aufgabe nur schwer oder gar nicht auf klassische Weise zu konstruieren oder zu berechnen sind. Die künstliche Evolution erweist sich, wenn sie richtig angewandt wird, als effizientes Hilfsmittel bei der Konstruktion intelligenter Systeme. Die KI-Forschung zielt aber auch darauf, durch das Nachbauen intelligenter Leistungen besser zu verstehen, wie die menschliche Intelligenz funktioniert. Dieses Bestreben wird jedoch durch den Umstand erschwert, dass der Evolutionsprozess selbst bei einfachen Ausgangsbedingungen und Regeln schnell undurchschaubar komplex wird. Künstliche Evolutionsprozesse erlauben jedoch, Prozesse der natürlichen Evolution zu analysieren, Annahmen über ihr Funktionieren zu prüfen und verdeckte Voraussetzungen sichtbar zu machen. Mit der zunehmenden Rechenleistung klassischer Computer, aber auch mit ganz neuen Ansätzen in der Rechnerarchitektur verbindet sich für Evolutionsforscher die Hoffnung auf noch bessere und detailliertere Analysewerkzeuge. Für Informatiker und KI-Forscher hingegen verbindet sich mit dem besseren Verständnis des Evolutionsprozesses die Hoffnung auf ganz neue Entwicklungsverfahren.

Literatur

Adami, Christoph (1998): Introduction to Artificial Life. New York.

Banzhaf, Wolfgang/Beslon, Guillaume/Christensen, Steffen/Foster, James A./Képès, Francois/Lefort, Virginie/Miller, Julian F./Radman, Miroslav/Ramsden, Reremy J. (2006): »From Artificial Evolution to Computational Evolution: a Research Agenda«. In: Nature Reviews Genetics Vol. 7: 729–735.

Braitenberg, Valentino (1993): Vehikel. Experimente mit künstlichen Wesen [Vehicles. Experiments in Synthetic Psychology, 1984]. Braunschweig.

Brooks, Rodney A. (1999): Cambrian Intelligence. The Early History of the New AI. Cambridge (Mass.).

Brooks, Rodney/Breazeal, Cynthia/Marjanovic, Matthew/Scassellati, Brian/Williamson, Matthew (1998): »The Cog Project: Building a Humanoid Robot«. In: Chrystopher L. Nehaniv (Hg.): Computation for Metaphors, Analogy and Agents. Vol. 1562 of Springer Lecture Notes in Artificial Intelligence. Berlin, 52–87.

Cliff, D./Harvey, I./Husbands, P.: »Explorations in Evolutionary Robotics«. In: Adaptive Behaviour, Vol. 2, Nr. 1: 71–108.
Clune, Jeff/Misevic, Dusan/Ofria, Charles/Lenski, Richard E./Elena, Santiago F./Sanjuan, Rafael (2008): »Natural Selection Fails to Optimize Mutation Rates für Long-Term Adaptation on Rugged Fitness Landscapes«. In: Computational Biology, Vol. 4, Nr. 9: 1–8.
Cruse, Holk/Dean, Jeffrey/Ritter, Helge (1998): Die Entdeckung der Intelligenz. Oder können Ameisen denken? München.
Dean, Jeffrey (1998): »Animats and What They Can Tell Us«. In: Trends in Cognitive Sciences, Vol. 2, Nr. 2: 60–67.
Floreano, Dario/Mattiussi, Claudio (2008): Bio-Inspired Artificial Intelligence. Theorie, Methods, and Technologies. Cambridge.
Fogel, Lawrence J./Owens, Alvin J./Walsh, Michael John (1966): Artificial Intelligence through Simulated Evolution. New York.
Forsdyke, Donald R. (2006): Evolutionary Bioinformatics. New York.
Garis, Hugo de (1992): Artificial Embryology: The Genetic Programming of Cellular Differentiation. Artificial Life III Workshop. Santa Fe (NM, USA).
Gerdes, Ingrid/Klawon, Frank/Kruse, Ralf (2004): Evolutionäre Algorithmen. Genetische Algorithmen, Strategien und Optimierungsverfahren, Beispielanwendungen. Wiesbaden.
Harding, Simon/Banzhaf, Wolfgang (2007): Fast Genetic Programming and Artificial Developmental Systems on GPUs. 21st International Symposium on High Performance Computing Systems and Applications (HPCS'07).
Holland, John H. (1967): »Nonlinear Environments Permitting Efficient Adaptation«. In: Computer and Information Sciences II. Hg. von J. T. Tou. New York, 147–164.
Holland, John H. (1975): Adaptation in Natural and Artificial Systems. Ann Arbor.
Husbands, P./Harvey, I./Cliff, D./Miller, G. (1997): »Artificial Evolution: A New Path for Artificial Intelligence?«. In: Brain and Cognition, Vol. 34: 130–159.
Iida, Fumiya/Pfeifer, Rolf/Steels, Luc (Hg.) (2004): Embodied Artificial Intelligence. Berlin.
Langdon, W. B./Poli, R. (2002): Foundations of Genetic Programming. Berlin.
Langton, Christopher G. (1996): »Artificial Life«. In: Margaret Boden (Hg.): The Philosophy of Artificial Life. Oxford, 39–94.
Lenski, Richard E./Ofria, Charles/Pennock, Robert T./Adami, Christopher (2003): »The Evolutionary Origins of Complex Features«. In: Nature, Vol. 423: 139–144.
Lipson, Hod/Pollack, Jordan B (2000): »Automatic Design and Manufacture of Robotic Life Forms«. In: Nature, Vol. 406: 974–979.
McCulloch, Warren S. (1965): Embodiments of Mind. Cambridge (Mass.).
Möller, Ralf (2006): Das Ameisenpatent. Bioroboter und ihre tierischen Vorbilder. Heidelberg
Neumann, John von (1966): The Theory of Selfreproducing Automata. Hg. A. W. Burks. Urbana (IL).
Neumann, John von (1970): Die Rechenmaschine und das Gehirn [The Computer and the Brain, 1958]. München.
Nolfi, Stefano/Floreano, Dario (2000): Evolutionary Robotics. The Biology, Intelligence, and Technology of Self-Organizing Machines. Cambridge (Mass.).
Ofria, Charles/Hunang, W./Torng, E. (2008): »On the Gradual Evolution of Complexity and the Sudden Emergence of Complex Features«. In: Artificial Life, Vol 14: 255–263.
Poli, R./Langdon, W. B./McPhee, N. F. (2008): A Field Guide to Genetic Programming. Online im Internet unter: http://www.gp-field-guide.org.uk [Stand: 12.4.2010].
Ray, Tom S. (2009): »Artificial Life Programs and Evolution«. In: Michael Ruse/Joseph Travis (Hg.): Companion to Evolution. Cambridge (Mass.), 429–433.
Ray, Tom S./Xu, Chenmei (2003), »Measures of Evolvability in Tierra«. In: Artificial Life and Robotics, Vol. 5: 211–214.
Sims, Karl (2004): »Evolving Virtual Creatures«. In: Computer Graphics, Annual Conference Series (SIGGRAPH 94 Proceedings), 15–22.
Turing, Alan M. (1967): »Computing Machinery and Intelligence«. In: Mind 59 (236): 433–460 (Dt.: »Kann eine Maschine denken?«. In: Kursbuch 8. Jg. 1967, 106–138. Und in: Walter Ch. Zimmerli/Stefan Wolf (Hg.) (1994): Künstliche Intelligenz. Philosophische Probleme. Stuttgart, 39–78).
Watson, Richard/Ficici, Sevan/Pollack, Jordan B. (2002): »Embodied Evolution: Distributing an Evolutionary Algorithm in a Population of Robots«. In: Robotics and Autonomous Systems, Vol. 39 (1): 1–18.
Webb, Barbara (2000): »What Does Robotics Offer Animal Behaviour?«. In: Animal Behaviour, Vol. 60: 545–558.
Webb, Barbara (2001): »Can Robots Make Good Models of Biological Behaviour?«. In: Behavioural and Brain Sciences, Vol. 24 (6): 1033–1050.
Webb, Barbara (2008): »Using Robots to Understand Animal Behaviour«. In: Advances in the Study of Behavior, Vol. 38: 1–58.
Wiener, Norbert (1961): Cybernetics or Control and Communication in the Animal and the Machine [1948], Cambridge (Mass.) [Dt.: Kybernetik. Regelung und Nachrichtenübertragung in Lebewesen und Maschine. Reinbek bei Hamburg 1963].
Wilke, Claus O./Wang, Jia Lan/Ofria, Charles/Lenski, Richard E./Adami, Christopher (2001): »Evolution of Digital Organisms at High Mutation Rates Leads to Survival of the Flattest«. In: Nature, Vol. 412: 19.
Wolfram, Stephen (2002): A New Kind of Science. Champaign (IL).
Wright, Sewall (1932): »The Roles of Mutation, Inbreeding, Crossbreeding and Selection in Evolution«. In: Repr. Proceedings of the Sixth International Congress of Genetics. Bd. 1, 356–66.
Zuse, Konrad (1967): »Rechnender Raum«. In: Elektronische Datenverarbeitung. Bd. 8, 336–344.

Manuela Lenzen

7. Kultur und Kulturwissenschaften

»Evolution« und »Kultur« bilden bis zur Mitte des 20. Jahrhunderts ein begriffliches Gegensatzpaar, in dem sich die Differenz der »zwei Kulturen« der Natur- und Geisteswissenschaften widerspiegelt. In den letzten Jahrzehnten kommt es aber zu freundlichen Annäherungen – und weniger freundlichen Übergriffen – auf verschiedenen Ebenen. Die aktive Rolle spielt dabei meist die biologische Seite, die einerseits den in den Geistes- und Sozialwissenschaften etablierten Kulturbegriff für sich zu nutzen versucht, indem sie ihn auf Verhaltensmuster bei Tieren anwendet (»Kultur der Tiere«) und die andererseits und unabhängig davon evolutionäre Erklärungen für kulturelle Erscheinungen des Menschen gibt. Der Kulturbegriff erfährt also einerseits durch Anwendung und andererseits durch Naturalisierung eine zunehmende Integration in biologische Forschungsprogramme (vgl. Artikel IV.1. Anthropologie). Umstritten ist dabei, inwieweit die evolutionären Erklärungen zur *Genese* von kulturellen Phänomenen für deren *Geltung* von Relevanz sind und inwieweit die Autonomie und Selbstbezüglichkeit kultureller Entwicklungen, also die »Geschichte« im Gegensatz zur »Evolution«, angemessen auf der Grundlage des biologischen Konzepts der *Anpassung* gedeutet werden kann.

Kultur der Tiere?

Charles Darwin, der immer bemüht ist, die kontinuierliche Entwicklung auch der mentalen Fähigkeiten in der Evolution nachzuweisen, wendet in seinen Hauptwerken den Begriff der Kultur nicht auf das Verhalten der Tiere an. Trotzdem sieht er auch bei vielen Tieren, insbesondere bei den Säugetieren und einigen Vögeln, die Fähigkeiten verwirklicht, die in seinen Augen die Kultur ausmachen. Hierzu zählen vor allem die *sozialen* Verhaltensweisen, z. B. das gemeinsame Fischen der Pelikane oder die gemeinsame Verteidigung der Paviane (1871, I, 75 f.). Das Sozialverhalten einiger Tiere enthält nach Darwin auch die Momente der *Liebe* (»feeling of love for each other«) und der *Sympathie* und des *Mitgefühls* für das Leid der Artgenossen (ebd.). Die altruistischen Einstellungen vieler Tiere zeigten sich z. B. darin, dass sie ihre hilfsbedürftigen Artgenossen unterstützen, wie Darwin anhand des Falles eines blinden Pelikans, der von anderen gefüttert worden sei, belegen will. Auch einen Sinn für das Schöne (»taste for the beautiful«) schreibt Darwin einigen Tieren, vor allem Vögeln, zu, ausgedrückt etwa in dem Gesang der Singvögel oder den Bauten der Laubenvögel (1871, II, 39). Erklärt werden diese Verhaltensweisen von Darwin durch die Mechanismen der sexuellen Selektion und Gruppenselektion (1871, II, 123; I, 166).

Eine ausdrückliche Anwendung des Kulturbegriffs auf Tiere findet sich bei Ernst Haeckel, dem großen Popularisierer der Evolutionstheorie in Deutschland. »Kultur« bedeutet für Haeckel eine Form der Veredelung, die schon bei Tieren zu finden ist. Haeckel beabsichtigt eine Ableitung der Kultur aus der Naturgeschichte und sieht in der Behauptung einer Zäsur zwischen Tier und Mensch nichts als eine menschliche Überheblichkeit. Auch der der Kultur zugrunde liegende Mechanismus ist seines Erachtens nichts anderes als die das Leben insgesamt bestimmende natürliche Selektion: »Die freie Concurrenz der Menschen, welche als Freihandel, Freizügigkeit etc. alle unsere Culturthätigkeit hebt, alle unsere Culturerzeugnisse veredelt, ist in der That nichts Anderes, als die natürliche Züchtung im Kampfe um das Dasein« (1866, II, 238). In einem Vortrag im Jahr 1877 entwickelt Haeckel das Programm einer »Culturgeschichte der Thiere«, in deren Rahmen die heutigen »Culturzustände« der sozialen Tiere, z. B. der Ameisen und Bienen, historisch auf der Basis der »Entwickelungslehre« zu erklären seien (1877, 22). Die biologische Evolutionstheorie soll auf diese Weise die wissenschaftliche Grundlage der verschiedenen Zweige der Wissenschaften vom Menschen liefern, u. a. der Religionswissenschaft und Ethik.

Diese Anwendung des Kulturbegriffs auf die außermenschlichen Lebewesen bildet allerdings bis zur Mitte des 20. Jahrhunderts eher eine Ausnahme. Der dominanten geistesgeschichtlichen Tradition gemäß werden »Kultur« und »organisches Leben« meist als zwei polare Begriffe verstanden. Die Kultur gilt als das Privileg des Menschen, durch das er über das rein biologisch verfasste Leben erhoben ist. In der Gegenüberstellung von Naturwissenschaft und Kulturwissenschaft versucht Heinrich Rickert zu Beginn des 20. Jahrhunderts diese Auffassung methodisch zu begründen und pointiert zum Ausdruck zu bringen: »Der ›Naturzustand‹, in dem nur die Lebenstriebe frei walten und das Leben sich ungehemmt auslebt, ist überall dem Kulturzustand entgegengesetzt« (1920/1922, 165). Beiläufig bestimmt auch Sigmund Freud den Kulturbegriff 1927 als »all das, worin sich das menschliche Leben über seine animalischen Bedingungen erhoben hat und worin es sich vom Leben der Tiere unterscheidet« (Freud 1999, 326). Ausführlich wird von Seiten der philosophischen Anthropologie und Kulturanthropologie die Kultur als die spezifisch menschliche *Welt* im Gegensatz zur *Umwelt* des Tieres verstanden: »An genau der Stelle, wo beim Tier die ›Umwelt‹ steht, steht [...] beim Menschen die Kulturwelt«, heißt es im Hauptwerk Arnold Gehlens (1940/1962, 38). Der Mensch sei daher »von Natur ein Kulturwesen« (Gehlen 1940/1962, 80).

Untersuchungen des Verhaltens von Schimpansen in Gefangenschaft, u. a. die »Intelligenzprüfungen« von Wolfgang Koehler und Nachweise von Traditionsbildungen auch in der freien Wildbahn, lösen in den 1920er Jahren eine Diskussion darüber aus, ob auch Affen über eine Kultur verfügen. Im Rahmen dieser Auseinandersetzung werden Kriterien dazu angegeben, worin eine Kultur nichtmenschlicher Lebewesen sich manifestieren könnte. Der Anthropologe Alfred L. Kroeber verbindet die Kultur mit der Fähigkeit zur Erfindung von neuen Verhaltensmustern, mit deren Verbreitung durch die Weitergabe an Artgenossen, der Standardisierung im Prozess der sozialen Ausbreitung und der generationenübergreifenden Erhaltung (1928, 331). Weil dies bei Affen nicht vorkomme, spricht er ihnen eine Kultur ab. Von anderer Seite werden einigen Tieren aber zumindest »Rudimente von Kultur« zugestanden, sofern sie in der Lage sind, neue Gewohnheiten zu lernen, im Laufe ihres Lebens zu akkumulieren und an andere weiterzugeben (Hart/Panzer 1925, 709). Auch in zeitkritischer Stoßrichtung wird in den 1920er Jahren bestritten, dass der Mensch das einzige Lebewesen mit Kultur sei: »Nicht er allein hat und schafft ›Kultur‹: bei richtiger Blickeinstellung wird er erkennen, daß jeder Organismus seine ›Kultur‹ hat« (von Bronsart 1924, 75).

Regelmäßig auf Tiere bezogen wird der Begriff der Kultur erst seit den 1950er Jahren, und zwar ausgehend von Beschreibungen zur gruppenspezifischen Tradierung von Verhaltensweisen bei japanischen Makaken (der sog. Koshima-Gruppe). Die 1954 zuerst beschriebene, bekannteste Form eines »subkulturellen« Verhaltens betrifft die Tradition des Waschens von Süßkartoffeln durch die Makaken (vgl. Kawamura 1959). Einen auf die Biologie anwendbaren allgemeinen Kulturbegriff entwickelt Hans Kummer 1971, indem er das kulturelle Verhalten als eine Unterform des ontogenetisch erworbenen Verhaltens (im Gegensatz zum genetisch erreibten) bestimmt, nämlich jene, die nicht auf eine ökologische Anpassung an die Umweltbedingungen, sondern als »soziale Modifikation« entstanden ist, d. h. durch den Einfluss von einem Mitglied einer sozialen Gruppe auf andere Mitglieder (Kummer 1971, 13). Jane van Lawick-Goodall gibt aus ihrer intimen Kenntnis des Verhaltens der Schimpansen eine ganze Liste von Verhaltensweisen, die nach dieser Definition als kulturell anzusehen sind, z. B. der Werkzeuggebrauch bei der Nahrungsaufnahme (van Lawick-Goodall 1973). Detaillierte empirische Untersuchungen seit den 1990er Jahren können belegen, dass viele gruppentypische Verhaltensweisen, die von einem Schimpansen zum nächsten über Generationen weitergegeben werden, tatsächlich nicht mit Umweltparametern korrelieren und daher in diesem Sinn kulturell und nicht als bloße Umweltanpassung zu erklären sind (Wrangham et al. 1994; Whiten et al. 1999). Die Verhaltensweitergabe besteht dabei meist in einer Imitation des Verhaltens eines Tieres durch ein anderes; strittig bleibt, inwieweit Phänomene des Lehrens dabei eine Rolle spielen. Als allgemein anerkannte Definition hat es sich in der Biologie etabliert, unter Kultur »die Weitergabe von Information durch Verhalten, insbesondere durch den Vorgang von Lehren und Lernen« (Bonner 1983, 17) zu verstehen.

Von anderer Seite wird allerdings darauf hingewiesen, dass den Affengemeinschaften der für den Menschen so charakteristische und die eigentliche Dynamik von Kultur begründende Mechanismus der Akkumulation von Fertigkeiten und Wissen fehlt (Galef 1998). Nach einem Kinderspielzeug mit einem nur in einer Richtung drehbaren Teil wird dieser Mechanismus der »Ratschen-Effekt« genannt (Tomasello/Kruger/Ratner 1993). Dieser Effekt ermöglicht die Rekursivität von Techniken, den kumulativen Aufbau auf dem, was andere geleistet haben. Während ein Affe alle Techniken der »Kultur« seiner Gemeinschaft im Laufe seines Lebens lernen kann, haben sich beim Menschen hoch komplexe, von jedem Einzelnen nicht mehr überschaubare Kulturen etabliert, die einen selbstbezüglichen, gegenüber den natürlichen Zwecken des Lebens abgegrenzten und autonomen Bereich bilden.

Evolutionäre Deutung der Kultur des Menschen

Bereits von Darwin und seinen unmittelbaren Nachfolgern werden kulturelle Einstellungen des Menschen auf evolutionstheoretischer Grundlage zu erklären versucht. Die evolutionären Erklärungen beziehen sich auf solches Handeln, das an den klassischen Werten des Wahren, Schönen und Guten orientiert ist. Diesen drei Wertebereichen entsprechend, können die Projekte einer *Evolutionären Erkenntnistheorie*, *Evolutionären Ästhetik* und *Evolutionären Ethik* unterschieden werden. Diese Gliederung macht bereits deutlich, dass die biologische Annäherung an kulturelle Phänomene nicht einer biologischen Systematik folgt, sondern, zumindest hinsichtlich der Definition ihres Gegenstandes, auf der begrifflichen Grundlage der Geisteswissenschaften ruht.

Gemeinsam ist den biologisch-evolutionstheoretischen Erklärungen in den verschiedenen kulturellen Bereichen, dass sie deren Autonomie und die traditionelle Annahme von irreduziblen »Werten« als den letzten Zielen der Handlungsorientierung hinterfragt und stattdessen für deren Rückführung auf Gesichtspunkte der biologischen Nützlichkeit argumentiert. Es soll der Nachweis erbracht werden, dass auch das kulturelle Handeln des Menschen biologisch adaptiv ist, insofern es zur Maximierung des reproduktiven Erfolgs eines Individuums beiträgt oder zumindest in einem Kontext geformt wurde, in dem ein solcher Beitrag für seine Stabilisierung und soziale Ausbreitung relevant war.

Die ältere Debatte bis in die 1980er Jahre verläuft zumeist entlang klarer disziplinärer Grenzen zwischen Biologie und Philosophie. Während Biologen wie Konrad Lorenz dafür argumentieren, die Grundlagen geisteswissenschaftlicher Theorien (z. B. Kants Kategorien oder andere Prinzipien der Erkenntnis) als Strukturen eines angeborenen und an die objektive Welt angepassten »Erkenntnisapparates« zu erklären (vgl. Lorenz 1941), plädieren Philosophen vielfach für eine Trennung der Fragen von Genese und Geltung (vgl. Baumgartner 1981): Selbst wenn nicht bestritten wird, dass Erkenntnis, Moral und Kunst durch Mittel vollzogen werden, die in der Evolution entstanden sind, folgt daraus noch keine Festlegung der kulturellen Leistungen auf die biologischen Zwecke der Nützlichkeit für Selbsterhaltung und Reproduktion. Selbst wenn also kulturelle Praktiken wie etwa künstlerisches Schaffen oder musikalische Aufführungen (von Männern) biologisch erklärt werden können als (bis in die Gegenwart recht erfolgreiche) Paarungsstrategien, die evolutionsgeschichtlich vor dem Hintergrund einer Konkurrenz um Paarungspartner entstanden sind (Miller 1998, 118), schließt dies eine (sekundäre) Bewertung und Systematisierung dieser Praktiken nach internen (kunst- oder musikwissenschaftlichen) Kriterien, die jenseits der biologischen Referenzen stehen, nicht aus.

Nach der klassischen philosophischen Position ist es für die Orientierung des menschlichen Handelns möglich, sich von diesen Zwecken zu emanzipieren und eine gegenüber den evolutionär-biologischen Referenzen autonome Ordnung zu entwickeln. Insofern gilt das evolutionäre Gewordensein für die innere Systematik, Anerkennung und Rechtfertigung kultureller Einstellungen als irrelevant – und der Bereich des Kulturellen ließe sich geradezu über diese Distanz zur biologischen Determination definieren: Kulturelle Einstellungen wären damit solche, die nicht primär um biologischer Zwecke willen betrieben werden, sondern die einer selbstbezüglichen Dynamik folgen, also gleichsam um ihrer selbst willen gepflegt werden (vgl. Flach 1997, 62). Als kulturell wären damit solche Wesen ausgezeichnet, die in der Lage sind, ihr Handeln systematisch und begründet nach anderen Zielen auszurichten als den biologischen Zwecken der Selbsterhaltung und Fortpflanzung.

Von philosophischer Seite wird der biologischen Interpretation zugestanden, einen empirischen Nachvollzug, eine evolutionstheoretische Ausdeutung oder einen »evolutionären Kommentar« (Bieri 1987) der in philosophischer Reflexion gewonnenen Begriffe zu leisten, in der Evolutionären Erkenntnistheorie z. B. in Evolutionsszenarien über die Entstehung der Erkenntnisvermögen – eine Reflexion über die Geltung und Begründung dieser Vermögen würden sie aber nicht ersetzen. Deutlich wird dies z. B. an der Divergenz des Funktional-Nützlichen und dem Wahren: Manchmal ist nicht das Wahre, sondern gerade das Falsche das Nützliche. Die Kulturentwicklung kann in weiten Teilen somit darin gesehen werden, sich von der unbedingten Orientierung an dem Biologisch-Funktionalen zu lösen und an deren Stelle andere Gesichtspunkte als verbindlich zu setzen.

Von Vertretern der evolutionären Perspektive wird der Verzicht auf eine strikte Trennung zwischen empirischer Wissenschaft und reflektierender Philosophie als ein Vorzug ihres Ansatzes gewertet (vgl. Vollmer 1975). Zwischen den Prinzipien von Erkenntnis, Moral und Kunst auf der einen Seite und den evolutionstheoretischen Analysen auf der anderen Seite wird kein einseitiges, fundamentalistisches Begründungsverhältnis gesehen, sondern vielmehr eine wechselseitige Abhängigkeit: Alle wissenschaftlichen Aussagen, seien sie erkenntnistheoretische, ethische, ästhetische oder biologische, stehen nach

7. Kultur und Kulturwissenschaften

Überzeugung der Anhänger evolutionärer Theorien in einem holistischen Netz, für das Beziehungen der Kohärenz und Konsistenz entscheidend sind, nicht aber der hierarchischen Begründung ausgehend von ersten, apriorischen Prinzipien, die eine Begründung von überzeitlichen kulturellen »Werten« ermöglichen.

Aufgrund der unvermittelten disziplinären Fronten erwiesen sich die Auseinandersetzungen um die Fragen zur Rolle der evolutionären Perspektive in der Konstitution genuin philosophischer Theorien wie der Erkenntnistheorie, Ethik und Ästhetik insgesamt als wenig fruchtbar. Eine neue Dynamik kommt seit den 1980er Jahren in die Debatte, indem konkretere evolutionäre Erklärungen für spezifische psychische Dispositionen und Präferenzen des Menschen gegeben werden. Diese Ansätze laufen unter dem Titel *Evolutionäre Psychologie* (vgl. Tooby/Cosmides 1989; 1992). Postuliert werden von den Evolutionären Psychologen mentale Module, die in der Vergangenheit durch Selektion geformt wurden. Herausgearbeitet wird dabei, dass sich eine biologische Anpassung nicht auf der Ebene des Verhaltens durch die tatsächliche Maximierung der Reproduktion manifestieren muss, sondern ihren Ausdruck vielmehr auf psychischer Ebene durch das Vorhandensein von mentalen Mechanismen finden kann, die in der vergangenen Umwelt des Menschen adaptiv waren, in der modernen Welt aber durchaus biologisch dysfunktional sein können (Symons 1989). Die Umwelt, in der die entscheidenden Anpassungsprozesse erfolgten, wird als die *Umwelt der evolutionären Angepasstheit* (»Environment of Evolutionary Adaptedness«, kurz EEA) bezeichnet; datiert wird sie auf das Pleistozän, d. h. die längste Zeit der Evolutionsgeschichte des *Homo sapiens*, in der seine Vertreter in kleinen Stammesverbänden in der Savanne Afrikas lebten.

Die Evolutionäre Psychologie gibt für zahlreiche kulturelle Charakteristika des Menschen, denen eine universelle Verbreitung zugeschrieben wird, die aber häufig nur vage definiert sind, evolutionäre Erklärungen. Diese reichen von geschlechtstypischen Partnerwahlkriterien (Männer: Status; Frauen: Jugend und Gesundheit) über Präferenzen für bestimmte Landschaftstypen (Ideal des Englischen Gartens, das in gewissen Aspekten der Savanne ähnelt, indem es in Form einzeln stehender Bäume gleichzeitig Aussichts- und Rückzugsplätze bereitstellt und in Form von Bächen und kleinen Seen den Zugang zu frischem Wasser ermöglicht) bis hin zu ästhetischen Vorlieben für ein bestimmtes Maß an Abstraktheit und Regelmäßigkeit in Gemälden (das eine Ausgewogenheit herstellt zwischen Vertrautheit und Orientierung auf der einen Seite sowie dem Geheimnis- und Verheißungsvollen auf der andern Seite). Von der Fruchtbarkeit dieser Ebene spezifischer evolutionärer Deutungen sind inzwischen nicht nur Biologen überzeugt, auch in den Geistes- und Kulturwissenschaften selbst findet sie zunehmend Aufmerksamkeit (Menninghaus 2003; Eibl 2004; 2009).

Gegen die Thesen der Evolutionäre Psychologie wird eine Reihe von Einwänden vorgebracht (Buller 2005; Richardson 2007). Diese zielen u. a. auf ihre Grundannahmen und methodologische Voraussetzungen. So wird bemängelt, dass die Evolutionäre Psychologie vielfach allein auf den ersten Blick plausible, aber gänzlich hypothetische Geschichten (»just so stories«) erzählt, ohne alternative Erklärungen überhaupt zu berücksichtigen. Bestritten wird außerdem, dass es ausreichend empirisches Material über die Sozialstrukturen der steinzeitlichen Menschen gibt, um die Evolution der menschlichen Kognitionsvermögen zu rekonstruieren. Auch die Annahme einer nur geringen Evolution seit der Steinzeit ist angesichts der nachgewiesenermaßen sehr schnellen Evolution von Verhaltensmustern überaus fraglich. Und schließlich ist vor dem Hintergrund empirischer Daten auch das Postulat von bereichsspezifischen fixen Modulen problematisch; für angemessener halten die Kritiker die Annahme von hochflexiblen allgemeinen mentalen Mechanismen des Problemlösens.

Kritisiert werden kann in der durchgehend evolutionstheoretischen Beschreibung kultureller Prozesse daneben die Vernachlässigung der für Geschichte zentralen Dimensionen der Gründe, Absichten und wechselseitigen Anerkennung von Normen. Die universale Anwendung Darwinscher Ideen enthält für Pirmin Stekeler-Weithofer die Gefahr eines »dogmatischen Monismus« mit dem Ziel von »universellen Angleichungen verschiedenster Arten von Entwicklungen an das Paradigma der Natur-Evolution« (2001, 585). Andreas Hüttemann kritisiert daneben, dass die pauschale Anwendung evolutionärer Erklärungen auf jedes kulturelle Phänomen ungerechtfertigt ist, weil nur solche Erscheinungen einer evolutionären Analyse zugänglich seien, die in Abhängigkeit von in der Evolutionsgeschichte relevanten Faktoren variieren (2008, 144). Dies gelte z. B. nicht für die ästhetischen Präferenzen von Menschen bestimmter sozialer Schichten oder den Zusammenhang von Tischsitten mit der Struktur einer Gesellschaft (die es im Pleistozän noch nicht gab). Nur universale Voraussetzungen der Kultur, nicht aber die jeweiligen Merkmale spezifischer Kulturen könnten also auf evolutionstheoretischer Grundlage erklärt werden. Die Historizität und der offene Horizont der menschlichen Kulturen macht nicht nur die Rede von einem konstanten Wesen des Menschen problematisch, sondern auch die Anwendung einfacher Erklärungsmuster für das breite Spektrum kultureller Phänomene (vgl. Sarasin 2009, 416).

Es erscheint daher angemessen, die evolutionstheoretisch-biologische und die kulturwissenschaftlich-historische Analyse als zwei wissenschaftliche Ansätze anzusehen, die nebeneinander bestehen können, ohne dass einer den anderen überflüssig macht und ersetzen kann. Die evolutionäre Analyse hat insbesondere keine Mittel, die historischen Bedeutungen kultureller Phänomene, ihre Intentionen und Rezeptionen, ihre Traditionen und Transformationen angemessen zu beschreiben (Kelleter 2007, 167). Den kumulativen Kontingenzen der Kulturgeschichte und den fitnesstranszendierenden Systematisierungen der Kulturwissenschaften kann ein universales Erklärungsschema, das alles auf biologische Anpassungen zurückführt, nicht gerecht werden. Angemessen sind dafür allein die partikularistische Methodologie der Kultur- und Geisteswissenschaften sowie die axiologische Systematik der Philosophie – um den Preis des Verzichts auf universale Erklärungsmodelle für kulturelle Prozesse.

Literatur

Baumgartner, Hans Michael (1981): »Über die Widerspenstigkeit der Vernunft, sich aus Geschichte erklären zu lassen. Zur Kritik des Selbstverständnisses der evolutionären Erkenntnistheorie«. In: Hans Poser (Hg.): Wandel des Vernunftbegriffs. Freiburg, 39–64.
Bieri, Peter (1987): »Evolution, Erkenntnis und Kognition«. In: Wilhelm Lütterfelds (Hg.): Transzendentale oder Evolutionäre Erkenntnistheorie? Darmstadt, 117–147.
Bonner, John Tyler (1983): Kultur-Evolution bei Tieren [The Evolution of Culture in Animals, 1980]. Berlin.
Bronsart, Huberta von (1924): Die Lebenslehre der Gegenwart. Einführung in die Objektive Philosophie. Stuttgart.
Buller, David J. (2005): Adapting Minds. Evolutionary Psychology and the Persistent Quest for Human Nature. Cambridge (Mass.).
Darwin, Charles (1871): The Descent of Man, and Selection in Relation to Sex. 2 Bde. London.
Eibl, Karl (2004): Animal poeta. Bausteine der biologischen Kultur- und Literaturtheorie. Paderborn.
Eibl, Karl (2009): Kultur als Zwischenwelt. Eine evolutionsbiologische Perspektive. Frankfurt a. M.
Flach, Werner (1997): Grundzüge der Ideenlehre. Die Themen der Selbstgestaltung des Menschen und seiner Welt, der Kultur. Würzburg.
Freud, Sigmund (1999): Die Zukunft einer Illusion [1927]. In: Gesammelte Werke. Bd. 14. Frankfurt a. M., 323–380.
Galef, B. G. Jr. (1998): »Comment«. In: Current Anthropology Vol. 39, Nr. 5: 605–606.
Gehlen, Arnold (1940/1962): Der Mensch. Seine Natur und seine Stellung in der Welt. Frankfurt a. M.
Haeckel, Ernst (1866): Generelle Morphologie der Organismen. 2 Bde. Berlin.
Haeckel, Ernst (1877): »Ueber die heutige Entwickelungslehre im Verhältnisse zur Gesammtwissenschaft«. In: Amtlicher Bericht über die 50. Versammlung Deutscher Naturforscher und Ärzte 50: 14–22.
Hart, Hornell/Pantzer, Adele (1925): »Have Subhuman Animals Culture?« In: American Journal of Sociology Vol 30, Nr. 6: 703–709.
Hüttemann, Andreas (2008): »Kann die evolutionäre Psychologie kulturelle Phänomene erklären?«. In: ders. (Hg.): Zur Deutungsmacht der Biowissenschaften. Paderborn, 129–150.
Kawamura, Syunzo (1959): »The Process of Subculture Propagation among Japanese Macaques«. In: Primates 2: 43–60.
Kelleter, Frank (2007): »A Tale of Two Natures: Worried Reflections on the Study of Literature and Culture in an Age of Neuroscience and Neo-Darwinism«. In: Journal of Literary Theory 1: 153–189.
Kroeber, Alfred L. (1928): »Sub-Human Culture Beginnings«. In: Quarterly Review of Biology Vol. 3, Nr. 3: 325–342.
Kummer, Hans (1971): Primate Societies. Chicago.
Lawick-Goodall, Jane van (1973): »Cultural Elements in a Chimpanzee Community«. In: Emil W. Menzel (Hg.): Pre-Cultural Primate Behavior. Basel, 144–184.
Lorenz, Konrad (1941): »Kants Lehre vom Apriorischen im Lichte gegenwärtiger Biologie«. In: Blätter für Deutsche Philosophie 15: 94–125.
Menninghaus, Winfried (2003): Das Versprechen der Schönheit. Frankfurt a. M.
Miller, Geoffrey F. (1998): »How Mate Choice Shaped Human Nature: A Review of Sexual Selection and Human Evolution«. In: C. B. Crawford/D. Krebs (Hg.): Handbook of Evolutionary Psychology: Ideas, Issues, and Applications. Mahwah (NJ), 87–129.
Richardson, Robert C. (2007): Evolutionary Psychology as Maladapted Psychology. Cambridge (Mass.).
Rickert, Heinrich (1920/1922): Die Philosophie des Lebens. Tübingen.
Sarasin, Philipp (2009): Darwin und Foucault. Genealogie und Geschichte im Zeitalter der Biologie. Frankfurt a. M.
Stekeler-Weithofer, Pirmin (2001): »Evolution und Entwicklung. Zum Biologismus in den Humanwissenschaften«. In: Deutsche Zeitschrift für Philosophie 49: 571–585.
Symons, Donald (1989): »A Critique of Darwinian Anthropology«. In: Ethology and Sociobiology Vol. 10, Nr. 1–3: 131–144.

Tomasello, Michael/Kruger, Anne C./Ratner, Hillary H. (1993): »Cultural Learning«. In: Behavioral and Brain Sciences 16: 495–552.
Tooby, John/Cosmides, Leda (1989): »Evolutionary Psychology and the Generation of Culture, Part 1«. In: Ethology and Sociobiology Vol. 10, Nr. 1–3: 29–49.
Tooby, John/Cosmides, Leda (1992): »The Psychological Foundations of Culture«. In: J. H. Barkow/L. Cosmides/ J. Tooby (Hg.): The Adapted Mind. Evolutionary Psychology and the Generation of Culture. New York, 19– 136.
Vollmer, Gerhard (1975): Evolutionäre Erkenntnistheorie. Stuttgart.
Waddington, Conrad Hal (1960): »Discussion Statement«. In: S. Tax (Hg.): Evolution After Darwin. Vol. III. Issues in Evolution. Chicago, 148–149.
Whiten, Andrew u. a. (1999): »Cultures in Chimpanzees«. In: Nature 399: 682–685.
Richard W. Wrangham u. a. (Hg.) (1994): Chimpanzee Cultures. Cambridge (Mass.).

Georg Toepfer

8. Literaturwissenschaft

Die Rezeption der Evolutionstheorie durch die Literaturwissenschaft hat noch keinen stabilen paradigmatischen Zustand erreicht. Deshalb können die folgenden Darlegungen weniger ein Referat gesicherter Ergebnisse bieten als eine problemorientierte Momentaufnahme.

Der Gebrauch des Wortes »Evolution« in der Literaturwissenschaft und verwandten Wissenschaften ist recht vielfältig. Häufig wird das Wort nur verwendet, weil es anspruchsvoller klingt als »Veränderung«. Eine zumindest intuitive *kulturelle* Evolutionstheorie wird gleichwohl von allen historischen Wissenschaften angewandt, wenn sie auf Kontexte (oder Koevolutionen) achten und nach den Bedingungen fragen, die die untersuchten Erscheinungen ermöglicht haben. Die *biologische* Evolutionstheorie hingegen wird vorerst nur von wenigen Literaturwissenschaftlern als erfolgversprechendes anthropologisches Rahmenelement literaturwissenschaftlicher Bemühung eingeschätzt. Die Vorbehalte in den Geistes- und Sozialwissenschaften wurzeln entweder in der *idealistischen* Tradition der Menschendeutung: Dieser gelten unsere Anschauungsformen und Verstandeskategorien, überhaupt unsere ›apriorische‹ Ausrüstung, als ›unhintergehbar‹, als mit dem Menschsein gegeben, nicht erklärbar und nicht erklärungsbedürftig. Oder sie stützen sich auf die *behavioristische* Tradition: Die menschlichen Verhaltensdispositionen gelten als (fast) ausschließlich soziale/kulturelle Lernprodukte, die grundsätzlich beliebig gestaltbar sind. Nicht selten werden diese Positionen auch vermischt, obwohl sie schwer zu vereinbaren sind.

Die biologisch-evolutionäre Perspektive versteht sich dem gegenüber als *naturalistisch*. Der Mensch gilt ihr als biologische Spezies. Nicht nur die körperliche, sondern auch die mentale Grundausrüstung dieser Spezies wird als Produkt der biologischen Evolution aufgefasst. Diese Grundausrüstung ist jedoch, verglichen mit der anderer Spezies, in besonderem Maße auf den ontogenetischen Einbau von individuellen und kulturell standardisierten Umwelt-Erfahrungen vorbereitet und angewiesen. Hier liegt dann das Kernproblem, wie man die beiden Komponenten, die biologische und die kulturelle, aufeinander beziehen und sinnvoll modellieren kann, um das konkrete phänotypische Verhalten zu erklären. Die *Soziobiologie* betonte die Gemeinsamkeiten des Menschen mit den anderen Spezies und ermittelte gemeinsame Faktoren des Sozialverhaltens; die *Evolutionäre Psychologie* legt stärkeres Gewicht auf das Besondere des menschlichen Denkens und Verhaltens.

Soziobiologie oder Evolutionäre Psychologie?

Die heutigen Anwendungen verhaltensbiologischer Befunde auf die Dichtung sind noch weitgehend von der *Soziobiologie* bestimmt.

Die ersten Schritte solcher Anwendungen galten der Entdeckung biologischer Adaptationen im Verhalten der literarischen Figuren. Weshalb ist Othello eifersüchtig? Weshalb ist Madame Bovary untreu? Weshalb tötet Gretchen ihr Kind? Die soziobiologischen Antworten auf solche Fragen bestehen in der Aufdeckung der reproduktionsstrategischen Vorteile des Verhaltens (die sich in den betreffenden Werken allerdings nur selten bewähren...). Die 1000 Jahre alte japanische Geschichte vom Prinzen Genji erweist sich ebenso als Illustration der soziobiologischen Befunde zum Reproduktionsverhalten wie Puschkins *Schneesturm* oder Hemingways *The Short Life of Francis Macomber*. Auch in der älteren großen Epik – in den homerischen Epen, im Alten Testament, in den Artusepen, der *Volsunga Saga* und im *Cid* – wird das Verhältnis von Männern und Frauen »richtig« – im soziobiologischen Sinne – dargestellt (Beispiele bei Cooke/Turner 1999). Dass in Jane Austens *Pride und Prejudice* die »mate selection« das zentrale Verhaltenssystem ist, wird nicht sonderlich überraschen, ebenso dass »ressources and reproduction constitute the fundamental categories of human behavior in the novel – as they do in actual life« (Carroll 2005, 98 f.). Jede starke anthropologische Überzeugung (Marxismus, Psychoanalyse oder die jeweilige Modephilosophie) drängt anscheinend danach, sich als Universalschlüssel auch an literarischen Figuren zu bewähren und sie wie reale Menschen zu behandeln. Im Falle der soziobiologischen Literaturinterpretation werden die Analysen zu einem fortwährenden Figurenstriptease, bei dem immer wieder der ›nackte Affe‹ präsentiert wird, den die Soziobiologie schon längst gefunden hat. Das gilt sogar für die bisher aufwändigste Untersuchung, Jonathan Gottschalls Arbeit über den Trojanischen Krieg, die »nachwies«, dass all das Helden- und Ehrenwesen »ultimat« nur der Eroberung von Reproduktionschancen diente (Gottschall 2005). Alles, was mit dem Artefaktcharakter der Dichtungen zu tun hat, bleibt auf diese Weise unterbelichtet.

Inzwischen findet auch die Leserreaktion stärkere Beachtung. Joseph Carroll hat dafür den Markennamen »Literary Darwinism« geprägt. Nun will man nicht mehr nur einzelne Werke analysieren, sondern zielt auf grundlegende mentale Strukturen, die man vor allem bei den Rezipienten aufsucht. Entsprechend der szientistischen Programmatik des Ansatzes soll dies mit den Prozeduren der empirischen Psychologie geschehen. Dass man sich darum anderswo schon seit gut 30 Jahren bemüht (vgl. als Überblick Barsch/Rusch/Viehoff 1994), ist dem etwas ethnozentrischen Blick der Literary Darwinists entgangen. Wenn man diese Bemühungen zur Kenntnis genommen hätte, wüsste man vielleicht auch um die Schwierigkeiten einer solchen Empirisierung. So aber treten die Literary Darwinists recht unbeschwert als die Verkünder des Weges zur wahren Wissenschaftlichkeit auf, ohne dass ihre Erträge die Versprechungen schon einzulösen vermöchten. Ein Beispiel: Daniel Kruger, Maryanne Fisher und Ian Jobling untersuchen *Proper Hero Dads and Dark Hero Cads. Alternate Mating Strategies Exemplified in British Romantic Literature*. Dabei werden je zwei Textpassagen von 200–300 Wörtern aus englischen Romanen um 1800 mit Schilderungen zweier Vertreter des Typs des »Proper Hero« und des »Dark Hero« 257 Studentinnen mit einem Durchschnittsalter von 18,73 Jahren an einer Universität im amerikanischen Mittelwesten vorgelegt. Sie sollten ankreuzen, welche Beziehungen sie mit der betreffenden Person eingehen würden. Die Forscher stellten mit Befriedigung fest, dass die Voten der Studentinnen den aus soziobiologischen Erkenntnissen abgeleiteten Prognosen entsprachen: Für *short-term*-Beziehungen wählt man eher die Windhunde, für *long-term*-Beziehungen soll es etwas Solides sein. Die Untersuchung schließt denn auch mit dem Attest, dass die Studentinnen fähig waren, Entscheidungen zu treffen, »that would presumably promote their reproductive success« (Kruger/Fisher/Jobling 2005, 239). Das mag zwar erfreulich sein (jedenfalls in der Steinzeit), hat aber mit Literatur nichts zu tun. Komplexer ist eine andere Untersuchung angelegt, in der 519 Literaturfreunde in 1470 Protokollen 435 Figuren aus 201 kanonischen Romanen des »langen« 19. Jahrhunderts charakterisieren und nach Protagonisten und Antagonisten unterscheiden sollten (Johnson/Carroll/Gottschall/Kruger 2008). Die Schrotschusstechnik der Untersuchung lässt recht unterschiedliche Folgerungen aus den Daten zu. Die Forscher legten das

Hauptgewicht auf die antihierarchischen, egalitären Präferenzen, die sich bei der Auswertung zeigten: Das seien Präferenzen aus unserer Jäger-und-Sammler-Zeit. (Oder sind es Präferenzen von Leuten, die kanonische englische Romane des 19. Jahrhunderts lesen? Und welche steinzeitlichen Präferenzen hätte man wohl beim Publikum von Rambo- oder Terminator-Filmen gefunden?) Auch hier erfährt man nichts über Literatur und fast nichts über Literaturrezeption, außer dass sich hier die kooperationsfördernde Funktion von Dichtung zeige. Sie wird auch sonst gern als Funktion von Dichtung, gar als Argument für die Einschätzung von Dichtung als biologischer Adaptation angeführt (z.B. Boyd 2009), wobei dann auch das biologische Außenseiterkonzept der Gruppenselektion als Grundlage herangezogen wird. Aber abgesehen davon, dass jede Art von Kommunikation kooperationsfördernd sein kann, wird man das umgekehrt nicht jeder Art von Literatur bescheinigen können.

Die eben skizzierten soziobiologischen Ansätze stehen offenbar, ohne es recht zu wissen, in der älteren Tradition einer Erbauungsphilologie, die bei ihren Interpretationen aus den Texten das »Allgemeinmenschliche« zu extrahieren versuchte. Mit dem Unterschied, dass dieses Allgemeinmenschliche oft etwas nebulös blieb und dadurch gegen den Vorwurf des Reduktionismus geschützt war, während es nun unter dem Namen von »Universalien« behandelt wird, die die Soziobiologie ermittelt hat und die nun auch in der Dichtung bzw. ihrer Rezeption sozusagen eins zu eins wiedergefunden werden sollen. Die Beschäftigung mit Dichtung dient dann nur noch der rituellen Bestätigung einer »Weltanschauung« und folgt damit der gleichen Konsens-Hermeneutik, von der sich die Literary Darwinists durch ihre Orientierung an »science« eigentlich absetzen wollen.

Wenn man aus der Begegnung mit der Biologie ein literaturwissenschaftliches Forschungsprogramm entwickeln will, wird man zwar das Wissen um die biologisch erklärbaren Universalien anwenden, aber man wird auch die wichtigste Universalie der menschlichen Natur zur Geltung bringen müssen, nämlich ihre Proteushaftigkeit, d.h. die Vielfalt der Erscheinungen, welche die biologische Substanz unter Kulturbedingungen annehmen kann. Erst dann wird der biologische Blick fruchtbar für die Geschichts- und Kulturwissenschaften. Ansätze dafür sind vorhanden und sollen nun skizziert werden. Sie sind vor allem der *Evolutionären Psychologie* zu verdanken, einem Nachfolgeunternehmen der Soziobiologie, das sich nun speziell auf die biologische Mitgift der Spezies Mensch konzentriert. Die kognitionswissenschaftlichen Ansätze der Menschenwissenschaften werden damit durch eine Erklärungs- und Kontrolebene von kaum zu überschätzender Bedeutung bereichert.

Etwas zugespitzt wurde der Unterschied von Soziobiologie und Evolutionärer Psychologie so formuliert: Die Soziobiologie behandle die Menschen als »Fitnessmaximierer«, die Evolutionäre Psychologie hingegen als Anwender alter Anpassungsleistungen (Buss 1995/2003; vgl. ferner Tooby/Cosmides 1990). Die Mechanismen unserer Adaptationen werden oft in ganz anderen Umwelten aktiv als in denen, unter deren Selektionsdruck sie entstanden sind und in die sie ursprünglich eingepasst waren. Sie müssen dann mehr oder weniger modifiziert, mit neuen Parametern versehen und oft auch neu zusammengesetzt werden, damit sie für andere, kulturell definierte Zwecke eingesetzt werden können - wenn sie nicht als Störgeräusch und Quelle »irrationaler« Reaktionen wirken. Die Feinmotorik unserer Greifhand rührt z.B. ganz wesentlich vom Werkzeug- und Waffengebrauch in alter Zeit (und vom Leben auf den Bäumen und dem Brauch des »Groomings« in noch früheren Entwicklungsstadien). Dank dieser Feinmotorik gibt es Pianisten, Taschenspieler und Gefäßchirurgen, ohne dass sich die Hand als biologische Anpassung an die Probleme solcher spezifischen Anwendungen hätte ausbilden können. Es handelt sich vielmehr um kulturell entwickelte Techniken, die eine Reihe alter Adaptationen und neuer Informationen zu neuen Verhaltensweisen bündeln. Bei keinem anderen Lebewesen kann der Unterschied zwischen Entstehungsumwelt und Anwendungsumwelten der Adaptationen so groß sein wie beim Menschen, so dass die Fähigkeit zum kulturellen Neu-Design alter adaptiver Mechanismen als spezies-konstituierend in den Mittelpunkt einer jeden bioanthropologischen Perspektive gehört. Wir denken dabei zuerst an den Modernisierungsprozess der letzten 400 Jahre, aber schon Jäger und Sammler lebten in der Savanne, am Wüstenrand, im Urwald, in Sümpfen und in Eiswüsten, hatten also bereits eine immense Flexibilität errungen. Die entscheidende menschenspezifische Adaptation, die das ermöglicht, ist eine Art Meta- oder Hyperadaptation: die Sprache.

Die bio-anthropologische Basis von Dichtung wird im Folgenden bei drei biologischen Faktoren aufgesucht: Die beiden Basisfaktoren sind (1) das Spiel, das uns den lustmotivierten Umgang mit unseren Adaptationen in einem Quarantäneraum der uneigentlichen oder fiktionalen Rede ermöglicht, und (2) die vergegenständlichende Darstellungssprache, die uns die Herstellung und Kommunikation von Weltkonserven (Zwischenwelten, Kulturen) ermöglicht. Der dritte Faktor sind (3) die ererbten Verhaltensprogramme; sie wecken unsere Aufmerksamkeit, rufen Erwartungen auf Zusammenhänge und Geschehensabläufe ab und können auf diese Weise auch zur Strukturierung von Vorstellungen verwendet werden, die von Referenz entlastet sind. Auf diesen drei Faktoren baut aber keineswegs nur Dichtung auf, sondern auch Skat, Planspiel, Anglerlatein, unter bestimmten Voraussetzungen auch der Mythos, Liturgie usw. Die biologische Evolutionstheorie kann sich mit Aussicht auf Erfolg bemühen, die gleichbleibenden Eigenschaften oder Dispositionen der Menschheit, ihre »Universalien«, zu ermitteln und zu erklären. Die kulturelle Vielfalt indes, zu der sich diese Universalien entfalten, stellt vor weitere Erklärungsaufgaben, die hier, der Themenstellung entsprechend, nur gestreift werden können. Diese Positionen sind im Folgenden detaillierter zu entwickeln.

Biologische Grundlage von Spiel, Lust, Fiktionalität

Aus ausschließlich biologischer Perspektive gibt es keine Kunst (Eibl 2004, 243 f.). Wir fassen mit diesem vagen Alltagsbegriff auf recht ungenaue Weise sehr heterophäne und vermutlich auch heterogene Verhaltensweisen zusammen. Schon darum müssen Versuche scheitern, Kunst als biologische Adaptation zu erklären. Zwar kann Kunst Informationen übermitteln, Gruppenkohäsion stärken, Stress abbauen, Identität schaffen und auch sonst viel Nutzen stiften (ausführlich die Beiträge bei Carroll und Boyd, den literaturwissenschaftlichen Hauptvertretern der Adaptativitäts-These) – oder auch nicht. Wir sind hier schon längst in der vielfältigen, variablen Welt der Pianisten, Taschenspieler und Gefäßchirurgen, d. h. in der Welt der Kultur, die alte biologische Adaptationen für neue, kulturell adaptive Leistungen einsetzt – oder auch nicht.

Will man trotzdem ein gemeinsames Element möglichst vieler Erscheinungen aufsuchen, auf die unser Alltagsbegriff von Kunst angewandt wird, dann gelangt man zu einem Komplex des Zweckfreien, Ornamentalen, dessen motivierende Kraft darin liegt, dass es Vergnügen bereitet. Dieses zweckfreie Vergnügen (Wohlgefallen, Lust, Freude) wird man auch da finden, wo Künste mit großem Ernst betrieben werden, wo aber jedenfalls das Verhalten nicht unmittelbar durch eine ernsthafte Belohnung motiviert wird. Auf der anderen Seite schließt die Hervorhebung des Zweckfreien, Ornamentalen auch die Tätigkeiten von Hobbygärtnern oder Skatspielern ein, die gewöhnlich nicht als Kunst gelten. Doch auch auf sie lässt sich ein Zentralbegriff der klassischen philosophischen Ästhetik, etwa Kants und Schillers, anwenden, der von neueren Versuchen einer evolutionären Ästhetik wieder aufgenommen wurde: der Begriff des Spiels (vgl. Groos 1896/1930; Eibl 2004 und 2009; Ohler/Nieding 2005; Boyd 2009).

Fällt das Spiel aus dem Selektions- und Nutzenzusammenhang der Evolution heraus? Eine mittlerweile klassisch gewordene These lautet, dass Kunst ein Nebenprodukt der Evolution sei. Nebenprodukte sind in der Terminologie der Evolutionsbiologie solche Eigenschaften, die selbst nicht direkt adaptiv sind, aber als notwendige Begleiterscheinungen von Adaptationen aufgefasst werden können (wie z. B. der Nabel nach der Geburt). Die Nebenprodukt-These wurde z. B. von Steven Pinker vertreten. Pinker meint, hier handle es sich um eine »Lusttechnologie«, die dritte neben der feinen Küche und der Pornografie (Pinker 1994/1998, 651). Sie sei so etwas wie »Käsekuchen mit Erdbeeren« (»strawberry cheesecake«) für den Geist. Besonders hat es ihm die Musik angetan. Sie sei »ein Cocktail von Entspannungsdrogen, den wir über das Ohr zu uns nehmen, um eine Fülle von Lustschaltkreisen auf einmal zu stimulieren« (ebd., 656; explizite Stellungnahme Pinkers zu Gottschall/Wilson 2005, die die Gegenposition vertreten: Pinker 2007). Man wird Pinker schon deshalb gern folgen, weil seine Position weit entfernt ist vom Puritanismus und Utilitarismus der Gegenposition. Aber Pinker konstatiert die Lust nur, er erklärt sie nicht. Sie erscheint bei ihm wie ein unverdientes Geschenk der Natur. Offen bleibt, zu welchem Hauptprodukt das Nebenprodukt gehört.

Hier können Überlegungen der beiden theoretisch anspruchsvollsten Köpfe der Evolutionären Psychologie, Leda Cosmides und John Tooby, weiterhelfen (Tooby/Cosmides 2001/2006). Sie geben dem Spiel eine evolutionäre Basis. Grundlegend ist die Unterscheidung zweier Modi, in denen wir unsere Adaptationen betätigen, des Funktionsmodus und Organisationsmodus. Der Organisationsmodus dient dazu, die Adaptationen, mit denen wir geboren werden, überhaupt erst zu vervollständigen, Umweltinformationen in sie einzubauen und den Organismus sozusagen fertigzustellen. Dass der Mensch mit einem weitgehend gleichbleibenden mentalen Apparat höchst unterschiedliche kulturelle Phänotypien entwickeln kann, liegt am extrem hohen Anteil dieser Umweltelemente und begründet die extrem hohe Bedeutung des Organisationsmodus. Der Organisationsmodus ist der Ursprung des Spielverhaltens bei Mensch und Tier. Schon Karl Groos hatte diesen »Einübungs- oder Selbstausbildungswert« des Spiels erkannt (Groos 1896/1930, 49 ff.). Der Vogel fliegt in »sinnlosen« akrobatischen Figuren durch die Luft, der Hund schüttelt »wütend« den Pantoffel »tot« und der Mensch, dessen überdimensioniertes Gehirn besonders ausbildungs- und wartungsbedürftig ist, spielt nicht nur Rennen, Springen und Werfen, sondern auch Schach, Klavier, »Roman« oder Schiffe Versenken. Solche Handlungsweisen haben trotz ihrer »Sinnlosigkeit« eine lebenswichtige Funktion. Sie bereiten auf den Gebrauch im Funktionsmodus vor oder sichern ihn durch lebenslange Wartungsarbeiten.

Allerdings wird das Verhalten nicht unmittelbar durch den äußeren Erfolg belohnt. Dafür bedarf es vielmehr einer intrinsischen Belohnungsinstanz. Weder der Hund noch der Vogel noch wir würden die Mühsal solcher sinnloser Aktivitäten auf uns nehmen, wenn es nicht eine solche intrinsische Belohnungsinstanz gäbe. Kant und Schiller haben diese Instanz »Lust« genannt, und dabei kann es auch unter evolutionärem Gesichtspunkt bleiben (auch Groos und Pinker sprechen von Lust, Tooby/Cosmides in ähnlichem Sinn von »aesthetics«), wenngleich die Beschreibung und Erklärungen nun nicht mehr transzendental, sondern neurophysiologisch und biologisch sind.

Lustvolle Aktivität im Organisationsmodus ist grundsätzlich bei jeder Adaptation denkbar und speziell beim Menschen auch auffindbar, wenn man genügend Aufmerksamkeit darauf verwendet. Die Endorphin-Räusche zum Beispiel, die sich vertrauenswürdigen Berichten zufolge beim morgendlichen Jogging ereignen und bis zur Sucht steigern können, gehören vermutlich in den Zusammenhang eines Trainings für die Fortbewegung in der Savanne, z. B. für die vielstündigen Ausdauerjagden, bei denen »wir« letztendlich sogar Antilopen erlegt haben (noch heute soll es das bei den San, den »Buschleuten«, geben). Der Jogger wird jedoch bei seinem Tun kaum an eine Antilope denken. Er wird vielleicht an gar nichts denken und nur seiner Lauflust frönen oder er wird seine Aktivität ummotivieren und (von einem anderen adaptiven Verhaltensprogramm motiviert) auf eine Begegnung mit der ebenfalls joggenden Nachbarin hoffen. Sogar für »absolute« Musik kann man Ursprünge bei Aktivitäten im Organisationsmodus suchen, zum Beispiel bei Kalibrierungsvorgängen des Gehörs anhand von mehr oder weniger zueinander passenden Tönen, deren Konstellationen dann in der kulturellen Verarbeitungen mit bestimmten Stimmungswerten verknüpft und dadurch semantisiert werden können; dazu kommt die evolutionär begründete Aufmerksamkeit auf Phänomene der Wiederholung und Steigerung. In ähnlicher Weise basiert die abstrakte Bildende Kunst, bis hin zur Ornamentik der islamischen Welt, auf der Erprobung unserer eingeborenen geometrischen Messinstrumente und der Kalibrierung des Farbensinnes (vgl. Eibl 2009).

Im Falle der Dichtung kommt aber ein sehr explizites semantisches Element hinzu: Ihr Material ist die Sprache. Wenn hier schadenstächtige Missverständnisse vermieden werden sollen, müssen die spielerisch eingesetzten Informationen in Quarantäne gesetzt werden. Auch für diese Quarantäne gibt es natürlich frühere Ansatzpunkte der Evolution, nämlich bei den Spielen der Tiere. Sie haben sogar eigene Markierungen, mit denen sie die Spielabsicht kundgeben. Man kennt das von der Spielaufforderung des Hundes, vom Spielgesicht des Affen usw., die auf einer Metaebene sagen: »Das ist Spiel, nimm die Drohungen nicht ernst!« Von da aus ist kein allzu großer Schritt zum Caveat bildlicher oder fiktionaler Rede: »Das ist nicht wörtlich gemeint«, oder: »Das ist erfunden« (Mellmann 2009).

Biologische Grundlage von Kultur: Sprache und Erzählen

Es ist nun an der Zeit, die entscheidende menschliche Adaptation zu behandeln, die alle anderen in ein anderes Licht rückt und menschliche Kultur überhaupt erst ermöglicht: die Menschensprache. Auch unsere Sprachfähigkeit, genauer: Spracherwerbsfähigkeit ist ein Produkt der biologischen Evolution; die Vielfalt der Einzelsprachen hingegen gehört in den Bereich der ontogenetisch zu erarbeitenden Kultur- und Umweltelemente. Gewiss haben auch andere Lebewesen Kommunikationsmittel. Diese beschränken sich auch nicht auf appellative oder symptomatische Funktionen, wie man früher dachte, sondern können auch Darstellungsmomente enthalten (Unterscheidung nach Bühler 1934/1999). Eine voll ausgebildete Darstellungsfunktion, die so weit ausdifferenziert werden kann, dass sie von der Sprechersituation ablösbare, tradierbare, gar erfundene Weltbeschreibungen ermöglicht, finden wir jedoch nur beim Menschen. Auf ihr basiert die Fähigkeit zur Vergegenständlichung gedanklicher Einheiten und damit zur Konstruktion relativ autonomer Zwischenwelten (Kulturen), die als eine Art Interface zwischen unseren Adaptationen und der realen Welt vermitteln (Eibl 2004; 2009). Damit wird es möglich, den übrigen biologischen Adaptationen neue Leistungen abzuverlangen. Sowohl die Auslöser- als auch die Erfolgsseite der ererbten Verhaltensprogramme können mittels variabler kultureller Informationen und Bestimmungen manipuliert und umdefiniert werden. Der leidige Modularitätsstreit, d.h. der Streit um das Verhältnis von bereichsspezifischer und genereller Intelligenz (Überblick bei Carruthers 2006), könnte seine Auflösung finden, wenn man die Bedeutung der Sprache hoch genug ansetzte. Mit ihr ist etwas grundlegend Neues in die Evolution gekommen. Sie ist eine Art Hyperadaptation, die für das Management aller anderen Adaptationen zuständig ist. Sie kann die verschiedenen Module miteinander verschalten, durch die sprachliche Bezeichnung der Welt können Informationen zwischen den Modulen ausgetauscht, neue Geltungsbereiche ausgehandelt und insgesamt die bereichsspezifischen Intelligenzen so integriert werden, dass sie im Endeffekt eine oder mehrere Vielzweck-Intelligenzen bilden (zu den Methoden solcher Integration vgl. z.B. Cosmides/Tooby 2000 und 2001b). So werden die Verhaltensprogramme befähigt, auch Neues und Fremdes versuchsweise zu verarbeiten – zu improvisieren. Auf die alten, bereichsspezifischen Module kann dann nur noch durch seelen-archäologische Analyse rückgeschlossen werden (zu diesem Analyseverfahren des evolutionären »Reverse Engineering« vgl. u.a. Tooby/Cosmides 2005).

Mit der Sprache ist das Erzählen gleichsam »gesetzt«. In den letzten Jahren ist verstärkt und von ganz verschiedenen Fächern her auf die immense Bedeutung des Erzählens für die menschliche Orientierung hingewiesen worden. In vornarrativen Formen der Vergesellschaftung muss jedes Individuum seine eigenen Erfahrungen machen und kann allenfalls durch Beobachtung und Nachahmung des Verhaltens anderer an deren Erfahrungen partizipieren (eine der Ursachen für die Grenzen der Lernfähigkeit anderer Primaten: Es fehlt ihnen ein Medium für Instruktionen). In Erzählungen aber können solche Erfahrungen zwischenweltlich konserviert werden und stehen allen Beteiligten zur Verfügung. Zugespitzt könnte man sagen: Kulturen (Zwischenwelten) werden durch Erzählungen konstituiert – Erzählungen über die Art, wie man Faustkeile formt, wer mit wem schläft, wie alles angefangen hat usw.

Solches Erzählen hat immer eine doppelte Referenz: Erzählt werden singuläre Ereignisse, doch insofern solche Erzählungen das singuläre Ereignis in kausale Zusammenhänge stellen und erklären sollen, sind diese Ereignisse zugleich Exempel allgemeineren Wissens. »Der Jäger Edek achtete nicht auf die Bewegung im Gras und wurde von der Schlange gebissen«, heißt: »Weil der Jäger Edek nicht auf die Bewegung ...«, heißt: »Wenn man nicht auf die Bewegungen im Gras achtet, kann man von einer Schlange gebissen zu werden.« Das ist sozusagen der Ur-Nukleus, das »faktuale« Erzählen.

Den Weg von diesem Ur-Nukleus zur Dichtung kann man sich in zwei Schritten vorstellen. Der erste Schritt: Es ist denkbar, dass der singuläre Fall seine Bezeichnungsfunktion viel besser erfüllen kann, wenn er erfunden ist. Es wirken dann keine individuellen Interessen oder zufälligen Nebenelemente mit hinein, die ablenken könnten. Musterfälle sind kasuistische Erzählungen im Bereich von Moraltheologie und Rechtslehre, in Erbauungsbüchern, und ferner die klassischen Tierfabeln. Das wäre »Dichtung1«: Der Lustfaktor wird subsidiär eingesetzt, um die Wahrheit »angenehm« zu machen. Schon hier allerdings lassen sich über die Information hinaus weitere Funktionen anlagern. Insbesondere kann sich das Element der Lust zu einem gemeinsamen Lust-Erlebnis verselbständigen, kann es Denkexperimente fördern, Bindungskräfte aktivieren. Der zweite Schritt besteht darin, dass auch die bezeichnete allgemeine Wahrheit von Referenz entlastet wird, eventuell um einer »höheren« Wahrheit willen. »Der Jäger Edek achtete nicht auf die Bewegung im Gras und verschwendete das Salböl aus den Händen der toten alten Frau an den Weltinnenraum«: Das lässt sich nicht mehr einfach in einen allgemeinen Satz übersetzen und als Erfahrung tradieren – es ist »poetisch« oder »mystisch« oder »religiös«. Das wäre »Dichtung2«. Sie ist in ihrer reinen Form ein Grenzfall. Der Ort realer Dichtung liegt irgendwo zwischen Dichtung1 und Dichtung2.

Adaptationen lenken die Aufmerksamkeit

Die Entlastung von Referenz ist motiviert und ermöglicht durch ästhetische Lust im oben erörterten Sinn. Die Mechanismen dieser Lustmotivation basieren auf jenen Adaptationen, mit deren Hilfe wir auch die wirkliche Welt konstruieren und handhaben. Die Stimuli, die von den dichterischen Werken gesetzt werden, rufen ererbte Verhaltensprogramme ab und steuern auf diese Weise die Aufmerksamkeit. Zum Zweck der Darstellung kann man zwei Gruppen adaptativer Vorgaben unterscheiden, die unser Interesse an erfundenen Geschichten leiten: Die emotionalen Appelle (1) und die kognitiven Erwartungen (2).

Die emotionalen Appelle und der Attrappencharakter der Auslöser

Hier gibt es bereits zwei gründliche Monografien, die über den Proklamationscharakter anderer Arbeiten weit hinausgehen. Clemens Schwender hat die Emotionsregie der Massenmedien beobachtet und auf elementare Mechanismen evolutionärer Herkunft zurückgeführt (Schwender 2001/2006, ferner Schwab 2004). Vor allem hat er den Attrappencharakter der betreffenden Auslöser herausgearbeitet. Dieser Attrappencharakter kann z. B. erklären, weshalb mediale Wahrnehmung trotz mancher teils extrem wirklichkeitsferner Elemente (Schnitt, Bewegung, Einstellungsgrößen, Perspektiven – und warum reichen beim Zeichentrickfilm vier Finger?...) weitgehend problemlos funktioniert. Mit diesem Ansatz ist der bloße Abbild-Ansatz überwunden, die Abbildungselemente sind wahrnehmungspsychologisch eingebettet.

Mit dem Begriff der Attrappe operiert auch Katja Mellmann, die den Emotionalisierungsprozess der deutschen Dichtung im 18. Jahrhundert untersucht (Mellmann 2006a, 2006b, 2007). Sie bringt damit die historische Dimension hinzu und konfrontiert ein wichtiges Problem des literaturwissenschaftlich-hochliterarischen Kanons mit Befunden einer evolutionär informierten Psychologie. Sie macht auch durch eine Neumodellierung plausibel, weshalb die Attrappenwirkung nicht bis zum Handeln durchschlägt (wir also vor dem Leinwand-Löwen nicht davonlaufen), so dass wir das Schöne wahrnehmen können, ohne es besitzen zu wollen, und uns den aversiven Reizen des Grauenvollen und Erhabenen mit Genuss aussetzen können: Mit der Unterscheidung von Auslösemechanismus und Verlaufsprogramm wird erklärt, weshalb die Attrappen zwar wahre Emotionsbäder hervorrufen können, aber nicht zu entsprechenden Handlungen führen.

Für die kulturwissenschaftliche Weiterentwicklung von besonderem Interesse ist dabei, dass wir zwar von einem gewissen Grundbestand an biologisch vorbereiteten Emotionen ausgehen können, dass aber deren Auslöser unter Kultur- und Sprachbedingungen durch Prozesse metaphorischer Übertragung in vielfältiger Weise modelliert und (um-) definiert werden können. Ein Beispiel ist die Empathie (»Identifikation«), die wir mit literarischen Figuren empfinden. Sie beruht auf der kulturellen Definitionsarbeit, die wir der soziobiologisch erklärbaren Neigung zur Förderung von Blutsverwandten haben angedeihen lassen. Der entsprechende Personenkreis kann durch kulturelle Um-Definitionen immens gedehnt werden, so dass die affektive Besetzung auch für nachbarschaftliche, religiöse oder nationale Solidaritäten in Anspruch genommen werden kann, mit teils erfreulichen, teils verheerenden Folgen (grundlegend Vowinckel 1995). Entsprechend können wir auch mit literarischen Figuren leiden, als wären sie Träger unserer Gene. Die *aversiven Reize*, die von der Bedrohung durch Unwetter, Bergschluchten, Raubtiere, Feinde ausgehen, haben evolutionär die simple Funktion, uns für unsere Sicherheit sorgen zu lassen. Sie können aber auch von akuter Bedrohung abgelöst werden und im Organisationsmodus Lust spenden, im Horrorfilm oder in der Geisterbahn oder in der Tragödie, die uns nach dem Zeugnis des Aristoteles mit Jammer und Schauder erfüllt. Sie können auch als drohendes Strafgericht Jehovahs gedeutet und weiterverarbeitet werden, und seit dem 18. Jahrhundert werden sie sogar absichtlich aufgesucht, damit sie uns »angenehmes Grauen« und die Empfindung des »Erhabenen« vermitteln. Die *appetitiven Reize*, die von Sex, Nahrung, sicheren und fruchtbaren Habitaten und sozialen Beziehungen ausgehen, sind, wie Randy Thornhill formuliert hat, »Versprechen von Funktion«, d.h. sie werden als Indizien von reproduktionsfördernden Faktoren verarbeitet und »instinktiv« aufgesucht (Thornhill 2003). Heimat und Heimkehr gehören ebenso zu den »ewigen« Motiven der Literatur wie der Erwerb des täglichen Brotes in seinen vielfältigen sozialen Bedingungen und natürlich das Thema der geschlechtlichen Vereinigung und ihrer Voraussetzungen. Eingesetzt werden kann das Interesse an diesen Themen dann in ganz unterschiedlichen geschichtlich-kulturellen Kontexten auf ganz unterschiedliche Weise, im Falle der Sexualität z. B. als »eye catcher« in der Produktwerbung, im einverständigen Spiel der Rokoko-Poesie (und der Pornografie) oder in jenen dramatischen Zuspitzungen insbesondere seit der »Sattelzeit«, in denen die individuelle Liebe zum Katalysator für die Darstellung des unüberwindlichen Gegensatzes von Individuum und Gesellschaft wird.

Kognitive Strukturen und Verlaufserwartungen

Die emotionalen Appelle sind untrennbar mit bestimmten Geschehenserwartungen verknüpft. Diese Erwartungen wecken unser Interesse am Künftigen und schaffen die Grundstrukturen beim Konstruieren unserer real-referentiellen Welten, doch auch der fiktiven Welten der Poesie. Die kognitiven Vorstrukturierungen der Welt, die den Techniken dieser Konstruktion zugrunde liegen, können sehr viel besser erkannt werden, wenn man ihre ursprünglichen Umwelten und deren Selektionsdruck berücksichtigt. Als Beispiel dafür, wie alte Probleme durch den evolutionären Blick eine neue Wendung erhalten können, sei das Problem des Autors/Erzählers angeführt, das zu den Kernproblemen der Narrativik gehört (Schmid 2008, zum Gesamtkomplex Jannidis/Lauer/Martinez/Winko 1999). Vor gut 20 Jahren ging die Parole durchs Dorf, der Autor sei »tot«, und manchen Proseminaristen wurde förmlich verboten, vom Autor zu sprechen. Doch er ist nicht totzukriegen. Michel Foucaults berühmter Text, der immer wieder als Manifest der Liquidierung des Autors herangezogen wird, artikulierte eher das Staunen darüber, dass der Autorbegriff offenbar unentbehrlich ist, obwohl er nach seiner Theorie eigentlich hätte »verschwinden« müssen. Ans Ende seines Essays hat Foucault fast trotzig ein Beckett-Zitat gesetzt: »Wen kümmert's, wer spricht?« (Foucault 1969/2000, 227.) Nehmen wir die Frage ernst, dann lautet die Antwort: Den Leser/Hörer kümmert's! Denn seit Urzeiten, seit der Erfindung der Sprache denken wir zu jeder sprachlichen Äußerung einen Sprechenden hinzu (eine »Ich-Origo«), nicht nur aus Gewohnheit, sondern weil in jenen frühen Zeiten, und manchmal auch heute noch, von der richtigen Einschätzung der Quelle einer Information das Leben und damit die Chance zur Weitergabe der Gene abhängen konnte. Um ein berühmtes Wort von George C. Williams umzuformulieren: »Der Frühmensch, den es nicht kümmerte, wer spricht, war bald ein toter Frühmensch und gehört folglich nicht zu unseren Vorfahren.« Eine andere Frage ist dann wieder, wie die Erwartung, dass jede Rede jemandes Rede sei, historisch befriedigt wird.

Andere uralte Erwartungen betreffen den Faktenzusammenhang oder den Geschehensverlauf. Die entsprechenden apriorischen Erwartungen wurden früher von der Philosophie, später dann auch von Psychologie und Soziologie und, den evolutionärpsychologischen Ansätzen besonders nahe stehend, von der Evolutionären Erkenntnistheorie (vgl. z. B. Vollmer 2003) hervorgehoben. Die Kategorien des Aristoteles gehören ebenso hierher wie die Kategorien Kants, namentlich Kausalität und Teleologie, die »idola tribus« des Francis Bacon, Vorurteile (so weit sie ein angeborenes Element enthalten), Schemata, Skripte, alle Bestandteile dessen, was Gert Gigerenzer die »adaptive Toolbox« nennt (Gigerenzer 2001), Erwartungen, soziomorphe, technomorphe und biomorphe Modellvorstellungen usw. – es ist eine Sammlung ganz unsystematisch entstandener Werkzeuge der Wirklichkeitskonstruktion, die hier auch unsystematisch aufgezählt werden. Oft erscheinen sie uns nur dann bemerkenswert, wenn gegen sie verstoßen wird – wenn das Geschehen z. B. die erwartete Kausalität oder Teleologie verletzt. Aber gerade das ist ein Indiz für das selbstverständliche Wirken dieser evolutionären Vorgaben bei unseren Erwartungen. Irenäus Eibl-Eibesfeldt hat in diesem Zusammenhang den Begriff der »Gestalt« fruchtbar gemacht, allerdings vornehmlich für Erscheinungen der Bildenden Kunst (Eibl-Eibesfeldt 1988; 2007). Man kann den Begriff auch auf die welt-/werkkonstituierenden Vorgriffe der literarischen Rezeption anwenden, um zu einer biologisch und kognitionswissenschaftlich informierten neuen Formenlehre der Dichtung zu kommen.

Drei Beispiele müssen an dieser Stelle genügen: Eine Gestalt mit biologischer Grundlage ist z. B. die Wiederholung, vom Reim bis zum Leitmotiv. Wir erwarten Wiederholungen, achten auf sie, stellen sie auch selbst beim Rezipieren aufgrund von Ähnlichkeiten her, weil durch sie unser Induktionsinstinkt angeregt und befriedigt und die Gleichförmigkeit und Beherrschbarkeit der Welt beglaubigt wird (Eibl 2009b). Ähnliche gestaltbildende Funktion hat das Prinzip der Detektion. Hier wirken generell Neugierde oder Explorationslust, wie wir sie von vielen jungen Tieren kennen, doch hat die Evolutionäre Psychologie plausibel gemacht, dass zumal dem Menschen ein ›cheater detector‹-Modul eingebaut ist, das die Gemeinschaft vor Betrügern und Trittbrettfahrern schützt: Jeder Fernsehabend beschert uns mindestens ein halbes Dutzend Betrüger der schlimmsten Sorte, die wir – die unser »cheater detector« lustvoll entlarvt. Das *Prinzip Hoffnung* schließlich, von Ernst Bloch als »Trieb, nach Hause zu gelangen« (Bloch 1976, I, 6) bestimmt, hat sich seit Beginn unserer Rudelexistenz als lebenserhaltend und damit selektionsrelevant erwiesen. Es trägt so heterogene Gestalten wie das epische Bauprinzip von Ausfahrt und Heimkehr, Liebesgeschichten, die aufs Wiederfinden zustreben, politische Wiedervereinigungsparolen und heilsgeschichtliche Träume von Auferstehung und Apokatastasis (Eibl 2008b).

Zum Abschluss sei noch einmal betont, was nicht nur von Gegnern der evolutionären Perspektive zuweilen nicht zur Kenntnis genommen wird: Die biologische Evolutionstheorie als realwissenschaftliche Theorie kann nur Partialerklärungen bieten. Wo sie sich zur »Weltanschauung« mit Totalerklärungsanspruch ausweitet, verlässt sie den Boden der Realwissenschaften und tritt das Erbe der Religionen oder religionsartiger Philosophien an. Im vorliegenden Fall bedeutet das: Die biologische Basis von Dichtung/Literatur/Kunst ist evolutionären Herleitungen zugänglich, die bis zurück ins Tierreich verfolgt werden können, aber zur wissenschaftlichen Erforschung dessen, was auf dieser Basis aufbaut, sind weitere, binnenkulturelle Interdependenzen zu berücksichtigen. Nur zu bestimmten Zeiten, in bestimmten Kontexten ist z. B. eine Literatur aufzufinden, die sich ausschließlich dem Ergötzen am Spiel verschreibt. Wo aber Literatur auf Realprobleme referiert, ist sie natürlich durch die Art dieser Probleme mit ihren Kontexten verknüpft und kann sie in der ganzen Breite vom Mitleiden an den Problemen über die zynische Problemvernichtung bis zur utopischen Problemaufhebung verarbeiten. Insbesondere die nachbarschaftliche Durchdringung zu dem, was in unserer Kultur als Religion oder Philosophie oder Wissenschaft departementalisiert ist, kann sich ganz unterschiedlich gestalten. Aber auch hier können die Affinitäten und funktionalen Äquivalenzen durch Rückbezug auf die adaptativen Grundlagen und Grundbedürfnisse aufgehellt werden.

Literatur

Barkow, Jerome H./Cosmides, Leda/Tooby, John (Hg.) (1992): The Adapted Mind. Evolutionary Psychology and the Generation of Culture. New York.
Barsch, Achim/Rusch, Gebhard/Viehoff, Reinhold (Hg.) (1994): Empirische Literaturwissenschaft in der Diskussion. Frankfurt a. M.
Bloch, Ernst (1967): Das Prinzip Hoffnung. 3 Bde. Frankfurt a. M.
Bühler, Karl (1999[3]): Sprachtheorie. Die Darstellungsfunktion der Sprache [1934]. Stuttgart.
Buss, David M. (2003): »Evolutionspsychologie – ein neues Paradigma für die psychologische Wissenschaft«. In: A. Becker u. a. (Hg.): Gene, Meme und Gehirne. Eine Debatte. Frankfurt a.M, 137–226 [A New Paradigm for Psychological Science. Psychological Inquiry (1995), Vol. 6, No. 1: 1–30.].
Buss, David M. (Hg.) (2005): The Handbook of Evolutionary Psychology. Hoboken.
Carroll, Joseph (2004): Literary Darwinism. Evolution, Human Nature, and Literature. London.
Carroll, Joseph (2005): Human Nature and Literary Meaning. A Theoretical Model Illustrated with a Critique of ›Pride and Prejudice‹. In: The Literary Animal, 76–106.
Carruthers, Peter (2006): The Architecture of the Mind: Massive Modularity and the Flexibility of Thought. Clarendon.
Cooke, Brett/Frederick Turner (Hg.) (1999): Biopoetics. Evolutionary Explorations in the Arts. Lexington.
Cosmides, Leda/John Tooby (2000): »Consider the Source. The Evolution of Adaptations for Decoupling and Metarepresentations«. In: Dan Sperber (Hg.): Metarepresentations. A Multidisciplinary Perspective. New York, 53–116.
Cosmides, Leda/John Tooby (2001b): »Unraveling the Enigma of Human Intelligence: Evolutionary Psychology and the Multimodular Mind«. In: R. J. Sternberg/ J. C. Kaufman (Hg.): The Evolution of Intelligence. Hillsdale (NJ), 145–198.
Eibl, Karl (2004a): Animal Poeta. Bausteine der biologischen Kultur- und Literaturtheorie. Paderborn.
Eibl, Karl/Mellmann, Katja 2008a): Misleading Alternatives. In: Style 42, 2 & 3 (2008): 166–171.
Eibl, Karl (2008b): »Epische Triaden. Über eine stammesgeschichtlich verwurzelte Gestalt des Erzählens«. In: Journal of Literary Theory 2 (2008), 197–208.
Eibl, Karl (2009a): Kultur als Zwischenwelt. Eine evolutionsbiologische Perspektive. Frankfurt a. M.
Eibl, Karl (2009b): »The Induction Instinct: Evolution and Poetic Application of a Cognitive Tool«. In: Katja Mellmann/Anja Müller-Wood (Hg.): Biological Constraints on the Literary Imagination [Studies in the Literary Imagination 42.2. (in Vorbereitung)].
Eibl, Karl (2009c): »Vom Ursprung der Kultur im Spiel. Ein evolutionsbiologischer Zugang«. In: Thomas Anz/Heinrich Kaulen (Hg.): Literatur als Spiel. Evolutionsbiologische, ästhetische und pädagogische Aspekte. Beiträge zum Deutschen Germanistentag 2007. Berlin/New York, 19–33.
Eibl-Eibesfeldt, Irenäus (1988): »The Biological Foundation of Aesthetics«. In: Ingo Rentschler/Barbara Herzberger/David Epstein (Hg.): Beauty and the Brain. Basel/Boston/Berlin, 29–68.
Eibl-Eibesfeldt, Irenäus/Sütterlin, Christa (2007): Weltsprache Kunst. Zur Natur- und Kunstgeschichte bildlicher Kommunikation, Wien.
Foucault, Michel (1969/2000): »Was ist ein Autor?« In: Fotis Jannidis/Gerhard Lauer/Matias Martinez/Simone Winko (Hg.): Texte zur Theorie der Autorschaft. Stuttgart, 198–232.
Gigerenzer, Gert/Selten, Reinhard (Hg.) (2001): Bounded Rationality. The Adaptive Toolbox. Cambridge (Mass.).
Gottschall, Jonathan (2008): The Rape of Troy: Evolution, Violence, and the World of Homer. Cambridge University Press.
Gottschall, Jonathan/Wilson, David Sloan (Hg.) (2005): The Literary Animal. Evanston (IL).
Groos, Karl (1930[3]): Die Spiele der Tiere [1896]. Jena.

Jannidis, Fotis/Lauer, Gerhard/Martinez, Matias/Winko, Simone (Hg.) (1999): Rückkehr des Autors. Zur Erneuerung eines umstrittenen Begriffs. Tübingen.

Johnson, John A./Carroll, Joseph/Gottschall, Jonathan/Kruger, Daniel J. (2008): »Hierarchy in the Library: Egalitarian Dynamics in Victorian Novels«. In: Evolutionary Psychology 6 (4): 716–738.

Kruger, Daniel J./Fisher, Maryanne/Jobling, Ian (2005): »Proper Hero Dads and Dark Hero Cads. Alternate Mating Strategies Exemplified in British Romantic Literature«. In: Jonathan Gottschall/David Sloan Wilson (Hg.): The Literary Animal. Evanston (IL), 225–243.

Mellmann, Katja (2006a): Emotionalisierung. Von der Nebenstundenpoesie zum Buch als Freund. Eine emotionspsychologische Analyse der Literatur der Aufklärungsperiode. Paderborn.

Mellmann, Katja (2006b): »Literatur als emotionale Attrappe. Eine evolutionspsychologische Lösung des ›paradox of fiction‹«. In: Uta Klein/Katja Mellmann/Steffanie Metzger (Hg.): Heuristiken der Literaturwissenschaft. Disziplinexterne Perspektiven auf Literatur. Paderborn, 145–166.

Mellmann, Katja (2007): »Biologische Ansätze zum Verhältnis von Literatur und Emotionen«. In: Journal of Literary Theory 1.2: 357–375.

Mellmann, Katja (2009): »Das ›Spielgesicht‹ als poetisches Verfahren. Elemente einer verhaltensbasierten Fiktionalitätstheorie«. In: Thomas Anz/Heinrich Kaulen (Hg.): Literatur als Spiel. Evolutionsbiologische, ästhetische und pädagogische Aspekte. Beiträge zum Deutschen Germanistentag 2007. Berlin/New York (in Vorbereitung).

Ohler, Peter/Nieding, Gerhild (2005): »Sexual Selection, Evolution of Play and Entertainment«. In: Journal of Cultural and Evolutionary Psychology 3: 141–157.

Pinker, Steven (1998): Wie das Denken im Kopf entsteht [How the Mind Works, 1994]. München.

Pinker, Steven (2007): »Toward a Consilient Study of Literature«. In: Philosophy and Literature 31: 161–177 [Rezension von Gottschall/Wilson (2005)].

Schmid, Wolf (2008[2]): Elemente der Narratologie [2005]. Berlin/New York.

Schwab, Frank (2004): Evolution und Emotion. Evolutionäre Perspektiven in der Emotionsforschung und der angewandten Psychologie. Stuttgart.

Schwender, Clemens (2006[2]): Medien und Emotionen. Evolutionspsychologische Bausteine zu einer Medientheorie [2001]. Wiesbaden.

Thornhill, Randy (2003): »Darwinian Aesthetics Informs Traditional Aesthetics«. In: Eckart Voland/Karl Grammer (Hg.): Evolutionary Aesthetics. Heidelberg/New York, 9–38.

Tooby, John/Cosmides, Leda (1990): »The Past Explains the Present: Emotional Adaptations and the Structure of Ancestral Environments«. In: Ethology and Sociobiology 11: 375–424.

Tooby, John/Cosmides, Leda (2006): »Schönheit und mentale Fitness. Auf dem Weg zu einer evolutionären Ästhetik«. In: Uta Klein/Katja Mellmann/Steffanie Metzger (Hg.): Heuristiken der Literaturwissenschaft. Disziplinexterne Perspektiven auf Literatur. Paderborn, 217–244 [«Does Beauty Build Adapted Minds? Toward an Evolutionary Theory of Aesthetics, Fiction and the Arts«. In: SubStance. A Review of Theory and Literary Criticism (2001) 30, H. 1–2, Issue 94/95, Special Issue: On the Origin of Fictions, 6–27.].

Tooby, John/Cosmides, Leda (2005): »Evolutionary Psychology: Conceptual Foundations«. In: David M. Buss (Hg.): The Handbook of Evolutionary Psychology. Hoboken, 5–67. Online im Internet unter: http://www.cbd.ucla.edu/downloads/concept-j16.pdf [Stand: 22.9.2008].

Vowinckel, Gerhard (1995): Verwandschaft, Freundschaft und die Gesellschaft der Fremden. Grundlagen menschlichen Zusammenlebens. Darmstadt 1995.

Voland, Eckart (2007): Die Natur des Menschen. Grundkurs Soziobiologie. München.

Vollmer, Gerhard (2003): Wieso können wir die Welt erkennen? Neue Beiträge zur Wissenschaftstheorie. Stuttgart.

Karl Eibl

9. Ökonomik

Zur Geschichte des evolutionistischen Denkens in der Ökonomik

Die Idee einer Ordnungsstruktur, die Folge menschlichen Handelns ist, nicht aber menschlichen Entwurfs, tritt nicht erst mit dem evolutionistischen Denken in der Biologie auf, sondern entstammt der britischen und französischen Sozialphilosophie des 18. Jahrhunderts (vgl. Raphael 1969; Schneider 1967). Anders als Aristoteles, der diese Denkmöglichkeit ebenfalls bereits klar erkannt, aber als offensichtlich absurd verworfen hatte (vgl. eindrucksvoll in der *Physik*, Aristoteles 1967, 198b), hielt David Hume eine ungeplante Entstehung der Ordnung in der Natur für plausibel. In seinen *Dialogen über natürliche Religion* dehnte er dieses sozialphilosophische Argument im Zusammenhang mit einer Kritik am »teleologischen Gottesbeweis« sogar so weit aus, dass er die Idee einer spontanen Entstehung von gesellschaftlicher Ordnung auf die Natur übertragen konnte und die Anpassung der Tiere an ihre Umwelt auf diese Weise deutete (vgl. Hume 1779/1989).

Die Bekanntschaft mit solchen Überlegungen sowie mit dem sozialtheoretischen Werk von Thomas Hobbes, welches die Idee vom Krieg aller gegen alle als Naturzustand populär machte, stimmte schließlich Darwins Zeitgenossen aufnahmebereit für die Evolutionstheorie. Vorstellungen von Konkurrenz und Verdrängungswettbewerb, aber auch von Kooperation als Mittel der Zielverfolgung waren mithin vertraute Denkfiguren, als Darwins »*On the Origin of Species*« (1859/1976) erschien. Auch die Einsicht, dass in einer Welt, in der eigennütziges Verhalten möglich ist, fremdnütziges Verhalten den Untergang des Verhaltensträgers heraufbeschwören kann, war den Gebildeten der Zeit nicht fremd. Damit konnte die Theorie des Theologen und Sozialphilosophen Thomas Malthus von der sogenannten »geometrischen Vermehrung« der Bevölkerung, welche Darwin und Wallace als Wurzel ihrer Konzeption eines »Kampfs ums Dasein« bezeichnet hatten, in einen Horizont verwandter Überlegungen über die Natur insgesamt eingeordnet werden.

In der Zeit nach Darwin wurden auf dem Hintergrund der Evolutionstheorie die schon bestehenden konfliktbasierten Ansätze in der Sozialtheorie fortgeführt. Sie bestimmten die Entwicklung bis zum Ersten Weltkrieg und bis in die Zwischenkriegszeit hinein mit. An Kritikern (vgl. stellvertretend für andere Kropotkin 1908/1975), die auf die vielfältigen Gegenevidenzen verwiesen, fehlte es dabei ebenso wenig wie an ökonomienahen Sozialtheoretikern, die sich vom Darwinismus inspirieren ließen (exemplarisch Sumner/Keller 1927). Im ökonomischen Denken gibt es jedenfalls eine ununterbrochene Linie, die von Thomas Hobbes über dessen Kritiker unter den britischen Moralisten wie Adam Ferguson oder Adam Smith zu evolutionistisch inspirierten Theoretikern wie Joseph Alois Schumpeter und Friedrich August von Hayek im 20. Jahrhundert führt (vgl. etwa Hayek 1967). Der Übergang zu der vom Aufstieg der Spieltheorie geprägten heutigen Nahbeziehung von Ökonomik und Evolutionstheorie hat sich in der Ökonomik nach dem Zweiten Weltkrieg angekündigt und seit Mitte der 1980er Jahre fest etabliert (vgl. etwa mit Bezug auf die Spieltheorie: Selten 1991, Gintis 2000).

Vom ursprünglichen zum modernen evolutionistischen Denken in der Ökonomik

Zwei Erklärungsperspektiven

Im Zugang zu sozialen Phänomenen sind zwei verschiedene Perspektiven zu unterscheiden. Im einen Fall geht es darum, die bewusste Motivation des Verhaltens durch subjektiv vorgestellte und bewertete zukünftige Kausalfolgen gleichsam phänotypisch zu betrachten. Im anderen Fall fokussiert man auf den objektiven Erfolg der subjektiv motivierten Verhaltensweisen im Rahmen der »Überlebenskonkurrenz« der diese Verhaltensweisen zeigenden bzw. steuernden Entitäten (Programme, Gene, Meme). Zum einen wird das Verhalten »proximat« durch die Überzeugungen und Wünsche des (beschränkt) rationalen Akteurs erklärt. Das Auftreten von Überzeugungen und Wünschen selbst kann zum anderen »ultimat« einer Erklärung unterzogen werden, indem auf die relative objektive Vorteilhaftigkeit eines entsprechend motivierten Verhaltens für dessen Träger in Konkurrenz mit gleich- oder andersartig motivierten Phänotypen verwiesen wird.

Die neoklassische Ökonomik und die Evolution

Die Behauptung, dass rationale Akteure in jedem Einzelfall bewusst ihre subjektive Zielfunktion maximieren, sollte nicht wörtlich genommen werden. Individuen verhalten sich nach Auffassung der Ökonomen so, »als ob« sie ihre Zielfunktion strategisch rational maximieren würden. Man kann ihr Verhalten aufgrund des *Homo oeconomicus*-Modells voraussagen, ohne dass es einen realen Mechanismus gäbe, der diesem Modell entspräche (vgl. zur Kritik: Albert 1967/1998).

Wenn man, wie die Ökonomen selbst einräumen, nicht behaupten darf, dass menschliche Akteure tatsächlich *Homines oeconomici* sind, dann sollte man wenigstens mit einer Erklärung dafür aufwarten können, warum ihr Verhalten dem entspricht, was *Homines oeconomici* tun würden. Argumente dieser Art haben Ökonomen dazu gebracht, auf Prozesse evolutionärer Selektion – d. h. auf Mechanismen, die der natürlichen Selektion analog sind – zurückzugreifen, die ihrerseits erklären sollten, warum allein individuell opportunistisches Verhalten auf Dauer in Interaktionen bestimmter Art vorherrschen kann. Das klassische Beispiel für eine derartige Argumentation wurde von Armen Alchian im Jahre 1950 in die Diskussion eingeführt (vgl. Alchian 1950 und Friedman 1953/1966): Man stelle sich einen großen Markt unter Bedingungen vollständiger Konkurrenz vor. Die Akteure auf diesem Markt – deren Anzahl sehr groß ist, bzw. gegen »unendlich« geht – sind mit »blinden« Verhaltensprogrammen ausgestattet. Die Interaktion der von diesen Programmen gesteuerten Akteure vollzieht sich über viele Runden – potenziell unendlich lange und häufig – unter konstanten externen Bedingungen. In jeder Runde wird ein objektiver Erfolg der vorhandenen Verhaltensprogramme bei der gegebenen Populationszusammensetzung bestimmt. Proportional zur Anzahl und zum Erfolg der Träger der jeweiligen Programme kommt es beispielsweise zu einer »Replikatordynamik« (vgl. Taylor/Jonker 1978). Danach steigt in der nächsten Runde der Anteil von jenen, die überdurchschnittlich gut abschnitten (z. B. weil sie mehr Profit machten). Der Anteil derer, die unterdurchschnittlichen objektiven Erfolg (z. B. Profit) hatten, sinkt hingegen. Nach einer hinreichenden Anzahl von Runden werden nur noch die best-angepassten Programme vorhanden sein. Auch wenn niemand subjektiv optimiert, bleiben am Ende nur diejenigen übrig, die sich objektiv so verhalten, als ob sie optimierten.

Die Bedingungen, unter denen beispielsweise sogenannte »Profitmaximierer« überleben können, sind allerdings keineswegs universell erfüllt (vgl. Radner 1998; Güth/Peleg 2001; Smith 2008). Selektion mag zwar langfristig wirken, doch wird sie nur bei Vorliegen bestimmter Situationsbedingungen – wie z. B. vollkommener Konkurrenz und/oder rein privater Typeninformation – die Anlagen zur opportunistischen Wahrnehmung aller sich bietenden Chancen im Sinne des klassischen *Homo oeconomicus* Modells prämieren. Dabei gilt es zu beachten, dass gerade die Anlage zu größerer Flexibilität bzw. die Befähigung zu opportunistischem Verhalten eines *Homo oeconomicus* Gegenstand der evolutionären Selektion sein kann. Nicht strikt programmiert zu sein und Chancen wahrnehmen zu können, ist selbst eine Anlage (vgl. aus Sicht der evolutionären Psychologie: Buss 2005; aus Sicht kultureller Evolution: Güth/Kliemt 2004).

Anhänger der neueren evolutionären Ökonomik haben Annahmen gemacht, die sehr an die soziologische Sicht von internalisierten Verhaltensnormen erinnern. Mit dem bekannten Diktum Schumpeters, dass der einfache Landmann sein Vieh genauso clever verkaufe wie ein Börsenhändler seine Finanzprodukte (vgl. Schumpeter 1959, 80), argumentieren sie, dass Schumpeter damit nicht meinte, der Landmann sei subjektiv ebenso berechnend wie der Börsenhändler. Er schränke seine These vielmehr auf Situationen ein, in denen die Landleute über Generationen Gelegenheit hatten, ein entsprechendes Verhaltensprogramm (eine Regel oder Norm) durch Versuch, Irrtum und Imitation zu lernen. Eine solche Sicht ist vereinbar mit Modellen beschränkter Rationalität, doch keineswegs mit den üblichen ökonomischen Standardmodellen vollständig flexiblen zukunftsgerichteten rationalen Verhaltens, das in jedem Einzelfall optimiert.

Die Einschränkung auf regelgeleitetes Verhalten lässt die betreffenden Ansätze (vgl. Hayek 1967; Vanberg, 1994) in den Augen vieler neoklassischer Ökonomen als suspekt erscheinen. Dennoch dürften sie näher an der Wahrheit realen menschlichen Verhaltens liegen als Erklärungen, die mit der Opportunismusannahme der neoklassischen Orthodoxie vereinbar sind. Von hohem Erklärungsinteresse sind insbesondere solche Modellierungen moderner evolutionärer Ökonomik, die versuchen, die fixen, zu selektierenden Entitäten genauer zu spezifizieren. Beispielsweise können Organisationsregeln einer Firma als »geronnene Erfahrungen« angesehen werden, die sich im Konkurrenzprozess bewährten (vgl. Nelson/Winter 1982). In spieltheoretisch motivierten Simulationsstudien handelt es sich ganz konkret um Computerprogramme, die erfolgreicher bzw. weniger erfolgreich als andere innerhalb einer Population von Programmen sind (vgl. auf Märkte bezogen: Gode/Sunder (1993).

Das Problem all dieser Modellierungen ist es, dass für die charakteristischen Rationalitätsannahmen der ökonomischen Neoklassik in der eigentlichen Erklärung kein Raum zu sein scheint. Die tragenden Annahmen weichen von den neoklassischen Verhaltensannahmen ab (vgl. Witt 1987). Insbesondere die Programmanalogie, die gebundenes, von vergangenen selektiven Erfolgen bestimmtes Verhalten voraussetzt, steht im Gegensatz zu dem Kernmodell vorausschauend rationalen Verhaltens, das den Erklärungen der neoklassischen Ökonomik zugrunde liegt (vgl. Kliemt 1987). Dieses Spannungsverhältnis von Evolutionsgedanke und vorausschauender neoklassischer Optimierung werden wir im Weiteren exemplarisch und durch den Vorschlag einer Integration in ein übergeordnetes Modell indirekter Evolution beleuchten. Dadurch lassen sich sowohl die typische modellbasierte Herangehensweise von Ökonomen als auch die Basisansätze und -probleme evolutionistischen Denkens in der Ökonomik in einem einheitlichen Modell vereinigen und illustrieren.

Exemplarische Modellierungen evolutionärer Ökonomik

Der archetypische Tausch

Zwei Personen, A und B, verabreden eine Zusammenarbeit. Bei dieser arbeitsteiligen Kooperation muss die eine leisten, ohne zu wissen, ob die andere wirklich ihren Teil der Leistung erbringen wird. Als Beispiel kann dafür die populäre Internetplattform eBay dienen. Wenn hier verabredet wird, dass B eine Ware gegen Vorkasse liefern soll, dann muss A in Vorleistung treten, ohne zu wissen, ob B wirklich nachleisten wird. Kommt der Tausch »Ware gegen Geld« wie verabredet zustande, dann stehen sich beide gegenüber dem Zustand ohne Tausch besser. Doch stünde sich der Nachleistende B noch besser, wenn er das Geld entgegennehmen würde und die Ware, etwa für die Suche nach einem weiteren Opfer, behalten könnte. Die Existenz dieser Versuchung für B ist A bekannt und A muss sich daher fragen, ob er sich auf B verlassen darf. In schematischer Darstellung nimmt die vorangehend skizzierte Vertrauensinteraktion die folgende Form an:

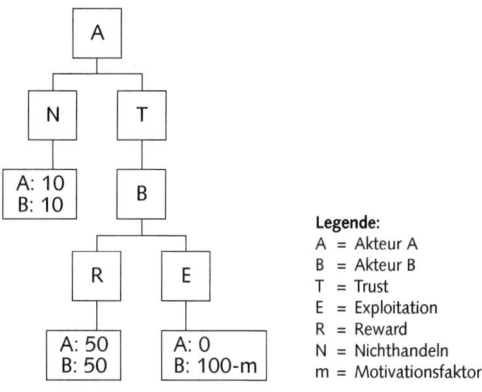

In diesem Baum repräsentieren die oberen Zahlenwerte an den »Endknoten« die »Auszahlungen«, die auf den Akteur A entfallen, die unteren Zahlen hingegen die auf den Akteur B entfallenden Auszahlungen. Man nehme zunächst an, dass m=0 gilt. Welches der Spielergebnisse unter rational vorausschauenden Akteuren eintritt, ist klar: Wenn der Akteur B überhaupt zum Zuge kommt, weil der Akteur A ihm vertraut, also »T« (trust) gewählt hat, so wird B in Orientierung an der eigenen Auszahlung im Vergleich von 100 nach E (exploitation) und 50 nach R (reward) zu der Entscheidung E gelangen. Das Ergebnis wird den Auszahlungsvektor (0, 100) aufweisen. Dies wird aber ein rationaler Akteur A voraussehen. Aufgrund der »rationalen Erwartung« der Handlung von B wird A rationalerweise N wählen. Das Ergebnis für beide wird (10, 10) sein. Die beiden könnten aber (50, 50) realisieren.

Weil B rational ist und weil A weiß, dass B rational ist, realisieren die beiden einen Zustand, zu dem es einen anderen gibt, in dem sich beide besser stehen würden. Sie erhalten jeder »10« Auszahlungseinheiten, könnten aber jeder »50« erlangen. Sie stecken in einer Rationalitätsfalle, aus der sie die unsichtbare Hand des Eigeninteresses nicht führt (ganz analog zum sog. Gefangenendilemma).

Die vorangehenden Überlegungen sind typisch für die klassische ökonomische Analyse sozialer Interaktionen. Die traditionelle Evolutionstheorie hat jedoch für die ausschlaggebenden proximaten phänotypischen Faktoren wie etwa ein Bewusstsein der Situation (»mentales Modell«) und die subjektive Entscheidungsfindung, auf die sich die voranstehende »teleologische«, an individuelle Zweckverfolgung anknüpfende Analyse stützte, keinen systematischen Theorieort. In ihr geht es, wie im nächsten Abschnitt illustriert, um die Selektion »zukunftsblinder« Verhaltensprogramme (oder diesen zugrunde liegender Anlagen), ohne auf Zweckverfolgung Bezug nehmen zu können.

Direkte Evolution von Tauschverhalten

In einem evolutionären sogenannten Ein-Populationsmodell gäbe es vier Programmtypen {(N, R), (N, E), (T, R), (T, E)}, die jeweils das Verhalten in jeder möglichen Spielsituation in der einfachen Vertrauensinteraktion festlegen. Die erste Komponente des jeweiligen Paares spezifiziert das Verhalten in der Rolle des A und die zweite das Verhalten in der Rolle des B. Unter der Annahme, dass die Auszahlungen den reproduktiven Erfolg messen und $m=0$ gilt, geht es darum zu bestimmen, welcher der vier Programmtypen sich in der evolutionären Konkurrenz voraussichtlich durchsetzen wird.

Man nehme zur Vereinfachung an, dass die Programme nicht nur eine große, sondern eine unendlich große Population bilden. Unabhängig vom Typus werden sie einander rein »zufällig zugelost«, um dann mit der Wahrscheinlichkeit ½ in der Rolle von A und mit der Wahrscheinlichkeit von ½ in der Rolle von B zu spielen. Wann immer ein Programm, welches E vorsieht, aufgrund eines vorangehenden T-Zuges zur Ausführung gelangt, schneidet es besser ab als das gleiche Programm, welches R vorsieht. Es wird angenommen, dass in der nächsten Spielrunde mehr von den in der Vorrunde besser abschneidenden Typen vorhanden sind. Selbst in einer Population, die zunächst gänzlich von R-Typen dominiert ist, wird das erste Auftreten von E-Typen dann allmählich zu einer Population von Programmen führen, die sämtlich E für die B-Rolle vorsehen. Je mehr von den E-Typen vorhanden sind, umso weniger günstig wird es aber auch, in der A-Rolle ein T-Typ zu sein. Es wird schließlich dazu kommen, dass es in der A-Rolle besser ist, ein N- als ein T-Typ zu sein. Bis die letzten T-Typen verschwunden sind, gibt es einen – freilich schwächer werdenden – Vorteil für die E-Typen. Insgesamt wird man schließlich mit einer Population von (N, E)-Typen rechnen. In dieser kann sich eine (., R)-Mutante ebenso wenig mehr ausbreiten wie eine (.,T)-Mutante. Eine monomorphe (N, E)-Population ist somit »evolutionär stabil« (im Sinne von Maynard Smith 1982).

Im nächsten Schritt werden wir die Annahme, dass $m=0$ sei, aufgeben. Man kann den Parameter m als repräsentativ für die Modifikation des Verhaltens durch eine subjektive phänotypische Situationswahrnehmung und daran anknüpfendes zweckvolles (teleologisches) Verhalten ansehen und zwei Phänotypen mit verschiedener Ausprägung von m unterscheiden. Der Typus mit $m=m^{plus}$ ist motiviert, R und nicht E nach T zu wählen (obwohl er dadurch im Beispiel objektiv auf 100 gegenüber 50 verzichtet). Der Typus mit $m=m_{minus}$ hingegen zieht in der B-Rolle auch subjektiv die höhere objektive Auszahlung vor. Der m_{minus}-Typ wählt also nach T in der B-Rolle den Zug E.

Das indirekt evolutionäre Modell zeigt exemplarisch auf, wie subjektive Situationswahrnehmung und teleologisches Erklärungsmodell auf der einen und objektive situative Faktoren auf der andern Seite zusammenhängen. Die perspektivische Trennung von (ultimater) Selektion in der Evolutionstheorie und (proximater) Teleologie in der Ökonomik wird aufgehoben.

Indirekte Evolution von Tauschverhalten

Eine an feste Verhaltensprogramme anknüpfende evolutionäre Modellierung kann zunächst keinen plausiblen Grund dafür angeben, dass es überhaupt komplexe verhaltensbestimmende Prozesse »in« den Phänotypen gibt. Die Pointe der biologisch sehr aufwändigen Weltbildapparate – nicht nur, doch insbesondere auch beim Menschen – liegt aber gerade darin, dass die damit ausgestatteten Phänotypen auf Basis ihrer eigenen Situationsdiagnosen flexibel agieren können. Aufgrund des Nachdenkens über das, was sie über die Welt und ihre spezielle Situation wissen, und aufgrund ihrer unterschiedlichen Wünsche können sie zu ganz unterschiedlichen Antworten kommen.

Da es nur um eine Skizze grundlegender Möglichkeiten evolutionär-ökonomischer Modellierungen geht, betrachte man nur die in der nachfolgenden Tabelle angeführten extremen Fälle:

	m misst Auswirkungen auf objektive Fitness und reproduktiven Erfolg	m misst Wirkungen interner Restriktionen auf Verhalten
Der m-Typus von B ist dem Akteur A bekannt	1	2
Der m-Typus von B ist dem Akteur A unbekannt	3	4

Das rational vorausschauende Handeln eines nicht verhaltensprogrammierten Akteurs in der Rolle von A hängt nicht vom eigenen Typ ab, sondern nur von seinem Wissen um den m-Typ des zweiten Akteurs in der Rolle B. Wenn man weiß, dass der zweite R bevorzugt, dann wird man selbst T vorziehen und sonst N. Im ersten Extremfall – (1) und (2) – weiß der erste Akteur, was für ein m-Typ der zweite ist; im zweiten Fall – (3) und (4) – weiß er, dass er dies nicht weiß. In einer ersten Interpretation von m unterstellt man, dass der »Wert« von m ein Maß des objektiven Erfolges oder, evolutionär gesprochen, der Fitness ist – (1) und (3). In einer zweiten Interpretation – (2) und (4) – geht man davon aus, dass es sich im Falle von m um eine rein subjektive Bewertung durch die Akteure handelt, die deren subjektive Präferenzen repräsentiert und sich nur über das Verhalten der Akteure auf deren Fitness (»reproduktiven Erfolg«) auswirkt.

Man hat es in allen vier Kombinationen mit zwei Zielfunktionen zu tun. Die eine bemisst den objektiven »reproduktiven« Erfolg, die andere repräsentiert die subjektive Teleologie des entscheidenden Phänotyps. In der linken Spalte stimmen die beiden gänzlich überein (der Phänotyp erstrebt nur, was sich auch reproduktiv direkt auszahlt), in der rechten nicht (der Phänotyp erstrebt partiell auch, was sich nicht direkt reproduktiv auszahlt).

Zur vereinfachenden Einsparung von Parametern unterstelle man, dass – abgesehen von m – die subjektiven Präferenzen durch die gleichen Zahlenwerte repräsentiert werden können, welche auch den objektiven Erfolg messen. In der ersten Interpretation – (1) und (3) – handeln die Phänotypen nach der gleichen Zielfunktion, die auch ihren objektiven Erfolg im Sinne der Fitness misst. Sie sind auch subjektiv »Fitnessmaximierer«, die in jeder Interaktion darauf achten, dass sie im Ergebnis ein Verhalten wählen, das den maximalen Fitnessbeitrag im Sinne der Evolution liefert. Der Phänotyp ist nicht einfach programmiert, ein bestimmtes fitnessrelevantes Verhalten zu zeigen, sondern agiert aufgrund seiner eigenen Situationsanalyse und möglicherweise auch aufgrund seiner Kenntnis der Populationszusammensetzung.

In der zweiten Interpretation – (2) und (4) – des Faktors »m« entsprechen diesem keine »objektiven« Werte. Der Faktor »m« repräsentiert eine rein subjektive »Umwertung« der objektiven Werte, des entsprechenden Endergebnisses, ohne dass m einen direkten Einfluss auf die Fitness haben würde. Objektiv erhält im konkreten Beispiel ein Phänotyp in der B-Rolle nach einer Partie (T, E) einen Fitnessbeitrag von »100«. Er wird subjektiv im Falle von $m=m^{plus}$ motiviert, dennoch nicht E nach T zu wählen. Da m rein subjektiv ist, geht er aber gerade nicht objektive Fitnessverluste in Höhe von $m=m^{plus}$ ein, sondern erhält den reproduktiven Erfolg der gesamten »100«.

Die teleologische (entscheidungslogische) Analyse des Spiels ist bei beiden Interpretationen von m die gleiche. Mit einem m_{minus}-Typ in der B-Rolle wird ein vollständig informierter Akteur in der A-Rolle nicht kooperieren. Er wählt N und das Ergebnis ist (10, 10). Der vollständig informierte Akteur in der Rolle A wird mit einem m^{plus}-Typ in der Rolle B kooperieren und beide erhalten (50, 50). Damit ist klar, dass unter den perfekten Informationsbedingungen, die m^{plus}-Typen die m_{minus}-Typen verdrängen werden. Umgekehrt ist klar, dass letztlich die m_{minus}-Typen die m^{plus}-Typen verdrängen werden, wenn die Typen vollkommen ununterscheidbar sind (und wenigstens ab und an T etwa aufgrund von Fehlern gewählt wird).

Die Fähigkeit zu schätzen, wie hoch der Anteil der jeweiligen Typen in einer Population ist, wird es Akteuren in der Rolle A erlauben, tendenziell jene »Wetten«, T, auf Kooperation einzugehen, die sich gegenüber den »Wetten«, N, lohnen. Phänotypen, die das generelle Kooperationsmilieu abschätzen können, haben einen Vorteil, solange es noch hinreichend kooperative Milieus gibt, in denen sich Vertrauen grundsätzlich lohnt. Damit solche Milieus langfristig existieren können, ist es aber notwendig (vgl. genauer: Güth/Kliemt 2000), dass die m-Typen ein Mindestmaß an Unterscheidbarkeit zu vertretbaren Erkennungskosten für die Akteure in der Rolle A aufweisen (z.B. in eBay soll der Reputationsmechanismus für eine gewisse Typenerkennbarkeit sorgen). Solange das der Fall ist, werden vertrauenswürdige Typen sich halten können und nicht aus dem Anlagenpool verdrängt werden.

Evolution und Ökonomik ein ungleiches Paar?

Eine ausschließliche Anwendung direkt evolutionärer, an Verhaltensprogramme anknüpfender Modelle kann weder in der Ökonomik noch in der Biologie dem fundamentalen Tatbestand gerecht werden, dass zwar die Welt insgesamt nicht-teleologisch sein mag, in ihr aber teleologisch entscheidende und motivierte Phänotypen existieren. Soweit die Zukunft in den Weltbildapparaten der Phänotypen repräsentiert ist, spielt sie als – für die Ökonomen häufig rationale – Erwartung eine kausale proximate Rolle, die in unseren ultimaten Erklärungen zu berücksichtigen ist. Der indirekt evolutionäre Ansatz bietet eine einheitliche Perspektive, die aufzeigt, wie das neoklassische ökonomische mit dem evolutionären Denken verknüpft ist und klärt insoweit das Verhältnis von Evolutionstheorie und Ökonomik systematisch auf.

Die genauere Untersuchung der Auswirkungen unterschiedlicher Informationsbedingungen ebenso wie ein Vergleich unterschiedlicher Auswirkungen der objektiven (direkt fitnessrelevanten) und der rein subjektiven (nur indirekt durch das Verhalten vermittelt fitnessrelevanten) Interpretation von Parametern, wie in unserem konkreten Beispiel »m«, dürfte einen wesentlichen Überlappungsbereich für evolutionäre und ökonomische Forschungsfragestellungen in der Zukunft bilden. Zudem wird neues Licht auf die alte Kontroverse um Verstehen und Erklären geworfen, indem auch die Fähigkeit, eine Situation im Rahmen eines mentalen Modells zu verstehen, auf einer ultimaten Ebene erklärbar wird.

Literatur

Albert, Hans (1998): Marktsoziologie und Entscheidungslogik. Zur Kritik der reinen Ökonomik [1967]. Tübingen.
Aristoteles (1967): Physikvorlesung. Vol. 11. Berlin.
Axelrod, Robert (1987): Die Evolution der Kooperation. München/Wien.
Buss, David M. (Hg.) (2005): Handbook of Evolutionary Psychology. Hoboken (NJ).
Darwin, Charles R. (1976): Die Entstehung der Arten durch natürliche Zuchtwahl [The Origin of Species, 1859]. Stuttgart.
Friedman, Milton (1966): »The Methodology of Positive Economics [1953]«. In: ders.: Essays in Positive Economics. Chicago, 3–46.
Gintis, Herbert. (2000): Game Theory Evolving. Princeton.
Gode, Dhananjay K./Sunder, Shyam (1993): »Allocative Efficiency of Markets With Zero Intelligence Traders: Markets as a Partial Substitute for Individual Rationality.« In: Journal of Political Economy Vol. 101, Nr. 1: 119–137.
Güth, Werner/Kliemt, Hartmut (2000): »Evolutionarily Stable Co-operative Commitments«. In: Theory und Decision Vol. 49, Nr. 3: 197–221.
Güth, Werner/Kliemt, Hartmut (2004): »Zur ökonomischen Modellierung der Grundlagen und Wurzeln menschlicher Kulturfähigkeit«. In: Gerold Blümle/Nils Goldschmidt/Rainer Klump/Bernd Schauenberg/Harro von Senger (Hg.): Perspektiven einer kulturellen Ökonomik. Münster, 127–138.
Güth, Werner/Peleg, Bezalel (2001): »When Will Payoff Maximization Survive? An Indirect Evolutionary Analysis«. In: Journal of Evolutionary Economics Vol. 11, Nr. 5: 479–499.
Hayek, Friedrich August v. (1967): »Kinds of Rationalism«. In: ders.: Studies in Philosophy, Politics and Economics. London, 82–95.
Hume, David (1989): Dialoge über natürliche Religion [1779]. Stuttgart.
Kliemt, Hartmut (1987): »The Reason of Rules and the Rule of Reason«. In: Critica XIX: 43–86.
Kropotkin, Pjotr A. (1975): Gegenseitige Hilfe in der Tier- und Menschenwelt [1908]. Frankfurt a. M./Berlin/Wien.
Maynard Smith, John (1982): Evolutionary Game Theory. Cambridge.
Nelson, Richard R./Winter, Sidney G. (1982): An Evolutionary Theory of Economic Change. Cambridge (Mass.).
Radner, Roy (1998): »Economic Survival«. In: Donald P. Jacobs/Ehud Kalai/Morton I. Kamien (Hg.): Frontiers of Research in Economic Theory. The Nancy Schwartz Memorial Lectures, 1983–1997. Cambridge, 183–209.
Raphael, D.-D. (Hg.) (1969). British Moralists. Oxford.
Schneider, Louis (Hg.) (1967): The Scottish Moralists on Human Nature and Society. Chicago/London.
Schumpeter, Joseph Alois (1959): The Theory of Economic Development. Cambridge (Mass.).
Selten, Reinhard (Hg.) (1991): Game Equilibrium Models I – Evolution and Game Dynamics. Berlin/Heidelberg/New York.
Smith, Vernon (2008): Rationality in Economics. Cambridge.
Sumner, William G./Keller, Albert G. (1927): The Science of Society. New Haven.
Taylor, Peter D./Jonker, Leo B. (1978): »Evolutionary Stable Strategies and Game Dynamics«. In: Mathematical Biosciences Vol. 40, Nr. 1–2: 145–156.
Vanberg, Viktor J./Congleton, Roger D. (1992): »Rationality, Morality, and Exit«. In: American Political Science Review Vol. 86, Nr. 2: 418–431.
Vanberg, Viktor J. (1994): Rules and Choice in Economics. London/New York.
Witt, Ulrich (1987): Individualistische Grundlagen der evolutorischen Ökonomik. Tübingen.

Werner Güth/Hartmut Kliemt

10. Philosophie

Einleitung

Ausgehend von einem Überblick über die Geschichte der Debatte um die Naturalisierbarkeit der Theorien des menschlichen Handelns und Erkennens, wird im Folgenden die Verallgemeinerbarkeit der Darwinschen Evolutionstheorie in der philosophischen Kosmologie, dem dialektischen Materialismus und der Prozessmetaphysik des Pragmatismus untersucht. Dabei wird deutlich, dass die Evolutionstheorie auch einander ausschließende Philosophien des Geistes befördert hat, nach denen die Kontinuität der Lebewesen belegt, dass alles, was lebt, auch mit irgendeiner Form von geistiger Innerlichkeit begabt sein muss (*Panpsychismus*), oder dass der Geist entweder als etwas genuin Neues in der Entwicklung der Lebewesen entstanden ist (*Emergentismus*). Gegenwärtig herrscht der Emergentismus als die gängige philosophische Verallgemeinerung der Evolutionstheorie in der Theorie des Geistes vor. Zum Schluss wird auf die Relevanz der seit Darwin als *historische* Disziplin zu kennzeichnenden Naturwissenschaft Biologie hingewiesen, die zu einem neuen genealogischen Erkenntnisparadigma in der anti-essentialistischen Philosophie geführt hat.

Der Streit um die Naturalisierbarkeit von Werten

Die biologische Evolutionstheorie wird in der Philosophie heute vor allem im Zusammenhang von *Naturalisierungsprojekten* diskutiert, die naturwissenschaftliche Beschreibungen und Erklärungen des Menschen gegenüber religiösen oder sozial- bzw. kulturwissenschaftlichen privilegieren wollen. Seit es Philosophie gibt, streitet man darüber, ob menschliche Wertvorstellungen – und zwar sowohl praktische, die durch Begriffe wie »gut« und »schlecht« ausgedrückt werden, wie auch theoretische, die sich beispielsweise in der Charakterisierung einer Überzeugung als »wahr« oder »falsch« manifestieren – nicht letztlich das Resultat von natürlichen Umständen sind: Ist die gute oder gerechte Handlung die des (physisch) Stärkeren? Ist die wahre Überzeugung diejenige, die das Überleben befördert hat? Ergeben sich rechtes Handeln und Denken also nur aus der Macht, die einzelne Menschen oder Gruppen von menschlichen Lebewesen bei der Bewältigung der Schwierigkeiten zu überleben entwickeln? Solche Fragen werden seit Platons Dialog *Protagoras* in der Philosophie verhandelt. Zwar schien David Hume 1740 in seiner Entlarvung des in diesem Zusammenhang omnipräsenten *naturalistischen Fehlschlusses*, bei dem irrtümlicherweise von der Beschreibung von Tatsachen (dem »Sein«) auf Vorschriften (ein »Sollen«) geschlossen wird, derartigen Naturalisierungsbemühungen endgültig einen Riegel vorgeschoben und das Reich des Faktischen von dem des Normativen getrennt zu haben (Hume 1978, 460; vgl. Flew in Caplan 1978). Doch durch die Darwinsche Evolutionstheorie bekamen diese Bemühungen wieder Auftrieb. Im Anschluss an die Soziobiologie (Wilson 1975, Caplan 1978, Clutton-Brock/Harvey 1978; Kings College Group 1982; Randall 1983, 429–568) wurden vor allem in den 1970 und 1980er Jahren *evolutionäre Ethiken* entworfen, wie sie ursprünglich schon von Herbert Spencer konzipiert worden waren (Spencer 1893 und 1894; Richards 1993; Farber 1998). Unter Verwendung wahrnehmungspsychologischer und neurowissenschaftlicher Einsichten entstanden ferner Ideen zu *evolutionären Erkenntnistheorien* (Campbell 1974; Fenk 1990; Lorenz 1973; Popper 1973 und 1994; Riedl/Delpos 1996; Vollmer 1975). Diese Disziplinen wurden nicht nur von Biologen, sondern auch von Fachvertretern der Philosophie für möglich gehalten. Doch konnten sie die Diagnose nicht widerlegen, dass Schlüsse von Tatsachen auf Normen *Fehlschlüsse* sind. Die öffentliche Faszination für die meist popularisiert und mit entsprechend revolutionärer Emphase vorgetragenen Erkenntnisse über die Entwicklung der biologischen Bedingungen menschlichen Handelns und Erkennens in der Genetik, den Verhaltens- und den Neurowissenschaften (wie etwa bei Dawkins 1978 und 1986; Pinker 1997 und 2002), bei der es immer wieder zu einer Missachtung der Unterscheidung zwischen *Bedingungen* (kausaler oder struktureller, etwa anatomischer, Art) und *Begründungen* (für Handlungsentscheidungen oder Erkenntnisansprüche) kam, ließ in ermüdender Regelmäßigkeit seit der zweiten Hälfte des 19. und das ganze 20. Jahrhundert hindurch den falschen Eindruck entstehen, dass durch evolutionsbiologische Erkenntnisse vielleicht doch einmal normative Fragen beantwortet werden könnten.

Die Stationen dieser Kreisfahrt, in der Biologen Philosophen auffordern, sie sollten endlich diese oder jene neue Erkenntnis über das menschliche Genom oder den neuronalen Apparat zur Kenntnis nehmen und Philosophen Biologen dazu zu bringen versuchen, den Unterschied zwischen Bedingungen oder Ursachen auf der einen und Begründungen oder Rechtfertigungen auf der anderen Seite zu beachten, müssen hier nicht rekapituliert werden (siehe dazu Lütterfelds 1987 und 1993; Gräfarth 1997; Meyer 2000). Vermutlich wird diese Konfrontation, die seit Platons Zeiten beobachtet werden kann, in jeder Wissenschaftsgeneration wieder von neuem auftreten.

Diese Kreisbewegung könnte nun in zwei Richtungen hin aufgebrochen werden. Es ist zum einen möglich, dass – statt immer wieder naturalistische Fehlschlüsse zu produzieren – Verwendungen von Begriffen der Rechtfertigung und Begründung in Moral, Recht und Wissenschaft in den Umgangs- und Fachsprachen einfach ab-, kausale Redeweisen hingegen zunehmen. Das würde allerdings nicht mehr als ein Prozess rekonstruierbar sein, der durch gut gerechtfertigte Einsichten in Gang kommt. Denn eine solche Charakterisierung von Einsichten als »gut gerechtfertigt« wäre dann ja gar nicht mehr ohne performativen Widerspruch möglich. Vielmehr müsste eine Art kultureller Revolution dazu führen, dass etwa die an Normen orientierte Strafgerichtsbarkeit durch organische Therapien und die Erziehung durch Argumente zu einem bestimmten normativ geregelten Verhalten durch Züchtung und Abrichtung ersetzt würden. Dies ist heute wohl nicht mehr als eine negative Utopie, wie sie in manchen Science-Fiction-Phantasien auftritt (vgl. Burgess 1962). Denn auch Biologen betrachten die kulturelle Entwicklung als einen weitgehend autonomen Prozess. So sah schon Thomas Henry Huxley die Normen der Gesellschaft als gegen die Natur gerichtet an (Huxley 1989, 31), und gegenwärtig betrachtet Richard Dawkins »Meme« als die Einheiten der kulturellen Entwicklung, die von den Genen als den (in seinen Augen) entscheidenden Objekten der biologischen Evolution klar unterscheidbar sind. Doch trotz der heute auch bei Biologen noch verbreiteten Anerkennung der Autonomie kultureller Entwicklungen, und obwohl die Philosophen das Argument vom naturalistischen Fehlschluss für zwingend halten, ist es vorstellbar, dass sich in einer ferneren Zukunft in einer vollständig verwissenschaftlichten Gesellschaft ein anderes Denken durchsetzt – so wie damals in der Aufklärungszeit sich die Philosophie gegenüber der Theologie durchsetzte – was aber, wie gesagt, nichts weniger wäre als eine kulturelle Revolution.

Zum anderen aber ist es denkbar, dass die erwähnte Kreisbewegung in der Naturalismusdiskussion in Richtung eines neuen religiösen Dogmatismus aufgebrochen wird, beispielsweise islamistischer oder auch christlich-fundamentalistischer Provenienz. Denn alle mosaischen Religionen haben in ihren fundamentalistischen Deutungsvarianten Aversionen gegen evolutionär motivierte Naturalismen. So kann sich beispielsweise in der Auseinandersetzung zwischen den evolutionstheoretischen Biowissenschaften auf der einen und der Philosophie, Jurisprudenz und den kritischen Sozial- und Kulturwissenschaften auf der anderen Seite neuerdings der christliche Fundamentalismus wieder Gehör verschaffen. Dies geschieht vor allem (aber nicht nur) in den USA. Dort wurde im Bundesstaat Kansas (mit Unterstützung des damaligen US-Präsidenten George W. Bush jr.) durchgesetzt, dass die Schöpfungsgeschichte bzw. die sie aufgreifende Annahme von der Natur als einem Produkt von »intelligent design«, als eine »gleichberechtigte Hypothese« neben der Darwinschen Evolutionstheorie gelehrt wird (Dennett 1995; Schrader 2007). Die wissenschaftsphilosophische Diagnose – die für *jede* akzeptierte Theorie gilt –, dass die Evolutionstheorie nur eine *Hypothese* darstellt, also nicht *endgültig* als wahr nachgewiesen ist, wird in diesem Zusammenhang mit gewissem öffentlichen Erfolg von den Kreationisten missbraucht. Häufig scheint es in den entsprechenden Darstellungen so, als zeichne sich die Evolutionstheorie in ihrem hypothetischen Charakter gegenüber anderen wissenschaftlichen Theorien negativ aus. Die Wissenschaftsphilosophie der Evolutionstheorie deckt jedoch die Parallelisierung der Schöpfungsberichte mit den Annahmen Darwins nicht, weil die Texte der Schöpfungsgeschichten in den Augen der aufgeklärten Philosophie gar keine Hypothesensysteme (keine Theorien) darstellen. Aus philosophischer Sicht verbindet der Kreationismus die Binsenweisheit, dass wissenschaftliche Theorien grundsätzlich hypothetisch sind, mit einer verfälschenden oder überholten voraufklärerischen Sicht der biblischen Schöpfungsgeschichte: dass in dieser eine Theorie über Tatsachenentwicklungen wiedergeben würde.

Ein kurzer Blick auf die Geschichte der Kosmologien und Schöpfungstheorie seit der Antike zeigt, um was es hier geht. Seit der Antike existieren in der Kosmologie verschiedene, alternative Auffassungen: Platon lässt im *Timaios* die Welt durch den Demiurgen *technisch herstellen*, während Aristoteles in *De caelo* postulierte, dass sie gar nicht *gemacht* wurde, sich jedoch auch nicht entwickelt hat, sondern *ewig* ist. Beide Vorstellungen stehen im Kontrast zur Konzeption einer *zufällig entstandenen* Welt, die einen Entwicklungsprozess durchlaufen hat und wieder vergehen wird, wie sie bei Demokrit und Lukrez zu finden ist. Mit dem Christentum kam es zur Dominanz der platonisch technomorphen Weltentstehungsauffassungen. Doch seit der Entwicklung der historisch-kritischen Bibelwissenschaften ab dem 17. Jahrhundert (seit Spinozas *Theologisch-Politischem Traktat*) und der Entmythologisierung des Christentums (durch Autoren wie Bultmann im 20. Jahrhundert auch des neuen Testaments) werden die biblischen Texte *metaphorisch* verstanden und auch die Schöpfungs»berichte« nicht mehr als Wiedergaben von Tatsachen, sondern als *Manifestationen von Lebenseinstellungen und Weltsichten* gelesen (vgl. Wittgenstein 1966, 54 f.): Sie leiten ein Leben an, dass die Natur und die in ihr existierenden Lebewesen so behandelt, *als ob* sie von einem höchst weisen und gütigen Wesen geschaffen worden wären. Diese reflektierte und kritische Sicht hat sich in der Moderne zumindest in den christlich dominierten Kulturkreisen verbreitet. Es ist jedoch nicht abzusehen, ob die global beobachtbaren religiösen Fundamentalismen, die in eine vormoderne Deutung religiöser Texte zurückfallen, nicht mittelfristig an kulturellem Einfluss gewinnen können. Auf diese Weise wäre es möglich, dass sie sich gegen die allgemeine Verbreitung der Darwinschen Evolutionstheorie mithilfe eines verfälschenden Gebrauchs wissenschaftsphilosophischer Einsichten durchsetzen, und sowohl das aufgeklärte Religions- wie das entsprechende hypothetische wissenschaftliche Weltverständnis im öffentlichen Bewusstsein durch religiöse Propaganda werden verdrängen können.

Diese Geschichte der sich verändernden Deutungen kann nun selbst noch als ein möglicher Einwand gegen die Vorstellung einer wie auch immer konzipierten »natürlichen« Determiniertheit menschlichen Denkens und Handelns gelten. Denn kulturelle Prozesse der eben beschriebenen Art, die zu einer grundlegenden Veränderung der Diskurslandschaft, den gängigen Selbstbeschreibungen und entsprechend auch zu einer Revision des Selbst*verständnisses* des Menschen führen, kann man, auch wenn man sie in diesem Fall philosophisch nicht wird begrüßen wollen, als Beleg für die *semiotische Autonomie* von Menschen deuten. Sie zeigen an, dass das Verhältnis von Menschen zu sich selbst, das sie mithilfe von Zeichensystemen erzeugen, nicht natürlich *festgelegt* und auch nicht allein wahrheitsgeleitet ist, sondern kulturell driftet (und zwar schneller als sich das genetische Material verändert). Die Vorstellung einer solchen semiotischen Autonomie als Grund einer möglichen Drift von einem religiösen, zu einem kulturalistisch-historischen, von dort zu einem naturalistisch-evolutionsbiologischen Selbstverständnis und vielleicht wieder zurück zu einem religiös fundamentalistischen Bild des Menschen widerspricht jedoch einem biologischen Determinismus im Sinne der evolutionären Erkenntnistheorie, wonach auch die Entwicklung des menschlichen Selbstbildes einem Anpassungsprozess an die Wirklichkeit unterliegen müsste. Individuelle und kollektive *Autonomie*, auch semiotische, wäre vor diesem Hintergrund nur als eine Illusion ansprechbar (Hampe 2006, 72–75) und die auf ihr beruhenden historischen Prozesse blieben unerklärlich. Insofern ist zu fragen, ob ein rein evolutionsbiologisches Selbstverständnis menschlichen Erkennens und Handelns (das gegenwärtig wohl von niemandem in dieser Reinheit in der Biologie wirklich vertreten wird), und das jeder Rechtfertigungsterminologie als vermeintlich haltlos entsagt, nicht immer notwendig zu einem performativen Widerspruch führt. Denn dieses Selbstverständnis ließe sich selbst weder als theoretisch gerechtfertigt ausweisen, noch könnte es die praktisch-kulturellen Folgen in der Drift menschlicher Selbstverständnisse, die die Grundlage für seine eigene Akzeptanz wären, normativ legitimieren (vgl. Hampe 2007, 11 f.; 171–177).

Der Bostoner »metaphysical club« und das Problem der Verallgemeinerbarkeit der Evolutionstheorie

Wollte man die Wirkungen der Darwinschen Evolutionstheorie in den anderen Bereichen der Philosophie verfolgen, die nicht das Projekt einer Naturalisierung der Theorie des menschlichen Erkennens und Handelns betreffen, so hätte man eine kaum zu bewältigende Aufgabe vor sich. Denn die Evolutionstheorie hat ihre Spuren in ganz unterschiedlichen philosophischen Schulen hinterlassen und sie hat sowohl auf Autoren gewirkt, deren Werke in den philosophischen Kanon eingegangen sind, wie etwa Nietzsche und Foucault, wie auch auf solche, die heute weitgehend vergessen sind, wie Teilhard de Chardin und James Baldwin. Weil es nicht möglich ist, sich im Rahmen dieses Artikels auch nur einen groben Überblick über diese breiten Folgen der Evolutionstheorie in den verschiedenen philosophischen Richtungen und Niveaus zu verschaffen, wird im Folgenden nur auf ein einziges *metaphysisches* Problem eingegangen, das einerseits für die Philosophie als ganzer zentral ist, und für dessen Diskussion andererseits die Evolutionstheorie entscheidend war: das Problem der *Natur und des Ursprungs des Geistes*. Dabei werden zwei Theorientypen über die Natur und den Ursprung des Geistes betrachtet, die nicht miteinander vereinbar sind, jedoch beide durch die Evolutionstheorie befördert wurden: der *Panpsychismus* und die *Emergenztheorie* des Geistes. Beide Konzeptionen betrachten den Geist als ein Produkt der natürlichen Entwicklung. Die Emergenztheorie behauptet, dass der Geist im Laufe der sich steigernden Komplexität der organischen Materie während der Entwicklung des Lebens als eine unvorhersehbare neue Eigenschaft entsteht (»emergiert«). Der Begriff »Panpsychismus« steht dagegen für die Überzeugung, dass aus den zwei Prämissen, dass alle Lebewesen eine entwicklungsgeschichtliche Kontinuität bilden (1), und dass Menschen Geist besitzen (2), folge, dass alle Lebewesen in irgendeiner Form Geist besitzen müssen. Um diese beiden Positionen in ihrem historischen Kontext zu verstehen, ist es zunächst nötig, die Einschätzungen der allgemeinen philosophischen »Reichweite« der Evolutionstheorie nach ihrem Erscheinen zu betrachten.

Dass zwei unvereinbare philosophische Betrachtungen des Geistes gleichermaßen durch die Evolutionstheorie befördert wurden, zeigt ganz allgemein einen wichtigen Aspekt der Art ihrer Wirkung auf die Philosophie. Ebenso wie auch im Falle anderer einzelwissenschaftlicher Erkenntnisse hat diese erfolgreiche biologische Theorie nicht zu einer *Entscheidung* zwischen konkurrierenden philosophischen Auffassungen geführt, sondern lediglich die diskursive Landschaft verändert, in der diese philosophischen Theorien miteinander konkurrieren – das allerdings grundlegend.

Es gibt einen historischen Ort, an dem die Relevanz der Evolutionstheorie für die Philosophie gleich zu Beginn ihrer Wirkung sehr grundsätzlich diskutiert wurde: Boston in der zweiten Hälfte des 19. Jahrhunderts. Denn dort existierte eine Vereinigung später berühmter amerikanischer Intellektueller wie Chauncey Wright, Charles Sanders Peirce, Oliver Wendell Holmes und William James, die sich ab 1872 »the metaphysical club« nannten und in der Darwins *On the Origin of Species* (1859) unmittelbar nach Erscheinen gelesen und debattiert wurde (Menand 2001, 120–140). Chauncey Wright war in seiner Auseinandersetzung mit der Darwinschen Theorie der Erste, der vor empirisch nicht gedeckten Übertragungen dieser Theorie in anderen Wissenschaften und vor philosophischen Verallgemeinerungen warnte. Für ihn galt die Darwinsche Theorie allein für die Entwicklung der Lebewesen; sie war in diesem Zusammenhang überzeugend, jedoch nicht auf den anorganischen oder geistig-kulturellen Bereich der Wirklichkeit anwendbar. Auch ließen sich aus ihr nach Wright keine allgemeinen kosmologischen Prinzipien ableiten. Die Entwicklung des anorganischen Kosmos sei vielmehr eine Art »cosmic weather«, das wir nach Wright auch nach der Darwinschen Evolutionstheorie nicht zureichend verstehen (Wright in Madden 1958, 106–117). Kosmologie überhaupt sei keine Wissenschaft und lasse sich auch durch die Evolutionstheorie nicht zu einer solchen machen, sondern die Entwicklung der Welt als ganzer zerfalle in eine »unendliche Vielfalt von Ursachen und Gesetzen«, ohne dass hier eine natürliche Tendenz sichtbar sei, die eine theoretische Vereinheitlichung der dabei relevanten Faktoren erlaube (Wright in Madden 113). Statt die Entwicklung der Welt als ganzer mit der der Lebewesen zu analogisieren, neigte Wright also dazu, sie mit der komplexen, kontingenten und theoretisch nicht durch eine einzige Disziplin erfassbaren Wetter- und Klimaentwicklung zu vergleichen.

Mit diesen Überlegungen wandte er sich gegen die schnell nach dem Erscheinen der *On the Origin of Species* einsetzenden Übertragungen der Evolutionstheorie auf andere Wissenschaften und Verallgemeinerungen, wie sie auch einer der bekanntesten philosophischen Zeitgenossen Darwins, Herbert Spencer, vollzog, der in seinen *Principles of Biology* die Formulierung »survival of the fittest« geprägt hatte, die Darwin in den späteren Auflagen von *On the Origin of Species* übernahm. Spencer wurde entsprechend zur Zielscheibe der Kritik für Wright. Denn für Wright stellen die »Spekulationen« Spencers nichts als abstrakte Darstellungen kosmologischer Begriffe dar, »die der menschliche Geist spontan produziert in Abwesenheit von Tatsachen«. Bei den Annahmen einer Teleologie der Evolution des Kosmos hin zum Komplexen oder auch zum Chaos bahne sich in Zielvorstellungen einer letzten »Ordnung« oder »Unordnung« ein »mythischer Instinkt« seinen Weg (Wright in Madden 1971, 18f.), dessen Streben durch die Evolutionstheorie nicht gerechtfertigt sei. (Von dieser Kritik würden auch die evolutionären Verallgemeinerungen der Thermodynamik auf die Kosmologie getroffen, wie sie im Anschluss an die Gastheorie des Physiker Ludwig Boltzmann als Lehre vom »Wärmetod« des Universums Verbreitung gefunden haben, vgl. Boltzmann 1896).

Mit dieser Kritik hatte sich Wright gegen Überlegungen wie die folgende von Spencer gewandt: »Überall und bis zum Ende [...] stellt die Veränderung, die in jedem Moment stattfindet, eine Instanz eines von zwei Prinzipien dar. Während die allgemeine Geschichte eines jeden Aggregates [der Materie] definiert werden kann als der Wechsel von diffusen nicht wahrnehmbaren Zuständen [der Materie] zu konzentrierten wahrnehmbaren und wieder zurück zu diffusen nicht wahrnehmbaren Zuständen, ist jedes Detail dieses Prozesses definierbar als eine Veränderung in der einen oder der anderen Richtung. Das stellt das universale Gesetz der Verteilung der Materie und Bewegung dar [...]. Die Naturprozesse, die also überall antagonistisch sind und bei denen zeitweise mal einer einen mehr oder weniger permanenten Triumph über den anderen erreicht, nennen wir *Evolution* und *Dissolution*. Evolution in ihrer einfachsten und allgemeinsten Form ist die Integration von Materie und die Zerstreuung von Bewegung; während Dissolution die Absorption von Bewegung ist und damit einhergehend die Desintegration der Materie« (Spencer 1860–62/1971, übers. M.H., 59).

Herbert Spencers Bücher, die im Rahmen seines »Systems der Philosophie« eine evolutionäre Psychologie, eine evolutionäre Pädagogik und eine evolutionäre Soziologie boten, waren weit verbreitet, obwohl (oder weil?) sie durch ähnliche Leerformeln wie die oben zitierte gekennzeichnet sind. Ganz anders sieht dies bei einem andern universalisierenden Evolutionisten aus, den Wright in seinem Club gegenübersitzen hatte und der zwar nicht so triviale, jedoch ebenso generelle Schlussfolgerungen wie Spencer aus der Evolutionstheorie zog: bei Charles Sanders Peirce. Ausgehend von seiner evolutionären Kosmologie lässt sich der Kontrast von Emergentismus und Panpsychismus sehr gut charakterisieren.

Evolution von Naturgesetzen und Panpsychismus

Peirce kritisierte den Standpunkt Wrights, indem er forderte, dass die Philosophie viel evolutionistischer werden müsse als bei Spencer. Damit meinte er, dass Spencers Annahme, es gäbe quasi mechanische Gesetze der Evolution, die die Aggregation bzw. Dissipation der Materie steuerten, noch einer vordarwinistischen Naturauffassung verhaftet sei. Peirce schrieb: »[...] Spencer ist kein Evolutionist; sondern nur ein Semievolutionist [...]. In der Philosophie braucht man einen *kompromisslosen* Evolutionismus [...]. Nun ist der einzige Weg, das zu tun, der, [...] zu zeigen, dass *Gesetzlichkeit* das Produkt des Wachstums, der Evolution gewesen sein könnte. Deshalb müssen wir wenigstens ein Prinzip des Wachstums als fundamentaler ansetzen als jedes mechanische Gesetz. Der Vorschlag, zu dem das führt, liegt auf der Hand. Er lautet, *dass Materie Geist ist*, der unter die fast vollständige Herrschaft von Gewohnheit geraten ist, dass es zuerst nur Geist gab, eine ungeheure, nicht personifizierte Mannigfaltigkeit an Geist« (Peirce 1991, 129; 138, Hervorhebungen durch M. H., Übers. B. Kienzle).

Deutet man im Anschluss an Aristoteles die Konstanz der natürlichen Arten als Fortpflanzungsgesetze, die garantieren, dass aus einem Frosch wieder ein Frosch und aus einem Menschen wieder ein Mensch entsteht und nicht umgekehrt, dann hat Darwin mit seiner Theorie der Evolution der Arten die Fortpflanzungsgesetze *historisiert* (Gilson 1971). Sowohl für Platon wie für Aristoteles war die Konstanz der Arten *das* Paradigma für die Gesetzmäßigkeit der Natur. (Die Regelmäßigkeiten der Bewegungen der Himmelskörper gehörte nicht hierher, weil sie für Autoren vor Galilei noch nicht natürlich waren, denn für die unregelmäßigen sich beschleunigenden und abbremsenden Bewegungen der Körper unter dem Mond gab es keine Bewegungsgesetze.) Peirce nimmt die Darwinsche Historisierung der Arten als eine Historisierung der Naturgesetze ernst und verallgemeinert sie zu einer Naturauffassung, nach der *alle* Gesetze eine Geschichte haben, auch die der anorganischen Natur, einschließlich der physikalischen Gesetze, wie beispielsweise das der Gravitation. Für ihn ist »der einzig mögliche Weg, die Naturgesetze und die Gleichförmigkeit im Allgemeinen zu erklären, sie als Ergebnis der Evolution anzunehmen, d. h. aber anzunehmen, dass sie nicht absolut sind und dass sie nicht präzise befolgt werden« (Peirce 1991b, 271).

Was hat dieser Historismus jedoch mit der Forderung zu tun, Materie müsse als Geist begriffen werden? Die *Entwicklung* von Regelmäßigkeiten ist nach Peirce aus einer Innenperspektive, in der man sich als empfindendes Wesen fragen kann, wie es ist, eine bestimmte Regelmäßigkeit selbst zu instanziieren, in jedem Geist zu beobachten, wenn er *Gewohnheiten* des Wahrnehmens und Handelns *ausbildet*. Ferner gilt für die Gewohnheitsbildung, dass die Wahrscheinlichkeit der Realisierung einer gewohnheitlichen Wahrnehmung oder Handlung umso grösser ist, je häufiger sie in der Vergangenheit bereits erfolgte. Daraus ergibt sich, dass die Festigkeit einer Gewohnheit als ein Anzeichen des Alters ihrer Geschichte deutbar ist, oder: Je fester eine Gewohnheit, umso älter ist ihre Bildungsgeschichte und, je mehr Ausnahmen eine Gewohnheit noch zulässt, umso jünger ist sie.

Aus diesem Gedankengang entwickelt Peirce eine spekulative Evolutionstheorie der Gesetzmäßigkeiten: Die anorganischen Gesetze der Natur, bspw. der Materie, stellen sehr alte Gewohnheiten der Welt dar. Sie haben sich in sehr früher Zeit des Kosmos ausgebildet und werden deshalb heute mit der Wahrscheinlichkeit 1 realisiert. Ihre Geschichte ist zu einem Ende gekommen, erstarrt. Die Regelmäßigkeiten der organischen Natur sind ebenfalls ein altes Entwicklungsprodukt der Natur, jedoch werden sie noch nicht mit absoluter Notwendigkeit verwirklicht, weshalb man darauf schließen kann, dass sie »jünger« als die anorganischen Gesetze sind. Die Regelmäßigkeiten der kulturellen Welt und des persönlichen Lebens schließlich sind die variabelsten, die am meisten Ausnahmen zulassen und entsprechend die jüngsten. Doch ist der gesamte Naturprozess einer der geistigen Entwicklung, der Gewohnheitsannahme. Die anorganische Materie mit ihren ehernen Notwendigkeiten ist nichts anderes als ein in alten Gewohnheiten erstarrter Geist.

Durch das Prinzip der Gewohnheitsannahme ist diese Peircesche Naturauffassung wohl ebenso sehr mit Lamarck wie mit Darwin verbunden (der selbst in einer Phase der Entwicklung seiner Theorie ja an die Vererbung gewohnheitlich erworbener Strukturen glaubte); wie Peirce auch selbst anerkennt. Doch die Diskussionen um On the Origin of Species im »metaphysical club« dürften bei Peirce den Ausschlag für die Entwicklung dieser universalisierten Evolutionstheorie des Kosmos gegeben haben. Peirce lässt die Geschichte des Universums mit einem Chaos der Empfindungsqualitäten und zufälligen Kombinationen aus ihnen beginnen. Über diesem zufälligen Meer der Empfindungskombinationen sieht er ein geistiges Gesetz wirken, nämlich das oben genannte der Gewohnheitsannahme, das sich selbst verstärkt und alle Regularitäten, von den physikalischen Gesetzen bis zu kulturellen Mustern, hervorbringt. Er schreibt: »[…] wenn die Naturgesetze Ergebnisse einer Evolution sind, so muss die Evolution nach einem Prinzip fortschreiten, und dieses Prinzip wird selbst die Natur eines Gesetzes haben. Doch muss es sich um ein Gesetz von der Art handeln, dass es sich entfalten oder entwickeln kann. Nicht etwa so, dass es sich selbst erzeugt, wenn es völlig abwesend wäre, doch von der Art, dass es sich verstärken müsste, und wenn wir in die Vergangenheit zurückschauen, so würden wir auf Zeiten zurückblicken, in denen seine Stärke geringer als jede angebbare Stärke war, und zwar so, dass es an der Grenze der unendlich entfernten Vergangenheit vollständig verschwinden würde. Das Problem war also, irgendeine Art von Gesetz oder Tendenz zu konzipieren, die eine Neigung aufweisen würde, *sich selbst zu verstärken*. Offensichtlich muss es sich um eine Tendenz zur Verallgemeinerung handeln[…]. Nun ist die Tendenz zur Verallgemeinerung das große Gesetz des Geistes, Das Gesetz der Assoziation, der *Gewohnheitsbildung*[…]. Folglich wurde ich auf die Hypothese geführt, dass die Gesetze des Universums unter einer universellen Tendenz aller Dinge zur Verallgemeinerung und Gewohnheitsbildung geformt wurden« (Peirce 2002, 323; Hervorhebungen durch M.H.).

Es war nicht allein die Biologie, sondern auch Peirces Rezeption der Philosophie des deutschen Idealismus, vor allem von Hegel und Schelling, die seine Ausarbeitung einer evolutionären Naturphilosophie beförderte. Schelling hatte bereits 1800 in seinem »System des transzendentalen Idealismus« den Begriff der »Evolution« im Zusammenhang mit seiner Theorie der Lebewesen verwendet: »Die Organisation [der Lebewesen, M.H.] ist die in ihrem Lauf gehemmte, und gleichsam erstarrte Sukzession […]. Es erhellt nun aber eben aus dieser Deduktion des Lebens […], dass also jener Unterschied zwischen belebten und unbelebten Organisationen […] nicht stattfinden kann. Da die Intelligenz durch die ganze organische Natur sich selbst als tätig in der Sukzession anschauen soll, so muss auch jede Organisation im weiteren Sinne des Worts Leben, d. h. ein inneres Prinzip der Bewegung in sich selbst haben. Das Leben mag wohl mehr oder weniger eingeschränkt sein; die Frage also: woher jener Unterschied, reduziert sich auf die vorhergehende: woher die Stufenfolge in der organischen Natur? Diese Stufenfolge der Organisationen aber bezeichnet nur verschiedene Momente der *Evolution des Universums*« (Schelling 1800/1957, 161).

In diesem Text geht Schelling einerseits von der Hierarchie der Lebewesen aus, wie sie seit dem Neuplatonismus verbreitet gewesen ist, historisiert sie jedoch in einer Evolution des Universums. Die Hierarchie wird von der Intelligenz als eine Abfolge angeschaut. Peirce hat diesen Text zweifellos gekannt. Doch während Schelling die Entwicklung des Geistes in einer Phase seines Denkens von der der Natur trennt, indem er Transzendental- und Naturphilosophie als komplementäre Systeme zueinander parallel laufen lässt, vereinigt Perice die Entwicklung der Natur und des Geistes in einer panpsychistischen Evolutionskosmologie. Die strukturellen Analogien des evolutionären Denkens bei Schelling und Peirce sind ausführlich untersucht (Esposito 1980; Hampe, 1999). Bei Peirce endet das Universum hypothetisch in einem perfekten Gesetzeszusammenhang, in dem alle Regularitäten aufeinander abgestimmt sind und sich nichts mehr entwickelt.

Auch der französische Philosoph Henri Bergson postulierte, dass in der Evolution geistige Prinzipien wirksam seien und es eine Teleologie der Entwicklung des Lebendigen gäbe. Er schrieb 1907: »Sicherlich muss eine erbliche [...] Veränderung, die sich stetig steigert [...] so [...], dass sie eine immer kompliziertere Maschine erbaut, auf etwas wie eine *Anstrengung* zurückgehen; auf eine sehr viel tiefere und von den Umständen sehr viel unabhängigere Anstrengung als die individuelle, eine den meisten Vertretern derselben Gattung gemeinsame [...]. Damit sind wir [...] zu dem Gedanken zurückgekehrt, von dem wir ausgingen; dem Gedanken einer ursprünglichen Lebensschwungkraft [*elan vital*, M.H.], die durch die Mittlerschaft der entwickelten Organismen, der Bindeglieder der Keime, von Keimgeneration auf Keimgeneration übergeht: Diese Schwungkraft [...] ist die tiefere Ursache der Variationen; derer zum mindesten, die sich regelmäßig vererben, [...] die neue Arten schaffen« (Bergson 1907/1921, 93; Hervorhebungen durch M.H.). Hier ist das geistige Prinzip nicht wie bei Peirce das der Gewohnheitsbildung, sondern das der *Anstrengung*, das die Entwicklung der Organismen in einer Höherentwicklung zu Gebilden immer grösserer Angepasstheit und Komplexität werden lässt.

Schließlich ist in diesem Zusammenhang die panpsychistisch interpretierbare Kosmologie Alfred North Whiteheads zu nennen. Whitehead versucht mit der Evolutionstheorie eine Antwort auf die Frage nach der Ursache der Lebensentstehung überhaupt zu geben. Er verallgemeinert deshalb den Gedanken des »suvival of the fittest« zu dem des am längsten andauernden Wesens. Vergleicht man die Individuen und Typen der anorganischen und organischen Existenzen, so muss man nach Whitehead feststellen, dass anorganische Existenzen oft länger andauern als organische. Warum ist, wenn es in der Entwicklung nur um das Andauern geht, so fragt Whitehead, überhaupt zu Lebewesen gekommen? Er schreibt 1927: »Ich muss [...] auf den evolutionären Fehlschluss eingehen, der durch die Phrase »das Überleben des Tauglicheren« nahe gelegt wird. Der Fehlschluss besteht nicht darin zu glauben, dass im Kampf ums Dasein der im Überleben Tauglichere den weniger Tauglicheren eliminiert. Der Fehlschluss besteht in dem Glauben, dass Tauglichkeit für das Überleben mit der besten Exemplifikation der Kunst überhaupt zu leben zusammenfällt. Die Tatsache des Lebens selbst ist von vergleichsweise geringem Überlebenswert. Die beste Art des Andauerns besteht darin, tot zu sein. Nur unorganische Dinge dauern für eine grössere Zeitspanne an. Ein Fels bleibt für 800 Millionen Jahre, während die Lebensdauer eines Baumes auf einige tausend Jahre begrenzt ist, für einen Menschen oder einen Elefanten ungefähr auf fünfzig oder hundert Jahre, für einen Hund auf zwölf Jahre, für ein Insekt auf ein Jahr. Das Problem, das die Evolution uns stellt, besteht darin, zu erklären, wie komplexe Organismen mit einer solch mangelhaften Kraft anzudauern sich überhaupt entwickeln konnten« (Whitehead 1927/1958, 4 f., Übers. M.H.).

Whiteheads eigene Erklärung für diese Tatsache besteht in dem Postulat, dass die gesamte Wirklichkeit – ähnlich wie bei Peirce (und dem anderen Gründer des Pragmatismus: William James) – aus nichts anderem besteht als aus Erfahrung. Doch gebe es ein der Erfahrung inhärentes Streben nach Steigerung der Erfahrungs*intensität* (Whitehead, 1929, III.II). Dieses Streben realisiere sich in Lebewesen auf Kosten der Überlebensdauer. Ein Lebewesen »überlebe« zwar nicht solange wie ein Fels, doch realisiere es eine höhere Intensität der Erfahrung als ein Felsen, der allerdings nach Whitehead (ähnlich wie in der Monadenlehre von Leibniz) als eine System von »schlafenden« Erfahrungseinheiten zu deuten sei. Die Erfahrung der Lebewesen, einschließlich der bewussten Erfahrung der Menschen, ist daher nichts anderes als die zu einer hohen Intensität gesteigerte, überall in der Natur anzutreffende Erfahrung.

Es ist jedoch festzuhalten, dass weder die Kosmologie von Peirce, noch die von Henri Bergson oder Whitehead durch die Darwinsche Evolutionstheorie oder das, was aus ihr geworden ist, gerechtfertigt sind. Auch wenn Darwin selbst gelegentlich von »Höherentwicklung« sprach, ist mit seiner Konzeption eine solche nicht notwendigerweise verbunden. Die Organismen müssen nicht immer komplexer werden. Die Evolution hat nach der biologisch akzeptierten Auffassung kein Ziel, weder eines der zunehmenden Gesetzmäßigkeit, noch eines der gesteigerten Komplexität oder der Intensivierung der Erfahrung. All diese Teleologien sind zur Darwinschen Vorstellung einer Geschichte der lebendigen

Natur von den genannten Autoren *hinzugetan* worden, um ihre Kosmologien zu strukturieren. Es mag sein, dass sich diese Teleologien eines Tages empirisch bestätigen lassen. Bis heute sind sie jedoch rein hypothetisch.

In Deutschland haben Ernst Haeckel und Gustav Theodor Fechner ähnliche panpsychistische Kosmologien wie Peirce, Henri Bergson und Whitehead entwickelt. Haeckel agierte dabei auch als der einflussreichste Verfechter der Darwinsche Evolutionstheorie auf dem Kontinent. In seiner Rede am 19. September 1863 vor der 38. Versammlung der deutschen Naturforscher und Ärzte in Stettin verhalf er dem Darwinismus in Deutschland zu großer Beachtung. Haeckel verallgemeinerte den Darwinismus in seinem »Monismus«, indem er ein von ihm in den *Welträthseln* von 1899 sogenanntes »Psychoplasma« postulierte, das das »materielle Substrat« für alle psychischen Tätigkeiten sein sollte, die auch in Pflanzen und niederen Tieren stattfinden. Für das psychische Leben des Menschen sei freilich, wie für die höheren Tiere überhaupt, das »Neuroplasma« bedeutsam (Haeckel 1899). Mit dieser Position wollte Haeckel den psychophysischen Dualismus bekämpfen, der einen vom körperlichen unabhängigen geistigen Wirklichkeitsbereich annahm. Eine ähnliche Position vertrat in Deutschland schon vor Darwin Gustav Theodor Fechner, der naturphilosophische Schüler des Schellingianers Lorenz Oken. Der Physiker und Philosoph, der vor allem für seine Einsichten in der Psychophysik bis heute erinnert wird, publizierte unabhängig von der Darwinschen Evolutionslehre, aber beeinflusst von der Schellingschen Naturphilosophie 1848, ein Buch über die Pflanzenseelen und 1861 eine panpsychistische Kosmologie. Für all diese panpsychistischen Konzeptionen war die Kontinuität der lebendigen Formen, die die Evolutionstheorie so nachdrücklich belegte, eine empirische Plausibilisierung ihrer Spekulation, dass Geistiges, als Erleben in einer Innenwelt, alles Leben kennzeichne, eine Spekulation, die den vermeintlich unüberwindlichen Graben zwischen dem Materiellen und dem Geistigen »zuschüttete«.

Dialektischer Materialismus und pragmatistische Prozessphilosophie

Ähnlich wie Peirce war auch die Theorie von Karl Marx und Friedrich Engels von der Naturphilosophie des deutschen Idealismus und von Darwin inspiriert. Doch haben Marx und Engels nicht wie Peirce und die genannten ihm nachfolgenden Theoretiker einen panpsychistischen Evolutionismus entwickelt, sondern sie glaubten mithilfe von Darwin Entwicklungsgesetzmäßigkeiten gefunden zu haben, die auch die Entwicklung der Menschenwelt wie die der übrigen Organismen mit Notwendigkeit ablaufen und vorhersagen ließen: »Darwin hat das Interesse auf die Geschichte der natürlichen Technologie gelenkt, d. h. auf die Bildung der Pflanzen- und Tierorgane als Produktionsinstrumente für das Leben der Pflanzen und Tiere. Verdient die Bildungsgeschichte der produktiven Organe des Gesellschaftsmenschen, der materiellen Basis jeder Gesellschaftsorganisation, nicht die gleiche Aufmerksamkeit?« (Marx/Engels 1987, I, 392). Marx und Engels sprachen in diesem Zusammenhang freilich noch nicht von Emergenz. Vielmehr waren sie der Meinung, dass die Entwicklung des Lebens in Stadien ablaufe und gleichsame qualitative Sprünge mache, wenn ein neues Stadium erreicht ist. In diesem Moment werde es dann auch von neuen, wenn auch immer noch notwendigen Gesetzen in seiner Entwicklung gelenkt. Sie zitieren die folgende komprimierte Darstellung dieses Gedankens durch den »Kapital«-Rezensenten Kaufmann in einer späteren Ausgabe ihres Hauptwerkes affirmativ: »Sobald das Leben eine gegebene Entwicklungsperiode überlebt hat, aus einem gegebenen Stadium in ein andres übertritt, beginnt es auch durch andere Gesetze gelenkt zu werden. Mit einem Wort, das ökonomische Leben bietet uns eine der Entwicklungsgeschichte auf andren Gebieten der Biologie analoge Erscheinung... Die alten Ökonomen verkannten die Natur ökonomischer Gesetze, als sie dieselben mit den Gesetzen der Physik und Chemie verglichen... Eine tiefere Analyse der Erscheinungen bewies, dass soziale Organismen sich voneinander ebenso gründlich unterscheiden als Pflanzen- und Tierorganismen... Der wissenschaftliche Wert solcher Forschung liegt in der Aufklärung der besonderen Gesetze, welche Entstehung, Existenz, Entwicklung, Tod eines gegebenen gesellschaftlichen Organismus und seinen Ersatz durch einen anderen, höheren regeln« (Rezension des »Kapitals« von I. I. Kaufmann, zitiert in Marx/Engels, 1987, 26 f.).

Kaufmann scheint hier im Geiste von Marx und Engels die Evolution der Lebewesen als eine einerseits *gesetzmäßige* Angelegenheit, andererseits als eine Entstehung von *Neuem* zu verstehen. Waren vor Darwin in der Physik und Chemie Gesetze der Natur Regularitäten, die immer wiederkehrende Bewegungsabläufe in ihrer Notwendigkeit beschrieben (wie die Stoßgesetze der Cartesischen Kinematik) oder die Konstanz von Massen oder Energien (wie im Chemischen Gesetz von der Identität der Massen von Ausgangsstoffen und ihren Reaktionsprodukten), so stellen die Darwinschen Gesetze von der zufälligen Variation der Nachkommen in einer Population und von der natürlichen Zuchtwahl solche der *Entstehung von Neuheiten* dar. Diesen Gedanken wollen Marx und Engels auf die Entwicklung der Ökonomien und Gesellschaften in der Menschenwelt übertragen. Auch die kapitalistische Wirtschaftsform und die mit ihr einhergehende Gesellschaft stellt eine Neuheit gegenüber dem Merkantilismus und dem Feudalismus dar. Doch hat sich diese Neuheit des Wirtschaftens und des gesellschaftlichen Lebens mit Notwendigkeit entwickelt, und sie wird sich auch mit Notwendigkeit weiterentwickeln oder in einer kommunistischen Gesellschaft »überwunden« werden, wie Marx und Engels vermuteten. Diese Verallgemeinerung des Darwinismus und Hegelianismus ist von Stalin 1938 dann als evolutionärer *dialektischer Materialistismus* gedeutet und zur fundamentalen Ideologie des Sowjetkommunismus erhoben worden (Stalin 1938/1961). Der Geist emergiert hier als etwas Neues bei »Umschlag« von Quantität (Komplexität) zu einer neuen Qualität der Materie.

Sofern man die Evolutionstheorie vor allem als eine Erklärung der Entstehung von Ordnung auffasst, muss man an dieser Stelle fragen, ob die Alternative von Geist und Materie überhaupt eine besonders interessante ist. Bereits hundert Jahre vor Darwin, 1761, hatte David Hume Folgendes festgehalten: »Bloß unsere Erkenntnis a priori angesehen, kann die Materie so gut wie der Geist die Quelle von Ordnung ursprünglich in sich enthalten; und es ist keine grössere Schwierigkeit in der Vorstellung, dass die verschiedenen Elemente aus einer inneren, unbekannten Ursache in die allerwunderbarste Anordnung hineingeraten, als in der Vorstellung, dass ihre Ideen in dem großen allgemeinen Geiste aus einer gleichen inneren, unbekannten Ursache in diese Anordnung geraten. [...] Nehmen wir an [...], dass die Materie durch eine blinde, ungeleitete Kraft in irgendeine Anordnung gebracht sei, so ist offenbar, dass diese erste Anordnung verwirrt [...] sein wird [...] und so fort eine lange Reihe von Veränderungen und Umwälzungen [...] So bleibt das Universum lange Zeiträume hindurch in beständiger Folge von Chaos und Unordnung. Aber ist es nicht möglich, dass es... zu einem Beharrungszustand kommt, ohne seine Bewegung und Kraft zu verlieren, [...] eine Gleichförmigkeit der Erscheinung inmitten der beständigen Bewegung und dem Fluss der Teile bewahrend? Dies finden wir in der vorliegenden Welt der Fall« (Hume 1968, 23; 68 f.).

Wenn wir sagen, dass eine materielle Struktur durch einen Geist geordnet worden ist, so haben wir kaum eine Antwort auf die Nachfrage, wie denn der Geist zu seiner Ordnung kam. Humes Alternative zu dieser Verlegenheit ist das Prinzip der Selbstorganisation: durch »blinde, [geistig] ungeleitete Kraft« stellt sich einfach eine materielle Konstellation ein, die relativ stabil, wenn wohl auch nicht ewig »haltbar« ist. Brauchen wir noch einen weiteren Kommentar zur Entstehung von Ordnung? In Humes Augen nicht. Ob wir das, was sich da (ohne Reflexivität) selbst organisiert, Materie oder Geist nennen, ist eigentlich nicht so sehr von Interesse. Die meisten philosophischen Autoren haben deshalb nicht nur die Spekulationen nach einem letzten Ziel der Entwicklung der Lebewesen oder der Natur als ganzer aufgegeben, sondern auch die nach einem »ersten Prinzip« und »Ursprung« dieser Entwicklung. Stabile Ordnungen stellen sich demnach einfach zufällig irgendwann in materiellen oder geistigen Prozessen ein und werden, ebenfalls kontingenter Weise, irgendwann wieder aufgelöst.

Die vielleicht »reifste« Wirkung der Evolutionstheorie ist hieran anknüpfend deshalb in dem *Kontingenzbewusstsein* zu finden, das sich im neueren Pragmatismus entwickelt hat. Nach John Dewey hat die Darwinsche Evolutionstheorie eine Wende weg vom Festen und Ewigen in der Logik des Wissens, den menschlichen Auffassungen von Moral und Religion und in der Politik herbeigeführt (Dewey 1965, 2). Es ist eine prozessuale Sicht der Welt und des Wissens entstanden, die sich von der Vorstellung endgültiger Gewissheit verabschiedet hat (vgl. Dewey 1929). John Dewey hat diese prozessuale Sicht der Welt, in der alles kommt und geht, aber nicht von einem einzigen Prinzip oder Ziel beherrscht wird, so formuliert.: »Die christliche Vorstellung von dieser Welt und diesem Leben als einer Bewährung ist eine Art verzerrte Erkenntnis unserer Situation [...] Denn in Wahrheit ist alles, was existieren kann, an jedem Ort und zu jeder Zeit Gegenstand von Prüfungen, die seine Umgebungen ihm auferlegt, die nur teilweise mit ihm vereinbar und unterstützend sind. Diese Umgebungen prüfen seine Stärke und Zähigkeit. Die stabilsten Dinge, von denen wir sprechen können, sind nicht von den Bedingungen, die ihm andere Dinge setzen, ausgenommen. Dass sogar die festen Berge der Erde, die Sinnbilder der Standhaftigkeit, erscheinen und verschwinden wie die Wolken, ist ein altes Thema der Moralisten und Dichter. [...] Es gibt keine Ursache oder Quelle der Ereignisse oder Prozesse [am Grunde aller Veränderungen, M.H.]; keinen absoluten Herrscher; kein letztes Prinzip der Erklärung; keine Substanz hinter oder unter dem Wandel [...]« (Dewey 1958, 70, Übers. M.H.).

Moderner Emergentismus

Im 20. Jahrhundert entwickelt sich der Emergentismus als Spielart eines nicht-reduktiven Physikalismus zu der vielleicht einflussreichsten evolutionären Theorie des Verhältnisses von Materie und Geist. Der nicht-reduktive Materialismus tritt im 20. Jahrhundert das Erbe des evolutionären (oder dialektischen) Materialismus des 19. Jahrhunderts an. Denn die Physik steigt in dieser Zeit bei vielen Philosophen zu der ontologisch wichtigsten wissenschaftlichen Disziplin auf. Der Sieg des Atomismus und die Suche nach den letzten Bestandteilen der Materie in der Elementarteilchenphysik haben elementaristische Konzeptionen in der Ontologie bestärkt. Zusammen mit der Evolutionstheorie ist dadurch die Überzeugung bekräftigt worden, dass die Wirklichkeit »letztlich« aus den Gegenständen besteht, die die Physik ausfindig macht, und dass die Evolution der Natur zu einer immer größeren Komplexierung dieser physikalischen Grundgegenstände führt. Diese in der Evolution stattfindende Komplexierung der Materie habe zur Folge, dass die Systeme, die letztlich aus physikalischen Elementarteilchen zusammengesetzt sind, Eigenschaften besitzen, die diese Elementarteilchen selbst noch nicht haben. Zwar seien die Systemeigenschaften von der Existenz und den Eigenschaften der Teile abhängig (sie »supervenieren« auf ihnen), doch sind sie nicht auf die Eigenschaften der Teile »reduzierbar«, etwa durch Definitionen und ihnen gegenüber »neu« in der Entwicklung des entsprechenden Systems (sie »emergieren«).

Die Debatte über die Formen der Supervenienz und Emergenz ist recht technisch und inzwischen sehr ausgedehnt (vgl. Weber/Stephan in Krohs/Toepfer 2005). Hier interessiert nur der sogenannte diachrone Struktur-Emergentismus (nach Weber 2005, 103). Weber folgend kann sich die Neuheit bzw. Unvorhersagbarkeit lebendiger Strukturen aus zwei Gründen ergeben: Daraus, dass die materielle Welt grundsätzlich quantenmechanisch indeterministisch begriffen wird, oder daraus – und das ist hier interessanter, weil Quantenphänomene im Makrobereich des Lebendigen und seiner Evolution kaum eine Rolle spielen dürften –, dass die Entwicklungen von Lebewesen nach den Gesetzen des *deterministischen Chaos* verlaufen (vgl. Smith 1998). Auch im letzten Fall wären die funktionalen Eigenschaften von Organismen prinzipiell nicht aus ihren Vorgängern »ableitbar«, weil kleine Varianten in den Anfangsbedingungen der betrachteten Entwicklungsabschnitte zu großen Veränderungen in späteren Phasen der Evolution führen können. Weber schildert diese Alternative in der Unvorhersagbarkeit wie folgt: »Die Struktur eines neu entstehenden Systems kann aus verschiedenen Gründen unvorhersehbar sein. So impliziert z. B. die Annahme eines indeterministischen Universums unmittelbar die Unvorhersagbarkeit neuer Strukturbildungen. Aus emergenztheoretischer Perspektive wäre es jedoch eher uninteressant, wenn die Bildung einer neuen Struktur nur deshalb als unvorhersagbar gelten müsste, weil ihr Entstehen indeterminiert wäre. Davon abgesehen gehen die meisten Emergentisten ohnehin davon aus, dass auch die Bildung neuer Strukturen nach deterministischen Gesetzen erfolgt. Aber auch determiniert ablaufende Strukturbildungen können für uns prinzipiell unvorhersagbar sein, und zwar dann, wenn sie nach Gesetzen verlaufen, die dem deterministischen Chaos zuzurechnen sind.« (Weber 2005, 100)

Vor allem in der molekularen Evolutionstheorie ist die Vorstellung verbreitet, dass hier die Entwicklungen als solche eines deterministischen Chaos zu rekonstruieren seien (vgl. Eigen 200). Nach den Gesetzen des deterministischen Chaos können minimal verschiedene, eventuell technisch nicht messbare Startwerte zweier analoger Prozesse, die in ihrem Verlauf in derselben mathematischen Funktion beschreibbar sind, zu völlig verschiedenen und unvorhersehbaren Verläufen der Funktion bzw. seiner materiellen Realisierungen führen (Metzler 1998). Zweifellos hat man es im Bereich der organischen Entwicklung dauernd mit solchen minimalen Differenzen zu tun, die weitgehende, nicht prognostizierbare Folgen haben können, so in der Genetik, aber auch in der Evolution ökologischer Systeme, in welchen die Anpassungen der Organismen stattfinden. Die großen Differenzen in Anatomie und Funktionalität des Organischen, die auf solche minimalen Differenzen in den Anfangsbedingungen von Entwicklungen zurückgehen, führen dann zu Emergenzphänomenen im Sinne von Unvorhersagbarkeiten. Gleichzeitig wird aber das Emergente als abhängig von den materiellen Strukturen angesehen, deren

Entwicklung man nachzuvollziehen versucht. Das heißt, die radikal neuen Phänomene werden nicht als das Ergebnis radikal neuer Kausalfaktoren angesehen, sondern lediglich als das Ergebnis einer neuen Relation zwischen bekannten Kausalfaktoren, die sich im Laufe der Entwicklungsgeschichte eingestellt hat. Die Abhängigkeit von den bekannten Kausalfaktoren oder Materialien wird in diesem Zusammenhang auch als »Supervenienz« bezeichnet.

Offensichtlichstes Beispiel für das Verhältnis von Emergenz und Supervenienz ist die Kunst. Ein Bild kann die ästhetischen Eigenschaften, die es hat, bspw. »schön« zu sein, nicht exemplifizieren, wenn es nicht bestimmte physikalische Eigenschaften hat, ja seine ästhetischen Eigenschaften hängen von seinen physikalischen Eigenschaften ab: Wären andere, hellere oder dunklere Farben gewählt worden, wären die Reflexionseigenschaften des Materials, auf das die Farben aufgetragen wurden, andere usw., dadurch würden sich wiederum auch die ästhetischen Eigenschaften des Bildes verändern. Doch ein Kunstkritiker wird sich kaum mit einem Luxmeter vor einem Bild aufstellen, um physikalisch zu untersuchen, wie das Muster der Lichtreflexe aussieht, das es erzeugt. Er wird vielmehr mit Bezug auf die Tradition der Malerei, eventuell unter Berücksichtigung der Werkgeschichte des Malers ein ästhetisches Urteil fällen, das von Eigenschaften wie Schönheit, Hässlichkeit, Originalität, usw. spricht, die in keiner physikalischen Theorie vorkommen. Obwohl es ohne die physikalischen Gegenstände auch keine künstlerischen Objekte gäbe, sind die Eigenschaften der Kunst doch neu gegenüber denen der physikalischen Gegenstände und ist die Ästhetik nicht auf die Physik reduzierbar.

Nun ist ein Bild ein (mehr oder weniger) absichtliches Erzeugnis eines Künstlers und man könnte meinen, dass seine emergierenden ästhetischen Eigenschaften auf die künstlerische Kreativität oder den kunstkritischen Betrachter zurückgehen (nur »im Auge des Betrachters« liegen). Die Anwendung des Emergenzbegriffes in der Betrachtung der Lebewesen widerlegt jedoch die Vermutung, dass es auf geistige Tätigkeit oder einen Rezeptionsidealismus ankäme, um physikalische Systeme mit Eigenschaften auszustatten, die nicht in physikalischen Theorien beschrieben werden können.

Wichtige Stationen auf dem Weg der Durchsetzung dieses modernen Emergenzbegriffes zu Beschreibung der Entwicklung neuer Eigenschaften biologischer Systeme, einschließlich der geistigen Fähigkeiten von animalischen Lebewesen, waren die schon in den 1920er Jahren publizierten Bücher von Samuel Alexander (1920), Roy Wood Sellars (1922), C. Lloyd Morgan (1923) und C.D. Broad (1925). Nachdem die hier präsentierten philosophischen Theorien der Entstehung des Lebendigen und des Geistigen zunächst kritisiert wurden (von Hempel/Oppenheim 1948), haben sie in der jüngsten Gegenwart in neuem theoretischen Gewand wieder stark an Einfluss gewonnen. Am beeindruckendsten ist der mit mereologischen Erklärungen operierende synthetische Materialismus von Arno Ros (2005 und 2008), der die Tradition des nicht-reduktiven Materialismus und Emergentismus mit den Mitteln einer eigenen Theorie der Begründung als »Übergang zwischen Begriffsfeldern« erfolgreich weitergeführt hat (Ros 1990, Bd. 3, 298 f.). Anders als bei kausalen Erklärungen, die die Veränderung eines Gegenstandes aufgrund der gesetzmäßigen Einflussnahme eines anderen Gegenstandes oder Ereignisses thematisieren, geht es in mereologischen Erklärungen um das Auftreten von Eigenschaften in einem komplexen internen gegliederten Gegenstand, aufgrund der Beziehungen seiner Teile in ihm zueinander (vgl. Ros 2008). Auf die Feinheiten dieser Entwicklung zwischen 1920 und heute, vor allem was die logische Rekonstruktion von Erklärungen und theoretischen Reduktionen angeht, kann hier nicht eingegangen werden (vgl. neben Ros auch Beckermann/Flohr/Kim 1992).

Die Evolution der Lebewesen wird heute von ihren Anfängen an, also ab der Entstehung des Lebens aus anorganischer Materie, als Evolution physikochemischer Systeme aufgefasst (vgl. Küppers 1983). Von der Bildung erster Koerzervate bis zur Entstehung des Menschen entwickeln diese Systeme ständig neue Eigenschaften. Hier ist zuerst vor allem an die Eigenschaft der Selbsterhaltung in abkapselnder Membranbildung und der Schaffung eines Innenraums zu denken, durch den ein Energiefluss geht (Stoffwechsel) und bei den Tieren an die Fähigkeit zu Wahrnehmung und Fortbewegung. Zweifellos sind die Eigenschaften der Lebewesen auf eine physikalische Grundlage angewiesen und die Eigenschaften des Geistigen auf eine biologische Grundlage: ohne Materie keine Lebewesen und ohne Nervensystem kein Geist. Doch haben physikalische Elementarteilchen nicht die funktionalen Eigenschaften des Stoffwechsels und der Fortpflanzung, welche Lebewesen haben, und Neuronen haben nicht die Eigenschaften der Intentionalität, wie sie geistige Zustände auszeichnen. Die meisten Biologen und Philosophen gehen davon aus, dass eine Veränderung in der physikalischen bzw. biologischen Basis eines Individuums zu einer Veränderung seiner biologischen bzw. geistigen Eigenschaften führt. Gleichzeitig ist jedoch nicht vorhersagbar, welche Kombination von physikalischen bzw. biologischen Systemen in der Entwicklungsgeschichte zu bestimmten funktionalen bzw. geistigen Eigenschaften oder Fähigkeiten führt. In diesem Sinn kann die Evolution als die Entstehung von neuen Eigenschaften in einem emphatischen Sinne aufgefasst werden. Die Übergänge von der unbelebten, noch durch keine Membran umschlossenen und noch keine Innenräume bildenden Materie, zu den ersten stoffwechselnden Einzellern und von den sich noch nicht intentional auf eine Außenwelt richtenden Lebewesen zu den mit Geist begabten Tieren, die etwas als etwas repräsentieren können, stellen dabei die philosophisch wichtigsten Emergenzen des Lebens und des Geistes in der Evolution der aus rein materiellen Strukturen bestehenden Natur dar. Es handelt sich jeweils um die Entstehung neuer Ganzes-Teil-Relationen zwischen Materiestrukturen, bei denen ehemalige Ganzheiten (bsp. Zellen) zu Elementen größerer, umfassender Ganzheiten (bsp. multizellularer Organismen) werden. Diese Entstehung von neuen Ganzes-Teil-Relationen werden in begrifflichen Übergängen erfasst, die irrtümlicherweise in der Tradition als die Beschreibung des Auftretens neuer Kausalfaktoren (der »Lebenskraft« oder des »Geistes«) gedeutet wurden (vgl. Drieschs Konzept der Entelechie und den an es anschließenden sogenannten »Vitalismusstreit«, Driesch 1909, Bd. II, 137).

In diesem Zusammenhang ist die Sonderstellung von natürlichen Arten im Bereich der Entwicklung des Lebens bzw. der biologischen Wissenschaften zu betrachten. Physikalische Elementarteilchen und chemische Elemente haben unwandelbare Eigenschaften. Auch wenn man sie sich heute in der Entwicklung des Kosmos als entstanden denkt, so sind sie doch nur das, was sie sind, wenn sie eine ganz bestimmte Masse, eine ganz bestimmte Ladung bzw. ein bestimmtes Atomgewicht haben. Die Ladung des Elektrons wird deshalb auch als eine *Naturkonstante* bezeichnet, das Atomgewicht von Elementen wie Wasserstoff oder Gold ist nicht wandelbar. Biologische Arten wandeln sich dagegen in der Entwicklungsgeschichte der Lebewesen enorm, ja ihre Wandelbarkeit ist die Bedingung der Möglichkeit der Entstehung von neuem in der Geschichte des Organischen.

Diese Wandelbarkeit der Arten ist einerseits der Grund, warum die Mathematik in der Biologie sehr viel weniger als in der Physik und der Chemie eine Rolle spielt, weil es hier keine konstanten Zahlenverhältnisse gibt, in denen sich graduierbare Eigenschaften von Organismen, die unter eine bestimmte Art fallen, angeben und als Wesensmerkmale festhalten ließen. Hier sind höchstens sehr große, in der Physik nie realisierte numerische Spielräume angebbar: Ein Lebewesen überhaupt kann von der mikroskopischen Kleinheit eines Einzellers bis zum tonnenschweren Saurier oder Wal vergleichbare Kompetenzen des Stoffwechsels (Zitronensäure-Zyklus) und der Fortpflanzung (Mitose und Meiose) besitzen; ein Mensch realisiert die genetischen Charakteristika des Menschlichen in einem Massenspielraum zwischen rund 3 kg (Geburtsgewicht) und 560 kg (eine Person namens Manuel Uribe, nach dem Guinness-Buch der Rekorde von 2007 der schwerste Mann der Welt). Innerhalb dieser Variation bleiben die betreffenden Individuen zwar einerseits immer Exemplare der Art *Homo sapiens*. Andererseits ergibt sich aus der Tatsache, dass die Biologie die Arten als historisch geworden ansieht, dass die Zugehörigkeit zu einer Art, nicht für die Kennzeichnung eines unwandelbaren Wesens taugt. Deshalb ist die Biologie seit der Erkenntnis der historischen Variabilität ihrer Gegenstände *keine essentialistische Wissenschaft* mehr, wie es Physik und Chemie immer noch sind, und es wird in ihr deshalb keine exakten Naturgesetze geben (vgl. Mayr 1982, 45; Weber 2005, 84). Die Biologie ist die bisher die einzige Naturwissenschaft, in der an die Stelle der essentialistisch-nomologischen Erklärung die historisch-genealogische Betrachtung getreten ist. Darwin ist als Begründer der Evolutionstheorie hier auch für die *Methodenentwicklung* einer anti-essentialistischen Philosophie und Geschichtswissenschaft (wie die Genealogie bei Nietzsche und Foucault) bis in die Gegenwart paradigmenbildend gewesen (vgl. Sarasin 2009). Sich in diesem neuen Paradigma bewegende Philosophien werden die Evidenzen der Geschichte für die Erkenntnis einer sich ständig verändernden Wirklichkeit konkreter Prozesse relevanter ansehen als die der Mathematik. Damit wird Darwin für die Philosophie trotz der Unmöglichkeit einer evolutionären Erkenntnistheorie zu der entscheidenden Alternative zum Platonischen Erkenntnisideal, das sich an der mathematischen Evidenz über ewige abstrakte Gegenstände als dem Ideal für Erkenntnis überhaupt orientierte.

Literatur

Alexander, Samuel (1920): Space, Time and Deity. The Gifford Lectures at Glasgow 1916–1918. 2 Bde. London.
Beckermann, Ansgar/Flohr, Hans/Kim, Jaegwon (Hg.) (1992): Emergence or Reduction? Essays on the Prospects of Nonreductive Physicalism. Berlin.
Bendall, D. S. (1983): Evolution from Molecules to Men. Cambridge.
Bergson, Henri (1907): L'Evolution créatice. Paris [dt.:Schöpferische Entwicklung. Übers. v. Gertrud Kantorowicz. Jena 1921].
Boltzmann, Ludwig (1896): Vorlesungen über Gastheorie. Leipzig.
Bultmann, Rudolf (1941): Neues Testament und Mythologie. Hamburg.
Burgess, Anthony (1962): A Clockwork Orange. London.
Broad, C. D. (1925): The Mind and its Place in Nature. London.
Campbell, Donald T (1974): »Evolutionary Epistemology«. In: Paul A. Schlipp (Hg.): The Philosophy of Karl Popper Vol. I. Illinois, 413–459
Caplan Arthur (Hg.) (1978): The Sociobiology Debate. Readings on the Ethical and Scientific Issues Concerning Sociobiology. New York.
Clutton-Brock/Harvey Paul H. (Hg.) (1978): Readings in Sociobiology. San Fransisco.
Dawkins, Richard (1978): The Selfish Gene. London.
Dawkins, Richard (1986): The Blind Watchmaker. Essex.
Dennett, Daniel (1995): Darwin's Dangerous Idea: Evolution and the Meaning of Life. New York.
Dewey, John (1929): The Quest for Certainty. A Study of the Relation of Knowledge and Action. New York.
Dewey, John (1925/1958): Experience and Nature. Chicago.
Dewey, John (1965): The Influence of Darwinism on Philosophy on Philosophy and Other Essays in Contemporary Thought. Bloomington.
Driesch, Hans (1909): Philosophie des Organischen. Gifford-Vorlesungen, gehalten an der Universität Aberdeen in den Jahren 1907–1909. Leipzig.
Eigen, Manfred (2000): Stufen zum Leben. Die frühe Evolution im Visier der Molekularbiologie. München.
Esposito, Joseph L. (1980): Evolutionary Metaphysics: The Development of Peirce's Theory of Categories. Ohio.
Farber, Paul Lawrence (1998): The Temptations of Evolutionary Ethics. Los Angeles.
Fechner, Gustav Theodor (1848): Nanna oder über das Seelenleben der Pflanzen. Leipzig.
Fechner, Gustav Theodor (1861): Über die Seelenfrage. Ein Gang durch die sichtbare Welt um die unsichtbare zu finden. Leipzig.
Fenk; August (Hg) (1990): Evolution und Selbstbezug des Erkennens. Wien/Köln.
Flew, Anthony (1978): »From Is to Ought«. In: Arthur Caplan (Hg.): The Sociobiology Debate. Readings on the Ethical and Scientific Issues Concerning Sociobiology. New York, 142–162.
Gilson, Etienne (1971): From Aristotle to Darwin and Back Again. A Journey in Final Causality, Species and Evolution. Notre Dame.
Gräfarth, Bernd (1997): Evolutionäre Ethik? Philsoophische Programme, Probleme und Perspektiven der Soziobiologie. Berlin.
Haeckel, Ernst (1863): Über die Entwicklungstheorie Darwins. Öffentlicher Vortrag in der Allgemeinen Versammlung deutscher Naturforscher und Ärzte zu Stettin, am 19. September 1862 [Amtlicher Bericht über die 37. Versammlung, 17].
Haeckel, Ernst (1899): Die Welträthsel. Gemeinverständliche Studien über Monistische Philosophie. Bonn.
Hampe, Michael (1999): »Komplementarität und Konkordanz von Natur und Erkenntnis. Anmerkungen zu Schelling und Peirce«. In: H. Eidam/F. Hermenau/D. Stedderoth (Hg.): Kritik und Praxis. Zur Problematik menschlicher Emanzipation. Lüneburg, 96–106.
Hampe, Michael (2006): Erkenntnis und Praxis. Zur Philosophie des Pragmatismus. Frankfurt a. M.
Hampe, Michael (2007): Eine kleine Geschichte des Naturgesetzbegriffs. Frankfurt a. M.
Hempel, Carl G./Oppenheim, Paul (1948): »Studies in the Logic of Explanataion«. In: Philosophy of Science 15: 135–175.
Hume, David (1948): Dialogues Concerning Natural Religion. London.
Hume David (1968): Dialoge über natürliche Religion. Hamburg.
Hume, David (1978): A Treatise of Human Nature. London.
Huxley, Thomas Henry (1989): Evolution and Ethics. Princeton.
King's College Sociobiology Group (Hg.) (1982): Current Problems in Sociobiology. Cambridge.
Krohs, Ulrich/Toepfer, Georg (Hg.) (2005): Philosophie der Biologie. Frankfurt a. M.
Küppers, Bernd-Olaf (1983): Molecular Theory of Evolution. Outline of a Physico-Chemical Theory of the Origin of Life. Berlin/Heidelberg/New York.
Lorenz, Konrad (1973): Die Rückseite des Spiegels. München.
Lütterfelds, Wilhelm (1987): Transzendentale oder evolutionäre Erkenntnistheorie? Darmstadt.
Lütterfelds, Wilhelm (1993): Evolutionäre Ethik zwischen Naturalismus Idealismus. Berlin.
Madden, Edward H. (1958): The Philosophical Writing of Chauncey Wright. New York.
Marx, Karl/Engels, Friedrich (1987): Das Kapital (Karl Marx – Friedrich Engels. Werke, Bde. 23–25). Berlin.
Mayr, Ernst (1982): The Growth of Biological Thought. Cambridge.
Metzler, Wolfgang (1998): Nichtlineare Dynamik und Chaos. Stuttgart/Leipzig.
Meyer, Heinz (2000): Traditionelle und Evolutionäre Erkenntnistheorie. Hildesheim
Nitecki, Matthew H./Nitecki, Doris V. (Hg.) (1993): Evolutionary Ethics. New York.
Peirce, Charles Sanders (1991a): Naturordnung und Zeichenprozess. Frankfurt a. M.
Peirce, Charles Sander (1991b): Schriften zum Pragmatismus und Pragmatizismus. Hg. von Karl-Otto Apel. Frankfurt a. M.
Pinker, Steven (1997): How the Mind Works. London.

Pinker, Steven (2002): The Blank Slate. The Modern Denial of Human Nature. New York.
Popper, Karl (1973): Objektive Erkenntnis. Ein evolutionärer Entwurf. Hamburg.
Popper, Karl (1994): Alles Leben ist Problemlösen. München.
Randall, D. S. (1983): Evolution. From Molecules to Men. Cambridge.
Richards, Robert J. (1993): »Birth, Death and Resurrection of Evolutionary Ethics«. In: Matthew H. Nitecki/Doris V. Nitecki (Hg.) (1993): Evolutionary Ethics. New York, 113–139.
Riedl, Rupert/Delpos, Manuela (1996): Die evolutionäre Erkenntnistheorie im Spiegel der Wissenschaften. Wien.
Ros, Arno (1989): Begründung und Begriff. Wandlungen des Verständnisses begrifflicher Argumentation. 3 Bde. Hamburg.
Ros, Arno (2005): Materie und Geist. Eine philosophische Untersuchung. Paderborn.
Ros, Arno (2008): »Mentale Verursachung und mereologische Erklärungen. Eine einfache Lösung für ein komplexes Problem«. In: Deutsche Zeitschrift für Philosophie 56: 167–203.
Sarasin, Philipp (2009): Darwin und Foucault. Genealogie und Geschichte im Zeitalter der Biologie. Frankfurt a. M.
Schelling, Friedrich Wilhelm Joseph (1800/1957): System des transzendentalen Idealismus. Hamburg.
Schrader, Christopher (2007): Darwins Werk und Gottes Beitrag: Evolutionstheorie und Intelligent Design. Stuttgart.
Sellars, Roy Wood (1922): Evolutionary Naturalism. Chicago.
Smith, Peter (1998): Explaining Chaos. Cambridge.
Spencer, Herbert (1893): Principles of Ethics. London.
Spencer Herbert (1860 ff./1971): First Principles. London.
Spinoza, Baruch de (1994): Theologisch-poltischer Traktat. Hamburg.
Stalin, Josef (1938/1961): Über dialektischen und historischen Materialismus. Berlin.
Stephan, Achim (2005): »Emergente Eigenschaften«. In: Ulrich Krohs/Georg Toepfer: Philosophie der Biologie. Frankfurt a. M., 88–108.
Vollmer, Gerhard (1975): Evolutionäre Erkenntnistheorie. Stuttgart.
Weber, Marcel (2005): »Supervenienz und Physikalismus«. In: Ulrich Krohs/Georg Toepfer: Philosophie der Biologie, Frankfurt a. M., 71–87.
Whitehead, Alfred North (1927/1958): The Function of Reason. Princeton.
Whitehead, Alfred North (1929/1973): Process and Reality. Cambridge.
Wittgenstein, Ludwig (1966): Lectures and Conversations on Aesthetics, Psychology and Religious Belief. Hg. von Cyrill Barrett. Oxford.

Michael Hampe

11. Physik

Seit der Mitte des 19. Jahrhunderts hat die Physik zu verschiedenen Zeitpunkten sowohl mit profunden Anfechtungen als auch mit bedeutenden argumentativen und technischen Hilfsmitteln zur Entwicklung der Evolutionstheorie beigetragen. In den ersten beiden Jahrzehnten nach der Veröffentlichung von *On the Origin of Species* (1859) wurden einige Argumente auf der Grundlage der Thermodynamik und von gängigen Theorien über den Ursprung und das Alter des Sonnensystems zu scheinbar unwiderlegbaren Einwänden gegen die Theorie von Charles Darwin, dass die natürliche Auslese ein Hauptmotor für die Artenbildung sei. In den Debatten, die sich daraufhin unter Biologen entspannen, stärkten diese physikalischen Einwände den Einfluss von neolamarckistischen und anderen nicht-selektionistischen Evolutionsmodellen, während sie die Skepsis gegenüber evolutionären Modellen überhaupt begünstigten. Gleichzeitig nährten diese Theorien über den langfristigen Wandel in der physikalischen Welt und im Kosmos Vorstellungen von einer »kosmischen Evolution«, die zwar oft spekulativ waren und biologische Belange nur am Rande berührten, die jedoch zu einem Diskurs beitrugen, in welchem die Idee, wissenschaftliche Theorien evolutionären Wandels – nach welchem Mechanismus auch immer – auszuarbeiten, annehmbarer wurde oder sogar der Erwartung entsprach.

Nach der Jahrhundertwende führten revolutionäre Erneuerungen in der Physik – nämlich die Entdeckung der Radioaktivität und die Einführung der Quantentheorie – zu einer unerwarteten Lösung für das Problem, welches Alter die Erde hat. Für das Bild von der Evolution, insbesondere bei der sich anbahnenden Synthese mit der Genetik, gewannen die atomaren oder Quantenprozesse an Bedeutung. In der zweiten Hälfte des 20. Jahrhunderts wurde nicht nur die Vorstellung aufgegeben, dass die Entropie der Darwinschen Evolutionstheorie widerspreche, sondern thermodynamische Argumente hatten darüber hinaus einen Anteil an verschiedenen neuen Theoriemodellen zum Ursprung und zur Entwicklung des Lebens. Dieser Artikel skizziert einige Hauptaspekte und stellt mehrere Beispiele solcher historischer Episoden vor, in denen die Rolle der Physik in der Evolutionstheorie deutlich wird. Auf die umfassenden philosophischen Auseinandersetzungen um Reduktionismus versus Autonomie im Verhältnis zwischen Biologie und Physik im Allgemeinen wird nicht ausdrücklich eingegangen, obwohl diese historischen Episoden dem Nachdenken über solche Auseinandersetzungen selbstverständlich auch Nahrung liefern.

Thermodynamische Anfechtungen der Evolutionstheorie

Während der 1840er und 1850er Jahre konsolidierte sich der als Thermodynamik bezeichnete Zweig der Physik theoretisch um Kernprinzipien, die als ihre zwei Gesetze bekannt wurden. Das erste der Gesetze besagt, qualitativ ausgedrückt, dass Energie aus einer Form in eine andere umgewandelt werden kann, aber nicht geschaffen oder zerstört werden kann, und wird gemeinhin als Erhaltungssatz der Energie bezeichnet. Quantitativ ausgedrückt postuliert dieses Gesetz Energie als eine eindeutig messbare Größe eines physikalischen Systems und spezifiziert, wie Änderungen am System – Arbeit mit ihm oder an ihm, Wärmefluss hinein oder hinaus – die Energie des Systems verändern. Von Julius Robert Mayer in Deutschland, Ludwig A. Colding in Dänemark und James Prescott Joule in England wurden unterschiedliche Versionen des Energieerhaltungssatzes formuliert, die sich letztlich als untereinander austauschbar erwiesen. Wahrscheinlich war es aber der Aufsatz »Über die Erhaltung der Kraft« (1847) von Hermann Helmholtz, der am meisten dazu beitrug, das Prinzip als ein grundlegendes Gesetz der Physik zu etablieren.

Die frühesten Fassungen des zweiten Gesetzes der Thermodynamik gehen den Formulierungen des ersten Gesetzes zeitlich voraus. Der französische Ingenieur Sadi Carnot entwickelte 1824 in seiner Abhandlung »Sur la puissance motrice du feu« das Konzept, dass die von einer Wärmekraftmaschine geleistete Arbeit auf dem Wärmefluss von einem heißen zu einem kalten Körper beruhe und dass es infolgedessen für jede reale Maschine einen maximalen Wirkungsgrad gibt. Rudolf Clausius, in »Über die bewegende Kraft der Wärme« (1850), und William Thomson (später Lord Kelvin), in Aufsätzen wie »On the Dynamical Theory of Heat« (1851) und »On a Universal Tendency in Nature to the Dissipation of Mechanical Energy« (1852), erweiterten Carnots Erkenntnis zu einem allgemeinen Grundsatz, der qualitativ unterschiedliche Ausdrucksformen fand: Zum Beispiel kann Wärme nicht spontan von einem verhältnismäßig kalten zu einem verhältnismäßig warmen Körper fließen, ohne dass Arbeit auf das System einwirkt, und kein zyklischer Vorgang kann Wärme vollständig in Arbeit umwandeln. Später formulierte Clausius (1864–1867) das zweite Gesetz als die Aussage, dass es für jedes isolierte physikalische System eine Funktion gibt, die als Entropie bekannt ist und sich bei jeder gegebenen Umwandlung des Systems nicht verringern darf. Denn damit die Entropie abnimmt, muss Arbeit auf das System einwirken oder freie Energie hinzukommen. Umgekehrt bedeutete das Gesetz der Entropie in Kombination mit dem Energieerhaltungssatz, dass jedes physikalische System, welches sich selbst überlassen bleibt, seine Energie allmählich verausgaben muss. Bezogen auf das Universum als Ganzes hieße dies – unter der Annahme, der Bestand an Energie und Materie sei konstant –, dass die Gesamtheit der Energie letztlich über die ungeheuren Weiten des Raums zerstreut wäre und einen Zustand herbeiführen würde, der mitunter als »Wärmetod« des Kosmos bezeichnet wurde.

Diese Schlussfolgerungen der Thermodynamik ließen an der natürlichen Auslese als dem Hauptmechanismus des evolutionären Wandels zweifeln. Darwin hatte seine Theorie im Rahmen des Uniformitarismus oder der geologischen Gleichgewichtstheorie entwickelt – sein wichtigster Mentor auf diesem Gebiet war Charles Lyell (*Principles of Geology*, 1830–1833) –, von der die geologischen Bedingungen während der Erdgeschichte als verhältnismäßig stabil aufgefasst wurden oder höchstens als um einen Mittelwert schwankend. Außerdem erstreckte sich nach dieser Sicht die terrestrische Chronologie über riesige Zeiträume – zum Zweck der Konstruktion geologischer oder biologischer Theorien praktisch unbegrenzt. Diese langen Phasen geologischer Zeit ermöglichten es Darwin, das Auftreten einer neuen Art durch kleine, allmähliche Veränderungen an Organismen zu denken.

Die Physik Mitte des 19. Jahrhunderts legte jedoch nahe, dass solche langen Zeiträume schlichtweg nicht verfügbar waren. Einer der prominentesten physikalischen Kritiker der geologischen Gleichgewichtstheorie war Thomson. Bereits 1852 (im oben genannten Aufsatz) hatte er auf eine Konsequenz aus den Gesetzen der Thermodynamik hingewiesen, wonach die Erde Wärme in einer berechenbaren Menge in einen (relativ) kalten Raum abstrahlte. Wenn man Joseph Fouriers Formel auf die Wärmeleitung in einem Festkörper (dafür hielt Thomson die Erde) anwandte, bedeutete dies, dass die Erde noch vor ein paar zehn Millionen Jahren zu heiß gewesen war, um Leben zu ermöglichen (s. a. Thomson 1863). Die

Sonne strahlte ebenfalls Energie in den Raum ab, doch gemäß dem ersten thermodynamischen Gesetz musste diese Energie irgendwoher stammen (Thomson 1854 und 1862). Thomson schloss chemische Ursachen als ungenügend energiereich aus und mutmaßte zunächst, die Ursache der Energie sei der gravitationsbedingte Sturz von Meteoriten in die Sonne. Thomson errechnete unter der Annahme, dass Wärme und Licht der Sonne aus einer Umwandlung der potenziellen Gravitationsenergie stammten, ein Höchstalter für die Sonne in der Größenordnung von 100 Millionen Jahren (eventuell auch 500 Millionen Jahre, vielleicht aber auch bloß wenige zehn Millionen Jahre). Aufgrund dieser Berechnungen schien es Thomson aus physikalischen Gründen unstrittig zu sein, dass das Leben auf der Erde nicht älter als wenige zehn Millionen Jahre sei und dass dieses auch nur noch etwa so lange fortbestehen könne. In seiner Ansprache »On Geological Time« vor der Glasgower Geologischen Gesellschaft im Jahre 1868 (Thomson 1871a) brachte er ein zusätzliches Argument für eine relative kurze geologische Geschichte, das auf der Mechanik der Gezeiten und der Mondumlaufbahn aufbaute. Alles wies darauf hin, dass der natürlichen Auslese nicht genug Zeit zur Verfügung gestanden hatte, die ungeheure Vielfalt an Arten hervorzubringen.

Für Thomson waren diese thermodynamischen Visionen von den Anfangs- und Endpunkten des Lebens auf der Erde mit theologischen Vorstellungen verknüpft. Er war jedoch kein Kreationist in dem Sinne, dass er den Artenwandel abstreiten wollte, und er sperrte sich ganz gewiss nicht aus Bibeltreue gegen die Evolution. Es ging ihm vielmehr um sichere Berechnungen, die auf scheinbar unwiderlegbaren physikalischen Prinzipien beruhten. Thomson betrachtete das physikalische Universum als etwas, das von gleichförmigen Gesetzen beherrscht ist, die fraglos das Produkt eines göttlichen Plans waren, gleichwohl aber der rationalen Erforschung offen standen. Für den organischen Bereich sprachen die Tatsachen aber seiner Einschätzung nach für eine Lenkung durch Vorsehung und nicht für eine rein zufällige Variation.

Der Thomsonsche Angriff auf Darwins natürliche Selektion wurde durch das »swamping«-Argument begünstigt, das der Ingenieur Fleeming Jenkin in einer umfangreichen Besprechung von On the Origin of Species für den North British Review (1867) ins Feld führte. Jenkin behauptete, wenn bei einem beliebigen Individuum einer Art irgendeine vorteilhafte Variante neu auftauche, würde dessen günstige Wirkung bei der Nachkommenschaft im Laufe von wenigen Generationen über die gesamte Population verteilt werden und damit untergehen. Ohne als solches benannt zu sein, war dies dem Wesen nach ein der Entropie-Theorie entliehenes Argument.

Zu den Geologen, die von Thomsons Argumenten überzeugt waren, zählten auch John Phillips und Archibald Geike, obwohl Letzterer den Thomsonschen Schätzungen von weniger als 100 Millionen Jahren für die Existenz der Sonne nicht zuneigte (zusammenfassend in Geike 1892). James Croll akzeptierte die Grundprinzipien von Thomsons Berechnungen für das Alter der Sonne, meinte aber, die ursprünglichen Nebelpartikel wären wohl nicht kalt, sondern ziemlich heiß gewesen, was die Energiezufuhr und folglich die Lebensdauer der Sonne vergrößerte. Croll entwickelte zudem eine Theorie periodischer Eiszeiten, die der Exzentrik der Erdumlaufbahn geschuldet seien und das Tempo sowohl des geologischen als auch des biologischen Wandels beschleunigt hätten (anfangend mit Croll 1864; zusammenfassend in Croll 1875). Lyell räumte ein, dass die praktisch offene Zeitskala eines durchgängigen Uniformitarismus unhaltbar war, versuchte aber verschiedene Mechanismen vorzuschlagen, mit denen die Erde ihre Energievorräte erneuern könne (in späteren Ausgaben der *Principles of Geology* wie der 10., 1867–68).

Darwins geologische Chronologie war insbesondere deshalb der Kritik ausgesetzt, weil die erste Ausgabe von *On the Origin of Species* von 300 Millionen Jahren für die Formation des Weald Valley in Kent ausging. Obwohl Darwin diese Schätzung in der dritten Auflage wegließ, kritisierte Thomson in dem oben erwähnten Aufsatz »On the Age of the Sun's Heat« (1862) ausdrücklich diesen Punkt. Zwischen 1868 und 1869 lieferten sich Thomson und Thomas Henry Huxley in kontroversen Ansprachen vor den Geologischen Gesellschaften von London und Glasgow eine direkte Auseinandersetzung um das Alter der Erde. Thomson bestand darauf, dass die Geologen die neuen physikalischen Theorien berücksichtigen müssten, während Huxley die Gültigkeit der Annahmen hinter Thomsons Mathematik in Zweifel zog. Im Ganzen gesehen zwang Thomson mit seiner Kritik am Uniformitarismus die Geologen im späten 19. Jahrhundert, für die geologische Erdgeschichte kürzere Zeiträume zu verwenden, obwohl es nicht viele Geologen waren, die der Physik die Entscheidungskompetenz in der strittigen Frage uneingeschränkt zugestanden. Bei den Biologen war das Fehlen von Zeitspannen ausreichender Länge für das

Entstehen der biologischen Vielfalt durch natürliche Selektion ein Hauptgrund für orthogenetische und diverse neolamarckistische Evolutionstheorien oder (wie bei Thomson selbst) für die Vorstellung einer Beschleunigung des Prozesses durch göttlichen Einfluss (z. B. Thomson 1871b).

Das Aufkommen statistischer Interpretationen der Entropie rief noch eine andere, philosophisch orientierte Kritik am evolutionären Bild des Lebens hervor. Ludwig Boltzmann, James Clerk Maxwell, Josiah Willard Gibbs und andere interpretierten die Thermodynamik im Allgemeinen nach statistischen Vorgaben. Insbesondere Boltzmann drückte die Entropie eines Systems proportional zum Logarithmus der Anzahl möglicher Mikrozustände aus (Ausrichtung der Partikelpositionen und -bewegungen), entsprechend dem festgestellten Makrozustand (Der Schlüsselaufsatz in den Sitzungsberichten der Wiener Akademie der Wissenschaften lautet »Weitere Studien über das Wärmegleichgewicht unter Gasmolekülen«, 1872). Mit anderen Worten, die Entropie erschien in der statistischen Interpretation als ein Maß für die Wahrscheinlichkeit, dass ein System in einem gegebenen Zustand angetroffen wird: je wahrscheinlicher die Konfiguration, desto höher die Entropie. Umgekehrt bedeutete die Abnahme der Entropie, dass am System Arbeit geleistet wird, um es in einen vergleichsweise unwahrscheinlichen Zustand zu bringen oder darin zu erhalten. Boltzmanns Interpretation verband zwar Mechanik und Thermodynamik auf mathematisch elegante Weise, warf aber auch verblüffende Fragen auf. Die statistische Interpretation implizierte insbesondere, dass die zeitliche Gerichtetheit der Entropie aus den anfänglichen Bedingungen des Systems resultierte, die im Prinzip auch anders gewesen sein könnten. Außerdem könnte ein System über immense Zeiträume – unvergleichlich länger als der Bestand des Universums – zu seiner früheren mikrophysikalischen Konfiguration zurückkehren und somit scheinbar den Fluss der Entropie umkehren. Maxwell erwog in einem Gedankenexperiment, dass eine mikroskopische Intelligenz oder ein »Dämon« (diese Bezeichnung stammt von Thomson, »The Sorting Demon of Maxwell«, Vortrag vor der Royal Institution, 1879), der an einem Loch in einer Membran platziert wäre, dem Gesetz der Entropie entgegenwirken könnte, indem er z.B. Gaspartikeln mit hoher Geschwindigkeit gestatten könnte, durch die Öffnung zu strömen, während er die anderen Partikel daran hinderte, und so die Temperatur auf einer Seite der Membran erhöhen würde (eine Funktion der mittleren Geschwindigkeit der Partikel), ohne an dem System Arbeit zu leisten. (Die Idee wurde veröffentlicht in Maxwell 1871; das Gedankenexperiment wurde wahrscheinlich erstmals in einem Brief von Maxwell an P.G. Tait im Jahr 1867 erwähnt, danach zwischen Maxwell, Tait, Thomson und anderen britischen Physikern diskutiert und schließlich 1911 in Cargill G. Knotts Memoir *Life and Scientific Work of Peter Guthrie Tait* publiziert.)

Die statistische Interpretation der Entropie brachte für die Evolutionstheorie sowohl Fragen als auch Chancen. Einerseits schienen das Auftreten zunehmend komplexer Organismen und die wachsende Formenvielfalt der angenommenen physikalischen Tendenz zur Unordnung zu widersprechen. Unter Befürwortern der Evolution schürte die Entropie die Befürchtung, der zivilisierte Mensch degeneriere, weil er sich den Wirkungen der natürlichen Selektion entzogen hätte – eine Befürchtung, die zum Aufstieg der Eugenik beitrug. Andererseits war der neue statistische Ansatz der Physik eine mögliche theoretische Unterstützung eines statistischen Ansatzes in der Evolutionsbiologie – also die Idee, dass Zufall (oder gar Intelligenz oder Bewusstsein) in der Variation von Organismen eine Rolle spielen könnte. (Zu diesem Thema siehe z. B. der Aufsatz von Gray, 1963/1860 oder, von einer ganz anderen philosophischen Richtung, Peirce 1893.)

Kosmische Evolution

Neben den immer erfolgreicheren Bemühungen der Thermodynamik, Konzepte wie Energie und Entropie mit weitreichenden Implikationen für die Evolutionstheorie zu quantifizieren und zu präzisieren, erlebte das 19. Jahrhundert auch etliche mehr oder weniger spekulative Versuche, den anorganischen Bereich in einem evolutionären Rahmen zu betrachten. Ein bemerkenswertes Beispiel war die Arbeit des englischen Philosophen und Soziologen Herbert Spencer. Für einen Großteil des gebildeten, aber nicht zu den Experten zählenden Publikums (besonders in den USA) waren es mindestens ebenso sehr Spencers Ansichten wie diejenigen Darwins, die die Vorstellungen von Evolution prägten. Spencer stellte Darwins Theorie in den Rahmen einer viel umfassenderen Konzeption der Evolution als eines kosmischen Prinzips. Angefangen mit Aufsätzen wie »Progress: Its Law and Cause« (1857) und ausführlicher in seiner Abhandlung *First Principles* (1862/1910) versuchte Spencer aus einer Reihe von physikalischen Axiomen ein Gesetz der Evolution abzuleiten, so etwa aus den Axiomen der »Unzerstörbarkeit der Materie«, der »Fortdauer der Kraft« und der »Umwandlung und Äquivalenz der Kräfte«‹ wobei die beiden letzten Spencers qualitatives Verständnis der Energieerhaltung ausdrückten. Aus diesen leitete Spencer für den Kosmos und all das, was er enthielt, ein Bild ab, das einem Zustand konstanter, rhythmischer Dynamik glich. Das »Homogene« war in sich ungefestigt und jede Ursache führte zu einer Vielzahl von Wirkungen. Spencers Gesetz der Evolution besagte, dass es in allen kosmischen Prozessen eine Tendenz gebe für »a change from an indefinite, incoherent homogeneity, to a definite coherent heterogeneity, accompanying the dissipation of motion and the integration of matter« (Spencer 1910, 351).

Beispiele für diese eher diffuse Formulierung sah Spencer in allen Bereichen der Wissenschaft, von der Astronomie, z. B. bei der Bildung von Sonne und Planeten aus einem Gasnebel, bis hin zur neuen Disziplin der Soziologie, z. B. bei der Entwicklung der feingliedrigen Arbeitsteilung in der modernen industriellen Zivilisation. Die Evolutionsbiologie mit ihrem Bild des taxonomischen Baums der Arten, der sich immer mehr in Formen gesteigerter Komplexität verzweigt, lieferte für Spencer einen Musterfall dieses allgemeinen Prinzips. Spencers weitreichendes Verständnis von Evolution gehörte zu den Inspirationsquellen für den Versuch, evolutionäre Konzepte auf die unbelebte Welt anzuwenden. Der Chemiker William Crookes, der auf eine frühere Hypothese von William Prout zurückgriff, wonach die Atome der verschiedenen chemischen Elemente Verbindungen des Wasserstoffatoms seien, behauptete, die chemischen Elemente hätten sich in kosmischer Zeit auf eine der biologischen Evolution analoge Weise entwickelt, wobei die kosmische Umwelt die günstigeren Wasserstoffatomverbindungen (d. h. die reichlich vorkommenden Elemente im Periodensystem) bevorzugt hätte, die selteneren Elemente hingegen beschränkt und weitere Varianten überhaupt vernichtet hätte. Und so wie sich die biologische Evolution in der Taxonomie der Pflanzen und Tiere widerspiegle, zeige sich auch die chemische Evolution in den Familienähnlichkeiten, die sich im Periodensystem finden (Crookes 1886).

Atomphysik und Evolution

Die dramatischen Veränderungen in der Physik um die Jahrhundertwende – die Entdeckung von Röntgenstrahlen und Radioaktivität, die Anfänge von Quantentheorie und Relativitätstheorie – veränderten die Beziehungen zwischen den wissenschaftlichen Disziplinen erheblich. Zunächst einmal brachte die Entdeckung der natürlichen Radioaktivität durch Henry Becquerel und die Bestimmung mehrerer radioaktiver Elemente durch Marie und Pierre Curie in den Jahren 1897 und 1898 ganz unerwartet eine Lösung für das von Thomson (nunmehr Lord Kelvin) aufgeworfene Problem des Erdalters. Obwohl radioaktive Elemente nur in winzigsten Mengen vorhanden waren, führte die von ihnen freigesetzte Energie zu einer enormen Erweiterung der auf thermodynamischen Prinzipien basierenden geologischen Zeitskala, was Evolution durch natürliche Auslese in den Bereich des Möglichen brachte. Dass die Sterne aufgrund der Kernfusion Energie produzieren (indem sie gemäß Einsteins Masse-Energie-Gleichung Masse umwandeln – was zuerst von Arthur Eddington 1920 behauptet und in den folgenden Jahrzehnten von George Gamow, Fritz Houtermans, Hans Bethe, Carl Friedrich von Weizsäcker und anderen ausgearbeitet wurde), war eine Erkenntnis, die die kalkulierte Lebensspanne der Sonne immens verlängerte. Der von Ernest Rutherford und Frederick Soddy geführte Beweis (in einer Reihe von Forschungen 1900–1903, zusammengefasst in Rutherford 1904), dass natürliche Radioaktivität die mit einer bestimmten Geschwindigkeit erfolgende Umwandlung eines Isotops in ein anderes beinhaltete – messbar anhand der charakteristischen Halbwertszeit der Isotope – erschloss einen neuen Weg zur Datierung geologischer (und folglich paläontologischer) Proben durch den Vergleich von Anteilen verschiedener radioaktiver Isotope, die in ihnen enthalten waren. Dies ermöglichte eine Überprüfung der fossilen Datierung mit Hilfe stratigraphischer Techniken.

Die Modellierung stellarer Atomreaktionen, zusammen mit einer zunehmend detaillierten Taxonomie der Sterne (kategorisiert vor allem nach Masse, aber auch Leuchtkraft, typischem Strahlungsspektrum, Temperatur usw.) veranlasste die Astronomen von einer »stellaren Evolution« zu sprechen, um die Veränderungen zu beschreiben, die Sterne im Laufe der Zeit durchmachen, wobei die verschiedenen Sterntypen unterschiedlichen Entwicklungspfaden folgen. Schon 1908 veröffentlichte George Ellery Hale *The Study of Stellar Evolution*; der wirkliche Erfolg solcher Evolutionstheorien kam aber mit George Gamows *The Birth and Death of the Sun: Stellar Evolution and Subatomic Energy* von 1940. Mit dem Aufkommen der sogenannten Urknalltheorien über den

Ursprung des Universums – die erstmals in den 1930er Jahren formuliert (ein Beispiel ist Lemaître 1934) und seit den 1960ern auf Beobachtungsgrundlage eindrucksvoll bestätigt wurden – begannen die Kosmologen ebenfalls, die wachsende Menge von Beobachtungen aus dem elektromagnetischen Spektrum als kosmische »Evolution« zu begreifen, indem die am weitesten entfernten Objekte als die ältesten gelten. Die Physiker der Hochenergieteilchen, die das Ziel einer Zusammenführung der grundlegenden physikalischen Kräfte verfolgten, fingen an, von der Evolution der Teilchen und Kräfte in den Anfangsmomenten nach dem Urknall zu sprechen. Zwar konnten weder die stellare noch die kosmologische Evolution irgendeine Analogie im strengen Sinne zur biologischen Evolution aufweisen. Aber die »härtesten« unter den »harten Wissenschaften« – Astronomie und Atomphysik – begannen, Theorien zu konstruieren, bei denen ausgehend von einem einzelnen Ereignis ein Wandel über die Zeit hinweg postuliert wurde (siehe z. B. das 79. Nobel-Symposium: »The Birth and Early Evolution of Our Universe«, veröffentlicht 1991 in *Physica scripta 36*.).

Ein weiterer Einfluss der modernen Physik auf die Evolutionstheorie ergab sich im Rahmen der Synthese mit der Mendelschen Genetik. Spätestens in den 1920ern zeichnete sich in mehreren Teilbereichen – Genetik, Biochemie, Röntgenkristallografie, Strahlenbiologie usw. – die Möglichkeit ab, die materielle Grundlage der Vererbung, und damit der Evolution, mit den Mitteln der Chemie und Physik zu bestimmen und zu analysieren. Genetiker wie Hermann Joseph Muller (1926) und N. K. Koltzoff (1928) äußerten erste Vermutungen, dass das Gen möglicherweise ein einziges (vielleicht sehr großes) Molekül sei. Gleichzeitig erlebte die atomare und molekulare Physik mit der Einführung der Quantenmechanik einen revolutionären Umbruch. Vielen biologisch denkenden Physikern und physikalisch denkenden Biologen war klar, dass die Quantentheorie – speziell ihre Modelle der diskreten Materie-Energie Interaktionen und ihr Wahrscheinlichkeitscharakter – für das Verständnis der physikalischen Grundlage von Organismen besondere Bedeutung haben könnte. In den 1920er und 1930er Jahren z. B. analysierten Forscher in mehreren Ländern die Wirkung von Strahlung auf lebende Organismen. Aufgrund solcher Analysen vertraten Nikolai Timoféeff-Ressovsky, Karl Günter Zimmer und Max Delbrück im Aufsatz »Über die Natur der Genmutation und der Genstruktur« von 1935 die Ansicht, das Gen sei ein Atomverband und eine Mutation sei eine Umordnung bestimmten Typs in diesem Atomverband. Dieser Aufsatz galt als die erste schlüssige Beweisführung für den molekularen Charakter des Gens.

Eine Mutation in einer Zelle wurde dementsprechend als physikalische Veränderung eines einzigen (vielleicht sehr großen) Moleküls verstanden. Und so waren die Prinzipien der Quantentheorie für die Biologie in der Tat relevant – doch der Charakter dieser Relevanz war Gegenstand widerstreitender Interpretationen. Die unterschiedlichen Auffassungen lassen sich an zwei verschiedenen Auslegungen der Publikation von Timoféeff, Zimmer und Delbrück von 1935 ablesen. Pascual Jordan, einer der Mitbegründer der Quantenmechanik im Jahr 1925, fand in den 1930ern Gefallen an der Biophysik und sah in der Arbeit der Timoféeff-Kooperation eine seiner Lieblingsideen bestätigt: Dass die Quantentheorie den mechanistischen Determinismus unterwandert habe, vor allem soweit dies den Bereich des Organischen und des Psychologischen betraf. Für Jordan verwies schon die diskrete Natur der Mendelschen Genetik auf den Quantencharakter der Gene, und die drei Genetiker hatten mit ihrer Analyse der biologischen Wirkungen von Strahlung bewiesen, dass dieser Prozess (auf der individuellen Ebene) probabilistisch war. Timoféeff und seine Kollegen hätten, wie Jordan meinte, durch Kombination dieser Perspektiven gezeigt, dass eine Mutation ein von der Wahrscheinlichkeit und nicht vom Determinismus beherrschtes Ereignis sei – und folglich auch das Schicksal bestimmter Organismen auf der makroskopischen Ebene, vorausgesetzt, eine einzelne Mutation würde sich auf das Leben einer Zelle oder letztlich auf eine ganze Reihe von Zellen letal auswirken. Aber auch nicht tödliche Mutationen hinterließen ihre Spur in der Evolutionsgeschichte. Das Auftreten einer Variation innerhalb einer Art könnte auf eine einzelne Mutation bei einem einzelnen Individuum zurückzuführen sein – eine Form von Kreativität in der Natur, die außerhalb jeder völligen Prädetermination liege (z. B. *Die Physik und das Geheimnis des organischen Lebens*, 1941). Jordan zitierte in diesem Zusammenhang die zeitgenössische Forschung von Evolutionsgenetikern wie Theodosius Dobzhansky, dessen Arbeit ausdifferenzierenden Abstammungslinien in biologischen Populationen gewidmet war (Dobzhansky 1937). Jordan ignorierte jedoch den populationsgenetischen Ansatz von Ronald A. Fisher und J. B. S. Haldane sowie die Bedeutung geografischer Variation, auf die Ernst Mayr hinwies, und war sich daher nicht der gesamten Bandbreite der Modernen Synthese bewusst.

Während Jordan die Quintessenz der Quantenphysik für die Evolution im Verständnis von Variation und Neuartigkeit sah, zog ein anderer Quantentheoretiker, Erwin Schrödinger, genau den gegenteiligen und historisch einflussreicheren Schluss. In seinen Vorlesungen von 1943 und seinem Buch *Was ist Leben?* von 1944 argumentierte Schrödinger, dass die Bedeutung des Aufsatzes von Timoféeff, Zimmer und Delbrück in der Erhellung des Problems der Stabilität von organischen Formen in der Generationenfolge liege. Für Schrödinger waren die scheinbaren Gemeinplätze von der Ähnlichkeit zwischen Eltern und Nachkommen und die Beständigkeit der Art oder gar besonderer Merkmale über lange Zeiträume angesichts der ungeheuren biochemischen Komplexität lebender Organismen erklärungsbedürftig. Als Beispiel zog der im Exil lebende Österreicher die »Habsburger Lippe« heran, eine charakteristische leichte Entstellung, die bei den ehemaligen Monarchen der Habsburger über mehrere Generationen besonders häufig vorkam (und in unzähligen königlichen Porträts abgebildet wurde). Schrödinger vermutete, dass dieses Merkmal auf ein einziges Gen zurückgehe, das mindestens dreihundert Jahre lang ununterbrochen reproduziert und übertragen worden sei. Für Schrödinger hieß das, dieses komplexe Molekül »wurde immer bei einer gleichmäßigen Temperatur von ca. 36,7 °C gehalten. Wie sollen wir verstehen, dass es jahrhundertelang der auf Verwirrung gerichteten Tendenz der Wärmebewegung widerstanden hat?« (Schrödinger 1944/1987, 92).

Die Antwort war Schrödinger zufolge, dass das Gen ein »aperiodischer Kristall« sei, folglich eine Stabilität besitze, die durch die quantenphysikalischen Gesetze chemischer Bindung gewährleistet sei, allerdings je nach Ordnung der Atome oder anderer Untereinheiten im Kristall (weil aperiodisch) potenziell ein astronomisches Ausmaß an Spezifität erlaube. Doch war diese kristalline Stabilität nicht durch Unordnung aufgrund der Entropie bedroht? Hier griff Schrödinger den anderen klassisch thermodynamischen Einwand gegen die Evolution an und argumentierte, dass Organismen überleben und ihre Merkmale an die folgenden Generationen weitergeben, indem sie »negative Entropie« aus ihrer Umwelt durch Fotosynthese (bei Grünpflanzen) oder Nahrungsaufnahme (bei anderen Organismen) aufnehmen.

Streng genommen ist es späteren Formulierungen zufolge nicht »negative Entropie«, sondern »freie Energie«, die aufgenommen wird, während Entropie aus dem Organismus herausbefördert wird. Der entscheidende Punkt ist aber, dass Lebewesen ständig mit ihrer Umwelt interagieren. Das heißt, sie sind nicht geschlossene, sondern vielmehr offene thermodynamische Systeme. Der zweite Hauptsatz gilt aber eigentlich nur für geschlossene thermodynamische Systeme, die in der Physik unschwer zu finden (oder der Annäherung zugänglich) sind, in der Biologie aber weniger Bedeutung haben. Letzten Endes ist es die Aufnahme von freier Energie aus der Sonnenstrahlung (oder terrestrischen Quellen) durch den Organismus, welche die Stabilität der Lebewesen aufrechterhält und mit dem Auftreten von Komplexität im evolutionären Prozess einhergeht.

Neue thermodynamische Perspektiven

Schrödinger eröffnete mit seinem Verständnis neue Forschungsrichtungen, die in der Thermodynamik keine Hindernisse, sondern Leitprinzipien für die Evolutionstheorie sahen. Dabei handelte es sich insbesondere um Forschung zu der Frage nach den Voraussetzungen für das früheste Auftreten von Leben auf der Erde (oder hypothetisch anderswo im Kosmos). Diese machte sich zunehmend thermodynamische Perspektiven zunutze sowie ausgefeilte mathematische Modellierungen von Komplexität (oft unterstützt von Computern). Weiterhin sind die aus den Theorien von Claude Shannon und Norbert Wiener entstandene Informationstheorie und Kybernetik zu nennen, die Molekularbiologie – besonders die Forschung im Kontext von Genexpression und Genregulation – sowie das wachsende Bewusstsein von und Interesse an der Vielfalt des Lebens, die noch größer ist, als es sich Darwin vorstellen konnte, und zwar sowohl diachron (z. B. die sog. kambrische Explosion) wie synchron (z. B. Entdeckungen von immer mehr »extremophilen« Bakterien, Algen, Pilzen und anderen Organismen).

Dabei handelt es sich auch um Versuche, einen einheitlichen physikalischen und biologischen Ansatz zu schaffen. Zentral ist hier der Begriff der Autopoiesis, der von Humberto Maturana und Francisco Varela zur Beschreibung eines Systems eingeführt wurde, das Material und Energieinputs benutzt, um die selbstregulierenden und räumlich begrenzenden Bestandteile des Systems zu produzieren. Damit eng verwandt ist der Begriff der Selbstorganisation – die Vorstellung, dass aus mathematischer oder materieller Komplexität heraus erkennbare Muster spontan entstehen (Maturana/Varela

1972 und 1980). Ein Beispiel dafür war die von Manfred Eigen und Peter Schuster entwickelte Idee chemischer Hyperzyklen (Eigen/Schuster 1979). Beide Konzepte wurden als etwas aufgefasst, das Thermodynamiker in dem von Ilya Prigogine entwickelten Sinne »dissipative Strukturen« nennen – Systeme, die weit entfernt vom thermodynamischen Gleichgewicht in einem Zustand operieren, in dem innere Korrelationen und Strukturen spontan auftreten (nach Prigogines Nobelpreis-Autobiografie erstmals im Vortrag »Structure, Dissipation, and Life« von 1967 erwähnt). Auch in James Lovelocks und Lynn Margulis' Gaia-Hypothese, in der die Biosphäre der Erde ein einziges, zusammenhängendes homöostatisches System darstellt, wurde von tiefgehenden Verbindungen zwischen Physik und Biologie ausgegangen. Spätere Vertreter dieser Hypothese, vor allem Eric Schneider, analysierten die Biosphäre als eine Verkörperung des Prinzips, dass das Leben ein System ist, das sich durch die Fähigkeit aufrechterhält, Energiegefälle abzubauen (Schneider 2004, 45).Viele Wissenschaftler wie etwa Stuart Kauffman schufen mit dem Computer Modelle selbstorganisierender Systeme. Andere – darunter John Avery, Daniel Brooks, E.O. Wilson, Bernd-Olaf Küppers, Jeffrey Wicken und Hubert Yockey erblickten in einer Verknüpfung von Thermodynamik und Informationstheorie, derzufolge Information als die Umkehrung von Entropie betrachtet werden kann, die Möglichkeit die Evolution als einen Mechanismus zur Informationsübertragung zu denken.

Die Beispiele vermitteln einen Eindruck von der produktiven Unruhe am Schnittpunkt von Biologie und Thermodynamik im frühen 21. Jahrhundert. Trotz allem brachte die Verbindung auch Kritiker hervor. Fasst man das Genom z. B. als einen Code in dem abstrakten mathematischen Sinn der Informationstheorie auf, ist es nicht möglich, zwischen schädlichen und nützlichen Mutationen zu unterscheiden. Mit anderen Worten, thermodynamische Grundsätze spielen in der Erklärung der Funktion und Evolution von Organismen zwar eine Rolle, sie sind aber nicht ausreichend für das Verständnis des Lebendigen (vgl. Ayala 1989, 120). Daher war etwa Ernst Mayr wohl ein besonders lautstarker und beharrlicher, jedoch bei weitem nicht der einzige Verteidiger der Autonomie der Biologie, die sich gegen die Reduktion der Lebensprozesse auf physikalische Prinzipien und gegen eine Vereinnahmung der Disziplin Biologie durch die Physik zur Wehr setzten.

Literatur

Avery, John (2003): Information Theory and Evolution. Singapore.
Ayala, Francisco (1989): »Thermodynamics, Information, and Evolution«. In: History and Philosophy of the Life Sciences 11: 115–120.
Beyler, Richard H. (1999): »›Consider a Cube Filled with Biological Material‹: Re-Conceptualizing the Organic in German Biophysics, 1918–45«. In: Charles Galperin et al. (Hg.): Biophysics 1918–1945: Fundamental Changes in Cellular Biology in the XXth Century. Turnhout (Belgien), 39–46.
Beyler, Richard H. (2000): »Evolution als Problem für Quantenphysiker.« In: Rainer Brömer et al.: Evolutionsbiologie von Darwin bis heute. Berlin, 137–60.
Boltzmann, Ludwig (1872): »Weitere Studien über das Wärmegleichgewicht unter Gasmolekülen«. In: Sitzungsberichte der Akademie der Wissenschaften (Wien). Abt. II, 66: 275–370 [Repr. in: Fritz Hasenöhrl (Hg.) (1909): Wissenschaftliche Abhandlungen 1. Leipzig, 316–402].
Brock, William H. (2008): William Crookes (1832–1919) and the Commercialization of Science. Aldershot.
Brooks, Daniel R./E.O. Wiley (1988[2]): Evolution as Entropy: Toward a Unified Theory of Biology. Chicago.
Brush, Stephen G. (1978): The Temperature of History: Phases of Science and Culture in the Nineteenth Century. New York.
Burchfield, Joe D. (1990): Lord Kelvin and the Age of the Earth. Chicago.
Clausius, Rudolf (1850): »Über die bewegende Kraft der Wärme«. In: Annalen der Physik 79: 368–97, 500–524.
Clausius, Rudolf (1864–67): Abhandlungen über die mechanische Wärmetheorie. Braunschweig.
Croll, James (1864): »On the Physical Cause of the Change of Climate during Geological Epochs«. In: Philosophical Magazine Vol. 4, Nr. 28: 121–37.
Croll, James (1875): Climate and Time in Their Geological Relations. London.
Crookes, William (1886): »Presidential Address to Section B: On the Nature of the So-Called Elements«. In: Report of the 56th Meeting of the Britih Association for the Advancement of Science: 558–576.
Dobzhansky, Theodosius (1937): Genetics and the Origin of Species. New York.
Doyle, Richard (1997): On Beyond Living: Rhetorical Transformations of the Life Sciences. Stanford.
Eigen, Manfred/Schuster, Peter (1979): The Hypercycle: A Principle of Natural Self-Organization. Berlin/New York.
Fleming, Donald (1968): »Emigre Physicists and the Biological Revolution«. In: Perspectives in American History 2: 152–89 [Repr. in: Donald Fleming/Bernard Bailyn (Hg.) (1969): The Intellectual Migration: Europe and America, 1930–1960. Cambridge].
Franzen, Hugo F. (1983) »Thermodynamics: The Red Herring.« In: David B. Wilson (Hg.): Did the Devil Make Darwin Do It? Modern Perspectives on the Creation-Evolution Controversy. Ames, 127–35.
Gamow, George (1940): The Birth and Death of the Sun: Stellar Evolution and Subatomic Energy. New York.

Geike, Archibald (1892): »Presidential Address«. In: Report of the 62nd Meeting of the British Association for the Advancement of Science: 3–26.
Gigerenzer, Gerd et al. (1989): The Empire of Chance: How Probability Changed Science and Everyday Life. Cambridge.
Gray, Asa (1963): »Natural Selection Not Inconsistent with Natural Theology« [Erstmals erschienen 1860 in Atlantic Monthly]. In: A. Hunter Dupree (Hg.): Darwiniana, 72–145.
Helmholtz, Hermann (1847): »Über die Erhaltung der Kraft: Eine physikalische Abhandlung«, vorgetragen in der Sitzung der physikalischen Gesellschaft zu Berlin am 23. Juli 1847. Berlin.
Hale, George Ellery (1908): The Study of Stellar Evolution: An Account of Some Recent Methods of Astrophysical Research. Chicago.
Hull, David B. (1973): Darwin and His Critics: The Reception of Darwin's Theory of Evolution by the Scientific Community. Cambridge (Mass.).
Kauffman, Stuart (1995): At Home in the Universe: The Search for Laws of Self-Organization and Complexity. New York.
Kay, Lily E. (1985): »Conceptual Models and Analytical Tools: The Biology of Physicist Max Delbrück.« In: Journal of the History of Biology 18: 207–46.
Keller, Evelyn Fox (1990): »Physics and the Emergence of Molecular Biology: A History of Cognitive and Political Synergy«. In: Journal of the History of Biology 23: 389–409.
Koltzoff, N. K. (1928): »Physikalisch-chemische Grundlage der Morphologie«. In: Biologisches Zentralblatt 48: 345–99.
Kragh, Helge (1996): Cosmology and Controversy: The Historical Development of Two Theories of the Universe. Princeton.
Küppers, Bernd-Olaf (1986): Der Ursprung biologischer Information: zur Naturphilosophie der Lebensentstehung. München.
Lemaître, Georges (1934): »Evolution of the Expanding Universe«. In: Proceedings of the National Academy of Sciences 20: 12–17.
Margulis, Lynn/Sagan, Dorion (1995): What Is Life? New York.
Maturana, Humberto R./Varela, Francisco J. (1972): De máquinas y seres vivos: Una teoría sobre organición biológica. Santiago.
Maturana, Humberto R./Varela, Francisco J. (1980). Autopoiesis and Cognition: The Realization of the Living. Dordrecht.
Maxwell, James Clerk (1871): Theory of Heat. London.
Mayr, Ernst (2004): What Makes Biology Unique? Considerations on the Autonomy of a Scientific Discipline. Cambridge.
Muller, Hermann Joseph (1926): »The Gene as a Basis of Life«. In: Proceedings of the International Congress of Plant Sciences 1: 897–921 [Repr. 1962 in: Studies in Genetics: The Selected Papers of Hermann Joseph Muller, 188–204].
Murphy, Michael P./O'Neill, Luke A. J. (Hg.) (1995): What Is Life? The Next Fifty Years. Cambridge.

Peirce, Charles S. (1893): »Evolutionary Love«. In: The Monist 3: 176–200.
Porter, Theodore M. (1986): The Rise of Statistical Thinking, 1820–1900. Princeton.
Prigogine, Ilya/Stengers, Isabelle (1997): The End of Certainty: Time, Chaos, and the New Laws of Nature. New York.
Rutherford, Ernest (1904): Radio Activity. Cambridge.
Schneider, Eric D. (2004): »Gaia: Toward a Thermodynamics of Life«. In: Stephen H. Schneider et al. (Hg.): Scientists Debate Gaia. The Next Century. Cambridge (Mass.), 45–56.
Schneider, Eric D./Sagan, Dorion (2005): Into the Cool: Energy Flow, Thermodynamics, and Life. Chicago.
Schrödinger, Erwin (1987): Was ist Leben? Die lebende Zelle mit den Augen des Physikers betrachtet [1944]. München.
Smith, Crosbie (1998): The Science of Energy: A Cultural History of Energy Physics in Victorian Britain. Chicago.
Smocovitis, Vassiliki Betty (1996): Unifying Biology: The Evolutionary Synthesis and Evolutionary Biology. Princeton.
Spencer, Herbert (1910^6): First Principles [1862]. New York.
Thomson, William (1851): »On the Dynamical Theory of Heaf«. In: Proceedings of the Royal Society of Edinburgh 3: 48–52 [Repr. in: Mathematical and Physical Papers, 1:175–83].
Thomson, William (1852): »On a Universal Tendency in Nature to the Dissipation of Mechanical Energy«. In: Philosophical Magazine Vol. 4, Nr. 4: 304–6 [Repr. in: Mathematical and Physical Papers 1: 511–14].
Thomson, William (1854): »On the Mechanical Energies of the Solar System«. In: Philosophical Magazine Vol. 4, Nr. 8: 409–30 [Repr. in Mathematical and Physical Papers 2: 1–27].
Thomson, William (1862): »On the Age of the Sun's Heat«. In: Macmillan's Magazine, März 1862, 288–393 [Repr. in: Popular Lectures and Addresses 1: 356–75].
Thomson, William (1863): »On the Secular Cooling of the Earth«. In: Philosophical Magazine Vol. 4, Nr. 25: 1–14 [Repr. in: Mathematical and Physical Papers 3: 295–311].
Thomson, William (1871a): »On Geological Time«. In: Transactions of the Glasgow Geological Society 3: 1–28 [Repr. in: Popular Lectures 2: 10–64].
Thomson, William (1871b): »Presidential Address«. In: Report of the 41st Meeting of the British Association for the Advancement of Science. British Association Report: lxxxiv-cv [Repr. in: Popular Lectures and Addresses 2: 132–205].
Thomson, William (1891): »The Sorting Demon of Maxwell« [vorgetragen vor der Royal Institution 1879]. In: Popular Lectures 1: 144–48.
Timoféeff-Ressovsky, N. W./Zimmer, K. G./Delbrück, Max (1935): »Über die Natur der Genmutation und der Genstruktur«. In: Nachrichten von der Gesellschaft der Wissenschaften zu Göttingen, math.-phys. Klasse, Fachgruppe IV, 1: 189–245.
Yockey, Hubert P. (2005): Information Theory, Evolution, and the Origin of Life. Cambridge.

Wicken, Jeffrey S. (1987): Evolution, Thermodynamics, and Information: Extending the Darwinian Program. New York.

Yoxen, Edward (1979): »Where Does Schrödinger's What Is Life? Belong in the History of Molecular Biology?« In: History of Science 17: 17–52.

Richard H. Beyler (Übersetzung: Karin Wördemann)

12. Psychologie und Psychiatrie

Evolutionäre Psychologie: Geschichte

Charles Darwins Werk *On the Origin of Species* (1859), in dem er seine Theorie der Evolution durch natürliche Selektion entwickelt, zählt zu den bedeutendsten Beiträgen der Wissenschaftsgeschichte. Sigmund Freud bezeichnete Darwins Theorie einmal als zweite, biologische, Kränkung der Menschheit (nach der ersten, kosmologischen, durch Nikolaus Kopernikus), weil Darwin der »Überhebung des Menschen ein Ende bereitet« habe, indem er nachwies, dass der Mensch »nichts anderes und nichts Besseres [ist] als die Tiere« (Freud 1917, 8). Anders als in späteren Arbeiten (Darwin 1871/2009, 1872/2000) findet sich in *Über die Entstehung der Arten* allerdings erstaunlich wenig über den Menschen. Erst auf der letzten Seite bemerkt Darwin, seine Theorie werde dereinst Licht auf »den Menschen und seine Geschichte« werfen (Darwin 1859/1981, 676).

In der Tat erkannten Psychologen schnell das Potenzial, das Darwins Theorie für ihre Disziplin bereithielt, indem sie verständlich machte, dass es unsere evolutionäre Vergangenheit ist, die uns so werden ließ, wie wir sind, und zwar nicht nur körperlich, sondern auch im Hinblick auf unser Verhalten, unsere Kultur und unsere Familien-, Gesellschafts- und Sozialstrukturen. In den USA zeigte sich Darwins Einfluss u. a. in den Arbeiten von James Baldwin (1895), William James (1890) oder Edward Thorndike (1913); in Großbritannien waren es Conway Lloyd Morgan (1894) und George Romanes (1888) und in Deutschland neben Georg Heinrich Schneider (1882) vor allem Wilhelm Preyer (1882) und Karl Groos (1899). Sie betrieben als Erste das, was heute als »evolutionäre Psychologie« bezeichnet wird. William McDougall (1908) z. B. erklärte die Aufdeckung der evolutionären Grundlagen menschlichen Handelns zum Ziel der Psychologie. Die Psychologie, so McDougall, müsse die stammesgeschichtliche Entwicklung der unserem Handeln zugrunde liegenden fundamentalen Bausteine des menschlichen Geistes nachzeichnen sowie deren Beschaffenheit und Funktion analysieren – eine Forderung, die auch von zeitgenössischen evolutionären Psychologen vertreten wird (vgl. Abschnitt 3).

Das Aufkommen des Behaviorismus (z. B. Watson 1930) zusammen mit den Ergebnissen komparativer kulturanthropologischer Studien (z. B. Mead 1928, 1935), die eine enorme interkulturelle Variabilität im

Denken und Handeln des Menschen und in seiner psychosozialen Struktur zu belegen schienen, führte jedoch dazu, dass das Interesse an den evolutionären Grundlagen menschlichen Handelns nach der Jahrhundertwende nahezu völlig verschwand. Das Bild des Menschen als Kulturwesen, das durch Erziehung und soziokulturelle Einbettung geformt werden muss, dominierte die Sozial- und Geisteswissenschaften bis in die 1970er Jahre. Erst dann begann die Vorstellung, dass zwischen Phänomenen, die im weitesten Sinne Produkt des menschlichen Geistes sind, und den Erklärungen der Evolutionstheorie, die den Menschen als natürliches Resultat seiner stammesgeschichtlichen Entwicklung betrachten, eine prinzipielle Kluft besteht, an Dominanz einzubüßen. Das Wiedererstarken evolutionärer Ansätze in der Psychologie, die dafür eintreten, dass z. B. unsere Präferenzen, Gewohnheiten und emotionalen Einstellungen im Hinblick auf Sexualverhalten, Partnerwahl, Nahrungsauswahl und -suche, Kindererziehung, Religion, Heirats- und Herrschaftssysteme usw. nicht alleiniger Gegenstand sozial- oder geisteswissenschaftlicher Betrachtungen sind, sondern fruchtbar von einem evolutionären Standpunkt aus untersucht werden können, wurde durch zwei Entwicklungen in der Evolutionsbiologie maßgeblich begünstigt.

(1) Darwin verfügte zwar über eine Theorie der Evolution, konnte aber nicht erklären, wie Merkmale auf Nachkommen übertragen werden. Erst als seine Idee der natürlichen Selektion in der Nachfolge der Wiederentdeckung der von Gregor Mendel (1866) formulierten Vererbungsregeln und der Einführung der Begriffe »Genetik« und »Gen« (Bateson 1906; Johannsen 1909) mit den Erkenntnissen der Populationsgenetik verknüpft wurde, zeigte sich das wahre Ausmaß von Darwins Entdeckung. Diese im Anschluss an Julian Huxley (1942) als *Moderne Synthese* bezeichnete Integration von Evolutionstheorie und Genetik begann sich durchzusetzen, als die Evolutionstheorie durch die Arbeiten von Sewall Wright (1931a, b), J. B. S. Haldane (1932) oder Ronald A. Fisher (1930) einen präzisen mathematischen Unterbau erhielt und man verstand, dass natürliche Selektion eine erbliche Variation von Merkmalen erfordert, die die Fortpflanzungswahrscheinlichkeit eines Individuums beeinflussen. Damit lag die Frage nahe, warum geistige, kulturelle oder soziale Merkmale des Menschen, sofern sie die drei Bedingungen der *Variation*, der *Heredität* (Vererbbarkeit) und der *differentiellen Fitness* erfüllen, evolutionären Erklärungen nicht ebenso zugänglich sein sollten wie seine morphologischen Merkmale.

(2) Evolutionsbiologen wie George Williams (1966), William Hamilton (1964, 1970) oder Robert Trivers (1971, 1972, 1974) zeigten, dass viele unverstandene Verhaltensweisen im Tierreich – Arbeitsteilungen bei der Beschaffung von Nahrung und der Aufzucht von Nachkommen, Kooperationen und Konflikte innerhalb von und zwischen Gruppen sowie zwischen Eltern und ihren Nachkommen, Strategien bei der Partnerwahl und beim Paarungsverhalten, die Existenz steriler Arbeiterkasten – eine evolutionäre Erklärung haben. 1975 veröffentlichte der in Harvard lehrende Entomologe Edward O. Wilson mit *Sociobiology: The New Synthesis* das Standardwerk der neu geborenen Disziplin der *Soziobiologie* (die Erforschung der biologischen Grundlagen des Sozialverhaltens von Tieren). Legendär wurde Wilsons Buch allerdings vor allem wegen des letzten Kapitels, das die Übertragung der Soziobiologie auf den Menschen forderte, was ihm die Kritik vieler Kollegen einbrachte (z. B. Rose et al. 1984). Wie auch immer man die Kontroverse um Wilsons Buch beurteilt (Brown 2001; Segerstråle 2000), fest steht, dass sie die evolutionäre Psychologie wiederbelebt hat. Zu Beginn des 21. Jahrhunderts ist der Mensch in seinem Denken, Handeln und in seiner soziokulturellen Einbettung endgültig nicht mehr nur Gegenstand der Sozial- oder Geisteswissenschaften, sondern legitimes Forschungsinteresse von Anthropologen (z. B. Cronk et al. 2002), Biologen (z. B. Ehrlich 2000) und Psychologen (z. B. Barrett et al. 2002; Buss 2005), die die Überzeugung eint, dass unsere geistigen Fähigkeiten und kulturellen Errungenschaften nur vor dem Hintergrund unserer stammesgeschichtlichen Entwicklung vollständig verstanden werden können.

Evolutionäre Psychologie: eine begriffliche Unterscheidung

In seiner weiten Lesart steht der Ausdruck »evolutionäre Psychologie« ganz allgemein für den Versuch, eine evolutionäre Perspektive auf den Menschen einzunehmen, indem man sich nicht auf den Methodenkanon der Geistes- und Sozialwissenschaften beschränkt, sondern auf Prinzipien und Erklärungsmodelle der Evolutionstheorie zurückgreift. So verstanden, ist evolutionäre Psychologie ein allgemeines Forschungsfeld.

In seiner engen Lesart bezeichnet der Ausdruck »evolutionäre Psychologie« ein spezifisches Forschungsprogramm, das sich gegen alternative Ansätze auf dem gleichen Forschungsfeld strikt abgrenzt. Vertreter der evolutionären Psychologie im engen Sinn (EP) – allen voran Leda Cosmides und John Tooby, die nicht nur als ihre Begründer gelten können, sondern auch ganz maßgeblich für ihren theoretischen Unterbau verantwortlich zeichnen (vgl. den folgenden Abschnitt) – betrachten den menschlichen Geist als eine Ansammlung kognitiver Mechanismen. Bei diesen sogenannten »Modulen« handelt es sich, so die EP, um Adaptionen, d. h. um Merkmale, über die wir heute verfügen, weil sie für unsere Vorfahren evolutionär vorteilhaft waren, indem sie ihnen halfen, die in ihrem Umfeld wichtigen Probleme zu lösen: Wie finde ich einen Partner? Wie binde ich ihn an mich? Wie deute ich die emotionalen Ausdrücke meiner Mitmenschen? Wie kommuniziere ich mit ihnen? Wie unterscheide ich Verwandte von Fremden? Wie stelle ich fest, ob ein anderer mich ausnutzt? Der EP zufolge wird unser gegenwärtiges Verhalten, obwohl es sich im modernen Umfeld des 21. Jahrhunderts abspielt, immer noch von kognitiven Mechanismen gesteuert, die zur Zeit unserer Vorfahren zur Lösung derartiger Probleme entstanden und seither in unserem Gehirn weitgehend unverändert erhalten geblieben sind. Ziel der EP ist es, diese kognitiven Mechanismen aufzuspüren und zu erklären.

Evolutionäre Psychologie als konkretes Forschungsprogramm

Die EP hat ihren Ursprung in den späten 1980er und frühen 1990er Jahren, als der Anthropologe Donald Symons die Psychologin Cosmides und den Anthropologen Tooby von Harvard an die University of California at Santa Barbara holte und so den Grundstein legte für das Center for Evolutionary Psychology, das Cosmides und Tooby bis heute leiten. Ins Licht einer breiteren akademischen Öffentlichkeit gerückt wurde die EP 1992 mit der Publikation von *The Adapted Mind* (Barkow et al. 1992). Seitdem sind verschiedene Lehrbücher (z. B. Buss 1999) und populärwissenschaftliche Darstellungen (z. B. Pinker 1997, 2002; Wright 1994) erschienen. Die EP ist gegenwärtig die vorherrschende (zumindest die propagandaträchtigste) Strömung auf dem Feld der evolutionären Psychologie, auch wenn sie, zum Teil wegen ihrer historischen Nähe zur Soziobiologie (z. B. Rose/Rose 2000), zum Teil aus methodologischen Gründen (z. B. Buller 2005; Richardson 2007), umstritten ist.

Systematische Wurzeln

Der EP zufolge ist der menschliche Geist kein universeller Problemlöser, sondern ein Sammelsurium aufgabenspezifischer kognitiver Mechanismen bzw. Module, die Adaptionen an evolutionär wichtige Probleme darstellen. Obgleich die EP eine Teildisziplin der Psychologie ist, liegt ihr systematischer Ursprung in drei anderen Bereichen. (1) Sie verteidigt ein *Computermodell des Geistes* (etwa Fodor 1975, 1981), wonach unser Geist/Gehirn ein informationsverarbeitendes System ist, das mittels interner Operationen aus sensorischem Input ein entsprechendes Verhalten als Output generiert (Cosmides/Tooby 1987). (2) Aus der Kognitionswissenschaft entnimmt sie die Idee, dass unser Geist/Gehirn ein *modulares System* ist, dessen Subsysteme von Natur aus auf besondere Aufgaben zugeschnitten sind (vgl. etwa Noam Chomskys Idee eines angeborenen »language acquisition device«, 1975). (3) Auf die Evolutionsbiologie und die Soziobiologie zurück geht die Überzeugung der EP, dass es sich bei diesen Subsystemen um *Adaptionen* handelt.

Thesen und Argumente

(1) Die unserem Verhalten zugrunde liegenden kognitiven Mechanismen, so die EP, sind *Adaptionen*, d. h. Merkmale, die im Laufe der Evolution durch natürliche Selektion zur Lösung evolutionär wichtiger Probleme entstanden sind. Begründet wird diese Behauptung damit, dass Evolution durch natürliche Selektion der einzige bekannte natürliche Prozess ist, der eine so komplexe Struktur wie den menschlichen Geist hervorzubringen in der Lage ist.

(2) Da Evolution durch natürliche Selektion Zeit braucht, sind die evolutionären Probleme, die unseren Geist geformt haben, nicht die uns heute bekannten, sondern jene, die vor der Industrialisierung und Agrikulturalisierung das Leben unserer Vorfahren als Jäger und Sammler geprägt und einen Großteil unserer Stammesgeschichte bestimmt haben. Anhänger der EP sprechen in diesem Zusammenhang vom EEA, vom »environment of evolutionary adaptedness« und nennen dabei oft das Pleistozän bzw. Paläolithikum, d. h. die Zeit von vor 1,8 Millionen Jahren bis vor 10.000 Jahren als repräsentatives Beispiel.

(3) Die kognitiven Mechanismen sind nicht direkt beobachtbar, sondern müssen mittels sogenannter »funktionaler Analyse« indirekt erschlossen werden (Tooby/Cosmides 1989): In einem ersten Schritt werden Hypothesen über die Probleme aufgestellt,

vor denen unsere Vorfahren vermutlich standen; im zweiten Schritt wird überlegt, mittels welcher kognitiver Mechanismen sich diese Probleme hätten lösen lassen; im dritten Schritt wird mit Hilfe psychologischer Tests nachzuweisen versucht, dass heutige Menschen tatsächlich über diese kognitiven Mechanismen verfügen. Gelingt dies, wird es als erwiesen angesehen, dass es sich bei den kognitiven Mechanismen um Adaptionen zur Lösung der entsprechenden Probleme handelt.

(4) Der EP zufolge besteht unser Geist aus hunderten oder tausenden von aufgabenspezifischen kognitiven Modulen (Tooby/Cosmides 2000, 1171). Für diese These werden üblicherweise drei Argumente angeführt (Cosmides/Tooby 1994): (a) Welches Verhalten die Fortpflanzungswahrscheinlichkeit erhöht, unterscheidet sich von Problem zu Problem, also könnte kein universeller Mechanismus alle Probleme optimal lösen. (b) Ein universeller Mechanismus, der nur jenes Verhalten hervorzubringen versuchte, das der Fortpflanzungswahrscheinlichkeit am zuträglichsten ist, wäre untauglich, denn oftmals ist überhaupt nicht auszumachen, welches Verhalten das wäre, da sich die entsprechenden Auswirkungen erst viel später einstellen. (c) Die Komplexität der Probleme in der realen Welt würde jedes allgemeine System am Problem der kombinatorischen Explosion scheitern lassen.

(5) Bei den kognitiven Mechanismen handelt es sich um psychologische Universalien, die überall auf der Welt dieselben sind. Argumentiert wird wie folgt: Die Ausbildung kognitiver Mechanismen erfordert aufgrund ihrer Komplexität ein Zusammenspiel von tausenden von Genen. Da bei sexueller Fortpflanzung das Genom der Mutter mit dem des Vaters kombiniert wird, wäre es äußerst unwahrscheinlich, dass alle erforderlichen Genversionen in den Nachkommen vorhanden wären, wenn sich die Eltern in dieser Hinsicht massiv unterscheiden könnten. Also sind die Gene für unsere kognitiven Mechanismen (mit Ausnahme einiger weniger geschlechtsspezifischer Unterschiede) in allen Menschen weitgehend identisch (Tooby/Cosmides 1990).

Beispiele empirischer Forschung

Die EP ist eine vergleichsweise junge Disziplin, hat aber bereits zu interessanten empirischen Befunden geführt (für einen Überblick vgl. Barkow et al. 1992; Buss 1999, 2005). Klassische kognitionspsychologische Studien schienen z. B. ausnahmslos zu belegen, dass die räumliche Orientierungsfähigkeit von Männern besser ist als die von Frauen. Irwin Silverman und Marion Eals (1992) argumentierten hingegen, dass das Jagen (die angebliche Hauptbeschäftigung unserer männlichen Vorfahren) zwar zweifelsohne räumliche Orientierungsfähigkeiten erfordert, das Sammeln von Pflanzen (die angebliche Hauptbeschäftigung unserer weiblichen Vorfahren) allerdings auch, weil man sich z. B. über die Jahreszeiten hinweg die Standorte von Pflanzen mit nährstoffreichen Früchten merken musste. Sie entwickelten daraufhin Tests, mit denen sich messen ließ, wie gut sich Probanden in einer komplexen Umgebung die genaue Position von Gegenständen merken können, und fanden heraus, dass sich Frauen in der Tat mehr Positionen merken konnten als Männer und dass ihre Erinnerung genauer war.

David Buss (1992, 1994, 2000) argumentierte dafür, dass es aufgrund der unterschiedlichen Probleme, vor die sich Frauen und Männer in der Vergangenheit gestellt sahen, Unterschiede in ihrem Eifersuchtsverhalten gebe. Da sich Männer im Gegensatz zu Frauen nie sicher sein können, dass ein Kind wirklich der eigene Nachkomme ist, während die Absicherung ökonomischer Ressourcen für Frauen ein wichtigerer Faktor ist als für Männer, seien Männer eher an der sexuellen Treue ihrer Partnerin interessiert als an ihrer emotionalen Zuneigung. Frauen legten umgekehrt eher Wert auf die emotionale Zuneigung ihres Partners als auf seine sexuelle Treue. Buss et al. (1992) glaubten diese Hypothese im Rahmen einer kulturübergreifenden Umfrage mit Daten aus den USA, Europa und Asien bestätigen zu können.

Cosmides und Tooby argumentierten, dass der lange Zeit unverstandene »content effect«, der sich bei sogenannten »Wason Selection Tasks« beobachten lässt (Wason 1966), evolutionär erklärt werden kann. Bei diesen Aufgaben geht es darum, falsifizierende Instanzen konditionaler Regeln der Form »Wenn P, dann Q« zu finden. Der fragliche Effekt besteht darin, dass einige dieser Aufgaben durchgängig größtenteils richtig gelöst werden, andere, strukturell gleiche, hingegen überwiegend falsch. Cosmides und Tooby spekulierten, die Suche nach falsifizierenden Instanzen konditionaler Regeln sei für unsere Vorfahren nur in solchen Fällen evolutionär bedeutsam gewesen, in denen es sich dabei um Ordnungen des sozialen Miteinanders handelte, nicht aber, wenn es sich um abstrakte Regeln handelte. Sie schlossen daraus, dass wir die Aufgaben genau dann besonders gut lösen können sollten, wenn das »Wenn P, dann Q«-Konditional eine soziale Ordnungsregel der

Form »Wenn eine Person diese und jene Leistung der Sozialgemeinschaft in Anspruch nimmt, dann muss sie diese und jene Bedingungen erfüllen« darstellt. Eine Untersuchung der einschlägigen Studien zeigte, dass genau das der Fall zu sein scheint (Cosmides 1989; Cosmides/Tooby 1992).

Einwände

Die EP ist nicht ohne Kritiker geblieben. Neben einigen eher ideologisch motivierten Gegenstimmen finden sich auch überdenkenswerte Einwände (Buller 2005; Panksepp/Panksepp 2000; Richardson 2007). Ein häufiger Einwand lautet, die EP vertrete einen genetischen Determinismus, wonach unser Verhalten ausschließlich durch genetische Faktoren determiniert und kulturell, sozial oder individuell nicht mehr formbar sei (z. B. Nelkin 2000). Allerdings behauptet die EP lediglich, dass die kognitiven Mechanismen, die unser Verhalten hervorbringen, universale Merkmale des *Homo sapiens* sind. Sie bestreitet nicht, dass das aus diesen Mechanismen resultierende Verhalten durch die soziokulturelle Einbettung und individuelle Erfahrung des Einzelnen mitbestimmt werden kann, sondern erkennt ausdrücklich an, dass sowohl die Gene als auch das ontogenetische Umfeld eine wichtige Rolle spielen.

Kritiker argumentieren auch, die EP versuche, Rassen- oder Geschlechtsunterschiede im Hinblick auf z. B. Intelligenz, Gewaltbereitschaft, Unterdrückung usw. dadurch zu rechtfertigen, dass sie erstens das Resultat unserer Gene und als solche unabänderlich und zweitens erfolgreiche Lösungen wichtiger evolutionärer Probleme seien (z. B. Rose/Rose 2000). Die erste Behauptung ist schlicht falsch (s. o.). Die zweite Behauptung ist eine Instanz des sogenannten naturalistischen Fehlschlusses: daraus dass die EP behauptet, unser Verhalten werde von kognitiven Mechanismen gesteuert, die Anpassungen an evolutionär wichtige Probleme darstellen, folgt nicht, dass sie das fragliche Verhalten moralisch gutheißt.

Der theoretisch überzeugendste Einwand betrifft das methodologische Fundament der EP. Wenn die EP dem Eindruck entgegentreten möchte, sie erfinde lediglich plausible »just so stories«, dann muss sie belegen, dass die von ihr entworfenen Szenarien (Frauen mussten sich die Position von Pflanzen merken, Männer mussten eher um die sexuelle Treue ihrer Partner besorgt sein, während Frauen an der emotionalen Bindung gelegen war usw.) auch tatsächlich genau so bestanden haben. Das Problem dabei ist, dass wir über die Bedingungen im EEA zu wenig wissen, um genau sagen zu können, vor welche evolutionären Problemen unsere Vorfahren sich gestellt sahen (z. B. Gould 2000). Anhänger der EP verweisen zwar darauf, dass ihre Hypothesen über das EEA indirekt überprüfbar sind: Aufgrund dieser Hypothesen wird die Existenz kognitiver Mechanismen postuliert, die dann durch psychologische Experimente nachgewiesen werden müssen – scheitert dieser Nachweis, ist auch die ursprüngliche Hypothese in Frage gestellt (z. B. Sell et al. 2003). Allerdings ist selbst dann, wenn der Nachweis gelingt, noch nicht gezeigt, dass es sich bei dem fraglichen kognitiven Mechanismus auch tatsächlich um eine Adaption handelt. Dazu müsste man nicht nur zeigen, dass der Mechanismus *de facto* existiert und sich im Laufe der Evolution entwickelt hat, sondern zudem, dass er sich als Anpassung an ein evolutionäres Problem entwickelt hat – und das erscheint ohne detaillierte Kenntnis der Bedingungen im EEA unmöglich (Richardson 2007).

Evolutionäre Psychologie als Forschungsfeld: Alternativen

In der Folge der Soziobiologie-Debatte haben sich seit den 1970er Jahren auf dem Forschungsfeld der evolutionären Psychologie neben der EP drei weitere einschlägige Forschungsansätze herausgebildet: die *Menschliche Verhaltensökologie* (»human behavioral ecology«), die *Memetik* (»memetics«) und die *Koevolutionstheorie* (»gene-culture coevolution«, »dual inheritance theory«). Gemeinsam ist diesen vier Ansätzen die Überzeugung, dass ein vollständiges Verständnis unserer geistigen Fähigkeiten und soziokulturellen Errungenschaften die Einbeziehung evolutionärer Gesichtspunkte erfordert. Sie unterscheiden sich jedoch hinsichtlich der Frage, wie genau dies zu geschehen hat (Laland/Brown 2002).

Bereits kurz nach der Veröffentlichung von Wilson (1975) begannen Anthropologen, die von Soziobiologen vorgeschlagenen Hypothesen anhand realer Daten zu testen (z. B. Chagnon/Irons 1979). Den Vertretern dieser »menschlichen Verhaltensökologie« (Borgerhoff Mulder 1991) ging es dabei weniger darum, ob ein Merkmal eine Adaption ist (das Hauptinteresse der EP), sondern primär darum, ob es *adaptiv* ist, d. h. ob es gegenwärtig unsere Fortpflanzungswahrscheinlichkeit erhöht. Hinter der menschlichen Verhaltensökologie steht die Überzeugung, dass uns unsere evolutionäre Vergangenheit mit einer außerordentlichen Flexibilität in unserem

Verhalten (»phenotypic plasticity«) ausgestattet hat, die es uns erlaubt, uns unter den verschiedensten Bedingungen Fitness-maximierend zu verhalten. Aufbauend auf dieser Hypothese wird mit Hilfe von Optimalitätsmodellen und quantitativen ethnografischen Informationen untersucht, ob und wie die Adaptivität des Verhaltens von Individuen durch ihr ökologisches und soziokulturelles Umfeld beeinflusst wird und auf welche Weise umgekehrt das unterschiedliche Verhalten, das Individuen entwickeln, um den Herausforderungen ihres evolutionären Umfelds zu begegnen, in geistigen oder soziokulturellen Unterschieden zwischen diesen Individuen resultiert (z. B. Cronk et al. 2002).

Anhänger der sogenannten »Memetik« (Blackmore 1999; Dennett 1995; Distin 2005) sind weniger an den spezifisch geistigen Leistungen des Menschen interessiert als vielmehr an Kultur im Allgemeinen. Unter »Kultur« ist dabei jede Art von Information zu verstehen, die Individuen von anderen Individuen mittels Unterweisung, Imitation oder anderer Arten sozialen Lernens erwerben und die ihr Verhalten beeinflussen kann – Fähigkeiten, Einstellungen, Überzeugungen, Werte usw. Auch die Memetik sucht nach evolutionären Erklärungen kultureller und geistiger Merkmale, glaubt aber, dass es einen eigenständigen Prozess kultureller Evolution gibt, der grundsätzlich denselben Prinzipien folgt wie der biologische Evolutionsprozess – es gibt eine Variation im (kulturellen) Phänotyp, die mit unterschiedlicher (kultureller) Fitness und damit mit einer unterschiedlich starken Übertragung eines geeigneten (kulturellen) Replikators einhergeht. Richard Dawkins (1976) führte den Ausdruck »Mem« zur Bezeichnung des kulturellen Analogons des Gens als Replikator und Einheit kultureller Evolution ein. Meme sind in demselben Sinn kulturelle Replikatoren, wie Gene biologische Replikatoren sind, und im Prozess der kulturellen Evolution werden verschiedene Meme mit unterschiedlichem Erfolg von Individuen auf andere übertragen.

Die Anhänger der sogenannten Koevolutionstheorie (Boyd und Richerson 1985, 2005a, b; Cavalli-Sforza/Feldmann 1981; Durham 1991) sind ebenfalls der Meinung, dass kulturelle Evolution als darwinistischer Prozess verstanden werden kann und dass eine zu einseitige Konzentration auf rein biologische Faktoren bedeutete zu ignorieren, dass die Kultur selbst das adaptive Umfeld biologischer Evolution beeinflussen kann. Allerdings bestreiten Anhänger der Koevolutionstheorie, dass es eine strikte und tragfähige Analogie zwischen genetischer und kultureller Evolution, zwischen Genen und Memen, gibt, die als Grundlage einer Theorie kultureller Evolution dienen könnte (z. B. Boyd/Richerson 2000). Eine evolutionäre Erklärung soziokultureller oder geistiger Merkmale des Menschen muss vielmehr sowohl genetische als auch kulturelle Faktoren und deren Interaktion berücksichtigen, indem sie zeigt, wie und durch welche Mechanismen diese Faktoren interagieren, weil die eine Seite das Umfeld mitprägt, in dem sich die andere entwickelt.

Evolutionäre Psychiatrie

Die Relevanz darwinistischer Überlegungen für die Psychologie war von Anfang an offensichtlich, und die evolutionäre Psychologie (in ihrer weiten Lesart) ist heute ein nicht mehr wegzudenkender Aspekt psychologischer Forschung. Im Bereich der Psychiatrie hingegen lagen die Dinge lange anders. Erst seit etwa fünfzehn Jahren (z. B. Nesse/Williams 1996) beginnt sich dort die Einsicht durchzusetzen, dass sich auch viele psychiatrische Krankheitsbilder – etwa Autismus, Schizophrenie, Aufmerksamkeits- und Hyperaktivitätsstörungen, Demenz, Zwangs-, Ess- und Persönlichkeitsstörungen, Phobien – nur vor einem evolutionären Hintergrund vollständig verstehen lassen. Viele dieser Krankheitsbilder, so z. B. Anthony Stevens und John Price (1996), lassen sich als Anpassungen auffassen, die unter vergangenen Bedingungen adaptiv waren, heute aber aufgrund eines veränderten Umfelds maladaptiv sind (wie z. B. unsere Vorliebe für fett- und zuckerhaltige Nahrung eine Adaption an die üblicherweise nährstoffarme Kost im EEA darstellt, in unserem modernen Lebensumfeld aber maladaptiv ist). Depression (oder eine Vorform davon) z. B. mag adaptiv gewesen sein, weil derjenige, der sich nach einer verlorenen Konfrontation depressiv aus der Gruppe zurückzog, weiteren eventuell tödlichen Konfrontationen aus dem Weg ging und sich zudem das Mitleid und die Hilfe der anderen zu sichern versuchen konnte. Schizophrenie (oder eine Vorform davon), so wurde spekuliert, mag (genau wie Psychopathie) den Einzelnen aus der Gruppe herausgehoben haben und daher für den Betreffenden so lange adaptiv gewesen sein, wie nur einige wenige davon betroffen waren (vgl. Fälle von heterozygotem Vorteil wie etwa bei der Sichelzellenanämie).

Wie schon im Fall der EP besteht die Schwierigkeit bei evolutionären Erklärungen psychiatrischer Krankheitsbilder – die beiden genannten Beispiele machen das deutlich – darin zu belegen, dass nicht nur plausible »just so stories« formuliert, sondern tatsächlich historisch korrekte und medizinisch aufschlussreiche Erklärungen gefunden werden. Nichtsdestotrotz steht außer Frage, dass die psychiatrische Forschung, wie Martin Brüne und Hedda Ribbert (2002, 10) bemerken, »in diagnostischer, therapeutischer und nosologischer Hinsicht [...] von einer evolutionsbiologischen Konzeption [psychiatrischer Krankheitsbilder] profitieren« kann (für einen Überblick über den gegenwärtigen Stand der Forschung auf dem Gebiet der evolutionären Psychiatrie vgl. Brüne 2008).

Literatur

Baldwin, James (1895): Mental Development in the Child and the Race. New York.
Barkow, Jerome/Cosmides, Leda/Tooby, John (Hg.) (1992): The Adapted Mind. Oxford.
Barrett, Louise/Dunbar, Robin/Lycett, John (Hg.) (2002): Human Evolutionary Psychology. Princeton.
Bateson, William (1906): »A Text-Book of Genetics«. In: Nature 74: 146–147.
Blackmore, Susan (1999): The Meme Machine. Oxford.
Borgerhoff Mulder, Monique (1991): »Human Behavioral Ecology«. In: John R. Krebs/Nicholas B. Davies (Hg.): Behavioral Ecology. Oxford, 69–98.
Boyd, Robert/Richerson, Peter (1985): Culture and the Evolutionary Process. Chicago.
Boyd, Robert/Richerson, Peter (2000): »Memes: Universal Acid or a Better Mouse Trap«. In: Robert Aunger (Hg.): Darwinizing Culture. Oxford, 143–162.
Boyd, Robert/Richerson, Peter (2005a): Not by Genes Alone. Chicago.
Boyd, Robert/Richerson, Peter (2005b): The Origin and Evolution of Cultures. Oxford.
Brown, Andrew (2001): The Darwin Wars. New York.
Brüne, Martin (2008): Textbook of Evolutionary Psychiatry. Oxford.
Brüne, Martin/Ribbert, Hedda (2002): »Grundsätzliches zur Konzeption einer evolutionären Psychiatrie«. In: Schweizer Archiv für Neurologie und Psychiatrie 1: 4–11.
Buller, David (2005): Adapting Minds. Cambridge.
Buss, David (1992): »Mate Preference Mechanisms«. In: Jerome Barkow/Leda Cosmides/John Tooby (Hg.): The Adapted Mind. Oxford, 249–266.
Buss, David (1994): The Evolution of Desire. New York.
Buss, David (1999): Evolutionary Psychology. Boston.
Buss, David (2000): The Dangerous Passion. New York.
Buss, David (2005): The Handbook of Evolutionary Psychology. New York.
Buss, David/Larsen, Randy/Semmelroth, Jennifer/Westin, Drew (1992): »Sex Differences in Jealousy«. In: Psychological Science Vol. 3, Nr. 4: 251–255.
Cavalli-Sforza, Luigi/Feldman, Marcus (1981): Cultural Transmission and Evolution. Princeton.
Chagnon, Napoleon/Irons, William (Hg.) (1979): Evolutionary Biology and Human Social Behavior. North Scituate.
Chomsky, Noam (1975): Reflections on Language. New York.
Cosmides, Leda (1989): »The Logic of Social Exchange«. In: Cognition Vol. 31, Nr. 3: 187–276.
Cosmides, Leda/Tooby, John (1987): »From Evolution to Behavior«. In: John Dupre (Hg.): The Latest on the Best. Cambridge, 277–306.
Cosmides, Leda/Tooby, John (1992): »Cognitive Adaptations for Social Exchange«. In: Jerome Barkow/Leda Cosmides/John Tooby (Hg.): The Adapted Mind. Oxford, 163–228.
Cosmides, Leda/Tooby, John (1994): »Origins of Domain Specificity«. In: Lawrence A. Hirschfeld/Susan A. Gelman (Hg.): Mapping the Mind. Cambridge, 85–116.
Cronk, Lee/Chagnon, Napoleon/Irons, William (Hg.) (2002): Adaptation and Human Behavior. Berlin/New York.
Darwin, Charles (1981): Über die Entstehung der Arten [On the Origin of Species by Means of Natural Selection, or the Preservation of Favoured Races in the Struggle for Life, 1859]. Stuttgart.
Darwin, Charles (2000): Der Ausdruck der Gemütsbewegung bei dem Menschen und den Tieren [The Expression of Emotions in Man and Animal, 1872]. Frankfurt a. M.
Darwin, Charles (2009): Die Abstammung des Menschen. [The Descent of Man, and Selection in Relation to Sex, 1871]. Frankfurt a. M.
Dawkins, Richard (1976): The Selfish Gene. Oxford.
Dennett, Daniel (1995): Darwin's Dangerous Idea. London.
Distin, Kate (2005): The Selfish Meme. Cambridge.
Durham, William (1991): Coevolution. Stanford.
Ehrlich, Paul (2000): Human Natures. New York.
Fisher, Ronald (1930): The Genetical Theory of Natural Selection. Oxford.
Fodor, Jerry (1975): The Language of Thought. New York.
Fodor, Jerry (1981): Representations. Cambridge (Mass.).
Freud, Sigmund (1917): »Eine Schwierigkeit der Psychoanalyse«. In: ders.: Gesammelte Werke. Band XII. Frankfurt, 7–11.
Gould, Stephen (2000): »More Things in Heaven and Earth«. In: Hilary Rose/Steven Rose (Hg.): Alas, Poor Darwin. Arguments Against Evolutionary Psychology. New York, 101–126.
Groos, Karl (1899): Die Spiele der Menschen. Jena.
Haldane, John Burdon Sanderson (1932): The Causes of Evolution. London.
Hamilton, William (1964): »The Genetical Evolution of Social Behavior«. In: Journal of Theoretical Biology 7: 1–32.
Hamilton, William (1970): »Selfish and Spiteful Behaviour in an Evolutionary Model«. In: Nature 228: 1218–1220.
Huxley, Julian (1942): Evolution. London.
James, William (1890): The Principles of Psychology. New York.
Johannsen, Wilhelm (1909): Elemente der exakten Erblichkeitslehre. Jena.

Laland, Kevin/Brown, Gillian (2002): Sense or Nonsense. Oxford.
McDougall, William (1908): An Introduction to Social Psychology. London.
Mead, Margaret (1928): Coming of Age in Samoa. New York.
Mead, Margaret (1935): Sex and Temperament in Three Primitive Societies. London.
Mendel, Gregor (1866): »Versuche über Pflanzenhybriden«. In: Verhandlungen des naturforschenden Vereins in Brünn 4: 3–47.
Morgan, Conway (1894): An Introduction to Comparative Psychology. London.
Nelkin, Dorothy (2000): »Less Selfish than Sacred?«. In: Hilary Rose/StevenRose (Hg.): Alas, Poor Darwin. Arguments Against Evolutionary Psychology. New York, 17–32.
Nesse, Randolph/Williams, George (1996): Evolution and Healing. London.
Panksepp, Jaak/Panksepp, Jules (2000): »The Seven Sins of Evolutionary Psychology«. In: Evolution and Cognition 6: 108–131.
Pinker, Steven (1997): How the Mind Works. New York.
Pinker, Steven (2002): The Blank Slate. New York.
Preyer, Wilhelm (1882): Die Seele des Kindes. Beobachtungen über die geistige Entwicklung des Menschen in den ersten Lebensjahren. Leipzig.
Richardson, Robert (2007): Evolutionary Psychology as Maladapted Psychology. Cambridge.
Romanes, George (1888): Mental Evolution in Man. London.
Rose, Hilary/Rose, Steven (Hg.) (2000): Alas, Poor Darwin. Arguments Against Evolutionary Psychology. New York.
Rose, Steven/Lewontin, Richard/Kamin, Leon (1984): Not in Our Genes. New York.
Schneider, Georg (1882): Der menschliche Wille vom Standpunkte der neueren Entwickelungstheorien (des »Darwinismus«). Berlin.
Segerstråle, Ullica (2000): Defenders of the Truth. Oxford.
Sell, Aaron/Hagen, Edward/Cosmides, Leda/Tooby, John (2003): »Evolutionary Psychology: Applications and Criticisms«. In: Lynn Nadel (Hg.): Encyclopedia of Cognitive Science. London, 47–53.
Silverman, Irwin/Eals, Marion (1992): »Sex Differences in Spatial Abilities«. In: Jerome Barkow/Leda Cosmides/John Tooby (Hg.): The Adapted mind. Oxford, 533–549.
Stevens, Anthony/Price, John (1996). Evolutionary Psychiatry. London.
Thorndike, Edward (1913): Educational Psychology. New York.
Tooby, John/Cosmides, Leda (1989): »Evolutionary Psychology and the Generation of Culture«. In: Ethology and Sociobiology Vol. 10, Nr. 1: 29–49.
Tooby, John/Cosmides, Leda (1990): »On the Universality of Human Nature and the Uniqueness of the Individual«. In: Journal of Personality Vol. 58, Nr. 1: 17–67.
Tooby, John/Cosmides, Leda (2000): »Toward Mapping the Evolved Functional Organization of Mind and Brain«. In: Michael Gazzaniga (Hg.): The New Cognitive Neurosciences. Cambridge, 1167–1178.
Trivers, Robert (1971): »The Evolution of Reciprocal Altruism«. In: Quarterly Review of Biology Vol. 46, Nr. 1: 35–57.
Trivers, Robert (1972): »Parental Investment and Sexual Selection«. In: Bernard G. Campbell (Hg.): Sexual Selection and the Descent of Man, 1871–1971. Chicago, 136–179.
Trivers, Robert (1974): »Parent-Offspring Conflict«. In: American Zoologist Vol. 14, Nr. 1: 249–264.
Wason, Peter (1966): »Reasoning«. In: Brian M. Foss (Hg.): New Horizons in Psychology. Harmondsworth, 135–151.
Watson, John (1930): Behaviorism. New York.
Williams, George (1966): Adaptation and Natural Selection. Princeton.
Wilson, Edward (1975): Sociobiology. The New Synthesis. Cambridge (Mass.).
Wright, Robert (1994): The Moral Animal. New York.
Wright, Sewall (1931a): »Statistical Theory of Evolution«. In: Journal of the American Statistical Association Vol. 26, Nr. 174: 201–208.
Wright, Sewall (1931b): »Evolution in Mendelian Populations«. In: Genetics Vol. 16, Nr. 1: 97–159.

Sven Walter

13. Rechtswissenschaft

Die Rechtswissenschaft lässt sich immer wieder von den evolutorischen Argumenten der Biologie inspirieren, ohne dass bislang eine in sich schlüssige Evolutionstheorie des Rechts begründet werden konnte. Alle Bemühungen um eine solche Theorie leiden darunter, dass unklar ist, welche Aufgabe ihr zukommen soll. Nach vorliegender Auffassung hat sie mit der Frage zu tun: Wie gelingt dem Recht der Zugang zu seiner Wirklichkeit? Wie erlangt es Wissen über die Gesellschaft, zu deren Ordnung es beizutragen hat? Mithin ist Evolutionstheorie im Recht eine erkenntnistheoretische Fragestellung. Zugleich wird damit postuliert, dass die juristische Evolutionstheorie eine *allgemeine* Theorie des Rechts ist: Sie hat die Selbst- und Fremdbeschreibung des Rechts in der Gesellschaft zu erforschen, und, gestützt darauf, zu erklären, warum das Recht so ist, wie es ist (Fögen 2002).

Diese These muss beachten, dass die Form, die Wissen jeweils annimmt, stets von der konkreten Gesellschaft abhängt, der dieses Wissen entspringt. In der ausdifferenzierten Gesellschaft von heute ist Wissen, und somit auch das Wissen des Rechts, das Ergebnis eines reflexiven Prozesses: Durch Reflexion lernt das Recht, sich als Teil seiner Umwelt zu verstehen, und so entwickelt es die seine Regelungsaufgabe ermöglichenden Wirklichkeitskonstrukte. Reflexion eines sozialen Systems ist freilich voraussetzungsvoll. Es bedarf dafür eines »Reflexionsapparates«. Im Rechtssystem entsteht ein solcher mit der Herausbildung der Disziplin Rechtstheorie. Allerdings ist diese Disziplin in der Spätmoderne hoch fragmentiert und kennt viele konkurrierende Theorien. Eine einzige, auf Konsens stoßende Rechtstheorie gibt es nicht. Daher muss das Rechtssystem unter all diesen Theorien diejenige auswählen, die seine Reflexion anleiten soll. Was spricht in dieser Hinsicht für die Auswahl der evolutorischen Rechtstheorie?

Die Frage ist nur wissenschaftshistorisch zu beantworten: Lange haben sich die Sozialwissenschaften am deterministischen Ideal der Naturwissenschaften orientiert. Im Mittelpunkt stand die Annahme, es gäbe so etwas wie absolute, unveränderliche Wahrheiten, und darin erblickte man die Möglichkeit für eine Prognosefähigkeit gesellschaftlicher Prozesse. Diese Träume haben sich zerschlagen. Unbestimmtheit schlich sich in die Wirklichkeitskonstruktion der Sozialwissenschaften ein, und zwar in ganz spezifischer Form: als »evolutionäre Unsicherheit« (McNeill 2002, 23). Man kam zur Erkenntnis, dass alles, was sozial »gewusst« werden kann, nur zeit- und kontextbezogen gültig ist. Die Theorie der sozialen Evolution trägt dieser Tatsache Rechnung: Sie verzichtet auf universelle Gesetze und setzt ausschließlich auf Algorithmen, die imstande sind, »die zielgerichteten rationalen Handlungen eines Menschen genauso wie die zielgerichtete planvolle Tätigkeit eines Schöpfers nachzuahmen« (Meleghy 2003, 132 f.). Was also ursprünglich im 19. Jahrhundert als der große Nachteil der darwinistischen Evolutionstheorie galt, d. h. ihre Unfähigkeit zur Prognosestellung und ihre Beschränkung auf die Beschreibung kontingenter Veränderungsprozesse, ist vielleicht ihre heimliche Stärke. Denn Erkenntnis kann alsdann von einem universellen Gesetz (das sich im Sozialen niemals finden lässt) absehen: »In den Trümmern des alten Essenzkosmos [...] war die Darwinsche Evolutionstheorie entstanden, die zeigen konnte, dass man auf einen Schöpfungsplan verzichten und trotzdem erklären kann, dass in der Welt [...] nichtbeliebige Verhältnisse herrschen« (Luhmann 2000, 408). Für das Recht lägen die Chancen einer evolutionstheoretischen Epistemologie in der Einsicht, dass es das unmögliche Ideal einer »Planung der Gesellschaft« aufgeben und seine Anordnungen dennoch auf etwas Rationelles abstützen kann: auf die »algorithmischen« Gesetzmäßigkeiten der gesellschaftlichen Evolution. Wie solche Gesetzmäßigkeiten identifiziert werden können, ist eine komplexe Frage. Sie muss zur Vereinfachung in drei Teilfragen aufgegliedert werden (vgl. auch Zaluski 2009):

(1) Die erste Teilfrage betrifft die Erklärungsreichweite einer evolutorischen Rechtstheorie: Soll damit etwa ein Determinismus der Rechtsentwicklung aufgedeckt werden? Oder sollen bloß die Mechanismen der Rechtsevolution ermittelt werden?

(2) Die zweite Teilfrage dreht sich um den epistemologischen Status evolutorischen Denkens im Recht. Problematisiert wird damit, ob und inwiefern evolutorische Argumente, die ursprünglich aus der Biologie stammen, für Zwecke der rechtswissenschaftlichen Forschung nutzbar gemacht werden können.

(3) Die dritte Teilfrage zielt darauf hin, die Theorieelemente, aus welchen sich eine Theorie der Rechtsevolution zusammensetzen soll, zu identifizieren. Dieses Problem ist deshalb von Belang, weil diese Elemente für die »juridische Intertextualität« zuständig sind, also dafür, wie der »Text« des Rechts

sich auf den »Text« der Gesellschaft bezieht (und umgekehrt).

Theorien von Rechtsevolution I: Erklärungsreichweite

Über die mögliche Erklärungsreichweite einer Theorie der Rechtsevolution gehen die Meinungen auseinander: Während den teleologischen Lehren die These zugrunde liegt, dass in evolutorisch entstandenen Strukturen regelmäßige Muster – zuweilen sogar »Rechtsfortschritt« – erkennbar sind, gehen die teleonomischen Theorien davon aus, dass die Evolution (als Prozess) von der Ordnung, die durch sie entsteht, abzukoppeln ist. Einen »Fortschrittstrend« im Recht gibt es nach letzterer Vorstellung nicht.

Teleologische Theorien der Rechtsevolution: Rechtsevolutionismus

Eine der ersten Theorien, die das Recht gesondert einem »harten« Geschichtsgesetz unterstellt, legte Henry J. S. Maine in seinem *Ancient Law* (1965) vor (vgl. Stein 1980, 93 f.). Darin will er verschiedene Entwicklungsstufen entdeckt haben, welche das Recht in den sogenannten »progressive societies« hinaufsteigt. Jede dieser Stufen stütze sich auf ihre Vorgängerin und lege zugleich die Grundlagen für die eigene Transformation. Das Erreichen einer neuen Stufe bedeute Fortschritt, eine These, die Maine wissenschaftlich nachweisen wollte: Er postulierte die Gültigkeit naturalistischer Gesetze auch für die Sozialwissenschaften und spezifizierte dieses Postulat für das Recht, von der römischen Rechtsgeschichte ausgehend, mit der berühmten Aussage: »[W]e may say that the movement of progressive societies has hitherto been a movement from *Status to Contract*« (Maine 1965, 100). Maine hat in der Folge vor allem die sogenannte vergleichende Rechtsethnologie (Kohler 1904, 14) beeinflusst.

Die evolutionstheoretische Basis des *Ancient Law* war allerdings eher dürftig. Nur dem Zeitgeist hatte es Maine zu verdanken, dass seinem Denken evolutionärer Charakter zugeschrieben wurde. In Wahrheit war es Herbert Spencer (1872, 321, 414 f.), der den Gedanken von »Fortschritt durch Evolution« in eine sozialwissenschaftlich annehmbare Form brachte. Er verstand Evolution als den Übergang von undifferenzierter Homogenität in differenzierte Heterogenität. Darin sah er einen Fortschrittstrend, weil gesellschaftliche »Heterogenisierung« die möglichen Kombinationen von sozialen Funktionen vervielfache.

Der Spencersche Evolutionsbegriff hat vor allem im Funktionalismus des 20. Jahrhunderts, der in modernen Theorien der Rechtsevolution eine maßgebliche Rolle spielt, nachgewirkt (vgl. Amstutz, 2001, 95 f.). Freilich fand dabei eine stille Verschiebung seiner Bedeutung statt: Der Fokus wurde allmählich von konkreten (»progressive societies«) auf abstrakte Kategorien (soziokulturelle Komplexität) verlagert. Die Suche nach einer gerichteten geschichtlichen Kausalität – also die Denktradition des Evolutionismus – wurde zunehmend von der Erforschung evolutionärer Mechanismen überlagert. Ein Abklingen der Vorherrschaft teleologischer Erklärungen in evolutionstheoretischen Studien (auch des Rechts) war die Folge.

Teleonomische Theorien der Rechtsevolution: Rechtsadaptionismus

Die ersten rechtsevolutorischen Theorien, die auf einer adaptionistischen Basis gründen, stammen aus der US-amerikanischen Forschung des frühen 20. Jahrhunderts Namentlich John Henry Wigmore (1917) glaubte, dass Evolutionsbegriffe à la Maine irrig als eine ausschließlich »endogene« Kategorie konzipiert seien. Er fasste die Evolution des Rechts neu als einen Prozess, der hauptsächlich von externen Variablen bestimmt wird. Damit bekannte er sich als einer der Ersten zum juridischen Adaptionismus (Abegg 2009, 407). Hinter diesem Begriff steht die These, dass die gesellschaftliche Selektion das kreative Prinzip der Rechtsevolution darstellt: Taugliches Recht wird dadurch geschaffen, dass in jeder Generation von zufällig variierenden Rechtssätzen durch Auslese jene bevorzugt werden, die an ihre Umwelt am besten angepasst sind (kritisch Watson 2001).

Die modernen Maßstäbe für den Rechtsadaptionismus hat freilich Max Weber mit seiner Analyse der Rationalität modernen Rechts (Vesting 2007, 131–137) gesetzt, die Wolfgang Schluchter (1998, 197) wie folgt zusammenfasst: »Sobald [...] das magische Handeln überwunden [ist], [...] kann der Konflikt [...] zwischen der Rechtsordnung [...] und der religiösen, der wirtschaftlichen und der politischen Teilordnung entstehen.« Mit diesem Konflikt wendet sich Weber vom teleologischen Geschichtsdenken im Recht ab. Und zwar indem er sein Augenmerk von historischen Zwangsläufigkeiten auf Möglichkeitsräume richtet, die nicht unweigerlich eintreten, sondern erst noch der Aktualisierung durch adaptive Bewegungen des Rechts im Rahmen des besagten Konflikts bedürfen. Aus diesem Grund lässt sich sagen, dass mit Webers Entwicklungskonstruktion »nicht, wie bei einer Theorie des sozialen Wandels, bloß die ›Abfolge‹ von Strukturformen, sondern, wie bei einer Theorie der sozialen Entwicklung, die ›Abfolge‹ von Strukturprinzipien geklärt werden [soll]. Insofern formuliert Weber damit eine Problemstellung aus dem Bereich der Evolutionstheorie« (Schluchter 1998, 57). Damit hat Weber dem adaptionistischen Ansatz innerhalb der rechtsevolutorischen Theorie den noch heute gültigen Ausdruck gegeben. Die Übertragung des »adaptionistischen Programms« in die Rechtslehre schafft allerdings ein grundsätzliches Problem, das Weber nicht bewältigt hat. Auf einen einfachen Nenner gebracht: Wenn die Entwicklung von Recht ausschließlich von seiner Umwelt bestimmt wird, verkümmert dann sein artprägendes »Sollen« nicht zu einem bedeutungslosen »Sein«? Regiert dann nicht bloß noch das »Faktische« (seine »normative« Kraft)?

Den bis anhin wohl ambitiösesten Versuch, das »adaptionistische Rechtsparadox« aufzulösen, hat Niklas Luhmann unternommen. Er vertritt die These, dass die Frage, »weshalb Strukturänderungen […] als evolutionäre Errungenschaften stabilisiert werden können«, nur im Hinblick auf das Verhältnis System/Umwelt zu beantworten ist (Luhmann 1987, 135). Damit knüpft er ersichtlich an adaptionistisches Gedankengut an: Mit der Rückführung sozialer Evolution auf ein System/Umwelt-Problem wird ausgeschlossen, »dass […] eine] immanente Entwicklung von Systemen aus sich selbst heraus […] unterstellt werden kann« (Luhmann 1987, 135). Luhmann fasst diese Evolution als steigende Komplexität der gesellschaftlichen Subsysteme auf, die als Reaktion auf Komplexitätssteigerung der Umwelt erfolgt und die sozialen Strukturen (worunter auch Recht fällt) immer wieder unter Änderungsdruck geraten lässt. Jedoch nimmt die Abhängigkeit sozialer Systeme von gesellschaftlichen Sinngehalten dadurch nicht zu; viel eher werden diese Systeme mit steigender sozialer Komplexität von einer »besonderen Maschinerie der Selektion [ihrer eigenen Strukturen]« (Luhmann 1987, 138) abhängig. Konkret: Wegen der operativen Schließung dieser Systeme kommt es zu einer Internalisierung der Evolutionsmechanismen, d. h. (1) der Variation (»Erzeugung neuartiger Möglichkeiten in einem im übrigen unveränderten System«), (2) der Selektion (»Selektion brauchbarer Möglichkeiten und Abstoßen unbrauchbarer«), und (3) der Retention (»Stabilisierung der brauchbaren Möglichkeiten in der Systemstruktur«).

Vor diesem Hintergrund sieht sich nach Luhmann (1993, 257–281) das Rechtssystem gezwungen, interne Einrichtungen zu entwickeln, die diese evolutionären Funktionen wahrnehmen. Das Normative (Bindung in der Zeit) würde die Variation, Institutionen (Verfahren) die Selektion und die Dogmatik (Begriffe) die Stabilisierung übernehmen. Rechtsevolution könne dann als Anpassung an sich ändernde soziale Bedarfslagen aufgefasst werden, ohne dass das zwangsläufig impliziere, »dass die Umwelt das Rechtssystem determiniert« (Luhmann 1993, 276). Denn die systeminternen Funktionsbereiche Variation/Selektion/Stabilisierung hätten ihren gemeinsamen Grund im Problem gesellschaftlicher Komplexität; und das bedeute, dass diese systeminternen Funktionsbereiche mit »allen wichtigen Systemstrukturen der Gesellschaft zusammen[hängen]« – und ›zusammenhängen‹ heißt hier, dass die Ausgestaltung des normativen, institutionellen und […dogmatischen] Aspektes von Recht nicht beliebig erfolgt, sondern nur mit Rücksicht auf den Stand der Entwicklung [der Gesellschaft…]« (Luhmann 1987, 140). Mit dieser These versucht Luhmann, die paradoxalen Folgen des Adaptionismus für die Rechtstheorie zu eliminieren: Der Kreislauf der Rechtsevolution löse sich vom Kreislauf des gesellschaftlichen Wandels, ohne dass jeder Einfluss der Gesellschaft auf das Recht geleugnet werde (»order from noise«).

Man muss sich freilich fragen, ob mit diesem »Internalisierungs«-Befund viel gewonnen ist. Zu bedenken ist nämlich, dass die Scheidung eines »Innen« von einem »Außen« in der Rechtsevolution im Kern auf einer mechanischen Konzeption der Evolution beruht, die die »unit of selection« (das System) als »Objekt« versteht, das als passiver Gegenstand von selektiven Kräften geformt wird. Das ist »evolution by consequence«: »One does not ask where variations come from, merely what adaptive *consequence* they have. The fit between organism and environment is thus simply conceived to be the result of past fortuitous variations selected by their consequences« (Ho 1988, 121 f.). Demgegenüber sollte davon ausgegangen werden, dass Systeme und ihre jeweiligen Umwelten nicht unabhängig voneinander beschrieben werden können. Im Innern und im Äußern wirkende Faktoren der Evolution sollten als »co-constructing« aufgefasst werden, also in dem Sinne, dass sie sich in einer Art »Reziprozitätsschlaufe« gegenseitig bedingen. Nicht »evolution by consequence«, sondern »evolution by process« ist dann das angemessene Bild: Evolution als Kreislauf, in dem Systeme eigensinnig auf ihre Umwelten einwirken, die ihrerseits wiederum Einfluss auf die Systeme nehmen (Ho 1988, 117–119). Die Crux der Luhmannschen Konstruktion besteht darin, die konkrete Ausgestaltung dieser Schlaufe im Dunkeln des *order from noise*-Schemas belassen zu müssen, was das Netzwerk zwischen sozialen und rechtlichen Kommunikationen, das die Evolution fortlaufend herstellt, aus dem Blick geraten lässt.

Conclusio I

Die Sicht der Dinge, die teleologischen Theorien eigen ist, steht im Widerspruch zur Geschichte, zu ihrer Kontingenz. Deshalb kann es auch keine »Entwicklungslogik« des Rechts geben. Das Recht ist keineswegs »wie eine Buchrolle [...], deren Zeichen mit dem Beginn des librum evolvere lesbar und sichtbar werden, aber schon immer da waren« (Behrends 1993, 18). Vielmehr ist Evolution als eine »Maschine« zu denken, die keinen Einfluss auf ihre »inputs« hat: Zwar wirkt sie am »Ergebnis« (am »output«) mit, indem sie nach bestimmten Gesetzlichkeiten (»Mechanismen«) verfährt; sie »verarbeitet« aber nur den »Rohstoff«, der in sie eingeschleust wird, und dieser ist eben kontingent. Für die Erklärungsreichweite des rechtsevolutorischen Denkens folgt daraus: Nur der Mechanismus, der zu Recht führt, nicht das Recht (seine »Ordnung«), das aus evolutionären Prozessen hervorgeht, ist Gegenstand einer evolutorischen Theorie des Rechts. Noch ungelöst bleibt freilich das »adaptionistische Rechtsparadox«.

Theorien von Rechtsevolution II: Epistemologie

Die Frage nach dem epistemologischen Status evolutorischer Argumente im Recht problematisiert die sozialwissenschaftliche Nutzbarmachung von Erkenntnissen, die aus der Biologie stammen. Eingangs sollte klargestellt werden: Organische und kulturelle Evolution sind fundamental andersartige Phänomene. Ob sich eine Zusammenarbeit zwischen Natur- und Geisteswissenschaften als weiterführend erweisen kann, hängt deshalb vor allem von ihrer epistemologischen Organisation ab, also von der Art und Weise, wie Erkenntnisse aus der einen Disziplin in die andere transferiert werden. Nach Oeser (1990, 116) gibt es drei Möglichkeiten (»Vergleichsebenen«), um diesen Transfer vorzunehmen: »[1] Auf einer ersten [...] Vergleichsebene kann man im Sinne eines schwächsten Ähnlichkeitsgrades von einer *metaphorischen* Ähnlichkeit sprechen, die mehr auf eine spezielle Sicht des vergleichbaren Objektbereiches abzielt, als dass sie an der Realität selbst überprüfbar wäre. [...] [2] Die zweite Vergleichsebene ist die der *Analogie*, die insofern präziser ist, weil auf ihr bereits die übereinstimmenden Merkmale unterschieden werden [...] [3] Die dritte Vergleichsebene ist [...] die der *Isomorphie*. Sie [...] dient dazu, [...] an [...] Modellen [...der verglichenen] Objektbereiche jene identischen Gesetzmäßigkeiten [...] herauszuarbeiten, die sich auf die bei der Modellbildung ausgewählten Systemeigenschaften beziehen.«

Isomorphische Theorien der Rechtsevolution: Sozialdarwinismus

»The life of the law has not been logic: it has been experience« (Holmes 1881, 5). Damit artikuliert Oliver Wendell Holmes, ein früher Vertreter des Sozialdarwinismus, ein Dilemma: Recht ist auf Evolution angewiesen, um mit der Gesellschaft im Gleichklang zu stehen; und dennoch verfügt »experience« nicht immer über die Kraft, dem erwähnten Gleichklang widrige *common-law*-Sätze abzuschaffen; »logic«, d. h. bewusst geistige Intention, müsste hier intervenieren. Aber wie ist »logic« mit Evolution zu vereinbaren? Holmes (1899, 461) will das Dilemma dadurch lösen, dass dem Richter aufgetragen wird, in einem konkreten Fall zwischen mehreren konkurrierenden »Rechtsideen« (»legal ideas«) diejenige auszuwählen, die *in casu* die stärkste ist (»strongest at the point of conflict«). Der Richter wird damit – wie der Markt bei Adam Smith – von einer Art »unsichtbaren Hand der Vorsehung« gesteuert, von einer sozialen »Logik der Selektion«. Die Rechtsbildung wird als adaptionistischer Selektionsprozess beschrieben, der vollzogen wird aufgrund des »social end which the governing power of the community has made up its mind that it wants« (Holmes 1899, 452). Der Rechtsprozess von Holmes gründet auf einer isomorphen Angleichung an »externe Selektion«, d. h. auf der Idee einer Selektion der rechtlich relevanten »social desires« in der sozialen Sphäre, und dies nicht durch juristische Logik, sondern durch den Richter als »Sinnesapparat« der »selegierenden« Gesellschaftskräfte.

Dieser Nexus von Gesellschaft und Evolution wird im Sozialdarwinismus radikalisiert, der die Noosphäre (Sphäre der Werte; vgl. Zemen 1983, IV) evolutionsbiologisch zu fundieren sucht: Sofern man Evolution auch in der Gesellschaft spielen lässt, wird der Mensch biologisch zu einem höchst moralischen Wesen heranreifen (vgl. Tort 1992a, 2). Man kann mit Patrick Tort (1997, 13) von einem Postulat des biologisch-sozialen »Kontinuismus« sprechen. Die sozialdarwinistische Rechtstheorie, die in den Arbeiten William G. Sumners ihren markantesten Ausdruck fand, gründet auf dieser »kontinuistischen« Logik. Sie geht davon aus, dass die Aufgabe der Jurisprudenz darin besteht, eine Theorie des Rechtsstaates zu formulieren, die der »natürlichen Selektion« ihren Lauf auch in der Sozialsphäre zu nehmen gestattet (vgl. Hovenkamp 1985, 671). Sumner stützt sich auf eine positive Prämisse: Zwar seien (subjektive) Rechte das Ergebnis evolutionärer Prozesse, die von ökonomischen Bedürfnissen bestimmt würden. Im Kern – und an dieser Stelle wird der Übergang Sumners vom Positiven zum Normativen erkennbar – seien diese Rechte die »Spielregeln des sozialen Wettbewerbs« und trügen dazu bei, dass im gesellschaftlichen Entwicklungsprozess die »tüchtigsten« Gemeinschaftsmitglieder obsiegten. Das sei trotz sozialer Ungleichheiten legitim, »because it will produce […] results which will be proportioned to the merits of individuals« (Sumner 1972, 141).

Man braucht nicht auf ethische Argumente zurückzugreifen, um den Sozialdarwinismus als Irrlehre zu entlarven. Mit seiner These des »effet réversif de l'évolution« hat Tort (1992b) dessen Konstruktionsfehler wirksam aufgedeckt. Seine Ausgangsfrage lautet: Wie kann es von der Sphäre des »Organischen«, die vom Prinzip der Elimination des »unfit« bestimmt wird, zu einem Übergang in die Sphäre des »Zivilisierten« kommen, die sich gerade dem natürlichen Eliminationsdrang widersetzt? Dieses Paradox (*le paradoxe éthico-civilisationnel*) bilde den eigentlichen Gegenstand der Anthropologie Darwins (Tort 1992a, 3 f.), die das Menschenbild nach Maßgabe evolutorischer Erkenntnisse rekonstruiert hat. Darwin habe den Irrweg des Biologismus vermieden, indem er in *The Descent of Man* eine Argumentation entwickelt habe, die die Struktur eines Möbiusrings aufweise: Die natürliche Selektion wirke nicht nur auf der organischen Ebene, sondern seligere auch Instinkte als adaptive Vorteile (Tort 1992b, 14 ff.). Erst diese Instinkte hätten die »Zivilisation« ermöglicht. Die dadurch bewirkten Verhaltensänderungen hätten antiselektive Gegenkräfte entfaltet, welche die natürliche Selektion in der sozialen Sphäre neutralisiert hätten. Über soziale Instinkte habe die natürliche Selektion mithin ihr eigenes Gegenteil, eine »éthique anti-sélectionniste«, ausgelesen (Tort 1992b, 27).

Einleuchtend an den Ausführungen Torts ist der Nachweis, warum die These der Isomorphie von biotischer und sozialer Evolution unfähig ist, eine Theorie der Rechtsevolution zu begründen: Sie vermag es deshalb nicht, weil die Evolutionsregeln in der Natur ihren Zugriff auf das Soziale selber beschränken. Die Isomorphie ist rechtsevolutorisch mithin nicht weiterführend.

Analogische Theorien der Rechtsevolution: Genetische Rechtstheorie

Eine Analogie untersucht, ob zwei Dingen Eigenschaften gemeinsam sind, die der Gattung nach identisch sind. Ist das der Fall, erfolgt der Analogieschluss: Aus der Identität der Eigenschaften wird gefolgert, dass auch alle übrigen Eigenschaften der zwei Dinge, die verglichen werden, der Gattung nach identisch sind.

Neben Herbert Zemen (1983) hat vor allem Ernst-Joachim Lampe mit seiner genetischen Rechtstheorie eine analogisch begründete Rechtsevolutionstheorie vorgelegt. Ausgangspunkt ist die Frage, ob sich die Hauptmerkmale der biologischen Evolution (Selbstreplikation, Tradition von Arteigenschaften, Mutabilität der tradierten Eigenschaften und Selektion aus einer Anzahl von mutierten Merkmalen) in der juristischen Sphäre wiederfinden. Lampe (1987, 24–31) bejaht die Frage mit der Argumentation, (1) dass sich das juristische System über informationsvermitteltes Lernen selbst repliziert, (2) dass Rechtsregeln als Artbesitz der menschlichen Gemeinschaft überliefert werden, (3) dass sich die tradierten Rechtsregeln über die Zeit verändern (somit »mutabel« sind) und (4) dass sich im Rahmen der Rechtsanwendung bestimmte Norm-»Hypothesen« bewähren, was einer Selektion entspricht. Diese übereinstimmende Verwendbarkeit des Begriffs »Evolution« sowohl in der Natur als auch im Recht legt für Lampe (1987, 30) die Frage nahe, »ob auch die Gesetzmäßigkeiten der Evolution in beiden Bereichen übereinstimmen«. Im Hinblick auf das positive Recht stellt er »Ablaufformen fest, die denen der Bio-Evolution weitgehend analog sind« (Lampe 1987, 65). Diese Evolution führe allerdings dazu, dass sich die Gesetzgebung unter dem Druck der sich entwickelnden soziokulturellen Umwelt zunehmend differenziere, was die Gefahr hervorrufe, dass das Rechtssystem in Anarchie münde (Lampe 1987, 66 f.). Dem wirke eine andere

Entwicklung entgegen, »die der ersten gegenüber autonom [...] [verlaufe] und sie teleo*logisch* zu steuern in der Lage [...sei]« (Lampe 1987, 67). Diese zweite Evolution nennt Lampe (1987, 67 f.) die »überpositive Rechtsentwicklung« bzw. das »Recht-an-sich«. Dieses setze dem positiven Recht ein evolutorisch bedingtes Gegengewicht, indem es ihre natürliche Wandelbarkeit anhand absolut konstanter Werte in einem gewissen Maße beschränke. Diese Werte seien: (1) die Rationalität aller Rechtsinhalte; (2) der Zweck, dass die Rechtsidee sich realisiere; und (3) die »Idee des Guten« (Lampe 1987, 77–79). Damit schafft Lampe (1987, 97 f.) den Grund für seinen Analogieschluss (der zugleich einen normativen Schluss darstellt): Ein positives Recht, welches den eben aufgezählten drei Werten nicht verpflichtet sei, stelle schlechterdings kein Recht dar.

Die Kritik an Lampes Lehre richtet sich gegen die Eignung der Analogie, evolutorische Phänomene zu erfassen. Edgar Morin (1990, 19 f.) hat eingewendet, eine Analogie fragmentiere die Wirklichkeit in Teile, die mit dieser nichts mehr gemeinsam hätten. Damit weist er darauf hin, dass die analogische Übertragung von Erkenntnissen über die organische Evolution in die Sphäre des Juristischen zu einer Theorie führen muss, die das Wirklichkeitsbild des Rechts und seiner Entwicklung verzerrt. Das Problem des Vorgehens von Lampe ([1] »Atomisierung« des Evolutionsprozesses, [2] Definition funktioneller Pendants in Bio- und Rechtssphäre, [3] Schluss auf analoge Gesetzmäßigkeiten) liegt entsprechend darin, dass irgendwo zwischen seinen drei gedanklichen Operationen etwas Wesentliches verlorengeht. Und dieses Verlorene ist: die Interaktion von Evolution und Zufall.

Denn Lampes Rechtsevolution erscheint als eine Abfolge juridischer Zufälle, die sich jenseits der Mechanismen der Evolution ereignet (und nur gerade vom Recht-an-sich kontrolliert wird). Indes: Zufall ist immer systemrelativ. Unter keinen Umständen darf angenommen werden, dass die Art und Weise, wie Zufall zum Aufbau des Rechtssystems beiträgt, »zufällig« ist. Vielmehr wird Evolution durch das Zusammenwirken verschiedener Mechanismen erzeugt, die nach ihren jeweils eigenen Regeln ablaufen. Diese Mechanismen funktionieren aber nicht gegenseitig beziehungslos und damit auch nicht »zufällig«: Sie definieren füreinander Bedingungen der Möglichkeit und Operationsspielräume. Daran wird erkennbar, dass eine Analogie die Logik der Verknüpfungen und gegenseitigen Beschränkungseffekte, die zwischen den einzelnen evolutorischen Mechanismen bestehen, notwendig zerschneidet. Die Analogie mit ihren Disjunktionen ist demnach keine angemessene Methode für die Bildung einer Theorie der Rechtsevolution (vgl. Tort 1996, 1448–1453).

Metaphorische Theorien der Rechtsevolution: Rudolf v. Jherings evolutionäres Rechtsdenken

Die Metapher ist die dritte Form des sinngemäßen Argumentierens. Sie ist keine logische Figur. Vielmehr hat sie die Funktion, den Zugang zu einem Problem zu ermöglichen, das bisher nicht erkennbar oder erkannt war. Die Lösung allerdings hält sie nicht bereit. Sie macht eine disziplineigene (*in casu*: rechtstheoretische) Konstruktion der Wirklichkeit erforderlich.

In der Rechtswissenschaft hat vor allem Rudolf v. Jhering auf diese Figur zurückgegriffen. Seine Ausgangsfrage: Was bestimmt die Geltung und Anwendung von Normen im Einzelfall? V. Jhering (1965, 406–408, 428–431, 436–439) suchte die Antwort in Anlehnung an den wissenschaftstheoretischen Naturalismus seiner Zeit im »allgemeinen Kausalgesetz«. Das führt ihn zu einem Bild des Rechts als Schöpfung der Gesellschaft, also zu einem solchen, das sich, wie die Lebensformen in der Natur unter dem Druck sich verändernder Umwelten, »durch die Automatik der [sozialen] Machtverhältnisse [...] ausbildet« (Wieacker 1973, 75). Um dieses Bild zu erklären, sieht sich v. Jhering (1965, 436 f.) anzugeben veranlasst, wie sich Recht nach Maßgabe gesellschaftlicher Veränderungen wandelt. Er hat diese Erklärung in der Überbrückung der Kluft zwischen Empirie und Normativität gesucht. Zu diesem Zweck hat er ein Programm entworfen, das nach darwinistischem Modell auf dem Bild des Rechts als einer »historisch erarbeitete[n] und verwirklichte[n] [...] Kulturform menschlichen Lebens« (Behrends 1998, 171) aufbaut. Im Zentrum dieses Programms steht ein Rückkoppelungsprozess: Das positive Recht entsteht in der Vorstellung v. Jherings so, dass »der Mensch in Auseinandersetzung mit dem von ihm geschaffenen Recht durch eigene Erfahrung lernt, höhere Ansprüche an das Recht zu stellen« (Behrends 1998, 172). Die wechselseitige Beeinflussung von geltendem Recht und sich wandelnden gesellschaftlichen »Lebensverhältnissen« ist hier leicht zu erkennen.

Nun fragt sich: Welche epistemologische Bedeutung kommt den Metaphern zu, die v. Jhering in seinem Werk immer wieder verwendet? Fest steht, dass die von ihm vorgetragenen Bilder inhaltlich immer einen mehr oder weniger direkten Bezug zum Darwinismus haben (Wieacker 1973, 64). Das Paradebeispiel dafür dürfte der Vortrag »Der Kampf ums Recht« (v. Jhering, 1925) sein, der an Darwins *struggle for life* erinnert. Einer Antwort auf die Frage nach v. Jherings erkenntnistheoretischem Vorgehen kommt man näher, wenn man eine Passage aus seiner »Einleitung in die Entwicklungsgeschichte des römischen Rechts« betrachtet, in der er bemerkt, dass die geschichtlichen Kausalitäten, die er mit Hilfe von naturwissenschaftlichen Bildern identifiziert, zwar »gewagte Kombinationen« darstellen, dass sich diese »Kombinationen« aber »vielfach als der erste Schritt zur Entdeckung der Wahrheit herausgestellt [haben]« (v. Jhering 1965, 434). Darin kommt die Auffassung zum Ausdruck, dass naturalistische Erkenntnisse, sollen sie im sozialwissenschaftlichen Zusammenhang weiterführen, nach disziplineigenen Kriterien »verarbeitet« werden müssen. Diese Vorgehensweise ist rein metaphorisch: Anders als die sozialdarwinistische Jurisprudenz postuliert v. Jhering keine Isomorphie zwischen Bio- und Sozialsphäre; er sieht, dass diese Sphären nach Maßgabe unterschiedlicher Gesetzmäßigkeiten evolvieren. Dieser Einsicht trägt er Rechnung, indem er darwinistische Anschauungsbilder bloß als gedankliche Impulse für eine rein rechtstheoretische Konstruktion der Rechtsevolution nutzt. Umgekehrt vermeidet v. Jhering aber auch die Disjunktionen der Analogien Lampes. Die disziplineigene Rekonstruktion der Rechtsevolution, zu welcher die Metapher anleitet, erlaubt nämlich v. Jhering ein sozialwissenschaftlich angemessenes, d. h. holistisches Modellieren der Wirkungen, welche die evolutorischen Mechanismen aufeinander ausüben.

Conclusio II

Die vorangehenden Ausführungen lehren, dass die Metapher bevorzugt werden sollte, um biologische Evolutionsargumente epistemologisch fundiert ins Recht zu übertragen. Das heißt insbesondere: Nicht logische Folgerichtigkeit (Isomorphie, Analogie) bei der Verwertung biologischer Evolutionserkenntnisse im Recht, sondern Rekonstruktion der Evolutionsmetapher anhand rechtsdiskurseigener Kriterien ist der erkenntnistheoretisch angemessene Weg. Allerdings: Einschlägige rechtstheoretische Erkenntnisse fehlen in diesem Bereich bis heute noch weitgehend.

Theorien von Rechtsevolution III: Theorieelemente

Weil Recht die Rationalität seiner konfliktschlichtenden Leistungen an die Gesellschaft nicht vornehmlich in dieser, sondern letztlich in sich selbst finden muss, sollte eine Evolutionstheorie des Rechts imstande sein, anzugeben, welches die sozietalen und welches die rechtlichen Parameter sind, die den Prozess der juristischen Rationalitätsbildung bestimmen. Die zwei wichtigsten biologischen Evolutionstheorien sind heute stets noch der reine Darwinismus und die Moderne Synthese. Auf der ersten bauen *Law & Economics*-Ansätze, auf der zweiten die soziobiologische Rechtstheorie auf. Zu fragen ist, ob sie der Eigenlogik des Rechts angemessen Rechnung tragen.

Rein darwinistische Theorien der Rechtsevolution: Rechtsökonomie des *common law*

Die evolutorischen Arbeiten des *Law & Economics*-Ansatzes beginnen mit Paul H. Rubins Feststellung, dass Richard A. Posners These, das *common law* steigere im Zeitablauf seine Effizienz, weil ökonomische Effizienz das einzige Entscheidungskriterium sei, das dem Richter zu Verfügung stehe (vgl. Rubin 2007, ix), unbefriedigend sei: »To an economist accustomed to invisible hand explanations of efficiency in the marketplace, this justification seems weak« (Rubin 1977, 51). Deshalb zielen die Bemühungen Rubins darauf ab, das »Posners sichtbare Hand«-Modell (in dem der Richter Effizienz bewusst herstellt) durch ein solches der »unsichtbaren Hand« in der Evolution des Rechts zu ersetzen. Sein Modell beruht auf der Vorstellung, dass das *common law* das Produkt von »forces pressing toward efficiency« (Priest 1977, 65) sei. Diese Kräfte gingen aber nicht (wie bei Posner) vom Richter, sondern von den Prozessparteien aus (Rubin 1977, 51). Die Quintessenz Rubins (1977, 55) ist, dass es im Falle ineffizienter Rechtsregeln so lange zu gerichtlichen Prozessen kommt, bis eine Regel richterlich festgelegt ist, die effizient ist.

Rubins Modell wurde in der Lehre wegen seiner restriktiven Annahmen oft kritisiert. In der Folge wurden unzählige Modelle vorgelegt, von denen hier nur die wichtigsten skizziert werden. George L. Priest (1977, 66) hat nachzuweisen versucht, dass der Anteil effizienter Regeln im *common law* über einen evolutorischen Prozess zunimmt, und nicht (wie das Rubin ambitiöser beabsichtigte), dass das *common law* zu immer höherer Effizienz evoluiert. William M. Landes und Richard A. Posner nahmen ihrerseits einen graduellen Präzedenzwandel an und kamen so zu einer Neumodellierung der Rechtsevolution: »[L]itigation should arise mainly in areas where there is already a tendency toward efficiency .... Areas dominated by inefficient rules will tend to become dormant in terms of litigation activity« (Landes/Posner 1979, 261). John C. Goodman (1978, 405 f.) legte dar, dass die von Rubin postulierte Effizienzneigung des *common law* in dreierlei Hinsicht relativiert werden muss: (1) Zunächst besteht kein zwangsläufiges Verhältnis zwischen dem privaten Nutzen der Prozessparteien und den wohlfahrtstheoretischen Nutzen der Prozessführung. (2) Sodann reagiert das *common law* oft zu langsam auf sozialen Wandel, um Effizienz effektiv zu promovieren. (3) Schließlich kommt es dann nicht zum Prozess, wenn die Kosten und Nutzen einer Rechtsänderung nur schwer internalisiert werden können, d. h. nur mit Mühe den Parteien zugeordnet werden können. Die von Goodman gewiesene Richtung wird in der jüngeren Forschung vermehrt erforscht und hat eine gewisse Dominanz erlangt (vgl. Rubin 2007). Eindeutige Ergebnisse liegen freilich keine vor.

Was lässt sich aus den geschilderten Modellen für die Frage der Elemente einer Lehre von der Rechtsevolution ableiten? Diese Modelle leiden grundsätzlich an zwei Problemen: (1) Die rein ökonomische Rekonstruktion des Selektionsmechanismus (»Effizienz«) ist unangemessen, weil die Umwelt des Rechts sich nicht auf die Wirtschaft beschränkt. (2) Die Annahme einer unbeschränkten Variabilität von Rechtsregeln ist unplausibel, weil sie der Funktion des Rechts widerspricht. Zwar muss das Recht seine konfliktlösenden Leistungen so anlegen, dass diese seiner Umwelt gerecht werden; es ist aber gehalten, diese Leistungen nach Maßgabe der eigenen Logik auszugestalten. Die Eigenlogik des Rechtssystems markiert die äußerste Grenze der Variabilität seiner Normen. In der Argumentation Darwins taucht diese Grenze kaum wirklich auf. Diese Feststellungen machen zweierlei deutlich: Sie zeigen einmal, weshalb *Law & Economics* nicht vermochte, eine Effizienzneigung des *common law* zu belegen (vgl. Roe 1996). Eine solche würde nur bestehen, falls die erwähnte Grenze der Variabilität von Normen genau zwischen Effizienz und Ineffizienz verlaufen würde. Dies tut sie nicht, weil sich der Bezug des Rechts zu seiner Außenwelt nicht auf das Wirtschaftssystem beschränkt; vielmehr weist das Recht Bezüge mit anderen Teilsystemen der Gesellschaft auf (Politik, Wissenschaft, Kunst usw.), für die »Effizienz« nichts bedeutet. Ferner hat die Analyse gezeigt, dass die Bausteine einer Theorie der Rechtsevolution imstande sein müssen, die Tatsache der beschränkten Variabilität von Rechtsregeln hinreichend zu beachten, was der reine Darwinismus nicht tut.

Synthetische Theorien der Rechtsevolution: Soziobiologische Rechtstheorien

Die soziobiologische Rechtstheorie verwendet hauptsächlich Elemente der humanbiologischen Verhaltensforschung (»pop sociobiology«) und gründet damit auf der Synthetischen Theorie, der modernen Fassung des Darwinismus (Neodarwinismus). Diese hat eine sensible Lücke im Werk Darwins gefüllt, indem es ihr gelang, eine vertretbare Antwort auf die Frage nach dem Wie der Vererbung von Eigenschaften zu geben: die Genetik. Eine sinngemäße Anwendung dieser Theorie kommt für die Rechtslehre freilich nicht in Frage, weil soziale Phänomene kein Äquivalent zum Gen kennen. Die *pop sociobiology* versucht das auch gar nicht (sieht man von der sehr umstrittenen Memetik ab; vgl. Blackmore 1999), sondern geht den Weg des Biologismus: Die List des Gedankens besteht darin, der Synthetischen Theorie soziale Implikationen, d. h. Kausalitäten zwischen genetischer Anlage des Menschen und gesellschaftlicher Organisation, abzugewinnen (Kitcher 1987, 14 f.). Damit wird die Hypothese aufgestellt, dass die Gene einen »wesentlichen Beitrag« zum menschlichen Verhalten leisten, was in zweierlei Hinsicht präzisiert wird: Weil Verhalten von Normen (welcher Natur immer) bestimmt wird, haben diese ihren Ursprung in genetischen Programmen, die zugleich ihre Variationsbandbreite definieren. Diese genetischen Programme werden sodann (in Anwendung der Modernen Synthese) als das Ergebnis der biotischen Evolution angesehen (Gruter 1993, 32). Grundsätzlich lassen sich drei Varianten der soziobiologischen Rechtstheorie auseinanderhalten (Elliott 1985, 71–90):

(1) Für die *steuerungstheoretische* Variante stehen vor allem die Arbeiten von John H. Beckstrom (1993), die auf der These aufbauen, dass die Soziobiologie zwar keine gesellschaftlichen Zwecke zu identifizieren, aber zu erklären vermöge, wie einmal definierte soziale Ziele mit minimalen Kosten erreicht werden. Je nach den gesetzten Zielsetzungen könne das Recht diese Stimuli gezielt manipulieren, um so das individuelle Verhalten mit knappmög-

lichstem Aufwand in die gewünschten Bahnen zu lenken.

(2) Der *rechtsethologischen* Variante geht es darum, Antworten auf die Frage nach der Effektivität rechtlicher Normen zu geben (Hof 1996, 7). Es wird davon ausgegangen, dass vom Rechtsverhalten abhänge, wie wirksam man die Gesellschaft durch Gesetze regulieren könne. Um Rechtsverhalten zu verstehen, wird angenommen, rechtmäßiges Verhalten sei in der Frühzeit der menschlichen Evolution für das Überleben notwendig gewesen. Entsprechend wird die Hypothese aufgestellt, dass »[d]ie Prädispositionen für solche [sc. rechtsbefolgende] Verhaltensweisen [...] ein integraler Bestandteil der Genome unserer Species [wurden]« (Gruter 1993, 17). Gefolgert wird, dass das Gesetz sich nicht allzuweit von diesen Prädispositionen entfernen dürfe, wolle es effektiv bleiben.

(3) Die *neo-sozialdarwinistische* Variante versucht ihrerseits, die Postulate des gescheiterten rechtstheoretischen Sozialdarwinismus verhaltensbiologisch neu zu begründen. Die Rechtsordnung – als Schutzagent für einen »natürlichen« Zustand – wird durch eine Seinsordnung legitimiert, die ihre Richtigkeit allein aus dem Umstand schöpft, dass sie sich evolutionsbiologisch bewährt hat. Recht »zementiert« Verhaltensmuster in der Sozialsphäre, die sich ursprünglich in der Biosphäre herausgebildet haben, und gewährleistet so deren Fortdauern, das durch kulturelle »Fehlentwicklungen« bedroht ist (Schubarth 1999).

Die Rechtsthese der Soziobiologie gründet darauf, dass es eine Korrespondenz zwischen individuellem Verhalten und gesellschaftlicher Form gibt. Das Argument ist aktionistisch: Makroskopische Phänomene sind Aggregationen von mikroskopischen Verhaltensweisen. In diesem Zusammenhang ist allerdings zwischen zwei Arten von Aggregationen zu unterscheiden: (1) Einerseits gibt es solche, die eine einfache Struktur aufweisen und Summationen darstellen: Das makroskopische Gesamtbild entspricht den addierten Individualverhalten. (2) Andere aggregierte Effekte haben demgegenüber eine komplexe Struktur und führen zu einer Diskrepanz zwischen den Motiven individuellen Verhaltens und den makroskopischen Ergebnissen. Die kollektiven Wirkungen weichen von den addierten Merkmalen individuellen Verhaltens ab; die Aggregation hat unvorhersehbare Effekte (Boudon 1992, 45). Vor dem Hintergrund dieser Klassifikation von Makrophänomenen ist leicht erkennbar, dass die soziobiologische Rechtstheorie das Phänomen Recht als Summation versteht. In einer menschlichen Organisation minderer Komplexität mag ein solches Erklärungsmuster noch eine gewisse Plausibilität haben; in der »Great Society« ist es irreführend (Sahlins 1976, 4–9). Aus diesem Grund kann die Moderne Synthese keineswegs Basis einer konsistenten Theorie der Rechtsevolution bilden: Selbst wenn Gene »für Verhalten« existierten, wären ihre »effets de composition« in jedem Fall komplex und prägten die Rechtsentwicklung kaum jemals in der von den Soziobiologen postulierten Art.

Conclusio III

Die kritische Auseinandersetzung mit den ökonomischen und soziobiologischen Evolutionstheorien des Rechts hat gezeigt, dass der Darwinismus – sei es in seiner Urform oder in der Gestalt der Modernen Synthese – keine Theorieelemente bereithält, die sich für eine Theorie von Rechtsevolution eignen würden. Es bräuchte dafür eine Evolutionstheorie, die die inneren Funktionsmechanismen des Rechts im Spannungsfeld der äußeren, gesellschaftlichen Kräfte erklären könnte (Steinhauer 2007, 124–126). Um diese Verflechtung von internen und externen Faktoren der Rechtsevolution zu erforschen, knüpft die Rechtstheorie heute an jüngere evolutionstheoretische Arbeiten an, die sich der Erforschung des wechselseitigen Verhältnisses von Selbstorganisation komplexer Systeme einerseits und selektiven Einflüssen der systemischen Umwelten andererseits widmen (vgl. Amstutz 2001; 2002; 2008). In Anlehnung an die sogenannte teleomechanistische Forschungstradition des 19. Jahrhunderts, welche die Gesetzlichkeiten der Evolution vornehmlich in der Entwicklung des Embryos suchte (Depew/Weber 1995, 175), gehen diese Arbeiten davon aus, dass Phylogenie und Ontogenie im Evolutionsprozess enger zusammenspannen, als dies der klassische Darwinismus annimmt (Schwartz 1999, 349 ff.). Vor allem Stuart A. Kauffman (1993) konnte auf dieser Basis zeigen, dass Evolution nicht nur eine Quelle von Ordnung, sondern deren zwei voraussetzt: Selektion (als »exogener« Faktor) und spontane Organisation (als »endogener« Faktor). Damit wird die Frage nach der Form, in welcher diese beiden Kräfte miteinander interagieren, unausweichlich. Kauffman antwortet darauf, dass der Selektionsmechanismus ohne das Vorliegen spontaner Ordnungen nicht auskommt, d. h. nur funktionieren kann, soweit das evolvierende System eine ganz bestimmte innere, selbstbezügliche Ordnung aufweist. Die Besonderheit dieser Ordnung besteht darin, dass sie das System immer wieder an den Rand des Chaos treibt und gerade dadurch seine Evolutionsfähigkeit sicherstellt. Kauffman erklärt diesen Umstand mit einer Steigerung der dynamischen Eigenschaften des Systems: Weil dieses in einem geordneten Regime operiert, das aber an chaotische Regimes angrenzt, besitzt es ein gesteigertes Vermögen, Perturbationen aus der Umwelt zu verarbeiten und zu absorbieren. Weder verhält es sich wie ein Kristall, das auf externe Irritationen überhaupt nicht reagiert, noch ist es für jede, auch noch so geringe Störung empfindlich, so dass es sofort ins Chaos abdriftet. Für die Rechtswissenschaft ist dieser Ansatz aus zwei Gründen weiterführend: (1) Er zeigt einmal, dass die rechtsinternen Operationsregeln (die sog. Methoden- oder Rechtsanwendungsregeln) auf die Wahrung der eigenständigen Logik des Rechtssystems ausgerichtet sein müssen (»endogener« Evolutionsfaktor). (2) Allerdings darf dieser Selbstbezug nicht so rigide sein, dass die Evolutionsfähigkeit des Rechts abgeblockt wird; vielmehr müssen die rechtsinternen Operationsregeln die selektiven Kräfte aus der Gesellschaft zulassen (»exogener« Evolutionsfaktor). Hinzuweisen ist freilich auf den Umstand, dass sich die rechtswissenschaftliche Ergründung dieser Fragen noch am Anfang befindet (vgl. Amstutz 2007).

Literatur

Abegg, Andreas (2009): »Evolutorische Rechtstheorie«. In: Sonja Buckel et al. (Hg.): Neue Theorien des Rechts. Stuttgart, 401–422.
Amstutz, Marc (2001): Evolutorisches Wirtschaftsrecht. Baden-Baden.
Amstutz, Marc (2002): »Rechtsgeschichte als Evolutionstheorie«. In: Rechtsgeschichte Vol. 1: 26–31.
Amstutz Marc (2007): »Der Text des Gesetzes«. In: Zeitschrift für schweizerisches Recht Vol. 126, II: 237–286.
Amstutz, Marc (2008): »Rechtsgenesis: Ursprungsparadox und *supplément*«. In: Zeitschrift für Rechtssoziologie Vol. 29: 125–151.
Beckstrom, John H. (1993): Darwinism Applied. Westport/London.
Behrends, Okko (1993): »Rudolf von Jhering und die Evolutionstheorie des Rechts«. In: ders. (Hg.): Privatrecht heute und Jherings evolutionäres Rechtsdenken. Köln, 7–36.
Behrends, Okko (1998): »Jherings Evolutionstheorie des Rechts zwischen Historischer Rechtsschule und Moderne«. In: ders. (Hg.): Rudolf von Jhering: Ist die Jurisprudenz eine Wissenschaft? Göttingen, 93–202.
Blackmore, Susan (1999): The Meme Machine. Oxford u. a.
Boudon, Raymond (1992): »Action«. In: ders. (Hg.): Traité de sociologie. Paris, 21–55.

Depew, David J./Weber, Bruce H. (1995): Darwinism Evolving. Cambridge (Mass.)/London.
Elliott, Donald E. (1985): »The Evolutionary Tradition in Jurisprudence«. In: Columbia Law Review Vol. 85: 38–94.
Fögen, Marie Theres (2002): »Rechtsgeschichte – Geschichte der Evolution eines sozialen Systems«. In: Rechtsgeschichte Vol. 1: 14–20.
Goodman, John C. (1978): »An Economic Theory of the Evolution of Common Law«. In: Journal of Legal Studies Vol. 7: 393–406.
Gruter, Margaret (1993): Rechtsverhalten. Köln.
Ho, Mae-Wan (1988): »On not Holding Nature Still: Evolution by Process, not by Consequence«. In: Ho Mae-Wan/Fox Sidney W. (Hg.): Evolutionary Processes and Metaphors, Chichester u. a., 117–144.
Hof, Hagen (1996): Rechtsethologie. Heidelberg.
Holmes, Oliver W. (1881): The Common Law. Boston.
Holmes, Oliver W. (1899): »Law in Science and Science in Law«. In: Harvard Law Review Vol. 12: 443–463.
Hovenkamp, Herbert (1985): »Evolutionary Models in Jurisprudence«. In: Texas Law Review Vol. 64: 645–685.
Jhering, Rudolf v. (1925[21]): Der Kampf um's Recht. Wien.
Jhering, Rudolf v. (1965): »Über Aufgabe und Methode der Rechtsgeschichtsschreibung« [1894]. In: Christian Rusche (Hg.): Rudolf von Jhering: Der Kampf ums Recht. Nürnberg, l, 401–444.
Kauffman, Stuart A. (1993): The Origins of Order. New York/Oxford.
Kitcher, Philip (1987): Vaulting Ambition. Cambridge/London.
Kohler, Josef (1904[6]): »Rechtsphilosophie und Universalrechtsgeschichte«. In: Franz v. Holtzendorff/Josef Kohler (Hg.): Enzyklopädie der Rechtswissenschaft. Bd. I. Leipzig/Berlin, 1–69.
Lampe, Ernst-Joachim (1987): Genetische Rechtstheorie. Freiburg i.Br./München.
Landes, William M./Posner, Richard A. (1979): »Adjudication as a Private Good«. In: Journal of Legal Studies Vol. 8: 235–284.
Luhmann, Niklas (1987[3]): Rechtssoziologie [1972]. Opladen.
Luhmann, Niklas (1993): Das Recht der Gesellschaft. Frankfurt a. M.
Luhmann, Niklas (2000): Die Politik der Gesellschaft. Frankfurt a. M.
Maine, Henry J. S. (1965): Ancient Law [1861]. New York/London.
McNeill, William H. (2002): »History and the Scientific Worldview«. In: Philip Pomper/David G. Shaw (Hg.): The Return of Science. Lanham u. a., 13–26.
Meleghy Tamás (2003): Methodologische Grundlagen einer evolutionären Soziologie. in: Tamás Meleghy/Heinz J. Niedenzu (Hg.): Soziale Evolution. Wiesbaden, 114–146.
Morin, Edgar (1990): Introduction à la pensée complexe. Paris.
Oeser, Erhard (1990): Evolution und Selbstkonstruktion des Rechts. Wien/Köln.
Priest, George L. (1977): »The Common Law Process and the Selection of Efficient Rules«. In: Journal of Legal Studies Vol. 6: 65–82.

Roe, Mark J. (1996): »Chaos and Evolution in Law and Economics«. In: Harvard Law Review Vol. 109: 641–668.
Rubin, Paul H. (1977): »Why is the Common Law Efficient?«. In: Journal of Legal Studies Vol. 6: 51–63.
Rubin, Paul H. (2007): »Introduction«. In: ders. (Hg.): The Evolution of Efficient Common Law. Cheltenham/Northampton, ix-xiii.
Sahlins, Marshall (1976): The Use and Abuse of Biology. London.
Schluchter, Wolfgang (1998): Die Entstehung des modernen Rationalismus. Frankfurt a. M.
Schubarth, Martin (1999): »Humanbiologie und Strafrecht«. In: Samson Erich et al. (Hg.): Festschrift für Gerald Grünwald zum siebzigsten Geburtstag. Baden-Baden, 641–656.
Schwartz, Jeffrey H. (1999): Sudden Origins. New York u. a.
Spencer, Herbert (1872): Social Statics. New York.
Stein, Peter (1980): Legal Evolution. Cambridge u. a.
Steinhauer, Fabian (2007): Gerechtigkeit als Zufall. Wien/New York.
Sumner, William G. (1972): What Social Classes Owe to Each Other [1883]. New York.
Tort, Patrick (1992a): »Ouverture: La seconde révolution darwinienne«. In: ders. (Hg.): Darwinisme et société. Paris, 1–7.
Tort, Patrick (1992b): »L'effet réversif de l'évolution«. In: ders. [Hg.]: Darwinisme et société. Paris, 13–46.
Tort, Patrick (1996): »Évolution (Système de l')«. In: ders. (Hg.): Dictionnaire du darwinisme et de l'évolution. Tome I. Paris, 1422–1468.
Tort, Patrick (1997): »Darwin et la laïcisation du discours sur l'homme«. In: ders. (Hg.): Pour Darwin. Paris, 11–44.
Vesting, Thomas (2007): Rechtstheorie. München.
Watson, Alan (2001): The Evolution of Western Private Law. Baltimore/London.
Wieacker, Franz (1973): »Jhering und der ›Darwinismus‹«. In: Paulus Gotthard et al. (Hg.): Festschrift für Karl Larenz zum 70. Geburtstag. München, 63–92.
Wigmore, John Henry (1917): »Problems of the Law's Evolution«. In: Virgina Law Review Vol. IV: 247–266.
Zaluski, Wojciech (2009): Evolutionary Theory and Legal Philosophy. Cheltenham/Northampton.
Zemen, Herbert (1983): Evolution des Rechts. Wien/New York.

Marc Amstutz

14. Soziologie und Sozialwissenschaften

Das Verhältnis von Evolutionstheorie und Sozialwissenschaften ist durch zwei gegenläufige Tendenzen bestimmt: (1) die Übernahme von Begriffen und Theorien der Biologie durch die Sozialwissenschaften, d. h. die Umgestaltung biologischer und evolutionstheoretischer Kategorien zu Kategorien der soziologischen Theorie und der Gesellschaftstheorie, und (2) die »Biologisierung« der Sozialwissenschaften, wie sie vornehmlich von Vertretern der Biologie verfolgt wird, d. h. die Deutung sozialer und kultureller Wirklichkeit mittels Begriffen und Theorien der Genetik und der Evolutionsbiologie. Für die erste Tendenz steht der Sozialdarwinismus, für die zweite die Soziobiologie, einschließlich der ihr verwandten Positionen. Der Sozialdarwinismus fällt in die Zeit von 1850 bis zum Beginn des 20. Jahrhunderts, die Soziobiologie nimmt ihren Anfang Mitte der 1970er Jahre und reicht bis in die Gegenwart.

Sozialdarwinismus

Das erste Auftreten evolutionstheoretischer Konzepte in der Soziologie erfolgte in der Form des Sozialdarwinismus. Allerdings gibt die Bezeichnung »Sozialdarwinismus« Anlass zu Missverständnissen. Denn der Sozialdarwinismus stellt mitnichten »die Anwendung der darwinschen Theorie von der Evolution und natürlichen Auslese auf die menschliche Gesellschaft« dar (Loeb Clark 1968, IV, zit. n. Francis 1981, 209); ja, es handelt sich beim Sozialdarwinismus nicht einmal um eine Ableitung aus der biologischen Evolutionstheorie. »Sozialdarwinismus« ist vielmehr allgemein der Titel für Vorstellungen zur Begreifbarmachung der Ausbildung und Entwicklung sozialer Verhältnisse, zuhöchst der menschlichen Gesellschaft, welche in der sozialphilosophischen und sozialwissenschaftlichen Diskussion der zweiten Hälfte des 19. Jahrhunderts zentrale Bedeutung erlangten und als deren Repräsentant Darwin aus heutiger Sicht erscheint. Obgleich das Werk von Darwin nicht die primäre Wurzel sozialdarwinistischer Theorie ist, so beförderte es als Katalysator eines neuen Denkens doch maßgeblich deren Verbreitung und Durchsetzung (Vogt 1997, 149–153). Tatsächlich gibt es einen ›Sozialdarwinismus vor und unabhängig von Darwin‹ – einen Sozialdarwinismus, wie er insbesondere mit dem Namen Herbert

Spencer verbunden ist; weiter muss in diesem Zusammenhang auch Alfred Russel Wallace genannt werden. Die folgende Darstellung ist auf die wissenschaftliche Seite des Sozialdarwinismus beschränkt.

Herbert Spencer

Von Spencer stammen die ›darwinistischen Leitbegriffe‹ »struggle for existence« und »survival of the fittest«; sie wurden von ihm 1852 erstmals verwendet, sieben Jahre vor der Veröffentlichung von Darwins Hauptwerk *On the Origin of Species*. Darwin hat die beiden Begriffe von Spencer übernommen; und ebenso war Spencer bereits zu dieser Zeit der großen Entdeckung Darwins, dem Daseinskampf als Faktor der organischen Evolution, zumindest auf die Spur gekommen (Darwin 1888 III, 45; 47; 55 f.; 120; 165 f.; 193 f.; Darwin 1903 V, 270 f.; Spencer 1868; Spencer 1904 I, 387–391; Spencer 1904 II, 50; Francis 1981, 212 f.; Vogt 1997, 76–78). Das Besondere ist, dass Spencer die Begriffe »struggle for existence« und »survival of the fittest« von Anfang an mit Bezug auf die Entwicklung und Fortbildung der menschlichen Gesellschaft formuliert hat, so etwa in seinem Aufsatz »A Theory of Population, Deduced from the General Law of Animal Fertility« von 1852; was bezeichnenderweise fehlte, war die Übertragung dieser beiden Begriffe auf die gesamte Natur. Spencers Darstellung des Zusammenhangs zwischen dem Daseinskampf um Nahrungsmittel und der Stimulation des menschlichen Fortschritts trägt zudem klar utilitaristische Züge. Der Kampf der Individuen um die knappen Existenzmittel führt zur Auszeichnung von Intelligenz, Selbstkontrolle und Anpassungsfähigkeit, wie sie sich in Form von technologischen Innovationen hervorbilden; dadurch wird der menschliche Fortschritt stimuliert, verbunden mit der Auswahl der Besten zum Überleben (Spencer 1852, 498). Ähnliche Gedanken vertritt Spencer auch bereits in seinem ersten Hauptwerk *Social Statics* von 1850. Vor allem aber verdankt die Theorie Darwins – und mit ihr der Darwinismus – Spencer nichts Geringeres als den Begriff der »Evolution« selbst (Darlington 1959, 28). Bei Darwin gibt es statt eines übergreifenden Begriffs von »Evolution« lediglich eine zentrale Denkfigur: das Prinzip der (natürlichen) Selektion (Mayr 1982, 47). Spencer dagegen verfügt nicht nur explizit über einen Evolutionsbegriff; dieser besitzt zudem eine klare Fassung. Evolution erscheint als ein Geschehen, kraft dessen höherstufige Dinge und insbesondere Lebensformen »erzeugt«, d. h. aus dem, was ihnen vorangeht, hervorgebildet werden. Im Bezug auf die Entwicklung sozialer Strukturen und zuhöchst der Gesellschaft spricht Spencer folgerichtig von »social growth« (Spencer 2003, 463). Dieser Evolutionsbegriff Spencers geht wesentlich zurück auf den Evolutionsbegriff der Romantik und hat mittels seiner Übertragung auf den Darwinismus dessen Wirkungsgeschichte maßgeblich bestimmt.

Dass Spencer den von ihm vertretenen Sozialdarwinismus unabhängig von Darwin begründet hat, ist indes am klarsten an seiner Entwicklungstheorie selbst absehbar; denn diese ist ursprünglich gar nicht biologischer, sondern physikalischer Art. Sie geht zurück auf den ersten Hauptsatz der Thermodynamik. »Organic evolution being a part of Evolution at large [has] to be explained in physical terms [...]«: »as resulting from the redistribution of matter and motion everywhere and always going on«. Und weiter: »survival of the fittest [has to be] considered as an outcome of physical actions« (Spencer 1904, 100). Diese universale Formel von Entwicklung besitzt allerdings einen so hohen Abstraktionsgrad, dass von ihr aus kein Weg ›hinunter‹ zu den besonderen Gesetzen führt, wie sie etwa für die Entwicklungsprozesse im Bereich der Gesellschaft gelten sollen. Wenn Spencer daher solche besonderen Gesetze formuliert, dann stehen diese weitgehend für sich und verfügen dementsprechend über eine eigene Begründung.

Beispielhaft hierfür ist der bedeutendste Beitrag Spencers zur Soziologie: die Vorstellung, wonach Gesellschaft begriffen werden muss in Analogie zum Organismus, als organisiert nach dem Prinzip eines biologischen Funktionszusammenhangs. In Abgrenzung vom Begriff gesellschaftlicher Entwicklung, bei dem der Daseinskampf im Zentrum steht, erscheint es hier jedoch angebracht, statt von Sozialdarwinismus im engeren Sinne von Soziologischem Darwinismus zu sprechen. Richtig verstanden erweisen sich gemäß Spencer »social structures« als »naturally developed« (Spencer 2003, 591); sie sind – wie die Zivilisation überhaupt – das Ergebnis der sukzessiven Hervorbildung des Lebens und, präziser noch, sie repräsentieren denjenigen Stand der Entwicklung, in dem das Gesetz, welches das Lebens erfüllt, seinen höchstmöglichen Stand an Generalisierung (»generalization«) erreicht hat. Was sich mit naturgesetzlicher Notwendigkeit einstellt und im Funktionszusammenhang Gesellschaft eine bis anhin unbekannte Auftretensform gewinnt, ist die »Arbeitsteilung«. Soziales Wachstum heißt für Spencer wesentlich »Ausdifferenzierung«, Herauslösung einzelner Teile aus einem anfänglichen Ganzen, bei gleichzeitiger Koordination der einzelnen Teile im Rahmen der weiterbestehenden Gesamtstruktur. Die Quelle dieser Auffassung von Wachstum ist der Organismus-Begriff des idealistischen Philosophen Friedrich Wilhelm Joseph Schelling, von dem aus – über die Arbeiten des Romantikers Samuel Taylor Coleridge und des Embryologen Karl Ernst von Baer – verschiedene Entwicklungslinien zu Spencer führen. Und mit dem Begriff der »physiological division of labour«, wie er ihn von dem Biologen Henri Milne Edwards übernimmt, verleiht Spencer der Vorstellung einer funktional differenzierten Gesellschaft endgültig eine soziologische Gestalt (Wagner 2007, 158–164). Dass die ausdifferenzierten Teile nach funktionalen Gesichtspunkten ineinandergefügt werden, nach ihrem je besonderen Beitrag an die Bestandserhaltung von »social structures«, verbürgt nichts Geringeres als die Integration der Teile in ein Ganzes, ohne in die holistische Vorstellung der Vorrangigkeit des Ganzen vor seinen Teilen zurückzufallen. Dadurch wird die Diskretheit der ausdifferenzierten Teile zwar überwunden, aber als solche nicht aufgehoben. Dieser Begriff funktional differenzierter Sozialstrukturen erlaubt die Bestimmung selbst komplexester Gesellschaftsformationen, was auch ihre umfassende Wirkung, ja ihren Siegeszug innerhalb der soziologischen Theorie erklärt – sowohl Emile Durkheims Theorem der »organischen Solidarität« als auch die strukturell-funktionale Theorie von Talcott Parsons haben bei Spencer ihre Wurzeln. Für Spencer selbst steht am (vorläufigen) Ende der gesellschaftlichen Entwicklung die Hervorbildung der beiden hauptsächlichen sozialen Typen respektive Typen von Gesellschaft: »the militant and the industrial« (Spencer 2003, 556). Im Falle des militärischen Typus ist das Zusammenwirken der einzelnen Teile ein erzwungenes, eingerichtet nach dem Willen eines Herrschers und gestaltet nach dem Vorbild einer auf absolutem Gehorsam begründeten militärischen Rangordnung (Spencer 2003, 558). Beim industriellen Typus beruht das Zustandekommen der Ordnung dagegen auf Freiwilligkeit, sprich: auf der Selbstverpflichtung der Individuen, »characterized throughout [in all ihren Auftretensformen, PUMB] by that same individual freedom which every commercial transaction implies« (Spencer, 2003, 569). Damit hat es allerdings wiederum sein Besonderes. Denn als Produkt des sozialen Wachstums repräsentiert der industrielle Typus die Vorstellung, ja die Idee einer Gesellschaft, in der die Individuen sich erklärtermaßen *aus freiem Willen* einer normativen Ordnung einfügen, jedoch nicht, indem sie dadurch die Naturgesetzlichkeit der Evolution überwinden, sondern indem sie diese fortführen. Von Utilitarismus kann hier keine Rede mehr sein.

Organizismus und Rassentheorie

Unmittelbar in der Nachfolge Spencers stehen die Organizisten – eine Richtung der Soziologie, die gegen Ende des 19. Jahrhunderts über eine zahlreiche Anhängerschaft verfügte, sich gleichzeitig jedoch starker Kritik ausgesetzt sah (Jonas 1980, 259; Stein 1898; Kistiakowski 1899, II. Kap.). Im Zentrum der organizistischen Theorie steht die Analogie von Organismus und menschlicher Gesellschaft, welche bei den Vertretern des Organizismus allerdings in z. T. sehr verschiedenen Fassungen erscheint. Zudem ist bei den meisten Organizisten die Betrachtung keineswegs auf die menschliche Gesellschaft bzw. den sozialen Körper beschränkt; die Phänomene der Sozialwelt, ja die Sozialwelt selbst, sind vielmehr darüber hinaus – oder sogar primär – Gegenstand einer umfassenden Sozial- oder Naturphilosophie. Beispielhaft hierfür sind die Werke von Albert Schäffle und Paul von Lilienfeld.

Für Schäffle ist der »sociale Körper [...] die höchste Vollendung [des] Evolutionsprozesses«, präziser, der »bewegenden Kräfte«, welche den Evolutionsprozess auf allen Stufen bestimmen; es gibt kein soziales Phänomen – gleich welcher Art, gleich welcher Größenordnung –, in dem die Evolution sich nicht konkret, von ihrer empirischen »Seite« zeigte (Schäffle 1875, 19; 25; V–VIII). Dabei löst sich der soziale Körper auch nicht von seinen Vorstufen ab. Nur in und mit der anorganischen und der organischen Welt, mit denen zusammen er ein »Ganzes« bildet, vermag er überhaupt zu bestehen und sich zu reproduzieren; vom »Leibesleben« der Gesellschaftsmitglieder bis hin zu den geografischen und klimatischen Bedingungen – alles gerät zu Objektivationen des sozialen Lebens. Was den sozialen Körper in seiner Besonderheit auszeichnet, sind einzig »die *Universalität* und *hochgradige Vergeistigung* seiner Stoffe und seiner Bewegungen« (Schäffle 1875, 26). Durch sie gewinnt er erst ein Bild von sich selbst, von sich als Ergebnis und noch immer Teil des Evolutionsprozesses, und doch mit seinen Vorstufen nurmehr durch Analogieverhältnisse vermittelt. Eine gewisse Nähe zum Hegelianismus ist bei Schäffle denn auch unverkennbar.

Gemäß Paul von Lilienfeld ist die »Analogie zwischen der menschlichen Gesellschaft und der Natur« keineswegs »nur [eine] allegorische Parallele« (Lilienfeld 1873, 25). Vielmehr sind die menschlichen

Gesellschaften »*wirkliche, lebendige Organismen, gleich allen übrigen Organismen in der Natur*«. Menschliche Gesellschaften sind »*nur ein höherer Ausdruck derselben Kräfte, die allen Naturerscheinungen zu Grunde liegen*« (Lilienfeld 1873, 26, V). Darwin hat mit seiner Deszendenztheorie »unwiderlegbar dargethan«, dass die »organische Welt« die Fortsetzung der »unorganischen« darstellt. Und der Sozialwissenschaft ist es aufgegeben, Darwins Werk weiterzuführen. Sie soll zeigen, wie der Mensch, der »über einen vernünftig-freien Willen« verfügt, in all seinen materiellen und geistigen Bedürfnissen »zum gesellschaftlichen Organismus in derselben Beziehung steht wie jede einzelne organische Zelle im pflanzlichen und thierischen Organismus« (Lilienfeld 1873, 25).

Bei den Organizisten wird deutlich, was sich bei Spencer bereits abzeichnet: »Evolution« meint nicht mehr in erster Linie einen realen Entwicklungsprozess nach Darwinschem Vorbild, welcher bestimmt ist durch das Prinzip der natürlichen Selektion. »Evolution« trägt nunmehr primär emanatistische Züge; »Evolution« steht für die Hervorbildung höherstufiger, sozialer Lebensformen aus der Gesamtheit der ihnen vorangehenden organischen und anorganischen Bereiche der Wirklichkeit. Was den realen Entwicklungsprozess vorantreibt, den Anstoß gibt zu Anpassungs- und Überlebensleistungen der Organismen, ist allein der in und mit der Umwelt bestehende Selektionsdruck. Die Evolution im emanatistischen Sinne gehorcht dagegen einem eigenen, inneren Gesetz. Dies ist keineswegs allein als Rückverlagerung sozialer Gesetzmäßigkeiten in biologische zu verstehen, vielmehr erscheinen soziale und organische Lebensformen gleichzeitig als Teile oder, präziser, je besondere Ausprägungen derselben übergreifenden Wirklichkeit. Als Folge davon nimmt die Evolutionstheorie einen enzyklopädischen Charakter an: nichts an der menschlichen Gesellschaft, das ihr nicht eingeordnet werden könnte.

Einen Sozialdarwinismus im engeren Sinne vertritt dagegen wiederum Ludwig Gumplowicz. Die Analogie von Organismus und menschlicher Gesellschaft entfällt und auch von einer Übertragung biologischer Gesetze auf die soziale Wirklichkeit kann keine Rede mehr sein. Zwar gibt es auch Gumplowicz zufolge »*ein* Gesetz, das da webt und waltet in Natur, Menschenleben und Geschichte«, und dem allein es »nachzuforschen« gilt (Gumplowicz 1909, 348) – insofern ist Gumplowicz ebenso ein Monist wie Spencer –, doch findet dieses Gesetz entsprechend den Bestehensbedingungen der Wirklichkeit, in der es zur Wirkung gelangt, jeweils seine eigene und unverwechselbare Ausprägung. Noch immer aber ist auch für Gumplowicz der gesellschaftliche Entwicklungsprozess ein Prozess des Werdens, der Hervorbildung von Gesellschaft, Staat, Ständen, Parteien, ja der Sozialformen insgesamt aus ursprünglichen sozialen Elementen. Soziale Gebilde »verdanken« ihr »Dasein [...] dem Zusammenfluß heterogener Volksstämme und Rassen« (Gumplowicz 1909, 373). Die Rasse, verstanden als »gemeinsame Abstammung«, ist die »historische Individualität«, das »einheitliche Subjekt« der »Entwicklung menschlicher Gemeinschaften«. Sie ist es, die die »Zeitalter der Menschheit« hervorbringt und »durchmacht«. Die Entstehung der einzelnen Entwicklungszustände ist das Resultat des »Kampfes der Rassen«, eines Daseinskampfes im Sinne Darwins, ausgetragen teils mit kriegerischen Mitteln, teils durch die Verfolgung ökonomischer Interessen (Gumplowicz 1909, 382–384). Keine Rolle spielt dabei das Indivduum: »Was im Menschen denkt, das ist gar nicht er – sondern seine soziale Gemeinschaft« (Gumplowicz 1905, 268).

In der Nachfolge von Gumplowicz, aber auch von Spencer steht Gustav Ratzenhofer. Zu Unrecht bloß in einem Zug mit Gumplowicz genannt, sucht er nichts Geringeres als ein System der Soziologie zu entwickeln, mit dem die »monistische Weltauffassung« insgesamt zum Abschluss gebracht wird. Physikalische und biologische Gesetze sollen dabei ebenso auf die soziale Welt anwendbar sein, wie »es eine soziologische Gesetzmäßigkeit für sich gibt« (Ratzenhofer 1904, 90). Die »Urkraft«, welche »in der kosmischen, physikalischen und chemischen Welt waltet« und die »Herstellung des Gleichgewichtes der widerstreitenden Kräfte« bewirkt, findet in der organischen und der sozialen Welt ihren Ausdruck im »Daseinskampf«. Dieser »regelt« insbesondere den »Gegensatz zwischen Individual- und Socialinteresse«, wie er in unzähligen Konkretionen auftritt, so etwa im Widerstreit von Individualismus und Sozialismus (Ratzenhofer 1898, 121; Ratzenhofer 1904, 91). Der Daseinskampf kann in einen »Vernichtungskampf« ausmünden, doch tritt in der Entwicklung der Menschen – wiederum als »natürliche Consequenz« – auch ihre »wachsende Intelligenz hervor«, und zwar in der »*wachsenden Macht socialer Beziehungen*« und mithin in der Einsicht, »an die Stelle der gegenseitigen Vernichtung die gegenseitige Unterstützung« zu setzen. Im Begriff der Sozialgebilde als Ausdruck des Gemeinwohls, der Sittlichkeit und zuhöchst der Integration von Ideen zeigt sich die »artbildende Urkraft« in ihrer »höchsten Leistung«

(Ratzenhofer 1898, 122; 123; Ratzenhofer 1904, 93). Die »Rasse« als Inbegriff der Einheitlichkeit ererbter Anlagen ist für Ratzenhofer längst nicht mehr so bedeutsam wie für Gumplowicz; vor allem ist die Rasse für Ratzenhofer »nicht bloß ein Werk biologischer Entwicklung«. Es gilt vielmehr, das Rassenproblem, insbesondere den Rassengegensatz in seiner »sozialen Bedeutung« zu erkennen (Ratzenhofer 1904, 92 f.). Damit wird die Tür aufgestoßen zum Verständnis der Rasse als einem sozialen Konstrukt.

Es ist ein eigenartiger Widerspruch, der Ratzenhofers Werk durchzieht und der exemplarisch ist für das Denken der Sozialdarwinisten insgesamt: Soziale Gebilde erscheinen einerseits als Emanationen der die Evolution auf allen Stufen bestimmenden »bewegenden Kräfte«, der letzten Naturkraft, der »Urkraft«, des »*einen* Gesetzes«, und andererseits als eigenständige Phänomene, zu deren Erfassung es genuin soziologische Begrifflichkeiten auszuarbeiten gilt. Diesen Widerspruch hat Ferdinand Tönnies, einer der Gründerväter der modernen Soziologie, im Blick, wenn er Ratzenhofer vorwirft, das »spezifisch menschliche Wesen« der Sozialgebilde zu verkennen und mithin auch ihre »logische Analyse« vermissen zu lassen.

Sozialdarwinismus in den USA

Die amerikanische Soziologie zeigt sich vom sozialdarwinistischen Gedankengut in vielfältiger Weise beeinflusst (Hofstadter 1945). Welches Ausmaß dieser Einfluss zum Teil annimmt, ist am Untertitel der *General Sociology* von Albion W. Small abzusehen: *An Exposition of the Main Development in Sociologcal Theory from Spencer to Ratzenhofer* (Small 1905). Von besonderem Interesse – vor allem unter systematischen Gesichtspunkten – sind indes die Werke von William Graham Sumner und Lester Frank Ward.

Der bedeutendste und einflussreichste Schüler Spencers in den USA ist Sumner. Vor allem der im Denken Spencers ebenfalls enthaltene Utilitarismus – neben der Analogie von Organismus und Gesellschaft – wird von Sumner aufgenommen und mit geradezu beispielloser Konsequenz weitergeführt. Dadurch steht Sumner der Darwinschen Selektionstheorie wiederum viel näher als die Organizisten und die Rassentheoretiker. Das Fundament der menschlichen Gesellschaft ist gemäß Sumner das Verhältnis des Menschen zu Grund und Boden, die »Man-Land-Ratio« (Sumner 1927, I, I. Kap.). Aus diesem Verhältnis vermag derjenige den meisten Nutzen zu ziehen, der aufgrund der ihm zur Verfügung stehenden Mittel bei der Unterwerfung der Natur eine Vorrangstellung besitzt: der Kapitalbesitzer. Mehr Kapital zu besitzen als andere, bedeutet Sumner zufolge allerdings nur, gegenüber diesen über Vorteile zu verfügen, nicht das Bestehen einer Gegnerschaft (Sumner 1883, 76). Diese – fraglos ungewöhnliche – Unterscheidung ist für Sumner von entscheidender Bedeutung. Zwar gilt auch für ihn: Wie die natürliche Selektion zum Überleben derjenigen Organismen führt, die sich am besten anzupassen vermögen, so gehen aus der sozialen Selektion die Tüchtigsten hervor, diejenigen mit den meisten ökonomischen Tugenden. Doch niemals wird bei dieser Selektion jemand aus-selektioniert. Konkurrenz ist für Sumner kein Regulativ des ökonomischen Handelns, sondern ein Prinzip der Entwicklung der menschlichen Gesellschaft als ganzer. Statt von »Starken« und »Schwachen« muss – richtig verstanden – von »Arbeitsamen« und »Müßiggängern«, »Sparsamen« und »Verschwendern« gesprochen werden, also von Akteuren, die im Entwicklungsprozess der Gesellschaft eine je besondere Rolle spielen; die Wahl der Rolle obliegt den Akteuren, ein Wechsel ist ohne Weiteres möglich, womit auch zu Missgunst der Armen gegenüber den Reichen kein Anlass mehr besteht. Viele Ökonomen – so Sumner – meinen noch immer, »Elend« und »Not« müssten aus der gesellschaftlichen Wirklichkeit verschwinden, verkennen auf diese Weise aber die Natur der gesellschaftlichen Entwicklung. Nur auf eines kommt es an: »that if we do not like the survival of the fittest, we have only one possible alternative, and that is the survival of the unfittest. The former is the law of civilization; the latter is the law of anti-civilization« (Sumner 1934, 56). Millionäre sind das Ergebnis natürlicher Selektion, und dass es sie gibt und es auch möglich ist, Millionär zu werden, ist der beste Ansporn zur Konkurrenz und mithin zum gesellschaftlichen Fortschritt. Wie für Darwin überwiegt auch für Sumner unter den Bewegungskräften der Evolution die Ungleichheit, in seinem Fall: die Ungleichheit der Menschen. Den Menschen gleiche Rechte einzuräumen, erscheint daher unsinnig. »There can be no rights against Nature, except to get out of her whatever we can, which is only the fact of the struggle for existence stated over again« (Sumner 1883, 135). Es ist die soziale Evolution selbst, die die gesellschaftlichen Ordnungsverhältnisse hervorbringt; Protektionismus und Sozialismus können dabei nur »schaden«.

Das Verhältnis, in welchem Lester Frank Ward zum Sozialdarwinismus steht, ist dagegen von Widersprüchen geprägt oder weist doch zumindest gravierende Inkonsistenzen auf. Zum einen ist die Soziologie für Ward – wie für Spencer – integraler Teil eines umfassenden Wissenschaftssystems: der »universal science or true cosmology« (Ward 1883, I, 6). Zum anderen bringt Ward am Begriff der sozialen Evolution und mithin der Evolution insgesamt Veränderungen an, die einer solchen Einordnung entgegenstehen. Dazu gehört primär die Unterscheidung zwischen der Evolution in der organischen und anorganischen Welt auf der einen und der Evolution im Bereich des psychischen und allgemein des menschlichen Lebens auf der anderen Seite: Erstere verläuft planlos, zweitere dagegen zielgerichtet, als Resultat absichtsgeleiteten Handelns. Damit eröffnet sich für die Menschen die Möglichkeit, auch und gerade der sozialen Evolution nicht ausgeliefert sein zu müssen wie dem Wirken der Naturkräfte, sondern das Geschehen vielmehr kontrollieren und sogar selbst steuern zu können. Und nur durch Letzteres besteht Aussicht auf gesellschaftlichen Fortschritt. Auf diese Weise erteilt Ward dem sozialdarwinistischen Laissez-faire à la Sumner eine klare Absage. Zu denken wie Sumner, erscheint ihm auch nicht mehr zeitgemäß. So war der Verweis auf die Naturgesetzlichkeit gesellschaftlicher Entwicklung unzweifelhaft ein hervorragendes Argument, als es noch um die Befreiung der Menschen von autokratischer Herrschaft ging. Doch nunmehr, »in an age of representative government«, gilt es dem Volkswillen Gestalt zu verleihen: durch Staatsintervention und Sozialplanung als den hierzu bestmöglichen Mitteln. Dies erscheint letztlich sogar unter sozialdarwinistischen Gesichtspunkten betrachtet konsequent: Denn wie es für die Befriedigung bestimmter menschlicher Grundbedürfnisse ausdrücklich einer künstlichen Kontrolle der Naturkräfte bedarf, so muss es Sache einer angewandten Soziologie sein, das Wirken der sozialen Gesetze, die ja den physikalischen Gesetzen analog sein sollen, ebenfalls zu kontrollieren und in künstliche Bahnen zu lenken (Ward 1913–1918, 352). Gerade die ökonomische Rationalität hat hier ihren Grund. Es ist ihr erklärtes Ziel, durch die Schaffung sozialer Regulative den Tüchtigen vor dem blinden Wirken der Naturkräfte in Gestalt ungehinderter Konkurrenz, mithin den Folgen des Laissez-faire, zu schützen. Worum es geht, ist die möglichst effektive Kultivierung des Umgangs mit den natürlichen Ressourcen und ebenso der hierfür geschaffenen Sozialformen. Nur so kann auch erreicht werden, was Ward – in Ergänzung zu Darwin – gleichfalls als möglich erachtet: die Weitergabe von Kompetenzen in der Gewinnung und Verwaltung von Wissen. Tatsächlich aber ist der Soziologie nichts weniger aufgegeben, als den entscheidenden Schritt zu tun, der über den Sozialdarwinismus hinausführt: »The fundamental principle of biology is natural selection, that of sociology is artificial selection. The survival of the fittest is simply the survival of the strong, which implies and would better be called the destruction of the weak. If nature progresses through the destruction of the weak, man progresses through the protection of the weak« (Ward 1893, 135). Ein derartiges Gestaltungsprinzip des sozialen Lebens ist im Wirken der Naturkräfte nicht vorgesehen.

Exemplarisch wird bei Ward deutlich, wo das sozialdarwinistische Denken an seine Grenzen stößt: dort, wo die Sozialwelt und die Kultur eine eigene Wirklichkeit darstellen, begründet in der Gestaltungskraft des menschlichen Geistes – eine Wirklichkeit, die nicht mehr als Ausdruck der Naturkräfte bestimmt zu werden vermag. Damit ist gleichzeitig ein Problem benannt, das auch für die Soziobiologie von zentraler Bedeutung ist.

Das neu erwachte Interesse an der Evolutionstheorie

Nachdem es in den Sozialwissenschaften um die Evolutionstheorie längere Zeit still gewesen war, wurde Mitte der 1970er Jahre durch die Soziobiologie die Frage der biologischen Determination der sozialen und kulturellen Wirklichkeit neu gestellt. Mit der Soziobiologie, die eine große Rezeption erfuhr, fand neodarwinistisches Gedankengut in verschiedenen Disziplinen, unter ihnen die Sozialwissenschaften, erneut oder erstmals Eingang und wurde dort auch intensiv diskutiert (Barlow/Silverberg 1980). Gleichzeitig erfuhr das Thema soziale Evolution wiederum eine Spezifizierung und war nicht länger bloß ein Name für sozialen Wandel sowie soziale Entwicklungen und Veränderungsprozesse im Allgemeinen (Sanderson 1990). Bei den Sozialwissenschaften reichten die Reaktionen von strikter Ablehnung über die Begründung einer neuen Theorie sozialer Evolution bis hin zur Forderung einer radikalen Erneuerung der gesamten Fachrichtung im Geiste Darwins (Meleghy/Niedenzu 2003; Lopreato/Crippen 1999).

Soziobiologie

Soziobiologie ist nach der Absicht ihres Begründers Edward O. Wilson keine Einzelwissenschaft, sondern ein ganzes Wissenschaftssystem, eine »New Synthesis«, gebildet durch eine disziplinübergreifende neodarwinistische Evolutionstheorie. »Sociobiology« – so hält Wilson in seiner gleichnamigen Monografie aus dem Jahr 1975 fest – »is defined as the systematic study of the biological basis of all social behavior« (Wilson 1975, 4). Gefragt sind die Mechanismen, welche bestimmend sind für die Hervorbildung des Sozialverhaltens auf allen Stufen der Evolution, womit – in Abweichung vom Darwinschen Vorbild – organismusinterne Prozesse im Evolutionsgeschehen gleichzeitig eine gewisse Eigenständigkeit erhalten. Dabei ist die Soziobiologie noch keineswegs fertig ausgearbeitet. Galt das Interesse bisher den Tiergesellschaften sowie dem Sozialverhalten des Frühmenschen und den menschlichen Primitivgesellschaften, sollen nach Ansicht von Wilson nunmehr auch die menschlichen Gesellschaften insgesamt zum Gegenstand werden: »human societies at all levels of complexity«. Eine der Funktionen der Soziobiologie sei es, die Grundlagen der Sozialwissenschaften in einer Weise zu reformulieren, dass daraufhin auch die gesamten Sozialwissenschaften und ebenso die Geisteswissenschaften der »New Synthesis« nahezu umstandslos eingegliedert werden können. Eine gewisse Skepsis schwingt bei Wilson immerhin mit: »Whether the social sciences can be truly biologicized in this fashion remains to be seen« (Wilson 1975, 4).

Evolution vollzieht sich auch für Wilson durch natürliche Selektion. Aber was wird selektioniert? »In a Darwinist sense« – so Wilson – lebt kein Organismus um seiner selbst Willen. Seine Funktion besteht auch nicht darin, andere Organismen zu reproduzieren. Was er reproduziert, sind vielmehr Gene, denen er über eine gewisse Zeit hinweg als Träger dient. »Natural selection is the process whereby certain genes gain representation in the following generations superior to that of other genes located at the same chromosome positions« (Wilson 1975, 3). Um in Selektionsprozessen erfolgreich zu sein, verfügen die Gene über bestimmte Techniken; mit ihrer Hilfe können – so der Anspruch – das individuelle Überleben ebenso wie die Förderung des Paarungsverhaltens, einschließlich der Sicherung der Nachkommenschaft, erklärt werden. Das Entscheidende aber kommt erst: Das zentrale theoretische Problem der Soziobiologie tritt hervor, wenn es um die Entwicklung von Organismen geht, die Sozialverhalten zeigen. Wie ist es möglich, dass auch der Altruismus, mit dem erklärtermaßen eine Einschränkung der persönlichen Tüchtigkeit einhergeht, ja mit dem der Egoismus teilweise aufgehoben wird, das Ergebnis natürlicher Selektion darstellt? Die soziobiologische Antwort lautet: Auch der Altruismus ist in Wahrheit Träger und Ausdrucksform besonderer Techniken der Gene, sich zu replizieren. Und selbst menschliche Gesellschaften verkörpern in ihrem Aufbau und in ihren Funktionen ein Programm, durch das sichergestellt werden soll, dass die zugrunde liegenden Gene sich bestmöglich vermehren. Was hierfür letztlich den Ausschlag gibt, ist »an efficient mixture of personal survival, reproduction, and altruism« (Wilson 1975, 4). Durch sie erhalten menschliche Gesellschaften und auch Kulturen ein Adaptionsvermögen, welches sie überhaupt erst konkurrenzfähig macht und sich an der Formbarkeit und Komplexität sozialer Organisationen ebenso erweist wie an der Gestaltung sozialer Rollen. »Culture […] can be interpreted as a hierarchical system of environmental tracking devices«; »cultural details are for the most part adaptive in an Darwinian sense« (Wilson 1975, 560). Wiederholt nimmt Wilson Bezug auf soziologische Theorieansätze, weicht aber kaum von seinem Weg der Biologisierung der Sozialwissenschaften ab. Soziale Phänomene sind gleichsam der Endpunkt in der Biografie der im Menschen sich replizierenden Gene, des »human biogram«. Und daher gilt: »It is the task of comparative sociobiology […] to identify the behaviors and rules by which individual human beings increase their Darwinian fitness through the manipulation of society« (Wilson 1975, 548).

Rund zwei Jahrzehnte später legt Wilson seine Monografie *Consilience. The Unity of Knowledge* vor (dt. *Die Einheit des Wissens*), in der er seine Ansichten teilweise revidiert (Wilson 1998). Sein Wissenschaftsprogramm bleibt allerdings unverändert. Zusammengefasst heißt das: Zwischen »wissenschaftlicher und literarischer Kultur« – für diese Unterscheidung bezieht sich Wilson auf C. P. Snows *Die zwei Kulturen* (1959) – gibt es ein »größtenteils unerforschtes Gebiet«. Bekannt sei immerhin, dass zum einen »das gesamte menschliche Verhalten kulturell vermittelt wird« und zum anderen »die Biologie einen wesentlichen Beitrag zur Entstehung und Verbreitung von Kultur leistet«. »So bleiben nur die Fragen, wie Biologie und Kultur interagieren«, und diese Fragen zu klären obliegt den Naturwissenschaften, zuvorderst der Soziobiologie (Wilson, 1998, 7. Kap.). Die Sozialwissenschaften – und mit ihnen auch die Geisteswissenschaften – sind dabei »ausgesprochen kompatibel mit den Naturwissenschaften«, wenn und insoweit »ihre Methoden und Kausalerklärungen in Einklang gebracht werden« (Wilson 1998,

252). Das heißt im Klartext: Erst wenn die Sozialwissenschaften sich als wahre Wissenschaften nach dem Vorbild der Naturwissenschaften erweisen, vermögen sie ein »Kausalnetz [zu knüpfen], von der Gesellschaft bis zum Verstand und Gehirn«, und eine »wirkliche Theorie« zu entwickeln. Die »Sozialtheorie [ist] keine wirkliche Theorie« (Wilson 1998, 253).

Das Forschungsinteresse richtet sich nunmehr auf die *»genetisch-kulturelle Koevolution«*. Die natürliche Auslese hat zur »genetischen Evolution« das »Parallelgleis der kulturellen Evolution hinzugefügt«, als eine »spezifische Erweiterung des allgemeinen Evolutionsprozesses« (Wilson 1998, 171). Prinzipiell gilt: »*Kultur wird vom kollektiven Verstand erschaffen. Jeder einzelne Verstand ist seinerseits das Produkt des genetisch strukturierten menschlichen Gehirns*« (Wilson 1998, 171). Kultur ist als eine Art »Superorganismus« zu begreifen, konstruiert mit Hilfe von Sprache und bestehend in Ideen, Regeln menschlichen Verhaltens und allgemein Artefakten; sie bringt ihre eigene Evolution hervor und verfügt über eigene Strategien eines spezifisch »kulturellen Überlebens«. Kultur aber ist gleichzeitig auch das Ende einer »genetischen Leine«. Es ist die »Ätiologie der Kultur«, die sich »einen gewundenen Weg von den Genen durch Gehirn und Sinne bis zum Lern- und Sozialverhalten bahnt« (Wilson 1998, 201). Mit einem Wort: die kulturelle Evolution ist von der genetischen Evolution zwar verschieden, doch gibt es gleichzeitig besondere genetische Regeln, die auch die Konstruktion von Kultur bestimmen. Die Grundeinheit der Kultur ist das »Mem«. Der Begriff selbst stammt von Richard Dawkins; dieser hatte ihn 1976 eingeführt in seinem Werk *The Selfish Gene* (dt. *Das egoistische Gen*, 1994). Wie Wilson selbst festhält, ist seine Definition des Mems allerdings enger gefasst als diejenige von Dawkins. Als Mem bezeichnet Wilson den »Knoten im semantischen Gedächtnis«, das tragende Element innerhalb der Struktur der gespeicherten Begriffe und Denkfiguren, mitsamt seinen »Wechselbeziehungen zur Gehirnaktivität« (Wilson 1998, 183). Der eigentliche Zusammenhang von Genen und Kultur wird hergestellt von »epigenetischen Regeln« – Regeln, deren Wirkungsbereich allerdings auf die Sinnesorgane und Programmierungen des Gehirns beschränkt ist. Die primären epigenetischen Regeln beziehen sich auf Sinnesreize und ihre Wahrnehmung und Verarbeitung im Gehirn, die sekundären epigenetischen Regeln leiten den Verstand bei der Integration großer Mengen neuer Informationen. Auf diese Weise reichen die Gene bis ins semantische Gedächtnis hinein, um dort in Gestalt »prädisponierter Entscheidungen«, der Bevorzugung einzelner Meme, auch bei der Konstruktion von Kultur zur Wirkung zu gelangen. Anders als in der ersten Fassung der Soziobiologie herrscht hier kein biologischer Determinismus mehr, ist die Kultur nicht mehr unmittelbar Träger und Ausdrucksform bestimmter Gene. Nach wie vor aber gilt der frühere Satz: »Culture […] can be interpreted as a hierarchical system of environmental tracking devices« (Wilson 1975, 560). Noch immer sind Kulturen das Ergebnis natürlicher Auslese. Es sind biologische Prädispositionen, begründet in der Natur des Menschen, welche die Spielräume kultureller Evolution festlegen. Was mit den durch sie eröffneten Gestaltungsmöglichkeiten nicht kompatibel ist, kann als Kultur nicht bestehen.

Evolutionäre Psychologie und Mem-Theorie

Die Evolutionäre Psychologie, deren Anfänge aus den späten 1970er Jahren datieren, steht der Soziobiologie in ihrer revidierten Fassung insgesamt sehr nahe, um sich doch in einem entscheidenden Punkt von dieser zu unterscheiden. Beide gehen davon aus, dass Kultur vom menschlichen Verstand erschaffen wird. Doch während die Soziobiologie den Weg von der Kultur zu den Genen, zum Verstand als Produkt des genetisch strukturierten menschlichen Gehirns einschlägt, richtet die Evolutionäre Psychologie ihre Aufmerksamkeit auf die evolutionären Bestandteile im menschlichen Verstand selbst. »Evolutionary psychology is psychology informed by the fact that the inherited architecture of the human mind is the product of the evolutionary process« (Cosmides/Tooby/Barkow 1992, 7). Dabei ist es die Evolutionäre Biologie, die der Evolutionären Psychologie – zusätzlich zu deren eigenem Wissen – die Kenntnis zur Verfügung stellt, mittels derer die für die Erschaffung der Kultur verantwortlichen informationsverarbeitenden Mechanismen im menschlichen Verstand nach und nach erschlossen werden können. Unmittelbar an das Wissenschaftsprogramm von Wilson erinnernd, beansprucht die Evolutionäre Psychologie daher, das fehlende Verbindungsstück zwischen der Evolutionären Biologie auf der einen und den verschiedenen sozial-, kultur- und geisteswissenschaftlichen Disziplinen auf der anderen Seite zu sein. Mit ihrer Hilfe soll aufgezeigt werden, wie in begrifflicher ebenso wie in theoretischer Hinsicht ein integrativer Ansatz der Wissenschaften vom menschlichen Verhalten und der Kultur aussehen könnte. Die Evolutionäre Psychologie beruht näherhin auf zwei Prämissen: (1) Es gibt eine universale menschliche Natur; die Universalien selbst sind die informationsverarbeitenden Mechanismen des menschlichen Verstandes. (2) Diese Mechanismen verkörpern bestimmte Anpassungsleistungen, die sich aufgrund ihrer besonderen funktionalen Organisation am besten bewährt, d. h. zur Reproduktion des Menschen am meisten beigetragen haben; insofern sind sie Produkte der natürlichen Selektion. Weiter geht die Evolutionäre Psychologie davon aus, dass das universale Adaptionsvermögen des menschlichen Verstandes als Antwort auf die Umweltherausforderungen der Jäger und Sammler im Pleistozän entstanden ist. Aufs Ganze der Evolution gesehen sowie angesichts des Umstandes, dass es sich bei der Hervorbildung der komplexen Struktur des menschlichen Verstandes um einen sehr lange währenden Prozess handelt – das 20. Jahrhundert ist davon nur ein letzter Augenblick –, erscheint alles andere als äußerst unwahrscheinlich. Der Forschung ist es aufgegeben, dieses Erbe der Evolution im menschlichen Verstand freizulegen, um auf diese Weise gleichzeitig zu den Grundlagen der Kultur vorzustoßen. Zu den hauptsächlichen Untersuchungsgegenständen der Evolutionären Psychologie gehören daher etwa die langfristigen Partnerwahlstrategien von Frau und Mann, die fürsorgliche Haltung gegenüber dem Nachwuchs oder das Verhalten in sozialen Gemeinschaften (Buss 2004).

In der Mem-Theorie wird die Verbindung von kultureller und genetischer Evolution schließlich aufgelöst und durch eine einfache Analogie ersetzt. Zu denken, das Gen sei die einzige Grundlage unserer Vorstellung von Evolution, ist in Wahrheit eine unzulässige Einschränkung der darwinistischen Theorie. Gene sind in erster Linie »Replikatoren«. Sie existieren nicht einfach nur, sondern konstruieren für sich selbst Behälter, Vehikel für ihr Fortbestehen; ein Beispiel hierfür sind die ersten lebenden Zellen. Und es überleben diejenigen Replikatoren, welche um sich herum eigentliche »Überlebensmaschinen« zu bauen vermögen (Dawkins 1994, 50 f.). Jede Welt aber verlangt ihre eigenen Replikatoren: Für das biologische Leben ist dies die DNA, für die menschliche Kultur dagegen das »Mem«. In dieser Bedeutung hat Richard Dawkins diesen Begriff 1976 eingeführt (Dawkins 1994, 309). »Wechselbeziehungen« oder allgemein Verbindungen zur Gehirnaktivität gehören indes bei Dawkins – anders als bei Wilson – nicht zur Bestimmung des Mems. Dawkins zufolge sind Meme vielmehr ausschließlich »lebendige Strukturen« des menschlichen Denkens selbst, verkörpert durch Begriffe, Alltagsweisheiten, Rezepte handwerklicher Tätigkeiten, Vorgaben des richtigen Denkens und Urteilens bis hin zu Ideen und Glaubensgrundsätzen. Meme sind Bestandteile der Erinnerung, sie werden imitiert und weitergereicht und vermitteln auf diese Weise eine »Einheit der kulturellen Vererbung«. Dass Meme lebendig sind, ist durchaus in einem technischen Sinne zu verstehen: Einmal eingepflanzt im Geist, wirken sie wie von sich aus fort, die Möglichkeiten des Gehirns nutzend zur Konstruktion eigenständiger Überlebensmaschinen. Ein Paradebeispiel hierfür ist gemäß Dawkins die »Idee ›Gott‹«, welche eine »einleuchtende Antwort auf unergründliche und beunruhigende Fragen über das Dasein« zu schaffen vermag, mithin über »große psychologische Anziehungskraft« verfügt und sich deshalb als sehr beständig erweist (Dawkins 1994, 310). Das Gott-Mem ist denn auch erfolgreicher als andere Meme; es vermag sich gegen andere Meme durchzusetzen – in einem Prozess, der wiederum demjenigen der natürlichen Selektion entspricht.

In den letzten anderthalb Jahrzehnten wurde die Mem-Theorie weiter ausgearbeitet, wobei sich insbesondere die Distanz zur Soziobiologie vergrößerte (Dennett 1995; Blackmore 1999) – auch dies ein Ausdruck der in der Evolutionstheorie bestehenden Tendenz zur vermehrten Anerkennung der Eigenständigkeit sozialer und kultureller Phänomene.

Soziobiologie und Sozialwissenschaften: die Debatte

Seit dem Erscheinen von Edward O. Wilson's *Sociobiology* im Jahr 1975 ist die Soziobiologie Auslöser und Gegenstand unzähliger Debatten. Dies betrifft den von der Soziobiologie erhobenen Erkenntnisanspruch ebenso wie ihre Stellung gegenüber anderen Wissenschaften, zuvorderst der Psychologie und den Sozialwissenschaften. Auch die durch die Soziobiologie verkörperte Art des Denkens, des Begreifens sozialer und kultureller Sachverhalte, sowie die Kulturbedeutung der Soziobiologie als solcher – Stichwort: Wahrheit im wissenschaftlichen versus Wahrheit in einem moralischen Sinn – geben nach wie vor Anlass zu Kontroversen (Segerstråle 2000).

Für die Erörterung des Verhältnisses von Soziobiologie und Sozialwissenschaften sowie allgemein der Absicht, die Sozial- und Kulturwissenschaften auf eine entwicklungsbiologische Grundlage zu stellen, ist das »Standard Social Science Model (SSSP)« von besonderer Bedeutung. Formuliert von Vertretern der Evolutionären Psychologie, gleichsam zur

Bezeichnung des Standpunkts, den es zu überwinden gilt, soll das SSSP nichts Geringeres verkörpern als die systematischen Grundvoraussetzungen der Sozialwissenschaften seit Durkheim: »The consensus view of the nature of social and cultural phenomena that has served for a century as the intellectual framework for the organization of psychology and the social sciences and the intellectual justification for their claims of autonomy from the rest of science« (Tooby/Cosmides 1992, 23). Wie von den Vertretern der Evolutionären Psychologie beschrieben, ist gemäß dem SSSP das Individuum in seinem gesamten Leben und Denken, seiner Wirklichkeitsauffassung überhaupt, das Ergebnis der soziokulturellen Welt, durch diese – die darin enthaltenen Traditionen, Wissensformen, Werte und Symbole, Bedeutungssysteme, institutionellen Zusammenhänge usw. – gestaltet und wieder verändert gleich einem als solchem unbestimmten Material. Es ist mithin die Kultur als Wirklichkeit *sui generis*, die im Individuum, in der menschlichen Natur, Gestalt gewinnt, und das Fenster, durch das sie hereinkommt, sind komplexe kognitive Prozesse, Mechanismen der Aufnahme und Verarbeitung des mannigfaltigen sozialen und kulturellen Lebens. In ihrer Gesamtheit bilden diese Prozesse eine eigentliche »capacity for culture«. Warum aber soll gemäß SSSP die Kultur die menschliche Natur gleichsam ungehindert zu bestimmen vermögen? Der Grund liegt gemäß der Darstellung der Vertreter der Evolutionären Psychologie darin, dass die kognitiven Mechanismen gänzlich inhaltsfrei sind. Es sind daher ausschließlich die Einflüsse aus der sozialen und kulturellen Umwelt, die – wie auch immer geordnet – aus dem Material »Individuum« etwas ›machen‹. Die Existenz solcher inhaltsfreier kognitiver Mechanismen aber wird von den Vertretern der Evolutionären Psychologie und der Soziobiologie insgesamt bestritten. An ihrer Stelle soll vielmehr eine überschaubare Zahl an »content-oriented mechanisms« stehen, welche je für sich besondere Aufgaben erfüllen: Beschaffung und Auswahl von Nahrung, Partnerwahl, elterliche Fürsorge, kooperative Allianzen, Bildung von Hierarchien usw. Sie allein sollen das Überleben und die Reproduktion der Individuen auch und gerade in einer sozialen und kulturellen Umwelt ermöglichen. In Wahrheit sind sie die Grundlage, auf der der Mensch die Kultur erstehen lässt. Konsequenterweise wird damit auch der Begriff von Kultur als Wirklichkeit *sui generis* hinfällig. Und ebenso entfällt der Autonomie-Anspruch der Sozialwissenschaften.

Mit ihrem Erkenntnisanspruch laden sich die Evolutionäre Psychologie und mit ihr die Soziobiologie insgesamt allerdings eine schwere Hypothek auf. Denn behielten sie recht, dürfte es weder in ihrem eigenen Gegenstandsgebiet, noch in den durch sie begründeten Sozial- und Kulturwissenschaften jemals so etwas wie »just so stories« geben – wie Stephen Jay Gould mit Bezug auf Rudyard Kipling die »Erklärungen des Adaptionismus« genannt hat. Gemeint sind Angaben über in den sozialen und kulturellen Lebensformen verborgene biologische und genetische Sachverhalte, welche ›in Wahrheit‹ nichts Geringeres als den Gehalt dieser Lebensformen ausmachen sollen. Diese Angaben – so die Kritik – erscheinen auf den ersten Blick zwar durchaus plausibel, sind aber nicht mehr als gelungene und letztlich unbelegte Erzählungen. Als gesicherte Erkenntnis könnten sie nur dann gelten, wenn folgende Voraussetzungen erfüllt wären: »1) that all bits of morphology and behavior arise as direct results of natural selection, and 2) that only one selective explanation exists for each bit« (Gould 1980, 258). Diesbezüglich bestehen jedoch erhebliche Zweifel. Dass Menschen adaptives Verhalten zeigen, ein Verhalten, das überdies die Form stabiler Verhaltensmuster angenommen hat, erfordert keineswegs einen genetischen »input« und ist auch nicht das Produkt von Selektionsprozessen im darwinistischen Sinne. Ein solches Verhalten ist viel eher das Resultat von »trial and error«, von Versuchen einiger weniger Einzelindividuen, die sich genetisch jedoch bezeichnenderweise in nichts von den Angehörigen derselben Gruppe oder Sozialform unterscheiden. Die Verbreitung adaptiven Verhaltens schließlich geschieht durch Lernen und Nachahmung, und die Mittel zu seiner Stabilisierung, gerade auch über Generationen hinweg, sind Werte, Gewohnheiten und Traditionen. Zwischen der Kulturentwicklung und der Evolution nach darwinistischem Vorbild bestehen insgesamt fundamentale Unterschiede. In den vergangenen 3000 Jahren sind die verschiedenartigsten Sozialformen und Kulturen entstanden, ohne dass sich am Vermögen des menschlichen Gehirns das Geringste verändert hätte. Sozialformen ebenso wie Kulturen können sich als Ganzes innerhalb kürzester Zeit grundlegend verändern (etwa durch sozialrevolutionäre Bewegungen oder Konjunktureinbrüche). Auch der Diffundierung sozialer und kultureller Verhaltensmuster in die verschiedensten Lebensbereiche – womit wiederum ein erheblicher Wandel dieser Verhaltensmuster einhergeht – sind kaum Grenzen gesetzt. Für beides gibt es in der menschlichen Entwicklung nach darwinistischem Vorbild keine Entsprechung (Gould 1980, 265 f.). Zu einer Neubegründung der Sozial- und Geistwissenschaften auf der Grundlage der darwinistischen Theorie besteht daher kein Anlass.

In der Diskussion um das SSSP wird exemplarisch sichtbar, worum es beim Verhältnis der Sozial- und Geisteswissenschaften zu den in der Biologie begründeten Wissenschaften vom Menschen, zuvorderst der Soziobiologie geht. Gibt es – so lautet die alles entscheidende Frage – eine soziale und kulturelle Wirklichkeit, die über einen eigenständigen, unverwechselbaren Charakter verfügt? Gemeint ist eine Wirklichkeit, die konstituiert ist im wertgeleiteten und sinnhaften Handeln der Menschen – eine Wirklichkeit, die in all ihren Auftretensformen ein Produkt der schöpferisch-gestaltenden menschlichen Tätigkeit darstellt. Oder besteht die soziale und kulturelle Wirklichkeit primär aufgrund der Wirkung evolutionsbiologischer und genetischer Techniken, Regeln der Verstandes- und der Gehirntätigkeit, welche das Produkt von Evolutionsprozessen sind? Besitzt die soziale und kulturelle Wirklichkeit demzufolge keinen eigenständigen, unverwechselbaren Charakter, weshalb es zu ihrer Erkenntnis auch keiner besonderer Wissenschaften bedarf? Lässt sich – wie Ferdinand Tönnies dies ausgedrückt hat – der soziologische Sinn vom biologischen Sinn menschlicher Verhältnisse trennen, oder ist dies nicht möglich?

Die fortgeschrittenste Fassung dieses Problemsachverhalts findet sich in der Systemtheorie Niklas Luhmanns oder, präziser, in Luhmanns Verwendung des Begriffs der »Autopoiesis«, sowie im Begriff von Herrschaft als »Biokratie«. Zudem reicht er bis in die Diskussion um die vermeintliche Neubegründung unseres Verständnisses von Macht und Herrschaft auf der Grundlage von Befunden der Neurowissenschaften hinein (Gostmann/Merz-Benz 2007).

Den Begriff »Autopoiesis« (oder Autopoiese) hat Luhman von den Neurobiologen Humberto Maturana und Francisco Varela übernommen und ihn zum Grundbegriff seiner Systemtheorie gemacht. Autopoiesis meint ursprünglich Selbsterzeugung von Systemen, präziser: von lebenden Systemen, welche in »empirische[n] Daten über die zelluläre Funktionsweise und ihre Biochemie« bestehen. »Nur einzelne molekulare Substanzklassen [können] die Eigenschaften besessen haben […], die die Bildung von autopoietischen Einheiten ermöglichten. Sie bildeten den Anfang jenes strukturellen Werdens, dem auch wir selbst entstammen« (Maturana/Varela 1987, 55; 56f). Luhmann dagegen bezeichnet mit Autopoiesis die spezifische Operationsweise sozialer Systeme; soziale Systeme bestehen, indem sie sich in geschlossenen Kommunikationsprozessen fortwährend selbst (er)schaffen (Luhmann 1984, 60–64). Soziale Systeme aber sind keine lebenden Systeme, sondern Sinnsysteme. Und damit besteht die Gefahr der Verwechslung von Autopoiesis und Autonomie. Autonom heißt allgemein ein System, das seine Identität zu gewinnen und zu bestätigen vermag, indem es sich durch sein Funktionieren aus einem bestimmten Phänomenbereich ausgrenzt (Varela 1987). Autonomie kann »im Einzelfall durch viele verschiedene Klassen von Bestandteilen verwirklicht werden« (Maturana/Varela 1987, 56), wobei jedoch System und Phänomenbereich stets von gleicher Art sind. Soziale Systeme sind demnach Bereiche, innerhalb derer Sinngehalte gemeinsam unter einem bestimmten Gesichtspunkt begriffen werden (Politik, Bildung, Kunst, Wirtschaft usw.) und sich auf diese Weise von sämtlichen andern Sinngehalten abheben. Wird nun aber das Bestehen sozialer Systeme nicht als Autonomie, sondern – wie bei Luhmann – als Autopoiesis begriffen, dann erscheint eine eigenständige sinnhafte Wirklichkeit unversehens als Analogon der Selbsterzeugung des Lebens und schiebt sich dem Begriff des Sinnsystems der Begriff des lebenden Systems, nota bene der Begriff bestimmter »empirischer Daten« unter (Merz-Benz 2007).

Das hier angezeigte Problem prägt auch die interessante und provokative Biokratie-These von Wolfgang Lipp. Das menschliche Leben, wie es zunächst als »primitives«, bloß »biotisches« Leben entsteht, hervorgegangen aus der »organischen Natur«, ist – so Lipp – immer auch von Kultur »durchwirkt«. In den Institutionen wird das Leben »in Führung« genommen, ausgerichtet an »Leitideen« und in reflexives »kulturschöpferisches« Handeln transformiert. Dies bewahrt es insbesondere vor der Selbstzerstörung, da es auch in seiner sublimierten Fassung seine »organische Natur« behält. Mit dem Vormarsch »biologischer Kategorien« in »Wissenschaft«, »Wertkultur« und »sozialer Praxis« und den damit verbundenen Denkzwängen werden indes im Handeln selbst und den ihm zugrunde liegenden Idealen biotische Gegentendenzen freigesetzt, wird das biologische Überleben zum Grund jeden Handlungssinns – versteckt zwar, aber nicht minder wirksam – und gerät folgerichtig auch das Verhältnis von Natur und Kultur aus dem Gleichgewicht. Was auf diese Weise entsteht, ist ein institutionelles Ordnungsgefüge, genannt »Biokratie«, welches »operiert« gleich einem »autopoietischen System« im Sinne Luhmanns. Im Sinnsystem Biokratie wird demnach eine Wirklichkeitsauffassung hervorgebracht, werden Befunde über soziale, kulturelle, aber auch naturhafte Sachverhalte und deren Qualität getroffen, die bei all ihrer Differenzertheit in Wahrheit doch nichts anderes sind als ein Ausdruck unmittelbarer Lebensäußerungen, des Lebens als allein bestimmt durch den Drang des ›Über-Lebens‹.

Deutlicher noch als bei Luhmann erscheint das Verhältnis von Sinnsystemen und lebenden Systemen damit als Problem der Transformation und mithin der Übersetzung (evolutions-) biologischer Prozesse in die Wirklichkeit des sinnhaften und wertgeleiteten Handelns der Menschen (Lipp 2002, 118; 121; 126; Gostmann/Merz-Benz 2007, 141–153).

Neuere Konzepte sozialer Evolution

Hängt im Falle soziokultureller Entwicklungsprozesse die Möglichkeit von Erklärungen nach darwinistischem Vorbild am Ende von der Einführung neuer, sprich: ihrerseits spezifisch sozialer und kultureller Selektionskriterien ab? Diese Frage steht im Zentrum der insbesondere in den Sozialwissenschaften zum Thema soziale Evolution in den letzten Jahren geführten Diskussion. Der Sache nach reicht diese Diskussion indes bis zu Talcott Parsons zurück. Parsons zufolge suchen Gesellschaften sich stets an wechselnde natürliche und soziale Umwelten anzupassen. Das Mittel hierzu bildet die strukturelle Differenzierung. Gesellschaften, soziale Systeme im Allgemeinen, sind bestimmt durch die Tendenz zunehmender Differenzierung – so Parsons, ein Erbe Spencers –, was wiederum ihre Anpassungsfähigkeit (bei Parsons heißt es: »adaptive capacity«) erhöht – und im Zusammenwirken beider vollzieht sich die Evolution des menschlichen Zusammenlebens. Und wie bei Spencer ist auch bei Parsons die Differenzierung sowohl der Inbegriff als auch der Maßstab gesellschaftlicher Entwicklung. Mitte der 1960er Jahre hat Parsons den Begriff einer evolutionären Universalie formuliert. Damit meint er »a complex of structures and associated processes the development of which so increases the long-run adaptive capacity of living systems in a given class that only systems that develop the complex can attain certain higher levels of general adaptive capacity« (Parsons 1964, 340 f.). Eine derartige strukturelle Innovation oder eben Differenzierung ist im Bereich der Biologie möglich, in lebenden Systemen, aber auch – analog dazu – in sozialen Systemen. Parsons nennt sechs solcher Universalien, mit deren Hilfe er es anschließend unternommen hat, die geschichtliche Entwicklung menschlicher Gesellschaften zu analysieren: »social stratification«, »cultural legitimation«, »administrative bureaucracy«, »money and markets«, »generalized universalistic norms«, »democratic association«. Daraus entstand seine Darstellung der drei Stufen sozialer Evolution: »primitive, intermediate and modern societies« (Parsons 1966; Parsons 1971). Parsons versteht sich ausdrücklich als »kausaler Pluralist«: Soziale Evolution ist das Resultat des Zusammenwirkens unzähliger und zudem äußerst verschiedenartiger Einzelfaktoren. »Any factor is always interdependent with several others« (Parsons 1966, 113). Worum es geht, ist – wiederum im Sinne Spencers – zu analysieren, welche Bedeutung den jeweiligen Faktoren, ökonomischen Interessen, politischen Zielsetzungen, Idealen usw. im Rahmen des umfassenden Prozesses der gesellschaftlichen Differenzierung zukommt. Erst auf diese Weise werden die jeweiligen Faktoren überhaupt als Determinanten der sozialen Evolution bestimmt. Allerdings sind Parsons' Begriffe der gesellschaftlichen Anpassungsfähigkeit und der gesellschaftlichen Umwelt äußerst vage – ein im Zusammenhang mit seiner Evolutionstheorie oft genannter Kritikpunkt –, wodurch die Tauglichkeit dieser Begriffe für empirische Analysen, für die Feststellung dessen, was mit Anpassung in Gestalt struktureller Differenzierung konkret gemeint ist, stark beeinträchtigt wird.

Rund zwei Jahrzehnte später wurde erneut versucht, das darwinistische Konzept natürlicher Selektion unmittelbar auf den Sachverhalt der soziokulturellen Evolution anzuwenden (Sanderson 1990, 170–180). Dabei trat jedoch dasselbe prinzipielle Problem hervor wie bei Parsons. Natürliche Selektion ist ein Mechanismus, keine Determinante evolutionärer Prozesse. Davon auszugehen, die natürliche Selektion bilde auch den modus operandi der soziokulturellen Evolution, impliziert keine Entscheidung für bestimmte Erklärungsfaktoren oder gar eine bestimmte (Einzel-) Theorie. Theorien sozialer Evolution, die vom Prinzip der natürlichen Selektion ausgehen, bleiben daher zwangsläufig in derselben Weise vage und unvollständig wie die Evolutionstheorie von Parsons.

Ein Selektionskriterium, das in der aktuellen Diskussion des Öfteren genannt wird, ist das Medium Macht. Aber auch Macht erweist sich im Hinblick auf das angezeigte Problem als äußerst ambivalent. Sicherlich ist Macht »eine Struktureigentümlichkeit aller menschlichen Beziehungen«. Doch sind Tiere unfähig zur Organisation von Macht? Darüber ist noch keineswegs entschieden. Mit einem Wort: Die Frage nach Selektionskriterien, die einen spezifisch sozialen und kulturellen Charakter besitzen und doch in der Bestimmtheit, mit der sie wirken, hinter dem Zwang zum Überleben nicht zurückstehen, besteht nach wie vor (Meyer 2003; Goudsblom 2003).

Bleibt der Versuch, die Evolutionstheorie »umzubauen« zu einer handlungstheoretisch begründeten allgemeinen Theorie dynamischer Sozialsysteme (Schmid 2003). »Entstehung und selektive Durchsetzung [von] Institutionen«, d. h. von dauerhaft etablierten Regeln zur Abstimmung von Handlungen, sollen explizit »aus der Problemsicht der Handelnden heraus« erklärt werden (Schmid 2003, 87). Hierzu bedarf es allerdings einer speziellen Voraussetzung: der Konzeption einer Entscheidungsrationalität, die individuell *und* gleichzeitig kollektiv abgestützt ist und die *als Einheit* dem Modell der »natürlichen Selektion« entspricht. Die Folgen sind schwerwiegend. Denn damit erscheint das »Darwinsche Selektionsmodell« in seiner Erklärungskapazität höchst beschränkt, d. h. beschränkt auf Zustände, deren Eintreten in der Entwicklung sozialer Systeme hochgradig unwahrscheinlich ist. Die Spontaneität des Handelns und damit das Eintreten unbeabsichtigter Handlungsfolgen, die Beeinflussung, ja bisweilen Verzerrung von Entscheidungsprozessen durch hierarchische Verhältnisse, moralische Überzeugungen, öffentliche Debatten usw. – all dies zeigt gerade, dass in dynamischen Sozialsystemen Stabilisierungsprozesse stets mit Destabilisierungsprozessen einhergehen. Zu erklären, was hier geschieht, hat folgerichtig ohne Mithilfe der klassischen Evolutionstheorie sowie darwinistischer Modelle zu erfolgen – und frei von jeglichen Bezugnahmen auf die Biologie.

Literatur

Barlow, George W./Silverberg, James (Hg.) (1980): Sociobiology: Beyond Nature/Nurture? Reports, Definitions and Debate. Boulder.
Blackmore, Susan (1999): The Meme Machine. Oxford.
Buss, David M. (2004): Evolutionäre Psychologie [Evolutionary Psychology. The New Science of the Mind, 1999]. München.
Cosmides, Leda/Tooby, John/Barkow, Jerome H. (1992): »Introduction: Evolutionary Psychology and Conceptual Integration«. In: Jerome H. Barkow/Leda Cosmides/John Tooby (Hg.): The Adapted Mind. Evolutionary Psychology and the Generation of Culture. New York, 3–15.
Darlington, C. D. (1959): Darwin's Place in History. Oxford.
Darwin, Francis (Hg.) (1888): Life and Letters of Charles Darwin. 3 Bde. London.
Darwin, Francis (Hg.) (1903): More Letters of Charles Darwin. 2 Bde. London.
Dawkins, Richard (1994): Das Egoistische Gen [The Selfish Gene, 1976]. Heidelberg.
Dennett, Daniel C. (1997): Darwins gefährliches Erbe. Die Evolution und der Sinn des Lebens. Hamburg.
Francis, Emerich K. (1981): »Darwins Evolutionstheorie und der Sozialdarwinismus«. In: Kölner Zeitschrift für Sozialpsychologie und Soziologie Vol. 33: 209–228.
Gostmann, Peter/Merz-Benz, Peter-Ulrich (2007): »Herrschaft oder Determination. Der diskrete Charme der Biologie«. In: dies. (Hg.): Macht und Herrschaft. Zur Revision zweier soziologischer Grundbegriffe. Wiesbaden, 139–200.
Goudsblom, Johan (2003): »Veränderung erzeugt Veränderung. Von biologischer zu soziokultureller Entwicklung«. In: Tamás Meleghy/Heinz-Jürgen Niedenzu (Hg.): Soziale Evolution. Die Evolutionstheorie und die Sozialwissenschaften. Österreichische Zeitschrift für Soziologie. Sonderbd. 7. Wiesbaden, 180–197.
Gould, Stephen Jay (1980): »Sociobiology and the Theory of Natural Selection«. In: George W. Barlow/James Silverberg (Hg.): Sociobiology: Beyond Nature/Nurture? Reports, Definitions and Debate. Boulder, 256–269.
Gumplowicz, Ludwig (1909[2]): Rasse und Staat. Eine Untersuchung über das Gesetz der Staatenbildung [1875]. In: ders.: Der Rassenkampf. Innsbruck, 347–393.
Gumplowicz, Ludwig (1905[2]): Grundriss der Soziologie [1885]. Wien.
Hofstadter, Richard (1945): Social Darwinism in American Thought 1860–1915. Philadelphia.
Jonas, Friedrich (1980): Geschichte der Soziologie. 1. Aufklärung, Liberalismus, Idealismus, Sozialismus. Übergang zur industriellen Gesellschaft. Opladen.
Kistiakowski, Th. (1899): Gesellschaft und Einzelwesen. Eine methodologische Studie. Berlin.
Lilienfeld, Paul von (1873): Gedanken über die Socialwissenschaft der Zukunft. Erster Theil: Die menschliche Gesellschaft als realer Organismus. Mitau.
Lipp, Wolfgang (2002): »›Biokratie‹. Herrschaft heute – ein Kapitel Zivilisationssoziologie«. In: Sociologia Internationalis Vol. 40: 117–132.
Lopreato, Joseph/Crippen, Timothy (1999): Crisis of Sociology. The Need for Darwin. New Brunswick (New Jersey).
Luhmann, Niklas (1984): Soziale Systeme. Grundriß einer allgemeinen Theorie. Frankfurt a. M.
Maturana, Humberto R./Varela, Francisco R. (1987): Der Baum der Erkenntnis. Die biologischen Wurzeln menschlichen Erkennens. München.
Mayr, Ernst (1982): »Darwinistische Missverständnisse«. In: DIALEKTIK 5. Darwin und die Evolutionstheorie, 44–57.
Meleghy, Tamás/Niedenzu, Heinz-Jürgen (Hg.) (2003): Soziale Evolution. Die Evolutionstheorie und die Sozialwissenschaften. Österreichische Zeitschrift für Soziologie. Sonderbd. 7.
Merz-Benz, Peter-Ulrich (2007): »Systemtheorie, Biologie der Sozialität – und das Thema ›Herrschaft‹«. In: Peter

Gostmann/Peter-Ulrich Merz-Benz (Hg.): Macht und Herrschaft. Zur Revision zweier soziologischer Grundbegriffe. Wiesbaden, 201–213.

Meyer, Peter (2003): »Machtkonkurrenz, Motor der sozialen Evolution? Neuere Beiträge evolutionärer Forschung«. In: Tamás Meleghy/Heinz-Jürgen Niedenzu (Hg.): Soziale Evolution. Die Evolutionstheorie und die Sozialwissenschaften. Österreichische Zeitschrift für Soziologie. Sonderbd. 7: 163–179.

Parsons, Talcott (1964): »Evolutionary Universals in Society«. In: American Sociological Review Vol. 29: 339–357.

Parsons, Talcott (1966): Societies: Evolutionary and Comparative Perspectives. Englewood Cliffs (New Jersey).

Parsons, Talcott (1971): The System of Modern Societies. Englewood Cliffs (New Jersey).

Ratzenhofer, Gustav (1898): Die Sociologische Erkenntnis. Positive Philosophie des socialen Lebens. Leipzig.

Ratzenhofer, Gustav (1904): »Die Probleme der Sziologie«. In: Ludwig Gumplowicz (1905²): Grundriss der Soziologie [1885]. Wien, 89–94.

Sanderson, Stephen K. (1990): Social Evolutionism. A Critical History. Cambridge (Mass.).

Schäffle, Albert (1875): Bau und Leben des socialen Körpers. Encyclopädischer Entwurf einer realen Anatomie, Physiologie und Psychologie der menschlichen Gesellschaft, mit besonderer Rücksicht auf die Volkswirthschaft als socialen Stoffwechsel. Erster Band. Allgemeiner Theil. Tübingen.

Schmid, Michael (2003): »Evolution und Selektion. Handlungstheoretische Begründung eines soziologischen Forschungsprogramms«. In: Tamás Meleghy/Heinz-Jürgen Niedenzu (Hg.): Soziale Evolution. Die Evolutionstheorie und die Sozialwissenschaften. Österreichische Zeitschrift für Soziologie. Sonderbd. 7: 74–101.

Segerstråle, Ullica (2000): Defenders of the Truth. The Battle of Science in the Sociobiology Debate and Beyond. Oxford.

Small, Albion W. (1905): General Sociology. An Exposition of the Main Development in Sociologcal Theory from Spencer to Ratzenhofer. Chicago.

Spencer, Herbert (1852): »A Theory of Population, Deduced from the General Law of Animal Fertility«. In: Westminster Review LVII: 468–501.

Spencer, Herbert (1868): »The Development Hypothesis«. In: ders.: Essays: Scientific, Political, and Speculative. Vol. I. London, 377–383.

Spencer, Herbert (1904): An Autobiography. Bde. I u. II. London.

Spencer, Herbert (2003): The Principles of Sociology. In Three Volumes, with a new introduction by Jonathan H. Turner [1874]. New Brunswick (USA).

Stein, Ludwig (1898): Wesen und Aufgabe der Sociologie. Eine Kritik der organischen Methode in der Sociologie. Berlin.

Sumner, William G. (1883): What Social Classes Owe to Each Other. New York.

Sumner, William G./Keller, Albert G. (1927): The Science of Society. 4 Bde. New Haven [Bd. 4 von William G. Sumner/Albert G. Keller/Maurice Rea Davie].

Sumner, William G. (1934): Essays of William Graham Sumner. Hg. von Albert G. Keller und Maurice R. Davie. 2 Bde. New Haven.

Tooby, John/Cosmides, Leda (1992): »The Psychological Foundations of Culture«. In: Jerome H. Barkow/Leda Cosmides/John Tooby (Hg.): The Adapted Mind. Evolutionary Psychology and the Generation of Culture. New York, 19–136.

Varela, Francisco J. (1987): »Autonomie und Autopoiese«. In: Siegfried J. Schmidt (Hg.): Der Diskurs des Radikalen Konstruktivismus, Frankfurt a. M., 119–132.

Vogt, Markus (1997): Sozialdarwinismus. Wissenschaftstheorie, politische und theologisch-ethische Aspekte der Evolutionstheorie. Freiburg i.Br.

Wagner, Gerhard (2007): Eine Geschichte der Soziologie. Stuttgart.

Ward, Lester F. (1883): Dynamic Sociology. 2 Bde. New York.

Ward, Lester F. (1893): The Psychic Factors of Civilization. Boston.

Ward, Lester F. (1913–1918): Glimpses of the Cosmos. 6 Bde. New York.

Wilson, Edward O. (1975): Sociobiology. The New Synthesis. Cambridge (Mass.).

Wilson, Edward O. (1998): Die Einheit des Wissens [Consilience. The Unity of Knowledge, 1998]. Berlin.

Peter-Ulrich Merz-Benz

15. Sprachwissenschaft

Die disziplinäre Herausbildung der Sprachwissenschaft am Beginn des 19. Jahrhunderts ist eng mit einer Orientierung an Fragen des Ursprungs und der genealogischen Entwicklung der Sprache bzw. der Sprachen verknüpft. Genetisch-evolutives Denken bestimmte in unterschiedlichen theoretischen Ausprägungen bis an die Schwelle des 20. Jahrhunderts grundlegend das Selbstverständnis der Linguistik (Curtius 1873). Erst die sogenannte »strukturalistische« bzw. »kognitive Revolution« der Sprachwissenschaft verschiebt dann das Problemfeld von Ursprung, Entwicklung und Wandel der Sprache aus dem zentralen Theorie- und Forschungsfokus der Linguistik in ihre Peripherie und macht insofern tendenziell die am Beginn des 19. Jahrhunderts einsetzende »Temporalisierung und Historisierung der Sprache« (Grotsch 1984, 206) rückgängig. Wie dann im zweiten, systematischen Teil dieses Beitrages gezeigt und ausführlich diskutiert werden wird, sind die Fragen der Sprachevolution erst in den 1990er Jahren wieder in den Vordergrund der sprachtheoretischen Debatte getreten.

Zur Geschichte des genetisch-evolutiven Denkens in der Sprachwissenschaft

Sprachvergleich und Rekonstruktion: die »Entdeckung« des Sanskrit

Eine »genetische Auffassung des Sprachlebens« bestimmte bereits die frühen Ansätze der sich herausbildenden vergleichenden Sprachwissenschaft. So war für Friedrich Schlegel in seiner wirkungsmächtigen Schrift *Ueber die Sprache und Weisheit der Indier* von 1808 eine wissenschaftliche Sprachbetrachtung nur als historische, d. h. als eine Sprachbetrachtung denkbar, die das Problem der »Sprachentstehung« in ihr Gegenstandsfeld einschließt. Bereits hier treffen wir auf das Programm einer Sprachuntersuchung, das die »Vergleichung« struktureller Ähnlichkeiten von Sprachen methodisch mit dem Ziel verknüpft, auf eine »gemeinschaftliche Abstammung« zurückzuschließen und eine »gemeinschaftliche Quelle« freizulegen, durch die »die älteste Geschichte vom Ursprung der Völker und ihre frühesten Wanderungen« zugänglich würden (Schlegel 1877, 278 f., 309). Das alte indische »Sonskrito« habe »die größte Verwandtschaft mit der römischen und griechischen, so wie mit der germanischen und persischen Sprache«. Da die Verwandtschaft auf strukturelle und grammatische Ähnlichkeiten gegründet sei, sei sie keine zufällige, sondern eine wesentliche Übereinstimmung, »die auf gemeinschaftliche Abstammung« deute; dabei sei »die indische Sprache die ältere [...], die andern aber jünger und aus jener abgeleitet« (Schlegel 1877, 278). Die historisch vergleichende Grammatik könne deshalb »ganz neue Aufschlüsse über die Genealogie der Sprachen« geben, ähnlich »wie die vergleichende Anatomie über die höhere Naturgeschichte« (Schlegel 1877, 291; vgl. Scherer 1921, 267; Cassirer 1973, 137–144)

Insbesondere die »Entdeckung« des Sanskrit (von dem man freilich seit mehr als hundert Jahren Kenntnis hatte, vgl. Grotsch 1984, 210) und die damit verbundene Identifizierung einer Gruppe von strukturell verwandten Sprachen, die Jacob Grimm 1851 in seiner berühmten Akademierede »Über den Ursprung der Sprache« »indogermanisch« nennen sollte (Grimm 1864, 259), führte im Hinblick auf ältere Ansätze des Vergleichs und der Klassifikation von Sprachen wie etwa Adelungs und Vaters »Mithridates« (Adelung/Vater 1806–17), die noch nicht von genetisch-rekonstruktiven Ideen der Sprachentwicklung geprägt waren, zu einem grundlegenden Perspektivwechsel, der insbesondere mit dem Sanskrit-Buch Schlegels verbunden ist. Max Müller stellte 1866 zu Recht fest: »Obgleich es [Schlegels Buch] nur zwei Jahre nach dem ersten Bande von Adelung's Mithridates erschien, ist es von dem Letzteren durch eine so weite Kluft getrennt, wie das Copernikanische System vom Ptolemäischen« (Müller 1866, 138). Es war insbesondere das Schlegelsche Programm des Strukturvergleichs indoeuropäischer Sprachen, das den genealogischen Blick auf frühere Stufen der Sprachentwicklung öffnete und die Idee einer methodisch reflektierten Rekonstruktion gemeinsamer älterer Quellen von jeweils jüngeren Sprachengruppen plausibel machte. »Die Bekanntschaft mit der indischen Sprache erweckte« – so Hermann Hirt – »einen Sturm der Begeisterung und des Entzückens, [...] weil man hier gleichsam dem Ursprung der menschlichen Sprache näher gekommen zu sein schien [...]« (Hirt 1919, 4).

Fortentwickelt und wissenschaftlich entfaltet wurden das Schlegelsche Programm und damit die genetische Sprachidee insbesondere durch Franz Bopp. Mit seiner 1833 mit dem ersten Band erschienenen dreibändigen *Vergleichenden Grammatik des Sanskrit, Send, Armenischen, Griechischen, Lateinischen, Litauischen, Altslavischen, Gothischen und*

Deutschen (Bopp 1868–1871) begann sich – wie Scherer formulierte – die »Methode der Vergleichung« endgültig aus ihrem »gar kindlichen Zustand [...] herauszuheben« (Scherer 1921, 245). Bopps großangelegter Versuch, der freilich ohne die Vorarbeiten Friedrich Schlegels nicht denkbar gewesen wäre, konnte nun »eine vergleichende, alles Verwandte zusammenfassende Beschreibung des Organismus der auf dem Titel genannten Sprachen, eine Erforschung ihrer physischen und mechanischen Gesetze und des Ursprungs der die grammatischen Verhältnisse bezeichnenden Formen« (Bopp 1968, III) in Angriff nehmen. Auf dem methodischen Weg einer »streng systematische[n] Sprachvergleichung und Sprach-Anatomie« beabsichtigte Bopp in der »Vielartigkeit« der zueinander in Bezug gesetzten Sprachen ihren gemeinsamen Ursprung aufzuweisen: »[...] das Vielartige verschwindet, wenn es als einartig erkannt und dargestellt, und das falsche Licht, welches ihm die Farbe des Vielartigen auftrug, beseitigt ist (Bopp 1968, VI, VII). Schlegel und Bopp eröffneten so – wie es in Heyses *System der Sprachwissenschaft* 1856 heißt – »eine neue Welt der sprachwissenschaftlichen Forschung« (Heyse 1856, 14), nämlich die einer genetischen Sprachidee: »Je weiter wir nun in der Sprachgeschichte zurückgehen, je näher kommen wir der gemeinsamen Quelle verschiedener Sprachen [...]. Es entsteht eine Sprachen-Genealogie, ein genealogisches Sprachensystem, welches den geschichtlichen, natürlichen Zusammenhang ganzer Sprachenstämme vor Augen legt« (Heyse 1856, 13).

Die Linguistisierung der Sprachursprungsfrage: Herder und Grimm

Auch wenn Friedrich Schlegels Qualifizierung der Sprachursprungsdebatte des 18. Jahrhunderts als »willkürlicher Dichtung« (Schlegel 1877, 306) sicher der sprachphilosophischen Bedeutung dieses Diskurses nicht gerecht wird, verweist sie doch auf den sich neu formierenden Anspruch der historisch sprachvergleichenden Sprachwissenschaft, das Problem von Ursprung und Entwicklung der Sprache aus dem konzeptuellen Rahmen der Philosophie und der philosophischen Anthropologie zu lösen und es in den Kontext eines wissenschaftlichen Forschungsprogramms einzustellen und dort zu rekonzeptualisieren. Hierbei spielten naturphilosophische und naturwissenschaftliche Konzepte und Begriffe, wie sie etwa von der vergleichenden Anatomie und später der Biologie (vgl. den folgenden Abschnitt) bereitgestellt wurden, eine maßgebliche Rolle. Der Vorgänger-Diskurs, in dem theologische sowie philosophisch inspirierte Positionen zum Sprachursprung aufeinandergetroffen waren, hatte 1769 in der von der Berliner Akademie ausgeschriebenen Preisfrage, ob die Menschen, ihren Naturfähigkeiten überlassen, Sprache hätten erfinden und durch welche Mittel sie diese Erfindung hätten bewerkstelligen können, ihren Höhepunkt gefunden, in einer Frage, die die Debatte darüber aufnahm, ob der Ursprung der Sprache auf göttliche Intervention oder auf menschliche Invention zurückzuführen sei. Eine preisgekrönte Antwort auf diese Frage (vgl. Neis 2003) hatte Herder 1772 in seiner Ursprungsschrift gegeben, die noch einmal den gesamten Diskurs des 18. Jahrhunderts mit Blick auf die Beiträge Diderots, Condillacs, Rousseaus, Süßmilchs und Maupertuis' reflektiert. Herders These, dass die »Besonnenheit« des Menschen, die gleichsam als »Ersatz« für den Mangel an tierischen »Kunsttrieben« fungiere, »den notwendigen genetischen Grund zur Entstehung der Sprache« darstelle (Herder 1960, 19, 22), steht am Ende einer Debatte, die 1710 mit einem Beitrag des Gründers der Berliner Akademie der Wissenschaften, Leibniz, ihren Anfang genommen hatte (Trabant 2001). Sie stellte den letzten großen Versuch dar, das Problem des Sprachursprungs im Horizont einer philosophischen Anthropologie zu lösen (vgl. Cassirer 1964, 90–99).

Achtzig Jahre später konnte Jakob Grimm vor dem Hintergrund der bereits wohletablierten historisch vergleichenden Grammatik in seinem Akademievortrag »Über den Ursprung der Sprache« (1851) der Hoffnung Ausdruck geben, dass es nicht mehr die Philosophie, sondern die Wissenschaften seien, die einen grundlegenden Beitrag zur Lösung des Sprachursprungsrätsels zu leisten vermöchten. Ähnlich wie die »pflanzen- und thierzergliederung ihrem engeren standpunct entrückt« und zu einer »vergleichenden botanik und anatomie« fortgeschritten sei, habe endlich auch die Sprachwissenschaft insbesondere durch die Methode der Sprachvergleichung eine »eben so durchgreifende umwälzung erfahren« (Grimm 1864, 258). Mit dem durch die Entdeckung der »vollkommenheit und gewaltige[n] regel des sanskrit« (Grimm 1864, 258) angeregten Blick vom Deutschen aus »auf die uns benachbarten slavischen, littauischen und keltischen sprachen« hätten sich »wo nicht alle, doch die meisten glieder einer groszen fast unabsehbaren sprachkette« erschlossen, »die in ihren wurzeln und flexionen aus Asien bis her zu uns reicht, beinahe ganz Europa erfüllt und schon jetzt die mächtigste zunge des erdbodens genannt werden darf« (Grimm 1864, 259). Es ist dieses neue Programm einer vergleichenden und rekonstruierenden »indogermanischen« und in ihrer methodischen Strenge der vergleichenden Botanik und Anatomie ebenbürtigen Sprachwissenschaft, das für Grimm mit der Gewissheit verknüpft ist, dass das Problem des Sprachursprungs *wissenschaftlich* zu lösen sei. Aus dem »verhältnis der sprachen« lässt sich – so Grimm – »auf den urzustand der menschen im zeitraum der schöpfung und auf die unter ihnen erfolgte sprachbildung zurück schlieszen« (Grimm 1864, 280 f.). Die historisch vergleichende Sprachforschung konnte so gerade aufgrund ihrer strengen, an den Naturwissenschaften orientierten Methodik als ein »verbessertes Fernrohr durch die Riesenzeiträume der Urgeschichte« fungieren (Scherer 1921, 171).

Die Biologisierung des genetisch-evolutiven Denkens: Der Organismus-Diskurs in der Sprachwissenschaft

Neben der vergleichenden Anatomie waren es am Beginn des 19. Jahrhunderts insbesondere die Naturphilosophie Kants und Schellings (Steinthal 1858, 85; Haym 1870, 580–594 Cassirer 1964, 108–113) sowie die sich als Einzelwissenschaft konstituierende Biologie (Mayr 1982), die mit ihrem – freilich unterschiedlich konzeptualisierten – *organologischen* Denken Einfluss auf die Theoriemodelle der historisch vergleichenden Sprachwissenschaft und ihre Idee von Sprache und Sprachentwicklung gewannen (vgl. Heyse 1856, 58–62; vgl. Jäger 1975, 207–254; 1991, 143–161). Auch die Sprachwissenschaft überträgt nun im ersten Drittel des 19. Jahrhunderts den Organismusbegriff als Konzeptualisierungsmetapher auf ihren Erkenntnisgegenstand Sprache. Zwar steht etwa noch Humboldts Verwendung des Organismus-Begriffs ganz in der Kantischen Tradition: Sprache, so formuliert er, teile »darin die Natur alles Organischen, dass Jedes in ihr nur durch das Andre, und alles nur durch die eine, das Ganze durchdringende Kraft« bestehe (Humboldt 1903–1936 Bd. 4, 3; vgl. Kant 1968, § 65, 235–239). Aber bereits die Organismus-Adaptation Karl Ferdinand Beckers unterscheidet sich genau darin von der Humboldts, dass der Organismus-Begriff nun ausschließlich am »Begriff des Organismus an sich und in der Körperwelt« orientiert ist, also dezidiert naturwissenschaftlich verstanden wird. Die Sprachwissenschaft ist nun gehalten, »in der Sprache eine organische Natur, und in ihrer Bildung eine organische Entwicklung« zu erblicken, wobei ihre Entwicklung »organischen Gesetzen« unterliegt (Becker 1841, XIII und 22). In gewissem Sinne markiert Beckers in seinem *Organism* entwickeltes Programm für die Sprachwissenschaft das, was man in der Biologie den Übergang von einer *vorphylogenetischen* Klassifikation der Organismen (Dzwillo 1978, 12–14) zu einer *evolutionären* Betrachtung derselben genannt hat. Freilich geht auch Beckers Versuch, »in die inneren Verhältnisse des organischen Lebens« der Sprache einzudringen, noch nicht wirklich über die Entwicklungsidee der älteren historisch-vergleichenden Indoeuropäistik hinaus. Diesen Schritt macht erst August Schleicher, der auf Anregung seines Jenaer Freundes und Kollegen Ernst Haeckel Darwin rezipiert und dessen evolutionäres Denken auf die historisch vergleichende Sprachwissenschaft überträgt. Schleicher proklamiert, dass »von den sprachlichen Organismen (…) ähnliche Ansichten« zu gelten hätten, »wie sie Darwin von den lebenden Wesen überhaupt« ausspreche (Schleicher 1873, 4). Schleicher hatte bereits vor seiner Darwin-Lektüre evolutionstheoretische Ansichten vertreten, in denen er sich nun von Darwin bestätigt fand: Zunächst die bereits bei Lamarck (1809) vertretene Ansicht, dass »sich der Mensch aus niederen Formen herausgebildet« habe, die zu »Menschen im eigentlichen Sinne« erst geworden seien, »als sie sich zur Sprachbildung entwickelten« (Schleicher 1869, 38), weiterhin die These, dass sich mit der Evolution verschiedener Sprachen auch die Evolution verschiedener Formen der Spezies Mensch vollzogen habe (Schleicher 1869), und schließlich die Überzeugung, dass sich in einem »Kampf ums Dasein« (Schleicher 1873, 4 f.) insbesondere die »indogermanischen Sprachen« gegen andere Sprachen durchgesetzt hätten, die ihrerseits abgestorben seien (Schleicher 1869, 44). Insbesondere hatte Schleicher bereits 1850 angeregt, die Entwicklungsgeschichte der europäischen Sprachen in einem Stammbaum darzustellen (Schleicher 1850) und dieses Vorhaben dann 1853 in einem Aufsatz zu den »ersten Spaltungen des indogermanischen Urvolkes« auch grafisch realisiert (Schleicher 1853). Hierin sieht er sich nun von Darwin bestätigt: »Von Sprachsippen, die uns genau bekannt sind, stellen wir ebenso Stammbäume auf, wie dies Darwin für die Arten von Pflanzen und Thieren versucht hat« (Schleicher 1873, 15). Insgesamt war Schleicher nach seiner Darwin-Lektüre mehr denn je davon überzeugt, dass »die Entwicklungsgeschichte der Sprache eine Hauptseite der Entwicklungsgeschichte des Menschen« darstelle (Schleicher 1873,

6) und dass insofern Darwins Evolutionstheorie nicht nur seine Theorie der sprachlichen Evolution zu stützen in der Lage sei, sondern dass auch umgekehrt Letztere Darwins Theorie zu stützen vermöchte.

Obgleich Darwin Schleicher durchaus zustimmend zur Kenntnis genommen hat (vgl. Richards 1987), kann kein Zweifel daran bestehen, dass es zwischen beiden Evolutionskonzepten gravierende Differenzen gibt. Dies betrifft einmal die *vitalistische* Deutung der Idee der »bildenden Kraft«, des »inneren Lebensprinzips« sowie der »Lebensgesetze« (Schleicher 1873, 7) und damit des Entwicklungsgedankens insgesamt, sowie zum andern die Modellierung phylogenetischer Prozesse in *ontogenetischen* Metaphern: Ähnlich wie bereits Bopp begreift auch Schleicher Sprachen als »Naturorganismen«, »die ohne vom Willen des Menschen bestimmbar zu sein, entstunden, nach bestimmten Gesetzen wuchsen und sich entwickelten und wiederum altern und absterben« (Schleicher 1873, 7; hierzu kritisch Keller 1983, 33 f.).

Schleichers Darwinismus löste in der zeitgenössischen Sprachwissenschaft eine heftige Debatte aus (Richards 1987), die nicht nur die Frage nach der Angemessenheit der Hypothese von der Naturgesetzlichkeit der sprachlichen Entwicklung und der wissenschaftslogischen Zuordnung der Sprachwissenschaft zu den Natur- oder Geisteswissenschaften betraf (Jäger 1991, 152–155), sondern insbesondere auch mit der Verabschiedung eines vitalistischen Organismusbegriffs das Interesse der Sprachwissenschaft an Fragen des Sprachursprungs und der Sprachevolution zum Erliegen brachte. In dem Maße, in dem sich die Sprachwissenschaft von ihren »naturphilosophischen Träumen« (Reclam 1877, 202) insbesondere von einer »anthropomorphischen Naturauffassung« (Rosenthal 1901, 11) emanzipierte und sich gegen jene Klasse von Linguisten wandte, »welche es allen übrigen zuvorzutun wähnt, wenn sie nur in darwinistischen Gleichnissen redet« (Paul 1920, 11), verknüpfte sie auch mit der Untersuchung der »allgemeinen Grundbedingungen der Sprachentwicklung« (Paul 1901, 129) nicht mehr die Erwartung, hierbei einen Beitrag zur Klärung der Ursprungsfrage zu leisten. Lazarus formuliert hier die neue *opinio communis*: »[W]as wir niemals mit Sicherheit erreichen werden ist: das Wissen von der wirklichen, thatsächlichen, im Einzelnen bestimmten Geschichte der Sprache und der einzelnen Sprachen in ihren Anfängen. Was wir aber zu ergründen hoffen können, ist: das Wissen von den psychischen (und psychophysischen) Processen und Gesetzen, welche bei dieser Entwickelung der Sprache zur Anwendung gekommen sind« (Lazarus 1884, 11).

Die Sprachwissenschaft verstand sich im letzten Drittel des 19. Jahrhunderts also durchaus noch als *historisch* orientierte Wissenschaft, die freilich nicht mehr an dem Ursprung, bzw. der Evolution der Sprache und der Sprachen, sondern allein an den »allgemeinen Grundbedingungen« interessiert war, »welche für jede Art der geschichtlichen Entwickelung die notwendige Unterlage bilden« (Paul 1920, 3). Demgegenüber verlor die Sprachwissenschaft des 20. Jahrhunderts insbesondere in ihren strukturalistischen und kognitivistischen Varianten die genetisch-evolutive Sprachdimension beinahe gänzlich aus dem Blick: Im Strukturalismus, weil »das eigentliche Objekt der Linguistik, das Sprachsystem, nicht in der Diachronie vorgefunden werden kann, sondern nur in der Synchronie« (Knoop 1975, 165; vgl. auch Jäger 1998), und im linguistischen Kognitivismus, weil ihn vor allem jenes genetische, universalsprachliche Programm interessiert, das am (vorläufigen) Ende der Gattungsevolution als Voraussetzung des Spracherwerbs zur Verfügung steht, ein Programm, das im Hinblick auf die Phylogenese gleichsam stillgestellt ist und in Hinsicht auf historische Sprachwandlungsprozesse (vgl. Keller 1982, 1990) invariant bleibt.

Sprache und Evolution: Theoretische Aspekte

Seit Beginn der 1990er Jahre ist das Thema der Sprachevolution wieder verstärkt auf die Forschungsagenda verschiedener Wissenschaften getreten: sowohl die Sprachwissenschaft (Hauser et al. 2002; Jackendoff/Pinker 2005; Fitch et al. 2005) – insbesondere auch die Gebärdensprachforschung (Poizner et al. 1990; Armstrong et al. 1996; Corballis 1999), als auch ein interdisziplinäres Spektrum von Wissenschaften wie die Evolutionäre Anthropologie (Tomasello 1999 und 2008), die Genetik (Cavalli-Sforza et al. 1994) sowie die Neurowissenschaften – insbesondere im Kontext der Entdeckung der »Spiegelneurone« (Rizzolatti et al. 1996; Arbib/Rizzolatti 1996; Rizzolatti/Arbib 1998; Arbib 2001) – haben das Problem des Ursprungs und der Ausbreitung der Sprachen wieder intensiver aus je verschiedenen theoretischen Perspektiven in den Blick genommen. Konferenzen und Sammelbände (vgl. Harnad et al. 1976; Jablonski/Aiello 1998; Hurford et al. 1998;

Trabant/Ward 2001; Tallerman 2005) bekunden ein in jüngerer Zeit wiederbelebtes Interesse an den gattungsgeschichtlichen Umständen sowie an den philosophischen Implikationen der Entstehung jener Fähigkeit, von der Deacon festgestellt hat, sie insbesondere unterscheide den Menschen als die »Symbolic Species« von allen anderen Arten, die die Evolution hervorgebracht hat (Deacon 1998).

Systematische Perspektiven der aktuellen Sprachevolutionsdebatte

Es sind vor allem drei systematische Aspekte, die im thematischen Horizont der jüngeren Debatte in den Vordergrund getreten sind: (1) Der erste Aspekt betrifft das Problem der historischen Tiefenreichweite der komparativen Methode und die hiermit verknüpfte Debatte darüber, ob der Ursprung der menschlichen Sprache *mono-* oder *plurigenetischer* Natur sei. In der historisch vergleichenden Sprachwissenschaft wurde bis in die jüngste Zeit die komparative Methode hinsichtlich der Rekonstruktion von Protosprachen für zeitlich nur begrenzt anwendbar gehalten. Hier hatte sich – wie Ruhlen formuliert – allgemein die dogmatische Ansicht etabliert, dass die vergleichende Methode über die mit der indo-europäischen »Ursprache« gegebene Grenze von ca. 6000 Jahren nicht hinausreichen könne. Die klassische Frage der älteren Sprachursprungsforschung, ob die menschliche Sprache plurigenetisch (Schleicher 1873, 26 f.) oder monogenetisch (Trombetti 1905) entstanden sei, war deshalb nach einer weitverbreiteten Ansicht auf dem methodisch-komparatistischen Weg unentscheidbar. Freilich haben in jüngerer Zeit Bengtson und Ruhlen zu zeigen versucht, dass die Frage, ob »ancient language families such as Niger-Kordofanian, Eurasiatic, Australian, and Amerind themselves share certain basic roots which would indicate a common origin«, sich auf empirischem Weg positiv beantworten lässt (Ruhlen 2001, 212). Die »selbst auferlegte« Sechstausendjahresgrenze (Ruhlen 2001, 209) kann somit historisch erheblich überschritten werden. In einer vergleichenden Analyse von 33 verschiedenen Sprachfamilien, die alle Sprachen der Erde umfassen, fanden die Autoren eine ansehnliche Anzahl weitverbreiteter, ähnlicher Wurzeln, die nach ihrer Ansicht nur durch die Annahme eines gemeinsamen Sprachursprungs erklärt werden können (Bengtson/Ruhlen 1994). Bestärkt wurde diese Analyse durch Erkenntnisse der Genetik, die auffällige Korrelationen zwischen dem sprachlichen und dem genetischen Stammbaum sichtbar machte (Cavallis-Sforza et al. 1994, 380); zugleich wurde hierdurch die Annahme einer *Monogenesis* der Sprache (Cavallis-Sforza et al. 1994, 96) entscheidend gestützt. Die Befunde der Genetik können insofern auch als eine späte Bestätigung der Annahme Schleichers gelten, dass die »sprachlichen Unterschiede« von großer »Bedeutung für die Naturgeschichte des Genus Homo« seien (Schleicher 1873, 5 f.).

(2) Der zweite systematische Aspekt der neueren Debatte der Sprachevolution betrifft die Frage nach der theoretischen Konzeptualisierung dessen, was »Sprachfähigkeit« genannt wird. Diese Frage ist im Kontext des Evolutionsdiskurses vor allem deshalb bedeutsam, weil zwar die Sprachfähigkeit in einem breiten interdisziplinären Konsens (Jäger 2009) noch immer als das entscheidende Differenzkriterium menschlicher und nicht menschlicher Spezies angesehen wird, gleichwohl aber durchaus keine Eindeutigkeit darin besteht, was unter Sprachfähigkeit verstanden werden soll. Die theoretischen Konsequenzen, die sich aus den unterschiedlichen Antworten auf diese Frage für die Modellierung des Verhältnisses von Sprache und Evolution ergeben, sind tiefgreifend und kontrovers. So haben Hauser, Chomsky und Fitch in einem vieldiskutierten Artikel vorgeschlagen, eine Unterscheidung einzuführen zwischen der Sprachfähigkeit im weiteren Sinn (*faculty of language in the broad sense*, FLB) und der Sprachfähigkeit im engeren Sinne (*faculty of language in the narrow sense*, FLN). FLB umfasst dabei ein sensomotorisches System, ein konzeptuell-intentionales System sowie einen Rekursionsmechanismus, der es erlaubt, aus einer endlichen Menge von Elementen eine unendliche Anzahl von Ausdrücken zu erzeugen. Die für die Evolutionsfrage folgenreiche Konsequenz aus dieser Unterscheidung besteht einmal darin, dass für die Autoren FLN nur die Rekursion umfasst, die die einzige humanspezifische Komponente der Sprachfähigkeit darstellt, während andererseits FLB – also sensomotorisches und konzeptuell-intentionales System (ohne Rekursion) – auf Mechanismen basiert, über die auch nichtmenschliche Spezies verfügen (Hauser et al. 2002, 1569, 1573). Von den drei Komponenten der Sprachfähigkeit ist also allein Rekursion humanspezifisch, während dies für Begriffs- und Intentionssystem sowie Sensomotorik nicht gilt, wobei sich für die einzige humanspezifische Komponente, nämlich Rekursion, keine Analogie in tierischer Kommunikation findet (Hauser et al. 2002, 1571).

Die Autoren leiten hieraus die weitreichende Hypothese ab, dass der einzige humanspezifische Teil der Sprachfähigkeit (FLN) nicht als Adaptation an Kommunikation verstanden werden kann. In ihrem Kern habe Sprache nichts mit der Evolution kommunikativer Fähigkeiten zu tun, was sich auch darin zeige, dass sie in einer fundamentalen Differenz zu allen bekannten Formen der Tierkommunikation stehe. Bereits in früheren Arbeiten hatte Chomsky die These vertreten, dass »communication is not the function of language« (Chomsky 1970, 112; 2000, 75). Für Hauser, Chomsky und Fitch sind deshalb die spezifischen Eigenschaften der Sprache überhaupt keine Adaptationen, sondern eher zufällige »spandrels«, d. h. »by-products of preexisting constraints rather than end products of a history of natural selection« (Hauser et al. 2002, 1574). Gegen diese Position haben vor allem Pinker und Jackendoff grundlegende Einwände erhoben. Die Autoren weisen die »recursion-only hypothesis« zurück (Pinker/Jackendoff 2005, 217–218) und vertreten nachdrücklich die These, dass »language is a complex adaption for communication which evolved piecemeal« (Pinker/Jackendoff 2005, 202, 223, 231).

(3) Der dritte wesentliche Aspekt des wieder aufgeflammten Interesses an der Sprachursprungsfrage schließlich betrifft ein weiteres Problem der theoretischen Modellierung von Sprachfähigkeit. Bis in die jüngsten Debatten herrscht bei den beteiligten Parteien eine selbstverständliche Gleichsetzung von Sprache und Lautsprache vor. Dies gilt unabhängig davon, welche Position die Kontrahenten hinsichtlich der Frage einnehmen, ob lautsprachliche Produktion und Perzeption als humanspezifisch angesehen werden oder nicht. Tatsächlich haben aber die jüngeren Forschungsergebnisse im Bereich der Gebärdensprachforschung zu einer grundsätzlichen Infragestellung der stillschweigenden Identifikation von Sprache mit Lautsprache geführt. So stellen etwa Arbib und Rizzolatti mit Blick auf Lieberman fest: »[...] where Philip Lieberman (1985) argues for speech as the basic modality in the evolution of human language, we stress its manual basis, seeing spoken language as derivative from skills for complex sequential behavior that emerged prior to the evolution of speech« (Arbib/Rizzolati 1996, 410). Viele der Fragen, die in den oben skizzierten systematischen Problemfeldern der Sprachevolutionsdebatte kontrovers erörtert werden, erhalten durch die Befunde der Gebärdensprachforschung, insbesondere durch die Hypothese vom gestisch-visuellen Anfang der Sprachevolution, die im Folgenden näher betrachtet werden soll, einen veränderten Stellenwert.

Die Evolution der Sprachfähigkeit

Einem breiten Forschungskonsens zufolge verläuft die Herausbildung der Sprache in etwa parallel mit der Gattungsgeschichte des *Homo sapiens sapiens* und ist ein elementarer Teil von ihr (Dingwall 1979; Hildebrand-Nilshon 1980; Lieberman 1984; Niemitz 1987; Osche 1987; Leroi-Gourhan 1988; Eccles 1989). Die phylogenetische Entwicklung führte vor ca. 100.000 Jahren zum modernen *Homo sapiens sapiens*, dessen gemeinsamer Ursprung – wie Befunde der Archäologie sowie der Genetik zeigen (Klein 1999, Cavalli-Sforza et al. 1994) – in Afrika liegt. Wie Ruhlen bemerkt, verhielten sich allerdings diese ersten Sapiens-Sapiensformen, obwohl sie morphologisch mit ihnen übereinstimmten – kulturell noch nicht wie moderne Menschen. Hierzu führte erst vor ca. 50.000 Jahren ein weiterer Übergang in der Humanevolution (vgl. auch Vogel 1987; Washburn 1986), der mit einem grundlegenden Wandel der Werkzeugkultur verbunden war: »Artifacts that had changed little in hundred of thousands of years, over vast geographical areas, suddenly became much more complex and began to change rapidly both in space and time. For the first time tools were made not just for stone but also from [...] another materials. [...] It was apparently also at this moment that these behaviourally modern people spread out of Africa, carrying with them the genes that attest to their recent African origin, and the language that has left traces [...] in contemporary languages down to the present day« (Ruhlen 2001, 214). Vieles spricht dafür, dass der skizzierte Entwicklungssprung wesentlich darin gründetet, dass sich zu diesem Zeitpunkt moderne Sprache entwickelt hatte: »Indeed, the emergence of fully modern human language at this time is often seen as the underlying mechanism behind the swift change in behavioural modernity and the subsequent occupation of the entire world« (Ruhlen 2001, 214). Zugleich gibt es aber auch einige Evidenz dafür, dass der bemerkenswerte Wandel und die rasche Expansion der Werkzeugkultur mit der (endgültigen) Auslagerung der Sprache aus der Hand- in die Mundartikulation – und damit mit der Freisetzung der Hand von sprachlich-kommunikativen Aufgaben verbunden war (Corballis 1999, insb. 140).

Charakteristisch geprägt wurde diese phylogenetische Entwicklung zum modernen sprachfähigen Menschen durch eine – wie Leroi-Gourhan formuliert – »Kette von Befreiungen« (Leroi-Gourhan 1988, 100), die aus einer Folge von ineinander verflochtenen Prozessen besteht. Die Aufrichtung des Ganges hatte einerseits die Freisetzung der Hand von den Aufgaben der Fortbewegung und damit die Eröffnung der Möglichkeit technischen Handelns und handgestützter Kommunikation, andererseits die Entlastung des Gesichtes von den Funktionen des Ergreifens und Zurichtens der Nahrung und seine Freisetzung für die Lautartikulation zur Folge; zugleich war mit der veränderten Aufhängung des Schädels »auf der Spitze einer vollständig aufgerichteten Wirbelsäule« eine »Befreiung des Gehirns« verbunden: Die Schädeldecke öffnete sich »buchstäblich wie ein Fächer«, so dass insgesamt »der aufrechte Gang zu einer Steigerung der Schädeloberfläche im mittleren Frontal-Temporal-Bereich« führte (Leroi-Gourhan 1988, 99–118). Die mit der Aufrichtung verknüpfte Vergrößerung und Veränderung des Schädels ging einher mit einer Zunahme des Gehirnvolumens von 450 cm³ des Australopithecus-Gehirns vor ca. vier Millionen Jahren zu 1.500 cm³ beim Gehirn des gegenwärtigen Menschen (Washburn 1986, 177; Oeser/Seitelberger 1988, 52–56). Insgesamt ist dieser Befund im Hinblick auf die Sprachevolution bedeutsam: Bei der Region, die durch die – von Leroi-Gourhan so genannte – »Schädelaufrollung« neu entstanden ist – dem »Kortikalfächer« (Leroi-Gourhan 1988, 114) –, handelt es sich nämlich um eben jenen Bereich des Schädels, der den »Kortikalkomplex« des heutigen Menschen aufnahm, das heißt jene Region, die neben dem sensomotorischen Kortex, der vor allem der Steuerung von Gesicht und Hand dient, die Sprachareale des Gehirns beherbergt. Dieser Komplex repräsentiert – so Leroi-Gourhan – die kortikale Ausstattung der Sprache beim Menschen. Es besteht also insgesamt ein enger Zusammenhang zwischen der Aufrichtung des Menschen und den hiermit verknüpften Freisetzungen von Gesicht und Hand sowie der Auffaltung des Schädels in eben jenen Regionen, die Gehirnareale für Sensomotorik und Sprache beherbergen.

Aus diesem Befund kann die Hypothese abgeleitet werden, dass Menschwerdung und Sprachentstehung eng miteinander verknüpft sind, dass Sprache und Gehirn sich in einer Koevolution entwickelt haben (Deacon 1998). Eccles und Robinson sprechen von der bestechenden evolutionären Hypothese, dass Sprachentwicklung und die für den Menschen spezifische Gehirnentwicklung Hand in Hand gingen (Eccles/Robinson 1985, 153). Auch Jerison hat die Expansion des Gehirnvolumens auf einen Selektionsdruck zurückgeführt, der aufgrund klimatischer Veränderungen die Entstehung eines sprachlichen Systems zur Informationsverarbeitung begünstigt habe: Allein die Entwicklung eines geistigen Instrumentes, wie es die Sprache darstelle, das eine neue Art der Konstruktion von Wirklichkeit ermöglicht habe, könne die dramatische evolutionäre Zunahme von Gehirngewebe erklären (Jerison 1976, 101). Ähnlich wie Jerison hat auch Monod einen engen Zusammenhang zwischen der Gehirnevolution und der Evolution der Sprache gesehen, der »die Sprache nicht nur zum Produkt, sondern zu einer der Ausgangsbedingungen dieser Evolution werden ließ« (Monod 1975, 119).

Alle diese Hypothesen gehen davon aus, dass (1) Sprache und Gehirn sich in einer korrelativen Evolution entwickelt haben (Deacon 1998), dass (2) die Sprache als »an adaption for the communication of knowledge and intentions« (Pinker/Jackendoff 2005, 231) und nicht als »accidental language organ« entstanden ist (Deacon 1998, 37), dass sie sich folglich (3) nicht in einer Einschritt-Evolution (Deacon 1998, 36), sondern in einer graduellen Evolution entwickelte hat. Insgesamt scheint sich also Sprache im Rahmen einer »adaptive history of the language faculty« (Fitch et al. 2005, 179) und nicht durch einen »Entwicklungssprung« (Chomsky 1970, 117) herausgebildet zu haben (Armstrong et al. 1996, 223–229). Trotz der hiermit verbundenen theoretischen Kontroversen, d. h. unabhängig davon, ob die Forschung ein saltationistisches oder eine adaptives Modell der Sprachevolution präferiert, stimmt sie nach wie vor weithin darin überein, »daß die Erwerbung der Sprache als Geburtsstunde des Menschen und ihr Besitz als das entscheidende menschliche Vermögen schlechthin angesehen werden kann« (Monod 1975, 119).

Weithin offen bleibt dabei allerdings noch immer die vor allem seit den 1990er Jahren virulent gewordene Frage, ob die Sprache als ein vokal-auditives oder ein gestisch-visuelles System angesehen werden sollte und in welchem Verhältnis beide Systeme im Laufe der Evolution zueinander standen. Im Lichte der neueren Befunde der Gebärdensprachforschung und der biologischen Anthropologie spricht Einiges dafür, dass sich das lautsprachliche System erst am Ende einer langen Beziehungsgeschichte gegen das gestisch-visuelle Gebärdensprachsystem durchsetzte, das zuvor die Sprachevolution dominiert hatte.

Gebärdensprachen und das Problem ihrer phylogenetischen Vorgängigkeit

In der bisherigen Argumentation wurde die (unten noch näher zu betrachtende) Annahme zugrunde gelegt, »that language emerged not from vocalization, but from manual gestures, and switched to a vocal mode relatively recently in hominid evolution, perhaps with the emergence of H. sapiens« (Corballis 1999, 139; 2004, 543–552), die Annahme also, dass »visible signing« als »basis for subsequent linguistic evolution« angesehn werden sollte (Armstrong et al. 1996, 19). Im Folgenden soll deshalb (1) zunächst die Frage der Sprachlichkeit der Gebärdensprache und (2) in einem weiteren Schritt die ihrer phylogenetischen Vorgängigkeit vor der Lautsprache erörtert werden.

(1) Grundsätzlich kann aufgrund der jüngeren Forschung kein Zweifel mehr daran bestehen, dass Gebärdensprachen als natürlichsprachliche Zeichensysteme angesehen werden müssen, die vergleichbare Komplexität wie die Lautsprachen aufweisen und ihnen auf allen strukturellen Ebenen ebenbürtig sind. (Bellugi/Studdert-Kennedy 1980; Fischer/Siple 1990; Poizner et al. 1990; Emmorey/Reilly 1995; Boyes Braem 1990). Es gibt eine Vielzahl von Gebärdensprachen, die wie Lautsprachen in Einzelsprachen und Dialekte aufgegliedert sind. Das heißt zunächst, sie sind weder universale Verständigungsmittel (Wundt 1904, 140), noch sind sie »Korrelate primitiverer Geistigkeit«, die nur auf »einem weit niedrigeren geistigen Niveau« möglich seien »als die Lautsprachen« (Kainz 1943, 521, 520; hierzu Jäger 1996, 300–319). Sie sind vielmehr Sprachen, die hinsichtlich ihrer kognitiven und kommunikativen Reichweite prinzipiell auf der gleichen entwicklungsgeschichtlichen und systematischen Stufe operieren wie Lautsprachen. Wie die Lautsprachen verfügen sie über die sprachsystematischen Ebenen Lexikon, Syntax, Morphologie und Phonologie, wobei hier auf die intensive und teilweise kontroverse Debatte zu den strukturellen Analogien und Differenzen der beiden medial verschiedenen Sprachtypen nicht eingegangen werden kann (vgl. Huber/Klann 2005).

Trotz dieser funktionalen Äquivalenz tritt, vergleicht man Gebärden- und Lautsprachen hinsichtlich ihrer jeweiligen medialen Formate, eine konstitutive Differenz hervor: Zwar erstreckt sich für beide Typen von Sprachsystemen die Prozessierung der Zeichen in der Zeit, doch ist die sprachliche Semiose in den Gebärdensprachen in einer für sie konstitutiven Weise mit der Operationalisierung des Raumes verwoben (Fehrmann/Jäger 2004): Während Lautsprachen zeitlich-sequentiell artikuliert und auditiv rezipiert werden, nutzt die Gebärdensprache einen räumlichen Artikulationsmodus, dessen Zeichenhervorbringungen in der Rezeption visuell verarbeitet werden. Gebärdensprachen sind also Sprachen, die den Raum zu ihrer operationalen Entfaltung nutzen, ihn zugleich aber als sprachsystematischen oder topografischen Raum allererst konstituieren. Wesentliches Organ zur sprachlichen Artikulation sind – sieht man von der Körperausrichtung und der Mimik des Gesichts ab – die Hände. Hände haben sich in der Gattungsgeschichte des Menschen – im Zuge seiner Aufrichtung zur Zweifüßigkeit – von Fortbewegungsorganen zu präzisen Manipulationsorganen fortentwickelt (Poizner et al. 1990; Wilson 2000). Sie artikulieren sprachlichen Sinn, indem sie Raum durch spezifische Bewegungen strukturieren – und zwar so, dass sie im visuellen Modus rezeptiv als Sprachzeichen verarbeitet werden können. Raum und Bewegung – als Sichtbarkeit manueller Artikulation – sind die medialen Kennzeichen eines Typus von Sprache, der zwar den Schaltkreis von Ohr und Stimme ignoriert, gleichwohl aber alle Bedingungen humaner Sprachlichkeit erfüllt.

Die strukturelle Äquivalenz der Gebärdensprachen mit den Lautsprachen lässt sich auch durch neurologische Befunde validieren. Gebärdensprachen werden nämlich – wie Studien des gestörten Gebärdengebrauchs nach Hirnschädigungen sowie Studien mit Verfahren der funktionellen Bildgebung zeigen – durch die gleichen Regionen der linken Hemisphäre der Großhirnrinde gesteuert wie Lautsprachen (Poizner et al. 1990; Huber/Klann 2005). Beide Artikulationssysteme sind auf der sensomotorischen Rinde im Vergleich zur Steuerung des Körpers insgesamt spektakulär überrepräsentiert. Auch beim rezenten Menschen kann deshalb heute noch – unter bestimmten Bedingungen – die feinmotorische Leistungsfähigkeit der Hand im Rahmen eines gestisch-visuellen Dispositivs sprachlich in Dienst genommen werden. Schließlich weisen auch die Befunde aus der Erforschung des Gebärdenspracherwerbs nachdrücklich darauf hin, dass Gebärdensprachen natürliche Sprachen sind: Wie etwa Petitto und Marentette gezeigt haben, durchlaufen gehörlose Kinder (gehörloser Eltern) beim Erwerb der Gebärdensprache die gleichen Entwicklungsstufen wie hörende Kinder (Petitto/Marentette 1991).

Insgesamt lässt sich also mit guten Gründen der Schluss ziehen, dass der *Homo sapiens sapiens* mit Gesicht (Mund) und Hand offensichtlich über zwei

»sprechende Organe« verfügt. (Niemitz 1987, 100; Leroi-Gourhan 1988, 148; Poizner/Klima/Bellugi 1990). Dabei ist im Hinblick auf die funktionale Äquivalenz von gestisch-visueller und vokal-auditiver Sprachmodalität der Befund bedeutsam, dass die Spezialisierung bestimmter Regionen der linken Hirn-Hemisphäre für Sprache offensichtlich nicht eine Sekundärfolge der Spezialisierung dieser Gehirnregion für rasche Zeitanalyse ist, wie man lange angenommen hat (Tallal et al. 1995; Huber/Klann 2005, 365 f.). Tatsächlich lässt sich die Sprachfunktion als Spezialisierung der linkshemisphärischen Sprachareale prinzipiell auch durch die visuell vermittelte, räumlich-simultane Medialität der Gebärdenzeichen realisieren. Poizner, Klima und Bellugi stellen deshalb fest »daß die zeitlich-sequentielle Organisationsstruktur der [...] Lautsprachen sowie die rasche zeitliche Verarbeitung, die diese Organisation erfordert, nicht Grundlage der Sprachspezialisierung der linken Gehirnhälfte sein können« (Poizner et al. 1990, 139). Insofern muss die klassische Ansicht des Neurobiologen Liberman, es gebe eine vorrangige Verbindung zwischen Laut und Sprache (Liberman 1982), revidiert werden.

(2) Wie Corballis formuliert, gibt es keine direkte Evidenz dafür »that any of our hominid ancestors gestured rather than spoke. Even so, argument in its favor has continued to grow« (Corballis 1999, 140). In der Tat lassen sich für die Annahme einer phylogenetischen Vorgängigkeit der Gebärdensprachen vor den Lautsprachen einige Gründe geltend machen: Zunächst deuten Befunde aus der Primatenforschung auf eine gattungsgeschichtliche Vorgängigkeit der Gebärdensprache vor der Lautsprache und damit auf eine phylogenetische Priorität gestisch-visueller vor vokal-auditiver Kommunikation hin. Wie Tomasello feststellt, geben uns die Befunde aus der Primatenforschung »good reason to think, that great ape gestures are the more likely candidate, in comparison with great ape vocalization, for the evolutionary precursor of human-style communication« (Tomasello 2008, 34). Die etwa von Corballis vertretene These, dass die Sprache sich nicht aus der Vokalisationsfähigkeit von höheren Primaten, sondern aus deren gestischem Vermögen entwickelte, findet deshalb zunehmend Zustimmung: Primaten sind vor allem »visuelle Tiere«; die kortikale Kontrolle der Bewegungen der Hand ist bei ihnen weit besser ausgebildet als die der Stimme (Corballis 1999 und 2004). Niemitz etwa hat mit Blick auf die kommunikativen Eigenschaften der äffischen Vorfahren des Menschen gezeigt, dass für eine Erstentwicklung der vokal-auditiven Sprache in der Hominisation wenig spricht. Während das Lautrepertoire etwa von Gibbons genetisch fixiert und vererbt ist, so dass sie nicht in der Lage sind, die geringste Variation des genetischen Repertoires zu lernen, sind jedoch im mimisch-gestischen Bereich alle »höheren Affen und Menschenaffen [...] sehr lernfähig« (Niemitz 1987, 103). So wird etwa das Imitationsspiel von Menschenaffenkindern nur durch visuelle Reize angeregt. Was sie hören, führt bei ihnen nicht zu akustischer Nachahmung. Offensichtlich hat die vokal-akustische Kommunikation – wie sich an diesen und anderen Forschungsergebnissen ablesen lässt – bei Primaten kaum eine Rolle gespielt (Niemitz 1987, 102). Ihre speziesspezifischen und weithin nicht willkürlich kontrollierbaren Rufesysteme werden von einem evolutiv alten neuronalen System gesteuert (Fischer 2006). Die Steuerung der Stimme erfolgt bei Primaten nicht in jener Struktur des Gehirns, die mit dem Broca-Areal homolog ist, das beim Menschen die Vokalisation steuert. Es ist aber bemerkenswert, dass dieser Vorläufer des motorischen Sprachzentrums des Menschen bei den Primaten die Handgestik kontrolliert. Von Rufesystemen der Primaten führt deshalb kein evolutionärer Weg zur menschlichen, artikulierten Vokalisation, die durch das Broca-Areal gesteuert wird (Corballis 2004, 546; Arbib 2001, 211 f.). Hierfür spricht auch der Umstand, dass die anatomischen Veränderungen, die beim Menschen eine Voraussetzung für die artikulierte Sprache sind, wie etwa die Absenkung des Kehlkopfs (Lieberman 1991; Arbib 2001, 215 f.), wahrscheinlich erst spät in der Evolution entstanden sind (Corballis 2004, 547). Primaten-Rufe sind deshalb, wie Arbib feststellt, keine direkten Vorläufer der menschlichen Sprache (Arbib 2001, 211; Rizzolatti/Arbib 1998). »Es scheint« – wie Julia Fischer formuliert – »paradox, dass gerade die nächsten Verwandten des Menschen weder in der Lage sind, akustische Signale zu imitieren, noch, die bestehenden Laute flexibel einzusetzen« (Fischer 2006, 185).

Wie gezeigt, haben einige bedeutende Wissenschaftler, wie Bickerton oder Fitch, Hauser und Chomsky diesen Befund als Argument für die These genutzt, es gebe überhaupt keine kontinuierliche evolutionäre Entwicklung von der Primatenkommunikation zur menschlichen Sprache. Bickerton etwa vertritt die These, dass der evolutionäre Schritt von der Protosprache »to true language [...] was a catastrophic event, occurring within the first few generations of the species Homo sapiens sapiens« (Bickerton 1996, 69; zur Kritik an Bickerton vgl. Corballis

2004, 544 sowie Tomasello 1996, 300–303.). Freilich setzen Bickerton und Chomsky bei ihrer Argumentation für eine »Big-Bang-Theorie« der Sprachevolution fälschlicherweise Sprache mit Lautsprache gleich. Aber wie in der Gebärdensprachforschung zu Recht festgestellt worden ist, können Theorien dieses Typs nur die These zurückweisen, dass es eine kontinuierliche gattungsgeschichtliche Linie von den Vokalisationsformen der Primaten zur menschlichen Lautsprache gebe (Armstrong et al. 1996, 223–226), nicht aber die in der Forschung inzwischen gut fundierte Annahme, dass sich die Sprachevolution ohne plötzliche Sprünge kontinuierlich im Medium visuell-gestischer Kommunikationsformen vollzogen haben könnte. Tatsächlich kann die Hypothese als gut begründet angesehen werden, dass die frühen Hominiden eher für eine sprachliche Kommunikation mit den Händen als für eine mit den Artikulationsorganen des Mundes ausgestattet waren (Corballis 1999, 140). In der Forschung hat sich deshalb das von Carsten Niemitz vertretene Postulat weithin durchgesetzt, Sprache sei »phylogenetisch ableitbar von mimisch-gestischer Kommunikation« und insofern »primär optisch« (Niemitz 1987, 105).

Auch ein zweiter Befund spricht für die Vorgängigkeit der Gebärdensprachen vor den Lautsprachen: die Entdeckung der sogenannten *Spiegelneuronen* (Rizzolatti et al. 1996; Arbib/Rizzolatti 1996; Arbib et al. 2000). Die Rizzolatti-Forschungsgruppe in Parma hat die Spiegelneurone bei Experimenten mit Makaken entdeckt. Dort zeigte sich, dass eine bestimmte Gruppe von Neuronen nicht nur feuerte, wenn die Versuchstiere *selbst* Handbewegungen wie Greifen, Halten und Manipulieren von Objekten durchführten, sondern auch, wenn sie analoge Bewegungen bei den Experimentatoren sahen (Rizzolatti et al. 1996). Das *Sehen* bestimmter bedeutungsvoller Handbewegungen der Forscher löste also bei den Makaken die Aktivierung genau jener Neuronengruppe aus, die auch für die Durchführung entsprechender eigener Handbewegungen zuständig gewesen wäre. Spiegelneuronen sind Teil einer Gruppe von Neuronen in einem Areal der Großhirnrinde von Primaten (F5), die für bestimmte motorische Handlungen zuständig sind – insbesondere für das visuell geleitete, zielgerichtete Greifen mit der Hand. Diese Neuronen bilden einen kortikalen Schaltkreis, der visuelle Informationen über Eigenschaften von Objekten in Handbewegungen übersetzt, die ihre (präzise) Ergreifung erlauben. Neuronen dieses Typs haben also sowohl sensorische als auch motorische Eigenschaften (Rizzolatti et al. 1996, 131); sie sind nicht nur in der Lage, motorische Handlungen zu kodieren, sondern auch auf die visuellen Merkmale zu antworten, durch die die Handlungen ausgelöst werden (Gallese 2000, 327). In gewissem Sinne »klassifiziert« das System Objekte der äußeren Welt hinsichtlich ihres Wertes für ein handelndes (greifendes) Subjekt. Es versieht auf diese Weise Objekte auf einem vorbegrifflichen Niveau mit »Bedeutung« (Gallese 2000).

Spiegelneuronen verfügen nun über die skizzierten Eigenschaften hinaus über eine zusätzliche Eigenschaft: Sie feuern nämlich nicht nur bei blickgeleiteten Eigenhandbewegungen wie Greifen, Halten und Manipulieren von Objekten, sondern auch bei der *Beobachtung* analoger Bewegungen bei *Anderen* (Rizzolatti et al. 1996). Die bei anderen Individuen beobachteten Handlungen lösen offenbar bei den Beobachtern dieselben neuronalen Muster aus, die während der eigenen Ausführung der entsprechenden Handlungen aufträten. Das »Spiegelsystem« (Arbib et al. 2000, 975) integriert also nicht nur die visuellen Eigenschaften von Objekten im Hinblick auf zielgerichtete eigene Greifbewegungen, sondern darüber hinaus auch die visuellen Eigenschaften der zielgerichteten Handmotorik *anderer Subjekte*, die in absichtsvoller Weise mit Objekten umgehen. Es verknüpft also im selben neuronalen Schaltkreis die Klassifikation von Objekten je nach der Handform, die nötig ist, um sie zu ergreifen, und das »Fremdverstehen« von Hand-Gesten anderer. Auf der Basis dieser Befunde schlagen nun Rizzolatti und Arbib vor, die Entwicklung der menschlichen Sprachzentren in der Gattungsgeschichte als die Konsequenz der Tatsache anzusehen, dass der Vorläufer des Broca-Areals bei höheren Primaten bereits vor der Sprachentwicklung mit dem Mechanismus ausgestattet war, die Handlungen anderer zu erkennen: »Dieser Mechanismus« – so Rizzolatti und Arbib – »war die neuronale Voraussetzung für das Entstehen interindividueller Kommunikation und schließlich der Sprache« (Rizzolatti/Arbib 1998, 190).

Die Entdeckung des Systems der Spiegelneuronen, das inzwischen auch für Menschen nachgewiesen wurde (Arbib et al. 2000, 984), legt also die Hypothese nahe, dass sich die Sprache als Gebärdensprache aus der Möglichkeit reziproken Gestengebrauchs entwickelte, der durch das neuronale Spiegelsystem ermöglicht wurde. Diese Hypothese wird auch durch den Umstand gestützt, dass das Areal des Makaken-Gehirns, in dem die Spiegelneuronen angesiedelt sind, homolog ist zum Brocaschen Sprachareal des menschlichen Gehirns (Rizzolatti et al. 1996, 131). Zugleich würde durch ein solche Deutung der

Rolle der Spiegelneuronen für die Sprachentstehung auch der enge Zusammenhang zwischen der durch Handformen bewerkstelligten Klassifikation von Gegenständen, einer Leistung der Kognition, und dem Entstehen von sozial geteiltem Wissen durch einen intersubjektivem Gebärdengebrauch, also letztlich der Zusammenhang von begrifflichem und hermeneutischem Wissen, deutlich: Denn in der Tat sind an der Hand-Objekt-Interaktion neben den F5-Neuronen auch Neuronen des *Sulcus temporalis superior* (STS) beteiligt (Rizzolatti et al. 1996, 131). Bei dieser Gehirnregion, deren Rolle für crossmodale Begriffsbildung bei Primaten bereits die ältere neurologische Forschung nachgewiesen hat (Jones/Powell 1970; Wilkins/Wakefield 1995)› handelt es sich um ein Areal, das im Makaken-Gehirn homolog zum Wernickeareal des menschlichen Gehirns situiert ist – dem für die semantische Verarbeitung von sprachlichen Zeichen verantwortlichen Sprachareal.

Folgt man dem bislang skizzierten Entwicklungsmodell, so hat also in der Evolution des Menschen die stimmliche Modalität der Sprache die gestisch-visuelle erst sehr spät substituiert, nachdem beide Systeme über einen längeren Zeitraum parallel existierten (Corballis 1999; 2004). Die Entstehung des menschlichen Sprachvermögens wäre also für eine Zeitspanne von beinahe zwei Millionen Jahren durch einen audio-visuellen Rahmen bestimmt, in dem sich die Gewichte zwischen visuellem und akustischem Zeichengebrauch allmählich zugunsten des Letzteren verschieben, ohne dass die neuronale Ausstattung für beide Sprachorgane verlorengegangen wäre. Nach der ersten mit der Aufrichtung des Menschen verbundenen Befreiung der Hand hätten wir es hier mit einer zweiten Befreiung der Hand zu tun, die vor ca. 50.000 Jahren nicht unwesentlich für den »swift change to behavioral modernity and the subsequent occupation of the entire world« (Ruhlen 2001, 214) verantwortlich war.

Literatur

Adelung, Johann Christoph/Vater, Johann Severin (1806–1817): Mithridates oder allgemeine Sprachenkunde mit dem Vater Unser als Sprachprobe in beynahe fünfhundert Sprachen und Mundarten. 4 Bde. Berlin [Nachdruck Hildesheim/New York 1970].
Alter, Stephen (1999): Darwinism and the Linguistic Image. Baltimore.
Arbib, Michael A. (2001): »Co-Evolution of Human Consciousness and Language«. In: Pedro C. Marijuan (Hg.): Cajal and Consciousness. Scientific Approaches to Consciousness and the Centennial of Ramon y Cajal's Texture. Annals of the New York Academy of Sciences 929, April 2001, 195–220.
Arbib, Michael A./Billard, Aude/Iacoboni, Marco/Oztop, Erhan (2000): »Synthetic Brain Imaging: Grasping, Mirror Neurons and Imitation«. In: Neural Networks 13: 975–997.
Arbib, Michael A./Rizzolatti, Giacomo (1996): »Neural Expectations: A Possible Evolutionary Path from Manual Skills to Language«. In: Communication & Cognition Vol. 29, Nr. 3/4: 393–424.
Armstrong, David F./Stokoe, William C./Wilcox, Sherman E. (1996[2]): Gesture and the Nature of Language. Cambridge u. a.
Becker, Karl Ferdinand (1841[2]): Organism der Sprache. Frankfurt a. M.
Bellugi, Ursula/Studdert-Kennedy, Michael (Hg.) (1980): Signed and Spoken Language: Biological Constraints on Linguistic Form. Weinheim-Deerfield Beach (Florida).
Bengtson, John B./Ruhlen, Merritt (1994): »Global etymologies«. In: Merritt Ruhlen (Hg.): On the Origin of Languages: Studies in Linguistic Taxonomies. Stanford, 277–336.
Bickerton, Derek (1996[2]): Language and Human Behavior. Seattle (Washington).
Bopp, Franz (1868): Vergleichende Grammatik des Sanskrit, Send, Armenischen, Griechischen, Lateinischen, Litauischen, Altslavischen, Gothischen und Deutschen. 1. Bd. Berlin.
Boyes Braem, Penny (1990): Einführung in die Gebärdensprache und ihre Erforschung. Hamburg.
Cassirer, Ernst (1964): Philosophie der symbolischen Formen, erster Teil: Die Sprache. Darmstadt.
Cassirer, Ernst (1973): Das Erkenntnisproblem in der Philosophie und Wissenschaft der neueren Zeit. 4. Bd.: Von Hegels Tod bis zur Gegenwart (1832–1932). Darmstadt.
Cavalli-Sforza, Luigi Luca/Menozzi, Paolo/Piazza, Albert (1994): The History and Geography of Human Genes. Princeton.
Chomsky, Noam (1970): Sprache und Geist. Mit einem Anhang: Linguistik und Politik. Frankfurt a. M.
Corballis, Michael C. (1999): »The Gestural Origins of Language«. In: American Scientist Vol. 87, Nr. 2: 138–145.
Corballis, Michael C. (2004): »The Origins of Modernity. Was Autonomous Speech the Critical Factor?« In: Psychological Review Vol. 111, Nr. 2: 543–552.
Curtius, Georg (1873): Zur Chronologie der Indogermanischen Sprachforschung. Leipzig.
Deacon, Terrence W. (1998): The Symbolic Species. The Co-Evolution of Language and the Brain. New York/London.
Dingwall, William (1979): »The Evolution of Human Communication Systems«. In: Haiganoosh Whitaker/Harry Whitaker: Studies in Neurolinguistics. Bd. 4. New York, 1–95.
Dzwillo, Michael (1978): Prinzipien der Evolution. Phylogenetik und Systematik, Stuttgart.
Eccles, John C. (1989): Die Evolution des Gehirns – die Erschaffung des Selbst. München/Zürich.
Eccles, John C./Robinson, Daniel N. (1985): Das Wunder des Menschseins – Gehirn und Geist. München/Zürich.

Emmorey, Karen/Reilly, Judy S. (Hg.) (1995): Language, Gesture, and Space. Hillsdale (New Jersey).
Fehrmann, Gisela/Jäger, Ludwig (2004): »Sprachbewegung und Raumerinnerung. Zur topographischen Medialität der Gebärdensprache«. In: Christina Lechtermann/ Carsten Morsch/Horst Wenzel (Hg.): Kunst der Bewegung. Kinästhetische Wahrnehmung und Probehandeln in virtuellen Welten. Bern, 311–341.
Fischer, Julia (2006): »Tierstimmen«. In: Doris Kolesch/Sybille Krämer (Hg.): Stimme. Frankfurt a.M., 172–190.
Fischer, Susan/Siple, Patricia (Hg.) (1990): Theoretical Issues in Sign Language Research. Bd. 1: Linguistics. Chicago.
Fitch, Tecumseh W./Hauser Marc D./Chomsky Noam (2005): The Evolution of the Language Faculty: Clarifications and implications. In: Cognition 97: 179–210
Gallese, Vittorio Gallese (2000): »The Acting Subject: Towards the Neural Basis of Social Cognition«. In: Thomas Metzinger (Hg.): Neural Correlates of Consciousness. Empirical and Conceptual Questions. Cambridge (Mass.), 324–333.
Grimm, Jacob (1864): »Über den Ursprung der Sprache«. In: Kleinere Schriften von Jacob Grimm. Bd. 1. Berlin, 255–298.
Grotsch, Klaus Grotsch (1985): »Von der »Natur der Sache« zur Geschichte der Sprache. Der Übergang von der Sprachforschung zur Sprachwissenschaft zu Beginn des 19. Jahrhunderts«. In: Berichte zur Wissenschaftsgeschichte 8: 205–217.
Harnad, Steven R./Steklis, Horst D./Lancaster, Jan (Hg.) (1976): Origins and Evolution of Language and Speech. New York.
Hauser, Marc D./Chomsky, Noam/Fitch, W. Tecumseh (2002): »The Faculty of Language: What Is It, Who Has It, and How Did It Evolve?«. In: Science 298 (11): 1569–1579.
Haym, R. (1870): Die romantische Schule. Ein Beitrag zur Geschichte des deutsche Geistes. Berlin.
Herder, Johann Gottfried (1960): »Abhandlung über den Ursprung der Sprache«. In: ders.: Sprachphilosophische Schriften. Hg. von Erich Heintel. Hamburg, 3–87.
Heyse, K.W.L. (1856): System der Sprachwissenschaft. Nach dessen Tode herausgegeben von Heymann Steinthal. Berlin.
Hildebrand-Nilshon, Martin (1980): Die Entwicklung der Sprache. Phylogenese und Ontogenese. Frankfurt a.M./ New York.
Hirt, Hermann (1919): Geschichte der deutschen Sprache. München.
Huber, Walter/Klann, Juliane (2005): »Zerebrale Repräsentation der Gebärdensprache«. In: Linguistische Berichte, Sonderh. 13: 359–38.
Humboldt, Wilhelm von (1903–1936): Gesammelte Schriften. 17 Bde. Hg. von A. Leitzmann et al. Berlin [Nachdruck Walter de Gruyter].
Hurford, J./Studdert-Kennedy, M./Knight, C. (Hg.) (1998): Approaches to the Evolution of Language: Social an Cognitive Bases. Cambridge.
Jablonski, Nina G./Aiello, Leslie C. (Hg.) (1998): The Origin and Diversification of Language. San Francisco.
Jackendorff, Ray/Pinker, Steven (2005): »The Nature of the Language Faculty and Its Implications for Evolution of Language (Reply to Fitch, Hauser & Chomsky)«. In: Cognition Vol. 97: 211–225.
Jäger, Ludwig (1975): Zu einer historischen Rekonstruktion der authentischen Sprachidee F. de Saussures. Düsseldorf.
Jäger, Ludwig (1991): »Sprachliche Soziogenese und linguistischer Biologismus«. In: Dietrich Busse (Hg.): Diachrone Semantik und Pragmatik, Untersuchungen zur Erklärung und Beschreibung des Sprachwandels. Tübingen, 139–196.
Jäger, Ludwig (1996): »Linguistik als transdisziplinäres Projekt: Das Beispiel Gebärdensprache«. In: Hartmut Böhme/Klaus R. Scherpe (Hg.): Literatur und Kulturwissenschaften. Positionen, Theorien, Modelle. Hamburg, 300–319.
Jäger, Ludwig (1998[2]): Das Verhältnis von Synchronie und Diachronie in der Sprachgeschichtsforschung. In: Werner Besch/Anne Betten/Oskar Reichmann/Stefan Sonderegger (Hg.): Sprachgeschichte. Ein Handbuch zur Geschichte der deutschen Sprache und ihrer Erforschung. Erster Teilbd. Berlin/New York, 816–824.
Jäger, Ludwig (2008): »Sprachevolution. Neuere Befunde zur Audiovisualität des menschlichen Sprachvermögens«. In: David Gugerli/Michael Hagner/Michael Hampe/Philipp Sarasin/Jakob Tanner (Hg.): Nach Feierabend. Zürcher Jahrbuch für Wissensgeschichte 4: Darwin. Zürich 149–169.
Jäger Ludwig (2009): »Sprach/Kultur – Sprach/Natur. Zur Konfliktgeschichte linguistischer Gegenstandskonstitutionen«. In: Thomas Anz (Hg.): Natur – Kultur. Zur Anthropologie von Sprache und Literatur. Paderborn, 31–53.
Jerison, Harry J. (1976): »Paleoneurology and the Evolution of Mind«. In: Scientific American 234 (Januar): 90–101.
Jones, E.G./Powell, T.P.S. (1970): »An Anatomical Study of Converging Sensory Pathways within the Cerebral Cortex of the Monkey«. In: Brain 93: 793–820.
Kainz, Friedrich (1943): Psychologie der Sprache. Bd. 2. Stuttgart.
Kant, Immanuel (1968): Kritik der Urteilskraft. Hg. von Karl Vorländer. Hamburg.
Keller, Rudi (1982): »Zur Theorie des sprachlichen Wandels«. In: ZGL 10: 1–27.
Keller, Rudi (1990): Sprachwandel. Von der unsichtbaren Hand in der Sprache. Tübingen.
Klein, Richard G. (1999): The Human Career: Human Biological and Cultural Origins. Chicago.
Knopp, Ulrich (1975): »Die Historizität der Sprache«. In: Brigitte Schlieben-Lange (Hg.): Sprachtheorie. Hamburg, 165–205.
Lamarck, Jean Baptiste (1809): Philosophie zoologique, ou, Exposition des considérations relative à l'histoire naturelle des animaux. 2 Bde. Paris.
Lazarus, M. (1884): Geist und Sprache (Das Leben der Seele). Eine psychologische Monographie. Berlin.
Leroi-Gourhan, André (1988): Hand und Wort. Die Evolution von Technik, Sprache und Kunst. Frankfurt a.M.
Liberman, Alvin M. (1982): »On Finding that Speech is Special«. In: American Psychologist Vol. 37, Nr. 2: 148–167.

Liebermann, Philip (1984): The Biology and Evolution of Language. Cambridge (Mass.)/London.
Liebermann, Philip (1985): »On the Evolution of Human Syntactic Ability. Its Pre-adaptive Bases – Motor Control and Speech«. In: Journal of Human Evolution 14: 657–668.
Liebermann, Philip (1991): Uniquely Human: The Evolution of Speech, Thought, and Selfless Behavior. Cambridge (Mass.).
Mayr, Ernst (1982): The Growth of Biological Thought. Cambridge (Mass.)/London.
Mond, Jacques (1975): Zufall und Notwendigkeit. Philosophische Fragen der modernen Biologie. München.
Müller, Max (1866): Vorlesungen über die Wissenschaft der Sprache. Für das deutsche Publikum bearbeitet von Carl Böttger. Leipzig.
Müller, Max (1875): »Meine Antwort an Herrn Darwin«. In: Deutsche Rundschau, März 1875: 387-412.
Neis, Cordula (2003): Anthropologie im Sprachdenken des 18. Jahrhunderts – Die Berliner Preisfrage nach dem Ursprung der Sprache (1771). Berlin/New York.
Niemitz, Carsten (1987): »Die Stammesgeschichte des menschlichen Gehirns und der menschlichen Sprache«. in: ders. (Hg.): Erbe und Umwelt. Zur Natur von Anlage und Selbstbestimmung des Menschen. Frankfurt a. M. 95–118.
Oeser, Erhard/Seitelberger, Franz (1988): Gehirn, Bewußtsein und Erkenntnis. Darmstadt.
Osche, Günther (1987): »Die Sonderstellung des Menschen in biologischer Sicht: Biologische und kulturelle Evolution«. In: Rolf Siewing (Hg.): Evolution. Bedingungen – Resultate – Konsequenzen. Stuttgart/New York, 499–524.
Paul, Hermann (1901): »Geschichte der Germanischen Philologie«. In: ders. (Hg.): Grundriss der Germanischen Philologie. Bd. I. Strassburg.
Paul, Hermann (1920): Prinzipien der Sprachgeschichte. Halle.
Petitto, Laura/Marentette, Paula F. (1991): »Babbling in the Manual Mode: Evidence for the Ontogeny of Language«. In: Science 251: 1493–1496.
Pinker, Steven/Jackendoff, Ray (2005): »The Faculty of Language: What's Special about It?«. In: Cognition Vol. 95, Nr. 2: 201–236.
Poizner, Howard/Klima, Edward S./Bellugi, Ursula (1990): Was die Hände über das Gehirn verraten. Neuropsychologische Aspekte der Gebärdensprachforschung. Hamburg.
Reclam, Karl (1877): »Grundzüge der Physiologie«. In: Hermann Masius (Hg.): Die gesamten Naturwissenschaften. 2. Bd. Essen, 193–484.
Richards, Robert J. (1987): Darwin and the Emergence of Evolutionary Theories of Mind and Behavior. Chicago.
Rizzolatti, Giacomo/Arbib, Michael A. (1998): »Language within our Grasp«. In: Trends in Neuroscience Vol. 21, Nr. 5: 188–194.
Rizzolatti, Giacomo/Fadgia, Luciano/Gallese, Vittorio/Fogassi, Leonardo (1996): »Premotor Cortex and the Recognition of Motor Actions«. In: Cognitive Brain Research 3: 131–141.
Rosenthal, Isidor (1901): Lehrbuch der allgemeinen Physiologie. Eine Einführung in das Studium der Naturwissenschaften und der Medizin. Leipzig.
Ruhlen, Merritt (1987): Guide to the World's Languages. Stanford (California).
Ruhlen, Merritt (1994): On the Origin of Languages: Studies in Linguistic Taxonomies. Stanford.
Ruhlen, Merritt (2001): »Taxonomic Controversies in the Twentieth Century«. In: Jürgen Trabant/Sean Ward (Hg.): New Essays on the Origin of Language. Berlin/New York, 197–214.
Scherer, Wilhelm (1921): Jacob Grimm. Berlin.
Schlegel, Friedrich (1877): »Ueber die Sprache und Weisheit der Indier. Ein Beitrag zur Begründung der Alterthumskunde«. In: ders.: Vermischte kritische Schriften. Bonn, 271–319.
Schleicher, August (1850): Die Sprachen Europas in systematischer Übersicht. Bonn.
Schleicher, August (1853): »Die ersten Spaltungen des indogermanischen Urvolks«. In: Allgemeine Zeitschrift für Wissenschaft und Literatur, August 1853: 786–87.
Schleicher, August (1869[2]): Die deutsche Sprache [1860]. Stuttgart.
Schleicher, August (1873[2]): Die Darwinsche Theorie und die Sprachwissenschaft [1863]. Weimar.
Steinthal, Heymann (1858): Der Ursprung der Sprache im Zusammenhange mit den letzten Fragen alles Wissens. Eine Darstellung, Kritik und Fortentwicklung der vorzüglichsten Ansichten. Berlin.
Tallal, Paula/Miller, Steven/Fitch, Roslyn Holly (1995): »Neurobiological Basis of Speech: A Case for the Pre-Eminence of Temporal Processing«. In: Irish Journal of Psychology 16: 194–219.
Tallerman, M. (Hg.) (2005): Language Origins: Perspectives on Evolution. Oxford.
Tomasello, Michael (1996): »The Cultural Roots of Language«. In: Boris M. Velichkovsky/Duane M. Rumbaugh (Hg.): Communicating Meaning. The Evolution and Development of Language. Mahwah/New Jersey, 275–307.
Tomasello, Michael (1999): The Cultural Origins of Human Cognition. Cambridge (Mass.)/London.
Tomasello, Michael (2008): Origins of Human Communication. Cambridge (Mass.)/London.
Trabant, Jürgen (2001): »Introduction: New Perspectives on an Old Academic Question«. In: ders./Sean Ward: New Essays on the Origin of Language. Berlin/NewYork, 1–17.
Trabant, Jürgen/Ward, Sean (2001): New Essays on the Origin of Language. Berlin/New York.
Trombetti, Alfredo (1905): L'unità d'origine del linguaggio. Bologna.
Vogel, Christian (1987): »Evolution des Menschen«. In: Rolf Siewing (Hg.): Evolution. Bedingungen – Resultate – Konsequenzen. Stuttgart/New York, 415–452.
Washburn, Sherwood L. (1986): »Die Evolution des Menschen«. In: Spektrum der Wissenschaft, Evolution – Die Entwicklung von ersten Lebensspuren bis zum Menschen, mit einer Einführung von Ernst Mayr. Heidelberg, 175–180.

Wilkins, Wendy K./Wakefield, Jennie (1995): »Brain Evolution and Neurolinguistic Preconditions«. In: Behavioral and Brain Sciences 18: 161–226.

Wilson, Frank R. (2000): Die Hand – Geniestreich der Evolution. Ihr Einfluss auf Gehirn, Sprache und Kultur des Menschen. Stuttgart.

Wundt, Wilhelm (1904): Völkerpsychologie. Eine Untersuchung der Entwicklungsgesetze von Sprache, Mythus und Sitte. Bd. 1: Die Sprache. Leipzig.

Ludwig Jäger

IV.2. Evolutionstheorie in der Gesellschaft

16. Ethik

Einführung

Die aufgeklärte philosophische Ethik und Darwins Evolutionstheorie stehen seit Anbeginn in einem ambivalenten Spannungsverhältnis zueinander, welches die Reflexion auf das Verhältnis von Genese und Geltung von Moral vorantreibt. Darwin selbst hat in *The Descent of Man* (1871) zur Ambivalenz beigetragen, indem er menschliche Moral einerseits als selektierte »soziale Instinkte« beschreibt und erklärt, anderseits aber auch euro- bzw. ethnozentrische, quasirassistische Maßstäbe bei der Bewertung anlegt (Vogel 1982). Während in der zweiten Hälfte des 19. Jahrhunderts diverse evolutionäre Analysen und Anwendungen auf Moralprobleme erfolgen (z. B. bei Herbert Spencer, Darwin, Thomas Henry Huxley, Alexander Tille, William Sumner), setzt in der Philosophie eine kritische Metareflexion auf ethische Grundlagen ein (George Edward Moore, Principia Ethica 1903), die ins 20. Jahrhundert hineinwirkt. Im Zeichen von Darwins Lehren formiert sich u. a. in Deutschland ein inhumaner »Sozialdarwinismus«, der in ideologischer Verbindung mit strenger Selektion, »Rassenhygiene« (Alfred Ploetz 1895), »Rassenkampf« (Ludwig Woltmann 1905) oder »Auslese im Lebenslauf der Völker« (Wilhelm Schallmayer 1903) in einen politisch praktizierten NS-Sozialdarwinismus einmündet. In angelsächsischen Ländern besteht aber auch die Meinung fort, ethische Werte seien in einer Tradition des *Evolutionary Humanism* (Julian Huxley 1964) oder durch die kulturelle Sozialisation eines *Ethical Animal* (Conrad H. Waddington 1960) zu verstehen. Lexikalisch schlagen sich diese älteren Versionen in der philosophischen Ethik zunächst als »evolutionistische Ethik« nieder (z. B. Höffe 1985), während neuere Formen als »evolutionäre Ethik« bezeichnet werden (z. B. Korff et al. 2000).

Im letzten Drittel des 20. Jahrhunderts prägte zunächst die vergleichende Verhaltensforschung von Konrad Lorenz nachhaltig die Diskussion über *Das sogenannte Böse* (1963) im Menschen, um schließlich durch die moderne Soziobiologie abgelöst zu werden. Diese wurde durch ihre Repräsentanten Edward O. Wilson und Richard Dawkins popularisiert und forderte thematisch insbesondere durch die Altruismusdebatte in den 1980er und 1990er Jahren die philosophische Kritik an einer »Biologie der Ethik« heraus.

Als Leitfaden für die komplexe Ethik-Debatte im Zeichen der Evolution dienen fünf Fragen: 1. Wie ist menschliche Moral entstanden? 2. Welcher Art ist menschliche Moral? 3. Welche besonderen Normen und Werte werden aus evolutionärer Perspektive angesprochen? 4. Welche Konsequenzen ergeben sich bzw. sollen sich für die philosophische Ethik ergeben? 5. Welcher Art ist die philosophische Kritik?

Vorklärungen aus der Perspektive philosophischer Ethik

Was ist Ethik? Eine Antwort auf diese Frage setzt eine Strukturierungs- und Verständnishilfe für die heterogenen Debatten über Evolution und Ethik voraus. Es sind Grundanliegen, Grundfragen, begriffliche Bestimmungen und Differenzierungen zu erinnern, um Standpunkte besser klären oder um gängigen Missverständnissen vorbeugen zu können. Zunächst ist das Kernanliegen vieler Ethiker zu klären, die sich so von evolutionären Moralanalysen abgrenzen. Während evolutionäre Moralanalytiker meist beschreibende (deskriptive) und kausale oder funktionale Erklärungen von Moralverhalten liefern oder aus ihrer Perspektive Aussagen zu beobachtbaren Norm- und Wertvorstellungen machen, intendieren kognitivistische Ethiker, Grundbegriffe und Gründe zu klären bzw. aktuelle oder potenzielle Normen und Werte reflexiv zu begründen, wie z. B. »Gleichheit« oder »Gerechtigkeit«. Doch gibt es Ethiker, die eine solche Möglichkeit bestreiten (Non-Kognitivisten), die z. B. Ethik in Emotion gründen. Evolutionäre Moralanalytiker beschreiben und erklären meist narrativ, was in Sachen »Moral« einst der Fall war oder jetzt der Fall ist, z. B. in der menschlichen Sexualmoral, während Ethiker die rationale begriffliche Klärung und Reflexion auf Gründe vorantreiben für dasjenige, was der Fall sein sollte. Daher ist es zur Verdeutlichung des jeweiligen Anliegens hilfreich, sprachlich zwischen »Moral« und »Ethik« zu unterscheiden. »Moral« meint dann den Inbegriff tatsächlicher sittlicher oder rechtlicher Vorstellungen in einer bestimmten Gesellschaft oder Zeit, während der »Ethik« dann die Aufgabe der Klärung und Grundlagenreflexion zufällt. Nimmt man keine sprachlichen Scheidungen vor, werden unweigerlich Missverständnisse und Scheinprobleme auftreten.

Vor diesem Hintergrund lassen sich bestimmte Einwände in der Kontroverse über die Beziehung zwischen Evolution und Ethik verstehen. So wird im Rückgriff auf eine These David Humes zwischen »Sein« und »Sollen« bzw. Ist- und Sollens-Sätzen unterschieden (Mackie 1981). Im Anschluss an den Neukantianismus wird auch zwischen »Genesis« und »Geltung« von ethischen Argumenten unterschieden. Der erste Punkt wird seit George Edward Moore oft unter dem Titel »naturalistischer Fehlschluss« abgehandelt, der Letztere manchmal unter dem Titel »genetischer Fehlschluss« verzeichnet. In der Metaethik geht es um die Klärung und Analyse dessen, was »sollen« oder »gut« bedeuten und welche Standpunkte bzw. Prämissen in Definitionen eingehen. Man kann z. B. ein naturalistischer »Definist« sein und meinen, »gut« sei empirisch definierbar, oder dies bestreiten und ein idealistischer »Intuitionist« sein. Treten derartige »Definisten« und »Intuitionisten« in einen Dialog bzw. eine Kontroverse ein, kann es zu vertrackten Problemen kommen. So kann aus der Perspektive des Intuitionisten der Definist für moralisch blind gehalten werden, während umgekehrt der Definist meint, dass der Intuitionist eine Normillusion hat (Frankena 1974). Vor dem Hintergrund derartiger Positionen wird in Kontroversen von Ethikern oft gegen evolutionäre Naturalisten der Vorwurf des sogenannten naturalistischen Fehlschlusses erhoben, wenngleich Letztere oft behaupten, diesen »Fehlschluss« zu kennen bzw. vermieden zu haben.

Schließlich ist noch die Besonderheit der theoretischen Perspektive zu beachten: Wenn z. B. ethisch »gut« theoretisch definiert wird als »das, was durch natürliche Selektion bewirkt wird«, so wird zwar der Anspruch auf eine empirisch prüfbare und »wertfreie« Aussage im Rahmen der Darwinschen Evolutionstheorie erhoben. Doch wird so weder deduktiv noch induktiv ein ethisch notwendiger Sollensanspruch begründet. Denn warum sollte aus dem, was theoretisch bzw. empirisch prüfbar der Fall *ist*, auch praktisch abgeleitet werden können, was ethisch allgemein und notwendig der Fall sein *soll*? Es bedarf dazu einer zusätzlichen ethisch-praktischen Begründung, um den ethischen Sollensanspruch rechtfertigen zu können, den das wertbehaftete Wort »gut« beinhaltet. So wäre in Immanuel Kants »Gesinnungsethik« der kategorische Imperativ ein solches Kriterium für das, was »gut« ist, nämlich ein autonomer Wille, der dem Gesetz gemäß handelt (*Kritik der praktischen Vernunft*, 1788). In Jeremy Benthams utilitaristischer »Erfolgsethik« dagegen wäre diejenige Handlung »gut«, welche das größtmögliche Glück einer größtmöglichen Zahl Menschen bewirkt, womit das Bewertungskriterium in der Handlungskonsequenz liegt (*An Introduction to the Principles of Morals and Legislation*, 1789).

Ethologie und Soziobiologie als evolutionäre Moralanalyse

Abgesehen von vordarwinschen naturalistischen Konzepten der Moral (z. B. bei Thomas Hobbes, Jean-Jacques Rousseau) und ersten nachdarwinschen Versuchen, das Selektionsprinzip unmittelbar als normatives Selektionsprinzip auf gesellschaftliche Prozesse anzuwenden (wie im Sozialdarwinismus), besteht der gemeinsame und eigentümliche Anspruch neuerer evolutionärer Ansätze darin, Moralverhalten 1. durch theoretische Modelle konsequenter zu erklären, 2. durch Simulation besser zu prüfen sowie 3. durch Empirie, d. h. Beobachtungen und Experimente, besser zu belegen. Während der Lorenzsche Ansatz noch einem Modell der vergleichenden Verhaltensforschung folgt, bietet die klassische Soziobiologie Anstöße zu einer »Evolutionären Ethik« vor dem Hintergrund neuer theoretischer Ansätze von William Hamilton, John Maynard Smith, Robert Trivers u. a. (Mathematik, Genetik, Spieltheorie) in strikter Rückbesinnung auf Formen der natürlichen und sexuellen Selektion, wenn es darum geht, besondere soziale Verhaltensweisen wie Altruismus (Wilson 1975, Dawkins 1976) oder besondere anthropologische Phänomene wie Tötungsverhalten zu erklären (Vogel 1989).

Instinkt- und vernunftbegründete Moral nach Konrad Lorenz

In der vorsoziobiologischen Phase der komparativen Ethologie wurde die Frage nach den evolutionären Wurzeln der Moral durch Lorenz' Schrift *Das sogenannte Böse* (1963) angestoßen. Lorenz meinte vor dem Hintergrund seiner Aggressionslehre bei höheren Tieren angeborene, von Instinkten geleitete »moralanaloge« Verhaltensweisen beobachten zu können. Die Tötungshemmung von Artgenossen bei stark bewaffneten Tierarten (z. B. mit Geweihen) entspreche dem Gebot »Töte keinen Artgenossen«. Diese fehle der Spezies Mensch, werde aber durch eine kulturell erworbene Vernunftmoral kompensiert. Dem Menschen sei diese instinktive arterhaltende Tötungshemmung also verlorengegangen, weshalb der menschliche »Aggressionstrieb« sich bis hin zur Selbstvernichtung gegen die eigenen Artgenossen wenden und sich so innerartlich ausleben könne. Das »Böse« der menschlichen Aggression bestehe darin, dass die Selektion dem Menschen in grauer Vorzeit ein Maß von Aggression angezüchtet habe, für das er kein adäquates Ventil finde, was Lorenz daher als »Fehlleistung eines an sich lebenserhaltenden Instinkts« ansieht. Diese »Fehlleistung« wird nach Lorenz durch eine primitive Form verantwortlicher Moral kompensiert, die als Anpassungserscheinung verstanden, den menschlichen Instinktmangel kulturell kompensiert. Entscheidend bei dieser Deutung ist, dass sowohl moralanaloges Verhalten bei Tieren als auch vernunftkompensierte Menschenmoral der Erhaltung der Art dienen, also letztlich eine biologische Funktion haben.

Diese arterhaltende Funktion der Moral im Mittelpunkt der Lorenzschen Analyse wurde aus unterschiedlichen Gründen und Perspektiven von antidarwinistischen Soziologen, Psychologen und Philosophen kritisiert – z. B. als unter Ideologieverdacht stehend. Der Artbegriff bot aber auch Ansätze für eine biologische Kritik durch Soziobiologen. Generell kritisiert Dawkins, das Wesentliche bei der Evolution sei nicht der Vorteil für die Art (oder die Gruppe), sondern für das Individuum (oder das Gen), und er bestreitet die Lorenzsche Aggressionsthese zum Sonderstatus des Menschen als einziger Spezies ohne Tötungshemmung (Dawkins 1978, 80 f.).

An diesem Punkt ist Lorenz' Kritik der klassischen Vernunftmoral Kants aufschlussreich. Beim Vergleich moralanaloger instinktiver Verhaltensweisen bei Tieren mit der Menschenmoral zieht Lorenz die im Instinkt verwurzelte Verhaltensweise derjenigen eines rationalen menschlichen »Instinktkrüppels« vor. Denn eine Pavianmutter rette instinktiv sofort das Baby vor dem Ertrinken, während sich der reflektierende Mensch dazu laut Lorenz noch einer Vernunftbegründung versichern müsse. Es bestehe daher ein Widerspruch, denn nach Kant könne nur für »gut« gehalten werden, wer gesinnungsethisch aus vernünftigen Gründen, nicht aber aus subjektiver Neigung handle. Doch faktisch würde man diejenigen Menschen vorziehen, die aus Neigung handelten, wodurch also ein Gefühlsfaktor als moralische Handlungsursache ins Spiel kommt. Wertempfindung und Gefühl werden somit der Vernunft entgegengesetzt und zeigen die instinktiven Wurzeln der Moral an: »Erst die Wertempfindung, erst das Gefühl ist es, was die Antwort, die wir auf die kategorische Selbstbefragung erhalten, [...] zu einem Imperativ oder Verbot werden läßt« (Lorenz 1963, vgl. Ingensiep 1990a, 171).

Moralverhalten und Ethik – klassische Soziobiologie (Wilson, Dawkins, Vogel)

Wilson ist neben Dawkins ein maßgeblicher Vertreter der klassischen Soziobiologie. Als Entomologe erforschte er das Sozialverhalten von Insekten und wurde früh durch sein Lehrbuch zur Soziobiologie (Wilson 1975) und durch sein populärwissenschaftliches Buch zum Thema bekannt. Letzteres betitelte er in Anlehnung an Hume: *On Human Nature* (1978, dt. *Biologie als Schicksal*, 1980). Im Lehrbuch findet sich die programmatische These, die Zeit sei reif, die Ethik zeitweise aus den Händen der Ethiker in die Hände von Biologen zu legen, um »biologized« (1975, 562) zu werden. Diese »Biologisierung« tangiert fundamentale ethische und anthropologische Aussagen, nicht nur Fragen der menschlichen Aggression und Sexualität, sondern auch der Weltanschauung und Religion. Ausgangspunkt ist, der Mensch sei ein Produkt der natürlichen Auslese und folge einem genetischen Imperativ, der sein Schicksal bestimme. Wilson sieht zwei Dilemmata: Zum einen gibt es keinen Sinn der Spezies über seine biologische Natur hinaus, wobei der Geist als Gehirnprodukt ein Überlebens- und Reproduktionsmittel und die Vernunft nur eine seiner vielfältigen Techniken sei. Als kosmischer Orientierungswaise sei der Mensch biologisch betrachtet völlig diesseitig orientiert, so auch in der Moral, die daher mit einer Jenseitsmoral in Konflikt stehe. Daher bestehe ein zweites Dilemma darin, dass der Mensch in ethischen Grundlagen von angeborenen Zensoren und Motivatoren geprägt sei, kurz: von einer »Moral als Instinkt«, weshalb wir wählen müssten, was für Wilson bedeutet, eine »bewusste Wahl treffen zwischen den alternativen emotionalen Führern, die wir ererbt haben« (Wilson 1980, 12).

Anders als bei Lorenz ist es nicht die »Art«, sondern die Verwandtschaftsgruppe, in der sich altruistisches Verhalten selektiv herausgebildet hat. Selbstaufopferung und Selbstlosigkeit finden sich bei sozialen Tieren, z. B. Termiten oder Schimpansen. Deren Vorteil liege bei der genetisch verwandten Gruppe und fördere deren Gesamtfitness. »Milder« Altruismus eines Individuums schließe noch die Erwartung einer Gegengabe der Gruppe ein und entstehe als eine Form des reziproken, wechselseitigen Altruismus durch Individualauslese, nicht aber ein »strenger« Altruismus, der sich durch Verwandtschaftsauslese bilde. Durch diese beiden Formen des Altruismus sei das individuelle Moralverhalten des Menschen geprägt. Das Ergebnis sei eine bedingte säugetierhafte Fähigkeit zum Gesellschaftsvertrag und ein Gemisch »von ambivalenten Einstellungen, Selbsttäuschungen und Schuldgefühlen« (Wilson 1980, 151). Streng religiös motivierter Altruismus wie im paradigmatischen Fall von Mutter Theresa in Kalkutta wird kritisiert: »Heiligkeit ist weniger eine Hypertrophie als vielmehr eine Verknöcherung des menschlichen Altruismus. Freudig unterwirft sie sich biologischen Imperativen, über die sie angeblich erhaben ist« (Wilson 1980, 157). Die Entwicklung des individuellen menschlichen Moralverhaltens gemäß dem Stufenkonzept von Lawrence Kohlberg (1969) hält Wilson bis zur vorletzten Stufe für genetisch verankert: Nur die rationale, selbstgewählte Moral sei nicht biologischen Ursprungs und ohne fixe Orientierung und daher in Gefahr zu »hypertrophieren«.

Was ist also Moral und wozu ist sie da? Moral ist nach Wilson eine genetisch mehr oder weniger determinierte Verhaltensweise, die letztlich auf Erbguterhaltung abzielt. Dies sei zwangsläufig auch bei Moralphilosophen der Fall, die sich an ihren »emotive centers« im hypothalamisch-limbischen System orientierten. Deshalb sei deren Anliegen zu untersuchen und eine »Biologie der Ethik« sei gefordert, d. h. eine biologische Analyse ethischer Normen und Werte. Es gehe um 1. das Überleben des Genpools, 2. genetische Vielfalt, 3. Menschenrechte, die als »Säugetier-Imperative« überzeugender seien als die rational erfundenen Beschönigungen menschlicher Kultur. Wilson will einem evolutionären Humanismus gemäß Julian Huxley folgen (Wilson 1980).

Wilsons Kritik rationaler Ethik richtet sich einerseits gegen den »Intuitionismus« (s. o.) anderseits gegen einen ethischen Behaviorismus. Ethische Intuitionisten wie Kant oder John Rawls (1971) konstruierten ihre Gerechtigkeitstheorien als rationale Vertragstheorien, seien aber faktisch emotional gesteuert, wenn z. B. von »justice as fairness« die Rede sei, denn diese habe sich unter extrem »unfairen« evolutiven Bedingungen herausgebildet.

Andererseits wird dem Behaviorismus, der moralische Verbindlichkeit durch operationale Konditionierung erklärt, angelastet, die genetische Evolution der Moral auszublenden. Genetisch betrachtet liege in einer Population ein moralischer Polymorphismus vor, weshalb ein angeborener moralischer Pluralismus zu berücksichtigen sei. Hier werden also biologische Folgerungen für die ethische Kriteriologie gezogen. Dem kulturellen und sozialen Determinismus bzw. der ethischen Betonung der Freiheit wird ein genetischer Determinismus entgegengehalten, der vermeintlich freie und rationale ethische Entscheidungen im Zaum hält. Doch bestehe in der »Gen-Kultur-Koevolution« der Moral noch ein Spielraum für Willensfreiheit.

Wilsons programmatischer Ansatz einer »Evolutionären Ethik« verdeutlicht einerseits ihr Potenzial, anderseits ihre Problematik. So kann eine evolutionäre Soziobiologie Aufklärungspotenzial für konkrete Formen menschlichen Moralverhaltens enthalten, z. B. für die Entstehung und Funktion des Inzesttabus. Anderseits bietet der allumfassende Anspruch Angriffspunkte für eine Ideologiekritik (Lewontin, Rose, Kamin 1988). Philosophische Einwände (s. u.) nehmen der Biophilosoph Michael Ruse und der Biologe Wilson gemeinsam zur Kenntnis, um ihren Ansatz dann aber zu verschärfen: Wenn ethische Aussagen auch keine letzte Grundlage hätten, um Menschen effektiv zur Kooperation zu bewegen, so habe die Evolution uns doch so gemacht, dass wir denken, eine solche Grundlage existiere: »Evolution tricks us into beliefs about objectivity, and therefore, in this sense, morality is truly a collective illusion of our species!« (Ruse/Wilson 1998, 24).

Ebenso programmatische und wirkmächtige Thesen zur Moral und Evolution vertritt Dawkins in seinem populärwissenschaftlichen Buch *The Selfish Gene* (1976, dt. *Das egoistische Gen*, 1978). Die neodarwinistische Kernprämisse ist, das Individuum, letztlich das »Gen«, sei die Grundeinheit natürlicher Selektion, was zur bewusst metaphorisch-anthropomorph und teleologisch formulierten These führt, dass Gene Organismen als ihre Behälter und Überlebensmaschinen steuern und damit angeborene Verhaltensweisen um der Replikation und Fitnessmaximierung willen: »Wir sind egoistische Genmaschinen«, von Natur aus »egoistisch geboren«. In der Natur gibt es keinen echten Altruismus. In bildreicher Sprache illustriert Dawkins die Evolution dieser

»egoistischen« Gene und deren Daseinskampf von den ersten Replikatoren in der Ursuppe bis hin zum Menschen mit seinem Gehirn, welches als Produkt einer Genstrategie erscheint. Diese »Evolutionär Stabile Strategie«, welche von keiner anderen übertroffen werden kann, tritt an die Stelle von Lorenz' Aggressionskonzept (s. o.) und trägt zur Lösung vieler Probleme im tierischen und menschlichen Moralverhalten bei. Gegen Wilsons Gruppenselektion wird die Rolle der Individualselektion betont und beispielsweise das Verhalten eines lächelnden Babys im Kontext eines Interessenkrieges mit seinen Eltern gedeutet. Genetisch programmiert, »lügt«, »betrügt« und »erpresst« es seine Eltern, um möglichst großen »Elternaufwand« und Fitnesserfolg zu erlangen. Wechselseitige Überlistung von Kind- und Eltern-Genen, sexuelles Verhalten zwischen den Eltern, aber auch vermeintlich wechselseitiger Altruismus (z. B. Warnrufe bei Vögeln oder Wölfen) werden als Produkt eines durch natürliche Selektion entstandenen »Genegoismus« erklärt.

Philosophisch und sprachlich zu differenzieren sind die unterschiedlichen ethischen, epistemologischen und anthropologischen Prämissen. Aus ethischer Perspektive ist Dawkins kein Sozialdarwinist, da er das Selektionsprinzip nicht unmittelbar als positive Norm auf menschliche Moral überträgt. Dawkins behauptet einerseits, dass aufgrund der natürlichen Selektion kein echter Altruismus zu erwarten sei, und postuliert andererseits, dass Altruismus kulturell zu lehren sei, womit er sich quasi dem Vorwurf eines negativen naturalistischen Fehlschlusses aussetzt: Denn Kinder sollten zur Selbstlosigkeit erzogen werden, weil sie von Natur nicht selbstlos, sondern alle »Genegoisten« seien. Zudem erscheint Dawkins der menschliche Wohlfahrtsstaat »genegoistisch« betrachtet als eine unnatürliche Einrichtung. Doch im Gegensatz zu den unbewusst agierenden Genen sei der Mensch mit Bewusstsein und Voraussicht ausgestattet, was Entgleisungen verhindere und echten Altruismus ermögliche. Dawkins Analyse und Sprache erzeugt vielfältige Probleme, eine Ambivalenz und partielle Inkonsistenz, welche ethische Kritik herausfordert (s. u.), früh auch schon eine biologisch-philosophische Doppelkritik an einem »Altruismus ohne Ethik« (Stent 1978b).

An Dawkins Sicht der menschlichen Natur knüpfen viele Spezialanalysen an, denen es wie Lorenz darum geht, »das wirklich Böse in der Evolutionsgeschichte« in der Entwicklung »vom Töten zum Mord« zu erfassen (Vogel 1989). Das Fazit von Christian Vogel für die Natur, den Menschen und die Ethik lautet: Natur produziere nur eine »Scheinmoral«, einen »phänotypischen Altruismus«, und verfolge durch natürliche Selektion nur eine »als ob«- Strategie. Natur zeichne sich durch »moralische Indifferenz« aus und stehe somit außerhalb jeder moralischen Dimension. Menschliche Moral diskriminiere nach Verwandtschaftsnähe (Nepotismus) oder nach Geschlechtszugehörigkeit (Sexualmoral) und sei ethnozentrisch. Ethik darf aber nach Vogel nicht aus der Natur abgeleitet werden. Eine Ethik der Ideale sei ohne Frage »naturfern«. Für den Menschen gebe es zu bedenken, dass eine universalistische Postulaten-Ethik in der Anwendung seine wirkliche Natur berücksichtigen müsse. Doch Vogel stellt auch fest: »Wir werden nicht umhin können, ›naturfernere‹ ethische Ansprüche an uns zu stellen und diesen Anforderungen auch zu genügen, wenn wir uns und unsere Erde nicht dem uralten darwinischen Fitness-Rennen opfern wollen« (Vogel 1988; vgl. Ingensiep 1990a, 51–54).

Ethische Kontroversen und die philosophische Kritik soziobiologischer Thesen

Wie nach Lorenz' Thesen zur Entstehung und Rolle der Moral folgte der klassischen Soziobiologie nach Wilson und Dawkins eine interdisziplinäre Diskussion (Stent 1978a) und Kritik: Bei ihren Kernaussagen zur Moral handle es sich um typisch einseitige Ismen – Reduktionismus, Determinismus, Soziobiologismus, Biologismus, Naturalismus – oder schlicht um Ideologie (Lewontin/Rose/Kamin 1988). Speziell aus biologischer und biotheoretischer Perspektive gab es Vorwürfe, Soziobiologen erzählten Anpassungsgeschichten und seien Pan- oder Hyperselektionisten, da sie die Rolle der Selektion in der Evolution überschätzten, sie verwendeten unklare Gen- bzw. Anpassungsbegriffe oder seien schlicht unwissenschaftlich, wenn sprachlich und sachlich verkürzend eine »Ein Gen – eine Verhaltensstrategie« suggeriert werde (Stent 1978b, Hemminger 1983, vgl. weitere Lit. Ingensiep 1990a). Andererseits gab es angesichts der Vorwürfe auch differenzierende Versuche einer Apologie (Markl 1983, Mohr 1987, Meier 1988, Ruse/Wilson 1998). Die originären Einwände und Klärungen seitens der philosophischen Ethik waren vielfältig (Mackie 1978, 1998, Ingensiep 1990b, Bayertz 1993, Lütterfelds 1993, Gräfrath

1997), ebenfalls seitens christlicher Philosophie (Koslowski 1986, Knapp 1989).

Die ethischen Klarstellungen betreffen hauptsächlich drei Problembereiche: (1) den verwirrenden Gebrauch bestimmter klassischer moralischer oder quasimoralischer Termini (z. B. »Altruismus«), (2) die Rolle, Bedeutung bzw. Verwechslung von Aussagen zur Moralgenese und Geltung und (3) den Komplex »naturalistischer Fehlschluss«.

(1) Bezüglich der Termini wurde die Vermischung bzw. die Nicht-Abgrenzung von biologischen und metaphorischen Bedeutungen kritisiert, z. B. beim Gebrauch der Termini »Egoismus«, »Altruismus«, »egoistisches Gen« »genotypischer Egoismus/phänotypischer Altruismus« etc. Wenn bestimmte quasimoralische Metaphern in rein biologische Bedeutungen (d. h. reduktionistisch) rückübersetzbar sind, wie Dawkins meint (z. B. »als ob« Gene intendierten, sich zu replizieren), bleibt dennoch Klärungsbedarf, von welchem ethischen Standpunkt aus die jeweiligen moralischen Termini zu verstehen sind. Exemplarisch lässt sich die Verwirrung vorführen, wenn einerseits den Bedeutungen (von »Egoismus«, »Altruismus«) eine kantsche Gesinnungsethik, andererseits eine utilitaristische Erfolgsethik zugrunde gelegt wird: In der Gesinnungsethik wird gemäß einem idealen Kriterium (kategorischer Imperativ) das (»formale«) Wie des Wollens bewertet, in einer utilitaristischen oder evolutionären Erfolgsethik das (»materiale«) Was, der empirisch feststellbare Handlungserfolg, und zwar gemäß dem Kriterium der Glücks- bzw. Fitnessmaximierung. So bedeutet »Altruismus« in der Gesinnungsethik, dass die Gesinnung des ethischen Akteurs auf das Wohl anderer Akteure bezogen ist oder war (unabhängig vom Erfolg), in einer evolutionären Erfolgsethik dagegen, dass effektiv fremdes Wohl gefördert worden ist bzw. ein erfolgreicher Beitrag zum Gesamtglück oder der Gesamtfitness geleistet wird. Zusätzliche terminologische Verwirrung stiftet Dawkins, wenn Tiere zunächst anthropomorph als »genegoistisch« und technomorph wie im Fall von Müttern als programmierte Genkopiermaschinen beschrieben werden, um diese deskriptive Metaphorik dann auf Menschen zurückzuübertragen und normativ aufzuladen (Ingensiep 1990a).

(2) Zum Problembereich Genese/Geltung von Moral ist zu beachten, dass die evolutionäre Erklärung nicht die Geltung ethischer Prinzipien rechtfertigen kann, wozu vielmehr ein zwingendes ethisches Kriterium bzw. Argument eingefordert werden muss. Entsprechend dem unterschiedlichen Wortgebrauch (s. o.) kann daher auch ein »kategorischer Imperativ«, der nach Kant unbedingt gelten soll, nicht mit einem »genetischen Imperativ« oder einem sozialen »Säugetier-Imperativ« (Wilson) zur Deckung gebracht werden. Die Kenntnis der evolutionären Entstehung von Verhaltensweisen kann für die konkrete praktische Beurteilung von Handlungssituationen sehr hilfreich sein, aber die Geltung des Beurteilungskriteriums kann nicht aus dieser genetischen Erklärung gewonnen werden. Wenn es z. B. um Menschen geht, die in einer Sippe Blutrache ausüben und Menschen einer anderen Sippe töten, so kann dies evolutionär aus einer Genesisperspektive betrachtet verständlich erscheinen. Ohne Frage kann auch die Entstehung solcher Verhaltensmuster in »Emotion« oder »Instinkt« wurzeln. Aber aus einer Geltungsperspektive lautet die zentrale ethische Frage, ob es geltende vernünftige Gründe bzw. Kriterien gibt, die eben diese Bewertung von faktischem Moralverhalten erlauben, kurz: Gefordert ist ein vernünftiger ethischer Grund, der es erlaubt, dieses Tötungsverhalten als »Mord« zu bezeichnen.

(3) Metaethisch zentral in der Kontroverse ist der inflationäre Vorwurf des »naturalistischen Fehlschlusses«. Daher wurde die »Evolutionäre Ethik« von Verteidigern partiell revidiert oder behauptet: »Wir können kohärent und vernünftig moralische Werte aus Tatsachen herleiten« (Richards 1993, 179). Die kritische Analyse offenbarte dennoch eine breite Fehlerpalette: die Bezugnahme auf faktische Überzeugungen des »gesunden Menschenverstandes«, die Heranziehung versteckter normativer Prämissen, die Verwendung eines doppeldeutigen Sollensbegriffs, die Vernachlässigung der Unterscheidung von Geltung und Genesis im Rückzug auf kausale Rechtfertigungen oder die bloße Postulierung unbegründeter präskriptiver Sätze (Gräfrath 1998, 126). Angesichts des drohenden Vorwurfs versuchten Ideologie- und selbstkritische Soziobiologen, den Implikationen ihrer Analysen eine andere Wendung zu geben. So wurde von Vogel (s. o.) die menschliche »Scheinmoral« als enorm einflussreiche »natürliche Moral« kritisiert, weil sie »genetisch eigensüchtig« sei, um dann aber ohne weitere Begründung für eine »naturferne« und »widernatürliche« Ethik einzutreten, »wenn wir uns und unsere Erde nicht dem uralten darwinischen Fitness-Rennen opfern wollen« (Vogel 1988).

Die philosophisch-ethische Kritik war sehr heterogen: Philip Kitcher (1993) differenziert vier Arten, die Ethik zu »biologisieren«, um diese kritisch zu beleuchten. Kurt Bayertz (1993b) versucht gegen einen drohenden genetischen Determinismus die Basis der ethischen Autonomie zu sichern. Wilhelm Lütterfelds (1993) grenzt im Konflikt zwischen Idealismus und Naturalismus eine transzendentale Ethik gegenüber der evolutionären Ethik ab. John Mackie (1998) interpretiert »The law of the jungle« in Dawkins *Selfish Gene*-Theorie als Aufforderung zur Kooperation gemäß einer »common sense morality«. Solche in den letzten Dekaden geführten Debatten zwischen Soziobiologen und philosophischen Ethikern zeigen auch, dass rein ethische oder logische, metaethische Analysen bzw. Kritiken der involvierten Standpunkte nicht genügen, um die jeweiligen Positionen verständlich zu machen. Denn es gehen komplexe epistemologische, naturphilosophische und anthropologische Vorannahmen ein, die zudem historisch-kulturell bzw. ideengeschichtlich die jeweiligen Menschen-, Natur- und Selbstverständnisse der Kontrahenten prägen.

Spezialprobleme in der nachdarwinschen Ethik

Speziesismus, Menschenaffen und die Evolution der Moral

Erst vor dem Hintergrund der Darwinschen Evolutionstheorie werden grundsätzliche Einwände gegen Formen einer »anthropozentrischen« Moral in der abendländischen Tradition (z. B. Stoa, Thomas von Aquin, Kant) verständlich. Seit Richard Ryders Prägung des Wortes »Speziesismus« auf einem Flugblatt um 1970 hat dieser Vorwurf zunächst in die Tierethik, dann im Kontext von Peter Singers Präferenzutilitarismus generell in die Bioethik Eingang gefunden (Singer 1990, 1993, vgl. Ingensiep 2009). Bereits aus biotheoretischen Gründen wäre gemäß Darwins Evolutionstheorie eher ein nominalistischer, aber kein essentialistischer Artbegriff legitim, weshalb in ethischer Hinsicht auch von manchen Soziobiologen die Aufhebung von Spezies-Barrieren im Kopf gefordert wird (Dawkins 1994). Die Kernthese Singers (1990) lautet, dass die Zugehörigkeit des Menschen zu einer biologischen »Spezies« in Analogie zum Rassismus ethisch irrelevant sei, d. h. einen menschlichen »Artegoismus« (Teutsch 1987) darstellt. Doch bleibt nach Singer die rein evolutionäre und soziobiologische Erklärung des moralischen Gefühls oder des Altruismus unvollständig, denn erst die philosophische Reflexion der Interessen eröffnet die Möglichkeit für einen »expanding circle« (Singer 1981), d. h. für eine Erweiterung des ethischen Kreises über den Menschen hinaus. Im Zeichen Darwins sind vielfältige Implikationen für eine aufgeklärte Tier- und Bioethik gezogen worden, z. B. im Hinblick auf Tierrechte oder Euthanasie (Rachels 1990). Kritiker beharren demgegenüber sowohl auf Klärung des ethischen Standpunktes (Gethmann 1998) wie des theoretischen Speziesbegriffes. Der evolutionär fundierte Anti-Speziesismus in der modernen Ethik macht Menschenaffen zu einem prekären Prüfstein der ethischen Theorie. Evolutionäre Überlegungen zum Ursprung der Moral im Verbund mit der ethischen Begründung eines Gleichheitsanspruches führten eine Gruppe von Ethikern, Biologen u. a. dazu, »Menschenrechte für Große Menschenaffen« einzufordern (Cavalieri/Singer 1994).

Ein exemplarischer Gegner von klassischen und modernen Moralvorstellungen ist der Primatologe Frans de Waal, der vielfältige Parallelen zwischen dem sozialen Moralverhalten bei Affen und Menschen findet, z. B. in der Streitschlichtung (*Wilde Diplomaten*, 1991). Kritisiert wird der Mythos der moralischen »Fassadentheorie«, d. h. das negative Menschenbild in der Tradition von Hobbes, Thomas Huxley und der klassischen Soziobiologie. Man hänge einem »Genegoismus« oder der Vorstellung des »Bösen« in der Natur des Menschen an, welches den asozialen Kern des Menschen ausmache und nur von einer dünnen Moralfassade ummantelt werde. Nach de Waals Studien an Primaten hat das »Gute« in der Evolution der Emotion eine reale Grundlage in Phänomenen der Empathie und Sympathie (de Waal 2008). Im Geiste Pjotr Alexejewitsch Kropotkins wird die Rolle der »wechselseitigen Hilfe« bzw. von Reziprozität im Sozialverhalten für die Entwicklung der tierischen Wurzeln der Moral hervorgehoben. Deshalb stehe nicht das »Böse«, sondern »der gute Affe« am Anfang der Moral (De Waal 1997).

Bewusstsein, Willensfreiheit, Emotion und Moral

Eine weitere Problemverschiebung in der modernen Ethik und Philosophie des Geistes ergibt sich vor dem Hintergrund neuerer Befunde der Primatologie und der Neurowissenschaften zu elementaren Voraussetzungen ethischen Handelns beim Menschen – wie Selbstbewusstsein, Willensfreiheit und Emotion. Angestoßen durch klassische Experimente zum Selbstbewusstsein bei Primaten (z. B. Spiegelversuche) sowie durch deren Fähigkeit zur Antizipation und Einfühlung in Fremdbewusstsein, stellt man die Frage nach einer funktionalen, evolutionären Ursache solcher Vermögen. So kann es von individuellem Vorteil sein, eine »Theorie des Geistes« zu haben und sich in ein anderes Bewusstsein hineinversetzen zu können, um seine Handlungen besser ausrichten zu können. Ferner stehen beim Menschen seit den sogenannten Libet-Experimenten das Selbstbewusstsein, das handelnde Ich und dessen Willensfreiheit im Verdacht, eine bloße »Illusion« zu sein. Nach Metzinger bestehe die Gefahr, sein Ich mit seinem »Selbstmodell« zu verwechseln, was wiederum die philosophische Kritik herausfordert (vgl. Herrmann et al. 2005, Beckermann 2008). Hier geht es um epistemologische und phänomenologische Grundfragen, die zwar vor dem Hintergrund eines vorevolutionären Dualismus und materialistischen Determinismus entstanden, nun aber auch mit der Evolution nach Darwin in Einklang gebracht werden sollen. Dies geschieht nicht zuletzt, um eine moralrelevante, erstpersonale Akteurskausalität zu retten, der »Gründe« für freies und verantwortliches Handeln zugerechnet werden können (Beckermann 2008).

Schließlich stellt sich aus evolutionärer Perspektive wie schon bei Lorenz erneut die Frage, wie eng Gefühl, Emotion und Bewusstsein bei der Etablierung der komplexen Wurzeln sozialer und moralischer Wertvorstellungen verkoppelt sind. Wenn sie im Laufe der Evolution als Anpassungen entstanden sind, müssen sie gegen cartesisch-dualistische und vermeintlich objektive philosophische Ethikkonzepte abgegrenzt werden, wenn es darum gehen soll, den Ursprung der Werte zu klären (Changeux/Damasio/Singer/Christen 2005).

Die philosophische Ethik wird also nicht nur durch eine »Evolutionäre Ethik«, sondern durch sehr unterschiedliche Spielarten und spezielle Fragen im Bann der Darwinschen Evolutionstheorie neu herausgefordert. Im Kontext der notwendigen Differenzierungen und Kritik darf nicht vergessen werden, dass sowohl klassische evolutionäre als auch moderne soziobiologische Analysen wichtige Beiträge zum Verständnis der menschlichen Moralevolution geliefert haben. Sie können Beiträge zur Aufklärung der Rolle von Moral und in konkreten Anwendungsfällen auch zum Verständnis spezieller ethischer Probleme liefern, z. B. wenn es um Ethnozentrismus, Nepotismus, Inzesttabu, sexuelle Diskriminierung oder Infantizid geht. Auch kann aus evolutionärer Perspektive eine Diagnose der Wurzeln globaler Krisen (Bevölkerungsexplosion, Umweltkrise) hilfreich sein, was aber nicht von ethischer Reflexion auf die Verantwortung des Menschen als moralischem Subjekt für jetzige und zukünftige Generationen entbindet.

Insgesamt ist es für eine Ethik nach Darwin wichtig, sowohl den ethischen Naturalismus als auch den idealistischen Holismus deutlich von einem gut begründeten »Expandierenden Humanismus« (Ingensiep 2006) abzugrenzen. Dieser intendiert, die Errungenschaften einer säkularen und rationalen Ethik im Anschluss an Kant mit modernen Konzepten der Evolutionstheorie zu verbinden, ohne humane Werte und Normen auf Evolution gründen und damit naturalisieren zu wollen. Würde eine »Evolutionäre Ethik« allein auf »objektive« Fakten und evolutionäre Theorien gegründet, wäre nicht nur der Vorwurf des »naturalistischen Fehlschlusses« berechtigt, sondern auch der Vorwurf, es handle sich um eine Ethik ohne Autonomie. Denn wenn ein moralischer Akteur sich unreflektiert teilnahmslos einer »Evolutionären Ethik« unterwirft, enthebt er sich als Person quasi selbst jeder Verantwortung für seine Handlungen. Man immunisiert sich szientistisch gegen rationale Kritik, und eine kritische ethische Selbstreflexion wäre überflüssig.

Literatur

Bayertz, Kurt (Hg.) (1993a): Evolution und Ethik. Stuttgart.

Bayertz, Kurt (1993b): Autonomie und Biologie. In: Bayertz, Kurt (Hg.): Evolution und Ethik. Stuttgart, 327–359.

Beckermann, Ansgar (2008): Gehirn, Ich, Freiheit. Neurowissenschaften und Menschenbild. Paderborn.

Cavalieri, Paola/Singer, Peter (Hg.) (1994): Menschrechte für die Großen Menschenaffen. Das Great Ape Projekt [The Great Ape Project: Equality Beyond Humanity, 1993]. München.

Changeux, J.-P./Damasio, A. R./Singer, W./Christen, Y. (Hg.) (2005): Neurobiology of Human Values. Berlin.

Damasio, Antonio R. (1995): Descartes' Irrtum. Fühlen, Denken und das menschliche Gehirn. München.

Dawkins, Richard (1978): Das egoistische Gen [The Selfish Gene, 1976]. Berlin.

Dawkins, Richard (1993): Barrieren im Kopf. In: Paola Cavalieri/Peter Singer (Hg.): Menschrechte für die Großen Menschenaffen. Das Great Ape Projekt [The Great Ape Project: Equality Beyond Humanity, 1993]. München, 125–135.

Frankena, William K. (1974): Der naturalistische Fehlschluss. In: G. Grewendorf/G. Meggle (Hg.): Seminar Sprache und Ethik. Zur Entwicklung der Metaethik. Frankfurt a. M., 83–99.

Gethmann, Carl Friedrich (1998): Praktische Subjektivität und Spezies. In: Wolfram Hogrebe (Hg.): Subjektivität. München, 125–145.

Gräfrath, Bernd (1997): Evolutionäre Ethik? Philosophische Programme, Probleme und Perspektiven der Soziobiologie. Berlin.

Hemminger, Hansjörg (1983): Der Mensch, eine Marionette der Evolution? Eine Kritik an der Soziobiologie. Frankfurt a. M.

Herrmann, Christoph S./Pauen, Michael/Rieger, Jochen W./Schicktanz, Silke (Hg.) (2005): Bewusstsein. Philosophie, Neurowissenschaften, Ethik. München.

Höffe, Otfried (Hg.) (1986): Lexikon der Ethik. München.

Huxley, Julian (1964): Der evolutionäre Humanismus. München.

Ingensiep, Hans Werner (zus. m. Dünckmann, Michael) (1990a): Zur Kontroverse zwischen Soziobiologie und philosophischer Ethik. In: Evolution des Menschen 4 Evolution des Verhaltens – biologische und ethische Dimensionen. Teil II. Deutsches Institut für Fernstudien an der Universität Tübingen, 55 – 152.

Ingensiep, Hans Werner (1990b): Evolution und Ethik. Zur Kritik und Bedeutung evolutionärer Analysen für die philosophische Ethik. In: Philosophischer Literaturanzeiger Vol. 43, Nr. 4: 281–297.

Ingensiep, Hans Werner (2006): Expandierender Humanismus, Holismus und Evolution. In: Kristian Köchy/Martin Norwig (Hg.): Umwelt-Handeln. Zum Zusammenhang von Naturphilosophie und Umweltethik. München, 49–68.

Ingensiep, Hans Werner (2009): »Speziesismus« In: Eike Bohlken/Christian Thies (Hg.): Handbuch Anthropologie. Der Mensch zwischen Natur, Kultur und Technik. Stuttgart, 418–422.

Kitcher, Philip (1993): Vier Arten, die Ethik zu »biologisieren«. In: Bayertz, Kurt (Hg.): Evolution und Ethik. Stuttgart, 221–242.

Knapp, Andreas (1989): Soziobiologie und Moraltheologie. Kritik der ethischen Forderungen moderner Biologie. Weinheim.

Kohlberg, Lawrence (1969): Stage and Sequence: the Cognitive-Developmental Approach to Socialization. In: D. A. Goslin (Hg.): Handbook of Socialisation Theory and Research. Chicago, 347–480.

Korff, Wilhelm/Beck, Lutwin/Mikat, Paul (Hg.) (2000): Lexikon der Bioethik. Bd. 1. Gütersloh.

Koslowski, Peter (1986): Evolutionstheorie als Soziobiologie und Bioökonomie. Eine Kritik des Totalitätsanspruchs. In: Robert Spaemann/Peter Koslowski/Reinhardt Löw (Hg.): Evolutionismus und Christentum. Weinheim, 29–56.

Lewontin, Richard C./Rose, Stephen/Kamin, Leon J. (1988): Die Gene sind es nicht. Biologie, Ideologie und menschliche Natur. München.

Lorenz, Konrad (1963): Das sogenannte Böse. Zur Naturgeschichte der Aggression. Wien.

Lütterfelds, Wilhelm/Mohrs, Thomas (Hg.) (1993): Evolutionäre Ethik zwischen Naturalismus und Idealismus: Beiträge zu einer modernen Theorie der Moral. Darmstadt.

Mackie, John L. (1981): Ethik. Auf der Suche nach dem Richtigen und Falschen. Stuttgart.

Mackie, John L. (1998): The Law of the Jungle: Moral Alternatives and Principles of Evolution. In: Michael Ruse (Hg.): Philosophy of Biology. New York, 303–312.

Markl, Hubert (Hg.) (1983): Natur und Geschichte. München.

Meier, Heinrich (Hg.) (1988): Die Herausforderung der Evolutionsbiologie. München.

Mohr, Hans (1987): Natur und Moral. Ethik in der Biologie. Darmstadt.

Rachels, James (1990): Created from Animals. The Moral implications of Darwinism. Oxford.

Rawls, John (1971): A Theory of Justice. New Haven (Mass.).

Richards, Robert J. (1993): Evolutionäre Ethik, revidiert und gerechtfertigt. In: Kurt Bayertz (Hg.): Evolution und Ethik. Stuttgart, 168–198.

Ruse, Michael (Hg.) (1998): Philosophy of Biology. New York.

Ruse, Michael/Wilson, Edward O.(1998): The Evolution of Ethics. In: Michael Ruse (Hg.): Philosophy of Biology. New York, 313–317.

Singer, Peter (1981): The Expanding Circle: Ethics and Sociobiology. Oxford.

Singer, Peter (1990): Animal Liberation. Second Edition. New York.

Singer, Peter (1993): Practical Ethics. Second Edition. Cambridge.

Stent, Gunther S. (Hg.) (1978a): Morality as a Biological Phenomenon. Berlin.

Stent, Gunter S. (1978b): Altruismus ohne Ethik? In: Spektrum der Wissenschaft, November 1978: 6–8.

Teutsch, Gotthard (1987): Lexikon der Tierschutzethik. Göttingen.

Vogel, Christian (1982[4]): »Charles R. Darwin, sein Werk ›Die Abstammung des Menschen‹ und die Folgen«. In: Charles Darwin: Die Abstammung des Menschen. Stuttgart, VII– XLII.

Vogel, Christian (1988): Gibt es eine natürliche Moral? Oder: Wie widernatürlich ist unsere Ethik? In: Heinrich Meier (Hg.): Die Herausforderung der Evolutionsbiologie. München, 193–219.

Vogel, Christian (1989): Vom Töten zum Mord. Das wirklich Böse in der Evolutionsgeschichte. München.

Waal, Frans de (1991): Wilde Diplomaten. Versöhnung und Entspannungspolitik bei Affen und Menschen. München.

Waal, Frans de (1997): Der gute Affe. Der Ursprung von Recht und Unrecht bei Menschen und anderen Tieren. München.

Waal, Frans de (2008): Primaten und Philosophen. Wie die Evolution die Moral hervorbrachte. München.

Waddington, Conrad H. (1960): The Ethical Animal. London.

Wilson, Edward O. (1975): Sociobiology. The New Synthesis. Cambridge (Mass.).

Wilson, Edward O. (1980): Biologie als Schicksal. Die soziobiologischen Grundlagen menschlichen Verhaltens. Frankfurt a. M.

Hans Werner Ingensiep

17. Kreationismus und Intelligent Design

Als Ablehnung der Evolutionstheorie und Annahme, dass die Menschheit unabhängig von anderen Arten physisch von einer Gottheit erschaffen wurde, gibt es den Kreationismus in vielen Spielarten, wie den muslimischen Kreationismus oder den vedischen, hinduistischen Kreationismus (der annimmt, dass Menschen seit Jahrmilliarden unverändert die Erde besiedelt haben). In westlichen Industrienationen ist der Kreationismus besonders stark in den Vereinigten Staaten, wo er Teil einer insbesondere von fundamentalistischen Protestanten getragenen und weite Teile der Bevölkerung umfassenden gesellschaftspolitischen Bewegung ist, die versucht, den Glauben an den christlichen Gott verbindlich in Gesellschaft und Gesetz zu verankern. In den USA ist auch die sogenannte Intelligent Design-Theorie entstanden; dieser Beitrag befasst sich weitgehend mit den wissenschaftlichen Argumenten von Intelligent Design, da diese Theorie scheinbar plausibler ist als der Kreationismus. Da Intelligent Design tatsächlich lediglich ein Teil der politischen Bewegung der Kreationisten ist, ist es nötig, erst auf Geschichte und politische Dimension dieser Bewegung einzugehen.

Geschichte des Kreationismus und der Intelligent Design-Bewegung

Gelehrte des Mittelalters unterschieden zwischen primären und sekundären Ursachen. Primäre Ursachen sind direkte Handlungen Gottes, z. B. die Schöpfung des Kosmos und seiner Naturgesetze. Naturgesetze sind die sekundären Ursachen von natürlichen Ereignissen. Seit dem 17. Jahrhundert befassten sich Naturforscher oft lediglich mit sekundären Ursachen – selbst wenn diese letztlich auf primäre Ursachen (Gott) zurückzuführen seien. Dies führte zu einer Trennung zwischen Theologie und Naturwissenschaft, wobei Letztere Naturphänomene mit Hilfe von Naturgesetzen, aber nicht unter Rückgriff auf den Willen Gottes erklärte. Die im England des frühen 19. Jahrhunderts einflussreiche Tradition der natürlichen Theologie versuchte aber, theologischen Ideen eine stärkere Rolle in der Naturwissenschaft zu verschaffen. Dieser Ansatz wollte die Realität eines Schöpfers nicht nur aus dem Studium der Offenbarung, sondern auch aus der Beobachtung der Natur erschließen. William Paley argumentierte, genauso wie eine am Strand gefundene Uhr wegen ihrer Zweckmäßigkeit auf einen Uhrmacher als ihren Ursprung hinweise, müsse man vom funktionellen Aufbau der Lebewesen – z. B. komplizierte Organe wie das Auge – auf einen Schöpfer oder planenden Designer schließen (Paley 1802). Infolgedessen mussten sich Biologen immer wieder mit diesem Argument auseinandersetzen. Obwohl z. B. Charles Darwin die Evolution des Auges für wahrscheinlich hielt, gestand er in *On the Origin of Species* (1859), dass seine Evolutionstheorie zusammenbrechen würde, falls es tatsächlich ein komplexes Organ gäbe, das nicht durch eine Reihe von vielen schlichten Veränderungen entstanden sein könnte. Heutige Intelligent Design-Vertreter greifen auf Paleys Uhrmacher-Argument zurück und fassen Organismen als von einem Designer entworfene Artefakte auf.

Obwohl Darwins Evolutionstheorie schnell von Biologen akzeptiert wurde und theologische Erklärungen innerhalb der Naturwissenschaft nicht Fuß fassen konnten, ist der Evolutionsgedanke – insbesondere was den Ursprung der Menschen betrifft – ein Gegenstand kontroverser gesellschaftlicher Debatten geblieben. In den USA flammt der Kulturkampf immer wieder auf. Seit dem frühen 20. Jahrhundert konnten fundamentalistische Christen in mehreren Bundesstaaten die Erlassung von Verordnungen erreichen, die den Evolutionsunterricht verboten oder den Unterricht in Kreationismus vorsahen. Den christlichen Kreationismus gibt es in zwei Hauptvarianten. Sogenannte Jungerde-Kreationisten (*young earth creationists*) legen die Bibel wörtlich aus und nehmen daher an, dass das Universum nicht mehr als 6000 Jahre alt ist und dass alle Lebewesen innerhalb von sechs Schöpfungstagen erschaffen wurden. *Old earth creationists* interpretieren die sechs Tage der Genesis metaphorisch als sechs kosmologische oder geologische Zeitalter. Viele Kreationisten erkennen die Bildung neuer aus alten Arten an, postulieren aber die Existenz von Grundtypen, d. h. von Gott ursprünglich geschaffenen Tiergruppen. Innerhalb eines Grundtyps könne Evolution und Artenbildung stattfinden, doch evolutionäre Übergänge zwischen Grundtypen seien unmöglich. Es wird aber nicht erklärt, welcher genetische Mechanismus den evolutionären Wandel plötzlich stoppt. Auch werden Arten auf willkürliche Weise verschiedenen Grundtypen zugeordnet, z. B. gibt es für jedes Hominidenfossil Kreationisten, die es als dem Grundtyp Mensch zugehörig klassifizieren, während andere es dem Grundtyp Menschenaffen zuordnen. Die Grundtypentheorie kann man in dem

17. Kreationismus und Intelligent Design

einzigen deutschsprachigen kreationistischen Lehrbuch ebenfalls vertreten finden (Junker/Scherer 2006).

Die Geschichte von Kreationismus und Intelligent Design in den USA ist mit Hinblick auf die rechtliche Situation des Landes zu sehen. Dort sind private Schulen weit verbreitet, zu denen neben teuren Privatschulen mit sehr hoher Unterrichtsqualität auch fundamentalistische christliche Privatschulen gehören, wo der Kreationismus im Biologieunterricht gelehrt wird. Nach heutiger Rechtsauslegung der verfassungsmäßigen Trennung von Staat und Kirche darf in öffentlichen Schulen nur vergleichende Religionslehre oder Religionsgeschichte unterrichtet werden, jedoch kein konfessionsgebundener Religionsunterricht (dies machen die Kirchen außerschulisch). 1968 wurden Verordnungen mehrerer Bundesstaaten, die den Evolutionsunterricht an ihren öffentlichen Schulen aus religiösen Gründen verboten, als verfassungswidrig gewertet. Um dennoch Fuß in den öffentlichen Schulen zu fassen und den Kreationismus sogar in den naturwissenschaftlichen Unterricht zu bringen, haben Kreationisten wiederholt versucht, ihre Lehre als wissenschaftlichen Ansatz darzustellen. Zuerst wurde die Bezeichnung »wissenschaftlicher Kreationismus« (*scientific creationism*) geschaffen, der später in »Kreationswissenschaft« (*creation science*) umbenannt wurde. Trotzdem wurde im Jahre 1982 das Gesetz des Bundesstaates Arkansas, welches einen gleichen Anteil von Evolutionstheorie und Kreationswissenschaft im Biologieunterricht vorgeschrieben hatte, als verfassungswidrig gewertet.

Die Bezeichnung »intelligent design« entstand in den 1980er Jahren im Rahmen des nächsten Versuches, eine im Grunde religiöse Lehre als Wissenschaft zu verbrämen, inspiriert vor allem durch den emeritierten Juraprofessor Phillip E. Johnson (Forrest/Gross 2004). Die Neuerung ist hier, dass jeglicher Bezug auf einen Gott und spezifisch religiöse Ideen (wie die Bibel) vermieden wird. Anstelle dessen wird in offiziellen Darstellungen lediglich behauptet, dass irgendeine Intelligenz (ein »intelligenter Designer«) für manche Eigenschaften von biologischen Systemen mitverantwortlich sein muss, wobei keine Aussage darüber gemacht wird, wer oder was diese Intelligenz ist und wie sie genau gewirkt hat. Laut manchen Darstellungen will der Ansatz lediglich auf einen Designer schließen, ohne Aussagen bezüglich der Stammesgeschichte zu machen. So wird argumentiert, dass einzelne Eigenschaften von Organismen z. B. zu komplex seien, als dass sie durch Mutation und natürliche Selektion entstanden sein könnten, und deswegen auf einen intelligenten Einfluss hinwiesen. In anderen Darstellungen werden konkrete Behauptungen zur Stammesgeschichte gemacht, z. B. dass die Haupttiergruppen abrupt und ohne gemeinsame Abstammung entstanden sind. Der politische Arm der Intelligent Design-Bewegung ist das in Seattle ansässige Discovery Institute, ein privat finanzierter konservativer Think Tank, der Öffentlichkeits- und Lobbyarbeit verrichtet, z. B. Abgeordnete berät, wie sie auf angeblich legale Weise Intelligent Design in den Lehrplänen ihrer Bundesstaaten verankern können. Laut einem internen Dokument von 1998 war es das Ziel des Discovery Institutes, Intelligent Design innerhalb von 20 Jahren zur dominanten Theorie innerhalb der Wissenschaft zu machen, mit dem Endziel, »natürliche Kausalerklärungen durch die Idee zu ersetzen, dass die Natur und die Menschheit von Gott geschaffen sind«, so dass die »Design Theorie das religiöse, kulturelle, moralische und politische Leben durchtränkt« (übers. aus The Wedge Document 1998). Doch auch abgesehen davon, dass Intelligent Design in der Wissenschaft nicht Fuß fassen konnte, hat selbst die politisch-rechtliche Strategie dieser Bewegung kürzlich eine herbe Niederlage erlitten. Vom Discovery Institute beraten, hatte im November 2004 der Schulbezirk Dover im Bundesstaat Pennsylvania beschlossen, dass an den öffentlichen Schulen im Biologieunterricht auf das Intelligent Design-Lehrbuch *Of Pandas and People: The Central Questions of Biological Origins* (Davis und Kenyon 1989) zu verweisen sei. Nach einer Klage von Eltern wurde im Dezember 2005 jedoch entschieden, dass diese Verordnung verfassungswidrig sei, da sie die Trennung von Staat und Kirche zu unterlaufen versucht. In der Beweisaufnahme des Prozesses war unter anderem gezeigt worden, dass *Of Pandas and People* – obzwar 1989 als das allererste Intelligent Design-Lehrbuch veröffentlicht – einen kreationistischen Ursprung hat. Entwürfe dieses Buches von 1983 und 1986 sprachen unverhohlen von *creation*. Im Jahre 1987 hatte das Oberste Gericht allerdings geurteilt, dass die »Kreationswissenschaft« nicht an öffentlichen Schulen gelehrt werden darf, wohl aber wissenschaftliche Alternativen zur Evolutionstheorie. Daraufhin wurde im in Arbeit befindlichen Lehrbuch jedes Vorkommen von *creation* durch *intelligent design* ersetzt (und *creator* durch *intelligent agent*). Auf diese Weise konnte bewiesen werden, dass Intelligent Design als ein trojanisches Pferd der Kreationisten entstanden ist; seit dem Dover-Urteil von 2005 ist nun aber klar, dass selbst Intelligent Design kaum eine Chance mehr hat, an öffentlichen Schulen gelehrt zu werden. Deswegen besteht die neueste Strategie des Discovery Institutes und anderer Kreationisten darin, die Verordnung von Lehrplänen anzuregen, welche Kritik an der Evolutionstheorie zu einem Teil des Evolutionsunterrichtes machen. In Texas ist dies im März 2009 auch geglückt.

Der akademische Arm der Intelligent Design-Bewegung in den USA besteht aus mehreren Universitätsprofessoren, die wesentlich dazu beitragen, in der Öffentlichkeit den Anschein zu erwecken, dass Intelligent Design eine wissenschaftliche Theorie sei. Allerdings sind die meisten dieser Akademiker keine (Evolutions-)Biologen, sondern z. B. Juristen, Ingenieure und Mediziner. In Deutschland sind der Molekulargenetiker Wolf-Ekkehard Lönnig und der Mikrobiologe Siegfried Scherer die einzig bekannten Biologieprofessoren, die die Evolutionstheorie aus religiösen Gründen ablehnen. Intelligent Design-Vertreter behaupten oft, dass dieser Ansatz lediglich irgendeinen Einfluss irgendeiner Intelligenz postuliere, so dass die Theorie auch weite Teile der Evolutionstheorie wie stammesgeschichtliche Abstammung und natürliche Selektion einschließen könne, wobei nur an manchen Stellen der Evolutionsgeschichte eine Intelligenz mitgewirkt habe. Allerdings behaupten sie auch, dass natürliche Prozesse alleine nicht die Entstehung von Organismen erklären könnten, woraus folgt, dass der Designer übernatürlich sein muss. Selbst wenn sie nicht gerne dazu Auskunft geben, lehnen die meisten bekannten Intelligent Design-Vertreter darüber hinaus die gemeinsame Abstammung aller lebenden Organismen ab, manche sind sogar Jungerde-Kreationisten. Trotz der Bezeichnung Intelligent Design-Theorie gibt es keine solche Theorie, die empirische Details enthalten und Eigenschaften biologischer Systeme erklären würde. Die einzelnen Biologen, die Intelligent Design befürworten, veröffentlichen zwar in Fachzeitschriften, dort jedoch bloß reguläre naturwissenschaftliche Beiträge, die nicht für Intelligent Design argumentieren, wie sie dies in ihren Beiträgen für die Medien und populärwissenschaftlichen Bücher tun. Da Intelligent Design keine biologischen Kausalerklärungen zu erbringen versucht, bestehen die Schriften von Intelligent Design-Vertretern zumeist aus vermeintlichen Argumenten gegen die Evolutionstheorie. Es wird behauptet, dass es eine wissenschaftliche Kontroverse um die Evolutionstheorie gäbe. Einzelaspekte der Evolutionstheorie werden, wie in der Wissenschaft üblich, kontrovers diskutiert, Intelligent Design spielt dabei aber keine Rolle und die Grundzüge der Evolutionstheorie stehen außer Frage.

Viele der Argumente gegen die Evolutionstheorie, von welchen Intelligent Design-Anhänger Gebrauch machen, waren schon von klassischen Kreationisten erhoben worden und konnten leicht entkräftet werden (für eine umfassende Liste von kreationistischen Argumenten einschließlich deren kurzer Widerlegung siehe http://www.talkorigins.org/indexcc). Der Evolutionsgedanke wird häufig abgelehnt, weil er von Kreationisten als im Widerspruch zur menschlichen Würde, absoluten Moral und christlichen Gesellschaftsordnung gesehen wird. Daher wird oft (fälschlicherweise) der Vorwurf erhoben, dass die Evolutionstheorie entweder auf einen ethischen Relativismus – laut dem es keine allgemeingültigen moralischen Werte gibt und jeder tun darf, was ihm beliebt – oder einen Sozialdarwinismus – laut dem die Stärkeren in einer Gesellschaft das moralische Recht haben, die Schwachen zu unterdrücken – hinauslaufe. Die Auseinandersetzung ist also keine wissenschaftliche, sondern eine gesellschaftspolitische, wobei die Kreationisten in den USA – wo 40 % der Bevölkerung die Evolutionstheorie ablehnen – weiterhin einen starken Einfluss haben und auch in Europa anfangen, Fuß zu fassen.

Metaphysischer und methodologischer Naturalismus

Ein von Kreationisten und Intelligent Design-Vertretern häufig gemachter Vorwurf ist, dass die Evolutionstheorie Atheismus impliziere, da sie dem Naturalismus, d. h. einem materiellen Weltverständnis, verpflichtet ist. Allerdings ignoriert dieser Vorwurf den entscheidenden Unterschied zwischen metaphysischem und methodologischem Naturalismus. Metaphysischer Naturalismus (auch ontologischer Naturalismus genannt) ist die Auffassung, dass es nur natürliche (im Gegensatz zu übernatürlichen) Phänomene gibt. Was die Naturwissenschaft nicht studieren kann (z. B. einen Gott), gibt es demzufolge auch nicht. Methodologischer Naturalismus bezeichnet lediglich die Auffassung, dass Naturwissenschaft nur natürliche Phänomene studiert, also nur über solche Phänomene eine Aussage macht, die mit Hilfe von wissenschaftlichen Methoden greifbar sind. Die Evolutionsbiologie ist (wie die Naturwissenschaft allgemein) dem methodologischen Naturalismus verpflichtet, nicht jedoch dem metaphysi-

17. Kreationismus und Intelligent Design

schen Naturalismus. Dass die Naturwissenschaft nur Aussagen über die Existenz und Eigenschaften von natürlichen Phänomenen macht, heißt nicht, dass sie die Existenz des Übernatürlichen ablehnt – sie kann es lediglich nicht wissenschaftlich studieren.

Alle Wissenschaftler und Wissenschaftlerinnen sind als solche dem methodologischem Naturalismus verpflichtet, können aber den metaphysischen Naturalismus ablehnen oder ihm zuzustimmen. Aus diesem Grunde können Naturwissenschaftler entweder religiös, agnostisch oder atheistisch sein. Viele Evolutionsbiologen sind theistische Evolutionsbefürworter und unterstützen z.B. die religiöse Annahme, dass Gott Naturgesetze und natürliche Kausalprozesse geschaffen habe. Letztere können dann rein wissenschaftlich (im Rahmen des methodologischen Naturalismus) studiert werden. Dazu kommt die theologische Annahme, dass naturwissenschaftliches Wissen nicht die einzige Form von Wissen ist, und es andere, religiöse Formen von Erkenntnis gibt (die die wissenschaftliche Methode aber nicht begründen kann). Doch im Gegensatz zu solchen Überlegungen lehnen sämtliche Vertreter von Intelligent Design selbst den methodologischen Naturalismus ab und kritisieren theistische Evolutionsbiologen heftig. Sie behaupten, dass sie durch dass Studium von Naturphänomenen die Existenz einer übernatürlichen Intelligenz erschließen können und über eine »wissenschaftliche« Methode verfügen, um selbst übernatürliche Phänomene wie Intelligent Design studieren zu können. Durch ihre vehemente Ablehnung des methodologischen Naturalismus ähnelt die Intelligent Design-Bewegung aber in Wahrheit der sogenannten Kreations«wissenschaft«; sie vertritt nicht nur einen nichtwissenschaftlichen, sondern sogar einen antiwissenschaftlichen Ansatz.

Wahrscheinlichkeitstheoretische Argumente

Ein oft geäußerter Einwand gegen die Evolutionstheorie lautet, dass das Auftreten komplexer morphologischer Strukturen oder genetischer Information unter den Annahmen der Evolutionstheorie äußerst unwahrscheinlich sei. Daraus wird der Schluss gezogen, dass die Evolutionstheorie falsch ist und anstelle dessen eine übernatürliche Intelligenz in den Evolutionsprozess eingegriffen oder ihn von Anfang an so eingerichtet haben muss, dass er zielgerichtet verläuft. Derartige wahrscheinlichkeitstheoretische Argumente finden sich in vielen Varianten; z.B. wird zu zeigen versucht, dass der gesamte Ausgang der Evolution extrem unwahrscheinlich ist oder dass ein bestimmtes Evolutionsprodukt (ein Protein oder eine genetische Information) kaum auf natürliche und zufallsbedingte Weise entstehen konnte. Solche Argumente wurden schon von traditionellen Kreationisten hervorgebracht. Im Rahmen der Intelligent Design-Bewegung hat sie der mathematisch gebildete Theologe William Dembski mit Rückgriff auf die mathematische Informationstheorie entwickelt (Dembski 1998).

Viele der von Evolutionsgegnern erstellte Berechnungen der Wahrscheinlichkeit bzw. eben Unwahrscheinlichkeit eines evolutionären Endproduktes basieren allerdings darauf, wesentliche Aspekte des Evolutionsprozesses zu ignorieren. Zum Beispiel wird so getan, als ob Evolution nur in der zufälligen Veränderung eines einzelnen Genoms bestünde, während de facto Mutationen und Reproduktion in zehntausenden Individuen einer Art gleichzeitig erfolgen und wegen der natürlichen Selektion nur die erfolgreichsten Varianten dieser Veränderungen in der nächsten Generation vertreten sind – spätere Generationen müssen, mit anderen Worten, nicht von einem rein zufällig bestimmten Genom ›starten‹. Selbst scheinbar hoch entwickelte Begriffe – wie Dembskis »komplex spezifizierte Information« (die in Organismen vorkommen, aber kaum auf natürliche Weise entstehen können soll) – stellen sich bei genauer Betrachtung als unvollständig definiert oder mathematisch nicht schlüssig heraus (Dembski 2002; Elsberry/Shallit 2009). Evolutionsgegner propagieren ihre kompliziert aussehenden Gleichungen dennoch weiter, wohl um bei den mehrheitlich mathematisch nicht versierten Lesern den Eindruck zu erwecken, es gebe ein mathematisch genaues Argument für Intelligent Design.

Weit gewichtiger noch ist allerdings, dass alle wahrscheinlichkeits- oder informationstheoretischen Argumente auf einem ebenso gravierenden wie grundsätzlichen Fehlschluss basieren (was ihre Zurückweisung ermöglicht, ohne auf die mathematischen Details einzelner Argumente einzugehen). Die Behauptung lautet dahin, dass man von der äußerst geringen Wahrscheinlichkeit, die die Evolutionstheorie für das Entstehen von organismischen Strukturen annehmen muss, schlussfolgern könne, dass die Evolutionstheorie falsch sei. Dembski hat z.B. argumentiert, dass im Falle von biologischen Ereignissen, die im Rahmen der Evolutionstheorie unwahrscheinlicher als 1 durch 10^{150} sind, die Evolutionstheorie als falsch erwiesen sei. Dies ist nicht korrekt. Wenn Theorie *T* vertritt, dass Ereignis *E* äußerst unwahrscheinlich sei, *E* aber dennoch eintritt, so kann man nicht einmal schließen, dass Theorie *T* wahrscheinlich falsch ist. Von diesen Annahmen allein kann man nichts über den Wahrheits- oder Wahrscheinlichkeitsgrad der Theorie aussagen (Sober 2008).

Kleine Wahrscheinlichkeiten sind deswegen irrelevant, weil extrem unwahrscheinliche Zufallsereignisse jederzeit vorkommen. Wenn man z. B. eine Münze fünfmal wirft, ist die Wahrscheinlichkeit einer bestimmten Folge von Kopf und Zahl (z. B. Z, Z, K, Z, K) 1 auf $2 \cdot 2 \cdot 2 \cdot 2 \cdot 2$ Fälle, also 1 geteilt durch 2^5. Eine bestimmte Folge von 70 Münzwürfen hat eine Wahrscheinlichkeit von 1 durch 2^{70}; und eine Folge von 500 Würfen 1 durch 2^{500}, was schon deutlich kleiner ist als 1 durch 10^{150}. Wenn man sich die Zeit nimmt weiterzuwerfen, kann man auf ganz natürliche Weise Ereignisse erzeugen, die beliebig unwahrscheinlich (aber keineswegs unmöglich) sind. Daher kann man aus der geringen Wahrscheinlichkeit eines Ereignisses nicht schließen, dass die Theorie, die diese geringe Wahrscheinlichkeit annimmt, falsch sei (und dass anstelle dessen ein zielgerichteter oder intelligenter Einfluss gewirkt haben müsse). Das Problem von Dembskis Argument ist nicht, dass 1 durch 10^{150} immer noch zu hoch (zu wahrscheinlich) ist, sondern dass die geringe Wahrscheinlichkeit als solche irrelevant ist. Kleine Wahrscheinlichkeitswerte haben einen großen psychologischen Einfluss auf uns, ihre Bedeutung wird aber oft – selbst von wissenschaftlich Gebildeten – völlig fehlinterpretiert.

Wahrscheinlichkeiten können für die Plausibilität einer Theorie eine Rolle spielen, aber nur dann, wenn mindestens zwei alternative Theorien miteinander verglichen werden. Wenn laut Theorie T_1 das Ereignis *E* mit Wahrscheinlichkeit p_1 und laut T_2 mit Wahrscheinlichkeit p_2 eintreten kann, wobei p_1 größer ist als p_2 (d. h. *E* passt besser mit T_1 als mit T_2 zusammen), so bestätigt das Auftreten von *E* Theorie T_1 in höherem Maße als T_2. Auf diese Weise kann *T* die beste Theorie sein, selbst wenn unter Annahme von *T* eine Gesamtheit von eingetroffenen Ereignissen extrem unwahrscheinlich ist, solange diese Ereignisse für alle anderen Theorien noch unwahrscheinlicher sind. Die wahrscheinlichkeitstheoretisch relevante Frage ist also, ob das Entstehen von komplexen organismischen Strukturen laut Evolutionstheorie mehr oder weniger wahrscheinlich ist als unter Annahme von Intelligent Design. Nicht nur haben Intelligent Design-Vertreter keine Wahrscheinlichkeiten für ihren Ansatz berechnet, dies ist auch gar nicht möglich, da Intelligent Design offiziell keine Annahmen macht, wer oder was die Intelligenz ist und mit welchen Absichten und auf welche Weise sie schöpferisch tätig ist (um zu verheimlichen, dass als Designer der christliche Gott angenommen wird). Solange aber nicht bekannt ist, ob die Intelligenz am liebsten ein Universum hat, in dem Chaos herrscht und es keine lebenden Organismen gibt, oder eine Welt bevorzugt, in der alle Organismen genetisch identisch sind, ist es nicht möglich, zu ermitteln, wie wahrscheinlich oder unwahrscheinlich das Entstehen unserer realen biologischen Welt ist. Intelligent Design-Befürworter behaupten fälschlicherweise, dass sie genauso auf intelligente Handlungen schließen können, wie die Kriminalistik bei manchen Todesereignissen oder Gebäudebränden auf intelligente Handlung schließen kann (kriminelle Handlungen im Gegensatz zu natürlichem Tod oder zufälliger Brandursache) oder die Archäologie bei gefundenen Objekten (z. B. geschliffenen Steinen) feststellen kann, ob sie intelligent geschaffene Artefakte oder durch Naturprozesse entstanden sind. Allerdings sind derartige Schlüsse in der Kriminalistik oder Archäologie nur deshalb möglich, weil hier bekannt ist, wer die handelnde Intelligenz ist (Menschen) und wie sie in diesen verschiedenen Fällen vorgehen kann (und welche Spuren laut alternativer Hypothese – natürliche Todesursache oder von Naturprozessen abgeschliffene Steine – zu erwarten sind).

Die wichtige Tatsache, dass Wahrscheinlichkeitswerte nur dann für die Plausibilität einer Theorie relevant sind, wenn diese mit anderen Theorien verglichen wird, führt zu folgendem Gesichtspunkt. Das Testen, Bestätigen und Verwerfen von wissenschaftlichen Theorien ist stets eine vergleichende Aktivität. Wissenschaftler und Wissenschaftlerinnen verwerfen eine Theorie – selbst wenn sie Mängel aufweist – erst dann, wenn eine andere und nachweislich bessere Theorie verfügbar ist. Die Evolutionstheorie kann eine Unmenge von Beobachtungen bezüglich der phänotypischen Eigenschaften und geografischen Verteilung von lebenden und fossilen Arten teilweise erklären. In der Tat kann die heutige Evolutionstheorie manche Phänomene (noch) nicht erklären und viele der Erklärungen sind unvollständig und zu verbessern. Allerdings existiert keine alternative Hypothese, die bessere Erklärungen liefern könnte. Dies gilt für den klassischen Kreationismus, dessen Erklärungen äußerst schwach und unplausibel sind (z. B. die Idee von Noahs Arche, die die Vielzahl und Verteilung heutiger Arten durch die Verbreitung weniger Arten von einem Punkt der Erde innerhalb von ein paar tausend Jahren zu erklären versucht). Dies gilt aber in noch größerem Maße für die Intelligent Design-Hypothese, die lediglich behauptet, dass irgendeine Intelligenz irgendeine Rolle bei der Entstehung von biologischen Systemen gespielt hat, aber bewusst keine Erklärung zu entwickeln versucht, wie heutige Organismen und ihre spezifischen Eigenschaften entstanden sind. Zum großen Teil sind die Ideen von Kreationismus und Intelligent Design lediglich Argumente gegen die Evolutionstheorie. Davon abgesehen, dass diese »Argumente« oft widerlegt wurden, schaffen sie keine alternative, positive Theorie, die biologische Phänomene erklären würde. Im Englischen bezeichnet der Begriff *God of the gaps* (Gott der Lücken) die verfehlte theologische Position, die Existenz Gottes durch Lücken in unserem wissenschaftlichen Wissen zu beweisen. Wenn dies der einzige Grund für religiösen Glauben ist und Gott somit lediglich in den Lücken unseres Wissens haust (d. h. denjenigen Stellen des Universums, die wir noch nicht erklärt haben), so wird er mit Erweiterung des wissenschaftlichen Wissens zunehmend obdachlos.

Intelligent Design-Vertreter behaupten, dass sie von bestimmten Eigenschaften biologischer Systeme (z. B. komplex spezifizierte Information) auf einen Designer schließen können. Sie argumentieren, dass diese Eigenschaften äußerst unwahrscheinlich seien, wenn man ihre Entstehung laut regulärer Evolutionstheorie annehme. Selbst wenn Letzteres stimmen würde, folgt – wie wir gesehen haben – darum nicht, dass die Evolutionstheorie unwahrscheinlich ist. Und selbst wenn die Evolutionstheorie falsch wäre, wäre daraus nicht zu folgern, dass Intelligent Design eine wahrscheinlichere Hypothese sei. Denn biologische Systeme könnten ohne Einfluss eines übernatürlichen Designers entstanden sein, selbst wenn dies auf andere natürliche Weise geschehen ist, als die zur Zeit vertretene Evolutionstheorie annimmt.

Irreduzible Komplexität

Die originellste Idee des Intelligent Design-Ansatzes ist der von dem Biochemiker Michael Behe eingeführte Begriff der irreduziblen Komplexität (Behe 2007). Ein biologisches System, das aus Teilen besteht, die miteinander derart kausal interagieren, dass das System eine Funktion verrichtet, ist dann irreduzibel komplex, wenn das Entfernen irgendeines dieser Teile dazu führt, dass das System nicht mehr funktionieren kann. Zur Veranschaulichung verwendet Behe das Beispiel der Mausefalle. Diese besteht aus einer hölzernen Bodenplatte, einer Feder, einem metallischen Schlagbügel, einem Haltebügel (der den Schlagbügel gespannt hält) und einem Köderhalter (der den Haltebügel bei Berühren des Köders loslässt). Wenn man nur eines dieser fünf Teile entfernt, funktioniert die Mausefalle nicht mehr. Auf biologische Systeme angewandt, lautet nun das Argument, dass ein irreduzibel komplexes System nicht schrittweise evolvieren könne, sondern irgendwie schon vollständig mit allen interagierenden Teilen entstehen müsse. Die Idee der irreduziblen Komplexität ähnelt dem Uhrmacher-Argument der natürlichen Theologie des 19. Jahrhunderts. Paley hatte schon argumentiert, das eine gefundene Uhr auf einen planenden Uhrmacher hinweist, da die Uhr zweckmäßig ist, aber nicht mehr funktioniert, wenn man ihre Teile anders zusammensetzt (Paley 1802). Allerdings ist die Neuerung bei Behe, dass er irreduzibel komplexe Systeme in Organismen auf der molekularen Ebene gefunden haben will und dass er gezielt gegen die Evolutionstheorie (die für Paley noch kein Thema sein konnte) argumentiert. Sein Hauptbeispiel ist das bakterielle Flagellum, die Geißel, mit der sich manche Bakterien in Flüssigkeiten fortbewegen. Die Basis des Flagellums besteht aus verschiedenen Makromolekülen an der Zelloberfläche, die miteinander präzise koordiniert wechselwirken und eine Drehbewegung erzeugen, die den langen Schwanz des Flagellums wirbeln lässt und so Vortrieb erzeugt. Ebenso soll in Wirbeltieren die Blutgerinnungskaskade irreduzibel komplex sein. Diese ist eine genau regulierte Folge von Proteinspaltungen, die als biochemische Reaktionskette (ein System, das interagierende Makromoleküle als Teile hat) zur Blutgerinnung führt.

Das Problem dieses Arguments gegen die Evolutionstheorie ist, dass erstens irreduzibel komplexe Systeme evolutionär entstehen können und dass zweitens die von Behe angeführten Systeme nicht einmal irreduzibel komplex sind. Was den ersten Punkt betrifft: Laut Definition ist jedes Teilsystem eines irreduzibel komplexen Systems funktionsunfähig, so dass kein Teilsystem ein evolutionärer Vorläufer sein kann. Allerdings übersieht dieser Gedankengang, dass Systeme mit mehr Komponenten als das irreduzibel komplexe System im Vorfahren vorkommen können und dort auch funktionell sein können. Dies trifft man in der Natur auch oft an. Redundanz liegt in einem organischen System vor, wenn bei Entfernen eines Teiles das System oder der gesamte Organismus derart regulative Änderungen vornimmt, dass das System trotzdem noch seine ursprüngliche Funktion weitgehend verrichtet. Dies ist bei genetischen Netzwerken in verschiedenen Arten bekannt. Wenn ein funktionell relevantes Gen experimentell deaktiviert wird, kann es vorkommen, dass dies (überraschenderweise) keinen Einfluss auf den Organismus hat, da andere Gene (die im nicht manipulierten Organismus kaum aktiv waren) nunmehr aktiviert werden und die gesamte geänderte Netzwerkaktivität den Verlust des einen Genes kompensiert. Redundanz kann für Organismen von entscheidendem Vorteil sein, da sie so auf Mutationen, schwankende Umweltbedingungen und schädliche Einflüsse reagieren können. Intelligent Design-Vertreter vergleichen Zellen und zelluläre Prozesse gerne mit Miniaturmaschinen – aus Teilen bestehend, die in einer bestimmten Art zusammengebaut sind, so dass eine Funktion verrichtet wird. Ingenieurwissenschaftliche Metaphern wie »Maschine« werden benutzt, um den Eindruck zu erwecken, dass organismische Systeme Artefakte seien, die von einem Designer geschaffen worden sind. Abgesehen davon, dass diese Design-Rhetorik kein Argument ist, unterscheiden sich Organismen von vielen Maschinen darin, dass sie äußerst flexibel auf Einflüsse reagieren und sogar den Verlust von ganzen Körperteilen durch Regeneration kompensieren können.

Auf folgende Weise kann ein irreduzibel komplexes System schrittweise evolvieren. Neue Strukturen und Funktionen in Organismen können auf genetischem Wege durch die Duplikation von Genen entstehen. Nach Duplikation eines Gens kommen zwei identische Kopien dieses Gens im Genom des Organismus vor. Da beide Kopien G und G' dieselbe Funktion A haben (z.B. für dasselbe Protein kodieren), liegt Redundanz vor. Daher kommt es oft vor, dass eine der Kopien durch schwerwiegende Mutation wieder zerstört wird. Wenn Letzteres aber nicht geschieht, sondern z.B. G' sich von der anderen Kopie durch eine Reihe kleinerer Mutation wegentwickelt, kann G' eine neue Auswirkung B haben, die biologisch relevant ist (während G immer noch Funktion A hat). Nunmehr ist eine neue Struktur G' mit einer neuen Funktion B entstanden. Nach weiterer Evolution können im Nachfahren sowohl die Funktion A als auch B unabdingbar werden (während der primitive Vorfahre überleben konnte, selbst wenn nur Funktion A verrichtet wurde). Falls die Aktivität von Gen G notwendig für Funktion A ist und Gen G' unabdingbar für Funktion B ist, ist das System nunmehr irreduzibel komplex. Generell kann ein irreduzibel komplexes System evolutionär entstehen, wenn Redundanz im Vorgängersystem vorliegt und sämtliche redundanten Teile oder Wechselwirkungen nach und nach entfernt werden.

Irreduzibel komplexe Systeme können also schrittweise entstehen; darüber hinaus sind die von Behe angeführten Systeme gar nicht irreduzibel komplex. Intelligent Design-Vertreter reden von »dem« bakteriellen Flagellum, obwohl es viele taxonomische Gruppen von Bakterien mit einer Geißel gibt. Die molekularen Teilkomponenten und die genaue Funktionsweise dieser Geißeln sind in diesen Gruppen unterschiedlich – aber man wird doch nicht annehmen wollen, dass jede dieser Bakteriengruppen mit unterschiedlichem Geißel-Aufbau unabhängig von anderen erschaffen worden seien. Ein Vergleich verschiedener Bakterienarten ergibt, dass manche Komponenten des Flagellums überall vorkommen (was auf gemeinsame Abstammung hinweist), während andere Komponenten in manchen Bakterienarten nicht vorkommen, das Flagellum dort dennoch funktioniert (Pallen/Matzke 2006). Letzteres zeigt, dass das bakterielle Flagellum nicht irreduzibel komplex ist.

Auch kommt ein Teilsystem des Flagellums in manchen Bakterienarten vor, wo dieses reduzierte System nicht als Geißel fungiert, jedoch eine andere Funktion verrichtet. *Yersinia pestis* ist der Erreger der Lungen- und Beulenpest. Dieses Bakterium hat kein Flagellum, sondern an der Zelloberfläche angebracht eine Art lange Injektionsnadel, mit der es Faktoren in menschliche Immunzellen injiziert und sie so lahm legt. Die Basis, mit der die Injektionsnadel in der Zellwand verankert ist, besteht aus Proteinen, die sich alle auch im Flagellum anderer Bakterien finden. Da es aber nur ein Teilsystem des Flagellums ist, kann es keine Drehbewegung und damit keine Fortbewegung erzeugen. Das System in *Yersinia pestis* ermöglicht es aber, Faktoren vom Inneren des Bakteriums in die Injektionsnadel zu transportieren. Dies zeigt, dass selbst wenn ein System derart ist, dass kein Teilsystem die Funktion des ursprünglichen Systems verrichten kann, es sehr wohl möglich ist, dass Teilsysteme eine andere Funktion verrichten können, die lebenswichtig für gewisse Arten sein kann. Das von Behe vorgebrachte irreduzible Komplexitätsargument übersieht diese Option. So ist es möglich, dass komplexe biologische Strukturen schrittweise im Laufe der Evolution geändert werden, zu jedem Zeitpunkt aber funktionell sind, wobei sich die Funktion der Struktur kontinuierlich von einer Hauptfunktion zu einer anderen ändert. Vom Flagellum abgesehen, gilt dasselbe für andere molekulare Systeme, wie z.B. die Blutgerinnungskaskade. Ein Vergleich dieser Systeme in verschiedenen Arten zeigt, dass sie nicht irreduzibel komplex sind (da sich ihre molekulare Zusammensetzung in verschiedenen Arten unterscheidet, sie aber überall funktionell sind) und gibt Hinweise auf deren Evolution.

Für den Begriff der irreduziblen Komplexität gilt dasselbe wie für alle kreationistischen oder Intelligent Design-Ideen. Er ist bloß ein vermeintliches Argument gegen die Evolutionstheorie, liefert aber in keiner Weise eine positive Erklärung der Entstehung von biologischen Strukturen (die z.B. darlegen würde, wann und wie eine irreduzibel komplexe Struktur im Laufe der Stammesgeschichte entstanden ist). Selbst die Biologieprofessoren unter den Intelligent Design-Vertretern sind nicht daran interessiert, eine solche Erklärung zu entwickeln, und unternehmen in diesem Sinn keine evolutionsbiologische Forschung. Ein Blick auf die Fachliteratur zeigt, dass es für viele organische Systeme Teilerklärungen bezüglich deren Evolution gibt, und Evolutionsbiologen arbeiten daran, diese Erklärungen immer vollständiger zu machen.

The Wedge Document (1998): »The Wedge. Center for the Renewal of Science and Culture, Discovery Institute«. Online im Internet unter: http://www.antievolution.org/features/wedge.pdf [Stand: 29.11.2009].

Ingo Brigandt

Literatur

Behe, Michael J. (2007): Darwins Black Box: Biochemische Einwände gegen die Evolutionstheorie [Darwin's Black Box: The Biochemical Challenge to Evolution, 1996]. Gräfelfing.

Dembski, William A. (1998): The Design Inference: Eliminating Chance through Small Probabilities. Cambridge.

Dembski, William A. (2002): No Free Lunch: Why Specified Complexity Cannot Be Purchased without Intelligence. Lanham.

Elsberry, Wesley/Shallit, Jeffrey (i.Dr.): »Information Theory, Evolutionary Computation, and Dembski's ›Complex Specified Information‹«. In: Synthese. Online im Internet unter: http://dx.doi.org/10.1007/s11229-009-9542-8.

Forrest, Barbara/Gross, Paul R. (2004): Creationism's Trojan Horse: The Wedge of Intelligent Design. Oxford.

Junker, Reinhard/Scherer, Siegfried (2006[6]): Evolution: Ein kritisches Lehrbuch [1986]. Gießen.

Paley, William (1802): Natural Theology, or Evidences of the Existence and Attributes of the Deity, Collected From the Appearances of Nature. London.

Pallen, Mark J./Matzke, Nicholas J. (2006): »From ›The Origin of Species‹ to the Origin of Bacterial Flagella«. In: Nature Reviews Microbiology 4: 784–790.

Sober, Elliott (2008): Evidence and Evolution: The Logic Behind the Science. Cambridge.

18. Politik

Die Evolution des »zoon politikon« im Widerstreit

Aristoteles sah im Menschen das »zoon politikon«: ein Wesen, das sich über die Tiere erhebt, weil es seine vernunftfähige Natur durch sprachliche Kommunikation in einer Polis entfalten kann und muss. Diese These bringt die Entstehung des *homo sapiens* in einen Zusammenhang mit jener der Politik. Sie wird evolutionstheoretisch allerdings diametral unterschiedlich formuliert. Der Ansatz einer »Evolutionären Politik« geht davon aus, gemeinschaftsbildende Politik sei authentischer Ausdruck der menschlichen Natur. Politik reicht somit, wie Glendon Schubert (1983) ausführt, zeitlich weit hinter die Emergenz symbolisch vermittelter Kommunikation zurück und ist – im Gegensatz zur aristotelischen Definition – gerade nicht an Sprache gebunden. Auf dieser Argumentationslinie schlugen seit den frühen 1980er Jahren sogenannten *Politologists* (eine Wortverschmelzung von Politikwissenschaft und Biologie) soziobiologisch inspirierte *Biopolitics* vor. Diese wollen der Darwinschen Revolution in der politikwissenschaftlichen Forschung zum Durchbruch verhelfen. Mit der Maxime »Nothing in politics makes sense, except in the light of evolution« paraphrasieren ihre Vertreter einen berühmt gewordenen Satz des Evolutionsbiologen Theodosius Dobzhansky, der auf die Biologie gemünzt ist (Dobzhansky 1973). Wenn der Mensch ein Produkt der Evolution ist, so muss es auch seine politische Grundveranlagung sein und es drängt sich geradezu auf, »Biologie« durch »Politik« zu ersetzen und die beiden Bereiche kurzzuschließen.

Die Kritiker dieser Vorstellung eines homogenen Kontinuums zwischen Natur und Kultur halten fest, Darwin habe keine Brücke von der biologischen zur politischen Evolution gebaut, weshalb er sich »bestens als Kritiker der heutigen Soziobiologie« eigne (Engels 2009, 52). Hier wird das Werk Darwins für die Formulierung einer Theorie soziokultureller Evolution genutzt, die sich »nicht einfach als Fortführung der biologischen Evolution mit anderen Mitteln« versteht (Rauprich 2009, 371). Vielmehr steht die dynamische Eigenlogik des Politischen (im dreifachen Sinne von *polity*, *policy* und *politics*) als Moment des Wandels komplexer Gesellschaften im Zentrum des Forschungsinteresses.

Im Folgenden geht es nicht um eine Zusammenstellung der verstreuten Äußerungen Darwins zur Politik, sondern um die Geschichte der Ausstrahlung, der Modifikation und der Rekombination seiner Deszendenzlehre in Politik und Wissenschaft. Dem Paradigma einer »historischen Epistemologie« (Rheinberger 2003) entsprechend wird nicht nur die aktuelle Politikwissenschaft vorgestellt, sondern es kommen auch viel weiter zurückreichende, teilweise interdisziplinäre Theorieansätze zur Sprache, sofern sie sich in spezifischen gesellschaftlichen Kontexten mit dem Funktionsmodus und dem Formwandel des Politischen befasst haben. Wichtig für die analytische Operationalisierung des ganzen Problemkomplexes ist die Einsicht, dass Wissen in verschiedenen gesellschaftlichen Praxisfeldern zirkuliert und dass sich wissenschaftliche Tatsachenbehauptungen, Theoriekonstruktionen, Forschungsprogramme mit politisch relevanten Wahrnehmungskategorien und Deutungsmustern verschränken (Fleck 1980). Vereinfachend lassen sich zwei Analyseebenen unterscheiden. Erstens ist danach zu fragen, wie Darwin und seine Evolutionstheorie (bzw. das, was man darunter verstand) in die Politik gelangten. Zweitens – und in umgekehrter Blickrichtung – gilt es zu untersuchen, wie die sich wandelnde Bewertung einer mit Darwin konnotierten Politik wiederum auf theoretische Formulierungen und ganz allgemein auf die wissenschaftliche Geltungskraft des Evolutionsgedankens zurückwirkte.

Der Beitrag ist entlang dieser Fragestellungen aufgebaut. Im anschließenden Kapitel werden »Darwin« und »Evolution« als politische Schlagworte analysiert, die in der zweiten Hälfte des 19. Jahrhunderts eine aggressive Kampfrhetorik ermöglichten und eine zunehmende Wirkung auf die Politik zu entfalten begannen. Die weiteren Kapitel stellen dar, wie unterschiedlich die Darwinsche Evolutionstheorie für die wissenschaftliche Erklärung politischer Phänomene genutzt wurde. Der Fokus verschob sich dabei vom Sozialdarwinismus auf die systemtheoretische Perspektive der Nachkriegszeit und schließlich, seit den 1970er Jahren, auf eine soziobiologische Evolutionstheorie, die das in der Biologie bewährte Modell der *natural selection* auf die Politik adaptiere. Abschließend wird auf einige weiterführende Diskussionen eingegangen.

Sozialdarwinismus als politisches Programm

Erste Ansätze einer Verbindung von Evolution und Politik finden sich in der Aufklärung. In Zedlers Universallexikon (publiziert in den 1730er und 1740er Jahren) bezieht sich der Begriff »Evolution« auf die Geometrie und insbesondere die Abwicklung einer Kurve auf einer Ebene. In den darauffolgenden Jahrzehnten wird er in verschiedenen Feldern populär, u. a. im Militärwesen, wo er – in Anlehnung an den geometrischen Sprachgebrauch – für eine »Heerschwenkung« bzw. »die Bewegung oder Schwenkung der Soldaten oder Schiffe, um diese oder jene Stellung zu bekommen« steht (so etwa J. G. Schweizer, *Wörterbuch zur Erklärung fremder [...] Wörter und Redensarten* 1823, 197). Der Begriff ist von Anfang an plastisch, mehrdeutig und zirkuliert zwischen verschiedenen Wissensbereichen und Handlungsfeldern. Mit der »Blütezeit des Kapitals« (Hobsbawm 1977) lässt sich ab 1850 eine weitere Verschiebung beobachten. An der Schnittstelle von Wirtschaftstheorie und Biologie wurde es nun möglich, die Denkfigur einer »unsichtbaren Hand« mit der Vorstellung eines »zielblinden Prozesses« zu verbinden. Dies ist die Leistung Darwins, der zugleich den Mechanismus, nach dem dieser Evolutionsprozess funktioniert, zu erhellen versuchte. Dieses Evolutionskonzept ist kulturell korrosiv, weil es sich gegen religiöse Providenz- und Prädestinationslehren richtete und politisch subversiv, weil es die Forschrittsidee in Frage stellte.

Bald wurde allerdings eine gegenläufige, affirmative Lesart wirksam, die behauptete, Darwin habe dem Zukunftsoptimismus eine wissenschaftliche Grundlage verliehen. Und nicht nur das: als Antidotum gegen die (spiegelbildlich zum Fortschrittglauben grassierenden) Degenerationsbefürchtungen bot der Darwinismus der Politik konkrete Ansatzpunkte für eine biologische und soziale Verbesserung der Menschen. In Deutschland ist es in den 1870er Jahren die Arbeiterbewegung, die in der Darwinschen Theorie den wissenschaftlichen Garanten für die Zwangsläufigkeit des Fortschritts sah. Diese progressive Interpretation, die bürgerlich-konservative und religiöse Kreise auf Distanz gehen ließ, wurde im *Fin de siècle* reaktionär, d. h. antisozialistisch, antidemokratisch und antiliberal umgedeutet. Resultat war ein politiknaher »rabiater Sozialdarwinismus«, der »gesellschaftliche Prozesse als natürliches Resultat [...] biologischer Anlagen« des Menschen sah und einen »biologischen Ursprung« der »Ungleichheit des Menschen›materials‹« behauptete (Bayertz 2009, 193 f.). In theoretischer Hinsicht kamen die entscheidenden Anstöße für diese politisch wirkungsmächtige »wissenschaftliche Ideologie« nicht von Darwin, sondern von Stufen- und Entwicklungstheorien, die auf Auguste Comte, Lewis Henry Morgan und vor allem Herbert Spencer zurückgehen. Spencer postulierte, einer weitverbreiteten Ansicht entsprechend, eine hierarchische Skala und gleichzeitig eine kulturelle Stufenkonstruktion, die bei den primitiven Völkern begann und bei den zivilisierten Gesellschaften aufhörte. Der »Kampf ums Dasein« und das »Überleben des Stärkeren« legitimierten sozialtechnologische Projekte wie die Eugenik und die Rassenhygiene, wobei sich hier auch wiederum sozialdemokratische und kommunistische Autoren engagierten (Weingart et al. 1988; Kühl 1997).

Um 1900 stand der Sozialdarwinismus im Zenith seiner ideologischen Karriere und entwickelte einen beträchtlichen Einfluss auf die Politik der großen europäischen Machtstaaten. Außenpolitisch wurde er durch die Anthropogeografie und Geopolitik gestützt, die vom Zoologen und Geografen Friedrich Ratzel propagiert und von Karl Haushofer im Nationalsozialismus weiterentwickelt wurden. Ausgehend von der »Einheit des Menschengeschlechts« interpretierte Ratzel den Staat aus sozialdarwinistischer Perspektive als einen um Lebensraum ringenden sozialen Organismus (Sprengel 1996). Im Krieg schien das »Überleben des Stärkeren« seinen höchsten organisierten Ausdruck zu finden. Im Ersten Weltkrieg entspann sich konsequenterweise auch eine Debatte über die kontra-selektorischen Auswirkungen der modernen, mörderischen Waffentechnik. Befürchtet wurde ein militärischer Pyrrhus-Sieg, weil die auf dem Schlachtfeld überlegenen Staaten die »Blüte ihrer Jugend« in den Tod schickten und sich dabei in »nationalbiologischer« Hinsicht langfristig und nachhaltig schwächten (Mocek 2002).

Es gab allerdings – insbesondere mit dem Buch über »gegenseitige Hilfe« des Anarchisten Peter Kropotkin aus dem Jahre 1902 – auch Versuche, altruistische Verhaltensweisen und ko-evolutive Allianzen als Motor der Evolution im Tierreich und in der Menschheit zu sehen (Kropotkin 1902). Andere Autoren betonten im ausgehenden 19. Jahrhundert die harmonische Kooperation und funktionale Komplementarität autonomer Zellen oder »Zellfabriken« im sogenannten »Zellstaat«, der sich im Wettkampf der Nationen zu behaupten hatte. Auch in dieser Debatte, in der es um das Verhältnis von Individuum, Gemeinschaft, Gesellschaft und Staat ging, wurden darwinistische Argumentationsversatzstücke verwendet: Es geht um Selektion, es herrschen Kriegsvokabeln wie »Kampf«, »Stärke« und »Überleben« vor. Im Darwinismus sahen Befürworter und Kritiker eine politische Zweckideologie. Deren politischer Erfolg entwickelte sich allerdings reziprok zu seiner wissenschaftlichen Reputation. In der Nachkriegszeit lastete eine große politisch-moralische Hypothek auf Darwins Namen: Zur Erklärung dessen, wie es zum »Dritten Reich«, zum Zweiten Weltkrieg und zur Vernichtung des europäischen Judentums durch die Nationalsozialisten habe kommen können, wurde immer wieder die sozialdarwinistische »Umwertung aller Werte« ins Feld geführt. Obwohl das Jahr 1945 weder im Bereich der Eugenik noch der imperialistischen Politik einen Kontinuitätsbruch bedeutete, verlor das sozialdarwinistische Weltbild doch seine hegemoniale Kraft als Orientierungsmaxime und Ordnungsmodell von nationaler und globaler Politik. Das neue Völkerrecht, das durch die Vereinten Nationen gesetzt wurde, delegitimierte Kriege, die zur »Gewinnung von Lebensraum« und aufgrund eines »Rechts des Stärkeren« geführt wurden. Nach dem Ende des Kalten Krieges nahmen »humanitäre Interventionen« den Charakter von »Polizeiaktionen« an, welche die Logik des Sozialdarwinismus umkehrten, wurden sie doch in aller Regel mit dem Kampf gegen eine Willkürherrschaft der »Stärkeren« und mit dem Schutz der Menschenrechte begründet (Finnemore 2003).

»Spontane Ordnung« gegen Politik

Schon früh wurde die Geschichte des Sozialdarwinismus auch als Geschichte eines gesellschaftlich und wirtschaftlich ruinösen Primats der Politik dargestellt. Jene Ökonomen, die sich seit Ende der 1930er Jahre unter der Bezeichnung »Neoliberalismus« versammelten, stellten den Steuern erhebenden und Krieg führenden Staat generell als eine Bedrohung einer friedlichen Zivilgesellschaft und eines effizienten Marktsystems dar. »Freier Handel« richtet sich gegen Monopole; das Machtproblem stellt sich exklusiv in der politisch-staatlichen Sphäre. Von einer solchen Position aus liegt es nahe, den Zuständigkeitsbereich des Politischen zu beschränken. Dieses Postulat wurde auch erkenntnistheoretisch fundiert. Friedrich A. Hayek entwickelte seit den 1940er Jahren eine evolutionäre Epistemologie, die nach dem Gebrauch und dem Potenzial von Wissen fragt (Hayek 1945; Radnitzky 1993). Da Individuen im sozialen Raum verteilt sind, ist auch das Wissen zerstreut (dissipiert) und kann nur durch Interaktion wirksam gemacht werden. Die aufgrund ihres unvollständigen, unsicheren und abgründigen Wissens handelnden Individuen bringen allerdings immerzu nicht intendierte Effekte hervor, die jede gesellschaftliche Planung durchkreuzen. Hayek lehnt deshalb politische Machbarkeitsfantasien und rational konzipierte Projekte eines *Social Engineering* ab. Als Alternative bietet sich das Vertrauen in die »spontane Ordnung« an, die sich aus den komplexen Austauschbeziehungen zwischen individuellen Akteuren ergibt. Diese Ordnung baute schon immer auf Eigentum auf. Der Markt ist damit prioritär gegenüber allen (proto-)staatlichen Autoritäten. Hayek unterstellt ein evolutives Kontinuum von biologischen Organismen bis hin zu komplexen sozialen Institutionen. Überall lässt sich eine Suche nach der sparsamsten, ökonomischsten Lösung beobachten. Physiologische Organe können so als bewährte, routinierte Problemlöser verstanden werden. Ebenso treibt die »spontane Ordnung« spezifische politische Organe hervor, die sich – der biologischen Selektion entsprechend – an eine sich immerzu wandelnde Umgebung anpassen müssen. Künstliche Konstruktionen wie Recht, die ein spezifisches Beharrungsvermögen aufweisen, stellen damit ein potenzielles Evolutionshindernis dar. Überhaupt neigen nach Hayek alle politischen Designer dazu, unterkomplexe Modelle vorzuschlagen, die eine Kette von fatalen (Ent-)Täuschungen auslösen, was die Politik radikalisiert und *in extremis* den Mechanismus des Marktes ruiniert. »Wehret den Anfängen« lautet deshalb die neoliberale Parole gegen die Politik. Hayek versuchte, seine Theorie der wirtschaftlich-gesellschaftlichen Evolution sowohl hirnphysiologisch (Hayek 1954/2006) wie auch gesellschaftstheoretisch zu fundieren (Hayek 1952). Dieser Ansatz steht der demokratischen Aspiration grundsätzlich skeptisch gegenüber. Während eine Diktatur, die sich selber auf ihren Machterhalt beschränkt, grundsätzlich den Erfordernissen eines auf freiwilligen Verträgen aufbauenden »Privatrechtsstaates« entsprechen kann, neigt die Demokratie – in ihren beiden Formen der sozialen Marktwirtschaft und der Sozialdemokratie – zur Ausweitung der Staatsaktivität und zur Stärkung der Nationalsolidarität. Damit schrumpft die Katallaxie (so der aus dem Altgriechischen abgeleitete Begriff für »wechselseitigen Austausch«), die über reziprok einträgliche Austauschbeziehungen Fremde zu Freunden machen kann – auf das Prinzip der »Horde«. Horden basieren auf *face-to-face*-Vergemeinschaftung, sie können deshalb nie für alle Menschen offen stehende Transaktionssysteme hervorbringen. Damit werden weiträumige, anonyme, freie Formen spontaner Ordnungsbildung zerstört oder zumindest gestört (Radnitzky 1993, 14 f.). Der Staat mit seinen Gerechtigkeitsansprüchen ist deshalb aus neoliberaler Sicht eine Chiffre für soziale Regression. 1945 schrieb Hayek dazu in *The Use of Knowledge in Society*: »Those who clamour for ›conscious direction‹ – and who cannot believe that anything which has evolved without design (and even without our understanding it) should solve problems which we should not be able to solve consciously – should remember this: The problem is precisely how to extend the span of our utilization of resources beyond the span of the control of any one mind; and, therefore, how to provide inducements which will make individuals do the desirable things without anyone having to tell them what to do« (Hayek 1945, 527).

Die Markt-versus-Staat-Debatten, die sich nach dem Ende des »keynesianischen Wohlfahrtsstaates« in allen kapitalistischen Gesellschaften entzündeten, beruhten keineswegs nur auf dem Ende der lang anhaltenden Wirtschaftsprosperität seit Mitte der 1970er Jahre und dem zunehmenden Spardruck im Steuerstaat, sondern sind auch das Resultat einer hochgradig politischen Position, die im Wettbewerb das einzige funktionierende »Entdeckungsverfahren« für neue, intelligente und kreative Lösungen sieht (Hayek 1968). Viele Konzepte einer Evolutionsökonomik (*evolutionary economics*) transportieren – häufig implizit – die politische Botschaft, dass staatliche Problemlösungsroutinen nie die Flexibilität und Innovationskraft aufweisen können wie marktwirtschaftliche Transaktionsalgorithmen (Hodgson 1993).

Gegen diese »Dominanz des Ökonomischen« – sowohl im Sinne einer »faktischen (Über-) Macht der wirtschaftlichen Akteure« wie auch der »normativen neoliberalen Lehre« – richtet sich eine politisch-philosophische These, die diametral anders argumentiert und im Markt eine »Institution des Politischen« sieht. Ohne die kreativen Potenziale der Marktdynamik in Frage zu stellen, wird hier davon ausgegangen, dass Letztere nur dann zustande kommen kann, wenn eine auf der Unterscheidung von legitimer und illegitimer Gewaltanwendung beruhende Rechtsbasis vorhanden ist und wenn ausreichendes Regelvertrauen vorhanden ist. In Weiterführung von Thesen, die sich bei Thomas Hobbes und John Locke finden, wird hier die politische »Konstruktion«, die für Hayek eine kontraproduktive Störung der soziokulturellen Evolution darstellt, zur Voraussetzung ebendieser gemacht (Habermas 1995 und 2003; Kohler 1999). Politik unterliegt zwar ebenfalls einem Wettbewerb unterschiedlicher Lösungsvorschläge und mithin einem evolutionstheoretisch modellierbaren Variations-Selektions-Retentionsprozess. Gleichzeitig gehorcht sie ihrer »eigenen Logik« und es ist demnach sinnlos, sie nach der Logik eines marktwirtschaftlichen Wettbewerbs modellieren zu wollen, wie es der Ansatz einer »ökonomischen Politik« versucht. Der gesellschaftliche Evolutionsprozess, der gleichzeitig einen Lernprozess darstellt, ist durch die »Priorität des Politischen« gegenüber dem Markt charakterisiert. Aus der Verkehrung dieses Sachverhalts, wie sie sich im Neoliberalismus findet, kann aus dieser Sicht nur eine krisen- und konfliktverschärfende, d. h. gegenüber ihren kontraproduktiven, nicht intendierten Effekten blinde Politik resultieren. Dies zeigt, dass die Auseinandersetzung um die Auswirkungen der Globalisierung und den Stellenwert von Marktdynamiken im Verhältnis zu politischen Regulierungsansätzen heute maßgeblich auf dem Terrain der Wissenschaft geführt wird und sich damit auch als Definitionskampf um evolutionstheoretische Argumentationsmodelle dechiffrieren lässt (Wieser 2007).

Zivilisationsprozess, soziokulturelle Evolution und Systemtheorie

Ein weit offenerer Zugang findet sich in Theorien der soziokulturellen Evolution, die durch den Strukturfunktionalismus und die soziologische Figurationsanalyse formuliert wurden. Statt über den Primat des Ökonomischen oder Politischen zu streiten, wird hier von der Differenz dieser beiden Systemlogiken und von der Dynamik, die in einem gesellschaftlichen Evolutionsprozess aus der Interaktion verschiedener Teilsysteme resultiert, ausgegangen. Ohne auf den Mechanismus der Evolution einzugehen, untersuchte der historische Soziologe Norbert Elias in den 1930er Jahren den Zivilisationsprozess als Jahrhunderte lange Ko-Evolution psycho- und soziogenetischer Vorgänge. Der permanente Umbau politischer Institutionen ist integrales Moment eines gerichteten Wandels (Elias 1978). Heute würde man von »pfadabhängiger Entwicklung« sprechen. Im Zuge einer Verlängerung menschlicher Interdependenzketten realisieren Menschen, dass sie voneinander abhängig sind, was sie zu moralischem Handeln veranlasst – und die Moral weitet ihren Geltungsbereich aus, je vielfältiger und tiefer diese Abhängigkeiten werden (Sarasin 2009, 334–349). Zugleich wirken die Selbstkontrollapparaturen und Affekthaushalte der Individuen und die staatlich-wirtschaftlichen Großstrukturen wechselseitig aufeinander ein und generieren immer neue Figurationen. Elias betonte, dieser Zivilisationsprozess verlaufe »ungeplant« (Elias 1978, 313), es handelt sich um einen »blinden« (ebd., 316, 332), d. h. »nicht rational geplanten Wandel« (ebd., 313). Diese »Eigendynamik eines Beziehungsgeflechts« (ebd., 316) und das »arbeitsteilige Menschengeflecht« (ebd., 340) umfassen immer auch politische Institutionen, die ebenfalls dem »blinden Spiel der Verflechtungsmechanismen« (ebd., 316) unterworfen sind.

Von einem soziologischen Ansatz her, der nicht bei »Menschen«, sondern bei den Kategorien »Handlung« und »Kommunikation« ansetzt, hat Niklas Luhmann seit den 1970er Jahren an einer »Systemtheorie« genannten allgemeinen Theorie gesellschaftlicher Evolution gearbeitet (Luhmann 1978, 1982). Über seinen amerikanischen Vorläufer Talcott Parsons, der sich ebenfalls mit evolutionären Prozessen befasste (1975 und 1979), ergibt sich eine Verbindung zum physiologischen Modell der Homöostase (Walter B. Cannon), bei dem Parsons den Struktur- und Funktionsbegriff entlehnt hat (vgl. auch Eisenstadt 1970). Luhmann treibt den strukturfunktionalistischen Ansatz weiter und operiert mit der begrifflichen Trias Variation, Selektion und Stabilisierung. Seine Studie *Die Politik der Gesellschaft* schließt mit einem Kapitel über »Politische Evolution« (Luhmann 2002). Luhmann konstatiert einleitend, dass es dazu »kaum Literatur« gebe, »jedenfalls keine Literatur, die den Evolutionsbegriff im Sinne des von Darwin angeregten Sprachgebrauchs einsetzt« (ebd., 407). Luhmanns Skizze strebt eine Kombination von Evolutions- und Systemtheorie an, d. h. er will, »dass verständlich wird, was Systeme befähigt zu evoluieren« (ebd., 410). In Übereinstimmung mit allgemeinen strukturfunktionalistischen Überlegungen hat auch eine Theorie der politischen Evolution davon auszugehen, dass nur Strukturen bereits bestehender Systeme verändert werden können. Eine Evolutionstheorie bietet also keinen Zugang, um die Fragen nach »dem Anfang« zu stellen. Ganz anders als biologische Theorien, welche die Evolution politischer Systeme aus der genetischen Grundausstattung des Menschen und anthropologischen Konstanten heraus erklären möchten, akzeptiert Luhmann das *Big Bang*-Problem und verzichtet auf die Suche nach einer Initialzündung zugunsten der Analyse von schon immer vorhandenen Zirkularitäten, wie sie eine autopoietische Operationsweise freisetzt. Es wird, anders gesagt, die Gesellschaft als sinnhaft kommunizierendes Sozialsystem mit der Fähigkeit zur Komplexitätssteigerung, d. h. zur evolutionären Ausdifferenzierung von Teilsystemen, vorausgesetzt. Politik ist damit keine Zentralinstanz, die Gesellschaft konstituiert, sondern ein emergentes Phänomen, das auf Differenz, Asymmetrie, Stratifikation und Hierarchie zurückgeht.

Luhmann beobachtet nun eine große evolutive Transformation politischer Systeme. In der »alten Ordnung« ging es um Einrichtung und Stabilisierung politischer Herrschaft. Mit der Aufklärung und der Französischen Revolution formiert sich die repräsentative Demokratie, die auf Instabilität und Kontingenz gründet. Als eine »auf Dauer gestellte Revolution« gründet sie die Politik um auf »Fluktuationen« und »dissipative Strukturen« (Luhmann 2002, 429 f.), die als Resultat und zugleich als strukturelle Bedingung weiterer Evolution begriffen werden. Den Weg vom liberalen Verfassungsstaat zum demokratischen Wohlfahrtsstaat sieht Luhmann zum einen in einer forcierten »Inklusion der Gesamtbevölkerung in das politische System der Gesellschaft«, zum andern in der »zunehmenden politischen Relevanz von formaler Organisation« (ebd., 423 f.): »Als Ergebnis finden wir eine Ordnung vor, in der mehr Abhängigkeit mit mehr Unabhängigkeit kombiniert werden kann«, was eine hohe Systemkomplexität voraussetzt, »die ihrerseits ein typisches Resultat von Evolution ist« (ebd., 431). Luhmanns Konzept der politischen Evolution sieht in der Adressierung normativer Fragen an die »Ethik« eine »an Hypokrisie grenzende Illusion.« Den »Zusammenbruch der sozialistischen Hoffnungen in Theorie und Praxis« deutet er als eine »Entscheidung der gesellschaftlichen Evolution«, aus der indessen »kaum auf eine Zukunftsgarantie von Marktwirtschaft und Verfassungsstaat« geschlossen werden kann. Zu erwarten ist somit kein Ende der Geschichte, es stellt sich vielmehr die Frage, wie politische Evolution vonstattengehen kann, »wenn symbolisch generalisierte Medien wie politische Macht oder Geld zunehmenden Entscheidungsrisiken ausgesetzt sind« (ebd., 434).

Evolutionstheorien in der Politikwissenschaft

Es gibt in der Politikwissenschaft weit einfachere Ansätze, die den Evolutionsbegriff auf bestimmte

Aspekte der Politik anwenden und etwa die Entwicklung des Wahlsystems oder die Tendenzen der globalen Politik erklären wollen (z. B. Kleppner 1981; Modelski et al. 1996). Ebenso ambitioniert wie die Systemtheorie und eine Alternative zu dieser ist das Konzept der *Biopolitics*, das parallel zur Soziobiologie seit den 1970er Jahren entwickelt worden ist (und das mit dem Foucaultschen Begriff der »Biopolitik« nichts zu tun hat; Somit 1976). Ende der 1980er Jahre wurde es vor allem durch die Studien von Richard D. Alexander (1988), Roger D. Masters (1989) und Glendon A. Schubert (1989) bekannt. Die politische Theoriebildung schließt hier direkt an eine phylogenetisch erklärte »menschliche Natur« an. Dabei wird nicht ausgeschlossen, dass es relativ autonome kulturelle und individuelle Lernprozesse gibt, deren Dynamik zu beachten sei. Grundlage dieser Modelle einer Gen-Kultur-Koevolution bleibt allerdings die Rückbindung menschlicher Verhaltensweisen und Fähigkeiten an eine Natur, die in Widerspruch zu einem rasanten technologischen oder kulturellen Wandel geraten kann, wodurch in aller Regel eine pessimistische Beurteilung der modernen Gesellschaft und der politischen Demokratie resultiert. So versucht Masters (1989) auf der Grundlage einer biologischen Ethik die Analyse von *nature* mit jener von *nurture* zu verbinden. Dabei wird die biologische Evolution mit der kulturellen Tradition und dem individuellen Lernen zusammengefügt, wobei auf allen drei Ebenen Selektionsprozesse spielen (vgl. auch Lee 1988). Im dritten Band der Reihe »Research in Biopolitics« qualifizieren Albert Somit und Steven A. Peterson, die Herausgeber der Reihe, die Demokratie als eine zwar nicht gänzlich unmögliche, jedoch seltene und äußerst gefährdete »politische Spezies«, da sie sich schlecht mit einer dem Menschen genetisch inhärenten Präferenz für hierarchisch strukturierte soziale und politische Systeme und der Tendenz zum Gehorsam und zur Unterordnung vertrage. Diese Thesen werden durch Ergebnisse aus der Primatologie, der Kinderverhaltensforschung und der Kleingruppenpsychologie untermauert und durch Alfred Somit in einer weiteren Studie über das Scheitern des demokratischen Nation building vertieft (Somit 2005).

1992 erschien Tatu Vanhanens Studie *On the Evolutionary Roots of Politics*, in welcher das Neue dieses Ansatz betont und festgestellt wird, die Forschung sei in diesem Bereich noch völlig am Anfang. Vanhanen definiert Politik als Kampf um knappe Ressourcen und bezeichnet damit (aus seiner Sicht) ein überzeitliches und interkulturelles Phänomen. Die Problemlösungen, die Menschen in unterschiedlichen kulturellen Kontexten entwickelt haben, basieren auf genetischer Ausstattung und natürlichen Verhaltensdispositionen. Damit lassen sich gesellschaftliche Determinanten wie soziale Ungleichheit und Geschlechterdifferenz von Naturvoraussetzungen her erklären. Diese drücken sich allerdings ganz unterschiedlich aus, was aus der Simultaneität von vier Konkurrenzmechanismen (individueller Wettbewerb, Kooperation, Reziprozität, Aggressivität) und drei Strategien (Kampf um Dominanz und Macht, Territorialität, Nepotismus) resultiert. Politisch gelangt Vanhanen im Vergleich zu den bereits genannten Autoren zu gegenteiligen Schlussfolgerungen. Er betrachtet Demokratie als ein robustes, nachhaltiges Modell, das mit der menschlichen Natur konform geht, das allerdings nur dann zufriedenstellend funktionieren kann, wenn eine gewisse soziale Sicherheit und Gleichheit vorhanden sind. Eine Politik, die solche Voraussetzungen schafft, realisiert einen kompetitiven Vorteil gegenüber Systemen, die auf Ungleichheit basieren.

Wie einfach sich eine verallgemeinerte Evolutionstheorie, nachdem sie einmal bei der Politik angekommen ist, wieder in die »Skala der Natur« zurückbiegen lässt, zeigt sich bei Autoren, die das Evolutionsprinzip vom molekularen Mikrokosmos über die menschliche Gesellschaft bis hin zum Makrokosmos des Weltraums zur Anwendung bringen. So geht der Sammelband von Derek Stanley Bendall (1983) von einer *Evolution from molecules to men* aus und betrachtet schließlich auch noch die Evolution von Galaxien. In diesem totalen Erzählkontinuum werden gleichsam beiläufig soziobiologische Vorstellungen der Politik entwickelt. Vom Erklärungsanspruch her ähnlich weit gespannt ist ein Beitrag von Garry Johnson »The Evolutionary Origins of Government and Politics« (2005). In menschlichen Gesellschaften resultieren Regierungsformen aus einer durch Konkurrenz vorangetriebenen natürlichen Selektion; jede dieser evolutionär entstandenen Regierungen verfolgt allerdings das gegenläufige Ziel, Kooperation in das System einzuführen, Konflikte zu verhindern und damit auch in komplex differenzierten Gesellschaften jene Harmonie wiederherzustellen, die früher durch Verwandtschaftsbeziehungen gewährleistet wurden. Johnson definiert Regierung funktional und offen als hierarchisches Organisationsprinzip, das er in allen Formen des Lebens, von den eukaryotischen Zellen bis hin zum Nationalstaat der Menschen beschreiben kann. Die Evolutionstheorien der Politik werden hier gleichsam zurückgewendet auf die Entwicklung des Mikrokosmos des Lebens und des Makrokosmos des Universums.

Theoretische Innovationen und weiterführende Konzepte

Das Paradigma der Evolution, das unterschiedliche Forschungsprogramme vorantreibt, weist eine hohe empirische Widerlegungsresistenz auf. Das gilt auch für überspannte Supertheorien (Stuart-Fox 1999) in der Politikwissenschaft und für Metaerzählungen in der Geschichte (Service 1971). Die soziobiologisch und ethologisch inspirierte »Evolutionäre Politik« scheint indessen ihren Höhepunkt bereits hinter sich zu haben. Michel Roses Diagnose, die Soziobiologie sei zwar eine interessante Idee gewesen, »doch man kann nicht sagen, dass sie uns wirklich voranbringt«, ist treffend (Rose 2001, 263). Dennoch wird sie als vielversprechende Großtheorie ihre Attraktion nicht verlieren und Déjà-vu-Erlebnisse werden in diesem Segment die Regel bleiben. So untersucht etwa der Primatologe Frans de Waal die »primate politics« (de Waal 2000). In Ablehnung dessen, was er »Fassadentheorie« nennt – »von Natur aus« böse Menschen ziehen eine dünne zivilisatorische Firnis über ihre gewalttätige Triebnatur, die jederzeit reißen kann –, geht de Waal von der These aus, dass moralisches Verhalten nicht erst bei Menschen, sondern auch schon bei Tieren evolutionäre Vorteile sichere. Dieser »moralische Sinn« sei die Elementarressource für Politik. Die »Schimpansen-Politik« liefert wiederum das Basismodell für die Politik in menschlichen Gesellschaften. Diese soziobiologischen Versuche, mit dem Wissen über die Tierwelt den Menschen zu erklären, führen generell zu unterkomplexen Aussagen.

Hingegen ist das Potenzial von Denkansätzen, wie sie Niklas Luhmann entwickelt hat, noch keineswegs ausgeschöpft. Hier wird ein interessanter Austausch zwischen Theorien aus der Biologie und der Soziologie möglich. Begriffe wie Fluktuation, Drift, dissipative Strukturen und Autopoiesis zirkulieren zwischen den Wissensräumen der Natur- und der Sozialwissenschaften. Luhmanns Theorieansatz einer politischen Evolution hat zudem Darwins Interesse für Artenvielfalt und divergente Phänomene in Richtung einer größeren Aufmerksamkeit für evolutionäre Konvergenz verschoben. Werden solche Fragen aufgeworfen, so zeigt sich auch, dass die (notwendige) Kritik an der Soziobiologie teilweise die Einsicht in die genetische Bedingtheit des Menschen überhaupt verbaut hat. Inzwischen gibt es allerdings avancierte Konzepte der Epigenetik, die es ermöglichen, die Frage nach den Genen auf neue Weise mit der These einer grundsätzlichen Historizität der menschlichen Natur zu verbinden. Damit wird auch die Vorstellung eines naturgesetzlichen Determinismus, die in der Darwinschen Theorietradition von Anfang an in merkwürdigem Widerspruch zum Gedanken eines zielblinden Prozesses gestanden hat, aufgelöst und durch nichtlineare Erklärungsmodelle ersetzt. Ein solch nichtlineares Modell ist auch die Theorie des »punktuierten Gleichgewichts« (*punctuated equilibrium*; eines diskontinuierlichen evolutionären Prozesses, in dem kurze Phasen rascher, interdependenter Veränderungen mit langen Phasen relativer Stabilität ablösen). Zugleich wird die eindimensionale Fokussierung auf Konkurrenz, Kampf und Krieg abgelöst durch Modelle, die – unter Weiterführung von Gedanken, wie sie sich bereits bei Kropotkin finden – den wichtigen Stellenwert von Reziprozität, Kooperation und Altruismus betonen und grundlegend transdisziplinäre Erklärungskraft aufweisen. Insgesamt gewinnt hier ein Darwinsches Evolutionskonzept Kontur, das während langer Zeit hinter sozialdarwinistischen, biologistischen, antiklerikalen oder fortschrittsgläubigen Ideologien verschwunden war (vgl. auch Sarasin 2009, 187 ff., 222 f.). Weiterführend sind hier auch die Überlegungen, die Jacques Monod bereits 1970 angestellt hat. Menschen sollten, so Monod, im Wissen, dass sie nicht geplant waren, nicht zu weit gehen im Versuch, ihre Zukunft zu planen und technologisch zu kolonialisieren. Aus diesem Postulat lässt sich eine Theorie politischer Evolution formulieren, die der Reduktion der Problematik auf genetisch-biologische Faktoren entgeht (Monod 1970; Rheinberger 2003, 192 f.). Dasselbe gilt für die These eines »immanenten Darwinismus«, die auf Michael E. Rose zurückgeht und die annimmt (so formuliert Rheinberger) »dass die Evolution in unser Verhalten selbst einen Evolutionsgenerator eingebaut haben könnte, einen Metadarwinismus gewissermaßen, etwas unreduzierbar Exploratives, Experimentelles, das letztlich jeden globalen Gesellschaftsplan zum Scheitern bringt« (Rheinberger 2003, 193 f.).

Literatur

Alexander, Richard D. (1988): Darwinism and Human Affairs. Seattle (Washington) et al.

Bayertz, Kurt (2009): »Sozialdarwinismus in Deutschland 1860–1900«. In: Eve-Marie Engels (Hg.): Charles Darwin und seine Wirkung. Frankfurt a. M., 178–201.

Bendall Derek, Stanley (Hg.) (1983): Evolution from molecules to men, Cambridge (Mass.).
Carmen, Ira H./Handberg, Roger/Herndon, James F./Schmidhauser, John R. (1987): »Bioconstitutional Politics: Toward an Interdisciplinary Paradigm«. In: Politics and the Life Sciences Vol. 5 Nr. 2: 109–140.
Dobzhansky, Theodosius (1973): »Nothing in Biology Makes Sense, Except in the Light of Evolution«. In: The American Biology Teacher 35: 125–129.
Eisenstadt, Shmuel Noah (Hg.) (1970): Readings in Social Evolution and Development. Oxford u. a.
Elias, Norbert (1978): Über den Prozess der Zivilisation. Soziogenetische und psychogenetische Untersuchungen. Bd. 2: Wandlungen der Gesellschaft. Entwurf zu einer Theorie der Zivilisation [erstmals 1939]. Frankfurt a. M. [identisch der zweiten, um eine Einleitung erweiterten Auflage. Bern 1969).
Engels, Eve-Marie (Hg.) (2009): Charles Darwin und seine Wirkung. Frankfurt a. M.
Finnemore, Martha (2003): The Purpose of Intervention: Changing Beliefs About the Use of Force. Ithaca (New York).
Fleck, Ludwik (1980): Entstehung und Entwicklung einer wissenschaftlichen Tatsache. Einführung in die Lehre vom Denkstil und Denkkollektiv [erstmals 1935]. Frankfurt a. M.
Habermas, Jürgen (1995): Theorie des kommunikativen Handelns. Frankfurt a. M.
Habermas, Jürgen (2003): Die postnationale Konstellation: politische Essays. Frankfurt a. M.
Hayek, Friedrich A. (1945): »The Use of Knowledge in Society«. In: American Economic Review Vol. 35, Nr. 4: 519–530.
Hayek, Friedrich A. (1952): Individualismus und wirtschaftliche Ordnung. Erlenbach-Zürich.
Hayek, Friedrich A. (1968): Der Wettbewerb als Entdeckungsverfahren. Kiel (Kieler Vorträge 1968, Neue Folge Nr. 56).
Hayek, Friedrich A. (2006): Die sensorische Ordnung. Tübingen (Gesammelte Schriften in deutscher Sprache, B5; erstmals 1954).
Hobsbawm, Eric J. (1977): Die Blütezeit des Kapitals [erstmals engl. 1975]. München.
Hodgson, Geoffrey M. (1993): Economics and Evolution: Bringing Life Back Into Economics. Cambridge (UK)/Ann Arbor.
Johnson, Garry (1995): »The Evolutionary Origins of Government and Politics«. In: Albert Somit/Joseph Losco (Hg.): Human Nature and Politics. Greenwich (Connecticut), 243 f.
Kleppner, Walter/Brunham, Dean et al. (1981): The Evolution of American Electoral Systems. Westport (Connecticut).
Kohler, Georg (1999/2000): »Markt: Institution des Politischen. Über den sachlichen Primat der Politik und die aktuelle Dominanz des Ökonomischen«. In: Neue Helvetische Gesellschaft (Hg.): Die Schweiz unter Globalisierungsdruck, 100–116.
Kropotkin, Peter (2005): Gegenseitige Hilfe [1902]. Hg. und Nachwort von Henning Ritter, übersetzt von Gustav Landauer. Grafenau.

Kühl, Stefan (1997): Die Internationale der Rassisten. Aufstieg und Niedergang der internationalen Bewegung für Eugenik und Rassenhygiene im 20. Jahrhundert. New York.
Lee, Yee C. (Hg.) (1988): Evolution, Learing and Cognition. Singapur.
Luhmann, Niklas (1978): »Geschichte als Prozess und die Theorie sozio-kultureller Evolution«. In: Karl-Georg Faber/Christian Meier (Hg.): Theorie der Geschichte. Beiträge zur Historik. Bd. 2: Historische Prozesse. München, 413–440.
Luhmann, Niklas (1982): »Evolution und Geschichte«. In: ders.: Soziologische Aufklärung 2. Opladen, 150–169.
Luhmann Niklas (2002): Die Politik der Gesellschaft. Frankfurt a. M.
Masters, Roger D. (1989): The Nature of Politics. New Haven u. a.
Mocek, Reinhard (2002): Biologie und soziale Befreiung. Zur Geschichte des Biologismus und der »Rassenhygiene« in der Arbeiterbewegung. Frankfurt a. M. u. a.
Modelski, George/Thompson, William R. (1999): »The Long and the Short of Global Politics in the Twenty-First Century: an Evolutionary Approach«. In: International Studies Review Vol. 1, Nr 2: 109–140.
Monod, Jacques (1971): Zufall und Notwendigkeit [1970]. München.
Oliver, Rauprich (2009): »Charles Darwin und die Evolutionäre Ethik«. In: Eve-Marie Engels (Hg.): Charles Darwin und seine Wirkung. Frankfurt a. M., 369–396.
Parsons, Talcott (1975): Gesellschaften: evolutionäre und komparative Perspektiven. Frankfurt a. M.
Parsons, Talcott (1979): »Evolutionäre Universalien der Gesellschaft«. In: Wolfgang Zapf (Hg.): Theorien des sozialen Wandels. Königstein (Taunus), 55–74.
Radnitzky, Gerard (1993): »Knowledge, Values, and the Social Order in Hayek's Oeuvre«. In: Journal of Social and Evolutionary Systems Vol. 16, Nr. 1: 9–24.
Rauprich, Oliver (2009): »Charles Darwin und die Evolutionäre Ethik«. In: Eve-Marie Engels (Hg.): Charles Darwin und seine Wirkung. Frankfurt a. M., 369–396.
Rheinberger, Hans-Jörg (2003): »Die Politik der Evolution. Darwins Gedanken in der Geschichte«. In: Ernst Peter Fischer/Klaus Wiegant (Hg.): Evolution. Geschichte und Zukunft des Lebens. Frankfurt a. M., 178–197.
Rose, Michael R. (2001): Darwins Schatten. Stuttgart/München.
Sarasin, Philipp (2009): Darwin und Foucault: Genealogie und Geschichte im Zeitalter der Biologie. Frankfurt a. M.
Schubert, Glendon A. (1989): Evolutionary Politics. Carbondale.
Service, Elman Rogers (1971): Ursprünge des Staates und der Zivilisation: der Prozess der kulturellen Evolution. Frankfurt a. M.
Sprengel, Rainer (1996): Kritik der Geopolitik: ein deutscher Diskurs, 1914–1944. Berlin.
Somit, Albert (1976): Biology and Politics: Recent Explorations. Paris.
Somit, Albert (2005): The Failure of Democratic Nation Building: Ideology Meets Evolution. New York u. a.

Somit, Albert/Losco, Joseph (Hg.) (1995): Human Nature and Politics [=Research in Biopolitics, Vol 3]. Greenwich (Connecticut).
Somit, Albert/Peterson, Steven A. (Hg.) (2003): Human Nature and Public Policy. An Evolutionary Approach. New York u. a.
Stuart-Fox, Martin (1999): »Evolutionary Theory of History«. In: History and Theory Vol. 38, Nr. 4: 33–51.
Vanhanen, Tatu (1992): On the Evolutionary Roots of Politics. New Delhi.
Waal, Frans de (2000): Chimpanzee Politics: Power and Sex among Apes. Baltimore.
Washburn, Sherwood Larned/McCown, Elizabeth R. (Hg.) (1978): Human Evolution: Biosocial Perspectives. Menlo Park (California).
Weingart, Peter/Kroll, Jürgen/Bayertz, Kurt (1988): Rasse, Blut und Gene. Geschichte der Eugenik und Rassenhygiene in Deutschland. Frankfurt a. M.
Wieser, Wolfgang (2007): Gehirn und Genom. Ein neues Drehbuch für die Evolution. München.

Jakob Tanner

19. Sozialdarwinismus, Rassismus, Eugenik/ Rassenhygiene

Mise en abyme: Natur und Gesellschaft in unendlicher Spiegelung

Die Übertragung der darwinistischen Evolutions- und Selektionstheorie auf soziale Phänomene setzte einen Zirkelschluss zwischen Natur und Gesellschaft fort, der sich bis in das ausgehende 18. Jahrhundert zurückverfolgen lässt. Die Natur, wie Charles Darwin sie sich vorstellte, spiegelte – vermittelt durch die malthusianische Sozialtheorie – die gesellschaftlichen Verhältnisse wider, wie Darwin sie erlebte. Klugen Zeitgenossen blieb dieser Zusammenhang nicht verborgen. Karl Marx etwa kommentierte ironisch: »Es ist merkwürdig, wie Darwin unter Bestien und Pflanzen seine englische Gesellschaft mit ihrer Teilung der Arbeit, Konkurrenz, Aufschluss neuer Märkte, ›Erfindungen‹ und Malthusschem ›Kampf ums Dasein‹ wiedererkennt« (Marx/Engels 1964, 249). Darwin selbst gab an, dass die Lektüre des *Essay on the Principle of Population* (1798) des Nationalökonomen und Sozialphilosophen Thomas R. Malthus im September 1838 den entscheidenden Anstoß gegeben habe, das von ihm gesammelte Material unter dem Gesichtspunkt des »Kampfes ums Dasein« zu ordnen – und völlig unabhängig von Darwin hatte Alfred Russel Wallace, während er im Februar 1858 einen Malariaanfall auf den Molukken auskurierte, nach derselben Lektüre dieselbe Idee und gelangte zu denselben Schlussfolgerungen.

Der malthusianischen Bevölkerungstheorie zufolge vermehren sich die Menschen in geometrischer, die Nahrungsmittel dagegen in arithmetischer Progression, so dass es zu zyklischen Übervölkerungskrisen und Hungerkatastrophen kommen muss. Diese Sozialtheorie ist vor dem Hintergrund der Industriellen Revolution in Großbritannien zu lesen, die eine sprunghafte Bevölkerungszunahme, sich verschärfende gesellschaftliche Verteilungskämpfe und die Verelendung des neuen Industrieproletariats nach sich zog. Die Erfahrung des gesellschaftlichen Umbruchs verband sich bei Malthus mit dem aus naturkundlichen Beobachtungen gewonnenen Eindruck, dass auch in der Natur ein fortwährender Überlebenskampf stattfinde, zum Motiv des *struggle for existence* (Young 1969).

Angeregt durch die malthusianische Sozialtheorie übertrugen Darwin und Wallace die Vorstellung des

»Kampfes ums Dasein« auf die Natur. Bestärkt wurde diese Sichtweise durch den Geologen Charles Lyell, der bereits in seinen *Principles of Geology* (1830–1833), von denen Darwin und Wallace gleichermaßen beeindruckt waren, den malthusianischen Topos des *struggle for existence* auf verschiedene Naturvorgänge angewandt hatte. Darwin und Wallace verbanden diesen Topos mit der an sich gegenteiligen Vorstellung von einer stetig in der Natur waltenden Anpassung, die der Physikotheologe William Paley in seiner *Natural Theology* (1802) entwickelt hatte. In der darwinistischen Selektionstheorie bewirkte der Kampf die Anpassung, indem er nur die bestangepassten Geschöpfe überleben ließ (*survival of the fittest*). Damit gab Darwin der Deszendenztheorie, die von einer aufsteigenden Entwicklungsreihe von den niederen zu den höheren Lebewesen ausging, eine mechanistische Grundlage. Die Selektion galt ihm als Schwungrad, das den Evolutionsprozess in Gang hielt.

Die Rückübertragung des Selektionsprinzips auf die gesellschaftlichen Verhältnisse bedeutete letztlich nicht mehr als eine weitere Spiegelung, für die es sogar schon ein Vorbild gab. Malthus' pessimistische Prognose hatte sich von älteren kameralistischen Vorstellungen abgehoben, die davon ausgingen, dass eine Vermehrung der Volkszahl auf jeden Fall günstig für die Wohlfahrt eines Staatswesens und eine breite Armutsbevölkerung notwendig sei, um den Bedarf an ungelernten Arbeitern und Soldaten zu decken. Diese Position hatte etwa noch der Theologe und Geologe Joseph Townsend in seiner vielbeachteten *Dissertation on the Poor Laws. By a Well-Wisher to Mankind* (1786) vertreten. Um seine Ablehnung der Armengesetze zu begründen, berief sich Townsend auf ein Beispiel aus der Natur: Der spanische Seefahrer Juan Fernández hatte auf dem von ihm entdeckten und nach ihm benannten Archipel im Südpazifik Ziegen ausgesetzt. Diese Tiere, so Townsend, vermehrten sich, bis die Nahrung knapp wurde, ein Großteil der Tiere verendete und sich die Population auf niedrigem Niveau wieder stabilisierte, um dann erneut anzuwachsen. So sei ein labiles Gleichgewicht zwischen Population und Subsistenzmitteln entstanden. Um englischen Freibeutern die Verproviantierung zu erschweren, hatten die spanischen Kolonialbehörden später Windhunde auf der Insel ausgesetzt. Die Hunde vermehrten sich und dezimierten die Ziegen. Die überlebenden Ziegen wiederum zogen sich in die zerklüfteten Felsen zurück, wohin ihnen die Hunde nicht folgen konnten. Nur wenn die Ziegen zum Äsen von den Hängen herabstiegen, konnten die Hunde noch Beute machen. »Thus a new kind of balance was established. The weakest of both species were among the first to pay the debt of nature; the most active and vigorous preserved their lives« (Townsend 1786, 38). Townsends Geschichte von den Ziegen und Hunden gab nicht einfach die Berichte seiner Gewährsleute wieder, die nichts von Auslese, Anpassung und Entwicklung geschrieben hatten, sondern er deutete sie auf der Interpretationsfolie seines sozialen Programms. Vorannahmen über die menschliche Gesellschaft flossen in die Naturbeobachtung ein, die wiederum als Beleg für eine bestimmte gesellschaftspolitische Position herangezogen wurde. Man kann daher Townsends Geschichte nicht nur als Darwinismus *avant la lettre* lesen, sie barg auch den Keim des späteren Sozialdarwinismus schon in sich.

Delphische Orakelsprüche: Vom Darwinismus zum Sozialdarwinismus

Mit dem Evolutionsprinzip hatte Darwin eine historische Dimension in die Biologie eingebracht. Dem Sozialdarwinismus blieb es vorbehalten, daraus eine biologische Dimension der Geschichte abzuleiten. Dieser Schritt war in der Entstehungsgeschichte der darwinistischen Evolutionstheorie bereits angelegt, und er wurde mit solcher Selbstverständlichkeit vollzogen, dass erst zu Beginn des 20. Jahrhunderts ein eigener Begriff geprägt wurde, um diese Ausformung darwinistischen Denkens zu bezeichnen: »Sozialdarwinismus«. Zunächst wurde der Begriff eher von Kritikern gebraucht, so etwa von dem Biologen Oscar Hertwig in seiner furiosen Streitschrift *Zur Abwehr des ethischen, des sozialen und des politischen Darwinismus* (1918), ehe er auch zur Selbstbeschreibung herangezogen wurde. Die relativ späte begriffliche Ausdifferenzierung deutet darauf hin, dass darwinistische Natur- und Gesellschaftslehre von den Zeitgenossen zunächst als Einheit verstanden wurden.

Die sozialdarwinistische Konsequenz aus dem Brückenschlag zwischen *regnum animale* und *regnum humanum* bestand darin, den Zivilisationsprozess als Element des Evolutionsprozesses zu interpretieren. Dass die Gesellschaftsgeschichte als Teil der Naturgeschichte zu betrachten sei, darüber herrschte unter Darwinisten ein breiter Konsens – was dies aber zu bedeuten hatte, darüber gingen die Meinungen weit auseinander. Der klassische Darwinismus war keine einheitliche Theorie, sondern umfasste ein

Bündel von Begriffen, Konzepten und Theoremen (Junker/Hoßfeld 2009, 106–109): individuelle Variabilität, »Kampf ums Dasein«, natürliche Auslese, Überleben des Bestangepassten, ein – gegen jede Teleologie und Orthogenese gerichtetes – biomechanisches Modell der Evolution, das zweckmäßig, aber nicht zielgerichtet durch das blinde Walten der Natur zur Vervollkommnung der Lebensformen führt, die Entstehung der Arten durch allmählichen Wandel aus ursprünglich wenigen Formen, Entstehung des Menschen aus *einem* Stamm. Der Darwinismus floss auf dem Wege selektiver Wahrnehmung, Aneignung und Ausdeutung in die Sphäre der Sozialtheorien ein, mit je eigener Brechung in den verschiedenen nationalen Kontexten etwa Nordamerikas oder Kontinentaleuropas. Der Sozialdarwinismus ließ sich daher für ganz unterschiedliche Deutungen gesellschaftlichen Geschehens in Anspruch nehmen, je nachdem welchen Aspekt der darwinistischen Evolutions- und Selektionstheorie man in den Vordergrund stellte. Auf den Darwinismus beriefen sich Sozialdemokraten und »Sozialaristokraten«, Anhänger des Manchesterliberalismus und Verfechter des modernen Interventionsstaates, Protagonisten einer altruistischen Ethik auf der Basis »sozialer Instinkte« und Apologeten einer das Recht des Stärkeren für sich in Anspruch nehmenden »Herrenmenschenmoral«, Imperialisten, Militaristen und Pazifisten. Oscar Hertwig kommentierte sarkastisch, aus dem Darwinismus könne »jeder, wie aus einem delphischen Orakelspruch, je nachdem es ihm erwünscht war, seine Nutzanwendungen auf soziale, politische, hygienische, medizinische und andere Fragen ziehen und sich zur Bekräftigung seiner Behauptungen auf die Wissenschaftlichkeit der darwinistisch ausgeprägten Biologie mit ihren unabänderlichen Naturgesetzen berufen« (Hertwig 1918, 1–2; vgl. Jones 1980; Benton 1982; Bellomy 1984; Clark 1984; Kohn 1985; Glick 1988; Bannister 1989; Degler 1991; Bauerkämper 1991; Hofstadter 1992; Weikart 1993; Engels 1995; Evans 1997; Hawkins 1997; Vogt 1997; Hoßfeld/Brömer 2001).

In einer ersten Phase sozialdarwinistischer Theoriebildung standen das biomechanische Evolutionsprinzip und die daraus zu ziehenden weltanschaulichen Folgerungen im Mittelpunkt: die Verwerfung der biblischen Schöpfungsgeschichte und der Vorstellung eines Schöpfergottes, die Entthronung des Menschen als »Krone der Schöpfung«, die Wendung gegen die Religion und ein scharfer Antiklerikalismus, der sich vor allem gegen die »Dunkelmänner« des ultramontanen Katholizismus richtete. Dementsprechend wurde der Darwinismus zur Begründung eines naturalistischen Monismus (Ernst Haeckel), zur naturwissenschaftlichen Legitimierung des Antiklerikalismus (David Friedrich Strauß), zur Unterbauung des mechanizistischen Materialismus (Carl Vogt, Julius Moleschott, Ludwig Büchner) in Stellung gebracht. Darüber hinaus fand der Darwinismus Eingang in die literarische Bohème um den Friedrichshagener Dichterkreis (Bruno Wille, Wilhelm Bölsche, Arthur Moeller van den Bruck) und in bioorganismische Sozialtheorien (Herbert Spencer, Albert Schäffle, Paul v. Lilienfeld).

Die Deutung des Gesellschaftsgeschehens durch die Lupe des Darwinismus war anfangs von einem optimistischen Grundton geprägt. Darwin selbst ging im Großen und Ganzen davon aus, dass die natürliche Evolution im Allgemeinen und die Entwicklungsgeschichte des Menschen im Besonderen in Richtung auf eine allgemeine Vervollkommnung voranschreite. Doch konnte streng genommen der darwinistischen Biologie zufolge Bewährung im »Kampf ums Dasein« nichts anderes heißen als Tauglichkeit unter den jeweils vorgegebenen Lebensbedingungen – in Darwins Evolutionstheorie bedeutete nicht jede Entwicklung schlechthin Fortschritt, Entwicklung konnte auch in Sackgassen und auf Irrwege geraten. Genau genommen war es innerhalb der Entwicklungslehre sogar unmöglich zu bestimmen, was Fortschritt sei. Gleichwohl setzten die Sozialdarwinisten der ersten Stunde – in diesem Punkt stark beeinflusst von Herbert Spencer und seinem Werk *Progress. Its Law and Cause* (1857) – unbekümmert das im Daseinskampf Überlebende mit dem Besten, Tüchtigsten, Fortschrittlichsten gleich (Mühlmann 1968, 198).

Die frühen Formen des Sozialdarwinismus spiegelten die Prinzipien des Manchesterliberalismus wider. Solange liberale Doktrinen Ökonomie und Politik dominierten, wurde der »Kampf ums Dasein« im Sinne des *laissez faire*-Prinzips gedeutet, demzufolge wie in der Natur auch in der Gesellschaft durch das Zusammenspiel gegenläufiger Kräfte eine prästabilierte Harmonie entstehe, in der die Partikularinteressen mit dem Gemeinwohl zum Ausgleich kommen sollen. Hier ist das Vertrauen in das freie Spiel der gesellschaftlichen Kräfte erkennbar – das blinde Naturwalten, das zu steter Höherentwicklung führen sollte, erinnert an die *Hidden Hand*, die nach Adam Smith auf unbegreifliche Art und Weise das Marktgeschehen ordnet.

Eine Kette von Pyrrhussiegen: die eugenische Frage

Die Eugenik entstand im Übergang zur Moderne. Diese Umbruchphase war geprägt durch die Industrielle Revolution, ein sprunghaftes Bevölkerungswachstum, gewaltige Wanderungsbewegungen, fortschreitende Verstädterung, die soziale Dichotomisierung der industriellen Klassengesellschaft, die Entstehung des modernen Sozialstaates sowie die Ausweitung des Krankenhaus- und Anstaltswesens. Die Eugenik interpretierte alle diese Phänomene auf dem Hintergrund der darwinistischen Evolutions- und Selektionstheorie und kam zu dem Schluss, dass der Prozess der Zivilisation eine einzige »Kette von Pyrrhussiegen« (Zmarzlik 1963, 254) darstellte.

Schon Darwin selbst gelangte in *The Descent of Man* (1871) zu der Überzeugung, dass die fortschreitende Außerkraftsetzung der »natürlichen Zuchtwahl« im Zuge der Zivilisation sich negativ auf die humane Evolution auswirkte. Er sah jedoch keinen Handlungsbedarf. Zum einen sah er die Herausbildung »sozialer Instinkte« als Selektionsvorteil an, zum anderen vertraute er auf den stetigen Fortschritt der Evolution. Hierbei mag auch eine Rolle gespielt haben, dass er das lamarckistische Theorem von der Vererbung erworbener Eigenschaften noch gelten ließ – solange man annehmen konnte, dass die soziale Umwelt Einfluss auf das Erbgut des Menschen hatte, bot die Zivilisation vom genetischen Standpunkt aus betrachtet ein Janusgesicht dar. Erst als sich gegen Ende des 19. Jahrhunderts die Keimplasmatheorie des Zoologen August Weismann durchsetzte (Churchill 1985; Mayr 1985) und der liberale Fortschrittsglaube dem Kulturpessimismus des *Fin de siècle* wich, konnte sich das eugenische Paradigma voll entfalten. Wo der Lamarckismus bzw. Neolamarckismus in den Vererbungswissenschaften dominierte – etwa in Frankreich (Schneider 1990) oder der stalinistischen Sowjetunion (Adams 1990b; Schmuhl 2000) –, hatte die Eugenik einen schwereren Stand.

Zwar ging man nicht von der Gedankenfigur ab, dass sich die biologische Evolution der Menschheit nach Naturgesetzen vollzog, doch rückte es in den Bereich des Vorstellbaren, dass gesellschaftliche Verhältnisse und Entwicklungen die biologische Evolution konterkarieren könnten. Wenn dem so war, dann musste man die gesellschaftlichen Verhältnisse so gestalten, dass soziale und biologische Entwicklung wieder im Einklang standen. Tat man dies nicht, riskierte man die biologische Degeneration. Diese wurde zunehmend als reale Gefahr gesehen – der ältere psychiatrische Degenerationsbegriff erhielt eine neue Wendung: War man bis dahin davon ausgegangen, dass Familien, in denen sich psychische Degenerationserscheinungen zeigten, innerhalb von zwei bis drei Generationen aussterben würden, stellte man nun die gegenteilige These auf, dass »biologisch minderwertige« Menschen eine höhere Fortpflanzungsrate aufwiesen als »biologisch höherwertige« und dass deshalb das Erbgut einer gegebenen Bevölkerung unter modernen, genauer: städtischen Lebensverhältnissen innerhalb weniger Generationen »entarten« müsse – wenn nicht energisch gegengesteuert würde. Das Zusammenwirken der positiven Zielutopie der Schaffung eines Neuen Menschen mit dem pessimistischen Untergangsszenario einer massenhaften Degeneration verlieh dem sozialdarwinistischen Denken eine radikalisierende Dynamik. Hier verbanden sich ein eschatologisches und ein apokalyptisches Moment.

Francis Galton, der Vetter Darwins, hatte die Vererbung erworbener Eigenschaften bereits frühzeitig in Frage gestellt. In seinem Aufsatz »Hereditary Talent and Character« (1865) gestand er zwar ein, dass die Gesetze der Vererbung noch im Dunkeln lagen – die Ergebnisse der Züchtungsversuche Gregor Mendels, die im selben Jahr veröffentlicht wurden, waren ihm noch nicht bekannt. Dennoch stand für Galton fest, dass sich im Spannungsfeld von *nature* und *nurture*, von Erbanlagen und Umwelteinflüssen, letztlich der Erbfaktor durchsetzte. Seit den 1860er Jahren entwarf er die Grundzüge einer neuen Lehre, für die er in seiner Schrift *Inquiries into Human Faculty and Its Development* (1883) den Begriff *national eugenics* prägte, der von dem griechischen Wort *eugenēs* (edelgeboren, von edler Art) abgeleitet ist. Galton definierte *national eugenics* als »the study of agencies under social control that may improve or impair the racial qualities of future generations either physically or mentally« (Galton 1905, 45). Das eugenische Programm Galtons blieb recht vage. Im Mittelpunkt standen die Vertiefung und Verbreitung der Kenntnisse über die Vererbungsgesetze und die eugenische Eheberatung. Negative Programmelemente waren die Absonderung von Gewohnheitsverbrechern und Ehebeschränkungen für geistig behinderte und psychisch kranke Menschen. Im Jahr 1904 rief Galton das Eugenics Record Office ins Leben, aus dem später das Galton Laboratory for National Eugenics hervorging. Im Jahr 1907 wurde die Eugenics Education Society gegründet. Die politische Kultur Großbritanniens, in der die Menschen- und Bürgerrechte fest verankert waren, stand aber einer Umsetzung des eugenischen Programms in praktische Politik entgegen. Die britische Eugenikbewegung verfolgte deshalb einen moderaten Kurs. Erst gegen Ende der 1920er Jahre trat sie für die freiwillige Sterilisation ein. Ein entsprechender Gesetzesentwurf wurde jedoch 1931 im Unterhaus abgelehnt.

Eugenische Bewegungen entstanden auch in den Vereinigten Staaten, Kanada, Irland, Deutschland, der Schweiz, Frankreich, Italien, den Niederlanden, Schweden, Norwegen, Dänemark, Russland, Japan, Australien und Lateinamerika (Haller 1984; Kevles 1985; Adams 1990a; McLaren 1990; Stepan 1991; Jones 1992; Garton 1994; Larson 1995; Broberg/Roll-Hansen 1996; Pernick 1996; Dowbiggin 1997; Kühl 1997; Selden 1999; Kline 2001; Black 2003; Ritter 2009).

Zentrum der amerikanischen Eugenikbewegung war die von dem Biologen Charles B. Davenport im Jahr 1904 eingerichtete Forschungsstation für Experimentelle Evolution in Cold Spring Harbor auf Long Island. Eine Vielzahl lokaler Organisationen schloss sich 1921 zur American Eugenics Society zusammen. Starken Auftrieb erhielt die amerikanische Eugenikbewegung durch Bemühungen, die Erblichkeit der Intelligenz nachzuweisen. Die Intelligenzforschung ging von der Voraussetzung aus, dass Intelligenz auf unveränderlichen, anlagebedingten Eigenschaften beruht. Damit zog sie die Aufmerksamkeit der Eugeniker auf sich, denen es vor allem um den Nachweis der Erblichkeit von geistigen Behinderungen ging.

Zu diesem Zweck führte Henry H. Goddard, unterstützt von Davenports Forschungszentrum, Feldforschungen durch, deren Ergebnisse in die Schrift *The Kallikak Family: A Study in the Heredity of Feeblemindedness* (1912) eingingen. Hinter dem Pseudonym Martin Kallikak verbarg sich ein Soldat der Revolutionsarmee, der zunächst ein Kind mit einer »Schwachsinnigen« gezeugt, später dann ein Mädchen aus gutem Hause geheiratet hatte. Unter den Nachkommen aus der ersten Verbindung, so Goddard, war ein hoher Prozentsatz als geistig zurückgeblieben, sexuell auffällig, epilepsiekrank, alkoholsüchtig oder kriminell einzustufen. Die Nachkommen aus der zweiten Verbindung gehörten dagegen – mit ganz wenigen Ausnahmen – der Oberschicht an. Damit meinte Goddard die Erblichkeit des »Schwachsinns« nachgewiesen zu haben, wobei er Kriminalität, Alkoholismus, Epilepsie und geistige Behinderung auf eine gemeinsame Erbanlage zurückführte. Den Milieufaktor ließ er völlig außer Acht – anders etwa als sein Vorgänger Richard Dugdale, der in seiner Studie *The Jukes Family* (1877), die mehrere Generationen einer Familie aus dem Kriminellenmilieu untersuchte, deviantes Verhalten gleichermaßen auf Vererbung und Umwelteinflüsse zurückgeführt hatte. Arthur Estabrook, ein Mitarbeiter Davenports, deutete denn auch in einer Folgestudie *The Jukes in 1915* die Ergebnisse Dugdales in eugenischer Perspektive um (Rafter 1988).

Aufgrund solcher Erbforschungen trat die Eugenikbewegung für die Legalisierung der Sterilisation ein. Als erster amerikanischer Bundesstaat führte im Jahr 1907 Indiana ein Gesetz zur Regelung der zwangsweisen eugenischen Sterilisation ein. Zwischen 1907 und 1937 wurden in 32 Bundesstaaten Sterilisationsgesetze erlassen, auf deren Grundlage insgesamt etwa 38.000 Menschen unfruchtbar gemacht wurden (Trombley 1988; Reilly 1991; Rosen 2004).

Ein zweiter Schwerpunkt der politischen Aktivitäten der amerikanischen Eugenikbewegung lag auf der Einwanderungsbeschränkung. Vor dem Hintergrund des Rassenkonflikts und der Masseneinwanderung vor allem aus südosteuropäischen Ländern seit den 1890er Jahren hatte sich die amerikanische Eugenik schon früh dem Rassismus geöffnet. Die Intelligenztests bestätigten das Vorurteil, dass die Angehörigen ethnischer Minderheiten im Durchschnitt einen niedrigeren Intelligenzquotienten hätten als die Bevölkerungsmehrheit der *White Anglo-Saxon Protestants*. Führende amerikanische Eugeniker warnten vor den Folgen einer »Rassenmischung«. Solche Sichtweisen wurden in den 1920er Jahren durch vielgelesene, populärwissenschaftliche Bücher wie *The Passing of the Great Race* (1916) von Madison Grant oder *The Revolt against Civilisation. The Menace of the Under Man* (1922) von Lothrop Stoddard in eine breite Öffentlichkeit getragen. Prominente Eugeniker wurden als Gutachter zu den Beratungen über ein neues Einwanderungsgesetz, den *Immigration Restriction Act* von 1924, hinzugezogen (Jacobson 1998; Higham 2002).

»Werden wir weiter!«: Rassenhygiene

Die Rassenhygiene, die deutsche Spielart der Eugenik, entstand in den 1890er Jahren unabhängig von der Eugenikbewegung im angelsächsischen Raum (Weiss 1987; Weingart/Kroll/Bayertz 1988; Weindling 1989; Schmuhl 1992; Kaufmann 1998). Begründet wurde sie von den beiden Ärzten Alfred Ploetz und Wilhelm Schallmayer. Der Begriff der Rassenhygiene wurde von Ploetz in seinem Buch *Die Tüchtigkeit der Rasse und der Schutz der Schwachen* (1895) eingeführt. Die Rassenhygiene stimmte in ihrer Diagnose der Moderne weitgehend mit der Eugenik überein, zog daraus aber viel radikalere Konsequenzen. Sie verstand sich von Anfang an als eine angewandte Wissenschaft. Von der englischen Eugenik unterschied sie sich vor allem durch ihr Drängen auf Lösung. Die genetische Degeneration, die angeblich durch »contraselektorische Effekte« der Zivilisation verursacht wurde, erschien ihnen als eine unmittelbare Gefahr, die innerhalb weniger Generationen in eine biologische Katastrophe umzuschlagen drohte, wenn nicht sofort energisch gegengesteuert würde. Sie plädierten deshalb für gelenkte Selektionsprozesse, die – über die Abwendung der vermeintlich drohenden »Entartungsgefahr« hinaus – die menschliche Evolution beschleunigt vorantreiben würden: »Wir sind geworden [...] *Werden wir* weiter: Lernen wir die Bedingungen kennen, unter denen die Entstehung der Gattung Mensch möglich war, und versuchen wir, die Ursachen lebendig zu erhalten, die unsere Vorfahren zu uns umgemodelt haben« (Tille 1985, 153). Vor diesem Hintergrund schienen radikale Eingriffe in soziale Ausleseprozesse bis hin zur Zwangssterilisation und zur Tötung behinderter Neugeborener dringend geboten. Dabei hatte das Einzelinteresse zurückzustehen hinter den Bedürfnissen der Gesamtgesellschaft, die als ein lebender Organismus höherer Ordnung begriffen wurde.

Diese Radikalität erklärt sich aus den gesellschaftlichen Rahmenbedingungen. Das rasante Tempo der nachgeholten Modernisierung führte dazu, dass sich soziale, wirtschaftliche, politische und kulturelle Entwicklungen, die sich in Großbritannien über lange Zeiträume hingezogen hatten, in Deutschland in Zeitraffergeschwindigkeit vollzogen. So kam es etwa im Kaiserreich zu einer beträchtlichen Expansion der Anstaltspsychiatrie, die die schlimmsten Befürchtungen der Rassenhygieniker zu bestätigen schien. Dass die Rassenhygieniker – anders als die Eugeniker – nicht auf die Einsicht der Gesellschaft, sondern auf die Autorität des Staates setzten, fügt sich in die Tradition des deutschen Obrigkeitsstaates.

Nachdem sich die Rassenhygieniker 1905 in der (Berliner) Gesellschaft für Rassenhygiene zusammengeschlossen hatten, entfalteten sie eine rege Außentätigkeit, die weniger auf die Gewinnung einer breiten Öffentlichkeit ausgerichtet war als vielmehr auf eine gezielte wissenschaftliche Politikberatung – hier dehnte sich der Einfluss der Rassenhygiene bis in das katholische Zentrum und die Sozialdemokratie aus (Schwartz 1995; Richter 2001) –, auf die Durchdringung gesellschaftlicher Interessengruppen und benachbarter Wissenschaftszweige.

Der Erste Weltkrieg gab der Rassenhygiene starken Auftrieb. Der durch die ungeheuren Verluste an Menschenleben ausgelöste Schock führte dazu, dass die Kassandrarufe der Rassenhygieniker, von denen manche bereits frühzeitig vor den verheerenden Auswirkungen eines Krieges auf die Volksgesundheit gewarnt hatten, nicht länger ungehört verhallten. Hauptziel der Rassenhygieniker war die Legalisierung der eugenischen Sterilisation nach amerikanischem Vorbild. Im Juli 1932 erarbeitete der Ausschuss für Bevölkerungswesen und Eugenik des Preußischen Landesgesundheitsrates den Entwurf eines Gesetzes, das die freiwillige Unfruchtbarmachung von vermeintlich erblich psychisch kranken, geistig behinderten und epilepsiekranken Menschen für straffrei erklärte. Dieser Gesetzentwurf traf auf breite Zustimmung. Hitler und den Nationalsozialisten, die das eugenische Programm in ihre Ideologie aufgenommen hatten, ging er nicht weit genug – sie forderten die Anwendung von Zwang. Dieser wurde mit dem Gesetz zur Verhütung erbkranken Nachwuchses vom 14. Juli 1933 legalisiert. Auf der Grundlage dieses Gesetzes wurden in den Jahren von 1934 bis 1945 etwa 400.000 Menschen sterilisiert und etwa 30.000 Abtreibungen aus eugenischer Indikation durchgeführt. Die Sterilisierungsgesetzgebung bereitete wiederum den Boden für die »Euthanasie«-Aktion, der nach neueren Schätzungen zwischen 1939 und 1945 im Deutschen Reich und im besetzten Europa fast 300.000 Menschen zum Opfer fielen (Schmuhl 1992; Faulstich 2000).

Von der »Schädelmesserei« zum »serologischen Rassentest«: Rassenanthropologie

Im Grenzbereich von Rassentheorie und Sozialdarwinismus bildete sich eine eigene Wissenschaft heraus: die Rassenanthropologie. Moderne Rassentheorien gehen zumeist auf den *Essai sur l'inégalité des races humaines* (1853/55) von Joseph Arthur de Gobineau zurück. Der französische Aristokrat glaubte, mit dem Rassenprinzip das Bewegungsgesetz der Weltgeschichte entdeckt zu haben. Eine »weiße«, »arische« oder »germanische« Rasse sei kulturschöpfend, alle anderen seien kulturzerstörend. Der Prozess der Geschichte werde durch Rassenmischung in Gang gesetzt und laufe zwangsläufig auf eine epigonale und egalitäre »Mischrasse« zu. Gobinistische Rassentheorien überdauerten bis in das 20. Jahrhundert. Sie zeichneten sich durch ein lineares, deterministisches und pessimistisches Geschichtsbild aus. Zwischen Gobinismus und Sozialdarwinismus bestanden erhebliche innere Widersprüche: Gobineaus Rassenlehre war eine kulturpessimistische Interpretation des säkularen Modernisierungsprozesses vom Standpunkt des *ancien régime* aus, der frühe Sozialdarwinismus spiegelte das manchesterkapitalistische Gesellschaftsmodell wider.

Trotzdem verschmolzen gegen Ende des 19. Jahrhunderts gobinistische und sozialdarwinistische Ansätze zu synkretistischen Rassentheorien (von zur Mühlen 1977). Dabei brachte der Gedanke der »Rückzüchtung« der »arischen Rasse« ein dynamisches Element in die Rassendoktrin ein. Diese optimistische Zukunftsorientierung trat etwa in dem Werk von Houston Stewart Chamberlain *Die Grundlagen des 19. Jahrhunderts* (1899) zutage, das nicht mehr von einer vollkommenen »Urrasse«, sondern von einer zu züchtenden »Idealrasse« ausging. Dieser Ansatz wurde von den Rassenanthropologen aufgegriffen, deren bedeutendste Vertreter Otto Ammon und Ludwig Woltmann sowie der Franzose Georges Vacher de Lapouge waren. Während Ammon noch von der Kongruenz rassischer und sozialer Differenzierung ausging, beurteilten Woltmann und Lapouge das moderne Sozialsystem pessimistischer: Die gesellschaftlichen Verhältnisse, so warnten sie, benachteiligten den »nordischen« Bevölkerungsteil. Eugenische Prinzipien in die Rassentheorie einbringend, glaubten sie, durch Eingriffe in die gesellschaftlichen Auslesemechanismen die rassische Zusammensetzung der Bevölkerung beeinflussen zu können.

Im Unterschied zu anderen Rassentheorien, die zusehends in einen pseudoreligiösen Mystizismus abglitten, bemühte sich die Rassenanthropologie um eine Verwissenschaftlichung der Rassendoktrin. Bedeutendste Referenzwissenschaft war die physische Anthropologie, wie sie von Paul Broca an der Ecole d'Anthropologie in Paris betrieben wurde. Das wichtigste Hilfsmittel der Rassenanthropologie war die Kraniometrie, die grob zwischen Kurzschädeln (Brachyzephalen) und Langschädeln (Dolichozephalen) unterschied, wobei Langschädeligkeit kurzschlüssig zum erblichen Merkmal der »nordischen Rasse« erklärt wurde.

Als nach der Wende zum 20. Jahrhundert in den USA die Zahl der Immigranten aus Ost- und Südeuropa sprunghaft anstieg und bei den von Überfremdungsängsten umgetriebenen *White Anglo-Saxon Protestants* Rufe nach einem Einwanderungsstopp laut wurden, beauftragte die US-Einwanderungsbehörde den Anthropologen Franz Boas, eine Studie zur Assimilationsfähigkeit von Immigranten aus verschiedenen Teilen Europas zu erstellen (Schmuhl 2009). Zwischen 1908 und 1910 vermaß Boas zu diesem Zweck die Körper und Schädel von 18.000 Einwanderern aus Süd- und Osteuropa und ihren Kindern und verglich sie miteinander. In der 1911 publizierten Studie *Changes in Bodily Form of Descendants of Immigrants* kam er zu dem Ergebnis, dass sich körperliche Merkmale unter dem Einfluss von Umweltfaktoren, z. B. bei besserer Ernährung, bereits innerhalb einer Generation verändern konnten. Das galt sogar für die Schädelform, die in den älteren Rassentheorien als *das* unveränderliche Rassenmerkmal schlechthin figurierte. Boas wies nach, dass die in Amerika geborenen Kinder eine andere Kopfform aufwiesen als ihre noch in Europa geborenen Eltern.

Damit hatte Boas bestimmte grobschlächtige Annahmen der frühen, konzeptionell und methodisch noch unausgereiften Rassenanthropologie widerlegt. Seine anthropometrischen Untersuchungen markierten indessen nicht das Ende, sondern ganz im Gegenteil den Ausgangspunkt einer neuen, konzeptionell und methodisch ungleich ambitionierteren Rassenforschung. Das 1927 gegründete Kaiser-Wilhelm-Institut für Anthropologie, menschliche Erblehre und Eugenik, so kündigte der Gründungsdirektor Eugen Fischer unter Berufung auf Boas' Studie an, werde sich nicht mehr mit »Schädelmesserei« abgeben. Im Sinne der Öffnung der Anthropologie zur Humangenetik sollte der überkommene, statische, taxonomisch angelegte, von morphologischen Merkmalen ausgehende Rassenbegriff zugunsten eines dynamischen, evolutionsbiologisch aufgefassten, populationsgenetisch begründeten Rassenbegriffs aufgegeben werden. Damit rückte Fischer von der Vorstellung gegebener »reiner Systemrassen« ab, wie er sie noch seiner Studie über die *Rehobother Bastards* (1913) zugrunde gelegt hatte. In Anlehnung an Walter Scheidt näherte sich Fischer der Vorstellung von »Lokalrassen« oder »Menschenschlägen« an, Gruppen mit einer relativen Häufung spezifischer Erbanlagen, die wiederum als Produkt von Auslese und Anpassung in geografischer Isolation aufgefasst wurden – dieser Rassenbegriff war auch mit dem im Entstehen begriffenen »synthetischen Darwinismus«

kompatibel. Dabei resultierte das äußere Erscheinungsbild des Menschen, sein Phänotyp, wie Fischer hervorhob, aus der Summe von Anlage *und* Umwelt – das galt auch für die Ausprägung von Merkmalen, an denen sich gängige Rassentypologien orientierten. Die künftige Rassenanthropologie musste deshalb das äußere Erscheinungsbild durchdringen und zum Erbbild des Menschen, zu seinem Genotypus, vorstoßen, um die Menschheit überhaupt sinnvoll in »Rassen« einteilen zu können.

Vom Standpunkt der »Phänogenetik« aus betrachtet, mussten die Rassegutachten, die das Kaiser-Wilhelm-Institut für Anthropologie seit 1933 für das Reichssippenamt anfertigte und die im Wesentlichen noch auf den Methoden der klassischen Anthropometrie beruhten, völlig unzulänglich erscheinen, blieben sie doch an der Oberfläche des äußeren Erscheinungsbildes. Spätestens 1943 trat das Institut unter Fischers Nachfolger, Otmar Frhr. v. Verschuer, daher in den Wettlauf um die Entwicklung eines effizienten Rassentests jenseits der klassischen Anthropometrie ein. Die Ebene des Genoms war noch nicht greifbar. So geriet die Zwischenebene der Proteine, Enzyme und Hormone, die nach der Blaupause des Genoms die Auffaltung des Organismus steuern, in das Blickfeld. Vielleicht, so die Hypothese, wies jede Menschenrasse eine je eigene Zusammensetzung des Bluteiweißes auf, was die Möglichkeit eines serologischen Rassentests eröffnete. Seit 1940, als in den Kriegsgefangenenlagern der Zugriff auf Kolonialsoldaten möglich wurde, forschte man intensiv in dieser Richtung. 1943 begann Verschuer mit seinem Projekt »Spezifische Eiweißkörper«, für das er sich von seinem Schüler Josef Mengele 200 Blutproben von Menschen verschiedener »Rassen« aus dem Konzentrations- und Vernichtungslager Auschwitz schicken ließ. Überhaupt waren die rassenhygienisch und rassenanthropologisch ausgerichteten Biowissenschaften im »Dritten Reich« auf das engste in die Vorbereitung, Planung, Durchführung und wissenschaftliche Evaluation der Genozide an Juden, Sinti und Roma, psychisch erkrankten und geistig behinderten Menschen, »Gemeinschaftsfremden« und »Fremdvölkischen« eingebunden (Schmuhl 1992, 2003, 2005).

Bodyshaping: Auf dem Weg zu einem Neuen Menschen?

Sozialdarwinismus, Eugenik, Rassenhygiene und Rassenanthropologie sind von der hochgespannten Fortschrittseuphorie des 19. Jahrhunderts und seinen Heilserwartungen an die Naturwissenschaften geprägt. Danach schien die Natur prinzipiell bis in die letzten Details erforschbar, nutzbar und beherrschbar. Gegen Ende des 19. Jahrhunderts, unter dem Eindruck der kulturpessimistischen Stimmung des *fin de siècle*, schwand freilich das Vertrauen in einen naturgesetzlich vorgezeichneten Fortschritt der Menschheit. Dieser musste vielmehr durch ein ambitioniertes *social engineering* vorangetrieben werden. Die menschliche Natur sollte von ihrem in den Genen liegenden Bauplan her umgemodelt werden. »Eugenics is the Self Direction of Human Evolution«: Dieses Motto des Dritten Internationalen Kongresses für Eugenik, der 1932 in New York stattfand, bringt diese Denkweise auf den Punkt.

Dass sich das Erbgut des Menschen seit der Entstehung der Spezies *Homo sapiens* erheblich gewandelt hat und die Evolution des Menschen keineswegs abgeschlossen ist, ist heute weithin unstrittig – manche Forscher meinen sogar, die Geschwindigkeit der menschlichen Evolution beschleunige sich in dem Maße, wie der Mensch sich eine eigene künstliche Lebenswelt schaffe (Sabeti et al. 2007; Cochran/Harpending 2009). Genetische Unterschiede zwischen menschlichen Großgruppen – die man sich freilich scheut, »Rassen« zu nennen – werden intensiv erforscht, ja selbst die These von Intelligenzunterschieden zwischen den Großgruppen ist, wenngleich mehrheitlich vehement zurückgewiesen, kein Tabu mehr (Gould 2002). Ernsthaft wird auch wieder die These diskutiert, ob nicht die sozialen Verhältnisse in modernen Gesellschaften die »natürliche Auslese« auf den Kopf stellen (Weß 1989; Fuchs 2008). Im Gefolge der rasant voranschreitenden Pränataldiagnostik entstehen Formen einer »Neo-Eugenik«, die nun nicht mehr vom Staat, sondern aus der Gesellschaft heraus forciert wird. Genetisches *Screening* mit dem Ziel, passgenaue Medikamente für genetisch bedingte körperliche oder psychische Störungen (oder Biowaffen gegen bestimmte Menschengruppen) zu schaffen, die Entwicklung von Keimbahntherapien oder die Schaffung von Mensch-Maschine-Hybriden (»Transhumanismus«) liegen heute bereits im Bereich des Möglichen (Orland 2005). Die Bewegung zur Schaffung eines Neuen Menschen mag derzeit noch ein avantgardistisches Phänomen am Rande der Gesellschaft sein – das Thema wird aufgrund des biotechnologischen Fortschritts auf der politischen Agenda des 21. Jahrhunderts ganz weit nach oben rücken.

Literatur

Adams, Mark B. (Hg.) (1990a): The Wellborn Science: Eugenics in Germany, France, Brazil, and Russia. New York/Oxford.

Adams, Mark B. (1990b): Eugenics in Russia, 1900–1940. In: ders. (Hg.): The Wellborn Science: Eugenics in Germany, France, Brazil, and Russia. New York/Oxford, 153–216.

Bannister, Robert C. (1989[2]): Social Darwinism. Science and Myth in Anglo-American Social Thought [1979]. Philadelphia.

Bauerkämper, Arnd (1991): Sozialdarwinismus in Großbritannien vor dem Ersten Weltkrieg. In: Manfred Hettling et al. (Hg.): Was ist Gesellschaftsgeschichte? Positionen, Themen, Analysen. München, 198–206.

Bellomy, Donald C. (1984): »Social Darwinism« Revisited. In: Perspectives in American History: 1–129.

Benton, Ted (1982): Social Darwinism and Socialist Darwinism in Germany, 1860 to 1900. In: Rivista di Filosofia 73: 79–121.

Black, Edwin (2003): War against the Weak. Eugenics and America's Campaign to Create a Master Race. New York/London.

Broberg, Gunnar/Roll-Hansen, Nils (Hg.) (1996): Eugenics and the Welfare State. Sterilization Policy in Denmark, Sweden, Norway, and Finland. East Lansing.

Churchill, Frederick B. (1985): Weismann's Continuity of the Germ-Plasm in Historical Perspective. In: Freiburger Universitätsblätter 24: 107–124.

Clark, Linda L. (1984): Social Darwinism in France. Tuscaloosa (Alabama).

Cochran, Gregory/Harpending, Henry (2009): The 10.000 Year Explosion: How Civilization Accelerated Human Evolution. New York.

Degler, Carl N. (1991): In Search of Human Nature. The Decline and Revival of Darwinism in American Social Thought. New York.

Dowbiggin, Ian Robert (1997): Keeping America Sane. Psychiatry and Eugenics in the United States and Canada, 1880–1940. Ithaca.

Engels, Eva-Marie (Hg.) (1995): Die Rezeption von Evolutionstheorien im 19. Jahrhundert. Frankfurt a. M.

Evans, Richard J. (1997): In Search of German Social Darwinism: The History and Historiography of a Concept. In: Manfred Berg/Geoffrey Cocks (Hg.): Medicine and Modernity. Public Health and Medical Care in Nineteenth- and Twentieth-Century Germany. Cambridge, 55–79.

Faulstich, Heinz (2000): Die Zahl der »Euthanasie«-Opfer. In: Andreas Frewer/Clemens Eickhoff (Hg.): »Euthanasie« und die aktuelle Sterbehilfe-Debatte. Die historischen Hintergründe medizinischer Ethik. Frankfurt a. M., 218–232.

Fuchs, Richard (2008): Life Science. Eine Chronologie von den Anfängen der Eugenik bis zur Humangenetik der Gegenwart. Berlin/Münster.

Galton, Francis (1905): Eugenics. Its Definition, Scope and Aims. In: Sociological Papers 1: 45–50.

Garton, Stephen (1994): Sound Minds and Healthy Bodies. Re-Considerung Eugenics in Australia, 1914–1940. In: Australian Historical Studies Vol. 26, Nr. 103: 163–181.

Glick, Thomas F. (1988[2]): The Comparative Reception of Darwinism [1974]. Chicago.

Gould, Stephen Jay (2002): Der falsch vermessene Mensch [The Mismeasure of Man, 1981]. Frankfurt a. M.

Haller, Mark H. (1984): Eugenics. Hereditarian Attitudes in American Thought. New Brunswick.

Hawkins, Mike (1997): Social Darwinism in European and American Thought, 1860–1945. Nature as a Model and Nature as Threat. Cambridge.

Hertwig, Oscar (1918): Zur Abwehr des ethischen, des sozialen und des politischen Darwinismus. Jena.

Higham, John (2002): Strangers in the Land: Patterns of American Nativism, 1860–1925 [1944]. New York.

Hofstadter, Richard (1992): Social Darwinism in American Thought [1944]. Boston.

Hoßfeld, Uwe/Brömer, Rainer (Hg.) (2001): Darwinismus und/als Ideologie. Berlin.

Jacobson, Matthew Frye (1998): Whiteness of a Different Color: European Immigrants and the Alchemy of Race. Cambridge (Mass.).

Jones, Greta (1980): Social Darwinism and English Thought. The Interaction between Biological and Social Theory. Brighton.

Jones, Greta (1992): Eugenics in Ireland. The Belfast Eugenics Society, 1911–15. In: Irish Historical Studies 28: 81–95.

Junker, Thomas/Hoßfeld, Uwe (2009): Die Entdeckung der Evolution. Eine revolutionäre Theorie und ihre Geschichte. Darmstadt.

Kaufmann, Doris (1998): Eugenik – Rassenhygiene – Humangenetik. Zur lebenswissenschaftlichen Neuordnung der Wirklichkeit in der ersten Hälfte des 20. Jahrhunderts. In: Richard van Dülmen (Hg.): Erfindung des Menschen. Schöpfungsbilder und Körperbilder 1500–2000. Wien u. a., 347–365.

Kevles, Daniel J. (1985): In the Name of Eugenics. Genetics and the Uses of the Human Heredity. Chapel Hill.

Kline, Wendy (2001): Building a Better Race. Gender, Sexuality, and Eugenics from the Turn of the Century to the Baby Boom. Berkeley u. a.

Kohn, David (Hg.) (1985): The Darwinian Heritage. Princeton.

Kühl, Stefan (1997): Die Internationale der Rassisten. Aufstieg und Niedergang der internationalen Bewegung für Eugenik und Rassenhygiene im 20. Jahrhundert. Frankfurt a. M./New York.

Larson, Edward J. (1995): Sex, Race and Science. Eugenics in the Deep South. Baltimore/London.

Marx, Karl/Engels, Friedrich (1964): Werke. Hg. Institut für Marxismus-Leninismus beim ZK der SED. Bd. 30. Berlin.

Mayr, Ernst (1985): August Weismann und die Evolution der Organismen. In: Freiburger Universitätsblätter 24: 61–82.

McLaren, Angus (1990): Our Own Master Race. Eugenics in Canada, 1885–1945. Toronto.

Mühlen, Patrik von zur (1977): Rassenideologien. Geschichte und Hintergründe. Berlin/Bonn.

Mühlmann, Wilhelm E. (1968[2]): Geschichte der Anthropologie [1948]. Frankfurt a. M./Bonn.

Noordman, Jan (1990): Om de kwaliteit van het nageslacht: eugenetica in Nederland 1900–1950. Nijmegen.

Orland, Barbara (Hg.) (2005): Artifizielle Körper – lebendige Technik. Technische Modellierungen des Körpers in historischer Perspektive. Zürich.

Pernick, Martin S. (1996): The Black Stork. Eugenics and the Death of »Defective« Babies in American Medicine and Motion Pictures Since 1915. New York/Oxford.

Rafter, Nicole Hahn (Hg.) (1988): White Trash. The Eugenic Family Studies, 1877–1919. Boston.

Reilly, Philip R. (1991): The Surgical Solution: A History of Involuntary Sterilization in the United States. Baltimore.

Richter, Ingrid (2001): Katholizismus und Eugenik in der Weimarer Republik und im Dritten Reich. Zwischen Sittlichkeitsreform und Rassenhygiene. Paderborn.

Ritter, Hans Jakob (2009): Psychiatrie und Eugenik. Zur Ausprägung eugenischer Denk- und Handlungsmuster in der schweizerischen Psychiatrie, 1850–1950. Zürich.

Rosen, Christine (2004): Preaching Eugenics. Religious Leaders and the American Eugenics Movement. Oxford.

Sabeti, Pardis C. et al. (2007): Genome-Wide Derection and Charactization of Positive Selection in Human Populations. In: Nature Vol. 449, Nr. 7164, October 18: 913–918.

Schmuhl, Hans-Walter (1992[2]): Rassenhygiene, Nationalsozialismus, Euthanasie. Von der Verhütung zur Vernichtung »lebensunwerten Lebens«, 1890–1945 [1987]. Göttingen.

Schmuhl, Hans-Walter (2000): Rassenhygiene in Deutschland – Eugenik in der Sowjetunion. In: Dietrich Beyrau (Hg.): Im Dschungel der Macht. Intellektuelle Professionen unter Stalin und Hitler. Göttingen, 360–377.

Schmuhl, Hans-Walter (Hg.) (2003): Rassenforschung an Kaiser-Wilhelm-Instituten vor und nach 1933. Göttingen.

Schmuhl, Hans-Walter (2005): Grenzüberschreitungen. Das Kaiser-Wilhelm-Institut für Anthropologie, menschliche Erblehre und Eugenik, 1927–1945. Göttingen.

Schmuhl, Hans-Walter (Hg.) (2009): Kulturrelativismus und Antirassismus. Der Kulturanthropologe Franz Boas (1858–1942). Bielefeld.

Schwartz, Michael (1995): Sozialistische Eugenik. Eugenische Sozialtechnologien in Debatten und Politik der deutschen Sozialdemokratie 1890–1933. Bonn.

Selden, Steven (1999): Inheriting Shame. The Story of Eugenics and Racism in America. Ashley.

Stepan, Nancy Ley (1991): »The Hour of Eugenics«. Race, Gender, and Nation in Latin America. Ithaca.

Tille, Alexander (1895): Von Darwin bis Nietzsche. Ein Buch Entwicklungsethik. Leipzig.

Trombley, Stephen (1988): The Right to Reproduce. A History of Coercive Sterilization. London.

Vogt, Markus (1997): Sozialdarwinismus. Wissenschaftstheoretische, politische und theologisch-ethische Aspekte der Evolutionstheorie. Freiburg u. a.

Weikart, Richard (1993): The Origins of Social Darwinism in Germany, 1859 – 1895. In: Journal of the History of Ideas Vol. 54, Nr. 3: 469–488.

Weindling, Paul (1989): Health, Race, and German Politics between National Unification and Nazism, 1870–1945. Cambridge.

Weingart, Peter/Kroll, Jürgen/Bayertz, Kurt (1988): Rasse, Blut und Gene. Geschichte der Eugenik und Rassenhygiene in Deutschland. Frankfurt a. M.

Weiss, Sheila F. (1987): Race Hygiene and National Efficiency: The Eugenics of Wilhelm Schallmayer. Berkeley.

Weß, Ludger (1989): Die Träume der Genetik. Gentechnische Utopien vom sozialen Fortschritt. Nördlingen.

Young, Robert M. (1969): Malthus and the Evolutionists. The Common Context of Biological and Social Theory. In: Past and Present 43: 109–145.

Zmarzlik, Hans-Günter (1963): Der Sozialdarwinismus in Deutschland als geschichtliches Problem. In: Vierteljahrshefte für Zeitgeschichte Vol. 11, Nr. 3: 246–273.

Hans-Walter Schmuhl

20. Film

Die Evolutionstheorie war längst ein Thema unterschiedlicher wissenschaftlicher und populärer Diskurse, als an der Wende zum 20. Jahrhundert der Film erfunden wurde. Dieses neue Medium begann rasch einen eigenen und in vielerlei Hinsicht andersartigen Beitrag zur Erforschung, Darstellung und Vermittlung des Phänomens zu leisten als die bisher eingesetzten Medien. Mit fortschreitender Entwicklung des Films erweiterte sich das Spektrum der Varianten, in denen sich die Evolution als Gegenstand behandeln ließ. Für die nötige Breite an Formen, um die stetig wechselnden Motive und Vermittlungsinteressen umzusetzen, sorgte einerseits die Weiterentwicklung der Aufzeichnungstechniken von fotografierten und dann in Bewegung gesetzten zunächst stummen Bildern, andererseits die Ausdifferenzierung des Films in eine Vielzahl von Genres. Entscheidendes Novum des Films im Unterschied zu anderen visuellen Präsentationsformen bildete seine unmittelbarere und intensivere Interaktion mit seinen Rezipienten, verglichen mit allen anderen Medien vor ihm. Von seinen Anfängen bis heute hat der Film zudem das Wechselspiel von Erschaffung, Ausformung, Verstärkung und Widerspiegelung von Vorstellungen und Identitäten stetig verfeinert (vgl. Turner 1999, 100, 144).

Evolution und das bewegte Bild zwischen Dokumentierung und Inszenierung

Zu den Motiven der Entwicklung einer »lebenden Fotografie« (Lumière), die schließlich in ersten Filmvorführungen in Berlin und Paris im Jahr 1895 gipfelte, zählte nicht nur die Begeisterung für die neue Technik, sondern ebenso das Interesse an der Erfassung und Darstellung wissenschaftlicher Phänomene. Neben der Dokumentation entdeckten die ersten Filmemacher bald auch die Faszinationskraft der freien Handlung, die vor allem nach den Änderungen in Filmproduktion und -vorführung ab der zweiten Dekade des 20. Jahrhunderts immer größere Bedeutung gewann: Zuschauer ließen sich emotional ansprechen, das Image von realen oder fiktiven Personen oder Gruppen und Themen ließ sich beeinflussen. Je konkreter die Themen präsentiert wurden, umso verständlicher und interessanter wurden sie für ein Publikum, das bald nicht mehr nur aus wenigen Begüterten und Gebildeten bestand, sondern aus den Massen aller Bevölkerungsschichten. Für die Wissenschaft generell wie auch für den Komplex »Evolution« im Speziellen hatte das zur Folge, dass sie als Filmstoff interessant waren und sich im fiktionalen Film am einfachsten personalisieren und emotional aufladen ließen (Tanner 2009, 20; Elsaesser 2002).

Das Medium prägte den dargestellten Gegenstand auf eine charakteristische Weise. War die Evolution bis zum frühen 20. Jahrhundert in Publikationen, Museen, Zeichnungen, Gemälden und Fotografien statisch und in der Wahrnehmung eher zweidimensional veranschaulicht worden, setzte der Film die von der Theorie beschriebenen Entwicklungsprozesse nun tatsächlich in Bewegung. Lange vor den ersten Experimenten mit einem 3D-Effekt nach dem Zweiten Weltkrieg trat das Publikum in die Illusion ein, auf der Leinwand die reale dreidimensionale Welt vor sich zu haben, so wie sie jeder außerhalb des Kinos sehen konnte. Dem Auge Verborgenes, das unendlich Kleine wie das unendlich weit Entfernte, ließ sich im Film nicht nur sichtbar machen, sondern scheinbar natürlich, eben in Bewegung, widerspiegeln. Während die Visualisierung dynamisiert wurde, verringerte sich angesichts der Illusion einer größtmöglichen Realität die Distanz des Betrachters zum Gegenstand. Das zuvor abstrakte Phänomen Evolution wurde erfahrbar, lesbar, dechiffrierbar, was auf die Beziehungen zwischen Menschen und Dingen zurückwirkte (Tanner 2009, 36). Der Film kann daher als jene Form der Popularisierung angesehen werden, die am unmittelbarsten auf die Rezipienten Einfluss nahm und nimmt.

Wie andere Medien auch setzte der Film der Umsetzung des Gegenstandes bestimmte Rahmenbedingungen: die Darstellung in bewegten Bildern, die Länge eines Films, die technische Möglichkeiten der Erfassung und schließlich die Inszenierung des Themas in Form einer Handlung oder szenischen Abfolge, welche den Gegenstand verkürzt bzw. vereinfacht, ihn in einen spezifischen Kontext stellt, etc. – und damit kein Abbild der Realität liefert, nicht liefern kann. Der Gegenstand der Evolution als ein Prozess über Jahrmillionen ließe sich nicht mit der Kamera nachzeichnen. Jede filmische Auseinandersetzung mit der Evolutionsthematik, selbst die dokumentarisch angelegte, basiert deshalb auf einem gewissen Maß an Inszenierung. Die Art dieser Inszenierung wird von den genretypischen inhaltlichen Rahmenbedingungen geprägt (die wichtigsten Genres sind in dieser Hinsicht Spiel-, Dokumentar-, Animations- und Lehrfilm; vgl. Schweinitz 2002, 244).

Das Themenfeld Evolution erscheint besonders häufig in der Wissenschaftsdokumentation und im nicht-fiktionalen Tierfilm einerseits, sowie im Horror- und Science-Fiction-Film andererseits. Im Horror- oder Science-Fiction-Spielfilm stehen dabei, dem Genre entsprechend, zumeist der verrückte Wissenschaftler und seine Kreationen im Vordergrund (Seeßlen 1999, 45; Tudor 1989; Haynes 1994; Skal 1998; Weingart 2003), d. h. das Narrativ der möglichen Beeinflussung und eines denkbaren alternativen Verlaufs der Evolution. Gerade diese fiktionalen Genres stellen in hohem Maße »wirksame ›Erzählformen‹ für die Stimulierung gesuchter emotionaler Effekte« (Schweinitz 2002, 245) zur Verfügung.

Grundsätzlich lassen sich nach der Art des Einsatzes des Mediums und seiner Ziele in der Behandlung der Evolutionsthematik drei Kategorien unterscheiden:
(1) Evolution im fiktionalen Film, umgesetzt in Form von Spielfilmen, Fernsehfilmen und -serien,
(2) der nicht-fiktionale Film (Dokumentation) zur Erforschung der Evolution, eingesetzt etwa im Forschungsprozess, also für rein wissenschaftliche Zwecke,
(3) der nicht-fiktionale Film (Dokumentation) zur Vermittlung oder zur Popularisierung, die wiederum auf die Forschung zurückwirken kann, so dass sich Wissenschaft und Film in einer »synergetischen Beziehung« (Tanner 2009, 16) befinden.

Bei der Behandlung der Evolution im Film in fiktionalen wie nicht-fiktionalen Genres werden häufig folgende Aspekte oder Themen in den Vordergrund gerückt:
(1) Evolution im engeren Sinne, als naturwissenschaftliche Theorie bzw. ein natürlicher Vorgang, die bzw. der filmisch veranschaulicht und erklärt wird,
(2) bestimmte Stadien der Evolution von ausgewählten Organismen, besonders häufig von Mensch und Tier; ein besonders großes Interesse gilt
 (a) der frühen/prähistorischen Menschheitsgeschichte mit ihren Vorläufern, insbesondere der Verwandtschaft von Affen und Menschen,
 (b) den vorzeitlichen Tieren, vor allem den Dinosauriern,
(3) der Forscher, durch den die Theorie Gestalt annimmt, darunter
 (a) der reale Forscher auf den Spuren der Evolution, etwa Charles Darwin selbst,
 (b) der fiktive Forscher, dessen Arbeit als wichtig und für die Menschheit segensreich präsentiert wird,
 (c) der fiktive Forscher, dessen Tätigkeit als unheimlich, verantwortungslos, letztlich zerstörerisch erscheint, also der »mad scientist«,
(4) Ergebnisse einer natürlichen bzw. Schöpfungen einer beeinflussten Evolution; in Letztere haben etwa Menschen (Eugenik, Gentechnik, Biotechnologie), Umwelteinflüsse oder Außerirdische eingegriffen, um Menschen mit veränderten Genen, künstlich erzeugte organische Lebewesen, Mischungen aus Mensch und Maschine oder reine denkende Maschinen hervorzubringen, etwa Klone, Mutanten, Replikanten, Cyborgs, Androiden, Roboter,
(5) Auseinandersetzungen mit der Evolutionstheorie, besonders häufig im Widerspiel von Naturwissenschaft und Religion.

Im Folgenden soll nun gezeigt werden, wie diese verschiedenen Möglichkeiten, Motive aus dem weiten Themenfeld der Evolutionstheorie filmisch zu verarbeiten, im Laufe der Filmgeschichte bis heute umgesetzt wurden.

Evolution als Fiktion in Spielfilm und Fernsehserie

Der Spielfilm dient primär der Unterhaltung des Publikums. Je nach Genre spielen Elemente wie Spannung, Schock- oder Gruseleffekte, Romantik, Komik, Dramatik, Wissenschaft und Technik eine herausragende Rolle. Bei der filmischen Inszenierung von Sachverhalten und Geschehnissen steht bei deren Wiedergabe nicht die Genauigkeit bzw. Umsetzung, sondern das Erzählen einer fesselnden Geschichte im Zentrum. Das leitete und leitet die Produktion von fiktionalen Filmen und Serien generell ebenso wie von jenen, die Aspekte rund um die Evolution aufgreifen.

Die Bandbreite an Erzählmotiven aus dem weiten Feld der Evolutionstheorie, die in der über hundertjährigen Geschichte des Films aufgekommen und oftmals kontinuierlich weiterentwickelt worden sind, ist enorm. Sie reicht, wie gleich gezeigt werden wird, vom Affenmotiv bis zum perfekten Menschen oder der neuen Evolutionsstufe einer nicht mehr an

Abb. 1: Szene aus *King Kong* (USA 1933). Quelle: King Kong. In: Horrorphile. High Art – Deep Trash. Pleasure of Nightmares, 17.12.2008 (www.horrorphile.net)

einen Körper gebundenen menschlichen Existenzform nach dem *Homo sapiens sapiens*, in einer fernen Zukunft. Was alle diese Variationen aus der Sicht der Evolutionsthematik interessant macht, sind die Spekulationen über mögliche Evolutionsverläufe, so fantastisch sie auch anmuten mögen, und die Faszination der Vorstellung, dass der Mensch sein physisch-intellektuelles Potenzial entweder noch längst nicht ausgereizt hat oder bereits so weit von der Natur – oder dem technisch Machbaren – entfernt hat, dass er zum Auslaufmodell geworden ist oder werden könnte. Die seit Mitte des 19. Jahrhunderts stetig ausgeweiteten Kenntnisse über die Evolution des Lebens auf der Erde zeigen so viele Wege, Sackgassen, Arten und Veränderungen auf, dass Gedankenspiele über alternative Verläufe und Geschöpfe in allen gesellschaftlichen Bereichen und Schichten geradezu provoziert werden. Der fiktionale Film griff diese Überlegungen früh in seiner Geschichte auf und bietet bis heute vielfältige Möglichkeiten, diese zu visualisieren und mit den jeweils aktuellen Hoffnungen und Ängsten der Zeitgenossen zu verbinden.

(a) Das *Affenmotiv*: Das seit der Veröffentlichung von *On the Origin of Species* (1859) verbreitete Affenmotiv hat im Spielfilm unterschiedliche Ausgestaltungen erfahren und erscheint bis heute immer wieder in bereits bekannten oder neuen Varianten. Zu den bekanntesten gehören die Geschichte um einen Riesengorilla und die von einem Planeten, auf dem Affen und Menschen ihre Rollen getauscht haben. In zahlreichen Fortsetzungen, Adaptionen, Remakes oder Parodien hat sich die Gestalt des King Kong zu einer Ikone der Populärkultur fortentwickelt. Nach einer ersten filmischen Umsetzung des Stoffes in Deutschland 1920 griff Hollywood die Geschichte inmitten der Weltwirtschaftskrise in den USA auf. Der Kassenschlager *King Kong* (USA 1933) prägte nicht nur den Namen der Affenfigur über den Film hinaus, sondern schuf mit seiner Handlung und vor allem mit der tricktechnisch hochmodernen Darstellung einen Archetypus der Filmgeschichte. Crossovers mit dem Motiv der prähistorischen Tiere und besonders der Dinosaurier ergaben sich in der Ausstaffierung von Kongs Heimatinsel als einer »lost world«, wie zuvor schon 1925 in der ersten Verfilmung der gleichnamigen Geschichte von Arthur Conan Doyle von 1912 – beide in Stop-Motion-Technik von Willis Harold O'Brien umgesetzt. Im Kontext der frühen Evolutionstheorie erinnert die Insel an jenes isolierte Ökosystem der Galapagosinseln, das Darwin auf seiner Beagle-Reise wichtige Impulse für seine Theorie der natürlichen Auslese gab. Die Symbolik des Films und ihres Hauptdarstellers Kong ist vielschichtig. Für zeitgenössische und spätere Zuschauer leicht erkennbar ist die Frage nach dem Verhältnis zwischen Mensch und Natur generell, nach der Überlegenheit des Menschen als dem höher entwickelten Wesen, in der Interaktion zwischen Affe und Frau die Inszenierung einer drohenden Grenzüberschreitung durch die sexuelle Beziehung über die Gattungen hinweg sowie die abwertende Darstellung der Inselbewohner, die 1933 dem Riesenaffen näher als den amerikanischen Eindringlingen stehend präsentiert wurden. Dass Letztere nach ihrer sensationellen Entdeckung auf der isolierten Insel keine Sekunde zögern, wie Tierfänger für einen Zoo zu handeln und allein dem Gedanken an Gewinn und Prestige zu folgen, entspricht ganz dem zu Beginn der 1930er Jahre noch dominierenden kolonialen Blick. Inwieweit das zeitgenössische Publikum den schließlich auf der Schaubühne in New York angeketteten Kong tatsächlich als ans Kreuz geschlagene oder zumindest vergewaltigte Natur begriff (vgl. Abb. 1), so wie es heute in der Filmwissenschaft interpretiert wird, ist fraglich.

In Remakes wie dem von 1976 (USA) ebenso wie dem jüngsten *King Kong, The Eighth Wonder of the World* (USA/Neuseeland/Deutschland 2005) von Peter Jackson wird der Umgang der Filmcrew mit dem Tier weitaus kritischer dargestellt. In Adaptionen wie dem gleichnamigen Remake des Nachfolgefilms des originalen *King Kong* von 1949 (USA), *Mighty Joe Young* (USA), 1998 mit Charlize Theron in der weiblichen Hauptrolle verfilmt, führt die Freundschaft zwischen Mensch und Tier schließlich zu einer Rettungsaktion, durch die der Riesengorilla Joe in seine afrikanische Heimat zurückgelangt – Ausdruck eines veränderten Umweltbewusstseins an der Wende zum 21. Jahrhundert (Canadelli/Locati 2009, 94–107).

Die zweite in der Populärkultur weitverbreitete Version des Affenmotivs hat ihren Ausgangspunkt in dem Film *Planet of the Apes* (USA 1968), dem ersten einer Reihe von fünf Spielfilmen, basierend auf dem Roman von Pierre Boulle *La Planète des singes* (1963). Der Planet wird in der Filmhandlung von Affen beherrscht, die eine Gesellschaft auf einfachem technischen Niveau errichtet haben, in der die Orang-Utans als Hüter der Religion mit Hilfe der Gorillas als Militärs über die Schimpansen, die Träger der Wissenschaft, herrschen. Der sprechende Mensch aus dem notgelandeten Raumschiff, der Astronaut Taylor, stört das Bild der Religionshüter von Menschen als tierähnlichen Wilden, die nicht sprechen können. Vor einem Tribunal mit drei Orang-Utans als Richter, das an den Prozess Galileis erinnert, sucht Taylor die darwinistische Genesis-Erklärung durchzusetzen und Anerkennung für seine Sicht der wahren Entwicklung und Rollenverteilung von Affe und Mensch zu erlangen (Seeßlen/Jung 2003, 288 f.). Aber die Diskussion zwischen Taylor, der Wissenschaftlerin und Schimpansin Zira und dem Hüter der Religion und Orang-Utan Zaius über den Gedanken, der Affe könnte vom Menschen abstammen, hätte also eine Evolution durchlaufen, wird von Zaius, der die Wahrheit kennt, abrupt beendet. Am Ende nimmt das Militär das Heft in die Hand. In der Fortsetzung *Beneath the Planet of the Apes* (USA 1970) mündet der Konflikt, in dem die Militärführer der Affen auf der einen Seite und menschliche Mutanten auf der anderen der Stimmung des Kalten Krieges und den Protestbewegungen der 1960er Jahre entsprechend unversöhnlich und aggressiv bleiben, in der nuklearen Katastrophe. Im Remake der Geschichte des ersten Films von Tim Burton aus dem Jahr 2001 ist hingegen die Debatte darüber, wer zuerst da war und wer in der Evolution weiter fortgeschritten ist, durch eine eher verwirrende Erklärung mit einer doppelten Zeitreise und den Vorrang einer Handlung ersetzt worden, in der es mehr auf Action als auf Debatten ankommt. – Im Vergleich der beiden Motive miteinander erscheint *King Kong* als das weiter verbreitete. Dagegen nimmt vor allem der erste Film der *Planet der Affen*-Reihe von 1968 weit stärker das Thema Evolutionstheorie und Abstammungslehre als Streitpunkt in einer von starren religiösen Lehren geprägten Gesellschaft auf (Canadelli/Locato 2009, 107–114).

(b) Das *Tarzan-Motiv*: Ähnlich einflussreich in der Populärkultur und folglich fest im Bewusstsein einer breiten Öffentlichkeit verankert wie *King Kong* ist die Figur des »Affenmenschen« Tarzan, die im Unterschied zum äffischen Filmhelden nicht die Konfrontation von Mensch und Affe hervorhebt (Canadelli/Locati 2009, 81–93). Eine erste Verfilmung des 1912 literarisch publizierten Stoffes gab es bereits 1918 als einstündigen Stummfilm *Tarzan of the Apes* (USA) in den Kinos zu sehen. Bevor Tarzan, hier noch ganz »animale uomo« (Canadelli/Locato

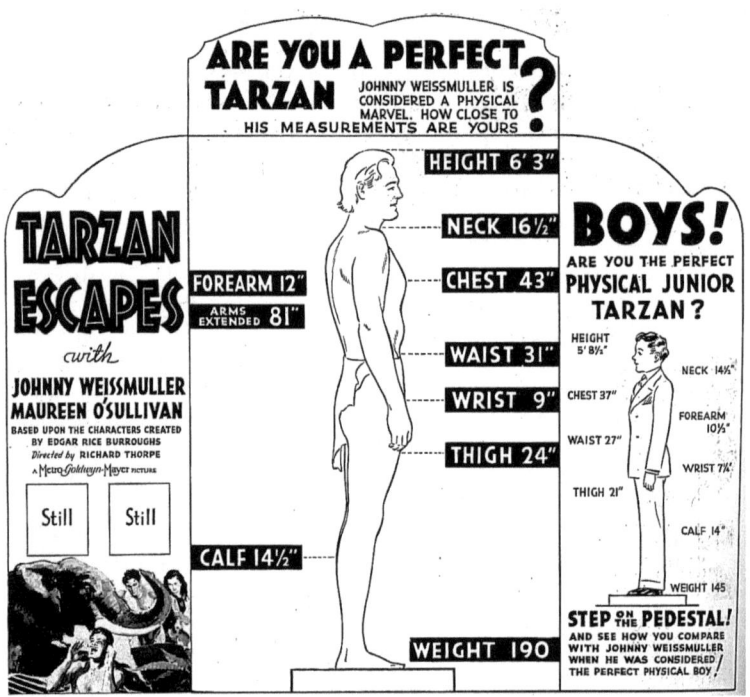

Abb. 2: Physisches Leitbild »Tarzan« (Promotionsmaterial)

2009, Bildtafel gegenüber Seite 96), nach einigen Abenteuern das Herz der ersten (weißen) Frau erobert, die er in seinem Leben sieht, werden bereits wesentliche Elemente des Motivs eingeführt und festgeschrieben. Sie zeigen den Protagonisten als natur- und tierverbundenes, wild-urwüchsiges, zwar unzivilisiertes aber doch moralisch handelndes Wesen. Die emblematische Form erhielt die Figur, als ein mehrfacher Olympiasieger im Schwimmen die Rolle übernahm: Johnny Weissmuller, der den »Affenmenschen« erstmals 1932 in Tarzan the Ape Man (USA) und dann in elf weiteren Tarzan-Filmen verkörperte. Der wenige Jahre zuvor eingeführte Tonfilm sorgte gleich in der Version von 1932 nicht nur für eine neue Lebendigkeit der Dschungel-Fauna, sondern thematisierte zudem über den seit diesem Film typischen Schrei des Affenmenschen den Topos der Nähe von Tier und Mensch, die Dichotomie von primitiv und zivilisiert (Denson 2008, 120–122). Spätestens mit Weissmuller verkörperte der filmische Tarzan nicht nur die Verwilderungs- und Ausbruchswünsche in der zivilisierten Welt des Westens, die weiße Version vom »edlen Wilden«, sondern gleichzeitig ein bestimmtes Männlichkeitsideal, ließ sich die Figur doch spätestens seit Weissmuller als »Sex-Symbol und [...] quasi-eugenische[s] Ideal« präsentieren. Eine Werbemaßnahme zum Film Tarzan escapes (USA 1936) erhob die Körpermaße von Tarzan bzw. Weissmuller zu Idealmaßen (Denson 2008, 122) und forderte jeden Mann anhand dieser Angaben zur Selbstprüfung auf (vgl. Abb. 2).

Die zahlreichen weiteren Adaptionen des Stoffes, selbst eine chinesische Version und wohl auch die für 2011 von Warner Brothers angekündigte nächste Umsetzung des Stoffes oszillieren zwischen dem Bild des Wilden, der – letztlich positiv gedeuteten – Regression auf einen früheren Evolutionsstand und dem Zivilisationsmüden, der die eigentliche menschliche Daseinsform, die natürliche und zugleich gute, gefunden hat.

(c) Das *Morlock-Motiv*: Demgegenüber steckt in dem, was sich als Morlock-Motiv bezeichnen ließe, keinerlei Spielraum für eine positive Deutung. Vielmehr stehen alle seine Varianten in der Traditionslinie der Degenerations- und Entartungsängste seit dem späten 19. Jahrhundert. H. G. Wells schuf in seinem Roman *The Time Machine* (1895) das Bild einer Menschheit, die sich nach einem verheerenden Krieg und einer weiteren Entwicklung von hunderttausenden von Jahren in zwei Unterarten gespalten hat, die kindlich-einfältigen Eloi und die gerissen-gefährlichen, affenähnlichen Morlocks. In der Verfilmung des Stoffes aus dem Jahr 1960 (Großbritannien) wissen allein die Morlocks Technologie zu nutzen, ohne jedoch ihre Funktionsweise zu verstehen. Tatsächlich erscheinen die unterirdisch lebenden plumpen Gestalten, die nicht einmal des Sprechens mächtig zu sein scheinen und die Eloi als ihre Nahrung behandeln, wie Tiere. Die Regression der Morlocks wird nicht wie die der Eloi als denkbarer natürlicher Vorgang geschildert. Vielmehr treten sie einzig als verabscheuungswürdige Monster ohne jede Menschlichkeit hervor – eine Darstellung, die sich im Remake von 2002 lediglich in der Ausgestaltung, nicht jedoch in der grundsätzlichen Wertung verändert hat. Den zahlreichen Spielarten des Motivs, das mit Monster- und Zombiegestalten vor allem im Horror- und Science-Fiction-Film Verwendung findet, ist diese abwertende Deutung einer rückverwandelten Menschheit gemein. In den verschiedenen Adaptionen des Romans *I am Legend* von Richard Matheson (1954) – etwa 1964 als *The Last Man on Earth* (Italien/USA), 1971 als *The Omega Man* (USA) und 2007 (USA) unter dem Romantitel in die Kinos gebracht – löscht eine durch biologische Waffen oder medizinische Experimente hervorgerufene Seuche einen Großteil der Menschheit aus und verwandelt die meisten Übrigen in blutgierige Ungeheuer, mutierte Wesen oder vertierte Lebensformen. In jeder Version haben die Menschen Einfluss auf die Menschheitsentwicklung genommen, in der jüngsten mit dem Versuch, ein Heilmittel für Krebs zu finden, doch in jedem dieser Fälle erscheint das Ergebnis, die verwandelten Menschen, als Sackgasse der Evolution.

(d) Das *Neandertaler-Motiv*: Während Filme wie *I am Legend* oder Crossovers aus Computerspielen wie der *Resident Evil*-Filmreihe (2002, mit Fortsetzungen 2004 und 2007) mit möglichen Verläufen der Evolution spielen, die den Menschen als Tier oder Ungeheuer vorführen, basiert die große Faszination des »Neandertaler-Motivs« bzw. der Prähistorie des Menschen, für die der Neandertaler als Sinnbild steht, auf der Neugier über den Ursprung des Menschen. Mit einem größeren oder geringeren Anspruch auf wissenschaftliche Genauigkeit rekurrieren Spielfilme über die prähistorischen Vorfahren des modernen Menschen neben den genretypischen Elementen vor allem auf die Illusion einer Rekonstruktion. Zu den frühen Verfilmungen gehören D. W. Griffiths *Man's Genesis* von 1912 und *The Primitive Man* von 1913. Einer der bekanntesten Filme dieser Gruppe, *One Million Years B. C.* (Großbritannien 1966), warb folgerichtig mit dem Slogan: »This is the way it was« (Filmplakat, Klossner 2006, 107).

Das Neandertaler-Motiv findet sich im Grunde in allen Filmgenres wieder; u. a.
- in Komödien wie Charlie Chaplins *His Prehistoric Past* (USA 1914), die Hauptfigur ausgestattet mit Fell, Melone und Spazierstock; *Schlock!* (USA 1973), in dem sich eine an King Kong angelehnte, gorillaähnliche, vermeintliche hominide Frühform, ein »Schlockthropus«, in eine blonde weiße Frau verliebt; *Caveman* (USA 1981), der laut Einblendung zu Beginn des Films im Jahr »One Zillion B. C. – October 9th« angesiedelt ist,
- in Horrorfilmen wie *The Neanderthal Man* (USA 1953), in dem sich ein Wissenschaftler nicht wie erwartet in einen vielfach verbesserten Übermenschen, sondern in einen brutalen Killer mit Affengesicht und Klauen verwandelt – Reflex der zeitgenössischen Angst vor der Primitivität der vorzivilisatorischen Existenz,
- in Mystery-Thrillern,
- in Zeichen- und Animationstrickfilmen wie *The Flintstones* (USA, 1960–1966) in zahlreichen Variationen, inklusive später geschaffener Realfilm-Versionen, oder *Ice Age* (USA 2002),
- in Abenteuer- und Actionfilmen wie etwa in *One Million B. C.* (USA 1940) oder jüngst *10.000 B. C.* (USA 2008),
- selbst in Science-Fiction-Filmen, in denen dann die vorzeitlichen Hominiden-Formen kurzerhand auf andere Planeten verlegt sind, etwa *Horror of the Blood Monsters* (USA 1970); Serien wie die vierte Staffel von *Space Patrol* (USA 1950–1955) oder Einzelfolgen wie »The Broca Divide« der Serie *Stargate SG-1* (USA/Kanada 1997).

Die vom Anspruch her wohl realistischste Umsetzung des wissenschaftlichen Kenntnisstandes im Spielfilm bot Anfang der 1980er Jahre *La guerre du feu* von Jean-Jacques Annaud (Frankreich/Kanada/USA 1981). Die Schauspieler wurden von dem Verhaltensbiologen Desmond Morris beraten, um ein möglichst treffendes Bild von Neandertalern abzugeben; kommuniziert wurde im wortlosen Film mit einer Reihe von eigens entwickelten Lauten. Die Kritik sprach von einem spannenden und »handwerklich sorgfältig gestaltete[n] Abenteuerfilm« (Lexikon 2002, Bd. 1, 96) und einem »bildgewaltige[n] Evolutions-Thriller« (Cinema 1982). Das Publikum sah den Film als Präsentation des Motivs, die nicht so sehr mit Ängsten spielen noch eine Warnung aussprechen, als vielmehr tägliches (Über-)Leben einer frühen menschlichen Evolutionsstufe spielfilmgerecht und so, wie es hätte gewesen sein können, umsetzen wollte.

(e) Das *Dinosaurier-Motiv*: Das Neandertaler-Motiv findet sich in den Evolutionsspielfilmen oft gekoppelt mit dem Dinosaurier-Motiv. Obwohl Menschen und Dinosaurier tatsächlich nicht zeitgleich auf der Erde lebten, gibt es kaum eine Geschichte über die Prähistorie, in der sich die »Höhlenmenschen« nicht einer eher spektakulären als wissenschaftlich belegten vorzeitlichen Tierwelt mit Riesenechsen an der Spitze der Nahrungskette erwehren müssten. Als einer der ersten Dinosaurierfilme gilt der genannte zwanzigminütige Film über *The Primitive Man* (1913). Während der Neandertaler oder Cro-Magnon für eine filmische Inszenierung oft mit wenigen Mitteln aus einem Menschen des 20. Jahrhunderts entstand, musste die Tierwelt, insbesondere die faszinierend-gruseligen Dinosaurier, in jedem Stadium der Filmgeschichte mit mehr oder weniger aufwändiger Tricktechnik und viel Phantasie zum Leben erweckt werden. Dem Publikum erschienen daher die Riesenechsen als wiederbelebte Lebensformen und Wunder filmischer Technik doppelt anziehend. Im Grunde war und ist die Attraktion sogar eine dreifache, ließ sich doch auf die Dinosaurierwelt in abgewandelter Form das übertragen, was seit Jahrhunderten den Drachenmythos ausgemacht hatte, nicht nur in Filmen, die wie *Valley of the Dragons* (USA 1961) das Ungeheuer schon im Titel ankündigten. Kein Wunder also, wenn Filmemacher nicht nur in den USA frühzeitig das Motiv aufnahmen und bis heute immer wieder einsetzen (Kinnard 1988; Klossner 2006).

In unzähligen Variationen wird über das Dinosauriermotiv der ungleiche Kampf zwischen Mensch und Riesenechse inszeniert, wobei in der Regel die Action- oder Schockeffekte überwiegen. Das reicht von den ersten oben genannten Filmen über *The Lost World* (USA 1925) bis zu *Jurassic Park* (USA 1993) und *Godzilla* (USA 1998) in der Adaption von Roland Emmerich. Die inzwischen rund dreißig japanischen Godzilla-Filme fallen insofern aus diesem Rahmen etwas heraus, als das Monster, Produkt von Atomtests, in manchen von ihnen durchaus für und nicht gegen die Menschen arbeitet. Neben der Anziehungskraft des Abstoßenden bietet das Motiv jedoch ebenso Stoff für Kinder- und Familienfilm, etwa als Zeichentrick- oder Animationsfilm wie in der Spielfilm-Reihe und späteren Fernsehserie *The Land before Time* (USA/Irland 1988–2007) oder zuletzt in *Ice Age: Dawn of the Dinosaurs* (USA 2009) und selbst als satirische Serie auf das moderne amerikanische Leben in *Dinosaurs* (USA 1991–94). Mit kaum einem anderen Motiv wird die Evolutionsthematik so vielfältig und breitenwirksam in der Populärkultur präsent gehalten wie mit diesen ausgestorbenen Spezies.

(f) Der *»mad scientist«*: Keines der übrigen genannten Motive, Evolution in fiktionalen Filmhandlungen anklingen zu lassen, ist bislang so gut erforscht wie das des »mad scientist«. Nach Analysen von Filmen hauptsächlich des Horror- und des Science-Fiction-Genres attestieren die meisten Studien dieser Figur eine deutliche Prominenz gegenüber allen anderen Wissenschaftler-Figuren, mit einer großen Virulenz gerade in der Zwischenkriegszeit (Tudor 1989; Skal 1998; Weingart 2003; Sarasin 2003; Junge/Ohlhoff 2004; Frayling 2005; Pansegrau 2009; Tanner 2009). Auf die Leinwand sind unterschiedliche Varianten dieser Figur gelangt, etwa der Entgrenzte, der Besessene, der Schurke, der verrückte Wissenschaftler wider Willen, der utopische Herrscher (vgl. Pansegrau 2009, 379–382). Am häufigsten ist die Form des »wahnsinnig genialen« Forschers, der sich in Filmen der beiden Genres erst dann wissenschaftlich verwirklichen zu können scheint, wenn er destruktives Potenzial entfesselt, eben nicht an der Verbesserung der Lebensumstände der Menschheit arbeitet. Horrorschocker wie die Verfilmungen des Frankenstein-Stoffes ab 1910, *The Island of Lost Souls* (USA 1932) oder dessen Remake von 1997 mit dem Titel der Romanvorlage von H.G. Wells (1896), *The Island of Dr. Moreau* (USA), auch der Archetypus aus der deutschen Filmtradition, die Figur des Rotwang in Fritz Langs *Metropolis* (Deutschland 1927), liefern klassische Beispiele dafür. In den Filmen der 1950er und 1960er Jahre wird weiterhin biologisch oder medizinisch experimentiert ohne Blick auf die Folgen für den Menschen oder den Planeten, nun offenbar noch gefährlicher durch Einbeziehung der entfesselten Macht des Atoms und der radioaktiven Strahlung. Mit einer wissenschaftlichen Forschung, die um ihrer selbst willen zu existieren scheint, wurden in der Zeit vor allem in sogenannten B-Movies im Stile von *Them!* (USA 1954) oder *The Horror of Party Beach* (1964) Monster und Mutanten am laufenden Band produziert. Die Fortschritte der Wissenschaft, speziell der Biotechnologie und digitalen Technik, haben in den letzten zwei bis drei Jahrzehnten das Tätigkeitsfeld der »mad scientists« lediglich in andere Bereiche und neue Dimensionen verlagert, etwa in den virtuellen Raum eines Cyberspace oder in die Roboterwerkstatt. Die Absichten und Ziele dieser enthemmten Forscher unterscheiden sich aber nicht wesentlich von denen, die ihre Vorläufer in den ersten Filmen antrieben (Seeßlen 1999, 48).

(g) Das *Frankenstein-Motiv*: Was den Wissenschaftler für eine Filmhandlung zu einer solch bedeutsamen Person macht, sind vor allem die Produkte seiner Tätigkeit, seine Schöpfungen, das letzte der sechs häufigsten Motive von Evolution im fiktionalen Film. Der Forscher setzt die Handlung des Films meist nur in Gang, dann übernimmt seine Kreatur, übernehmen seine Kreaturen als die eigentlich treibende Kraft das Geschehen. Unterscheiden lassen sich seit der ersten Verfilmung nach dem gleichnamigen Roman von Mary Shelley (1818) *Frankenstein* 1910 durch die Edison Studios
– künstlich erzeugte organische Replikationen,
– Mutanten, gentechnische Manipulationen und Klone,
– Halbwesen zwischen Mensch und Tier,
– Halbwesen zwischen Mensch und Maschine wie Cyborgs und Androiden,
– Roboter.

Das Motiv der künstlichen Schöpfung wird in der frühen Filmgeschichte lange von den organischen Lebewesen dominiert, die künstlich erzeugt werden, im klassischen Horrorfilm aus Leichenteilen zusammengesetzt. In späteren Formen erscheinen die Kreationen nicht mehr so reduziert auf das Ungeheuer und die Bedrohung.

Mutanten als Filmcharaktere tauchen im Grunde erst in den Filmen nach dem Zweiten Weltkrieg auf, als die zeitgenössische Furcht in den USA vor den Folgen eines Atomkrieges allerlei Monstrositäten auf die Leinwand projizierte. Die B-Movies der 1950er und 1960er Jahre sind bevölkert mit allen Arten solcher Wesen, nicht nur überdimensionierte Insekten oder Spinnen (*Them!*; *Tarantula*), sondern auch mutierte Menschen, die durch ihre Transformation immer zu einer Gefahr werden. Sowohl irdische wie außerirdische Einflüsse können die Verwandlung bewirken. In dem Film *Attack of the 50 Foot Woman* (USA 1958) lässt der Kontakt mit einem außerirdischen Riesen eine Frau, die von ihrem Ehemann schikaniert und betrogen wurde, auf eine Körpergröße von 20 Metern anwachsen. Nur mit Bikini bekleidet, lebt die »grotesque monstrosity« in einem »rampage of destruction«, so der Wortlaut des reißerischen Filmtrailers, ihr Verlangen nach Rache aus. Obwohl ein eher randständiges Beispiel des Genres, führt es mit seiner sexistischen Interpretation zeitgenössischer gesellschaftlicher Schieflagen der 1950er Jahre die besondere Zeitgebundenheit der Umsetzung dieses Motivs vor Augen. Spätere Variationen des Kreatur-Motivs, etwa in der Comic-Verfilmung *X-Men* (USA 2000, drei weitere Filme bis 2010) oder der US-Fernsehserie *Dark Angel* (2000–2002), verschieben ebenso wie die vielfältigen Geschichten von gentechnisch verwandelten Menschen neben der Mutation oder Veränderung als solcher gerade die bessere oder schlechtere gesellschaftliche Position der »neuen« Menschen in den Mittelpunkt der Handlung, sehr eindrücklich etwa in *Gattaca* (USA 1997) oder in *The Island* (USA 2005). Sie provozieren die Frage, was der jeweilige evolutionäre Vorsprung nützen mag, wenn dieser nur zum Preis der Ausgrenzung oder Isolation zu haben ist.

Die Mischungen aus Mensch und Tier, etwa die Geschöpfe auf *The Island of Dr. Moreau* (USA 1933, 1977 und 1996) oder die Kreuzung aus Mensch und Insekt in *The Fly* (USA 1958, 1986) repräsentieren eine Spielart der wissenschaftlichen Grenzüberschreitung, in der Forschung um ihrer selbst willen betrieben wird, »to see how bad bad can get« (Dr. Katherine Pulaski, in: *Star Trek – The Next Generation*, 2. Staffel, 1. Folge: The Child). Abgesehen vom Gruseleffekt der Kreatur vermitteln sie die Botschaft, dass eine von jeder Rückbindung freigesetzte Wissenschaft Schreckliches hervorbringen kann und wird, diese mit dem Ende des Geschöpfes letztlich jedoch wieder in ihre Schranken verwiesen wird – ein Ende, das allerdings nicht alle Filme aufweisen.

Seit etwa den 1970er Jahren ragen aus dem Spektrum der Geschöpfe in den Filmen die Hybridkreationen aus Mensch und Maschine heraus. Der Gedanke einer Verbesserung des Menschen, ein alter Menschheitstraum, der im Zeitalter von Gentechnik und Biotechnologie neue Nahrung erhält, bringt immer wieder neue Versionen von kybernetischen Organismen und Androiden hervor. Vielfach erscheinen sie als Variante der Roboter allein als »Nutzgerät« der Menschen: die Cyborgs in *Westworld* (USA 1973), in *Robocop* (USA 1987), der *Terminator*-Reihe (USA 1984–2009), die Replikanten in *Blade Runner* (USA 1982). Zumeist läuft die Handlung auf einen Aufstand der Maschinen, einzeln oder in der Gruppe, gegen ihre Schöpfer hinaus. Androiden-Figuren unterscheiden sich von ihnen insofern, als ihr Streben nach »Menschlichkeit« nicht bloß für größere Unabhängigkeit oder »mehr Leben« (*Blade Runner*), sondern für eine echte Humanität steht, die die Menschen der Filme im Gegensatz zu den Androiden oftmals nicht mehr oder nicht mehr in angemessenem Maße besitzen. Die Figur des Data aus der Fernsehserie *Star Trek – The Next Generation* (USA 1987–1994) oder der *Bicentennial Man* (USA 1999), der als reine Maschine beginnt, sich schrittweise einen menschlicheren Körper gibt und um Anerkennung seiner »Menschlichkeit« ringt, sind populäre Beispiele dafür.

Evolution in nicht-fiktionalen Filmen und Fernsehproduktionen

Fiktionale und nicht-fiktionale Produktionen haben einander in der Film- und Fernsehgeschichte sowohl in technischer wie inhaltlicher Umsetzung der Evolutionsthematik stets beeinflusst. Beide waren von Anfang an vertreten, doch der größte Aufschwung für die expositorische Präsentation kam mit der massenhaften Verbreitung des Fernsehens ab den 1950er Jahren, obwohl sie schon zuvor gelegentlich eingesetzt worden war in so unterschiedlichen Kontexten wie dem Kino, der Bildungseinrichtung wie Schule oder Museum oder der Weltausstellung.

Bis heute haben sich deutliche inhaltliche Schwerpunkte im Dokumentarbereich und eine gewisse Aufteilung der Themen zwischen fiktionalem und nicht-fiktionalem Film herauskristallisiert. Denn während die fiktionalen Inszenierungen der Evolutionsthematik von den zuvor genannten Aspekten am häufigsten auf bestimmte Stadien, fiktive Forscher und die Ergebnisse eines Eingriffs in die Evolution eingehen (s. o. Kategorien 2, 3b und c, 4), heben die dokumentarischen Film- und Fernsehproduktionen eher die Erläuterung des Prozesses, die Auseinandersetzungen mit der Theorie und die realen Forscher hervor (s. o. Kategorien 1, 3a und 5). Die auffälligste Überschneidung zwischen Fiktion und Dokumentation mit zahlreichen Mischformen liegt bei den Stadien der Evolution bzw. ausgewählten Organismen (s. o. Kategorie 2). Die Dokumentation richtet das Augenmerk dabei nicht nur auf lebende Tiere oder fossile Überreste, sondern macht sich ihrerseits die Faszination des Publikums für die Urzeit intensiv zunutze, indem sie mit Hilfe von Tricktechnik und Animation eine Präsentation der Prähistorie in bewegten Bildern bietet. Insgesamt gesehen stehen dem nicht-fiktionalen Film weitaus mehr Visualisierungsmittel und Formate zur Verfügung als dem Spielfilm, der wesentlich auf Handlung ausgerichtet ist.

In den ersten Dekaden der Filmgeschichte wandten sich zunächst einzelne Filmemacher dem Thema Evolution zu, um sie als natürlichen Vorgang zu veranschaulichen oder als wissenschaftliche Theorie besser im öffentlichen Bewusstsein zu verankern. Ein frühes Beispiel bildet der von Max Fleischer im eigenen Filmstudio 1925 in den USA produzierte Film *Darwin's Theory of Evolution*. In Zusammenarbeit mit dem American Museum of Natural History entstand ein etwa vierzigminütiger Film, der in einzelnen Sequenzen und mit zahlreichen Zwischentiteln Stationen vom Ursprung des Universums über die Bildung unseres Sonnensystems zur Evolution des Lebens auf der Erde bis in die Entstehungszeit des Films nachstellt. Dabei kommen grafische Animationen, aktuelle Aufnahmen von Pflanzen und Tieren ebenso wie Material aus zeitgenössischen Dinosaurierfilmen mit Stop-Motion-Sequenzen von Willis O'Brien zum Einsatz (MacKenzie 2011). Das Ziel des Films bestand darin, in die damals durch den Prozess gegen den Lehrer John Scopes ausgelöste öffentliche Debatte in den USA um die Vereinbarkeit der Evolutionstheorie mit der biblischen Schöpfungsgeschichte zugunsten der Wissenschaft einzugreifen. Noch stärker als Lehrfilm konzipiert war der vierzehnminütige Film *Images mathématiques de la lutte pour la vie* (Frankreich 1937) des Dokumentarfilmers und Wissenschaftspopularisators Jean Painlevé, der zur Eröffnung des Palais de la Découverte auf der Pariser Weltausstellung von 1937 vorgeführt wurde. Dieser Film strebte eine wissenschaftliche Darlegung des (Neo-)Darwinismus an, der von der Instrumentalisierung und Ideologisierung durch den Sozialdarwinismus befreit werden sollte. Mathematische Grafiken, Aufnahmen in Labor und Natur wurden herangezogen, um die Theorie als eine mathematisch-exakte darzustellen, genauer: um das Prinzip der natürlichen Selektion nach Darwin mit den damals entwickelten Formen der Populationsdynamik zu fassen. Ob sich das tatsächlich für Laien anschaulich im Film darbieten ließ, war allerdings selbst unter den beteiligten Wissenschaftlern umstritten (Tanner 2009, 32–34).

Mit dem Aufkommen des Fernsehens als Massenmedium begann sich die Bandbreite der Darbietungsformen entlang einer schrittweisen Ausdifferenzierung des Publikums und einer Veränderung der Sehgewohnheiten rasch zu vergrößern. Erläuterungen der Evolution, die sich zuvor an alle gleichermaßen gerichtet hatten, wurden mit der Etablierung der Theorie im öffentlichen Bewusstsein nun nicht obsolet, sondern stärker auf bestimmte Zielgruppen und ihren Kenntnisstand hin ausgerichtet und mit den modernsten Animationstechniken und Präsentationsformen dem Interesse und Informationsbedürfnis des Adressatenkreises angepasst. Wie sich Evolution etwa für Kinder und Jugendliche im Freizeitkontext umsetzen ließ, zeigte die bis heute populäre international koproduzierte Fernsehserie *Il était une fois...l'homme* (Frankreich/Japan 1978), die einzelne Etappen der Erdgeschichte, Vorzeit und Geschichte im Zeichentrickfilm mit wiederkehrenden Gestalten ablaufen ließ.

Um die Anschaulichkeit der präsentierten Materie zu erhöhen, kommt bis heute auch im dokumentarischen Bereich das Mittel der Personalisierung zum Einsatz. Im Stil eines Berichts aus der laufenden Forschung wurden und werden die Wissenschaftler interviewt, im Labor gezeigt, bei Forschungen in der Natur während ihrer »Expedition ins Tierreich« oder auf der Suche nach fossilen Überresten beobachtet, so dass der Zuschauer den Eindruck gewinnt, direkt an dem Prozess beteiligt zu sein. Überdies wurde und wird bei herausragenden Persönlichkeiten deren Leben und Wirken selbst zum Gegenstand gemacht, entweder rein dokumentarisch angelegt, sehr häufig, gerade in Sendungen jüngeren Datums, mit Spielszenen durchsetzt. Anlässlich des Darwin-Jubiläums 2009 entstanden in vielen Ländern solche Mischungen aus Dokumentation und fiktionalem Film. Dass es dabei neben dem »Forscher wie du und ich« immer stärker auf das Spektakuläre, Überraschende, Geheimnisvolle des Forschungsgegenstandes und -prozesses ankommt, belegen u. a. die Dokudramen *Darwin's Struggle – The Evolution of the Origin of Species* (Großbritannien, BBC 2009) und *Charles Darwin – Kaplan des Teufels* (Deutschland, ZDF 2008).

Bemerkenswerte Parallelen zwischen fiktionalen und nicht-fiktionalen Genres bestehen bei dem großen Interesse für prähistorische nicht-hominide Lebensformen. Die Fernsehproduktion mischt dazu die Traditionslinie der klassischen Tierdokumentation, etwa im Stile der Sendungen von David Attenborough oder Heinz Sielmann, mit der Rekonstruktion von Sauriern. In der stilgebenden sechsteiligen Reihe *Walking with Dinosaurs* (Großbritannien, BBC 1999) erscheint die Fauna des Mesozoikums mit den Sauriern als faszinierendste Gattung kaum anders als die Fische oder Gnus der Produktionen von Jacques Cousteau oder David Attenborough. Dieser Darstellungsstil erleichtert es dem Zuschauer, die vertrauten Wahrnehmungsmuster des traditionellen Tierfilms auf die prähistorischen Inhalte zu übertragen. Die Saurierrekonstruktionen bewegen sich in eigens gefilmten realen Landschaften, die Computeranimation der Reptilien ist auf dem neuesten technischen Stand und überspielt somit die Tatsache, dass zur Erschaffung des gezeigten Bildes viele Ungewissheiten über die Spezies in Klarheiten verwandelt werden mussten, die möglicherweise nicht zutreffen. In dem auf der Serie aufbauenden Special *The Ballad of Big Al* (Großbritannien, BBC 2001), erzählt eine Stimme aus dem Off eindrücklich vom täglichen Überlebenskampf eines mit individuellen Zügen ausgestatteten Allosaurus und lädt den Zuschauer ein, für einige Zeit am Leben eines heute nur noch in fossilen Resten vorhandenen und höchstens als Skelett im Museum zu bestaunenden Tieres teilzuhaben. Die Grenzen zum fiktionalen Film sind damit in mehrfacher Hinsicht weit überschritten.

Überhaupt lässt sich als Tendenz einer wachsenden Zahl dramaturgisch-dokumentarischer Produktionen erkennen, wie sehr in ihnen die klare Abgrenzung zum Spielfilm schwindet. Ob der Zoologe oder Paläontologe auf die Zeitreise geschickt wird, der Filmemacher in der Art eines Mystery- oder Kriminalthrillers ein Rätsel der Entwicklungsgeschichte aufzulösen verspricht, ein Narrativ konstruiert und/oder Spielszenen integriert werden: Es gilt, die Aufmerksamkeit eines Publikums zu erhalten und zu wahren, das sich weiter in einzelne heterogene Zielgruppen aufspaltet, und Evolution in allen Facetten immer wieder neu als ein Thema aufzubereiten, das nicht nur faszinieren kann, sondern den Kern der Existenz – nicht nur des Menschen – berührt.

Dass Evolution über mehr als hundert Jahre hinweg unabhängig von der Aufbereitungsweise als Thema für Filmemacher wie das Publikum interessant geblieben ist und sicherlich bleiben wird, liegt neben dieser Relevanz nicht zuletzt daran, dass das Medium Film etwas ermöglicht, was dem einzelnen Menschen mit seiner begrenzten Lebensspanne nicht möglich ist: Evolution nicht nur in ihrem Resultat zu erleben, sondern wirklich als Prozess zu sehen – wenn auch nur in einer Nachstellung.

Literatur

»Am Anfang war das Feuer«. In: Cinema, URL: http://www.cinema.de/kino/filmarchiv/film/am-anfang-war-das-feuer,1336933,ApplicationMovie.html [Stand: 14.5.2010].

Canadelli, Elena/Locati, Stefano (2009): Evolution. Darwin e il cinema. Genua.

Denson, Shane (2008): »Tarzan und der Tonfilm. Verhandlungen zwischen ›Science‹ und ›Fiction‹.« In: Gesine Krüger/Ruth Mayer/Marianne Sommer (Hg.): »Ich Tarzan.« Affenmenschen und Menschenaffen zwischen Science und Fiction. Bielefeld, 113–130.

Elsaesser, Thomas (2002): Filmgeschichte und frühes Kino. Archäologie eines Medienwandels. München.

Frayling, Christopher (2005): Mad, Bad and Dangerous? The Scientist and the Cinema. London.

Haynes, Roslynn D. (1994): From Faust to Strangelove. Representations of the Scientist in Western Literature. Baltimore/London.

Junge, Torsten/Ohlhoff, Dörthe (Hg.) (2004): Wahnsinnig genial. Der Mad Scientist Reader. Aschaffenburg.
King Kong. In: Horrorphile. High Art – Deep Trash. Pleasure of Nightmares, 17.12.2008. URL: http://www.horrorphile.net/images/king-kong-robert-armstrong-andkong1.jpg [Stand: 20.05.2010].
Kinnard, Roy (1988): Beasts and Behemoths: Prehistoric Creatures in the Movies. Metuchen (New Jersey)/London.
Klossner, Michael (2006): Prehistoric Humans in Film and Television. 581 Dramas, Comedies and Documentaries. Jefferson (North Carolina).
Lexikon des internationalen Films (2002): Kino, Fernsehen, Video, DVD. 4 Bde. Frankfurt a. M.
MacKenzie, Scott (i.Dr.): »Animating Darwin in the Public Sphere: Max Fleischer's *Darwin's Theory of Evolution* (1925)«. In: Angela Schwarz (Hg.): Evolution (in) der Öffentlichkeit.
National Film Corporation of America (Prod.) (1918): Tarzan of the Apes. USA, URL: http://www.archive.org/details/TarzanoftheApes1918AndyDivx [Stand: 14.5.2010].
Pansegrau, Petra (2009): »Zwischen Fakt und Fiktion – Stereotypen von Wissenschaftlern in Spielfilmen«. In: Bernd Hüppauf/Peter Weingart (Hg.): Frosch und Frankenstein. Bilder als Medium der Popularisierung von Wissenschaft. Bielefeld, 373–386.
Sarasin, Philip (2003): »Das obszöne Genießen der Wissenschaft. Über Populärwissenschaft und ›Mad Scientists‹«. In: ders. (Hg.): Geschichtswissenschaft und Diskursanalyse. Frankfurt a. M.
Schweinitz, Jörg (2002): »Genre«. In: Thomas Koebner (Hg.): Reclams Sachlexikon des Films. Stuttgart, 244–246.
Seeßlen, Georg (1999): »Mad Scientist. Repräsentation des Wissenschaftlers im Film«. In: Gegenworte 3: 44–48.
Seeßlen, Georg/Jung, Fernand (2003): Science Fiction. Grundlagen des populären Films. 2 Bde. Marburg.
Skal, David J. (1998): Screams of Reason. Mad Science and Modern Culture. New York.
Tanner, Jakob (2009): »Populäre Wissenschaft: Metamorphosen des Wissens im Medium des Films«. In: Gesnerus 66, Nr. 1: 15–39.
»This Industry Ain't Big Enough for Two Tarzans«, 23.07.2007. Promotionsmaterial zu Tarzan Escapes, Plakat »Are you a Perfect Tarzan?«. In: John McElwees Greenbriar Picture Shows, URL: http://greenbriarpictureshows.blogspot.com/2007/07/this-industry-aint-big-enough-for-two.html [Stand: 14.5.2010].
Trailer zu »Attack of the 50 Foot Woman«, in: The Internet Movie Data Base, URL: http://www.imdb.com/video/screenplay/vi16053549/[Stand: 14.5.2010].
Tudor, Andrew (1989): Monsters and Mad Scientists. A Cultural History of the Horror Movie. Oxford.
Turner, Graeme (1999[3]): Film as Social Practice. London/New York.
Weingart, Peter (2003): »Of Power Maniacs and Unethical Geniuses: Science and Scientists in Fiction Film«. In: Public Understanding of Science 12: 279–287.

Angela Schwarz

21. Kunst

Charles Darwin hat viele hundert Seiten über körperliche Schönheit bei Tieren und Menschen, aber nur wenige Sätze über die menschlichen Künste des Singens, des »poetischen« Sprechens und der visuellen Selbstornamentierung geschrieben. Darin äußert er die Vermutung, die im Tierreich verbreiteten sexuellen Praktiken des Präsentierens körperlicher Ornamente bzw. des werbenden Vorführens von Sing-, Tanz- und sogar Baukünsten (das berühmte Beispiel des Laubenvogels) könnten der evolutionäre Ausgangspunkt auch der menschlichen Künste gewesen sein (Darwin 1981, Teil II, 330–354). Die folgenden Ausführungen nehmen ihren Ausgang von dieser Hypothese. Sie fragen danach, welche *zusätzlichen* Adaptionen dazu beigetragen haben könnten, dass sich aus sexuell kompetitiven *display*-Praktiken die menschlichen Künste entwickeln konnten. Abschließend wird auch kurz die Frage nach den *funktionalen Attraktoren* der Evolution der Künste erörtert.

Die evolutionäre Reflexion auf ästhetisches Verhalten findet einen empirischen Rückhalt einerseits in der Archäologie, andererseits in der Ethnologie jener Völker, von denen angenommen wird, dass ihr Verhalten den steinzeitlichen Jäger-Sammlern nahesteht. In der evolutionär sehr kurzen Spanne zwischen 40.000 und 20.000 Jahren vor unserer Zeit setzt sich auf allen Erdteilen eine Zeit-, Technik- und Ressourcen-intensive Produktion von Steinmalereien und zahlreichen anderen Artefakten durch. Neu und instruktiv für diese vielbeschworene »kreative Explosion« sind insbesondere folgende Phänomene: (1) figurative Darstellungen, (2) Ornamente, die aus selbsthergestellten dreidimensionalen Objekten statt nur aus perforierten natürlichen Objekten bestehen, (3) verbreitete Evidenz für absichtsvolle Beerdigungen und für damit verbundene komplexe Glaubenssysteme, (4) therianthropische Figuren, die nicht die natürliche Welt abbilden (z.B. Mensch-Tier-Hybride, Tier-Tier-Hybride), und (5) Überlieferung von Musikinstrumenten, insbesondere durchaus leistungsfähigen Flöten (Conard 2008, 176; Conard 2003, 830–832; Conard, Malina, et al. 2004, 447–462).

Die Durchschlagskraft und Fast-Parallelität der weltweiten Entwicklung ab 40.000 Jahre vor unserer Zeit sowie die Ähnlichkeit etlicher Produktparameter (vgl. Anati 1993) sind frappierend. Seit dieser Zeit scheint es keine Kultur zu geben, die nicht ein hohes Maß an Energie, technischen Fähigkeiten und materiellen Ressourcen auf scheinbar überflüssige Ornamente, Kunstwerke und ästhetische Praktiken verschiedener Art verwendet. Im Folgenden wird primär nach den Fähigkeiten (Adaptionen) gefragt, die zum genannten Zeitpunkt bereits evolutionär gegeben sein mussten, damit die »kreative Explosion« stattfinden und sich so rasch verbreiten konnte.

Die dabei leitende Hypothese lautet: Die Künste entstanden als neue Varianten menschlichen Verhaltens, als die alten Adaptionen der ästhetischen Bewertung sexueller Körperornamente, des Spielverhaltens und des Werkzeuggebrauchs – die bis dahin wenig oder keine Überschneidungen aufwiesen – durch die jüngste menschliche Super-Adaption, eben unsere Fähigkeit zu Sprache und Symbolgebrauch aller Art, einem neuen gemeinsamen Gebrauch zugänglich wurden. Vor dieser Verschaltung in den Künsten war sexuelle Werbung weitgehend gegen Spielverhalten abgedichtet, hatte Spielverhalten wenig oder gar nichts mit Werkzeuggebrauch zu tun und trug die fortgeschrittenste Technologie der Materialbearbeitung nur wenig zu den Techniken der Körperornamentierung bei. Das Flüssigwerden dieser Grenzen, das einer allgemeinen Tendenz unserer symbolischen Kognition zu domänenübergreifenden Verknüpfungen entspricht, ist zugleich die Emergenz der Künste.

Jede einzelne der vier genannten domänenspezifischen Adaptionen wird im Folgenden auf ihren möglichen Beitrag zur Emergenz der Künste befragt.

Sexuelle Wahl nach ästhetischen Präferenzen

Kompetitive ästhetische Elaborierungen artspezifischer Fähigkeiten zu selbstpräsentierender Bewegung, vokalem Ausdruck und objekthafter Hervorbringung sind nach Darwins Theorie der »sexuellen Selektion« Verhaltensadaptionen, die der sexuellen Werbung dienen. Die etwas besser aussehenden, sich schmückenden, singenden oder tanzenden Individuen werden vom anderen Geschlecht – *all other things being equal* – regelmäßig bevorzugt. Wo der Funktionskreis ästhetischer und sexueller Bevorzugung nicht (nur) den Weg über Vorzüge des Aussehens, sondern über performative oder objekt-produzierende Praktiken des Sich-Darstellens nimmt, da entwickeln sich die »Künste« als ein weiterer Modus des Kampfs um sexuelle und/oder soziale Vorteile. Darwins Hypothese, schon unsere Vorfahren in der menschlichen Linie hätten gesungen – und zwar *vor*

der Entstehung einer syntaktischen und symbolischen Wortsprache –, wird heute vielfach geteilt (vgl. Dunbar 2004, 126, 132; Mithen 2006, 217–220; Rothenberg 2007, 193), allerdings nicht durchweg auf die Funktion sexueller Werbung bezogen.

Präferenzen für leicht übernormale Körper-»Ornamente« sind nach Darwin letztlich so alt wie die sexuelle Fortpflanzung. Sie sind damit das bei weitem älteste Fundament der evolutionären Ästhetik. Der Ansatzpunkt für Darwins jahrzehntelanges Fragen nach einem evolvierten »taste for the beautiful« (Darwin 1981, Teil II, 108) war die scheinbare Überflüssigkeit, ja Hinderlichkeit vieler körperlicher Ornamente in den meisten pragmatischen Lebenskontexten. Exemplarisch dafür ist der extreme Federschmuck von Argusfasan, Pfau und Paradiesvögeln. In der Evolution solcher Ornamente sah Darwin einen sich selbst verstärkenden ästhetischen Präferenzmechanismus für »novelty« und »variety for the sake of variety«, für »exaggerations« und grundsätzlich arbiträre »caprices« (Darwin 1981, Teil II, 230 f., 339, 351, 354). Ästhetische Präferenzen des einen Geschlechts können demnach am Körper des anderen Geschlechts Merkmale wählen und verstärken, die nur im Kontext sexueller Wahl vorteilhaft, sonst aber oft hinderlich sind. Die *costly signal*-Theorie Amotz Zahavis hat dies zur Essenz sexuell gewählter Merkmale überhaupt erklärt (Zahavi 1975, 205–214; Zahavi 1997; Voland/Grammer 2003).

Relativ bessere Fähigkeiten und Ressourcen kunstvoller Selbstinszenierung leisten grundsätzlich dasselbe wie das Vorhandensein leicht überausgeprägter sexueller Körpermerkmale. Beim Menschen dienen die Formen ästhetischer Selbstpräsentation außerdem als soziale Distinktionssignale, die Zugehörigkeit zu höheren oder niederen Rängen in komplexen sozialen Hierarchien anzeigen (vgl. Bourdieu 1984). Beide, sozialer Rang und sexueller Erfolg, dürften sehr lange Zeit direkt und positiv korreliert haben (vgl. Essock-Vitale 1984; Menninghaus 2003, 192–198).

Darwins Theorie der sexuellen Selektion nach ästhetisch präferierten Merkmalen bietet vier prätechnologische Wege zu den menschlichen Künsten an: (1) einen visuellen über die Sensitivität für die unterschiedliche Attraktivität natürlich gegebener Körperornamente, (2) einen weiteren visuellen über die Sensitivität für unterschiedlich kunstfertige Selbstdarbietungen qua Körperbewegung (Tanz) oder durch Baukunst, (3) einen auditiven über die Sensitivität für die unterschiedliche Qualität von Gesangsvorführungen und (4) einen audiovisuellen über die

Sensitivität für die unterschiedliche Qualität visueller *displays* von Gefieder oder Bewegungen, die mit Lautungen verbunden sind.

Zahlreiche natürliche Sprachen enthalten Semantiken und Verwendungsregeln für das Prädikat »schön«, die eine *sexual choice*-Theorie der menschlichen Künste unterstützen:
- Sie bezeichnen als »schön« eine *Auszeichnung der äußeren Erscheinung*.
- Sie beziehen das Prädikat »schön« gleichermaßen auf *sexuelle Körper* wie auf zahlreiche *Artefakte*.
- Sie korrelieren Schönheit und *Begehren* – das Begehren, das schöne Objekt (Körper oder Kunstwerk) zu besitzen oder es zumindest zu betrachten.

Spielverhalten und die Künste

Sexuelle Selektion ist kein Spiel. Pfauen und andere Vögel spielen nicht mit ihren ästhetischen Möglichkeiten. Sie müssen auf Gedeih und Verderb vorzeigen, was sie körperlich, gesanglich, tänzerisch oder baumeisterlich zu bieten haben. Sexuelle Wahl und Spielverhalten werden in der Biologie deshalb kaum je zusammengedacht. Darwins Beobachtungen zu funktionsloser Lust am Sich-Bewegen und Singen bieten eine erste Brücke zwischen dem Modell sexueller Selektion und ästhetischem Spielverhalten an: »Nothing is more common than for animals to take pleasure in practising whatever instinct they follow at other times for some real good. How often do we see birds which fly easily, gliding and sailing through the air« (Darwin 1981, Teil II, 54). – »Many birds [...] delight in their own music, and try to excel each other« (Darwin 1981, Teil II, 277). Es gibt demnach Kontexte, in denen Verhaltensweisen – einschließlich der ästhetischen Werbungskünste – schon bei Tieren als lustvoll-selbstbelohnende Aktivitäten ohne ein »real good« praktiziert werden.

Spielformen dienen nach verbreiteter Ansicht dazu, überlebenswichtige motorische und kommunikative Fähigkeiten zu erlernen bzw. zu verbessern, insbesondere die kompetitiven Fähigkeiten des Jagens, Angreifens und Sich-Verteidigens. Diese und andere funktionale Vorteile mittelfristiger Art gehören in der Regel nicht zur Selbstwahrnehmung der Spielenden. Konkret erlebt wird das Spiel weit eher als angetrieben durch eine selbstmotivierende Lust bzw. Freude am Spielen qua Spiel. Darin besteht auch eine seiner Affinitäten zu ästhetischer Lust (vgl. Artikel IV.8. Literaturwissenschaft).

Spielverhalten impliziert in der Regel eine wichtige kognitive Fähigkeit: eine klare Grenze ziehen zu können zwischen wirklichem Kampfverhalten, das ernste Konsequenzen haben kann, und seiner »offline«-Simulation, die solche Konsequenzen vermeidet. Da Spielen zumeist eine soziale Interaktion ist, muss außerdem zwischen allen Mitwirkenden für eine kommunikative Synchronisierung der kognitiven Deutung einer Situation (Spiel vs. Nicht-Spiel) gesorgt werden (Martinelli 2004, 86). Spielen impliziert mithin die kommunikative Herstellung einer geteilten Szene von Aufmerksamkeit und sozialem Handeln mit gezielt synchronisierten Voreinstellungen (Schemata) der kognitiven und affektiven Bewertung.

Die spielende Entkopplung wichtiger arttypischer Handlungsmuster (»decoupling«) von ihren realitätstypischen Konsequenzen schafft einen risikoentlasteten (Lern-) Raum, in dem die Realität eingeklammert und nurmehr virtuell ist (vgl. Tooby/ Cosmides 2001). Sie schafft eine »twin earth« neben der realen und damit eine multiple Ontologie (vgl. Lillard 2001). Gerade dieser ontologische Riss in der *einen* Realität verschafft – statt in kognitive Verwirrung zu münden – buchstäblich neue und potenziell überlebenswichtige *Spielräume*. Menschliches Spielverhalten, das diese Möglichkeiten um die zusätzlichen Potenzen von Sprache und Symbolgebrauch erweitert, ist eine große Schule aller Fiktionalisierungs- und Simulationstechniken, auch der ästhetischen.

Die Künste multiplizieren das Spielen mit kognitiven Rahmungen, die je andere Welten mit anderen Regeln kodieren. Jedes Genre, ja jedes einzelne Werk verlangt und implementiert die implizite Konstruktion eines je eigenen »Spielfeldes« mit je bestimmten Spielregeln. Kunstwerke schärfen damit das Bewusstsein für die Selektivität unserer Wahrnehmungs- und Handlungsdispositionen und gewöhnen an den Gedanken, alles könne etwas oder auch ganz anders sein. Künstlerische Praktiken verhalten sich insofern metareflexiv zu eingespielten Gewohnheiten von Wahrnehmung und Verhalten und begünstigen die Eröffnung neuer Variationsspielräume. Im Gegensatz zu reinem Spielen bringt ästhetisches Verhalten dabei oft ein dingliches Produkt hervor. Die performativen Künste jedoch sind genauso flüchtige, sich ganz in ihrem Vollzug erfüllenden Akte wie das Spiel.

Aus evolutionstheoretischer Perspektive arbeitet Kunst damit dem Anbahnen und Bereitstellen neuer (kultureller) Adaptionen zu. Je dynamischer die kulturelle Entwicklung, desto potenziell wichtiger ist diese Leistung. Es ist daher folgerichtig, dass Poetiken und Ästhetiken der Moderne diese Korrelation von Kunst, Desautomatisierung, Verfremdung, Innovation und Transgression zu betonen, ja überzubetonen pflegen.

Spielen ist ein autotelisches Handeln. Es bringt in seinem Vollzug weder ein bleibendes materielles Produkt hervor – wie etwa ein Kunstwerk –, noch impliziert es direkte Konsequenzen für die Realität außerhalb der Spiel-Rahmung. Energie, Lust und Vorteile des Spielens beziehen sich primär auf die performative Ausübung der spielerischen Fähigkeiten selbst (Martinelli 2004, 96).

Spezifisch menschliche Merkmale des Spielverhaltens ergeben sich aus der Verbindung mit technologischen Fähigkeiten (Verwendung technisch hergestellter Objekte) und mit symbolischen Praktiken (sprachliche Vereinbarung von Regeln, sprachgebundene Durchführung des Spiels, symbolische Dimensionen des Spiels selbst). Zugleich gibt es einige ontogenetische Besonderheiten. Im Alter von 18 Monaten bilden sich gleichzeitig (1) die Aneignung der normalen Wortsprache, (2) symbolische, bei Tieren unbekannte Spielformen, die Objekte und Personen für etwas anderes nehmen als sie sind (*pretend play*), und (3) die generelle Fähigkeit zu hypothetischer Repräsentation heraus (Meltzoff 1990, 23 f.). Das deutet auf eine enge kognitive Verbindung von Spiel, Sprache und Involvierung in die Modi des Fiktiven und Möglichen.

Die Verwendung des Prädikats »schön« unterstützt die Affinität von Spiel und Künsten ebenfalls. Von einem »schönen Spielzug« oder einem »schönen Spiel« kann genauso wie von einem »schönen Lied« oder einem »schönen Bild« gesprochen werden. Schließlich macht die überlieferte Ästhetik, insbesondere in der Kantischen Tradition, reichlich vom Konzept des »Spiels« Gebrauch, um Phänomen und Funktionen des Ästhetischen zu konzeptualisieren. Kant hat die ästhetische Lust am Schönen bekanntlich geradezu als »*freies Spiel* der Erkenntnisvermögen« definiert (Kant 1908/13, 217). Seitdem ist die Verbindung von Kunst und Spiel topisch.

Werkzeuggebrauch

Alle von Darwin untersuchten Formen ästhetischer Selbstpräsentation im Tierreich weisen eine Null-Korrelation mit Werkzeuggebrauch auf: das Vorführen der sexuellen Körperornamente ebenso wie die Gesangs-, Tanz- und Baukünste. Für die meisten Tiere mag dieser Befund trivial scheinen, da sie gar keinen Werkzeuggebrauch kennen. Doch auch diejenigen Tiere, die Werkzeuge gebrauchen, tun dies nie im Kontext oder gar zum Zweck ästhetisch elaborierter Werbungspraktiken. Die Domänen beider Adaptionen sind mithin evolutionär klar geschieden. Auch die menschlichen Künste, auf die Darwin einen Ausblick vom Kontinent der Vögel aus wagt (insbesondere Singen und Tanzen), kommen ohne werkzeuggestützte Technologien aus.

Ethnologisch dokumentierte ästhetische Praktiken enthalten dagegen in aller Regel auch technologiegestützte Merkmale: Musikinstrumente kommen ebenso oft vor wie technisch hergestellte Schmuckobjekte, Masken usw. Das unterstützt die Hypothese, dass zum Denken der menschlichen Künste spätestens seit der Zeit vor 40.000 Jahren ihre Verbindung mit der Technologie gehört. Die von Darwin eingeholten Berichte zu ästhetischen Elaborierungen unter den »savages« machen davon keine Ausnahme (vgl. Darwin 1981, Teil II, 228–354). Primär handeln sie von dinglichen Ornamenten aller Art – mithin von technisch hergestellten Objekten – und von spektakulären Technologien der gezielten Körperverformung zugunsten bizarrer kultureller Schönheitsideale.

Werkzeuggebrauch scheint auf höhere Säugetiere beschränkt zu sein. Schimpansen gehören zu den Werkzeug gebrauchenden Arten (vgl. Dunbar 2004, 145–155). Das lässt vermuten, dass die Hominiden von allem Anfang an über Fähigkeiten des Werkzeuggebrauchs verfügt haben. Die Archäologie des menschlichen Werkzeuggebrauchs beginnt indes erst mit einem Merkmal, das nach heutigem Wissen allein der Mensch im weiteren Verlauf seiner Entwicklung ausgebildet hat: mit dem Gebrauch selbsthergestellter Werkzeuge. Erst dieser Werkzeuggebrauch zweiter Ordnung – das Verwenden von Werkzeugen zum Herstellen anderer Werkzeuge – begründet eine Technologie. Menschen haben seit mindestens zwei Millionen Jahren Steinwerkwerkzeuge hergestellt und verwendet. Wenn menschliche Wesen über den weitaus größten Teil ihrer Geschichte Jäger und Sammler waren; wenn sie in dieser Zeit vor allem selbstgemachte Werkzeuge verwandten, dann waren kritische Bewertung der Werkzeuge und gute Fertigkeiten ihrer Herstellung offenbar überlebenswichtig und dürften auch soziale Anerkennung verschafft haben (Wilson 1999, 72; vgl. auch vgl. Kohn/Mithen 1999, 518–526).

Die Wertschätzung des handwerklich »Gutgemachten« teilt viele Merkmale mit der Präferenz für bestimmte Aussehensmerkmale natürlicher Körper im Feld der sexuellen Wahl ebenso wie für »gute Gedichte«, »gute Romane«, »gute Musik« usw. im Feld der Kunstrezeption. Alle drei Antworten auf Gutgemachtes und Gutaussehendes enthalten ein urteilendes Moment, das motivationale Kraft für soziale Anschlusshandlungen entfaltet. In den Techniken der Körperornamentierung – Schmuck und Bemalungen aller Art – konvergieren diese beiden Verhaltensadaptionen. Techniken der Selbstornamentierung sind doppelt belohnungsfähig: für ihre intrinsischen Fähigkeiten und für ihre Funktionalität zur Steigerung der körperlichen Erscheinung.

Eindeutige Belege für die aufwendige technische Herstellung dreidimensionaler Schmuckobjekte gibt es nur und erst seit eben jener Zeit zwischen 40.000 und 20.000 Jahren vor unserer Zeit, aus der auch die Vielzahl der frühesten nicht-dekorativen Kunstwerke stammt. Aus früherer Zeit gibt es zwar bereits Formen der Körperornamentierung wie insbesondere Bemalung mit rotem Ocker (evtl. schon seit 250.000 Jahren); die überlieferten Schmuckobjekte etwa aus der Zeit vor 80.000 Jahren bestehen aber noch aus seltenen und/oder für kostbar gehaltenen natürlichen Objekten (wie Muscheln), die lediglich perforiert und applizierbar gemacht werden (vgl. Conard 2008).

Es wird weithin angenommen, dass die steinzeitlichen »Künstler/innen« sich ihre Malwerkzeuge, Farben, Materialien und Musikinstrumente selbst hergestellt haben und dass sie ihre Fertigkeiten im Umgang damit durch systematische, vermutlich angeleitete Übung erwerben und vertiefen mussten. Kognitive, technisch-motorische und genuin ästhetische Fähigkeiten waren dabei eng verbunden. Sprachgeschichtliche Befunde – wie die Verwendung von gr. *téchne* und lat. *ars* – unterstützen die Annahme, dass die praktischen handwerklichen »Künste« und die »freien Künste« (*artes liberales, liberal arts*) substanzielle Überschneidungen aufweisen.

Menschliches Werkzeugverhalten teilt sowohl mit sexueller Wahl als auch mit Spielverhalten ein kompetitiv-evaluatives und selektives Moment: Präferenzen für technisch gutgemachte Objekte, für gutaussehende bzw. gut geschmückte Körper und für gute Spielfähigkeiten sind sowohl untereinander analogisierungsfähig als auch mit der Präferenz für schöne Kunstwerke.

Menschliche Sprache

Über die Evolution der menschlichen Sprache gibt es noch keinen wissenschaftlichen Konsens (vgl. Artikel IV.15. Sprachwissenschaft). Die zeitlichen Koordinaten sind immerhin relativ klar eingegrenzt. Unsere Vorfahren verfügten, so eine weithin geteilte Annahme, vor mindestens 100.000 Jahren über komplexe syntaktische Sprachen, die an Leistungsfähigkeit den heutigen Sprachen gleichen, wahrscheinlich deutlich früher. Die Varianz der Expertenmeinungen reicht hinauf bis in die Zeit vor 300.000 Jahren. Einige distinktive Merkmale dieser Fähigkeiten – wie immer sie evolviert sein mögen – scheinen unumstritten:

1. Ausbruch aus der Gegenwart des Hier und Jetzt – Imagination: Gebärdensprachen und Lautsignale anderer Spezies sind sehr effizient für die Mitteilung präsentischer situativer Affekte wie Paarungswunsch, Kampf- oder Unterordnungsbereitschaft, Angst usw. Sie können aber nur ausnahmsweise abwesende und vollends keine empirisch inexistenten Objekte bezeichnen. Die Worte der menschlichen Sprache dagegen sind unabhängig geworden von der Präsenz (oder direkten Imminenz) eines Objekts oder eines mental-affektiven Zustands, die sie anzeigen. Mehr noch: sie beziehen sich gar nicht direkt auf irgendein Objekt, sondern auf ein *signatum*, eine Bedeutung, die selbst bereits ein Produkt unseres Geistes ist.

Menschliche Sprache kann des Weiteren alles Mögliche bezeichnen, was es hier und jetzt *nicht* gibt und was vielleicht auch in der Zukunft niemals »real« existieren wird. Der Ausbruch aus den Beschränkungen räumlicher und zeitlicher Präsenz und der Zugang zu den Dimensionen des Nicht-mehr-Präsenten, des Noch-nicht-Präsenten, des Vielleicht- oder Gar-nicht-Existenten erweitert unsere kognitive und imaginative Reichweite buchstäblich über alle finiten Grenzen hinaus. Die kognitive und sogar affektive Involvierung mit rein fiktiven Werten und Wesen ist nach heutigem Wissen eine distinktive Leistung unserer an Symbolisierung gebundenen Einbildungskraft. Die Arbeitsweise der künstlerischen und religiösen Imagination scheint hochgradig auf diese besonderen Leistungen unseres Symbolisierungsvermögens angewiesen (Dunbar 2004).

2. Toleranzen und Kompetenzen der Ambiguität: Von Tieren verwendete Signale sind zumeist hochgradig eindeutig; zumindest sind sie nicht auf die zeitaufwendige interpretierende Bemühung um eine geheimnisvolle Bedeutung angelegt. Die menschliche Sprache dagegen wird kraft der Lockerung ihres Bezugs auf reale, präsentisch gegebene Objekte und Situationen, der erhöhten Selbstreferenz der arbiträren Zeichen und des Ausgreifens in imaginäre Bereiche in hohem Maße täuschungsanfällig und interpretationsbedürftig. Oder positiv formuliert: sie wird in besonderem Maß täuschungs- und ambiguitätsfähig. Aus der Perspektive der pragmatischen Kommunikation kann dies als Kehrseite, als negativer Nebeneffekt der extrem flexiblen Anwendbarkeit und Rekombinierbarkeit unserer Worte und ihrer weitgehenden Indifferenz gegen die Unterscheidung von wirklich und unwirklich angesehen werden. Aus der Perspektive der Mythen, der Politik und Religion jedoch sind die Fähigkeiten zur Evokation komplexer Ambiguitäten, dunkel-geheimnisvoller Bedeutungsniveaus, fortgesetzter Interpretierbarkeit und zahlreicher illusionärer Effekte durchaus nützliche Fähigkeiten (vgl. Storey 1996, 83–86). Ohne diese kardinalen Möglichkeiten unseres Symbolisierungsvermögens wäre ein weites Feld kultureller Phänomene gar nicht denkbar. Die Künste machen davon ebenso Gebrauch wie Religion, Politik und soziale Ideologien.

3. *Kindlicher Spracherwerb*: Der menschliche Spracherwerb zeigt ein Muster, das gleichfalls für die menschlichen Künste von Bedeutung scheint. Wie die mütterliche Baby-Sprache (*infant-directed speech*) zeigen die frühkindlichen kommunikativen Lautungen ausgeprägte rhythmisch-metrische Muster. Metrum und die anderen Dimensionen der affektiven Prosodie (Tonhöhe, Melodie usw.) scheinen der kommunikativen und affektiven Synchronisierung von Mutter und Kind zu dienen (Bråten 1998 und 2007). Sie erleichtern des Weiteren die Erkennung von syntaktischen und semantischen Einheiten und befördern damit das Erlernen der Wortsprache. Sobald die Wortsprache erfolgreich erworben ist, verschwinden die *babble*-Lautungen mit all ihrem Reichtum an Formen und Resonanzen zugunsten der dominanten Phonetik, Metrik und Syntax der jeweils herrschenden Sprache. Viele Autoren – um nur einige wenige zu nennen: Novalis, Benjamin, Freud, Langer, Kristeva, Dissanayake sowie die Entwicklungspsychologen Daniel Stern und Colwyn Trevarthen – vertreten die Hypothese, dass eine wesentliche Ressource für Poesie und andere Kunstformen in dieser kindlichen Exploration prälinguistischer, quasi-musikalischer Bedeutungsmöglichkeiten und affektiver Teilhabe zu suchen ist. In dem Maß, in dem die ontogenetischen Mechanismen der *babble language* ihr kindliches Stadium überleben, begünstigen sie nach dieser Hypothese die Sensitivität für und die Lust an der künstlerischen Arbeit mit Sprache, musikalischen Tönen und Bildern aller Art.

Wie bei den anderen Adaptionen gibt es auch für das Zusammendenken von Künsten und Sprache/Symbolvermögen sedimentierte sprachliche Indizien für einen Zusammenhang mit Schönheit. Wie das Prädikat »schön« Körpern und Kunstwerken als Auszeichnung verliehen wird, so ist die Rhetorik eine Theorie und Praxis der Elaborierung des sprachlichen Signals in juristischer, politischer oder künstlerischer Rede. »Gut« zu sprechen ist sozial ebenso belohnungsfähig wie gut auszusehen, und die alte Bezeichnung der Literatur als *belles lettres* legt die Schönheitsfähigkeit von Sprache vollends offen.

Zusammenfassung

Viele evolutionäre Prozesse nehmen den Weg einer Nach- oder Neuverwertung bereits existierender Adaptionen. Die vier Kandidaten, die hier als Voraussetzungen und Wegbereiter der Künste vorgeschlagen werden, sind sehr unterschiedlich alt und über sehr lange Zeit voneinander offenbar weitgehend bis völlig unabhängig. Erst die jüngste dieser Adaptionen – menschliche Sprache, der Hauptmotor unserer kognitiven Flexibilität (Mithen 1996) – scheint die Voraussetzungen geschaffen zu haben, dass die Sensitivität für sexuelle Aussehensdifferenzen, für Lust am Spielen und für die Elaborierung von Werkzeug- und Symbolgebrauch sich in den Künsten zu neuen Formen menschlicher Praxis verbinden konnten. In jeder einzelnen der Künste geschieht dies auf unterschiedliche Weise und mit unterschiedlicher Gewichtung. (Auf diese durchaus erheblichen – und evolutionär wichtigen – Unterschiede der einzelnen Künste kann hier nicht näher eingegangen werden.)

Es gehört zu den Implikationen dieser Hypothese, dass etliche Ingredienzien ästhetischen Verhaltens unseren symbolischen Fähigkeiten voraus liegen, also *nicht* Funktion dieser Fähigkeiten sind. Dies könnte erklären, warum Sprache und symbolische Fähigkeiten – wiewohl sie einerseits erst die seit dem jüngeren Paläolithikum geübten Künste mitbegründen – am Phänomen des Ästhetischen auch immer wieder und wesentlich an ihre Grenzen stoßen, auf begriffliche Unauflösbarkeiten treffen, sich in Materialitäten und Dispositionen verwickeln, die sperrig zur symbolischen Sprache stehen.

Drei Funktionskreise des Ästhetischen: Konkurrenz, Kooperation, Selbstpraktiken

Die *sexual selection*-Hypothese von Gesang, Tanz und Selbstverschönerung ist ein Konkurrenznarrativ, in dem es um bevorzugten, tendenziell exklusiven Zugang zu nicht-teilbaren Ressourcen (Sexualpartner) geht. Kunstproduktion, vollends moderne, bestätigt dieses Konkurrenznarrativ. Jedes Kunstwerk kämpft mit anderen Kunstwerken um endliche Aufmerksamkeitsressourcen. Es möchte gesehen, gehört, gesungen, geliebt, bewundert, verehrt, anderen vorgezogen, evtl. gekauft werden. Soziale Anerkennung, Verbreitung und »memetisches« Weiterleben (Dawkins 1978, 304–322) sind das Analogon des sexuellen Reproduktionserfolgs.

Andererseits sind Kunstwerke, anders als sexuelle Partner, grundsätzlich in der Rezeption teilbar, vergemeinschaftungsfähig. Anders als Nahrungsmittel werden sie nicht in einer einmaligen Konsumption exklusiv verzehrt, sondern erlauben multiple, unbestimmt oft wiederholte Konsumptionsakte. Dadurch wird Kunst gleichzeitig zu einem Medium sozialer Teilhabe an nicht-exklusiven Ressourcen. Das Sich-Bewegen in einer geteilten Architektur, das Singen von Liedern, das Erzählen von Geschichten – sie alle zeigen, dass der künstlerische Wettbewerb um Aufmerksamkeit und Akzeptanz im Resultat oft Erlebens- und Urteilsgemeinschaften, mithin soziale Bindungen hervorbringen kann. Grundsätzlich kann derselbe Tanz gleichzeitig die Funktionen der individuellen Konkurrenz um Sexualpartner und der motorisch-affektiven Synchronisierung ganzer Gruppen oder Teilgruppen erfüllen.

Soziale Riten sind generell durch diese Doppelheit des mit ihnen verbundenen ästhetischen Aufwands geprägt: die Praktiken des Sich-Schmückens machen sie – bei aller kollektiven Bedeutung des Ereignisses – stets zugleich zu einer Bühne für individuelle Selbstpräsentation. Selbst wenn die Grundmuster von Körperbemalung, Schmuck und evtl. Masken kollektiv codiert sind, bleibt doch stets genügend Raum für individuelle Differenzen in Aufwand, Geschick und Eleganz des Sich-Zeigens. Eine Evolutionstheorie der Künste muss deshalb, was hier nur lakonisch angedeutet werden kann, das individuelle Konkurrenzdispositiv der sexuellen Selektion mit dem sozialen Kooperations- bzw. Kohäsionsmotiv zusammendenken. Beide dürften durchaus nicht, wie zumeist angenommen, sich ausschließende Alternativen sein.

Hinzu kommen die kognitiven und emotiven Leistungen des Umgangs mit den Künsten für Entwicklung, Selbstgefühl und körperliche wie intellektuelle *Selbstpraktiken* von Individuen. Diese Funktionen sind in der Regel der einzige Fokus der klassischen philosophischen Ästhetik. Ob die Künste primär für Zwecke sexueller Konkurrenz oder sozialer Kooperation evolviert sind oder nicht, ihre Ausübung scheint an sich selbst Vorteile für die Ausübenden mit sich zu bringen. Schon Darwin bemerkte: »The habitual practice of each [...] art must [...] in some slight degree strengthen the intellect« (Darwin 1981, Teil II, 161). Forschungen an Singvögeln konnten zeigen, dass die das Singen steuernden Gehirnareale sich durch die Praxis des Singens erneuern und erweitern (Rothenberg 2007, 172–186).

Menschliche Lust am Singen, Tanzen, Musizieren und Erzählen scheint eine Fülle direkter Wirkungen auf Leib, Seele und Geist zu haben. Das allgemeine Wohlbefinden wird gesteigert – was nach der Psychologie des *well-being* schon für sich allein sehr viel bedeutet –, Stress und Spannungen werden abgebaut (vgl. Eibl 2004, 13, 23, 314–317; Mithen 2006, 98 f.), motorische Fähigkeiten geübt und verfeinert, Affekte werden geweckt, gesteigert, beruhigt und im Modus der Simulation ausagiert, kognitive Fähigkeiten angeregt, beschäftigt, herausgefordert. So zumindest lauten verbreitete Annahmen. Noch gibt es sehr wenig belastbare Evidenzen dafür, wie fundiert solche Annahmen über vermutbare segensreiche Wirkungen der Künste sind. Der größere Teil dieser Annahmen kann evolutionstheoretisch auf die oben skizzenhaft beschriebene Verwandtschaft der Künste mit den evolutionär vorteilhaften Adaptionen des Spielens und des multimodalen Symbolgebrauchs zurückgeführt werden.

Die Kunst des Erzählens etwa macht einen ästhetisch anspruchsvollen Gebrauch von der generellen Erzählfähigkeit des Menschen. Diese wird heute vielfach als eine eigene kognitive Adaption angesehen (vgl. Abbott 2000; Gottschall 2005; Carroll 2004); deren verbale Version setzt zwar die symbolische Wortsprache voraus, ist aber nicht automatisch mit dieser gegeben. Es scheint nicht nötig, für die Kunstformen des Erzählens noch eigens weitere evolvierte »Module« zu stipulieren. Eher kann mit Ellen Dissanayake angenommen werden, dass kunstvolles Erzählen lediglich ein »making special«, eine übernormale Elaborierung einer ohnehin gegebenen mentalen und behavioralen Adaption darstellt (Dissanayake 1988). Dies scheint eine generelle Möglichkeit der Künste. Sie machen einen besonderen

Gebrauch von Adaptionen, die bereits als Resultat natürlicher Selektion vorliegen: insbesondere von den Verbindungen von Spielverhalten und Symbolgebrauch, von der Fiktionalität des frühkindlichen »pretend play«, von den symbolgestützen Möglichkeiten zum Ausbruch aus der Gegenwart in beliebige Zeiten und Räume und aus der Realität in beliebige Stufen der Realität, Irrealität, Simulation usw.

Ob die speziellen Kunsteffekte, die diesen Adaptionen abgewonnen werden, selbst als genuine Adaptionen im Sinne der Evolutionstheorie verstanden werden können, scheint zweifelhaft. Eventuell handelt es sich bei mit ästhetischen Selbstpraktiken verbundenen funktionalen Vorteilen um Nebeneffekte anderer (teilweise kombinierter) Adaptionen. Wie die drei identifizierten Funktionskreise in den einzelnen Künsten und in unterschiedlichen kulturellen Umwelten jeweils gewichtet sind, welche Hybridisierungen, Konflikte und Ausschließungsverhältnisse es zwischen ihnen gibt, darüber gibt es fast noch keine Forschung.

Literatur

Abbott, H. Porter (2000): »The Evolutionary Origins of the Storied Mind. Modelling the Prehistory of Narrative Consciousness and Its Discontents«. In: Narrative 8: 247–256.
Anati, Emanuel (1993): World Rock Art. The Primordial Language. Brescia.
Bourdieu, Pierre (1984): Die feinen Unterschiede. Kritik der gesellschaftlichen Urteilskraft [La distinction: critique sociale du jugement, 1979]. Frankfurt a. M.
Bråten, Stein (Hg.) (1998): Intersubjective Communcation and Emotion in Early Ontogeny. Cambridge.
Bråten, Stein (Hg.) (2007): On Being Moved. From Mirror Neurons to Empathy. Amsterdam/Philadelphia.
Carroll, Joseph (2004): Literary Darwinism. Evolution, Human Nature, and Literature. New York/London.
Conard, Nicholas J. (2003): »Palaeolithic Ivory Sculptures from Southwestern Germany and the Origins of Figurative Art«. In: Nature Vol. 426, December 18: 830–832.
Conard, Nicholas J. (2008): »A Critical View of the Evidence for a Southern African Origin of Behavioural Modernity«. In: South African Archaeological Goodwin Series 10: 175–179.
Conard, Nicholas J./Malina, Maria/Münzel, Susanne C.,/ Seeberger, Friedrich (2004): »Eine Mammutelfenbeinflöte aus dem Aurignacien. Neue Belege für eine musikalische Tradition im frühen Jungpaläolithikum auf der schwäbischen Alb«. In: Archäologisches Korrespondenzblatt 34: 447–462.
Darwin, Charles (1981): The Descent of Man, and Selection in Relation to Sex [1871]. Princeton.
Dawkins, Richard (1978): Das egoistische Gen [The Selfish Gene, 1976]. Berlin/Heidelberg/New York.
Dissanayake, Ellen (1988): What is Art for? Seattle (Washington).
Dissanayake, Ellen (1999[3]): Homo Aestheticus. Where Art Comes From and Why. Washington.
Dunbar, Robin (2004): The Human Story. A New History of Mankind's Evolution. London.
Eibl, Karl (2004): Animal poeta. Bausteine der biologischen Kultur- und Literaturtheorie. Paderborn.
Essock-Vitale, Susan M. (1984): »The Reproductive Success of Wealthy Americans«. In: Ethology and Sociobiology 5: 45–49.
Gottschall, Jonathan/David Sloan Wilson (Hg.) (2005): The Literary Animal. Evolution and the Nature of Narrative. Evanston (Illinois).
Kant, Immanuel (1908/13): Kritik der Urtheilskraft. In: Kant's gesammelte Schriften. Hg. von der Königlich Preußischen Akademie der Wissenschaften. Bd. 5. Berlin.
Kohn, Marek/Mithen, Steven J. (1999): »Handaxes: Products of Sexual Selection?«. In: Antiquity Vol. 73: 518–526.
Lillard, Angeline (2001): »Pretend Play as Twin Earth«. In: Developmental Review Vol. 21: 495–531.
Martinelli, Dario (2004): »Liars, Players, and Artists: A Zoösemiotic Approach in Aesthetics«. In: Semiotica 150: 77–118.
Meltzoff, Andrew M. (1990): »Towards a Developmental Cognitive Science. The Implications of Cross-Modal Matching and Imitation for the Development of Representation and Memory in Infancy«. In: Adele Diamond (Hg.): The Development and Neural Bases of Higher Cognitive Functions. New York, 1–37.
Menninghaus, Winfried (2003): Das Versprechen der Schönheit. Frankfurt a. M.
Miller, Geoffrey (2000): The Mating Mind. How Sexual Choice Shaped the Evolution of Human Nature. London.
Mithen, Steven (1996): The Prehistory of the Mind. A Search forthe Origins of Art, Religion, and Science. London.
Mithen, Steven (2006): The Singing Neanderthals. The Origins of Music, Language, Mind, and Body. Cambridge.
Richter, Klaus (1999): Die Herkunft des Schönen: Grundzüge der evolutionären Ästhetik. Mainz.
Rothenberg, David (2007): Warum Vögel singen. Eine musikalische Spurensuche. Heidelberg/Berlin.
Storey, Robert (1996): Mimesis and the Human Animal: On the Biogenetic Foundations of Literary Representation. Evanston.
Tooby, John/Cosmides, Leda (2001): »Does Beauty Build Adapted Minds? Towards an Evolutionary Theory of Aesthetics, Fiction and the Arts«. In: SubStance 30: 6–27.
Voland, Eckard/Grammer, Karl (Hg.) (2003): Evolutionary Aesthetics. Heidelberg.
Wilson, Edward O. (1999): »On Art«. In: Brett Cooke und Frederick Turner (Hg.): Biopoetics. Evolutionary Explorations in the Arts. Lexington, 71–96.
Zahavi, Amotz (1975): »Mate Selection: A Selection for a Handicap«. In: Journal of Theoretical Biology 53: 205–214.

Zahavi, Amotz (1978): »Decorative Patterns and the Evolution of Art«. In: New Scientist 80: 182–184.

Zahavi, Avishag (1997): The Handicap Principle: A Missing Piece of Darwin's Puzzle. New York/Oxford.

Winfried Menninghaus

22. Literatur

Vorbemerkungen

»Man kann wohl verlangen, dass ein realistischer Dichter *nach* Darwin kein Bedenken mehr trägt, die Dinge beim rechten Namen zu nennen« (Bölsche 1976, 57): Mit diesem Diktum hatte Wilhelm Bölsche nachdrücklich die revolutionierende Kraft Darwinscher Theoriebildung auch für die Dichtung behauptet, und in der Tat sind nach 1859 die Zusammenhänge von Evolution und Literatur besonders zahlreich und vielfältig. Diese Feststellung betrifft gleichermaßen Konzepte und Modelle, Motive und Symbole sowie Strukturen und Funktionen. Doch auch schon lange vor Darwins Epoche machenden Publikationen ist bereits ab der zweiten Hälfte des 18. Jahrhunderts, unter dem Druck allgemeiner Verzeitlichung (Koselleck 2000), eine schwer überschaubare Beschäftigung mit der Thematik festzustellen: So postulierten Buffon, Goethe und Herder im Kontext der einschlägigen Debatten um die Naturlehre ab der zweiten Hälfte des 18. Jahrhunderts die Einheit der Natur und kontinuierliche Übergänge zwischen den Naturreichen, was auf eine Revision der *scala rerum*-Vorstellungen hinauslief und eine unveränderliche naturgeschichtliche Klassifikation Linnéscher Prägung in Frage stellte (Pross 2000). Novalis verfolgte diese Debatten und thematisierte in *Die Lehrlinge zu Saïs* (1798) im Medium der Dichtung Übergänge zwischen Naturdingen unterschiedlicher Art, die durch Reihenbildungen anschaulich gemacht wurden, und im *Heinrich von Ofterdingen* (1802) gestaltete er in der Gattung des Märchens und im kreativen Umgang mit dem Bildungsroman durch die Imagination verbürgte Verwandlungen von Figuren, die eine geschichtsphilosophisch orientierte allgemeine Permutabilität von Dingen und Personen behaupteten. Im Vergleich mit lamarckistischen und darwinistischen Konzepten des 19. Jahrhunderts favorisierten diese Entwicklungsmodelle räumliche Differenzen und Formen ontogenetischer Evolution, während tiefenzeitliche und phylogenetische Dimensionen eine untergeordnete Rolle spielten. Dies gilt auch für fiktionale Erzählungen, die lange vor Huxley und Haeckel die Frage nach der Verwandtschaft von Affe und Mensch aufwarfen; Beispiele hierfür sind Restif de la Bretonnes *Lettre d'un singe* (1781), Hoffmanns *Nachricht von einem gebildeten jungen Mann* (1814) oder Hauffs *Der Affe als Mensch* (1827).

Die Publikation von Darwins *On the Origin of Species* 1859 und die darauffolgende Debatte stellt deshalb einen markanten Einschnitt auch für literarische Evolutionsnarrative dar. Darwinistische Theoreme vermischen sich in der Folge mit bestehenden literarischen Genre-Traditionen, Motivmustern und Fiktionalisierungstechniken. Diese Amalgamierung erfolgt in einer Dichte und Fülle, die es schwierig machen, eindeutige Einflusszusammenhänge zu bestimmen. Meist ist es von der in philologischer, wissensgeschichtlicher und kulturhistorischer Analyse zu ermittelnden Dichte an Belegen abhängig, ob und inwiefern ein Zusammenhang zum Darwinismus im engeren oder weiteren Sinne behauptet werden kann. Gerade in der weiter gefassten Perspektive kommt der Literatur aber eine wichtige Funktion für das evolutionäre Wissen zu – dies aufgrund ihrer spezifischen Darstellungsform und interdiskursiven Orientierung, die in epistemologischer *und* poetologischer Hinsicht für den evolutionären Diskurs von großer Bedeutung sind, weil sie dessen fiktionales und narratives Potenzial aktualisieren können.

Daraus ergibt sich, dass sich das Gegenstandsfeld nicht unabhängig von methodisch-theoretischen Vorentscheidungen begrenzen lässt. Der folgende Überblick über den Zusammenhang von Literatur und Evolutionstheorie beschränkt sich auf paradigmatische Zugänge zum Thema und deren exemplarische Erläuterung in diachroner Folge. Der Darwinismus erscheint dabei als ein umfassendes kulturelles Projekt, das einen Komplex transdiskursiver Verbindungen und Anschlussmöglichkeiten bereitstellte, die von allen Seiten intensiv genutzt wurden.

Darwin und die Literatur

Auch wenn Darwin in seinem *Historical Sketch of the Progress of Opinion on the Origin of Species* keine literarischen Texte nennt, so kann man doch aus seinen eigenen Aussagen ableiten, dass Literatur eine für die Formierung seines Denkens zentrale Rolle gespielt hat. In seinem autobiografischen Fragment von 1838 sagte er über seine Kindheit: »I was in those days a very great story-teller« (Darwin 1974, 5); und in seiner zu Händen seiner Familie verfassten späten Autobiografie heißt es: »Up to the age of thirty, or beyond it, poetry of many kinds, such as the works of Milton, Gray, Byron, Wordsworth, Coleridge and Shelley, gave me great pleasure, and even as a schoolboy I took intense delight in Shakespeare especially in the historical plays.« Freilich hielt Darwin um 1880 auch fest, dass er es seit Jahren nicht mehr ertrage, auch nur eine Zeile Poesie zu lesen, und dass er Shakespeare nun unerträglich langweilig finde (Darwin 1974, 23; 83 f.). Doch festzuhalten bleibt, dass er, wie auch seine Leselisten in den Notizbüchern 119, 120 und 128 belegen, in der ersten Ausarbeitungsphase der Evolutionstheorie reichlich Literatur konsumierte, neben den genannten Autoren auch Montaigne, Defoe, Swift, Thompson, Byron, Scott, Austen und die Märchensammlung *Tausendundeine Nacht* (Beer 1983, 31). So wurde denn auch argumentiert, dass die Lektüre von Shakespeare und Milton die imaginative intellektuelle Entwicklung Darwins befördert habe und auch seine Malthus-Adaption durch diese Autoren gelenkt worden sei. Zudem habe Darwin im Beagle-Reisebericht für die Beschreibung des für ihn aufgrund der völlig neuen Eindrücke sprachlich schwer fassbaren Tropen-Erlebnisses konkret auf Milton zurückgegriffen (Beer 1983, 32–34).

Abgesehen von solchen in vielerlei Hinsicht letztlich spekulativen Einflussfragen wurde wiederholt festgestellt, dass Darwins Texte Affinitäten zu Eigenheiten des literarischen Schreibens aufweisen. Diese ergeben sich weitgehend aus der spezifischen Anlage seines wissenschaftlichen Unterfangens. Darwin erarbeitete sich seine Theorie aus dem reichen Material, das ihm seine Reise mit der Beagle und die Londoner Sammlungen zur Verfügung stellten. Für sein Interesse, artenübergreifende Entwicklungszusammenhänge zu entdecken, war das Erkennen von Kongruenzen und Ähnlichkeiten im disparaten Materialbereich wichtig. Sprachlich äußerte sich dieses Vorgehen in der Bildung von Metaphern und Analogien. Darwins Texte tendieren dabei zur Entwicklung von »wahren Beziehungen« aus der Feststellung von Ähnlichkeiten, und diese Methodik verlangte die argumentative und narrative Plausibilisierung und damit den Ausbau der Analogien und Hypothesen zu kleinen Erzählungen (Beer 1983, 79 f.). War die kreative Arbeit an und mit der Sprache damit ein wesentlicher Teil der systematischen Produktion der Theorie, stellte deren grammatische Ordnung den Bemühungen aber auch Widerstand entgegen. So setzt die syntaktische Subjekt-Prädikat-Objekt-Struktur Intentionalitäten und Kausallogiken ins Werk, die es Darwin erschwerten, das Zufallsgeleitete der Evolution auszudrücken. Der Eigensinn der Sprache brachte so eine semantische Eigendynamik ins Spiel, die zentrale Theorie-Elemente wie »natural selection« oder »struggle for existence« zu vielfach beziehbaren Wendungen machten, eine Problematik, die sich in den Übersetzungen, zumal denjenigen ins Deutsche, noch verstärkt und dann auch in der literarischen Rezeption Wirkung gezeigt hat (Fellmann 1977; Pörksen 1981/82, 261–267).

Darwins Projekt verlangte aber auch das Reden über nicht-wissbare und schwer darstellbare Zusammenhänge, so etwa den uneinholbaren Ursprung des Lebens oder die zwangsläufig nur lückenhaft belegte »longue durée« der Entwicklungsgeschichte. Für wesentliche Teile der Evolutionstheorie gab es weder »testimonial evidence« noch eine experimentelle Überprüfbarkeit des Wissens, wie sie im zweiten Drittel des 19. Jahrhunderts als methodische wissenschaftliche Standards programmatisch etwa von Comte oder Liebig gefordert wurden. Darwins Theorie handelte aber von historisch weit zurückliegenden Dingen, die sinnlich nicht erfassbar waren, weshalb bei ihm die Imagination und das Gedankenexperiment besonders relevant wurden. Sein Text musste, um den von ihm intendierten Gegenstand repräsentieren zu können, diesen allererst performativ hervorbringen, und zwar durch eine imaginative Diktion, metaphorische Wendungen und die Erfindung von Begriffen und Figuren (Beer 1983, 88 f.; 98). So formuliert Darwin beispielsweise in *The Descent of Man*: »By considering the embryological structure of man, […] we can partly recall in imagination the former condition of our early progenitors; and can approximately place them in their proper place in the zoological series. We thus learn that man is descended from a hairy, tailed quadruped, probably arboreal in its habits, and an inhabitant of the Old World« (Darwin 2003, 609). So waren es vorwiegend in der Literatur kultivierte sprachliche Techniken, vorab die Produktion von Metaphern, Analogien und Imaginationen, welche die Aufstellung einer Theorie ohne Detailkenntnisse allererst ermöglichten und das Gebiet der Evolutionsgeschichte bildlich erschlossen – und auf diese Weise wiederum die weitere Forschung anleiten bzw. weitere Erzählungen anregen konnten (Schnackertz 1992, 43; Landau 1991).

Narrative Muster und Motive im Umbruch

Diese Einsicht in die »literarischen« Eigenheiten von Darwins Stil geht einher mit der Überzeugung, dass Wissenschaft und Literatur unterschiedliche Ausdrucksformen einer und derselben Kultur sind – und dass dies für das viktorianische England noch in unvermittelterer Weise galt als in unserer Gegenwart. Die maßgebenden Studien zu dieser Epoche haben denn auch festgestellt, dass kaum ein Roman des letzten Jahrhundertdrittels in England ohne Anspielungen auf Darwin und seine Theorie auskomme; zudem haben sie auch eine der Literatur und der Wissenschaft gemeinsame »Gestalt« ausgemacht, die in den wirklichkeitsbildenden Verfahren bestehe (Levine 1988, 13 f.). So spiegelt sich die für die Wirklichkeitsillusion des viktorianischen Romans notwendige kausale Kontinuität der Handlungsfolge im Gradualismus von Darwins Evolutionsmodell. Dieser auf einer strukturalen Ebene der Konstitution künstlicher Welten bestehende Zusammenhang ist u. a. für Texte von Hardy, Dickens, London und Trollope nachgewiesen worden, wo die Annahme eines unabschließbaren und permanenten Wandels der Lebensformen nach neuen Lösungen für die literarische Charakterzeichnung, die Ereignisfolge und die Romanschlüsse verlangte (Beer 1983; Levine 1988; Berkove 2004).

Dies gilt auch für George Eliots Roman *Middlemarch*, an dem sich die enge und vielfältige Beziehung zur Evolutionstheorie an einer Reihe von Formulierungen exemplifizieren lässt – eine Eigenheit des Stils, der in der zeitgenössischen Kritik bemerkt und moniert wurde. Schlüsselwörter der Evolutionstheorie werden dabei auf gesellschaftliche Verhältnisse angewandt, etwa, wenn »[T]he limits of variations« im Geleitwort auf die Frisuren und Lesegewohnheiten von Frauen bezogen werden (Eliot 1994, 4). Darwinsche Terminologie wird aber auch verwandt, um die Poetik des Romans zu reflektieren. So grenzt der Erzähler sein Vorgehen von demjenigen Henry Fieldings ab und verweist darauf, dass dieser seine charakteristischen Randbemerkungen und Abschweifungen, »the lusty ease of his fine English«, einer Haltung des müßigen Verweilens verdanke, die nun, 120 Jahre nach seinem Tod, den »belated historians« nicht mehr möglich sei. Er jedenfalls, so der Erzähler, habe »so much to do in unraveling certain human lots, and seeing how they were woven and interwoven, that all the light I can command must be concentrated on this particular web, and not dispersed over that tempting range of relevancies called the universe« (Eliot 1994, 141). Diese Bemerkungen stehen in ihrem Bildgebrauch in direkter Beziehung zu Darwins methodisch relevanter Rede vom »inextricable web of affinities«, das dem Naturforscher eine Übersicht über das »Natural System« verunmögliche und ihm lediglich Einsicht in die Regeln von dessen

Klassifikation gestatte (Darwin 1985, 415). In ähnlicher Weise verwandelt sich auch dem Erzähler von *Middlemarch* die geordnete »Kette der Wesen« in ein »Netz der Ähnlichkeiten«, das ihm die souveräne Verfügung über seinen Stoff verwehrt. Es bedarf deshalb spezieller Anstrengungen, um aus der verwirrenden Vielzahl der Merkmale und Eigenheiten, aus dem »cluster of signs«, als das die Welt sich präsentiert, ein präzises erzählerisches Wissen zu generieren (Eliot 1994, 141 f.) – womit der Erzähler vor einer vergleichbaren Aufgabe steht wie Darwin angesichts der naturkundlichen Sammlungen seiner Zeit.

Realismus – Naturalismus – Evolutionismus

Nicht nur in England, im unmittelbaren kulturellen Umfeld Darwins also, ist eine innige Beziehung der Evolutionstheorie zu literarischen Paradigmen zu beobachten, in deren Poetiken Wirklichkeitsrepräsentation eine zentrale Rolle spielt. Die umfassende welterklärende Kraft des Darwinismus verbindet sich in vielen europäischen und amerikanischen Ländern, unter anderen auch in Argentinien (Marún 1998), mit dem steigenden Prestige der Naturwissenschaften und wird so zum Orientierungspunkt für realistische und naturalistische Literaturprogramme. Während in Russland besonders die Malthus'sche Komponente des Darwinismus skeptisch aufgenommen und auch in der Literatur, etwa in Tolstois *Anna Karenina*, kritisch diskutiert wurde (McLean 2007), öffnen sich im deutschsprachigen Raum viele Schriftsteller bereitwillig den Herausforderungen der biologischen Theorie. So postulierte Sacher-Masoch in der Vorrede zum zweiten Teil von *Das Vermächtnis Kains*, dass die Poesie »eine bilderreiche ›Naturgeschichte des Menschen‹ sein« solle; wo sie dies nicht sei, erfülle sie »ihre sittliche Aufgabe nicht«. Er ging davon aus, dass eine Novellensammlung »allgemeine Geltung« erst erringen könne, »wenn die Lehren Schopenhauers und Darwins vollständig gesiegt« hätten; dem entsprach, dass er den »Kampf um das Dasein« zum zentralen Motiv seiner Texte bestimmte (Sacher-Masoch 1877, I, 36; 28; 39). Ähnlich äußerte sich auch Ferdinand Kürnberger, und auch bei Autoren wie Anzengruber, David, Kranewitter, Schönherr und Nabl lassen sich klare Bezüge zum Darwinismus feststellen (Michler 1999, 122 f.; 198–270). Auch Storm und Raabe haben in ihren Erzählungen und Romanen evolutionäre Theoreme in literarische Szenarien umgearbeitet und dabei vor allem deren Anwendung auf Fragen der Lebensführung und des gesellschaftlichen Zusammenhalts bezogen (Fasold 2000; Brundiek 2005). Andere Autoren wie Keller und Vischer lassen Kenntnis von und Beschäftigung mit dem Darwinismus erkennen und stellten teleologische Muster in Frage (Ajouri 2007), suchten aber, wie Rosegger und Keller, nach alternativen Erklärungsmodellen (Michler 1999, 270–288; Rothenberg 1976) und machten, wie Keller in *Martin Salander*, darwinistische Prinzipien als problematische Ideologeme kenntlich (Keller 1991, 438; 537; 654).

Besonders prominent sind Darwin und seine Theorie im Naturalismus platziert (Kolkenbrock-Netz 1981, 252–285). Dies gilt weniger für die französische Variante dieser Bewegung, wo Zola in *Le roman expérimental* Darwins Theorien zwar als grundlegend für eine forschungsorientierte Literatur bezeichnete, aber auf weitergehende Ausführungen dazu verzichtete, dieser Sachverhalt ist aber besonders relevant für den englischsprachigen und deutschen Naturalismus. Gissings *New Grub Street* (1891) und Dreisers *Sister Carrie* (1900) sind englische und amerikanische Beispiele für eine an Darwin und Spencer orientierte Wirklichkeitsauffassung, die in literarischen Szenarien fiktional ausgetestet wurden (Schnackertz 1992, 134–155). In Deutschland leitete Alberti, ähnlich wie Kirchbach und die Hart-Brüder, aus dem »ungeheure[n] Erfolge« und der umfassenden Deutungsmacht der Naturwissenschaft, der er eine einheitliche »darwinistische Anschauungsweise« unterstellte, auch einen Imperativ für die Kunsttheorie ab. Albertis »Urgeschichte der Kunst« führte dabei eines der grundlegenden Verfahren der Kunst, die Nachahmung, auf die Affenabstammung des Menschen zurück (Alberti 1890, 70–73). Diese Anwendung der Prinzipien der Evolutionstheorie auf die Entwicklung der Kunst nahm Haeckels Unterstellung des menschlichen Geistes unter die Evolutionsgesetze auf und hatte seine Vorläufer in der Germanistik der 1860er bis 1880er Jahre, als Scherer und Schmidt den »Kampf ums Dasein [...] zwischen den Wörtern« bzw. die »Litteraturgeschichte« als Ergebnis von »Vererbung und Anpassung und wieder Vererbung« beschrieben (Scherer 1890, 18; Schmidt 1886, 491).

Die ausführlichsten Überlegungen zum Zusammenhang von Evolutionstheorie und literarischer Ästhetik legte Bölsche in *Die naturwissenschaftlichen Grundlagen der Poesie* vor. Zentrales Anliegen war ihm, dass der »realistische Dichter [...] das Leben schildern [soll], wie es ist«, wobei die welterklärende

Kraft der Naturwissenschaft den Maßstab auch für die Poesie abgab (Bölsche 1976, 50). Durch Darwins Arbeiten sah Bölsche deshalb konkrete Aufgaben für die Dichtung gestellt: Im Kapitel »Darwin in der Poesie« erkannte er im »Kampfe um's Dasein«, in der »einfache[n] Zuchtwahl«, im »verschärften Verständnis […] für die längere Zeitdauer« und im »Zufall« Motive für den Dichter, die das »ganze sociale Leben mit all' seinen Klippen und Irrthümern« in der »Beleuchtung vom Darwin'schen Gesichtspuncte aus« zeigen könne (Bölsche 1976, 55–59). Der doppelte, nämlich zugleich erkenntnishaltige und ästhetische Gewinn solcher Unternehmen sollte sich einer methodischen Durchführung verdanken, die sich an den Naturwissenschaften orientierte. Denn »[j]ede poetische Schöpfung, die sich bemüht, die Linien des Natürlichen und Möglichen nicht zu überschreiten und die Dinge logisch sich entwickeln zu lassen, ist vom Standpuncte der Wissenschaft betrachtet nichts mehr und nichts minder als ein einfaches, in der Phantasie durchgeführtes Experiment« (Bölsche 1976, 7). Darwins Evolutionstheorie und ihre genannten Theoreme konnten als gesetzmäßige Anleitung gelten, nach denen die experimentellen Figuren und Szenarien zu gestalten seien. Der Schriftsteller konnte so in ähnlicher Weise verfahren, wie es Darwin im Rahmen seiner »Gedankenexperimente« selbst getan hatte: Er setzte recherchierte Personen und Zustände gemäß den Darwinschen Gesetzmäßigkeiten in Handlungen um und gewann so in einem durch größtmögliche Wahrscheinlichkeit der Elemente und Vorgänge gesicherten Fiktionsraum Erkenntnisse, zu denen keine andere Disziplin Zugang hatte. Dieses programmatische Manifest blieb freilich weitgehend Theorie; Bölsches Einfluss auf die Literatur ging vielmehr von *Das Liebesleben in der Natur* aus, dessen Beschreibungen selbst poetischen Charakter haben und den Stil der Naturschilderungen um 1900 prägten.

In den dem Naturalismus zugerechneten Dichtungen finden sich äußerst zahlreiche und vielfältige Reflexe der Evolutionstheorie in ihrer von Haeckel und Bölsche popularisierten Form, die in ihrer Spezifik und Relevanz bisher nur ansatzweise, etwa in Arbeiten zu Julius Hart und Clara Viebig (Kaiser 1995; Krauß-Theim 1992), von der Forschung erschlossen worden sind. Ein weiteres Beispiel stellt Arno Holz dar, der die Vieldeutigkeit und Vielbezüglichkeit darwinistischer Figuren betonte, indem er sein Großgedicht *Phantasus* und sein formal an Goethes *Faust II* angelehntes Drama *Die Blechschmiede* mit zwischen Satire, Persiflage und Propaganda schwankenden Anspielungen auf Themen und Gestalten der Evolutionstheorie versah (Sprengel 1998, 25–31). Johannes Schlaf wiederum gestaltete in *Der Frühling* (1894) mit sprachlichen Mittel eine sinnliche Vergegenwärtigung der All-Einheit des Menschen, die das beschreibende Ich in metonymischer Beziehung mit der lebenden Natur in einer blühenden Wiese zeigt. Dabei übersetzte er auf der Motivebene die historische Einsicht in die Entwicklung und Verwandtschaft der Arten in imaginierte Verwandlungen des Ich in andere Wesen und imitierte durch poetische Abschließung des Textes gegenüber jeglicher Außenreferenz die Geschlossenheit monistischer »Weltanschauung«. Zudem evozierte er den entwicklungsgeschichtlichen Zusammenhang der geschilderten Wesen durch die Forcierung metonymischer Verknüpfungsmodalitäten der sprachlichen Zeichen und näherte sich so Strukturmerkmalen monistischer Theoriebildung an (Stöckmann 2005).

Evolutionstheorie als Provokation

So divergent die Konsequenzen sind, die im Naturalismus aus Darwinismus und Monismus gezogen wurden, so lässt sich doch in vielen Texten die durch unterschiedliche textuelle Praktiken verfolgte gemeinsame Tendenz feststellen, im Gang der darwinistischen Natur »das gesicherte Gleichmass«, »den Zustand des Normalen« zu sehen, den die Poesie ihren Lesern »als das im eminenten Sinne Ideale, Anzustrebende auszumalen« habe (Bölsche 1976, 49; 46). Dem steht eine Traditionslinie entgegen, die aus dem Darwinismus denormalisierende Konsequenzen zieht und die provokanten Aspekte der Theorie hervorhebt und verstärkt. So hat Nietzsche aus dem fünften Kapitel von *The Descent of Man*, den Ausführungen »On the Development of the Intellectual and Moral Faculties during Primeval and Civilised times«, im Vergleich zu Bölsche gegenteilige Schlüsse gezogen. Nietzsche wandte sich gegen eine Einpendelung individueller Eigenschaften im Mittelmaß, die durch den Anpassungsdruck von sozialen Gruppen zustande komme. In prägnanten Formulierungen votierte er für »die Selektion zu Gunsten der Stärkeren, Besser-Weggekommenen, den Fortschritt der Gattung«, die er mit »Menschen-Züchtung« verfolgen wollte (Nietzsche 1980, XIII, 303). In dieser Hinsicht verstand sich Nietzsche als »Anti-Darwin« (Nietzsche 1980, VI, 120 f.), der eugenische Prinzipien gegen die den Darwinisten unterstellte fatalistische Haltung in Sachen Bevölkerungspolitik entwickelte. Gerade diese aktivistische Haltung zeigt aber, dass Nietzsche die wissenschaftlichen Prinzipien der Evolutionstheorie anerkannte, wobei besonders die Dezentrierung der Stellung des vernunftgeleiteten Menschen und die Durchstreichung einer übergeordneten Teleologie der Geschichte wichtig gewesen sind (Stegmaier 1987; Düsing 2006, 201–352). Nietzsche leitete aus dieser Offenheit der Lebensprozesse ein »Zeitalter der Experimente« ab, in dem die »Behauptungen Darwins […] durch Versuche […] zu prüfen« seien, was auch für seine Schreibweise Konsequenzen zeitigte (Nietzsche 1980, IX, 508). Nietzsches Aphorismen werden zum »experimentellen« Medium, in dem diese Versuche mit sprachlichen Mitteln inszeniert werden und das durch seine Diktion größtmögliche Effekte erzielen will, um dadurch auf die Haltung der Rezipienten einzuwirken.

Vor allem expressionistische und aktivistische Autoren haben diese Interventionsformen adaptiert und weiterentwickelt. Im Kreise des »Neuen Clubs«, besonders bei Georg Heym und Kurt Hiller, lässt sich ein auf Provokation zielendes Spiel mit sozialdarwinistischen diskursiven Versatzstücken feststellen, und auch Gottfried Benn hat in vielfältiger Weise die Affenabstammung des Menschen sowie das biogenetische Grundgesetz und seine Konsequenzen für die schöpferische Macht des Menschen in herausfordernder Diktion formuliert. Der Darwinismus und Nietzsches Folgerungen daraus waren diesen Autoren die Voraussetzungen ihres Denkens, an ihnen arbeiteten sie sich kritisch ab und entwarfen aus den vorhandenen Diskurselementen Visionen eines ›neuen Menschen‹ (Sprengel 1998, 31–38). Dies gilt auch für Robert Müller, dessen Auseinandersetzung mit darwinistischen Theoremen in seiner Publizistik und dem Roman *Tropen* (1915) sich scharf gegen den fortschrittsorientierten Wiener (Post-)Liberalismus wandte, der sich darwinistische Szenarien und Motive angeeignet hatte und sie auch, etwa in Bertha von Suttners Romanen, literarisch absichern ließ. Müllers *Tropen* lässt sich als eine literarische Zerschlagung dieser diskursiven Einheit von Kunst, Politik und Naturwissenschaft verstehen; unter den Extrembedingungen der Tropen und in Auseinandersetzung mit Kolonialismus-Konzepten entwickeln die reflektierenden Protagonisten eine »Phantoplasma«-Lehre, deren Bezeichnung zwar an die skurrilen Wortschöpfungen Haeckels erinnert, letztlich aber Transzendenz gegen Immanenz, Sprung gegen Kontinuität und Voluntarismus gegen Determinismus setzt. Diese trägt so durch ironische Rede die verbreiteten monistischen Prinzipien allmählich ab, übernimmt aber deren die etablierte Gesellschaft irritierende Energie und investiert diese in neue provokante ideologische Projekte (Michler 2002).

Literarische Narrative und das Nicht-Wissen der Wissenschaften

Eine weitere wichtige Weise, wie die Literatur in die evolutionistische Diskussion eintritt, ist das Erzählen von Geschichten, die an Momenten des Nicht-Wissens der wissenschaftlichen Diskurse ansetzen. Darwins Texte und auch die seiner Adepten sind aufgrund des reichen Metaphern-Gebrauchs und des essayistisch gehaltenen Stils oft mehrdeutig, und die Evolutionstheorie weist (notwendigerweise) zahlreiche Wissenslücken auf, aus denen sich dann auch zahlreiche Debatten ergaben, besonders prominent jene um das »missing link« (Beer 1996, 117–129). Zudem warf der Darwinismus, der den Anspruch vertrat, eine große und alles erklärende Theorie zu bieten, dabei aber keine metaphysischen Sinnstiftungsangebote machte, eine Reihe von Fragen über theoretische und praktische Konsequenzen für den Menschen und seine Lebensführung auf, die in der Literatur, auch durch Kopplung mit ergänzenden und konkurrierenden Diskursen, aufgegriffen wurden.

Dabei gibt es zunächst einmal zwei Richtungen, in welche die literarischen Narrationen zielen können: Sie können zum einen versuchen, beruhigende, versichernde Geschichten zu erzählen, die tröstliche Deutungen der Evolutionsgeschichte enthalten. In dieser Weise kann etwa Conan Doyles Roman *The Lost World* (1912) verstanden werden, der eine Forschergruppe auf Affenmenschen treffen lässt, den folgenden Kampf der Spezies zugunsten der Menschen ausgehen lässt und so deren Status als Krönung der Evolution im »Kampf ums Dasein« bestätigt. Zum andern aber sind es Effekte der Verunsicherung, ist es die Vertiefung der Zweifel an teleologischer Orientierung, welche die Literatur bezweckt. Beispiele hierfür sind H.G. Wells' Publizistik und Romane, in denen die metaphorisch-offene Struktur des darwinistischen Diskurses genutzt wird, um einzelne Aspekte ins Extreme zu forcieren und damit dessen Widersprüchlichkeiten hervorzutreiben. So wird die Einsicht in die Überschreitbarkeit von Artengrenzen in *The Island of Dr. Moreau* (1896) vom »Mad Scientist« Moreau zu Vivisektionen genutzt, die aus Tieren Menschen formen sollen, aber zu einer Bestialisierung der neuen Gemeinschaft und schließlich auch der englischen Gesellschaft führen; und in *The War of the Worlds* (1898) wird ganz grundsätzlich die Dominanz der menschlichen Spezies in Frage gestellt, die im Kampf gegen die Invasoren vom Mars hoffnungslos unterlegen ist, schließlich aber überlebt, weil die Marsbewohner eine Mikrobenart nicht vertragen, womit die Bedeutung des Zufalls in der Evolution vor Augen geführt werden kann (Schnackertz 1992, 96–133).

Die Anschlusspunkte ans Nicht-Wissen der Wissenschaften lassen sich aber auch nach einzelnen Themen und Motiven auffächern. So hat die Öffnung der Menschheitsgeschichte in die geologischen Tiefenzeiten das Genre der Urzeitliteratur angeregt, das sich seit dem ausgehenden 19. Jahrhundert bis in die Gegenwart mit der fiktionalen Bebilderung der paläontologischen Funde und evolutionstheoretischen Hypothesen beschäftigt und von Adolf Friedrich von Schacks und Heinrich Harts urhistorischen Epen über W. G. Neanders Steinzeit-Romane und Fritz Wittels' Urweltdichtungen bis zu Max Frischs *Der Mensch erscheint im Holozän* reicht (Steinacker 1994). Weiter hat die Frage der Vererbung und ihrer Auswirkungen dazu angeregt, genealogische Beziehungen in den Mittelpunkt literarischer Handlungsführung zu setzen und mögliche Szenarien genetischer Beeinflussung und deren soziale Konsequenzen literarisch zu erproben, wofür Theodor Storms *Carsten Curator*, Emile Zolas Rougon-Macquart-Zyklus, die naturalistische Dramatik oder Thomas Manns *Buddenbrooks* bekannte Beispiele darstellen (Schmidt 1974). Besonders anregend hat auch Darwins Theorem vom »struggle for existence« gewirkt, das in der deutschen Übersetzung als »Kampf ums Dasein« noch dramatisch zugespitzt wurde und sich in der deutschsprachigen Rezeption mit Schopenhauers pessimistischer Philosophie verband. Von Leopold von Sacher-Masoch bis Bert Brechts *Im Dickicht der Städte* lässt sich ab dem letzten Drittel des 19. Jahrhunderts eine Konjunktur dieser Thematik feststellen, die sich in einer Flut von literarischen Publikationen mit »Kampf um …« im Titel ausdrückt (Michler 1999, 140f.) und in der Blut-und-Boden-Literatur etwa bei Hermann Löns eine große Rolle spielt. Und schließlich wird mit neuer Schärfe und teilweise in expliziter Bezugnahme auf die von Darwin ausgelöste Debatte auch die Tier-Mensch-Beziehung behandelt, wobei oft auch, wie in Gerhart Hauptmanns *Das Meerwunder*, mythologische und darwinistische Themen ineinandergespielt wurden. Das Einreißen der Grenze führt in prägnanten Beispielen zu spektakulären Narrationen. In Wilhelm Raabes *Aus den Akten des Vogelsangs* gerät ebenso wie in Franz Kafkas *Ein Bericht für eine Akademie* die gesicherte Normativität bürgerlicher Lebensführung und menschlichen Selbstverständnisses in die Krise, was sich entsprechend auch auf die Erzählinstanz auswirkt (Rohse 1988; Theisen 2004).

Nach 1945

Auffällig ist ein Rückgang der evolutionären Thematik in der Literatur nach 1945. Dies ist, vor allem in Deutschland, vorrangig auf die Diskreditierung von Sozialdarwinismus und Biologismus durch die konservativ-nationalistische und nationalsozialistische Literatur zurückzuführen. Aber auch wissenschaftshistorische Entwicklungen, etwa die Moderne Synthese seit den 1930er Jahren und der damit verbundene Verwissenschaftlichungsschub der Theoriebildung, mögen ebenso wie neue populäre wissenschaftliche Paradigmenbildungen (Kybernetik) und die Medienkonkurrenz des Films, der alte und neue darwinistische *plots* aus der Literatur aufnahm und popularisierte, dazu beigetragen haben, dass die Adaption bzw. Ausgestaltung evolutionärer Themen zurücktrat.

Das heißt freilich nicht, dass seit 1945 keine literarischen Auseinandersetzungen mit der Evolutionstheorie erschienen wären. Eine der gelungensten ist John Fowles Roman *The French Lieutenant's Woman* (1969), der inhaltliche Bezugnahmen auf den historischen Darwinismus des 19. Jahrhunderts verknüpft mit Konsequenzen der Kontingenzthematik für sein eigenes Erzählen. So stellt er seinen viktorianischen Helden Charles Smithson, einen Darwinanhänger und Hobbypaläontologen, zwischen zwei Frauen, seine standesgemäße Verlobte Ernestina und die »gefallene Frau« Sarah. Smithson verliert sich im Verlauf der Handlung in möglichen Szenarien »sexueller Selektion«, in die er das Wissen der Evolutionstheorie einflicht und zwischen Determinismus und Entfaltung unendlicher Möglichkeiten schwankt. Nicht nur der Protagonist, sondern auch der Erzähler wird von der Vielfalt der Optionen überwältigt: Verfügt er als allwissender Erzähler am Anfang souverän über Handlung und Figuren, so verliert er zunehmend die Kontrolle über die Zusammenhänge und lässt das Geschehen in eine Vielzahl vom möglichen Fortsetzungen und Ausgängen zerfasern.

Im Zuge der spektakulären Forschungsergebnisse der Biologie der letzten Jahre und Jahrzehnte hat auch das Interesse der Literatur für die Erklärungsmuster der Evolutionstheorie mit neuen Akzentsetzungen wieder zugenommen. Frank Schätzings *Der Schwarm* (2004) und Dietmar Daths *Die Abschaffung der Arten* (2008) sind nur zwei Beispiele neuerer Romane, die abermals die Suprematie der menschlichen Spezies in Frage stellen und dabei das Kontingenzpotenzial der neueren Evolutionsgenetik besonders herausstreichen.

Literatur

Ajouri, Philip (2007): Erzählen nach Darwin. Die Krise der Teleologie im literarischen Realismus: Friedrich Theodor Vischer und Gottfried Keller. Berlin.
Alberti, Conrad (1890): Natur und Kunst. Beiträge zur Untersuchung ihres gegenseitigen Verhältnisses. Leipzig.
Beer, Gillian (1983): Darwin's Plots. Evolutionary Narrative in Darwin, George Eliot and Nineteenth-Century Fiction. London.
Beer, Gillian (1996): Open Fields. Science in Cultural Encounter. Oxford.
Berkove, Lawrence I. (2004): »Jack London and Evolution: From Spencer to Huxley«. In: American Literary Realism Vol. 36, Nr. 3: 243–255.
Bölsche, Wilhelm (1976): Die naturwissenschaftlichen Grundlagen der Poesie. Prolegomena einer realistischen Ästhetik [1887]. Mit zeitgenössischen Rezensionen und einer Bibliographie der Schriften Wilhelm Bölsches hg. von Johannes J. Braakenburg. Tübingen.
Brundiek, Katharina (2005): Raabes Antworten auf Darwin. Beobachtungen an der Schnittstelle von Diskursen. Göttingen.
Darwin, Charles (1985): The Origin of Species by Means of Natural Selection or The Preservation of Favoured Races in The Struggle for Life [1859]. Ed. with an Introduction by J. W. Burrow. London.
Darwin, Charles (2003): The Descent of Man and Selection in Relation to Sex [1871]. With a New Introduction by Richard Dawkins. London.
Darwin, Charles/Huxley, Thomas Henry (1974): Autobiographies. Hg. von Gavin de Beer. London/New York/Toronto.
Düsing, Edith (2006): Nietzsches Denkweg. Theologie – Darwinismus – Nihilismus. München u. a.
Eliot, George (1994): Middlemarch [1871]. Ed. and with an Introduction by Rosemary Ashton. London.
Fasold, Regina (2000): »Theodor Storms Verständnis von ›Vererbung‹ im Kontext des Darwinismus-Diskurses seiner Zeit«. In: Gerd Eversberg (Hg.): Stormlektüren. Festschrift für Karl Ernst Laage zum 80. Geburtstag. Würzburg, 47–58.
Fellmann, Ferdinand (1977): »Darwins Metaphern«. In: Archiv für Begriffsgeschichte 21: 285–297.
Kaiser, Dagmar (1995): »Entwicklung ist das Zauberwort«. Darwinistisches Naturverständnis im Werk Julius Harts als Baustein eines neuen Naturalismus-Paradigmas. Mainz.
Keller, Gottfried (1991): Martin Salander [1886]. In: ders.: Sämtliche Werke in sieben Bänden. Hg. von Thomas Böning et al. Bd. 6. Hg. von Dominik Müller. Frankfurt a. M.
Kolkenbrock-Netz, Jutta (1981): Fabrikation – Experiment – Schöpfung. Strategien ästhetischer Legitimation im Naturalismus. Heidelberg.
Koselleck, Reinhart (2000): Vergangene Zukunft. Zur Semantik geschichtlicher Zeiten [1979]. Frankfurt a. M.
Krauß-Theim, Barbara (1992): Naturalismus und Heimatkunst bei Clara Viebig. Darwinistisch-evolutionäre Naturvorstellungen und ihre ästhetischen Reaktionsformen. Frankfurt a. M. u. a.
Landau, Misia (1991): Narratives of Human Evolution. New Haven/London.
Levine, George (1988): Darwin and the Novelists. Patterns of Science in Victorian Fiction. Cambridge (Mass.)/London.
Marún, Gioconda (1998): »Darwin y la literatura argentina del siglo XIX«. In: Patricia Odber de Baubeta (Hg.): Actas del XII Congreso de la Asociación Internacional de Hispanistas, VII: Estudios Hispanoamericanos II. Birmingham, 82–91.
McLean, Hugh (2007): »Claws on the Behind. Tolstoy and Darwin«. In: Tolstoy Studies Journal 19: 15–32.
Michler, Werner (1999): Darwinismus und Literatur. Naturwissenschaftliche und literarische Intelligenz in Österreich 1859–1914. Wien.
Michler, Werner (2002): »Darwinismus, Literatur und Politik. Robert Müllers Interventionen«. In: Peter Wiesinger et al. (Hg.): Akten des X. Internationalen Germanistenkongresses Wien 2000. Bd. 6: Epochenbegriffe: Grenzen und Möglichkeiten. Aufklärung-Klassik-Romantik. Die Wiener Moderne. Bern u. a., 361–366.
Nietzsche, Friedrich (1980): Sämtliche Werke. Kritische Studienausgabe in 15 Bänden. Hg. von Giorgio Colli/Mazzino Montinari. München/New York.
Pörksen, Uwe (1981/82): »Die Metaphorik Darwins und Überlegungen zu ihrer möglichen Wirkung«. In: Wissenschaftskolleg/Institute for Advanced Study zu Berlin, Jahrbuch, 256–280.
Pross, Wolfgang (2000): »Die Idee der Evolution im 18. Jahrhundert und die Stellung des Menschen in der Natur bei Goethe und Herder«. In: Peter Heusser (Hg.): Goethes Beitrag zur Erneuerung der Naturwissenschaften. Bern, 271–311.
Rohse, Eberhard (1988): »›Transzendentale Menschenkunde‹ im Zeichen des Affen. Raabes literarische Antworten auf die Darwinismusdebatte des 19. Jahrhunderts«. In: Jahrbuch der Raabe-Gesellschaft: 168–210.
Rothenberg, Jürgen (1976): »Geheimnisvoll schöne Welt. Zu Gottfried Kellers ›Sinngedicht‹ als antidarwinistischer Streitschrift«. In: Zeitschrift für deutsche Philologie 95: 255–290.
Sacher-Masoch, Leopold von (1877): Das Vermächtnis Kains. Novellen. Zweiter Theil: Das Eigenthum. 2 Bde. Bern.
Scherer, Wilhelm (1890²): Zur Geschichte der Deutschen Sprache [1868]. Berlin.
Schmidt, Erich (1886): »Wege und Ziele der deutschen Literaturgeschichte. Eine Antrittsvorlesung«. In: ders.: Charakteristiken. Berlin, 480–498.
Schmidt, Günther (1974): Die literarische Rezeption des Darwinismus. Das Problem der Vererbung bei Emile

Zola und im Drama des deutschen Naturalismus. Berlin.
Schnackertz, Hermann Josef (1992): Darwinismus und literarischer Diskurs. Der Dialog mit der Evolutionsbiologie in der englischen und amerikanischen Literatur. München.
Sprengel, Peter (1998): Darwin in der Poesie. Spuren der Evolutionslehre in der deutschsprachigen Literatur des 19. und 20. Jahrhunderts. Würzburg.
Stegmaier, Werner (1987): »Darwin, Darwinismus, Nietzsche. Zum Problem der Evolution«. In: Nietzsche-Studien 16: 264–287.
Steinacker, Johannes (1994): Menschliche Urgeschichte als Thema der modernen Literatur. Frankfurt a. M. u. a.
Stöckmann, Ingo (2005): »Im Allsein der Texte. Zur darwinistisch-monistischen Genese der literarischen Moderne um 1900«. In: Scientia poetica 9: 263–291.
Theisen, Bianca (2004): »Naturtheater. Kafkas Evolutionsphantasien«. In: Claudia Liebrand/Franziska Schößler (Hg.): Textverkehr. Kafka und die Tradition. Würzburg, 273–290.

Michael Gamper

23. Populäre Repräsentationen

Kaum eine wissenschaftliche Theorie ist so rasch über die Gelehrtenkreise hinaus in eine breitere Öffentlichkeit gedrungen wie die Evolutionstheorie Charles Darwins, und keine naturwissenschaftliche Theorie hat so rasch in so viele Bereiche jenseits ihrer Ursprungsdisziplin und jenseits der Naturwissenschaften ausgestrahlt. Darwins Theorie verfügte über eine zentrale Idee, die sich jeder scheinbar unmittelbar zu eigen machen konnte. Die Theorie von der Evolution der Lebensformen brachte die Bedingungen des Lebens in der Mitte des 19. Jahrhunderts für die Zeitgenossen offenbar auf den Punkt: Entwicklung, Veränderung, Fortschritt oder einfach Geschichte (vgl. Drummond 1894, 3), die »Wissenschaft des Werdens« (Altner 1981, 442). All diese der Theorie zugeschriebenen leicht verständlichen Begriffe schienen sich daher direkt auf den sich beschleunigenden Industrialisierungs- und Urbanisierungsprozess der sich herausbildenden bürgerlichen Gesellschaft übertragen zu lassen. In dieser bis heute anhaltenden Popularisierungsbewegung entstand auch eine Vielzahl von populären Repräsentationsformen der Evolutionstheorie selbst.

Der Ursprung der populären Repräsentationen im 19. Jahrhundert

In den ersten Jahren nach der Publikation von *On the Origin of Species* (1859) wurden bereits die meisten jener Elemente geprägt, die den Umgang mit der Darwinschen Theorie jenseits der Expertenzirkel bestimmen sollten. Ohne große zeitliche Verzögerung griffen sie über auf ein großes Spektrum an Darstellungsformen und Medien vom Zeitungsartikel über die Karikatur bis zum Music Hall-Lied, der Nippes-Statue oder dem Werbespruch (Browne 2001, 497 f.) und sorgten so nicht nur für eine Verbreitung, sondern zugleich eine Veralltäglichung einer naturwissenschaftlichen Theorie.

Die Konzentration auf einige wenige Bausteine, die bereits die frühe Auseinandersetzung in der Öffentlichkeit charakterisierte, schuf ein Muster für den Umgang mit der Theorie in den folgenden Jahrzehnten. Eingang in verschiedene Medien, Genres und weit reichende Diskurse fanden vor allem
– der Begriff Evolution bzw. Entwicklung,
– das damit verbundene Konzept eines Fortschritts,

- später auch das einer möglichen Regression oder Degeneration,
- das Konzept des Kampfes ums Überleben und das Überleben des am besten Angepassten,
- die Bedeutung der Spezies oder Rassen und ihrer Variation,
- die Idee der natürlichen Auslese,
- die Unterschiede zwischen den Geschlechtern bzw. die »Natur der Frau«, und schließlich
- die Überlegungen zur Abstammung des Menschen mit der Metapher vom fehlenden Verbindungsstück oder »missing link«.

Obwohl Darwin selbst in der öffentlichen Diskussion kaum präsent war, fanden bildliche Darstellungen seiner Person rasch Verbreitung, ermöglichten Personifizierung und Popularisierung der Evolutionstheorie zugleich. Inhaltlich lassen sich die Elemente in zwei Kategorien einteilen, die sich einerseits auf die Theorie (1), andererseits auf ihren Begründer (2) beziehen.

Repräsentation von einzelnen Elementen der Theorie

Während sich im *Origin of Species* das Wort Evolution kaum findet, wurde es bereits in den 1860er Jahren zu einem vielfach verwendeten Begriff. Herbert Spencer prägte das Wort im modernen Sinn und legte dabei schon seine Anwendung auf soziale und ökonomische Zusammenhänge an (Bowler 1975, 105–107, 110–112). Generell wurden Stadien der Evolution bzw. Entwicklung in eine Reihe gestellt, ganz im Sinne der von Spencer verbreiteten Idee vom Übergang von der Homogenität zu immer größerer Heterogenität als Aufwärtsentwicklung gedeutet und in verschiedenen Bildern und Karikaturen veranschaulicht. Einige dieser Illustrationen entstanden in Anlehnung an Darwin, andere hatten ihren Ursprung in den Schriften von Anhängern der Theorie, die ihre Verbreitung vorantreiben wollten. Das Bild des Stammbaums bzw. die Struktur eines sich verzweigenden Baumes etwa, von Darwin schon, obgleich in weitgehend abstrakter Weise, verwandt, wurde in Deutschland vom einflussreichen Biologen und Darwin-Popularisierer Ernst Haeckel zu einer deutschen Eiche konkretisiert und vereindeutigt. Eine andere Variante der populären Visualisierung, die Darstellung als Stufenleiter, signalisierte wie Haeckels anschaulicher Stammbaum klare Hierarchien. Die Bilderfolgen, die in einem Kreis oder einem Nebeneinander verschiedene Entwicklungsstadien oder Subspezies einer Art zeigten, trugen ihrerseits dazu bei, die Evolutionstheorie nicht nur als Abfolge von Lebensformen und damit dynamischen Prozess vor Augen zu führen, sondern sie ebenso in ein erklärendes und wiedererkennbares Muster zu übertragen.

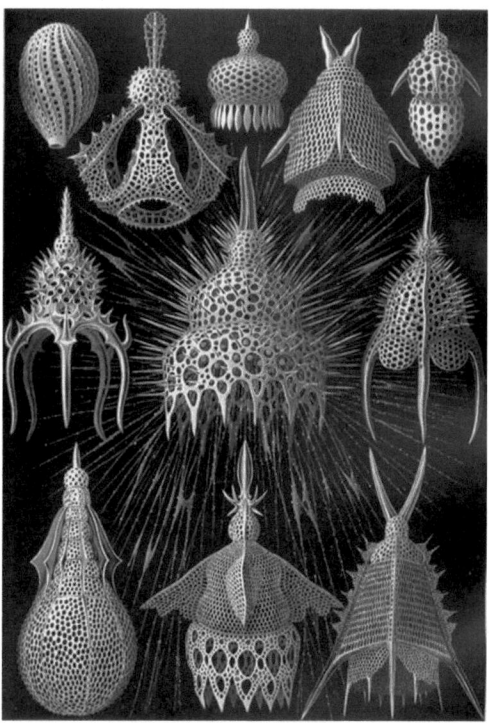

Abb. 1: Die Ästhetik der Natur: Radiolarien (Strahlentiere) nach Ernst Haeckel, *Kunstformen der Natur*. Leipzig und Wien 1904, Tafel 31

Ob es Darwinfinken, Pferde oder Radiolarien waren, wie sie Ernst Haeckel als filigrane *Kunstformen der Natur* (Leipzig 1904) sichtbar machte (Abb. 1): Die Entwicklung vom Einfachen zum Differenzierteren, nach dem Verständnis einer breiteren Öffentlichkeit »die Evolution«, ließ sich anschaulich darstellen und unmittelbar einsehen. Wie Autorinnen und Autoren populärwissenschaftlicher Schriften bewiesen – besonders erfolgreich in Großbritannien etwa Arabella Burton Buckley oder Andrew Wilson –, galt dies für eine erwachsene wie kindliche Leserschaft (Nochlin 2003, Abschnitt II; Schwarz 1999; Schwarz, 2008; Voss 2008).

Wertneutral wurden solche Darstellungen von »Entwicklung« selten gesehen. Zum einen verstanden viele Menschen im 19. Jahrhundert Darwins

Überlegungen über die Fortentwicklung von Arten als naturwissenschaftliche Erklärung des Fortschritts im Industriezeitalter (Bowler 2003, 275–277) ebenso wie als Hinweis auf eine stetige Perfektionierung der Gattung Mensch. Obschon Darwin Verbesserung oder Fortschritt keineswegs als zwangsläufige Folge der Evolution konzipierte, stellten viele Kommentatoren gerade diese aus unterschiedlichen Motiven heraus. Ihnen ging es u. a. darum, eine Akzeptanz der Theorie zu erleichtern, bestehende gesellschaftliche Verhältnisse zu legitimieren, Unzufriedene auf die Zukunft zu vertrösten oder auch Hoffnungen etwa in der Arbeiterschaft auf eine revolutionäre Änderung der Verhältnisse zu bestärken sowie eine vorgebliche zivilisatorisch-technische Überlegenheit der westlichen Kulturen zu belegen. Der scheinbar schlüssige Nachweis einer Progression besaß in der westlichen Welt mindestens bis zum Ersten Weltkrieg große Überzeugungskraft. In nicht-fiktionalen Darstellungen in Büchern und Zeitschriften für eine allgemein interessierte Leserschaft, in der Literatur, in Theaterstücken erschien das Prinzip Evolution geradezu als Garant für »bessere, weisere und schönere Menschen« in der Zukunft (Blind 1886, zit. nach Morton 1984, 53; Beer 1983; Bender 1996; Hawkins 1997).

Während zunächst die Vorstellung vom stetigen Fortschritt die populären Deutungen dominiert hatte, trat gegen Ende des Jahrhunderts verstärkt der Gedanke an eine mögliche Regression oder Degeneration auf. Variation habe in der Menschheit neben den am besten Angepassten, den vermeintlich Tüchtigsten, ebenso die *unfit* hervorgebracht. Gesellschaftliche Gruppen, die den Vorstellungen der Eliten nicht entsprachen, wurden nun dieser Kategorie als vermeintliche Fehlentwicklung der Evolution zugerechnet. So machte etwa der italienische Arzt und Kriminalanthropologe Cesare Lombroso den *L'uomo delinquente* (1876) als Rückfall in ein früheres Evolutionsstadium aus, eine These, die er in zahlreichen Schriften und Vorträgen, untermauert von Fotografien oder Objekten aus seiner vorgeblich wissenschaftlichen Sammlung wie etwa Schädeln von überführten Straftätern oder konservierten Hautstücken mit Tätowierungen zu untermauern suchte (Kohlstedt/Jorgensen 1999; Richards 1983; Schwarz 1997). Ein umfangreicher Diskurs über die vermeintlichen Gefahren, die Personengruppen, die sie verursachten, und die Lösungsansätze knüpfte sich an die populäre Variante der Darwinschen These, dass Evolution nicht zwangsläufig eine Höherentwicklung bedeuten müsse. Entgegen den Thesen Darwins von 1859 war der Aspekt des *struggle for life* als Kampf oder Krieg in der Natur wie in der menschlichen Gesellschaft popularisiert und als ein mächtiger Topos der frühen Rezeption der Theorie in vielen Ländern wirksam geworden (Ruse 1979; Voss 2009, 252–254). Im letzten Drittel des 19. Jahrhunderts hieß es vielerorts, in der zivilisierten Gesellschaft mit ihren sozialen Einrichtungen und Verhaltensmustern sei das Prinzip der natürlichen Auslese außer Kraft gesetzt. Daher würden sich, wie es Schriften mit Titeln wie *The Rapid Multiplication of the Unfit* (1891) oder drastische Statistiken behaupteten, die sogenannten Untüchtigen unverhältnismäßig stark vermehren und schließlich die Nation oder die Rasse dominieren. Fotografie und Kunst wurden eingesetzt, um so etwas wie eine »Physiognomie des Bösen«, eine Identifikation der Untüchtigen über ihr Äußeres greifbar zu machen. In der Literatur häuften sich Charaktere, die diese Grundidee widerspiegelten. Zu den langlebigsten und inzwischen facettenreichsten populären Repräsentationen dieses Motivs zählen fiktive Gestalten wie die des Blutsaugers *Dracula* (1897), der wie kein anderer den schleichenden und schließlich tödlichen Verlust an Lebensenergie versinnbildlichte. Auch die Bösewichte in zahlreichen Detektivgeschichten um die Jahrhundertwende gehören hierher, darunter die Sir Arthur Conan Doyles, der zudem mit dem Roman *The Lost World* (1912) lange vor Michael Crichton das Bild eines *Jurassic Park* (1990) entwarf. Selbst die Zukunftsvisionen mit Menschen auf dem Stand von Morlocks wie in *The Time Machine* (1895) von H. G. Wells oder die Faszination der Berichterstattung über brutale Sexualstraftaten wie die von »Jack the Ripper« waren ein Reflex auf die Degenerationsängste im Gefolge der Evolutionstheorie (Greenslade 1994; Hawkins 1997; Pick 1989; Walkowitz 1992).

Wie auf das Individuum und die soziale Gruppe fand das Motiv der Regression oder des Nebeneinanders unterschiedlicher Evolutionsstadien ebenso auf Völker oder Rassen Anwendung. Die Einteilung in höhere und niedere Rassen oder Kulturen war zwar in der Mitte des 19. Jahrhunderts nicht neu. Doch Darwins Theorien und ihre Umwandlung im Sozialdarwinismus verbanden die Unterschiede miteinander als verschiedene Stadien einer natürlichen Entwicklung in einer Abfolge vom Niederen zum Höheren mit den Europäern und Nordamerikanern bzw. der westlichen Zivilisation an der Spitze (Bowler 2003, 284–288, 302–305; Hawkins 1997). Damit ließ sich im Zeitalter des Imperialismus der Wettlauf um die noch nicht kolonisierten Teile der Erde und die damit einhergehende Unterwerfung der indigenen Bevölkerungen nicht nur rechtfertigen, sondern als biologisch vorbestimmte »Bürde des weißen Mannes« (Rudyard Kipling) für die Perfektionierung der gesamten Gattung auffassen. In einer wachsenden Zahl von Geschichten über die Begegnungen von »Wilden« und »Zivilisierten« wurde diese Aufgabe besonders für männliche Heranwachsende aller Kolonialmächte immer wieder herausgestellt. In Museen, Zoos und Ausstellungen, besonders massenwirksam auf den Weltausstellungen vor dem Ersten Weltkrieg, wurden Angehörige außereuropäischer Ethnien nicht nur als Faszinosum, sondern als wissenschaftlicher Beweis für die Überlegenheit der Weißen vorgeführt und vom westlichen Publikum rezipiert (Schwarz 2010). Die Ängste, die die Begegnung mit dem kolonialen Anderen erzeugten, fanden Eingang in zahlreiche populäre Verarbeitungsmuster, in denen das Affenmotiv, bald hauptsächlich durch einen Gorilla verkörpert, aus der frühen Debatte um den Darwinismus übernommen wurde. Das Motiv wiederum begründete wie viele andere einen eigenen Entwicklungsstrang populärer Repräsentationen: Die Statue des französischen Bildhauers Emmanuel Frémiet, 1859 als Plastik, 1887 als Bronze erneut erstellt, die eine sich zur Wehr setzende Frau in der Umklammerung eines Gorillas darstellte, regte 1919 John Hagenbeck, Halbbruder des Hamburger Tierparkgründers, zu einem Film an. In *Darwin – oder Im Fieber unter Afrikas Tropensonne* (1920 uraufgeführt) entführt ein Gorilla eine Frau (Abb. 2). Hollywood griff den Stoff 1933 auf und gab dem Tier und dem Motiv den einprägsamen Namen *King Kong* (Voss 2007, 242–244, 313).

Das Bild vom Affen im Kontext der Auseinandersetzung mit der Darwinschen Theorie hatte sich lange vorher etabliert. Obwohl nicht Gegenstand von *On the Origin of Species*, spielte die Frage nach der Abstammung des Menschen, polemisch vor allem von Kirchenvertretern reduziert auf einen Affen als Vorfahren, in der öffentlichen Debatte die beherrschende Rolle. Neue wissenschaftliche Veröffentlichungen nach 1859 wie die von Charles Lyell, Thomas Huxley und John Lubbock über *Das Alter des Menschengeschlechts* (1863), die *Stellung des Menschen in der Natur* (1863) bzw. *Die vorgeschichtliche Zeit* (1865) fachten in Großbritannien, Frankreich, Deutschland und anderen Ländern die wissenschaftliche und populäre Debatte an. Variationen des Themas erschienen etwa in Bilderfolgen von Affen und Menschen, in Gemälden und Zeichnungen von vorzeitlichen Menschenarten wie jenen des französischen Popularisierers Louis Figuier und in Karikatu-

Abb. 2: Plakat des Films von John Hagenbeck von 1920 (Deutsches Filminstitut)

ren wie der des britischen Magazins *Punch*, das 1861 in Anspielung auf die Frage der Sklaverei in den USA eine Zeichnung mit einem aufrecht stehenden Gorilla mit einem Schild behängt (»Am I a Man and a Brother?«) abdruckte. Tote oder lebende Personen wurden als Antwort auf die Suche nach dem fehlenden Verbindungsstück zwischen dem Menschen und dem Affen als frühere menschliche Lebensform zur Schau gestellt, in Museen, in Zoos wie dem in der New Yorker Bronx, der 1906 Ota Benga, den Angehörigen des im Kongo beheimateten Batwa-Stammes, in einem Käfig als »missing link« ausstellte, in Varietés und Freak Shows. Wissenschaft und Popularisierung sorgten zusammen für die rasche und weite Verbreitung des Affenmotivs. Es rief sofort den Gegenstand und seine unterschiedlichen Implikationen ins Bewusstsein, verlieh ihm Präsenz, obschon in vereinfachter, verzerrter, ästhetisierter, ironisierter, ins Lächerliche gezogener Form (Bradford/Blume 1992; Kort 2009, 212–219; Voss 2008).

Bilder von Charles Darwin

Genau diese Signalwirkung machten sich zudem jene Illustrationen zunutze, die das Porträt oder die Gestalt Darwins zeigten, Gemälde, Fotografien, Zeichnungen, z. T. in einer Vermischung von stilisiertem Konterfei und dem Affenmotiv. Bereits im 19. Jahrhundert wurden die Grundlagen dafür gelegt, dass Charles Darwin zu den am häufigsten abgebildeten Wissenschaftlern aufstieg, in einer Häufigkeit, die der Albert Einsteins vergleichbar ist. Dabei spielten die illustrierte Presse, Buchpublikationen und die in hoher Stückzahl aufgelegten *Cartes de Visite*, Porträtfotos im Format einer Visitenkarte, eine große Rolle. Die kleinen Karten wurden verschickt, gesammelt, in Alben aufbewahrt und trugen mit dazu bei, der scheinbar unpersönlichen oder abstrakten Wissenschaft ein Gesicht zu geben. Bis zu einem gewissen Grad nahmen sie bereits den Starkult des 20. Jahrhunderts vorweg, der mit kleinen Sammelbildern wie mit großformatigen Postern gepflegt wird. Ab den 1860er Jahren kamen ausschließlich Bilder des älteren Darwin zum Einsatz. Die Abbildung mit dem langen Bart, den buschigen Augenbrauen und dem kahlen Kopf, Insignien von Intellektualität, Wahrheitsliebe, Weisheit und Ehrwürdigkeit, blieb immer erhalten und erhielt so ikonografischen Status. Mit der Personalisierung sollte die Evolutionstheorie in der größeren Öffentlichkeit bald nur noch mit dem Namen Darwin verbunden, Darwin als »Ikone seiner Theorie« gesehen werden (Browne 2001, 507, Gapps 2006; Voss 2008, 213–215, 231).

Karikaturen in Zeitungen und Zeitschriften in zahlreichen Ländern fügten Elemente des Porträts mit denen der Theorie zusammen. In einer Verschmelzung von Affenkörper und Menschenkopf erschien Darwin – und nur Darwin – in Affengestalt, etwa als ehrwürdiger Orang-Utan (*The Hornet*, 1871) oder als Zwittergestalt, die an einem Ast am Baum der Wissenschaft hängt (*La Petite Lune*, o. J.).

Der amerikanische Karikaturist Thomas Nast zeigte den Gelehrten neben einem Gorilla, der ihn als Nachfahre nicht zu schätzen schien (*Harper's Weekly*, 1871), der britische *Punch* im Zentrum einer Entwicklungskette zum Nachweis »Man is but a worm« (*Punch*, 1881). Wie die Porträts förderten solche humoristischen Darstellungen die Identifikation von Theorie und ihrem Begründer und sorgten für einen größeren Bekanntheitsgrad. Mit ihrer Zuspitzung und Einbettung in eine Geschichte gingen die Karikaturen sogar noch einen Schritt weiter, denn sie zeigten den Forscher als seine Theorie bzw. eine

Abb. 3: Darwin-Karikatur von André Gill auf der Titelseite von *La Petite Lune* Nr. 10, 1878/79

Folge seiner Theorie (Browne 2001, 508). Das hatte mit abstrakter Wissenschaft nicht mehr viel zu tun, eher mit den bewährten Mustern der Kritik und des Spotts, so wie sie auf zeitgenössische Politiker, Schauspieler oder andere Personen des öffentlichen Lebens angewandt wurden. Das nahm dem Wissenschaftler und seiner Theorie etwas von ihrer Fremdheit, erzeugte, wie bei vielen anderen Repräsentationsformen des 19. Jahrhunderts, die auf bewährte Muster und Darstellungsformen zurückgriffen, Bekanntheit und Vertrautheit zugleich.

Entwicklungsschritte im 20. Jahrhundert

Ähnlich wie die Evolutionstheorie selbst erlebten auch die Formen und Inhalte ihrer populären Repräsentation im 20. Jahrhundert Entwicklungsschritte in Form einer Fortsetzung und Ausgestaltung bisheriger Muster und Themen. Die Diskussion in weiteren Kreisen lehnte sich erwartungsgemäß an die Veränderungen in der Forschung an und fügte der

Darstellung von Konzepten wie Evolution, Fortschritt und Rückschritt, Abstammung, Kampf und Auslese neue Deutungen hinzu. Die Diskussion reagierte allerdings nicht bloß auf neue Informationen aus der Wissenschaft, sondern folgte ebenso der im 19. Jahrhundert herausgebildeten eigenen Entwicklungslogik. Dies lässt sich zum einen mit der zunehmenden Vielfalt an Themen von der Eugenik über die Gentechnik bis hin zum Klonen, zum anderen mit der Ausdifferenzierung der Medien und Genres vom Film bis zum Internet erklären. Im Vordergrund des Interesses standen von den 1920er Jahren an vor allem drei Themengebiete, die sich bis in die Gegenwart durchziehen:

(1) die Verbindung von Genetik und Evolution und ihre Weiterentwicklungen in der zweiten Jahrhunderthälfte,

(2) die Abstammung des Menschen bzw. seine Nähe zum Tier und hier besonders zum Affen,

(3) die Auseinandersetzung zwischen Evolutionstheorie und Kreationismus bzw. der Idee vom Intelligent Design.

Diese Schwerpunktthemen fanden Eingang in immer neue Medien, Genres, Kunst- und Musikrichtungen, u. a. in Film, z. B. Dokumentar-, Lehr-, Animations- und Spielfilm, Radio, Fernsehen, Comic, Spielzeug, Internet, Computerspiel, Alltagsgegenstände, in Genres oder Richtungen wie Science Fiction oder Popart. Sie brachten ihre eigenen Rahmenbedingungen wie etwa technische oder ökonomische Spezifika in die Formen der Repräsentation ein und beschleunigten so die Verzweigungen der Thematik in viele weitere Aspekte, Teilfragen und Perspektiven. Die Aufnahme in neue Diskurse und Medien verschaffte der populären Repräsentation damit noch größere Präsenz in weiteren Bevölkerungskreisen.

Evolution und Genetik

Die Anwendung der Genetik auf die Evolutionslehre und hier besonders auf die Mechanismen der natürlichen Auslese gaben der Beschäftigung mit Darwins Thesen nach dem Ersten Weltkrieg in der Wissenschaft und in einer breiteren Öffentlichkeit neue Impulse. Julian Huxley, Enkel von Thomas Huxley, prägte 1942 mit dem Untertitel seines Überblicks *Evolution: The Modern Synthesis* den Namen für die neue Forschungsrichtung. Er sah evolutionäre Weiterentwicklung eingebettet in einen kosmischen Entwicklungsprozess, den die Menschheit fortzusetzen habe. Während andere skeptischer waren und nun bewiesen glaubten, dass die Entstehung der Menschheit nicht als vorgezeichnetes Ziel der Evolution gesehen werden könne, hielt er an seiner optimistischen Deutung fest und betonte die Verantwortung der Menschheit, ethischen Fortschritt sicherzustellen. Damit wirkte er stärker auf die Popularisierung als auf die Forschung ein (Bowler 2003, 335 f., 342–344).

Generell hatte sich in Europa und Nordamerika nach dem Ersten Weltkrieg die Vorstellung fortgesetzt, eine »bessere« Bevölkerung lasse sich nicht nur genau definieren, sondern durch Förderung der Vermehrung bei den »Geeigneten« und Verhinderung der Fortpflanzung bei den »Ungeeigneten« erzeugen. Eugenische Konzepte und Maßnahmen, damit die Verbindung von naturwissenschaftlicher Vererbungsforschung, kultureller Deutung und sozialer Herrschaftspraxis, fanden nicht nur in der westlichen Welt und nicht nur von konservativer Seite Befürwortung und vielfältige Umsetzung. Die Vorstellung von der Machbarkeit des perfekten Menschen, der Steuerbarkeit der Evolution durch Eingriff in die Rahmenbedingungen der Vererbung veranlasste etwa in den skandinavischen Ländern linke bzw. linksliberale Parteien von den 1930er bis in die 1970er Jahre dazu, Gesetze über die Zwangssterilisierung jener Personengruppen voranzubringen oder abzusegnen, die als »unerwünscht« definiert wurden. Ähnliche Regelungen wurden in US-amerikanischen Bundesstaaten verabschiedet, dort getragen von konservativen Kreisen. In Deutschland lieferte die sogenannte rassenhygienische Forschung die Vorlage und Beihilfe für die Verbrechen, die das nationalsozialistische Regime unter der Vorgabe verübte, den perfekten Menschen, gedacht als physisch und genetisch klar bestimmbaren »Herrenmenschen«, hervorzubringen (Etzemüller 2007; Etzemüller 2009).

Der Glaube an diese Eingriffsmöglichkeit strahlte in all diesen Ländern in unterschiedliche Medien und Bereiche aus. Ausstellungen wie die GeSoLei 1926 in Düsseldorf oder ähnlich ausgerichtete in amerikanischen Bundesstaaten etwa zur gleichen Zeit stellten eine Verbindung von Gesundheit der Physis und Psyche erwünschter Nachkommenschaft her, in den USA etwa unter dem Stichwort von »Fitter Family Contests«.

Das mündete in eine Ausweitung und Modernisierung von Repräsentationsformen. Schautafeln mit Visualisierungen traditioneller Vorstellungen vom Hässlichen und Bösen, nun scheinbar wissenschaftlich untermauert, z. B. jene von der Nachkommen-

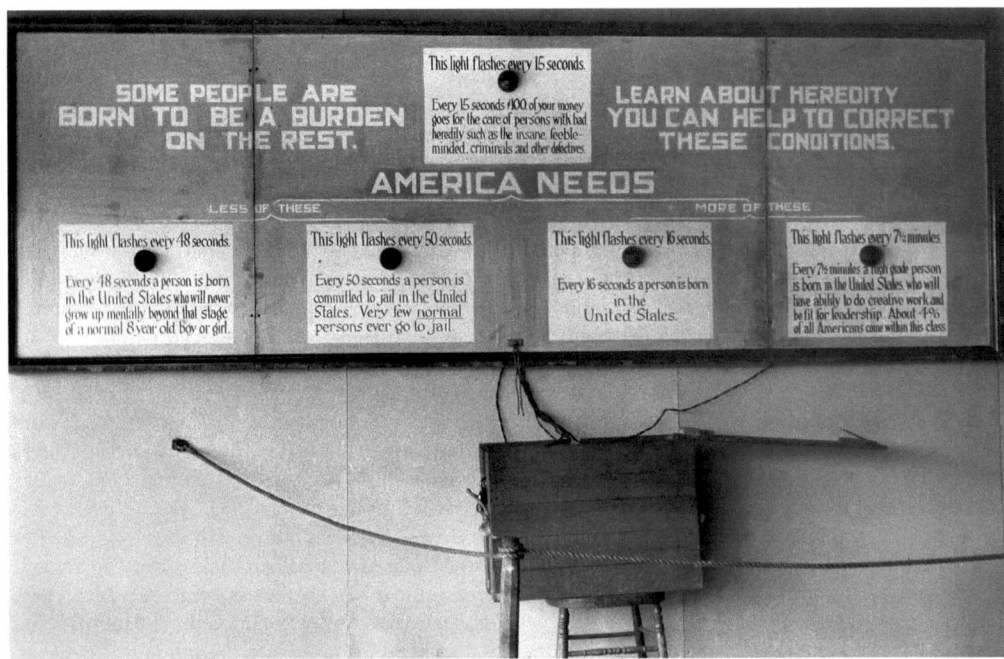

Abb. 4: Schaubild zum »Lernen«, USA ca. 1925–30 (Quelle: American Philosophical Society)

schaft der »Verbrecherfamilie Braun« oder das Beispiel in Abbildung 4, Reihungen oder Gegenüberstellungen von Fotografien, Modellen oder Objekten, Tabellen mit Berechnungen wie jene in Deutschland und den USA darüber, wie viel die Pflege z. B. eines behinderten Menschen den Steuerzahler koste und wie die Mittel für »(erb-)gesunde« Menschen eingesetzt werden könnten, Zeitschriftenartikel, Pamphlete, Erzählungen, Romane und Theaterstücke, Lehrfilme: Sie brachten die Ideologie des perfekten Menschen ins Bewusstsein vieler Menschen und erzeugten den Eindruck, es liege ein drängendes Problem vor, das entschiedener Maßnahmen bedürfe. Die Anhänger dieser Maßnahmen propagierten nicht nur, der Mensch könne nun Einfluss auf die Evolution ausüben, sondern er müsse es sogar tun, um den Untergang der Rasse oder Gattung zu verhindern (Greenslade 1994; Kuntz 2004).

Einen Sprung im Sinne noch weiter reichender Vorstellungen im Umgang mit der Evolutionstheorie lösten die Forschungen seit den 1950er Jahren aus, darunter die Entdeckung der Doppelhelixstruktur der DNA von James Watson und Francis Crick 1953, die Anwendung des neuen Wissens auf Forschungen zur Manipulation des Genmaterials von Pflanzen und Tieren und das im Jahr 2000 erfolgreich abgeschlossene Humangenomprojekt zur Sequenzierung des menschlichen Erbguts. Während die Helix als Motiv vom populärwissenschaftlichen Magazin über den Animationsfilm und das Internet bis zur künstlerischen Verfremdung präsent wurde, regten und regen genetische Forschung und Gentechnik die Fantasien mit unterschiedlichen Ansprüchen auf Realitätsnähe darüber an, wie sich das Leben auf der Erde verändern wird bzw. verändern lässt (Nelkin 2004). Noch bevor gentechnisch modifizierte Lebensmittel oder geklonte Tiere wie das Schaf Dolly möglich wurden, beherrschten sie bereits populärwissenschaftliche Darstellungen in Fernsehen, Film, Comic und Literatur. Mutierte Tiere und menschliche Mutanten von *Tarantula* (USA 1953) über *Spiderman* (ab 1962 im Comic) bis *X-Men* (ab 1963 im Comic) und *Dark Angel* (US-Fernsehserie 2000–2002) gehören seit den 1950er Jahren zu populären Darstellungen davon, wie die Entwicklung verlaufen könnte. Eine weitere Kategorie bilden die gentechnisch veränderten Menschen. Nach der optimistischen Deutung wird damit der alte Traum wahr, dass der Mensch die eigene Perfektionierung selbst in die Hand nehmen kann, nach Einflussnahme auf Rahmenbedingungen der Eugeniker nun in Form der Einflussnahme direkt auf das Erbgut. Der Mensch sei demnach in der Lage, sich selbst zu erschaffen. Nach der pessimistischen Deutung wird damit eine Fehlentwicklung eingeleitet und die Gefahr des Missbrauchs dieser Inventionsmacht heraufbeschworen.

Da mit dieser Möglichkeit zentrale Fragen der Existenz angesprochen sind, lassen sich die unterschiedlichen Repräsentationen fiktionaler und nichtfiktionaler Art kaum noch überschauen. Für die optimistische Deutung ließe sich aus den neueren Darstellungen die ZDF-Produktion »2057 – Der Mensch« (gesendet 18.3.2007) und das Sachbuch *Zukunftsvisionen* von Michio Kaku (2000) anführen. Die pessimistische Sicht hat weitaus mehr Deutungen hervorgebracht, wobei sich das Genre der Science Fiction seit den 1930er Jahren als idealer Rahmen für die unterschiedlichen Ausformungen anbietet. Aldous Huxley, Enkel von Thomas Henry Huxley und Bruder von Julian Huxley, schuf mit *Brave New World* 1932 eine bis heute ausstrahlende dystopische Vision einer Gesellschaft, in der Menschen nach Maß und Bedarf erschaffen werden. Nicht nur die Seelenlosigkeit einer solchen Gesellschaft, sondern zudem das Motiv des Außenseiters, der nicht kreiert wurde und doch der bessere Mensch ist, wurde und wird immer wieder thematisiert. Spielfilme wie die US-amerikanischen Produktionen *Logan's Run* (1976) oder *Gattaca* (1997) – letzterer spielt geschickt mit dem Gegensatz von »valid« und »invalid«, gültig bzw. gesund und ungültig bzw. invalide – vermitteln die Botschaft, dass Manipulation der Gene nicht den ganzen Menschen ausmacht, und die Festlegung dessen, was Perfektion ausmacht, unsinnig ist (van Dülmen 1998; Haran et al. 2008; O'Riordan 2008).

Eine neue Qualität der Verbreitung und des Umgangs mit dem Aspekt des Eingreifens wird seit etwa 25 Jahren durch das neue Medium der Videospiele erreicht. 1983 kam unter dem Titel *Evolution* (Sydney Development) eines der ersten Computerspiele zum Thema auf den Markt. Spätere Spiele wie *Sim Life. The Genetic Playground* (Maxis 1992), *Evolution: The Game of Intelligent Life* (Discovery Channel Multimedia 1997) und neuerdings *Spore* (Electronic Arts, 2008) versetzen die Spielenden in die Position, zumindest virtuell die Evolution mitunter von den ersten Anfängen an zu kontrollieren und Lebewesen nach Belieben zu erschaffen (Pasternak 2010). Kontroverse Themen wie Genmanipulation und Klontechnik (*G-Netix*, ISM Interactive 1994) oder die Gefahren durch gewissenlose Akteure oder »defected scientists« (*Unnatural Selection*, Maxis 1993) werden im Computerspiel ebenfalls zum Gegenstand erhoben. Ein wesentlicher Unterschied zu allen anderen Massenmedien ergibt sich einerseits aus der Interaktivität, die die spielende Person unmittelbar in die Handlung zu involvieren vorgibt, andererseits aus ihrer Position als Subjekt des Geschehens. Jüngste Entwicklungen hin zu einer »synthetischen Biologie«, die laut Pressedarstellung Gene neu herzustellen vermag, das Leben vollständig zum Lego-Spiel (Maier 2009) in der Hand des Menschen zu machen scheint, lassen die Fantasiegeschöpfe der Spiele nicht mehr ganz so fantastisch erscheinen.

Die Abstammung des Menschen

Überlegungen im 20. Jahrhundert über die Zukunft des Menschen ließen immer auch seine Vergangenheit ins Blickfeld rücken. Die Erforschung der menschlichen Evolution wurde anhand weiterer Fossilfunde fortgesetzt, während Ergebnisse einer neuen biologischen Teildisziplin, der Verhaltensbiologie, zum Verständnis der Evolution hinzugenommen wurden. In der Jahrhundertmitte teilten viele Evolutionstheoretiker die Ansicht Julian Huxleys, dass die Spezies Mensch höher entwickelt sei als alle anderen Lebewesen, selbst wenn sie Evolution nicht als Prozess auf dieses eine Ziel hin begriffen. Verhaltensbiologen hielten jedoch besonders ab den 1960er Jahren dagegen. In dieser Dekade erschienen mehrere Arbeiten, die die Grundlagen menschlichen Verhaltens im Tierreich fanden und den Menschen als *Naked Ape* verstanden, wie Desmond Morris seinen Bestseller von 1967 übertitelte. Präsentationen von Feldforschungen wie der von Dian Fossey und Jane Goodall erhöhten die Faszination, die das Verhalten von Menschenaffen in der Natur besonders in den 1960er und 1970er Jahren erregte. Sie wurden popularisiert in Magazinen wie dem *National Geographic*, zeitgenössischen Tiersendungen im Fernsehen und später in Spielfilmen wie *Gorillas in the Mist* (1988) und Dokumentationen wie *People of the Forrest: The Chimps of Gombe* (1988). Dass nicht nur die Verhaltensforschung die Nähe von Mensch und Tier belegen konnte, machten Untersuchungen über das menschliche Erbgut deutlich, das, wie vor einigen Jahren publik gemacht, zu 99 % mit dem des Schimpansen übereinstimmt (Bowler 2003, 344–346).

Wie im 19. Jahrhundert regten die Frage nach der Evolution des Menschen und die »Affendebatte« im 20. Jahrhundert zur intensiven Auseinandersetzung an. Im Unterschied zur früheren Beschäftigung veränderte sich vor allem nach dem Zweiten Weltkrieg in einer stärker säkularisierten und massenmedial durchdrungenen Gesellschaft der Umgang mit dem

Sujet. Er wurde insgesamt gesehen visueller, konkreter und spielerischer.

Spätestens seit der Jahrhundertmitte wurden Fossilfunde nicht mehr nur in Naturkundemuseen und Ausstellungen in Vitrinen und hinter Absperrungen präsentiert. Viel häufiger erschienen sie nun ergänzt um Rekonstruktionen des Kopfes oder der gesamten Gestalt, einzeln oder in Dioramen in einen narrativen Kontext eingebettet. Animations- und Computertechnik verstärkten diesen Trend zur Konkretisierung. Darüber hinaus erreichten Skelettfunde in den letzten Jahrzehnten einen neuen Status der Popularität. Die 1974 in Äthiopien entdeckten Überreste eines vermutlich weiblichen *Australopithecus afarensis* wurden unter dem Namen »Lucy« bekannt und auf Ausstellungstour geschickt. In Mitteleuropa erlangte der 1991 gemachte Fund eines im Eis der Alpen eingeschlossenen Jungsteinzeitmannes noch größere Popularität. Benannt nach seinem Fundort in den Ötztaler Alpen ging er schnell von der wissenschaftlichen und generellen Berichterstattung in die Populärkultur über, als Vermarktungsstrategie etwa der »Hallo-Ötzi-Hotels« oder 2001 als »Ötzi-Mann«, besungen von Anton Friedle alias Sir DJ Ötzi, dem Vater des als DJ Ötzi bekannten Interpreten.

Besonders nachdrücklich setzte sich in der Abstammungsfrage die ältere Tendenz fort, dass aus einzelnen Motiven eigene Entwicklungsstränge hervorgingen. Beispielhaft seien hier zwei Motive genannt. Eines lieferte die 1912 von Edgar Rice Burroughs geschaffene Romanfigur des *Tarzan of the Apes*, der seitdem in vielen Medien, darunter in fast hundert Spielfilmen, und Versionen vom Wilden bis zum Wildhüter eine eigene Evolution durchlaufen hat (Krüger/Mayer/Sommer 2008). Eine zweite für die populäre Repräsentation einflussreiche Linie zieht sich von der Romanvorlage des Franzosen Pierre Boulle von 1957 bis in die Gegenwart fort: *La planète des singes* wurde 1968 in den USA erstmals verfilmt als düstere Interpretation des Wesens sowohl der Menschen als auch der Affen, die sich aufgrund ihres Machtstrebens und ihrer Aggressivität nicht so sehr voneinander unterscheiden.

Evolution und Kreationismus bzw. Intelligent Design

Der kreative und spielerische Umgang mit den Implikationen der Evolutionstheorie im 20. Jahrhundert deckte nicht alle Richtungen und Gruppen ab. Vielmehr entstand mit dem Kreationismus ein neues Bestreben zur Durchsetzung der christlichen Schöpfungsidee gegen die Evolutionslehre, das nach dem Ersten Weltkrieg politisch und gesellschaftlich vor allem in den USA spürbar an Einfluss gewann und bis in die Gegenwart hinein nicht nur dort fortbesteht. Im Unterschied zum Protest der Kirchen zu Darwins Lebzeiten gab der Kreationismus seinen Thesen einen scheinbar wissenschaftlichen Anstrich, griff unterschiedliche Deutungen der Forschung auf, um zu belegen, dass sich die Evolutionstheorie nicht beweisen lasse. Mit dem Konzept des Intelligent Design setzte er der Evolutionstheorie in den 1990er Jahren gar eine eigene, vermeintlich wissenschaftliche Deutung der Existenz von Leben entgegen (Bowler 2003, 361, 375–381; Bowler 2007, 204–228). In einer Art und Intensität, die denen der Popularisierung wissenschaftlicher Neuerungen mindestens ebenbürtig ist, erhoben und erheben die Kreationisten die Evolutionstheorie zum Thema der Auseinandersetzung. Sie nutzten und nutzen dazu ähnliche Repräsentationsformen und Medien wie die Wissenschaftler, von der Zeitschrift über das Museum bis zum Internetauftritt.

Kristallisationspunkte einer erhöhten Publizität des Kreationismus bildeten sich oft um juristische Auseinandersetzungen. Der bekannteste in der Frühphase des US-amerikanischen Kreationismus entstand 1925 aus dem Prozess gegen den Lehrer John Thomas Scopes, der gegen das Gesetz des Bundesstaates Tennessee in seinem Unterricht die Evolutionstheorie vermittelt hatte. Wochenlang sorgte der auch unter dem Begriff des »Monkey Trial« landesweit verfolgte Prozess für Schlagzeilen und löste wiederum eine Gegenbewegung der Evolutionisten aus. Bücher, Pamphlete, Karikaturen erschienen in großer Zahl. Der Filmproduzent Max Fleischer, sonst eher bekannt für Zeichentrickfilme wie Popeye und Betty Boop, unternahm den Versuch, Darwins Theorie einem Kinopublikum in einem Animationsfilm zu vermitteln – ähnlich wie zwei Jahre zuvor Einsteins Relativitätstheorie. Vorführungen von *Darwin's Theory of Evolution* (1925) mündeten wiederholt in heftige Debatten und Handgreiflichkeiten (Larson 1998; McKenzie 2010; Numbers 1992).

Weitere Kristallisationspunkte ergaben sich immer dann, wenn Kreationisten Änderungen gesetzlicher Bestimmungen vor allem im Schulwesen anstrebten. In der zweiten Jahrhunderthälfte wurde entweder gefordert, die Evolutionslehre müsse im Unterricht verboten werden oder der Biologieunterricht müsse zusätzlich die Vorstellung eines einmaligen Schöpfungsaktes vermitteln. Solche Bestrebungen lösten im Gegenzug Kritik und neue Aktivitäten

Abb. 5: Karikatur des amerikanischen MAD-Magazins (Nr. 485, Januar 2008) mit Darwin auf der Flucht aus dem Kreationismus-Museum in Petersburg, Kentucky (© DC Comics)

aus, z. B. das Bemühen von Wissenschaftlern zuerst in den USA, in der Öffentlichkeit die Kenntnis der Wissenschaften, ein »public understanding of science« zu stärken, wie sich die in den 1980er Jahren aufkommende Bewegung nannte. Vielfältige Veröffentlichungen, Vorträge, Ausstellungen, filmische und Web-basierte Umsetzungen gingen daraus hervor.

Ob Darwins Biografie in Comicform popularisiert wird (Gurr/Byrne 2009), aus dem Kreationismus-Museum in Petersburg, Kentucky, für das Satire Magazin MAD eine der größten Dummheiten des Jahres 2007, eine Darwin-Karikatur flüchtet (Abb. 5) oder computergenerierte Urwelttiere in aufwändigen Fernsehproduktionen der letzten Jahre die Faszination von klassischem Tierfilm und »Dinomania« (Stephen Jay Gould 1993) verbinden: Nach hundertfünfzig Jahren der Auseinandersetzung ist Evolution als Thema mehr denn je präsent. Evolution und Darwin gelten in der populären Repräsentation meist als synonym. Eine charakteristische Darwin-Ikonografie hat diesen Namen weiter reduziert, zu einer Marke herausgebildet: »Darwin. Big Idea – big exhibition« war die große Ausstellung 2008/09 im Londoner Naturkundemuseum betitelt. Trotz dieser scheinbaren Reduktion ist die populäre Repräsentation extrem vielfältig geworden, hat immer neue Aspekte und mediale Besonderheiten aufgenommen. Evolution ist daher in mehr als einem Sinne populär.

Literatur

Altner, Günter (1981): »Die Selbstdarstellung des Darwinismus aus Anlass seiner Jubiläen«. In: ders. (Hg.): Der Darwinismus. Die Geschichte einer Theorie. Darmstadt, 441–445.
Beer, Gillian (1983): Darwin's Plots. Evolutionary Narrative in Darwin, George Eliot, and Nineteenth-Century Fiction. London.
Bender, Bert (1996): The Descent of Love. Darwin and the Theory of Sexual Selection in American Fiction, 1871–1926. Philadelphia.
Bowler, Peter J. (1975): »The Changing Meaning of ›Evolution‹«. In: Journal of the History of Ideas, 36(1): 95–114.
Bowler, Peter J. (2003[3]): Evolution. The History of an Idea [1983]. Berkeley/Los Angeles/London.
Bowler, Peter J. (2007): Monkey Trials and Gorilla Sermons. Evolution and Christianity from Darwin to Intelligent Design. Cambridge (Mass.)/London.
Bradford, Phillips Verner/Blume, Harvey (1992): Ota. The Pygmy in the Zoo. New York.
Browne, Janet (2001): »Darwin in Caricature: A Study in the Popularisation and Dissemination of Evolution«. In: Proceedings of the American Philosophical Society 145 (4): 496–509.
Drummond, Henry (1894): »Introduction«. In: ders.: The Lowell Lectures on the Ascent of Man. London, 1–14.
Dülmen, Richard van (Hg.) (1998): Erfindung des Menschen. Schöpfungsträume und Körperbilder 1500–2000. Wien/Köln/Weimar.
Etzemüller, Thomas (2007): Ein ewig währender Untergang. Der apokalyptische Bevölkerungsdiskurs im 20. Jahrhundert. Bielefeld.
Etzemüller, Thomas (Hg.) (2009): Die Ordnung der Moderne. Social Engineering im 20. Jahrhundert. Bielefeld.
Gapps, Suzanne (2006): »Charles Darwin as an Icon«. In: Culture and Organization, 12 (4): 341–357.
Gould, Stephen Jay (1993): »Dinomania«. In: The New York Review of Books, Bd. 40, Nr. 14 (12.8.1993).
Greenslade, William (1994): Degeneration, Culture and the Novel 1880–1940. Cambridge.
Gurr, Simon/Byrne, Eugene (2009): Darwin. A Graphic Biography. Bristol.
Haran, Joan/Kitzinger, Jenny/McNeil, Maureen/O'Riordan, Kate (2008): Human Cloning in the Media. From Science Fiction to Science Practice. London/New York.
Hawkins, Mike (1997): Social Darwinism in European and American Thought, 1860–1945. Nature as Model, Nature as Threat. Cambridge.
Kaku, Michio (2000): Zukunftsvisionen. Wie Wissenschaft und Technik des 21. Jahrhunderts unser Leben revolutionieren. München.
Kohlstedt, Sally Gregory/Jorgensen, Mark R. (1999): »›The Irrepressible Woman Wuestion‹: Women's Responses to Evolutionary Ideology«. In: Ronald L. Numbers/John Stenhouse (Hg.): Disseminating Darwinism: The Role of Place, Race, Religion, and Gender. Cambridge, 267–293.

Kort, Pamela (2009): »Die Darstellung des prähistorischen Menschen in Frankreich: Fernand Cormon, Léon Maxime Faivre, Xénophon Hellouin und František Kupka«. In: dies./Max Hollein (Hg.): Darwin. Kunst und die Suche nach den Ursprüngen. Frankfurt a. M./Köln, 212–219.
Kort, Pamela/Hollein, Max (Hg.) (2009): Darwin. Kunst und die Suche nach den Ursprüngen. Frankfurt a. M./Köln.
Krüger, Gesine/Mayer, Ruth/Sommer, Marianne (Hg.) (2008): »Ich Tarzan«. Affenmenschen und Menschenaffen zwischen Science und Fiction. Bielefeld.
Kuntz, Dieter (Hg.) (2004): Deadly Medicine. Creating the Master Race. Washington D.C.
Larson, Edward J. (1998): Summer for the Gods. The Scopes Trial and America's Continuing Debate over Science and Religion. New York.
Maier, Josephina (2009): Lego des Lebens. In: Die Zeit, Nr. 32 (30.07.2009).
McKenzie, Scott (2010): »Animating Darwin in the Public Sphere: Max Fleischer's ›Darwin's Theory of Evolution‹ (1925)«. In: Angela Schwarz (Hg.): Evolution and the Public (im Druck).
Morton, Peter (1984): The Vital Science. Biology and Literary Imagination, 1860–1900. London/Boston/Sydney.
Nelkin, Dorothy (2004[2]): The DNA Mystique. The Gene as Cultural Icon [1995]. Ann Arbor.
Nochlin, Linda (2003): »Introduction: The Darwin Effect«. In: Nineteenth-Century Art Worldwide 2 (2). Online im Internet unter: http://www.speciesoforigin.org/FCKeditor/File/Nochlin_The_Darwin_Effect.pdf [Stand: 22.2.2010].
Numbers, Ronald L. (1992): The Creationists. New York.
O'Riordan, Kate (2008): »Human Cloning in Film: Horror, Ambivalence, Hope«. In: Science as Culture 17 (2): 145–162.
Pasternak, Jan (2010): SPORE(n) des Lebens. Evolution als Thema im Computerspiel. In: Angela Schwarz (Hg.): Evolution and the Public (im Druck).
Pick, Daniel (1989): Faces of Degeneration. A European Disorder, c. 1848–1918. Cambridge.
Richards, Evelleen (1983): Darwin and the Descent of Woman. In: David Oldroyd/Ian Langham (Hg.): The Wider Domain of Evolutionary Thought. Dordrecht, 57–111.
Ruse, Michael (1979): The Darwinian Revolution. Science Red in Tooth and Claw. Chicago.
Schwarz, Angela (1997): »›They Cannot Choose but to Be Women.‹ Stereotypes of Femininity and Ideals of Womanliness in Late Victorian and Edwardian Britain«. In: Ulrike Jordan/Wolfram Kaiser (Hg.): Political Reform in Britain, 1886–1996. Themes, Ideas, Policies. Bochum, 131–150.
Schwarz, Angela (1999): Der Schlüssel zur modernen Welt. Wissenschaftspopularisierung in Großbritannien und Deutschland im Übergang zur Moderne (ca. 1870–1914). Stuttgart.
Schwarz, Angela (2008): »Naturkunde oder Naturwissenschaft? Frauen und ihre naturwissenschaftlichen Schriften im 19. Jahrhundert«. In: Historische Anthropologie, 16 (1): 74–91.
Schwarz, Angela (2010): »›… Absurd to Make Moan over the Imagined Humiliation and Degradation‹: Die Zur-

schaustellung außereuropäischer Ethnien auf Weltausstellungen und die Institutionalisierung von Grausamkeit«. In: Jakob Rösel/Trutz von Trotha (Hg.): Institutionen der Grausamkeit (im Druck).
Voss, Julia (2007): Darwins Bilder. Ansichten der Evolutionstheorie 1837–1874. Frankfurt a. M.
Voss, Julia (2008): »Darwin oder Moses? Funktion und Bedeutung von Charles Darwins Porträt im 19. Jahrhundert«. In: NTM. Zeitschrift für Geschichte der Wissenschaften, Technik und Medizin, 16: 213–243.
Voss, Julia (2009): Variieren und Selektieren. Die Evolutionstheorie in der englischen und deutschen illustrierten Presse im 19. Jahrhundert. In: Pamela Kort/Max Hollein (Hg.): Darwin. Kunst und die Suche nach den Ursprüngen. Frankfurt a. M./Köln, 246–257.
Walkowitz, Judith (1992): City of Dreadful Delight. Narratives of Sexual Danger in Victorian London. London.

Angela Schwarz

Verzeichnis der Autorinnen und Autoren

Prof. Dr. Marc Amstutz, Fribourg
Prof. Dr. Richard H. Beyler, Portland
Prof. Dr. Peter J. Bowler, Belfast
Dr. Christina Brandt, Berlin
Dr. Ingo Brigandt, Edmonton
Prof. Dr. Andreas W. Daum, Buffalo NY
Prof. Dr. Karl Eibl, München
Prof. Dr. Michael Gamper, Zürich
Prof. Dr. Christian Geulen, Koblenz
Univ.-Prof. Dr. Andre Gingrich, Wien
Prof. Dr. Werner Güth, Jena
Prof. Dr. Joel B. Hagen, Radford VA
Prof. Dr. Michael Hampe, Zürich
Prof. Dr. Brigitte Hoppe, München
Prof. Dr. Hans Werner Ingensiep, Essen
Prof. Dr. Ludwig Jäger, Aachen
Prof. Dr. Hartmut Kliemt, Frankfurt am Main
Prof. Dr. Dr. Kristian Köchy, Kassel
Dr. Björn Kröger, Villeneuve d'Ascq
Prof. Dr. Manfred D. Laubichler, Tempe AZ (USA)

Dr. Manuela Lenzen, Bielefeld
M.A. Svenja Matusall, Zürich
Prof. Dr. Winfried Menninghaus, Berlin
Prof. Dr. Peter-Ulrich Merz-Benz, Zürich
Dr. Staffan Müller-Wille, Exeter
PD Dr. Thomas Potthast, Tübingen
Dr. Ulf von Rauchhaupt, Frankfurt am Main
Prof. Dr. Nicolaas Rupke, Göttingen
Prof. Dr. Michael Ruse, Tallahassee
Prof. Dr. Philipp Sarasin, Zürich
Prof. Dr. Michael Schmitt, Bonn
apl. Prof. Dr. Hans-Walter Schmuhl, Bielefeld
Prof. Dr. Angela Schwarz, Siegen
Prof. Dr. Marianne Sommer, Zürich
Prof. Dr. Jakob Tanner, Zürich
Prof. Dr. Anke te Heesen, Tübingen
Dr. Georg Toepfer, Berlin
Dr. Julia Voss, Frankfurt am Main
Prof. Dr. Sven Walter, Osnabrück
Prof. Dr. Marcel Weber, Basel

Personenregister

Ablay, Paul 223
Adelung, Johann Christoph 3, 327
Adler, Felix 154
Agassiz, Louis 79, 84, 152, 154, 157, 187
Agricola, Georgius 185
al-Afghani, Jamal-al-Din 157
Alberti, Conrad 397
Alchian, Armen 268
Alexander, Richard D. 363
Alexander, Samuel 283
Allen, Garland 100
Altenberg, Peter 158
Ammon, Otto 372
Annaud, Jean-Jacques 381
Anzengruber, Ludwig 158, 397
Aquin, Thomas von 213
Arbib, Michael A. 332, 335 f.
Arendt, Hannah 239
Aristoteles 7, 10, 16, 38, 67, 79, 211, 213, 263 f., 267, 274, 277, 358
Attenborough, David 385
Audubon, John James 164
Augustinus 7, 213
Austen, Jane 258, 395
Avery, John 293
Ax, Peter 4

Bachofen, Johann Jakob 227 f.
Bacon, Francis 264
Baer, Karl Ernst von 17, 30, 53, 70, 81, 127, 156, 157, 315
Baldwin, James 275, 295
Ballenstedt, Johann 156
Bateson, William 54, 98, 101, 103, 105 f., 110 f., 183
Bauhin, Caspar 7
Bayertz, Kurt 346
Beatty, John 24, 128
Becker, Karl Ferdinand 329
Beckstrom, John H. 310
Becquerel, Henry 290
Beer, Stafford 223
Behe, Michael 355 f.
Bellugi, Ursula 335
Bendall, Derek Stanley 363
Benga, Ota 405
Bengtson, John 331
Benjamin, Walter 391
Benn, Gottfried 399
Benn, Jonathan 60
Bentham, Jeremy 342

Bergson, Henri 22, 279 f.
Bethe, Hans 290
Beurton, Peter 198
Bickerton, Derek 335 f.
Binet, René 222
Bloch, Ernst 264
Blumenbach, Johann Friedrich 37, 53, 66, 69, 81–87, 156
Boas, Franz 20 f., 372
Böcklin, Arnold 164
Bölsche, Wilhelm 154, 158, 368, 394, 397 f.
Boltzmann, Ludwig 276, 289
Bommeli, Rudolf 158
Bongard, Josh 221
Bonnet, Charles 69, 72 f.
Bopp, Franz 327–330
Boule, Marcellin 206
Boulle, Pierre 379, 410
Boveri, Theodor 43, 183, 193
Boyd, Robert 135, 260
Braitenberg, Valentino 248
Brandon, Robert 24, 132
Brandt, Jürgen 158
Brandt, Rainer 41
Brecht, Bertolt 400
Bredekamp, Horst 163
Brehm, Alfred 152, 154
Bretonne, Restif de la 394
Broad, Charlie Dunbar 283
Broca, Paul 372
Brongniart, Alexandre 186
Bronn, Heinrich Georg 34, 80, 83, 94, 159, 187
Brooks, Daniel R. 293
Brooks, Rodney A. 248
Brown, Francis 159
Brown Blackwell, Antoinette 28
Browne, Janet 86
Bruck, Arthur Moeller van den 368
Brüne, Martin 301
Buch, Leopold von 83
Büchner, Ludwig 154, 158 f., 238, 368
Buckland, William 187
Buckley, Arabella Burton 158, 403
Buffon, Georges-Louis Leclerc Comte de 7, 18, 53, 65, 67, 69, 71, 73–75, 79, 149, 186, 394
Bultmann, Rudolf 275
Burdach, Karl Friedrich 81, 85
Burrough, Edgar Rice 410
Burt Gamble, Eliza 28
Burton, Tim 379

Bush, George W. jr. 274
Buss, David 298
Butler, Samuel 22, 99, 157
Byron, George Gordon 395

Cain, Joseph Allen 112
Cairns-Smith, Alexander Graham 133
Campbell, Donald Thomas 134
Candolle, Alphonse de 80, 85
Candolle, Augustin Pyrame de 74
Cannon, Walter Bradford 15, 362
Carnap, Rudolf 113
Carneiro, Robert Leonard 229
Carnot, Sadi 287
Carroll, Joseph 258, 260
Carter, Brandon 214
Carus, Carl Gustav 81, 85 f.
Carus, Julius Viktor 159
Cassirer, Ernst 40
Castle, William Ernest 107, 111
Cavalli-Sforza, Luigi Luca 208 f.
Chamberlain, Houston Stewart 238 f., 372
Chambers, Robert 19, 21, 83, 87, 90, 93, 157, 159, 164, 204
Chaplin, Charlie 381
Chardin, Teilhard de 275
Chetverikov, Sergei Sergeevich 45, 111, 198
Chomsky, Noam 331 f., 335 f.
Cicero 38
Claessen, Henri Joannes Maria 231
Clausius, Rudolf 287
Cliff, Dave 247
Clodd, Edward 158
Clune, Jeff 246
Colding, Ludwig August 287
Coleridge, Samuel Taylor 315, 395
Comte, Auguste 359, 396
Condillac, Étienne Bonnot de 328
Cope, Edward Drinker 99 f., 134, 188
Corballis, Michael C. 335
Cormon, Fernand 164
Cornway, John Horton 246
Correns, Carl Erich Franz Joseph 45, 103, 196
Cosmides, Leda 260 f., 297 f.
Cousteau, Jacques 385
Crichton, Michael 404
Crick, Francis 183, 199, 408
Croll, James 288
Cronin, Helena 47
Crookes, William 212, 290
Curie, Marie 290
Curie, Pierre 290
Cuvier, Georges 37, 50, 53, 74 f., 83, 141, 148, 186 f., 203

Damasio, Antonio 15
Darwin, Erasmus 9, 18, 71
Dath, Dietmar 401
Daubenton, Louis Jean-Marie 141
Daudet, Alphonse 158
Davenport, Charles Benedict 370
David, Jakob Julius 397
Dawkins, Richard 13, 35, 58, 198, 209, 274, 300, 320 f., 341–347
Dayhoff, Margaret 176–178
De Vries, Hugo 54, 56, 101, 103, 106, 108, 110, 196
Deacon, Terrence W. 331
Defoe, Daniel 395
Degas, Edgar 164
Delbrück, Max 291 f.
Dembski, William Albert 353 f.
Dennert, Eberhard 155
Descartes, René 38, 68
Desmond, Adrian 86
Dewey, John 242, 281
Dickens, Charles 396
Diderot, Denis 328
Dilthey, Wilhelm 237
Dissanayake, Ellen 391 f.
Dobzhansky, Theodosius 23, 29, 45, 51, 54, 102, 111 f., 128, 135, 196, 207, 291, 358
Dodel-Port, Arnold 154, 157 f.
Dodson, Edward 23
Dodson, Peter 23
Dollo, Louis 187
Donald, Diana 164
Doolittle, Russell F. 176
Dostal, Walter 229
Doyle, Arthur Conan 379, 399, 404
Draper, John William 154
Dreiser, Theodore 397
Driesch, Hans 193 f., 284
Droysen, Johann Gustav 237
Du Bois-Reymond, Emil Heinrich 154
Dubois, Eugene 205
Dugdale, Richard 370
Durkheim, Emile 315, 322

Eals, Marion 298
Earle, Timothy 232
East, Edward Murray 110
Eccles, John Carew 333
Eddington, Arthur 290
Edström, Jan-Erik 131
Edwards, Henri Milne 315
Eibl-Eibesfeldt, Irenäus 264
Eigen, Manfred 62, 173, 293
Eimer, Theodor 22, 99 f.
Einstein, Albert 213, 215, 217, 290, 406, 410
Ekman, Paul 15

Eldredge, Niles 116f., 188, 207f.
Elias, Norbert 361f.
Eliot, George 396
Elton, Charles 45, 51
Emmeche, Claus 131
Emmerich, Roland 382
Engels, Friedrich 228, 230, 238, 280f.
Epikur 61
Ernst, Max 164
Estabrook, Arthur 370

Faivre, Léon Maxime 164
Fechner, Gustav Theodor 280
Felsenstein, Joel 178
Fenton, Roger 164
Ferguson, Adam 267
Fernández, Juan 367
Ficici, Sevan 247
Fielding, Henry 396
Figuier, Louis 405
Fischer, Eugen 372f.
Fischer, Julia 335
Fisher, Maryanne 258
Fisher, Ronald A. 29, 45, 56, 98, 101f., 107–109, 130, 181, 183, 198, 291, 296
Fitch, Walter 176, 331f., 335
Fleck, Ludwik 167
Fleischer, Max 384, 410
Fogel, Lawrence J. 244
Forbes, Edward 80
Ford, Edmund Brisco 109
Forster, Georg 226
Fossey, Dian 409
Foucault, Michel 145, 264, 275, 284
Fourier, Joseph 287
Fowles, John Robert 400
Francé, Raoul Heinrich 158, 220
Frémiet, Emmanuel 405
Freud, Sigmund 39, 252, 295, 391
Friedle, Anton 410
Friedmann, Alexander 213
Frisch, Max 400

Galilei, Galileo 211, 217, 277, 379
Galton, Francis 56, 59, 97f., 100, 104, 158, 182, 197, 369
Gamow, George 290
Gärtner, Carl Friedrich 53
Gause, Georgyi Frantsevich 45
Gegenbaur, Carl 31
Gehlen, Arnold 253
Geike, Archibald 288
Gellner, Ernest 231, 232
Geoffroy Saint-Hilaire, Étienne 30, 53, 74, 87, 203
Gesner, Conrad 185

Gibbs, Josiah Willard 289
Gibson, James 232
Gigerenzer, Gerd 264
Gilbert, Walter 185
Gill, André 408
Gissing, George 397
Glass, Bentley 86
Gobineau, Joseph Arthur de 371f.
Goddard, Henry Herbert 370
Godelier, Maurice 231f.
Goethe, Johann Wolfgang von 8, 17, 30, 74, 86, 394, 398
Goldschmidt, Richard 110–112
Goodall, Jane R. (verh. Lawick-Goodall) 164, 253, 409
Goodman, John C. 310
Goodman, Morris 208
Gottschall, Jonathan 258
Gould, John 161, 169
Gould, Stephen Jay 11, 116–118, 120, 122, 188, 208, 322, 411
Grant, B. Rosemary 191
Grant, Madison 239, 370
Grant, Peter R. 191
Gray, Asa 27, 33, 94–6, 154, 395
Griffith, David Llewelyn Wark 381
Grimm, Jakob 3, 327–329
Grimm, Wilhelm 3
Grisebach, August Heinrich Rudolf 85
Groos, Karl 261, 295
Gruber, Howard 163
Gulick, John 23
Gumplowicz, Ludwig 316, 317
Guth, Alan 215

Haddon, Alfred 206
Haeckel, Ernst 3, 20–22, 31, 48, 51, 56, 70, 89, 94–97, 131, 143, 152–154, 157–162, 164, 172f., 204–206, 212, 222, 237f., 252, 280, 329, 368, 394, 397–399, 403
Hagedoorn, Anna 23
Hagedoorn, Arend 23
Hagenbeck, John 405
Hahn, Eduard 228
Haldane, John Burdon Sanderson 29, 45, 56, 58, 102, 108, 128, 198, 291, 296
Hale, George Ellery 290
Hale, Stephen 148
Haller, Albrecht von 69
Hamilton, William Donald 13, 58, 182, 296, 342
Hanski, Iikka 45
Hardy, Godfrey H. 107, 396
Hardy, Thomas 396
Harris, Marvin 229
Hart, Heinrich 397, 400
Hart, Julius 397f.
Hartmann, Nicolai 132

Harvey, Inman 247
Harvey, William 17, 68, 149
Hauff, Wilhelm 394
Hauptmann, Gerhart 400
Hauser, Marc D. 331 f., 335
Haushofer, Karl 359
Hayek, Friedrich August von 267, 360 f.
Heinroth, Magdalena 149
Heinroth, Oskar 149
Hellwald, Friedrich von 159
Helmholtz, Hermann von 212, 287
Hemingway, Ernest 258
Hempel, Carl Gustav 127
Hennig, Willi 121
Herder, Johann Gottfried 39, 226, 328, 394
Herschel, John Frederick William 96, 99, 212
Hertwig, Oscar 182, 193, 367 f.
Hesiod 37
Heym, Georg 399
Heyse, Karl Wilhelm Ludwig 328
Hiller, Kurt 399
Hirt, Hermann 327
Hitler, Adolf 239, 371
Hodge, Charles 157
Hodge, Jonathan 47
Hoff, Karl Ernst Adolf von 83
Hoffmann, Ernst Theodor Amadeus 394
Hoffmeyer, Jesper 136
Holland, John H. 244
Holmes, Oliver Wendell 276, 306
Holz, Arno 398
Hook, Robert 186
Hooker, Joseph Dalton 80, 94, 149, 154
Hopwood, Nick 164
Houtermans, Fritz 290
Hoyle, Fred 214, 216, 217
Hrdy, Sarah Blaffer 29
Hubble, Edwin 213
Hull, David 132
Humboldt, Alexander von 53, 74, 84, 91 f., 158, 211 f.
Humboldt, Wilhelm von 329
Hume, David 267, 273, 281, 342 f.
Husbands, Phil 247
Hutchinson, George Evelyn 51
Hüttemann, Andreas 255
Huxley, Aldous 409
Huxley, Julian Sorell 22, 29, 89, 102, 131, 196, 206 f., 296, 344, 407, 409
Huxley, Thomas Henry 70, 80, 93 f., 96, 100, 142, 154, 158 f., 161, 164, 204, 274, 288, 341, 347, 394, 405, 407, 409
Hyatt, Alpheus 100

Ingold, Tim 232

Jablonka, Eva 128
Jackendoff, Ray 332
Jackson, Peter 379
Jacob, François 55, 65 f., 199
Jaquet-Droz, Pierre und Henri-Louis 219
James, William 14, 276, 279, 295
Jameson, Robert 161
Jenkin, Fleeming 95, 288
Jerison, Harry J. 333
Jhering, Rudolf von 308 f.
Jobling, Ian 258
Johannsen, Wilhelm 25, 56, 111, 196 f.
Johnson, Garry 363
Johnson, Phillip E. 351
Jordan, Pascual 291, 292
Jörg, Johann Christian Gottfried 81
Joule, James Prescott 287
Jukes, Thomas Hughes 177

Kafka, Franz 400
Kaku, Michio 409
Kant, Immanuel 55, 211, 254, 260 f., 264, 329, 342–344, 346–348, 389
Kauffman, Stuart Alan 293, 311 f.
Keith, Arthur 206
Keller, Albert Galloway 134 f.
Keller, Gottfried 397
Kelvin, Lord 212, 287, 290
Kepler, Friedrich Johannes 211
Kettlewell, Henry Bernard Davis 111
Kielmeyer, Carl Friedrich 53, 69
Kimura, Motoo 24, 121, 177, 184
King, Jack 177
Kipling, Rudyard 322, 405
Kirchbach, Wolfgang 397
Kirchner, Athanasius 185
Kitcher, Philip 346
Klaatsch, Hermann 206
Klemm, Gustav 227
Klima, Edward S. 335
Klimt, Gustav 164
Klinger, Max 164
Koehler, Wolfgang 253
Kohlberg, Lawrence 344
Kohler, Robert E. 168
Kohn, David 160, 162
Koltzoff, N. K. 291
Kopernikus, Nikolaus 211, 239, 295
Koselleck, Reinhart 240
Kosstis, Silvio 158
Kraepelin, Karl 158
Kragh, Helge 213
Kranewitter, Franz 397
Krause, Ernst 158, 159
Kristeva, Julia 391

Kroeber, Alfred Louis 253
Kropotkin, Pjotr Alexejewitsch 35, 347, 359, 364
Kruger, Daniel 258
Kubin, Alfred 164
Kummer, Hans 253
Küppers, Bernd-Olaf 293
Kürnberger, Ferdinand 397

La Peyrère, Isaac 203
Lamarck, Jean-Baptiste de 3 f., 8 f., 17, 19–22, 50, 65, 71–75, 87, 89–91, 99, 141, 157, 159, 187, 203, 236, 278, 329
Lamb, Marion J. 129
Lamétherie, Jean-Claude de 80, 83
Lampe, Ernst-Joachim 307–309
Lamprecht, Karl 238
Lancefield, Donald E. 114
Landes, William M. 310
Landseer, Edwin 164
Lang, Fritz 382
Langton, Christopher G. 246
Lankester, Edwin Ray 31
Laplace, Pierre-Simon 211, 212
Lapouge, Georges Vacher de 372
Lawick-Goodall, Jane van *siehe* Goodall, Jane
Lazarus, Moritz 330
Leacock, Eleanor 230
Lechtreck, Hans-Jürgen 164
Leeuwenhoek, Antoni van 17, 68
Lehrman, Daniel Sanford 32
Leibniz, Gottfried Wilhelm 71, 186, 279, 328
Lemaître, Georges 213
Lenski, Richard 191, 192, 247,
Leonardo da Vinci 219, 221
Leroi-Gourhan, André 332 f.
Lévi-Strauss, Claude 199, 229, 231
Lewontin, Richard 38, 118, 120, 122, 128 f., 132, 134
Liberman, Alvin Meyer 335
Lieberman, Philip 332
Lilienfeld, Paul von 315, 368
Lilienthal, Otto 220 f.
Lin, Douglas 213
Linde, Andrei 215
Linné, Carl von 7 f., 53, 67, 71–76, 147, 149
Lipp, Wolfgang 323
Lipson, Hod 249
Lister, Martin 185
Livingston Youmans, Edward 159
Lockyer, Norman 212
Lombroso, Casare 158, 404
London, Jack 158, 396
Lönnig, Wolf-Ekkehard 352
Löns, Hermann 400
Lorenz, Konrad 32, 58, 149, 168, 254, 341–345, 348
Lovejoy, Arthur O. 71 f.

Lovelocks, James 293
Lubbock, John 21, 205, 405
Lucas, Prosper 55
Luhmann, Niklas 59, 128, 234, 305, 323 f., 362, 364
Lukrez 37, 79, 275
Lütterfelds, Wilhelm 347
Lyell, Charles 34, 37, 75 f., 80, 84, 91, 154, 157 f., 287 f., 367, 405
Lyssenko, Trofim 51

Mackie, John Leslie 347
MacLean, Paul 15
Maillet, Benoit de 18, 75
Maine, Henry James Sumner 227 f., 304
Malebranche, Nicolas 68
Malpighi, Marcello 72
Malthus, Thomas Robert 10, 34, 45 f., 57, 75 f., 91–93, 163, 267, 366 f., 395
Mann, Thomas 400
Marentette, Paula F. 334
Margulis, Lynn 293
Marx, Karl 228, 280 f., 366
Masters, Roger D. 363
Matheson, Richard 381
Matthew, Patrick 57
Maturana, Humberto 59, 292, 323
Maupertuis, Pierre Louis Moreau de 328
Max, Gabriel von 162, 164
Maxwell, James Clerk 289
Mayer, Julius Robert 287
Maynard Smith, John 58, 342
Mayr, Ernst 29, 44, 54, 58, 102, 111 f., 128, 131, 170, 172 f., 196, 198, 207, 291, 293
McDougall, William 295
Meckel, Johann Friedrich d. J. 17, 21, 70
Mellmann, Katja 263
Melville, Herbert 60
Mendel, Gregor 25 f., 43, 45, 53 f., 95, 98, 101, 103, 105 f., 149, 152, 182 f., 196, 198, 296, 369
Mengele, Josef 373
Mercuriale, Girolamo 146
Mestral, Georges de 220
Metzinger, Thomas 348
Meyen, Franz Julius Ferdinand 85
Miller, Stanley L. 173
Millstein, Roberta 24
Milton, John 395
Mivart, St. George 96, 98, 100, 105, 157
Moleschott, Julius 368
Monier, Joseph 220
Monod, Jacques 190, 199, 333, 364
Montaigne, Michel de 395
Moore, George Edward 342
Moore, James 86
Morgan, Conway Lloyd 283, 295

Morgan, Lewis Henry 227f., 230, 359
Morgan, Thomas Hunt 45, 101, 106f., 111, 193, 197
Morin, Edgar 308
Morris, Desmond 381, 391, 409
Morselli, Enrico 159
Mortillet, Gabriel de 205
Morton, Samuel George 204
Muller, Hermann Joseph 45, 54, 107f., 111, 291
Müller, Fritz 157
Müller, Gerd B. 124
Müller, Hermann 157
Müller, Johannes 81f.
Müller, Max 327
Müller, Robert 399

Neander, W.G. 400
Neumann, John von 246
Neurath, Otto 113
Newcomb, Simon 212
Newton, Isaac 8, 10, 181, 211, 217
Niemitz, Carsten 335f.
Nietsche, Friedrich 275, 284, 398f.
Nilsson-Ehle, Nils Herman 110
Nochlin, Linda 164
Noelle-Neumann, Elsa 60
Norris, Frank 158
Norton, H.T.J. 107f.
Novalis 391, 394

O'Brien, Willis Harold 379, 384
Oeser, Erhard 306
Ofria, Charles 246
Oken, Lorenz 83, 280
Osborn, Henry Fairfield 100, 188
Osgood, Wilfred H. 109
Owen, Richard 30, 71, 82, 96, 98, 142, 187, 244
Owens, Alvin J. 244

Page, David 158
Painlevé, Jean 384
Paley, William 5, 11, 91f., 350, 355, 367
Palmer, Craig 120
Parsons, Talcott 59, 240, 315, 324, 362
Pasteur, Louis 10, 79
Pauling, Linus 177f., 208
Paxton, Joseph 222
Pearson, Karl 98, 104
Peirce, Charles Sanders 276–280
Perojo, José del 159
Peterson, Steven A. 363
Petitto, Laura 334
Phillips, John 288
Pinker, Steven 260f., 332
Plate, Ludwig 3, 127, 143
Platon 7, 38f., 273f., 277

Ploetz, Alfred 370f.
Poizner, Howard 335
Pollack, Jordan B. 247, 249
Popper, Karl 41, 59, 174
Posner, Richard A. 309f.
Pouchet, Félix Archimède 80
Praetorius, Jakob Chrysostomus 220
Prel, Carl du 212
Preyer, Wilhelm 295
Price, George Robert 58, 133f.
Price, John 300
Prichard, James Cowles 85
Priest, George L. 309
Prodger, Phillip 161
Prout, William 290
Ptolemäus 211
Pufendorf, Samuel Freiherr von 38
Punnett, Reginald C. 107
Puschkin, Alexander 258

Raabe, Wilhelm 397, 400
Ranke, Leopold von 237
Rathke, Martin Heinrich 81
Ratzel, Friedrich 158, 359
Ratzenhofer, Gustav 316, 317
Rawls, John 344
Ray, John 7
Ray, Tom S. 246
Rechenberg, Ingo 220f., 224, 244
Reil, Johann Christian 69
Reinhold, Johann 226
Reinke, Johannes 155
Ribbert, Hedda 301
Richards, Robert J. 77, 92, 97
Richerson, Peter J. 135
Rickert, Heinrich 252
Riedl, Rupert 124
Ritgen, Ferdinand August 81
Ritter, Carl 84
Rivière, Briton 162
Rizzolatti, Giacomo 332, 336
Robinson, Daniel N. 333
Rodig, Johann Christian 156
Rogers, William Barton 152
Romanes, George John 295
Ros, Arno 283
Rose, Michael E. 364
Rosegger, Peter 397
Rosenberg, Alexander 24, 172, 174
Roughgarden, Joan 29
Rousseau, Jean-Jacques 328, 342
Roux, Wilhelm 194
Rowland, Michael 231
Rubin, Paul H. 309, 310
Rudolphi, Karl Asmund 85

Rugendas, Johann Moritz 162
Ruhlen, Merritt 331, 332
Ruse, Michael 47, 112, 344
Rutherford, Ernest 290
Ryder, Richard 347

Sacher-Masoch, Leopold von 158, 397, 400
Sachs, Julius 169
Sagan, Carl 212
Sahlins, Marshall D. 230, 232
Sanger, Frederick 176, 178
Sarich, Vincent 208
Schack, Adolf Friedrich von 400
Schäffle, Albert 315, 368
Schallmayer, Wilhelm 371
Schätzing, Frank 401
Schaumburg zur Lippe, Friedrich Wilhelm Ernst Graf von 220
Scheidt, Walter 372
Schelling, Friedrich Wilhelm Joseph 278 f., 315, 329
Scherer, Siegfried 352
Scherer, Wilhelm 328, 397
Scheuchzer, Johann Jakob 186
Schiller, Friedrich 226, 260 f.
Schindewolf, Otto 188
Schlaf, Johannes 398
Schlegel, Friedrich 327 f.
Schleicher, August 329–331
Schleiden, Matthias 69 f.
Schlotheim, Ernst Friedrich von 186
Schlözer, August Ludwig von 226
Schluchter, Wolfgang 304
Schmarda, Ludwig K. 85
Schmidt, Erich 397
Schnädelbach, Herbert 135
Schneider, Eric D. 293
Schneider, Georg Heinrich 295
Schneider, Karl Camillo 3 f.
Schönherr, Karl 397
Schopenhauer, Arthur 82, 397, 400
Schouw, Joakim Frederick 84
Schrödinger, Erwin 291 f.
Schubert, Glendon A. 358, 363
Schumpeter, Joseph Alois 267 f.
Schuster, Peter 293
Schwann, Theodor 69, 70
Schwefel, Hans-Paul 224, 244
Schweiger, Johann C. 185
Schwender, Clemens 263
Scilla, Agostino 186
Scopes, John Thomas 384, 410
Scott, Walter 395
Sedgwick, Adam 79
Sellars, Roy Wood 283
Semon, Richard 99

Sepkoski, Jack 188
Shakespeare, William 395
Shanahan, Timothy 24
Shannon, Claude 292
Shapley, Harlow 212
Shelley, Mary 383, 395
Sielmann, Heinz 285
Silk, Joseph 217
Silverman, Irwin 298
Simpson, George Gaylord 29, 102 f., 111 f., 115, 188
Sims, Karl 249
Singer, Peter 347
Small, Albion W. 317
Smith, Adam 76, 267, 306, 368
Smith, William 186
Smocovitis, Vassiliki Betty 112
Smolin, Lee 211, 216 f.
Snow, Charles Percy 319
Sober, Elliott 24, 40, 131
Soddy, Frederick 290
Somit, Albert 363
Specht, August 158
Spemann, Hans 194
Spencer, Herbert 19, 22, 34 f., 57, 93, 95, 99, 126 f., 158 f., 227, 237 f., 273, 276 f., 289 f., 304, 314–318, 324, 341, 359, 368, 397, 403
Spinozas, Baruch de 275
Stalin, Josef 281
Stanley, Steven M. 188
Steele, Jack E. 219
Steiner, Rudolf 154
Stekeler-Weithofer, Pirmin 255
Steno, Nicolaus 186
Stern, Daniel 391
Sterne, Carus 158
Stevens, Anthony 300
Steward, Julian H. 228, 229
Stoddard, Lothrop 370
Storm, Theodor 397, 400
Strasburger, Eduard 153
Strauß, David Friedrich 368
Sturtevant, Alfred H. 112
Sumner, Francis B. 109 f., 112
Sumner, William Graham 307, 317 f., 341
Süßmilch, Johann Peter 238
Suttner, Bertha von 399
Sutton, Walter 43, 183
Swift, Jonathan 395
Symons, Donald 297

Tait, Peter Guthrie 289
Tan, C. C. 111
Tattersall, Ian 207 f.
Temkin, Owsei 86

Tennyson, Lord 34
Theron, Charlize 379
Thomson, William 212, 287–290
Thorndike, Edward 295
Thornhill, Randy 120, 263
Tille, Alexander 341
Timoféeff-Ressovsky, Nikolai 45, 51, 111 f., 128, 291 f.
Tinbergen, Nikolaas 32, 149
Tolstoi, Leo 397
Tomasello, Michael 335
Tönnies, Ferdinand 317, 323
Tooby, John 260–262, 297, 298
Tort, Patrick 307
Townsend, Joseph 367
Trembley, Abraham 68
Trevarthen, Colwyn 391
Treviranus, Gottfried Reinhold 81
Trivers, Robert 296, 342
Trolope, Anthony 395
Tschermak, Erich 100, 196
Turing, Alan 243 f., 248
Tylor, Edward Burnett 227 f.
Tyndall, John 154

Uexküll, Jacob von 52
Ulam, Stanislaw 246
Unger, Franz 53
Urey, Harold 173

Vanhanen, Tatu 363
Varela, Francisco 292, 323
Vater, Johann Severin 327
Vaucanson, Jacques de 219
Verschuer, Otmar Freiherr von 373
Viebig, Clara 398
Vilenkin, Alexander 215
Virchow, Rudolf 48, 81, 153
Vischer, Friedrich Theodor 397
Vogel, Christian 343, 345 f.
Vogt, Carl 28, 83, 15 f., 204, 206, 368
Volger, Otto 153

Waal, Frans de 347, 364
Waddington, Conrad Hal 26, 134
Wagner, Günter 124
Wagner, Richard 60
Waldeyer, Wilhelm 153
Wallace, Alfred Russel 28, 33, 57, 94 f., 152, 157, 164, 267, 314, 366 f.
Walsh, Michael John 244
Ward, Lester Frank 317 f.
Wasmann, Erich 155
Watson, James 183, 408

Watson, Richard 247
Weber, Marcel 112 f., 282
Weber, Max 59, 238, 240, 304 f.
Weidenreich, Franz 207
Weimann, August 159
Weinberg, Steven 214, 216 f.
Weinberg, Wilhelm 107
Weinert, Hans 208
Weismann, August 3, 25, 49 f., 54, 56, 58, 97–99, 155, 197, 237, 369
Weissmuller, Johnny 380
Weizsäcker, Carl Friedrich von 290
Weldon, W. F. Raphael 98, 104
Wells, Herbert George 380, 382, 399, 404
Wells, William Charles 57
White, Leslie Alvin 228 f.
Whitehead, Alfred North 279 f.
Wichura, Max 53
Wicken, Jeffrey 293
Wiener, Norbert 292
Wigand, Albert 157
Wigmore, John Henry 304
Wilberforce, Samuel 154
Wilke, Claus O. 246
Wille, Bruno 154, 158, 368
Williams, George Christopher 13, 264, 296
Wilson, Allan C. 208
Wilson, Andrew 403
Wilson, Edward O. 209, 293, 296, 299, 318, 319–321, 341, 243, 344–346
Wittel, Fritz 400
Wolf, Joseph 162
Wolff, Caspar Friedrich 53, 69
Woltereck, Richard 54
Woltmann, Ludwig 158, 372
Woodward, John 186
Wordsworth, William 395
Wright, Chauncey 276 f.
Wright, Georg Henrik von 174
Wright, Sewall 23 f., 45, 56, 102, 108 f., 128, 198, 296
Wundt, Wilhelm 14
Wynne-Edwards, Vero Copner 12, 58

Yockey, Hubert P. 293
Young, Robert M. 86

Zacharias, Otto 153
Zahavi, Amotz 387
Zemen, Herbert 307
Zimmer, Karl Günter 291 f.
Zimmermann, Eberhard August Wilhelm 74
Zola, Émile 158, 397, 400
Zuckerkandl, Emile 177 f., 208

If you have any concerns about our products,
you can contact us on
ProductSafety@springernature.com

In case Publisher is established outside the EU,
the EU authorized representative is:
**Springer Nature Customer Service Center GmbH
Europaplatz 3, 69115 Heidelberg, Germany**

Printed by Libri Plureos GmbH
in Hamburg, Germany